Nr. 45 — S. 12165–12440

1956 — 7. November

Chemisches Zentralblatt

Vollständiges Repertorium für alle Zweige der reinen und angewandten Chemie

1830 gegründet. 1897—1945 von der Deutschen Chemischen Gesellschaft fortgeführt.
Im Auftrage der Deutschen Akademie der Wissenschaften zu Berlin, der Chemischen Gesellschaft in der Deutschen Demokratischen Republik, der Akademie der Wissenschaften zu Göttingen und der Gesellschaft Deutscher Chemiker

herausgegeben von Prof. Dr. **Maximilian Pflücke**

127. Jahrgang

1 9 5 6

Chefredakteure: Dr. Eugen Klever und Prof. Dr. Maximilian Pflücke

Akademie-Verlag GmbH., Berlin — Verlag Chemie, GmbH., Weinheim/Bergstr.

Inhalt

Namenregister

Chemisches Zentralblatt

1956 Nr. 45 7. November

Geschichte. Unterricht.

—, *Etienne Audibert, 1888—1954.* Sein Leben (geb. in Marseille) u. Wirken (Sicherheitssprengstoffe, Kohlenstaubexplosionen, Theorie der Verbrennung u. des Zustands von Methan in der Kohle, Silicose). (Annales Mines **144.** 33—49. Nov. 1955.) K. BLUMRICH. 1

W. W. Koslow, *Zum Gedächtnis des Akademiemitgliedes W. M. Rodionow.* Würdigung der wissenschaftlichen Arbeiten von W. M. RODIONOW (geb. 28/10. 1878, gest. 7/2. 1954), bekannt bes. durch seine Arbeiten über Anilinfarben, Duftstoffe u. Vitamine. (Украинский Химический Журнал [Ukrain. chem. J.] **20.** 463—69. 1954.) O. LEBTAG. 1

A. Je. Lutzki und **W. I. Atroschtschenko,** *Professor N. A. Waljaschko zum Gedächtnis (1871—1955).* Nachruf auf NIKOLAI A. WALJASCHKO (geb. am 20/3. 1871, gest. 25/1. 1955) u. Würdigung seiner Arbeit auf dem Gebiete der pharmazeut. Chemie u. der Spektralanalyse. (Журнал Общей Химии [J. allg. Chem.] **26** (**88**). 289—94. Febr. 1956.) E. KLEVER. 1

Heinrich Ritter und **Werner Zerweck,** *Arthur von Weinberg (1860—1943).* Ausführliche Biographie von A. v. WEINBERG (geb. 11/8. 1860 in Frankfurt/M., gest. 20/3. 1943 in Theresienstadt) sowie Würdigung seines wissenschaftlichen Werkes auf dem Gebiete Farbstoffchemie u. seiner organisator. Leistung bei den CASSELLA FARBWERKEN MAINKUR. Bes. wird auf seine hervorragende Persönlichkeit, die in seiner vielseitigen philanthropen Tätigkeit ihren äußeren Ausdruck fand, eingegangen. (Chem. Ber. **89.** XIX—XXXVI. 1956. Frankfurt/M.) E. KLEVER. 1

Helmut Wilsdorf, *Georgius Agricola. Zur 400. Wiederkehr seines Todestages am 21. November 1955.* Leben u. Wirken sowie die Arbeiten des GEORGIUS AGRICOLA in ihrer Bedeutung für die Hüttenkunde. (Stahl u. Eisen **75.** 1549—52. 17/11. 1955. Freiberg.) H. HOCHSTEIN. 1

C. E. Kenneth Mees, *Leo Hendrik Baekeland und die photographischen Kopierpapiere.* Überblick über die histor. Entw. der Photopapierherst. u. Würdigung der Verdienste von L. H. BAEKELAND, der 1893 das Velox-Papier auf dem amerikan. Markt einführte. (Chem. and Ind. **1955.** 1134—38. 10/9. 1955.) W. GÜNTHER. 1

Eric N. Simons, *Abraham Darby, ein Pionier des Schmelzens von Eisen mit Koks.* Geschichtlicher Überblick. (Metallurgia [Manchester] **52.** 112—14. Sept. 1955.) K. STEIN. 1

N. J. Toivonen, *Zum hundertsten Geburtstag von Edvard Hjelt.* Würdigung des wissenschaftlichen Lebenswerkes des finn. Organikers, Professor an der Univ. Helsinki, E. HJELT (geb. 28/6. 1855, gest. 2/6. 1921), bes. bekannt durch seine Arbeiten über die Lactone, seine „Geschichte der organ. Chemie" u. seine Lehrbücher. (Suomen Kemistilehti A. **28.** 211—14. 1955.) S. BECKMANN. 1

D. M. Rossisski, *F. I. Inosemzew als Pharmakotherapeut und seine Bedeutung für die Entwicklung der heimischen Pharmakotherapie.* Würdigung INOSEMZEWs in seiner Bedeutung für die Entw. der Pharmakotherapie Rußlands Mitte des 19. Jahrhunderts. INOSEMZEW war ein Gegner der VIRCHOWschen Zellularpathologie u. der Humoraltheorie ROKITANSKYs. Er machte in der Hauptsache die Störungen des vegetativen Nervensyst. für die Entstehung der Erkrankungen verantwortlich. (Фармакология и Токсикология [Pharmakol. u. Toxikol.] **17.** Nr. 5. 56—59. Sept./Okt. 1954.) B. KRAFT. 1

F. G. Kriwolapow, *F. N. Schwedow – Begründer der physikalisch-chemischen Rheologie.* Würdigung des Werdegangs des Professors für Physik an der Univ. Noworossijsk, F. N. SCHWEDOW (gest. 1905). Vf. legt bes. die Bedeutung der von diesem 1889 veröffentlichten Arbeit: „Experimentelle Unters. der Kohäsion der Flüssigkeiten. — I. Die Elastizität der Fll." dar, in der zum ersten Male Messungen der Elastizität u. Relaxationsperiode von Fll. durchgeführt worden seien. (Украинский Химический Журнал [Ukrain. chem. J.] **21.** 675—78. 1955. Odessa, Stalin-Inst. für Technol.) A. v. KOTZEBUE. 1

V. Rusek und **H. Žáček**, *Zur Geschichte der Entdeckung des Morphins.* Überblick über die Arbeiten von W. A. Sertürmer (1783—1841). (Farmácia [Bratislava] **24.** 55—56. Febr. 1955.) E. Vevera. 1

Martin Levey, *Einige chemische Geräte des alten Mesopotamien.* Beschreibung von ausgegrabenen Gefäßen, Mühlen, Mörsern, Seihern, Tiegeln usw., die in Verbindung mit schriftlichen Zeugnissen auf eine ausgedehnte chem. Technologie der Sumerer u. Akkadier hinweisen. (J. chem. Educat. **32.** 180—83. April 1955. University Park, Pa., Pennsylvania State Univ.) K. Blumrich. 2

N. M. Eykel jr., *Die Ernährung bei den Griechen und Römern.* Beschreibung von Art der Speisen der Griechen u. Römer nach dem zeitgenöss. Schrifttum. (Voeding **16.** 799—809. 15/9. 1955.) W. Wesly. 2

Bolesław Peretjatkowicz, *Agrotechnische Vorkehrungen und Aufbewahrung der Zuckerrüben in den ersten zwanziger Jahren des XIX. Jahrhunderts.* Abschnitte aus der Abhandlung von Stanisław Baliński: „Über die Fabrikation von Zucker aus weißen Rüben" 1811. (Gaz. Cukrownicza **57.** Nr. 7. 122. Juli 1955.) F. Urban. 2

Bolesław Peretjatkowicz, *Die Fabrikationsweise von Zucker aus Zuckerrüben zur Zeit des Fürstentums Warschau.* Abdruck der Handschrift des Grafen Felix Łubieński über die Zuckergewinnung aus Rüben 1811. (Gaz. Cukrownicza **57.** Nr. 8. 143—44. Aug. 1955.) F. Urban. 2

F. Margival, *Farben und Malereien aus den vorcortesischen mexikanischen Zivilisationen.* Verwendete Farbkörper, Farbensymbolik, Wand- u. Manuskriptmalerei. (Peintures, Pigments, Vernis **31.** 1078—85. Dez. 1955.) B. Scheifele. 2

Franjo Baš, *Eine historische Schmiedesiedlung in Kropa (Jugoslawien).* Nachweisung einer vor- u. frühgeschichtlichen Eisenverhüttung im Gebiet der oberen Save, südöstlich der Dreiländerecke Italien—Österreich—Jugoslawien. Die Überreste eines Windischen Ofens aus dem 14. Jahrhundert im Kropatal werden beschrieben u. Angaben über deren Arbeitsweise sowie über die Weiterverarbeitungsbetriebe u. die Schmiedesiedlung in Steinbauweise gemacht. (Stahl u. Eisen **75.** 1393—97. 20/10. 1955. Ljubljana.) H. Hochstein. 2

Karol J. Mysels, *Lehrbuchirrtümer.* 1. Mitt. *Der Mechanismus der Dampfdruckerniedrigung.* Widerlegung der falschen Ansicht, daß der Dampfdruck durch Behindern der Verdampfung des Lösungsm. durch gelöste Moll. an der Oberfläche erniedrigt werde. (J. chem. Educat. **32.** 179. April 1955. Los Angeles, Calif., Univ. of South California.) K. Blumrich. 4

Bernard Jaffe, *Nutzbarmachen der Geschichte der Chemie in unserem Unterricht.* Zur Hebung des Interesses der Schüler an der Chemie u., um ihnen wissenschaftlichen Geist u. einen besseren Begriff von Wissenschaft u. ihrer kulturellen Bedeutung zu vermitteln, empfiehlt Vf. dringend das histor. Vorgehen im Unterricht. (J. chem. Educat. **32.** 183—85. April 1955. Brooklyn, N. Y., James Madison High School.) K. Blumrich. 6

Robert L. McGeachin, *Hemmung der Kohlensäureanhydrase durch Thiocyanat. Ein Demonstrationsversuch.* Vf. zeigt, daß die Zeit bis zum Umschlagen von Bromthymolblau (blau–gelbgrün) mit steigendem Zusatz von Blut (Träger von Kohlensäureanhydrase, Blindwert 11 $\pm$ 1 Sek.) ab- u. mit steigendem Geh. der Lsg. an SCN^- wieder zunimmt. (J. chem. Educat. **32.** 191—92. April 1955. Louisville, Ky., Univ. of Louisville, School of Med.) K. Blumrich. 6

Elizabeth Allison, Richard Gorsich und **L. O. Binder**, *Eine Laboratoriumsübung in katalytischer Dehydrierung.* Durch eine mit Cu-Draht (CuO mit H_2 red.) gefüllte Kolonne mit Innenthermometer u. elektr. geheiztem Mantel wird bei 300—325° der Dampf eines Alkohols geschickt. Die durch titrimetr. Oximieren bestimmte Ausbeute an entsprechendem Aldehyd überstieg stets 90%. (J. chem. Educat. **32.** 209—10. April 1955. Bozeman, Mont., Montana State Coll.) K. Blumrich. 6

A. Allgemeine, physikalische und anorganische Chemie.

Eero Tommila, *Über die neueste Entwicklung der Chemie.* Übersicht. (Suomen Kemistilehti A **28.** 193—99. 1955.) S. Beckmann. 10

Marijan Brezinšćak, *Rationalisierung im Lichte von Größengleichungen.* Bemerkungen über einen verhältnismäßig einfachen Weg zur Einführung rational definierter Größensysteme im Bereich der Elektrodynamik. (Physica **19.** 599—604. Juli 1953. Zagreb.) G. Kirschstein. 10

R. W. Pohl, *Molare Größen.* Zusammenfassende Erläuterung u. Definition von mol. Größen (mol u. MOL) in der Physik. (Z. physik. Chem. **202.** 117—23. Juli 1953. Göttingen, Univ., Physikal. Inst.) V. Burbach. 10

G. W. C. Kaye and **T. H. Laby**, Tables of physical and chemical constants and some mathematical functions. 11th. edn. London: Longmans. 1956. (233 S.) 8°. 25 s.

Joseph H. Roe, Principles of chemistry. 8th ed. St. Louis: C. V. Mosby. 1956. (480 S. m. Abb.) $ 4,50.

M. della Corte, Tavole di costanti fisiche, chimico-fisiche e tecnologiche. Firenze: Universitaria Editrice. 1956. (128 S. mit 2 Taf.) 16°. L. 1500,—.

Michael Ference and others, Analytical experimental physics. 2nd rev. ed. Chicago: Univ. of Chic. Press. 1956. (637 S. m. Abb. u. Diagr.) 8°. $ 8,—.

A_1. Kernphysik und Kernchemie.

Alfred Landé, *Quantentheorie auf nicht-quantenhafter Grundlage.* (Vgl. C. **1956.** 5177.) Fundierung der von BOHR, BORN u. HEISENBERG vorgeschlagenen rein statist. Auffassung der Quantentheorie. Die Betrachtungen führen zwangsläufig zur Quantendynamik, wenn das GIBBSsche Paradoxon der klas. Thermodynamik beseitigt, der LIOUVILLEsche Satz der klass. Mechanik jedoch aufrechterhalten wird. (Naturwissenschaften **43.** 217—21. 2. Mai-H. 1956. Columbia, O., Ohio State Univ., Dep. of Phys.)
GERHARD SCHMIDT. 80

W. F. G. Swann, *Erzielung von Höhenstrahlenenergien durch elektromagnetische Induktion in Milchstraßen.* Ausführliche Darst. der C. **1956.** 4033 referierten Arbeit. (J. Franklin Inst. **258.** 383—93. Nov. 1954. Swarthmore, Pa., Franklin Inst., Bartol Res. Found.)
M. WIEDEMANN. 85

Serge A. Korff, *Wirkungen der Höhenstrahlung auf die Isotopenverteilung auf der Erde.* Die Höhenstrahlung bewirkt über die Neutronen eine Erzeugung von Isotopen. Vf. geht auf die Rk. ^{14}N (n, p)^{14}C ein. Da ^{14}C wieder zu ^{14}N zerfällt, wird die Isotopenverteilung auf der Erde nicht für dauernd geändert. Durch die Prozesse n + ^{14}N → ^{12}C + ^{3}T u. D(n)T wird Tritium erzeugt, das zu ^{3}He zerfällt. Der ^{3}He-Geh. kann nahezu auf diese Rkk. zurückgeführt werden. Durch Neutroneneinfang anderer Elemente wird die Isotopenverteilung nicht wesentlich beeinflußt. (Trans. Amer. geophysic. Union **35.** 103—06. Febr. 1954. New York, N. Y., Univ., Univ. Heights.) M. WIEDEMANN. 85

B. V. Srikantan und **S. Naranan**, *Höhenstrahlung unter der Erde.* Mittels eines Hodoskops, bestehend aus 4 Tafeln mit je 6 Zählern von 37,5 cm Länge, wurde von Oktober—Dezember 1951 auf 2800 ft durch Koinzidenzmessungen auf dem Erdboden u. unter 10, 22, 503, 598, 807 u. 1008 m Wasseräquivalent die Intensität der Höhenstrahlung bestimmt. Unter 22 m folgte die Winkelverteilung einem $\cos^3$-, unter 598 m einem $\cos^4$-Gesetz. Die Erzeugung von Sekundärteilchen nahm mit der Tiefe zu. Das integrale Spektr. der μ-Mesonen für E zwischen 150 u. 300 GeV entsprach $N_\mu (> E) = 0{,}664\ E^{-2{,}09 \pm 0{,}02}$. Unter der Annahme, daß alle μ-Mesonen unter der Erde durch Zerfall von π-Mesonen entstehen, ergibt sich für das differentielle Spektr. der π-Mesonen ein Exponent von 2,4 im Bereich von 200—450 GeV. (Proc. Indian Acad. Sci., Sect. A **36.** 97—117. Aug. 1952. Bombay, Tata Inst. of Fundament. Res.) M. WIEDEMANN. 85

Osamu Hara und **Toshio Marumori**, *Die Theorie der Struktur von Elementarteilchen.* Die Elementarteilchen werden als verschied. Zustände einer durch die nichtlokale Feldtheorie beschreibbaren skalaren Urmaterie aufgefaßt. Die Eigenwerte eines Operators für infinitesimale Drehungen im vierdimensionalen Raum werden in Zusammenhang mit Spin u. M. der Teilchen gebracht. (Progr. theoret. Physics [Kyoto] **9.** 559—60. Mai 1953. Nagaya, Univ., Inst. of Theoret. Phys. [Orig.: engl.]) D. GEISSLER. 90

A. Salam und **J. C. Polkinghorne**, *Über die Klassifizierung der Elementarteilchen.* Vff. entwickeln einen vierdimensionalen Isotopenspinformalismus für die schweren Elementarteilchen. Alle Teilchen entsprechen einwertigen Darstellungen der Rotationsgruppe, ferner liegt eine völlige Symmetrie zwischen den Isotopeneigg. der Fermionen u. Bosonen vor. Die sich ergebende Klassifizierung ist unter bestimmten Voraussetzungen gleich der von GELL-MANN. Als Anwendungsbeispiel sagt die Theorie die Existenz eines neutralen K-Mesons mit einer Lebensdauer von $\sim 10^{-19}$ sec voraus. (Nuovo Cimento [10] **2.** 685—90. 1/10. 1955. Cambridge, St. John's Coll., Trinity Coll.)
GERHARD SCHMIDT. 90

R. M. Sternheimer, *Polarisation von Nucleonen nach elastischer Streuung an Kernen.* Vf. berechnet nach dem opt. Kernmodell die Polarisation von Nucleonen, die elast. an Al gestreut werden, in Abhängigkeit von Modellparametern u. Stärke der Spin-Bahn-Kopplung für ein Potential mit gegebener Radialabhängigkeit (vgl. hierzu C. **1956.** 9616). (Physic. Rev. [2] **97.** 1314—24. 1/3.; Erratum: **98.** 1871. 15/6. 1955. Upton, Long Island, N. Y., Brookhaven Nat. Labor.) D. GEISSLER. 90

Reinhard Oehme, *Die Streuung polarisierter Neutronenbündel.* Allg. Ableitung der Polarisationsformeln für die Rk. a + b → c + d u. Spezialisierung auf die Streuung eines polarisierten Neutronenbündels an unpolarisierten Streuern. Von diesen wird beliebiger Spin angenommen. Die Polarisation des gestreuten Neutronenbündels ergibt sich aus der des einfallenden Strahls u. aus den relativen Momenten vor u. nach dem Stoß. Diese Ergebnisse erlauben die Messung von zwei neuen Beziehungen zwischen den Parametern der Übergangsmatrix bei fester Energie u. festem Streuwinkel, wenn man dreimal streuen läßt. Bei vierfacher Streuung ergeben sich zwei weitere Beziehungen. Speziell wird auf Streuer mit dem Spin 0 u. 1/2 eingegangen. (Physic. Rev. [2] **98.** 147—53. 1/4. 1955. Chicago, Ill., Univ., Inst. of Nucl. Stud.) H. C. Wolf. 90

R. G. Thomas, *Korrektur an der exponentiellen Abhängigkeit der Neutronendurchlässigkeiten.* Ist das Energiespektr. einer Neutronenquelle bei Messung des totalen Streuquerschnittes durch Durchlässigkeitsverss. groß gegen den mittleren Abstand der Resonanzniveaus des untersuchten Materials, so beobachtet man für diese Niveaus eine Abweichung von der einfachen exponentiellen Abhängigkeit von der durchstrahlten Dicke. Die notwendige Korrektur wird unter Vernachlässigung von Einfang, unelast. Streuung u. Doppler-Verbreiterung ohne besondere Annahmen über die Verteilung der Breite u. des Abstandes der Niveaus berechnet. Die Messung des Verhältnisses der Mittelwerte dieser Niveaus erlaubt eine Prüfung verschied. theoret. Berechnungen der Neutron–Neutron-Wechselwirkung. (Physic. Rev. [2] **98.** 77—78. 1/4. 1955. Los Alamos, N. Mex., Univ. of California, Los Alamos Scient. Labor.) H. C. Wolf. 90

G. C. Morrison, H. Muirhead und **P. A. B. Murdoch,** *Die Auswahl von Potentialen bei Nucleon-Kernstreuproblemen.* Vff. behandeln ein in Kernmaterie eindringendes Nucleon als frei, den Kern als Fermi-Gas u. können dann mit Hilfe von p–p- u. p–n-Streudaten die Potentialparameter des opt. Modells näherungsweise berechnen. (Philos. Mag. [7] **46.** 795—99. Juli 1955. Glasgow, Univ., Dep. of Natural Philos.) D. Geissler. 90

T. Regge, S. Okubo und **R. Marshak,** *Bemerkungen über das Antiproton.* (Sitzungsbericht.) (Physic. Rev. [2] **100.** 1810. 15/12. 1955. Univ. of Rochester.) Gerhard Schmidt. 90

Norton M. Hintz, *Elastische Streuung von Protonen bei 9,9 MeV.* (Sitzungsbericht.) (Physic. Rev. [2] **100.** 1794. 15/12. 1955. Univ. of Minnesota.) Gerhard Schmidt. 90

J. W. Burkig, Glen E. Schrank und **J. Reginald Richardson,** *Proton–Proton-Streuungen bei 19,6 MeV.* (Sitzungsbericht.) (Physic. Rev. [2] **100.** 1805. 15/12. 1955. Los Angeles, Calif., Univ. of California.) Gerhard Schmidt. 90

Herbert N. Royden und **Byron T. Wright,** *Kleinwinkel-Proton–Proton-Streuung bei 20 MeV.* (Sitzungsbericht.) (Physic. Rev. [2] **100.** 1805. 15/12. 1955. Los Angeles, Calif., Univ. of California.) Gerhard Schmidt. 90

Michel A. Melkanoff, John Nodvik und **David S. Saxon,** *Analyse der elastischen Streuung von 31,5 MeV-Protonen.* (Sitzungsbericht.) (Physic. Rev. [2] **100.** 1805. 15/12. 1955. Los Angeles, Calif., Univ. of California.) Gerhard Schmidt. 90

Robert W. Wright, George Saphir, Wilson M. Powell, George Maenchen und **William B. Fowler,** *Proton-Proton-Wechselwirkungen bei 5,3 GeV.* (Sitzungsbericht.) (Physic. Rev. [2] **100.** 1802. 15/12. 1955. Berkeley, Calif., Univ. of California.) Gerhard Schmidt. 90

George Maenchen, William B. Fowler, Wilson M. Powell, George Saphir und **Robert W. Wright,** *Erzeugung instabiler Teilchen bei 4,5 GeV-π^--p-Stößen.* (Vgl. vorst. Ref.) (Sitzungsbericht.) (Physic. Rev. [2] **100.** 1802. 15/12. 1955.) Gerhard Schmidt. 90

R. E. Pixley, M. Bader und **Ward Whaling,** *Energieverlust von Protonen in Metallen.* (Sitzungsbericht.) (Physic. Rev. [2] **100.** 1805. 15/12. 1955. California Inst. of Technol.) Gerhard Schmidt. 90

V. C. Burkig und **K. R. MacKenzie,** *Relatives Bremsvermögen einiger metallischer Elemente für 20 MeV-Protonen.* (Sitzungsbericht.) (Physic. Rev. [2] **100.** 1805. 15/12. 1955. Los Angeles, Calif., Univ. of California.) Gerhard Schmidt. 90

R. G. Summers-Gill, *Differentielle Wirkungsquerschnitte für die Streuung geladener Teilchen an Beryllium.* (Sitzungsbericht.) (Physic. Rev. [2] **100.** 1795. 15/12. 1955. Berkeley, Calif., Univ. of California.) Gerhard Schmidt. 90

Homer E. Conzett, *Unelastische Streuung von Protonen aus ^{7}Li, ^{12}C, ^{24}Mg und ^{28}Si.* (Sitzungsbericht.) (Physic. Rev. [2] **100.** 1794. 15/12. 1955. Berkeley, Calif., Univ. of California.) Gerhard Schmidt. 90

K. G. McNeill, *Eine Bemerkung über das Verzweigungsverhältnis der D–D-Reaktionen.* Vf. berechnet aus verschied. experimentellen Ergebnissen die Werte für das Verhältnis der Wirkungsquerschnitte der Rkk. $D + D \rightarrow {}^{3}He + n$ u. $D + D \rightarrow {}^{3}H + p$ mit Hilfe neuerer Daten für die Winkelasymmetrien der Reaktionen. (Philos. Mag. [7] **46.** 800—04. Juli 1955. Glasgow, Univ., Dep. of Natural Philos.) D. Geissler. 90

Larry Schecter und **R. E. Ellis,** *Elastische Streuung von 48 MeV-α-Teilchen.* (Sitzungsbericht.) (Physic. Rev. [2] **100.** 1805. 15/12. 1955. Berkeley, Calif., Univ. of California.) GERHARD SCHMIDT. 90

David O. Caldwell und **Yash Pal,** *Photometrische Massenbestimmungen in einer Vielplatten-Nebelkammer.* (Sitzungsbericht.) (Physic. Rev. [2] **100.** 1803—04. Erratum: 1790. 15/12. 1955. MIT.) GERHARD SCHMIDT. 90

Walter H. Barkas, Paul H. Barrett, Pierre Cuer, Harry H. Heckman, Frances M. Smith und **Harold K. Ticho,** *Reichweite von Teilchen hoher Geschwindigkeit in Emulsionen.* (Sitzungsbericht.) (Physic. Rev. [2] **100.** 1797. 15/12. 1955. Berkeley, Calif., Univ. of California.) GERHARD SCHMIDT. 90

John S. Urban und **John J. McClure,** *Analyse der Kernemulsionsbahnen durch Streumessungen.* (Sitzungsbericht.) (Physic. Rev. [2] **100.** 1797. 15/12. 1955. Univ. of Oklahoma.) GERHARD SCHMIDT. 90

Haakon Olsen, *Weglaufende und ankommende Wellen in Endzuständen und Bremsstrahlung.* Für ein DIRAC-Elektron in einem Kugelpotential wird gezeigt, daß der totale Wirkungsquerschnitt für die Emission eines Quants gegebener Energie u. Richtung durch eine einfallende ebene Welle u. eine weglaufende Kugelwelle beschrieben werden kann. (Physic. Rev. [2] **99.** 1335—36. 15/8. 1955. Ithaca, N. Y., Cornell Univ., Labor. of Nucl. Stud.) H. C. WOLF. 90

Roland Beeler, Dominique Roux, Georges Béné und **Richard Extermann,** *Beobachtungen von Ausschlägen (battements) in elektronischer magnetischer Resonanz.* Vff. erörtern die experimentellen Unterlagen zur Erlangung von elektron. magnet. Resonanzfiguren, ähnlich denen von Kernresonanzfiguren, da das gyromagnet. Verhältnis des Elektrons 600mal größer ist als das des Protons. (C. R. hebd. Séances Acad. Sci. **241.** 472—74. 1/8. 1955.) C. GOTTFRIED. 90

K. L. Brown, *Z-Abhängigkeit der Bremsstrahlung im Falle völliger Abschirmung.* (Sitzungsbericht.) (Physic. Rev. [2] **100.** 1798. 15/12. 1955. Stanford Univ.) GERHARD SCHMIDT. 95

Richard Latter, *Das Temperaturverhalten des statistischen Atommodells nach Thomas und Fermi.* Zur theoret. Berechnung der Zustandsgleichungen u. spezif. Wärmen aller Elemente mit dem Atommodell nach THOMAS-FERMI werden eine hinreichende Anzahl von Lösungen der Differentialgleichung mit Hilfe einer IBM 701-Defense-Rechenmaschine erhalten u. in graph. Form mitgeteilt. Außerdem werden einige analyt. Eigg. der THOMAS-FERMI-Gleichungen untersucht u. einige Näherungslösungen für Grenzfälle angegeben. (Vgl. hierzu C. **1956.** 10367.) (Physic. Rev. [2] **99.** 1854—70. 15/9. 1955. Santa Monica, Calif., Rand Corp.) H. C. WOLF. 95

C. Fronsdal, *Wellengleichungen für beliebigen Spin.* (Sitzungsbericht.) (Physic. Rev. [2] **100.** 1810. 15/12. 1955. Los Angeles, Calif., Univ. of California.) GERHARD SCHMIDT. 95

Sven Gösta Nilsson, *Bindungszustände von Einzelnucleonen in stark deformierten Kernen.* Mit Hilfe eines Modells für die Wechselwrkg. der einzelnen Nucleonen mit dem stark rotationsellipt. deformierten Kernfeld werden Einzelteilcheneigenwerte u. -funktionen berechnet (Tabellen u. Diagramme). Damit werden die gesamte innere Energie des Kerns, Gleichgewichtsdeformation, Anregungsniveaus, der Entkopplungsfaktor in Rotationsspektren, das magnet. Moment u. die elektromagnet. Übergangswahrscheinlichkeiten berechnet. (Kgl. danske Vidensk. Selsk., mat.-fysiske Medd. **29.** Nr. 16. 1—68. 1955. Kopenhagen, CERN, Theoret. Study Div.; Lund, Univ., Inst. of Theoret. Phys.) D. GEISSLER. 95

G. Igo und **H. E. Wegner,** *Eine Anomalie bei Kernenergie–Niveaudichtemessungen.* (Sitzungsbericht.) (Physic. Rev. [2] **100.** 1796. 15/12. 1955. Brookhaven, Nat. Labor.) GERHARD SCHMIDT. 95

Paul Corriez, *Über das radioaktive Isotop des Wasserstoffs.* Das Zerfallsschema von T u. der darauf beruhende Nachw. von T werden diskutiert. In natürlichem W. kommt T in einer Konz. von 1 auf $25 \cdot 10^6$ H-Atomen vor. (Ann. pharmac. franç. **8.** 676—88. Sept./Okt. 1950. Paris, Fac. de Pharm., Labor. de Phys.) W. REUSSE. 95

André Herpin und **Claude Mercier,** *Theorie der Kernphotoreaktionen.* 1. Mitt. *Kernmodell.* Vff. untersuchen ein Kernmodell mit komplexem Potential u. bestimmen das Energiespektrum. Durch besondere Wahl des komplexen Potentials wird für einige diskrete Energiewerte das Äquivalent eines stark absorbierenden Kerns (noyau noir) erhalten. (C. R. hebd. Séances Acad. Sci. **241.** 947—49. 10/10. 1955.) GERHARD SCHMIDT. 103

Georges Philbert, *Eigenschaften der Kernzertrümmerungssterne in verdünnten, mit 1000 MeV-Protonen exponierten Emulsionen.* Die Unters. der Charakteristika der Sterne, die von Wechselwirkungen der 1 GeV-Protonen mit den Kernen der Emulsionen n. G 5-Kernemulsionen herrühren, zeigt, daß die mittlere Anzahl der bei Zertrümmerung emittierten geladenen Teilchen die gleiche ist, wenn der getroffene Kern ein leichter oder ein schwerer Kern ist. 20% der Zertrümmerungen schwerer Kerne haben eine Anzahl geladener Teilchen größer als 8 zur Folge. Die Wechselwrkg. eines 1 GeV-Protons mit einem leichten Kern führt in der Mehrzahl der Fälle zu einer völligen Aufsplitterung des Kerns in Protonen, Deuteronen u. α-Teilchen. (C. R. hebd. Séances Acad. Sci. **241.** 944—47. 10/10. 1955.) Gerhard Schmidt. 103

George P. Millburn, Burton J. Moyer, Yuin-Kwei Tai und **Selig N. Kaplan,** *Neutronenausbeuten aus 32 MeV-Protonen auf dicke Targets.* (Sitzungsbericht.) (Physic. Rev. [2] **100.** 1793. 15/12. 1955. Berkeley, Calif., Univ. of California.) Gerhard Schmidt. 103

Katarina Ahnlund, Sigvard Thulin und **Rolf Pauli,** *Die Reaktionsenergien von $^{17}O(d, p)^{18}O$ und $^{13}C(d, p)^{14}C$.* (Vgl. C. **1956.** 3200.) Das ^{17}O-Target wurde durch Auffangen der Ionen der M. 31 (^{14}N^{17}O) auf wassergekühlten Platten aus rostfreiem Stahl in einem elektromagnet. Separator aus einem ^{17}O angereicherten Isotopengemisch (^{16}O = 70%, ^{17}O = 4%, ^{18}O = 26%) mit N_2-Zusatz hergestellt. Auf dem gleichen Target wurde auch ^{13}C aufgefangen (^{13}C^{18}O). Die Reaktionsenergien werden durch Beschuß des Targets mit 0,855 MeV-Deuteronen eines Cockcroft-Walton-Beschleunigers u. Analyse der Protonen mit einem Spektrometer für schwere Teilchen bestimmt. Durch den Q-Wert der Rk. ^{17}O(d, p)^{18}O $Q_a = 5821 \pm 10$ keV u. die früher bestimmten Q-Werte für ^{17}O(d, α)^{15}N $Q_b = 9807 \pm 12$ keV u. für ^{18}O(p, α)^{15}N $Q_c = 3967 \pm 9$ keV wird ein Kernreaktionscyclus geschlossen. Vff. erhalten $Q_b - Q_a - Q_c = 19 \pm 18$ keV. (Ark. Fysik **8.** Nr. 48. 489—94. 1954.) H. Nelkowski. 103

Hélène Langevin-Joliot, *Über die innere und äußere Bremsstrahlung von ^{35}S.* Das Spektr. der inneren Bremsstrahlung von ^{35}S, das mit einem Scintillationsspektrometer erhalten wird, weicht sowohl der Form als auch der Intensität nach von der Theorie ab. Oberhalb 90 keV erreicht die Anzahl der Photonen 400% des theoret. Wertes. Die äußeren Bremsspektren, die beim Einfang der Elektronen von ^{35}S in *C* u. *Al* emittiert werden, stimmen dagegen mit der Theorie überein. (C. R. hebd. Séances Acad. Sci. **241.** 872—75. 3/10. 1955.) Gerhard Schmidt. 103

M. E. Bunker und **J. W. Starner,** *Zerfall von ^{51}Ti und ^{51}Cr.* Mit Hilfe eines γ- u. β-Scintillationsspektrometers untersuchen Vff. die Strahlungen des 5,8 Min.-^{51}Ti u. des 27 Tage-^{51}Cr. Die γ-Strahlen von ^{51}Ti haben Energien von 0,323, 0,605 u. 0,928 MeV; ihre relativen Intensitäten betragen 95,8 : 1,4 : 4,2. Zwei β-Gruppen mit Energien von 2,13 u. 1,5 MeV u. den relativen Intensitäten 94,4 : 5,6 werden beobachtet. Der 2,13 MeV-Übergang führt zum 0,323 MeV-Niveau von ^{51}V. ^{51}Cr zerfällt durch Elektroneneinfang sowohl zum Grundzustand als auch zum ersten angeregten Zustand von ^{51}V. Die Intensität der K-Einfang-Verzweigung zum 0,323 MeV-Niveau beträgt 9,8% der Gesamtintensität. Der totale innere Konversionskoeff. des 0,323 MeV-γ-Überganges ergibt sich zu $3{,}25 \cdot 10^{-3}$, was auf einen M 1 + E 2-Übergang hindeutet. (Physic. Rev. [2] **97.** 1272—75. 1/3. Erratum: **99.** 1906. 15/9. 1955. Los Alamos, N. Mex., Univ. of California, Los Alamos Sci. Labor.) J. Roesmer. 103

S. Colombo, A. Rossi und **A. Scotti,** *Eine Präzisionsneubestimmung der γ–γ-Richtungskorrelationsfunktion von ^{60}Ni.* Mit Scintillationszählern (zylindr. Anthracenkristalle) u. einem Koinzidenzkreis mit einer Auflösungszeit von $4 \cdot 10^{-8}$ sec wird eine Präzisionsneubest. der Richtungskorrelationsfunktion der ^{60}Ni-γ–γ-Kaskade, die beim β-Zerfall von metall. ^{60}Co auftritt, durchgeführt. Für jeden gewählten Winkel zwischen den Emissionsrichtungen der beiden Quanten wird das Anisotropieverhältnis aufgestellt. Der Vgl. mit den experimentellen Daten zeigt unter Annahme der gewöhnlichen ungestörten 4 (E 2) 2 (E 2) 0-Kaskade eine gute Übereinstimmung. (Nuovo Cimento [10] **2.** 471—86. 1/9. 1955. Milano, Ist. Naz. di Fis. Nucl.; Univ., Ist. di Fis., Ist. Naz. di Fis. Nucl.) Gerhard Schmidt. 103

E. K. Hyde, M. G. Florence und **A. E. Larsh,** *Isomerer Zustand von ^{88}Y beim Zerfall von ^{88}Zr.* Das 85 Tage-^{88}Zr zerfällt durch Elektroneneinfang zu ^{88m}Y, welches unter Emission eines 395 keV-γ-Strahls mit einer Halbwertszeit von $0{,}37 \pm 0{,}03$ msec abklingt. Konversionskoeff. u. Halbwertszeit lassen auf einen E 3-Übergang schließen. (Physic. Rev. [2] **97.** 1255—58. 1/3. 1955. Berkeley, Calif., Univ. of California, Radiat. Labor.) J. Roesmer. 103

G. L. Keister, E. B. Lee und **F. H. Schmidt,** *Radioaktiver Zerfall von ^{134}Cs und ^{134m}Cs.* Vff. untersuchen mittels eines Ringfokus-β-Spektrometers hoher Auflösung das β-Spektr. des 2,3 Jahre-^{134}Cs u. des 3,15 Std.-^{134m}Cs. Die γ-Strahlen von ^{134}Cs werden sowohl durch innere als auch äußere Konversion beobachtet. Das β-Spektr. von ^{134}Cs scheint aus 4 oder 5 Komponenten zu bestehen. 9 γ-Strahlen werden sowohl durch innere als auch äußere Konversion gefunden, ein 10. γ-Strahl erscheint nur bei innerer Konversion. Bei ^{134m}Cs wird kein Übergang zum Grundzustand beobachtet. (Physic. Rev. [2] **97**. 451—56. 15/1. 1955. Seattle, Wash., Univ. of Washington, Dep. of Phys.) J. Roesmer. 103

Fred McClung und **John R. Holmes**, *Isotopenverschiebung in den Spektren von* ^{198}Hg–^{202}Hg. (Sitzungsbericht.) (Physic. Rev. [2] **100**. 1792—93. 15/12. 1955. Univ. of Southern California.) Gerhard Schmidt. 103

O. B. Nielsen, *Multipolordnung der γ-Strahlen von* ^{208}Tl. Die Intensitäten der inneren Konversionslinien von ^{208}Tl in Koinzidenz mit α-Teilchen von ^{212}Bi werden mit β-Spektrometer gemessen u. damit der Multipolcharakter von 5 Übergängen als M 1 bestimmt. (Kgl. danske Vidensk. Selsk., mat.-fysiske Medd. **30**. Nr. 11. 1—16. 1955. Kopenhagen, Univ., Inst. for Theoret. Phys.) D. Geissler. 103

Marie Ader, *Energiespektrum der Neutronen aus Poloniumquellen*. (Vgl. C. **1956**. 919.) Für die Verss. verwendet Vf. eine auf eine Ni-Folie niedergeschlagene Po-Quelle von 500 mC zwischen 2 gleichstarken Ni-Schichten. Mit 200 μ dicken Ilford C 2-Emulsionen wird nach 20 std. Exposition eine Anzahl von Rückstoßprotonen festgestellt, die eine Unters. der Energie der auslösenden Neutronen gestattet. Aus 3000 ausgemessenen Bahnen wird ein Spektr. erhalten, das sich von 0,5 bis über 15 MeV erstreckt. Der Vgl. der Energiespektren der Neutronen aus einer Po–Be-Quelle mit dem aufgenommenen Spektr. zeigt, daß die Neutronenemission durch die Po-Quelle nicht einer Be-Verunreinigung zugeschrieben werden kann. (C. R. hebd. Séances Acad. Sci. **239**. 1290—91. 15/11. 1954.) Gerhard Schmidt. 103

Donald A. Hicks, John Ise jr. und **Robert V. Pyle**, *Neutronenmultiplizität bei spontaner Spaltung von* ^{252}Cf. Vff. bestimmen mit einem Neutronendetektor hohen Wirkungsgrades die Verteilungsfunktion der bei spontaner Spaltung von ^{252}Cf emittierten Neutronen. Die ^{252}Cf-Probe zeigt 300 spontane Spaltungen pro Minute. Mit großer Wahrscheinlichkeit wird bei fast allen spontanen Cf-Spaltungen mindestens 1 Neutron pro Spaltung emittiert, der Anteil der Spaltungen, bei denen 7 oder mehr Neutronen emittiert werden, ist $<1\%$. Die Verteilungsfunktion der emittierten Neutronen scheint einem Binomialgesetz der Form $\binom{n}{r}\cdot p^r\cdot q^{n-r}$ mit $n = 6$ u. $p = 0{,}238$ zu gehorchen, allerdings stimmen die experimentell erhaltenen Werte auch für $n = 7$. (Physic. Rev. [2] **97**. 564 bis 565. 15/1. 1955. Berkeley, Calif., Univ. of California, Dep. of Phys., Radiat. Labor.) J. Roesmer. 103

C. W. Nutt, *Isotope in der Industrie*. Übersicht über Herst. u. Anwendungen von radioakt. Isotopen. (Int. chem. Engng. Process Ind. **31**. 309—10. Juli 1950. Birmingham, Univ., Chem. Engng. Dep.) H. Pauli. 106

Charles-Noël Martin, *Über die durch thermonucleare Explosionen hervorgerufenen akkumulativen Wirkungen auf der Erde*. Allg. Betrachtungen über chem. Folgerungen, klimat., radioakt. u. genet. Wirkungen. (C. R. hebd. Séances Acad. Sci. **239**. 1287—89. 15/11. 1954.) Gerhard Schmidt. 110

Eger V. Murphree, *Industrielle Verwertung der Atomenergie*. Übersicht. (Ricerca sci. **25**. 219—33. Febr. 1955. Esso Res. and Engng. Comp.) K. Pawelzik. 110

D. O. Leeser, *Mechanische Werkstoffe in Kraftwerken auf Kernenergiebasis*. Übersicht. (Materials and Methods **41**. Nr. 5. 98—103. Mai 1955. Detroit, Mich., Edison Co., Nucl. Power Developm. Dep.) W. Wesly. 110

Peter Kleinheins, *Intensitätsmessungen im 180°-β-Spektrographen durch Auszählen der Elektronenspuren in Kernspurplatten*. Mit einem 180°-β-Spektrographen von maximal 2500 Oe u. einem maximalen Bahnradius von 9,5 cm werden Intensitätsmessungen durch Auszählen der zu jedem Impulsintervall gehörenden Bahnspuren mit einem Leitz-Ortholux-Stereomikroskop durchgeführt. Als Auffänger werden frisch gegossene Ilford G 5-Emulsionen (20—50 μ) benutzt. Die Empfindlichkeit ist für Bahnspuren von gestreuten Elektronen $\sim 10^3$ mal so groß wie die der üblichen photograph. Meth. u. entspricht der bei elektron. Zählung erreichbaren. Das Verf. wird an ^{137}Cs u. ^{60}Co geprüft. (Z. Naturforsch. **11a**. 252—53. März 1956. Hechingen, MPI für Phys. der Stratosphäre, Hochspannungslabor.) H. Nelkowski. 112

Yoshiyuki Kobayashi und **Gorō Miyamoto**, *Spektrometer mit sphärischem Kondensator*. Ein Spektrometer mit sphär. Kondensatorflächen von 9,5 bzw. 10,5 cm Radius zur Messung der Energiespektren energiearmer β-Strahlen u. Konversionslinien wird beschrieben. Bei einem ausgenutzten Raumwinkel von 4% liefert das Gerät für beschleunigte therm. Elektronen eine Halbwertsbreite von 1,3%. Zur Eichung wurden die

Konversionslinien der 46,7 keV-γ-Strahlung des *RaD* benutzt. Das Intensitätsverhältnis der L-, M- u. N-Konversionslinien wird zu $1:0{,}23\pm0{,}02:0{,}06\pm0{,}005$ bestimmt. (J. physic. Soc. Japan **8.** 135—36. Jan./Febr. 1953. Tokyo, Univ., Fac. of Sci., Dep. of Phys. [Orig.: engl.]) H. Nelkowski. 112

Hilding Slätis, *Zur Bestimmung der relativen Intensitäten der in einem Halbkreis-β-Spektrographen photographisch aufgezeichneten Konversionslinien.* Um relative Intensitäten vergleichen zu können, wird die Abhängigkeit der Schwärzung von der β-Intensität, der Elektronenenergie u. von der Lage der Linien (Bahnradius) untersucht. Reproduzierbare Ergebnisse werden erreicht, wenn das Prod. aus der wahren Halbwertsbreite u. der Differenz der Elektronendichten im Linienmaximum u. im Untergrund als Maß für die Linienstärke benutzt wird. Das Verf. wird an Konversionslinien in den β-Spektren von *ThB* u. *RaB* geprüft. (Ark. Fysik **8.** Nr. 43. 441—50. 1954. Stockholm, Nobel-Inst. of Phys.) H. Nelkowski. 112

C. R. Sun und **Byron T. Wright,** *Doppelkanal-β-Magnetspektrometer für kurzlebige Aktivitäten.* (Sitzungsbericht.) (Physic. Rev. [2] **100.** 1793. 15/12. 1955. Los Angeles, Calif., Univ. of California.) Gerhard Schmidt. 112

J. W. Motz, William Miller, H. O. Wyckoff, H. F. Gibson und **F. S. Kirn,** *γ-Messungen durch magnetische Analyse von Compton-Elektronen.* Es wird ein magnet. Spektrometer beschrieben. Als Elektronenquelle dient dabei eine dünne Be-Folie, die mit γ-Quanten von 0,2—12 MeV beschossen wird. Die ausgelösten u. unter einem kleinen Winkel austretenden Compton-Elektronen werden in einem transversalen Magnetfeld abgelenkt u. auf einen Scintillationszähler als Meßinstrument geleitet. Die Meßergebnisse werden theoret. ausgewertet. Die Ausbeute an Compton-Elektronen beträgt bei einer Be-Folie von $1\cdot10^{-3}$ in. Stärke $1{,}6\cdot10^{6}$ Photonen pro Zählimpuls im Detektor, die Auflösung ist dabei 2,8%. Bei dickeren Folien wächst die Ausbeute, während die Auflösung schlechter wird. (Rev. sci. Instruments **24.** 929—37. Okt. 1953. Washington, D. C., Nat. Bur. of Stand.) W. Reusse. 112

P. E. Trier, J. C. Hammerton und **E. Wolfendale,** *Ein nach der Laufzeitmethode arbeitendes Neutronenspektrometer.* Ein Teil der beim Auftreffen der aus einem 15 MeV-Linearbeschleuniger kommenden Elektronenimpulse (Impulsdauer 2 μsec, Impulsfolgefrequenz 200 oder 400 Hz) auf ein Target ausgelösten Neutronen durchläuft ein 20 m langes Rohr, an dessen Ende sie nach Durchqueren einer Probeplatte aus dem auf Neutronenabsorption zu untersuchenden Material in einem Detektor elektr. Impulse erzeugen. Die zeitliche Aufeinanderfolge dieser Impulse entspricht dem Geschwindigkeitsspektr. der Neutronen. Die in verschied. durch 100 Fensterschaltungen definierten Zeitintervallen, deren Intervallbreite auf 2 oder 10 μsec eingestellt werden kann, ankommenden Impulse werden in einem mechan. Zählwerk registriert. (Philips' techn. Rdsch. **16.** 97—114. Okt./Nov. 1954. Salfords, Mullard Res. Labors.) F. Lenz. 112

Émile Durand, *Breite und Krümmung der Strahlen bei der Massenspektrographie.* Zur Unters. eines Syst. aus einem radialen elektr. überlagertem gleichförmigem magnet. Feld erweist sich die Reihenentw. des Lagrangeschen Operators als eine übersichtliche u. zuverlässige Methode. Die Durchführung der Rechnung ergibt eine Abhängigkeit der Strahlbreite von der Anfangsrichtung des Masseteilchens u. die bekannte Doppelfokussierung nach Richtung u. Geschwindigkeit. (C. R. hebd. Séances Acad. Sci. **240.** 1872—74. 9/5. 1955.) R. Conrad. 112

A. F. Henson, *Eine Modifikation des Radiofrequenz-Massenspektrometers.* Vorschlag einer Spektrometerröhre nach Art des Bennettschen Prinzips (vgl. C. **1952.** 328), bei welcher die für gute Trennung notwendige Dreistufenanordnung mit 13 Gittern durch Einstufenanordnung mit 4 Gittern ohne Verlust an Trennschärfe ersetzt werden kann. (J. appl. Physics **21.** 1063—64. Okt. 1950. Frythe, Welwyn, Herts., Imp. Chem. Ind. Ltd., Butterwick Res. Labors.) J.-L. v. Eichborn. 112

F. L. Reynolds, *Konstruktion einer Ionenquelle.* Vf. beschreibt die Herst. von gedrehten Pyrexstäben für die Montage der Elektroden von Ionenquellen u. zeigt an einem Beispiel die Anordnung von Lochblenden an solchen Stäben. (Rev. sci. Instruments **24.** 992—93. Okt. 1953. Berkeley, Calif., Univ. of California, Radiat. Labor.) W. Reusse. 112

C. M. Stevens und **M. G. Inghram,** *Die Bestimmung von Isotopenverhältniswerten.* Vff. behandeln das Problem der experimentellen Best. des Isotopenverhältnisses in einem Ionenbündel, wobei dieses an einer Oberfläche ausgelöst wird. Der Analysator besteht aus einem Satz von Lochblenden u. Drahtgittern auf verschied. festen Gleichpotentialen. Gemessen werden der Gesamtionenstrom u. die Partialströme der einzelnen Isotope. Sekundärelektronen werden durch Gegenpotentiale eliminiert. (Rev. sci. Instruments **24.** 987—89. Okt. 1953. Chicago, Ill., Univ. of Chicago, Argonne Nat. Labor.) W. Reusse. 112

F. B. Hagedorn, *Herstellung dünner* ^{14}*N-Targets.* (Sitzungsbericht.) (Physic. Rev. [2] **100.** 1793—94. 15/12. 1955. California Inst. of Technol.) GERHARD SCHMIDT. 112

—, Proceedings of the International Conference on the Peaceful Uses of Atomic Energy held in Geneva 8 August—20 August 1955; v. 13, Legal, administrative, health and safety aspects of large-scale use of nuclear energy. New York: Columbia Univ. Press. 1956. (401 S. m. Abb., Diagr. u. Map.) Q. $ 7,—.

A_2. Optisches Verhalten der Materie.

M. J. Seaton, *Die kinetische Temperatur des interstellaren Gases in Gebieten neutralen Wasserstoffs.* Es wird über den Abkühlungseffekt durch Elektronenstoßanregung der niedrigen Niveaus bei C^+, Si^+ u. Fe^+ berichtet. Die Stoßquerschnitte wurden für C^+ quantenmechan. berechnet u. für Si^+ u. Fe^+ geschätzt. Die Abkühlungsgeschwindigkeit wird vergleichsweise groß gefunden, u. es scheint, daß örtliche Erwärmungsmechanismen, z. B. Photoionisation, nicht genügen, um die Temp. von 125° K, wie sie sich aus 21 cm-Linien-Beobachtungen ergibt, aufrechtzuerhalten. Nach KAHN ist 125° K die harmon. Mitteltemp. zwischen 2 alle 10^7 Jahre erfolgenden Gaswolkenzusammenstößen, bei denen 3000° K erreicht werden. Unter Annahme der von ALLER angegebenen Gasdichte ist die beobachtete Temp. in Übereinstimmung mit dem von KAHN vorgeschlagenen Mechanismus, ohne daß ein Kühlprozeß durch H_2-Moll. in Anspruch genommen werden muß. (Ann. Astrophysique **18.** 188—205. Mai/Juni 1955. Paris, Inst. d'Astrophys.) P. WOLF. 113

G. R. Burbidge und E. Margaret Burbidge, *Die Zusammensetzung und die Spektren der weißen Zwerge.* Wie von ÖPIK (Proc. Roy. Irish Acad., Sect. A **54.** [1951.] 49) auf Grund theoret. Unterss. vermutet wurde, bestehen weiße Zwerge hauptsächlich aus *Mg* u. *Si.* Nachdem der Stern ein Novastadium passiert hat u. dann hauptsächlich aus He besteht, wird dieses durch α-Teilchenprozesse in ^{12}C, ^{16}O, ^{20}Ne, ^{24}Mg u. ^{28}Si schrittweise umgewandelt. Eine Abänderung der Annahmen ergibt, daß die Zus. des Novarestes von den Umständen des Ausbruches abhängt. In jedem Fall kann vermutet werden, daß die weißen Zwerge auch aus schwereren Elementen bestehen. Es ist jedoch nicht zu erwarten, daß gleichzeitig starke Linien von He, C, O, Ne, Mg u. Si auftreten. Schwierigkeiten ergeben sich dadurch, daß ältere Sterne interstellare Materie aufgenommen haben. Als typ. für die wahre Zus. können die Linien von He I, C II, O II, Mg II, Si II u. Si III angesehen werden. Nach LUYTEN kann man die weißen Zwerge bzgl. ihres Spektr. in 6 Klassen einteilen. Auch hinsichtlich der Temp. u. Ionisation werden einige Vermutungen angestellt. (Publ. astronom. Soc. Pacific **66.** 308—11. Dez. 1954. Cambridge.) H. PREUSS. 113

Jesse L. Greenstein, *Das Spektrum von MacRae + 43° 1, einer möglicherweise alten Nova.* Dieser Stern gehört zum Spektraltyp Op. Es besteht kein Zweifel, daß sehr langsame Veränderungen der Lichtstärke u. Farbe von ziemlich raschen Schwankungen überlagert werden. Es treten helle *H*-Linien u. schwache *He I*-Linien auf. Trotz einiger Abweichungen ist das Spektr. dem einer alten Nova sehr ähnlich. Es machen sich jedoch auch in der Geschwindigkeit beachtliche Unterschiede gegenüber anderen Novae bemerkbar. (Publ. astronom. Soc. Pacific **66.** 79—82. April 1954. Carnegie Inst. of Washington, California Inst. of Technol., Mount Wilson and Palomar Observ.) H. PREUSS. 113

Anne B. Underhill, *Über die Deutung des Spektrums von HD 198 287,8 (V 367 Cygni).* Vf. bringt einige Korrekturen der ABTschen Unterss. über den Bedeckungsveränderlichen HD 198287,8. Es läßt sich eine gute Übereinstimmung, vor allem bei *Fe II*, *Ti II*, *Sc II* u. *Mg II* mit dem Spektr. von Pleione feststellen. Ein Vgl. mit dem Spektr. von 14 Comae läßt den Schluß auf eine niedrige Temp. des anregenden Sterns zu. Ferner tritt eine Asymmetrie einiger Linien auf, vor allem bei *Mg* 4481, für die es verschied. Deutungen geben kann. (Publ. astronom. Soc. Pacific **66.** 334—36. Dez. 1954. Victoria, B. C., Dominion Astrophys. Observ.) H. PREUSS. 113

M. J. Seaton, *Der Photoionisations-Wirkungsquerschnitt des neutralen atomaren Calciums.* Es wird eine Näherungsformel erhalten für den Wirkungsquerschnitt in Termen der Phase $\delta(k^2)$ der $4\,sk^2p^1P$ Kontinuum-Radialfunktion. Wird der Quantendefekt für die $4\,s\,np^1P$ Serien durch $\mu(n)$ ausgedrückt, so kann gezeigt werden, daß der gemessene Wirkungsquerschnitt in Übereinstimmung mit der Beziehung $\pi\mu(\infty) = \delta(0)$ ist. Der Wirkungsquerschnitt bei höheren Energien, benötigt für die Unters. des interstellaren Ionisationsgleichgewichts, wird durch Linearextrapolation der Phasen, die in Übereinstimmung mit dem gemessenen Wirkungsquerschnitt bei niedrigen Energien sind, abgeschätzt. (Ann. Astrophysique **18.** 206—10. 1955. Paris, Inst. d'Astrophys.) P. WOLF. 114

Jacques Winter, *Berechnung der Übergangswahrscheinlichkeiten zwischen zwei Atomniveaus, bei denen mehrere Quanten beteiligt sind.* Theoret. Untersuchung. (C. R. hebd. Séances Acad. Sci. **241.** 600—02. 17/8. 1955.) C. GOTTFRIED. 114

Jean Peretti, *Methode zur Berechnung der spektralen Dichte der Eigenschwingungsfrequenzen eines Kristallgitters.* Mathemat. Untersuchung. (C. R. hebd. Séances Acad. Sci. **241.** 461—63. 1/8. 1955.) C. GOTTFRIED. 114

Earle B. Mayfield, *Zeitauflösende Spektroskopie der Glüherscheinungen ultrabeschleunigter Kügelchen.* (Sitzungsbericht.) (Vgl. C. **1953.** 5451.) Al-Kügelchen werden mit 4500 m/Sek. in Vakuum oder Luft bzw. O_2 oder Ar bei Atmosphärendruck abgefeuert. Während sich die AlO-Banden ungefähr 150 μSek. hinter den Kügelchen bilden, zeigen sich dieselben in O_2 unmittelbar bei den Kügelchen. In Ar werden sowohl die Al- als auch die Ar-Linien angeregt. Die Kügelchen emittieren nach einem Zusammenstoß für ca. 25 μSek. ein Kontinuum. (Physic. Rev. [2] **87.** 912. 1/9. 1952. Inyokern, China Lake, Calif., Michelson Labor., U. S. Naval Ordn. Test Stat.) J. KLEFFNER. 114

Richard N. Thomas und William C. White, *Eine halbquantitative Deutung eines Spektrums schneller Teilchen aus Al.* (Sitzungsbericht.) (Vgl. vorst. Ref.) Es wird eine Deutung von zeitauflösenden Spektren ultrabeschleunigter Al-Kügelchen (5 km/Sek.) nach MAYFIELD (C. **1953.** 5451), RINEHART u. WHITE gegeben. Aus der verschied. Erscheinungszeit der Al-Linien (früher) u. der AlO-Banden (später) sind 2 Deutungen möglich. 1. als reiner Geschwindigkeitsprozeß mit beträchtlicher Aktivierungszeit für AlO oder als Folge von Quasigleichgewichtszuständen. Nach Berechnungen scheint die letztere Deutung vorzuherrschen, obwohl ein gewisser Aktivierungseffekt nicht ausgeschlossen werden kann. (Physic. Rev. [2] **87.** 912. 1/9. 1952. Utah, Univ. and Naval Ordnance Test Stat.) J. KLEFFNER. 114

Guy Pannetier, *Über zwei neue, bei der explosiven Zersetzung der Stickstoffwasserstoffsäure N_3H beobachtete Folgen des Systems $^3\Pi \rightarrow {}^3\Sigma$ des Radikals NH.* Spektroskop. wurde die bei der Explosion von trockenem N_3H ausgesandte Strahlung untersucht. Neben den beiden bei 3360 u. 3370 Å liegenden u. bekannten Banden des Radikals NH wurden 5 neue Banden des gleichen Radikals gefunden, deren Bandenköpfe bei 3051,0; 3076,2; 3383,5; 3743,2 u. 3752,1 Å liegen. Diese 7 Banden entsprechen einem Q-Zweig des Überganges $^3\Pi \rightarrow {}^3\Sigma$. Drei weitere, bisher unbekannte Banden entsprachen den R- u. P-Zweigen des m-ten Überganges. 3023,0 Å: R (1,0); 3054,7: R (2,1) u. 3803,8: P (0,1). Aus den Beobachtungen kann geschlossen werden, daß die ersten Stufen der Zers. des Mol. N_3H unter dem Einfl. des elektr. Funkens nach dem Schema $N_3H \rightarrow NH^* + N_2$ verlaufen. Zur Deutung des Auftretens des Radikals NH_2 im Spektr. (oberhalb 4200 Å) kann man ein doppeltes Verh. des Radikals annehmen: entweder es dissoziiert selbst in seine Bestandteile oder es verbindet sich mit dem so in Freiheit gesetzten Wasserstoff nach der Gleichung $NH^* + H \rightarrow NH_2^*$. (C. R. hebd. Séances Acad. Sci. **232.** 817—18. 26/2. 1951.) C. GOTTFRIED. 118

Guy Pannetier, Henri Guénebaut und Alfred-G. Gaydon, *Das System $^3\Pi \rightarrow {}^3\Sigma$ des in Emission bei der Zersetzung von schwerer Stickstoffwasserstoffsäure N_3D beobachteten Radikals ND.* (Vgl. vorst. Ref.) Gasförmiges N_3D wurde mittels elektr. Funken zur Explosion gebracht u. die dabei auftretende Strahlung spektroskop. untersucht. Auf den Aufnahmen wurden außer 3 bereits bekannten ND-Banden des Überganges $^1\Pi \rightarrow {}^1\Delta$, schwach einige Banden von schwerem W. u. des Radikals sowie 10 Banden des Radikals ND neu festgelegt, welche dem Syst. $^3\Pi \rightarrow {}^3\Sigma$ angehören. Es sind: 3119,5 Å: Q (1,0); 3137,0 Å: Q (2,1); 3363,5 Å: Q (1,1); 3635,0 Å: Q (1,2); 3637,7 Å: Q (0,1) u. 3272,8 Å: Q (2,2). Die restlichen 4 Banden werden vorläufig den Banden R u. P desselben Überganges zugeteilt. Es sind: 3302,5 Å: R (0,0); 3317,0 Å: R (1,1); 3336,0 Å: R (2,2) u. 3676,3 Å: P (0,1). Durch Extrapolation wurde für die Dissoziationsenergie von ND ein Wert von 3,4 eV ermittelt. Oberhalb 4200 Å tritt ein Syst. von diffusen Banden auf, das sicherlich dem Radikal ND_2 zuzuschreiben ist. (C. R. hebd. Séances Acad. Sci. **240.** 958—60. 28/2. 1955.) C. GOTTFRIED. 118

P. H. Brodersen und J. E. Sicre, *Das Spektrum des BrF und seine Dissoziationsenergie.* Zur erneuten Best. der Dissoziationsenergie wird das Absorptionsspektr. von BrF mit möglichst großer Dispersion (2,4 Å/mm) u. großen opt. Wellenlängen bis zu 144 cm aufgenommen. Das Kantenschema des Hauptsyst. ($0^+ - {}^1\Sigma^+$) von $^{79}Br^{19}F$ sowie die Isotopieaufspaltung werden angegeben. Es gelingt, die Schwingungsenergie des oberen Zustands in einen ungestörten Anteil u. eine Störungsfunktion zu zerlegen. Es folgt für die Dissoziation in Br ($^2P_{1/2}$) + F ($^2P_{3/2}$) = 22915 cm^{-1} u. für D_0 des Grundzustands 19230 cm^{-1} 2,384 eV. Ferner werden ein 2. Syst. ($1 - {}^1\Sigma^+$) gefunden u. die Potentialkurven angegeben sowie die Resultate auf FCl übertragen. (Z. Physik **141.** 515—24. 1955. Argentinien, Univ. nacional. de Eva Perón, Dep. de Fis.) D. HAHN. 118

P. Tiruvenganna Rao, *Absorptionsspektren von Thalliumhalogeniden.* Die Absorptionsspektren von *TlJ*, *TlCl* u. *TlBr* wurden in dem Bereich λ 6500 bis λ 2200 untersucht u. mit früheren Unterss. des Vf. verglichen. (Current Sci. **19.** 174. Juni 1950. Waltair, Andhra Univ.) W. FABER. 118

Masakazu Hayashi und **Kiichirô Katsuki,** *Wasserstoffähnliches Absorptionsspektrum von Kupferoxyd.* Vf. entdeckt in Cu_2O ein neues wasserstoffähnliches Absorptionsspektrum. In Cu_2O gibt es 2 Gruppen von wasserstoffähnlichen Energieniveaus, die eine scheint einem selbstgetrappten Elektron u. die andere einem Exciton zuzuschreiben zu sein, wobei die letztere zur Best. der stat. DK. von Cu_2O zu 9,5 führt. (J. physic. Soc. Japan **7.** 599—603. Nov./Dez. 1952. Sapporo, Hokkaido Univ., Fac. of Sci., Dep. of Phys.; Muroran, Muroran Coll. of Technol., Dep. of Phys. [Orig.: engl.]) D. HAHN. 118

P. L. Baynton, *Farbe von Telluritgläsern.* Da alle mit handelsüblichem TeO_2 erhaltenen Gläser eine gelblichgrüne Farbe zeigten, wurde angenommen, daß diese auf Verunreinigungen des TeO_2 zurückzuführen sind. Spektrograph. Unters. ergab geringe Verunreinigungen an Ca u. Sr sowie Spuren von Al, Mg, Na, Fe u. Au. Chem. Analysen von Telluritgläserrn ergaben 0,004 u. 0,007% Fe_2O_3 für am wenigsten gefärbte Gläser. Es wurde daher angenommen, daß Fe die farbgebende Komponente ist. Hierauf wurde, um bes. reines TeO_2 herzustellen, Te nach einer alten Meth. von KÖTHNER (1901) durch Dest. von allen Verunreinigungen befreit u. über das bas. Nitrat in TeO_2 übergeführt. Mit diesem Glas wurden Gläser der Zus. *BaO · 8 TeO*$_2$ erschmolzen, die bereits eine wesentlich geringere Färbung zeigten. Nach Anlassen bei 310° wurden Blättchen (3,5 mm dick) geschnitten, poliert u. ihre spektrale Durchlässigkeit untersucht. Zum Vgl. wurden ebenfalls Gläser untersucht, die mit handelsüblichem TeO_2 erschmolzen worden waren. Chem. Analyse der mit reinem TeO_2 erschmolzenen Gläser enthielten 0,001% Fe_2O_3, die mit gewöhnlichem TeO_2 $\sim$0,004% Fe_2O_3. Aus den Kurven ergibt sich, daß mit zunehmender Reinheit des Glases die UV-Absorptionskante nach kürzeren Wellenlängen zu verschiebt. Die D. des „reinen" Glases betrug ca. 2,1. (Nature [London] **176.** 691—92. 1/10. 1955. Rugby, Brit. Thomson-Houston Co. Ltd., Res. Labor.) C. GOTTFRIED. 119

Vittorio Garino-Canina, *Die Homogenitätsfehler von glasiger Kieselsäure.* Mit Hilfe von 2 Methoden, der Meth. von FRANÇON (vgl. C. **1954.** 2236) u. der Meth. der Mehrfachstrahleninterferometrie untersuchte der Vf. Homogenitätsfehler in glasiger Kieselsäure. In SiO_2-Glas gewöhnlicher Qualität wurden lokale Änderungen des Brechungsindex von ca. 10^{-5} (einige Einheiten der fünften Dezimale) gemessen. Dieses Glas ist für präzisionsopt. Unterss. nicht geeignet. Durch eine bes. Schmelztechnik kann man opt. SiO_2-Glas darstellen, bei dem die Änderungen des Brechungsindex in der Größenordnung von 10^{-6} liegen. (Rev. Opt. théor. instrument. **34.** 323—33. Juni 1955. Labor. de la Soc. Prosilis.) C. GOTTFRIED. 119

C. K. Sloan, *Untersuchungen der Winkelabhängigkeit der Lichtstreuung beim Altern von Niederschlägen.* An *BaSO*$_4$- u. *Alaun*-Ndd. in W. wird die Lichtstreuung unter Winkeln von 70—0,5° in Abhängigkeit von dem Alter der Ndd. gemessen. Der $BaSO_4$-Nd. zeigt innerhalb der ersten Min. ein schnelles Anwachsen der Teilchengröße, dem ein weiteres, langsames Wachstum folgt. Zur nephelometr. Sulfatbest. wird die Messung des Streulichts unter 10° empfohlen, welche am wenigsten von der Alterung beeinflußt wird. Messungen an Alaun-Ndd. werden am günstigsten unter 0,5° ausgeführt. (J. physic. Chem. **59.** 834—40. Sept. 1955. Wilmington, Del., E. I. du Pont de Nemours and Co., Inc.) H.-J. EICHHOFF. 119

I. Lifschitz, *Untersuchungen über Rotationsdispersion.* 3. Mitt. (2. vgl. Z. physik. Chem. **114.** [1925.] 485.) Die Rotationsdispersion der aus lachsrotem *Cobalto-oxymethylencamphorat* u. A. erhaltenen grünen Lsg. stimmt nicht mit der des grünen Cobalti-Salzes überein. Das [*Cr-d-oca*$_3$] (**I**) zeigt eine viel schwächere Rotation als das [*Co*(*III*)-*d-oca*$_3$] (**II**). Die Ursache ist das Vorliegen eines Gemisches der d- u. l-Form von (**I**). Die Rotation des d-[Cr-d-oca$_3$] stimmt mit der von (**II**) überein. In CH_3OH-Lsg. erleiden beide Isomere von (**I**) Racemation. Da die d-Form langsam, die außerdem bedeutend leichter lösl. l-Form rasch racemisiert, gelingt es nicht, die l-Form rein zu erhalten. Ihre Rotation wurde berechnet. Damit wurde erstmalig die Rotation von opt.-akt. A. in komplexer Bindung ($Me^{III}A_3$) ermittelt u. die Regel über das Auftreten des COTTON-Effektes bei Innerkomplexen bestätigt. Die Beständigkeit einer mehrfach akt. Verb. scheint von der Kombination der Konfigurationen, die sie enthält, abhängig zu sein. In diesem Zus. wird das alleinige Auftreten von l-Aminosäuren in Proteinen diskutiert. Zur Unters. des geometr. Baues der Oxymethylencamphorate wurden Absorptionsspektra aufgenommen. Diese waren denen entsprechender Acetylacetonate analog, jedoch stark zum Rot verschoben. Die [Me^{III}-d-oca$_3$]-Verbb. (Me = Al, Cr, Co, Fe) haben gleichen geometr. Bau, was auch durch Messungen der Dipolmomente (Al = 2,31, Cr = 2,3, Co = 2,35, Fe = 2,4, 10^{-18} e.s.e.)

bestätigt wurde. Eine Entscheidung, welche der beiden möglichen geometr. Formen vorliegt, konnte nicht getroffen werden. (Recueil Trav. chim. Pays-Bas **69.** 1495—1503. Nov. 1950. Groningen, Rijks-Univ., Labor. für anorg. u. physik. Chem.) H.-G. PLUST. 119

E. Hartert und **O. Glemser,** *Infrarotspektroskopische Bestimmung der Metall-Sauerstoff-Abstände in Hydroxyden, basischen Salzen und Salzhydraten.* (Vortrag.) Es wird die Art der OH-Valenzschwingung (γ) u. der beim Vorliegen einer H-Brückenbindung senkrecht zur OH-Valenz auftretenden Knickschwingung (δ) im Kristallgitter von Hydroxyden diskutiert. Für den OH-Radius $r(K)_{OH}$ bzw. den Me–OH-Abstand wird die empir. Gleichung $r(K)_{OH} = 8{,}9 \cdot 10^{-4} (4720 - \delta - 0{,}7\,\gamma)$ aufgestellt (r in Å, δ u. γ in cm^{-1}). Eine der Knickschwingung der OH-Gruppe analoge Bewegung der H_2O-Mol. wird zur Best. der H_2O–Me-Abstände in Salzhydraten herangezogen. (Angew. Chem. **68.** 382. 7/6. 1956. Göttingen.) W. KRÖNERT. 120

Y. Koi, A. Tsujimura und **T. Fuke,** *Ursprung der Linienbreite von reiner Quadrupolresonanz.* Zur Unters. des Ursprungs der Linienbreite von reiner Quadrupolresonanz werden die Linienformen u. das Verhältnis der Linienbreiten für die beiden Br-Isotopen ^{79}Br u. ^{81}Br in $NaBrO_3$ bei Zimmertemp. untersucht. Beide erhaltenen Kurven zeigen einen intermediären Charakter zwischen einer GAUSSschen u. einer LORENTZschen Kurve; das Verhältnis der maximalen negativen zu der maximalen positiven Neigung beträgt 3:1 für die ^{79}Br-Kurve u. 3,1:1 für die ^{81}Br-Kurve. Das Intervall zwischen den äußersten Abweichungen beträgt 3,5 kHz für ^{79}Br u. 3,1 kHz für ^{81}Br. Die möglichen Mechanismen der Linienverbreiterung sind elektr. Quadrupolrelaxation, magnet. Dipolwechselwrkg. u. Feldschwankungen infolge Kristallspannungen. Herrscht der erste Mechanismus vor, dann wird das Verhältnis der Linienbreiten für die beiden Isotopen gleich dem Verhältnis der Quadrate ihrer Quadrupolkopplungskonstanten, das wäre 1,44. Herrscht der zweite Mechanismus vor, dann wird das Verhältnis gleich dem Verhältnis ihrer magnet. Momente, das wäre 0,928. Herrscht der dritte Mechanismus vor, dann wird das Verhältnis gleich dem ihrer Quadrupolkopplungskonstanten: 1,2. Da das beobachtete Verhältnis 1,13 beträgt, kann gefolgert werden, daß alle 3 Mechanismen für die beobachteten Linienbreiten verantwortlich sind; ihr prozentiger Anteil kann jedoch nicht mit Sicherheit festgelegt werden. (J. chem. Physics **23.** 1346. Juli 1955. Tokushima, Univ., Fac. of Technol.) C. GOTTFRIED. 121

E. A. Mason und **M. M. Kreevoy,** *Ein einfaches Modell für Potentialschwellen bei innermolekularer Rotation.* Nach einer Übersicht über die bisher angewendeten Näherungen bei der Berechnung der Höhe von Potentialschwellen, die — hervorgerufen durch „ster." Abstoßung nicht miteinander gebundener Atome u. Gruppen in einem Mol. — eine freie Rotation in diesen Mol. verhindern, entwickeln Vff. das von ihnen benutzte Verfahren. Grundgedanke dabei ist folgender: die Potentialschwellen werden durch gewöhnliche VAN DER WAALSsche Abstoßung zwischen den einzelnen Gruppen hervorgerufen; diese ist die gleiche wie die zwischen ähnlichen Fragmenten, die als freie Partikel existieren (Wechselwirkungen zwischen F-Atomen in verschied. Teilen eines Mol. können z. B. beschrieben werden wie Wechselwirkungen zwischen isolierten Ne-Atomen). Die Potentialfunktion $\varphi(r)$, die diesen VAN DER WAALSschen Kräften entspricht, kann für größere Entfernungen r der Gruppen aus der Zustandsgleichung u. aus Transporteigg. bei Gasen erhalten werden, bei kleinen r aus Streuverss. mit neutralen Partikeln hoher Geschwindigkeit. Vff. stellen für die einzelnen Atome u. Gruppen (F—F, Cl—Cl, H—H, CH_3—CH_3) die $\varphi(r)$ auf u. berücksichtigen die Restladung dieser Atome durch einen COULOMB-Term. Mit den $\varphi(r)$ berechnen sie dann unter Benutzung bekannter Strukturparameter die Potentialschwellen V_0 gegen die innermol. Rotation (V_0 = Potential der cis-Mol.-Form) — (Potential der windschiefen Mol.-Form), für die untengenannten Moll., bei denen keine Rotationsisomerie auftreten kann. Ebenfalls angegeben sind die Potentialhöhe V_{cos} bei Benutzung des cis-Potentials u. die innermol. Rotation, beide Werte werden mit den experimentellen verglichen. Es zeigt sich, daß in den meisten Fällen die VAN DER WAALSschen Abstoßungen die Höhe der Potentialschwellen zum größeren Teil erklären. Den Restbetrag schreiben Vff. elektrostat. Wechselwrkg. zwischen den Ladungsverteilungen der Bindungen zu (vgl. OOSTERHOFF, Discuss. Faraday Soc. **10.** [1951.] 79); LASSETTRE u. DEAN (C. **1950.** I. 1460). Auch bei Deformation von Valenzwinkeln oder möglichem Einfl. ungebundener Elektronenpaare an Heteroatomen gibt das Modell semiquantitative Aussagen. (J. Amer. chem. Soc. **77.** 5808—14. 20/11. 1955. University Park, Pa., Pennsylvania State Univ., Dep. of Chem.) G. KRESZE. 123

L. Petermann und **R. Mercier,** *Einfluß der Ultraschallbestrahlung auf die Fluorescenz fester Körper.* Unter dem Einfl. von Ultraschall (1 W/cm^2, 375 kHz) wird die Abklingintensität J_a verschied. zuvor durch UV erregter Phosphore (*ZnS·Cu, ZnS·Ag, ZnS·Rh, (Ca,Sr)S·Ag, (Ca,Sr)S·Y* u. andere Aktivatoren) momentan über den n. Abklingverlauf erhöht; nach Abschalten der Beschallung fällt J_a rasch unter die n. Abklingkurve. Der Effekt wird auf eine therm. Ausleuchtung infolge lokalen Temperaturanstiegs im Phosphor zurückgeführt. Der theoret. unter diesem Gesichtspunkt zu erwartende Abklingverlauf wird ermittelt u. liegt im Sinne der Beobachtungen. (J. Physique Radium **16**. 2 S—3 S. März 1955. Lausanne, Univ., Ecole Polytechn.) J. RUDOLPH. 125

I. Broser und **R. Broser-Warminsky,** *Statistisch-kinetische Theorie der Luminescenz und elektrischen Leitfähigkeit von Störstellenhalbleitern.* Es werden die opt. u. elektr. Eigg. von Halbleitern (Kristallphosphoren) bei geeigneten vereinfachenden Voraussetzungen beschrieben. Die erste ist die Annahme zweier Termgruppen (Leitungsband u. Haftstellen bzw. Donatoren einerseits, Valenzband u. Aktivatoren bzw. Aktivatoren andererseits), in welchem die Ladungsträger gemäß der FERMI-Statistik verteilt sind. Die zweite besagt, daß strahlende Rekombinationen nur bei Übergängen von einem Termsyst. zum anderen vorkommen können. Drittens wird eine beliebige statist. Verteilung der Störterme zugelassen. Mit Hilfe der daraufhin abgeleiteten Gesetzmäßigkeiten läßt sich das elektr. u. opt. Verh. der Halbleiter nach therm. u. opt. Anregung deuten. (Ann. Physik [6] **16**. 361—407. 1955. Berlin-Dahlem, Fritz-Haber-Inst. der Max-Planck-Ges.) D. HAHN. 125

Albrecht Fischer, *Elektroluminescenz.* Es wird ein zusammenfassender Überblick über die Elektroluminescenz in Festkörpern gegeben. Zunächst wird die Elektroluminescenz an p–n-Schichten (SiC, Ge) beschrieben, die durch Rekombination von Löchern u. Elektronen, wahrscheinlich an Störstellen, bei Anlegen eines Gleichfeldes auftritt. Weiter wird über die Grundtatsachen des DESTRIAU-Effektes bei Wechselfeldanregung berichtet, der an ZnS-Phosphoren, die in ein Dielektrikum eingebettet sind, zu beobachten ist. Die verschied. Möglichkeiten des Anregungsmechanismus werden skizziert. Die Präparation elektroluminescenter Leuchtstoffe, die sich durch bes. hohen Aktivatorgeh. u. Schaffung mehrerer chem. Phasen auszeichnen, wird angedeutet. Auf geeignete organ. Substanzen (Typaflavin u. Carbazol) wird hingewiesen. Abschließend wird die gemeinsame Wrkg. von Licht u. elektr. Feldern (Elektrophotoluminescenz) auf geeignete Phosphore gestreift. (Z. angew. Physik **7**. 258—63. 1955. Gießen, Justus-Liebig-Hochschule, Phys. Inst.) D. HAHN. 125

Georges Destriau, *Verstärkung der Elektroluminescenz gewisser Kristalle durch Drehschwingungen im Feld.* In ein Dielektrikum eingebettete Kriställchen eines Elektroluminophors leuchten normalerweise nur unter Einfl. eines Wechselfeldes. In einem Gleichfeld kann man ein Leuchten erzielen, wenn man die Kriställchen um eine kristallograph. Achse rotieren läßt. Bei kupferaktiviertem *ZnO* konnte gezeigt werden, daß die Rotation auch eine Verstärkung der Elektroluminescenz bei Wechselspannung ergibt, wobei es sich nicht etwa um Triboluminescenz handelt. Die unterschiedliche Eignung verschied. Dielektrika für Leuchtkondensatoren sowie die Alterung können mit der Verstärkung durch Drehbewegungen zusammenhängen. (C. R. hebd. Séances Acad. Sci. **241**. 869—70. 3/10. 1955.) C. REUBER. 125

A_3. Elektrizität. Magnetismus. Elektrochemie.

P. S. Faragó und **G. Marx,** *Quanteneffekte bei der Wechselwirkung zwischen freien Elektronen und elektromagnetischen Wellen.* Inhaltlich ident. mit der C. **1956**. 7990 referierten Arbeit. (Physic. Rev. [2] **99**. 1063—64. 15/8. 1955. Budapest, Centr. Res. Inst. for Phys., Dep. of Electromagnet. Waves; Eötvös Univ., Phys. Inst., Dep. of Theoret. Phys.) H. LIEPACK. 131

Z. Geller und **W. Low,** *Verstärkung von 1-cm-Wellen im negativen Glimmlicht von Heliumentladungen.* Vff. senden quer durch eine He-Glimmentladung von 15 mA bei 1—3 Torr 1,25 cm-Wellen, deren elektr. Vektor parallel zur Achse des Entladungsgefäßes liegt u. messen den durch die Entladung hindurchgehenden Strahlungsanteil als Funktion des Kathodenabstandes. Für die Abschwächung der Wellen ergibt sich eine oscillierende Kurve mit zwei Minima, deren erstes am Rande der kathod. Glimmschicht bei einem Kathodenabstand von 13 mm sogar eine Verstärkung bringt. Die berechnete Elektronendichte für eine Plasmaschwingung von 1,25 cm Wellenlänge stimmt etwa mit der aus einer plausiblen Stoßzahl berechneten überein. Danach können durch die gesendete Strahlung Plasmaschwingungen angeregt werden, die die Strahlung durch longitudinale Schwingungen verstärken. Das zweite Minimum ist durch eine Kopplung des elektromagnet. Feldes mit einer Harmon. der Plasmaschwingungen möglich. (Nature [London] **176**. 1021—22. 26/11. 1955. Jerusalem, Hebrew Univ., Dep. of Phys.) GRETCHEN MÜLLER. 131

J. M. Anderson und **L. Goldstein,** *Mikrowellenuntersuchungen der Stoßprozesse langsamer Elektronen im Heliumplasma.* (Sitzungsbericht.) (Physic. Rev. [2] **100**. 1229. 15/11. 1955. Univ. of Illinois.) H. LIEPACK. 131

R. L. Fey und **W. J. Graham,** *Ambipolare Diffusion in Xenon bei 3 cm Wellenlänge.* (Sitzungsbericht.) (Physic. Rev. [2] **99.** 1658. 1/9. 1955. Naval Res. Labor.) H. LIEPACK. 131

A. W. Bright und **J. S. Thorp,** *Gegenfeldmessungen an der Hohlkathode.* Durch Vergleichsmessungen im Gegenfeld bei 840—940° an einer Hohlkathode, einer Hohlkathode, deren Loch vollständig mit Kathodenpaste gefüllt ist, u. einer einfachen Kathode ergibt sich, daß bei der Hohlkathode die langsamen Elektronen verstärkt auftreten, ihr Anteil ist bei den anderen beiden Kathoden etwa gleich. Bei größeren negativen Anodenspannungen ergeben dagegen die Hohlkathode u. die verschmierte Hohlkathode die gleichen Werte, die geringer sind als die der einfachen Kathode. Daraus schließen die Vff., daß die Elektronen der Hohlkathode in der Hauptsache aus der Schicht in der Nähe der Kante des Loches kommen. Aus den Gegenfeldmessungen läßt sich keine einheitliche Temp. der Elektronen bestimmen. (Nature [London] **176.** 1079—80. 3/12. 1955. London, Imp. Coll.; Baldock, Serv. Electronics Res. Labors.) GRETCHEN MÜLLER. 131

L. H. Germer und **W. S. Boyle,** *Anoden- und Kathodenbögen.* Beim Öffnen u. Schließen von Niederspannungsschaltern treten Lichtbögen mit Bogenlängen von 10^{-6} cm auf, die durch Feldemission gezündet u. erhalten werden. Man kann nach dem Angriff der Oberflächen durch die Lichtbögenansätze zwei Bogenarten, den Anoden- u. den Kathodenbogen unterscheiden. Unter Berücksichtigung der Existenz der bisher unbeachteten Kathodenbögen werden sich die beobachteten unterschiedlichen Materialtransporte zwischen den anod. u. kathod. Kontaktstücken erklären. (Nature [London] **176.** 1019. 26/11. 1955. Murray Hill, N. J., Bell Telephone Labors., Inc.) GRETCHEN MÜLLER. 131

J. S. T. Looms, *Lokalisierte Coronaentladungen an einer negativen Elektrode.* Bei einer Coronaentladung zwischen einem negativen Draht u. einem ihn umschließenden positiven Ring treten an der Kathode Büschel auf. Ersetzt man den Draht durch einen Hg-Strahl, so treten keine stationären Büschel auf, beblâst man den Draht, so vibrieren die Büschel. Die mit einem Photomultiplier gemessenen Lichtimpulse zeigen, daß diese eine Dauer von 10^{-7} Sek. haben u. in Abständen von ca. 10^{-6} Sek. auftreten. Vf. schließt daraus, daß die Lokalisierung der negativen Corona an die Elektrode gebunden ist, der Entladungsmechanismus ist jedoch nicht von der Lokalisierung abhängig. Bei der stationären Elektrode werden die Büschel wahrscheinlich durch therm. Emission lokalisiert. (Nature [London] **176.** 977—78. 19/11. 1955. Teddington, Middlesex, Nat. Phys. Labor., Electr. Div.) GRETCHEN MÜLLER. 131

Don E. Harrison jr., *Statistische Mechanik der Kathodenzerstäubung.* (Sitzungsbericht.) (Physic. Rev.[2] **100.** 1234. 15/11. 1955. Univ. of Louisville.) H. LIEPACK. 131

R. W. Crompton, J. Dutton und **S. C. Haydon,** *Die Zunahme des Vorstromes in Wasserstoff.* Die Messung des Vorstromes in H_2 in Abhängigkeit vom Elektrodenabstand (0—2 cm) ergibt auch für einen Druck p von 220 Torr die Gültigkeit der Formel von TOWNSEND. Bei den Verss. betrug $E/p = 21$ V/cm·Torr (E = elektr. Feldstärke). Außerdem bestätigen Vff. bei p = 150 Torr den Zusammenhang $\alpha/p = f\,(E/p)$, (α = 1. Ionisationskoeff.), den ROSE (Nature [London] **175.** [1955.] 154) bei niedrigen Drucken gefunden hat. Es ist also über einen großen Druckbereich der Mechanismus der prim. Ionisation gleichartig, u. es tritt durch die Elektronenlawine mit einer anfänglichen Stromdichte von $3 \cdot 10^{-12}$ A/cm² keine Verzerrung des angelegten Feldes auf. (Nature [London] **176.** 1079. 3/12. 1955. Singleton Park, Swansea, Univ., Coll. of Swansea, Dep. of Phys.) GRETCHEN MÜLLER. 131

A. C. Faire und **George W. Griffing,** *Nachleuchtuntersuchungen in Stickstoff bei niedrigem Druck.* (Sitzungsbericht.) (Physic. Rev. [2] **100.** 1231. 15/11. 1955. Air Force Cambridge Res. Center.) H. LIEPACK. 131

J. Goldstein und **J. M. Anderson,** *Stoßquerschnitte von Stickstoffmolekülen mit langsamen Elektronen.* (Sitzungsbericht.) (Physic. Rev. [2] **100.** 1229—30. 15/11. 1955. Univ. of Illinois, Electr. Engng. Res. Labor.) H. LIEPACK. 131

B. A. Arbusow und **T. G. Schawscha-Tolkatschewa,** *Dipolmomente der Ester der Orthopropion- und der Orthoameisensäure.* (Vgl. C. **1956.** 6341.) Die Best. des Dipolmoments (DM) ergibt bei den Estern der *Orthopropionsäure,* $CH_3CH_2C(OR)_3$: R = C_2H_5 1,93 D, n-C_3H_7 1,92, n-C_4H_9 1,84, C_6H_{13} 1,90, C_8H_{17} 2,00, bei den Estern der Orthoameisensäure $HC(OR)_3$: R = CH_3 1,88, C_2H_5 1,90, n-C_3H_7 1,92. Diese Werte entsprechen den für völlig freie Drehbarkeit der Alkoxygruppen um die C—O-Bindung berechneten; diese Drehung ist aber nach der Berechnung der Atomabstände der verschied. Mol.-Modelle unter Berücksichtigung des Radius der Wirkungssphären der VAN DER WAALSschen Kräfte (CH_3- u. CH_2-Gruppen 2,0, H 1,2 Å) nicht möglich. Die bei *Pentaäthoxyantimon* $Sb(OC_2H_5)_5$, *Hexaphenoxywolfram* $W(OC_6H_5)_6$ u. *Hexa-p-tolyloxywolfram* $W(OC_6H_4CH_3)_6$ (**I**) neben den Refraktionen bestimmten DM (2,29; 2,13; 2,10) entsprechen weder den maximalen, noch den minimalen für verschied. Mol.-Modelle berechneten Werten (minimal 1,50; 1,33; 1,59; maximal 2,88; 3,76; nicht angegeben). I ist neu dargestellt aus WCl_6 u. p-Kresol, F. 134 bis 135°. (Известия Академии Наук СССР, Отделение Химических Наук [Nachr. Akad. Wiss. UdSSR, Abt. chem. Wiss.] **1954.** 614—21. Juli/Aug. Kasan, Uljanow-Lenin-Univ., Wiss. Butlerow-Forsch.-Inst.) R. K. MÜLLER. 132

Jean Savornin, *Untersuchungen der thermoelektrischen Eigenschaften von Aluminium in sehr dünnen Schichten.* (Vgl. C. **1956.** 9626.) Sehr dünne Schichten von Al, durch Aufdampfen im Vakuum erzeugt, zeigen unabhängig von der Schichtdicke eine sich mit steigender Temp. regelmäßig vergrößernde EMK. Bei Schichten unter 100 mμ ergeben sich jedoch manchmal Abweichungen, indem man eine wesentlich höhere EMK. erhält, u. zwar je dicker die Schicht, um so höher die Temp., bei der sich die Abweichung zeigt. Es wird vermutet, daß Modifikationen der Kristallstruktur hierfür verantwortlich sind. (Métaux **30.** 447—49. Nov. 1955. Alger, Fac. des Sci.) H.-J. HEINRICHS. 133

Bernard Claudel, *Neuere Ansichten über die Leitfähigkeit von Kristallen.* Übersicht über die theoret. Grundlagen der Elektronen- u. Ionenleitfähigkeit u. über die elektr. Eigg. einiger Kristalle. — Literaturzusammenstellung. (Bull. Soc. chim. France [5] **1956.** 708—31. April. Paris, Sorbonne, Labor. de Chim.) H. MÜLLER. 135

D. L. Falkoff, *Fluktuierendes Rauschen und irreversible Prozesse.* (Sitzungsbericht.) (Physic. Rev. [2] **99.** 1657. 1/9. 1955. Brandeis Univ. u. Lincoln Labor.) R. LEVI. 135

Jacques Laplume, *Über den Einfluß der Oberflächenrekombination auf die Stromverstärkung eines Übergangstransistors.* Unterss. über den Einfl. der Oberflächenrekombination auf den Rückstrom von pn-Gleichrichtern werden auf die Transistortheorie ausgedehnt. Die Theorie liefert dann einen Reihenausdruck für die Stromverstärkung, der sich für den die Praxis interessierenden Fall ausreichend großer Werte der Stromverstärkung durch sein erstes Glied annähern läßt. Danach ist die Stromverstärkung von der Basisdicke, der Diffusionslänge, dem Radius der Basisfläche, der Diffusionskonstanten u. der Oberflächen-Rekombinationsgeschwindigkeit abhängig. Die Unters. ist auch für sinusförmige Ströme gültig. (C. R. hebd. Séances Acad. Sci. **239.** 1274—76. 15/11. 1954.) C. REUBER. 135

S. R. Morrison, *Oberflächenniveaus, ihr Einfluß auf den Feldeffekt und das 1/f-Rauschen.* (Sitzungsbericht.) (Physic. Rev. [2] **99.** 1655. 1/9. 1955. Sylvania Electric Products Inc.) R. LEVI. 135

Eberhard Groschwitz, *Zum theoretischen Temperaturkoeffizienten von Halbleitern.* Vf. berechnet den Temperaturkoeff. des Widerstandes von elektrostat. Halbleitern (Stör- u. Eigenleitungsbereich) unter Berücksichtigung der Streuung der Elektronen an therm. Gitterschwingungen. Hierbei wird bes. der Übergang Stör–Eigenhalbleitung berücksichtigt. Außerdem wird der Einfl. der Lebensdauer der Minoritätsträger auf den Temperaturkoeff. einer p–n-Verb. untersucht. (Z. angew. Physik **7.** 245—49. 1955. München, Siemens-Halske A.G., Halbleiterfabrik.) D. HAHN. 135

Eberhard Groschwitz, *Zum theoretischen Temperaturkoeffizienten eines Flächentransistors.* (Vgl. vorst. Ref.) Vf. untersucht die Temperaturkoeffizienten des differentiellen Widerstandes des Kollektor- u. Emitterstroms beim p–n–p-Transistor. Auch hier hatte die Lebensdauer der Minoritätsträger einen Einfl. auf das Temperaturverhalten. Voraussetzungen, damit die beiden Temperaturkoeffizienten möglichst klein werden, sind geeignete Werte für die Dichte der Rekombinationszentren, deren Energieniveaus im verbotenen Band, die Dichte der Donatoren u. Acceptoren u. die Breite der Basis bei gegebener Temperatur. (Z. angew. Physik **7.** 280—82. 1955.) D. HAHN. 135

Adolf Herlet, *Bemerkung zur Temperaturabhängigkeit des Sperrstromes bei p–i–n-Gleichrichtern.* (Vgl. C. **1956.** 10853.) Die Temperaturabhängigkeit des p–i–n-Gleichrichters (Ge mit p-leitender, eigenleitender u. n-leitender Schicht) läßt sich durch die Rekombination u. Paarerzeugung auf Grund des trap-Modells verstehen. Die Erfahrung zeigt, daß bei Flächengleichrichtern mit breiter eigenleitender Mittelzone die in das Exponentialgesetz der Temperaturabhängigkeit eingehende Aktivierungsenergie kleiner ist als die Bandbreite. Auch dieser Befund kann mit Hilfe des trap-Modells gedeutet werden. Die Aktivierungsenergie hängt auch von der Dotierung u. der Temp. ab. (Z. angew. Physik **7.** 240—44. 1955. Pretzfeld, Siemens-Schuckert-Werke.) D. HAHN. 135

D. E. Martz und **R. S. Witte,** *Transversalfeldeffekte in PbS.* (Sitzungsbericht.) (Physic. Rev. [2] **100.** 1808. 15/12. 1955. U. S. Naval Ordnance Test Stat.) R. STEIN. 135

Robert Juza und **Albrecht Rabenau,** *Das elektrische Leitvermögen einiger Metallnitride.* 30. Mitt. *über Metallamide und -nitride.* (29. vgl. JUZA u. Mitarbeiter, C. **1956.** 10181.) Vff. bestimmen das elektr. Leitvermögen der Nitride Ni_3N (**I**), Cu_3N (**II**), Zn_3N_2 (**III**), GaN (**IV**), InN (**V**) u. Ge_3N_4 (**VI**). Die verwendeten Schaltungen sowie Verff. zur Messung des Wider-

standes von gepreßten Pulvern u. kompakten Stäbchen werden besprochen. **I** leitet metall. mit dem spezif. Widerstand (bei 0°), $\varrho_0 = 2{,}8 \cdot 10^{-3}\ \Omega \cdot$cm. Der Temperaturkoeff. des Widerstandes zwischen -78 u. $+20°$ beträgt $\alpha = +0{,}73 \cdot 10^{-3}$ Grad^{-1}. **I** gehört zu den Nitriden der Übergangsmetalle von metall. Charakter, im Einklang mit der Struktur der Verb., einer Einlagerungsstruktur mit hexagonal dichtem Metallatomgitter. **II** ist ein Halbleiter mit $\varrho_0 = 6{,}0 \cdot 10^{12}\ \Omega \cdot$cm. Der Temperaturkoeff. ist negativ. Die Ablösearbeit der Elektronen beträgt $\Delta\varepsilon = 0{,}23$ eV. **III** ist ebenfalls ein Halbleiter; $\varrho_0 = 4{,}5 \cdot 10^3\ \Omega \cdot$cm; Temperaturkoeff. < 0; $\Delta\varepsilon = 0{,}09$ eV. Im Gegensatz zu **IV**, das ein Halbleiter mit $\varrho_{20} = 4{,}0 \cdot 10^8\ \Omega \cdot$cm ist, besitzt das strukturell übereinstimmende **V** einen überraschend kleinen Widerstand von $\varrho_0 = 4{,}0 \cdot 10^{-3}\ \Omega \cdot$cm. Der Temperaturkoeff. von **V** beträgt $\alpha = +0{,}37 \cdot 10^{-3}$ Grad^{-1}. Das diamantartige **VI** ist ein Nichtleiter; ϱ_0 ist größer als $10^8\ \Omega \cdot$cm. Die Sonderstellung von **V** hat eine Parallele in der hohen Leitfähigkeit des *CdO*. (Z. anorg. allg. Chem. **285.** 212—20. Juni 1956. Kiel, Univ., Inst. für Anorgan. Chem.)
W. KRÖNERT. 135

R. Nossek, *Bestimmung der mittleren freien Weglänge der Leitungselektronen in Kalium.* An einer K-Aufdampfschicht (bei 90°K auf feuerpolierter Glasplatte kondensiert) wird der elektr. Widerstand als Funktion der Schichtdicke bestimmt. Ist diese größer als 130 Å, so wird die Weglängentheorie von FUCHS u. CHAMBERS bestätigt [σ/D = f (log D)]. Hieraus folgt eine mittlere freie Weglänge der Leitungselektronen im K bei 273°K von 360 ± 20 Å. Bei dünneren Schichten nimmt der elektr. Widerstand exponentiell mit der Dicke ab, wahrscheinlich durch Inselbldg. u. Tunnelleitung. Der Temperaturkoeff. der K-Schicht betrug $+2{,}5$ bis $6 \cdot 10^{-3}$/°C. (Z. Physik **142.** 321—33. 1955. Clausthal-Zellerfeld, Bergakad., Phys. Inst.) D. HAHN. 136

C. J. Meechan, *Einfluß von Elektronenbestrahlung bei niedriger Temperatur auf den spezifischen elektrischen Widerstand von Kupfer.* (Sitzungsbericht.) (Physic. Rev. [2] **100.** 1807. 15/12. 1955. North American Aviat., Inc.) R. STEIN. 136

A. B. Pippard, *Experimentelle und theoretische Untersuchung der Beziehung zwischen Magnetfeld und elektrischem Strom in einem Supraleiter.* In 8 *Sn*-Einkristallen, die *In*-Zusätze bis zu 3% enthielten, wurde die Eindringtiefe λ bei 2,2°K gemessen. Der auf 0°K extrapolierte Wert λ_0 wird durch den 3%ig. In-Zusatz fast verdoppelt; die Sprungtemp. wird dagegen kaum verändert. Um diese Tatsache, die nach der LONDONschen Theorie nicht zu verstehen ist, zu erklären, entwickelt Vf. eine neue phänomenolog. Theorie, deren Merkmal die Einführung eines Parameters ist, der die Dimension einer Länge hat u. größenordnungsmäßig gleich 10^{-4} cm ist. (Proc. Roy. Soc. [London], Ser. A **216.** 547—68. 24/2. 1953. Cambridge, Univ., Royal Soc. Mond Labor.)
G. KIRSCHSTEIN. 136

R. R. Heikes, *Die Beziehung der magnetischen Struktur zur elektrischen Leitfähigkeit bei NiO und ähnlichen Verbindungen.* (Vgl. C. **1956.** 338.) Bei den Oxyden der Übergangsmetalle weiß man, daß die magnet. Eigg. durch die Superaustauschwechselwrkg. über die O^--Ionen bestimmt werden. Vf. zeigt, daß auch die Leitfähigkeit infolge des möglichen oder unmöglichen Elektronentransportes bei diesem Modell eine Frage der ferromagnet. oder antiferromagnet. Wechselwrkg. ist. Ferromagnetika, wie MnBi, CrTe usw. sind Leiter mit positiven Temperaturkoeffizienten des elektr. Widerstandes, Antiferromagnetika, wie NiO, CuO, Fe_2O_3, MnO, MnS u. CoO, sind Nichtleiter nach diesem Modell, da eine Elektronenbewegung nach dem PAULI-Prinzip unmöglich ist. Der negative Temperaturkoeff. im letzteren Falle kommt dadurch zustande, daß mit wachsender Temp. die antiferromagnet. Ordnung gestört wird. (Physic. Rev. [2] **99.** 1232—34. 15/8. 1955. East Pittsburgh, Pa., Westinghouse Res. Labor.) H. FAHLENBRACH. 137

David A. Kottwitz, *Magnetische Superaustauschwechselwirkung.* (Sitzungsbericht.) (Physic. Rev. [2] **100.** 1242—43. 15/11. 1955. Univ. of Pennsylvania.) R. STEIN. 137

John E. Hove, *Magnetische Susceptibilität von neutronengeschädigtem Graphit.* (Sitzungsbericht.) (Physic. Rev. [2] **100.** 1806—07. 15/12. 1955. North American Aviat., Inc.) R. STEIN. 137

M. H. Cohen und **F. Keffer,** *Dipolarer Ferromagnetismus bei 0° K.* Ausführliche Darst. des C. **1955.** 5002 referierten Sitzungsberichts. (Physic. Rev. [2] **99.** 1135—40. 15/8. 1955. Chicago, Ill., Univ., Inst. for Study of Metals; Pittsburgh, Pa., Univ., Sarah Mellon Scaife Radiat. Labor.) H. FAHLENBRACH. 137

F. A. Otter jr., P. J. Flanders und **E. Klokholm,** *Ferromagnetismus von Edelmetalllegierungen mit Mangan.* (Vgl. C. **1956.** 8264.) *Ag-* u. *Au*-Legierungen mit mehr als 8 At.-% *Mn* sind ferromagnetisch. Die CURIE-Tempp. nehmen mit wachsendem Mn-Geh. zu. Bei den Legierungen mit höherem Mn-Geh. wird neben der ferromagnet. Phase auch noch eine paramagnet. Phase festgestellt. (Physic. Rev. [2] **99.** 599—600. 15/7. 1955. Philadelphia, Pa., Franklin Inst., Labor. for Res. and Developm.)
H. FAHLENBRACH. 137

A. Giansoldati, *Magnetische Untersuchungen an zwei Legierungen des Systems Au–Mn.* Die Ergebnisse von Unterss. der mol. magnet. Susceptibilität $\varkappa$ für 2 Phasen (Au_3Mn u. AuMn) des bin. Syst. Au–Mn werden mitgeteilt. Als Beitrag zum Studium der noch unklaren Umwandlungsvorgänge bei 918°K für Au_3Mn u. bei 848°K für AuMn wurde gefunden, daß Au_3Mn bei 920°K eine Unstetigkeit der $1/\varkappa$–T-Funktion aufweist. Bei AuMn dagegen verläuft $\varkappa$ um 848°K völlig stetig, hat jedoch bei 500°K ein Maximum u. den für Antiferromagnetismus charakterist. Verlauf. (J. Physique Radium **16.** 342–43. April 1955. Stockholm.) K. REICHEL. 137

J. E. Gould und **M. McCaig,** *Erzeugung von Anisotropie in einem permanenten Magneten durch Druck.* Vff. zeigen durch das Aufschrumpfen eines Eisenblockes auf einen magnetostriktiven Kobaltstahlbolzen, daß auch für eine permanent-magnet. Legierung eine Verbesserung der Hysteresekurve, in Form einer Annäherung an eine Rechteckkurve, möglich ist. (Nature [London] **176.** 977. 19/11. 1955. Sheffield, Permanent Magnet Assoc.; Central Res. Labor.) GRETCHEN MÜLLER. 137

Buichi Kubota und **Chisato Okazaki,** *Mehrpolige Magnetisierung der hexagonalen Barium-Eisenoxyd-Magnete.* Vff. stellen fest, daß achsial zweipolig magnetisierte Stäbe (z. B. 50 mm lang, 3,5 mm Durchmesser) aus $BaO \cdot 6\ Fe_2O_3$ dann in Längsrichtung mehrere Pole zeigen, wenn eine achsiale Gegenmagnetisierung bei Tempp. von 350–400° bei mittleren Feldstärken von ca. 3000 Oe stattfindet. Eine solche mehrpolige Magnetisierung wird nur dann beobachtet, wenn a) über die Stablänge ein Temperaturgradient besteht u. wenn b) die Korngrößen in der Probe verschieden sind. Im letzteren Falle sind die großen Körner (kleine Koerzitivkraft) die Keime für die Gegenmagnetisierung. Im ersteren Falle sind bei der Gegenmagnetisierung bei Tempp. oberhalb 300° die Stellen höchster Temp. die Keime für die Gegenmagnetisierung, da H_c an diesen Stellen am kleinsten ist. Bei der Gegenmagnetisierung bei Tempp. unter 300° sind die Stellen niedrigster Temp. die Ummagnetisierungskeime, H_c hat bei 300° ein Maximum. (J. physic. Soc. Japan **10.** 723–26. Aug. 1955. Osaka, Matsushita Electr. Ind. Co. Ltd.; Kadomacho, Kitagawachi-Gun, Res. Sect. [Orig.: engl.]) H. FAHLENBRACH. 137

Jules Wucher, *Ein Deutungsversuch der magnetischen Eigenschaften der rhomboedrischen Titan-, Vanadium-, Chrom- und Eisenoxyde (Ti_2O_3, V_2O_3, Cr_2O_3 und Fe_2O_3) bei erhöhten Temperaturen.* Die Oxyde Ti_2O_3, V_2O_3, Cr_2O_3 u. $Fe_2O_3\alpha$ kristallisieren alle im rhomboedr. Syst. wie $Al_2O_3\alpha$. Dabei besitzt jedes Metallion einen nächsten Nachbarn in einem Abstand von ca. 2,9 Å u. drei weitere Nachbarn mit einem nur wenig größeren Abstand. Alle Oxyde sind antiferromagnet. mit stark verschied. NÉEL-Punkten, die als Umwandlungspunkte 2. Ordnung mit Anomalien der Wärmeausdehnung, des elektr. Widerstandes u. der spezif. Wärme bekannt sind. Die thermomagnet. Eigg. bei Tempp. oberhalb der NÉEL-Punkte lassen sich quantitativ deuten, wenn man annimmt, daß am NÉEL-Punkt der Gitter-Antiferromagnetismus bei tiefen Tempp. in einen mol. Antiferromagnetismus, gek. durch eine Antiparallelstellung des Gesamtspins der beiden dreiwertigen Metallionen im Mol., übergeht. Dabei erhält man für diese mol. Wechselwirkungsenergie aus den gemessenen Kurven für Ti_2O_3: 1600 k, für V_2O_3: 400 k u. für Cr_2O_3 u. $Fe_2O_3\alpha$ übereinstimmend: 280 k. (C. R. hebd. Séances Acad. Sci. **241.** 288–90. 18/7. 1955.) H. FAHLENBRACH. 137

W. P. Ayres, P. H. Vartanian und **J. L. Melchor,** *Frequenzverdopplung in Ferriten.* (Sitzungsbericht.) (Physic. Rev. [2] **100.** 1791. 15/12. 1955. Sylvania Electr. Prod. Inc., Electron. Defense Labor.) R. STEIN. 137

Jean Paulevé, *Die ferromagnetische Resonanz von Gadoliniumferriten bei 9000 MHz in Abhängigkeit von der Temperatur.* Zwischen –200° u. +300° wird die ferromagnet. Resonanzabsorption von Gadoliniumferrit $Fe_2O_3 \cdot Gd_2O_3$ bei einer Frequenz von 9000 MHz gemessen. Die Kurve der Gleichfeldstärke, bei der Resonanz eintritt, hat zwischen +20 u. +50° ein tiefes Loch, wobei Werte von unter 600 Oe für die Gleichfeldstärke gemessen wurden, während diese Feldstärke bei tiefen Tempp. Werte über 2000 Oe u. bei hohen Tempp. über 3000 Oe besitzt. Aus Temperatur–Magnetisierungs-Kurven ist bereits eine Anomalität bei +33° bekannt, die nach NÉEL befriedigend auch für die Ergebnisse der Resonanzabsorption gedeutet wird. Danach bilden die Fe- u. Gd-Ionen zwei Untergitter, die durch negative Austauschwechselwrkg. im allg. zum Ferrimagnetismus führen. Bei tiefen Tempp. zeigt das Gd-Untergitter stärkeren Magnetismus, bei höheren Tempp. das Fe-Untergitter. Bei +33° sind die antiparallel gerichteten magnet. Momente der beiden Untergitter gerade gleich. (C. R. hebd. Séances Acad. Sci. **241.** 548–50. 8/8. 1955. Grenoble, Univ., Inst. de Phys.) H. FAHLENBRACH. 137

Henri Bizette und **Belling Tsai,** *Die magnetischen Eigenschaften des neutralen Nickelcarbonats $NiCO_3$ ohne Kristallwasser.* $NiCO_3$ kommt je nach den Herstellungsbedingungen in zwei Modifikationen mit brauner u. mit grüner Farbe vor. Temperatur–Magnetisierungs-Kurven zwischen 4°K u. Raumtemp. ergaben für die beiden Modifikationen nur sehr geringe Unterschiede. In beiden Fällen gilt bis herunter zu 40°K das CURIE-WEISSsche Gesetz, woraus man für die grüne Modifikation ein Atommoment von 3,2 u. für die braune von 3,23 BOHRsche Magnetonen ermittelt. In beiden Fällen wird unterhalb 40°K Ferromagnetismus beobachtet. Dabei konnten ausgesprochene Hystereseschleifen mit Koerzitivkraftwerten von 200 Oe gemessen werden, wobei allerdings trotz einer Feldstärke von 24500 Oe noch keine magnet. Sättigung erreicht wurde. (C. R. hebd. Séances Acad. Sci. **241.** 546—48. 8/8. 1955.) H. FAHLENBRACH. 137

Ari Brynjólfsson, *Ergebnisse bei partieller Entmagnetisierung des natürlichen Magnetismus isländischer Basalte.* Vf. hat neuere (postglaziale) u. ältere Basalte sowie Proben zwischen umgekehrt u. n. magnetisierten Miozän-Lavaströmen (64° 18,3′N, 21° 25,5′W) untersucht. Das Verh. (Richtung u. Intensität) des nach partieller Wechselfeld-Entmagnetisierung noch verbleibenden Restmagnetismus wird teilweise durch die Einw. eines umgekehrten Magnetfeldes zwischen der Entstehung der Lavaströme u. heute erklärt. (Naturwissenschaften **43.** 154—55. 1. April-H. 1956. Göttingen, Univ., Inst. für Geophys.) K. REICHEL. 137

Bernard Dreyfus, *Resonanzfeldstärken eines Systems mit magnetischen Untergittern (Ferrimagnetische Resonanz).* Vf. berechnet die Resonanz bei einem ferrimagnet. Modell aus antiparallell magnetisierten Untergittern verschied. Stärke ohne Berücksichtigung von Anisotropien. Die Resonanzfeldstärken können nach der Theorie dort Null werden, wo sich die Magnetisierungen in den beiden Untergittern gegenseitig aufheben. Dagegen kann die Resonanzfeldstärke bei keiner Temp. ∞ werden. Dagegen gibt es Temperaturgebiete, wo keine reelle Lsg. der Gleichungen möglich ist. Die Ergebnisse werden bei Ferriten im Prinzip experimentell bestätigt. (C. R. hebd. Séances Acad. Sci. **241.** 552—54. 8/8. 1955. Grenoble, Univ., Inst. de Phys.) H. FAHLENBRACH. 137

R. G. Shulman, B. J. Wyluda und **H. J. Hrostowski,** *Quadrupolverbreiterung der kernmagnetischen Resonanzlinien durch reversiblen achsialen Druck.* (Sitzungsbericht.) (Physic. Rev. [2] **100.** 1792. 15/12. 1955. Bell Telephone Labors.) R. STEIN. 137

O. R. Gilliam, Robert I. Walter und **V. W. Cohen,** *Kernhyperfeinstruktur in der paramagnetischen Resonanzabsorption von Triarylaminiumperchloraten.* Vff. beobachten in mit Hilfe von Mikrowellen untersuchten paramagnet. Resonanzen verd. Lsgg. von freien radikalen Triarylaminiumperchloraten, (G—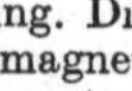—)$_3$N$^+$ClO$_4^-$ mit G = CH$_3$O—, C$_6$H$_5$— u. CH$_3$OCO—, eine Hyperfeinaufspaltung. Die Aufspaltung wird der Wechselwrkg. des ungepaarten Elektrons mit dem kernmagnet. Moment von ^{14}N zugeschrieben. Sie schließen, daß die Wellenfunktion des ungepaarten Elektrons in den Aminiumsalzen partialen s-Charakter bei zentralem N-Kern besitzt. Daher können die drei Bindungen an diesen Kern nicht reine sp^2-Hybride sein. Die Annahme, daß eine Pyramidenkonfiguration vorliegt, wird durch die Hyperfeinstruktur erneut bestärkt. (J. chem. Physics **23.** 1540. Aug. 1955. Connecticut, Conn., Univ. of Connecticut Storrs, Dep. of Phys. and Dep. of Chem., u. Upton, N. Y., Brookhaven Nat. Labor.) E. HAHN. 137

G. Kortüm und **H. Wilski,** *Über die elektrische Leitfähigkeit von Jod–Pyridin-Lösungen.* Vff. untersuchen die Leitfähigkeit von Lsgg. des Jods in Pyridin in Abhängigkeit von der Konz. u. der Zeit. Dabei ergibt sich, daß sich die Leitfähigkeit mit Hilfe einer Extrapolationsmeth. in zwei Teile aufspalten läßt: Einen zeitlich veränderlichen, der auf eine Rk. des Jods mit dem Solvens zurückzuführen ist, u. einen zeitlich konstanten, der durch die elektrolyt. Dissoziation einer Jod–Pyridin-Komplexverb. verursacht wird. Die Dissoziationskonstante dieser Komplexverb. wird bestimmt. (Z. physik. Chem. **202.** 35—55. Juli 1953. Tübingen, Univ., Physikal.-chem. Inst.) V. BURBACH. 138

V. S. Griffiths und **K. S. Lawrence,** *Die Leitfähigkeit des Silbernitrats in nichtwässerigen und gemischten Lösungsmitteln.* 2. Mitt. (1. vgl. C. **1955.** 748.) Es wird über die Ergebnisse von Leitfähigkeitsmessungen (bei 25°) an Lsgg. von AgNO$_3$ in *Aceton* (**I**), in 1, 2, 5, 10, 20, 40 u. 50% W.–**I**- u. in 10, 20 u. 30% W.–*Dioxan* (**II**)-Gemischen berichtet u. über den Zusammenhang der Resultate mit der BJERRUM-Theorie diskutiert, wobei sich ergibt, daß das W.–**II**-Syst. sich auf Grund elektrostat. Kräfte zwischen den Ionen erklären läßt, während das W.–**I**-Syst. komplexer Natur ist. (J. chem. Soc. [London] **1955.** 1208—12. April. London, Battersea Polytechn.) W. NIEMITZ. 138

James P. Lodge, Miriam L. Baker und **John M. Pierrard,** *Beobachtungen über Ionentrennung in verdünnten Lösungen durch Ausfrieren.* Es wurden NaCl-Lsgg. verschied. Molarität teilweise ausgefroren u. nach Phasentrennung u. Schmelzen der Eisphase von beiden Phasen das Gewicht u. der Geh. an Na flammenphotometr. u. an Cl durch amperometr. Titration bestimmt. Es wird gezeigt, daß nicht nur die Ionengröße für die ungleiche Verteilung der verschied. Ionen zwischen den beiden Phasen u. die dadurch bedingten Phasengrenzpotentiale (P) verantwortlich ist, vielmehr auch die Ausfriergeschwindigkeit (AG) u. die Konzentration. Die Ionentrennung wächst mit steigender Ausfriergeschwindigkeit. P geht bei wachsender AG. durch ein Maximum, das von der jeweiligen Konz. abhängig ist. Die in der Eisphase (E) gefundene Cl^--Konz. ist geringer, als sie sich aus dem Massengleichgewicht errechnet, offensichtlich durch elektrolyt. Rkk. zur Bldg. von Cl-haltigen Komplexen, die nicht mehr mit $AgNO_3$ reagieren. Dementsprechend nimmt auch die Cl^--Konz. in der E bei wiederholtem Ausfrieren ohne Phasentrennung mit der Zahl der Ausfrierungsprozesse ab. Es handelt sich demnach bei diesen Erscheinungen eher um Abweisungserscheinungen als um Einschlußphänomene. (J. chem. Physics **24.** 716—19. April 1956. Chicago, Ill., Univ. of Chicago.) W. SCHULZE. 139

M. Simnad und **R. Smoluchowski,** *Die Wirkung von Protonenbestrahlung auf das Elektrodenpotential von Wolfram.* Messung des Einfl. von Protonenbestrahlung (130 bis 260 MeV) auf das Elektrodenpotential sorgfältig präparierter 0,012 in. im Durchmesser messender W-Drähte ergab eine starke Änderung in Richtung größerer chem. Reaktionsfähigkeit (unedler); die Änderung ist größer als die durch starke Kaltbearbeitung erreichbare. Über ihre Natur sind nur Vermutungen möglich. (Physic. Rev. [2] **99.** 1891—92. 15/9. 1955. Pittsburgh, Pa., Carnegie Inst. of Technol.) H. C. WOLF. 140

Herbert H. Uhlig und **Oscar F. Noss jr.,** *Entstehung von Potentialen durch thermische Gradienten an in NaCl-Lösung getauchtem Eisen.* Aus Laborverss., bei denen Elektroden aus nahtlosen Stahlrohren bei 25 u. 100° in eine NaCl-Lsg. getaucht wurden, ergibt sich folgendes: Die Potentialdifferenz in einer 3%ig. NaCl-Lsg. unter besonderen Bedingungen der Belüftung u. Rührung beträgt 0,024 V. Die heiße Elektrode ist Anode. Es wird weiter festgestellt, daß bei abnehmender Belüftung, Rührung oder NaCl-Konz. die Potentialdifferenz abnimmt. Der Kurzschlußstrom wächst in einer 3%ig. NaCl-Lsg. auf 0,0066 A/dm^2, was einer anod. Korrosion von 0,028 mm/Jahr entspricht. In mit N_2 gesätt. Lsg. fällt der Strom auf Null ab. Der Kurzschlußstrom ist scheinbar mehr durch die Polarisation der Kathode als durch den Widerstand des Elektrolyten begrenzt. Es scheint, als ob die 100°-Elektrode als Anode die 25°-Elektrode kathod. mit der gleichen Fläche schützt, mit welcher sie in der 3% ig. NaCl-Lsg. verbunden ist. (Corrosion [Houston] **6.** 140—43. Mai 1950. Cambridge, Mass., Massachusetts Inst. of Technol.; Wilmington, Calif., Union Oil Co. of California.) J. FISCHER. 140

S. E. S. El Wakkad, T. M. Salem und **S. E. Khalafalla,** *Die Kinetik der Anodenprozesse bei sehr kleiner Stromdichte.* 1. Mitt. *Die anodische Auflösung von Kupfer und Quecksilber.* Es wird eine Gleichung für das Potential einer sich auflösenden Anode bei sehr geringen anod. Stromdichten (10—30 μA) u. ruhendem Elektrolyten abgeleitet. Sie enthält die Geschwindigkeit der Elektroden-Rk. u. den Konzentrationsgradienten des potentialbestimmenden Ions an der Elektrodenoberfläche. Die Messung der anod. Auflsg. von Cu u. Hg bestätigte die Richtigkeit der aufgestellten Gleichung. Die Geschwindigkeitskonstanten für die Auflsg. von Cu u. Hg befinden sich im Einklang mit Ergebnissen, die aus Wechselstrommessungen erhalten wurden. (J. chem. Soc. [London] **1955.** 1702—05. Juni. Cairo, Univ.) H.-J. HEINRICH. 140

W. N. Andrejewa, *Zersetzungspotentiale von in geschmolzenen Phosphaten gelösten Metalloxyden.* Man fand bei I—V-Kurven für geschmolzene $NaPO_3$ u. $Na_4P_2O_7$ zwei „Knicke", die 2 Zersetzungspotentialen entsprachen, welche der Bldg. von Komplexionen zuzuschreiben sind. Das Verschwinden des 2. „Knickes" bei hohen Tempp. zeugte offenbar von der therm. Zers. der Komplexe. Ein 2. „Knick" in der I—V-Kurve wurde auch bei der Elektrolyse einiger in geschmolzenem $NaPO_3$ gelöster Schwermetalloxyde festgestellt. Die I—V-Kurven der in geschmolzenem $Na_4P_2O_7$ gelösten Metalloxyde wiesen kein zweites Zersetzungspotential auf. Eine Ausnahme bildete nur das Syst. Sb_2O_3–$Na_4P_2O_7$ mit drei Zersetzungspotentialen. Die Werte für die Zersetzungspotentiale der Metalloxyde ermöglichten eine elektrochem. Spannungsreihe der Metalle in bezug auf die geschmolzenen Phosphate aufzustellen. Bei 1000° ergab sich für $NaPO_3$ die Reihe: Na, Zn, W, Cd, Pb, Co, Fe, Ni, Cu, Mo, Bi, Sb, u. für $Na_4P_2O_7$ die Reihe: Na, Cd, W, Co, Ni, Cu, Pb, Fe, Mo, Sb. Die Richtigkeit dieser Reihen wurde durch Messung der EMK. mittels eines Kathodenvoltmeters bestätigt. (Украинский Химический Журнал [Ukrain. chem. J.] **21.** 569—75. 1955. Kiew, Polytechn. Lenin-Inst.) A. v. KOTZEBUE. 140

Ju. K. Delimarski und **F. F. Grigorenko,** *Bestimmung der Zersetzungspotentiale von geschmolzenen Alkali- und Erdalkalifluoriden.* Für die Zersetzungspotentiale geschmolzener Fluoride der Alkali- u. Erdalkalimetalle fand man: $KF_{1000°}$ —2,54 V; $NaF_{1000°}$ —2,76 V; $LiF_{1000°}$ —2,20 V; $MgF_{2\,1400°}$ —2,25 V; $CaF_{2\,1400°}$ —2,40 V; $SrF_{2\,1440°}$ —2,43 V; $BaF_{2\,1400°}$ —2,58 V. Um die schädliche Wrkg. des Anodeneffektes zu verringern, verwendete man eine größere Oberfläche der Anode; außerdem überschritt die Stromstärke bei 4 V nicht 0,5 A. Zur Vermeidung der Depolarisation wurde vor den Messungen stets eine vorläufige Elektrolyse durchgeführt; ferner wurden Anoden- u. Kathodenraum voneinander getrennt. Wegen der hohen Schmelztempp. der Fluoride konnten die Temperaturkoeffizienten der Zersetzungspotentiale mit Ausnahme von NaF ($\Delta E/\Delta T_{NaF} = 0{,}0025$ V/Grad) nicht genau bestimmt werden. Dem genannten Betrag für NaF entsprechen jedoch auch die Werte für die übrigen Alkalimetalle. Für die Temperaturkoeffizienten von MgF_2 wurde 0,0010 V/Grad errechnet. Für CaF_2, BaF_2, SrF_2 nahm man auf Grund der Analogie mit den anderen Halogeniden dieser Metalle $\Delta E/\Delta T \sim 0{,}0020$ V/Grad an. Eine Gegenüberstellung der Ionenradien mit den Werten für die Zersetzungspotentiale bei den jeweiligen Schmelztempp. der Metallfluoride ließ für beide eine gleichmäßige Zunahme erkennen. Dies wird mit einer stark ausgeprägten Affinität von F zum Elektron erklärt. Ersteres nehme am leichtesten Elektronen von Elementen mit großem Atomradius auf u. bilde dabei dauerhaftere Verbindungen. Entsprechend der Zunahme der Zersetzungspotentiale bei 1000° konnte man eine elektrochem. Reihe der Metalle feststellen: Ba, Sr, Ca, Na, K, Mg, Li u. bei den jeweiligen Schmelztempp. die Reihe: K, Ba, Na, Li, Sr, Ca, Mg. (Украинский Химический Журнал [Ukrain. chem. J.] **21.** 561—68. 1955. Kiew, Schewtschenko-Univ.) A. v. KOTZEBUE. 140

G. I. Wolkow, *Einfluß von Zusätzen von Verbindungen verschiedener Elemente auf die Zersetzungsgeschwindigkeit von Natriumamalgamen in Salzlösungen.* Von den untersuchten Verbb. beschleunigten die Zers. des Na-Amalgams nur *Ge-, V-, Cr-, Mo-, Re-, Rh-, Os-* u. *Pt-Verbb.* bei einer Konz. von 1 mg/Liter. Bei einer Konz. von 0,1 mg/Liter waren Ge-, V-, Cr-, Mo-, Pt-Verbb., bei einer Konz. von 0,01 mg/Liter V- u. Cr-Salze wirksam. Es zeigte sich also, daß Ge-, V-, Cr- u. Mo-Salze selbst in analyt. nicht erfaßbaren Mengen eine schädliche Wrkg. auf die Hg-Elektrolyse ausüben. Die katalyt. Wrkg. der Beimengungen auf die Zers. des Amalgams erklärt sich nicht allein aus der schlechten Löslichkeit in Hg oder aus der geringen H-Überspannung, sondern auch aus ihrer geringen Benetzbarkeit durch Hg. (Журнал Прикладной Химии [J. angew. Chem.] **27.** 681—84. Juni 1954.) O. LEBTAG. 141

Harry C. Gatos und **Frank C. Mathers,** *Die Elektroabscheidung von Blei aus Lösungen von Bleiphenolsulfonat.* Als Elektrolyt dient eine wss. Lsg. von phenolsulfonsaurem Blei, hergestellt aus Phenolsulfonsäure u. Bleicarbonat. Elektrolysiert wird bei Zimmertemp. bei leichtem Rühren unter Verwendung von Bleianoden. Entgegen reinen Lsgg. geben befriedigende Ndd. Lsgg. mit 0,1—5,0%ig. Zusatz von *Furfural, Eugenol, Thymol, Aloinrückstand, Aloerückstand, Leim, Pyrogallol, Resorcin, Phenol, β-Naphthol, p-Kresol, Glycerin, Diphenylsulfon* u. *bas. Bleiacetat,* da zumeist Hydroxyl- oder Carbonylgruppen kovalente Komplexe mit Pb^{2+} bilden. Zusatzkombinationen erzeugen z. T. entsprechende Summe der Einzeleffekte. Beste Kombination: 2% p-Kresol, 0,2% bas. Bleiacetat u. 0,1% Aloinrückstand bei einer Stromdichte von 2,8 A/dm². (J. electrochem. Soc. **102.** 554—56. Sept. 1955. Bloomington, Ind., Univ. of Indiana.) W. PENK. 141

Karl Ziegler und **Herbert Lehmkuhl,** *Die elektrolytische Abscheidung von Aluminium aus organischen Komplexverbindungen.* (Vgl. C. **1956.** 50 u. 51.) Bei der Elektrolyse von $Na[Al(C_2H_5)_3F]$ (I; F. 72°, spezif. Leitfähigkeit bei 63° $2 \cdot 10^{-4}\,\Omega^{-1}\,cm^{-1}$) in der Schmelze scheidet sich bei geringen Stromdichten an Kathoden aus Cu oder Messing ein ungleichmäßiger schlecht haftender Überzug von Al ab, bei Stromdichten oberhalb 0,7 A/dm² enthält der Überzug Na. Gibt man $Al(C_2H_5)_3$ (**III**) zu **I**, so entstehen 2 fl. Schichten, deren untere die Komplexverb. $NaF \cdot 2\,Al(C_2H_5)_3$ (**II**; F. ca. 35°, spezif. Leitfähigkeit bei 63° $1 \cdot 10^{-2}$, bei 150° $4 \cdot 10^{-2}\,\Omega^{-1}\,cm^{-1}$) enthält. $K[Al(C_2H_5)_3F]$ hat F. 60°, $KF \cdot 2\,Al(C_2H_5)_3$, F. 128—129°. Im Vakuum findet therm. Zers. statt: **II** $\rightleftharpoons$ **I** + **III**. Die Elektrolyse von **II** unter Verwendung von Anoden aus 99,7%ig. „Hüttenaluminium" liefert bei Stromdichten bis 1 A/dm² auf Cu, Messing u. Fe gut zusammenhängende Al-Schichten in Dicken von einigen hundert μ. Bei höherer Stromdichte u./oder größerer Schichtdicke wird die Al-Schicht warzig, knollig u. dendritisch. Diese Al-Abscheidungen zeichnen sich durch bes. hohe Reinheit (>99,999%), chem. Resistenz u. niedrige Härte aus u. sind frei von Gaseinschlüssen. Durch Einhüllen der Anoden in Baumwollstoff wird eine mechan. Übertragung von „Schlamm" auf die Kathode vermieden. Bei Badspannungen von 0,3—0,98 V (Stromdichten 0,38—1,1 A/dm²) wurden pro kg Al 0,92—3,4 kWh verbraucht; der Elektrolyt hat keine korrodierenden Eigg., Arbeitstemp. 100—150°. Für die Erzeugung von Schutzschichten aus reinstem Al auf anderen Metallen werden Vorschriften gegeben. Bei Verwendung von Fe empfiehlt sich vorherige Verkupferung, da die Al-Schicht auf Cu besser haftet. Die Al-Kristallite zeigen keine bevorzugte Orientierung zur Oberfläche des Grundmetalls. Die Schutzwrkg. der Überzüge gegen die Einw. von Säuren wurde untersucht. (Z. anorg. allg. Chem. **283.** 414—24. Jan. 1956. Mühlheim/Ruhr, MPI für Kohlenforsch.) G. CLEVE. 141

Kaoru Aotani, *Untersuchung über elektrolytisch abgeschiedene Legierungen.* 7. Mitt. *Elektroabscheidung von Legierungen aus Cadmium, Zink und Zinn in Cyanidbädern.*

(6. vgl. EGAMI u. AOTANI, J. Japan. Inst. Metals A **15.** [1951.] 26.) Die Zus. von aus Cyanidbädern unter verschied. elektrolyt. Bedingungen (Stromdichte, Temp. usw.) auf *Fe* u. *Stahl* abgeschiedenen Legierungen von *Cd–Zn*, *Sn–Zn* u. *Sn–Cd* konnte weitgehend variiert werden. Auch die Beherrschung der anod. Auflsg. wird erörtert. Die Legierungsbeläge zeigten höheren Korrosionswiderstand als einfache Beläge, wie die Prüfung in Lsgg. von NaCl, NH_4Cl u. Essigsäure bewies. Der Schutz wird noch verbessert durch geeignete Nachbehandlung. (J. electrochem. Soc. Japan **21.** 21—25. Jan. 1953. Ibaraki Univ. [Orig.: japan.; Auszug: engl.]) L. SCHULER. 141

Kaoru Aotani, *Untersuchungen über elektrolytisch abgeschiedene Legierungen.* 8. Mitt. *Über die mikroskopische Struktur galvanisch niedergeschlagener Legierungen.* (7. vgl. vorst. Ref.) Die mkr. Struktur der galvan. niedergeschlagenen Legierungen (**I**) unterschied sich erheblich von der zusammengeschmolzener Legierungen u. galvan. niedergeschlagener Reinmetalle (**II**). **II** besitzen Faserstruktur, **I** Schichtstruktur. *Fe–Ni*-Legierungen mit unter 10% Ni oder Fe zeigen Faserstruktur, über 10% Schichtbau, unabhängig von den elektrolyt. Bedingungen; dieser verschwand aber durch Rühren bei der Elektrolyse. Beim Anlassen auf 300° wurde das Bild diffus u. bei ca. 550° verschwand der Schichtbau. Der Schichtaufbau rührt nicht von einer Verschiedenheit im Kristallbau her, sondern nur von der Zus., die mit den period. Schwankungen der Konz. der Lsg. an der Kathode (infolge von Potentialänderungen) zusammenhängt. (J. electrochem. Soc. Japan **21.** 180—83. April 1953. [Orig.: japan.; Auszug: engl.]) L. SCHULER. 141

L. Treindl, *Oscillographisches Studium der Depolarisationseffekte der Lanthan(III)-Ionen.* Vorl. Mitt. Auf den oscillograph. dE/dt–f(E)-Kurven wurden in 0,2—1 mol. KJ-Lsg. vom p_H-Wert zwischen 6,4—6,8 in Ggw. von $LaCl_3$ reversible Einschnitte beobachtet. Die Einschnitte verschwinden in Ggw. von mehrwertigen Anionen. (Chem. Listy **50.** 154. Jan. 1956. Praha, Českoslov. akad. věd, Polarograf. ústav. [Orig.: slow.]) P. ZUMAN/Prag. 142

Josef Pliva, *Über die Kinetik der Elektrodenprozesse.* 1. Mitt. *Einführung.* Allg. Überblick über die Problematik der Reaktionskinetik der Elektrodenvorgänge. (Chem. Listy **45.** 240—41. Juni 1951. [Orig.: tschech.] Collect. czechoslov. chem. Commun. **18.** 7—10. Febr. 1953. [Orig.: engl.] Praha, Českoslov. akad. věd, Chem. ústav.) P. ZUMAN/Prag. 142

Miloš Smutek, *Über die Kinetik der Elektrodenprozesse.* 2. Mitt. *Langsame Elektrodenvorgänge.* (1. vgl. vorst. Ref.) Vf. löst den Fall, bei welchem der Depolarisationsvorgang nicht nur durch die Diffusionsgeschwindigkeit des Depolarisators zur Elektrode bzw. die Diffusionsgeschwindigkeit des Reduktionsprod. von der Elektrode in die Lsg. begrenzt, sondern auch von der Geschwindigkeit des Elektrodenvorganges selbst abhängig ist. Unter der Voraussetzung, daß das Verhältnis der Stromstärke, die einer schnellen Elektroden-Red. entspricht, zur Stromstärke bei langsamer Rk. bei der ruhenden, ebenen Elektrode das gleiche ist wie bei der Tropfelektrode wird das Problem der ebenen Elektrode gelöst. Es ergibt sich folgende Gleichung

$$\frac{i}{i_d} = \frac{1}{1 + \frac{\mu_b k_b}{\mu_a k_a}\sqrt{\frac{D_a}{D_b}}} \frac{7\sqrt{\pi}}{6} y_1^{7/6} \int_0^{y_1} y^{\frac{2}{3}} \operatorname{erfc}(\sqrt{y})dy, \quad \text{wo } y_1 = \left(\frac{k_a \mu_a}{\sqrt{D_a}} + \frac{k_b \mu_b}{\sqrt{D_b}}\right)^2 \cdot t_1,$$

wo k_a, k_b die Geschwindigkeitskonstanten, D_a, D_b die Diffusionskoeffizienten u. t_1 die Tropfzeit sind. Die abgeleitete Gleichung wird diskutiert. Mehrere theoret. berechnete Stromstärke–Spannungs-Kurven werden für die verschied. Werte der Reaktionsgeschwindigkeitskonstante angegeben. (Chem. Listy **45.** 241—45. Juni 1951 [Orig.: tschech.]; Collect. czechoslov. chem. Commun. **18.** 171—82. April 1953 [Orig.: engl.]. Ostrava, Urxovy závody.) P. ZUMAN/Prag. 142

Jaroslav Koutecký, *Über die Kinetik der Elektrodenprozesse.* 3. Mitt. *Allgemeine Beziehungen für ein lineares System der Elektrodenvorgänge.* (2. vgl. vorst. Ref.) Vf. stellt einige Definitionen u. Begriffe zusammen, welche einfach u. einheitlich diejenigen Gesetzmäßigkeiten formulieren, die für Elektrodenvorgänge, an denen mehrere reversible Elektroden- oder chem. Rkk. teilnehmen, gültig sind. Weiter werden die Randbedingungen für die Elektrodenoberfläche diskutiert, die bei der Formulierung dieser Probleme mit Hilfe von Differentialgleichungen in Betracht gezogen werden müssen. Diese Beziehungen gehen einerseits aus den Gleichungen für die Gleichgewichte der Elektrodenvorgänge, andererseits aus der Tatsache, daß an der Elektrodenoberfläche keine Anreicherung von Stoffen stattfindet (falls die Adsorption ausgeschlossen wird), hervor. — Für die Beziehung zwischen dem Stofffluß der einzelnen Verbb., die an dem

Elektrodenprozeß teilnehmen, u. der Stromstärke, die bei diesem Vorgang registriert wird, erhält man die Gleichung $i = F \cdot q \sum_{k=1}^{n} S_k \cdot n_{kp}$, wo F die FARADAYsche Konstante, q die Elektrodenoberfläche, s den Zufluß des Stoffes k durch die Ebene $x = 0$ u. n_{kp} die Anzahl der Elektronen, die bei dem Elektrodenvorgang vom Stoff k aufgenommen werden. Der Stoff k geht hierbei in den Stoff p über. Die Depolarisationschemata sind unter Berücksichtigung der zwischengelagerten chem. Rk. angeordnet. (Chem. Listy **45.** 245—49. Juni 1951 [Orig.: tschech.]; Collect. czechoslov. chem. Commun. **18.** 11—20. Febr. 1953 [Orig.: engl.]. Praha, Českoslov. akad. věd, Fys.-chem. ústav.)

P. ZUMAN/Prag. 142

Jaroslav Koutecký, *Über die Kinetik der Elektrodenprozesse.* 4. Mitt. *Allgemeine Berechnung der Stromstärke für ein lineares System der Elektrodenreaktionen mit höchstens einer eingeschalteten chemischen Reaktion in der Lösung.* (3. vgl. vorst. Ref.) Gleichungen wurden abgeleitet, die die Berechnungen der Stromstärke für folgende drei Typen der Depolarisationsschemata ermöglichen: 1. Bei beliebiger Zahl der Elektroden-Rkk. unterliegt weder der Depolarisator noch das Reduktionsprod. einer Reaktion. Dieses Schema ist dann von Bedeutung, wenn bei komplizierten Rkk. die Geschwindigkeit der in der Lsg. verlaufenden chem. Rk. einen extremen Wert annimmt. — 2. Das Depolarisationsschema besteht aus einer Gruppe von Elektrodenreaktionen. Zwei Stoffe, die bei solchen Elektroden-Rkk. auftreten, reagieren nach einer monomonomol. bzw. quasimonomol. chem. Rk. miteinander. — 3. Das Depolarisationsschema besteht aus zwei Gruppen von Elektrodenreaktionen. Hierbei geht ein Stoff der ersten Gruppe durch eine chem. Rk. in einen Stoff der zweiten Gruppe über. Die chem. Rk. kann auch reversibel sein. Diese Probleme werden mathemat. für den Fall einer ruhenden ebenen Elektrode formuliert u. mittels der LAPLACE-Transformation gelöst. Für das unter 2. angeführte Depolarisationsschema wird die Gleichung für den kinet. Strom i_k abgeleitet:

$$i_k = F \cdot q \cdot \frac{1}{\sqrt{\pi t}} \cdot G \cdot \vartheta(\sqrt{\varrho(1+\sigma)})\, t,$$

hierbei bedeutet: F = FARADAYsche Konstante, q = Elektrodenoberfläche, G = Funktion der Gleichgewichtskonstanten der chem. Rk. u. der Elektroden-Rk., t = Zeit, ϱ = Reaktionsgeschwindigkeitskonstante der quasimonomol. chem. Rk. u. σ = Gleichgewichtskonstante dieser Reaktion. Die Funktion $\vartheta(y)$ ist durch folgende Gleichung definiert:

$$\vartheta(y) = e^{-y^2} - 1 + 2y\int_0^y e^{-n^2}\,dn.$$

Bei dem Depolarisationsschema (3) erhält man für die Stromstärke folgende Gleichung:

$$\frac{i - i_0}{i_\infty - i_0} = \chi\,(B_1\sqrt{(\varrho + 1)})\,t.$$

Hierbei bedeutet: i_0 = Stromstärke für das entsprechende Depolarisationsschema ohne chem. Rk. in der Lsg., i_∞ = Stromstärke bei unendlicher Reaktionsgeschwindigkeit der chem. Rk., B = Funktion der Geschwindigkeitskonstanten der Elektroden-Rk. u. der chem. Reaktion. Die Funktion χ ist durch folgende Gleichung gegeben:

$$\chi(B, y) = \frac{1}{B-1}\left[e^{-y^2} - 1 + 2\frac{By}{\sqrt{B^2-1}}\ exp\ \frac{y^2}{B^2-1}\int_{\frac{y}{\sqrt{B^2-1}}}^{\frac{By}{B-1}} e^{-n^2}\,dn\right].$$

Der Übergang von der ruhenden Elektrode zur Tropfelektrode u. die Mittelung über die Tropfzeit werden unter der Voraussetzung durchgeführt, daß das Verhältnis des kinet. Stromes zu dem Diffusionsstrom nicht von der Tropfzeit abhängig ist. Die Funktionen, die in den Endgleichungen enthalten sind, werden tabellar. dargestellt. (Chem. Listy **46.** 193—99. April 1952 [Orig.: tschech.]; Collect. czechoslov. chem. Commun. **18.** 183—96. April 1953 [Orig.: engl.]. Praha, Českoslov. akad. věd., Fys.-chem. ústav.)

P. ZUMAN/Prag. 142

Miloš Smutek, *Über die Kinetik der Elektrodenprozesse.* 5. Mitt. *Zweistufige Elektrodenvorgänge.* (4. vgl. vorst. Ref.) Analog der in der 2. Mitt. angegebenen Meth. wurde die mathemat. Lösung des folgenden Problems durchgeführt: $A \underset{k_2}{\overset{k_1}{\rightleftharpoons}} B \underset{k_4}{\overset{k_3}{\rightleftharpoons}} C$. Die Pfeile geben die langsamen Elektroden-Rkk. an, $k_1 \ldots k_4$ sind die entsprechenden Geschwindigkeiten. Die Lsg. ist durch LAPLACE-Transformation möglich. Das Verhältnis der Stromstärke bei endlicher Reaktionsgeschwindigkeit zur Stromstärke bei unendlich großer

Reaktionsgeschwindigkeit (bei konstantem Verhältnis der Geschwindigkeitskonstanten) entspricht einer linearen Kombination der Funktion der Zeit. Es handelt sich um dieselben Funktionen, die beim einfacheren Problem der einstufigen langsamen Rk. erhalten werden. Diskussion der Endgleichung zeigt, daß die bekannten Beziehungen für schnelle Elektrodenvorgänge als Grenzfälle erhalten werden. (Chem. Listy **46.** 560—62. Sept. 1952. Ostrava, Urxovy závody. [Orig.: tschech.]) P. ZUMAN/Prag. 142

Miloš Smutek, *Über die Kinetik der Elektrodenvorgänge.* 6. Mitt. *Kinetische Ableitung von Gleichungen für die Elektrodenschicht.* (5. vgl. vorst. Ref.) Es wurden auf statist. Wege Gleichungen für die Elektrodenschicht, in der die eigentliche Elektroden-Rk. stattfindet, angegeben. Die Gleichungen wurden für die Einstufenelektroden-Rk. $A \underset{k_2}{\overset{k_1}{\rightleftharpoons}} B$ u. für die Zweistufenelektroden-Rk. $A \underset{k_2}{\overset{k_1}{\rightleftharpoons}} B \underset{k_4}{\overset{k_3}{\rightleftharpoons}} C$ abgeleitet. (Chem. Listy **46.** 653—55. Nov. 1952 [Orig.: tschech.]; Collect. czechoslov. chem. Commun. **19.** 24—30. Febr. 1954. [Orig.: engl.]) P. ZUMAN/Prag. 142

George B. Adams jr., Pierre Van Rysselberghe und **Mario Maraghini,** *Die anodische Polarisation von Zirkonium bei niedrigen Potentialen. Bildungsgeschwindigkeiten, Formationsfeld, Elektrolytparameter und Filmstärken sehr dünner Oxydfilme.* Es werden Methoden beschrieben zur quantitativen Beobachtung des Wachstums von Oxydfilmen auf Zr u. zur Abschätzung der Filmstärke. Die Ergebnisse bei höheren Formierungspotentialen werden ausgedehnt auf niedrigere Potentialbereiche. Die Beziehung nach CHARLESBY u. MOTT, nach der sich der Ionenstrom durch den Film exponentiell mit dem Formationsfeld F ändert ($I = A e^{BF}$), bleibt erhalten. Unterhalb des Sauerstoffbildungspotentials werden die Bildungsgeschwindigkeiten bei konstantem Strom, die Formationsfelder, die Parameter A u. B u. die Stärke sehr dünner anod. Oxydfilme ausgewertet. Bei Vgl. mit den Ergebnissen anderer Arbeiten über stärkere, bei höheren Potentialen gebildete Filme zeigt sich Übereinstimmung. Die Verss. über die Beziehung zwischen Ionenstrom u. Formationsfeld wurden im Potentialbereich unterhalb der O_2-Entw. in drei Richtungen ausgeführt: 1. Beurteilung der Bildungsgeschwindigkeiten aus Potential–Zeit-Messungen bei konstantem Strom. 2. Messung über die Änderung des Formierungspotentials bei Stromänderung u. konstanten Filmdicken. 3. Messungen über das Absinken des Ionenstromes bei konstantem Formierungspotential. Die Stromausbeute 1 für den Bildungsprozeß des Oxydfilmes unterhalb des O_2-Potentials wird bewiesen. (J. electrochem. Soc. **102.** 502—11. Sept. 1955. Eugene, Oreg., Univ., Dep. of Chem.; Rom, Univ., Inst. of Appl. Chem.) W. PENK. 142

Wiktor Kemula und **Jerzy Chodkowski,** *Die Wasserstoffstufe in Acetatpufferlösungen.* Inhaltlich ident. mit der C. **1953.** 8012 referierten Arbeit. (Roczniki Chem. [Ann. Soc. chim. Polonorum] **25.** 359—71. 1951. Warschau, Univ., Inst. für anorgan. Chem.) E. KLEVER. 142

Wiktor Kemula und **Zbigniew R. Grabowski,** *Experimenteller Beweis der Hydroxylionenbildung während der polarographischen Reduktion von Sauerstoff.* (Roczniki Chem. [Ann. Soc. chim. Polonorum] **25.** 350—58. 1951. — C. **1954.** 11125.) E. KLEVER. 142

Klaus J. Vetter, *Über die Größe des Flade-Potentials der Aktivierung und Passivierung von Eisen und weitere Eigenschaften der Passivschicht.* Vf. erklärt die Abweichung des FLADE-Potentials der Aktivierung u. Passivierung von Fe um +0,63 V von dem aus der freien Reaktionsenthalpie der Rk. $FeO + H_2 \rightleftharpoons Fe + H_2O$ ermittelten Wert dadurch, daß das Oxyd an der Oberfläche Oxyd/Elektrolyt durch die Korrosion in ein an Fe ungesätt. Oxyd übergeht, das einen sehr viel höheren O_2-Partialdruck hat. Die Potentialdifferenz wird als ein Diffusionspotential bei großer Elektronen- u. kleiner Eisenionenleitfähigkeit in Anlehnung an die Oxydationstheorien von WAGNER (Z. physik. Chem., Abt. B **21.** [1933.] 25) u. MOTT (Trans. Faraday Soc. **35.** [1939.] 1175) dargestellt. Es wird gezeigt, daß sich trotz dieser Potentialdifferenz innerhalb der Schicht bei guter Elektronenleitfähigkeit richtige Redoxpotentiale einstellen müssen. Der Anteil der Ionen- u. Elektronenleitfähigkeit der Passivschicht wird abgeschätzt. Es ergibt sich folgendes anschauliches Schema: Die Fe-Ionen wandern infolge des starken Feldes durch die Passivschicht u. ergänzen den durch die Korrosion hervorgerufenen Verlust der Schicht an Fe-Ionen im stationären Zustand (vgl. hierzu C. **1955.** 3315). (Z. physik. Chem. **202.** 1—13. Juli 1953. Berlin-Dahlem, KWI für physikal. Chem. u. Elektrochem.) V. BURBACH. 143

A_4. Thermodynamik. Thermochemie.

A. Smakula und **V. Sils,** *Präzisions–Dichtemessungen großer Einkristalle durch hydrostatisches Wiegen.* Mit einer hydrostat. Wägemeth. mit Äthylenbromid als Immersions-Fl. wurde die D. von Einkristallen aus *Si, Quarz,* CaF_2, *CsJ, Ge, TlCl, TlBr* sowie von polykristallinem *Al* mit einer Genauigkeit von einigen 10^{-5} gemessen. (Physic. Rev. [2] **99.** 1744—46. 15/9. 1955. Cambridge, Mass., MIT, Labor. for Insulat. Res.) H. C. WOLF. 148

A. Smakula, J. Kalnajs und **V. Sils,** *Dichten und Fehler von Einkristallen.* Die Dichtemessungen der vorst. Mitt. wurden an den gleichen Kristallen nach einer zweiten Meth. wiederholt: Messung der Gitterkonstanten u. Verwendung der bekannten Atomgewichte. Gute Übereinstimmung beider Methoden erhält man für *Ge, Si, Al* u. CaF_2, wenn man die massenspektroskop. Atomgewichte verwendet. Aus diesen Messungen errechnet man die AVOGADROsche Zahl zu $6{,}02368 \cdot 10^{23}$. An diesen Substanzen konnten innerhalb der Meßgenauigkeit ($5 \cdot 10^{-6}$) keine Dichteabweichungen infolge von Baufehlern gefunden werden. Bei Quarz beträgt die Dichteabweichung $11 \cdot 10^{-6}$, bei *CsJ* $13 \cdot 10^{-6}$ (Rb-Verunreinigung ?). Bei *TlCl* u. *TlBr* errechnet man aus den Dichteabweichungen von $43 \cdot 10^{-6}$ bzw. $40 \cdot 10^{-6}$ eine Fehlstellenkonz. von ca. $5 \cdot 10^{18}$. (Physic. Rev. [2] **99.** 1747—50. 15/9. 1955. Cambridge, Mass., MIT, Labor. for Insulat. Res.) H. C. WOLF. 148

B. A. Arbusow und **W. Ss. Winogradowa,** *Parachore der Monoester der äthylphosphonigen Säure.* (Vgl. C. **1956.** 1862.) In der Reihe der Ester der äthylphosphonigen Säure $C_2H_5P(OH)(OR)$ werden folgende Parachore bestimmt: R = CH_3 242,8; C_2H_5 282,0; n-C_3H_7 319,5; Iso-C_3H_7 318,2; n-C_4H_9 359,6; Iso-C_4H_9 356,0; C_6H_{13} 436,5; C_7H_{15} 475,8; C_8H_{17} 541,1; C_9H_{19} 553,7. Wenn der Einfl. der Estergruppen durch Korrektur berücksichtigt wird, stimmen die berechneten Werte mit den gefundenen gut überein. Aus diesen u. den kryoskop. in Bzl. bestimmten Werten des Mol.-Gew. ergibt sich, daß die Verbb. im wesentlichen monomer, nur bei höheren Konzz. der Lsgg. etwas assoziiert vorliegen. (Известия Академии Наук СССР, Отделение Химических Наук [Nachr. Akad. Wiss. UdSSR, Abt. chem. Wiss.] **1954.** 622—26. Juli/Aug. Kasan, Uljanow-Lenin-Univ., Wiss. Butlerow-Forsch.-Inst.) R. K. MÜLLER. 148

B. A. Arbusow und **W. Ss. Winogradowa,** *Parachore einiger Ester des Dibutylcarbinols.* Aus *Dibutylcarbinol* (I) werden verschied. Ester dargestellt u. deren Parachore (P) bestimmt. Dibutylcarbinylacetat aus I u. CH_3COCl, Kp.$_{754}$ 206—207°, $D.^{20}{}_0$ 0,8577, n_D^{20} 1,4205, P 491,2. Dibutylcarbinylcarbonat, $C_{19}H_{38}O_3$, aus Diäthylcarbonat u. **I**, Kp.$_{3,5}$ 156—156,5°, $D.^{20}{}_0$ 0,8765, n_D^{20} 1,4330, P 818,6. Dibutylcarbinylmalonat, $C_{21}H_{40}O_4$, aus Malonsäurediäthylester u. **I** in Ggw. von Na, Kp.$_{7,5}$ 192—193°, $D.^{20}{}_0$ 0,9156, n_D^{20} 1,4415, P 900,3. Tetra(dibutylcarbinyl)silicat, $C_{36}H_{76}O_4Si$, aus Tetraäthylorthosilicat u. **I** in Ggw. von Na, Kp.$_1$ 200—201°, $D.^{20}{}_0$ 0,8718, n_D^{20} 1,4395, P 1556,1. Tri(dibutylcarbinyl)-borat, $C_{27}H_{57}O_3B$, aus Tri-n-butylborat u. I, Kp.$_{1,5}$ 167°, $D.^{60}{}_0$ 0,8159, P (aus den Werten bei 60°) 1173,8. Die gefundenen P stimmen mit den berechneten überein, wenn bei diesen eine Korrektur für die parallelen Haupt- u. Seitenketten angebracht wird. (Известия Академии Наук СССР, Отделение Химических Наук [Nachr. Akad. Wiss. UdSSR, Abt. chem. Wiss.] **1954.** 627—30. Juli/Aug. Kasan, Uljanow-Lenin-Univ., Wiss. Butlerow-Forsch.-Inst.) R. K. MÜLLER. 148

Klaus Clusius und **Max Huber,** *Das Trennrohr.* 15. Mitt. *Der Umkehreffekt der Thermodiffusion in Gemischen der Neonisotope mit gewöhnlichem und deuteriertem Ammoniak.* (14. vgl. C. **1956.** 11628.) Der Thermodiffusionsfaktor α u. speziell die Umkehr seines Vorzeichens wird an drei Gaspaaren, $^{22}Ne/NH_3$, $^{20}Ne/NH_3$ u. $^{20}Ne/ND_3$, zwischen 12° u. 179° näher untersucht. Dazu werden mit der kürzlich beschriebenen Trennschaukel (l. c.) im Syst. $^{20}Ne/ND_3$ bei drei Konzz. absol. α-Werte bestimmt. Ferner wird in einem Trennrohr mit Ringspalt die Entmischung bei allen drei Gaspaaren in Abhängigkeit von der D. u. vom Mischungsverhältnis gemessen. Der Trennfaktor Q durchläuft für jede Mischung ein druckabhängiges Maximum, bei dem nach der Trennrohrtheorie $\alpha = F \cdot \log Q_{max}$ sein soll. Der Proportionalitätsfaktor F läßt sich durch Vgl. mit den Werten der Trennschaukel ermitteln. Es zeigt sich, daß die Einwände gegen die Echtheit des Umkehreffektes unzutreffend sind. Im Syst. $^{22}Ne/NH_3$ tritt der Wechsel des Vorzeichens von α bei 75% ^{20}Ne, im Syst. $^{22}Ne/NH_3$ bei 42% ^{22}Ne ein; im Syst. $^{20}Ne/NH_3$ sind alle α-Werte negativ. Mit der CHAPMANschen Theorie der Thermodiffusion u. der KIHARAschen Näherung für Moll. mit einem LENNARD-JONESschen (6,12)-Potential läßt sich die Mischungsabhängigkeit von α für alle drei Gaspaare recht befriedigend darstellen. Eine Reihe weiterer Folgerungen werden diskutiert. (Z. Naturforsch. **10a.** 556—65. Juli 1955. Zürich, Univ., Phys.-Chem. Inst.) E. KLEVER. 149

K. Clusius, H. H. Bühler, H. Hürzeler und **E. Schumacher,** *Das Trennrohr.* 16. Mitt. *Reindarstellung des Isotops* ^{136}X. (15. vgl. vorst. Ref.) Zur Füllung einer Lampe, die Normalwellenlängen äußerster Schärfe emittieren soll, sind Reinelemente gerader M. u. gerader Ordnungszahl geeignet, da bei ihnen eine Hyperfeinstruktur fehlt. Unter vergleichbaren Umständen wird die DOPPLER-Breite der Linien um so geringer, je größere M/T-Werte bei einem vorgegebenen Dampfdruck erreichbar sind. Mit fl. Luft gekühlte

Kr-Lampen, die ^{84}Kr oder ^{86}Kr enthalten, sind in dieser Hinsicht der ^{198}Hg-Lichtquelle überlegen. Um die Eigg. der prinzipiell noch günstigeren X-Lampe kennen zu lernen, wurden in einer 48 m langen Trennrohranlage 250 cm³ ^{136}X, d. h. 1,35 g von 99% Reinheit isoliert. (Z. Naturforsch. **10a.** 809–14. Nov. 1955.) E. KLEVER. 149

E. W. Becker, K. Bier und **H. Burghoff,** *Die Trenndüse. Ein neues Element zur Gas- und Isotopentrennung.* Bei der Ausströmung eines Gas- oder Isotopengemisches aus einer Düse tritt unter geeigneten Druckbedingungen eine teilweise räumliche Entmischung der Komponenten ein, die sich durch Anbringen einer Abschälblende für eine präparative Trennung ausnützen läßt. Die Eigg. der als Trenndüse bezeichneten Kombination aus Düse u. Abschälblende werden mit verschied. Gas- u. Isotopengemischen ermittelt u. im Hinblick auf die prakt. Isotopentrennung diskutiert. Die zwischen den Gasströmen erreichbaren Trennfaktoren stimmen etwa mit denen einer HERTZschen Trennwandeinheit überein. Der Ersatz der feinporigen Wände durch die Trenndüse führt jedoch zu einer erheblich größeren Betriebssicherheit u. ermöglicht bei gleichem Aufwand für die Trennelemente, einen wesentlich höheren Gasdurchsatz. (Z. Naturforsch. **10a.** 565–72. Juli 1955. Marburg/Lahn, Univ., Physik. Inst.) E. KLEVER. 149

L. Riccoboni, G. Tagliavini und **G. Arich,** *Flüssigkeits–Dampf-Gleichgewicht.* 1. Mitt. *Experimentelle Meßanordnung.* Zur Best. von Fl.-Dampf-Gleichgewichten müssen die Partialdrucke u. Aktivitätskoeff. der Komponenten des Syst. bestimmt bzw. gemessen werden. Zu diesem Zweck wurde eine Destillationsapp. entwickelt, die cycl. im geschlossenen Syst. arbeitet. Der Druck wird automat.-dynam. geregelt (± 0,03 mm). Temperaturablesung ist bei 0,005° mit ±0,0025° möglich. Die Meßanordnung wird beschrieben. (Chim. e Ind. [Milano] **37.** 541–45. Juni 1955. Modena, Univ., Ist. di Chim. fis.) H. NÖTH. 150

Ugo Croatto und **Luigi Riccoboni,** *Tensimetrie mit radioaktiven Indicatoren.* 1. Mitt. *Untersuchung über die Dampfspannung von Metallsystemen.* Das zu untersuchende Material wird am Boden eines senkrecht stehenden Rohres durch Pb-Bad von außen erhitzt, das Rohr ist darüber 2mal abgewinkelt (mit Heizspirale), der obere Teil befindet sich in einem ebenfalls beheizbaren Fe-Mantel mit Lücke, in deren Höhe ein von einem Pb-Block umgebener, mit Wasserkühlmantel versehener GEIGER-MÜLLER-Zähler angeordnet ist. Nach Einführung der Probe wird das Rohr entgast u. im Hochvakuum oben zugeschmolzen. Die Dampfspannung wird indirekt durch Messung der Konz. in der Dampfphase bestimmt. Die Proportionalität zwischen Dampfdruck u. Radioaktivität wird am Beispiel von mit ^{65}Zn markiertem Zn graph. dargestellt. Die minimal meßbare Dampfspannung beträgt ~ 1 mm. (Chim. e Ind. [Milano] **37.** 538–40. Juni 1955. Padova, Univ., Ist. di Chim. gen. u. Centro Chim. nucl.; Modena, Univ., Ist. di Chim. fis.) R. K. MÜLLER. 150

I. I. Strelkow, *Wärmekapazität und Entropie von Natriumacetat.* Vf. untersuchte die Wärmekapazität (C_p) von wasserfreiem CH_3COONa innerhalb eines Temperaturbereiches von 13,4–293,2° K u. verwendete die gewonnenen Daten für die Best. der Entropie dieses Salzes bei n. Bedingungen. C_p zeigte bei 21,1° K ein deutlich ausgeprägtes Maximum. Dies läßt vermuten, daß bereits bei niederer Temp. eine Umwandlung stattfindet. Die Werte für C_p unterhalb 13,3° K wurden durch Extrapolation ermittelt in der Annahme, daß in diesem Bereich die Temperatur-Abhängigkeit von C_p dem DEBYEschen Gesetz unterliegt: $C_p \approx C_v = 77{,}938 \cdot 3\,R \cdot T^3/\Theta^3$. Die charakterist. Temp. Θ wurde aus den Werten für C_p innerhalb der Tempp. 15–21° K im Mittel zu 120,2° K erhalten. Die Entropie des Salzes wurde bei der Standardtemp. durch graph. Integration erhalten; sie betrug für die einzelnen Temperaturbereiche $S_{0-13,4°K} = 0{,}15$; $S_{13,4-298°K} = 29{,}23$; $S_{21,1°K\,(Umwandlg.)} = 0{,}04$; $S_{298°K} = 29{,}42$. Die Beziehung der Mol.-Entropie zu C_p ist bei der Standardtemp.: $(S/C_p)_{T=298,16°K} = 1{,}29$. (Украинский Химический Журнал [Ukrain. chem. J.] **21.** 551–53. 1955. Charkow, Polytechn., Lenin-Inst.) A. v. KOTZEBUE. 151

W. P. Morosow, *Thermodynamische Funktionen von Stickstoffdioxyd.* Für die Berechnung der thermodynam. Funktionen von NO_2 wurden die auf Grund der geometr. u. der Schwingungsstruktur des Mol. erhaltenen Werte herangezogen. Man benutzte dabei Methoden, die für die Klasse der quasifesten Moll. angewendet werden (vgl. GRJASNOW u. FROST: „Statist. Methoden für die Berechnung thermodynam. Werte", Moskau 1949). Die für die Gleichgewichtskonfiguration des Mol. maßgebenden geometr. Parameter haben auf Grund der Elektronenbeugung u. nach Unterss. der Rotationsstruktur der infraroten Banden folgende Beträge: $(N-O) = 1{,}20$ Å; $\sphericalangle\, O-N-O = 132°$. Ferner errechnete man die Hauptträgheitsmomente sowie die Schwingungsfrequenzen des NO_2-Moleküls. Da der Grundzustand der Elektronen des Mol. Dublettcharakter hat mit einem Spin = 1/2, fügte man bei Errechnung der Entropie u. des isobaren Potentials zum gewöhnlichen Summanden $R \cdot \ln 2 = 1{,}377$ hinzu. Für die thermodynam. Funktionen von

NO_2 wurden bei Annahme eines idealen Gases u. für $p = 1$ at bei einem Temperaturbereich von 298,2—1000° K folgende Werte ermittelt: $S^0 = 57{,}43—70{,}38$; $(\Phi^0 - E_0^0)/T = 49{,}26—60{,}17$; $C_p^0 = 8{,}88—12{,}52$; $H^0 - E_0^0 = 2438—10215$. (Украинский Химический Журнал [Ukrain. chem. J.] **21.** 554—55. 1955. Dnjepropetrowsk, Chem.-technol. Inst.) A. v. KOTZEBUE. 155

H. Hahn und **F. Burow,** *Über die Bildungsenthalpien der Sulfide, Selenide und Telluride des Galliums und Indiums.* (Vortrag.) Die Bildungsenthalpien der Verbb. ergeben sich als Differenz der experimentell bestimmten Verbrennungswärmen der Verbb. einerseits u. der Gemische der Elemente andererseits. Die Verbrennung erfolgt in einer Mikrocalorimeterbombe mit O_2. Der Verbrennungsgrad wird analyt. bestimmt. Die Bildungsenthalpien, $-\Delta H_{298}$, in kcal/Mol betragen: Ga_2S_3 (136,8); Ga_2Se_3 (105,0); Ga_2Te_3 (65,0); *GaS* (46,4); *GaSe* (35,0); *GaTe* (28,6); In_2S_3 (101,6); In_2Se_3 (82,2); In_2Te_3 (47,4); *InS* (33,6); *InSe* (28,2) u. *InTe* (23,0). (Angew. Chem. **68.** 382. 7/6. 1956. Kiel.) W. KRÖNERT. 156

Ss. A. Schtschukarew und **M. A. Oranskaja,** *Über die Rolle der Ionisationspotentiale in der Thermodynamik der Metallhalogenide der eingeschobenen Dekade der 4. Periode des Systems von D. I. Mendelejew.* Mittels Vgl. der Dissoziationsspannung (*P*) (in at) der Dichloride der Elemente der 1. eingeschobenen Dekade wird gezeigt, daß sich erstere beim Übergang eines Elementes zum anderen parallel zum 2. Ionisationspotential (I) (in kcal/g-Atom) ändern. Die Gitterenergien (in kcal/Mol) einer Reihe von Verbb. der Elemente der Hauptgruppen wie auch der eingeschobenen Dekaden ändern sich gleichfalls parallel zu I des entsprechenden Metalls. Ferner ergab sich, daß die Kurven für log P der $MeCl_3$ u. $MeCl_4$ aus der 1. eingeschobenen Dekade annähernd parallel mit den Kurven für das 3. bzw. 4. I des entsprechenden Metalls verlaufen. Auf Grund dieses Kurvenbildes lassen sich Vermutungen darüber äußern, ob die Synth. einiger, bisher noch unbekannter Verbb. dieser oder jener Oxydationsstufe des betreffenden Elementes möglich ist. An Hand der angenäherten Parallelität der Kurven für die Gitterenergie u. der I-Werte wird gezeigt, warum Cu auch in einwertigen Verbb. auftritt. Man erklärt dies mit dem hohen Wert für das 2. I der Cu-Atome u. der relativ geringen Sublimationsenergie dieses Metalls. (Журнал Общей Химии [J. allg. Chem.] **24** (**86**). 2109—19. Dez. 1954. Leningrad, Univ.) A. v. KOTZEBUE. 156

C. Franze, W. Jost und **H. Gg. Wagner,** *Neuere Beobachtungen an Flammen.* (Vortrag.) Die Möglichkeit, aus Flammengeschwindigkeiten Rückschlüsse auf die in den Flammen ablaufenden Rkk. zu ziehen, wird ausgenutzt, um Aussagen über die Art der geschwindigkeitsbestimmenden Rkk. bei der *CO*-Oxydation in Ggw. von H_2 sowie die Größe der entsprechenden Geschwindigkeitskonstanten zu machen. Der Einfl. von Br_2 auf die Flammengeschwindigkeit von CO–O_2-Gemischen mit verschied. H_2-Geh. wird untersucht. (Angew. Chem. **68.** 381. 7/6. 1956. Göttingen.) W. KRÖNERT. 157

P. F. Kurz, *Untersuchungen über die Flammenstabilität mit Kohlenwasserstoffgemischen.* Am BUNSEN-Brenner u. 2 Typen Vortexbrennern wurden die Flammenstabilitätsgrenzen von H_2, *Diboran, Butadien, Isobutan, Äthylen, Äthan, Methan, Acetylen, Propan* u. *Propylen* sowie an einigen bin. oder tern. Gemischen dieser Substanzen hinsichtlich des Ausblasens bei Zusatz von Ar zum brennenden Gemisch untersucht, um abschätzen zu können, wie weit die an einer Brennerart erhaltenen Ergebnisse auf eine andere Brennerart zu übertragen sind. Sind $c_1, c_2 \cdots$ die Volumenanteile an Brennstoff 1, 2,$\cdots$ n in einem Vielkomponentengemisch, das gerade bei einer bestimmten Strömungsgeschwindigkeit v_j eine stabile Flamme erzeugt u. $c_1^*, c_2^* \cdots c_n^*$ die Volumenanteile in ihren bin. Gemischen mit Luft, die auch bei v_j eine stabile Flamme erzeugen, so gilt für Flammen verschied. Ausbldg. die Formel $\sum_{a=1}^{n} c_a/c_a^* = 1$, d. h., jede Komponente trägt bei fester Strömungsgeschwindigkeit einen Anteil an der Gesamtstabilität der Mischung bei, der mit der Stabilität der allein brennenden Komponente in direktem Zusammenhange steht. Dies bedeutet, daß bei brennenden Gemischen die einzelnen Komponenten beim Erlöschen wegen zu geringer Konzz. nicht miteinander reagieren. Alle KW-stoffe brennen außer am Beginn nach dem gleichen Reaktionsmechanismus; der Start ist jedoch abhängig von der Struktur u. dem Sättigungsgrad der KW-stoffe u. bestimmt die Reaktionsgeschwindigkeit. Ebenso kann bei Kenntnis der Zündgrenzen eines Gemisches u. aller Komponenten bis auf eine die Zündgrenzen der fehlenden Komponente berechnet werden. (Fuel **34.** 269—82. Juli 1955. Columbus, O., Battelle Mem. Inst.) E. ROEDER. 157

Ewald Fünfer und **Fritz Rössler,** *Untersuchung der Pulververbrennung in einer Druckbombe mit dem Spektrooscillographen.* Der zeitliche Verlauf des Spektr. bei einer Pulververbrennung in einer Druckbombe wird mit Hilfe eines Spektrooscillographen aufgenommen. Die spektrale Verteilung des Verbrennungsleuchtens zu verschied. Zeiten liefert im Verein mit dem WIENschen Gesetz die Grundlage für die Temperaturbestimmung. Durch Verwendung eines Bildwandlers waren Messungen bis 1,2 μ möglich, wodurch im Infraroten ein neues sehr intensives Gebiet in der Verbrennung gefunden wurde. (Z. angew. Physik **7**. 131—37. 1955. München, TH, Labor. für techn. Phys., u. Werl/Rh.) D. HAHN. 157

I. G. Kerimow, A. I. Roslowski und **Ju. Ch. Schaulow,** *Über die Bestimmung der thermodynamischen Charakteristiken durch Messung der Änderung des Explosionsdrucks im geschlossenen Raum.* Im Temperaturgebiet 2200—2600° K werden die Explosionsdrucke in H_2–O_2-Gemischen mit Zusätzen von N_2 u. Ar gemessen u. in Partialdrucke der Komponenten H_2, H, OH, H_2O, O_2, O u. Ar zerlegt. Aus diesen Werten wird der Wärmeinhalt von Wasserdampf bei diesen Tempp. errechnet u. mit den auf theoret. Wege erhaltenen Zahlen verglichen. Es ergibt sich über den gesamten Temperaturbereich $C_p = 12{,}43$ kcal/Mol·Grad. Die Dissoziationswärme des W. nach der Rk. $2 H_2O \rightleftharpoons H_2 + 2 OH$ beträgt nach diesen Messungen im Mittel 127,1 kcal/Mol in guter Übereinstimmung mit dem theoret. erhaltenen Wert 126,00. (Журнал Физической Химии [J. physik. Chem.] **29**. 1001—06. Juni 1955. Baku, Inst. für Phys. u. Math. der Akad. der Wiss. der AserbaidshanSSR.) R. K. MÜLLER. 157

S. A. Schaaf, *Theoretische Betrachtungen über die Dynamik verdünnter Gase.* Die hier behandelten verd. Gase sind solche, bei denen die mittlere mol. freie Weglänge λ im Vgl. zu einer linearen, das betreffende Fließen charakterisierenden Größe L (λ/L = KNUDSENsche Zahl) nicht zu vernachlässigen ist. Es werden die Verhältnisse beim freien Fließen der Moll. u. beim Gleitfluß geklärt, während das Übergangsgebiet noch gar nicht bearbeitet worden ist. Beim Gleitfluß ist $0{,}1 > M/\sqrt{Re} > 0{,}01$ für $Re > 1$ bzw. $0{,}1 > M/Re > 0{,}01$ für $Re < 1$; beim freien Fluß $M/Re > 10$; M = MACHsche u. Re = REYNOLDsche Zahl. Über beide Arten des Fließens werden grundlegende Betrachtungen angestellt u. Trägheitskoeff. sowie diffuse u. spektrale Reflexion ermittelt. Für die prakt. Anwendung werden dann noch bes. für das gleitende Fließen in der Nähe von festen Körpern Reibungskoeff. u. Wärmeübertragungskoeff. gewonnen u. in Kurven dargestellt. Auch die Werte für den Erholungskoeff. von Kugeln beim gleitenden Fließen werden berechnet. Rechnungsunterlagen sind im Anhang ausführlich wiedergegeben. (Univ. Michigan, Engng. Res. Inst., spec. Publ.: Symposia **1953**. 237—60. Univ. of California.) H. MIETHING. 158

S. A. Schaaf, *Experimentelle Methoden und Ergebnisse bei der Dynamik verdünnter Gase.* Die Verss. werden in einem Windkanal für kleine Dichten durchgeführt. Druckmessungen werden hauptsächlich mit einem besonderen, gegen ein Hg-MAC LEOD kalibrierten Manometer mit Butylphthalat als Fl. u. einem Meßbereich von 20 μ bis 20 mm Hg ausgeführt. Mit einer bes. konstruierten Düse für Überschallgeschwindigkeit werden Fluß u. Gasmenge gemessen. Die Strömung wurde durch das bei Entladung bewirkte Nachleuchten von N_2 kenntlich gemacht. Die Wärmeübertragung wurde gemessen, indem man silberne Kugeln u. Kegel erhitzte u. die Abkühlungskurve im Gasstrom thermoelektr. bei Gleitfluß oder beim Fluß mit Überschallgeschwindigkeit ermittelte. Der App. zur Feststellung des Trägheitskoeff. von ebenen Platten u. Kugeln im Kanal war eine Art Waage, die abgebildet ist. Um den gegenseitigen Einfl. der Gasmoll. aufeinander zu studieren, waren noch ein besonderer rotierender Zylinder u. eine Molekularwaage vorhanden. Beide sind abgebildet. (Univ. Michigan, Engng. Res. Inst., spec. Publ.: Symposia **1953**. 261—82. Univ. of California.) H. MIETHING. 158

Warren M. Rohsenow, *Wärmeübertragung mit der Verdampfung.* Es werden die Fälle betrachtet, bei denen die Wärme mit dem Dampf der Fl. übertragen wird, u. zwar auf dreifache Art: 1. beim Verdampfen ohne Sieden, 2. beim Sieden mit Blasenbldg., 3. beim Sieden mit Dampffilmbildung. Alle 3 Arten können bei einer Fl. bei verschieden hohen Tempp. auftreten. Es stellt sich das Gleichgewicht zwischen Dampf u. Fl. ein u. entsprechend treten die Blasen auf. Die Beschaffenheit der Heizfläche ist von großem Einfl., sie bestimmt den Winkel, unter dem sich die Blase an der Oberfläche bildet. Unreinheiten bewirken mehr Blasen, Öl eine andere Blasenform mit breiter Grundfläche. Druck u. Heizdrahtdicke beeinflussen die Blasenbldg. stark. Bei höheren Tempp. u. zu starker Blasenbldg. entsteht eine Dampfschicht, die für die Wärmeübertragung ungünstig ist. Es werden Verss. beschrieben, bei denen die Fl. durch vertikale u. horizontale Rohre geheizt wird. — 50 Literaturangaben. (Univ. Michigan, Engng. Res. Inst., spec. Publ.: Symposia **1953**. 101—49. MIT.) H. MIETHING. 158

H. F. Poppendiek, *Wärmeübertragung mit flüssigen Metallen.* Es werden Fragen der Wärmeübertragung bei fl. Metallen diskutiert: die Metalleigg. wie Wärmeleitfähigkeit, PRANDTLsche u. REYNOLDsche Zahl werden mit denen anderer strömender Medien wie H_2O, NaOH u. Luft verglichen. In Betracht kommende Metalle sind: Li, Na, Mg, K,

Rb, Cs, Al, Zn, Ga, Cd, In, Sn, Hg, Tl, Pb, Bi, Sb u. eutekt. Legierungen. Die Konvektion mit ihrem Einfl. auf die Wärmeübertragung bei laminarer u. turbulenter Strömung wird berechnet, Tabellen geben Werkstoffe u. Durchmesser der Röhren an. Die Wrkg. der Temp. u. Strömungsgeschwindigkeit der Fl. wird graph. veranschaulicht. Metalle haben den Vorteil, daß hohe Wärmeübertragungen mit n. Strömungen erreicht werden können, u. daß man bei n. Drucken arbeiten kann, weil die FF. niedrig u. die Kpp. hoch genug sind. Im Anhang werden die theoret. Grundlagen gegeben. (Univ. Michigan, Engng. Res. Inst., spec. Publ.: Symposia **1953.** 77—100. Oak Ridge Nat. Labor.) H. MIETHING. 158

A. Grieco und **H. C. Montgomery,** *Wärmeleitfähigkeit von Germanium.* Die Wärmeleitfähigkeit von reinem, einkristallinem n-Typ Ge wurde durch direkte Vergleichsmessungen mit Ni u. Zn zu 0,14 cal/sec·cm·Grad bei 25° bestimmt. Bei 100° ist der Wert ca. 20% kleiner. (Physic. Rev. [2] **86.** 570. 15/5. 1952. Murray Hill, N. J., Bell Telephone Labors.) W. GANS. 158

Frederick D. Rossini, Experimental thermochemistry: measurement of heats of reaction; prepared under the International Union of Pure and Applied Chemistry by the Subcommission on Experimental Thermochemistry. New York: Interscience. 1956. (342 S. m. Abb.) 8°. $ 7,80.

A₅. Kolloidchemie. Grenzschichtforschung.

Sydney Ross und **M. J. Cutillas,** *Die Lichtdurchlässigkeit von stabilen Schäumen.* (Vgl. C. **1955.** 2611.) Photoelektr. Messung der Lichtdurchlässigkeit von Schäumen aus nichtabsorbierenden Lsgg. über längere Zeiten. Für den zuerst vorhandenen Kugelschaum u. den später sich entwickelnden Polyederschaum gilt eine verschied. Abhängigkeit der Durchlässigkeit von der Alterungzeit. Für den Kugelschaum ist J^2, für Polyederschaum $(J_0/J - 1)$ linear von der Zeit abhängig. Diskussion der Vorgänge bei der Abscheidung von Fl. aus dem Kugelschaum u. der Abnahme der Grenzflächen bei der Ausbldg. des Polyederschaums. (J. physic. Chem. **59.** 863—66. Sept. 1955. Troy, N. Y., Rensselaer Polytechn. Inst., Dep. of Chem. and Chem. Engng.) H.-J. EICHHOFF. 162

Irving Reich, *Für die Stabilität von Reinigungsmittelmicellen verantwortliche Faktoren.* Vf. zeigt, daß die Theorie für die Micellenbldg. von DEBYE (C. **1950.** I. 499) nicht auf die Micellenbldg. aus nichtion. Reinigungsmitteln angewendet werden kann. Ausgehend von der Überlegung, daß die Konz. an Monomeren die Größenverteilung der Micellen im Gleichgewicht bestimmt u. daß die Entropieänderung pro Mol. unabhängig von der Größe der gebildeten Aggregate bleibt, werden 4 Möglichkeiten der Größenverteilung der Micellen erörtert. Während die Energie eines Syst. für eine n. Fl. mit zunehmender Aggregation ständig abnimmt, erfolgt bei Lsg. von Reinigungsmitteln keine weitere Abnahme, wenn die gebildeten Aggregate eine gewisse Größe erreicht haben. Vf. erhält Beziehungen, die diese Verhältnisse gut wiedergeben u. eine Berechnung der Größenverteilung für jede Konz. an Monomeren erlauben. Dabei wird für die Micellenstruktur das Modell von HARTLEY herangezogen. Eine Übertragung der Theorie des Vf. auf das Strukturmodell von MCBAIN ist nicht ohne weiteres möglich. Eine Anwendung auf die Micellenbldg. in Lsgg. ion. Reinigungsmittel erfordert die Einführung eines Faktors, der die elektrostat. Rückstoßkräfte berücksichtigt. (J. physic. Chem. **60.** 257 bis 262. März 1956. Los Angeles, Calif., Univ. of Southern California.) H. U. WOELK. 162

Suzanne Sernesse und **Luc-Henry Collet,** *Über quantitative Versuche der Elektroosmose und den Beitrag, den sie zum Studium der Ionenhydratation bringen.* Vff. beschreiben eine App., in der sie eine quantitative Unters. der elektroosmot. Vorgänge vornehmen. Symm. Aufbau des Gefäßes in bezug auf die Elektroden, die aus AgCl bestehen, Membrane aus einer Pyrexglasfritte. Die Verss. wurden bei laufender Konstanz von 0,1—50 mA durchgeführt, die Spannung überschritt nicht 100 V. Ferner entwickeln Vff. eine Theorie der Elektroosmose vom Gesichtspunkt der Ionenhydration u. diskutieren die Übereinstimmung der experimentellen Ergebnisse mit den theoret. Vorstellungen. (C. R. hebd. Séances Acad. Sci. **234.** 2281—83. 4/6. 1952.) V. BURBACH. 170

Philip F. Low, *Wirkung des osmotischen Drucks auf die Diffusionsgeschwindigkeit von Wasser.* Es wird eine Gleichung entwickelt, welche die Gradienten des hydraul. u. osmot. Drucks mit der Diffusionsgeschwindigkeit von W. in Verbindung bringt. Sie zeigt, daß der osmot. Druck gewissermaßen als negativer hydraul. Druck die Wasserdiffusion beeinflußt. Die Gleichung wurde bestätigt an Tonsuspensionen. (Soil Sci. **80.** 95—100. Aug. 1955. Purdue-Univ., Agric. Equipment Stat.) A. JACOB. 170

O. Nehring, *Zur Klassifikation der Viscositätsgleichungen.* Vf. gibt eine Klassifikation verschied. Näherungsfunktionen für die Abhängigkeit der relativen Viscosität von der Konz. der gelösten Substanz im Lösungsmittel. Von der Funktion $f(\eta_{rel}, c)$ muß verlangt werden, daß sie für $c = 0$ den Wert $\eta_{rel} = 1$ liefert u. ferner muß η_{rel} mit wachsendem c zunehmen. Der lineare Ansatz $\eta_{rel} = 1 + a c$ erfüllt beide Bedingungen. Eine Erweiterung in die Form einer Reihe ergibt, daß die wahren Beziehungen zwischen den beiden Größen nicht richtig wiedergegeben werden. Es muß weiter verlangt werden, daß bei der Grenzkonz. cg $r_{rel} = \infty$ gesetzt werden kann. Diese drei Forderungen erfüllt der hyperbol. Ansatz $(c - m)(\eta_{rel} - n) + p = 0$, auf dem die Gleichung von SCHULZ u. WISSLER beruht. Vf. prüft die letztere u. ersetzt die von WISSLER angegebene Beschränkung des Gültigkeitsbereiches von $\eta_{rel} < 3$ durch $\eta_{rel} < 2$. Die genannten drei Bedingungen werden auch durch den Ansatz $\eta_{rel} = e^{\varphi(c)}$ erfüllt, wenn $\varphi(c)$ für c = 0 den Wert 0 annimmt u. für cg den Wert ∞ z. B. $\varphi(c) = ac/(m - c)$ bzw. $\varphi(c) = ac(n - c)/(m - c)$. Zu diesem Typ gehört die Gleichung von FIKENTSCHER: $\log \eta_{rel} = [75\,k^2/(1 + 1{,}5\,kc) + k]\cdot c$. Der k-Wert nach FIKENTSCHER vermittelt eine Beziehung zum Anstieg $Z\eta$ ($Z\eta = \lim\,[d\eta_{rel}/dc]$). (Plaste u. Kautschuk **2.** 180—81. Aug. 1955.) C→O F. SCHIPKE. 172

R. N. Barfield und **J. A. Kitchener,** *Die Viscosität von flüssigem Eisen und flüssigen Eisen–Kohlenstoff-Legierungen.* Das Verf. mit dem schwingenden Schmelztiegel nach HOPKINS u. TOYE zur Viscositätsbest. wurde zu Unterss. bei fl. Eisen u. Fe–C-Legierungen mit bis zu 4,4% C angewendet. Hierbei zeigte sich, daß C merklich die Viscosität verringert, jedoch die Aktivierungsenergie zum Fließen erhöht. S hat demgegenüber einen viel kleineren Einfluß. (J. Iron Steel Inst. **180.** 324—29. Aug. 1955. Ottawa, Can., Nat. Res. Council; London, Imp. Coll. of Sci. and Technol.) H. HOCHSTEIN. 172

Neill Weber und **Walter H. Bauer,** *Strömungseigenschaften von Aluminiumdilaurat–Toluol-Gelen.* Vff. beschreiben ein Capillarviscosimeter, das die Unters. der Strömungseigg. von Gelen in weiten Bereichen der Scherspannung (10^{-3} bis 10^6 cm^{-1}) ermöglicht. Mit diesem Gerät wurden Aluminiumdilauratgele in Toluol (1, 2, 3 u. 5%) bei 25° untersucht. Ergänzt werden diese Unterss. durch Messung der anfänglichen axialen Ausdehnung eines Gels (2%) bei plötzlich angelegter Spannung. Die Meßergebnisse lassen 3 verschied. Strömungsbereiche der untersuchten Gele erkennen. Unterhalb einer Schergeschwindigkeit D von 10^{-2} sec^{-1} zeigt das 2%-Gel ein Verh. wie eine NEWTONsche Fl. hoher Viscosität. Bei Scherspannungen zwischen 40 u. 100 $dyn\cdot cm^{-2}$ nimmt D stark zu. Oberhalb D = 100 sec^{-1} erreicht die Kurve D/τ (τ = maximale Scherspannung an der Wand) eine konstante Neigung, die stets > 1 ist. Dann ist die Strömungskurve eine Funktion des Verhältnisses Länge/Durchmesser der verwendeten Capillare. Aus der in Abhängigkeit von der Zeit ermittelten axialen Dehnung der Gele L_A errechnen Vff. das Schermodul der Elastizität, nach $G = \tau R/2\,L_A$ (R = Capillarradius), für den Bereich des NEWTONschen Fließens auch die Viscosität. Aus den erhaltenen Ergebnissen wird der Schluß gezogen, daß bei Gelkonzz. oberhalb 1% die polymeren Teilchen groß genug sind um die Bldg. 3dimensionaler Strukturen zu begünstigen. (J. physic. Chem. **60.** 270—73. März 1956. Troy, N. Y., Rensselaer Polytechnic Inst., Walker Labor., Dep. of Chem.) H. U. WOELK. 173

J. H. Chin, C. M. Sliepcevich und **M. Tribus,** *Teilchengrößenverteilungen aus der Winkeländerung der Intensität vorwärtsgestreuten Lichtes bei sehr kleinen Winkeln.* Entw. der mathemat. Grundlage für eine Best. der Teilchengrößenverteilung polydisperser Systeme aus der Winkelintensitätsänderung in dem vorwärts gestreuten Halbwinkel von 3—4°. Angabe von drei experimentellen Methoden zur Anwendung der abgeleiteten Integrationsformel. (J. physic. Chem. **59.** 841—44. Sept. 1955. Ann Arbor, Mich., Univ. of Michigan, Dep. of Chem. and Metallurg. Engng.) H.-J. EICHHOFF. 175

J. H. Chin, C. M. Sliepcevich und **M. Tribus,** *Bestimmung der Teilchengrößenverteilung in polydispersen Systemen durch Messungen der Winkeländerung der Intensität vorwärts gestreuten Lichtes bei sehr kleinen Winkeln.* (Vgl. vorst. Ref.) Beschreibung der experimentellen Technik u. der Auswertung bei der Messung der Intensität des unter kleinen Winkeln vorwärts gestreuten Lichtes zur Best. der Teilchengrößenverteilung polydisperser Systeme. Die Meßapp. besteht aus einer monochromat. Lichtquelle, mit welcher ein paralleles Bündel erzeugt wird, der Streuzelle u. einer Empfängeranordnung aus Abbildungslinse u. einer verschiebbaren Lochblende mit Photomultiplier. Durch Vgl. der Streulichtmessung mit einer mkr. Auszählung an einem polydispersen Syst. von Glaskügelchen in W. wird die Brauchbarkeit der einfachen Meßanordnung u. des Meßverf. gezeigt. (J. physic. Chem. **59.** 845—48. Sept. 1955.) H.-J. EICHHOFF. 175

Fumio Fukuoka, *Adsorptionsgeschwindigkeit in flüssiger Phase.* 4. Mitt. *Einfluß des Rührens.* (3. vgl. Denka **12.** [1944.] 207; vgl. auch C. **1956.** 8277.) Es wird vorausgesetzt, daß die Adsorptionsgeschwindigkeit 1. von der Diffusionsgeschwindigkeit innerhalb des adsorbierenden Teilchens, 2. von dem Widerstand an der Außenseite des adsorbierenden Teilchens abhängt. Eine mathemat. Formel für die Beziehung zwischen der Adsorptionsgeschwindigkeit u. dem Grad der Rührbewegung wird abgeleitet u. für den Fall der Adsorption von J_2 in KJ-Lsg. an Aktivkohle erörtert. (J. chem. Soc. Japan, ind. Chem. Sect. [Kōgyō Kagaku Zassi] **54.** 203—05. März 1951. Tokyo, TH. [Orig.: japan.]) L. SCHULER. 176

G. F. Hüttig, H. Schreiner und **R. Klein,** *Die zeitlichen Veränderungen der Bindungsfestigkeiten zwischen Adsorbens und Adsorptiv, erläutert an Sinterkörpern von verschiedenem Sinterungsgrad.* Vff. berichten über durchgeführte Messungen der Adsorptionscharakteristik, durchgeführt zwecks Verfolgung des Sintervorganges von Pulvern (Elektrolyt-Cu $\Theta \sim 4 \cdot 10^{-3}$ cm, Hametag-Fe $\Theta \sim 1{,}5 \cdot 10^{-3}$, Korund $\Theta \sim 6-8 \cdot 10^{-3}$ cm u. $BaSO_4$ ebenfalls $6-8 \cdot 10^{-3}$ cm), u. diskutieren die sich dabei ergebenden verschied. Adsorptionstypen, wobei über die bekannten LANGMUIRschen u. TAYLORschen Adsorptionstypen hinaus auch Beispiele für die Fälle, wo mit der Zeit eine Lockerung der Bindungsfestigkeit eintritt (also die Desorptionsisotherme tiefer als die zeitlich vorangehende Adsorptionsisotherme liegt; Beispiele hierfür sind niedrigst vorerhitzte Präpp. von Al_2O_3 u. $BaSO_4$) bzw. wo sich an die Desorption eine neue Aufbauisotherme (eine „Readsorptionsisotherme") anschließt. Hierfür liefern Al_2O_3, Fe u. auch Cu Beispiele, bei denen durch die Adsorption u. nachfolgende Desorption ein solcher veränderter — selektiv aktivierter — Oberflächenzustand hinterlassen wird, daß eine neuerliche Adsorption unter raschester Durchschreitung des VAN DER WAALSschen Bindungszustandes prakt. sofort wieder in den verfestigten Zustand der chem. Bindung übergeht. Als Adsorptiv wurde durchweg Methanol benutzt. (Mh. Chem. **81.** 101—10. 1950; S.-B. österr. Akad. Wiss., math.-naturwiss. Kl., Abt. IIb **159.** 101—10. 1950. Graz, TH, Inst. für anorgan. u. phys. Chem.) W. NIEMITZ. 176

Donald S. MacIver und **Paul H. Emmett,** *Adsorption von Stickstoff an reinem Natriumchlorid.* Nach YOUNG u. BENSON (private Mitt.) führt die Auswertung von Messungen der Adsorption von N_2 an NaCl bei -195^0 nach B.E.T. zu negativen Abschnitten auf der Ordinate. Zur Prüfung dieser Angabe haben Vff. die Messungen an reinstem NaCl (durch elektrostat. Fällung von NaCl-Dampf) wiederholt. Die graph. Darst. der erhaltenen Meßergebnisse nach B.E.T. besitzt einen geradlinigen Teil zwischen relativen Drucken von 0,010—0,10. Ein Vgl. mit den Messungen von YOUNG u. BENSON zeigt, daß letztere in einem zu engen Druckbereich durchgeführt wurden, in dem die Linearität, die zu den negativen Ordinatenabschnitten führt, nur vorgetäuscht ist. Eine Erweiterung der Messungen auf andere Bereiche des relativen Drucks, wie sie Vff. durchgeführt haben, läßt die Abweichungen von der Linearität oberhalb eines relativen Drucks von 0,1 erkennen. Vff. vermuten, daß diese Abweichungen einen Übergang zu stufenförmigen Adsorptionsisothermen andeuten. Es wird darauf hingewiesen, daß der Druckbereich bei derartigen Messungen so gewählt werden muß, daß statist. monomol. Schichten erhältlich sind. (J. physic. Chem. **60.** 824—25. Juni 1956. Pittsburgh, Pa., Gulf Res. u. Developm. Co., Mellon Inst.) H. U. WOELK. 176

C. S. Brooks, *Versuche über Stickstoffadsorption an verschiedenen Tonmineralien.* Die VAN DER WAALSsche N_2-Adsorption bzw. ihre vollständige Isotherme wurde an verschied. Tonmineralien nach Entgasung durch Evakuierung bei Tempp. zwischen 25 u. 100° untersucht. Tone, wie *Montmorillonit* u. *Illit*, die durch eine hohe Kationenaustauschfähigkeit u. verhältnismäßig geringe Teilchengröße charakterisiert sind, zeigten eine starke Abhängigkeit der Größe der N_2-Oberfläche vom Wassergeh. des Tons. Bei Montmorillonit hatte auch die Art des austauschbaren Kations (*Na* oder *Ca*) einen Einfluß. Tone mit kleiner Kationenaustauschfähigkeit u. relativ großer Teilchengröße, wie Kaolinit u. Pyrophyllit, zeigten diese Beziehung zwischen N_2-Oberfläche u. Wassergeh. des Tons nur wenig. Wenn keine wesentliche innere Porenstruktur für die Adsorption von N_2 bei niederer Temp. verfügbar ist, stellt die N_2-Oberfläche ein Maß für die durchschnittliche Teilchengröße unter den Bedingungen der Adsorptionsmessung dar. Wenn eine innere Porenstruktur vorhanden ist, wie z. B. bei *Halloysit* u. *Ca-Bentonit*, gibt die Isotherme der N_2-Adsorption u. -Desorption wenigstens ein qualitatives Maß für die innere Struktur u. ihre Veränderung mit der Hydration ab. Ein Vgl. der Best. der Teilchengröße mittels N_2-Adsorptionsfläche u. mittels Sedimentation aus wss. Suspensionen ergab für *Kaolinit* u. *Na-Bentonit*-Teilchen von derselben Größe Unterschiede um das 3—7fache. Offenbar ist die wirksame Teilchengröße in wss. Suspensionen wesentlich kleiner als das für die N_2-Adsorption zugängliche Aggregat, wenn der Bentonit zur Vorbereitung der Adsorptionsmessung getrocknet wurde. Wenn Korrekturen für die asymm. Gestalt bei Kaolinit gemacht werden, kann für die Teilchengröße aus Sedimentation u. N_2-Oberfläche eine ziemlich gute Übereinstimmung erzielt werden. (Soil Sci. **79.** 331—47. Mai 1955. Shell Developm. Comp.) A. JACOB. 176

J. Rex Goates und **Kenneth H. Anderson,** *Säureartige Eigenschaften von Tonmineralien.* Titrationen von dialysierten Tonen u. Al_2O_3-Proben wurden mit C_2H_5ONa in absol. A. durchgeführt. Die Ergebnisse wurden mit Hilfe einer Gleichung vom LANGMUIR-Typ analysiert, welche 2 bestimmte u. ziemlich homogene Typen von Säuregebieten in jedem Syst. anzeigten. (Soil Sci. **80.** 19—25. Juli 1955. Brigham Young Univ.) A. JACOB. 176

G. H. Bolt, *Ionenadsorption durch Tone.* Unterss. des Austauschgleichgewichts von *Na–Ca-Illit* in einer Mischung von Lsgg. von NaCl u. $CaCl_2$ zeigten, daß man dieses Gleichgewicht auf Grund der Doppelschichttheorie ohne Zuziehung willkürlicher Konstanten erklären kann. Die relative Adsorption von Na u. Ca ist also fast gänzlich aus der Wertigkeit der Ionen abzuleiten. Die Ergebnisse dieser Doppelschichttheorie werden mit denen anderer Theorien des Ionenaustauschgleichgewichts verglichen. Es wird gezeigt, wie im allg. die Ergebnisse von Austauschgleichgewichten benutzt werden können, um spezif. Wechselwirkungen zwischen Ionen u. Tonoberflächen zu berechnen. (Soil Sci. **79.** 267–76. April 1955. Cornell Univ.) A. Jacob. 177

Emerich Erdös und **Ivan Vavruch**, *Kinetik der Lösungsmittelströmung im chromatographischen Papier.* Auf Grund eines einfachen Modells werden Beziehungen abgeleitet, welche das Vordringen der Lösungsmittelfront im chromatograph. Papier für die aufsteigende, absteigende u. horizontale Anordnung erfassen. Die aus den Gleichungen berechneten Werte der physikal. bedeutungsvollen Konstanten stimmen untereinander überein, woraus man schließen kann, daß das zugrunde liegende Modell den Tatsachen weitgehend gerecht wird. Die in einer früheren Arbeit (vgl. Vavruch u. Hejtmánek, C. **1955.** 7505) angegebenen Beziehungen haben semiempir. Charakter. (Chem. Listy **50.** 29–35. Jan. **1956** [Orig.: tschech.]; Collect. czechoslov. chem. Commun. **21.** 535–41. Juni 1956 [Orig.: deutsch.]) L. Matoušek/Prag. 177

E. Hayek und **H. Schimann**, *Fällungschromatographie wässeriger Metallsalzlösungen.* (Vortrag.) Es wird das Verh. von Kationen u. Anionen in wss. Systemen gegen Adsorbentien diskutiert. (Angew. Chem. **68.** 382. 7/6. 1956. Innsbruck.) W. Krönert. 177

A_6. Strukturforschung.

L. S. Kothari und **K. S. Singwi**, *Thermische unelastische Streuung kalter Neutronen in polykristallinen Festkörpern.* Es wird eine Theorie für den Einfl. der Wärmebewegung auf die Streuung langsamer Neutronen in Polykristallen gegeben, die sich von der älteren Theorie (Weinstock u. Mitarbeiter) dadurch unterscheidet, daß die therm. Verschiebungen der Gitterpunkte als Summe von Emissions- u. Absorptionsoperatoren behandelt werden. Damit erleichtert man die Berechnung von Übergangswahrscheinlichkeiten u. erhält eine Prüfung des Debye-Waller-Faktors. Es werden allg. Ausdrücke für die inkohärenten u. kohärenten Wirkungsquerschnitte gegeben. Letzterer erscheint als proportional dem inkohärenten bis auf einen Korrekturfaktor. Explizit werden die Ergebnisse für $M \gg 1$ u. $T/\Theta \geq 1$ sowie $M \approx 10$ u. $T/\Theta \geq 0{,}5$ angegeben. Daraus erhaltene numer. Werte stimmen bei *Mg* u. *Al* gut mit Meßwerten überein. Bei *Fe* ist eine Prüfung wegen der magnet. Streuung nicht möglich. Für *Be* läßt sich nur ein Meßpunkt vergleichen. (Proc. Roy. Soc. [London], Ser. A **231.** 293–307. 6/9. 1955. Bombay, Tata Inst. of Fundament. Res.) H. C. Wolf. 181

Norio Kato, *Dynamische Theorie der Elektronenbeugung für begrenzten, polyedrischen Kristall.* 3. Mitt. *Formel für den Fall Fresnelscher Beugung.* (2. vgl. C. **1953.** 3685.) Auf Grund der dynam. Interferenztheorie für den durchstrahlten Kristallkeil (l. c.) wird das Strahlungsfeld im Vakuum auf der Austrittsseite der Strahlen mathemat. hergeleitet, das durch Überlagerung der aus dem Kristallkeil austretenden Elektronenwellen u. der neben dem Kristall vorbeilaufenden u. durch Beugung an der Kante modifizierten Elektronenwelle entsteht. Auf diese Weise werden Formeln für die Intensitätsverteilung in den Fresnelschen Beugungsräumen erhalten, welche bei defokussierten Bildern von Kristallkanten auftreten. Für spezielle Fälle ist die Berechnung dieses Intensitätsverlaufs explizit u. numer. durchgeführt u. das Ergebnis in Kurvenfiguren wiedergegeben, nämlich für den rechtwinkligen Kristallkeil, wie er an MgO- u. CdO-Kristallen auftritt, bei 5 u. 50 μ positiver u. negativer Defokussierung (Abstand Kristallkante gegen abgebildete Objektebene) sowie jeweils für den Interferenzfall (Braggsche Interferenzbedingung für eine Netzebenenschar im Kristall optimal erfüllt) u. für den interferenzfreien Fall. Im Interferenzfall wird die Wrkg. der Defokussierung auf die Form der „Streifen gleicher Kristalldicke“ näher erörtert, welche bei fokussierter Abb. die period. Abhängigkeit der Kristalldurchlässigkeit von der durchstrahlten Kristalldicke demonstrieren. Die charakterist. Ergebnisse der Theorie werden mit experimentell erhaltenen Fresnelschen Beugungssäumen anderer Autoren qualitativ verglichen u. in Übereinstimmung gefunden. (J. physic. Soc. Japan **8.** 350–59. Mai/Juni 1953. Kokubunji, Tokyo, Kobayasi Inst. of Phys. Res. [Orig.: engl.]) H. Niehrs. 181

J. M. Cowley, *Strukturanalyse von Einkristallen durch Elektronenbeugung.* 1. Mitt. *Technik.* (Vgl. C. **1954.** 956.) Vf. diskutiert die Möglichkeit der Verwendung von Einkristall-Elektronenbeugungsaufnahmen von sehr kleinen Kristallen für die Strukturanalyse durch Fourier-Methoden. Die Kriställchen dürfen nicht dicker als einige Hundert Å sein, um die Intensitäten der Reflexionen nicht durch dynam. Wechselwrkg.

oder sek. Beugung zu verfälschen. Nach kurzer Besprechung der Darst. u. der Handhabung der kleinen Kristalle wird ausführlich eine neu entwickelte photograph. Meth. zur Messung der Intensitäten beschrieben. (Acta crystallogr. [Copenhagen] **6.** 516—21. 10/6. 1953. Melbourne, Commonwealth Sci. and Ind. Res., Div. of Ind. Chem., Chem. Phys. Sect.) C. GOTTFRIED. 181

B. Combee, *Eine Röntgenröhre für Mikroradiographie.* Beschreibung der Röhre, die ein vakuumdichtes Fenster aus einer 50 μ dicken Be-Folie enthält, das eine genügende Durchlässigkeit für Röntgenstrahlung von 1,5—5 kV (Wellenlänge 2—15 Å) besitzt. Zwei Beispiele sind photograph. wiedergegeben: Aufnahme von Knochengewebe sowie von Papier. (Philips' techn. Rdsch. **17.** 198—99. Dez. 1955.) C. GOTTFRIED. 181

Jerzy (Georges) Zarzycki, *Röntgenbeugungskamera zur Untersuchung von Flüssigkeiten bei erhöhten Temperaturen.* Vf. beschreibt eine Kamera, mit der Aufnahmen von fl. Substanzen, speziell *Gläsern,* bis zu Tempp. von ca. 1600° hergestellt werden können. Die zu untersuchende Fl. wird durch Capillarkräfte in dem Spalt einer Pt–Rh-Legierung mit 20% Rh gehalten, welche gleichzeitig als Heizwiderstand wirkt. Der Film in der Kamera ist durch einen mit W. gefüllten Ring abgeschirmt. Außerdem ist mit der Kamera ein GEIGER-Zähler verbunden. (C. R. hebd. Séances Acad. Sci. **241.** 480—81. 1/8. 1955.) C. GOTTFRIED. 181

H. E. Huxley, *Optimale geometrische Bedingungen in dem Entwurf und dem Gebrauch von Röntgenbeugungsröhren und -kameras.* Vf. entwickelt eine Theorie, mit deren Hilfe man die optimalen geometr. Bedingungen unter verschied. Bedingungen bestimmen kann. Aus der Theorie kann ersehen werden, daß bei Röntgenröhren mit stationärer Antikathode die Brennfleckdimensionen 3 mal größer sein sollten als die Probe, bei Röhren mit rotierender Antikathode 5 mal größer. Der Abstand Probe—Brennfleck u. Probe—Film richtet sich je nach den Netzebenenverhältnissen u. ist also davon abhängig. (Acta crystallogr. [Copenhagen] **6.** 457—65. 10/6. 1953. Cambridge, Cavendish Labor., Med. Res. Council Unit.) C. GOTTFRIED. 181

D. Rogers und **A. J. C. Wilson,** *Die Wahrscheinlichkeitsverteilung von Röntgenstrahlenintensitäten.* 5. Mitt. *Eine Bemerkung über einige hypersymmetrische Verteilungen.* (4. vgl. C. **1951.** II. 1399.) Theoret. Untersuchung. Eine hypersymm. Intensitätsverteilung entsteht, wenn 2 Moll., jedes mit einem nichtkristallograph. Symmetriezentrum, in einer zentrosymm. Raumgruppe allg. Punktlagen besetzen. (Acta crystallogr. [Copenhagen] **6.** 439—49. 10/6. 1953. Cardiff, Wales, Univ. Coll., Viriamu Jones Labor.) C. GOTTFRIED. 181

D. Rogers, E. Stanley und **A. J. C. Wilson,** *Die Wahrscheinlichkeitsverteilung von Intensitäten.* 6. Mitt. *Der Einfluß von Intensitätsfehlern auf die statistischen Proben.* (5. vgl. vorst. Ref.) Es wurden die statist. Proben (3 für Zentrosymmetrie u. 1 für Symmetrieebenen) untersucht, um quantitativ ihre Empfindlichkeit gegenüber Fehlern in den ursprünglichen Intensitätsdaten zu bestimmen. (Acta crystallogr. [Copenhagen] **8.** 383—93. 10/7. 1955.) C. GOTTFRIED. 181

Rudolf Berthold und **Volkmar Gerold,** *Ein neues Verfahren zum Ausmessen letzter Debye-Scherrer-Linien mit dem Zählrohr.* Beschrieben wird ein Zählrohrgerät mit einer ringförmigen Zählrohrblende. Die Vermessung letzter Linien geschieht durch Abstandsänderung des Präparates. Es läßt sich so mit einfachen Mitteln eine relative Meßgenauigkeit der Gitterkonstante in der Größenordnung 10^{-5} erreichen. (Z. Metallkunde **46.** 599—601. Sept. 1955. Wildbad, u. Stuttgart, MPI für Metallforsch.) H. HOCHSTEIN. 181

O. A. Tesche, *Ein Beitrag zur Bestimmung der Vorzeichen in der Fourier-Analyse von Kristallen.* Theoret. Untersuchung. (Acta crystallogr. [Copenhagen] **6.** 564. 10/6. 1953. Cape Town, Univ., Dep. of Phys.) C. GOTTFRIED. 181

H. Hauptman und **J. Karle,** *Feststellung der Hauptmaxima einer Fourier-Reihe.* Es wird eine numer. Meth. zur Festlegung der Hauptmaxima einer mehrdimensionalen FOURIER-Reihe beschrieben, ohne daß die Notwendigkeit besteht, die Funktion selbst zu berechnen. (Acta crystallogr. [Copenhagen] **6.** 469—73. 10/6. 1953. Washington, D. C., U. S. Naval Res. Labor.) C. GOTTFRIED. 181

J. R. Streetman, *Auswertung gewisser Dreizentrenintegrale.* Berechnung von Ein-Elektron-Dreizentrenintegralen. (J. chem. Physics **23.** 1348—49. Juli 1955. Austin, Tex., Univ. of Texas, Dep. of Chem.) C. GOTTFRIED. 182

René Gouarné, *Reduktion eines bestimmten Matrizentyps: Anwendung auf die Chemie.* Unter Verallgemeinerung der Erniedrigung der Ordnung bei linearen Systemen durch Berücksichtigung der Symmetrie läßt sich auch bei bestimmten Matrizen eine Red. durchführen. Es wird ein Beispiel aus der theoret. Chemie gegeben, aus der linearen Kombination atomarer Elektronenbahnen zu mol., wobei das charakterist. Polynom, die Eigenwerte u. die Eigenvektoren einen einfachen analyt. Ausdruck haben. (C. R. hebd. Séances Acad. Sci. **241.** 1141—43. 24/10. 1955.) M. WIEDEMANN. 182

Earl Callen, *Konfigurationswechselwirkung, angewandt auf das Wasserstoffmolekül.* Ausführliche Darst. des C. **1955.** 7388 referierten Sitzungsberichtes. (J. chem. Physics **23.** 360—62. Febr. 1955. MIT.) G. Heinsohn. 182

J. W. Linnett, *Die Elektronenstruktur von Ferrocen und verwandten Verbindungen.* Vf. diskutiert die Elektronenstruktur von *Ferrocen,* $(C_5H_5)_2Fe$, u. einigen verwandten Verbb. mit den Metallen *Ni, Co, Mn, Cr, V, Ti* u. *Ru.* Die Elektronenzustände werden zuerst nach der Molekülbahnmeth. (M.-O.-Meth.) behandelt. Anschließend wird durch Transformation der ursprünglichen Determinante eine neue, jedoch äquivalente Form der Wellenfunktion erhalten, die eine bequemere Beschreibung der Elektronenverteilung erlaubt. Im Ferrocenmol. sind in den Bereichen zwischen dem Fe-Atom u. den beiden Ringen zwei Gruppen von je drei Elektronenpaaren prim. konzentriert. Die Anordnung erfolgt in zwei Pyramiden, die mit ihren Spitzen auf das Fe-Atom gerichtet sind. Die besondere Stabilität von Ferrocen kann mit der Tatsache erklärt werden, daß durch die Gruppe von 18 Elektronen das Fe-Atom die Elektronenschale des nächsten Edelgases, *Kr,* erreicht. (Trans. Faraday Soc. **52.** 904—12. Juli 1956. Oxford, Inorgan. Chem. Labor.) W. Krönert. 182

Rudi Schall und **Gustav Thomer,** *Zur Frage der Röntgenabsorption in komprimierten Flüssigkeiten.* Die von Schaaffs (C. **1955.** 6683) geäußerte Vermutung, bei Röntgenblitzaufnahmen von Funkenschallwellen in Fll. sei eine Abhängigkeit des atomaren Absorptionsvermögens vom Druck bzw. von der Verdichtung anzunehmen, wird hier als Täuschung infolge der Besonderheiten der Stoßwellenausbreitung zwischen nichtparallelen Platten (extreme Elektrodendeformation) erklärt. Es wird eine Versuchsanordnung mit planparallelen Elektrodenplatten beschrieben, bei der man keine Veranlassung hat, bei Drücken unter 10^5 at mit einer Druckabhängigkeit des Massenschwächungskoeff. zu rechnen. (Z. Physik **142.** 637—41. 1955. Weil/Rh., Serv. Techn. de l'Armée Franc.) H. C. Wolf. 186

Werner Schaaffs, *Bemerkungen zu einer Arbeit von R. Schall und G. Thomer. Über die Frage der Schwächung von Röntgenstrahlen in komprimierten Flüssigkeiten.* Die Einwände von Schall u. Thomer (vgl. vorst. Ref.) gegen die frühere Arbeit des Vf. (C. **1955.** 6683) werden als nicht beweiskräftig zurückgewiesen, ihre Versuchsanordnung erscheint in wesentlichen Punkten von der des Vf. verschieden; ihre Ergebnisse werden anders ausgewertet u. bekräftigen dann die Ansicht des Verfassers. Die Einwände von Schall u. Thomer konnten in der experimentellen Anordnung des Vf. nicht bestätigt werden. (Z. Physik **142.** 642—45. 1955. Berlin-Charlottenburg, Techn. Univ., Fak. II, Abt. Phys.) H. C. Wolf. 186

Edward Goerlich, *Das Glas im Lichte kristallchemischer Forschung.* Es werden die gegenwärtigen Ansichten über die Struktur der Gläser dargestellt. (Wiadomości chem. **5.** 261—90. 1951. Kraków, Bergakad., Inst. für Mineral. u. Petrogr.) H. Freytag. 188

A. Je. Karjakin, *Keimbildung, Wachstum und Zerstörung von Quarzkristallen.* Charakter der Verteilung u. Orientierung der Keime an den Wänden von Hohlräumen sind von großer Bedeutung für die Bldg. von großen Quarzkristallen. Aus der Unters. der Bergkristallnester u. Nebengesteine geht hervor, daß das Wachstum der Quarzkristalle, Serizit- u. Chloritschuppen, Turmalin- u. Epidotnadeln, Hämatit- u. Brookitplättchen, Rutil- u. Actinolithhärchen, Albit- u. Axinitdrusen u. anderer Mineralien der Kristallnester während der Zers. der prim. Mineralien des Nebengesteines erfolgte. In den Bergkristallnestern in der Nähe der Quarzadern war das Wachstum der Quarzkristalle nicht nur von einer Zers. des Nebengesteins, sondern auch von einer Auflösung u. Umkristallisation des Aderquarzes begleitet. Die massenhafte Zerstörung der Bergkristallnester u. Quarzkristalle hängt mit exogenen u. nicht mit endogenen Prozessen zusammen. In den Eluvial-, bes. aber in den Deluvialseifen erfolgte eine natürliche Anreicherung: die Quarzkristalle schlechter Qualität wurden zerstört, die besseren Kristalle im Laufe der Zeit angereichert. (Записки Всесоюзного Минералогического Общества [Schr. Allunions mineralog. Ges.] [2] **83.** 11—22. 1954.) O. Lebtag. 190

H. E. Bömmel, W. P. Mason und **A. W. Warner jr.,** *Ein experimenteller Beweis für Versetzungen in kristallinem Quarz.* Messung der inneren Reibung von Quarzeinkristallen zwischen 1,5 u. 300° K im Frequenzbereich von 5—80 MHz ergibt zwei verschied. Aktivierungsenergien der Relaxation: eine größere, die der Gitterverzerrung durch Verunreinigungen zugeschrieben wird, u. eine kleinere, die wegen ihrer Analogie zum Verh. von Versetzungen in Metallen einer Versetzungsbewegung zugeschrieben wird. Die Versetzungsdichte beträgt $10^3/cm^3$. (Physic. Rev. [2] **99.** 1894—96. 15/9. 1955. Murray Hill, N. J., Bell Telephone Labors.) H. C. Wolf. 190

E. O. Hall, *Einige Beobachtungen über die Kristallographie von Deformationszwillingen.* Vf. bringt eine tabellar. Zusammenstellung der Zwillingsgesetze von Deformationszwillingen der folgenden Metalle: *α-Fe, Be, Ti, Mg, Zn, Cd, β-Sn, In, As, Bi, Hg, Sb* u. *α-U*. (Acta crystallogr. [Copenhagen] **6.** 570—71. 10/6. 1953. Sheffield, Univ., Phys. Dep.) C. GOTTFRIED. 190

D. Peschanski, M. Cottin und **M. Haïssinsky,** *Bestimmung der Selbstdiffusionskoeffizienten von Schwefel und Quecksilber durch kinetische Untersuchung des Isotopenaustausches.* (Sitzungsbericht.) Der Austausch zwischen festem S u. S^{2-} bzw. S_y^{2-}wird mit Hilfe von ^{35}S bei Tempp. oberhalb 100° an dem Syst. $S_{monokl.}/Na_2S_{4,8}$ untersucht. Die Rk. verläuft nach der 1. Ordnung mit den Geschwindigkeitskonstanten (k) für die folgenden Tempp.: 103° 8,05; 108° 16,7; 115° 46,9 (in 10^{-4}/Std.). Für geschmolzenen S ergibt sich: k = 0,2 bzw. 0,3 pro Std. für 123 bzw. 131°. Aus der sprunghaften Erhöhung von k mit der Änderung des Aggregatzustandes wird geschlossen, daß die Austauschgeschwindigkeit durch die Selbstdiffusion im elementaren S bestimmt wird, was die Änderung von k mit der Korngröße bestätigt. Es ergeben sich die Selbstdiffusionskoeffizienten D (in 10^{-14} cm²/sec): $D_{103°}$ 1,83; $D_{108°}$ 3,80; $D_{115°}$ 10,7 u. eine Aktivierungsenergie E = 46,8 kcal/Mol bei $D_0 = 2{,}8\cdot10^{-13}$ cm²/sec. Aus dem Vgl. mit verschied. thermochem. Daten wird geschlossen, daß die Selbstdiffusion über eine Dissoziation von S_8-Moll. im Gitter verläuft. Nach der gleichen Meth. ergibt sich aus Messungen am Syst. Hg/Hg_2^{2+} in schwach saurer Lsg. für 18° $D_{Hg} = 3\cdot10^{-7}$ cm²/sec u. $E_{Hg} \approx$ 3 kcal/Mol. (J. Physique Radium **11.** 21 S—22 S. Mai 1950.) H.-J. EICHHOFF. 190

Arnošt Bergstein, *Der Verlauf einiger Pulverreaktionen bei der Herstellung von Bleititanat.* (Vgl. C. **1956.** 5485.) Mit Hilfe der Gewichts-, Dimensions-, Kapazitäts-, Dichte- u. Röntgeninterferenzänderung sowie dynam. Methoden (Dilatometrie, differentialtherm. u. dielektr. Analyse) wurde der Reaktionsverlauf von Pulver-Rkk. bei der Herst. von *Bleititanat* (**I**) einerseits aus *PbO* (**II**) u. zwei Modifikationen von TiO_2, nämlich *Anatas* (**III**) u. *Rutil* (**IV**), anderseits aus **III** u. *Bleicarbonat* (**V**) untersucht. In den äquimol. Gemischen beginnt die Bldg. von **I** aus **II** u. **III** bei 350°, aus **II** u. **IV** bei 390°. Während der Temperatursteigerung wird die Bldg. von **I** durch die Oxydation bei Tempp. zwischen 400 u. 500° von **II** zu Pb_3O_4 zurückgedrängt u. geht erst oberhalb 500° infolge der Dissoziation von Pb_3O_4 weiter. In dem äquimol. Gemisch von **III** u. **V**, welches noch etwas bas. Bleicarbonat enthält, beginnt die Bldg. von **I** erst 3 Std. nach der Zers. des ganzen **V**, das ist oberhalb 500°. Es werden weitere Rkk. während des Glühens bis 1000° u. ihr Zusammenhang mit Stabilität u. Gitterbeschaffenheit der hergestellten Präpp. angeführt. (Chem. Listy **50.** 3—10. Jan. [Orig.: tschech.]; Collect. czechoslov. chem. Commun. **21.** 542—50. Juni 1956. [Orig.: deutsch.] Praha, ČSAV, Ústav techn. fys.) V. RŮŽIČKA/Prag. 190

K. H. Lieser, *Die Fehlordnung im Silberjodid.* (Vgl. C. **1956. 6879.**) (Vortrag.) Messungen der spezif. Wärme, der therm. Ausdehnung u. der elektr. Leitfähigkeit von AgJ lassen eine Reihe von Besonderheiten erkennen, die auf therm. Fehlordnung zurückgeführt werden. Eine anschauliche Deutung der Versuchsergebnisse wird durch eine modellmäßige Betrachtung des Gitters der verschied. AgJ-Modifikationen ermöglicht. (Angew. Chem. **68.** 385. 7/6. 1956. Darmstadt.) W. KRÖNERT. 190

W. I. Michejew, *Homologie und physikalische Eigenschaften von Kristallen.* Vf. widerlegt die These von SCHUBNIKOW (C. **1953.** 8295), wonach die Homologie nicht zur Interpretation der physikal. Eigg. von Kristallen herangezogen werden kann. (Записки Всесоюзного Минералогического Общества [Schr. Allunions mineralog. Ges.] [2] **83.** 67—70. 1954.) O. LEBTAG. 190

J. M. Cowley, *Strukturanalyse von Einkristallen durch Elektronenbeugung.* 2. Mitt. *Regellose Borsäurestruktur.* (1. vgl. C. **1956.** 12195.) Zu Elektronenbeugungsaufnahmen geeignete kleine Kriställchen von *Borsäure* wurden durch Verdampfen einer wss. Lsg. auf ein Ni-Netz erhalten. Die Struktur der n. Borsäure wurde bereits von ZACHARIASEN (vgl. Z. Kristallogr., Mineralog. Petrogr., Abt. A **88.** [1934.] 150) untersucht. Danach besteht völlige Regellosigkeit in der Packung der zweidimensionalen Atomschichten. FOURIER-Projektionen u. Verteilungsfunktionen ergaben zuerst die Koordinaten der Atome, bezogen auf die zweidimensionale hexagonale Elementarzelle. Die Koordinaten sind: B in ± (²/₃, ¹/₃); O in ± (0,444; 0,222) u. den äquivalenten Lagen u. ½ H in ± (0,427; 0,357); ± (0,357; 0,427) u. den äquivalenten Lagen. Die H-Atome liegen nicht auf den Geraden, die Paare von benachbarten O-Atomen verbinden, sondern sind nach den Punkten (½, 0); (0, ½) u. (½, ½) zu verschoben. Eine genauere Analyse ergab, daß die wahrscheinlichste Lage für ein H-Ion ca. 1 Å von einem O-Atom entfernt liegt u. zwischen den 2 Linien, welche mögliche H-Bindungsrichtungen anzeigen. Was die Packung der einzelnen Schichten anbetrifft, so ist aus den Projektionen u. den Verteilungsfunktionen zu ersehen, daß ein B-Atom in einer Schicht näher über einem O-Atom in der darunterliegenden Schicht liegt, als es in einem geordneten Gitter der Fall wäre.

Man kann aus der Verteilungsfunktionsprojektion 2 Formen von Regellosigkeit unterscheiden, die gegenseitig jeweils voneinander getrennt sind. (Acta crystallogr. [Copenhagen] **6.** 522—29. 10/6. 1953.) C. GOTTFRIED. 195

Mary R. Truter, *Verfeinerung einer nichtsymmetrischen Struktur: Natriumnitrit.* Es wird eine erneute Strukturunters. von $NaNO_2$ durchgeführt, um mittels einer modifizierten FOURIER-Meth. ein verfeinertes Bild der Struktur zu erhalten u. die Standardabweichungen zu berechnen. Vf. untersucht, welche Faktoren die mögliche Genauigkeit der Strukturunters. einschränken. Besondere Beachtung findet die Auswrkg. von Änderungen der Streufaktoren auf die Atomparameter u. den Zuverlässigkeitsindex. Die erhaltene Genauigkeit (R = 0,142) ist niedriger, als für eine Struktur mit wenigen Parametern zu erwarten ist, u. zeigt die Notwendigkeit, alle Annahmen, die im Verlauf einer genauen Strukturunters. gemacht werden, zu überprüfen. Für den Atomabstand N—O wird 1,24(7) $\pm$ 0,035 Å u. für den Valenzwinkel O—N—O 114,2 $\pm 4^0$ angegeben. Unterschiede der Standardabweichungen zu den von CARPENTER (C. **1954.** 1424) berechneten Werten werden diskutiert. (Acta crystallogr. [Copenhagen] **7.** 73—77. Jan. 1954. Leeds, Univ., Chem. Dep.) W. KRÖNERT. 195

D. Binder und **W. J. Sturm,** *Erholungsprozesse in mit Neutronen bestrahlten LiF.* (Vgl. C. **1955.** 7389; **1956.** 6311.) Die Analyse der Meßergebnisse über die Erholung gleichförmig bestrahlter LiF-Kristalle gestattet eine Abschätzung der Aktivierungsenergie u. der Springfrequenz, der Gitterfehler, die für die Gitteraufweitung bei Bestrahlung verantwortlich sind. Die Aktivierungsenergie beträgt danach 1,5 $\pm$ 0,1 eV, die Springfrequenz $6 \cdot 10^{11}$ exp (— E/k T) sec^{-1}. (Physic. Rev. [2] **99.** 603—04. 15/7. 1955. Oak Ridge, Tenn., Oak Ridge Nat. Labor.) H. C. WOLF. 195

B. Cox, *Komplexe Fluoride.* 4. Mitt. *Die Strukturchemie von komplexen Fluoriden der allgemeinen Formel ABF_6.* (3. vgl. C. **1955.** 3810.) Vf. gibt eine Übersicht über die Kristallstrukturen von zahlreichen komplexen Fluoriden der allg. Formel ABF_6, in der A ein ein- oder zweiwertiges Kation u. B ein fünf- oder vierwertiges Element bedeuten. In einer Tabelle sind die Werte für Verbb. mit A = Na, K, Rb, Cs, Ag, Ca, Sr, Ba u. B = Si, Ge, P, Ti, Ru, Pt, Pd, As, V, Sn, Sb, Ta u. Nb zusammengestellt. Ebenso wie bei den Verbb. des Typs A_2BF_6 (vgl. C. **1953.** 7245) läßt sich die Struktur in manchen Fällen nicht allein auf Grund der Atomdurchmesser deuten. (J. chem. Soc. [London] **1956.** 876—78. April. Cambridge, Univ., Chem. Labor.) E. FORCHE. 195

Helmut G. F. Winkler, *Betrachtungen zur Polymorphie.* 1. Mitt. *Die Polymorphie des $K_2Li[AlF_6]$.* $K_2Li[AlF_6]$-Kristalle werden durch Zusammenschm. von KF, LiF u. AlF_3 unterhalb 875° erhalten. Bei 470 $\pm$ 0,5° findet eine reversible, enantiotrope Umlagerung in eine Tiefmodifikation statt. Die Struktur des Hoch-$K_2Li[AlF_6]$ wird mittels LAUE-, Drehkristall-, WEISSENBERG- u. Pulveraufnahmen untersucht. Die Elementardimensionen sind: a_0 = 5,6145 $\pm$ 0,001, c_0 = 13,754 $\pm$ 0,01 Å; c/a = 2,450. Die Raumgruppe ist C 3 m — C_{3v}^1, u. Z = 3 $K_2Li[AlF_6]$ in Übereinstimmung mit D. (exp.) = 2,996 u. D. (röntg.) = 2,998. Die Gitterkonstanten stimmen fast mit denen der Tiefmodifikation überein, ebenso besteht ein ähnlicher Aufbau der Struktur aus $K_2[AlF_6]^-$-Doppelkugellagen in beiden Formen (vgl. C. **1954.** 10427). Die Punktlagen u. Parameter der Hochform werden angegeben. Die ungetemperten Kristalle weisen eindimensionale Lagenfehlordnungen auf. Bei der Umwandlung der Hoch- in die Tiefmodifikation bleiben die Einkristalle erhalten. Die Umwandlungsgeschwindigkeit ist gering. Ein den experimentellen Ergebnissen entsprechender Umwandlungsmechanismus, der auf dynam. u. energet. Betrachtungen basiert, wird abgeleitet. Die polymorphe Strukturänderung erfolgt in der Art der „rekonstructiven Transformationen". (Acta crystallogr. [Copenhagen] **7.** 33—40. Jan. 1954. Marburg/Lahn, Univ., Mineralog. Inst.) W. KRÖNERT. 195

G. J. Bullen, *Dreikernige Moleküle in der Kristallstruktur von Bis-acetylacetonnickel(II).* Kristalle von $Ni(C_5H_7O_2)_2$ (I), erhalten durch Sublimation unter vermindertem Druck, werden röntgenograph. untersucht. I krist. rhomb. mit a = 15,65 $\pm$ 0,02, b = 23,23 $\pm$ 0,04, c = 9,64 $\pm$ 0,02 Å; D. 1,455; Z = 12. Als Raumgruppe wird P 2_1 a b bestimmt. Aus einer dreidimensionalen PATTERSON-Synth., PATTERSON-HARKER-Schnitten u. einer Elektronendichteprojektion werden die Koordinaten der Ni-Atome erhalten: Ni_1 (x = 0,092; y = 0,036; z = 0,256); Ni_2 (0,000; 0,120; 0,125); Ni_3 (—0,098; 0,208; —0,017). Die drei Ni-Atome einer asymm. Einheit sind annähernd linear mit Abständen 2,72 u. 2,88 Å angeordnet. Aus dem geringen Abstand der Ni-Atome folgt, daß dreikernige Moll. $Ni_3(C_5H_7O_2)_6$ vorliegen. Die Möglichkeit einer oktaedr. Koordination der Ni-Atome wird in Betracht gezogen. Die Unters. wird fortgesetzt. (Nature [London] **177.** 537—38. 17/3. 1956. London, Univ. Coll., Dep. of Chem. Cryst.) W. KRÖNERT. 195

N. I. Golowasstikow, Je. N. Belowa und **N. W. Below,** *Kristallstruktur von Jeremejewit.* Vff. geben eine Darst. der Struktur des *Jeremejewits* (I) in Koordinationspolyedern, auf die hexagonale Basis projiziert, u. eine Tabelle der Basisatome in der Struktur des I. Als Formel für I ergibt sich $Al_6B_5O_{15}(OH)_3$ mit den Abständen (in Å): Al—O 1,88—1,92, Al—OH 1,79, B—O 1,37—1,38, in den entsprechenden Dreiecken O—O 2,38—2,40, übrige O—O u. O—OH 2,54—2,97, O—O aus 2 verschied. parallelen, horizontalen BO_3-Gruppen 3,17. I ist opt. negativ, aber n_0 u. n_e liegen sehr nahe beisammen (1,653 bis 1,640). (Доклады Академии Наук СССР [Ber. Akad. Wiss. UdSSR] **104.** 78—81. 1/9. 1955. Inst. für Kristallogr. der Akad. der Wiss. der UdSSR.) R. K. MÜLLER. 195

W. C. Winegard, *Anisotropie der Oberflächenselbstdiffusion von Silber.* Mit Hilfe der von WINEGARD u. CHALMERS (vgl. C. **1953.** 8297) entwickelten radioakt. Spurentechnik untersuchte Vf. die Selbstdiffusion von Ag. In den Verss. wurden die nach (1 0 0) u. (1 1 0) geschnittenen u. elektrolyt. polierten Plättchen mit ^{110}Ag elektrolyt. überzogen, 182 Std. bei 400° angelassen u. untersucht. Es wurde gefunden, daß die Diffusion in Richtung [1 1 0] schneller ist als in der Richtung [1 0 0]. (Acta metallurg. [New York] **1.** 230. März 1953. Toronto, Univ., Dep. of Metallurg. Engng.) C. GOTTFRIED. 196

P. I. Kripjakewitsch und **Je. I. Gladyschewski,** *Kristallstruktur der Verbindungen $CrBe_{12}$, VBe_{12} und $NbBe_{12}$.* Für die untersuchten intermetall. Verbb. werden durch Röntgenunters. folgende Gitterparameter ermittelt (Å): $CrBe_{12}$ a = 7,219 ± 0,004, c = 4,168 ± 0,002, c/a = 0,577; VBe_{12} a = 7,251 ± 0,004, c = 4,186 ± 0,002, c/a = 0,577; $NbBe_{12}$ a = 7,357 ± 0,004, c = 4,247 ± 0,002, c/a = 0,577. In diesen Verbb. RBe_{12} nimmt der Abstand zwischen R- u. Be-Atomen in der Reihe $CrBe_{12} \rightarrow VBe_{12} \rightarrow NbBe_{12}$ zu, wie dies auch in den Atomradien Cr → V → Nb (1,27 → 1,34 → 1,45) der Fall ist. (Доклады Академии Наук СССР [Ber. Akad. Wiss. UdSSR] **104.** 82—84. 1/9. 1955. Lwow, Franko-Univ.) R. K. MÜLLER. 197

G. W. Lehman, *Energiebandberechnungen in kubisch-flächenzentriertem Thorium.* (Sitzungsbericht.) (Physic. Rev. [2] **100.** 1791—92. 15/12. 1955. North American Aviat., Inc.) R. STEIN. 197

R. J. Wasilewski und **G. L. Kehl,** *Diffusion von Wasserstoff in Titan.* Vff. berichten zunächst kurz über das Gleichgewichtsdiagramm des Syst. Ti–H_2, nach dem die Absorption von H_2 die Übergangstemp. herabsetzt, unter Stabilisierung der raumzentriert kub. β-Phase, u. nach dem die feste Löslichkeit von H_2 in der α-Phase sehr begrenzt ist, u. zwar mit einem Maximum von 7,9 At.-% bei 320°. Bei der gleichen Temp. findet eine eutektoide Zers. der β-Phase in die α- u. γ-(Hydrid-)Phase bei 38 At.-% H statt. Da die γ-Phase sich bei H_2-Atmosphärendruck nicht oberhalb 640° bildet, konnte die Unters. der Absorption bzw. Diffusion des H_2 in die β-Struktur oberhalb der Umwandlungstemp. des reinen Metalls (882,5°) leichter durchgeführt werden. Es wurde gefunden, daß der Diffusionskoeff. D sich zwischen 1000 u. 650° von $1,1 \cdot 10^{-4}$ cm²/sec auf $0,52 \cdot 10^{-4}$ cm²/sec ändert. Aus dem Diagramm log D gegen reziproke Temp. erhält man die Gleichung $D_\beta = 1,95 \cdot 10^{-3} \exp(-6640 \pm 50)/RT$. Um die Diffusion von H_2 in die α-Phase untersuchen zu können, wurde zunächst der Einfl. der Bldg. sowohl der β-Phase als auch der Hydridphase ausführlich untersucht. Die Temperaturabhängigkeit des H_2-Diffusionskoeffizienten in α-Ti ist graph. wiedergegeben. Für den Temperaturbereich zwischen 500 u. 824° wurde mit Hilfe der kleinsten Quadrate die folgende Gleichung erhalten: $D_\alpha = 1,8 \cdot 10^{-2} \exp(-12380 \pm 680)/RT$. (Metallurgia [Manchester] **50.** 225—30. Nov. 1954. New York, N. Y., Columbia Univ., School of Min.) C. GOTTFRIED. 197

C. Y. Ang, *Aktivierungsenergien und Diffusionskoeffizienten von Sauerstoff und Stickstoff in Niob und Tantal.* Es wurden zunächst die Diffusionskoeffizienten von O_2 u. N_2 in *Nb* (I) u. *Ta* (II) gemessen. Die Messungen an I wurden nach der üblichen Torsionspendelmeth. bei 2 Frequenzen (2,133 bzw. 0,483 Hz), an II durch Kombination dieser Meth. u. einer neuen Hochfrequenztechnik durchgeführt; im letzteren Fall waren die benutzten Frequenzen 1,433 u. 37000 Hz. Aus diesen Messungen wurden die Aktivierungswärmen der Diffusion von O_2 u. N_2 in I zu 27600 bzw. 38600, in II zu 27300 bzw. 39800 cal/Mol berechnet. Aus diesen Werten ergaben sich die Diffusionskoeffizienten D_0 für O_2 u. N_2 in I zu 0,015 bzw. 0,098, in II zu 0,019 bzw. 0,012 cm²/Sekunde. Eine Analyse der Aktivierungsentropie führte zu einer besser als bisher gefundenen Übereinstimmung zwischen theoret. u. experimentellen Werten. (Acta metallurg. [New York] **1.** 123—25. März 1953. Urbana, Ill., Univ., Dep. of Min. and Metallurg. Engng.) C. GOTTFRIED. 197

W. R. Opie und **N. J. Grant,** *Löslichkeit von Wasserstoff in Aluminium und einigen Aluminiumlegierungen.* Mit einer näher beschriebenen App. u. Meth. wurde die H_2-Löslichkeit in Al, *Al + Cu* u. *Al + Si* bei Tempp. von 700—1000° u. Drucken von 50—800 mm Hg bestimmt, die mit steigendem Cu- oder Si-Geh. abnimmt. Die Konstanten der Löslichkeitsgleichung sowie die Lösungswärmen wurden für Cu-Gehh. bis zu 32% u. Si-Gehh. bis 18% ermittelt. (J. Metals **188.** Trans. AIME 1237—41. Okt. 1950. Sayreville, N. J., Nat. Lead Co.; Cambridge, Mass., MIT.) H. ECKHARD. 197

Erich Gebhardt und **Hans Preisendanz,** *Über die Löslichkeit von Sauerstoff in Tantal und die damit verbundenen Eigenschaftsänderungen.* Untersucht werden die Löslichkeitsverhältnisse von O in Ta bei verschied. Drucken u. Temperaturen. Außerdem wird der Einfl. des aufgenommenen O auf physikal., technolog. u. chem. Eigg. ermittelt. Bei den Unterss. wurden Ta-Proben (Drähte, Stäbe, Bänder) bei hoher Temp. entgast u. unter verschied. Bedingungen mit O wieder beladen. Dabei wurde die von den Proben aufgenommene Gasmenge aus der Druckabnahme in einem Rezipienten bestimmt. Die Entgasung wurde bei 2600—2800° u. bei $5 \cdot 10^{-6}$ Torr durchgeführt, während für die Begasung ein Temperaturbereich von 750—1500° u. ein Druck von 10^{-1} bis 10^{-4} Torr gewählt wurde. Die Ergebnisse zeigen, daß die von Ta aufgenommene O-Menge mit steigendem Druck u. mit steigender Temp. stetig zunimmt. Dabei liegt die Sättigungsgrenze für 1500° bei 3,7 (At.-%), für 1200° bei 2,9, für 1000° bei 2,3 u. für 750° bei ca. 1,4 O. Darüber hinaus wird die Bldg. von Oxyden festgestellt. Das Wurzelgesetz ($S = k \cdot \sqrt{p}$) ist nicht erfüllt. Bei der Aufnahme von Dämpfungs-Temperaturkurven wird für O-haltige Proben ein deutliches Maximum gefunden, welches anzeigt, daß die Ta-Proben O-Atome in gelöster Form enthalten. Die Höhe des Maximums ist der Menge der gelösten O-Atome proportional. Der Elastizitätsmodul von Ta steigt mit zunehmendem O-Geh. von 18100 auf 19640 kg/mm² an, während die magnet. Susceptibilität durch Aufnahme von 4,4 At.-% von $0{,}93 \cdot 10^{-6}$ auf $0{,}83 \cdot 10^{-6}$ abfällt. Die gasfreie Probe hat eine VICKERS-Härte von nur 38 kg/mm² u. eine Zugfestigkeit von nur 20 kg/mm², während die Dehnung mit ca. 40% u. die Einschnürung mit ca. 85% sehr hoch liegen. Durch die Begasung erreicht die Härte bei 4,4 O einen Wert von ca. 630 kg/mm². In ähnlicher Weise steigt auch die Zugfestigkeit an, während die Werte für Dehnung u. Einschnürung mit zunehmendem O-Geh. schnell abnehmen u. den spröden Charakter der O-haltigen Proben deutlich kennzeichnen. Die chem. Beständigkeit in HF scheint bei O-reichen, oxydierten Proben am geringsten zu sein. Zwischen den gemessenen Gewichtsverlusten u. der Versuchsdauer besteht ein linearer Zusammenhang. (Z. Metallkunde **46.** 560—68. Aug. 1955. Stuttgart, MPI für Metallforsch.) H. HOCHSTEIN. 197

W. E. Few und **G. K. Manning,** *Die Löslichkeit von Kohlenstoff und Sauerstoff in Molybdän.* Zur Best. der C-Löslichkeit in Mo werden die Proben in einer Ar-Atmosphäre auf 1650, 1925 u. 2205° $^1/_2$—5 Std. erhitzt, sodann auf Raumtemp. abgeschreckt u. metallograph. untersucht. Die Temperaturgrenze, bei der C nicht mehr beobachtet wird bzw. als Carbid noch auftritt, wird kurvenmäßig dargestellt. Ferner wird der O-Druck bestimmt, der zur Erzielung eines festen Oxydfilms auf einer Mo-Drahtoberfläche für das Temperaturgebiet zwischen 1260 u. 1620° erforderlich ist. Die aufgenommene Kurve stellt den O-Druck dar, bei welchem die Geschwindigkeit der Oxydbldg. die Geschwindigkeit der Oxydverdampfung ausgleicht. Bei Tempp. über 1620° wird der Draht im Querschnitt so schnell verringert, daß die Unterss. nicht weiter durchgeführt werden konnten. (J. Metals **4.** Trans. AIME 271—74. März 1952. **5.** 746—47. Mai 1953; Columbus, O., Battelle Mem. Inst.) H. HOCHSTEIN. 197

Rudolph Speiser, J. W. Spretnak, W. E. Few und **R. M. Parke,** *Der Einfluß von Kohlenstoff auf den Gitterparameter von Molybdän.* Bei sehr geringen Konzz. löst sich C zwischenräumlich in Mo, wobei eine lineare Ausdehnung des Gitterparameters mit zunehmendem C-Geh. in fester Lsg. erreicht wird. (J. Metals **4.** Trans. AIME 275—77. März 1952. Columbus, O., Ohio State Univ.) H. HOCHSTEIN. 197

R. Haynes, *Einige Beobachtungen über die isothermischen Umwandlungen der eutektoiden Aluminiumbronzen unterhalb ihrer M_s-Temperaturen.* Die Feinstrukturveränderungen, die während der Umwandlungen von drei Al-Bronzen unterhalb ihrer M_s-Tempp. auftreten, werden beschrieben. Es wird angenommen, daß eine isotherm. Bldg. von Martensit auftritt u. daß sowohl Martensit als auch die Phase, aus der Martensit sich bildet, sich zu dem Eutektoid umwandeln können. Geringe Zusätze von Ni zu den bin. Legierungen drücken die M_s-Tempp. herab u. erhöhem die Umwandlungsgeschwindigkeiten. (J. Inst. Metals **83.** 357—58. März 1955. Birmingham, Imp. Chem. Ind. Ltd.) H. HOCHSTEIN. 197

A. P. Bagchi und **H. J. Axon,** *Der Aufbau der aluminiumreichen, Kupfer, Mangan und Silicium enthaltenden Legierungen.* Die Zustandsschaubilder für das tern. Syst. Al—Mn—Cu im Bereich von 0—4% Mn, 0—6% Cu sowie ferner für Gehh. von 2 u. 1% Mn im quatern. Syst. Al—Cu—Mn—Si im Bereich von 0—5% Cu u. 0—2% Si werden aufgestellt. Hierbei waren alle Zustandsschaubilder auf Grund einer mikrograph. Prüfung von Kokillengußproben nach einer 21 tägigen Ausgleichung bei 460° ermittelt worden. Die metastabile G-Phase des bin. Syst. Al–Mn trat in den quatern. Legierungen auf. Eine feine Grundausscheidung von Mn-haltigen Verbb. wurde außerdem ermittelt. Keine quatern. Phase tritt in den Al-reichen Legierungen auf. (J. Inst. Metals **83.** 176—80. Jan. 1955. Manchester, Univ.) H. Hochstein. 197

G. Baas, *Beobachtung des Austenit–Perlit-Überganges mit dem Emissionselektronenmikroskop.* Zunächst beschreibt der Vf. kurz das von Philips neu entwickelte Emissionselektronenmikroskop, bei dem das zu untersuchende Präp. selbst als Elektronenquelle fungiert. Da die meisten Metalloberflächen erst bei sehr hohen Tempp. genügend Elektronen emittieren, wird auf die Metalloberfläche eine dünne Schicht Atome aufgedampft, die das Ausgangspotential der Oberfläche für Elektronen erniedrigen, z. B. Ba- oder Cs-Atome. Dieses Emissionsmikroskop hat natürlich keinen als Elektronenquelle dienenden Glühfaden u. keine Kondensorlinse. Als Beispiel der mit diesem Emissionsmikroskop durchgeführten Unterss. werden einige Aufnahmen wiedergegeben, die den Übergang eines C-Stahls aus der Austenit- in die Perlitform zeigen. (Philips' techn. Rdsch. **17.** 144—46. Okt. 1955.) C. Gottfried. 197

D. J. Delazaro, M. Hansen, R. E. Riley und **W. Rostoker,** *Zeit–Temperatur-Umwandlungsschaubilder von Titan–Molybdän-Legierungen.* Bei der Unters. der Zeit–Temp.-Umwandlungsschaubilder von Ti–Mo-Legierungen mit 1—11% Mo wird festgestellt, daß sich eine übersättigte β-Phase entweder durch Keimbldg. u. Wachsen der α-Phase oder durch eine diffusionslose Umwandlung zu α' zers. kann. Die Umwandlungsprodd. u. zugehörigen Reaktionsgeschwindigkeiten werden in den üblichen ZTU-Schaubildern dargestellt. Die M_s-Temp. für die α'-Bldg. hängt linear vom Mo-Geh. ab. Die vorherrschenden Stabilisierungseinfll. werden bei über 9% Mo wirksam. (J. Metals **4.** Trans. AIME. 265—69. März 1952. Chicago, Ill., Illinois Inst. of Technol.) H. Hochstein. 197

W. H. Smith und **A. U. Seybolt,** *Duktiles Chrom.* Vff. untersuchen den Einfl. verschied. Verunreinigungen auf die Duktilität von Cr bei Raumtemperatur. N in Mengen von $<0{,}01\%$ erhöht die Übergangstemp. der Biegefestigkeit von getempertem Material. O bis zu 0,3% hat keinen Einfl. auf die Duktilität, ebenso läßt S bis zu 0,1% die Biegefestigkeit des „as cast"-Materials ungeändert. Der C-Geh. darf 0,02% nicht wesentlich übersteigen, ohne daß interkristalline Brüche auftreten. Der Zusatz von Seltenen Erden (Ce) zu Cr zur Entfernung störender Verunreinigungen wird untersucht u. die mechan. Eigg. von verschied. Ce–Cr-Legierungen angegeben. (J. electrochem. Soc. **103.** 347—52. Juni 1956. Schenectady, N. Y., Gen. Electric Co., Res. Labor.) H. Müller. 200

M. A. Melvin und **J. W. Burgeson,** *Rückstellkraft von reinen Metallen.* (Sitzungsbericht.) (Physic. Rev. [2] **99.** 1663. 1/9. 1955. Florida State Univ.) H. Liepack. 200

F. Vitovec und **H. Nowotny,** *Zur Theorie der dynamischen Verformung.* Eine von Becker entwickelte dynam. Plastizitätsgleichung wird mit neueren Versuchsergebnissen verglichen. Dabei wurden widersprechende Resultate erzielt. Vff. gingen zunächst davon aus, daß die Wärmebewegung im Gitter örtliche Spannungsschwankungen zur Folge hat, die sich den von der Belastung erzeugten Spannungen überlagern u. sie bestenfalls bis zum Wert der theoretischen Schubfestigkeit ergänzen können. Berücksichtigt man hier bei der Berechnung der Schwellenenergie (S.-E.) nicht die Differenz von der theoret. u. der äußeren Schubspannung, sondern die Differenz von der theoret. S.-E. u. jener Energie der Vorbeanspruchung, so kommt man zu einer verbesserten Gleichung. Bei Benutzung dieser wird eine befriedigende Übereinstimmung mit einem großen Versuchsmaterial erzielt. Außerdem folgt aus dem Verlauf einer durch Berechnungen festgelegten Kurve, daß für den Abfall der krit. S.-E. nicht der F., sondern bereits die Rekristallisationstemp. maßgebend ist. (Z. Physik **131.** 41—47. 1951. Wien, TH, u. Univ.)
K.-H. Anders. 200

Haï Vu und **Pierre Johannin,** *Permanente Deformationen von polykristallinen festen Körpern nach Ausübung eines erhöhten hydrostatischen Druckes.* Kleine Würfel von hexagonalem *Zn*, hexagonalem *Cd* u. kub. *Al* wurden in Ar-Atmosphäre angelassen, elektrolyt. poliert u. photograph. Aufnahmen der Flächen mit Hilfe der Phasenkontrastmeth. gemacht. Von Zn u. Cd sind noch die Kompressibilitäten angegeben: sie betragen für Zn $a_{\|} = 12{,}98 \cdot 10^{-7}$ u. $b_{\perp} = 1{,}94 \cdot 10^{-7}$ u. für Cd $a_{\|} = 18{,}3 \cdot 10^{-7}$ u. $b_{\perp} = 2{,}1 \cdot 10^{-7}$. Die Würfel wurden hierauf in Ricinusöl langsam an- u. absteigenden Drucken bis zu 6000 at ausgesetzt, wobei der maximale Druck einige Min. gehalten wurde; die Gesamtdauer eines Vers. betrug 1—3 Stunden. Nach dieser Druckbelastung wurden einzelne Flächen wie oben photographiert. Hierbei wurde gefunden, daß Al, selbst bei den höchsten Belastungen, keine Spur von permanenten Deformationen zeigte. Im Gegensatz hierzu zeigte Cd bereits nach einem Druck von 2000 at sehr deutliche Deformationen, die auch ohne Phasenkontrast sichtbar waren. Diese Deformationen wurden mit steigendem Druck stärker u. waren nach 10 Verss. bei 8000 at auch mit bloßem Auge sichtbar. Die Erscheinungen wurden bei Cd komplexer, da dieses Metall oberhalb 2500 at allotrope Umwandlungen erfährt. Bei Zn, das innerhalb der angewandten Drucke keinerlei allotrope Umwandlungen zeigt, waren die Deformationen ebenfalls leicht beobachtbar. (C. R. hebd. Séances Acad. Sci. **241.** 565—66. 8/8. 1955.) C. GOTTFRIED. 200

Hans Karl Dettmar und **Heinrich Kirchner**, Tabellen zur Auswertung der Röntgendiagramme von Pulvern (Debye-Scherrer-Diagramme). Berechnet u. angelegt in d. Farbenfabriken Bayer Akt.-Ges., Leverkusen. Weinheim/Bergstr.: Verl. Chemie. 1956. (VIII + 94 S.) 8°. DM 50,—.

—, Les Techniques récentes en microscopie électronique et corpusculaire. Paris: Edit. du Centre national de la Recherche scientif. (304 S. m. 111 Abb.) 2000 fr.)

A_7. Gleichgewichte. Kinetik.

Z. G. Szabó, L. J. Csányi und **M. Kávai,** *Bestimmung der Löslichkeitsprodukte von Metallhydroxydniederschlägen.* 1. Mitt. *Über die Reaktion des Aluminiumions mit dem Hydroxylion.* (Z. analyt. Chem. **146.** 401—14. 1955. — C. **1956.** 2394.) H. PLUSKAL. 224

Dwain Bowen, R. R. Eggleston und **R. H. Kropschot,** *Untersuchung der Kinetik des Weichglühens von kaltverfestigtem Kupfer.* Ausführliche Darst. des C. **1953.** 1935 referierten Sitzungsberichtes. (J. appl. Physics **23.** 630—34. Juni 1952.) J. KLEFFNER. 225

Ss. N. Gans, M. A. Lokschin und **Ss. I. Kapturowa,** *Bestimmung der Koeffizienten der Absorptionsgeschwindigkeit von Stickstoffoxyden durch wässerige Salpetersäurelösungen in mechanischen Absorbern.* (1. vgl. C. **1956.** 4940.) Der Koeff. K der Absorptionsgeschwindigkeit von N_2-Oxyden (Konz. x) in Absorbern mit Scheibenrührern (Randgeschwindigkeit V_g, Drehzahl der Achse n/Min.) ergibt sich aus $K_g^{n,x} = (29x + 494) \cdot \log n - (66x + 1295)$ oder $K_g = a \cdot W^b$, wobei a u. b Funktionen von x sind, W = Volumengeschwindigkeit des Gases ($m^3/m^3 \cdot$ Std.). Wenn die Konz. z der absorbierenden HNO_3 u. die Temp. t berücksichtigt wird, kann man K durch eine Gleichung $K_g = -Az^Bt^2 + Cz^{-D}$ ausdrücken, wobei A, B, C u. D variable Größen sind, die von x abhängen. Aus Verss. ergibt sich $K_g^{t,x,z} = 628x^{-0,179} \cdot z^{0,023x-0,293}\,\alpha - 0,00861\,x^{-1,206}z^{0,067x+0,63}t^2$ (kgN/$m^3 \cdot$ Std. · at), wobei α ein Korrekturkoeff. ist, u. zwar bei z = 5—15 (%) $\alpha = 0,9$; z = 16—35 $\alpha = 1,16$; z = 36—40 $\alpha = 0,90$. Diese Gleichung gibt gute Werte bei 10—70°, z = 5 bis 40% u. x = 1—9%. (Журнал Прикладной Химии [J. angew. Chem.] **28.** 831—40. Aug. 1955.) R. K. MÜLLER. 225

M. Eigen, *Über sehr schnell verlaufende Ionenreaktionen in wässeriger Lösung.* (Vgl. C. **1956.** 1808.) (Vortrag.) Es werden Kinetik u. Mechanismus einiger Ionen-Rkk. in wss. Lsg. diskutiert. Die gegenüber den anderen Ionen-Rkk. um Größenordnungen höher liegenden Geschwindigkeitskonstanten von bimol. Rkk., an denen die Ionen H^+ u. OH^- teilnehmen, werden mit bes. Wechselwrkg. dieser Ionen mit der Wasserstruktur erklärt. (Angew. Chem. **68.** 380. 7/6. 1956. Göttingen.) W. KRÖNERT. 225

W. A. Palm, *Über einige Ungenauigkeiten der Theorie der absoluten Reaktionsgeschwindigkeiten.* Vf. erörtert die Widersprüche in den Prämissen der Theorie der absol. Reaktionsgeschwindigkeiten u. das Problem der Natur des aktivierten Zustandes. Aus der Berechnung der Konz. der aktivierten Komplexe wird ein Ausdruck für die Geschwindigkeitskonstante abgeleitet. Wenn für eine über Zwischenkomplexe C′ hin- u. C″ zurückführende Rk. $A_1 + A_2 + \cdots = M_1 + M_2 + \cdots$ mit $[C] = [C'] + [C'']$ = Gleichgewichtskonz. der aktivierten Komplexe die Transmissionskoeffizienten für die Hin- u. Rück-Rk. $\varkappa_1$ u. $\varkappa_2$ sind, τ_1 = mittlere Lebensdauer von C′ u. K die Gleichgewichtskonstante der aktivierten Komplexe in den Ausgangsstoffen ist, dann ist $k = [\varkappa_1(1-\varkappa_1)(1-\varkappa_2)/(1-\varkappa_1 \cdot \varkappa_2)](1/\tau_1) \cdot K$. Auf dieser Grundlage wird die Summe der Zustände der aktivierten Komplexe behandelt u. die Bedeutung von $\varkappa_1$, $\varkappa_2$ u. τ erörtert. (Журнал Физической Химии [J. physik. Chem.] **29.** 1116—24. Juni 1955. Tartu [Dorpat], Univ.) R. K. MÜLLER. 225

Murray Zelikoff und **Leonard M. Aschenbrand,** *Vakuum-Ultraviolett-Photochemie.* 3. Mitt. *Acetylen bei 1849 Å.* (1. u. 2. vgl. C. **1955.** 10942.) Bei der Photolyse von C_2H_2 bei 1849 Å werden an gasförmigen Produkten H_2, C_2H_4, Diacetylen, Vinylacetylen u. Bzl. gefunden. Die Ähnlichkeit ihrer Quantenausbeute deutet an, daß beide freien Radikale u. angeregten C_2H_2-Mol. am photolyt. Mechanismus beteiligt sind. Diese Annahme wird durch die Natur des Absorptionsspektr. — die Absorption ist teilweise diskret u. teilweise kontinuierlich — gestützt. (J. chem. Physics **24.** 1034—37. Mai 1956. Bedford, Mass., Air Res. and Developm. Command, Air Force Cambridge Res. Center, Geophys. Res. Directorate.) D. HAHN. 226

R. H. Sahasrabudhey und **S. M. Deshpande,** *Die Wechselwirkung von Kohlenmonoxyd und Wasserstoff unter dem Einfluß einer stillen elektrischen Entladung: Bildung von Formaldehyd.* 3. Mitt. *Einfluß von Katalysatoren und anderen Faktoren.* (2. vgl. C. **1952.** 3132.) Vff. untersuchen den Einfl. verschied. oberflächenakt. Katalysatoren, des inneren

Elektrodenabstandes bzw. des Oberflächen–Vol.-Verhältnisses, u. der Frequenz des Anregungspotentials auf die zur Bldg. von HCHO führende Wechselwrkg. zwischen CO u. H_2 in einem Ozonisator. Die dabei entstehenden Prodd. werden nach Auswaschen des HCHO u. der entstehenden Säure gasanalyt. (auf CO, CO_2 u. ungesätt. KW-stoffe) untersucht. In Übereinstimmung mit der homogenen Natur der Rk. stellen Vff. fest, daß die Oberflächenkatalysatoren wenig Einfl. auf die Wechselwrkg. haben, während die Zunahme des Entladungsraumes zu einem erhöhten Reaktionsumsatz führt (Mehrbldg. an HCHO u. gesätt. KW-stoffen) bei Abnahme der Ausbeute an Säure, CO_2 u. ungesätt. KW-stoffen, deren Bldg. offensichtlich durch akt. Oberflächen katalysiert wird. Weiter geht aus den Verss. hervor, daß die Bldg. von CO_2 nicht über HCHO als Zwischenstufe verläuft u. daß außer der HCHO-Bldg. auch andere homogene Rkk. unter Bldg. von gesätt. KW-stoffen u. möglicherweise auch von W. verlaufen. (J. Indian chem. Soc. **28.** 377—82. Juli 1951. Banaras Hindu Univ., Chem. Dep.) W. NIEMITZ. 227

O. F. Schtscheglow, G. K. Boresskow und **M. G. Slinko,** *Spezifische katalytische Aktivität von Metallen der vierten Periode im Hinblick auf die Ammoniaksynthese.* Die spezif. (auf Flächeneinheit bezogene) Aktivität von Cr, Armco–Fe (Fe), mit $K_2O + Al_2O_3$ aktiviertem Fe (Fe_a), Co u. RANEY-Ni für die NH_3-Synth. wird verglichen. Bei 275 u. 400° ist die auf die Gewichtseinheit bezogene Aktivität von Fe_a 15 mal so groß wie die von Fe, die spezif. Aktivität nur um ~30% größer. Bei Annäherung an das Gleichgewicht $x = p_{NH_3}/(p_{NH_3})_{Gl} = 0{,}220$ sind bei 450° die spezif. Aktivitäten (ml $NH_3/m^2 \cdot$ Std.) von Cr $1{,}6 \cdot 10^{-4}$, Fe 9,5, Co $3{,}2 \cdot 10^{-1}$, Ni $5{,}1 \cdot 10^{-3}$; die von Fe ist also um 4 Zehnerpotenzen höher als die von Cr u. um 3 Zehnerpotenzen höher als die von Ni. Die Aktivierungsenergie ist in allen Fällen etwa gleich (55000 cal/Mol); jedoch nimmt sie bei Fe u. Fe_a mit steigender Temp. ab: 400—425° Fe 55000, Fe_a 50000, 425—450° Fe 44000, Fe_a 40000. Das Maximum der Aktivität innerhalb der 8. Gruppe der IV. Periode liegt also für die NH_3-Synth. nicht beim 3. Metall wie bei der Rk. von H_2 u. O_2 (vgl. BORESSKOW u. Mitarbeiter, C. **1954.** 11140), sondern beim 1. Metall. Die Energie der Bindung des chemisorbierten N_2 mit dem Metall nimmt in der IV. Periode vom V zum Ni ab u. erreicht bei Fe den optimalen Wert für die NH_3-Synth., während sie bei Cr zu hoch, bei Co u. Ni zu klein ist. Die Verschiebung des Maximums gegenüber der H_2–O_2-Rk. hängt also offenbar mit der größeren Dissoziationsenergie des N_2-Mol. zusammen. (Доклады Академии Наук СССР [Ber. Akad. Wiss. UdSSR] **105.** 123—25. 1/11. 1955. Physik.-chem. Kirow-Inst.) R. K. MÜLLER. 227

Yasumitsu Uzumasa und **Takeshi Okura,** *Katalytische Wirkung adsorbierter Ionen.* 1. Mitt. *Oxydoreduktionen.* Cu^{2+}, adsorbiert an Filterpapier bzw. Silicagel, zeigt seine katalyt. Wrkg. auf die Rk. $2\,Fe^{3+} + 2\,S_2O_3^{2+} = 2\,Fe^{2+} + S_4O_6^{2+}$ erst, nachdem es wieder in das homogene Syst. entlassen wurde. Dasselbe Verh. zeigt Jod, adsorbiert an Filtrierpapier bzw. Stärke, bzgl. der Oxydation von $S_2O_3^{2+}$ durch H_2O_2 bei 60°. (J. chem. Soc. Japan, pure Chem. Sect. [Nippon Kagaku Zassi] **71.** 48—52. Jan. 1950. Sapporo, Hokkaido Univ. [Orig.: japan.]) L. SCHULER. 227

Yasumitsu Uzumasa und **Takeshi Okura,** *Katalytische Wirkung adsorbierter Ionen.* 2. Mitt. *NaN_3 u. J_2. Luftoxydation von Sulfit.* (1. vgl. vorst. Ref.) Die adsorbierten Ionen übten ihre katalyt. Wrkg. aus, sobald sie aus dem Adsorbens befreit wurden. Die untersuchten Rkk. waren: $2\,NaN_3 + J_2 = 3\,N_2 + 2\,NaJ$, Katalysator: an gefälltes $CaCO_3$ adsorbiertes $S_2O_3^{2+}$; Oxydation von Sulfit durch Luftdurchperlen, Katalysator: Cu^{2+}, an Filtrierpapier adsorbiert; Farb-Rk. von $KBrO_3$ mit p-Phenetidin–HCl-Lsg., Katalysator: an Filtrierpapier bzw. Silicagel adsorbiertes Vanadat. (J. chem. Soc. Japan, pure Chem. Sect. [Nippon Kagaku Zassi] **71.** 112—14. Febr. 1950. Hokkaido, Univ. [Orig.: japan.]) L. SCHULER. 227

Alfred Deschanvres, *Heterogene Katalyse durch Halbleiter.* Übersicht über die Theorie des katalyt. Verh. von verschied. Halbleitern. — Literaturzusammenstellung. (Bull. Soc. chim. France [5] **1956.** 732—38. April. Paris, Fac. des Sci., Labor. de Chim. Minér.) H. MÜLLER. 227

W. Langenbeck, *Über Mischsalzkontakte und ihre Anwendungen.* Eine Verbesserung der Verteilung eines Katalysators läßt sich erzielen, wenn von geeigneten Mischkristallen ausgegangen wird, bei deren Zers. entweder die eine Komponente unzers. u. nur die 2. verändert oder beide Komponenten in verschied. Richtungen verändert werden. Durch Auswahl geeigneter Substanzen konnte Vf. diese beiden Möglichkeiten realisieren. Dabei wurden analoge Salze eines edlen u. eines unedlen Metalls zu Mischkristallen vereinigt u. diese im H_2-Strom bei erhöhter Temp. zersetzt. In allen Fällen entstanden dabei akt. Mischkatalysatoren. Da die Möglichkeiten zur Bldg. von Mischkristallen begrenzt sind, erweitert Vf. diese Arbeitsweise auf Komplexe vom Typus $A_n[Bx_m]$, worin A das unedle Kation, B ein edles zentrales Metallion ist. Als Anionen kommen vor allem die Formiate u. Oxalate in Frage. Für die Herst. von Mischkristallen aus Komponenten mit sehr unterschiedlicher Löslichkeit wird eine App. beschrieben, die das Eindampfen einer versprühten Lsg. der Komponenten ermöglicht. Dadurch wird gleichzeitige Kristallisation erreicht. Vf. hat eine Reihe derartig hergestellter Katalysatoren verschied. Zus. im Hinblick auf ihre Aktivität für Hydrierungen in der Gas- oder der fl. Phase studiert. Es ergaben sich Aktivitäten, die z. T. erheblich über denen der aktivsten Katalysatoren des entsprechenden Metalls lagen. Eine Anwendung dieser Mischsalzkatalysatoren empfiehlt sich bes. bei empfindlichen u. schwer hydrierbaren Substanzen. Vf. vermutet, daß sich diese Katalysatoren bes. für das Studium der Zusammenhänge zwischen Kristallzustand u. katalyt. Wrkg. eignen. (Angew. Chem. **68.** 453—57. 21/7. 1956. Rostock, Inst. für Katalyseforsch; Halle, Univ., Inst. für Org. Chem.) H. U. WOELK. 227

H. Ishikawa und **K. Yokomizo,** *Katalytische Wirkungen japanischer kolloider Erden* (*Tone*). Übersicht über die Zus., die Adsorptionswrkg. u. deren Anwendung für Petroleum-, Penicillin-, Leichtöl- u. Vitamin-A-Gewinnung bzw. Reinigung sowie die Wiederbelebung gebrauchter Erden. (Waseda appl. chem. Soc. Bull. **21.** Nr. 1. 31—40. Okt. 1952. Waseda Univ. [Orig.: japan.]) L. SCHULER. 227

G. K. Boresskow, W. A. Dsissko, M. Ss. Borissowa und **W. N. Krassnopolskaja,** *Einfluß der thermischen Behandlung auf die Struktur und katalytische Aktivität von Aluminiumoxyd.* Die Unterss. erfolgten an Al_2O_3-Proben, die durch Fällung mit NH_3 aus $Al(NO_3)_3$ bei 20° (**I a**) bzw. 80° (**I b**) oder aus $Al(ONa)_3$ durch Fällung mit HNO_3 erhalten wurden (**Ic**). Die Proben wurden bei 450; 600; 800; 1000; 1200° im Muffelofen geglüht. Die bei 1200° geglühten Proben bestanden aus der α-Form, die übrigen aus der γ-Form. Ein 24std. Glühen bei 600° veränderte im Vgl. zum Glühen bei 450° nicht die Porenstruktur u. die Größe der Oberfläche. Mit steigender Glühtemp. nahm die Oberfläche ab. Die Zahl der großen Poren nahm absol. u. relativ zu; die kleinen Poren verschwanden allmählich. Die feinstdisperse Probe **I a** zeigte beim Glühen bei 1000° eine 7fache Abnahme der Oberfläche, das grobdisperse **Ic** nur eine 2,5fache. Während beim Glühen bei 1200° das Porenvol. weniger als um das 2fache abnahm, betrug die Abnahme der Oberfläche das 60fache. Die katalyt. Aktivität (Dehydratation von absol. A.) von **I a, I b** u. **Ic** war bei 450—600° prakt. die gleiche. Bei höherer Glühtemp. nahm sie ab. Die spezif. Aktivität nahm unterhalb 1200° zu, bedingt durch die innere Diffusion. Aus den Ergebnissen geht hervor, daß die spezif. Aktivität der γ-Modifikation unabhängig von der Glühtemp. u. von der Kristallgröße ist. Durch die Umwandlung in die α-Modifikation wird die Natur der Oberfläche verändert. (Журнал Физической Химии [J. physik. Chem.] **26.** 492—99. April 1952. Moskau, Physik.-chem. Karpow-Inst.) O. LEBTAG. 227

Ettore Molinari, *Über den Mechanismus der Austauschreaktion zwischen Wasserstoff und Deuterium über Zinkoxydkatalysatoren.* Der heterogene Austausch von H_2 u. D_2 an ZnO als Katalysator ist noch nicht genügend geklärt, wenn auch eine klare Abhängigkeit zwischen Defektstruktur u. katalyt. Aktivität an ZnO gefunden wurde. Die Austauschkinetik beruht hauptsächlich auf der Art der Aktivierung des Katalysators. a) Wird mit H_2 aktiviert, so ergeben sich 2 kinet. Stadien. Das erste Stadium folgt bei konstanter Temp. der Gleichung $dq/dt = a \cdot c^{-bq}$ (q entspricht dem %-Austausch), das zweite folgt einer Kinetik 1. Ordnung (bezogen auf HD) mit definierter Aktivierungsenergie u. einer Aktivität, die wesentlich größer als im ersten Stadium ist u. von der Aktivierungstemp. während des ersten Stadiums abhängt. Vor Behandlung mit H_2 wurde das ZnO mit H_2O bei Tempp. höher als 200° behandelt u. dann bei 400° im Vakuum bei 10^{-6} mm erhitzt. b) Wird der Katalysator nicht im Vakuum aktiviert, so entspricht die Kinetik des Austausches dem 2. Stadium mit undefinierbarer Aktivierungsenergie u. keiner zwischen 125—180°. c) Wird der Katalysator bei niedrigeren Tempp. aktiviert, so treten beim Austausch bei hoher Temp. Anomalien auf, jedoch verläuft er bei niedrigen Tempp. normal. Zusätze von Al_2O_3 oder Ga_2O_3 erniedrigen, solche von Li_2O erhöhen die Aktivierungsenergie nicht gesinterter Katalysatoren; gesinterte erreichen nicht so hohe Werte. Die Aktivität des Katalysators wird bei Ggw. von Al_2O_3 oder Ga_2O_3 erhöht, durch Li_2O verringert. Ein Teil der Phänomene läßt sich durch die Menge des adsorbierten H_2 erklären, u. das kinet. Verh. wird durch $k = k_0 \cdot e^{-E/RT}$ ausgedrückt, wobei k_0 u. E Funktionen des Bedeckungsgrades sind. Für den Austauschmechanismus läßt sich jedoch nicht entscheiden, ob der nach BONHOEFFER-FARKA zutrifft. Die Oberfläche ist jedenfalls heterogen. Da die Aktivierungsenergie bei 200° ca. 7 kcal beträgt, läßt sich eine Vergiftung durch Überwiegen von H_2 oder D_2 oder durch OH- oder OD-Gruppen ausschließen. Zwar wird die katalyt. Aktivität durch die Defektstruktur des Katalysators erhöht, doch tritt dies dadurch, daß der Desorptionsvorgang der langsamste ist, nicht so stark in Erscheinung. (Gazz. chim. ital. **85.** 930—43. Aug. 1955. Roma, Univ., Ist. di Chim. gen. ed inorg.) H. NÖTH. 227

Thomas M. Kaneko und **Milton E. Wadsworth,** *Die katalytische Reduktion von Kobalt aus ammoniakalischen Kobaltsulfatlösungen.* Die Red. erfolgte bei Tempp. von 150°

bis 245° u. H_2-Partialdrucken von 10—50 atü. Als Katalysator diente koll. *Graphit* (*Aquadag;* I) bei dessen Abwesenheit die Reduktionsgeschwindigkeit sehr gering wird. Die maximale Geschwindigkeit wird für ein Verhältnis NH_4: Co = 2:1 entsprechend einem Diamminkomplex erhalten. Die Red. wird durch Adsorption des H_2 u. des $Co(NH_3)_2^{2+}$-Komplexes am I eingeleitet u. erfolgt über ein geschwindigkeitsbestimmendes Zwischenprod. *Co–2 H*, wobei der chinoide Charakter des **I**, der durch eine exponentielle H_2-Druckabhängigkeit bewiesen wurde, wesentlich für den Austausch des H_2 ist. Die Geschwindigkeitskonstanten u. freien Energien der einzelnen Reaktionsschritte wurden berechnet u. diskutiert. Reines Hydrochinon bewirkt größte Reduktionsgeschwindigkeit, wie ein abschließender Vers. zeigte. (J. physic. Chem. **60.** 457—62. April 1956. Salt Lake City, Ut., Univ., Dep. of Metallurgy.) P. WOLF. 227

Günther Rienäcker und **Norbert Hansen,** *Katalyse an aufgedampften Metallfilmen.* 2. Mitt. *Über den Mechanismus des Ameisensäuredampfzerfalls am Nickel.* (1. vgl. C. **1956.** 9113.) Die Kurve Druckzunahme/Zeit für die an dünnen Ni-Filmen ablaufende Rk. $HCOOH \rightarrow H_2 + CO_2$ zeigt oberhalb eines Umsatzes von 60% eine deutliche Hemmung der Rk. an. Vff. schließen aus dem geraden Anfangsteil der Kurve u. der Abhängigkeit der Halbwertszeit vom Anfangsdruck auf eine Rk. nullter Ordnung. Durch eine Vorbelegung der Ni-Schicht mit H_2O, CO_2 oder CO werden die Verhältnisse nicht geändert. CO bewirkt nur eine sehr schwache Hemmung, die zu einer befriedigenden Deutung des beobachteten Effektes nicht ausreicht. Im Sinne einer Verstärkung wirkt dagegen eine Vorbelegung mit H_2. Vff. vermuten, daß adsorbierter H_2 eine Voraussetzung für eine Aktivität des Ni ist. Die Aktivierungsenergien verschied. Schichten schwanken zwischen 21 u. 25 kcal, ohne jedoch einen Zusammenhang mit der Schichtdicke, der Vorerhitzungs- oder Kondensationstemp. oder dem Einbau von Störsubstanzen zu zeigen. Für den Mechanismus des Zerfalls der Ameisensäure am Ni-Kontakt wird das folgende Schema angenommen:

$$H{-}C\begin{matrix}\nearrow O \\ \searrow O^{(-)}{-}H^{(+)}\end{matrix} + H^{+}_{ads.} + 2e_{Met.} \rightarrow H_2 + HCOO^{-}; HCOO^{-} + [Met.]^{+} \rightarrow CO_2 + Met.^{(-)}{-}H^{(+)}.$$

Es steht mit den verschied. experimentellen Ergebnissen in Einklang. Vff. vermuten, daß dieser Mechanismus für alle hydrierungsakt. Metalle der 8. Nebengruppe gültig ist. (Z. anorg. allg. Chem. **285.** 283—86. Juni 1956. Berlin, Humboldt-Univ., I. Chem. Inst.; Rostock, Inst. für Katalyseforsch. der Dtsch. Akad. der Wiss., Berlin.) H. U. WOELK. 227

T. W. Hickmott und **P. W. Selwood,** *Protonenrelaxation an katalytischen Festkörpern.* Mittels der Spin–Echo-Meth. (Kern-Resonanzabsorption) werden von CH_3OH, C_2H_5OH u. H_2O sowie vom nichtassoziierenden n-C_6H_{14} an großflächigen diamagnet. Katalysatoren die Protonenspin–Gitter-Relaxationszeiten t gemessen. t wird als Funktion des adsorbierten Gewichts der Fl. aufgetragen u. eine lineare Beziehung zwischen den Größen festgestellt. Die Relaxationszeit wird durch diamagnet. Substanzen stark herabgesetzt, bes. durch γ-Al_2O_3 bei assoziierenden Fll., während bei Hexan dieser Effekt nur schwach bei entwässertem Al_2O_3 auftritt. Die entwickelte Theorie macht Aussagen über den Zusammenhang des H-Austausches an dem porösen diamagnet. Festkörper mit der Defektstruktur eines Katalysators. (J. physic. Chem. **60.** 452—57. April 1956. Evanston, Ill., Univ., Dep. of Chem.; Cambridge, Mass., Harvard Univ., Dep. of Phys.) P. WOLF. 227

D. W. Ssokolski und **O. Ss. Popow,** *Hydrierung an Platin, Palladium und Iridium unter konstantem Druck.* Es wurde versucht, die Teilnahme der 2 verschied. Formen von akt. H, des an der Katalysatoroberfläche adsorbierten u. des im Katalysator gelösten H, an Hydrierungs-Rkk. systemat. zu klären. Es wurde die Hydrierung von Acetylenalkoholen [*Methyläthylacetylenylcarbinol* (I) u. *Dimethylacetylenylcarbinol* (**II**)] an verschied. Katalysatoren der Pt-Gruppe unter variierten Arbeitsbedingungen (Katalysatormenge, Druck, Temp.) durchgeführt u. der Verlauf der Rk. in Kurven der Reaktionsgeschwindigkeit u. der EMK. aufgezeichnet. — 1. **Hydrierung von I an Pt-Schwarz.** Die Kurven haben einen gleichmäßigen Verlauf bis zur vollen Hydrierung des Ausgangsstoffs. Die kinet. Kurven zeigen eine Beschleunigung der Rk. mit Erhöhung von Katalysatormenge, Druck u. Temperatur. Aus den EMK.-Kurven ergibt sich bei Ggw. einer gewissen Katalysatormenge eine vom Druck fast unabhängige Konstanz der EMK.-Werte, während bei verringertem Katalysatoreinsatz niedrigere EMK.-Werte auftreten, die erst im Verlaufe der Rk. bis zur Sättigungs-EMK. bei der gegebenen Höhe von Druck u. Temp. ansteigen. Vff. folgern daraus, unter Hinweis auf die von ihnen gefundene Gesetzmäßigkeit der Verschiebung des anod. Katalysatorpotentials im Laufe der Reaktionszeit, daß beim Pt-Schwarz nur der an der Oberfläche adsorbierte H in Wirksamkeit tritt, worauf auch die Konstanz der Aktivität bei wiederholten Verss. mit dem gleichen Katalysator schließen läßt. — 2. **Hydrierung von II an Pd/$CaCO_3$.** Im Anfang der Rk. zeigen die kinet. Kurven für die Reaktionsgeschwindigkeit ein Ansteigen zu einem sehr hohen Wert, bes. bei

erhöhter Temp., während sie nach Aufnahme von 1 Mol H_2 stark abfällt. Die EMK.-Kurven dagegen zeigen in der 1. Periode einen geringen Abfall, darauf aber ein Ansteigen der Werte bis zum Erreichen der Sättigungs-EMK. am Ende der Reaktion. Daraus u. aus dem Abklingen der Aktivität bei wiederholtem Gebrauch des gleichen Katalysators wird geschlossen, daß die Hydrierung der Dreifachbindung durch im Katalysator gelösten H erfolgt, dessen stetige Diffusion in beiden Richtungen aber eine Störung der akt. Struktur des Katalysators verursacht. Anschließend wird die Zweifachbindung durch adsorbierten H hydriert. — 3. Hydrierung von **II** an Ir/Kohle. Die einfachen kinet. Kurven 1. Ordnung, die völlig konstanten u. druckunabhängigen EMK.-Werte u. die Konstanz der Aktivität bei wiederholten Verss. mit dem gleichen Katalysator zeigen, daß die Rk. allein auf Kosten des adsorbierten H mit hoher Geschwindigkeit vor sich geht. Die gleiche Wrkg. werden alle Katalysatoren mit Trägern haben, die H gut adsorbieren. (Доклады Академии Наук СССР [Ber. Akad. Wiss. UdSSR] [N. S.] **93.** 831—34. 11/12. 1953.)
F. BERNDT. 227

G. A. Sergeant und **A. F. F. Bartlett,** *Die Vergiftung von Palladiumkatalysatoren bei der Reaktion zwischen H_2 und O_2.* Der für die Rk. zwischen H_2 u. O_2 sehr wirksame Katalysator Pd ist gegenüber einigen Katalysatorengiften sehr empfindlich. Es werden folgende bekannte u. mögliche Gifte untersucht: *CO, H_2S, AsH_3, SbH_3*, verd. *H_2SO_4*-Nebel u. *Kerosin*-Dämpfe. Das Verh. dieser Stoffe als Gifte für Palladiumkatalysatoren (**I**) ist sehr unterschiedlich. 1% CO weist bei einer Temp. von 100° in einem Luft–H_2-Gemisch mit 2% H_2 einen vernachlässigbar kleinen Effekt auf. Eine Temperaturerhöhung auf 120° bewirkt, daß bis zu 5% CO als Gift unschädlich für **I** ist. Die Ursache für diesen Vorgang ist in der Oxydation des CO zu suchen, weshalb auf genügende O_2-Konz. zu achten ist, wenn die CO-Konz. erhöht wird. Spuren von H_2S sind selbst bei 200° ein äußerst akt. Gift. Eine Regeneration von vergiftetem **I** erfolgt in einigen Std. bei 200°. Desgleichen ist AsH_3 ein starkes Gift noch bei 250°; Regeneration innerhalb 24 Std. bei 250° bei Abwesenheit von AsH_3 u. nur eine allmähliche Regeneration nach vielen Std. zwischen 280 u. 290°. SbH_3-verseuchter **I** kann bei 120—200° selbst bei Ggw. von SbH_3 regeneriert werden. Verd. Schwefelsäurenebel (4 mg/Liter) bei 210° vermindern die Aktivität von **I** nicht merklich, desgleichen in Luft bei 25° gesätt. Kerosindampf im Temperaturbereich von 185—300°. (J. appl. Chem. **5.** 208—12. Mai 1955. London, Governm. Labor.)
R. BRÜCKNER. 227

A_8. Präparative anorganische Chemie. Komplexchemie. Metallorganische Verbindungen.

Ss. S. Makarow und **N. K. Grigorjewa,** *Untersuchung von Systemen mit konzentriertem Wasserstoffperoxyd.* 5. Mitt. *Thermische Charakteristik der festen Phasen des Systems $Ca(OH)_2—H_2O_2—H_2O$.* (4. vgl. C. **1956.** 1242.) Wasserfreies *CaO_2* (**I**) ist bis 175° völlig stabil, die zwischen 175 u. 300° langsame Zers. wird $>$300° lebhaft (Maximum nach therm. Analyse bei 370°) u. ist bei 400—425° beendet. Die endothermen Effekte bei 365 bis 375° treten auch bei **I**-Di- u. -Octohydrat auf, neben einem der Abgabe des Kristallwassers entsprechenden bei 100°. Die Erhitzungskurve von $CaO_2 \cdot 2\,H_2O_2$ zeigt einen exothermen Effekt bei 40—45° (Abgabe von O_2 aus H_2O_2) u. 2 endotherme bei 100 u. 365°. Der endotherme Effekt bei $Ca(OH)_2$ (530—540°), der der Dissoziation entspricht, steht in keinem Zusammenhang mit den obigen. (Известия Академии Наук СССР, Отделение Химических Наук [Nachr. Akad. Wiss. UdSSR, Abt. chem. Wiss.] **1954.** 598—603. Juli/Aug. Labor. für Peroxydverbb. der Akad. der Wiss. der UdSSR.)
R. K. MÜLLER. 241

C. M. Steese und **A. Greenville Whittaker,** *Spektrophotometrische Untersuchung des Gleichgewichtes $N_2O_4 \rightleftharpoons 2\,NO_2$ in der flüssigen Phase reinen Stickstofftetroxyds.* Getrocknetes u. gereinigtes handelsübliches N_2O_4 wurde im n. Beständigkeitsbereich seiner fl. Phase, d. h. zwischen —10° u. 20°, auf seine Dissoziation unter Verwendung eines Quarzspektrophotometers untersucht. Die NO_2-Konz. wurde aus der Lichtabsorption bei 5920 Å u. 6130 Å im Vgl. mit der einer bekannten Gaskonz. bestimmt. Es ergab sich eine lineare Beziehung zwischen dem Log. der Gleichgewichtskonstante u. der reziproken absol. Temperatur. Die durchschnittliche Dissoziationswärme des N_2O_4 in der fl. Phase ergab sich zu 19,5 kcal/Mol. (J. chem. Physics **24.** 776—79. April 1956. China Lake, Calif., U. S. Naval Ordn. Test Stat., Chem. Div.)
W. SCHULZE. 243

A. Greenville Whittaker, *Magnetische Susceptibilitätsuntersuchung des $N_2O_4 \rightleftharpoons 2\,NO_2$-Gleichgewichtes in der flüssigen Phase reinen Stickstofftetroxyds.* Nach der Meth. von GOUY wurde an reinem fl. N_2O_4 zwischen 0° u. 30° die magnet. Susceptibilität (λ) bestimmt. Sie steigt von $-2,40 \pm 0,04 \cdot 10^{-7}$ bei 30,6° auf $-2,72 \pm 0,07 \cdot 10^{-7}$ bei $-0,1°$ in guter Übereinstimmung mit dem früher gegebenen Wert von SONE (1922). Die aus den spektrophotometr. gewonnenen Gleichgewichtswerten nach der WIEDEMANNschen Additivitätsbeziehung errechneten diamagnet. λ-Werte stimmen mit den gemessenen gut überein. (J. chem. Physics **24.** 780—84. April 1956. China Lake, Calif., U. S. Naval Ordn., Chem. Div.) W. SCHULZE. 243

Margot Goehring und **Dietrich Schuster,** *Zur Kenntnis der Thiotrithiazylverbindungen.* 1. Mitt. Vff. bestimmten durch Umsetzung mit HJ in konz. Ameisensäure die mittlere Oxydationszahl des Schwefels im *Thiotrithiazylchlorid* $(S_4N_3)Cl$ (**I**) zu +2,5. Die Rk. entspricht der Gleichung $(S_4N_3)^+ + 9\,H^+ + 10e^- = 4\,S + 3NH_3$. Die Hydrolyse von **I** in salzsaurem Medium verläuft sehr kompliziert unter Bldg. von Stoffen, die leicht in S_4N_4 übergehen. Bei der Rk. von **I** mit Piperidin in Methanol bildet sich pro Mol **I** 1 Mol *S(II)-Dipiperidid* u. ca. 1 Mol $S_2O_3^{2-}$. Mit $NH_{3\,fl.+gas}$ reagiert **I** unter Bldg. von Prodd., die sofort verpuffen. Es wurde NH_3-Gas mit 94—96% N_2 verd. u. mit **I** umgesetzt. Es bildet sich ein Ammoniakat der Formel $(S_4N_3 \cdot NH_3)^+Cl$ (**II**). Mit verd. NaOH wird **II** hydrolysiert nach der Bruttogleichung $8\,(S_4N_3)^+ + 21\,H_2O + 30\,OH^- = 6\,S_3O_6^{2-} + 5\,S_2O_3^{2-} + 4\,S + 24\,NH_3$. Die Umsetzung mit HSO_3^- verläuft gemäß $2\,(S_4N_3)^+ + 6\,HSO_3^- + 9\,H_2O = 6\,NH_3 + 4\,S_3O_6^{2-} + S_2O_3^{2-} + 6\,H^+$. Die Verss. werden so gedeutet, daß man eine zweifache mögliche Polarisation der S-Atome in **I** annimmt: 1. $(S_4N_3)^+ = 3\,N^{3-} + 1\,S^{2+} + 2\,S^{4+} + S^0$. 2. $(S_4N_3)^+ = 3\,N^{3-} + 3\,S^{2+} + 1\,S^{4+}$. Der Primärschritt der Hydrolyse ist dann $2\,(S_4N_3)^+ + 9\,H_2O + 3\,H^+ = 4\,S^{2+} + 3\,HSO_3^- + S + 6\,NH_3$. Es werden vorst. 2 Reaktionsformeln für das S_4N_3-Ion vorgeschlagen.

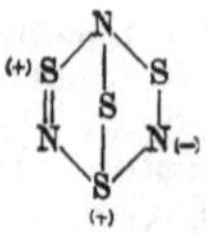

oder

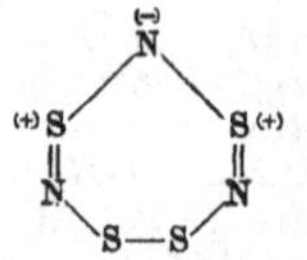

(Z. anorg. allg. Chem. **271.** 281—92. März 1953. Heidelberg, Univ., Chem. Inst.) K. SCHILLER. 253

Richard Neu, *Aromatische Borverbindungen.* 5. Mitt. Bei der Umsetzung von Arylmagnesiumbromid mit Borsäureestern bilden sich nicht nur Mono-, sondern auch Diarylborsäuren bzw. ihre Anhydride; als Nebenprod. fallen wechselnde Mengen von Diphenyl an. Dargestellt wurden *Tetraphenyldiboroxyd* (**I**), F. 112—113°, u. *Tetra-p-tolyldiboroxyd* (**II**), $C_{28}H_{28}OB_2$, F. 105—106°, mit Ausbeuten zwischen 16 u. 20%. *Di-p-tolylborsäure,* $C_{14}H_{15}OB$, F. 38—40°, geht beim Stehen im Exsikkator über H_2SO_4 in **II** über. **I** u. **II** zeigen auf Morinzusatz stark gelbgrüne Fluorescenz. (Chem. Ber. **88.** 1761—65. 2/11. 1955. Karlsruhe, Dr. W. Schwabe G. m. b. H., Chem. Forschungslabor.) U. WANNAGAT. 258

Hans Kautsky und **Hans Kautsky jr.,** *Die Anwendung von Hochspannungskurzschlußfunken zur chemischen Synthese.* Vff. ließen einen Hochspannungskurzschlußfunken stundenlang zwischen Si-Teilchen in $SiCl_4$ übergehen. Sie erhielten eine dunkelbraune Lsg., die nach Umfüllen im N_2-Strom in ein Zentrifugenglas gefüllt u. zentrifugiert wurde. Aus der von feinverteiltem Si befreiten klaren braunen Lsg. wurde das Lösungsm. im sd. Wasserbad abgedampft. Die erhaltene sehr viscose, klare, dunkelbraunrote Fl. wurde im Hochvakuum einer sehr langsamen fraktionierten Dest. unterworfen. Auf diese Weise wurde bei ca. 210° im Vakuum zum ersten Mal Si_6Cl_{14} abgetrennt u. analyt. gefaßt. Bei weiterer Erhöhung der Temp. entsteht neben flüchtigeren niederen Chloriden die bereits von SCHWARZ u. GREGOR (Z. anorg. allg. Chem. **241.** [1939]. 395) beschriebene Verb. $(SiCl)_x$. In qualitativen Vorverss. wurde der Hochspannungskurzschlußfunken zwischen Si u. Pentan sowie zwischen Si u. einigen Halogenkohlenwasserstoffen (Methylenchlorid, Äthylenchlorid, CCl_4, $CHCl_3$) geleitet. Im ersten Fall dürften teilalkylierte Silane entstanden sein, die jedoch noch nicht isoliert werden konnten. Im zweiten Fall sind Umsetzungsprodd. teilweise u. vollständig chlorierte Silane. Auch hier wurden definierte Endprodd. noch nicht isoliert. (Chem. Ber. **89.** 571—81. 31/1. 1956. Marburg, Univ., Inst. für Siliciumchemie.) C. GOTTFRIED. 261

A. G. Repa, *Silicatbildungsreaktionen.* (Vgl. C. **1955.** **3817.**) In einer Unters. über die Rk. von SiO_2 (**I**; Sand) u. Carbonaten werden zunächst die Tempp. der beginnenden Zers. der Carbonate berechnet u. experimentell bestimmt (Zahlen in Klammern): Li_2CO_3 (**II**) 1230° (1200°), Na_2CO_3 (**III**) 1910 (—), K_2CO_3 (**IV**) 2600 (—), $MgCO_3$ (**V**) 350 (350), $CaCO_3$ (**VI**) 630 (600), $SrCO_3$ (**VII**) 1090 (1070), $BaCO_3$ (**VIII**) 1140 (1120). Analog wird die Temp. der beginnenden Silicatbldg. berechnet u. bestimmt: 2 **III** + **I** → Na_4SiO_4 (**IX**) (+ 2 CO_2) 598° (—); **III** + **I** → Na_2SiO_3 (**X**) 300 (320); **III** + 2 **I** → $Na_2Si_2O_5$ (**XI**) 187 (320); 2 **V** + **I** → Mg_2SiO_4 398 (295); **V** + **I** → $MgSiO_3$ 300 (295); 2 **VI** + **I** → Ca_2SiO_4 (**XII**) 334 (240); **VI** + **I** → $CaSiO_3$ (**XIII**) 228 (240); 2 **VII** + **I** → Sr_2SiO_4 — (470); **VII** + **I** → $SrSiO_3$ 450 (470); 2 **VIII** + **I** → Ba_2SiO_4 (**XIV**) 675 (580); **VIII** + **I** → $BaSiO_3$ (**XV**) 566 (580). In der 1. Stufe der Silicatbldg. erfolgt also stets Bldg. von Monosilicat; Orthosilicat entsteht erst bei $\gtrsim$100° höherer Temp.; die in festen Phasen langsam verlaufende Lsg. der **I**-Körner in den Monosilicaten ist der eigentliche Glasbildungsprozeß. Dies wird mit der Festigkeit der in der Struktur von **I** vorhandenen SiO_4^{4-}-Gruppen erklärt. Die sek. Bldg. der basischeren Silicate findet bei Diffusion der Oxyde zur **I**-Oberfläche statt. Die gebildeten Silicate reagieren mit den Carbonaten weiter u. bilden neue Silicate. So reagiert **III** mit **X** zu **IX** (870°), mit **XI** zu **X** (470°); 2 **VI** mit **XI** zu **XII** + **IX** (590°); 1 **VI** mit **XI** zu **XIII** + **X** (360°); 2 **VIII** mit 2 **X** zu **XIV** + **IX** (880°); 1 **VIII** mit 1 **XI** zu **XV** + **X** (690°). Mit **II** u. **IV** werden wegen der hier zur Silicatbldg. erforderlichen hohen Temp. keine Verss. durchgeführt. Das scheinbare Gleichgewicht kann durch Austausch-Rkk. erreicht werden; dabei werden die therm. wenig beständigen Carbonate durch das sehr stabile **III** ersetzt. (Журнал Прикладной Химии [J. angew. Chem.] **27.** 1184—93. Nov. 1954.) R. K. MÜLLER. 261

Hans Kautsky, Gerhard Fritz und **Hans Richter,** *Lithiumhaltige Siloxenderivate.* Bei Einw. von Alkyl- oder Aryl-Li auf Siloxen, $\boxed{(Si_6)O_{6/2}}H_6$, wird Siloxenwasserstoff nicht nur durch Alkyl- bzw. Arylgruppen, sondern überraschenderweise auch durch Li substituiert, wobei unabhängig vom Substitutionsgrad annähernd gleich viel R u. Li gebunden wird, so daß Oberflächenverbb. des Typs $\boxed{(Si)_6O_{6/2}}\begin{matrix}H_{6-(m+n)}\\R_m\\Li_n\end{matrix}$ entstehen. Diese sind stark farbig, z. B. $\boxed{(Si_6)O_{6/2}}\begin{matrix}H_{0,9}\\R_{2,3}\\Li_{2,4}\end{matrix}$ gelbbraun, $\boxed{(Si_6)O_{6/2}}\begin{matrix}R_{3,1}\\Li_{3,1}\end{matrix}$ dunkelrot ($R = C_3H_7$), u. an der Luft selbstentzündlich. Sie enthalten Li direkt an Si gebunden, wie auf Grund von 5 Tatsachen in ihrem Verh. nachgewiesen wird. (Z. Naturforsch. **9b.** 236—37. März 1954.) L. KLENK. 261

Ju. A. Schmidt, *Umsetzung von glasförmigen Natriumsilicaten und Natriumalumosilicaten mit wässerigen Lösungen. 2. Mitt. Umsetzung von glasförmigem Natriumdisilicat mit wässerigen Lösungen.* (1. vgl. DUBROWO u. Vf., C. **1955.** 3329.) Glasförmiges Na-Disilicat wurde bei 25, 40, 55, 70 u. 100° der Einw. von W., HCl–NaOH- u. NaCl-Lsgg. ausgesetzt u. das Wandern von Na-Ionen u. die Auflsg. von SiO_2, d. h. die Austausch-Rkk., beobachtet. Es bildete sich dabei ein SiO_2-Film, der als Engpaß beim Wandern der Na-Ionen diente, zugleich aber einer Auflsg. durch die auftretende NaOH-Lsg. unterlag. Bei niedrigeren Tempp. stauten sich die Na-Ionen an, u. der SiO_2-Film verdickte sich. Bei höheren Tempp. jedoch wuchs die Geschwindigkeit der Na-Diffusion, noch mehr jedoch jene der Auflsg. des SiO_2-Films, der bald völlig verschwand. Na wird im Silicat durch H ersetzt, wodurch die Bldg. des Films begünstigt wird; zugleich treten OH-Ionen auf; der Diffusionskoeff. des Na steigt um 2,4% je 1° mit der Temperatur. Die Auflsg. des Films ist ein sek. Vorgang. Lsgg. von NaCl (0,01—0,1—1 n) sowie 0,01 n NaOH hemmen den Übergang des Na, steigern jenen des SiO_2. 0,01 n HCl verdickt den SiO_2-Film. (Известия Академии Наук СССР, Отделение Химических Наук [Nachr. Akad. Wiss. UdSSR, Abt. chem. Wiss.] **1954.** 236—43. März/April. Inst. für Silicatchem. der Akad. der Wiss. der UdSSR.) A. V. WILPERT. 261

Ss. K. Dubrowo, *Umsetzung von glasförmigen Natriumsilicaten und Natriumalumosilicaten mit wässerigen Lösungen. 3. Mitt. Einfluß des Gehalts an Kieselsäure und Aluminiumoxyd in den Natriumsilicaten auf ihre Zerstörbarkeit in Säuren.* (2. vgl. vorst. Ref.) Zunächst wurden künstliche glasartige Na-Al-Silicate aus $Al(OH)_3$, zerriebenem Quarz u. Soda bei 1400—1500° in Pt-Tiegeln dargestellt. Sodann wurden sie der Einw. von 0,1 n HCl ausgesetzt u. die dadurch bewirkte Zerstörung beobachtet, wobei die dabei gemachten Zusätze an Al_2O_3 u. SiO_2 hinsichtlich der Stabilität der Gläser ausgewertet wurden. — Es ergab sich, daß Zusatz an SiO_2 die Zerstörbarkeit des Si-Skeletts vermindert. Al_2O_3 als Zusatz übte dieselbe verzögernde Wrkg. auf die Zerstörung aus, jedoch nur bei Mengen unter 0,3 Mol; größere Mengen Al_2O_3 beschleunigten außerordentlich die Zerstörbarkeit. Der ganze Vorgang wird so betrachtet, daß im Glase bei der Zers. das Na u. Al durch H ersetzt wird, wonach die Si—O-Gruppen zu kleineren Aggregaten zerfallen. Künstlicher Nephelin — noch mehr natürlicher — werden weitgehend zers.; das Na-Al-Silicat $Na_2O \cdot 0{,}5\,Al_2O_3 \cdot 2\,SiO_2$ wird völlig aufgelöst; ein anderes $Na_2O \cdot 0{,}3\,Al_2O_3 \cdot 2\,SiO_2$ verliert in 8 Std. Einw. von 0,1 n HCl 60% seines Al u. nur 6% seiner SiO_2. Die Vorgänge werden im einzelnen gedeutet. (Известия Академии Наук СССР, Отделение Химических Наук [Nachr. Akad. Wiss. UdSSR, Abt. chem. Wiss.] **1954.** 244—52. März/April.) A. V. WILPERT. 261

Ja. A. Fialkow, A. A. Kusmenko und **N. A. Kosstromina,** *Physikalisch-chemische Untersuchung des Systems Phosphorpentachlorid–Tetramethylammoniumchlorid in Acetonitrillösung.* Vff. untersuchten die Komplexbldg. des tern. Syst. PCl_5–$(CH_3)_4NCl$–CH_3CN bei 20 u. 30° durch Messung seiner spezif. elektr. Leitfähigkeit. Bei Zugabe von PCl_5 zu dem Syst. $(CH_3)_4NCl$–CH_3CN in einer zu $(CH_3)_4NCl$ äquimol. Menge lösen sich die vorher in CH_3CN sehr schwer lösl. Tetramethylammoniumchloridkristalle. Man erklärt dies mit der Bldg. eines Komplexsalzes *$PCl_5(CH_3)_4NCl$*. Die Leitfähigkeitskurve des tern. Syst. zeigt, daß die Leitfähigkeit mit steigender Molkonz. zunimmt. Nahe dem äquimol. Verhältnis zwischen $(CH_3)_4NCl$ u. PCl_5 verringert sich jedoch die Zunahme. Die Ergebnisse der Elektrolyse des tern. Syst. führten zu der Annahme: P u. Cl werden zum Anolyt übertragen in der Zus. eines komplexen Anions. Das Mengenverhältnis der g-Atome P : Cl die vom Katholyt zum Anolyt übertragen werden, schwankt von 1 : 5,8 bis 1 : 6,1. Die Acetonitrillsg. des Syst. PCl_5–$(CH_3)_4NCl$ enthält daher vermutlich ein komplexes Anion $(PCl_6)^-$. Für die Komplexbldg. läßt sich folgender Vorgang annehmen: $PCl_5 + (CH_3)_4NCl = [(CH_3)_4N]^+[PCl_6]^-$. (Украинский Химический Журнал [Ukrain. chem. J.] **21.** 556—60. 1955. Inst. für allg. u. anorgan. Chem. der Akad. der Wiss. der UkrSSR.) A. v. KOTZEBUE. 263

Hajime Tomono, *Aromatische Antimontrichloridkomplexverbindungen.* **3.** Mitt. (2. vgl. C. **1952.** 7461; vgl. auch C. **1955.** 5264.) Herst. von substituierten Benzoldiazoniumtrichloroantimoniten, RC_6H_4–N_2–Cl_4Sb (**I**) durch Einw. einer konz. salzsauren $SbCl_3$-Lsg. auf diazotiertes p-Toluidin, p-Phenetidin u. p-Nitroanilin. Die **I** zerfallen in wss. Lsg. in Derivv. des Phenols u. Biphenyls; in alkal. Lsg. in geringe Mengen der gleichen Verbb., Harze u. hauptsächlich in Phenylstibonsäurederivv.; in aceton. Lsg. besteht die Haupt-Rk. in einer Chlorierung, während kleine Mengen der entsprechenden Derivv. des Bzl., Biphenyls u. Harze gebildet werden; in Ggw. von CuCl entstehen überwiegend Derivv. der Stibonsäure, daneben kleine Mengen Chlorsubstitutionsprodd. u. Benzolderivate. Methyl- u. Äthoxygruppen stabilisieren den Komplex u. begünstigen die Stibonsäurebildung. In aceton. Lsg. verringert CuCl die Harzbldg. außer beim Nitrobenzolkomplex, so daß die Ausbeute an Nitrophenylstibonsäure zurückgeht. — *p-Methylbenzoldiazoniumtrichloroantimonit*, $C_7H_7N_2Cl_4Sb$, gelber Nd.; 92% (Ausbeute auf die Base bezogen). — *p-Äthoxybenzoldiazoniumtrichloroantimonit*, $C_8H_9ON_2Cl_4Sb$, dunkelgelber, krist. Nd.; 60%. — *p-Nitrobenzoldiazoniumtrichloroantimonit*, $C_6H_4O_2N_3Cl_4Sb$, langsam ausgeschiedener, orangefarbener, krist. Nd.; 88%; trocken, kühl u. dunkel aufzubewahren. (Bull. Inst. chem. Res., Kyoto Univ. [Kagaku Kenkyusho Hokoku] **23.** 45—50. Dez. 1950. Ogin Labor. [Orig.: japan.; Auszug: engl.]) W. METZENER. 266

W. I. Michejewa und **Je. M. Fednewa,** *Über die Hydrolyse des Lithiumborhydrids.* (Vgl. C. **1954.** 8063.) *$LiBH_4$* (**I**) reagiert mit geringen Mengen W. oder mit konz. HCl unter Entflammung des entstehenden $B_2H_6 + H_2$. Bei Einw. von dest. W. erfolgt bei 0° keine merkliche H_2-Entw., bei 20° erreicht sie ~25%, bei 100° ~50% der nach $LiBH_4 + 4\,H_2O \rightarrow LiOH + H_3BO_3 + 4\,H_2$ zu erwartenden Menge. Mit schwach saurer verd. Ni-Salzlsg. wird sofort H_2 entwickelt u. ein schwarzer Nd. von Ni-Borid gebildet, ähnlich mit $CoCl_2$, schwächer mit $CuSO_4$ oder $AgNO_3$. In alkal. Medium verläuft die Hydrolyse langsamer, u. auch Zusatz von Ni-Salzlsg. bewirkt keine vollständige Hydrolyse. Beim Erhitzen von ammoniakal. **I**-Lsg. mit Ni-Salzlsgg. entsteht ein schöner Ni-Spiegel an der Gefäßwand. Es wird angenommen, daß die Hydrolyse in Stufen verläuft: **I** → $LiBH_2(OH)_2$ (**II**) → $LiBH(OH)_3$ (**III**) → $LiB(OH)_4$ bzw. $LiBO_2 \cdot 2\,H_2O$. Der bei Lsg. von **I** in Ae. entstehende weiße Nd. ist ein etwa äquivalentes Gemisch von **II** u. **III**; er entwickelt H_2 nur beim Erhitzen mit W. auf 100° oder Zusatz von angesäuerter Ni-Salzlösung. (Доклады Академии Наук СССР [Ber. Akad. Wiss. UdSSR] **101.** 99—101. 1/3. 1955. Kurnakow-Inst. für allg. u. anorg. Chem. der Akad. der Wiss. der UdSSR.) R. K. MÜLLER. 273

L. Ja. Markowski, Ju. D. Kondraschew und **I. A. Gorjatschewa,** *Über die Zusammensetzung der Berylliumboride.* Die aus Be u. B im Verhältnis 2 : 1, 3 : 2, 1 : 1 u. 1 : 2 in einem Quarzrohr in BeO-Schüttung bei 1400° erschmolzenen Prodd. enthalten die Phase *Be_2B* (**I**), deren Röntgenlinien nach Behandlung mit HCl verschwinden, u. eine *unlösl. Phase* (**II**). **I** besteht aus gelbbraunen, fast bronzefarbenen feinen Kristallen mit $D.^{20}$ 2,15, die bei Zers. mit Säuren Borwasserstoffe entwickeln; sie gehören dem kub. Syst. an mit $a = 4{,}66_1 \pm 1$ Å, Typ CaF_2, Raumgruppe O^5_h, Z = 4; Abstand Be—Be 2,33, B—B 3,30, Be—B 2,01 Å; die Struktur ist ident. mit der von Be_2C. **II** wird in dunkelbraunen Pulvern oder festen Sinterprodd. erhalten; keine Lsg. in HCl, keine Entw. von gasförmigen Prodd.; lösl. in HNO_3 u. geschmolzenem K_2CO_3 u. Na_2CO_3 mit Zusatz von $NaNO_3$. **II** tritt bei Be : B = 1 : 1 u. 3 : 2 in den Röntgenlinien auf, immer neben **I**; wahrscheinlich hat eins der unlösl. Boride die Zus. BeB_2. (Vgl. hierzu C. **1956.** 6609.) (Доклады Академии Наук СССР [Ber. Akad. Wiss. UdSSR] **101.** 97—98. 1/3. 1955. Inst. für angew. Chem. des Minist. für chem. Ind. der UdSSR.) R. K. MÜLLER. 281

Ja. P. Berkman und **Ss. W. Kuschnir,** *Reduktion von Magnesiumsulfat durch natürliches Methan.* Die Red. von *$MgSO_4$* (**I**) mit natürlichem *CH_4* beginnt bei 710 ± 10° u. liefert bei einem CH_4-Verbrauch von 1,0—1,5 Mol auf 1,0 Mol **I** als Prodd. MgO, SO_2, S_2, H_2S u. CS_2. Die Zus. der Prodd. ändert sich mit der Temp. (bei steigender Temp.

Zunahme von SO_2, Abnahme von S_2 u. CS_2) u. mit der Strömungsgeschwindigkeit des CH_4 (bei deren Zunahme nimmt der Reduktionsgrad zu). Als prim. Rk. wird angenommen: $4 MgSO_4 + CH_4 \rightarrow 4 MgO + 4 SO_2 + CO_2 + 2 H_2O$. Die Rk. verläuft prakt. vollständig bei 750—950°. (Доклады Академии Наук СССР [Ber. Akad. Wiss. UdSSR] **104.** 448—51. 21/9. 1955. Lwow, Polytechn. Inst.) R. K. Müller. 282

P. Ehrlich, *Über die Hydridhalogenide der Erdalkalimetalle.* (Vgl. C. **1956.** 7739.) Die bisher nicht bekannten Hydridhalogenide entstehen beim Zusammenschmelzen von *Hydrid* u. wasserfreiem *Halogenid* bzw. von *Metall* u. Halogenid in H_2-Atmosphäre. Die Verbb. fallen bis auf *CaHJ* in großen, glänzenden Blättchen an u. besitzen salzartigen Charakter. Röntgenograph. wird festgestellt, daß die Hydridhalogenide tetragonal in der Raumgruppe D^7_{4h}—P 4/n m m (*PbClF*-Typ) kristallisieren. Mit W. reagieren die Verbb. heftig unter H_2-Entw. u. Erwärmung. Organ. Verbb. zeigen kein Lösungsvermögen. Die Hydridhalogenide sind therm. stabiler als die entsprechenden Hydride. (Angew. Chem. **68.** 380. 7/6. 1956. Giessen.) W. Krönert. 283

B. Deicha und **G. Deicha,** *Verhalten von laminaren Selenitkristallen aus den Gipsbrüchen aus der Gegend von Paris beim Erhitzen.* Zweck der vorliegenden Unters. war es, nachzuweisen, daß die Bildungsbedingungen der Gipskristalle nicht ohne Einfl. auf ihre künstlichen Umwandlungen durch Erhitzung sind. Zu diesem Zweck wurde die Entwässerung „laminarer Selenitkristalle" untersucht. Um den Einfl. von Oberflächenentwässerung bei der Unters. der inneren Umwandlungen der Gipskristalle auszuschließen, wurden die zu untersuchenden Proben vor der Erhitzung mit Fll. relativ hohen Siedepunktes (z. B. Leinöl) überstrichen. Es wurde beobachtet, daß bei Erhitzungen zwischen 120—130°, u. zwar bei nicht zu lange dauernden Erhitzungen, sich die Entwässerung auf das mittlere, farblose Gebiet der Kristalle beschränkt. Die vorher vollkommen durchsichtigen Teile wurden weiß u. undurchsichtig. Die goldgelben Randgebiete behielten ihr ursprüngliches Aussehen. Die durchsichtigen Partien der Wachstumszonen dieser Randgebiete zeigten nach der Erhitzung eine kaum veränderte Durchsichtigkeit. Diese makroskop. Beobachtungen wurden durch mkr. Unterss. voll u. ganz bestätigt. In einer Reihe von Dünnschliffaufnahmen werden die verschied. Entwässerungsstadien demonstriert. (Bull. Soc. franç. Minéralog. Cristallogr. **78.** 249—56. April/Juni 1956. Paris, Sorbonne, Labor. de Géol. Appl.) C. Gottfried. 283

W. Bobrownicki und **Z. Święcki,** *Phasendiagramme zur Darstellung von silicatischen Thermophosphaten.* Mit Hilfe von Kegeldeformationen wurden Schmelzdiagramme in den Systemen *2 $MgO \cdot SiO_2$(Forsterit)/3 $CaO \cdot P_2O_5$* (**I**), *2 $MgO \cdot SiO_2$/3 $Ca_3(PO_4)_2 \cdot CaF_2$ (Apatit)* (**II**) u. *$MgO \cdot SiO_2$(Enstatit)/3 $Ca_3(PO_4)_2 \cdot CaF_2$* (**III**) aufgenommen. Die Schmelzpunktskurven der Systeme **II** u. **III** wichen von denen des Syst. **I** überraschend stark ab; als niedrigster F. der Systeme wurde 1180° gefunden. Niedrigere FF. sind in dem pseudotern. Syst. $MgO \cdot SiO_2/SiO_2/3 Ca_3(PO_4)_2 \cdot CaF_2$ zu erwarten. (Bull. Acad. polon. Sci., Cl. III **3.** 233—36. 1955. Breslau, TH, Dep. of Ind. Inorg. Chem. Technol., Dep. of Ceram.) U. Wannagat. 283

W. G. Awetikow, P. P. Budnikow und **E. I. Sinko,** *Über den Einfluß der Zusammensetzung der glasförmigen Phase von Steatit auf einige seiner Eigenschaften.* Vff. untersuchten den Einfl. der Zus. des *Calciumsteatits* (**I**) u. *Bariumsteatits* (**II**) auf den Sinterungsintervall, den Tangens des dielektr. Verlustwinkels bei 20 u. 80° u. die Festigkeit bei Biegebeanspruchung durch Vgl. der Änderung der angeführten Eigg. mit dem Koeff. (KMS) der mol. Zus., der als Molverhältnis der nicht glasbildenden Oxyde der Glasphase zu den glasbildenden definiert wird. KMS = $Me^I_2O + Me^{II}O + 0{,}5 (Al_2O_3 + Fe_2O_3)$/nicht als $MgSiO_3$ gebundenes $SiO_2 + 0{,}5 (Al_2O_3 + Fe_2O_3)$; Me^I_2 = Alkalimetall, Me^{II} = Erdalkalimetall. Während der Sinterungsintervall u. die Biegefestigkeit unabhängig vom KMS ist, verhält sich der Tangens umgekehrt zur Änderung des KMS. Bei Quarzzusatz von 0—10% zu **I** änderte sich der Tangens von ca. 16 auf 37 (20°) u. von 14 auf 31 (80°); Sintertemp. 1280°; Sinterintervall 10—20°; Festigkeit 1450 bis 1550 kg/cm². — Bei Quarzzusatz von 0—9% zu **II** änderte sich der Tangens von 9,5 auf 14 (20°) u. 7 auf 14 (80°); Sintertemp. 1320°; Festigkeit 1500—1600 kg/cm². — Bei Ersatz des Ba durch Ca in **II** änderte sich der Tangens von 9,5 auf 13 (20°) u. 7 auf 12 (80°), der Intervall von 25 auf 10°. — Bei Variation des CaO-Zusatzes von 2,75—9,9% änderte sich der Tangens von 8 auf 22 (20°) u. 7,5 auf 17 (80°); die Sintertemp. von 1350 auf 1270°, der Intervall von 10 auf 0°; Festigkeit 1550—1600 kg/cm². — Durch petrograph. Unters. der gesinterten Proben mit 0—10% Quarzzusatz wurde festgestellt, daß sich vorherrschend *Klinoenstatit* gebildet hatte. Die Glasphase umschloß den Enstatit z. T. u. z. T. bildeten sich kleine Klümpchen. An der Menge des nicht gelösten Quarzes wurde festgestellt, daß sich die Löslichkeit des SiO_2 mit der Konz. erhöht. (Журнал Прикладной Химии [J. angew. Chem.] **28.** 673—80. Juli 1955.) Ch. Weiske. 285

G. G. Urasow und **A. K. Kirakossjan,** *Untersuchung der Reaktion von Ammoniak mit Halogeniden zweiwertiger Metalle in wässerigem Medium. Löslichkeit von Cadmiumchlorid in wässerig-ammoniakalischen Lösungen.* Im Syst. *$CdCl_2$* (I)–NH_3–W. wird das Kristallisationsgebiet der Hydroxyd-Ndd. von der Seite des verd. NH_4OH her untersucht; es ist klein, die festen Phasen zeigen wechselnde Zus. n $CdCl_2 \cdot$ m $Cd(OH)_2 \cdot$ s $NH_3 \cdot$ x H_2O. Im Kristallisationsgebiet der Ammoniakate (untersucht durch Einleiten von NH_3 in wss. I-Lsg. bis zum Ausfallen eines Nd.) krist. bei 0° 2 Verbb. *$CdCl_2 \cdot 2\,NH_3 \cdot 1{,}5\,H_2O$* (**II**) u. *$CdCl_2 \cdot 6\,NH_3 \cdot 1{,}5\,H_2O$* (**III**). Die Löslichkeit von **II** ist direkt proportional der NH_3-Konz. u. unabhängig von der Temp.; das mol. Verhältnis NH_3 : **I** ist bei 0 u. bei 25° konstant 6,25—6,40. Die Aussalzgeschwindigkeit von **III** nimmt mit steigender NH_3-Konz. ab. Bei 25° krist. **II** u. *$CdCl_2 \cdot 5{,}5NH_3 \cdot 1{,}5H_2O$* (**IV**). Die Löslichkeit von **I** im Kristallisationsgebiet der höheren Ammoniakate hängt von der Temp. ab. **III** ist bei 25° wahrscheinlich instabil. **II** ist stabil, seine Zers. beginnt bei 223°; sein Kristallwasser wird bei gewöhnlicher Temp. in 15—20 Min. entfernt; lufttrockenes Diammin enthält kein W.; seine Erhitzungskurve zeigt 4 endotherme Effekte: 223—235° Entfernung von $^1/_2$ Mol. NH_3, 281 u. 306° Entfernung eines weiteren $^1/_2$ Mol. NH_3, 330—341° Schmelzen des Monoamminchlorids. In der Erhitzungskurve von **III** entspricht ein endothermer Effekt bei 50—55° der Entfernung des Kristallwassers u. 2 Moll. NH_3, bei 70—85° werden 2 weitere Moll. NH_3 entfernt, das verbleibende **II** verhält sich wie vorst. beschrieben. W. u. in den höheren Ammoniakaten NH_3 lassen sich mit organ. Lösungsmitteln (A., Ae. usw.) leicht „auswaschen". Wenn einer ammoniakal. Lsg. von **I** A. zugesetzt wird, fällt unabhängig von der NH_3-Konz. stets wasserfreies Diamminchlorid aus. (Доклады Академии Наук СССР [Ber. Akad. Wiss. UdSSR] **106.** 290—93. 11/1. 1956. Kurnakow-Inst. für allg. u. anorg. Chem. der Akad. der Wiss. der UdSSR.) R. K. MÜLLER. 289

A. L. Zeft und **L. M. Kabanowa,** *Über die Bildung von Aluminaten, Silicaten und Ferriten des Cadmiums und ihr Verhalten bei Schwefelsäurebehandlung.* Cd-Aluminate bilden sich durch 2std. Erhitzen eines Gemisches von CdO u. Al_2O_3. Unabhängig von den Molverhältnissen entsteht immer ein Prod. der Zus. *$CdO \cdot Al_2O_3$*. Das nicht als Aluminat gebundene CdO läßt sich mit einer Lsg. von 20 g $(NH_4)_2CO_3$ u. 10 ml 25%ig. NH_3 in 100 ml H_2O herauslaugen, der Rückstand wird in der Sodaschmelze aufgeschlossen. Der als Aluminat gebundene Anteil an Al_2O_3 im Gemisch Al_2O_3 + CdO beträgt bei 1000° 4,5%; bei 1100° 8,92%; bei 1200° 10,23% u. bei 1300° 49,50%, hier tritt Farbwechsel von Grau nach Gelblichweiß u. eine starke Sinterung u. eine Gewichtsabnahme des Gemisches um 22% ein. Diese Erscheinungen werden mit der Flüchtigkeit des CdO bei höheren Tempp. erklärt. Das Aluminat schm. u. sintert bei 1300° nicht. — Cd-Silicate bilden sich aus CdO u. SiO_2, u. zwar je nach dem Molverhältnis Monosilicat *$2\,CdO \cdot SiO_2$* oder Disilicat *$CdO \cdot SiO_2$*. Andere Silicate entstehen (auch bei anderen Mischungsverhältnissen) nicht. Die Rk. erfolgt bei 600—900° unter leichter Sinterung u. unter Farbwechsel von Grau nach Weiß. Vom angesetzten SiO_2 im Gemisch SiO_2 + CdO gehen in Disilicat über: bei 600° 4,52%; 700° 9,63%; 800° 27,80%; 900° 40,80%; 1000° 56,40%; 1100° 79,80%; 1200° (starke Sinterung) 81,50%; 1300° (Schmelzfluß) 100%; Gewichtsverlust des Gemisches 7,61%. Aus einem Gemisch 3 CdO + SiO_2 entstand bei 1200° ein Stoff der Zus. 1,86 $CdO \cdot SiO_2$, aus einem Gemisch CdO + SiO_2 ein Stoff $CdO \cdot 1{,}18\,SiO_2$. — Cd-Ferrite entstehen aus CdO u. Fe_2O_3 wie vorst.; die Rk. beginnt unterhalb 600°; unabhängig von der Zus. des Reaktionsgemisches erhält man nach Herauslösen des überschüssigen CdO einen Ferrit der Zus. *$CdO \cdot Fe_2O_3$*. Der als Ferrit gebundene Anteil Fe_2O_3 beträgt in einem Gemisch 2 CdO + Fe_2O_3; bei 600° 2,50%; bei 700° 37,95%; bei 800° 82,40%; bei 900° 94,00%; bei 1000° 91,70%; bei 1100° 92,50% u. bei 1200° (Sinterung, Gewichtsverlust des Gemisches 28,30%) 97,4%. Das Verhältnis gebundenes Fe_2O_3/gebundenes CdO beträgt stets 1/0,8. — Die Löslichkeit von Cd-Aluminat, -Silicaten, -Ferrit in H_2SO_4 betrug nach 2std. Rühren in c%ig. H_2SO_4 (c g H_2SO_4/Liter): $CdO \cdot SiO_2$, 2 $CdO \cdot SiO_2$: 15—18°, c = 5,90%; c = 50,90%; c = 100,91%. 40°, c = 5,93%. 90—95°, c = 5, 100%, $CdO \cdot Al_2O_3$: 15—18°; c = 5, 5,0%; c = 50, 5,5%; c — 100, 7,6%, 40°, c = 5, 17,3%; c = 10, 22,0%; c = 50, 25,0%; c = 100, 32,9%. 90—95°, c = 5, 95,0%; c = 50, 100%; c = 100, 100%. $CdO \cdot Fe_2O_3$: 15—18°, c = 100, Spuren. 40°, c = 5, 0,4%; c = 10, 0,9%; c = 50, 2,7%; c = 100, 3,5%. 90—95°, c = 5, 9,0%; c = 50, 100%; c = 100, 100%. $CdOFe_2O_3$: 40°, c = 10,0, 7%; c = 50, 2,8%. 90—95°, c = 5, 9,0%; c = 50, 100%; c = 100, 100%. (Вестник Академии Наук Казахской ССР [Nachr. Akad. Wiss. KasachSSR] **12.** Nr. 1. 65—71. Jan. 1956.) H. HUBER-EMDEN. 289

Assunta Ruggiero und **Riccardo Ferro,** *Orthoaluminate, Orthochromite und Orthoferrite der Elemente der Seltenen Erden.* In Fortführung der C. **1955.** 7864 u. C. **1956.** 2399 referierten Arbeiten wurden nun weitere Verbb. des Typs ABO_3 mit A = Ce, Pr, Nd, Sm, Eu, Gd u. Y sowie B = Al^{3+}, Fe^{3+} u. Cr^{3+} durch Erhitzen der Oxyde oder der Hydroxyde, die durch gemeinsame Fällung erhalten wurden, hergestellt. Die Oxyde wurden mit 10 t/cm² zu Pastillen gepreßt, dann $^1/_2$ Std. auf 1350° u. anschließend 30—40 Std. bei 1000° erhitzt u. rasch abgekühlt. Das *$PrCrO_3$* (I) wurde nach Pr_6O_{11} + 3 Cr_2O_3 → 6 $PrCrO_3$ + O_2 hergestellt. Fe_2O_3 reagiert analog, aber merklich langsamer, während die Rk. mit Al_2O_3 zu *$PrAlO_3$* (II) bei 1400° nur im H_2-Strom quantitativ ist. *$CeCrO_3$* (III) u. *$CeFeO_3$* (IV) lassen sich nach 3 CeO_2 + Cr_2O_3 + Cr → 3 $CeCrO_3$ darstellen. Auch hier geht die Rk. mit Fe_2O_3 + Fe langsamer. Das Aluminat ließ sich nach 3 CeO_2 + Ce + 2 Al_2O_3 → 4 $CeAlO_3$ gewinnen. Alle Verbb. erwiesen sich als widerstandsfähig gegen kalte u. heiße konz. Mineralsäuren u. konz. Alkalihydroxyd. Bei hohen Tempp. reagieren sie langsam mit SiO_2 oder Al_2O_3. Die Verbb. kristallisieren im Perowskittyp mit mehr oder minder großer Verzerrung der kub. Zelle zu tetragonaler [*$EuCrO_3$* (V), *$GdCrO_3$* (VI), *$YCrO_3$* (VII)], rhomb. [*$SmFeO_3$* (VIII), *$EuFeO_3$* (IX), *$GdFeO_3$* (X), *$YFeO_3$* (XI)] oder trigonaler Symmetrie. In den einzelnen Reihen ändern sich die Eigg. graduell mit Abnahme des Ionenradius des A-Atoms. Die Kantenlänge für die pseudokub. Perowskitstruktur nimmt bei allen drei Verbindungsklassen linear mit steigendem Atomgewicht des A-Elementes ab. Bei den Aluminaten stimmen die gefundenen u. berechneten Intensitäten mit A in 0 0 0, Al in $^1/_2$ $^1/_2$ $^1/_2$ u. O in 0 $^1/_2$ $^1/_2$, $^1/_2$ 0 $^1/_2$, $^1/_2$ $^1/_2$ 0 überein. Bei den Chromiten sind A u. Cr statist. auf 0 0 0 u. $^1/_2$ $^1/_2$ $^1/_2$ verteilt. Die Ferrite schließen sich mehr den Chromiten an. Folgende physikal. Daten wurden bestimmt (a ist die Kantenlänge der kub. oder pseudokub. Perowskitstruktur in kX): $LaAlO_3$, weißgelb, F. 1850°, a 3,789, d 6,51; $CeAlO_3$, gelbgrün, F. 1750°, a 3,772, d 6,61; **II**, hellgrün, F. 1880°, a 3,757, d 6,72; $NdAlO_3$, weißrosa, F. 1900°, a 3,752, d 6,85; $SmAlO_3$, weißrosa, F. 1850°, a 3,734, d 7,15; $EuAlO_3$, weiß, a 3,725, d 7,25; $YAlO_3$, weißrosa, F. 1850°, a 3,68, d 5,43. — $LaCrO_3$, grün, F. 1900°, a 3,874, d 6,78; **III**, grün, F. 1880°, a 3,866, d 6,86; **I**, graugrün, F. 1650°, a 3,852, d 6,95; $NdCrO_3$, grün, F. 1750°, a 3,835, d 7,05; $SmCrO_3$, grün, F. 1700°, a 3,812, d 7,46; **V**, grün, a 3,803, d 7,56; **VI**, grün, F. 1700°, a 3,795, d 7,50; **VII**, grün, F. 1700°, a 3,768, d 7,56. — $LaFeO_3$, braungrau, F. 1450°, a 3,920, d 6,65; **IV**, grauschwarz, F. 1490°, a 3,900, d 6,79; $PrFeO_3$, grau, F. 1420°, a 3,887, d 6,88; $NdFeO_3$, blaugrau, F. 1410°, a 3,870, d 7,06; **VIII**, grau, F. 1360°, a 3,845, d 7,27; **IX**, graubraun, a 3,836, d 7,48; **X**, graubraun, F. 1330°, a 3,820, d 7,76; **XI**, graurosa, F. 1700°, a 3,785, d 5,86. (Die Farbe der $AFeO_3$-Verbb. bezieht sich auf die Pastillen, die Pulver sind alle ockerrot.) (Gazz. chim. ital. **85**. 892—97. Aug. 1955. Genova, Univ., Ist. di Chim. gen., Labor. di Chim. fis.) H. NÖTH. 303

Malcolm McQuarrie, *Strukturverhalten im System (Ba, Ca, Sr)TiO_3 und seine Beziehung zu bestimmten dielektrischen Eigenschaften.* Die Löslichkeitsgrenzen im tern. Syst. Ba–Ca–Sr–Titanat wurden bestimmt. Ein Zweiphasengebiet wurde gefunden u. seine Begrenzung festgelegt. Es zeigt sich ferner, daß die handelsüblichen Prodd. meist zu kurz gebrannt sind. Ein deutlicher Zusammenhang zwischen dielektr. Eigg. u. DK. ist nachweisbar. Die Kristallformen im bin. Syst. $CaTiO_3$–$SrTiO_3$ wurden geklärt. $CaTiO_3$ ist rhomb. (Perowskittyp), $SrTiO_3$ ist kubisch. Die Stabilitätsgrenzen sind temperaturabhängig. (J. Amer. ceram. Soc. **38**. 444—49. 1/12. 1955. Pennsylvania State Coll., Pa., Min. Ind.) H. SAALFELD. 321

M. L. Scholochowitsch, *Komplexbildung und Austauschzersetzung im reziproken System aus den Titanaten und Fluoriden des Natriums und Kaliums.* Die Unters. des reziproken Syst. K, Na/TiO_3, F erfolgte nach dem visuell-polytherm. Verfahren. Zur Darst. der Metatitanate des K u. Na wurde reines TiO_2 längere Zeit mit 10%ig. HCl gekocht; es war daraufhin spektralanalyt. rein u. wurde mit Alkalicarbonat geschmolzen (bei 1200° im Korundtiegel im Silitofen). Die Unters. der bin. Systeme ergab: 1. *Na_2TiO_3–K_2TiO_3*. Entmischung bei 20—50 Mol-% K_2TiO_3; $Na_2TiO_3 \cdot K_2TiO_3$ schm. unzers. bei 90,6°. 2. *NaF–KF*: Eutekt. Punkt (EP.) bei 60 Mol-% KF u. 708°. 3. *Na_2TiO_3–Na_2F_2* bildet die Verb. *3 $Na_2TiO_3 \cdot 2$ NaF*, F. (unzers.) 899°. 4. *K_2F_2–K_2TiO_3*: EP. bei 59 Mol-% K_2TiO_3 u. 758°. Bei Unters. des Gesamtsyst. K, Na/TiO_3, F erwiesen sich beide Diagonalschnitte (K_2TiO_3–Na_2F_2 u. K_2F_2–Na_2TiO_3) als instabil. Aus diesen u. weiteren (mindestens 11) inneren Schnitten sowie der Triangulation des Syst. ergab sich (außer der Stabilität der beiden genannten Verbb.) das Vorhandensein von 3 Übergangspunkten P_1 826°, P_2 782°, P_3 684° sowie eines dreifachen EP. bei 682°; die Zus. u. Gleichgewichtsphasen bei diesen Punkten werden angegeben. Die 4 Punkte sind alle nonvariant u. dreifach. (Журнал Общей Химии [J. allg. Chem.] **25** (**87**). 1900—07. Sept. 1955. Rostow/Don, Univ.) A. v. WILPERT 321

D. E. Rase und **Rustum Roy**, *Phasengleichgewicht im System $BaTiO_3$–SiO_2.* Das Syst. $BaTiO_3$–SiO_2 ist charakterisiert durch zwei kongruent schm. Verbb. u. eine Verb., die ein Subsolidus Stabilitätsmaximum hat. Ein Bariumanalogon des Minerals Sphen *$BaTiSiO_5$* schm. kongruent bei 1400° u. *$BaTiSi_2O_7$* kongruent bei 1250°. Das Edelsteinmineral *Benitoit*, *$BaTiSi_3O_9$*, wurde hydrothermal synthetisiert, u. es wurde gezeigt, daß es sich unterhalb des Solidus zers. u. $BaTiSi_2O_7$ u. SiO_2 bildete, wenn es hydrothermal über 965° oder über 1050° trocken erhitzt wurde. Es wurden 3 Eutektika im Syst. festgestellt: bei 1245° u. 70 (Mol-) % SiO_2, bei 1246° u. 63% SiO_2 u. bei 1260° u. 29% SiO_2. Gläser mit hohen Refraktionsindices wurden über einen begrenzten Bereich von Verbb. erhalten. Die kub. hexagonale Übergangstemp. im $BaTiO_3$ wurde durch kleine Beträge von Si scharf erhöht. Die maximale Inversionstemp. wurde bei 1575° festgestellt u. muß einer begrenzten Solidus-Lsg. von SiO_2 in $BaTiO_3$ zugeschrieben werden. (J. Amer. ceram. Soc. **38.** 389—95. 1/11. 1955. Pennsylvania Coll. of Mineral Ind., Pennsylvania State Univ., Univ. Park.) R. WALCKER. 321

Max M. Gransden, *Ultra-reine Festkörper für die Elektronik.* Es wird über die Reindarst. von *Ge* kurz berichtet. Das Raffinieren u. Zonenraffinieren des Metalls wird besprochen. Nach 6—12facher Raffinierung etwa erfolgt Gleichgewichtseinstellung mit den Verunreinigungen im Ge. (Canad. Metals **18.** Nr. 9. 26—29. Aug. 1955. Canadian Marconi Co.) P. WOLF. 326

Robert Juza und **Wilhelm Gieren,** *Über ein ternäres Nitrid des Vanadins der Oxydationsstufe V.* 31. Mitt. *über Metallnitride und Amide.* (30. vgl. C. **1956.** 12179.) Ein tern. Nitrid das Vanadins der Oxydationsstufe V u. der annähernden Zus. Li_7VN_4 wird durch Erhitzen eines Gemenges von 2,5 Li_3N u. 1 VN bei 680° in N_2-Atmosphäre erhalten. Die Verb. ist beständiger als Li_3N u. das entsprechende hypothet. bin. Vanadin(V)-Nitrid. Li_7VN_4 ist wahrscheinlich ähnlich aufgebaut wie Li_5TiN_3 (vgl. 26. Mitt. C. **1955.** 8336). Vff. nehmen an, daß die N-Ionen ein kub. dichtes Gitter bilden, in dessen Gitterlücken sich die Metallionen befinden. (Naturwissenschaften **43.** 225—26. 2. Mai-H. 1956. Kiel, Univ., Inst. für Anorgan. Chem.) W. KRÖNERT. 330

S. Herzog, *Über Komplexe niederer Wertigkeitsstufen des Vanadins: Tris-α.α'-dipyridylvanadin(0) und Tris-α.α'-dipyridylvanadin(I)-jodid.* (Vgl. C. **1956.** 5224.) Bei der Oxydation der stahlblauen Lsg. von $[V^0Dipy_3]$ (I) (Dipy = 2.2'-Dipyridyl) in Pyridin mit einer äquimol. Menge J unter Luftabschluß geht die Farbe der Lsg. in violettrot über. Die gleiche Farbe nimmt eine I-Lsg. an, die mit der äquimol. Menge $[V^{II}Dipy_3]J_2$ in Pyridin versetzt wird. Hieraus u. aus Lichtabsorptions- u. Leitfähigkeitsmessungen gelangt Vf. zu der Annahme, daß in den violettroten Lsgg. das $[V^IDipy_3]^+$-Ion vorliegt u. daß dieses leicht u. reversibel gemäß $2\,[V^IDipy_3]^+ \rightleftharpoons [V^0Dipy_3] + [V^{II}Dipy_3]^{2+}$ disproportioniert. $[V^IDipy_3]^+$ verhält sich somit dem $[Cr^{II}Dipy_3]^{2+}$ analog. Die ähnliche Farbe von V(I)- bzw. Cr(II)- u. V(0)- bzw. Cr(I)-Komplexen führt Vf. auf Isosterie zurück. (Naturwissenschaften **43.** 35. 2. Jan.-H. 1956. Jena, Friedrich-Schiller-Univ., Inst. für anorg. Chem.) H.-G. PLUST. 330

M. W. Shafer und **Rustum Roy,** *Hydrothermale Untersuchungen an Chromorthophosphat.* Verschied. Formen des $CrPO_4$ werden einer hydrothermalen Behandlung bei Tempp. von 170—940° unterworfen. Aus dem „röntgenamorphen" Präp. nach SULLIVAN wurde bei Drucken bis zu 2000 lbs./sq.in. eine neue, wohlkristallisierte Substanz erhalten. Ihr DEBYE-SCHERRER-Diagramm stimmt mit dem Elektronenbeugungsdiagramm der Ausgangssubstanz überein. Aus dem Gewichtsverlust resultiert die Zus. $2\,CrPO_4 \cdot H_2O$. Außerdem wird die Existenz der α- u. β-Phase des $CrPO_4$ sichergestellt u. gezeigt, daß sich $CrPO_4$ nicht als SiO_2-Analogen verhält. (J. Amer. chem. Soc. **78.** 1087—89. 20/3. 1956. University Park, Pa., Pennsylvania State Univ., Coll. of Min. Ind.) H. MÜLLER. 335

Albert W. Savage jr., *Die Darstellung von $UClF_3$.* Das smaragdgrüne $UClF_3$ erhält man durch Überleiten von CCl_4-Dampf im He-Strom über UO_2F_2 oder UF_4 bei 420°, oder durch Erhitzen von UO_2F_2 in Hexachlorpropylen unter Rückfluß auf 175°, oder durch Erhitzen eines äquimol. Gemisches aus UF_4 u. UCl_4 im Quarzeinschmelzrohr auf 600°, oder durch Einw. von Cl_2 auf UF_3 bei 350—380°. Das bequemste Darstellungsverf. ist die Umsetzung von UO_2F_2 mit CCl_4-Dampf. — Kristallograph. Eigg. von $UClF_3$: orthorhomb., a_0 = 8,673 Å, b_0 = 8,690 Å, c_0 = 8,663 Å; Raumgruppe C m c a oder A b a 2. Brechungsindex 1,74. (J. Amer. chem. Soc. **78.** 2700—02. 20/6. 1956. Los Alamos, N. Mex., Univ. of California, Los Alamos Scient. Labor.) E. FORCHE. 339

Mario A. Rollier, *Die chemischen Eigenschaften der Elemente 99 und 100.* Das über die Elemente 99 u. 100 bekannte, jedoch schwer zugängige Tatsachenmaterial wird beschrieben. Die Darst. geht von ^{239}Pu aus, das im Atommeiler einem Neutronenfluß von 10^{14} cm^2sec^{-1} ausgesetzt, einer fortlaufenden (n, γ)-Rk. unterworfen wird. End-Rkk. sind $^{253}Cf(\beta)^{253}99$ (I), ein 6,63 MeV α-Strahler mit τ_{halb} 20 Tage u. $^{253}99(n,\gamma)^{254}99 \xrightarrow{(\beta)} {}^{254}100$ (II). II ist α-Strahler mit 7,22 MeV u. τ_{halb} 3,2 Stunden. Zur Gewinnung wird ^{239}Pu solange mit Neutronen beschossen bis ^{249}Cm erreicht ist. Dann werden die schwereren Lanthaniden mit $La(OH)_3$ als Träger abgetrennt u. diese Fraktion weiter mit Neutronen behandelt, aus der mittels Ionenaustauscher Fraktionen mit **I** u. **II** erhalten werden. Die chem. Eigg. wurden im Spurenmaßstab bestimmt. Die Elemente 99 u. 100 geben 3-wertige Ionen, fällbar mit verschied. Anionen. Sie sind beim Kationenaustausch entsprechend ihrem kleineren Ionenradius leichter zu eluieren mit Komplexbildnern — z. B. Citronensäure oder Ammoniumlactat. Die Reihenfolge der Eluierung ist 100, 99, 98 usw. Beim Anionenaustausch kehrt sich die Reihenfolge der Eluierbarkeit um, da Komplexbldg. mit Cl^-, CNS^- möglich ist. **I** läßt sich mit $(NH_4)_2S_2O_8$ nicht oxydieren. (Chim. e Ind. [Milano] **37**. 359—65. Mai 1955.) H. NÖTH. 341

Walter Hieber und **Dietwulf von Pigenot,** *Über Metallcarbonyle.* 70. Mitt. *Isonitrilsubstituierte Eisencarbonyle.* (69. vgl. Z. anorg. allg. Chem. **280.** [1955.] 252; vgl. auch BEHRENS, C. **1955.** 11181.) Substitutions-Rkk. an Eisencarbonylen mit Isonitrilen führen zu Mono- u. Diisonitrilcarbonylen $Fe(CO)_4CNR$ u. $Fe(CO)_3(CNR)_2$, die echte Derivv. des *Eisenpentacarbonyls* (**I**) sind. Die hydrophoben, lichtempfindlichen Verbb. zeigen als solche, hinsichtlich ihrer Löslichkeitsverhältnisse, ihrer Schmelz- u. Sublimierbarkeit, typ. Carbonylcharakter. Die Molvoll. weisen auf eine Kontraktion des komplex gebundenen Isonitrils ähnlich dem CO in den Carbonylen hin. Der Charakter der Absorptionsspektren der isonitrilsubstituierten Eisencarbonyle ist ähnlich demjenigen von **I**.

V e r s u c h e: Zur Darst. der Substitutionsprodd. von **I** werden das flüchtige Isonitril u. Carbonyl im Hochvakuum in ein Einschmelzrohr einkondensiert, nicht oder schwer flüchtige Ausgangsstoffe in Lsg. unter N_2 eingegeben. Nach Ausfrieren des Reaktionsgutes (—190°) wird evakuiert u. abgeschmolzen. — *Monomethylisonitriltetracarbonyleisen,* $Fe(CO)_4(CNCH_3)$, F. 315°, aus **I** u. *Methylisonitril* (**II**) durch 4std. Erhitzen auf 50—60°; 70% (Ausbeute), oder vorteilhafter aus **II** u. einer Lsg. von $[Fe(CO)_4]_3$ (**III**) in **I** durch 6std. Erhitzen auf 35°, hellgelbe Plättchen u. Prismen von charakterist. Geruch, Zers. durch Luft, Licht (bes. in Lsg.), verd. u. konz. Mineralsäuren u. >75°, sublimierbar, leicht lösl. in organ. Lösungsmitteln, mit Jod–Pyridin wird CO frei. — *Monoäthylisonitriltetracarbonyleisen,* $Fe(CO)_4(CNC_2H_5)$, F. —3°, aus **I** u. *Äthylisonitril* (**IV**) durch 6std. Erhitzen auf 60°, 67%, leichter durch Umsetzung von **IV** mit einer Lsg. von **III** in **I**, hellgelbes Öl mit charakterist. Geruch, sublimierbar, in organ. Lösungsmitteln leicht lösl., licht- u. luftempfindlich. — *Monophenylisonitriltetracarbonyleisen,* $Fe(CO)_4 \cdot (CNC_6H_5)$, F. 60,5—61°, aus **I** u. *Phenylisonitril* (**V**) durch 2std. Erhitzen auf 70°; 50%, leichter durch Einw. von **V** auf Lsg. von **III** in **I**, hellgelbe Prismen aus Methanol, sublimierbar, licht- u. luftempfindlich, mit Jod–Pyridin CO-Entw., leicht lösl. in organ. Lösungsmitteln. — *Mono-p-anisylisonitriltetracarbonyleisen,* $Fe(CO)_4(CNC_6H_4OCH_3)$, F. 39—40°, aus **I** u. *p-Anisylisonitril* (**VI**) gelöst in Toluol durch 4std. Erhitzen auf 60°, gelbe prismat. Nadeln, sublimierbar. — *p-Phenylendiisonitril-bis-[tetracarbonyleisen],* $(OC)_4FeCNC_6H_4NCFe(CO)_4$, Zers. >100° ohne zu schm., aus **I** u. *p-Phenylendiisonitril* durch Erhitzen auf 50—60°, hellgelbe Nädelchen aus Aceton. — *Bis-[methylisonitril]-tricarbonyleisen* (**VII**), $Fe(CO)_3(CNCH_3)_2$, F. 100—130° bei schnellem Erhitzen unter Zers., aus **I** u. **II** durch 10std. Erhitzen auf 80—90°, fast farblose rechteckige Blättchen aus PAe. (Kp. 30—60°), opt. zweiachsig, Auslöschungswinkel 5—7° zur Kante, wahrscheinlich triklin, in organ. Lösungsmitteln leicht lösl.; Lsgg. bes. am Licht unbeständig, Zers. durch Luft, verd. u. konz. Mineralsäuren u. H_2O_2, mit Jod–Pyridin wird CO frei, Verss. zur Darst. höher substituierter Eisencarbonylisonitrile durch Umsetzung von **I** mit **II** führte auch bei mehrtägigem Erhitzen auf Tempp. zwischen 20—100° nur zu **VII**. Umsetzung von **VII** mit **II** ergab kein definiertes Reaktionsprod. mit mehr als 2 Moll. Isonitril pro Fe-Atom. Umsetzung von **VII** mit **I** führte zu $Fe(CO)_4(CNCH_3)$. — *Bis-[äthylisonitril]-tricarbonyleisen,* $Fe(CO)_3(CNC_2H_5)_2$, F. 65,5—66°, aus **I** u. **IV** durch 7std. Erhitzen auf 80—90°, schwach gelbliche Blättchen u. Nadeln aus PAe. (Kp. 30 bis 50°), luftempfindlich, mit Jod–Pyridin CO-Entwicklung. — *Bis-[p-anisylisonitril]-tricarbonyleisen,* $Fe(CO)_3(CNC_6H_4OCH_3)_2$, F. 89—91,5°, aus **I** u. Lsg. von **VI** in PAe. (Kp. 90—120°) durch 6std. Erhitzen auf 80—90°, schwach hellgelbe Nadeln aus PAe. (Kp. 90—120°) oder Methanol. (Chem. Ber. **89**. 193—201. 1956. München, TH, Anorg.-chem. Labor.) W. SIRRENBERG. 354

Walter Hieber und **Dietwulf von Pigenot,** *Über Metallcarbonyle.* 71. Mitt. *Substitutionsreaktionen von Eisencarbonylen mit Isonitrilen.* (70. vgl. vorst. Ref.) Rkk. des *Eisenpentacarbonyls* (**I**) mit Isonitrilen führen stets zu denselben disubstituierten Derivv., auch wenn man 2 verschied. Isonitrilkomponenten in wechselnder Reihenfolge in das Mol. von **I** einführt. Stereoisomere treten nicht auf. Es lassen sich dem *Eisentetracarbonyljodid* (**II**) analoge mono-, di- u. tri-substituierte Eisencarbonyljodide darstellen, deren therm. Stabilität größer ist als die von **II**. Die Reaktionsfähigkeit gegenüber Pyridin nimmt bei isonitrilsubstituierten Eisencarbonyljodiden im Vgl. zu **II** in zunehmendem Maß ab. Substitutions-Rkk. an *Eisennitrosylcarbonyl* (**III**) mit Isonitrilen führen zu Eisendinitrosyldiisonitrilen, die gegenüber **III** eine erhebliche Stabilitätserhöhung zeigen.

Versuche: *Methylisonitriläthylisonitriltricarbonyleisen*, $Fe(CO)_3(CNCH_3)\cdot(CNC_2H_5)$, F. >60° unter Zers., aus $Fe(CO)_4(CNC_2H_5)$ u. *Methylisonitril* (**IV**) durch 3std. Erhitzen im evakuierten Einschmelzrohr auf 80—90° oder aus *$Fe(CO)_4(CNCH_3)$* (**V**) u. *Äthylisonitril* (**VI**) durch 6std. Erhitzen auf 80—90°, schwach gelbliche Nadeln aus PAe. oder rechteckige Blättchen aus Methanol durch Fällen mit H_2O, mit Jod–Pyridin wird CO frei. — *Monomethylisonitriltricarbonyleisen(II)-jodid*, $Fe(CO)_3(CNCH_3)J_2$, F. ab 115° unter Zers., durch Zutropfen von absol. äther. Lsg. von J_2 in absol. äther. Lsg. von **V** bei Zimmertemp., oder durch Zutropfen von absol. äther. Lsg. von **IV** zu absol. äther. Lsg. von **II** bei Zimmertemp., dunkelrotbraune Würfel oder primat. Nadeln mit pyramidenförmigen Spitzen, Nadeln zeigen Pleochroismus (hell-dunkelbraun), entwickeln mit Jod–Pyridin bei längerem Kochen 2,4 Moll. CO pro 1 Atom Fe. — *Bis-[methylisonitril]-dicarbonyleisen(II)-jodid*, $Fe(CO)_2(CNCH_3)_2J_2$, Zers. >130° ohne zu schm., durch Zutropfen von absol. äther. Lsg. von **IV** zu absol. äther. Lsg. von **II**, dunkelbraune, geruchlose Blättchen; mit Jod–Pyridin wird auch bei 70° CO nicht völlig freigesetzt. — *Tris-[p-anisylisonitril]-monocarbonyleisen(II)-jodid*, $Fe(CO)(CNC_6H_4OCH_3)_3J_2$, Zers. >140° ohne zu schm., durch Zutropfen von absol. äther. Lsg. von **II** zu absol. äther. Lsg. von p-Anisylisonitril, mit Jod–Pyridin auch in der Siedehitze keine Gasentwicklung. — „Basen-Rk." isonitrilsubstituierter Eisencarbonyle: **V** unter Luftausschluß mit wss. Lsg. von NaOH 4 Std. bei 35° geschüttelt, keine Rk. erkennbar, bei Zugabe von Methanol Bldg. einer homogenen, dunklen Lösung. Nach 6std. Schütteln *Methylamin* u. NH_3 nachgewiesen, beim Ansäuern Entw. von *Eisencarbonylwasserstoff*. — *Dinitrosyl-bis-[methylisonitril]-eisen* (**VII**), $Fe(NO)_2(CNCH_3)_2$, Zers. zwischen 150—200°, durch 4std. Einwirken von **IV** auf absol. äther. Lsg. von **III** beim Auftauen des ausgefrorenen Gemisches, schmale tiefrotbraune Nadeln mit schwachem Isonitrilgeruch. Mineralsäuren u. Jod–Pyridin zers. unter NO-Entbindung. — *Dinitrosyl-bis-[äthylisonitril]-eisen*, $Fe(NO)_2(CNC_2H_5)_2$, F. 97—97,5°, Darst. wie **VII** aus Lsg. von **III** in PAe. u. **VI**, rotbraune voluminöse Nadeln. — *Dinitrosyl-bis-[phenylisonitril]-eisen*, $Fe(NO)_2(CNC_6H_5)_2$, Darst. wie **VII** aus Lsg. von **III** in Ae. u. *Phenylisonitril* (**VIII**), schmale tiefrotbraune Nadeln mit schwachem Geruch nach **VIII**. (Chem. Ber. **89**. 610—16. 8/3. 1956.)

W. SIRRENBERG. 354

Walter Hieber und **Dietwulf von Pigenot**, *Über Metallcarbonyle*. 72. Mitt. *Über Isonitrilpentacarbonyle der Chromgruppe, mit einem Überblick über isonitril-substituierte Metallcarbonyle*. (71. vgl. vorst. Ref.) Substitutions-Rkk. der Hexacarbonyle der Chromgruppe mit *p-Anisylisonitril* (**I**) führen unter scharfen Bedingungen zu monosubstituierten Derivaten. Die Isonitrilpentacarbonyle sind hinsichtlich ihrer Eigg. untereinander sehr ähnlich. Die Extinktionskurve der Wolframverb. entspricht weitgehend derjenigen des Hexacarbonyls.

Versuche: *p-Anisylisonitrilpentacarbonylchrom* (**II**), $Cr(CO)_5(CNC_6H_4OCH_3)$, F. 107—108°, durch 2—3std. Erhitzen von $Cr(CO)_6$ mit **I** im evakuierten Einschmelzrohr unter Sauerstoffausschluß auf 120—130°, geruchlose, feine Nadeln mit gerader Auslöschung, hydrophob, sublimierbar 20° unter dem Schmelzpunkt. — *p-Anisylisonitrilpentacarbonylmolybdän*, $Mo(CO)_5(CNC_6H_4OCH_3)$, F. 105—106°, u. *p-Anisylisonitrilpentacarbonylwolfram*, $W(CO)_5(CNC_6H_4OCH_3)$, F. 121,5°, Darst. wie **II** aus $Mo(CO)_6$ bzw. $W(CO)_6$ u. **I**, Eigg. wie **II**. (Chem. Ber. **89**. 616—19. 8/3. 1956.) W. SIRRENBERG. 354

S. Caillère, S. Hénin und **J. Esquevin**, *Synthese einiger eisenhaltiger Mineralien bei tiefer Temperatur* (*Silicate und Oxyde*). Nach einer bereits früher von HÉNIN u. ROBICHET (vgl. C. **1955**. 8809) beschriebenen Meth. synthetisierten die Vff. Fe-haltige Tonmineralien, wobei die Synth. wie früher durch Kochen bei gewöhnlichem Druck stattfand u. die Reaktionsteilnehmer in sehr starker Verdünnung der sd. Lsg. laufend zugesetzt wurden. Als Hauptelement wurde das die Oktaederschicht der Tonmineralien besetzende Fe verwandt. Die Reaktionsprodd. wurden systemat. röntgenograph. untersucht, u. zwar nicht nur nach Erhitzen auf 105° u. sehr hohe Tempp. sondern im Falle von montmorillonit. Prodd. nach Behandlung mit Glycerin. Z. T. wurden die Erwärmungs-Rkk. gewichtsmäßig verfolgt, einige Substanzen auch chem. analysiert. Eine gewisse Anzahl von Prodd. wurden auch mkr. u. elektronenmkr. untersucht. Durch systemat. Änderung der Konz. der Reaktionsteilnehmer konnte das p_H der Lsgg. weitgehend variiert werden. Bei den ersten Verss. betrug das Verhältnis Mg/Fe = 0,33 u. das Verhältnis Fe^{3+}/Fe^{2+} = 0,25, außerdem enthielten die Lsgg. entweder kein Al_2O_3 oder das Verhältnis Al_2O_3/SiO_2 betrug 0,20. Hierbei wurden bei p_H-Werten >8 stets montmorillonit. Prodd. erhalten, bei p_H-Werten <6 prakt. nur Fe-Oxyde, bei denen es sich in der Hauptsache um *Hämatit* handelt, bei etwas höheren p_H-Werten auch um γ-Fe_2O_3. Bei den intermediären p_H-Werten wurde ein Gemisch von Silicat u. Oxyd (α- oder γ-Fe_2O_3) erhalten. Oberhalb p_H 8 war die Menge SiO_2 stets >45%, unterhalb p_H 6 von der Größenordnung 3—4%, in Ausnahmefällen oberhalb 10%. Eine Änderung des Verhältnisses Anionen/Kationen hat keinen maßgeblichen Einfl. auf die entstehenden Prodd., sie sind im wesentlichen dieselben wie oben. Die Ergebnisse der Unterss. bei Änderungen des Verhältnisses Fe^{2+}/Fe^{3+} u. Mg/Fe sind tabellar. zusammengestellt. Die Ergebnisse zeigten ganz allg., daß die Natur der Reaktionsprodd. hauptsächlich von der Lsg. abhängt. Sie sind demnach analog der Verteilung der Tonmineralien u. der Oxyde in der Natur. (Bull. Soc. franç. Minéralog. Cristallogr. **78.** 227—41. April/Juni 1955. Versailles, Labor. de Minéral. du Muséum d'Histoire naturelle et Labor. des sols [CNRA.]) C. GOTTFRIED. 354

Franz A. Posey und **Henry Taube,** *Die „outer sphere association" des Sulfations mit dreifach positiv geladenen Kobaltamminionen.* Vff. stellten Unterss. an, um die Ursache für die Änderung der Absorptionsspektren des Co^{3+} u. der Co(III)-Komplexe bei Zugabe gewisser Anionen zu finden. Vff. gelangten zu der Auffassung, daß die Änderung durch eine „outer sphere association" (d. h. Ionenpaarbldg. durch Koordinierung in der äußeren Schale), z. B. $Me^{3+} + SO_4^{2-} = Me^{3+} \cdot SO_4^{2-}$ verursacht wird, die durch Beeinflussung der Gleichgewichte zwischen den freien Ionen u. den „outer sphere"-Komplexen hervorgerufen wird. Die experimentelle Grundlage für diese Auffassung ist u. a. die von Vff. durchgeführte Best. der Gleichgewichtskonstanten K für die „outer sphere association" von $Co(NH_3)_6^{3+}$ (**I**) u. $Co(NH_3)_5H_2O^{3+}$ (**II**) mit SO_4^{2-} (**III**). Die K wurden in Abhängigkeit von der Temp. u. Ionenstärke bestimmt u. jedesmal die Änderung der Absorptionsspektren der Kationen im UV in Abhängigkeit von der SO_4^{2-}-Konz. verfolgt. Für die **I–III**-Assoziation fanden Vff. bei 25° für $\Delta F = -4{,}53$ (kcal/Mol), $\Delta H = 0{,}40$ (kcal/Mol) u. $\Delta S = 16{,}6$ (Entropieeinheiten). K (**I—III**) ist unabhängig von den Konzz. u. dem λ des verwendeten Lichtes. Die Änderung bei Variierung der Ionenstärke folgt der DEBYE-HÜCKELschen Gleichung. Für K (**II–III**) fanden Vff. bei 25° u. 1 mol. $NaClO_4$ den Wert 0,90. (J. Amer. chem. Soc. **78.** 15—20. 5/1. 1956. Chicago, Ill., Univ., George Herbert Jones Labor.) H.-G. PLUST. 355

E. O. Fischer und **R. Jira,** *Cyclopentadienylkobaltdicarbonyl.* (Vgl. C. **1955.** 7877.) Es wird über Darst., Eigg. u. vermutliche Struktur von *Cyclopentadienyl-Co-dicarbonyl*(**I**), $(C_5H_5)Co(CO)_2$ kurz berichtet. **I**, F. ca. —22°, $Kp._{710}$ 139—140° (Zers.), bildet sich aus $Co(C_5H_5)_2$ u. CO bei 90—150°/200 at als rotbraune, leichtflüchtige Fl., lösl. in Bzl., Ae. u. anderen organ. Lösungsmitteln u. in Lsg. unter O_2-Ausschluß beständig. In W. tritt weder Lsg. noch schnelle Hydrolyse ein. Mit J_2–Pyridin erfolgt Zers. unter CO-Abspaltung. **I** ist diamagnet., $\chi_{Mol}^{291° K} = -76 \cdot 10^{-6}$ cm³/Mol. (Z. Naturforsch. **10b.** 355. Juni 1955. München, TH, Anorg.-chem. Labor.) H. HOFMANN. 355

B. Cox, D. W. A. Sharp und **A. G. Sharpe,** *Komplexe Fluoride.* 5. Mitt. *Aus Molybdänhexafluorid, Wolframhexafluorid und Rhodiumtetrafluorid gebildete Komplexe.* (4. vgl. C. **1956. 12199.**) MoF_6 (dargestellt aus Mo-Pulver u. BrF_3) setzt sich mit KF, RbF u. CsF zu K_2MoF_8, Rb_2MoF_8 u. Cs_2MoF_8 um. NaF absorbiert nur eine geringfügige Menge MoF_6. Aus WF_6 u. den Alkalifluoriden wurden die Verbb. K_2WF_8, Rb_2WF_8 u. Cs_2WF_8 erhalten; auch mit WF_6 reagiert NaF nicht. Diese komplexen Fluoride sind bei Zimmertemp. unter Ausschluß von Feuchtigkeit beständig. Von BrF_3 werden sie in die Tetrafluorbromide umgewandelt. — Die bei der Umsetzung von Na-Hexachlororhodat(III) mit BrF_3 entstehende blaue Verb. ist nicht, wie ursprünglich angenommen, Na_3RhF_7, sondern *Na-Hexafluororhodat*(*IV*), Na_2RhF_6 (a = 9,32 Å, c = 5,22 Å). Die Einw. von BrF_3 auf ein Gemisch aus Cs- u. Rh-Chloriden liefert *Cs-Hexafluororhodat*(*IV*), Cs_2RhF_6 (a = 6,28 Å, c = 10,11 Å). (J. chem. Soc. [London] **1956.** 1242—44. Mai. Cambridge, Univ., chem. Labor.) E. FORCHE. 364

A. W. Babajewa und **M. A. Mossjagina,** *Über die Reaktionen in Lösungen der Diamine des zweiwertigen Platins unter der Einwirkung von ultravioletter Strahlung.* Wird die wss. Lsg. von *cis*-$(NH_3Cl)_2Pt$ (**I**) im Quarzgefäß mit unfiltriertem Quarzlampenlicht bestrahlt, so fällt nach 20—30 Min. ein schwarzer, an metall. Pt erinnernder amorpher Nd. aus, unlösl. in W. u. H_2SO_4, lösl. in kalter u. heißer verd. HCl. Dieser Nd. ist

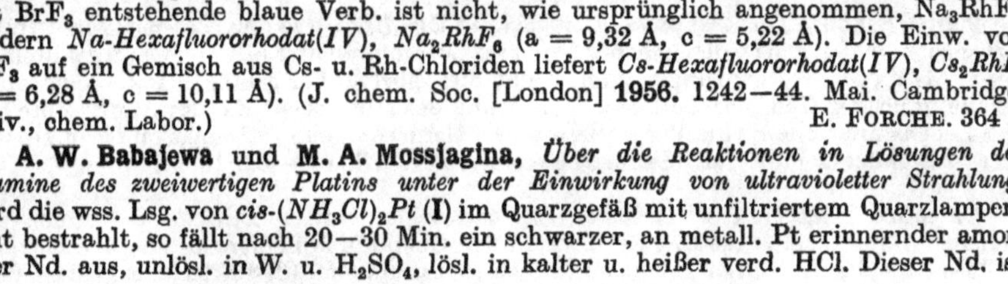

eine mehrkernige Verb. von Pt(II) u. Pt(IV) mit einer Pt-Brücke von der obenst. Formel **A**. Unter gleichen Bedingungen entsteht aus trans-**I** ein brauner Nd. von der nachst. Formel **B**. Die Bldg. der beiden Komplexe erfolgt nur bei der UV-Bestrahlung im Bereich

2500—3000 Å, also mit jenen Wellenlängen, deren Absorption durch die Komplexe zu einem Maximum bei 2730 Å führt. (Известия Академии Наук СССР, Отделение Химических Наук [Nachr. Akad. Wiss. UdSSR, Abt. chem. Wiss.] **1953.** 227—31. März/April. Kurnakow-Inst. für allg. u. anorgan. Chem. der Akad. der Wiss. der UdSSR.)
O. LEBTAG. 368

A. M. Rubinstein und **G. W. Derbischer,** *Komplexverbindungen des Platins mit Diallylamin.* (Vgl. C. **1953.** 9098.) Bei der Rk. zwischen $(CH_2{=}CHCH_2)_2NH$ (im weiteren als D bezeichnet) u. $(NH_4)_2PtCl_4$ (I) entstehen die cycl. Verbb. DCl_2Pt (II) u. $[D_2Pt]\cdot[PtCl_4]$, in welchen D zwei Koordinationsplätze einnimmt. Die Beständigkeit des D-Ringes wird dadurch bewiesen, daß bei der Rk. von **II** mit NH_3 u. Pyridin (Py) $D(NH_3)_2PtCl_2$ bzw. $DPyPtCl_2$, bei der Rk. zwischen **I** u. Thioharnstoff $DThioPtCl_2$ entsteht. Beim Kochen von **II** mit HCl wird der D-Ring gesprengt, wobei $HDCl_3Pt$ (**III**) entsteht. Hier nimmt D nur einen Koordinationsplatz ein u. wird durch Thioharnstoff leicht aus der inneren Sphäre unter Bldg. von 4 $ThioPtCl_2$ verdrängt. Beim Erwärmen von **III** mit 5%ig. NaOH auf dem Wasserbad wird der D-Ring unter Bldg. von **II** geschlossen. Bei Zusatz von D zu der angesäuerten **I**- oder K_2PtCl_4-Lsg. entsteht **III**, das mit dem beim Kochen von **II** mit HCl gebildeten **III** ident. ist. Bei der vorliegenden Arbeit ist es erstmalig gelungen, bei den komplexen Pt-Verbb. eine Ringschließung mit ungesätt. Moll. zu erzielen. (Известия Академии Наук СССР, Отделение Химических Наук [Nachr. Akad. Wiss. UdSSR, Abt. chem. Wiss.] **1953.** 232—37. März/April. Kurnakow-Inst. für allg. u. anorgan. Chem. der Akad. der Wiss. der UdSSR.) O. LEBTAG. 368

A. A. Grinberg und **Ch. I. Gildengerschel,** *Über den Mechanismus der neuen Synthese von Hexamminen des vierwertigen Platins.* Für die Synth. der Hexammine von Pt^{4+} nahm man bisher folgenden Vorgang an: $[Ptl_4Cl_2]Cl_2 + 6\,NH_3 + 2\,(NH_4)_2SO_4 \rightarrow [Pt(NH_3)_6](SO_4)_2 + 4\,NH_4Cl + 4\,l$ (l = Äthylaminmoll.). Dabei blieb ungeklärt, daß sämtliche Aminmoll. durch (NH_3)-Moll. ersetzt werden. Vff. zeigen, daß die als innerer Komplex gebundenen Moll. von Äthylamin in der Verb. $[Ptl_4Cl_2]Cl_2$ zu NH_3 verseift werden, das mit Pt in Bindung bleibt u. zu A., der in der Lsg. zurückbleibt. Man fand, daß nur das in der inneren Sphäre gebundene Äthylamin verseift wird u. nicht das vorher durch die Substitutions-Rk. vom Komplex abgespaltene Äthylamin. Es gelang jedoch noch nicht zu beweisen, daß das gesamte in der inneren Sphäre gebundene Äthylamin verseift wird. Freie Fettamine lassen sich nur unter sehr strengen Bedingungen verseifen. Die von Vff. entdeckte Erleichterung dieses Prozesses (vgl. Журнал Прикладной Химии [J. angew. Chem.] **22.** [1949.] 1053) für den Fall, daß die Äthylaminmoll. mit dem Pt^{4+} koordiniert sind, zeigt, daß dieses nicht nur auf die Protonen der Moll. des Typs RH, sondern auch auf Alkylradikale, Substituenten von H, eine labilisierende Wrkg. ausübt. Man kann vermuten, daß neben Vorgängen der Art: $Me^-RH \rightleftarrows Me^-R^+ + H^+$ auch solche Prozesse möglich sind: $Me^{2-}RA \rightleftarrows Me^-R + A$ (A = Alkylradikal). (Доклады Академии Наук СССР [Ber. Akad. Wiss. UdSSR] **101.** 491—93. 21/3. 1955. Leningrad, Technol.-Lensowjet-Inst.) A. v. KOTZEBUE. 368

A₉. Mineralogische und geologische Chemie.

Pentti Eskola, *Die chemische Entwicklung der Erde und des Lebens.* Alle großen Fortschritte in der Entw. des Lebens stehen im Zusammenhang mit den Gebirgsbildungszeiten. Als Hypothese wird angenommen, daß die während der geolog. Entw. eingetretene Erhöhung des O_2-Geh. der Luft eine Förderung des Blutkreislaufs, des Stoffwechsels u. aller Lebensfunktionen, eine Vergrößerung des Gehirns u. eine Stimulation der gesamten Entw. zur Folge gehabt hat. (Suomen Kemistilehti A**28.** 163—67. 1955.)
S. BECKMANN. 370

Vincenzo Minieri, *Geochemische Untersuchungen einiger Bauxite der Erden von Otranto.* Vf. untersuchte die Bauxitvorkk. in den Gebieten Minervino di Lecce u. Uggiano la Chiesa auf der Halbinsel Salentina, die gesteinsähnlichen Charakter mit großen Pisolithen haben, teils rot, teils gelblich, während der Zement des Konglomerates eine intensiv rot gefärbte erdige M. darstellt. Aus den chem. Analysen ergibt sich, daß die eigentlichen Bauxite wenig SiO_2 u. CaO, dagegen reichlich Al_2O_3 u. Fe_2O_3 sowie relativ viel TiO_2 enthalten. Der Zement, der die typ. bauxit. Zemente zusammenhält, sowie die sogenannte Terra rossa, ist chem. den Bauxiten nahe verwandt, enthält nur wesentlich mehr SiO_2. Die Anreicherung des TiO_2 wird kurz vom geochem. Standpunkt aus besprochen. (Rend. Accad. Sci. fisiche mat., Napoli [4] **21.** 140—49. Jan./Dez. 1954. Napoli, Univ., Ist. geo-paleontol.) C. GOTTFRIED. 378

Vincenzo Minieri, *Geochemische Gesichtspunkte einer besonderen Umwandlung von Carbonat in Calciumphosphat in der Grotte von „Zinzulusa“ (Lecce).* (Vgl. vorst. Ref.). Die Grotte „Zinzulusa“, die eine Gesamtlänge von ca. 150 m hat, öffnet sich entlang einer Faltung von kompakten kretacäischen Kalkgesteinen, die in nicht sehr großem Abstand in Kontakt mit oligocänen Kalkgesteinen stehen. Die Grotte selbst besteht hauptsächlich aus einem Korridor mit seltenen seitlichen Abweichungen. Am Endausgang befinden sich hintereinander 2 große Höhlungen, die „Duomo" u. „Cocito" genannt werden. Charakterist. für diese beiden Höhlungen ist, daß sie im Gegensatz zu der übrigen Grotte keinerlei stalakt. oder stalagmit. Konkretionen besitzen sowie keinerlei kristalline kalkige Ndd. an den Wänden. Der Boden des „Duomo" enthielt lange Zeit eine Ablagerung von Guano, der jedoch im Laufe der Zeit von den Bauern fast vollkommen abtransportiert worden ist. Der Kalkstein an den Wänden ist bis zu einer beobachtbaren Höhe mit einem weiß-gelblichen lockeren Überzug von ca. 25 mm überzogen, hinter dem der kompakte Kalkstein erscheint. Chem. Analysen dieses Überzuges in verschied. Höhen des Duomo u. nach dem Inneren der Grotte zu zeigen, daß mit zunehmender Entfernung der Geh. an $Ca_3(PO_4)_2$ abnahm u. der an $CaCO_3$ zunahm; der Geh. an Phosphat fällt so von 77,13 auf 1,29%, der von $CaCO_3$ wächst von 13,30 auf 96,34%. Diese Umwandlung des $CaCO_3$ in $Ca_3(PO_4)_2$ wird auf die Zers. des Guano zurückgeführt. (Rend. Accad. Sci. fisiche mat., Napoli [4] **21.** 174—80. Jan./Dez. 1954.) C. GOTTFRIED. 378

W. I. Lebedinski, *Über die Reaktionserscheinungen im Olivin-Gabbro des Korosten-Plutons.* Die Reaktionserscheinungen werden immer an der Kontaktstelle zwischen *Plagioklas* (I) mit *Hortonolit, Hypersthen* oder *Biotit* beobachtet. Der Korrosionsrand ist nicht kontinuierlich, sondern zerfällt in eine Reihe mirmekitartiger Konkretionen. Die opt. Orientierung ist im gleichen I-Kristall verschieden, bedingt durch die wiederholte Kristallisation des **I** der Mirmekitgebilde. Im Gegensatz zu den Drusiten der Kandalakbucht, wo der Olivin korrodiert wird, ist es hier **I**, der vor der Hauptmasse des Olivins auskristallisierte. Diese außergewöhnliche Reihenfolge der Abscheidungen hängt damit zusammen, daß hier das Verhältnis $(FeO + Fe_2O_3)/MgO$ mit 6,9 sehr hoch ist. (Записки Всесоюзного Минералогического Общества [Schr. Allunions mineralog. Ges.] [2] **83.** 62—64. 1954.) O. LEBTAG. 378

L. Ss. Borodin und **M. Je. Kasakowa,** *Irinit — ein neues Mineral aus der Perowskitgruppe.* Der an Loparit erinnernde *Irinit* (I), $(Na, Ce, Th)_{1-x}(Ti, Nb)[O_{3-x}(OH)_x]$, besitzt den Brechungsindex 2,105, die Härte 5—5,5, keine Spaltbarkeit, D. 4,476; durch HCl u. HNO_3 nicht, durch H_2SO_4 teilweise zersetzbar; rotbraune bis braune, mitunter braungelbe Färbung; braungelber Strich; im Anschliff gelb, isotrop. Die Pegmatitader, in welcher **I** aufgefunden wurde, gehört zum Foyaitkomplex des Zentralteiles der Nephelinsyenite. **I** kommt in der Regel in jenen Pegmatitteilen vor, die mit Buntmineralien, vor allem Aegirin, angereichert sind. (Доклады Академии Наук СССР [Ber. Akad. Wiss. UdSSR] [N. S.] **97.** 725—28. 1/8. 1954. Labor. für Mineral. u. Geochem. der seltenen Elemente der Akad. der Wiss. der UdSSR.) O. LEBTAG. 380

Ss. I. Benesslawski, *Adern und adernähnliche Bildungen in Bauxiten.* (Vgl. C. **1954.** 1906.) Die Vorstellung amerikan. Forscher, wonach bei der Bldg. von Diaspor- u. Gibbsitadern eine sek. Anreicherung der *Bauxite* (I) u. beim Eindringen der Kaolinitadern in I eine Resilicifizierung (mitunter Debauxitisierung genannt) von I erfolgt, wird abgelehnt. Die Aderbldg. in **I** ist vielmehr als letzte Etappe der Diagenese zu denken, bedingt durch die innerhalb des I-Lagers zirkulierenden Lsgg., wodurch eine Migration vieler oder aller Elemente verursacht wurde. Die Neuverteilung der Elemente hatte als wichtigstes Ergebnis die Resilicifizierung zur Folge. Anderen Ursprungs sind die Pyrit- u. Calcitadern. Es ist anzunehmen, daß bei den ersteren die Pyritausscheidung aus den Grundwässern erst nach der teilweisen oder völligen Verfestigung des I-Nd. erfolgte. (Доклады Академии Наук СССР [Ber. Akad. Wiss. UdSSR] [N. S.] **97.** 729—32. 1/8. 1954. Allunions Aluminium-Magnesium-Inst.) O. LEBTAG. 380

Felice Ippolito, *Gegenwärtiger Stand der Untersuchungen auf Uran und Thorium in Italien.* Überblick über die Hauptuntersuchungsgebiete sowie einige vorläufige Ergebnisse über die Vorkk. von U u. Th in Italien. (Ind. mineraria **6.** 421—27. Aug. 1955. Roma, Comitato Naz. per le Ric. Nucl.) C. GOTTFRIED. 380

D. R. de Vletter, *Wie sich die kubanischen Nickelerze gebildet haben. Eine Arbeit über lateritische Genesis.* Die Ni-Erze sind an einen Laterit gebunden, der durch Verwitterung eines in der Tiefe noch erhaltenen Serpentingesteins entstanden war. Das Muttergestein mit 6% Fe u. 0,2 Ni wird überlagert von feinem angewittertem Serpentin, bei dem bereits das MgO teilweise weggeführt ist u. der Fe-Geh bis 20% beträgt. In dem darüberliegenden limonit. Erzkörper beträgt der Fe-Geh. bis über 50% u. der Ni-Geh. bis 2%. In den oberflächennahen Erzschichten ist ein Teil des Ni ausgelaugt. MgO fehlt prakt. ganz. SiO_2 nimmt bei der Verwitterung ebenfalls von ca. 38 auf 8% ab, während der Geh. an Al_2O_3 von ca. 1 auf 9% zunimmt. (Engng. Mining J. **156.** Nr. 10. 84—87. 178. Okt. 1955. Nicaro, Cuba, Nickel Process. Co.) F. ENSSLIN. 380

L. M. Lebedew, *Polymetall- und Nickelsulfide in den Juraablagerungen bei Moskau.* In den schwarzen Oxfordlehmen bei Moskau wurden *Markasit–Pyrit*-Konkretionen gefunden, deren chem. Analyse nachst. Werte (in %) ergab: 1,24 SiO_2, 0,65 Al_2O_3, 43,78 Fe, 0,003 Ni, 0,008 Zn, 0,0005 Cd, Spuren Pb u. Cu, 0,1 As, 49,84 S, 4,57 Glührückstand. Die Unters. der Konkretionen im reflektierten Licht ergab, daß die Ggw. von *Zn* u. *Cd* durch Einschlüsse von *Sphalerit* bedingt ist, die von *Pb* durch *Galenit*, von *Ni* durch *Bravoit*, von *Cu* u. *Sb* durch *Fahlerze*. *As* ist an keine Mineralien gebunden u. liegt wahrscheinlich isomorph im Pyrit vor. In die Liste der für die Juraablagerungen der Zentralgebiete der Russ. Plattform charakterist. Elemente sind demnach zusätzlich aufzunehmen: Ni, Zn, Cd, Pb u. Sb. (Доклады Академии Наук СССР [Ber. Akad. Wiss. UdSSR] [N. S.] **98.** 259–60. 11/9. 1954.) O. LEBTAG. 380

L. M. Knjasewa, *Vivianit im Bodenschlamm des Baikalsees.* Das Auftreten von *Vivianit* (**I**) im Bodenschlamm des Baikalsees hängt damit zusammen, daß hier die Carbonate von Ca u. Ba fehlen u. daß das p_H sich auf 6–7 verändert. **I** tritt hier in der Reduktionszone unmittelbar unterhalb des Oxydfilmes u. fast ausschließlich in feinkörnigen Sedimenten auf. **I** bildet mkr. kleine Kristallausscheidungen u. Makrokristalle bis 1,5 cm. **I** ist opt. homogen; Ng $\sim$ 1,633; N $\sim$ 1,590; schräge Auslöschung; Winkel 27–38°; P-Geh. 9,07–9,60%. Nach der Spektralanalyse enthält **I** viel Ca, Al, Mg, Mn, Fe u. Si, wenig oder kein Be, Cu, Co, Ni, V, Na, Ti. Die frühe diagenet. **I**-Bldg. erfolgte in der Reduktionszone auf Kosten des P, der durch Fe-Oxyde in adsorbierter Form in die Ablagerung mitgerissen wurde, ferner unter Beteiligung jenes P, der bei der Zers. der vom Schlamm begrabenen organ. Substanz frei wurde. (Доклады Академии Наук СССР [Ber. Akad. Wiss. UdSSR] [N. S.] **97.** 519–22. 21/7. 1954.) O. LEBTAG. 380

A. B. Wissteliuss, *Mineralassoziate und charakteristische Paragenesen der terrigenen Apt-Cenomanschicht von Transkaspien.* Das gesamte Transkaspiengebiet von den Apt- u. Cenoman-Schichten kann in 2 mineralog. Provinzen eingeteilt werden: Transkaspien, gek. durch einen hohen *Ilmenit* (**I**)-Geh. (>45 Gew.-%), Ggw. von Magnetit u. geringen Geh. an Chromit; Westturkmenien, gek. durch geringen **I**-Geh. (<15%), Fehlen von Magnetit u. hohen Chromitgehalt. Dazwischen liegt ein Übergangsgebiet, wo der **I**-Geh. weniger als 45% u. mehr als 15% beträgt u. zwischen **I** u. Granat ein starker Antagonismus besteht. (Доклады Академии Наук СССР [Ber. Akad. Wiss. UdSSR] [N. S.] **97.** 503–06. 21/7. 1954. Leningrad, Labor. für Aeromethod. der Akad. der Wiss. der UdSSR.) O. LEBTAG. 385

J. Tokarski, *Thermische Umwandlung vulkanischer Tuffe im Krakauer Gebiet.* Die alten vulkan. Tuffe enthalten neben über 9% K_2O nur wenig Na_2O. — Die Alkalibest. nach SMITH wurde dadurch vereinfacht, daß an Stelle von NH_4Cl u. $CaCO_3$ zum Aufschluß $CaCl_2$ verwendet wurde. — Verss. zur Gewinnung des K_2O aus dem Material durch Aufschluß mit $CaCl_2$ waren erfolgreich. Bei einer Zerkleinerung auf <2 mm konnte bei 60 Tuff u. 40 $CaCl_2$ nach dem Erhitzen auf 1000° das gesamte K_2O ausgelaugt werden. Behandelt man den wasserunlösl. Rückstand mit HCl, so erhält man akt. Kieselsäuregel u. eine Lsg. von $AlCl_3$. (Bull. int. Acad. polon. Sci. Lettres, Cl. Sci. math. natur., Sér A **1950.** 115–26. Jan./Dez.) F. ENSSLIN. 386

F. Hecht, F. F. Koczy, R. Patzak und **E. Tomic,** *Mikrochemische Beiträge zur chemischen Ozeanographie: Uransedimentation; Mikrometeore.* (Vortrag.) Der Mechanismus der U-Verteilung u. -Ausfällung in der Ostsee wird besprochen. — Die in Tiefseeproben gefundenen mkr. kleinen, magnet. Kügelchen sind wahrscheinlich kosm. Ursprungs: „Mikrometeore" (Schmelztröpfchen verbrennender, nicht die Erdoberfläche erreichender Meteoriten). (Angew. Chem. **68.** 382. 7/6. 1956. Göteborg u. Wien.) W. KRÖNERT. 393

T. I. Gorschkowa, *Über die Geschwindigkeit des Zerfalls der organischen Stoffe des Phytoplanktons der Taganrogbucht.* Das Phytoplankton des Asowschen Meeres u. der Taganrogbucht zers. sich infolge der hohen Temp. im Sommer nach seinem Absterben sehr rasch. Da die D. der blaugrünen Algen geringer ist als die des W., finden sie sich nach dem Absterben zunächst in den oberen Schichten des W., u. erst nach dem Zerfall der wenig beständigen organ. Substanz, die 80% der gesamten organ. Substanz ausmacht, sinken die beständigen Teilchen in die Tiefe u. unterliegen dort einer langsamen Zers. u. Vermischung mit dem Boden. (Доклады Академии Наук СССР [Ber. Akad. Wiss. UdSSR] **104.** 112–13. 1/9. 1955. Allunions Wiss. Forschungsinst. für Seefischerei u. Meereskunde.) A. JACOB. 393

Werner Kuhn, *Über das Alter der Sauerstoffatmosphäre der Erde.* Vf. führt aus, daß an Stelle der heute vorhandenen O_2–N_2-Atmosphäre der Erde ursprünglich eine Atmosphäre mit bedeutendem H_2-Überschuß vorhanden war. Die heutige Atmosphäre ist aus der ursprünglichen Atmosphäre dadurch entstanden, daß zunächst überschüssiger

H_2 u. anschließend aus NH_3 u. H_2O chem. freigesetzter H_2 das Schwerefeld der Erde verlassen hat. Eine physikal.-chem. Unters. der Bedingungen, welche für das Entweichen von H_2 als H-Atome, H-Ionen usw. gültig sind, zeigte, daß eine Zeit von ca. $2 \cdot 10^9$ Jahren für die Umwandlung der ursprünglichen Atmosphäre mit H_2-Überschuß in die heutige O_2–N_2-Atmosphäre tatsächlich genügt hat. Dies besagt, daß der Beginn des Lebens auf der Erde in einer Zeit stattgefunden haben dürfte, in welcher der heutige O_2-Überschuß in der Atmosphäre noch nicht oder kaum u. dafür mehr organ. Substanz vorhanden war. (Chem. Ber. **89.** 303—08. 31/1. 1956. Basel, Univ., Physikal.-chem. Inst.) C. GOTTFRIED. 396

H. Schoeller, Géochimie des eaux souterraines. Application aux eaux de gisement de pétrole. Paris: Edit. Techniques. (216 S. m. Abb.) 2400 fr.

—, Proceedings of the International Conference on the Peaceful Uses of Atomic Energy held in Geneva. 8 August—20 August 1955; v. 6, Geology in uranium and thorium. New York: Columbia Univ. Press. 1956. (835 S. m. Abb., Diagr. u. Map.) Q. $ 9,—.

B. Allgemeine und theoretische organische Chemie.

R. E. Kagarise, *Infrarotspektren von kristallinem symmetrischem Tetrabrom- und Tetrachloräthan.* Fl. *1.1.2.2-Tetrabrom-* (I) u. *1.1.2.2-Tetrachloräthan* (II) bestehen aus Gemischen ihrer trans- u. gauche-Isomeren. Krist. I wurde bei langsamem Abkühlen in der trans-, bei schnellem Abkühlen in der gauche-Form krist., II nur in der gauche-Form gewonnen. Die Infrarotspektren von fl. u. krist. I u. II wurden von 2—36 μ untersucht (graph. Darst.). Auf Grund dieser Ergebnisse u. der RAMAN-Spektren (vgl. C. **1953.** 988) wurde ein Teil der Grundschwingungen der trans- (Symmetrie C_{2h}) u. gauche-Isomeren (C_2) zugeordnet. (J. chem. Physics **24.** 300—05. Febr. 1956. Washington, D. C., Naval Res. Labor.) U. JOHN. B 120

D. E. Mann, J. H. Meal und **Earle K. Plyler,** *Schwingungsspektrum von Tetrabromäthylen.* Vff. untersuchten das Infrarotspektr. von C_2Br_4 in verschied. Lösungsmitteln u. als Fl. im Bereich 3—100 μ (vgl. MALHERBE, ALLEN u. BERNSTEIN, Canad. J. Chem. **31.** [1953.] 1223). Eine vollständige Schwingungszuordnung für C_2Br_4 wird angegeben: a_{1g} 1535, 265, 144; b_{1g} 880, 208; b_{2u} 766, 119; b_{3u} 635, 188; a_{1u} 66; b_{1u} 245 u. b_{2g} 464 cm^{-1}. Diese Ergebnisse sind in Übereinstimmung mit den entsprechenden Zuordnungen der analog gebauten Verbb. C_2F_4 u. C_2Cl_4 (vgl. C. **1955.** 5270). Dabei ist zu beachten, daß die Vff. auf Grund der neuen Messungen für C_2Br_4 jetzt den angularen Schwingungen von C_2Cl_4 in b_{1u} u. b_{3u} die Frequenzen 288 bzw. 310 cm^{-1} zuordnen. Die thermodynam. Funktionen von C_2Cl_4 u. C_2Br_4 C_p^0/R, $(H^0 - E_0^0)/RT$, $-(F^0 - E_0^0)/RT$, S^0/R im Bereich 200—1500° K werden neu berechnet. (J. chem. Physics **24.** 1018—22. Mai 1956. Washington, D. C., Nat. Bur. of Standards.) U. JOHN. B 120

Arthur Simon und **Heinrich Kriegsmann,** *Schwingungsspektren von Alkylderivaten der Schwefligen Säure.* 1. Mitt. *Raman- und Infrarotspektren der Alkali–Methansulfonate.* Vff. nahmen die RAMAN-Spektren von *Li-* (I), *Na-* (II) u. *K-Methansulfonat* (III) in wss. Lsg., von I in Methanol, u. die RAMAN- u. Infrarotspektren von festen I, II u. III auf. Die beobachteten Frequenzen können den einzelnen Schwingungsformen zugeordnet werden, die Spektren machen für das $CH_3SO_3^-$-Ion die Symmetrie C_{3v} wahrscheinlich, C_3 ist jedoch nicht völlig auszuschließen. Im festen Zustand sind die Frequenzen z. T. etwas nach anderen Werten verschoben, das Kation hat Einfl. auf diese Verschiebung. Die Linien- bzw. Bandenzahl ist — gegenüber den Lösungsspektren — vermehrt, Vff. nennen als mögliche Ursachen dafür Wechselwrkg. mit dem „Lösungsm." KBr bzw. Schwingungskopplung im Kristall, Abhängigkeit der Frequenzlagen von der Orientierung der Kristalle u. Rotationsisomerie. (Chem. Ber. **89.** 1718—26. 1956. Dresden, TH, Inst. für anorgan. u. anorgan.-techn. Chem.) G. KRESZE. B 120

Foil A. Miller, *Infrarotspektrum von D_6-Benzol.* Vf. untersuchte das Infrarotspektr. von gasförmigem u. fl. C_6D_6 im Bereich 300—3700 cm^{-1} sowie das Spektr. von gasförmigem *Bzl.* zwischen 300 u. 700 cm^{-1}. Die Frequenzen von C_6D_6 können vollständig interpretiert werden, die Zuordnungen stimmen zum großen Teil mit früheren Ergebnissen überein (vgl. BAILEY u. Mitarbeiter, J. chem. Soc. [London] **1936.** 931 u. HERZFELD u. Mitarbeiter, J. chem. Soc. [London] **1946.** 316). Den beiden B_{2u}-Schwingungen ν_{14} u. ν_{15} ordnet Vf. die Frequenzen 1287 bzw. 837 cm^{-1} zu, die in einigen Kombinationsbanden auftreten. Sie entsprechen den von MAIR u. HORNIG für *Bzl.* gewählten Werten 1310 u. 1152 (vgl. J. chem. Physics **17.** [1949.] 1236). Das Produktregelverhältnis für B_{2u} beträgt danach 1,4. Für sämtliche Grundschwingungen von *Bzl.* u. C_6D_6 werden befriedigende Zuordnungen angegeben. (J. chem. Physics **24.** 996—1001. Mai 1956. Pittsburgh, Pa., Mellon Inst., Dep. of Res. in Chem. Phys.) U. JOHN. B 120

Helga Seewann-Albert, *Studien zum Raman-Effekt.* 182. Mitt. *Benzolderivate.* 31. Mitt. (*Kernsubstituierte Benzamide.*) (30. vgl. Kohlrausch, Mh. Chem. **76.** [1947.] 249.) Zur weiteren Ergänzung der Raman-Spektren von Benzolderivv. wurden Kristallpulveraufnahmen ausgeführt von *Benzamid, o-, m-, p-Toluylsäureamid, o-, m-, p-Methoxy-, p-Fluor-, o-, m-, p-Chlor-* u. *o-, m-, p-Brombenzamid.* Die Diskussion der Spektren, die im Bereich unter 1000 cm^{-1} unvollständig sind, ergibt ein n. Verh. der Benzolfrequenzen u. der NH-Valenzschwingungen. Dagegen fehlt die im geschmolzenen Benzamid beobachtete Linie der CO-Doppelbindung bei 1652 cm^{-1}. Eine fast in allen Verbb. auftretende Linie 1567 cm^{-1} läßt sich nicht sicher zuordnen. Es wird der Schluß gezogen, daß die funktionelle Amidgruppe nicht in ihrer Normalform auftritt. (Mh. Chem. **81.** 873—77; S.-B. Österr. Akad. Wiss., math.-naturwiss. Kl., Abt. IIb **159.** 873 bis 877. 1950. Graz, TH, Phys. Inst.) J. Goubeau. B 120

R. F. Branch, *Infrarotspektren von Chelatbildnern: 2-Phenacylpyridinderivate.* Vf. untersucht die Infrarotspektren des *2-Phenacylpyridins* (I) u. folgender Derivv.: *2-p-Brom-, 2-p-Chlor-, 2-p-Fluor-, 2-p-Methyl-, 2-p-Methoxy-, 2-p-Oxy-* u. *2-p-Aminophenacylpyridin* in Nujolsuspension u. teilweise in $CHCl_3$-, $CHBr_3$- u. CCl_4-Lsgg., je nach Lage der Eigenabsorption des Lösungsmittels. Das Spektr. des festen **I** zeigt weder die Bande einer Carbonylgruppe in Konjugation zum aromat. Ring noch Hydroxylbanden. In $CHCl_3$ u. CCl_4 wird eine schwache Hydroxylabsorption beobachtet (anomal bei 2600 cm^{-1}), hier liegt Gleichgewicht zwischen Keto- u. Enolform vor. Im festen Zustand ist dagegen nur die Enolform mit Chelatcharakter möglich, wahrscheinlich beträchtlich stabilisiert durch Ausbldg. mesomerer Grenzzustände. Gleichartiges Verh. zeigen auch die Derivv., nur bei der Oxy- u. Aminoverb. ist die Carbonylbande sichtbar, diese liegen also in der Ketoform vor: Es stehen hier weitere Protonendonatoren zur Verfügung, die andere H-Brücken ausbilden können. Bei allen Verbb. treten im festen Zustand die Banden des 2-substituierten Pyridinrings u. des p-disubstituierten Benzolrings auf, die in $CHBr_3$-Lsg. nur bei der Oxy- u. Aminoverb. erheblich verschoben sind. Die letzteren Banden sind ganz allg. zur Unters. der Keto–Enol-Tautomerie gut geeignet. (Nature [London] **177.** 671—72. 7/4. 1956. Kidbrooke, London, Ministry of Supply, Chem. Inspectorate.) V. Schmidt. B 120

Koichi Shimoda und **Tetsuji Nishikawa,** *Mikrowellenspektrum von Methylamin.* 2. Mitt. (1. vgl. J. physic. Soc. Japan **8.** [1953.] 133.) Es wurde das Mikrowellenspektr. von *Methylamin* in dem Frequenzbereich zwischen 15 u 20 sowie 24 u 27 kMHz untersucht. Die gemessenen Frequenzen der Linien sind tabellar. zusammengestellt. (J. physic. Soc. Japan **8.** 425—26. Mai/Juni 1953. Tokyo, Univ., Fac. of Sci., Dep. of Phys. [Orig.: engl.]) C. Gottfried. B 121

Børge Bak, *Die Struktur des Pyridinmoleküls.* (Vgl. C. **1954.** 4354 u. 8311.) *Pyridin* (I) wird mittels Mikrowellenspektroskopie untersucht. Nach einer Erläuterung der theoret. Voraussetzungen dieser Meth., bes. der Ausdrücke für die Rotationsenergie asymm. u. symm. Rotatoren u. Lage der Rotationsenergieniveaus der letzteren, wird eine Konstruktion der ungefähren Lage der Rotationsenergieniveaus für ein zwischen den extremen Fällen des symm. Rotators stehendes Modell für **I** gegeben u. über die Mikrowellenunters. des **I** im Frequenzbereich 18000—26000 MHz u. die Berechnung der Asymmetrieparameter berichtet; die Ergebnisse entsprechen den C. **1954.** 4354 angegebenen. (Kem. Maanedsbl. nord. Handelsbl. kem. Ind. **34.** 43—46. 1953. Kopenhagen, Univ., Chem. Labor.) G. v. Dechend. B 121

Herbert C. Brown, *Chemische Wirkungen sterischer Spannungen.* (Vgl. C. **1955.** 2390 u. früher.) (Vortrag.) Zusammenfassung vor allem der eigenen Ergebnisse bei folgenden Unterss.: Dissoziationsgleichgewichte von Mol.-Verbb., Homomorphie, Reaktionsgeschwindigkeiten von Substitutions-, Additions- u. Eliminierungs-Rkk. (Hofmannscher Abbau), Umsetzungen bei Ringsystemen. In alien Fällen wird der Einfl. ster. Spannungen (B-, F-, I-Spannung) auf Verlauf, Geschwindigkeit, Gleichgewichtslage u. Orientierung aufgezeigt. (J. chem. Soc. [London] **1956.** 1248—68. Mai.)
G. Kresze. B 123

Erich Fischer, *Über die rotatorische Beweglichkeit substituierter polarer Gruppen am Benzol.* (Vgl. Z. Naturforsch. **4a.** [1949.] 707.) Die rotator. Eigenbeweglichkeit der Substituenten OCH_3, CH_2Cl, CHO, $COCH_3$, COOR u. NH_2 am Benzolring wurde durch Messung der effektiven dielektr. Relaxationszeit untersucht. Aus Messungen an *Anisol* u. *p-Dimethoxybenzol* in sehr verd. Lsgg. in Bzl. ergab sich die Relaxationszeit (τ_g) der Drehung der OCH_3-Gruppe um ihre Achse $\tau_g = 0{,}44$ bzw. $0{,}41 \cdot 10^{-11}$ sec (vgl. auch Hase, C. **1954.** 7836). Der berechnete Wert ist nur wenig kleiner, der Doppelbindungscharakter zwischen dem aromat. C u. dem O kann also nur gering sein. Im *m-Dimethoxybenzol* ($\tau_g = 0{,}86 \cdot 10^{-11}$) ist der Doppelbindungscharakter wesentlich stärker. Der im Vgl. zum *p-Xylylenchlorid* ($\tau_g = 0{,}27 \cdot 10^{-11}$, entspricht freier Drehbarkeit der CH_2Cl-

Gruppen) hohe τ_g-Wert von *Benzylchlorid* ($0{,}63 \cdot 10^{-11}$) deutet auf Hyperkonjugation oder ster. Hinderung beim Durchdrehen des Cl-Atoms durch die Ringebene. Bei *Acetophenon, Benzaldehyd* u. *Terephthalaldehyd* ist die Eigenbeweglichkeit der Substituenten (in Bzl. sowie in CCl_4) infolge von Assoziation bzw. der mesomeren Grenzstruktur $=C(O^-)H(R)$ stark eingeschränkt. Dasselbe dürfte für die COOR-Gruppe gelten, die τ_g-Werte von *Methyl-* u. *Äthylbenzoat, Terephthalsäure, Terephthalsäuredimethylester* u. *Phthalsäureäthylester* (I) [$\tau_g = 0{,}7$ (in CCl_4 0,8), 0,7, 0,9, 1,1 (in CCl_4) u. $0{,}9 \cdot 10^{-11}$ sec] deuten auf Beweglichkeit der OR-Gruppe innerhalb der COOR-Gruppe. Vf. nimmt an, daß die beiden COOR-Gruppen von I gegenseitige cis-Stellung bevorzugen, die beiden in ihnen enthaltenen OR-Momente jedoch eine gegenseitige trans-Lage haben. Bei der Unters. von *Anilin* ($\tau_g < 0{,}14 \cdot 10^{-11}$), *p-*, *o-* u. *m-Anisidin* wurde die Gleichsinnigkeit der mesomeren Wrkg. der OCH_3- u. der NH_2-Gruppe gefunden; die Ergebnisse entsprechen denen, die mit den Dimethoxybenzolen erhalten wurden. (Z. Naturforsch. **9a.** 909—12. Nov. 1954. Ankara, Univ., Inst. für allg. Phys.) G. CLEVE. B 132

Annamaria Marinangeli und **Cesare Bonino jr.**, *Über die Molekularpolarisation des α-Pyrrolaldehyds in benzolischer Lösung.* (Vgl. C. **1956.** 1254.) Vff. bestimmten die Orientierungspolarisation des α-Pyrrolaldehyds (I) in benzol. Lösung. Diese erwies sich konzentrationsabhängig trotz der geringen Löslichkeit von I in C_6H_6. Im Bereich kleiner Konzz. liefert die Gleichgewichtskonstante, die sich unter der Annahme einer bimol. Assoziation errechnet (vgl. CHIORBOLI u. EMILIANI, C. **1952.** 4904) nahezu konstante Werte, so daß auch diese Meth. eine weitere Stütze für diese Assoziationsart von I bildet. (Ann. Chimica **44.** 949—55. Dez. 1954. Bologna, Univ., Ist. Chim. „G. Ciamician".) H. NÖTH. B 132

F. G. Bordwell und **Pierre J. Boutan**, *Konjugative Effekte der Dimethylsulfonio-* [$(CH_3)_2S^+$] *und der Trimethylammoniogruppe* [$(CH_3)_3N^+$]. Es wurden potentiometr. die Aciditätskonstanten u. hieraus die ϱ-, σ_m- u. σ_p-Werte der $(CH_3)_2S^+$- u. der $(CH_3)_3N^+$-Gruppe für folgende Oniumverbb. bestimmt: *m-* u. *p-Trimethylammoniophenol*, log K_0 —9,95, $\varrho = 2{,}29$, $\sigma_m = 1{,}83$, $\sigma_p = 0{,}70$ (in W.); *m-* u. *p-Trimethylammoniothiophenol*, —7,70, 2,58, 1,86, 0,78 (in 48%ig. A.); *m-* u. *p-Dimethylsulfoniobenzoesäure*, —4,20, 1,00, 1,00, 0,90 (in W.); *m-* u. *p-Dimethylsulfoniophenol*, —9,95, 2,29, 1,00, 1,16 (in W.) (vgl. auch ROBERTS u. Mitarbeiter, C. **1952.** 7150). Für die Darst. der Sulfoniumsalze [durch Kochen der Sulfide mit p-Toluol- bzw. p-Brombenzolsulfonsäuremethylester (III) in Toluol] waren höhere Tempp. erforderlich als für die analoge Darst. der Ammoniumsalze. Die $(CH_3)_2S^+$-Gruppe hat im Gegensatz zu $(CH_3)_3N^+$-Gruppe die Fähigkeit, die Acidität einer p-OH-Gruppe zu verstärken. Vff. nehmen an, daß **A** im Gleichgewicht mit der zwitterion. Struktur vorhanden ist. Die Ähnlichkeit der konjugativen Effekte der $(CH_3)_2S^+$- u. der CH_3SO_2-Gruppe (vgl. BORDWELL u. ANDERSEN, C. **1954.** 4355) zeigt, daß die S—O-Bindungen der letzteren für die Konjugation nicht erforderlich sind. Diese Konjugation ergibt sich auch aus dem UV-Spektr., wenn man die Spektren von Bzl. (Bande bei 203,5 mμ), $(CH_3)_2S^+C_6H_5$ (220 mμ) u. p-Dimethylsulfoniophenol (242 mμ) vergleicht. Für die spektroskop. Unters. wurden die Sulfoniumjodide, -methylsulfate u. -perchlorate verwendet. Der Einfl. von verschied. Substituenten auf die Banden des Bzl. bei 203,5 u. bei 254 mμ ist aus einer Tabelle ersichtlich u. wird diskutiert.

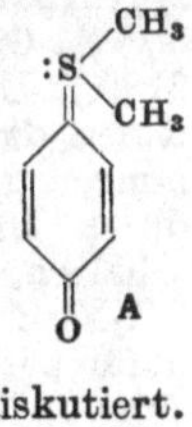

A

V e r s u c h e: *p-[Methylmercapto]-benzoesäure*, F. 189—190,5° (50%ig. CH_3OH), durch Kochen (30 Min.) einer alkal. Lsg. von p-Mercaptobenzoesäure mit Dimethylsulfat (I); 83% (Ausbeute, bezogen auf p-Aminobenzoesäure). — *m-[Methylmercapto]-benzoesäure*, F. 126—127°, analog. — *p-N.N-Dimethylanisidin*, F. 48—49°, $Kp._{20-21}$ 124 bis 126°, aus p-Anisidin u. I; 43%. — *p-Dimethylaminophenol*, F. 77,5—78°, $Kp._{0,5}$ 101 bis 103°, durch 10std. Kochen vorst. Verb. mit HJ; rhomb. Kristalle aus Ae.-Hexan; 78%. — *m-Bromdimethylanilin*, F. 10—10,5°, $Kp._{30}$ 147—148°, aus m-Bromanilin u. I; 56%. — *m-Dimethylaminothiophenol*, $C_8H_{11}NS$, $Kp._{0,6}$ 82—83°, durch Zufügen einer Lsg. von Propylensulfid in Ae. zu der Li-Verb. vorst. Substanz unter N_2; n_D^{25} 1,6173; 46%. Daneben *Bis-[m-dimethylaminophenyl]-disulfid*, $Kp._{0,6}$ 135—137°, n_D^{25} 1,6100. — *p-Dimethylaminothiophenol*, $C_8H_{11}NS$, F. 33,5—33,7°, $Kp._{0,2}$ 74—75°, a) analog; 77%; b) aus p-Dimethylaminophenyl-Li u. S; $Kp._{0,8}$ 85—86°; 28%. — *m-Mercaptophenyltrimethylammonium-p-brombenzolsulfonat*, $C_{15}H_{18}O_3NBrS_2$, F. 140—141° [A.-Äthylacetat (II)], aus vorvorst. Verb. u. III; 48%. — *p-Mercaptophenyltrimethylammonium-p-toluolsulfonat*, $C_{16}H_{21}O_3NS_2$, F. 210—211° (A.-II); 76%. — *m-Oxyphenyltrimethylammonium-p-toluolsulfonat*, $C_{16}H_{21}O_4NS$, F. 142—144°, Nadeln aus A.-II; 55%. — *p-Oxyphenyltrimethylammonium-p-toluolsulfonat*, $C_{16}H_{21}O_4NS$, F. 110—111°, Platten aus A.-II, nach dem Trocknen bei 80° u. 0,1 mm F. 178—179°, Nadeln aus A.-II; 85%. — *m-Carboxyphenyldimethylsulfonium-p-toluolsulfonat*, $C_{16}H_{18}O_5S_2$, F. 196—197° (A.-II), durch Erwärmen der Komponenten auf 100—150°; 96%. — *p-Carboxyphenyldimethyl-*

sulfonium-p-toluolsulfonat, $C_{16}H_{18}O_5S_2$, F. 176—177°, analog; 80%. — *m-Oxyphenyldimethylsulfonium-p-brombenzolsulfonat*, $C_{14}H_{15}O_4BrS_2$, F. 103—104°, durch 2std. Kochen der Komponenten in Toluol; Platten; 83%. *-pikrat*, $C_{14}H_{13}O_8N_3S$, F. 175—176°, durch Kochen des p-Toluolsulfonats mit Pikrinsäure in A.; 60% *-jodid*, F. 96—96,5°, nach ZINCKE u. EBEL [1914]; UV-Spektr.; 70%. — *p-Oxyphenyldimethylsulfonium-p-brombenzolsulfonat*, $C_{14}H_{15}O_4BrS_2$, F. 77—78° (A.-II) u. F. 124—125°; 80%. *-p-toluolsulfonat*, $C_{15}H_{18}O_4S_2 \cdot H_2O$, F. 76—78° (A.-II); 90%. *-pikrat*, $C_{14}H_{13}O_8N_3S$, F. 184—185°; 86%. *-methylsulfat*, $C_9H_{14}O_5S_2$, F. 92—93° (CH_3OH-II), durch 2std. Erhitzen von p-Oxyphenylmethylsulfid mit I; UV-Spektr.; 83%. — *p-Nitrophenyldimethylsulfoniummethylsulfat*, F. 157—158,5° (A.), aus p-Nitrophenylmethylsulfid u. I bei 100°; Platten; UV-Spektr.; 95%. — *Dimethylphenylsulfoniumperchlorat*, Zers. bei 158—160°, durch 2std. Erhitzen von Phenylmethylsulfid mit I auf 100° u. 3tägige Rk. des Prod. mit verd. $HClO_4$ bei 10°; 80%. — UV-Banden sind ferner angegeben für *m-Oxyphenylmethylsulfon* u. *p-Nitrophenylmethylsulfon*. (J. Amer. chem. Soc. **78**. 87—91. 5/1. 1956. Evanston, Ill., Northwestern Univ., Chem. Labor.) G. CLEVE. B 139

Eric Ellenbogen, *Dissoziationskonstanten von Peptiden*. 4. Mitt. *Die isomeren Alanylalanine*. (3. vgl. **1956**. 11661.) Vf. berichtet über die Darst. der 4 Stereoisomeren des *Alanylalanins* (I, L.L, L.D, D.L u. D.D) u. über die Best. der Ionisationskonstanten dieser Verbb. bei konstanter Ionenstärke von 0,100 u. den Tempp. 8,7; 25,0 u. 36,8° mittels p_H-Messungen. Aus diesen Konstanten werden die thermodynam. Größen der Dissoziation berechnet. Die 4 Diastereoisomeren können in 2 Gruppen eingeteilt werden, die opt. „reinen" (L.L, D.D) u. die opt. „gemischten" (L.D u. D.L). Die physikal. Eigg. der beiden Gruppen unterscheiden sich ebenso wie ihre Infrarotspektren merklich, während innerhalb der beiden Gruppen nicht unterschieden werden kann. Maßgebend für diese Beziehungen scheint die Abstoßung zwischen den am asymm. C-Atom gebundenen H-Atomen zu sein. Einige Infrarotfrequenzen werden versuchsweise spezif. Schwingungsarten zugeordnet, u. es wird gefolgert, daß die trans-Konfiguration der Peptidbindung gegenüber der cis-Konfiguration begünstigt ist. Schließlich läßt sich aus den Werten für die Entropien der Ionisation schließen, daß Kettenfaltungen u. die Anordnung der Lösungsmittelmoll. (W.) eine wichtige Rolle im Dissoziationsprozeß spielen. — L.L-I aus Carbobenzoxy-L-alanin u. L-Alanin nach SCHMID u. SCHNETZLER (C. **1951**. II. 3584) u. Hydrierung des Carbobenzoxydipeptids in Ggw. von Pd-Schwarz; analog D.D-I, $[\alpha]_D^{20}$ —22,31° bzw. —22,0°. — D.L-I aus L-Alaninbenzylester·HCl u. Carbobenzoxy-D-alanin, $[\alpha]_D^{20}$ —71,0°. LD-I, nach BRAND u. Mitarbeitern (C. **1952**. 5076). (J. Amer. chem. Soc. **78**. 369—72. 20/1. 1956.) W. NIEMITZ. B 139

A. Gillet, *Die elektrolytische Ionisation von Kohlenstoffbindungen*. (Vgl. C. **1952**. 3139.) Unterss. über die Elektrolyse von Organomagnesiumverbb. in Ae., bei denen die entstehenden Gase u. Reaktionsprodd., sowie die dazu notwendigen Spannungen gemessen wurden. Bei der Elektrolyse von tert.-Butylmagnesiumbromid wird durch Disproportionierung *Isobutan* u. *Isobuten* sowie durch Verdoppelung *Isooctan* erhalten, deren Mengen je nach den Bedingungen zwischen 0—100% schwanken. Bei CH_3MgBr entsteht H_2 neben Polymerisationsprodukten. Reaktionsmechanismen werden dafür sowie für die Elektrolyse organ. Säuren diskutiert. Einzelheiten experimenteller Art vgl. l. c. (Ind. chim. belge **16**. 74—77. 1951.) H. L. DU MONT. B 141

P. Zuman, J. Koryta und **R. Kalvoda**, *Polarographie der Barbitursäurederivate*. 2. Mitt. *Veronal*. (1. vgl. KORYTA u. ZUMAN, C. **1954**. 7149; 3. vgl. C. **1956**. 9675.) Vff. zeigen, daß *Veronal* (I), ähnlich wie *Barbitursäure* (II) bei der polarograph. Unters. eine anod. Stufe ergibt, die beim p_H 9,3 ein Halbstufenpotential von 0 V gegen die Kalomel-Normal-Elektrode aufweist u. wahrscheinlich der Bldg. einer an der Hg-Oberfläche adsorbierten, aus 2 Mol Hg^{2+}-Ionen u. 3 Mol I bestehenden Verb. entspricht, was aus der Zahl der bei der Elektroden-Rk. abgegebenen Elektronen u. aus der Abhängigkeit von $\pi_{1/2}$ vom p_H u. der I-Konz. hervorgeht. Die Stufenhöhe ist bei kleinen Konzz. der I-Konz. proportional, bei größeren Konzz. bleibt sie konstant u. besitzt den Charakter eines Adsorptionsstromes, bei dem das Adsorbat des I gegenüber dem des II fester gebunden u. weniger durchlässig ist. Der Bereich, in dem die Stufe der Konz. proportional ist, hängt von den Capillarkonstanten ab u. wird durch Verwendung der strömenden Elektrode erweitert. Es werden die Einfll. der Konz., der Hg-Behälterhöhe, der Temp. u. des p_H auf die Stufe untersucht. Auf die Möglichkeit der analyt. Anwendbarkeit wird hingewiesen. (Collect. czechoslov. chem. Commun. **18**. 350—65. Juni 1953; Chem. Listy **47**. 345—56. März 1953. Prag, Polarograph. Zentralinst.) W. NIEMITZ. B 142

Kazimierz Zięborak und **Maria Zięborakowa**, *Über das positiv-negative azeotrope Gemisch n-Heptan–Essigsäure–Pyridin*. 17. Mitt. (16. vgl. ŚWIĘTOSŁAWSKI, Bull. Acad. polon. Sci. Cl. III **1**. [1953.] 70.) Mit Hilfe der ebullioskop. Meth. wurde festgestellt, daß *n-Heptan* (I), *Essigsäure* (II) u. *Pyridin* (III) ein azeotropes Gemisch bilden mit

Kp. 96,2° u. Zus. 91,5 (Gew.-%) I, 2,0 II, 6,5 III. Diese Mischung wird gebildet einerseits durch eine schwache Säure u. schwache Base, die zusammen ein bin. negativ-azeotropes Gemisch geben (II, III), Kp. 138,1° mit 51,1 II u. 48,9 III in Übereinstimmung mit der ŚWIĘTOSŁAWSKI-Klassifizierung u. andererseits durch einen aliphat. KW-stoff, der mit der Säure u. der Base positive bin. azeotrope Gemische bildet: (I, II) Kp. 91,9° mit 69,5 I u. 30,5 II; (I, III) Kp. 95,6 mit 74,7 I u. 25,3 III. (Roczniki Chem. [Ann. Soc. chim. Polonorum] 29. 61—65. 1955. Warszawa, Uniw., Zakł. Chem. Fiz. Ogóln.)
F. URBAN. B 150

Halina Markowska-Majewska, *Fast tangentielle Azeotrope, die von Naphthalin mit m- und p-Kresol gebildet werden.* 18. Mitt. (17. vgl. vorst. Ref.) Die Isobare (gewöhnlicher Druck) der Kpp. der Mischungen von *Naphthalin* (I) mit der 202°-Fraktion des techn. Kresols (m- u. p-Kresol) geht tangentiell in die Horizontale durch die Temp. 202° ein. Mit dem Differenzebulliometer nach ŚWIĘTOSŁAWSKI wurde festgestellt, daß das Gemisch mit I-Geh. unter 5% konstant bei 202° siedet. Die Mischung der Kresolisomeren mit 20—25% I kann auch mit guten Kolonnen nicht getrennt werden. Bei vermindertem Druck hat die Kp.-Isobare jedoch ein deutliches Minimum. (Roczniki Chem. [Ann. Soc. chim. Polonorum] 29. 67—73. 1955. Warszawa, Inst. Chem. Ogóln.) F. URBAN. B 150

Kazimierz Zięborak und **Halina Markowska-Majewska,** *Über positiv-negative Azeotrope mit Naphthalin, Kresolen und Pyridinbasen.* 19. Mitt. (18. vgl. vorst. Ref.) Naphthalin (techn. F. 80,0°), eine Mischung von m- u. p-Kresol (techn. Fraktion 202,0°) u. Pyridinbasen (Fraktionen 142—145, 157—157,5, 163—164°) bilden eine Reihe von tern. azeotropen Gemischen (positiv-negativ) mit Sattelfläche. Ebulliometr. wurde festgestellt, daß der Kp. der Gemische mit jeweils einer der Pyridinfraktionen sich vom Kp. der Mischung Kresole + Pyridinbasen nur wenig unterscheidet; somit sind diese Azeotrope fast tangentiell. Damit ist die Erscheinung geklärt, warum Pyridinbasen mit höhersd. Teerfraktionen übergehen. (Roczniki Chem. [Ann. Soc. chim. Polonorum] 29. 75—83. 1955. Warszawa, Inst. Chem. Ogóln.) F. URBAN. B 150

M. Bailey, *Die Kristallstruktur von N.N'-Diacetylhexamethylendiamin.* N.N'-Diacetylhexamethylendiamin, $C_{10}H_{20}O_2N_2$, bildet farblose trikline Kristalle, die tafelförmig nach (1 0 0) u.-nach [0 0 1] gestreckt sind; sie sind außerdem stark faserig nach [0 0 1]. Aus Drehkristallaufnahmen ergaben sich die Zelldimensionen a = 12,35 Å; b = 5,44 Å; c = 4,93 Å; $\alpha = 116^0 37'$; $\beta = 99^0 04'$ u. $\gamma = 94^0 18'$. Raumgruppe ist $P\bar{1}$; Z = 1. Unter Annahme eines ebenen Mol. u. bekannter Bindungslängen u. Valenzwinkel wurde eine vorläufige Struktur hergeleitet, die hierauf durch Elektronendichteprojektionen auf (0 1 0) u. (0 0 1) verfeinert wurde. Es ergaben sich die folgenden Parameter (wegen der Bezifferung vgl. nebenst. Figur). C_1 (x =) 0,0338; (y =) 0,033; (z =) 0,114; C_2 0,1178; 0,220; 0,024; C_3 0,1872; 0,283; 0,210; C_4 0,3208; 0,583; 0,230; C_5 0,4032; 0,763; 0,073; N_6 0,2654; 0,463; 0,075; O_7 0,3097; 0,550; 0,485. Die Struktur besteht aus Ketten von Moll., die angenähert in der (2 1 0)-Ebene liegen u. in der c-Richtung durch H-Bindungen mit einer Länge von 2,88 Å verknüpft sind. Diese H-Bindungen bestehen zwischen N- u. O-Atomen benachbarter Moleküle. Die Hexamethylenkette u. die Acetylamingruppen sind planar, der Winkel zwischen den Normalen zu diesen Ebenen beträgt 11½°. Die interatomaren Abstände sind tabellar. zusammengestellt. Die Bindungslängen u. die Valenzwinkel des Mol. stimmen sehr gut mit den Werten überein, die PAULING, COREY u. BRANSON (vgl. C. 1952. 537) als Mittelwerte für eine Polypeptidkette angegeben haben. (Acta crystallogr. [Copenhagen] 8. 575—78. 10/9. 1955. Manchester, Imperial Chem. Ind. Ltd., Res. Labor.)

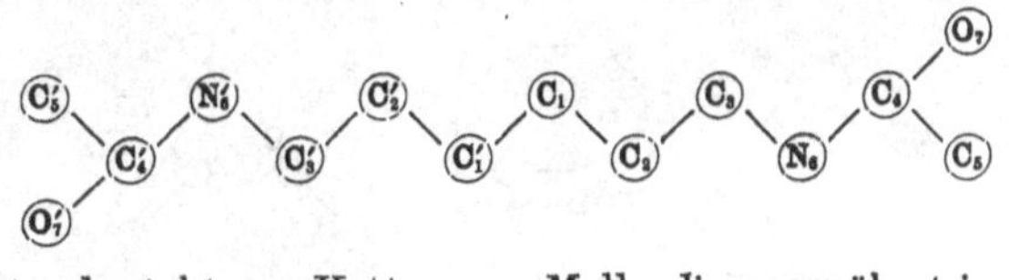

C. GOTTFRIED. B 195

D. A. Bekoe und **Ralph Hulme,** *Kristallstruktur von p-Chlorphenyljodiddichlorid.* p-Cl·C_6H_4·JCl_2 entsteht in Form hellgelber Nadeln beim Einleiten von trockenem Cl_2 in eine wasserfreie Lsg. von *p-J·C_6H_4·Cl* in $CHCl_3$. Mit Hilfe von Schwenk- u. WEISSENBERG-Aufnahmen werden die Abmessungen der triklinen Elementarzelle ermittelt: a = $10,1_0$; b = 4,13; c = $11,0_3 \pm 0,04$ Å; $\alpha = 96^0 42'$; $\beta = 107^0 27'$; $\gamma = 91^0 12' \pm 36'$ (b = Nadelachse). Mit der experimentellen D. 2,31 errechnet sich Z = 2. Vorläufige Strukturbetrachtungen ergeben für das J-Atom in der Raumgruppe $P\bar{1}$ die Parameter (0,040; 0,280; $\overline{0,175}$). Die Eigenarten der vorliegenden Struktur hinsichtlich der —JCl_2-Gruppierung (vgl. ARCHER u. VAN SCHALKWYK, C. 1954. 3197) werden diskutiert. (Nature [London] 177. 1230—31. 30/6. 1956. Achimota, Gold Coast, Univ. Coll., Chem. Dep.) W. KRÖNERT. B 195

David R. Davies und **J. J. Blum**, *Die Kristallstruktur der Parabansäure.* Prismat. bis tafelförmige Kristalle mit gut entwickelten (1 0 0)- u. (0 1 0)-Flächen wurden durch Umkristallisieren der *Parabansäure* aus wss. Lsg. erhalten. Dreh- u. WEISSENBERG-Aufnahmen ergaben monokline Symmetrie mit der Elementarzelle a = 10,685 ± 0,001 Å; b = 8,194 ± 0,001 Å; c = 5,054 ± 0,001 Å; $\beta = 92^0 44' \pm 2'$. Raumgruppe ist $P2_1/n$; Z = 4. Parameter wurden nach der „trial and error"-Meth., PATTERSON u. HARKER-Funktionen erhalten, die mit Hilfe der Meth. der kleinsten Quadrate verbessert wurden. Außerdem wurden getrennte anisotrope Temperaturfaktoren bestimmt u. die Wärmeschwingungsparameter nach der Meth. der kleinsten Quadrate verbessert. Die endgültig festgelegten Parameter sind (wegen der Bezifferung, vgl. die nebenst. Figur): C_1 (x =) 0,2989; (y =) 0,3690; (z =) 0,3293; C_2 0,2242; 0,2304; 0,6755; C_3 0,3673; 0,2085; 0,6710; N_1 0,1940; 0,3278; 0,4642; N_2 0,4011; 0,2948; 0,4560; O_1 0,3005; 0,4509; 0,1298; O_2 0,1570; 0,1730; 0,8392; O_3 0,4322; 0,1293; 0,8256. Bei der Berechnung der Strukturfaktoren werden die folgenden H-Parameter zugrunde gelegt: H_1 (x =) 0,108; (y =) 0,361; (z =) 0,415; H_2 0,492; 0,303; 0,397. Im Gitter sind die Moll. gegen die (0 1 0)-Ebene um 36° geneigt. Benachbarte, durch die Gleitebene verbundene Moll. sind schichtweise durch NH ··· O—H-Bindungen verknüpft. Die Längen dieser Bindungen sind $N_1 \cdots O_3' = 2{,}873$ Å, u. $N_2 \cdots O_2' = 2{,}837$ Å. Intermol. Abstände sind $C_1-O_1 = 1{,}212$ Å; $C_1-N_1 = 1{,}382$ Å; $C_1-N_2 = 1{,}380$ Å; $N_1-C_2 = 1{,}360$ Å; $N_2-C_3 = 1{,}360$ Å; $C_2-O_1 = 2{,}77$ Å; $C_2-O_2 = 1{,}216$ Å; $C_3-O_3 = 1{,}208$ Å u. $C_2-C_3 = 1{,}541$ Å. Aus den C—N-Abständen ergibt sich, daß C_1-N_1 20% u. C_2-N_1 25% Doppelbindungscharakter hat. (Acta crystallogr. [Copenhagen] **8.** 129—36. März 1955. Pasadena, Calif., Inst. of Technol., Gates and Crellins Labor. of Chem.) C. GOTTFRIED. B 195

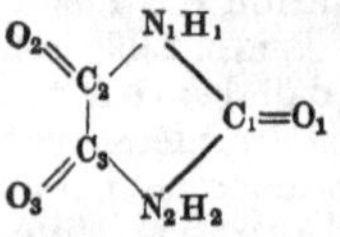

M. Bailey, *Die Kristallstruktur von Indanthron. Indanthron* (**I**) tritt in mehreren polymorphen Formen auf, von denen die Struktur der stabilen α-Form bestimmt wurde. Kleine, nach der b-Achse verängerte Leistchen wurden durch Vakuumsublimation von reinem δ-**I** erhalten. Die Kriställchen wurden durch Pulveraufnahmen als α-Form identifiziert. WEISSENBERG-Aufnahmen ergaben monokline Symmetrie mit der Zelle a = 30,83 Å; b = 3,833 Å; c = 7,845 Å; $\beta = 91^0 55'$. Raumgruppe ist $P2_1/a$; Z = 2, $C_{28}H_{14}$·O_4N_2. Unter der Annahme eines angenähert ebenen Mol. folgt aus der kurzen b-Achse, daß die Mol.-Ebene weniger als 30° gegen die (0 1 0)-Ebene geneigt sein kann. Unter dieser Annahme u. der weiteren Annahme, daß das Mol. von regelmäßigen Sechsecken mit einer Kantenlänge von 1,39 Å aufgebaut wird, wurden vorläufige (h 0 l)-Strukturfaktoren berechnet, die durch aufeinanderfolgende FOURIER-Projektionen verbessert wurden. Aus einer weiteren FOURIER-Projektion parallel der c-Achse wurden y-Koordinaten erhalten.

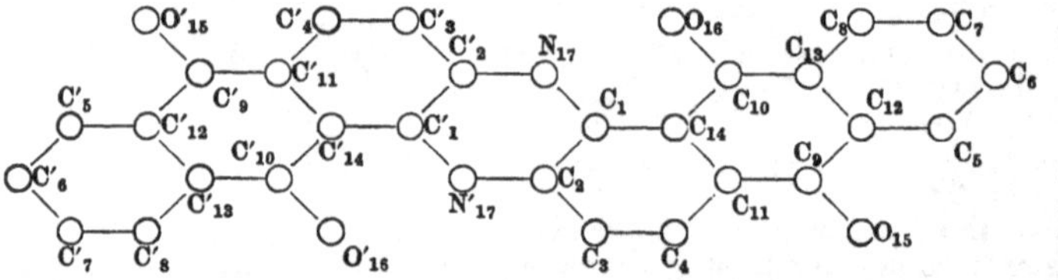

Die endgültig gefundenen Parameter sind (Bezifferung vgl. nebenst. Figur): C_1 (x =) 0,0410; (y =) 0,835; (z =) 0,0300; C_2 0,0291; 0,968; 0,8635; C_3 0,0572; 0,955; 0,7415; C_4 0,0972; 0,781; 0,7662; C_5 0,2076; 0,223; 0,1518; C_6 0,2202; 0,091; 0,3090; C_7 0,1909; 0,104; 0,4346; C_8 0,1506; 0,254; 0,4086; C_9 0,1542; 0,518; 0,9466; C_{10} 0,0935; 0,541; 0,2278; C_{11} 0,1102; 0,666; 0,9266; C_{12} 0,1657; 0,371; 0,1189; C_{13} 0,1375; 0,376; 0,2470; C_{14} 0,0807; 0,680; 0,0553; O_{15} 0,1789; 0,504; 0,8303; O_{16} 0,0688; 0,535; 0,3480; N_{17} 0,0106; 0,862; 0,1555. In dem Gitter ist das Mol. zentrosymm.; die Genauigkeit der Parameterbest. ist jedoch ausreichend, um festzustellen, daß das Mol. nicht vollkommen eben ist. In einer Ebene liegen die 2 Ringe am Ende des Mol., während die Atome der 3 Zentralringe außerhalb dieser Ebene liegen. Die Ebene durch die 12 koplanaren Atome C_5, C_6, C_7, C_8, C_9, C_{10}, C_{11}, C_{12}, C_{13}, C_{14}, O_{15} u. O_{16} wurde nach der Meth. der kleinsten Quadrate berechnet; auf die orthogonalen Achsen a, b, c* hat diese Ebene die Gleichung $0{,}3461x + 0{,}8970\,y + 0{,}2749\,z + 0{,}1365 = 0$. Die entsprechenden zentrosymm. Atome liegen auf einer parallelen Ebene $0{,}3461\,x + 0{,}8970\,y + 0{,}2749\,z - 0{,}1365 = 0$. Von den 5 nichtkoplanaren Atomen liegen N_{17}, C_1, C_2 u. C_3 zwischen diesen beiden Ebenen u. C_4 oberhalb der ersten Ebene. Die zentrosymm. Atome N_{17}', C_1', C_2', C_3' u. C_4' sind gegenüber der zweiten Ebene ähnlich verschoben. (Acta crystallogr. [Copenhagen] **8.** 182—85. März 1955. Manchester, Imperial Chem. Ind., Res. Labor.)
C. GOTTFRIED. B 195

W. H. Barnes und **June M. Lindsey**, *Elementarzelle, Raumgruppe und indizierte Röntgenbeugungspulverdaten für gewisse Narkotica.* 7. Mitt. *Morphinhydrochloridtrihydrat* *und die Dihydrate von Morphinhydrobromid, Morphinhydrojodid, Codeinhydrochlorid, Codeinhydrobromid, Codeinhydrojodid.* (6. vgl. C. **1956.** 4671.) Mittels Einkristall- u. Pulveraufnahmen wurden untersucht: *Morphinhydrochloridtrihydrat* (**I**) sowie die *Dihydrate* von *Morphinhydrobromid* (**II**) u. *-hydrojodid* (**III**), *Codeinhydrochlorid* (**IV**), *-hydrobromid* (**V**) u. *-hydrojodid* (**VI**). Für alle Verbb. ist Raumgruppe $P\,2_1\,2_1\,2_1$ u. $Z = 4$. Die Elementarkörperdimensionen sind für **I**: a = 13,04 Å; b = 20,78 Å; c = $6{,}92_1$ Å; für **II**: a = 12,75 Å; b = 20,04 Å; c = $6{,}92_3$ Å; für **III**: a = 13,04 Å; b = 20,34 Å; c = $6{,}87_4$ Å; für **IV**: a = 12,93 Å; b = 20,47 Å; c = $6{,}82_5$ Å; für **V**: a = 13,10 Å; b = 20,86 Å; c = $6{,}81_8$ Å; für **VI**: a = 13,44 Å; b = 21,38 Å; c = $6{,}83_5$ Å. Für alle Verbb. sind die Daten für die Pulverdiagramme tabellar. angegeben. (Canad. J. Chem. **33.** 565—70. März 1955. Ottawa, Nat. Res. Council, Div. of Phys.) C. GOTTFRIED. B 195

K. E. Howlett, *Der Gebrauch von Gleichgewichtskonstanten zur Ermittlung thermodynamischer Größen.* 2. Mitt. (1. vgl. J. chem. Soc. [London] **1951.** 1409.) Vf. untersucht die Gleichgewichte $C_2H_5Cl \rightleftharpoons C_2H_4 + HCl$ u. $CH_3CHClCH_3 \rightleftharpoons CH_3CH{=}CH_2 + HCl$ bei 175—255° bzw. 60—210°; als Katalysator diente ein Gemisch aus Nickel-, Kobalt- u. wenig Cadmiumchlorid. Die Gleichgewichtskonzz. wurden durch Druckmessungen bzw. rasche Unterkühlung auf —190° u. anschließende Titration der HCl bestimmt. Die Rkk. mit *Äthylchlorid* (**I**) wurden bei einem Anfangsdruck von 45—140 mm Hg, die mit *Isopropylchlorid* (**II**) bei 50—300 mm Hg durchgeführt. Die Gleichgewichtskonstanten K_p ist unabhängig vom Druck, es gilt $\lg K_p = (17{,}440/4{,}575\,T) - 6{,}88_5$ bei **I** bzw. $\lg K_p = (17{,}540/4{,}575\,T) - 7{,}56_3$ bei **II**. Bei *tert.-Butylchlorid* (**III**) ergibt sich $\lg K_p = (17{,}700/4{,}575\,T) - 8{,}27$ (l. c.). Daraus u. aus der monomol. Geschwindigkeitskonstanten der Zers. der Alkylchloride ergeben sich für die bimol. Addition von HCl an die Olefine folgende Geschwindigkeitskonstanten bei 200°: k (Äthylen) = $10^{9,8} \cdot e^{-44{,}000/RT}$; k (Propylen) = $10^{9,0}\,e^{-34{,}000/RT}$ u. k (Isobutylen) = $10^{6,1}\,e^{-25{,}000/RT}$ (Liter/Mol·sec). Der nichtexponentielle Faktor fällt bei steigender C-Zahl des Olefins. — Die Entropie S^0_{385} für **II** ergibt sich daraus zu 79,91 [cal/Grad·Mol], wovon auf Grund statist. Berechnungen 73,709 auf den Schwingungsanteil entfallen. Für **I** gilt S^0_{473} = 74,38, Schwingungsanteil 71,227. Die thermodynam. Größen betragen bei 298,16, 400, 500, 600 u. 700° K für **I** S^0 66,21; 71,10; 75,54; 79,67 u. 83,54; C^0_p 15,01; 18,40; 21,41; 23,98 u. 26,51; ΔH^0_f —26,66; —27,69; —28,47; —29,07 u. —29,52. Für **II** S^0 74,10; 80,89; 87,03; 92,76 u. 98,10; C^0_p 20,93; 25,48; 29,59; 33,19 u. 36,33; ΔH^0_f —34,56; —35,89; —36,93; —37,71 u. —38,30. Für **III** S^0 77,04; 86,04; 94,26; 101,9 u. 109,0; C^0_p 27,30; 34,01; 39,60; 44,23 u. 48,11; ΔF^{+0} —42,99; —44,53; —45,62; —46,38 u. —46,90. Für das der freien Drehbarkeit entgegenwirkende Hinderungspotential V ergeben sich die Werte bei **I** 2,9, bei **II** 2,2 u. bei **III** 3,6 kcal/Mol. V ist nur wenig von den Substituenten abhängig, wie sich durch Vgl. mit Äthan (2,8), Isobutan (3,9), 1,1,1-Trichloräthan (2,7) u. 1.1.1-Trifluoräthan (3,4) zeigt. Nur bei Hexachloräthan ergibt sich ein höherer Wert. Vff. glauben, daß V auf ster. Effekte u. Quadrupolmomente, aber nicht auf Dipolwechselwrkg. zurückzuführen ist. (J. chem. Soc. [London] **1955.** 1784—89. Juni. London, Bedford Coll.) J. KLEINWÄCHTER. B 221

V. K. Venkatesan und **C. V. Suryanarayana**, *Eine physikalisch-chemische Untersuchung des Systems Pyridin–Essigsäure.* Im Bereich von 10—90% untersuchten Vff. die elektr. Leitfähigkeiten, Viscositäten u. Brechungsindices des bin. Syst. Pyridin–wasserfreie Essigsäure. Alle diese Größen zeigen, als Funktion der Volumenkonz., ein Maximum bei 83 Mol-% Essigsäure. Im Gegensatz zu anderen Autoren deuten Vff. diesen Befund durch die Annahme einer Variation der Ionisation der Essigsäure mit der Pyridinkonz. mit einem Maximum bei 83 Mol-%. Auch die Maxima von Viscosität, D. u. Brechungsindex deuten Vff. qualitativ durch eine vollständige Dissoziation der Essigsäure u. die damit verbundene hohe Ionenstärke bei dieser ausgezeichneten Konzentration. (J. physic. Chem. **60.** 777—79. Juni 1956. South India, Annamalai Univ., Phys. Chem. Labor.) H. U. WOELK. B 221

Adolf Wagner, Hermann J. Becher und **Karl-Georg Kottenhahn**, *Über Wasserstoffbrückenbindungen zwischen Sulfoxyden und Thiophenol bzw. Phenol.* Im Infrarotspektr. der äquimol. Mischung von *Diäthylsulfoxyd* (**I**) mit *Thiophenol* (**II**) tritt eine Verschiebung der S—H-Frequenz von 2575 nach 2475 cm^{-1} auf, die Vff. auf H-Brückenbldg. zurückführen. Auch konz. Lsgg. von **I** + **II** in CCl_4 zeigen diese Verschiebung, bei größerer Verdünnung sind beide Banden nebeneinander sichtbar, das Assoziat aus **I** u. **II** steht also mit den Komponenten in echtem Gleichgewicht. Analoge Ergebnisse wurden bei Mischungen aus **I** u. *Phenol* (**III**) erhalten, die Frequenzverschiebung (385 cm^{-1}) u. daher auch die Assoziation ist bei **I**—**III** bedeutend stärker als bei **I**—**II**. Die Acceptoreigg. der Sulfoxyde nehmen in der Folge **I** > *Äthylphenyl-* > *Diphenylsulfoxyd* ab, außer diesen scheinen auch Sulfinsäureester zur Assoziation befähigt zu sein (untersucht *p-Toluolsulfinsäureäthylester*, ferner *Diäthyl-*, *Äthylphenyl-*, *Diphenylsulfid*, *Äthyl-o-carbäthoxyphenylsulfid*, *-sulfoxyd*, *-sulfon* u. *Diäthylsulfon*). — Angegeben ist weiter die Lage der SH-Bindung bei *Thiokresol*, *Thiosalicylsäure* (**IV**) u. **IV**-*Äthylester* (**V**). Zumindest in den Fällen, in denen Chelatbldg. möglich ist, scheinen danach Thiophenole auch mit Carbonylgruppen zu assoziieren (**IV**, **V**). — Beim Stehenlassen von I–II -Mischungen erfolgt Redox-Rk. unter Bldg. von *Diäthylsulfid*, $C_4H_{10}S$, Kp. 91 bis 93°; 65% (Ausbeute), u. *Diphenyldisulfid*, $C_{12}H_{10}S_2$, F. 61°; 76%. (Chem. Ber. **89.** 1708—14. 2/7. 1956. Stuttgart, TH, Inst. für organ. Chem. u. organ.-chem. Technol.) G. KRESZE. B 223

H. Harry Szmant und **Luis M. Alfonso**, *Molekülkomplexbildung von 2.5-Diphenyl-1.4-dithiadien.* Vff. untersuchten die Struktur der Verb. (**I**), die SZMANT u. DIXON (C. **1954.** 5527) bei der Oxydation von 2.5-Diphenyl-1.4-dithiadien (**II**) mit H_2O_2 erhalten hatten. Bei verschied. Rkk. lieferte **I** Derivv. von **II** u. von 2.4-Diphenylthiophen (**III**). Chromatographie einer konz. Lsg. von **I** in Bzl. an Al_2O_3 zeigte, daß **I** eine Molekülverb. aus **II** u. **III** ist, die nur in festem Zustand existiert, u. daß es nicht ein DIELS-ALDERsches Addukt aus **II** u. **III** ist (vgl. auch PARHAM u. TRAYNELIS, C. **1955.** 8621). 2.4-Diphenylfuran bildet ebenfalls einen Komplex mit **II**, 2.5-Diphenylthiophen jedoch nicht. Die UV-Spektren der Molekülverbb. sind mit den Spektren äquimol. Mischungen der Komponenten identisch. Vff. nehmen an, daß die Moll. der Molekülverbb. „wie ein Stoß Karten gestapelt" sind, u. daß die Überlappung der π-Bahnen der Phenylgruppen beider Komponenten eine entscheidende Rolle bei der Stabilisierung spielt. Im Gegensatz zu PARHAM u. TRAYNELIS (l. c.) vermuten Vff., daß **III** bei der Oxydation von **II** aus dem Monosulfoxyd von **II** [F. 114—115° (Zers. unter Rotfärbung), Infrarotbande bei 1040 cm^{-1}] gebildet wird, das sich unter Bldg. von **I** zers. läßt u. das, vermutlich durch eine Disproportionierung zweier Sulfoxydmoll., SO_2 abgibt. Das Monosulfon von **II** lagert sich beim Erhitzen bis 200° nicht um.

Versuche: *Molekülverb. von* **II** *mit* **III** (**I**), F. 126—128° (Isopropylalkohol), a) aus **II** u. Peressigsäure (**IV**) in sd. Äthylacetat; 70% (Ausbeute); b) aus **II** u. **III** in Bzl.; quantitativ. **I** gibt mit $HgCl_2$ das HgCl-Deriv. von **III**. — *Molekülverb. von* **II** *mit 2.4-Diphenylfuran*, $C_{32}H_{24}OS_2$, F. 111—112°, aus den Komponenten; quantitativ. — *Monosulfon von* **II**, $C_{16}H_{12}O_2S_2$, F. 152—154° (A.), aus **II** (oder aus **I**) u. **IV** in Äthylacetat; Infrarotbanden bei 1177 u. 1331 cm^{-1}; 67%. — *Monobromderiv. von* **II**, $C_{16}H_{11}BrS_2$, F. 85,5—86,5° (CH_3OH), aus 10 g **II**, 5,5 g N-Bromsuccinimid (**V**) u. wenig Benzoylperoxyd in CCl_4, 5 Tage bei Zimmertemp.; 6,8 g. — *Dibromderiv. von* **II**, $C_{16}H_{10}Br_2S_2$, F. 164—165° (A. + Bzl.), aus 4,5 g **II** (oder aus **I** oder aus vorst. Verb.) u. 6 g **V**; 4 g. (J. Amer. chem. Soc. **78.** 1064—66. 5/3. 1956. Pittsburgh, Pa., Duquesne Univ., Dep. of Chem.) G. CLEVE. B 223

Ludwig Bauer, *Durch Lithiumaluminiumhydrid veranlaßte reduktive Lossen-Umlagerung.* Bei der Red. von 3-Benzolsulfonoxy-5.6-dihydrouracil (**I**; vgl. HURD u. BAUER, C. **1954.** 9268) mit $LiAlH_4$ entsteht an Stelle des erwarteten Hexahydropyrimidins, des 1.3-Diaminopropans oder des N-Methyl-1.3-diaminopropans *N.N'-Dimethyläthylendiamin* (**II**). Für den Umlagerungsmechanismus von **I** durch $LiAlH_4$ nimmt Vf. analogen Verlauf wie bei der Rk. von **I** u. NaOH (BUESS u. BAUER, C. **1955.** 8159) — eine Variante der LOSSENschen Umlagerung — an.

Versuche: *3-Benzolsulfonoxy-5.6-dihydrouracil*, F. 175—176° (Isopropanol), aus succindihydroxamsaurem Na in Pyridin durch tropfenweise Zugabe von Benzolsulfochlorid bei 25—30°, 45 Min. Rühren; 88% (Ausbeute). — *Benzolsulfonylderiv. des N.N'-Dimethyläthylendiamins*, $C_{16}H_{20}O_4N_2S_2$, F. 129—131° (A. bzw. Essigsäure), aus vorst. Verb. durch Red. mit einer Suspension von $LiAlH_4$ in Tetrahydrofuran, 5 Std. Kochen, Behandeln des mit NaOH alkal. gemachten Reaktionsprod. mit Benzolsulfochlorid; 29%. — *Benzoylderiv. von* **II**, $C_{18}H_{20}O_2N_2$, F. 177—178° (Bzl.); 41%. — *N-Methyl-1.3-diaminopropan*, Kp. 140—143°, aus 3-Methylaminopropionitril in Ae. durch Zugabe zu $LiAlH_4$ in Ae., 30 Min. Kochen; n_D^{13} 1,4453; *Benzolsulfonylderiv.*, $C_{16}H_{20}O_4N_2S_2$, F. 95° (A,). (J. Amer. chem. Soc. **78.** 1945—46. 5/5. 1956. Chicago, Ill., Univ., Coll. of Pharmacy; Sidney, Univ., Dep. of Chem.) R. MATTNER. B 225

Gabriello Illuminati, *Neuuntersuchung der Rolle von Phenylsulfaminsäure bei der Bildung von Aminobenzolsulfonsäuren.* Vf. fordert bei der Umsetzung von *Phenylsulfaminsäure* (**I**) in Eisessig–Schwefelsäure zwischen 0 u. 45° im Gegensatz zu BAMBERGER [1897] keine *Orthanilsäure* (**II**) als Umlagerungsprod., es tritt allein in wechselndem Ausmaß Spaltung ein. Bei Vermeidung einer Solvolyse, in trockenem Dioxan bei 100°, werden Anilinsulfonsäuren zwar zu 22% in 55 Std. gebildet, das Prod. besteht jedoch hauptsächlich aus *Sulfanilsäure* (**IV**). — Die Umsetzung von *N-Phenylhydroxylamin* (**III**) mit SO_2 verläuft komplex, die Ausbeute an **II** ist am größten in absol. A.

(33%) u. sinkt bei Wasserzugabe. Daneben entstehen Anilin u. nichtidentifizierte Prodd., in 60%ig. A. wird — in Übereinstimmung mit BAMBERGER — eine kleine Menge **I** gefunden, die Vf. jedoch als Nebenprod. u. nicht als Zwischenprod. bei der Bldg. von **II** ansieht; unter den Reaktionsbedingungen bildet **I** kein **II**. — Vf. diskutiert unter Berücksichtigung seiner Ergebnisse den Mechanismus der Sulfonierung von Anilin, **II** als Vorstufe von **IV** bzw. **I** als Vorstufe von **II** sind danach abzulehnen. — Identifizierung von **II** u. **IV** als *o-* bzw. *p-Chlorbenzolsulfonamid*, F. 186—188° bzw. F. 142—144°. (J. Amer. chem. Soc. **78**. 2603—06. 5/6. 1956. London, Univ. Coll., William Ramsay and Ralph Forster Labors.) G. KRESZE. B 225

S. Winstein, M. Shatavsky, C. Norton und **R. B. Woodward,** *Benachbarter Kohlenstoff und Wasserstoff*. 20. Mitt. *7-Norbornenyl- und 7-Norbornylkationen*. (19. vgl. C. **1956**. 8576; 21. vgl. C. **1956**. 11390.) Auf Grund der Geschwindigkeitskonstanten 1. Ordnung (k_1) u. der Aktivierungsenergien bei der Acetolyse von p-Toluolsulfonaten (TSS) wurde die solvolyt. Reaktionsfähigkeit (bei 25°) der TSS folgender Verbb. festgestellt: *anti-7-Norbornenol* (**I**) zu 10^4, *exo-5-Norbornenol* 10^3, *Cyclohexanol* 1, *endo-5-Norbornenol* (WINSTEIN u. Mitarbeiter. C. **1952**. 2815) 10^{-1}, *7-Norborneol* (**II**; ROBERTS u. Mitarbeiter, C. **1955**. 4339) 10^{-7}. Während die geometr. Anordnung des **II**-Syst. denkbar ungünstig für die Stabilisierung eines kation. Zentrums an $C_{(7)}$ ist, wird die hohe Reaktionsfähigkeit der **I**-Derivv. auf die starke anchimere Unterstützung der Ionisation an $C_{(7)}$ unter Mitwrkg. der π-Elektronenwolke der 2.3-Doppelbindung zurückgeführt. (**III**). Das vorliegende Homoallylsyst. ist dadurch ausgezeichnet, daß eine unbesetzte Elektronenbahn an $C_{(7)}$ die p-Bahnen der Doppelbindung symm. überlappen kann. Das Kation von **I** reagiert mit dem Lösungsm. stereospezifisch. Bei der Hydrolyse des *Dibromids* (**IV**) u. der Acetolyse des TS von **I** wurde keine Konfigurationsänderung beobachtet. — **I**, F. 117—118°, durch selektive Hydrolyse von **IV** (aus Bicycloheptadien + Br_2) u. Abspaltung von Br aus dem entstandenen Bromhydrin mit Zn oder als Acetat durch Rk. von C_2H_4 mit Acetoxycyclopentadien bei 190°. — **II**, F. 150—151°, durch katalyt. Hydrierung von **I**. (J. Amer. chem. Soc. **77**. 4183—84. 5/8. 1955. Los Angeles, Calif., Univ., Dep. of Chem.; Cambridge, Mass., Harvard Univ., Converse Memor. Labor.) W. SCHULENBURG. B 225

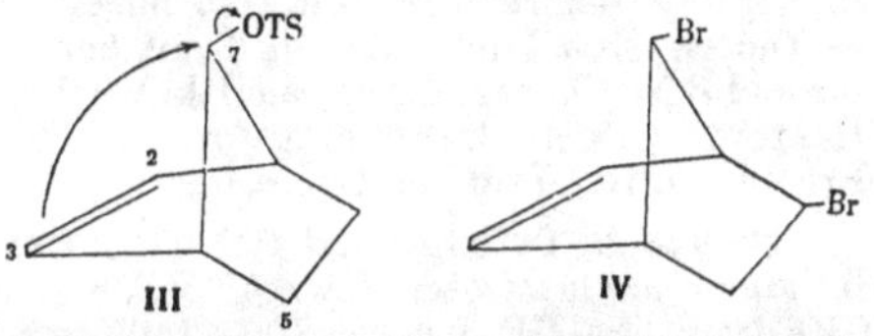

III IV

N. J. H. Small und **A. R. Ubbelohde,** *Inertgaseffekte bei der Oxydation von Hexan*. (Vgl. C. **1955**. 5988.) Bei der Oxydation von KW-stoffen mit O_2 besteht ein Glied der Reaktionskette bei niedrigen Tempp. in der Bldg. eines Peroxydradikals nach der Gleichung $R + O_2 = RO_2{}^*$; auf diese Rk. folgt $RO_2{}^* + RH = ROOH + R$. Die Reaktionsenergie wird im Radikal $RO_2{}^*$ kurze Zeit gespeichert, bevor es durch die obengenannte Rk. seine Energie wieder verliert; es kann seine Energie jedoch auch durch Zusammenstoß u. Rk. mit einem 3. Stoff (X) nach der Gleichung $RO_2{}^* + X = RO_2 + X^*$ abgeben. Diese Annahme wird dadurch gestützt, daß eine Erhöhung der Konz. an KW-stoff eine viel stärkere Erhöhung der Reaktionsgeschwindigkeit bewirkt als eine Erhöhung der O_2-Konzentration. H_2 inhibiert die Oxydation von Hexan ganz beträchtlich, wie durch Verss. mit strömenden Gasen (vgl. C. **1950**. II. 2048) gefunden wurde. Das Ausmaß der Oxydation, gemessen an der Gesamtmenge an gebildeten Peroxyden, Aldehyden u. Säuren nimmt mit steigender Temp. stark zu. Offenbar rührt die typ. Inhibitorwrkg. von H_2 aus Energieübertragungsvorgängen her, in welchen Zusammenstöße mit H_2 gemäß der Rk. $RO_2{}^* + X = RO_2 + X^*$ viel wirkungsvoller sind als Zusammenstöße mit (dem früher untersuchten) N_2. Spuren von Hg-Dampf hemmen die Rk. sowohl in Hexan–O_2–N_2-Systemen als auch in Hexan–O_2–(H_2 + N_2)-Systemen sehr stark. Diese zusätzliche Inhibierung durch Hg ist bzgl. der Konz. an Hg nicht sehr empfindlich. (Nature [London] **168**. 201—02. 4/8. 1951. Belfast, Queen's Univ., Dep. of Chem.) J. MATTNER. B 225

B. G. Freidin, *Zur Frage der Wirkung eines Zusatzes von Borsäure auf den Oxydationsprozeß von Kohlenwasserstoffen in flüssiger Phase*. Vf. ermittelte durch Verss. mit einer Petroleumfraktion (39,9% aliphat. KW-stoffe, 55,6% Naphthen-KW-stoffe u. 4,5% aromat. KW-stoffe), daß bei 170° u. einem Luftverbrauch von 6 Liter/Min. ohne akt. Katalysator eine gute Oxydierbarkeit vorliegt. Zugabe von H_3BO_3 in einer Konz. über 1,25% verhinderte das Eintreten der Oxydation. Die Hemmung des Oxydationsprozesses durch H_3BO_3 hängt nicht mit dem endothermen Charakter der Rk. u. der intensiven Entw. von Hydratwasser zusammen ($H_2B_4O_7$ gab das gleiche Resultat). Aus den Verss. folgt, daß die sich bildenden Borsäureester (**I**) den Oxydationsprozeß in der fl. Phase verzögern; bei hohen Tempp. sind aber die desoxydierenden Eigg. der I nicht sehr wirksam u. sie werden durch Einführung eines akt. Katalysators (Mn-Naphthenat) überwunden. (Журнал Прикладной Химии [J. angew. Chem.] **27.** 1327—30. Dez. 1954. Zentrales Wiss. Forschungslabor. des Trusts „Erdölfabr.".) W. OESTEREICH. B 225

F. H. Pollard und **K. A. Holbrook**, *Reaktion zwischen Ameisensäure und Stickstoffdioxyd.* Vff. untersuchen die Rk. zwischen *Ameisensäure* (I) u. *NO_2* durch Druckmessung sowie durch photometr. Best. des NO_2; ausgeführt wurden die Verss. meist bei 220°. Die Gesamt-Rk. verläuft nach der Gleichung $HCOOH + NO_2 \rightarrow H_2O + CO_2 + NO$; die Rk. ist möglicherweise autokatalyt.; zugesetztes NO steigert die Reaktionsgeschwindigkeit, während der Zusatz von H_2O oder N_2 fast ohne Einfl. bleibt. Die Steigerung der Reaktionsgeschwindigkeit ist der zugesetzten NO-Menge proportional. Die Reaktionsgeschwindigkeit wird durch folgende Gleichung wiedergegeben: $d(\Delta P)/dt = -d(NO_2)/dt = k_1 \cdot (HCOOH) \cdot (NO_2) \cdot \{1 + k_2(NO)/k_1\}$. Bei 220° ist $k_1 = 3{,}78 \cdot 10^{-1}$ Liter·Mol^{-1}·sec^{-1} u. $k_2 = 3{,}56 \cdot 10^2$·$Liter^2$·Mol^{-1}·sec^{-1}. Die Rk. wird durch Oberflächenwirkungen stark beeinflußt. Eine 9fache Vergrößerung des Verhältnisses Oberfläche/Vol. bewirkte eine annähernd 9fache Erhöhung der Reaktionsgeschwindigkeit. *Ameisensäuremethylester* reagiert mit NO_2 langsam; wahrscheinlich verläuft die Rk. heterogen. — Die Rk. von **I** mit NO_2 wird mit bekannten Rkk. zwischen NO_2 u. Stoffen der allg. Formel R'R''CO verglichen, die Rk. wird danach durch die Ggw. eines leicht beweglichen H-Atoms (Aldehydgruppe) gefördert. (Nature [London] **177.** 799—800. 28/4. 1956. Bristol, Univ., Dep. of Chem.) J. MATTNER. B 225

George M. Calhoun und **Robert L. Burwell jr.**, *Hydrolyse von Natriumalkylsulfaten in wässeriger basischer Lösung.* Vff. untersuchten die Hydrolyse in wss. bas. Lsgg. (CO_2-freies NaOH) bei ca. 100—150° von folgenden Verbb.: *Methyl-* (**I**), *Äthyl-* (**II**), *Propyl-* (**III**), *Isobutyl-* (**IV**), *Neopentyl-* (**V**), *Isopropyl-* (**VI**), *sek.-Butyl-* (**VII**), *1-Äthylpropyl-* (**VIII**) u. *Pinakolyl* (**IX**)-*Na-Sulfat.* In der Reihe **I—IV** vollzieht sich die Hydrolyse sowohl nach 1. (unabhängig von $[OH^-]$) als auch nach 2. Ordnung. In der Reihe **I** ($k'_2 > k'_1$)—**V** nehmen beide Geschwindigkeitskonstanten, bezogen auf die von **II** ($\log k_2^{98,9°} = \log k_1^{138°} = 1$) ab, k'_2 jedoch stärker als k'_1. Für **I** ist das Verhältnis $k_2/k_1 = 60$ u. fällt auf 5,3 für **IV**. Die Konz. an NaOH, bei welcher beide Geschwindigkeiten anfangs gleich sind, nimmt in der gleichen Reihenfolge zu. Für die anderen Verbb. ist k_2 entweder kleiner als k_1 (**VI** u. **VII**) oder nicht feststellbar (**V** u. **IX**). Die Rk. 2. Ordnung verläuft nach S_N2 (bei **VI** u. **VII** kann auch Eliminierung vorliegen). Die Rk. 1. Ordnung nimmt wahrscheinlich eine Stellung zwischen S_N1 u. S_N2 ein, wofür bes. das Verh. der unverzweigten sek. Verbb. spricht: Trotz vorherrschender 1. Ordnung hydrolysiert das opt.-akt. **VII** fast nur unter Umkehrung der Konfiguration u. sehr geringer Racemisierung; tritt bei **VIII** keine Umlagerung ein u. ist das Verhältnis von k_1 (**VI**)/k_1 (**II**) = 16 anstatt mindestens 10^4 für einen reinen S_N1-Mechanismus (vgl. WINSTEIN, GRÜNWALD u. JONES, C. **1954.** 2998). Es ist daher anzunehmen, daß der Übergangszustand der sek. Verbb. soweit einem S_N-Mechanismus entspricht, als der Geschwindigkeitsanstieg unterdrückt u. die Konst. stabilisiert wird, bes. scheint kein freies Carbeniumion vorzuliegen. Wahrscheinlich ist der Isomerisierungsgrad von **VIII** ein Kriterium für den Grad der Annäherung an den reinen S_N1-Mechanismus u. verknüpft mit dem Racemisierungsgrad von **VII**. **IV** lagert sich teilweise um, **V** u. **IX** fast vollständig. Daraus folgt, daß bei den unverzweigten sek. Verbb. **VI**, **VII** u. **VIII** die Ablsg. des SO_4^{2-}-Ions mit kovalenter Bindung von W. verknüpft zu sein scheint. Bei **IX** kann dies im Übergangszustand nicht der Fall sein (ster. Hinderung, Umlagerung), wenn auch sein k_1-Wert nahezu gleich denjenigen der anderen sek. Verbb. ist. — Beide Typen der Hydrolyse bewirken einen positiven Salzeffekt. $NaClO_4$ u. in geringerem Maße Na_2SO_4 beschleunigen die Hydrolysegeschwindigkeiten bei **VI** stärker als die Reaktanten selbst, OH^- wirkt nicht verzögernd. — Bei **II** u. **III** entstehen bei der Hydrolyse keine nennenswerten Mengen an Olefin (**O**), bei **IV** ein geringer %-Satz Isobutylen, bei **VI** entsteht **O** vermutlich nach 1. u. 2. Ordnung, bei **IX** besteht etwas mehr als $^1/_3$ des Prod. aus Olefin. — Folgende Aktivierungsenergien (kcal) u. -entropien sind angegeben (in Klammern Reaktionsordnung u. Temperaturbereich): **I** (2; 80—109°): 24,0; —15,7. **II** (1; 110—150°): 22,2; —39,8; (2; 99—138°): 23,4; —22,2. **IV** (1; 138—151°): 26,6; —32,7; (2; 99—138°): 26,8; —22,1. **V** (1; 138—164°): 26,2; —35,0. **VI** (1; 99—138°): 24,6; —28,3. **IX** (1; 99 bis 109°): 23,0; —31,7. (J. Amer. chem. Soc. **77.** 6441—47. 20/12. 1955. Evanston, Ill., Northwestern Univ., Dep. of Chem.) J. RICHTER. B 225

J. C. Jungers und **A. Giraud**, *Angewandte chemische Kinetik.* 7. Mitt. *Die Bestimmung der kinetischen Konstanten. D. Die Stufenreaktionen.* (6. vgl. Rev. Inst. franç. Pétrole Ann. Combustibles liquides **8.** [1953.] 152.) Gewisse chem. Systeme verlaufen, wenn sie einmal angeregt sind, über eine Reihe von Rkk. bis zu einem stationären Zustand, wobei die Zwischenprodd. besondere Bedeutung haben können. Vff. beschäftigen sich ausschließlich mit den irreversiblen Stufen-Rkk., die in Konkurrenz-Rkk. u. voneinander unabhängige Rkk. eingeteilt werden. Zu den ersteren werden die Einführung von mehreren Substituenten in organ. Verbb., die Einführung von Substituenten in das NH_3-Mol., in prim. Amine, in Polyamine u. Rkk. mit Polyalkoholen, Polysäuren u. Polyestern gerechnet. Bes. wird die fortschreitende Bromierung von Anilin u. die Bldg. von Äthanolaminen aus NH_3 u. Äthylenoxyd dargestellt. Vff. weisen auf die Schwierigkeiten der mathemat. Darst. der kinet. Analysen von Stufen-Rkk. hin. (Rev. Inst. franç. Pétrole Ann. Combustibles liquides **8.** 561—85. Dez. 1953. Louvain, Univ., u. Inst. Franç. du Pétrole.) H.-G. SCHÄFER. B 225

B. E. Hackley jr., R. Plapinger, M. Stolberg und T. Wagner-Jauregg, *Beschleunigung der Hydrolyse organischer Fluorphosphate und Fluorphosphonate durch Hydroxamsäuren.* Vff. berichten von Unterss. über die Hydrolyse von *Isopropylmethylfluorphosphonat* (**I**, *Sarin*) in Ggw. von 30 strukturell sehr verschied. Hydroxamsäuren (**II**) bei p_H 7,6 u. 30°. Sie finden eine Halbwertszeit der Hydrolyse zwischen 1—7 Min. gegenüber 300 Min. bei der von selbst verlaufenden Hydrolyse des **I**. In der Reihenfolge abnehmender Aktivität erweisen sich als am wirksamsten *Sorbin-*, *p-Methoxybenz-* {F. 163° (Aceton/PAe.); [pK_a] 9,03}, *p-Methylbenz-* [F. 154° (Aceton/PAe.); 8,93], *Pyridin-2.6-di-* [F. 217° (W.)] u. *Picolinhydroxamsäure* [**III**; F. 120° (Aceton/PAe.); 8,7]. Ferner wurde die Hydrolyse von *Diisopropylfluorphosphat* (*DFP*) in Ggw. folgender **II** (Halbwertszeiten in Klammern) untersucht: 1. in Bicarbonat/CO_2-Puffer (p_H 7,6) bei 38°: DFP allein (2500—3000 Min.), *Acet-* (36), *Aminoacet-* (29) u. *Pyridyl-(3)-acet-* (23); 2. in 0,1 mol KCl (p_H 7,6) bei 30°: DFP (mehrere Tage), *Benz-* (22), *Nicotinhydroxamsäure* [F. 165° (A. u. a.); 8,3] (20), *-methojodid* [F. 187° (Dimethylformamid/Ae.); 6,5] (68), **III** (20), *-methojodid* [F. 165° (A./Ae.); 5,5] (65), *Isonicotinhydroxamsäure-* [F. 161° (W.); 7,8] (28) u. *-methojodid* [F.205° (Dimethylformamid/Ae.); 6,3] (73). Da bei den Methojodiden am Ende der Rkk. nur 0,3—0,6 (Mol) Säure gegenüber ca. 2 in allen anderen Fällen festgestellt wurde, ist ein Vgl. jener mit den anderen Werten fraglich. Die Geschwindigkeit der Rkk. zwischen **I** bzw. DFP u. **II** nimmt mit steigendem p_H zu, so daß vermutlich das **II**-Anion das akt. Agens ist. Die Best. der pK_a von 15 schnell reagierenden **II** ergab Werte zwischen 7,8 u. 9,3. Die cycl. **II** *N-Oxy-2-oxo-3-isobutyl-5.6-dimethyl-1.2-dihydropyridin* (pK_a 5,7) u. *N-Oxy-2.4-dioxo-3.4-dihydrobenz-1.3-oxazin* (6,4) reagierten mit DFP sehr langsam. Die Bldg. von ca. 2 Mol Säure u. der Verlust von 1,5—2 Mol an **II** (keine wirkliche Katalyse) während der Rk. führten Vff. zu dem Schluß, daß sich der Gesamtvorgang aus 3 Schritten zusammensetzt: RCONHOH + FP(O)·$(OR')_2$=RCONHOP(O)$(OR')_2$ (**IV**) + HF; **IV** → R—NCO + HOP(O)$(OR')_2$; RNCO + RCONHOH=RCONHO—CONHR (**V**). Die instabilen Phosphorylierungsprodd. **IV** konnten nicht gefaßt, die O-Arylcarbamylarylhydroxamate **V** dagegen isoliert werden. — Mehrere Hydroxamidine, RC(=NH)NHOH), reagierten mit **I** bzw. DFP wesentlich langsamer als die entsprechenden **II**; hierbei konnten die Phosphorylierungsprodd. gefaßt werden. — Es ist möglich, daß die Reaktivierung der durch DFP inaktivierten Cholinesterase mittels **II** (vgl. WILSON u. MEISLICH, C. **1955.** 3646) dem obigen Mechanismus folgt.

Versuche: Hydroxamsäuren: *p-Chlorbenz-*, F. 185° (A./W.). — *p-Nitro-*, F. 186° (W., Aceton u. a.); [pK_a] 8,01. — *p-Amino-*, F. 185° (A./PAe.), aus vorst. Verb. durch katalyt. Red. mit PtO_2 in A. bei n. Temp.; 9,32. — *p-Cyan-*, F. 176° (W.); 8,16. — *p-Fluor-*, F. 165° (Aceton/PAe.); 8,70. — *Isocinchomeron-*, F. 215° (W.). — *Pyrazin-*, F. 168° (W.); 8,1. — *Pyrazin-2.3-di-*, F. 163° [W. (+ A.)]. — O-[Arylcarbamyl]-arylhydroxamate (**V**), RCONHOCONHR (in Klammern die Zersetzungstempp., die mit Ausnahme der 3. u. der letzten Verb. fast ident. mit den FF. der entsprechenden Diarylharnstoffe sind): [R =] *C_6H_5-*, $C_{14}H_{12}O_3N_2$, F. 177° (234°). — *p-CNC_6H_4-*, $C_{16}H_{10}O_3N_4$, F. 272° (277°). — *p-$NO_2C_6H_4$-*, $C_{14}H_{10}O_7N_4$, F. 164° (274°). — *p-$CH_3OC_6H_4$-*, $C_{16}H_{16}O_5N_2$, F. 168° (218—224°). — *Pyridyl-(2)-*, $C_{12}H_{10}O_3N_4$, F. 259° (170°). — *Pyridyl-(3)-*, $C_{12}H_{10}O_3N_4$, F. 118° (204°). (J. Amer. chem. Soc. **77.** 3651—53. 5/7. 1955. Maryland, Army Chem. Center.) J. RICHTER. B 225

G. A. Rasuwajew und **N. A. Ossanowa,** *Untersuchung der Radikalreaktionen des Pentaphenylphosphors.* (Vgl. C. **1954.** 8773.) Der nach WITTIG u. Mitarbeitern (C. **1954.** 7179 u. früher) dargestellte Pentaphenylphosphor (**I**) reagiert in vielen Fällen nach einem Ionenmechanismus; ein solcher wurde auch für die Rk. mit Chlf. angenommen. Die Rk. mit Chlf. u. mit CCl_4 erfolgt jedoch unter Bldg. freier Radikale: $(C_6H_5)_5P$ (**I**) → $(C_6H_5)_4P^{\bullet}$ + $C_6H_5^{\bullet}$; $C_6H_5^{\bullet}$ + $CHCl_3$ → C_6H_6 + $CCl_3^{\bullet}$; $(C_6H_5)_4P^{\bullet}$ + $CHCl_3$ → *$(C_6H_5)_4PCl$* (**II**) + $(CHCl_2)^{\bullet}$ bzw. $C_6H_5^{\bullet}$ + CCl_4 → *C_6H_5Cl* (**III**) + $CCl_3^{\bullet}$; $(C_6H_5)_4P^{\bullet}$ + CCl_4 → **II** + $CCl_3^{\bullet}$.

Die Ausbeuten an **II** sind quantitativ, die an *Bzl.* bzw. **III** 60—65%. Die Bldg. von $C_6H_5^{\bullet}$ wird durch dessen Rk. mit Hg (Bldg. von C_6H_5Hg) nachgewiesen. Die Zers. von **I** in Bzl. führt zu denselben Prodd. wie die Zers. ohne Lösungsm.: ~ 25% *$(C_6H_5)_3P$* u. ~ 20% *Diphenyl*, auch *P-Phenyldiphenylenphosphin* (**IV**) wird nachgewiesen. Bei Zers. in Pyridin entsteht **IV** als Hauptprod. mit ~ 60%, daneben ~ 50% *Bzl.* u. wenig *Diphenyl*, nur in Spuren *γ-Phenylpyridin*. In Methanol u. A. werden bei mehrtägigem Stehen bei gewöhnlicher Temp. oder bei 1std. Erhitzen $2C_6H_5^{\bullet}$ abgespalten: $(C_6H_5)_5P + 2ROH \rightarrow (C_6H_5)_3P(OR)_2 + 2C_6H_6 \xrightarrow{+W.} (C_6H_5)_3PO + 2ROH$. (Доклады Академии Наук СССР [Ber. Akad. Wiss. UdSSR] **104.** 552—54. 1/10. 1955. Gorki, Univ.) R. K. MÜLLER. B 225

G. A. Rasuwajew, G. G. Petuchow und **N. A. Ossanowa,** *Untersuchung der Radikalreaktionen des Pentaphenylphosphors. Bestimmung der Struktur von Pentaphenylphosphor mit Hilfe von Deuterium.* (Vgl. vorst. Ref.) Da bei Anordnung von Y in einer Verb. XY_5 in einer auf einem Dreieck aufgebauten regelmäßigen Bipyramide mit X im Zentrum entweder (bei gleichseitigen Dreiecken) die Abstände X—Y oder (bei gleichschenkligen Dreiecken) Y—Y verschieden sein müssen, läßt sich annehmen, daß 2 der Y den übrigen 3 nicht gleichwertig sind, wie bei dampfförmigem PCl_5 bekannt ist. Wenn man *Pentaphenylphosphor* (**I**) mit einer *C_6D_5-Gruppe* a) aus $(C_6H_5)_4PJ$ u. C_6D_5Li (**II**), b) aus dem aus $(C_6H_5)_3P$ u. C_6D_5Br als Ausgangsmaterialien erhaltenen $(C_6H_5)_3(C_6D_5)PJ$ u. **II** herstellt, so kann die eintretende $C_6H_5(C_6D_5)$-Gruppe bei der Rk. mit dem Kation des Triphenyldeuterophenyl- bzw. Tetraphenylphosphoniums entweder eine der Polstellungen oder der Äquatorstellungen einnehmen u. es werden verschied. Konfigurationen oder Gemische, je nach a) oder b) erhalten. Bei der Unters. der Rk. des nach a) u. nach b) erhaltenen deuterierten **I** mit Chlf. (Radikalmechanismus) verhalten sich die C_6D_5- u. die C_6H_5-Gruppen gleich, ebenso bei der Umsetzung mit C_2H_5OH u. mit C_6H_6. Es wird daher angenommen, daß trotz der geometr. Ungleichheit ihrer Lage alle C_6H_5-Gruppen in **I** energet. gleichwertig an P gebunden sind. (Доклады Академии Наук СССР [Ber. Akad. Wiss. UdSSR] **104.** 733—36. 11/10. 1955.) R. K. MÜLLER. B 225

M. F. Schosstakowski, Je. N. Prileshajewa und **E. Ss. Schapiro,** *Synthese von Schwefelverbindungen auf der Basis von Vinyläthern und Acetylen.* 7. Mitt. *Über Besonderheiten der Anlagerung von Schwefelwasserstoff an Vinylbutyläther entgegen der Regel von Markownikow.* (6. vgl. C. **1955.** 9775.) Durch Einw. von H_2S auf Vinylbutyläther (**I**) entsteht *β-Butoxyäthylmercaptan*, das in weiterer Rk. *β.β'-[Dibutoxy]-diäthylsulfid* liefert. Als Katalysatoren der Anlagerungs-Rk. dienen Spuren O_2, Ascaridol u. das Peroxyd, das sich in einer konz. Lsg. von HCl in Dioxan bildet. Dieser anomale Reaktionsverlauf, entgegen der Regel von MARKOWNIKOW, wird durch Antioxydantien (Hydrochinon) gehemmt. Eine Besonderheit der Rk. ist ihre Inhibierung durch etwas größere Mengen O_2, Benzoylperoxyd, H_2O_2 u. die Peroxydverbb., die bei der Lagerung von **I** gebildet werden. Es wird vermutet, daß der inhibierende Einfl. des O_2 u. der Peroxyde auf einen Kettenabbruch zurückzuführen ist, verursacht durch oxydative Zerstörung der den Kettenablauf der Rk. vermittelnden Radikale vom Typus $RSCH_2\dot{C}HOR$. In allen Fällen entsteht auch *α.β-[Dibutoxy]-diäthylsulfid*, das nur aus außerdem gebildetem *α-Butoxyäthylmercaptan*, dem Prod. der n. Anlagerung im Sinne der MARKOWNIKOWschen Regel, in einer Neben-Rk. entstanden sein kann. Seine Menge steigt mit zunehmender Menge des eingeführten H_2S, jedoch nicht über 10%. Sind Antioxydantien zugegen, so erfolgt die Anlagerung nur nach dieser Regel; sie führt zur Bldg. von *α.α'-[Dibutoxy]-diäthylsulfid.* — H_2S wird bei allen Verss. in fl. Zustand angewendet u. die Rk. in geschlossener Ampulle durchgeführt. Die Reaktionsprodd. sind schon früher beschrieben worden. Das umfangreiche Versuchsmaterial wird tabellar. gegeben. (Известия Академии Наук СССР, Отделение Химических Наук [Nachr. Akad. Wiss. UdSSR, Abt. chem. Wiss.] **1954.** 292—302. März/April. Zelinsky-Inst. für Organ. Chem. der Akad. der Wiss. der UdSSR.) E. FÖRSTER. B 225

Peter L. Nichols jr. und **John D. Ingham,** *Der induktive Effekt bei der Spaltung des Äthylenoxydringes.* Vff. ermittelten bei verschied. Tempp. die Geschwindigkeitskonstante k_3 der Addition des SCN^--Ions an *Propylenoxyd* (**I**), *Epichlor-* (**II**), *-brom-* (**III**), *-jodhydrin* (**IV**), *Glycid* (**V**), *Äthylenoxyd, 1.2-Epoxy-3-isopropoxy-, -3-alloxy-* u. *-3-nitratopropan* in neutraler Lsg. nach einer etwas modifizierten Meth. von BRÖNSTED. Die über die Berechnung der Ladungsverteilung nach SMITH u. Mitarbeitern (C. **1952.** 4278 u. **1953.** 6217) durchgeführte Berechnung des induktiven Effekts gestattet in Verbindung mit den Grundgleichungen der Übergangszustandstheorie eine ziemlich genaue Voraussage der auf **I** bezogenen Geschwindigkeiten der SCN^--Addition an die Verbb. **I—IV.** In dem Diagramm $\ln(k_3{}^X/k_3{}^H = f(\varepsilon_{C3}^X - \varepsilon_{C3}^H)$ ($k_3{}^H$ = Geschwindigkeitskonstante von **I**, ε = Nettoladung des durch den Index bezeichneten Atoms, C3 = endständiges C-Atom

des Epoxydringes) wird gezeigt, daß $g^{\ddagger}[= (\delta \Delta F^{\ddagger}/\delta \varepsilon_{C_3})_T$, $\Delta F^{\ddagger}$ = freie Energie der Aktivierung] unabhängig von ε_{C_3}, dagegen abhängig von der Temp. ist. Daraus folgt für isotherme Bedingungen, daß $\Delta F^{\ddagger}$ eine lineare Funktion von ε_{C_3} ist. k_3 nimmt in der Reihenfolge **II, III, IV** ab. Über das Verh. von **V** läßt sich nichts Sicheres aussagen, da gegenwärtig kein genauer Wert des zur Berechnung der Ladungsverteilung notwendigen C—O-Momentes vorliegt. Für die übrigen Verbb. scheinen die gemessenen k_3-Werte mit der zu erwartenden Ladungsverteilung im Einklang zu sein; genaue Berechnungen wurden nicht durchgeführt. Der alternative Vers., die Geschwindigkeitsänderungen zu Ladungsverschiebungen, die aus Feldeffekten resultieren, in Beziehung zu setzen, war erfolglos. Vff. zeigen weiter, daß sich mittels der Berechnung der Ladungsverteilung auch die Verbindung zwischen induktivem Effekt u. der von SWAIN u. SCOTT (C. **1956.** 673) angegebenen Beziehung für die freie Energie bei nucleophilen Substitutionen herstellen läßt. Schließlich kann die genannte Meth. angewandt werden, die Relativgeschwindigkeiten säurekatalysierter Additionen aus den Epoxydringen zu erklären. — Aus den experimentellen Daten der Rk. von SCN^- mit den Epoxyden berechneten Vff. die Aktivierungsenergien E_p (kcal/Mol) u. daraus die Aktivierungsentropien $\Delta S^{\ddagger}_{298^0}$ (cal/Grad·Mol): **I** 14,90 (±0,33); —19,40 (±1,11); **II** 12,99 (±0,19); —23,00 (±0,64); **III** 13,47 (±1,26); —22,41 (±4,23); **IV** 13,61 (±0,74); —21,65 (±2,48). Ferner sind die angenäherten E_p-Werte für die Hydrolyse einiger Epoxyde angegeben: **I** 18,77; **II** 17,73 u. **V** 18,72. Außerdem ist eine Tabelle mit den berechneten Ladungsverteilungen für jedes Atom der Verbb. **I—V** u. des *Epifluorhydrins* angeführt. (J. Amer. chem. Soc. **77.** 6547—51. 20/12. 1955. Pasadena, Calif., Inst. of Technol., Chem. Sect., Jet Propulsion Labor.)
J. RICHTER. B 225

Donald G. Kundiger, Huey Pledger und **Louis E. Ott,** *Katalyse der mit Thionylchlorid durchgeführten Wasserabspaltung aus 1.1.1-Trichlor-2-methylpropanol-(2). Intermediäre Bildung des Chlorsulfinsäureesters.* (Vgl. auch GERRARD u. FRENCH, Nature [London] **159.** [1947.] 263.) Die Wasserabspaltung aus 1.1.1-Trichlor-2-methylpropanol-(2) mit $SOCl_2$ bei 79° unter Bldg. von *3.3.3-Trichlor-2-methylpropen-(1)* (**I**; Kp. 130—137°; n_D^{20} 1,4793—1,4795) wird durch geringe Mengen (0,007—0,06 Mol) folgender Amine oder Aminsalze merklich beschleunigt: *Anilin* (**II**) (79% Ausbeute an **I**), *tert.-Butyl-* (**III**) (79%), *tert.-Octyl-* (74%), *Di-n-butylamin* (**IV**) (78%), *Piperidin* (79%), *Diphenylamin* (76%), *N.N-Dimethylanilin* (**V**) (83%), *Triäthylamin* (**VI**) (83%), *Chinolin* (93%), *Pyridin* (**VII**) (83%), *Tetramethylammoniumchlorid* (82%) u. *Anilinhydrochlorid* (78%). Für durchschnittlich gleiche Ausbeuten erforderten die katalysierten Rkk. 6—8 Std. gegenüber 30 Std. der nichtkatalysierten Kontrollen. Außer bei den durch **II, III, IV, V** u. **VI** katalysierten Rkk. wurden 3—10% des dem **I** isomeren *1.1.3-Trichlor-2-methylpropen-(1)* isoliert, *Tetramethylammoniumjodid* als Katalysator lieferte — wahrscheinlich unter dem Einfl. des durch Rk. mit $SOCl_2$ abgeschiedenen J_2 — nur das Allylisomere (Kp. 152—158°; 88%). — *1.1.1-Trichlor-2-methylpropyl-(2)-chlorsulfinat* (F. 56,5—57,5°) entsteht bei Verwendung von reinem $SOCl_2$ in CCl_4 u. dem wasserfreien Alkohol bei 79° in Ggw. von **VII** quantitativ innerhalb 1 Std. gegenüber 8 Std. der nichtkatalysierten Rk. u. geringerer Ausbeute an unreinem Produkt. Der Ester geht mit $SOCl_2$ bei 79° u. in Ggw. von Aminhydrochlorid in 7 Std. in **I** (78%) über, in 23 Std. ohne Katalysator. (J. Amer. chem. Soc. **77.** 6659—60. 20/12. 1955. Manhattan, Kans., State Coll., Dep. of Chem., Org. Labor.)
J. RICHTER. B 225

William J. Bailey, Carl H. Cunov und **Louis Nicholas,** *Pyrolyse von Estern.* 4. Mitt. *Thermische Spaltung des Cyclobutanrings.* (3. vgl. C. **1956.** 12236.) Wenn 1.2-Bis-[acetoxymethyl]-cyclobutan (**I**) bei 450° über Glaskörpern unter der Bedingung, daß nur ca. 30% der Essigsäure frei werden, der Pyrolyse unterworfen wird, so entstehen unter Spaltung des Cyclobutanringes 3,3% *Allylacetat* (**II**), u. 2% *2-Vinylbutadien-(1.3)* (**III**); daneben wurden noch 19% *1-Methylen-2-acetoxymethylcyclobutan* (**IV**), 2% eines isomeren Diens [**V**; C_6H_8, entweder *1-Methylen-2-methylcyclobuten-(2)* oder *1-Methylencyclopenten-(2)*] u. 63% **I**, dagegen kein 1.2-Dimethylencyclobutan (**VI**) gefunden. Unter schärferen Bedingungen (durch Eliminierung einer größeren Menge Essigsäure) erhält man eine höhere Ausbeute an **II**, wogegen die an **III** nicht wesentlich steigt. Da sich bei der Esterpyrolyse die Alkylmethylcarbonate um 50° tiefer zers. als die entsprechenden Acetate, wurde versucht, **VI** aus 1.2-Dimethylolcyclobutan-bis-[methylcarbonat] (**VII**) zu erhalten. Bei der Pyrolyse von **VII** bei 500° unter den Bedingungen, daß 47% CO_2 in Freiheit gesetzt werden u. keine Verkohlung eintritt, wurden 18% **III**, 32% *1-Methylol-2-methylencyclobutanmethylcarbonat* (**VIII**) u. 37% Ausgangsprod. erhalten; **VI** entstand auch hier nicht. Das bei diesem Vers. erhaltene **III** war nicht völlig ident. mit dem bei der Pyrolyse von **I** erhaltenen **III**, was Vff. auf Verunreinigungen mit isomeren KW-stoffen, wie **VI** oder 1.3.5-Hexatrien zurückführen. Die Struktur des Triens **III** konnte durch Überführung in ein bekanntes DIELS-ALDER-Addukt bestätigt werden. Aus den Ergebnissen geht hervor, daß der Cyclobutanring nicht den hohen Tempp. widerstehen kann, die für eine bequeme Pyrolyse eines Esters nötig sind.

Versuche (FF. korr.): *1.2-Dimethylolcyclobutan*, $C_6H_{12}O_2$, Kp.$_{2,8}$ 102—105°, durch langsame Zugabe von Cyclobutan-1.2-dicarbonsäureanhydrid (F. 77—77,5°) zu $LiAlH_4$ in Ae. u. 3std. Rühren, n_D^{25} 1,4744; 88% (Ausbeute). *Bis-α-naphthylurethan*, $C_{28}H_{26}O_4N_2$, F. 136—136,5°. — *1.2-Bis-[acetoxymethyl]-cyclobutan* (I), $C_{10}H_{16}O_4$, Kp.$_{2,2}$ 94 bis 101,5°, durch Zugabe von Acetanhydrid zu einer heißen Lsg. vorst. Verb. in Eisessig u. 12std. Erhitzen; $D.^{30}_4$ 1,070, n_D^{25} 1,4454; 89%; die alkal. Hydrolyse ergab vorst. Glykol. — Bei der Pyrolyse von I erhaltene Prodd.: III, C_6H_8, Kp.$_{745}$ 72°, n_D^{25} 1,4614, $D.^{25}_4$ 0,795; V, C_6H_8, Kp.$_{745}$ 78°, n_D^{25} 1,4624, $D.^{28}_4$ 0,806; keine Rk. mit Maleinsäureanhydrid (IX); II, $C_5H_8O_2$, Kp.$_{745}$ 105—106°, n_D^{25} 1,4001, $D.^{30}_4$ 0,921; entfärbt Br_2 in CCl_4; IV, $C_8H_{12}O_2$, Kp.$_{29}$ 78,5°, n_D^{25} 1,4452, $D.^{30}_4$ 0,969; entfärbt Br_2 in CCl_4. — *1.2-Dimethylolcyclobutan-bis-[methylcarbonat]* (VII), $C_{10}H_{16}O_6$, Kp.$_{0,12}$ 92°, F. 23°, durch Zugabe von Chlorameisensäuremethylester zu 1.2-Dimethylolcyclobutan in Chlf. in Ggw. von Pyridin u. 2std. Rühren; n_D^{25} 1,4440; 76%. — Bei der Pyrolyse von VII erhaltene Prodd.: III (stabilisiert mit tert.-Butylbrenzcatechin), C_6H_8, Kp.$_{752}$ 72°, n_D^{25} 1,4634; VIII, Kp.$_3$ 56°, n_D^{25} 1,4494; entfärbt Br_2 in CCl_4. — *$\Delta^{1,9}$-Oktalin-3.4.6.7-tetracarbonsäuredianhydrid*, F. 240—242° (Bzl.-Cyclohexan), aus III u. IX in Toluol in Ggw. von wenig tert.-Butylbrenzcatechin unter 1std. Erwärmen; 58%. Die gleichzeitige Dehydrierung u. Decarboxylierung mit 5% Pd-Asbest u. Cu-Chromit liefert *Naphthalin*, F. 78—79°. — Verss., VI durch Umsetzung mit IX als 1 : 1-Addukt nachzuweisen, mißlangen. Aus III u. IX konnte in einem Falle durch 20std. Kochen in Bzl. 26% der *Verb. $C_{10}H_{10}O_4$*, F. 199 bis 200, erhalten werden. (J. Amer. chem. Soc. **77.** 2787—90. 20/5. 1955. College Park, Md., Univ. of Maryland u. Wayne Univ., Dep. of Chem.) J. MATTNER. B 225

William J. Bailey und **Robert Barclay jr.**, *Pyrolyse von Estern.* 5. Mitt. *Mechanismus der 1.4-Eliminierung.* (4. vgl. vorst. Ref.) Bei der teilweisen Pyrolyse sowohl von *cis-1.4-Diacetoxybuten-(2)* (I) als auch von *1.2-Diacetoxybuten-(3)* (II), bei der *1-Acetoxybutadien-(1.3)* (III) entsteht, wird im nichtumgesetzten Anteil eine Mischung von I u. II gefunden. Es besteht also ein Gleichgewicht zwischen diesen Allylisomeren. Da das 1.2-Deriv. leichter als das 1.4-Deriv. pyrolysiert, folgern Vff., daß I sich bei der Pyrolyse zunächst therm. in II umlagert u. dieses danach über einen quasi-sechsgliedrigen Ring in III übergeht.

Versuche: *cis-1.4-Diacetoxybuten-(2)* (I) Kp.$_{1,1-1,5}$ 73—80°, durch Zutropfen von cis-Buten-(2)-diol-(1.4) zu einer sd. Mischung von Acetanhydrid u. Essigsäure innerhalb von 35 Min. u. 24 Std. Kochen; n_D^{25} 1,4404; 96% (Ausbeute). — *1-Acetoxybutadien-(1.3)* (III), Kp.$_{37}$ 56,8—58,0°, durch Zutropfen von frisch dest. Crotonaldehyd (Kp. 101—103°) zu einer sd. Mischung von Isopropenylacetat (Kp. 97,0°), 8 g p-Toluolsulfonsäure u. Cu(II)-Acetat innerhalb von 5¾ Std., Abdest. des gebildeten Acetons, Zugabe von Triäthanolamin u. W. zur mit Eis abgekühlten Reaktionsmischung u. Dest. des Zwei-Phasen-Syst.; n_D^{25} 1,4667; 52%. — *1.2-Diacetoxybuten-(3)* (II), Kp.$_{24}$ 101 bis 101,5°, durch Eintropfen von frisch dest. 1.2-Epoxybuten-(3) (Kp. 66,4—67°, n_D^{22} 1,4158) in eine Mischung von Acetanhydrid u. wasserfreiem sublimierten $FeCl_3$ bei 35—55°, 2½ Std. Rühren; n_D^{23} 1,4300; 45%. — Die Pyrolyse von I wurde bei 495° in Ggw. von O_2-freiem N_2 durchgeführt. 77% der Acetylgruppen wurden als Essigsäure in Freiheit gesetzt, als Prodd. wurden gefunden: 26% unreines III, 20% unreines II sowie 24,0% I. — Durch Pyrolyse von II bei 495° in 110 Min. wurden 83% der Acetylgruppen abgespalten. Die Dest. der Pyrolyseprodd. ergab: 29% unreines III; 14% unreines II sowie 6% unreines I. — *3-Acetoxy-1.2.3.6-tetrahydrophthalsäureanhydrid*, F. 56,5 bis 58,5° (Ae.), aus III, Maleinsäureanhydrid u. einer Spur p-tert.-Butylbrenzcatechin in trockenem Bzl., 1½ Std. Kochen; 42%. 4-Acetoxy-1.2.3.6-tetrahydrophthalsäureanhydrid [aus 2-Acetoxybutadien-(1.3)] konnte aus den Pyrolyseprodd. nicht erhalten werden. (J. org. Chemistry **21.** 328—31. März 1956.) J. MATTNER. B 225

F. Marshall Beringer, Emil J. Geering, Irving Kuntz und **Marvin Mausner**, *Diaryljodoniumsalze.* 4. Mitt. *Ionenpaare und Kupferkatalyse bei den Reaktionen von Diphenyljodoniumionen mit Halogenidionen und hydroxylhaltigen Lösungsmitteln.* (3. vgl. C. **1956.** 3812.) Die Zers. von *Diphenyljodoniumchlorid* (I) zu Chlorbenzol (II) u. Jodbenzol bei 98,3° erfolgt in Dimethylformamid nach einer Rk. 1. Ordnung. In Diäthylenglykol (III) findet die Rk. etwas langsamer statt, in W. erfolgt sie sehr langsam nach einer Rk. 2. Ordnung. Die in III ebenfalls stattfindende Solvolyse wird durch KCl oder katalyt. Mengen CuCl unterdrückt, gleichzeitig wird die Bldg. von II beschleunigt, da die Aktivierungsenergie von 31 auf 19 kcal/Mol gesenkt wird. Die Bldg. von II ohne Katalysator verläuft wahrscheinlich über eine irreversible Zers. eines Ionenpaares von I, die Solvolyse erfolgt über ein freies Diphenyljodoniumkation. Demgegenüber wird die katalysierte

Rk. wohl über einen Komplex zwischen dem Diphenyljodoniumkation u. einer Cu-Verb., wie z. B. das Dichlorcupratanion $[CuCl_2]^-$, erfolgen.

Versuche: *Diphenyljodoniumchlorid* (I), F. 228—229° (CH_3OH), durch Zutropfen eines Gemisches aus konz. H_2SO_4 u. Acetanhydrid zu einer Suspension von KJO_3 in Acetanhydrid-Bzl. bei 0—5°, 48std. Stehen; 63% (Ausbeute). *Bromid*, F. 231—232° (korr.; Zers.). *Jodid*, F. 182—183° (korr.; Zers.). — *Chlorbenzol* (II), Kp. 132—135°, a) durch 4tägiges Erhitzen einer Lsg. von I in III in Ggw. von CuCl auf 90—100°, n_D^{25} 1,523; 93%; b) wie vorst. ohne CuCl (11tägiges Erhitzen auf 90—100°); 85%; c) aus 0,16 Mol I in Dimethylformamid durch 24std. Erhitzen auf 100°; 14,5 g. — *Jodbenzol*, $Kp._8$ 53—59°, bei vorst. a) 91%, bei b) 83%, bei c) 26 g. (J. physic. Chem. **60**. 141—50. Febr. 1956. Brooklyn, N. Y., Polytechnic Inst., Dep. of Chem.) H. LEHWALD. B 225

N. M. Emanuel, *Die bestimmende Rolle der Anfangsperiode von Kettenreaktionen in flüssiger Phase, die von Gaskatalysatoren initiiert werden.* Aus den kinet. Kurven der Bldg. von Ketonen, organ. Säuren, Alkoholen, Estern u. Peroxyden bei der Oxydation von *n-Decan* durch O_2 bei 110° in Ggw. von HBr geht hervor, daß die Oxydation der KW-stoffe in der fl. Phase keinen selektiven Charakter besitzt. Die Unterbrechung der Katalysatorzugabe kurz nach Beginn der Rk. ist von keinem Einfl. auf die Kinetik der Keton- u. Säurebldg., vermindert die Esterausbeute, erhöht die Ausbeute an Peroxyverbb. u. ist von schwankendem Einfl. auf die Bldg. von Alkoholen. In den Ergebnissen sieht Vf. einen Beweis dafür, daß im Anfangsstadium der Rk. eine rasche initiierende Rk. unter Beteiligung des Katalysators verläuft. (Доклады Академии Наук СССР [Ber. Akad. Wiss. UdSSR] **102**. 559—62. 21/5. 1955. Inst. für chem. Phys. der Akad. der Wiss. der UdSSR.) O. LEBTAG. B 227

C. Präparative organische Chemie. Naturstoffe.

Friedrich Richter, *Die Nomenklatur auf dem Gebiete der organischen Chemie.* Im Rahmen eines Vortrages werden Namenstypen, geschichtliche u. systemat. Entw. der Nomenklatur, sowie ihre Bedeutung als Hilfsmittel der Dokumentation behandelt. (Naturwissenschaften **42**. 593—600. Nov. 1955. Frankfurt/M.-Höchst, Beilstein-Inst.) W. SCHICKE. 450

József Berty und **László Markó,** *Die direkte Synthese von Alkoholen aus Olefinen mit Kohlenstoffmonoxyd–Wasserstoff-Gasgemisch.* Inhaltlich ident. mit der C. **1956**. 5522 referierten Arbeit, jedoch ohne Tabellen. (Magyar Kémikusok Lapja [Z. Ver. ung. Chemiker] **7**. 353—56. Dez. 1952.) J. PLANK. 460

Donald B. Denney und **Bernard Goldstein,** *Reduktive Spaltung von Tosylaten.* p-Toluolsulfonsäureester lassen sich unter Erhaltung der O-Alkylbindung durch Na in fl. NH_3 reduktiv in den Alkohol u. Toluol spalten. Es sind ca. 6 Atome Na pro Mol. Ester notwendig. Olefinbldg. wurde nicht beobachtet.

Versuche: *Cyclohexanol*, $Kp._9$ 60—61°, durch Zugabe von Cyclohexyl-p-toluolsulfonat in Ae. zu einer Lsg. von Na in fl. NH_3 unter Rühren innerhalb 40 Min., Zugabe von NH_4Cl u. W., Verdampfen des NH_3 u. Extraktion nach Zugabe von W.; n_D^{23} 1,4675; 54%. — *n-Octylalkohol*, $Kp._8$ 86—88°, aus n-Octyl-p-toluolsulfonat analog vorst. Verb.; n_D^{20} 1,4230; 56%. (J. org. Chemistry **21**. 479. 30/4. 1956. New Brunswick, N. J., Rutgers Univ., School of Chem.) H. BERTSCH. 460

Pierre Mastagli, *Wirkung von Anionenaustauschern bei der Knoevenagel-Kondensation.* Bei der Kondensation von Acetessigester mit Aldehyden unter Wrkg. von Anionenaustauschern (vgl. ASTLE u. ZASLOWSKY, C. **1954**. 7159; MASTAGLI u. DURR, C. **1955**. 10477) entstehen in der Kälte oder in sd. Bzl. die 1 : 1-Kondensationsprodukte. Durch Verschärfung der Bedingungen konnte Vf. jetzt auch die 2 : 1-Kondensate u. ihre Folgeprodd., die Cyclohexenoncarbonsäureester, erhalten: *1-Methyl-5-n-amyl-4.6-bis-*[*äthoxycarbonyl*]*-cyclohexenon-*(*3*), $Kp._{17}$ 185°, aus 50 g Hexanal u. 130 g Acetessigester (I) bei Ggw. von 25 g eines Anionenaustauschers (II, Aminophenoltyp), 2 Std. bei 100°; n_D^{18} 1,483, $D.^{17}_{17}$ 0,979; 45 g (Ausbeute). Daneben 25 g I zurück u. 18 g *Hexylidenacetessigester*, $Kp._{14}$ 135—137°, n_D^{17} 1,462. — *Benzylidenbisacetessigester*, F. 157—158° (A.), aus 53 g Benzaldehyd u. 130 g I in Ggw. von 25 g II, 2 Std. bei 100°; 40 g. Daneben 10 g I zurück u. 25 g *Benzylidenacetessigester*, F. 59°. — *1-Methyl-5-furyl-6-äthoxycarbonyl-cyclohexenon-*(*3*), F. 72° (PAe.), $Kp._{10}$ 197°, aus 96 g Furfurol, 130 g I u. 30 g II, 2 Std. am Rückfluß; 34 g. *Oxim*, $Kp._{13}$ 195°, F. 117—118°. Daneben 25 g *Furfurylidenacetessigester*, $Kp._{10}$ 160—162°, F. 61°. (C. R. hebd. Séances Acad. Sci. **241**. 1313—15. 7/11. 1955.) G. KRESZE. 470

Janusz Beer, *Die natürlichen Alkine.* Übersicht über Vork., Eigg., Synth. der natürlichen Alkine auf Grund folgender Einteilung: 1. Aromat. Verbb. mit C≡C in der

Seitenkette; 2. C_{18}-Säuren; 3. C_{13}-Säureester; 4. C_{10}-Säureester u. Alkohole; 5. C_8-Säureamide; 6. C_{17}-Alkohole; 7. Verbb. mit noch unbekanntem Bau. — 74 Literaturangaben. (Wiadomósci chem. **9.** 460—81. 1955.) F. URBAN. 490

H. J. Emeléus, *Einige neuere Fortschritte in der Fluorchemie. Levinstein Memorial Lecture.* (Vgl. C. **1954.** 9241.) Zusammenfassender Bericht über verschied. Verff. zur Herst. von organ. Fluorverbb., Freone, Tetrafluoräthylen, Trifluorjodmethan u. Pentafluorjodäthan u. organometall. u. organometalloide Trifluormethylverbb. mit Hg, P, As, Sb, S, Se u. Si. (Chem. and Ind. **1952.** 1235—38. 20/12.) E. FORCHE. 500

William J. Bailey und **James Economy,** *Pyrolyse von Estern.* 3. Mitt. *Synthese von 2-Vinylbutadien.* (2. vgl. C. **1956.** 4679.) Das durch zwei konjugierte Diensysteme ausgezeichnete *2-Vinylbutadien-(1.3)* (I) wurde in 3 Reaktionsschritten aus Aconitsäuretriäthylester (II) in einer Gesamtausbeute von 40% hergestellt. Der entscheidende Schritt dieser Synth. war die reduktive Acetylierung von *Tricarballylsäuretriäthylester* (III) mit $LiAlH_4$ u. Acetanhydrid, die in 94%ig. Ausbeute gelang, u. die Pyrolyse des erhaltenen *1.5-Diacetoxy-3-acetoxymethylpentans* (V) zu I in 43%ig. Ausbeute. Die Red. von III mit $LiAlH_4$ zum entsprechenden Glykol erwies sich wegen der geringen Ätherlöslichkeit des Glykols als präparativ ungünstig. Die Struktur des Triens wurde durch Analyse, UV- u. Infrarotabsorptionsspektren sowie durch Überführung in bekannte Verbb. (Diensynth.) bewiesen. I hat bei 231 mμ ein ε_{max} von 205000. Die Infrarotabsorption mit kräftigen Spitzen bei 11,23, 10,02 u. 10,16 cm^{-1} u. mit mittleren Spitzen bei 13,25, 9,58, 9,39, 8,17, 7,60, 5,45 u. 3,80 cm^{-1} stimmt mit der angenommenen Struktur überein. Bei der reduktiven Acetylierung von II mit $LiAlH_4$ u. Acetanhydrid entsteht *1.5-Diacetoxy-3-acetoxymethylpenten-(2)* (IV) in nur 40%ig. Ausbeute, die katalyt. Red. von IV liefert V in nur 61%ig. Ausbeute.

Versuche: *Aconitsäuretriäthylester* (II), $Kp._{0,7}$ 124—126°, aus Aconitsäure u. A. nach einer azeotropen Meth. mit Bzl.; n_D^{20} 1,4558; 96% (Ausbeute). — *Tricarballylsäuretriäthylester* (III), $C_{12}H_{20}O_6$, $Kp._{1,0}$ 115°, durch Hydrierung von II in Ggw. von RANEY-Ni W-2 bei 50° u. 3000 lbs./sq.in.; n_D^{25} 1,4329; 99%. — *1.5-Diacetoxy-3-acetoxymethylpentan* (V), $C_{12}H_{20}O_6$, $Kp._{0,5}$ 120°, durch tropfenweise Zugabe von III in Ae. zu $LiAlH_4$ in Ae., 1wöchiges Erhitzen unter Rühren, Zugabe von trockenem Dibutyläther, Abdestillieren des Ae. (bis 120°), Zugabe von Essigsäure, dann langsame Zugabe von Acetanhydrid, 11tägiges Erhitzen, Vakuumdest. u. erneutes Erhitzen (72 Std.) mit Acetanhydrid; n_D^{25} 1,4410; 94%. — *1.5-Diacetoxy-3-acetoxymethylpenten-(2)* (IV), $Kp._{0,3}$ 120—130°, durch tropfenweise Zugabe von II in Ae. zu $LiAlH_4$ in Ae. unter Rühren, 9tägiges Erhitzen, Zers. des überschüssigen $LiAlH_4$ mit Essigsäure, Zugabe von Dibutyläther, Abdestillieren des Ae., Zusatz von Acetanhydrid unter Kochen u. weiteres 11tägiges Kochen unter Rühren; 40%. Gibt durch Hydrierung in Ggw. von RANEY-Ni W-2 bei 80° u. 2300 lbs./sq.in. 61% V. — *2-Vinylbutadien-(1.3)* (I), $Kp._{200}$ 32°, durch Pyrolyse von V bei 540° unter N_2 mit einer Durchsatzgeschwindigkeit von 1,5 g/Min.; daneben 95% Essigsäure; n_D^{20} 1,4559; 43%, ferner aus dem Rückstand von I ein *KW-stoff vom* $Kp._{0,3}$ *40—60°* (wahrscheinlich ein *cycl. Dimeres* von I; n_D^{25} 1,5090; 49%). — *$\Delta^{1,9}$-Oktalin-3.4.6.7-tetracarbonsäureanhydrid,* $C_{14}H_{12}O_6$, F. 248—250°, durch 30 Min. langes Erhitzen von I u. Maleinsäure in Toluol auf dem Dampfbad; 99%. — *Naphthalin,* F. 79°, aus vorst. Verb. durch gleichzeitige Dehydrierung u. Decarboxylierung (3std. Erhitzen auf 270°) in Ggw. von Pd-Kohle u. Cu-Chromit; 26%. — *$\Delta^{2.6,6a.9,10}$-Dodekahydrobenzanthracen-1.4.8.11-tetraon,* $C_{12}H_{16}O_4$, F. 204—206°, aus I u. Benzochinon in Toluol durch 24std. Stehen bei Raumtemp. u. 24std. Erhitzen auf dem Dampfbad; gelbe Kristalle aus Toluol; 72%. — *5.5a.6.8.8a.9.14.14a.15.15a.15b.16-Dodekahydrohexaphen-5.9.14.16-tetraon,* $C_{26}H_{20}O_4$, F. 249—252°, aus I u. 1.4-Naphthochinon in Toluol wie oben; 72%. — *$\Delta^{4a,20a.8,8a.11a,15a}$-Oktakosahydrooctaphen-6.10.17.19-tetraon,* $C_{34}H_{32}O_4$, F. 291—293°, aus I u. $\Delta^{2.8a,10a}$-Dekahydroanthracendion-(1.4) in Toluol (24std. Stehen bei Raumtemp. u. 48std. Rückflußkochen); 25%. (J. Amer. chem. Soc. **77.** 1133—36. 5/3. 1955. College Park, Md., Univ., Dep. of Chem.) R. MATTNER. 520

Norman G. Gaylord und **Lawrence D. Caul,** *Die Reaktion von Propylenoxyd mit tert.-Butyl-Grignard-Reagens.* Vff. beweisen, daß bei der Rk. zwischen tert.-Butyl-Mg-halogenid u. Propylenoxyd nicht, wie HUSTON u. BOSTWICK (C. **1949.** I. 34) behaupten, 4.4-Dimethylpentanol-(2), sondern *2.2-Dimethylpentanol-(3)* (I) entsteht. Die Beweisführung erfolgt durch Vgl. der chem. u. physikal. Eigg. u. durch Oxydation zu den entsprechenden Ketonen.

Versuche: *2.2-Dimethylpentanol-(3)* (I), $Kp._{25}$ 53,5—54,5°, $D.^{20}_4$ 0,8281, n_D^{20} 1,4238, a) durch 4std. Rühren von tert.-Butyl-MgCl u. Propylenoxyd in Ae., Stehen über Nacht, 4std. Rühren, 7wöchiges Stehen im Dunkeln, Zers. mit gesätt. $(NH_4)_2SO_4$-

Lsg., Extraktion mit Ae., 6std. Kochen der äther. Lsg. mit wss. NaOH u. Fraktionierung; 25% (Ausbeute); b) analog a), jedoch durch 52tägiges Stehen bei Raumtemp., Zers. mit NH_4Cl-Lsg. u. Extraktion mit Bzl.; 18%; c) durch Zugabe von Propionaldehyd in Ae. zu tert.-Butyl-MgCl innerhalb von 1½ Std., 1std. Kochen u. Zers. mit Eis–5%ig. H_2SO_4; 28%. *3.5-Dinitrobenzoat*, F. 94—95°. *Naphthyl-(1)-urethan*, F. 107,2—108,6°. *Phenylurethan*, F. 85—86°. — *4.4-Dimethylpentanol-(2)*, $Kp._{25}$ 57—57,5°, E. —60°, $D.^{20}{}_4$ 0,8133, $n_D{}^{20}$ 1,4188, durch Zugabe von 4.4-Dimethylpentanon-(2) in Ae. zu $LiAlH_4$ in Ae. innerhalb von 30 Min., ¾std. Kochen, Zers. mit wss. NaOH u. Fraktionierung; 63%. *3.5-Dinitrobenzoat*, F. 93,5—94,5°. *Naphthyl-(1)-urethan*, F. 86,1—87°. *Phenylurethan*, F. 51—53,5° (PAe.), nach Dest. ($Kp._{0,1}$ 115°). — *2.2-Dimethylpentanon-(3)*, Kp. 125—127°, E. —45°, $D.^{20}{}_4$ 0,8118, $n_D{}^{20}$ 1,4065, a) durch Zugabe einer auf 10° gekühlten wss. $K_2Cr_2O_7/H_2SO_4$-Lsg. zu einer Mischung von I u. verd. H_2SO_4 unter Rühren unterhalb 15°, 48std. Stehen bei Raumtemp., Verdünnen mit W. u. Dampfdest.; 60%; b) durch Zugabe von Trimethylacetamid (F. 152—153°) in Ae. zu C_2H_5MgBr innerhalb von 1 Std., 16std. Kochen u. Zers. mit Eis–verd. HCl; 50%. *2.4-Dinitrophenylhydrazon*, $C_{13}H_{18}O_4N_4$, F. 121,2—122,2°. *Semicarbazon*, F. 145,5—146,5°. — *4.4-Dimethylpentanon-(2)*, Kp. 123,5—127°, E. —64°; $D.^{20}{}_4$ 0,8165; $n_D{}^{20}$ 1,4060, nach MOSHER u. COX JR. (C. **1955.** 559); 48%. *2.4-Dinitrophenylhydrazon*, F. 97,1—98,2°. *Semicarbazon*, F. 173 bis 174°. Die Oxydation von 2.4.4-Trimethylpenten-(1) (Kp. 100—101°) mit verd. CrO_3-Lsg. mißlang. (J. Amer. chem. Soc. **77.** 3132—34. 5/6. 1955. Buffalo, N. Y., Canisius Coll., Dep. of Chem.) H.-J. PETROWITZ. 560

M. F. Schosstakowski, Je. N. Prileshajewa und **E. Ss. Schapiro,** *Synthese von Schwefelverbindungen auf der Basis von Vinyläthern und Acetylen.* 8. Mitt. *Allgemeines Verfahren zur Synthese von β-Alkoxyäthylmercaptanen.* (7. vgl. C. **1956.** 12232.) Bei der Rk. von H_2S mit Vinyläthyl-, -propyl-, -isopropyl-, -isobutyl-, -isoamyl-, -n-octyl- u. -cyclohexyläther in Ggw. von Spuren O_2 werden *β-Alkoxyäthylmercaptane* u. Sulfidgemische mit verschied. Verhältnis von *β.β'-*, *α.β-* u. *α.α'-[Dialkoxy]-diäthylsulfiden* erhalten. Bes. bei Äthern mit n. Struktur des Radikals werden entgegen der Regel von MARKOWNIKOW die *β*-Verbb. gebildet. Äther mit verzweigten Radikalen, bes. der Isoamyläther u. der Cyclohexyläther, geben hohe Ausbeuten an Prodd. der n. Anlagerung, die *α-Verbindungen.* Die *β*-Alkoxyäthylmercaptane lassen sich mit einer Ausbeute von 55—80% gewinnen. Vermutlich hängt das Verhältnis zwischen den Anlagerungsprodd. nach u. entgegen der Regel von MARKOWNIKOW mit der verschied. Neigung der Vinyläther, nach dem Ionenmechanismus zu reagieren, zusammen.

Versuche: Tabellar. sind die Ausbeuten an Reaktionsprodd. bei verschied. Reaktionsbedingungen angegeben. *β-Äthoxyäthylmercaptan*, $Kp._{760}$ 126—128°; $D.^{20}{}_4$ 0,9412; $n_D{}^{20}$ 1,4456. — *β-Propyloxyäthylmercaptan*, $Kp._{40}$ 64°; $D.^{20}{}_4$ 0,9227; $n_D{}^{20}$ 1,4478. — *β-Isopropyloxyäthylmercaptan*, $Kp._{44}$ 56,1—56,4°; $D.^{20}{}_4$ 0,9136; $n_D{}^{20}$ 1,4424. — *β-Butyloxyäthylmercaptan*, $Kp._6$ 48°; $D.^{20}{}_4$ 0,9111; $n_D{}^{20}$ 1,4488. — *β-Isobutyloxyäthylmercaptan*, $Kp._9$ 45,2—45,5°; $D.^{20}{}_4$ 0,9038; $n_D{}^{20}$ 1,4444. — *β-Isoamyloxyäthylmercaptan*, $Kp._6$ 53,9—54,5°; $D.^{20}{}_4$ 0,9028; $n_D{}^{20}$ 1,4489. — *β-n-Octyloxyäthylmercaptan*, $Kp._{4,5}$ 103°; $D.^{20}{}_4$ 0,8906; $n_D{}^{20}$ 1,4556. — *β-Cyclohexyloxyäthylmercaptan*, $Kp._{4,5}$ 73—73,5°; $D.^{20}{}_4$ 0,9938; $n_D{}^{20}$ 1,4864. — *β.β'-[Diäthyloxy]-diäthylsulfid*, $Kp._{3,5}$ 83,8—84,4°; $D.^{20}{}_4$ 0,9550; $n_D{}^{20}$ 1,4560. — *β.β'-[Dipropyloxy]-diäthylsulfid*, $Kp._4$ 105,8°; $D.^{20}{}_4$ 0,9394; $n_D{}^{20}$ 1,4553. — *β.β'-[Diisopropyloxy]-diäthylsulfid*, $Kp._6$ 99—99,5°; $D.^{20}{}_4$ 0,9258; $n_D{}^{20}$ 1,4493. — *β.β'-[Dibutyloxy]-diäthylsulfid*, $Kp._{4,9}$ 130—131°; $D.^{20}{}_4$ 0,9224; $n_D{}^{20}$ 1,4560. — *β.β'-[Diisobutyloxy]-diäthylsulfid*, $Kp._5$ 125—126°; $D.^{20}{}_4$ 0,9130; $n_D{}^{20}$ 1,4506. — *β.β'-[Diisoamyloxy]-diäthylsulfid*, $Kp._4$ 144—145°; $D.^{20}{}_4$ 0,9089; $n_D{}^{20}$ 1,4550. — *β.β'-[Di-n-octyloxy]-diäthyldisulfid*, $Kp._{3-3,5}$ 195—198°; $D.^{20}{}_4$ 0,8952; $n_D{}^{20}$ 1,4610. — *β.β'-[Dicyclohexyloxy]-diäthylsulfid*, $Kp._5$ 182—184°; $D.^{20}{}_4$ 1,0112; $n_D{}^{20}$ 1,4982. (Известия Академии Наук СССР, Отделение Химических Наук [Nachr. Akad. Wiss. UdSSR, Abt. chem. Wiss.] **1954.** 303—13. März/April.) E. FÖRSTER. 600

Fred K. Kirchner, Albert E. Soria und **Chester J. Cavallito,** *Quaternäre Ammoniumalkylsulfide und -sulfoxyde als cholinergische Agentien.* Es wurde eine Anzahl quaternärer Ammoniumalkylsulfide u. -sulfoxyde dargestellt u. auf cholinerg. Aktivität (vgl. LANDS u. CAVALLITO, J. Pharmacol. exp. Therapeut. **110.** [1954.] 369) untersucht. Oxydation der Thioäther zu den Sulfoxyden führt zu einem Nachlassen der Aktivität; diese scheint von der Stellung des S-Atoms in der Kette sowie von der Natur des kation. Teils des Mol. abzuhängen. Die relative pharmakol. Aktivität wurde für folgende Verbb. am isolierten Schildkrötenohr (Amyltrimethylammoniumverb. = 100) gemessen (FF. korr.): *γ-Methylmercaptopropyltrimethylammoniumjodid*, F. 223—225°, relative Aktivität 285. *β-Äthylmercaptoäthyltrimethylammoniumjodid*, F. 215—216°, 16. *γ-Methylmercaptopropyläthyldimethylammoniumjodid*, F. 146,5—148°, 5. *γ-Methylmercaptopropyldiäthyl-*

methylammoniumjodid, F. 90—92°, —. *γ-Methylmercaptopropylbenzyldimethylammoniumchlorid*, F. 128—129,5°, inaktiv. *γ-Äthylmercaptopropyltrimethylammoniumjodid*, F. 134 bis 136°, —. *γ-n-Propylmercaptopropyltrimethylammoniumjodid*, F. 86—88,5°, 7,5. *γ-Isopropylmercaptopropyltrimethylammoniumjodid*, F. 157—158°, 10. *γ-Benzylmercaptopropyltrimethylammoniumjodid*, F. 124—126°, —. *N-[γ-Methylmercaptopropyl]-N-methylpyrrolidiniumjodid*, F. 140—143°, 2,5. *N-[γ-Methylmercaptopropyl]-N-methylpiperidiniumjodid*, F. 79—92°, 0,4. *N-[γ-Methylmercaptopropyl]-pyridiniumbromid*, F. 97—98°, 2,5. *1-Trimethylammonium-3-dimethylsulfoniumpropandijodid*, F. 191—192°, <2. *γ-Methansulfinylpropyltrimethylammoniumjodid*, F. 191—192°, 4, u. *β-Äthansulfinyläthyltrimethylammoniumjodid*, F. 176—182°, <2.

V e r s u c h e: *Dimethylaminopropylmethylsulfid* (I), Kp.$_{15}$ 60—62°, durch 4std. Kochen von Dimethylaminopropylchlorid mit CH_3SNa in tert.-Butylalkohol; n_D^{25} 1,4605; 53% (Ausbeute). — Analog folgende S u l f i d e: *Diäthylaminopropylmethyl-*, Kp.$_{19}$ 91°; n_D^{25} 1,4608; 17%. *Dimethylaminoäthyläthyl-*, Kp.$_{20}$ 66°; n_D^{25} 1,4658; 35%. *Dimethylaminopropyläthyl-*, Kp.$_{15}$ 78—80°; n_D^{25} 1,4620; 52%. *Dimethylaminopropyl-n-propyl-*, Kp.$_{17}$ 92—94°; n_D^{25} 1,4629; 33%. *Dimethylaminopropylisopropyl-*, Kp.$_{17}$ 81 bis 84°; 52%. *Benzyldimethylaminopropyl-*, Kp.$_2$ 119°; 69%. *3-Pyrrolidinopropylmethyl-*, Kp.$_{16}$ 105—106°; n_D^{25} 1,4900; 38%. *3-Piperidinopropylmethylsulfid*, Kp.$_{16}$ 114—116°; n_D^{25} 1,4950; 41%. — *Dimethylaminopropylmethylsulfoxyd*, Kp.$_{1,8}$ 97—98°, aus I mit Peressigsäure in $CH_3COOH + CH_3CN$; n_D^{25} 1,4810; 50%. *Hydrochlorid*, F. 152—153° (korr.). — *Dimethylaminoäthyläthylsulfoxyd*, Kp.$_{2,2}$ 98—100°, analog; n_D^{25} 1,4798; 45%. — Die quaternären Ammoniumalkylsulfide u. -sulfoxyde wurden durch Zufügen von 1,5 Äquivalenten CH_3J, C_2H_5J bzw. Benzylchlorid zu einer Lsg. des Aminosulfids bzw. -sulfoxyds in Bzl. bei Zimmertemp., Abfiltrieren u. Umkristallisieren aus n-Propylalkohol gewonnen. — *3-Brompropylmethylsulfid*, Kp.$_{18}$ 75—77°, aus 3-Methylmercaptopropanol-(1) u. PBr_3; n_D^{25} 1,5204; 43%. (J. Amer. chem. Soc. **77**. 4599—4601. 5/9. 1955. Rensselaer, N. Y., Sterling-Winthrop Res. Inst.) G. CLEVE. 600

Herman Plaut und John J. Ritter, *Eine neue Nitrilreaktion*. 6. Mitt. *Ungesättigte Amide*. (5. vgl. LUSSKIN u. RITTER, C. **1953**. 839.) In Fortführung ihrer Arbeiten stellen Vff. aus ungesätt. Nitrilen u. Alkoholen eine Anzahl *N-substituierter ungesätt. Säureamide* dar. Ferner wurde versucht, diese Verbb. durch Pyrolyse der entsprechenden α-Acetoxy-N-alkylpropionamide (aus den Lactonitrilen) aufzubauen. Bei erheblich verlängerter Reaktionszeit reagierten die Nitrile auch untereinander zu Ketten, für die nachst. Form angenommen wird: $CH_2{=}CH{-}CO{-}[NH{-}CH(CH_3){-}CO{-}]x{-}NH{-}CH(CH_3){-}CN$.

V e r s u c h e: N - A l k y l a c r y l a m i d e, aus Acrylonitril mit Olefinen oder tert. Alkoholen in Eisessig bzw. mit sek. Alkoholen in konz. H_2SO_4 <40°; Kristallisation aus Bzl., Hexan oder Bzl.-Hexan: *N-[Di-tert.]-octyl-*, $C_{11}H_{21}ON$, F. 83°, Kp.$_{20}$ 140—142°, mit Diisobutylen; 71% (Rohausbeute). *Dibromid*, F. 132° (Zers.). — *N-tert.-Amyl-*, $C_8H_{15}ON$, F. 91—92°, mit tert.-Amylalkohol; 78%. *Dibromid*, F. 171°. — *N-tert.-Butyl-* (I), $C_7H_{13}ON$, F. 126—128°, mit tert.-Butylalkohol; 80%. *Dibromid*, F. 174—175° (Zers.). — *N-[3-Methylpentyl-(3)]-*, $C_9H_{17}ON$, F. 63°, mit 3-Methylpentanol-(3); 77%. *Dibromid*, F. 165—166° (Zers.). — *N-Isopropyl-*, $C_6H_{11}ON$, F. 62°, Kp.$_{15}$ 110—115°, mit Isopropanol; 45%. *Dibromid*, F. 119—120°. — *N-[2-Methylhexyl-(2)]-*, $C_{10}H_{19}ON$, F. 60°, mit 2-Methylhexanol-(2); 70%. *Dibromid*, F. 105—106°. — *N-Cyclohexyl-*, $C_9H_{15}ON$, F. 112—113°, a) mit Cyclohexanol; 72%; b) mit Cyclohexen; 66%. *Dibromid*, F. 170°. — *N-[2.4-Dimethylhexyl-(4)]-*, $C_{11}H_{21}ON$, F. 88—89°, mit 2.4-Dimethylhexanol-(4); 57%. *Dibromid*, F. 119° (Zers.). — *N-[3-Methylhexyl-(3)]-*, $C_{10}H_{19}ON$, F. 71—72°, mit 3-Methylhexanol-(3); 82%. *Dibromid*, F. 193—194° (Zers.). — *N-[2.3-Dimethylbutyl-(2)]-*, C_9H_{17}ON, F. 91—92°, mit 2.3-Dimethylbutanol-(2); 71%. *Dibromid*, F. 158—159° (Zers.). — *N-[2.4-Dimethyloctyl-(4)]-*, $C_{13}H_{25}ON$, F. 79—80°, mit 2.4-Dimethyloctanol-(4); 36%. — *N-[2-Methylpentyl-(2)]-*, $C_9H_{17}ON$, F. 56—57°, mit 2-Methylpentanol-(2); 71%. *Dibromid*, F. 124°. — *N-sek.-Butyl-*, $C_7H_{13}ON$, F. 26°, Kp.$_{20}$ 125—130°, mit sek.-Butylalkohol; 76%. *Dibromid*, F. 133° (Zers.). — *N-[Chlor-tert.-butyl]-*, $C_7H_{12}ONCl$, F. 93—94°, mit Methallylchlorid; 92%. *Dibromid*, F. 149° (Zers.). — *Cinnamonitril*, Kp.$_{12}$ 134—136°, aus Zimtaldehyd über dessen *Oxim* (97%) durch Dehydratisierung mit Acetanhydrid (½ Std. kochen); 70%. — N - A l k y l z i m t s ä u r e a m i d e, aus vorst. Verb. analog den Acrylamiden: *N-tert.-Amyl-*, $C_{14}H_{19}ON$, F. 141°, mit tert.-Amylalkohol; 73%. *Dibromid*, F. 188° (Zers.). — *N-tert.-Butyl-*, $C_{13}H_{17}ON$, F. 143°, mit tert.-Butylalkohol; 70%. *Dibromid*, F. 187° (Zers.). — *N-[Di-tert.]-octyl-*, $C_{17}H_{25}ON$, F. 118—120°, mit Diisobutylen; 77%. *Dibromid*, F. 168—169° (Zers.). — *N-[2-Methylhexyl-(2)]-*, $C_{16}H_{23}ON$, F. 125—126°, mit 2-Methylhexanol-(2); 96%. *Dibromid*, F. 167° (Zers.). — *N-[2.4-Dimethylhexyl-(2)]-*, $C_{17}H_{25}ON$, F. 137—138°, mit 2.4-Dimethylhexanol-(2); 73%. — *N-[3-Methylhexyl-(3)]-*, $C_{16}H_{23}ON$, F. 140—141°, mit 3-Methylhexanol-(3); 61%. *Di-*

bromid, F. 193—194° (Zers.). — *N-[2.4-Dimethyloctyl-(4)]-*, $C_{19}H_{29}ON$, F. 108—109°, mit 2.4-Dimethyloctanol-(4); 67%. *Dibromid*, F. 186—187°. — *N-[2.3-Dimethylbutyl-(2)]-*, $C_{15}H_{21}ON$, F. 122—123°, mit 2.3-Dimethylbutanol-(2); 86%. *Dibromid*, F. 181° (Zers.). — *N-[2-Methylpentyl-(2)]-*, $C_{15}H_{21}ON$, F. 151—152°, mit 2-Methylpentanol-(2); 69%. *Dibromid*, F. 175° (Zers.). — *N-[4-Methyloctyl-(4)]-*, $C_{18}H_{27}ON$, F. 90—91° (70%ig. A.), mit 4-Methyloctanol-(4); 74%. *Dibromid*, F. 158—159°. — *N-[2.3-Dimethylhexyl-(3)]-*, $C_{17}H_{25}ON$, F. 97°, mit 2.3-Dimethylhexanol-(3); 69%. — *N-[4-Methylundecyl-(4)]-*, $C_{21}H_{33}ON$, F. 89°, mit 4-Methylundecanol-(4); 79%. *Dibromid*, F. 161° (Zers.). — N-Alkylmethacrylamide, aus Methacrylonitril analog den Acrylamiden: *N-tert.-Butyl-*, $C_8H_{15}ON$, F. 57,5°, mit tert.-Butylalkohol; 55%. *Dibromid*, Kp.$_{15}$ 87°. — *N-tert.-Amyl-*, $C_9H_{17}ON$, F. 26°, mit tert.-Amylalkohol; 78%. *Dibromid*, Kp.$_{15}$ 106 bis 108°. — *N-[Di-tert.]-octyl-*, $C_{12}H_{23}ON$, F. 44°, mit Diisobutylen; 60%. *Dibromid*, Kp.$_{14}$ 120—123°. — N-Alkylmilchsäureamide, aus Lactonitril analog den Acrylamiden: *N-tert.-Butyl-*, $C_7H_{15}O_2N$, F. 53°, Kp.$_{15}$ 114—122°; 40%. *Benzoat*, F. 143°. *Acetat*, F. 84—85°; gibt bei der Pyrolyse bei 500—550° I. — *N-tert.-Amyl-*, $C_8H_{17}O_2N$, F. 23°, Kp.$_{13}$ 128—135°; 35%. *Benzoat*, F. 121—122°. *Acetat*, F. 77—78°. — *N-[Di-tert.]-octyl-*, $C_{11}H_{23}O_2N$, F. 88°; 65%. *Acetat*, F. 74°. (J. Amer. chem. Soc. **73**. 4076—77. Sept. 1951. Hollywood, Calif., Univ. of New York, Chem. Labor.)

H. LEHWALD. 810

Charles D. Hurd, Robert Roach und C. W. Huffman, *Vinylierung und Bildung von Acylalen.* Durch Rk. von Bernstein- (**I**), Adipin- (**II**), Sebacin- (**III**) u. Fumarsäure (**IV**)-monoallylester mit C_2H_2 (**V**) bei Raumtemp. in Ggw. von BF_3, HF u. den Hg-Salzen der Säuren wurden die entsprechenden *Allylvinylester* dargestellt. Daneben wurden aus **I** u. **II** aus den hochsd. Anteilen *Bis-[bernsteinsäure]-äthylidendiallylester* bzw. *Bis-[adipinsäure]-äthylidendiallylester* isoliert, die aus **I** oder **II** u. **V** über die Vinylester entstanden. In Übereinstimmung damit wurde aus **IV**-Monoäthylester (**VIII**) u. **IV**-Äthylvinylester (**IX**) bei 100° in Ggw. von p-Toluolsulfonsäure (**X**) *Bis-[fumarsäure]-äthylidendiäthylester* erhalten. Bei der Umsetzung von **II** u. **III** mit Vinylacetat (**VI**) in Ggw. von **X** u Hg-Acetat wurden neben den Divinylestern auch *Vinyl-[1-acetoxyäthyl]-ester* gewonnen. Diese entstehen durch Monovinylierung der Dicarbonsäuren u. anschließende Addition von **VI**. Daneben wurde *Äthylidenacetat* erhalten, das durch Anlagerung von **VI** an die zunächst gebildete CH_3COOH gebildet wird. Bei der Umsetzung von **II** oder Benzoesäure mit Isopropenylacetat wurden an Stelle der erwarteten Ester die Säureanhydride erhalten.

Versuche: Monoallylester [ca. 80% (Ausbeute)]: *Bernsteinsäure* (**I**)-, Kp.$_8$ 148°, F. ca. 5°, durch Lösen des **I**-Diallylesters (Kp.$_{10}$ 125—126°) in der gleichen Menge Dibutyläther, 3—6std. Kochen mit der 5fachen Menge **I** u. konz. HCl, 5std. Kochen mit Allylalkohol, Aufnehmen des Monoesters u. von **I** in $NaHCO_3$-Lsg., Extraktion mit Ae., Ansäuern u. Extraktion mit Chlf. oder Äther. — Analog: *Adipinsäure* (**II**)-, Kp.$_{9,5}$ 168—170°, F. ca. 6°, aus dem Diallylester (Kp.$_9$ 149°) u. Ätherextraktion. — *Fumarsäure* (**IV**)-, Kp.$_9$ 145—149°, F. 66—68°, aus dem Diallylester (Kp.$_8$ 116—120°). *Monoäthylester* (**VIII**), Kp.$_{18}$ 146—149°, F. 67°. — *Sebacinsäure* (**III**)-, $C_{13}H_{22}O_4$, Kp.$_9$ 205 bis 208°, F. 34—35°, durch partielle Neutralisation der alkal. Lsg. bis zur beginnenden Trübung; durch weiteres Ansäuern der wss. Lsg. **III**. — Allylvinylester, durch Erwärmen der entsprechenden Dicarbonsäuremonoallylester mit HgO auf 90—100°, Lösen in Dioxan, Zugabe von Hydrochinon oder Pyrogallol, Zutropfen von BF_3, gelöst in dem Monoester u. 47%ig. HF, unter Einleiten von **V**, Verdünnen des Filtrats mit Ae., Ausschütteln mit wenig NaOH u. dann $NaHCO_3$ u. Vakuumdest.; 45—53%: **I**-, Kp.$_{10}$ 110°. Daneben *Bis-[bernsteinsäure]-äthylidendiallylester*, $C_{16}H_{22}O_8$, Kp.$_3$ 186—187°, aus der Fraktion vom Kp.$_8$ 140—200° durch Aufnehmen in Ae. u. $NaHCO_3$-Extraktion. — **II**-, Kp.$_9$ 135—136,5°. Daneben *Bis-[adipinsäure]-äthylidendiallylester*, $C_{20}H_{30}O_8$, Kp.$_1$ 206°, aus der Fraktion vom Kp.$_5$ 150—205°. — **III**-, Kp.$_2$ 143—144°. — **IV**-, Kp.$_9$ 100 bis 101°; D.^{25} 1,0799; n_D^{25} 1,4725. — **IV**-*Äthylvinylester* (**IX**), Kp.$_{13}$ 95°; D.^{25} 1,0703; n_D^{25} 1,4592. — **II**-*Monovinylester*, Kp.$_{15}$ 170,5°, F. 38,5—40°, durch 2std. Kochen von **II**, **VI**, Hg-Acetat, Pyrogallol u. **X**-Monohydrat, Extraktion des Filtrats mit $NaHCO_3$ u. Ansäuern; 22%. Daneben 33,3% **VII**. — **II**-*Divinylester* (**VII**), Kp.$_{15}$ 126—133°, wie vorst., jedoch durch 36std. Kochen; n_D^{25} 1,4510; D.^{25} 1,0460. Daneben **II**-*Vinyl-[1-acetoxyäthyl]-ester*, $C_{12}H_{18}O_6$, Kp.$_3$ 128°, durch Extraktion der Fraktion vom Kp.$_{15}$ 167—177° mit $NaHCO_3$ u. W.; n_D^{25} 1,4435. — **III**-*Divinylester*, $C_{14}H_{22}O_4$, Kp.$_{12}$ 172°, wie vorst., jedoch durch 40std. Erhitzen auf dem Dampfbad; D.^{25} 0,9929; n_D^{25} 1,4544. Daneben *Vinyl-[1-acetoxyäthyl]-ester*, $C_{16}H_{26}O_6$, Kp.$_{12}$ 180—209°. — *Bis-[fumarsäure]-äthylidendiäthylester*, Kp.$_1$ 162°, durch 17std. Erhitzen von **VIII** u. **IX** mit **X** u. Pyrogallol auf dem Dampfbad; n_D^{25} 1,4638. — **II**-*Anhydrid*, Kp.$_8$ 135—190°, F. 60—64°, durch 9std. Erhitzen von Isopropenylacetat, **II**, Hg-Acetat, Pyrogallol u. **X** auf dem Dampfbad,

Abdampfen der flüchtigen Anteile, Kristallisation des Rückstandes aus Aceton u. Destillation. — *Benzoesäureanhydrid*, Kp.$_8$ 192—193^0, F. 41,5—42,5^0, wie vorst. aus Benzoesäure; 90%. (J. Amer. chem. Soc. **78.** 104—06. 5/1. 1956. Evanston, Ill., Northwestern Univ., Chem. Labor.) HORST BAGANZ. 820

Wyman R. Vaughan und **Kathryn S. Andersen,** *Darstellung einiger Alkylfumarsäuren und Alkylmaleinsäureanhydride.* Nach der Meth. von DEMARÇAY [1880] werden aus 2-Alkylacetessigestern durch Dibromierung u. Behandeln mit Alkali einige neue *2-Alkylfumarsäuren* erhalten, die nach TANATAR [1892] mit P_2O_5 in die entsprechenden *2-Alkylmaleinsäureanhydride* übergeführt werden können. Cyclohexylmaleinsäureanhydrid konnte jedoch weder nach obiger Meth. noch über den entsprechenden Paraconsäureester erhalten werden.

Versuche: 2-Alkylacetessigsäureäthylester, aus Na-Acetessigester u. dem Alkylhalogenid in A.: *2-Cyclopentyl-*, Kp.$_{25}$ 139^0, mit Cyclopentylbromid in 17 Std.; n_D^{25} 1,4533; 63,5% (Ausbeute). — *2-Cyclohexylmethyl-*, Kp.$_{25}$ 166^0, mit Cyclohexylmethyljodid in 21 Std.; n_D^{25} 1,4588; 55,4%. — *2-[2-Cyclohexyläthyl]-*, Kp.$_{25}$ 175^0, mit 2-Cyclohexyläthylbromid in 48 Std.; n_D^{25} 1,4587; 54,5%. — 2-Alkylfumarsäuren, durch Bromierung der Ketoester in Ae., 4,5—5std. Kochen, Zugabe von W., Rühren der äther. Schicht bei 0—5^0 mit alkoh. KOH, Behandeln mit heißem Chlf. u. Kristallisation aus wss. A.: *2-Cyclopentyl-*, F. 230,5—231,5^0; 36,9%. — *2-Cyclohexylmethyl-*, F. 204,5—206,0^0; 28,7%. — *2-[2-Cyclohexyläthyl]-*, F. 224,0—224,5^0; 27,7%. — *2-[2-Phenyläthyl]-*, F. 198,5—200,0^0; 13,7%. — 2-Alkylmaleinsäureanhydride, durch Dest. der Fumarsäuren über P_2O_5 unter vermindertem Druck: *2-n-Butyl-*, Kp.$_{30}$ 135^0; n_D^{25} 1,4654; 77,9%. — *2-Isobutyl-*, Kp.$_{30}$ 134^0; n_D^{25} 1,4642; 45,5%. — *2-Cyclopentyl-*, Kp.$_{0,7}$ 95^0; n_D^{25} 1,5002; 84,3%. — *2-Cyclohexylmethyl-*, Kp.$_{1,7}$ 127^0; n_D^{25} 1,4980; 41,2%. — *2-[2-Cyclohexyläthyl]-*, Kp.$_{1,6}$ 139^0; n_D^{25} 1,4647; 29,0%. (J. Amer. chem. Soc. **77.** 6702—03. 20/12. 1955. Ann Arbor, Mich., Univ., Dep. of Chem.) H.-K. WURZLER. 820

Marvin D. Armstrong, *Darstellung von N-Äthylglykocyamin. Doppelsalzbildung zwischen Guanidinen und Aminosäuren. N-Äthylglykocyamin* (**I**) u. *N-Äthylglykocyamidin* (**II**), Homologe von Kreatin bzw. Kreatinin, wurden dargestellt. Die Darst. von **I** verlief nicht analog der Darst. von Kreatin aus Sarkosin. Die Rk. von N-Äthylglycin (**III**) mit Cyanamid ergab einen stabilen Komplex aus **I** u. **III**, aus dem **I** durch Zers. mit NH_4OH erhalten wurde. **I**-Hydrat ist weit weniger stabil als Kreatinhydrat u. verliert an der Luft Wasser. **II** ließ sich aus **I** durch Erhitzen mit Mineralsäuren darstellen. **II** gibt bei der Kreatininbest. nach JAFFÉ dieselbe Farbe wie Kreatinin. Durch Zugabe von S-Äthylisothioharnstoffhydrobromid zur ammoniakal. Lsg. von **III** wurde ein stabiles Salz der Zus. **III**·Guanidin·HBr erhalten, das auch aus Guanidinhydrobromid (**IV**) u. **III** entsteht. Auch das analoge Hydrochloriddoppelsalz ist stabil u. aus **III** u. Guanidinhydrochlorid (**V**) erhältlich. Aus Sarkosin u. **IV** bzw. **V** wurden Prodd. erhalten, die sich durch Kristallisation zerlegen lassen; wenn die Bldg. eines Doppelsalzes überhaupt eintrat, so ist dieses sehr instabil. N-Methyl-DL-alanin ergab in ähnlicher Weise wie **III** Doppelsalze mit Guanidinsalzen; Doppelsalze anderer N-substituierter Aminosäuren mit **IV** oder **V** konnten nicht dargestellt, zumindest nicht isoliert werden. Salze, die dem Komplex **I–III** entsprechen, konnten in keinem anderen Fall erhalten werden. Formulierungen für die aufgefundenen Komplexe werden vorgeschlagen, eine mögliche Bedeutung für den nativen Zustand von Proteinen wird diskutiert.

Versuche (FF. korr.): *N-Äthylglykocyamin* (**I**, *N-Äthylguanidinoessigsäure*), $C_5H_{11}O_2N_3$, F. 264—270^0 (Zers. nach Sublimation zu rechtwinkligen Platten oberhalb 195^0; hexagonale Platten aus wss. A.), a) durch 10tägiges Stehen von 89,4 g **III** u. Cyanamid in W. in Ggw. von NH_4OH, Kühlen, Sättigen mit NH_3, Trocknen des anfallenden Hydrates u. Umkristallisieren; 52 g (Ausbeute); b) aus dem **I–III**-Komplex durch Erwärmen mit NH_4OH; 80%. — *N-Äthylglykocyamidin* (**II**), $C_5H_9ON_3$, F. 270—275^0 (Zers. nach Sublimation oberhalb 195^0; W.), durch 2std. Kochen von **I** in konz. HCl; 96%. — **I–III**-*Komplex*, $C_9H_{20}O_4N_4$, F. 231—232^0 (Zers. nach Schmelzen u. Wiedererstarren bei 175—176^0; wss. A.), durch Zugabe von Cyanamid in W. zu 10,3 g **III** in W., Zugabe von wenig NH_4OH, 10tägiges Stehen u. Einengen unterhalb 40^0 (Bad) im Vakuum; 9,8 g. — **III–IV**, $C_5H_{15}O_2N_4Br$, F. 186—187^0 (A.), a) durch Stehen von **III** u. S-Äthylisothioharnstoffhydrobromid in konz. NH_4OH u. Einengen unterhalb 50^0 (Bad); 86%; b) durch 12std. Stehen von **III** u. **IV** in absol. A. in der Kälte; 87%. — **III**-*Guanidinpikrat*, $C_{11}H_{17}O_9N_7$, F. 350—355^0 (Zers.; W.), aus vorst. Verb. in W. u. Pikrinsäure; 98%. — **III·V**, $C_5H_{15}O_2N_4Cl$, F. 174—176^0 (absol. A.), analog dem Hydrobromid nach b); 85%. — *N-Methylalanin*·**IV**, $C_5H_{15}O_2N_4Br$, F. 133—135^0 (absol. A.), aus N-Methyl-DL-alanin·½ H_2O u. **IV** in absol. A.; 65%. — *N-Methylalanin*·**V**, $C_5H_{15}O_2N_4Cl$, F. 122

bis 124° (absol. A.), aus N-Methyl-DL-alanin · ½ H_2O u. **V** in absol. A.; 73%. — *Guanidindiniumglutamat,* $C_6H_{14}O_4N_4 \cdot H_2O$, F. 192—195° (Zers.; wss. A.), durch Suspendieren von L-Glutaminsäure u. Guanidincarbonat in W.; 72%. (J. org. Chemistry **21.** 503—05. 15/5. 1956. Salt Lake City, Ut., Univ. Coll. of Med., Depp. of Biol. Chem. and Med., Labor. for the Study of Hereditary and Metabol. Disorders.) H. Bertsch. 880

Joe E. Hodgkins und **Martin G. Ettlinger,** *Synthese von Isothiocyanaten aus Aminen.* Die Andreasch-Kaluza-Synth. von *Isothiocyanaten* beruht auf der Rk. von Dithiocarbamaten mit Chlorkohlensäureäthylester zu *Carbäthoxydithiocarbamaten* (**I**), die unter Bldg. von *A., COS* u. *Isothiocyanaten* zers. werden. Bei der üblichen Durchführung dieser Synth. findet die Zers. während der exothermen Carbäthoxylierung statt; die Bldg. des Isothiocyanats wird bei 100° vervollständigt. Hält man die Temp. während der Carbäthoxylierung unterhalb 0°, so läßt sich z. B. das bei Raumtemp. stabile *Carbäthoxy-n-butyldithiocarbamat* (**Ia**) isolieren. Durch 2—5std. Erhitzen von **Ia** ohne Lösungsm., in W., Bzl. oder 2.2.4-Trimethylpentan erhält man 70—90% *n-Butylisothiocyanat* (**II**). Die Spaltung von **Ia** in wss. Medium ist p_H-abhängig, in 0,005n HCl ist **Ia** relativ stabil, in heißer 0,1n KOH wird es sofort zersetzt. In 20—50%ig. KOH wird **Ia** bei Raumtemp. mit 80—95%ig. Ausbeute rasch in **II** übergeführt. Auch in nichtwss. Lösungsmitteln wird **Ia** in Ggw. von Triäthylamin bei Raumtemp. rasch zerlegt. Dieses Verh. ist darauf zurückzuführen, daß die **I** schwach sauer sind u. mit Basen unter Bldg. eines Anions, $R\bar{N}-C(=S)SCOOC_2H_5 \longleftrightarrow RN=C(-S^-)SCOOC_2H_5$, reagieren, das unter Bldg. des Isothiocyanats u. o-Äthylthiocarbonations aufspaltet. Durch Spaltung der **I** unter Verwendung von Basen erhält man reinere Isothiocyanate als nach der ursprünglichen Methode. Für die Darst. von Arylisothiocyanaten ist die Kaluza-Synth. wegen der Bldg. von *N.N'-Diarylharnstoffen* wenig geeignet.

Versuche: *Carbäthoxy-n-butyldithiocarbamat* (**Ia**), a) aus n-Butylamin, KOH u. CS_2 in W., 50—60%ig. CH_3OH oder tert.-Butanol bei 0° u. Beendigung der Rk. bei 30—100°, Zutropfen von Chlorkohlensäureäthylester bei —10° u. Extraktion; b) analog mit NH_4OH oder Triäthylamin in Bzl. oder Dioxan; Zers. bei 0,4 Torr oberhalb 75° Badtemp.; die Rk. verläuft analog mit Isopropylamin oder Isobutylamin unter Bldg. der Homologen. — *n-Butylisothiocyanat* (**II**), $Kp._{32}$ 83,5°; n_D^{26} 1,4933, a) durch Zers. von **Ia** in 20%ig. wss. KOH oder in 10%ig. wss.-methanol. KOH; b) durch Zers. von **Ia** in 40%ig. wss. Triäthylamin in Ggw. eines Äquivalents Hydrochlorid bei 30—70°; 65% (Ausbeute); c) durch Behandlung von n-Butylamin u. Triäthylamin in Dioxan mit CS_2 bei —10°, Erwärmen auf Raumtemp., Zutropfen von Chlorkohlensäureäthylester zum gekühlten Reaktionsgemisch, Filtrieren, Verdünnen mit Chlf. u. Triäthylamin u. 5 Min. Stehen bei Raumtemp.; 75%. — *Isobutylisothiocyanat,* $Kp._{29}$ 72,5°, analog. — *n-Butylthioharnstoff,* durch Zers. von **Ia** mit konz. NH_4OH; 70%. (J. org. Chemistry **21.** 404—05. 30/4. 1956. Houston, Tex., Rice Inst., Chem. Dep.) H. Bertsch. 890

Armiger H. Sommers und **Sharon E. Aaland,** *Die Darstellung sekundärer aliphatischer Amine aus Schiffschen Basen unter Verwendung von Lithiumaluminiumhydrid.* Vff. stellten eine Reihe niedriger *aliphat. sek. Amine* durch Red. Schiffscher Basen mit $LiAlH_4$ dar.

Versuche: Sekundäre Amine, durch Zugabe von 1 Mol Aldimin zu einer Lsg. von 1 Mol $LiAlH_4$ in Ae. unter Rühren innerhalb 1 Std. unter N_2, 1 Std. Rühren, Hydrolyse u. Stehen über Nacht: *Methylbutyl-,* aus Methylamin; 55% (Ausbeute). *α-Naphthylthioharnstoffderiv.,* $C_{16}H_{20}N_2S$, F. 104°. — *Äthylpropyl-,* aus Propylamin; 46%. — *Propylbutyl-,* aus Propylamin; 79%. — *Propylisobutyl-,* aus Propylamin; 71%. — *Isopropylbutyl-,* aus Isopropylamin; 72%. — *Isopropylisobutyl-,* $C_7H_{17}N$, Kp. 110—111°, aus Isopropylamin; n_D^{25} 1,3993; 78%. *α-Naphthylthioharnstoffderiv.,* $C_{18}H_{24}N_2S$, F. 110°. (J. org. Chemistry **21.** 484—85. 30/4. 1956. North Chicago, Ill., Abbott Labors., Res. Div.) H. Bertsch. 910

Tschen-je Juan und **M. N. Schtschukina,** *Synthese von N^4-Sulfanilamidderivaten in der Lysinreihe.* Zur Unters. der chemotherapeut. Aktivität von Sulfanilamidderivv. des Lysins werden *$N^α$-[p-Aminosulfonylphenyl]-* (**I**), *$N^ε$-[p-Aminosulfonylphenyl]-* (**II**) u. *$N^α.N^ε$-Bis-[p-aminosulfonylphenyl]-dl-lysin* (**III**) synthetisiert. Ausgangsprod. für **I** ist Cyclohexanonoxim. Dieses wird über das Caprolactam bzw. die ε-Aminocapronsäure durch Benzoylierung zu *ε-Benzoylaminocapronsäure* umgesetzt, die nacheinander verestert, bromiert (*α-Brom-ε-benzoylaminocapronsäureäthylester*), mit Sulfanilamid (**IV**) kondensiert u. schließlich zu **I** verseift wird. Zur Darst. von **II** wird Cyclohexanon mit H_2O_2 zu ε-Oxycapronsäure oxydiert, die sofort in Ggw. von H_2SO_4 bromiert u. zu *ε-Bromcapronsäureäthylester* verestert wird. Dieser wird mit **IV** kondensiert, verseift (*ε-[p-Aminosulfonylphenylamino]-capronsäure*), bromiert (*α-Brom-ε-[p-aminosulfonylphenylamino]-capronsäure*) u. mit Phthalimidkalium zu **II** aminiert. **III** wird aus *α.ε-Dibromcapronsäure-*

äthylester durch Kondensation mit **IV** erhalten. Die Rk. mit **IV** wird zur Darst. von **I** in Ggw. von KJ, von **II** in Ggw. von KJ u. Pyridin u. von **III** in Ggw. von Pyridin u. Cu-Acetat vorgenommen.

Versuche: *ε-Benzoylaminocapronsäure*, F. 78—80°, aus Cyclohexanonoxim nach Eck u. Marvel [1934]; 73% (Ausbeute). — *ε-Benzoylamino-α-bromcapronsäureäthylester*, $C_{15}H_{20}O_3NBr$, F. 56—57° (PAe.), man bromiert vorst. Verb. u. verestert das Prod. in Ggw. von H_2SO_4; 80%. — *N^α-[p-Aminosulfonylphenyl]-dl-lysin* (**I**), $C_{12}H_{19}O_4N_3S$, F. 202°, man erhitzt vorst. Verb. mit **IV** in Ggw. von KJ in absol. A. 14 Std. auf 140—160° im Rohr u. verseift mit verd. KOH (5 Std. bei 85—90°); aus W. Nadeln; 72%. — *ε-Bromcapronsäureäthylester*, $C_8H_{15}O_2Br$, Kp.$_{1,2}$ 100—105°, man läßt zu verd. NaOH von 45—55° gleichzeitig Cyclohexanon u. 26%ig. H_2O_2 zutropfen, rührt 1½ Std., gibt die entstandene gereinigte Säure in 48%ig. HBr, läßt H_2SO_4 u. H_2O_2 einfließen, rührt die Lsg. 2 Std. bei Zimmertemp., erhitzt noch 5 Std. auf 100° u. verestert schließlich das dunkelrote Öl; 42%. — *ε-[p-Aminosulfonylphenylamino]-capronsäureäthylester*, $C_{14}H_{22}O_4N_2S$, F. 95—96° (50%ig. A.), man kocht vorst. Verb. mit **IV** in absol. A. in Ggw. von KJ u. Pyridin; 21 Std.; 60%. — *ε-[p-Aminosulfonylphenylamino]-capronsäure*, $C_{12}H_{18}O_4N_2S$, F. 126—126,5° (W.), man verseift vorst. Verb. mit verd. KOH; 81%. — *α-Brom-ε-[p-aminosulfonylphenylamino]-capronsäure*, $C_{12}H_{17}O_4N_2BrS$, F. 150—152° (50%ig. A.), man läßt zu einer Suspension vorst. Verb. in PCl_3 unter Rühren Br_2 tropfen u. kocht 10 Std.; 74%. — *N^ε-[p-Aminosulfonylphenyl]-dl-lysin* (**II**), $C_{12}H_{19}O_4N_3S$, F. 186 bis 187° (50%ig. A.), man verestert vorst. Verb., erhitzt den Ester mit Phthalimidkalium 30 Min. auf 140—150°, verseift mit KOH zur α-Phthalimido-N^ε-[p-aminosulfonylphenylamino]-capronsäure, erhitzt diese unter Rühren mit HCl u. puffert mit Na-Acetat; 51%. — *α.ε-Dibromcapronsäureäthylester*, $C_8H_{14}O_2Br_2$, Kp.$_{1,5}$ 128—130°, man läßt zu einer Lsg. von ε-Bromcapronsäure in PCl_3 Br_2 tropfen, rührt ½ Std. bei Zimmertemp., erhitzt 5 Std. auf 70—80°, 2 Std. auf 95—98°, läßt über Nacht stehen, gießt in A. u. dampft im Vakuum ein; 76%. — *N^αN^ε-Bis-[p-aminosulfonylphenyl]-dl-lysin* (**III**), $C_{18}H_{24}O_6N_4S_2$, F. 227—229°, man erhitzt ein Gemisch aus vorst. Verb. u. **IV** in absol. A. in Ggw. von Pyridin u. Cu-Acetat 20 Std. im Rohr auf 160—180°; aus 75%ig. A. Nadeln. (Журнал Общей Химии [J. allg. Chem.] **25** (**87**). 1972—77. Sept. 1955. Wiss.-Chem.-pharmazeut. Ordshonikidse-Forschungsinst.) Ch. Weiske. 950

Si-Oh Li, *Synthese von N-Phosphorylaminosäureestern.* Die Umsetzung von Glycinäthylester, DL-Alaninmethylester, DL-Phenylalaninmethylester u. DL-Tryptophanmethylester mit Dibenzylphosphorylchlorid (**I**) in Ggw. von Triäthylamin lieferte die entsprechenden *N-Dibenzylphosphorylderivv.*, während aus DL-Valin- u. DL-Leucin-, Serin-, Tyrosin- u. Histidinmethylester bisher keine krist. Derivv. erhalten werden konnten. Durch Hydrogenolyse wurden *N-Phosphoryl-DL-phenylalanin-* (**II**) u. *-DL-tryptophanmethylester* (**III**) in krist. Form erhalten, während die Isolierung in den beiden anderen Fällen nicht gelang. **II** u. **III** fielen als *Hydrate* an; daß es sich nicht um die isomeren phosphorsauren Salze handelt, wurde durch die Darst. von *DL-Phenylalaninmethylesterphosphat* bewiesen.

Versuche (FF. korr.): *N-Dibenzylphosphorylaminosäureester*, a) aus dem Aminoesterhydrochlorid in Chlf. durch Einleiten von NH_3 bei 0° bis zur Sättigung, Filtration, Zusatz von $(C_2H_5)_3N$ bei 0° u. dann von **I**, 30 Min. Rühren, Stehen über Nacht, Filtration, Einengen, Aufnehmen in Bzl., Einengen u. Stehen bei —18°; b) aus dem Aminoesterhydrochlorid in Chlf. mit 2 Mol $(C_2H_5)_3N$ u. 1 Mol **I**, dann wie bei a): *-glycinäthylester*, $C_{18}H_{22}O_5NP$, F. 43—45°; 85% (Ausbeute). — *-DL-alaninmethylester*, $C_{18}H_{22}O_5NP$, F. 40 bis 41°; 88%. — *-DL-phenylalaninmethylester*, $C_{24}H_{26}O_5NP$, F. 82—83°; 84%. — *-DL-tryptophanmethylester*, $C_{26}H_{27}O_5N_2P$, F. 104,5—105°; 83%. — *N-Phosphorylaminosäuremethylesterhydrate*, durch 1std. Hydrogenolyse der Dibenzylverbb. in CH_3OH in Ggw. von PdO_2, Filtration u. Einengen unter vermindertem Druck: *-DL-phenylalanin-* (**II**), $C_{10}H_{16}O_6NP$, F. 143—145° (CH_3OH-Ae.); 78%. — *-DL-tryptophan-* (**III**), $C_{12}H_{17}O_6N_2P$, F. 130 bis 132°; 72,2%. — *DL-Phenylalaninmethylesterphosphat*, $C_{10}H_{16}O_6NP$, F. 184—185° (Zers. unter Gasentw.), aus dem Hydrochlorid in CH_3OH durch Neutralisation mit CH_3ONa gegen Phenolphthalein, Filtration, Zutropfen von H_3PO_4 u. Versetzen mit Ae.; aus CH_3OH-Ae. Nadeln. (J. Amer. chem. Soc. **74**. 5959—61. 5/12. 1952. Austin, Tex., Univ., Biochem. Inst. and Dep. of Chem., u. Clayton Found. for Res.)

H. W. Zimmer. 950

James W. Curry, *Synthese und Polymerisation von Vinyl und Wasserstoff am selben Siliciumatom enthaltenden Organosilanen.* Ausgehend von Dimethylvinylchlorsilan (**I**), Diäthylvinylchlorsilan (**II**), Diphenylvinylchlorsilan (**III**) u. Methylphenylvinylchlorsilan (**IV**), deren Darst. kurz beschrieben wird, synthetisierte Vf. durch Red. mit $LiAlH_4$ die entsprechenden Organosilanmonomeren (**V**—**VIII**) mit Vinyl u. H am selben Si-Atom.

Die Monomeren wurden in Ggw. eines auf feinverteilter Kohle suspendierten Pt-Katalysators ohne Lösungsm. bei n. Druck erhitzt, wobei in allen Fällen Polymerisation zu Polysiläthylenverbb. mit unverzweigten $-Si-CH_2-CH_2-Si$-Ketten eintrat. Bestimmend für die Viscosität der so erhaltenen Polymerisationsprodd. ist die Natur der an den Si-Atomen haftenden Gruppen. Neben den hochpolymeren Prodd. wurden stets geringere Mengen von Verbb. mit niederen Mol.-Geww. erhalten u. isoliert, die Vf. als die ersten authent. Vertreter des *1.4-Disilacyclohexansyst.* identifizieren konnte.

V e r s u c h e: *Dimethylvinylchlorsilan* (I), Kp. 82—82,5°, n_D^{25} 1,4141, $D.^{25}_{25}$ 0,8744. — *Diäthylvinylchlorsilan* (II), Kp. 139—141°, aus Vinyltrichlorsilan u. C_2H_5MgBr in Ae.; n_D^{25} 1,4373, $D.^{25}_4$ 0,9096; 68,4% (Ausbeute). — *Diphenylvinylchlorsilan* (III), $C_{14}H_{13}ClSi$, $Kp._{0,17-0,18}$ 105—105,5°, aus Phenylvinyldichlorsilan u. C_6H_5MgCl in Ae.; n_D^{25} 1,5793, $D.^{25}_4$ 1,1035; 47,6%. — *Methylphenylvinylchlorsilan* (IV), $C_9H_{11}ClSi$, $Kp._{3-4}$ 79—79,5°, aus Methylvinyldichlorsilan u. C_6H_5MgCl in Ae.; n_D^{25} 1,5197, $D.^{25}_4$ 1,0340; 40,8%. — *Dimethylvinylsilan* (V), $C_4H_{10}Si$, $Kp._{738}$ 36,7°, aus I mit $LiAlH_4$ in Dibutyläther; n_D^{25} 1,3855, $D.^{25}_4$ 0,6744; 34,6%. — *Diäthylvinylsilan* (VI), $C_6H_{14}Si$, $Kp._{744}$ 100,5°, analog V aus II; n_D^{25} 1,4186, $D.^{25}_4$ 0,7354; 52,1%. — *Diphenylvinylsilan* (VII), $C_{14}H_{14}Si$, $Kp._{0,015-0,02}$ 79,5—80,5°, aus III; n_D^{25} 1,5768, $D.^{25}_4$ 0,9979; 70,7%. — *Methylphenylvinylsilan* (VIII), $C_9H_{12}Si$, $Kp._{6,5-8}$ 56—56,5°, aus IV; n_D^{25} 1,5115; $D.^{25}_4$ 0,8912; 83,1%. — *Polydimethylsiläthylen*, $(C_4H_{10}Si)_n$, durch 4,5std. Kochen von V mit dem Pt-Kontakt, Aufnehmen in Ae., Filtrieren u. Entfernung der flüchtigen Bestandteile durch Vakuumdest.; n_D^{25} 1,4883, Viscosität (V) 1726 [cSt. (25°)]; (mittleres) Mol.-Gew. 1728; (Polymerisationsgrad (PG) 20,0; 68,2%. Daneben *1.1.4.4-Tetramethyl-1.4-disilacyclohexan*, $C_8H_{20}Si_2$, $Kp._{744}$ 168—169°, n_D^{25} 1,4531, $D.^{25}_4$ 0,8277; 17,8%. — *Polydiäthylsiläthylen*, $(C_6H_{14}Si)_n$, wie vorst. aus VI; n_D^{25} 1,4977, V 378,6; Mol.-Gew. 753; PG 6,59; 57,3%. Daneben *1.1.4.4-Tetraäthyl-1.4-disilacyclohexan*, $C_{12}H_{28}Si_2$, $Kp._6$ 117—118°, n_D^{25} 1,4734, $D.^{25}_4$ 0,8610; 19,7%. — *Polydiphenylsiläthylen*, $(C_{14}H_{14}Si)_n$, aus VII; 61,6%. Daneben *1.1.4.4-Tetraphenyl-1.4-disilacyclohexan*, $C_{28}H_{28}Si_2$, F. 131—134,5° (Vakuumsublimation); 1,46%. — *Polymethylphenylsiläthylen*, $(C_9H_{12}Si)_n$, n_D^{25} 1,5870; 61,6%. Daneben *1.4-Dimethyl-1.4-diphenyl-1.4-disilacyclohexan* (wahrscheinlich Gemisch der beiden möglichen Isomeren), $C_{18}H_{24}Si_2$, $Kp._{0,26-0,275}$ 135—137°; n_D^{25} 1,5692; $D.^{25}_4$ 1,0117; 19,7%. — Die Lage der Infrarotbanden für V—VIII, die Polymeren u. 1.4-Disilacyclohexane ist angegeben. (J. Amer. chem. Soc. **78.** 1686—89. 20/4. 1956. Midland, Mich., Dow Corning Corp.) D. ERTEL. 980

R. Calas und **N. Duffaut**, *Über einige silicoorganische Derivate der ω-Undecylensäure-Gewinnung einer siliciumhaltigen Fettsäure mit langer verzweigter Kette.* Unter Heranziehung der Meth. von SOMMER u. Mitarbeitern (C. **1948.** II. 1284) u. PIETRUSZA u. Mitarbeitern (C. **1949.** I. 187) läßt man bei 45—50° 0,3 Mol ω-Methylundecylenat u. 1,1 Mol Cl_3SiH in Ggw. von 2 g Acetylperoxyd 9 Std. lang miteinander reagieren; mit einer Ausbeute von 75% wird ein farbloses, an der Luft rauchendes, sehr hygroskop. Prod. erhalten, das nach der Elementaranalyse die Zus. eines *11-Trichlorsilylundecansäuremethylesters*, $C_{12}H_{23}O_2Cl_3Si$, hat. Die Verb. hat $Kp._{15}$ 193°; $D.^{15}_4$ 1,1231; n_D^{15} 1,4622; u. ist in den üblichen Lösungsmitteln lösl.; der analoge Vers. mit $SiCl_4$ mißlingt. — Absol. A. reagiert unter Bldg. einer farblosen Fl. vom $Kp._{2,2}$ 164—165°; n_D^{20} 1,4340; $D.^{20}_4$ 0,9529; nach der analyt. Kennzeichnung handelt es sich dabei um *11-Triäthoxysilylundecansäuremethylester*, $C_{18}H_{38}O_5Si$. — Die Darst. von *11-Triäthylsilylundecansäuremethylester*, $C_{18}H_{38}O_2Si$, mit Hilfe von C_2H_5MgBr bzw. C_2H_5ZnJ gelingt nicht. Die Bldg. dieses Prod. erfolgt bei 14std. Einw. von 0,12 Mol ω-Methylundecylenat in Ggw. von 2 g Acetylperoxyd auf 0,5 Mol $HSi(C_2H_5)_3$ bei 55°; $Kp._3$ 166—167°; n_D^{20} 1,4555; $D.^{20}_4$ 0,8901. — Nach Verseifung mit 0,5n KOH, Ansäuern mit HCl u. Extraktion mit PAe. (30—60°) hinterbleibt die freie, farblose, bei Zimmertemp. fl. *11-Triäthylsilylundecansäure*, $C_{17}H_{36}O_2Si$, $Kp._{1,5}$ 180—181°; n_D^{20} 1,4636; $D.^{20}_4$ 0,9041; Oberflächenspannung bei 19° 34,2 dyn/cm; beständig gegen alkoh. KOH. (Oléagineux **8.** 21—23. Jan. 1953. Bordeaux, Fac. des Sci., Labor. des Corps gras.) K. TÄUFEL. 980

K. A. Andrianow, B. N. Rutowski und **A. A. Kasakowa**, *Synthese von Trialkylsilylphosphorsäuren.* Bei der Einw. von KH_2PO_4 auf eine Lsg. von Trimethyl- oder Triäthylchlorsilan in Ae. bilden sich mit 80—90%ig. Ausbeute [*Trimethylsilyl*]- (I) bzw. [*Triäthylsilyl*]-*phosphorsäure* (II). In Bzl. oder Xylol beträgt die Ausbeute nur 11—12%. Die [Trialkylsilyl]-phosphorsäuren werden leicht zu *Hexaalkyldisiloxanen* u. H_3PO_4 hydrolysiert.

V e r s u c h e: [*Trimethylsilyl*]-*phosphorsäure* (I), $C_3H_{11}O_4PSi$, F. 66,0—66,5° (Bzl.), man rührt eine Lsg. von 162,9 g Trimethylchlorsilan in Ae. mit 204,2 g KH_2PO_4 5 Std. bei 20—22° unter Feuchtigkeitsausschluß, filtriert u. dampft bei 1—2 Torr ein. — *Triäthylsilylphosphorsäure* (II), $C_6H_{17}O_4PSi$, Zers. > 200°, aus Triäthylchlorsilan u. KH_2PO_4

analog vorst.; strohgelbe, zähe Flüssigkeit. — *Hexamethyldisiloxan*, $C_6H_{18}OSi_2$, Kp. 100°' man schüttelt 5 g **I** mit 10 g W. 10—20 Min.; n_D^{23} 1,3742. — *Hexaäthyldisiloxan'* $C_{12}H_{30}OSi_2$, Kp. 229—232°, man hydrolysiert **II** analog Vorst.; n_D^{23} 1,4344. — Si-Best.: man gibt zu einer Lsg. von 0,2 g **I** oder **II** in konz. H_2SO_4 KJO_3, dampft ein, bis sich keine Joddämpfe mehr entwickeln, verd. mit W., filtriert SiO_2 ab, glüht u. wägt. P-Best.: man oxydiert **I** oder **II** mit einem Gemisch von konz. H_2SO_4 u. HNO_3, verd. mit W., filtriert SiO_2 ab u. bestimmt P im Filtrat. (Журнал Общей Химии [J. allg. Chem.] **26** (**88**). 267—69. Jan. 1956.) Ch. Weiske. 980

Harry Heaney, Frederick G. Mann und **Ian T. Millar,** *Die Reaktion von o-Dijodbenzol mit Magnesium, Lithium und n-Butyllithium.* o-Dijodbenzol (**I**) reagiert in Ae. leicht mit einem Atom Mg u. gibt bei nachfolgender Behandlung mit CO_2 *o-Jodbenzoesäure* neben unverändertem **I** u. einer Spur *Benzoesäure* (**III**). Bei Anwendung von mehr Mg reagieren nur 1,5 Äquivalente u. die Carboxylierung ergibt **III** neben *Diphenyl* (**IV**). Die Haupt-Rk. besteht in einer prim. Kondensation zu *2.2'-Dijoddiphenyl* (**II**), das über die Di-Mg-Verb. durch Hydrolyse **IV** ergibt. Das gebildete *o-Phenylen-bis-MgJ* reagiert wahrscheinlich nur mit einem Mol CO_2 zu einem Komplex, der zu **III** hydrolysiert wird. Die Grignard-Verb. aus **I** u. überschüssigem Mg ergibt mit Dimethyljodarsin (**VI**) *Diphenylyl-(2)-dimethylarsin.* Die Verwendung von 4 Mol Li an Stelle von Mg ergab 30% *Tri-o-phenylen* (**V**). Li bildet mit **I** vermutlich prim. **II**, das sich über die entsprechende Dilithiumverb. mit überschüssigem **I** zu **V** kondensiert. Bei der Metallierung von **I** mit n-Butyl-Li u. anschließender Carbonisierung wurde *2.2'-Bis-[o-carboxyphenyl]-diphenyl* erhalten, das über *2.2'-Dilithiumdiphenyl* durch Kondensation mit o-Jodphenyl-Li entstanden sein dürfte; daneben bildete sich *2.2'-Bis-[o-n-butylphenyl]-diphenyl.* o-Dibrombenzol reagiert nicht direkt mit Mg; bei längerem Kochen in Ae. erhält man mit Li nur eine amorphe M.; mit n-Butyl-Li wurde ebenfalls eine hochschm. amorphe Substanz gebildet.

Versuche (metallorgan. Rkk. unter N_2): Die Grignard-Verb. aus **I** u. 1 Äquivalent Mg in Ae. wurde mit festem CO_2 carbonisiert; Extraktion mit wss. NaOH, Ansäuern u. Wasserdampfdest. ergab eine Spur **III** u. aus dem Rückstand 29% *o-Jodbenzoesäure* (F. 160°; *p-Bromphenacylester,* F. 110°), aus der Ae.-Schicht wurden 25% **I** ($Kp._{0,05}$ 78—82°) isoliert. Mit 2 Äquivalenten Mg wurden analog 5,5% **III** (F. 120°) u. 17% *Diphenyl* (**IV**; F. 67°) erhalten. — *Diphenylyl-(2)-dimethylarsin,* $Kp._{0,5}$ 114°, a) aus 16,5 g **I** mit 1,6 Äquivalenten Mg in Ae.–Bzl. (2 Std. rühren), dann Zugabe von **VI** unter Kühlung, 2std. Kochen u. Hydrolyse mit NH_4Cl-Lsg.; 6,5 g; 16% **VI** ($Kp._{0,3}$ 30—50°) wurden zurückgewonnen; b) aus Diphenylyl-(2)-MgJ in Ae. u. **VI** in Bzl.; 46%. Mit Chlordiphenylarsin an Stelle von **VI** wurde lediglich *Joddiphenylarsin* ($Kp._{0,4}$ 137—139°) erhalten. *Diphenylyl-(2)-trimethylarsoniumjodid,* $C_{15}H_{18}JAs$, F. 259—260° (A.). *Tri-o-phenylen* (**V**), $C_{18}H_{12}$, F. 191—192° (A , Sublimation bei 160—180°/0,4 mm), durch Zutropfen von **I** in Ae. zu Li in Ae. in 3 Std. u. 3std. Kochen; UV-Spektr.; 30%; die Carboxylierung ergab keine saure Substanz. — *2.2'-Bis-[o-carboxyphenyl]-diphenyl,* $C_{26}H_{18}O_4$, F. 244—245° (A.–PAe. u. Sublimation bei 200—220°/0,1 mm), durch Zutropfen von **I** in Bzl.–PAe. zu n-Butyl-Li in PAe. (exotherme Rk.), 3std. Kochen u. Carboxylierung; 17%. *Dimethylester,* $C_{28}H_{22}O_4$, F. 147—148° (PAe.), Infrarotspektrum — *2.2'-Bis-[o-n-butylphenyl]-diphenyl,* $C_{32}H_{34}$, F. 229—231° (A.–Bzl. u. Sublimation bei 260—270°/0,1 mm), neben vorst. Verb.; Infrarot- u. UV-Spektr.; 5%. (J. chem. Soc. [London] **1956.** 1—5. Jan. Cambridge, Univ., Chem. Labor., u. Keele, Staffordshire, Univ., Coll. of North Staffordshire, Dep. of Chem.) R. Meier. 1010

Niels Clauson-Kaas und **Poul Nedenskov,** *Die Darstellung gewisser Polyoxybenzoesäuremethylester aus Brenzschleimsäuremethylester.* Der aus Brenzschleimsäuremethylester nach Clauson-Kaas u. Limborg (C. **1954.** 2394) erhaltene 2.5-Dimethoxy-2.5-dihydro- (**I**) bzw. -tetrahydrofuran-2-carbonsäuremethylester (**II**) gibt bei der Kondensation mit Essigsäuremethylester *2.5-Dimethoxy-2.5-dihydro-* bzw. *-tetrahydro-α-furoylessigsäuremethylester,* die sich beim Behandeln mit verd. Mineralsäuren in *2.3.6-Trioxy-* bzw. *2.3-Dioxybenzoesäuremethylester* umlagern.

Versuche: *2.5-Dimethoxy-2.5-dihydro-α-furoylessigsäuremethylester,* $C_{10}H_{14}O_6$, $Kp._{0,1-0,2}$ 104—114°, n_D^{25} 1,4588, aus **I** mit Na u. Essigsäuremethylester in Bzl.; 69% (Ausbeute). — *2.3.6-Trioxybenzoesäuremethylester,* $C_8H_8O_5$, F. 138°, aus vorst. Verb. mit 0,1 n HCl; schwachviolette Kristalle aus verd. Methanol; 57%. — *Oxyhydrochinontriacetat,* $C_{12}H_{12}O_6$, F. 95° (Bzl.–PAe.), aus vorst. Ester durch Verseifen u. Decarboxylieren (3 Std. mit sd. 3 n HCl unter N_2) u. Acetylieren; 23%. — *2.5-Dimethoxytetrahydro-α-furoylessigsäuremethylester,* $C_{10}H_{16}O_6$, $Kp._{0,1-0,2}$ 98—99°, n_D^{25} 1,4559, aus **II** analog drittvorst. Verb.; 69%. — *2.3-Dioxybenzoesäure,* $C_7H_6O_4$, F. 207° (Bzl.), aus den Mutterlaugen des Esters; 8%. *Methylester,* $C_8H_8O_4$, F. 77—78° (Bzl.–PAe.), aus vorst. Verb. mit sd.

0,1n H_2SO_4 (15 Min.); 69%. (Acta chem. scand. **9**. 27—29. 1955. Copenhagen, Central-labor. Sadolin & Holmblad A/S.) F. J. MEYER. 1250

N. P. Buu-Hoï, N. D. Xuong und **N. B. Tien,** *Verbindungen von potentieller Bedeutung für die Chemotherapie der Lepra.* Eine große Zahl neuer Derivv. von *4.4'-Diaminodiphenylsulfoxyd* (**I**), Thiosemicarbazid u. Isonicotinylhydrazin wurde dargestellt u. auf ihre antilepröse Wrkg. geprüft. **I** ließ sich durch HINSBERG-Umlagerung von Anilin-4-acetamidobenzolsulfinat u. saure Hydrolyse des erhaltenen *4-Amino-4'-acetamidodiphenylsulfoxyds* günstig darstellen. Eine Reihe weiterer *4-Amino-4'-acylaminodiphenylsulfoxyde* wurde durch Umsetzung von **I** mit Säurechloriden in Pyridin erhalten; als Nebenprodd. wurden die entsprechenden *4.4'-Diacylaminodiphenylsulfoxyde* gebildet. Weiter wurden *Vanillalaceton-* (**II**), *5-Bromvanillalaceton-*, *Veratralaceton-*, *Piperonalaceton-*, *p-Oxybenzalaceton-*, *4-Oxy-2-methylbenzalaceton-*, *4-Benzyloxy-* u. *4-[p-Chlorbenzyloxy]-2-methylbenzaldehyd-* sowie *4-Oxy-2-methylbenzaldehydthiosemicarbazon* dargestellt. Diese Thiosemicarbazone wurden mit Chloressigsäure zu den entsprechenden *4-Oxo-Δ^2-thiazolinyl-(2)-hydrazonen* kondensiert. Die Isonicotinylhydrazone einer Reihe von p-Oxyphenylalkylketonen wurden synthetisiert. Gegen *Mycobacterium tuberculosis var. hominis* (Stamm H 37 Rv) zeigten **II** u. analoge Derivv. in Konzz. von 10^{-6} bis 10^{-7} tuberkulostat. Wrkg.; Isonicotinylhydrazone von p-Oxyacetophenon u. den nächsthöheren Homologen sind in Konzz. von 10^{-7} aktiv. In vivo (an Mäusen) zeigten diese Isonicotinylhydrazone viel bessere chemotherapeut. Indices als Isonicotinsäurehydrazid.

V e r s u c h e (mit **L. Schembri**): *4.4'-Diaminodiphenylsulfoxyd* (**I**), F. 184° (wss. A.), durch 48std. Erhitzen von 4-Acetamidobenzolsulfinsäure u. Anilin in Ggw. von wenig Anilin·HCl unter Abdest. von W. auf 125—150° u. Hydrolyse des entstehenden Prod.; 10—15% (Ausbeute). — D i p h e n y l s u l f o x y d e, durch langsame Zugabe von 2 Mol Säurechlorid zu einer gekühlten Lsg. von **I** in Pyridin unter Rühren, 10 Min. Stehen, Zugabe von W. u. Stehen über Nacht; 60—80% Diacylverb. als in CH_3OH oder A. schwerer lösl. Anteile; die Monoacylderivv. sind licht- u. luftempfindlich. *4.4'-Bis-[propionylamino]-*, $C_{18}H_{20}O_3N_2S$, F. 233°. — *4.4'-Bis-[n-butyrylamino]-*, $C_{20}H_{24}O_3N_2S$, F. 233°. — *4.4'-Bis-[isobutyrylamino]-*, F. 268°. — *4.4'-Bis-[n-valerylamino]-*, $C_{22}H_{28}O_3N_2S$, F. 226°. — *4.4'-Bis-[n-heptanoylamino]-*, $C_{26}H_{36}O_3N_2S$, F. 220°. — *4.4'-Bis-[n-octanoylamino]-*, $C_{28}H_{40}O_3N_2S$, F. 216°. — *4.4'-Bis-[n-decanoylamino]-*, $C_{32}H_{48}O_3N_2S$, F. 210°. — *4.4'-Bis-[n-dodecanoylamino]-*, $C_{36}H_{56}O_3N_2S$, F. 205°. — *4.4'-Bis-[n-tridecanoylamino]-*, $C_{38}H_{60}O_3N_2S$, F. 200°. — *4.4'-Bis-[n-tetradecanoylamino]-*, $C_{40}H_{64}O_3N_2S$, F. 194°. — *4.4'-Bis-[stearoylamino]-*, $C_{48}H_{80}O_3N_2S$, F. 160°. — *4.4'-Bis-[behenoylamino]-*, $C_{56}H_{96}O_3 \cdot N_2S$, F. 181°. — *4.4'-Bis-[β-cyclohexylpropionylamino]-*, $C_{30}H_{40}O_3N_2S$, F. 187°. — *4.4'-Bis-[ω-cyclopentyl-n-tridecanoylamino]-*, $C_{48}H_{76}O_3N_2S$, F. 159—160°. — *4.4'-Bis-[benzoylamino]-*, $C_{26}H_{20}O_3N_2S$, F. 272°. — *4.4'-Bis-[phenacetylamino]-*, $C_{28}H_{24}O_3N_2S$, F. 224°. — *4.4'-Bis-[anisoylamino]-*, $C_{28}H_{24}O_5N_2S$, F. 300°. — *4.4'-Bis-[4-methylbenzoylamino]-*, $C_{28}H_{24}O_3N_2S$, F. 266°. — *4.4'-Bis-[4-brombenzoylamino]-*, $C_{26}H_{18}O_3N_2Br_2S$, F. > 330°. — *4-n-Octanoyl-4'-amino-*, $C_{20}H_{26}O_2N_2S$, F. 165°. — *4-n-Decanoyl-4'-amino-*, $C_{22}H_{30}O_2N_2S$, F. 162°. — *4-n-Undecanoyl-4'-amino-*, $C_{23}H_{32}O_2N_2S$, F. 152—153°. — *4-n-Tridecanoyl-4'-amino-*, $C_{25}H_{36}O_2N_2S$, F. 159°. — *4-n-Tetradecanoyl-4'-amino-*, $C_{26}H_{38}O_2N_2S$, F. 154°. — *4-Behenoyl-4'-amino-*, $C_{34}H_{54}O_2N_2S$, F. 142—143°. — *4-ω-Cyclopentyl-n-tridecanoyl-4'-amino-*, $C_{30}H_{44}O_2N_2S$, F. 138—139°. — T h i o s e m i c a r b a z o n e: *Vanillalaceton-* (**II**), $C_{12}H_{15}O_2N_3S$, F. 167° (blaßgelbe Prismen aus A.), durch 30 Min. Kochen äquimol. Mengen Vanillalaceton u. Thiosemicarbazid in A. in Ggw. von Essigsäure; 98%. — *5-Bromvanillalaceton-*, $C_{12}H_{14}O_2N_3BrS$, F. 239°, analog **II**. — *Veratralaceton-*, $C_{13}H_{17}O_2N_3S$, F. 230°. — *Piperonalaceton-*, $C_{12}H_{13}O_2N_3S$, F. 199°. — *4-Oxybenzalaceton-*, $C_{11}H_{13}ON_3S$, F. 226°. — *4-Oxy-2-methylbenzalaceton-*, $C_{12}H_{15}ON_3S$, F. 220°. — *4-Oxy-2-methylbenzaldehyd-*, $C_9H_{11}ON_3S$, F. 249°. — *4-Benzyloxy-2-methylbenzaldehyd-*, $C_{16}H_{17}ON_3S$, F. 202°. — *4-[p-Chlorbenzyloxy]-2-methylbenzaldehyd-*, $C_{16}H_{16}ON_3ClS$, F. 214°. — 4 - O x o - Δ^2 - t h i a z o l i n y l - (2) - h y d r a z o n e: *Vanillalaceton-*, $C_{14}H_{15}O_3N_3S$, F. 187° (gelbliche Prismen aus Essigsäure), durch 2std. Kochen äquimol. Mengen **II**, Chloressigsäure u. Na-Acetat in A.; 95%. — *5-Bromvanillalaceton-*, $C_{14}H_{14}O_3N_3BrS$, F. 208°, analog. — *Veratralaceton-*, $C_{15}H_{17}O_3N_3S$, F. 216°. — *Piperonalaceton-*, $C_{14}H_{13} \cdot O_3N_3S$, F. 239°. — *4-Oxybenzalaceton-*, $C_{13}H_{13}O_2N_3S$, F. 257°. — *4-Oxy-2-methylbenzalaceton-*, $C_{14}H_{15}O_2N_3S$, F. 249°. — *4-Oxy-2-methylbenzaldehyd-*, $C_{11}H_{11}O_2N_3S$, F. 332°. — *4-Benzyloxy-2-methylbenzaldehyd-*, $C_{18}H_{17}O_2N_3S$, F. 257°. — *4-[p-Chlorbenzyloxy]-2-methylbenzaldehyd-*, $C_{18}H_{16}O_2N_3ClS$, F. 289°. — *4-Oxy-2-methylbenzaldehyd* (**III**), $Kp._{18}$ 205 bis 207°, durch 45 Min. Kochen von 4-Methoxy-2-methylbenzaldehyd u. Pyridin·HCl u. Zers. mit W.; 65—70%. — *4-Benzyloxy-2-methylbenzaldehyd*, $C_{15}H_{14}O_2$, F. 53° (Nadeln aus PAe.), durch 15 Min. Kochen von 7 g **III** mit KOH u. Benzylchlorid in A.; $Kp._{19}$ 232 bis 234°; 9 g. — *4-[p-Chlorbenzyloxy]-2-methylbenzaldehyd*, $C_{15}H_{13}O_2Cl$, F. 60° (Prismen aus A.), analog vorst. Verb. aus 7 g **III** u. 4-Chlorbenzylchlorid; $Kp._{19}$ 258—260°; 10,5 g.

— *4-Oxy-2-methylbenzalaceton*, $C_{11}H_{12}O_2$, F. 130° (Prismen aus wss. A.), durch 48std. Stehen von 5 g **III** in Aceton mit 10%ig. wss. NaOH unter öfterem Schütteln; Kp.$_{20}$ 251 bis 252°; 4,5 g. — Isonicotinylhydrazone: *4-Oxy-2-methylbenzaldehyd-*, $C_{14}H_{13}O_2N_3$, F. 307° (A. oder CH_3OH), durch mehrstd. Kochen äquimol. Mengen **III** u. Isonicotinylhydrazin in Alkohol. — *4-Benzyloxy-2-methylbenzaldehyd-*, $C_{21}H_{19}O_2N_3$, F. 214°. — *4-[p-Chlorbenzyloxy]-2-methylbenzaldehyd-*, $C_{21}H_{18}O_2N_3Cl$, F. 216°. — *4-Oxyacetophenon-*, $C_{14}H_{13}O_2N_3$, F. 286°. — *4-Oxypropiophenon-*, $C_{15}H_{15}O_2N_3$, F. 247°. — *3-Brom-4-oxypropiophenon-*, $C_{15}H_{14}O_2N_3Br$, F. 253°. — *4-Methoxy-3-methylpropiophenon-*, $C_{17}H_{19}O_2N_3$, F. 143°. — *4-Oxyvalerophenon-*, $C_{17}H_{19}O_2N_3$, F. 206°. — *3-Fluor-4-oxyvalerophenon-*, $C_{17}H_{18}O_2N_3F$, F. 228°. — *4-Oxycaprophenon-*, $C_{18}H_{21}O_2N_3$, F. 205°. — *4-Oxyönanthophenon-*, $C_{19}H_{23}O_2N_3$, F. 203°. — *4-Oxycaprylophenon-*, $C_{20}H_{25}O_2N_3$, F. 206°. — *4-Oxy-1-decanoylbenzol-*, $C_{22}H_{29}O_2N_3$, F. 203°. — *4-Methoxy-1-decanoylbenzol-*, $C_{23}H_{31}O_2N_3$, F. 126°. — *4-Oxypalmitophenon-*, $C_{28}H_{41}O_2N_3$, F. 153°. — *4-Oxybehenophenon-*, $C_{34}H_{53}O_2N_3$, F. 131°. — Nicotinylhydrazone: *4-Oxy-2-methylbenzaldehyd-*, $C_{14}H_{13}O_2N_3$, F. 272°. — *4-Benzyloxy-2-methylbenzaldehyd-*, $C_{21}H_{19}O_2N_3$, F. 144°. — *4-[p-Chlorbenzyloxy]-2-methylbenzaldehyd-*, $C_{21}H_{18}O_2N_3Cl$, F. 180°. — *4-Oxypropiophenon-*, $C_{15}H_{15}O_2N_3$, F. 202°. — *4-Oxyvalerophenon-*, $C_{17}H_{19}O_2N_3$, F. 152°. — *4-Oxyönanthophenon-*, $C_{19}H_{23}O_2N_3$, F. 155°. — *4-Oxycaprylophenon-*, $C_{20}H_{25}O_2N_3$, F. 148°. (J. org. Chemistry **21**. 415—18. 30/4. 1956. Paris, Univ., Radium Inst., Dep. of organ. Chem.)

H. BERTSCH. 1300

H. R. Snyder und **John R. Demuth**, *Das Verhalten einiger sekundärer Amine bei der Sommelet-Reaktion.* Vff. untersuchten das Verh. sek. Amine bei der SOMMELET-Rk. u. bestimmten die Ausbeuten an Aldehyd spektrophotometrisch. Das Amin bzw. dessen Hydrochlorid wurde in 50%ig. Essigsäure mit Hexamethylentetramin 2 Std. gekocht. *N-Methylbenzylamin* ergab 15% *Benzaldehyd* (**I**); *N-Isopropylbenzylamin* 6% **I**; Dibenzylamin 25—30% **I**; *p.p'-Dinitrodibenzylamin* gab 31—48% *p-Nitrobenzaldehyd, p.p'-Dicarbomethoxydibenzylamin* (**II**), 12,2% *p-Carbomethoxybenzaldehyd* (**III**). Vorst. Ausbeuten sind unter der Annahme berechnet, daß 1 Mol Dibenzylamin 2 Mol Aldehyd ergibt. *p-Methoxydibenzylamin* (**IV**) ergab 46,2—57,1% **I** u. 23,1—29,9% *p-Methoxybenzaldehyd* (**VI**), *p-Oxydibenzylamin* (**V**), 53,9—59,2% **I** u. 8,6—10,8% *p-Oxybenzaldehyd, p-Nitrodibenzylamin* 12,7—23,9% **I** u. 30,6—44,9% *p-Nitrobenzaldehyd, p-Carbomethoxydibenzylamin* 24,1—25,5% **I** u. 36% **III**, *p-Nitro-p'-methoxydibenzylamin* 34,6% **VI** u. 26% *p-Nitrobenzaldehyd, p-Carbomethoxy-p'-methoxydibenzylamin* 29,8 bis 34% **VI** u. 30,3—30,8% **III**. Die niedrige Ausbeute an **III** aus **II** ist überraschend, denn Hydrolyse von *p-Carbomethoxybenzylhexaminiumbromid* analog der SOMMELET-Rk. ergab 74,7% des Aldehyds. Die Ergebnisse obiger Unterss. lassen sich nach dem von ANGYAL u. Mitarbeitern (C. **1953**. 7514) vorgeschlagenen Reaktionsmechanismus nur schwer verstehen; Vff. nehmen im Gegensatz dazu an, daß das Hydridion vom N-Atom abgegeben wird u. daß dieser Oxydation unmittelbar die Abgabe eines Protons von einem der α-C-Atome folgt. Für die N-Alkylbenzylamine wird weiter der Einfl. der ster. Hinderung diskutiert. Von den dargestellten asymm. Dibenzylaminen ist nur **IV** destillierbar; die Isolierung der übrigen Verbb. erfolgte in Form der Hydrochloride. **V** ist so wärmeempfindlich, daß es sich schon beim Einengen einer alkoh. Lsg. polymerisiert.

Versuche: *N-Methylbenzylamin*, Kp. 184—185°, durch Zugabe 35%ig. wss. Methylaminlsg. zu **I** unter Schütteln, 30 Min. Kochen, Hydrierung des entstehenden *Benzylidenmethylamins* [Kp. 180—181°, n_D^{20} 1,5540; 72,2% (Ausbeute)] in A. in Ggw. von RANEY-Ni bei 80°/100 atü, Kochen des Rohprod. mit H_2SO_4 u. Extraktion; 61,2% (Ausbeute). *Hydrobromid*, F. 178—180°. *Pikrat*, F. 119—120°. — *N-Isopropylbenzylamin*, Kp.$_{10}$ 93°, analog vorst. Verb. aus 1 Mol **I** u. Isopropylamin; $n_D^{20,5}$ 1,5020; 0,415 Mol. — *p.p'-Dinitrodibenzylamin, Hydrochlorid*, F. 217,5—219° (A.), aus p-Nitrobenzylchlorid u. konz. NH_4OH durch Erhitzen; 16,9%. — *p.p'-Dicarbomethoxydibenzylamin* (**II**), *Hydrochlorid*, $C_{18}H_{20}O_4NCl$, F. 254,5—255,5° (korr.) (W.), aus p-[Brommethyl]-benzoesäuremethylester (**VII**) nach EMERSON u. HEIMSCH (C. **1954**. 10462) u. Überführung des Hydrobromids (85,8%) in das Hydrochlorid. — *p-Methoxydibenzylamin* (**IV**), Kp.$_3$ 170—172°, durch Zugabe von Benzylamin zu frisch dest. Anisaldehyd in Toluol, 1½std. Kochen unter Abdest. von W. u. Hydrierung des entstehenden *Anisylidenbenzylamins* (F. 39,9—40,8°, Kp. 176—181°) in A. in Ggw. von RANEY-Ni bei 100°/1500 lbs./sq.in.; 56,4%. *Hydrochlorid*, F. 214—215°. — *p-Oxydibenzylamin* (**V**), *Hydrochlorid*, $C_{14}H_{16}ONCl$, F. 217—219° (A.–Ae.), aus p-Oxybenzaldehyd u. Benzylamin analog vorst. Verb. u. Hydrierung des entstehenden *p-Oxybenzylidenbenzylamins* [F. 208 bis 210° (A.); 95,3%] in alkoh. Suspension in Ggw. von RANEY-Ni bei 25°/1500 lbs./sq.in., Fällung mit W., Extraktion mit Ae. u. Fällung mit HCl; 69%. — *p-Nitrodibenzylamin, Hydrochlorid*, $C_{14}H_{15}O_2N_2Cl$, F. 248° (Zers., A.), durch 4std. Kochen von Benzylamin u. p-Nitrobenzylchlorid in A. u. Fällung des Ae.-Extraktes mit sd. 2% HCl; 42,4%. —

p-Carbomethoxydibenzylamin, Hydrochlorid, $C_{16}H_{18}O_2NCl$, F. 233—234°, analog vorst. Verb. aus Benzylamin u. **III**; 34,2%. — *p-Nitro-p'-methoxydibenzylamin, Hydrochlorid*, $C_{15}H_{17}O_3N_2Cl$, analog aus p-Methoxybenzylamin u. p-Nitrobenzylchlorid; 31,6%. — *p-Carbomethoxy-p'-methoxydibenzylamin, Hydrochlorid*, $C_{17}H_{20}O_3NCl$, F. 245—246°, analog aus p-Methoxybenzylamin u. **VII**; 24,6%. — *p-Carbomethoxybenzylhexaminiumbromid*, F. 175° (Zers.), durch Zugabe von **VII** zu Hexamin in Chlf. u. 15 Min. Erwärmen; 92,3%. — *p-Carbomethoxybenzaldehyd* (**III**), F. 62—63° (PAe.), durch 2³/₄std. Erhitzen vorst. Verb. in 5%ig. Essigsäure; 74,7%. (J. Amer. chem. Soc. **78.** 1981—84. 5/5. 1956. Urbana, Ill., Univ., Noyes Chem. Labor.) H. BERTSCH. 1300

I. Moyer Hunsberger, Elwood R. Shaw, Joseph Fugger, Roger Ketcham und **Daniel Lednicer**, *Darstellung substituierter Hydrazine.* 4. Mitt. *Arylhydrazine nach üblichen Methoden.* (3. vgl. TIEN u. HUNSBERGER, C. **1956.** 7776.) Vff. stellten *Salze von 36 substituierten Arylhydrazinen* durch Red. der Diazoniumsalze der entsprechenden Amine dar. Als Reduktionsmittel wurde $SnCl_2$ verwendet; dabei fielen teilweise die *Hydrazinhydrochloride*, in den meisten Fällen jedoch die *Doppelsalze der Hydrazine mit HCl* u. *$ZnCl_2$* als Reaktionsprodd. an. Meistens wurde das Salz ohne es zu identifizieren mit Alkali zers., die freie Base extrahiert u. in das *Hydrochlorid* oder *Oxalat* übergeführt. Die Oxalate wurden dargestellt, wenn die Hydrochloride instabil waren. Im allg. wurden *Hydrogenoxalate* erhalten, da zum Ausgangsamin äquimol. Mengen Oxalsäure eingesetzt wurden. Durch Einw. der halben üblichen Menge Oxalsäure wurde das *neutrale Oxalat* des *o-Tolylhydrazins* dargestellt. Beim Umkristallisieren bildeten sich aus den Hydrogenoxalaten teilweise die neutralen Oxalate, teilweise entstand ein Gleichgewichtsgemisch. Die Salze des *Phenanthryl-(9)-hydrazins* (**I**) u. des *3-Hydrazinopyrens* wurden infolge von Schwierigkeiten beim Diazotieren des Amins, Bldg. von Nebenprodd. u. Instabilität der Hydrazine nur mit geringen Ausbeuten erhalten. Neben 5—8,6% **I**·HCl wurden durch Red. von diazotiertem 9-Aminophenanthren mit $SnCl_2$ in HCl erhebliche Mengen eines roten Öls erhalten, das nicht krist., bei dem es sich aber wahrscheinlich um verunreinigtes **I**·HCl handelt. Daneben trat erhebliche Entaminierung ein. Reines **I**·HCl verfärbt sich an der Luft rasch, nicht aber im Vakuum. Zur Charakterisierung wurde *p-Nitrobenzaldehyd-phenanthryl-(9)-hydrazon* dargestellt. **I**-*Hydrogenoxalat* ist stabiler als das Hydrochlorid u. konnte mit 23—28%ig. Ausbeute erhalten werden. 3-Aminopyren konnte mit 23%ig. Ausbeute in das entsprechende *Hydrazinhydrogenoxalat* übergeführt werden, der Vers. ließ sich aber nicht reproduzieren; auch nach anderen Methoden konnte dieses Hydrazin nicht dargestellt werden. Beim Vers., 5-Hydrazinoacenaphthen darzustellen, konnte nur teilweise Entaminierung festgestellt werden, die Synth. gelang nicht.

V e r s u c h e (FF. unter Zers.): A r y l h y d r a z i n e (Meth. **A**), durch Zutropfen von wss. $NaNO_2$-Lsg. zum Amin in HCl bei 0° oder darunter unter Rühren, 30 Min. Rühren bei 0°, Filtrieren (in manchen Fällen Zugabe zu Eis), Zutropfen von $SnCl_2$ in konz. HCl unter Rühren bei 0°, Kühlen über Nacht, Abfiltrieren des Nd., Waschen mit gesätt. NaCl-Lsg. u. mit PAe.-Ae. (2:1), Zers. mit NaOH, Ae.-Extraktion, Fällen durch Einleiten von HCl bei 0° u. Umkristallisieren aus CH_3OH, A., W. oder Gemischen, oder Fällen mit PAe. aus heißem CH_3OH–Chlf., oder Eingießen des Ae.-Extraktes in alkoh. Oxalsäurelsg.: *p-Fluorphenyl-, Hydrochlorid*, $C_6H_8N_2ClF$, F. 216°, analog der Darst. von 2.4.6-Trimethylphenylhydrazin nach FRANZEN u. Mitarbeitern [1918]. *Oxalat*, $C_{14}H_{16}\cdot O_4N_4F_2$, F. 167,5—169°, durch Behandlung der Base in Ae. mit gesätt. überschüssiger Oxalsäurelsg.; 50% (Ausbeute). — *o-Bromphenyl-, Hydrochlorid*, $C_6H_8N_2ClBr$, F. 186 bis 187°, nach **A**; 47%. — *m-Bromphenyl-, Hydrochlorid*, F. 228—230°, nach **A**; 53%. — *o-Jodphenyl-, Hydrochlorid*, $C_6H_8N_2ClJ$, F. 157—159°, nach **A**; 47%. — *m-Jodphenyl-, Hydrochlorid*, F. 176—177,3°, nach **A**; 49%. — *o-Tolyl-, Hydrochlorid*, $C_7H_{11}N_2Cl$, F. 193,5—195,5°, nach **A**; 30%. *Oxalat*, $C_{16}H_{22}O_4N_4$, F. 163—165°, nach **A** mit einem Unterschuß Oxalsäure; 30%. — *m-Tolyl-, Hydrochlorid*, F. 190—193° (Ae.–CH_3OH), nach **A**; 75%. — *p-Tolyl-, Hydrochlorid*, F. 222—235° (Ae.–A.), nach **A**; 14%. — *o-Äthylphenyl-, Hydrochlorid*, $C_8H_{13}N_2Cl$, F. 177—181° (Ae.–A.), nach **A**; 75%. — *o-tert.-Butylphenyl-, Hydrochlorid*, $C_{10}H_{17}N_2Cl$, F. 205—209° (CH_3OH), durch Nitrieren von tert.-Butylbenzol, Hydrieren der *o-Nitrofraktion* [Kp.$_{5-10}$ 110—120°, n_D^{27} 1,5178—1,5285], in Ae. in Ggw. von ADAMS-Katalysator, Isolierung des *o-tert.-Butylanilins* als *Hydrochlorid* [F. 250—252°; 42%] u. Rk. der freien Base nach **A**; 24%. — *m-tert.-Butylphenyl-, Hydrochlorid*, F. 207—209° (CH_3OH–Ae.), analog vorst. Verb. durch Hydrieren von rohem *m-Nitro-tert.-butylbenzol* [Kp.$_{5-8}$ 118—134°, n_D^{27} 1,5300—1,5309] in A., Isolierung des *m-tert.-Butylanilins* als *Hydrochlorid* [F. 252—254°; 72%; *Acetylderiv.*, F. 93 bis 94,5°] u. Rk. der Base nach **A**; 35%. — *p-tert.-Butylphenyl-, Hydrochlorid*, F. 221 bis 222,5°, analog vorst. Verb. aus rohem *p-Nitro-tert.-butylbenzol* [Kp.$_{10-11}$ 136—139°, n_D^{27} 1,5319—1,5322] in Ae., Isolierung des *p-tert.-Butylanilins* als *Hydrochlorid* [F. 255

bis 260°; 85%] u. Rk. der Base nach **A**; 59%. — *p-[1-Methylbutyl]-phenyl-, Hydrochlorid,* $C_{11}H_{19}N_2Cl$, F. 176—180°, aus p-sek.-Amylanilin nach **A**. *Freie Base*, $Kp._2$ 106—120°; 38%. — *p-Methoxyphenyl-, Hydrogenoxalat*, $C_9H_{12}O_5N_2$, F. 151—153° (Eisessig), nach **A**; 25%. *Oxalat*, $C_{16}H_{22}O_6N_4$, F. 174—175°, durch Umkristallisieren des sauren Salzes aus wss. Alkohol. — *m-Methoxyphenyl-, Hydrogenoxalat*, F. 143—144°, nach **A**; 54%. *Oxalat*, $C_{16}H_{22}O_6N_4$, F. 154,4—155°. — *o-Äthoxyphenyl-, Hydrogenoxalat*, $C_{10}H_{14}O_5N_2$, F. 139—141° (Ae.–A.), analog der p-Verb. nach STOLZ [1892]; 56%. — *m-Äthoxyphenyl-, Hydrogenoxalat*, F. 145,5—148° (Ae.–CH_3OH), nach **A**; 21%. — *o-Phenoxyphenyl-, Hydrochlorid*, $C_{12}H_{13}ON_2Cl$, F. 179—181°, nach **A**; 15%. — *p-Phenoxyphenyl-, Hydrochlorid*, F. 185—187°, nach **A**; 58%. — *2.3-Dichlorphenyl-, Hydrochlorid*, $C_6H_7N_2Cl_3$, F. 241—242° (Ae.–A.), nach CARLIN u. FISHER (C. **1948**. E. 403); 65%. — *3.4-Dichlorphenyl-, Hydrochlorid*, F. 212—217° (Ae.–CH_3OH), analog vorst. Verb.; 24%. — *2.4-Dimethylphenyl-, Hydrochlorid*, $C_8H_{13}N_2Cl$, F. 183—186°, nach WILLGERODT u. KLEIN [1899]; 33%. — *3-Chlor-2-methylphenyl-, Hydrochlorid*, $C_7H_{10}N_2Cl_2$, F. 218—220°, nach **A**; 16%. — *5-Chlor-2-methoxyphenyl-, Hydrochlorid*, $C_7H_{10}ON_2Cl_2$, F. 192°, nach **A**; 43%. — *2.4.6-Trimethylphenyl-, Hydrochlorid*, $C_9H_{15}N_2Cl$, F. 185,5—187° (Ae.–A.), aus Mesidin·HCl [F. 245—247°, durch 4tägige Hydrierung von Nitromesitylen in Ggw. von ADAMS-Katalysator; 85%] nach FRANZEN u. Mitarbeitern (l. c.); 29%. — *1-Chlornaphthyl-(2)-, Hydrochlorid*, $C_{10}H_{10}N_2Cl_2$, F. 193—199° (HCl-gesätt. wss. Essigsäure), nach **A**; 63%. — *4-Bromnaphthyl-(1)-, Hydrochlorid*, $C_{10}H_{10}N_2ClBr$, F. 177,5—178° (verd. HCl), nach PLANT u. TOMLINSON (J. chem. Soc. [London] **1932**. 2192); 21%. — *p-Hydrazinophenylessigsäure, Hydrochlorid*, $C_8H_{11}O_2N_2Cl$, F. 228—229°, analog der o-Verb. nach NEBER [1922]; 84%. *Freie Base*, F. ~175° (Zers.). — *m-Hydrazinozimtsäure*, $C_9H_{10}O_2N_2$, F. 194—195° (A.), durch Diazotieren von m-Aminozimtsäure in konz. HCl mit wss. $NaNO_2$-Lsg. im Eis–NaCl-Bad, Zugießen von wss. Na_2SO_3-Lsg. unter Rühren, Zugabe von konz. HCl u. Zn-Staub, Filtrieren, Sättigen mit NaCl, Kühlen, Zugabe von Eisessig, Abfiltrieren des Nd., Überleiten von HCl u. 2std. Rühren mit Na-Acetat in W.; 42%. *Hydrochlorid*, $C_9H_{11}O_2N_2Cl$, F. 265°. — *p-Hydrazinophenylarsonsäure*, $C_6H_9O_3N_2As$, Zers. bei 188°, nach A. P. 2 390 529; 43%. — *Naphthyl-(1)-hydrazin-4-sulfonsäure*, $C_{10}H_{10}O_3N_2S$, F. 260—261,5°, nach A. P. 2 604 400; 100%. — *2-Hydrazinofluoren, Hydrochlorid*, $C_{13}H_{13}N_2Cl$, F. 250—255° (grünweiße Kristalle), nach **A**; 64%. — *Phenanthryl-(9)-hydrazin* (**I**), *Hydrochlorid*, $C_{14}H_{13}N_2Cl$, durch langsames Eingießen einer Dioxanlsg. von 9-Aminophenanthren in wss. HCl unter Rühren bei 0°; rasche Zugabe von wss. $NaNO_2$-Lsg. unterhalb 3°, $1^3/_4$std. Rühren bei 2 bis —3°, Zutropfen von $SnCl_2$ in HCl, 3std. Rühren unterhalb 2°, Zugabe von 25%ig. NaOH unter Rühren, Extraktion u. Fällen mit HCl; 5—8,6%; daneben Ausgangsmaterial u. *Phenanthren*. *Hydrogenoxalat*, $C_{16}H_{14}O_4N_2$, F. 172—174°; 23—28%. *Pikrat*, $C_{20}H_{15}O_7N_5$, F. 172—174°. — *9-Aminophenanthrenhydrogenoxalat*, F. 205—207°. — *p-Nitrobenzaldehydphenanthryl-(9)-hydrazon*, $C_{21}H_{15}O_2N_3$, F. 235,5—237,5° (korr.; braunrote Kristalle aus Äthylacetat), durch 2std. Stehen von p-Nitrobenzaldehyd, **I**·HCl u. Na-Acetat in CH_3OH; 66%. — *3-Hydrazinopyren, Hydrogenoxalat*, $C_{18}H_{14}O_4N_2$, F. 182—185°, analog **I** aus 3-Aminopyren u. Fällung nach **A**; 23%. — *3-Aminopyren, Hydrochlorid*, $C_{16}H_{12}NCl$, F. 260—263° (wss. HCl), durch Hydrieren von 3-Nitropyren in CH_3OH in Ggw. von RANEY-Ni; 82%. — *Chinolyl-(6)-hydrazin, Dihydrochlorid*, $C_9H_{11}N_3Cl_2$, F. 219—220°, nach WIELAND u. HORNER (Liebigs Ann. Chem. **336**. [1938.] 89); 45%. (J. org. Chemistry **21**. 394—99. 30/4. 1956. Yellow Springs, O., Antioch. Coll., Dep. of Chem.) H. BERTSCH. 1300

C. Ainsworth, *Die reduktive Alkylierung primärer aromatischer Amine mit Raney-Nickel und Alkoholen.* Anilin, 2.5-Dimethoxyanilin u. Naphthyl-(2)-amin lassen sich durch 2—4std. Erhitzen mit A., n-Propyl-, Isopropyl-, n-Butyl-, Cyclohexyl- oder Benzylalkohol in Ggw. von 3 Teilen RANEY-Ni auf dem Dampfbad zu *sek. Aminen* alkylieren. Mit Isopropylalkohol verläuft die Rk. langsamer. 2-Aminopyridin (**I**) u. 5-Aminotetrazol (**II**) ließen sich auf diese Weise nicht alkylieren, mit CH_3OH konnte in keinem Fall Alkylierung erzielt werden. Es wird angenommen, daß nach Dehydrierung des Alkohols durch RANEY-Ni zum Aldehyd die SCHIFFsche Base gebildet wird u. Red. zum alkylierten Amin erfolgt. Das abweichende Verh. von **I**, **II** u. Isopropanol ist auf die in diesen Fällen ausbleibende bzw. langsame Bldg. der SCHIFFschen Base zurückzuführen. Das Ausbleiben der Rk. mit CH_3OH wird durch die rasche Disproportionierung von CH_2O durch RANEY-Ni erklärt. 2-Phenäthylamin ergab bei 30 Min. Erhitzen mit A. u. Ni *Bis-[2-phenäthyl]-amin*, Benzylamin *Dibenzylamin*.

V e r s u c h e: *N-Äthylanilin*, $Kp._{10}$ 84°, n_D^{25} 1,5568, a) durch 3std. Kochen von 4 g 1-n-Butyryl-2-phenylhydrazin mit A. in Ggw. von 12 g RANEY-Ni; 1,3 g (Ausbeute); daneben *Butyramid*, 1 g; b) durch 2std. Kochen von Anilin u. RANEY-Ni in A. unter Rühren; 80%. — *N-Propylanilin*, analog vorst. Verb. nach b); 70%. — *N-n-Butylamin*, analog; 81%. — *N-Cyclohexylanilin*; 22%. — *N-Benzylanilin*; 50%. — *N-Äthylnaphthyl-(2)-amin*, Kp.$_{12}$ 162°, durch 4std. Kochen von Naphthyl-(2)-amin u. RANEY-Ni in A. unter Rühren; n_D^{25} 1,6402; 82%. — *N-Äthyl-2.5-dimethoxyanilin*, $C_{10}H_{15}O_2N$, Kp.$_{15}$ 138°, aus 2.5-Dimethoxyanilin analog vorst. Verb.; n_D^{25} 1,5501; 61%. — *N-Isopropylanilin*, $C_9H_{13}N$, Kp. 198—206°, aus Anilin u. Isopropylalkohol in Ggw. von RANEY-Ni durch Kochen über Nacht; n_D^{25} 1,5380; 50%. — *Bis-[2-phenäthyl]-amin*, $C_{16}H_{19}N$, Kp.$_{25}$ 190°, durch 30 Min. kochen von 20 g 2-Phenäthylamin mit RANEY-Ni in A. unter Rühren; n_D^{25} 1,5550; 9 g. — *Dibenzylamin*, Kp.$_5$ 160°, durch 2std. Kochen von Benzylamin mit RANEY-Ni in A. unter Rühren; 5 g. (J. Amer. chem. Soc. **78**. 1635—36. 20/4. 1956. Indianapolis, Ind., Lilly Res. Labors.) H. BERTSCH. 1310

R. J. Bates, J. Cymerman-Craig, M. Moyle und R. J. Young, *Eine neue Methode der Cyanäthylierung.* 4. Mitt. *Substitutionseffekte.* (3. vgl. CYMERMAN-CRAIG u. Mitarbeiter, C. **1956.** 11975.) Bei der Darst. von *N-[2-Cyanäthyl]-arylaminen* durch Aminaustausch aus 2-Diäthylaminoäthylcyanid (**I**) u. Arylaminen wurde beobachtet, daß die Ausbeute abhängig ist von der Basizität des Amins u. verringert wird durch o-ständige Substituenten. Bei Anwendung von N-Alkylanilinen wurde mit wachsender Größe des Alkylrestes eine geringere Ausbeute erhalten, was auf ster. Hinderung beruht. Einige N-[2-Cyanäthyl]-arylamine konnten aus den entsprechenden Aminsalzen u. Vinylcyanid (**II**) in Ggw. von Diäthylamin (**III**) dargestellt werden. Beim Vers., *m-Chlor-N-[2-cyanäthyl]-anilin* zu hydrolysieren, wurde unter Abspaltung der Cyanäthylgruppe *m-Chloranilin* erhalten. Isopropenylcyanid (**VI**) kondensiert mit Pyrrolidin u. Piperidin unter Bldg. von *1-[2'-Cyanpropyl]-pyrrolidin* (**IV**) bzw. *-piperidin.* Während *2-Diäthylamino-1-methyläthylcyanid* (**V**) nicht aus **VI** u. **III** direkt dargestellt werden kann, wird es aus **IV**-Jodmethylat u. **III** erhalten. **IV** u. **V** reagieren mit p-Anisidinhydrochlorid (**VIII**) unter Aminaustausch. Dagegen lieferte das durch Dehydratation von 3-Diäthylamino-2.2-dimethylpropionaldoxim erhaltene *2-Diäthylamino-1.1-dimethyläthylcyanid*, das nicht zur Eliminierungs-Rk. befähigt ist, mit **VIII** in Spuren eine Verb., die als *N-[2-Cyan-2-methylpropyl]-p-anisidin* angesehen wird. Die Ergebnisse der Rkk. mit in der Cyanäthylgruppe substituierten Cyaniden sprechen für einen S_N2-Mechanismus. Die Rk. von Propen-(1)-ylcyanid mit Pyrrolidin ergab *1-[2-Cyan-1-methyläthyl]-pyrrolidin* (**X**), das mit **III** *2-Diäthylaminopropylcyanid* (**VII**) lieferte. Beide Cyanide reagieren mit **VIII** unter Bldg. von *N-[2-Cyan-1-methyläthyl]-p-anisidin* in viel höheren Ausbeuten, als bei den entsprechenden verzweigten Verbb. erhalten wurden. Dies läßt auf einen Übergang zum S_N1-Mechanismus schließen. Auch das frei gemachte Amin übt einen nennenswerten Einfl. auf die Ausbeute aus. Bei der Rk. von **VIII** mit *2-Pyrrolidino-* (**XI**), *2-Morpholinoäthylcyanid* (**XII**), **I** u. *N-[2-Cyanäthyl]-N-äthylbenzylamin* (**XIII**) wurden mit **I** die besten Ausbeuten erzielt. Die Jodmethylate der N.N-Dialkyl-2-cyanäthylamine liefern mit wss. KCN *1.2-Dicyanäthan* (**IX**). Unter gleichen Bedingungen ergibt 2-Oxyäthylcyanid nur 6% **IX**.

Versuche: N-[2-Cyanäthyl]-arylamine, durch 1std. Erhitzen von Arylaminhydrochlorid oder -benzolsulfonat mit **I** auf 180°, a) Zugabe von Aceton u. fraktionierte Dest. des Filtrats oder b) Zugabe von n-NaOH u. Extraktion mit Chlf.: *-N-methylanilin*, $C_{10}H_{12}N_2$, Kp.$_{0,6}$ 127—128°, $n_D^{23,5}$ 1,5590; 65% (Ausbeute). *Pikrat*, $C_{10}H_{12}N_2 \cdot C_6H_3O_7N_3$, F. 115°, aus A. gelbe Nadeln. — *-N-äthylanilin*, $C_{11}H_{14}N_2$, Kp.$_{0,5}$ 126 bis 127°, n_D^{24} 1,5505; 41%. *Pikrat*, $C_{11}H_{14}N_2 \cdot C_6H_3O_7N_3$, F. 109—111°, aus A. gelbe Nadeln. *p-Toluolsulfonylmethylat*, $C_{19}H_{24}O_3N_2S$, F. 130—131° (Essigester), Nadeln. — *-N-n-propylanilin*, $C_{12}H_{16}N_2$, Kp.$_{0,5}$ 122—123°, n_D^{25} 1,5400; 17,5%. — *-N-isopropylanilin*, Kp.$_{1,5}$ 136°, aus N-Isopropylanilin (Kp.$_{0,5}$ 82—85°, $n_D^{14,5}$ 1,5259. *Benzolsulfonylderiv.*, $C_{15}H_{17}O_2NS$, F. 71—72°) u. **I**-*Jodmethylat*; 0,5%. *Pikrat*, F. 142°. — *-p-toluidin*, $C_{10}H_{12}N_2$, F. 105—106°, aus der Fraktion vom Kp.$_{0,3}$ 48—125°; prismat. Platten aus Aceton; 67%. *Hydrochlorid*, $C_{10}H_{12}N_2 \cdot HCl$, F. 188,5—189,5°, aus Ae.–A. Platten. — *-p-phenetidin*, $C_{11}H_{14}ON_2$, Kp.$_{0,001}$ 136—138°, F. 75—76° (Chlf.–PAe.), Platten; 70%. *Hydrochlorid*, $C_{11}H_{14}ON_2 \cdot HCl$, F. 136—137° (Ae.–A.), Nadeln. — *-m-toluidin*, $C_{10}H_{12}N_2$, Kp.$_{0,4}$ 126—131°, F. 47,5—49° (Chlf.–PAe.), Platten; 61%. — *-m-anisidin*, $C_{10}H_{12}ON_2$, Kp.$_1$ 180—184°, F. 84—85° (Chlf.–PAe.), Nadeln; 34%. — *-o-toluidin*, $C_{10}H_{12}N_2$, Kp.$_{0,7}$ 120—121°, n_D^{26} 1,5530; 25%. *Pikrat*, $C_{10}H_{12}N_2 \cdot C_6H_3O_7N_3 \cdot CH_3OH$, F. 205—206° ($CH_3OH$), Nadeln. *Benzolsulfonat*, $C_{10}H_{12}N_2 \cdot C_6H_6O_3S$, F. 176—177° (Aceton), prismat. Nadeln. — *-o-anisidin*, $C_{10}H_{12}ON_2$, Kp.$_{0,6}$ 165—167°, n_D^{24} 1,5600; 42%. — *-2.6-dimethylanilin*, $C_{11}H_{14}N_2$, Kp.$_{0,5}$ 122°, n_D^{16} 1,5400; 7,6%. *Benzolsulfonat*, $C_{11}H_{14}N_2 \cdot C_6H_6O_3S$, F. 199—200° (A.–Ae.), Nadeln. — *-m-chloranilin*, Kp.$_{0,4}$ 152—162°, n_D^{19} 1,5733, F. 44 bis 47°, a) durch 1½std. Erhitzen auf 180°; 27,5%; durch 1std. Erhitzen auf 180°; Nadeln; 23%. *p-Toluolsulfonylderiv.*, $C_{16}H_{15}O_2N_2ClS$, F. 95—96° (wss. A.), Nadeln; b) durch 2½std. Erhitzen von m-Chloranilinhydrochlorid mit **VI** auf 180° in Ggw. von

III; 42,5%. Daraus durch 2std. Kochen mit H_2SO_4, Extraktion mit Ae. bei p_H 5 u. Rk. des Ätherrückstands mit p-Toluolsulfochlorid in Pyridin *N-[m-Chlorphenyl]-p-toluolsulfonamid*, F. 135—137°. — *N.N'-Bis-[2-cyanäthyl]-o-phenylendiamin*, $Kp._{0,001}$ 190 bis 200°, F. 116—118°, durch 2½std. Erhitzen von o-Phenylendiammoniumdibenzolsulfonat, mit **II** u. **III** auf 180°; Nadeln; 70%. Daneben *N-[2-Cyanäthyl]-diäthylamin* (**I**), $Kp._{1,5}$ 58—66°, n_D^{19} 1,4330. — *N.N'-Bis-[2-cyanäthyl]-p-phenylendiamin*, $C_{12}H_{14}N_4$, F. 138—139°; 22%. Daneben **I**. — *2-Diäthylamino-1.1-dimethylpropionaldehyd*, C_9H_{19}·ON, $Kp._{1,5}$ 42—45°, $Kp._1$ 38—40°, durch 1std. Kochen von Isobutyraldehyd, **III**-Hydrochlorid u. Paraformaldehyd, 1std. Kochen nach Zugabe von Paraformaldehyd u. 10n HCl, Extraktion mit A. u. Extraktion des alkoh. Rückstands mit Ae.; $n_D^{16,5}$ 1,4360. *Semicarbazon*, $C_{10}H_{22}ON_4$, F. 125—126° (W.), Platten. *Jodmethylat*, $C_{10}H_{22}ONJ$, F. 161 bis 162° (A.), Nadeln. *Oxim*, $C_9H_{20}ON_2$, $Kp._{0,6}$ 88—90°, $n_D^{18,5}$ 1,4659; 45%. — *2-Diäthylamino-1.1-dimethyläthylcyanid*, $C_9H_{18}N_2$, $Kp._1$ 56—57°, durch 2std. Kochen vorst. Oxims mit Essigsäureanhydrid, Alkalisieren u. Ätherextraktion; $n_D^{15,5}$ 1,4310; 59%. *Jodmethylat*, $C_{10}H_{21}N_2J \cdot 1/2 C_2H_2OH$, F. 147—148° (A.), Nadeln. — *N-[2-Cyan-2-methylpropyl]-p-anisidin*, durch 1½std. Erhitzen von vorst. Verb. mit **VIII** auf 180° u. Aufarbeitung nach a). *Benzolsulfonylderiv.*, F. 55—57° (wss. CH_3OH), aus der Fraktion vom $Kp._{0,001}$ 90—150°; Platten; 0,1%. — *1-[2'-Cyanäthyl]-pyrrolidin* (**XI**), $Kp._2$ 78—80°, durch ½std. Erhitzen von Pyrrolidin mit **II** auf 100°; n_D^{15} 1,4670; 86%. *Jodmethylat*, $C_8H_{15}N_2J$, F. 121—122° (A.), Nadeln. — *4-[2'-Cyanäthyl]-morpholin* (**XII**), *Jodmethylat*, $C_8H_{15}ON_2J$, F. 178—179° (wss. A.), Nadeln. — *N-Äthylbenzylamin*, $Kp._2$ 62—64°, durch Red. von N-Acetylbenzylamin mit $LiAlH_4$ in Ae.; n_D^{14} 1,5180; 60%. *Hydrochlorid*, $C_9H_{13}N \cdot HCl$, F. 182—183° (A.-Ae.), Platten. — *N-[2-Cyanäthyl]-N-äthylbenzylamin* (**XIII**), $C_{12}H_{16}N_2$, $Kp._3$ 148°, durch 10std. Erhitzen von vorst. Amin mit **II** auf 110°; n_D^{16} 1,5170; 94%. *Jodmethylat*, $C_{13}H_{19}N_2J$, F. 125—126° (A.), Nadeln. — *1-[2'-Cyanpropyl]-pyrrolidin* (**IV**), $C_8H_{14}N_2$, $Kp._{60}$ 132—136°, $Kp._{0,8}$ 58°, durch 8std. Erhitzen von **VI** mit Pyrrolidin auf 110°; n_D^{19} 1,4560; 88%. *Jodmethylat*, $C_9H_{17}N_2J$, F. 100—101° (A.-Ae.), Nadeln [*Pikrat*, $C_{15}H_{19}O_7N_5$, F. 130—131° (Essigester), gelbe Platten, durch Behandlung mit Li-Pikrat]. — *1-[2'-Cyanpropyl]-piperidin*, $C_9H_{16}N_2$, $Kp._2$ 70—72°, durch 10std. Erhitzen von Piperidin u. **VI** auf 180°; $n_D^{17,5}$ 1,4662; 72%. *Jodmethylat*, $C_{10}H_{19}N_2J$, F. 144—145° (A.-Ae.), Nadeln. — *2-Diäthylamino-1-methyläthylcyanid* (**V**), $C_8H_{16}N_2$, $Kp._{20}$ 92°, durch 8std. Erhitzen von **IV**-Jodmethylat mit **III** auf 100°, n_D^{15} 1,4350; 60%. *Jodmethylat*, $C_9H_{19}N_2J$, F. 166—168° (Zers.; A.-Ae.), Nadeln. — *1-[2'-Cyan-1'-methyläthyl]-pyrrolidin* (**X**), $C_8H_{14}N_2$, $Kp._{25}$ 121—122°, durch 3std. Erhitzen von Pyrrolidin mit Propen-(1)-ylcyanid auf 130°; n_D^{25} 1,4660; 89%. *N-Methylpyrrolidinium-pikrat*, $C_{11}H_{14}O_7N_4$, F. 222° (Essigester), gelbe Platten. — *2-Diäthylaminopropylcyanid* (**VII**), $C_8H_{16}N_2$, $Kp._{25}$ 101—102°, durch 6std. Erhitzen des Jodmethylats vorst. Verb. mit **III** auf 100°, Ätherextraktion u. Dest.; n_D^{24} 1,4380; 91%. *Jodmethylat*, $C_9H_{19}N_2J$, F. 172—174° (Zers.; A.), Nadeln. — *2-Methylpropen-(1)-ylcyanid*, $Kp._{760}$ 140 bis 143°, durch Decarboxylierung von α-Cyan-β-methylcrotonsäure in Ggw. von Cu-Bronze bei 180—190°; n_D^{20} 1,4232; 76%; reagiert nicht mit **III** in Ggw. von Benzyltrimethylammoniumhydroxyd oder K_2CO_3. — *N-[2-Cyanäthyl]-p-anisidin*, $Kp._{0,001}$ 136 bis 145°, F. 62—64°, a) durch 1½std. Erhitzen von **XI** u. **VIII** auf 180°; 26%; b) analog aus **XII**; 45,5%; c) aus **XIII** 56%; d) durch 1½std. Erhitzen von Morpholin, **II** u. **VIII** auf 180°; 37%; daneben **XII**. — *N-[2-Cyanpropyl]-p-anisidin*, *N-Benzolsulfonylderiv.*, $C_{17}H_{18}O_3N_2S$, F. 56—67° (Bzl.-PAe.) u. F. 91—92° (Chlf.-PAe.), a) durch 1½std. Erhitzen von **IV** u. **VIII** auf 180° u. Behandlung der Fraktion vom $Kp._{0,001}$ 120—130° mit Benzolsulfochlorid; Nadeln; 8%; b) analog aus **V** u. **VIII**; 10%. — 1½std. Kochen von 1-[2'-Cyanopropyl]-piperidin mit **VIII** ergaben 89% *Piperidinhydrochlorid* (F. 230 bis 232°) u. 2 Fraktionen vom $Kp._{0,7}$ 70—98° bzw. $Kp._{0,001}$ 100—130°, aus denen kein unlösl. Benzolsulfonamid erhalten wurde. — *N-[2-Cyan-1-methyläthyl]-p-anisidin*, $C_{11}H_{14}ON_2$, $Kp._{0,001}$ 122—125°, F. 91 -92° (A.), a) aus **X** u. **VIII**; Nadeln; 12,5%. *N-Benzolsulfonylderiv.*, $C_{17}H_{18}O_3N_2S$, F. 81—82° (A.), durch Behandlung der Fraktion vom $Kp._{0,001}$ 100—120° mit Benzolsulfochlorid; 28%. b) aus **VIII** u. **VII**; 50,5%. — *N.N-Bis-benzolsulfonyl-p-anisidin*, $C_{19}H_{17}O_5NS_2$, F. 139—140° (A.), aus p-Anisidin u. Benzolsulfochlorid in Pyridin bei 100°; Platten. — *1.2-Dicyanäthan* (**IX**), F. 52—54°, a) aus 1 Mol **I**-Jodmethylat u. 2 Mol wss. KCN; 62,5%; b) analog aus **XIII**-Jodmethylat u. Extraktion mit Chlf.; 56%; c) aus **XI**-Jodmethylat 50%; d) aus **XII**-Jodmethylat 28%, daneben 54% *4-Methylmorpholin* (*Pikrat*, F. 225°. *Jodmethylat*, F. 246°); e) aus 2-Oxyäthylcyanid 6%. — A r y l a m m o n i u m b e n z o l s u l f o n a t e: *p-Nitroanilinium-*, $C_6H_6O_2N_2 \cdot C_6H_6O_3S$, F. 235—236° ($CH_3OH$), gelb. — *m-Acetylanilinium-*, $C_8H_9ON_2$·$C_6H_6O_3S$, F. 163—164° (CH_3OH), gelb. — *o-Anisidinium-*, $C_7H_9ON \cdot C_6H_6O_3S$, F. 200 bis 201° (W.). — *m-Anisidinium-*, $C_7H_9ON \cdot C_6H_6O_3S$, F. 170—171° (A.). — *2.6-Dimethylanilinium-*, $C_8H_{11}N \cdot C_6H_6O_3S$, F. 183—184° ($CH_3OH$). — *o-Phenylendiammonium-*,

$C_6H_8N_2 \cdot 2\,C_6H_6O_3S$, F. 245° (Zers.; A.). — *p-Phenylendiammonium-*, $C_6H_8N_2 \cdot 2\,C_8H_6O_3S$, F. 340—345° (Zers., A.). (J. chem. Soc. [London] **1956**. 388—95. Febr. Sydney, N. S. W., Univ., Organ. Chem. Dep.) Horst Baganz. 1310

V. H. Wallingford, Harriet G. Decker und **Margaret Kruty,** *Röntgenkontrastmittel.* 1. Mitt. *Jodierte Acylaminobenzoesäuren.* 16 verschied. *Acylderivv. von jodierten Aminobenzoesäuren* wurden dargestellt u. auf ihre Eignung als Röntgenkontrastmittel untersucht. Die Einführung einer niederen Acylgruppe erhöht die Löslichkeit des Na-Salzes u. senkt die Toxizität. Die Giftigkeit der Derivv. steigt von der m- über die p- zur o-Verb. hin an. *3-Acetylamino-2.4.6-trijodbenzoesäure* erwies sich als am besten geeignet.

Versuche (FF. korr.): *2-Amino-3.5-dijodbenzoesäure,* $C_7H_5O_2NJ_2$, F. 242,5 bis 243,5° (Zers.), durch Einw. von JCl in konz. HCl auf Anthranilsäure in verd. HCl (über Nacht bei n. Temp.); Reinigung über das *NH_4-* oder *Na-Salz;* Löslichkeit des Na-Salzes bei 25° in g/100 ml (L^{25}) 13,3; DL_{50} 180 (in mg freie Säure/kg, intravenös bei der weißen Maus); 85,2% (Ausbeute). *N-Acetylderiv.*, $C_9H_7O_3NJ_2$, F. 228,5—230° (Eisessig), L^{25} 38,8, DL_{50} 1530 (*Anhydroform,* $C_9H_5O_2NJ_2$, F. 199—201° [Zers.]). *N-n-Butyrylderiv.*, F. 203,5—205°, DL_{50} 560. *N-n-Caproylderiv.*, $C_{13}H_{15}O_3NJ_2$, F. 205,5—206,5° (Zers.), L^{25} 105,0, DL_{50} 365. *N-Benzoylderiv.*, F. 211,5—213° (Eisessig), DL_{50} 360. *N-[α-Phenylbutyryl]-deriv.*, F. 237,0—237,5° (Dioxan–W.), DL_{50} 385. *N-[o-Jodbenzoyl]-deriv.*, F. 222,5—224,5° (Zers.), DL_{50} 575. — *3-Amino-2.4.6-trijodbenzoesäure,* F. 196,5 bis 197,5° (Zers.), aus m-Aminobenzoesäure mit JCl in wss. HCl (3 Std. bei 80—85°); DL_{50} 1450; 74,2%. *N-Formylderiv.*, F. 252° (Zers.; A.), L^{25} 70,5, DL_{50} 8000. *N-Benzoylderiv.*, F. 308° (Zers.), L^{25} 15,9, DL_{50} 1000. *N-Isobutyrylderiv.*, F. 270—271° (Zers.), L^{25} 29,3, DL_{50} 3700. *N-Caproylderiv.*, F. 231—234° (wss. A.), L^{25} 77,6, DL_{50} 1450. *N-Caprylylderiv.*, F. 211,4—212,5°, sehr leicht lösl., DL_{50} 660. *N-Lauroylderiv.*, F. 192—193°, L^{25} 50,0, DL_{50} 4200. *N-Acetylderiv.*, $C_9H_6O_3NJ_3$, F. 280—280,5° (Zers.), L^{25} 94,2, DL_{50} 9560. *N-Propionylderiv.*, F. 253—254° (Zers.), L^{25} 37,2, DL_{50} 8100. *N-Butyrylderiv.*, F. 248°, L^{25} 59,3, DL_{50} 4800. — *Essigsäure-[3-acetylamino-2.4.6-trijodbenzoesäure]-anhydrid,* $C_{11}H_8O_4NJ_3$, F. 227,5—228,5° (Zers.). — *4-Amino-3.5-dijodbenzoesäure,* $C_7H_5O_2NJ_2$, F. >310°, nach Michael u. Norton [1879/80], L^{25} 2,56, DL_{50} 515; 78,8%. *N-Acetylderiv.*, F. >310° (80%ig. Dioxan), L^{25} 15,1, DL_{50} 4200. *N-Benzoylderiv.*, F. 285—286°, DL_{50} 625. (J. Amer. chem. Soc. **74**. 4365—68. 5/9. 1952. St. Louis, Mo., Mallinckrodt Chem. Works, Res. Labors.) H. Gnichtel. 1350

Günther Drefahl und **Friedrich Fischer,** *Die Darstellung p-substituierter Phenylessigsäuren.* Zur Synth. von *4-[α-Oxy-β-aminoalkyl]-phenylessigsäuren* wird Phenylessigsäure (**I**) zunächst mit Chloracetylchlorid nach Frieeel-Crafts zu *4-[α-Oxo-β-chloräthyl]-phenylessigsäure* (**II**) umgesetzt. Ebenso reagiert α-Chlorpropionylchlorid zu *4-[α-Oxo-β-chlorpropyl]-phenylessigsäure* (**III**), die auch mit α-Brompropionylbromid entsteht, da mit $AlCl_3$ vollständiger Halogenaustausch eintritt. Die Einführung der NH_2-Gruppe in **II** erfolgt mit NH_3 (wahrscheinlich über *2.5-Bis-[p-carboxymethylphenyl]-dihydropyrazin*), Urotropin oder am besten über **II**-*Äthylester* mit Phthalimid-K. Mit H_2/Pd wird die Ketogruppe zum *Alkohol* reduziert.

Versuche: *4-Chloracetylphenylessigsäure* (**II**; *4-[α-Oxo-β-chloräthyl]-phenylessigsäure*), F. 130°, aus **I** u. Chloracetylchlorid in CS_2 mit $AlCl_3$ (2 Std. bei Zimmertemp. u. 6 Std. bei 40°); Nadeln aus W.; 30% (Ausbeute). *Äthylester* (**IIa**), F. 56—58° (Ae.–PAe.). — *4-[α-Chlorpropionyl]-phenylessigsäure* (**III**; *4-[α-Oxo-β-chlorpropyl]-phenylessigsäure*), $C_{11}H_{11}O_3Cl$, F. 145°, mit α-Chlor- oder α-Brompropionylchlorid analog **II**; lanzettförmige Kristalle aus W.; 30%. *Äthylester,* $C_{13}H_{15}O_3Cl$, F. 48° (Ae.–PAe.), auch direkt aus Phenylessigsäureäthylester mit $AlCl_3$ u. α-Brompropionylbromid in CS_2 (7 Std. bei Zimmertemp. u. 3 Std. bei 30°); 25—30%. — *2.5-Bis-[p-carboxymethylphenyl]-dihydropyrazin* (?), F. 301°. *NH_4-Salz,* $C_{20}H_{24}O_4N_4$, F. 290—300° (Zers.), aus **II** mit konz. NH_4OH (6 Std. bei 0°); gelborangefarbene Blättchen aus A.; 23%. — *4-[α-Oxo-β-aminoäthyl]-phenylessigsäure, Hydrochlorid* (**IV**), $C_{10}H_{12}O_3NCl$, F. 224° (Zers.; Isopropanol–Ae.), a) aus vorst. NH_4-Salz mit sd. 20%ig. HCl; 67%; b) aus **V**-Äthylester mit Eisessig/konz. HCl (8 Std. kochen u. 15 Std. bei 90°); 64%. *N-Acetylderiv.*, $C_{12}H_{13}O_4N$, F. 209°. **IV**-*Äthylester, Hydrochlorid,* $C_{12}H_{16}O_3NCl$, F. 197°, auch aus **IIa** mit Hexamethylentetramin in CCl_4 (3 Tage rühren), dann mit konz. HCl/A. 2 Tage rühren; Blättchen aus A.; 15% (*Acetylderiv.*, $C_{14}H_{17}O_4N$, F. 99°, Blättchen aus W.). — *4-[α-Oxo-β-phthalimidoäthyl]-phenylessigsäure* (**V**), $C_{18}H_{13}O_5N$, F. 204° (Eisessig), a) durch Verseifen des Esters mit 20%ig. HCl; 60%; b) durch 1std. Kochen von **VI** in Eisessig; 90%. *Äthylester,* $C_{20}H_{17}O_5N$, F. 115° (Eisessig), aus **IIa** u. Phthalimid-K in Dimethylformamid (30 Min. bei 40°); 95%. — *4-[α-Oxo-β-phthalamidoäthyl]-phenylessigsäure* (**VI**), $C_{18}H_{15}O_6N$, F. 175° (Aufschäumen), aus **V**-Äthylester mit n-NaOH; 80%; b) durch Lösen von **V** in NaOH u. Fällen mit HCl; 95%. — *4-[α-Oxo-β-aminopropyl]-phenylessigsäurehydrochlorid* (**VII**),

$C_{11}H_{14}O_3NCl$, F. 195° (Isopropanol–Ae.), aus **III** mit konz. NH_3 (24 Std. stehen); 50%; b) aus der entsprechenden Phthalimidoverb. durch Verseifen mit Eisessig/HCl; 63%. — *4-[α-Oxy-β-phthalimidoäthyl]-phenylessigsäure*, $C_{18}H_{15}O_5N$, F. 206° (W.), aus dem Äthylester mit sd. wss. HCl. *Äthylester*, $C_{20}H_{19}O_5N$, F. 98°, aus **V**-Äthylester mit H_2 über Pd in Eisessig; Blättchen aus verd. Essigsäure; 60%. — *4-[α-Oxy-β-phthalamidoäthyl]-phenylessigsäure*, $C_{18}H_{17}O_6N$, F. 148—151° (wird bei 158° wieder fest, dann F. 201—203°), aus vorst. Äthylester durch Lösen in NaOH u. Fällen mit HCl; oder durch Hydrieren von **VI**. — *4-[α-Oxy-β-aminoäthyl]-phenylessigsäurehydrochlorid*, $C_{10}H_{14}O_3NCl$, F. 198° (aus Isopropanol mit Ae.), a) durch Hydrieren von **IV** in W.; 90%; b) aus vorst. bzw. vorvorst. Verb. mit HCl. *N-Acetylderiv.*, $C_{12}H_{15}O_4N$, F. 133°, durch Hydrieren von N-Acetyl-**IV**; 90%. — *4-[α-Oxy-β-aminopropyl]-phenylessigsäurehydrochlorid*, $C_{11}H_{16}\cdot O_3NCl$, F. 211°, durch Hydrieren von **VII**; 90%. (Liebigs Ann. Chem. **598.** 159—67. 1956. Jena, Univ., Inst. für organ. Chem. u. Biochem.) H. OTTERBACH. 1350

Je. M. Ssoschesstwenskaja, *Über die Gewinnung von Arylhalogensilanen.* Bei der Einw. von $SiCl_4$ auf Tetraphenylsilan (**I**) in Ggw. von CuCl bei 300—360° erfolgt Austausch einer Phenylgruppe gegen Cl. Es entsteht mit 34%ig. Ausbeute *Triphenylchlorsilan* (**II**), das durch **I** verunreinigt ist. Bei der Hydrolyse des Gemisches aus **I** u. **II** wird *Triphenylsilanol* erhalten.

V e r s u c h e: *Triphenylsilanol*, $C_{18}H_{16}OSi$, F. 154—155° (Bzl.), man erhitzt 16,5 g **I** mit 25 g $SiCl_4$ u. 1 g CuCl im Rohr 12 Std. auf 300—360°, filtriert u. fraktioniert. Die höhersd. Fraktion enthält *Phenyltrichlorsilan.* Der Destillationsrückstand wird hydrolysiert; 4,15 g Ausbeute. (Журнал Общей Химии [J. allg. Chem.] **26** (**88**). 231—32. Jan. 1956.) CH. WEISKE. 1380

Henry Pollock und **H. W. Davis,** *Die Darstellung großer Mengen 2.5-Dichlorstyrol im Laboratorium.* Zur Herst. größerer Mengen *2.5-Dichlorstyrol* (**I**) unter möglichst günstigen Bedingungen wurden folgende 5 Synthesewege untersucht [in ( ) die Gesamtausbeuten an **I** über alle Stufen]: a) p-Dichlorbenzol → *2.5-Dichloracetophenon* (**III**) → *Methyl-[2.5-dichlorphenyl]-carbinol* (**II**) → **I** (43%); b) 2.5-Dichloranilin → *2.5-Dichlorjodbenzol* → **II** → **I** (34%); c) o-Chlorbenzaldehyd → *2-Chlor-5-aminobenzaldehyd* → *2.5-Dichlorbenzaldehyd* (**IV**) → **II** → **I** (35%); d) **IV** → *2.5-Dichlorzimtsäure* → **I** (0%); e) 2.5-Dichloräthylbenzol → *2.5-Dichlor-1-[1-bromäthyl]-benzol* → **II**-*Acetat* → **I** (19%). Die $AlCl_3$-Acetylierung von p-Dichlorbenzol zu **III** wurde unter verschied. stöchiometr. Verhältnissen eingehend untersucht.

V e r s u c h e: *2.5-Dichloracetophenon* (**III**), $Kp._5$ 106°, durch 20 Min. langes Zutropfen von 6,13 Mol Acetylchlorid zu 12,25 Mol $AlCl_3$ u. 17,5 Mol trockenem p-Dichlorbenzol, Erhitzen auf 100° bis zur Beendigung der HCl-Entw., Gießen auf Eis–HCl, 12std. Stehen, Extrahieren mit CCl_4 u. Dest.; n_D^{25} 1,5600; 67% (Ausbeute, bezogen auf $CH_3\cdot COCl$). — *Methyl-[2.5-dichlorphenyl]-carbinol* (**II**), F. 62—63°, $Kp._1$ 104°, durch 6std. Kochen von 5 Mol **III** + 5 Mol Al-Isopropylat in Isopropanol unter Abdest. des gebildeten Acetons, Ansäuern mit 10%ig. HCl u. Extrahieren mit Bzl.; 84%. — *2.5-Dichlorstyrol* (**I**), E. 7,32°, a) durch Zutropfen von **II** zu Al_2O_3 bei 300—325°/100 mm in Ggw. von 0,2% tert.-Butylbrenzcatechin (**V**), Dest. bei 140°/3 mm, 2std. Rühren mit A. u. Entfernen von **V** durch Ausschütteln mit 5%ig. NaOH; 85% (bei 96,85%ig. Reinheit); b) nach BROOKS (J. Amer. chem. Soc. **66.** [1944.] 1295) aus o-Chlorbenzaldehyd; 35%. — *2.5-Dichlorjodbenzol*, $Kp._8$ 122°, $Kp._{752}$ 250°, durch Diazotieren von 2.5-Dichloranilin in Ggw. von H_2SO_4 u. Behandeln mit KJ; 68%; die GRIGNARD-Verb. hiervon gibt mit Acetaldehyd 62,5% **II**. — **II**-*Acetat*, $Kp._7$ 124—127°, durch Bromieren von 2.5-Dichloräthylbenzol in CCl_4 u. Behandlung des isolierten Gemisches von α- u. β-Bromäthyl-2.5-dichlorbenzol mit geschmolzenem K-Acetat in Acetanhydrid; $D.^{20}{}_{20}$ 1,2453; n_D^{25} 1,5242; 63%; gibt bei der Pyrolyse in Ggw. von **V** bei 425—450° 31% **I**. (Ind. Engng. Chem. **45.** 2552 bis 2554. Nov. 1953. Columbia, S. C., Univ., Dep. of Chem.) H. LEHWALD. 1410

Walter J. Gensler und **Aaron L. Bluhm,** *Zimtsäuren aus Tetrahydroisochinolincarbonsäuren.* Aus dem durch Kondensation von β-[3.4-Dimethoxyphenyl]-äthylamin mit Na-α.α'-Dicarbäthoxyglutaconsäureester (**I**) erhaltenen *β-[3.4-Dimethoxyphenyl]-äthylaminomethylenmalonsäurediäthylester* (**II**) entsteht durch Einw. von HCl unter Cyclisierung, Verseifung u. Decarboxylierung *6.7-Dimethoxy-1.2.3.4-tetrahydroisochinolyl-(1)-essigsäurehydrochlorid*, das mit überschüssigem Dimethylsulfat (**III**; vgl. J. Amer. chem. Soc. **78.** [1956.] 1713) *2-Vinyl-4.5-dimethoxyzimtsäure* liefert. — Analog **II** wurde aus N-Benzoyl- (vgl. l. c.) bzw. N-Acetyl-3.4-dioxyphenylalanin über *3.4-Dimethoxyphenylalanin* (**IV**) u. **IV**-*Äthylester* mit **I** *3.4-Dimethoxyphenylalaninomethylenmalonsäuretriäthylester* dargestellt, dessen Cyclisierung aber nicht glatt verlief; aus dem rohen Cyclisierungsprod. wurden mit **III** nur geringe Mengen nicht identifizierter Verbb. erhalten. Beim Vers., aus *N-Formyl-3.4-dimethoxyphenylalaninmethylester* durch

BISCHLER-NAPIERALSKI-Cyclisierung 6.7-Dimethoxy-3.4-dihydroisochinolin-3-carbonsäuremethylester darzustellen, der dann mit III über 2-Formyl-4.5-dimethoxyzimtsäure u. durch anschließende Kondensation mit Malonester 4.5-Dimethoxyphenylen-bis-acrylsäure liefern sollte, wurde nur der vollaromat. *6.7-Dimethoxyisochinolin-3-carbonsäuremethylester* erhalten (Infrarotabsorption u. H-Geh.), der mit Alkali u. III weder flüchtiges Amin noch ein Zimtsäurederiv. gibt.

Versuche: *β-[3.4-Dimethoxyphenyl]-äthylaminomethylenmalonsäurediäthylester* (II), $C_{18}H_{25}O_6N$, durch Zugabe von β-[3.4-Dimethoxyphenyl]-äthylaminhydrochlorid [F. 152—153° (A./Aceton)] zu I (vgl. CONRAD u. GUTHZEIT [1884]) in heißem absol. A., nach 15 Min. Kühlen, Eindampfen der filtrierten Lsg. bei 65°, Aufnehmen in Ae., Entfärben u. Abdest. von Ae. u. Malonester (88%) bei 60—123° (Badtemp.; 0,012—0,013 mm); nicht destillierbarer viscoser Sirup; n_D^{25} 1,5510; 89% (Ausbeute). — *6.7-Dimethoxy-1.2.3.4-tetrahydroisochinolyl-(1)-essigsäurehydrochlorid*, $C_{13}H_{18}O_4NCl$, F. 218—218,5° (Aufschäumen; Eisessig), durch 1—3std. Erwärmen von II mit 24%ig. HCl bis zur Beendigung der CO_2-Entw. u. Eindampfen (Vakuum, <100°); 68%. *Äthylester*, F. 77,5 bis 78,0° (PAe.), durch ½std. Kochen vorst. Verb. mit $SOCl_2$, Zugabe von absol. A. zu der gekühlten Lsg., nach Abklingen der heftigen Rk. 15 Min. Kochen, Abdest. des A. im Vakuum, Zugabe von wss. $NaHCO_3$-Lsg. u. Extraktion mit Ae. u. $CHCl_3$. — *2-Vinyl-4.5-dimethoxyzimtsäure*, $C_{13}H_{14}O_4$, F. 177—178° (wss. A.), durch 3std. Erhitzen von 0,5 g vorst. Säurehydrochlorids mit III u. 20%ig. NaOH auf dem Dampfbad u. Ansäuern der kalten Lsg.; 0,44 g. — *3.4-Dimethoxyphenylalanin* (IV), F. 252—253° (Zers.), durch Verseifung des *N-Benzoylderiv.* (vgl. l. c.) mit $Ba(OH)_2$ nach DEULOFEU u. MENDIVELZULA (vgl. Z. physiol. Chem. **219.** [1933.] 233) oder durch portionsweise Zugabe von 36,2 cm³ Acetanhydrid innerhalb 15 Min. zu einer auf dem Dampfbad erwärmten Suspension von 10 g 3.4-Dioxyphenylalanin in 50 cm³ W., weitere 15 Min. Erwärmen, Neutralisation des Vakuumdestillationsrückstands (Dampfbad) mit $BaCO_3$, Zugabe von $Ba(OH)_2$-Hydrat, Zutropfen von III unter Rühren bei 30—40°, 2std. Rühren bei Raumtemp., Gießen in heiße verd. H_2SO_4, 66std. Erwärmen des Filtrats auf dem Dampfbad, Zugabe von $BaCO_3$ bis p_H 2, Eindampfen der filtrierten Lsg. auf dem Dampfbad im Vakuum, 2std. Kühlen u. Filtrieren; 4,7 g + 2,1 g aus den Mutterlaugen. *Äthylester, Hydrochlorid*, $C_{13}H_{20}O_4NCl$, F. 162—163,5° (A./Aceton), durch 1std. Einleiten von HCl-Gas in eine Suspension von IV in absol. A., 3std. Kochen, Einengen im Vakuum, Verdünnen mit Aceton u. Kühlen über Nacht; 64%. — *3.4-Dimethoxyphenylalaninomethylenmalonsäuretriäthylester*, $C_{21}H_{29}O_8N$, aus I u. vorst. Hydrochlorid in heißem absol. A., 15 Min. Kochen, Dest. der filtrierten Lsg. im Vakuum, Aufnehmen des Rückstandes in Ae. u. Dest. (→ Malonester); $n_D^{24,8}$ 1,5328; 84%. Durch 3std. Kochen (2,61 g) mit 24%ig. HCl, Stehen über Nacht u. Vakuumdest. auf dem Dampfbad wurde eine *dreibas. Säure* (vermutlich $C_{14}H_{18}O_6NCl$; 2,45 g; amorph, hellgelb), bei einem analogen Vers., jedoch mit Ae.-Extraktion vor dem Eindampfen, eine geringe Menge einer *Verb.* $C_{14}H_{18}O_6NCl \cdot 1\frac{1}{2} H_2O$, F. 254—255° (Zers.; Eisessig) erhalten; die direkte Behandlung des mit HCl erhaltenen Gemisches mit überschüssigem Alkali u. III lieferte einmal eine in Basen lösl., säureunlösl. *Verb.* $C_{13}H_{14}O_5$ *vom F. 273—274°* (Zers.; wss. A.), bei einem anderen Vers. *vom F. 173—175°* (wss. A.). — *N-Formyl-3.4-dimethoxyphenylalanin*, $C_{12}H_{15}O_5N$, F. 133—134° (W.), durch Zutropfen von Acetanhydrid zu einer Lsg. von IV in 90%ig. HCOOH unter Rühren bei 60°, Zugabe von Eiswasser u. Einengen im Vakuum; 82%. *Methylester*, $C_{13}H_{17}O_5N$, F. 110,8—111° (wss. Methanol), a) durch ½std. Einleiten von HCl-Gas in eine eiskalte Lsg. vorst. Verb. in trockenem Methanol, 2std. Kochen, Einengen, Zugabe von W. u. Extraktion mit Chlf.; 38%; b) durch Zugabe von CH_2N_2 in Chlf. oder Ae. unter Rühren zu einer eiskalten Suspension vorst. Verb., 1 Std. in der Kälte u. 1½ Std. bei Raumtemp. u. Abdest. von CH_2N_2 u. Lösungsm.; 92%. — *6.7-Dimethoxyisochinolin-3-carbonsäuremethylester*, $C_{13}H_{13}O_4N$, F. 209,7—210,1° (Methanol), durch ½std. Kochen vorst. Esters mit $POCl_3$, PCl_5 in Toluol, PCl_5 + $POCl_3$ in Toluol oder $POCl_3$ in Naphthalin oder Xylol, Gießen in Eiswasser, Alkalischmachen mit NH_4OH u. Extraktion mit Chlf.; 30%. (J. org. Chemistry **21.** 336—39. März 1956. Boston, Mass., Boston Univ., Chem. Dep.) H. ASCHERL. 1650

William J. Bailey und **Milton Madoff**, *Cyclische Diene.* 12. Mitt. *Substituierte Cyclohexadiene.* (11. vgl. C. **1956.** 11699.) Da 1.2-Dimethylcyclohexan hochmol. *cis*-Dienpolymere bildet, wird die Möglichkeit geprüft, ob Cyclohexadienderivv. ebenfalls zu *cis*-Polymeren führen. Von den dargestellten Derivv. *1.2-Dimethylcyclohexadien-(3.5)-dicarbonsäure-(1.2)* (I), *1.2-Dimethyl-1.2-dimethylolcyclohexadien-(3.5)* (II) u. dem *Dibenzoat* von II, die keinen Allylwasserstoff enthalten, polymerisiert I in Ggw. von Peroxyden zu Prodd. von niederem Molgewicht. II u. II-Dibenzoat liefern unter den gleichen Bedingungen, offenbar aus ster. Gründen keine Polymeren.

Versuche: *1.2-Dimethylcyclohexadien-(3.5)-dicarbonsäure-(1.2)* (I), F. 147—148° (Zers.), nach ZIEGLER u. Mitarbeitern (C. **1942.** II. 2798). *Polymere* I, F. 76—78°, aus I in sd. Bzl. mit Benzoylperoxyd (24 Std.). — *1.2-Dimethyl-1.2-dimethylolcyclohexadien-(3.5)* (II), $C_{10}H_{16}O_2$, F. 172—173° (PAe. + Chlf.), durch Red. von I mit sd. äther. $LiAlH_4$ im Extraktor (3½ Std.), Zers. mit wss. HCl u. Extrahieren mit Ae. (3 Tage); 71%. *Dibenzoylverb.*, $C_{24}H_{24}O_4$, F. 102,5—103,5° (Chlf. + PAe.) mit Benzoylchlorid u. Pyridin in sd. Bzl. (36 Std.); 40%. (J. Amer. chem. Soc. **77.** 1043—44. 20/2. 1955. Detroit, Mich., Wayne Univ., Dep. of Chem.) H. GOLD. 1810

William J. Bailey, Joseph Rosenberg und **Lewis J. Young,** *Cyclische Diene.* 13. Mitt. *Substituierte 1.2-Dimethylencyclohexene-(4).* (12. vgl. vorst. Ref.) Die Pyrolyse von *4.5-Dimethyl-Δ⁴-tetrahydrophthalyldiacetat* (I) bei 500° unter den früher (l. c.) beschriebenen Versuchsbedingungen liefert als Reaktionsprod. ein Gemisch, das aus 13% *4.5-Dimethyl-1.2-dimethylencyclohexen-(4)* (II), 51% *4.5-Dimethyl-2-methylen-Δ⁴-tetrahydrobenzylacetat* u. 32% unverändertem I besteht. Die Konst. von II ergab sich aus der UV-Absorption, der Überführung in *Durol* mittels HCl–Eisessig oder Pd-Kohle u. der DIELS-ALDER-Addition von Acetylendicarbonsäure zu *6.7-Dimethyl-1.4.5.8-tetrahydronaphthalin-2.3-dicarbonsäure* (III). In ähnlicher Weise entsteht bei der Pyrolyse von *4-Methyl-Δ⁴-tetrahydrophthalyldiacetat* (IV) ein Gemisch aus 32% *4-Methyl-1.2-dimethylencyclohexen-(4)* (V), 21% der beiden isomeren *4-* bzw. *5-Methyl-2-methylen-Δ⁴-tetrahydrobenzylacetate* (VI) u. 43% unverändertem IV. Die Struktur von V ergab sich aus der Isomerisierung zu *Pseudocumol* u. der DIELS-ALDER-Addition von Acetylendicarbonsäure. Bei den beschriebenen Rkk. konnte ein Verkohlen nicht beobachtet werden; die Pyrolyse ist offenbar der Säurebehandlung bei der Darst. verzweigter Olefine vorzuziehen.

Versuche: *4.5-Dimethyl-1.2-dimethylencyclohexen-(4)* (II), $C_{10}H_{14}$, Kp.$_{90}$ 110 bis 111°, $D.^{25}_4$ 0,8690, n_D^{25} 1,4977, aus cis-I durch Eintropfen in ein vertikales Pyrolyserohr (1,5 g/Min.) bei 500° im N_2-Strom, Waschen des Pyrolysats mit wss. Soda u. fraktionierte Dest.; 13% neben 32% I. — *4.5-Dimethyl-2-methylen-Δ⁴-tetrahydrobenzylacetat*, Kp.$_{90}$ 182—184°, Nebenprod. von II; 51%. — *Durol*, F. 79° (A.), a) durch Isomerisierung von II mit konz. HCl in sd. Eisessig; 16%, oder katalyt. mit 5%ig. Pd-Kohle; 80%. — *6.7-Dimethyl-1.4.5.8-tetrahydronaphthalin-2.3-dicarbonsäure* (III), F. 250—251° (Zers.; Essigsäure), aus II u. Acetylendicarbonsäure in sd. Bzl. (4 Std.); 78%. *Anhydrid*, $C_{14}H_{14}O_3$, F. 232—233° (Essigsäure), mit Essigsäureanhydrid in sd. Eisessig; 71%. — *2.3-Dimethylnaphthalin*, F. 103—104° (Sublimation), aus III mit 5%ig. Pd-Kohle u. Cu-Chromit bei 290°. — *4-Methyl-1.2-dimethylencyclohexen-(4)* (V), C_9H_{12}, Kp.$_{70}$ 70°, n_D^{25} 1,4885, aus *cis*-IV, wie II aus *cis*-I; 32%. Daneben VI u. unverändertes IV. — *6-Methyl-Δ^{6.9.10}-hexahydronaphthalin-2.3-dicarbonsäureanhydrid*, $C_{13}H_{14}O_3$. F. 132—133,5° (Bzl.), aus V u. Maleinsäureanhydrid in Bzl. in exothermer Rk.; 81%. *Freie Dicarbonsäure*, F. 226 bis 228°. — *6-Methyl-1.4.5.8-tetrahydronaphthalin-2.3-dicarbonsäure*, $C_{13}H_{14}O_4$, F. 152—153°, aus V u. Acetylendicarbonsäure wie III u. Fällen der wss. Lsg. des Na-Salzes mit Säure; 82%. — *Pseudocumol*, n_D^{25}1,5050, durch Isomerisieren von V mit 5% Pd-Kohle (24 Std.); 93%. *Pikrat*, F. 95—97°. *3.5-Dinitropseudocumol*, F. 170—172° (A.), durch Nitrieren mit rauchender HNO_3 in konz. H_2SO_4. (J. Amer. chem. Soc. **77.** 1163—66. 5/3. 1955. College Park, Md., Univ. u. Wayne Univ., Dep. of Chem.) H. GOLD. 1810

William J. Bailey und **William B. Lawson,** *Cyclische Diene.* 14. Mitt. *2.3-Dimethylenbicyclo-[2.2.1]-heptan.* (13. vgl. vorst. Ref.) Zum Vgl. mit 1.2-Dimethylencyclohexan (I), dessen Polymere ein anomales Verh. zeigen (vgl. BAILEY u. GOLDEN, J. Amer. chem. Soc. **76.** [1954.] 5418), wird *2.3-Dimethylenbicyclo-[2.2.1]-heptan* (II) durch Pyrolyse von *Endo-2.3-bis-[acetoxymethyl]-bicyclo-[2.2.1]-heptan* (III) dargestellt. III konnte auf zwei voneinander unabhängigen Wegen aus *Endobicyclo-[2.2.1]-hepten-(5)-dicarbonsäure (2.3)-anhydrid* (IV) erhalten werden. Der aus IV erhältliche Diäthylester (V) lieferte bei der katalyt. Druckhydrierung *Endo-2.3-dicarbäthoxybicyclo-[2.2.1]-heptan* (VI), das bei der $LiAlH_4$-Red. *Endo-2.3-dimethylolbicyclo-[2.2.1]-heptan* (VII) u. schließlich III ergab. Die direkte $LiAlH_4$-Red. von IV führte zu dem VII entsprechenden ungesätt. Glykol *Endo-2.3-dimethylolbicyclo-[2.2.1]-hepten-(5)*, das durch Acetylieren u. anschließende katalyt. Druckhydrierung gleichfalls in III überging. Die unbequeme Red. von IV als feste Substanz u. die Bldg. von Reaktionsmischungen machen den zuletzt beschriebenen Syntheseweg weniger brauchbar. Die Konst. von III ergab sich aus der UV-Absorption, der Ozonolyse zu *cis-Cyclopentan-1.3-dicarbonsäure* u. der Bldg. von DIELS-ALDER-Addukten. Die Abweichungen der UV-Absorption des II von der WOODWARD-Regel (vgl. J. Amer. chem. Soc. **63.** [1941.] 1123) werden diskutiert; es kann angenommen werden, daß im Gegensatz zu I in II die Doppelbindungen durch die *Endo-CH_2*-Gruppe in einer Ebene stabilisiert sind.

Versuche: *Endo-2.3-dicarbäthoxybicyclo-[2.2.1]-hepten-(5)* (V), Kp.$_{2,5}$ 122—127°, n_D^{25} 1,4742, durch Verestern von IV; 75%. — *Endo-2.3-dicarbäthoxybicyclo-[2.2.1]*-

heptan (VI), $C_{13}H_{20}O_4$, Kp.$_{2,3}$ 122—126°, n_D^{25} 1,4676, durch Hydrieren von V mit 1800 lbs./sq.in. H_2 bei Zimmertemp. in Ggw. von RANEY-Ni; 92%. — *Endo-2.3-dimethylolbicyclo-[2.2.1]-hepten-(5)*, Kp.$_{0,5}$ 144—162°, F. 82,8—83,4°, durch Red. von IV mit $LiAlH_4$ (vgl. ALDER u. ROTH, C. **1954**. 4839). — *Endo-2.3-bis-[acetoxymethyl]-bicyclo-[2.2.1]-hepten-(5)*, $C_{13}H_{18}O_4$, Kp.$_{11}$ 159—160°, F. 65,8—67,2° (wss. A.), aus vorst. Verb. mit Essigsäureanhydrid in sd. Eisessig (24 Std.); 62%. — *Endo-2.3-bis-[acetoxymethyl]-bicyclo-[2.2.1]-heptan* (III), $C_{13}H_{20}O_4$, Kp.$_4$ 145°, n_D^{25} 1,4728, a) aus VI mit $LiAlH_4$ in sd. absol. Ae. (2 Tage) u. Acetylieren des rohen VII mit Essigsäureanhydrid; 81%; b) durch Hydrieren vorst. Verb. in Cyclohexan bei 50° u. 1500 lbs./sq.in. in Ggw. von RANEY-Ni; 68%. — *Endo-2.3-dimethylolbicyclo-[2.2.1]-heptan* (VII), $C_9H_{16}O_2$, F. 60—61° (Cyclohexan)-*Bis-3.5-dinitrobenzoylderiv.*, $C_{23}H_{20}O_{12}N_4$, F. 178—181°. — *2.3-Dimethylenbicyclo-[2.2.1]-heptan* (II), C_9H_{12}, Kp.$_{25}$ 52,5—54°, n_D^{25} 1,5007, durch Pyrolyse von III bei 500—505° im N_2-Strom (vgl. vorst. Ref.); 46%; λ_{max} 248 mμ (ε = 10800). — *2-Methylen-3-acetoxymethylbicyclo-[2.2.1]-heptan*, Kp.$_4$ 75—83°, n_D^{26} 1,4767, Nebenprod. von II; 37%, ferner 5% unverändertes III. — *5.8-Endomethylen-$\Delta^{9,10}$-oktalin-2.3-dicarbonsäureanhydrid*, $C_{13}H_{14}O_3$, F. 118,2—120,2° (Cyclohexan), aus II u. Maleinsäureanhydrid in Bzl. bei 0°; 62%. — *1.4.8.11-Bis-endomethylen-6.13-diketo-$\Delta^{4a,14a,7a,11a}$-oktadekahydropentacen*, $C_{24}H_{28}O_2$, F. 219—227° (Zers.; Methyläthylketon), aus II u. Benzochinon in sd. A. (12 Std.) u. Kühlen auf 0°; Isomerengemisch. — *cis-Cyclopentan-1.3-dicarbonsäureanhydrid*, F. 163—164° (Essigester + Cyclohexanon), durch Ozonolyse von II in Essigester bei 0° neben *Formaldehyd*, Zers. des rohen Ozonids mit 30%ig. H_2O in Eisessig auf dem Wasserbad u. Behandeln der rohen Säure mit sd. Essigsäureanhydrid; 17%. — *cis-Cyclopentan-1.3-dicarbonsäure*, F. 120,5—123°, aus vorst. Verb. mit Wasser. *Dianilid*, F. 223 bis 225° (Methanol), durch Erwärmen des Anhydrids mit Anilin (12 Std.). (J Amer. chem. Soc. **77**. 1606—08. 20/3. 1955.) H. GOLD. 1810

William J. Bailey und Robert L. Hudson, *Cyclische Diene*. 15. Mitt. *3-Methyl-1.2-dimethylencyclohexan.* (14. Mitt. vgl. vorst. Ref.) Zur näheren Unters. der Beziehung zwischen ster. Hinderung u. den elast. Eigg. bei Poly-1.2-dimethylencyclohexanon wird *3-Methyl-1.2-dimethylencyclohexan* (I) aus einem Gemisch (II) aus cis- u. trans-Pentadien-(1.3) in einer 4stufigen Synth. u. einer Gesamtausbeute von 15% dargestellt. Das aus II u. Maleinsäureanhydrid erhältliche Addukt liefert beim Verestern mit A. *3-Methyl-cis-Δ^4-tetrahydrophthalsäurediäthylester*, der bei der $LiAlH_4$-Red. u. anschließenden Acetylierung des entstandenen *Diols* in *3-Methyl-cis-Δ^4-tetrahydrophthalyldiacetat* (III) übergeführt werden kann. Eine weitere Meth. zur Gewinnung von III, nach der das nach FARMER u. WARREN (J. chem. Soc. [London] **1931**. 3221) aus II u. Maleinsäureanhydrid erhältliche *3-Methyl-cis-Δ^4-tetrahydrophthalsäureanhydrid* (IV) der $LiAlH_4$-Red. unterworfen wird, ist für größere Ansätze ungeeignet, da IV schwer isolierbar u. in Ae. schwer lösl. ist. Bei der Hydrierung von III bildet sich *3-Methylhexahydrophthalyldiacetat* (V), das bei der Pyrolyse unter den bekannten Bedingungen I u. ein Gemisch der beiden Olefinacetate, *3-Methyl-2-methylen-1-* u. *3-Methyl-1-methylen-2-acetoxymethylcyclohexan* liefert. Die Konst. von I ergab sich aus den Absorptionsspektren u. der Bldg. von Addukten mit Maleinsäureanhydrid u. Naphthochinon-(1.4).

V e r s u c h e (FF. korr.): *3-Methyl-cis-Δ^4-tetrahydrophthalsäurediäthylester*, $C_{13}H_{20}O_4$, Kp.$_{2,7}$ 115—120°, n_D^{25} 1,4604, durch Zugabe von II zu Maleinsäureanhydrid in Bzl. bei 0° in Anwesenheit von wenig p-tert.-Butylbrenzcatechin (5 Tage) u. Verestern des viscosen Verdampfungsrückstandes in sd. Bzl. + A. + H_2SO_4 (48 Std.); 24%. — *3-Methyl-cis-Δ^4-tetrahydrophthalyldiacetat* (III), $C_{13}H_{20}O_4$, Kp.$_{2,5}$ 129—130°, n_D^{25} 1,4672, a) aus vorst. Ester u. $LiAlH_4$ in Ae. (3 Tage), Zers. mit 10%ig. HCl, Extrahieren mit Ae. (48 Std.) u. Acetylieren des rohen *Diols* mit Essigsäureanhydrid in Eisessig; 81%; b) aus dem isolierten Diol; 94%. — *3-Methyl-cis-Δ^4-tetrahydrophthalsäureanhydrid* (IV), F. 61—62° (Bzn.), aus II u. Maleinsäureanhydrid nach FARMER u. WARREN (l.c), u. CRAIG (J. Amer. chem. Soc. **65**. [1943.] 1006); 30%. — *3-Methyl-cis-Δ^4-tetrahydrophthalylalkohol*, $C_9H_{16}O_2$, Kp.$_{2,5}$ 129—130°, n_D^{25} 1,5005, aus IV u. $LiAlH_4$ in sd. Ae. (48 Std.), Zers. mit 10%ig. HCl u. Extrahieren mit Ae.; 77%. — *3-Methylhexahydrophthalyldiacetat* (V), $C_{13}H_{22}O_4$, Kp.$_{0,7}$ 107°, n_D^{25} 1,4589, durch Hydrieren von III in Ggw. von RANEY-Ni bei 150° u. 1400 lbs./sq.in.; 93%. — *3-Methyl-1.2-dimethylencyclohexan* (I), C_9H_{14}, Kp.$_{25}$ 47°, n_D^{25} 1,4704, durch Pyrolyse von V im N_2-Strom bei 520° u. Dest. des säurefrei gewaschenen Pyrolysats; 59%; λ_{max} 220 mμ, 895 u. 2900 cm^{-1}. — Gemisch aus *3-Methyl-2-methylen-1-* u. *3-Methyl-1-methylen-2-acetoxymethylencyclohexan*, Kp.$_{2,2}$ 72°, n_D^{25} 1,4661, Nebenprodd. von I; 26%. — *8-Methyl-$\Delta^{9,10}$-oktahydronaphthalin-2.3-dicarbonsäureanhydrid*, $C_{13}H_{16}O_3$, F. 124,5—125° (Ae.), aus I u. Maleinsäureanhydrid in sd. Ae.; 41%. *1-Methyl-1.2.3.4.5.5a.6.11.11a.12-dekahydronaphthacendion-(6.11)*, $C_{19}H_{20}O_2$, F. 141,5—142° (PAe.) aus I u. Naphthochinon-(1.4) in sd. Ae. (12 Std.); 29%. (J. Amer. chem. Soc. **78**. 670—72. 5/2. 1956.) H. GOLD. 1810

Harold Hart und **Omer E. Curtis jr.**, *Ein einfacher Weg zur Herstellung von polypropylierten Molekülen. Dicyclopropylketon. β-Cyclopropyl-β-ketopropionsäureäthylester,* der aus Methylcyclopropylketon u. Kohlensäurediäthylester nach Jackman, Bergman u. Archer dargestellt wurde, lieferte nach Behandlung mit Äthylenoxyd u. Na-Äthylat *α-Cyclopropancarbonyl-γ-butyrolacton* (I). Die Umsetzung von **I** mit 6n HCl ergab *1.4;4.7-Dioxidoheptan* (II) u. *1.7-Dichlorheptanon-(4)* (III), mit verd. HCl hauptsächlich **II**, mit konz. HCl nur **III**, jedoch nicht das erwartete Cyclopropyl-[γ-chlorpropyl]-keton. **II** wurde durch Behandlung mit HCl in trockenem Bzl. in **III** übergeführt. Kochen von **III** mit 20%ig. wss. NaOH ergab *Dicyclopropylketon* (IV), **III** wurde einfacher durch Kochen von γ-Butyrolacton mit Na-Methylat u. Kochen des vermutlich entstandenen *Dibutyrolactons* mit konz. HCl dargestellt u. auf übliche Weise in **IV** übergeführt.

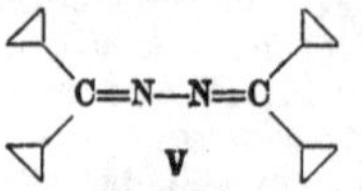
V

Die Behandlung von **IV**-Oxim in wss. Dioxan mit $NaHCO_3$ u. Benzolsulfochlorid ergab *N-Cyclopropylcyclopropancarbonsäureamid,* das auch aus Cyclopropylamin u. Cyclopropancarbonylchlorid dargestellt wurde. Die Red. von **IV** mit $LiAlH_4$ lieferte *Dicyclopropylcarbinol.* Die Behandlung von **IV** mit Hydrazin ergab ein vier Cyclopropanringe enthaltendes *Azin* **V** u. das *Hydrazon,* das mit Basen *Dicyclopropylmethan* lieferte. Das UV-Spektr. von **IV** wurde aufgenommen u. das Infrarotspektr. mit dem des Diisopropylketons verglichen.

Versuche: *α-Cyclopropancarbonyl-γ-butyrolacton* (I), $C_8H_{10}O_3$, Kp.$_3$ 122°, durch Zugabe von β-Cyclopropyl-β-ketopropionsäureäthylester u. dann Äthylenoxyd zu Na in absol. A., 22std. Rühren, Eindampfen im Vakuum, Lösen in W., Neutralisation mit CH_3COOH u. Extraktion mit Bzl.; n_D^{25} 1,4844; 69% (Ausbeute). *2.4-Dinitrophenylhydrazon,* $C_{14}H_{14}O_6N_4$, F. 175—176° (CH_3OH). — *1.4;4.7-Dioxidoheptan* (II), $C_7H_{12}O_2$, Kp.$_{10}$ 49°, durch $^3/_4$ std. Kochen von I mit 200 ml W. u. 10 ml konz. HCl, Wasserdampf dest., Sättigung des Destillats mit K_2CO_3, u. Aufarbeitung der oberen Schicht; n_D^{25} 1,4464; 58%. — *1.7-Dichlorheptanon-(4)* (III), Kp.$_4$ 106—110°, a) durch Rühren von **I** mit konz. HCl, Aufkochen, Sättigen mit NH_4Cl u. Extraktion mit Ae.; n_D^{25} 1,4734; 88%; b) durch 90 Min. langes Einleiten von HCl in die benzol. Lsg. von **II** bei Raumtemp.; 79%; c) durch Zugabe von γ-Butyrolacton zu Na in absol. CH_3OH, 3std. Kochen, Eindampfen im Vakuum, Zugabe des Rückstandes zu konz. HCl, 15 Min. langes Kochen u. Ätherextraktion; 66%. *2.4-Dinitrophenylhydrazon,* $C_{13}H_{16}O_4N_4Cl_2$, F. 74—75° (CH_3·OH). — *Dicyclopropylketon* (IV), $C_7H_{10}O$, Kp. 162,5—163°, Kp.$_{20}$ 69°, a) durch ½std. Kochen von **III** mit 20%ig. NaOH, Wasserdampfdest., Sättigen des Destillats mit K_2CO_3 u. Aufarbeitung der oberen Schicht; n_D^{25} 1,4654; 70%, b) aus γ-Butyrolacton über **III**; 50—60%. *2.4-Dinitrophenylhydrazon,* $C_{13}H_{14}O_4N_4$, F. 191,5—192,0° (CH_3OH). *Semicarbazon,* $C_8H_{13}ON_3$, F. 159—160,5° (W.). *Oxim,* $C_7H_{11}ON$, F. 76—77° (PAe.); 62%. — *N-Cyclopropylcyclopropancarbonsäureamid,* $C_7H_{11}ON$, F. 110—111° (Cyclohexan), a) durch Behandlung des sd. Gemisches von vorst. Oxim, $NaHCO_3$, W. u. Dioxan mit Benzolsulfochlorid, Eindampfen auf dem Dampfbad u. Extraktion mit Ae.; 65%; b) aus Cyclopropancarbonylchlorid u. Cyclopropylamin in Pyridin; 36,5%. — *Dicyclopropylcarbinol,* $C_7H_{12}O$, Kp.$_3$ 48°, durch Zutropfen von **IV** zu $LiAlH_4$ in Ae. u. 1std. Kochen; n_D^{25} 1,4620; 89%. — Durch ½std. Erhitzen von **IV** u. 85%ig. Hydrazinhydrat in CH_3COOH u. A. auf 90°, Entfernung des A. u. 3std. Erhitzen auf 120° wurden erhalten: **IV**-*Hydrazon,* Kp.$_6$ 100—115°; 55%, u. *Azin* **V**, $C_{14}H_{20}N_2$, F. 92—93° (CH_3OH), Kp.$_2$ 127—134°; 43%. — *Dicyclopropylmethan,* C_7H_{12}, Kp. 102°, a) durch $^3/_4$std. Erhitzen von **IV**-Hydrazon mit Na in Diäthylenglykol auf 190—210° unter Abdestillieren des Reaktionsprod.; n_D^{25} 1,4228; 47%; b) durch 1std. Erhitzen von **IV**, Diäthylenglykol, KOH u. 85%ig. Hydrazinhydrat auf 130°, Dest. bei 180° u. Extraktion des Destillats mit Ae.; 63%. (J. Amer. chem. Soc. **78**. 112—16. 5/1. 1956. East Lansing, Mich., Michigan State Univ., Kedzie Chem. Labor.) Horst Baganz. 1960

Eugen Müller, Doris Fries und **Horst Metzger**, *Über Nitrosoverbindungen.* **4. Mitt.** *Herstellung und Umwandlung weiterer cycloaliphatischer sekundärer Nitroso- und geminaler Chlornitrosoverbindungen.* (3. vgl. C. **1956**. 6377.) Die Bromwasseroxydation von N-Cycloheptyl-, -Cyclooctyl- u. -[2-Methylcyclohexyl]-hydroxylamin liefert *Bis-[nitrosocycloheptan], Bis-[nitrosocyclooctan]* (IV) bzw. *Bis-[1-nitroso-2-methylcyclohexan],* die sich durch Erwärmen, durch Behandeln mit HCl-Gas oder oberflächenakt. Substanzen prakt. quantitativ zu den *Ketoximen* isomerisieren, wobei angenommen wird, daß die Umlagerung über das blaue Monomere in einer innermol. Redox-Rk. stattfindet. Die Red. der 1-Chlor-1-nitrosoverbb. von Cyclopentan (**VII**), Cyclohexan (**II**), Cycloheptan (**III**) u. Cyclooctan (**V**) sowie 1-Chlor-1-nitroso-2-methylcyclohexan (**VI**) mit Zn + HCl, Fe + HCl, Hydrazinhydrat, Hydroxylamin, $Na_2S_2O_3$, $NaHSO_3$ oder H_2S gibt die entsprechenden *Oxime.* Durch Einleiten von Cl_2 in ihre Lsgg. lassen sich die Oxime durch Blaufärbung infolge der Bldg. der geminalen *Chlornitrosoverbb.* nachweisen.

Versuche: *Cyclohexanonoxim*, $C_6H_{11}ON$, F. 88—89,5° (PAe.), a) durch Einleiten von HCl in eine Lsg. von Bis-[nitrosocyclohexan] (I) in Cyclohexan bis zur Sättigung, 2tägiges Stehen, Lösen des abgeschiedenen *Hydrochlorids* [$C_6H_{11}ON \cdot HCl$, F. 93—94° (Essigester)] in W. u. Neutralisation mit verd. NaOH; 88% (Ausbeute); b) aus I in Cyclohexan durch 3tägiges Stehen auf einer Al_2O_3-Säule im Dunkeln u. Elution mit Aceton; c) wie b) mit Silicagel in 5 Tagen; 83%; d) wie b) mit Aktivkohle in 10 Tagen; 66%; e) durch Red. von 1-Chlor-1-nitrosocyclohexan (II) in CH_3OH mit wss. Hydrazinhydratlsg.; 89%; f) durch Red. von II wie bei e) in Ggw. von 2n NaOH; 94%; g) durch Red. von II mit Zn u. HCl; 86%; h) durch Red. von II mit Fe u. 4n HCl; 88%; i) durch Red. von II mit $NH_2OH \cdot HCl$ in CH_3OH unter Zutropfen von 2n NaOH; 47%; j) durch Red. von II mit $Na_2S_2O_3$ in CH_3OH/W.; 52%; k) durch Red. von II mit techn. $NaHSO_3$-Lauge in CH_3OH; 65%; l) durch Red. von II in CH_3OH mit H_2S–W. u. 2n NaOH; 62%. — *N-Cycloheptylhydroxylamin*, $C_7H_{15}ON$, F. 92—93° (PAe.), durch Hydrierung von Cycloheptanon u. $NH_2OH \cdot HCl$ in W. in Ggw. von PtO_2 bei 50°; 62%. — *Bis-[nitrosocycloheptan]*, $C_{14}H_{26}O_2N_2$, F. 96—97°, aus vorst. Verb. in 2n HCl durch Zutropfen von Bromwasser; aus Aceton–W. glänzende Blättchen; 41%. — *Cycloheptanonoxim*, C_7H_{13}·ON, Kp.$_{19}$ 119—120°, Kp.$_{0,8}$ 81°, a) durch 10 Min. Erhitzen vorst. Verb. auf 110°; n_D^{20} 1,5022; 90%; b) durch Hydrierung von III in Essigester in Ggw. von PtO_2 u. Neutralisation mit 2n NaOH; 74%; c) durch Red. von III in CH_3OH mit 80%ig. Hydrazinhydratlsg.; 72%; d) durch Red. von III mit Zn-Staub u. HCl; 83%. — *N-Cyclooctylhydroxylamin*, $C_8H_{17}ON$, F. 86—87°, durch Hydrierung von Cyclooctanon u. $NH_2OH \cdot HCl$ in W. in Ggw. von PtO_2 bei 50°; aus Ae. oder Ligroin Nadeln; 31%. — *Bis-[nitrosocyclooctan]* (IV), $C_{16}H_{30}O_2N_2$, F. 58—59°, aus vorst. Verb. u. Bromwasser; aus Aceton glänzende Blättchen; 71%. — *Cyclooctanonoxim*, $C_8H_{15}ON$, F. 42—43°, Kp.$_{0,5}$ 82°, a) durch 10 Min. Erhitzen von IV auf 100°; 88%; b) durch Einleiten von HCl-Gas in eine Lsg. von IV in Cyclooctan bis zur Sättigung u. mehrtägiges Stehen; 95%. c) durch katalyt. Hydrierung von V wie oben; 85%; d) durch Red. von V mit $N_2H_4 \cdot H_2O$; 62%; e) durch Red. von V mit Zn u. HCl; 72%. — *Bis-[1-nitroso-2-methylcyclohexan]*, $C_{14}H_{26}$·O_2N_2, F. 72,5—73,2° (Aceton–W.), aus N-[2-Methylcyclohexyl]-hydroxylamin u. Bromwasser; 50%. — *2-Methylcyclohexanonoxim*, $C_7H_{13}ON$, F. 42—43°, Kp.$_{15}$ 104°, Kp.$_{0,5}$ 69°, a) durch 5 Min. Erhitzen vorst. Verb. auf 100°; n_D^{20} 1,4932; 95%; b) durch Red. von VI $N_2H_4 \cdot H_2O$; 72%; c) durch Red. von VI mit Zn + HCl; 75%. — *1-Chlor-1-nitrosocyclopentan* (VII), C_5H_8ONCl, Kp.$_{27}$ 47°, aus Cyclopentanonoxim in Ae. durch Einleiten von Cl_2 unter Rühren u. Lichtausschluß; tiefblaue Fl., n_D^{20} 1,4570; 77%. — *Cyclopentanonoxim*, C_5H_9ON, F. 57,5—58,5° (PAe.), a) durch Hydrierung von VII in Essigester in Ggw. von PtO_2; 74%; b) durch Red. von 3,1 g VII mit $N_2H_4 \cdot H_2O$; 2,15 g; c) durch Red. von VII mit Zn + HCl; 88%. — *1-Chlor-1-nitrosocycloheptan* (III), $C_7H_{12}ONCl$, Kp.$_4$ 56°, analog VII; blaue Fl., n_D^{20} 1,4728; 90%. — *1-Chlor-1-nitrosocyclooctan* (V), $C_8H_{14}ONCl$, Kp.$_{0,8}$ 55°, analog VII; blaue Fl., n_D^{20} 1,4807; 71%. (Chem. Ber. **88**. 1891—1905. 1955. Tübingen, Univ., Inst. für angew. Chem.) E. GUTHNICK. 1960

Donald D. Phillips und A. William Johnson, *Eine neue Synthese von Cyclohexenonen durch intramolekulare Acylierung.* Bei der früher (J. Amer. chem. Soc. **77**. [1955.] 5977) beschriebenen Synth. von Benzophenanthrenderivv. aus β-Methallylbernsteinsäureanhydrid (I) u. Bzl. wurde ein niedrigsd. Prod. gefunden, das jetzt als *1-Methylcyclohexen-(1)-on-(3)-carbonsäure-(5)* (II) identifiziert werden konnte. Es entsteht bei der direkten Einw. von $AlCl_3$ auf I ohne Mitwrkg. des Benzols. Es wird angenommen, daß die Rk. über die Ionen IIIa u. IIIb verläuft. Die Struktur von II konnte durch Dehydrieren zu *3-Oxy-5-methylbenzoesäure* u. Überführen in *m-Toluylsäure* sichergestellt werden.

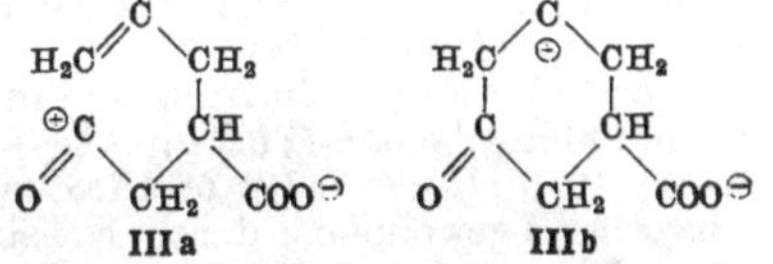

IIIa IIIb

Versuche: *1-Methylcyclohexen-(1)-on-(3)-carbonsäure-(5)* (II), $C_8H_{10}O_3$, F. 92 bis 94° (Aceton + Hexan), aus I in Äthylenchlorid mit $AlCl_3$ bei 0° (24 Std.) u. Zers. des grünen Komplexes mit Eiswasser; mikrokristallines Pulver; 23%. *Methylester* (IV), Kp.$_1$ 110—111°, n_D^{20} 1,4980, D.$^{20}_4$ 1,089; λ_{max} 237 mμ (log ε = 4,15) u. 282 mμ (log ε = 2,19), 5,77, 5,98 u. 6,13 μ. *2.4-Dinitrophenylhydrazon des Methylesters*, $C_{15}H_{16}O_6N_4$, F. 149,5—150,5° (A. + Essigester), Nadeln; λ_{max} 383 mμ (log ε = 4,56). — *3-Oxy-5-methylbenzoesäure*, F. 205—206°, durch Dehydrieren von IV mit 10%ig. Pd-Kohle bei 250° (1½ Std.) u. Verseifen des entstandenen *Methylesters* [$C_9H_{10}O_3$, F. 90,5—91,5°]. — *m-Toluylsäure*, F. 107—108,5°, durch Red. von IV mit $NaBH_4$ in Methanol u. Dehydrieren des entstandenen öligen *3-Methylcyclohexancarbonsäuremethylesters* mit 10%ig. Pd-Kohle bei 245° (2 Std.) u. anschließende Verseifung. — *Cyclohexen-(1)-on-(3)-carbon-*

säure-(5)-methylester, Kp.$_{1,1}$ 125—128°, n_D^{20} 1,4712, aus Allylbernsteinsäureanhydrid, wie **IV** aus **I**; 34%; λ_{max} 243 mμ (log ε = 3,85), 280 mμ (log ε = 3,12), 5,75, 5,95 u. 6,15 μ. *2.4-Dinitrophenylhydrazon*, $C_{14}H_{14}O_6N_4$, F. 144—146° (90%ig. A.), orangefarbene Nadeln; λ_{max} 384 mμ (log ε = 4,4). (J. org. Chemistry **21**. 587—89. 15/5. 1956. Ithaca, N. Y., Cornell Univ., Baker Labor. of Chem.) H. GOLD. 2070

Masayuki Hamada und **Tsutomu Suzuki**, *Untersuchungen über chemische Konstitution und insekticide Aktivität*. 7. Mitt. *Synthese von 1.2-Diphenylcyclopropan und 1.2-Bis-[p-chlorphenyl]-cyclopropan*. (6. vgl. Bôtyû-Kagaku [Sci. Insect. Control] **18**. [1953.] 70; vgl. auch C. **1955**. 4333.) Das aus 1.3-Diphenyl- (**I**) oder 1.3-Bis-[p-chlorphenyl]-allylalkohol (**VI**) u. HBr hergestellte *1.3-Diphenyl-* (**III**) bzw. *1.3-Bis-[p-chlorphenyl]-1.3-dibrompropan* (**VIII**) gibt durch Entbromierung mit Zn *1.2-Diphenyl-* (**IV**) bzw. *1.2-Bis-[p-chlorphenyl]-cyclopropan*; beide Verbb. zeigen keine nennenswerte insekticide Wirkung.

Versuche: *1.3-Diphenylallylalkohol* (**I**), aus Phenyl-MgBr u. Zimtaldehyd (**IX**) in Äther. — *1.3-Diphenylallylbromid* (**II**), F. 53,5—54,5°, aus rohem **I** u. HBr in Eisessig; Nadeln aus PAe.; 23,7 g (Ausbeute) aus 14 g **IX**. — *1.3-Diphenyl-1.3-dibrompropan* (**III**), aus 23 g rohem **II** durch Einleiten von HBr bei 60°; 22 g (roh). — *1.2-Diphenylcyclopropan* (**IV**), $C_{15}H_{14}$, Kp.$_{13}$ 160—162°, aus 22 g rohem **III** u. 15 g Zn in A. durch 5std. Kochen; 0,8 g (rein). — *p-Chlorzimtaldehyd* (**V**), F. 59—60°, aus 52g p-Chlorbenzaldehyd u. Acetaldehyd mit wenig Diäthylamin bei Zimmertemp.; Nadeln aus PAe.; 18 g. — *1.3-Bis-[p-chlorphenyl]-allylalkohol* (**VI**), F. 115—118°, aus 14 g **V** u. p-Chlorphenyl-MgBr in Ae.; Blättchen aus PAe.; 18 g (roh). — *1.3-Bis-[p-chlorphenyl]-allylbromid* (**VII**), F. 102—105°, aus 16 g rohem **VI** u. HBr in Eisessig; Nadeln aus PAe.; 14 g. — *1.3-Bis-[p-chlorphenyl]-1.3-dibrompropan* (**VIII**), F. 119—121° (PAe.), aus 13,5 g **VII** in Chlf. durch Einleiten von HBr; 8 g. — *1.2-Bis-[p-chlorphenyl]-cyclopropan*, $C_{15}H_{12}Cl_2$, F. 83—83,5°, aus 8 g **VIII** analog **IV**; Blättchen aus Methanol; 1,1 g. (Botyu-Kagaku [Sci. Insect Control] **19**. 76—80. Mai 1954. Takatukisi, Kyôto-Univ., Inst. for Chem. Res., Takei Labor. [Orig.: japan.; Auszug: engl. S. 79—80.]) E. MAEKAWA. 2210

Arne Fredga, *Zur Kenntnis der sterischen Spezifität pflanzlicher Wuchsstoffe*. Vf. beschreibt die Spaltung der *Indancarbonsäure-(1)* (**I**) in die opt. Antipoden.

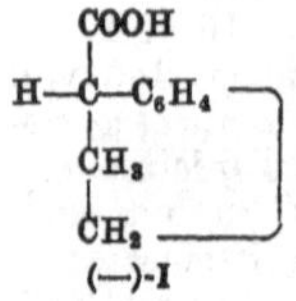

(—)-I

(—)-**I** hat, wie durch verschied. Teste festgestellt wurde, eine stärkere Wuchsstoffwrkg. als die (+)-Form. Da opt.-akt. Phenylbernsteinsäure (**II**) nach Cyclisierung zu *Indanon-(3)-carbonsäure-(1)* (**III**) u. CLEMMENSEN-Red. eine **I** entgegengesetzter Drehungsrichtung liefert u. für (+)-**II** die D-Konfiguration feststeht, hat (—)-**I** nebenst. Stereoformel u. ist (+)-Phenylallylessigsäure ster. analog. Da auch bei der *Tetrahydronaphthoesäure* die (—)-Form stärker wirksam ist, wird auch diese die D-Konfiguration besitzen.

Versuche: *rac.-Indancarbonsäure-(1)*-[*rac.*-**I**], F. 56,5—57° (PAe.), durch Hydrieren von Indencarbonsäure mit Na-Amalgam. — (+)-*Indancarbonsäure-(1)* [(+)-**I**], $C_{10}H_{10}O_2$, F. 45,7—46,4°, aus PAe. Nadeln, $[\alpha]_D^{25}$ +43,3° (Bzl.), aus 32,4 g rac.-**I** durch Rk. mit 93,2 g Brucin in Aceton–W.; das aus Aceton–W. umkrist. *Brucinsalz* [48,8 g (Ausbeute)] wird mit verd. H_2SO_4 gespalten u. die Säure ausgeäthert; 7,3 g aus 37,2 g Salz. — (—)-**I**, $C_{10}H_{10}O_2$, F. 45,7—46,5° (PAe.), $[\alpha]_D^{25}$ —43,4° (Bzl.), aus den Mutterlaugen vorst. Brucinsalzes durch Isolierung der rohen Säure, Kristallisation des aus 14,6 g Säure gewonnenen Cinchoninsalzes u. Spaltung; 3,6 g. — *rac.-Indanon-(3)-carbonsäure-(1)* (**III**) aus rac.-**II** nach BAKER u. LEEDS (C. **1949**. II. 652); >70%. — 2tägige Red. von 3 g vorst. Verb. mit Zn-Amalgam in halbkonz. HCl bei 30—40°, Ausäthern, Einengen u. Animpfen gibt *rac.*-**I**; 0,2 g. — (—)-*Phenylbernsteinsäure* [(—)-**II**], nach WREN u. WILLIAMS [1916]; $[\alpha]_D^{25}$ —172,5° (Aceton). — Aus 10 g (—)-**II** wird mit $SOCl_2$ bei 100° das *Säurechlorid* gewonnen u. durch Cyclisierung mit $AlCl_3$ in $C_6H_5NO_2$ bei 80° in unreine *rac.*-**III** übergeführt; 6,5 g. 3,7 g wurden wie vorst. red., wobei (+)-**I** nach Animpfen erhalten wurde; 0,25 g. (Chem. Ber. **89**. 322—27. 1956. Uppsala, Univ., Organ.-chem. Labor.) K. ZOPFF. 2650

P. B. Talukdar, *Synthese von 1-Methyl- und 1.6-Dimethyl-3-methoxy-4-isopropylnaphthalin*. Mittels der Meth. von HAWORTH u. Mitarbeitern (vgl. J. chem. Soc. [London] **1934**. 454) werden *1-Methyl-* (**I**) u. *1.6-Dimethyl-3-methoxy-4-isopropylnaphthalin* (**II**) auf folgendem Wege dargestellt: Die FRIEDEL-CRAFTS-Rk. von Thymolmethyläther (**III**) mit Bernsteinsäureanhydrid führt zu *β-[2-Methyl-4-methoxy-5-isopropylbenzoyl]-propionsäure* (**IV**) (vgl. auch SSOLOWJEWA u. PREOBRASHENSKI, Журнал Общей Химии [J. allg. Chem.] **15** (**77**). [1945.] 60), deren Konst. durch eine unabhängige Synth. aus *2-Methyl-4-methoxy-5-isopropylphenylbrommethylketon* (**V**) mittels Malonester sichergestellt werden konnte. Die analoge FRIEDEL-CRAFTS-Rk. von **III** mit Methylbernsteinsäureanhydrid liefert die **IV** homologe *β-[2-Methyl-4-methoxy-5-isopropylbenzoyl]-α-me-*

thylpropionsäure (**VI**). Die Clemmensen-Martin-Red. von **IV** u. **VI**, Cyclisieren der erhaltenen Buttersäuren mit $AlCl_3$, besser mit $SnCl_4$, Red. der gebildeten *Tetralone* nach Clemmensen-Martin oder Huang-Minlon u. die anschließende Dehydrierung lieferten schließlich **I** u. **II**.

Versuche: *2-Methyl-4-methoxy-5-isopropylacetophenon*, Kp.$_4$ 120—121°, $n_D^{30,5}$ 1,5309, aus **III** u. Acetylchlorid in Nitrobenzol in Ggw. von $AlCl_3$ bei —5 bis 0°. *2.4-Dinitrophenylhydrazon*, $C_{19}H_{22}O_5N_4$, F. 186—187°, n_D^{31} 1,5550 (Bzl. + Essigester), rote Nadeln. — *2-Methyl-4-methoxy-5-isopropylphenylbrommethylketon* (**V**), Kp.$_5$ 165—167°, aus vorst. Verb. in Chlf. mit Brom. — *2-Methyl-4-methoxy-5-isopropylbenzoesäure*, F. 140 bis 141° (Methanol), aus dem Pyridiniumsalz von **V** in sd. 10%ig. NaOH; Nadeln. — *β-[2-Methyl-4-methoxy-5-isopropylbenzoyl]-propionsäure* (**IV**), F. 91—93° (roh), a) aus **III** u. Bernsteinsäureanhydrid in Bzl. in Ggw. von $AlCl_3$ bei 0° (2 Std.) u. bei 30° (16 Std.); 93,3%, b) aus **V** u. Na-Malonester in sd. Bzl. (3½ Std.), Verseifen des Verdampfungsrückstandes mit sd. 10%ig. methanol. KOH (3 Std.) u. Decarboxylieren der ausgefällten Säure bei 180° (30 Min.). — *β-[2-Methyl-4-methoxy-5-isopropylbenzoyl]-α-methylpropionsäure* (**VI**), $C_{16}H_{22}O_4$, F. 125—126° (A.), wie **IV** nach a) u. b); 92%. — *γ-[2-Methyl-4-methoxy-5-isopropylphenyl]-buttersäure* (**VII**), Kp.$_{2,5}$ 192—193°, F. 64—65°, aus **IV** mit amalgamiertem Zn u. wss. HCl in sd. Toluol (33 Std.) u. Behandeln des Rückstandes der Toluollsg. mit Dimethylsulfat in wss. NaOH bei 80° (16 Std.); 80%. — *γ-[2-Methyl-4-methoxy-5-isopropylphenyl]-α-methylbuttersäure* (**VIII**), $C_{16}H_{24}O_3$, Kp.$_{2-3}$ 190—192°, analog aus **VI**, gelbes, viscoses Öl; 84,4%. — *5-Methyl-7-methoxy-8-isopropyltetralon-(1)* (**IX**), $C_{15}H_{20}O_2$, Kp.$_4$ 164°, F. 88° (A.), aus **VII** mit PCl_5 in Bzl. bei 50—60° (15 Min.) u. Behandeln der klaren Benzollsg. mit $SnCl_4$ bei 5—7° (1 Std.); 64,7%. *2.4-Dinitrophenylhydrazon*, $C_{21}H_{24}O_5N_4$, F. 215—216° (Bzl.), rote Würfel. — *2.5-Dimethyl-7-methoxy-8-isopropyltetralon-(1)* (**X**), $C_{16}H_{22}O_2$, Kp.$_{2-3}$ 163—165°, aus **VIII**; gelbes viscoses Öl. *2.4-Dinitrophenylhydrazon*, $C_{22}H_{26}O_5N_4$, F. 222—223° (Bzl. + Essigester), rote Nadeln. — *5-Methyl-7-methoxy-8-isopropyl-1.2.3.4-tetrahydronaphthalin* (**XI**), $C_{15}H_{22}O$, Kp.$_2$ 122—125°, $n_D^{30,5}$ 1,5345, aus **IX**, amalgiertem Zn u. wss. HCl in sd. Toluol (6 Std.) u. Methylieren wie für **VII** beschrieben; 80,3%. — *2.5-Dimethyl-7-methoxy-8-isopropyl-1.2.3.4-tetrahydronaphthalin* (**XII**), $C_{16}H_{24}O$, Kp.$_3$ 135—136°, aus **X**; 70,7%. — *1-Methyl-3-methoxy-4-isopropylnaphthalin* (**I**), $C_{15}H_{18}O$, Kp.$_1$ 135—137°, n_D^{33} 1,5818, aus 1,4 g **XI** mit S bei 180° (1 Std.) u. 210—220° (3 Std.) u. Behandeln des benzol. Extrakts mit frisch gefälltem Cu beim Kp. der Lsg.; 1,1 g (Ausbeute). *Pikrat*, $C_{21}H_{21}O_8N_3$, F. 116—117° (A.), goldgelbe Nadeln. — *1.6-Dimethyl-3-methoxy-4-isopropylnaphthalin* (**II**), $C_{16}H_{20}O$, Kp.$_4$ 140—143°, n_D^{33} 1,5860, aus **XII**. *Pikrat*, $C_{22}H_{23}O_8N_3$, F. 174—175° (Methanol), orangegelbe Nadeln. (J. org. Chemistry **21**. 506—08. 15/5. 1956. Jadavpur, Calcutta, Indien, Indian Assoc. for the Cultivation of Sci.) H. Gold. 2700

L. H. Klemm und **Herman Ziffer**, *2-Naphthylcyclopentanone-(1) und -cyclohexanone-(1)*. Als mögliche Zwischenprodd. zur Herst. disubstituierter Cycloalkene, die eine Naphthylgruppe als Substituenten enthalten (vgl. C. **1956**. 6920), werden *2-[Naphthyl-(1)]-* (**I**) u. *2-[Naphthyl-(2)]-cyclopentanon* (**II**) sowie *2-[Naphthyl-(1)]-* (**III**) u. *2-[Naphthyl-(2)]-cyclohexanon* (**IV**) dargestellt. Nach der Meth. von Orchin (C. **1949**. I. 687) war **III** aus Naphthyl-(1)–MgBr u. 2-Chlorcyclohexanon (**V**) dargestellt worden; **I**, **II** u. **IV** konnten jetzt unter Verwendung von **V** u. 2-Chlorcyclopentanon (**VI**) in Ausbeuten von 1,6,/4,4 u. 12% gewonnen werden. **I** u. **II** bildeten sich in guter Ausbeute aus dem nach Orchin (l. c.) zugänglichen *1-[Naphthyl-(1)]-* (**VII**) bzw. *1-[Naphthyl-(2)]-cyclopenten* (**VIII**) durch Epoxydieren u. Umlagerung der entstandenen Oxirane. Die Darst. von **IV** nach diesem Verf. verlief wegen der Neigung des sechsgliedrigen Ringes zu Ringverengungs-Rkk. in schlechter Ausbeute. Während **I** u. **II** die n. Infrarotspektren zeigen, ist für **III** u. **IV** eine behinderte Drehbarkeit der beiden Ringe angezeigt. — Tabelle über die charakterist. Infrarotmaxima vgl. Original.

Versuche: *2-[Naphthyl-(1)]-cyclopentanon* (**I**), $C_{15}H_{14}O$, Kp.$_{0,8}$ 170—174°, F. 91 bis 93° (Methanol), a) aus **VII** mit Perbenzoesäure in Chlf. bei 0—5° (24 Std.), Waschen mit 5%ig. NaOH u. Behandeln des Verdampfungsrückstandes der Chloroformlsg. mit $ZnCl_2$ bei 105—115°/40 mm (30—40 Min.); 46%; b) nach Orchin (l. c.) aus Naphthyl-(1)–MgBr u. **VI** in sd. Ae.; 1,6%. *2.4-Dinitrophenylhydrazon*, $C_{21}H_{18}O_4N_4$, F. 212,5—213,5°, (Acetonitril), orangefarbene Nadeln. — *2-[Naphthyl-(2)]-cyclopentanon* (**II**), $C_{15}H_{14}O$, Kp.$_{1,5}$ 174—178°, F. 80—83° (Methanol), analog aus **VIII**; 43%, bzw. aus Naphthyl-(2)–MgBr u. **VI**; 4,4%. *2.4-Dinitrophenylhydrazon*, $C_{21}H_{18}O_4N_4$, F. 162—163° (Essigester), orangefarbene Nadeln. — *2-[Naphthyl-(2)]-cyclohexanon* (**IV**), $C_{16}H_{16}O$, Kp.$_{1,1}$ 172—175° F. 83,5—84,5° (Methanol), a) aus Naphthyl-(2)–MgBr u. **V**, Dest. des rohen **IV** (Kp.$_{2,5}$ 110 bis 235°) u. Reinigen über das Semicarbazon; 12%; b) aus 1-[Naphthyl-(2)]-cyclohexen, wie **I** nach b); 18%. *2.4-Dinitrophenylhydrazon*, $C_{22}H_{20}O_4N_4$, F. 194—194,5°, hellorangefarbene Nadeln. *Semicarbazon*, F. 168—170° (Dioxan). (J. org. Chemistry **21**. 274—75. März 1956. Eugene, Ore., Univ., Dep. of Chem.) H. Gold. 2700

S. Wawzonek, E. Dufek und **N. M. Sial**, *Die Pyrolyse von 9-Aryliden- und 9-Alkylidenfluorenen.* Die Möglichkeit der Darst. von Phenanthrenderivv. durch Dest. von 9-Aryliden- oder 9-Alkylidenfluorenen unter Atmosphärendruck wird geprüft. Während *9-Benzylidenfluoren* (**I**) auf diese Weise 5,5% *9-Phenylphenanthren* liefert u. die Spaltung in *Fluoren* u. *Toluol* unter gleichzeitiger Dehydrierung bis zur Verkohlung Haupt-Rk. ist, entstehen aus den Substitutionsprodd. von **I**, *9-[p-Methoxybenzyliden]-*(**III**) u. *9-[p-Chlorbenzyliden]-fluoren* (**IV**) nur Spalt- bzw. Zersetzungsprodukte. Die Pyrolyse von *9-Äthyliden-* (**V**), *9-n-Propyliden-* (**VI**) u. *9-n-Butylidenfluoren* (**VII**) führt nicht zu Phenanthrenen. Als Spaltprodd. wurden Gemische aus *Fluoren* (**VIII**), *9-Methylfluoren* (**IX**), dem entsprechenden Alkylfluoren u. aliphat. KW-stoffen erhalten; die Fluorene wurden durch Nitrieren zu *2.7-Dinitrofluorenen* bzw. durch Oxydation mit $KMnO_4$ zu den entsprechenden *Fluorenolen* identifiziert. Dabei ergab sich, daß **VI** u. **VII** direkt in n-Propyl- u. Alkylradikale bzw. n-Butyl- u. n-Propylradikale gespalten werden (vgl. auch Wieland u. Probst, Liebigs Ann. Chem. **530**. [1937.] 274).

Versuche: *9-Phenylphenanthren*, Kp.$_5$ 215—225°, F 104—105° (Methanol), als 3. Fraktion bei der Dest. von **I** unter N_2 u. Atmosphärendruck bei 360°. *Pikrat*, F. 115°. — Daneben als 1. Fraktion *Toluol*, Kp. 109—113°; *2.4-Dinitroderiv.*, F. 70°, u. als 2. Fraktion *Fluoren* (**VIII**); Kp.$_5$ 135—140°). — *p-Methoxytoluol*, als Destillat bei der analogen Dest. von **III**, neben **VII**; *Anissäure*, F. 184°. — *p-Chlortoluol*, neben **VII** analog aus **IV**; *p-Chlorbenzoesäure*, F. 235°. — *2.7-Dinitro-9-methylfluoren*, $C_{14}H_{10}O_4N_2$, F. 246—247° (Essigester), aus **IX** in Eisessig mit HNO_3 (D. 1,5) bei 5—10°, später bei 55°; 36,6%. — *2.7-Dinitro-9-äthylfluoren*, $C_{15}H_{12}O_4N_2$, F. 165° (Bzl. u. A.), analog; 30,1%. — *2.7-Dinitro-9-[n-propyl]-fluoren*, $C_{16}H_{14}O_4N_2$, F. 163° (Bzl. + PAe.); 48,9%. — *2.7-Dinitro-9-[n-butyl]-fluoren*, F. 169—169,5° (A.); 28,6%. — *9-Methylfluorenol-(9)*, F. 173—174° (PAe.), aus 2 g **IX** u. $KMnO_4$ in sd. verd. NaOH (4 Std.); 1,6 g (Ausbeute). — *9-[n-Propyl]-fluorenol-(9)*, $C_{16}H_{16}O$, F. 125—126° (Methanol), aus Fluorenon u. n-Propyl-MgBr; 38,5%. — *9-[n-Propyliden]-fluoren* (**VI**), $C_{16}H_{14}$, Kp.$_1$ 150—155°, F. 44,5—46° (Methanol), aus vorst. Verb. mit HCl nach Ullmann (Ber. dtsch. chem. Ges. **38**. [1905.] 4107); 58,4%. *Pikrat*, $C_{22}H_{17}O_7N_3$, aus Methanol gelbe Nadeln. — *9-[n-Propyl]-fluoren* (**X**), $C_{16}H_{16}$, Kp.$_1$ 126—129°, n_D^{20} 1,6061, durch Hydrieren von **VI** in A. in Ggw. von PtO_2. — *9-Äthylfluoren* (**XI**), analog. — *9-[n-Butyl]-fluoren* (**II**), $C_{17}H_{18}$, F. 28—30°. *Pikrat*, $C_{23}H_{21}$·O_7N_3, F. 111,5° (A.), gelb. — Die Pyrolyse von 72,1 g **VI** durch Dest. unter N_2 liefert neben 8,9 g eines undefinierten Rückstandes 7,7 g **VIII**, 5,7 g **IX**, 6,6 g **VIII** + **IX**, 15,9 g **X**, 6,8 g **VI** u. ein Gasgemisch, bestehend aus 0,06 (Mol.-%) *Butan*, 0,09 *Butylen*, 1,2 *Propan*, 9,0 *Propylen*, 44 *Äthan*, 18 *Äthylen*, 0,1 *Acetylen*, 23 *Methan* u. 5 CO_2. — 192 g **V** liefern analog 30,8 g **VIII**, 29,2 g **IX**, 12,5 g **XI** u. 3,8 g **V** als Destillat. — 55 g **VII** liefern 3,1 g **VIII**, 2,2 g **IX**, 3,4 g **VIII** + **IX**, 17,8 g **II** u. 6,4 g **VII** als Destillat. (J. org. Chemistry **21**. 276—78. März 1956. Iowa City, Io., State Univ., Dep. of Chem.) H. Gold. 2750

Eugene Sawicki, *Schwefelderivate von Fluoren.* Zur Prüfung auf ihre carcinogene Wirksamkeit u. zur Unters. des Einfl. S-haltiger Substituenten auf die Wirksamkeit gegenüber NH_2-Gruppen werden einige Methylsulfonyl-(Mesyl), Alkylmercapto- u. N-Alkylsulfonylaminoderivv. des Fluorens dargestellt. Die Alkylmercaptofluorene entstehen bei der Umsetzung von Acetylmercaptofluoren (**I**) mit Alkylhalogeniden; die Oxydation des *2-Methylmercaptofluorens* (**II**) liefert *2-Mesylfluoren* (**III**), dessen Konst. sich aus der Anwesenheit von Absorptionsbanden bei 7,61 u. 8,79 μ ergibt. Die Nitrierung von **III** führt zu einem *5-* u. einem *7-Nitroderiv.* (**IV**), deren Konstitutionen aus vergleichenden UV-Absorptionsmessungen geschlossen werden konnten. — Tabelle über spektrale Daten von 25 Fluorenderivv. vgl. Original.

Versuche: 2-Alkylmercaptofluorene, aus **I** durch Verseifen mit methanol. KOH in sd. A., anschließend Zugabe des entsprechenden Alkylhalogenids, Fällen mit W. u. Kristallisieren aus wss. Methanol, Essigsäure oder Hexan; 75—80%. *2-Methylmercapto-* (**II**), $C_{14}H_{12}S$, F. 135—136°, mit Methyljodid. — *2-Äthylmercapto-*, $C_{15}H_{14}S$, F. 78—79°, mit Äthyljodid. — *2-Benzylmercapto-*, $C_{20}H_{16}S$, F. 133—134°, mit Benzylchlorid. — *2-Cyclopentylmercapto-*, $C_{18}H_{18}S$, F. 94—95°, mit Cyclopentylbromid. — *2-Mesylmercapto-*, $C_{14}H_{12}O_2S_2$, F. 167—169°, mit Methansulfochlorid. — Fluoren-2-sulfonamide, durch Kochen des Sulfochlorids mit dem entsprechenden Amin, Fällen mit verd. H_2SO_4 u. Kristallisieren aus Hexan oder Heptan; 65—80%. *N-Äthyl-* $C_{15}H_{15}O_2NS$, F. 137—138°. — *N.N-Diäthyl-*, $C_{17}H_{19}O_2NS$, F. 111—111,5°. — *N-Butyl-*, $C_{17}H_{19}O_2NS$, F. 132—133°. — *N.N-Dibutyl-*, $C_{21}H_{27}O_2NS$, F. 129—130°. — *N-Isopropyl-*, $C_{16}H_{17}O_2NS$, F. 171—172°. — *2-Mesyloxyfluoren*, $C_{14}H_{12}O_3S$, F. 147—148° (Methanol), aus 2-Oxyfluoren u. Methansulfochlorid in sd. Bzl. in Ggw. von Pyridin (5 Min.); 40%. —

2-Mesylaminofluoren, $C_{14}H_{13}O_2NS$, F. 206—207° (A.), aus 2-Aminofluoren u. Methansulfochlorid in sd. Pyridin (30 Min.); 80%. — *2-[N-Methyl-N-mesylamino]-fluoren*, C_{15}·$H_{15}O_2NS$, F. 170—172° (A.), aus vorst. Verb. u. CH_3J in sd. alkoh. KOH (3 Std.); Nadeln; 80%. — *2-Mesylfluoren* (**III**), $C_{14}H_{12}O_2S$, F. 152,5—153,5° (Essigsäure), durch Oxydation von **II** mit 30% ig. H_2O_2 in sd. Essigsäure (2 Std.); gelbe Kristalle; 82%. — *2-Mesylfluorenon-(9)*, $C_{14}H_{10}O_3S$, F. 239—240° (Essigsäure), durch Oxydation von **III** mit CrO_3 in sd. Eisessig; gelbe Tafeln; 60%. — *2-Mesyl-7-nitrofluoren* (**IV**), $C_{14}H_{11}O_4NS$, F. 299 bis 300° (Essigsäure), durch Nitrieren von **III** mit HNO_3 (D. 1,5) in Eisessig bei Zimmertemp., später bei 70°; gelbe Nadeln; 42%. — 2-Mesyl-*5-nitrofluoren*, $C_{14}H_{11}O_4NS$, F. 197—199° (Bzl., Essigsäure, Methanol), aus der essigsauren Mutterlauge von **IV** durch Einengen u. Verdünnen mit W.; Nadeln; 38%. — *2-Mesyl-7-aminofluoren*, $C_{14}H_{13}O_2NS$, F. 231 bis 232° (A.), durch Red. von **IV** mit Zn-Staub u. $CaCl_2$ in sd. A. (2 Std.); 92%. In A. blaue Fluorescenz. *Acetylverb.*, $C_{16}H_{15}O_3NS$, F. 269—270° (A.), gelbe Nadeln; 90%. (J. org. Chemistry **21**. 271—73. März 1956. Gainesville, Fla., Univ., Cancer Res. Labor.)

H. GOLD. 2750

Murray E. Taylor und **T. Lloyd Fletcher**, *Derivate von Fluoren*. 2. Mitt. *9-Aryliminoverbindungen*. (1. vgl. FLETCHER, TAYLOR u. DAHL, C. **1956**. 4416.) Aus substituierten Fluorenonen werden durch Kondensation mit Arylaminen in Ggw. von $ZnCl_2$, $AlCl_3$, Phenol, Eisessig, Trifluoressigsäure oder Phosphonsäure–Ionenaustauschharzen *9-Aryliminofluorene* dargestellt. Bei der Darst. der *Phenyliminonitroderivv.* wurde gefunden, daß das Verhältnis Anilin:Nitrofluorenon 2:1 betragen muß, damit eine leichte Reinigung möglich ist; die Menge an $ZnCl_2$ soll 1 g für 0,1 Mol Fluorenon (**I**) nicht überschreiten. Bei Verwendung von Eisessig als Lösungsm. oder Katalysator muß ein längeres Erhitzen vermieden werden, da leicht eine Spaltung unter Acetylieren der Amine eintritt. Bei der Umsetzung von Benzidin mit **I** entsteht neben *N.N'-Difluorenylidenbenzidin* ein *Prod.* (F. 117 bis 118°), das noch eine freie NH_2-Gruppe enthält.

Versuche (FF. $<320°$ korr.): *N-[2-Nitrofluorenyliden]-anilin*, $C_{19}H_{12}O_2N_2$, F. 142—143° (Chlf. + CCl_4), aus 2-Nitrofluorenon (**II**) u. Anilin mit $AlCl_3$ bei 125° ± 5° (15 Min.), Lösen der Schmelze in Chlf. u. Einengen der Lsg. neben unverändertem **II**, das zuerst auskristallisiert; goldgelbe Tafeln; 73%. — *N-Fluorenylidenanilin*, F. 88—90° (A.), aus **I** u. Anilin mit $ZnCl_2$ bei 183—185° (45 Min.) nach REDDELIEN (Ber. dtsch. chem. Ges. **43**. [1910.] 2476); gelbe Nadeln; 81%. — N-Fluorenylidenaniline: *2'.7'-Dinitro-*, $C_{19}H_{11}O_4N_3$, F. 245,5—246,5° (Chlf.), bei 177—183° (45 Min.); orangefarbene Nadeln; 62%. — *2'.5'-Dinitro-*, $C_{19}H_{11}O_4N_3$, F. 247,5—248° (Chlf.), bei 180—183° (60 Min.); gelbe Nadeln; 20%, u. F. 211—212° (Chlf.), rote Nadeln; 53%. — *2'.4'.7'-Trinitro-*, $C_{19}H_{10}O_6N_4$, F. 224—225° (Chlf.), bei 185—190° (60 Min.); rotorangefarbene Tafeln; 67%. — *2'-Acetamido-*, $C_{21}H_{16}ON_2$, F. 223—224° (Chlf.), bei 183—190° (45 Min.); gelbe Nadeln; 66%. — *2'-Benzamido-*, $C_{26}H_{18}ON_2$, F. 238—239° (Chlf.), bei 190—195° (50 Min.); gelbe Nadeln; 85%. — *2'-Methylamino-*, $C_{20}H_{16}N_2$, F. 141—142° (Chlf. + CCl_4), bei 185—190° (45 Min.); rote Nadeln; 59%. — *2'-Dimethylamino-*, $C_{21}H_{18}N_2$, F. 129 bis 131° (Chlf. + CCl_4), bei 165—175° (45 Min.); rote Nadeln; 60%. — *Trifluoracetamido-*, $C_{21}H_{13}ON_2F_3$, F. 195—205° (Zers., Chlf.) (vgl. l. c.), bei 185—190° (30 Min.); gelbe Nadeln; 89%. — *p-Fluor-*, $C_{19}H_{12}NF$, F. 142—143° (A.), aus **I** u. p-Fluoranilin bei 170 bis 175° (60 Min.); gelbe Nadeln; 87%. — N-Fluorenyliden-p-fluoraniline: *2'-Nitro-*, $C_{19}H_{11}O_2N_2F$, F. 228—229° (Chlf.), bei 170—175° (30 Min.); goldgelbe Nadeln; 84%. — *2'.7'-Dinitro-*, $C_{19}H_{10}O_4N_3F$, F. 272—273° (Chlf.), bei 175—180° (45 Min.); orangefarbene Nadeln; 87%. — *2'.5'-Dinitro-*, $C_{19}H_{10}O_4N_3F$, F. 178—179° (Chlf.), bei 175—180° (60 Min.); gelbe Nadeln; 55%, u. F. 180—181° (Chlf.), rote Tafeln; 26%. — *2'.4'.7'-Trinitro-*, $C_{19}H_9O_6N_4F$, F. 232,5—233,5° (Chlf.), bei 190—195° (70 Mn.); orangefarbene Tafeln; 87%. — *2'-Acetamido-*, $C_{21}H_{15}ON_2F$, F. 205—206° (Aceton), bei 175—180° (45 Min.); gelbe Nadeln; 83%. — *N-Fluorenyliden-p-acetamidoanilin*, F. 250—251° (Chlf.), aus **I** u. 4-Aminoacetanilid in Ggw. von $AlCl_3$ bei 125—135° (15 Min.); goldgelbe Nadeln; 90%. — Ferner *2'-Nitro-*, $C_{21}H_{15}O_3N_3$, F. 314—315° (Toluol), aus **II** in Eisessig bei 135 bis 140° (15 Min.); orangefarbene Tafeln; 42%. — *2'-Acetamido-*, $C_{23}H_{19}O_2N_3$, F. 253—254° (A.), in Ggw. von $ZnCl_2$ bei 175—185° (45 Min.); gelbe Nadeln; 89%. — *N-Fluorenyliden-p-biphenylylamin*, $C_{25}H_{17}N$, F. 193,5—194° (A.), aus **I** u. 4-Aminodiphenyl in Trifluoressigsäure bei 190° (90 Min.); gelbe Nadeln; 60—65%. — Ferner *2'-Nitro-*, $C_{25}H_{16}O_2N_2$, F. 210—211° (Bzl.), rote Tafeln; 50%. — *2'.5'-Dinitro-*, $C_{25}H_{15}O_4N_3$, F. 200—201° (Bzl.), rote Tafeln; 70%. — *N-Fluorenylidennaphthyl-(2)-amin*, $C_{23}H_{15}N$, F. 113,5—115° (A.), aus **I** u. Naphthyl-(2)-amin in Ggw. eines Kationenaustauschharzes bei 190° (90 Min.); gelbe Nadeln; 62%. — *N-[2-Nitrofluorenyliden]-naphthyl-(2)-amin*, $C_{23}H_{14}O_2N_2$, F. 166 bis 167° (Bzl.), analog aus **II**; rote Nadeln; 45%. — *N-Fluorenylidennaphthyl-(1)-amin*, F. 116—117° (A.), ebenso bei 175°; gelbe Nadeln; 45—50%. — *N.N'-Difluorenyliden-p-phenylendiamin*, $C_{32}H_{20}N_2$, F. 293—294° (Chlf.), aus 0,061 Mol **I** u. 0,028 Mol p-Phenylendiamin in sd, Eisessig (10 Min.); rote Nadeln; 70%. — Analog *2'.2''-Dinitro-*, $C_{32}H_{18}$·O_4N_4, F. >400° (Zers.; Eisessig u. A.), goldgelbes Pulver; 86%. — *2'.7'.2''.7''-Tetranitro-*, $C_{32}H_{16}O_8N_6$, F. 444—448° (Zers.; Eisessig), goldgelbes Pulver; 95%; aus o-Nitrotoluol rote Tafeln mit *2-Kristallmoll. o-Nitrotoluol*, die bei 113—114° zerfallen. — *2'.4'.7'.2''.4''-7''-Hexanitro-*, $C_{32}H_{14}O_{12}N_8$, F. 404—405° (Zers.; A. u. Eisessig), purpurfarbenes Pulver; 85%. — *2'.2''-Bis-acetamido-*, $C_{36}H_{26}O_2N_4$, F. 378—380° (Zers.; Nitrobenzol), aus 2-Acetamidofluorenon u. p-Phenylendiamin in sd. Pyridin (6 Std.); gelbe Nadeln; 71%. — *2'.2''-Diamino-*, $C_{32}H_{22}N_4$, F. 304—305° (Zers.; Nitrobenzol), in Ggw. von $ZnCl_2$ bei 190 bis 195° (15 Min.); rotes Pulver; 69%. — *N.N'-Difluorenylidenbenzidin*, $C_{38}H_{24}N_2$, F. 350 bis 352° (Zers.; Chlf.), aus **I** u. Benzidin in sd. Eisessig (30 Min.); rote Nadeln; 40%. — Analog *2'.2''-Dinitro-*, $C_{38}H_{22}O_4N_4$, F. 402—404° (Zers.; Eisessig u. A.), orangefarbenes Pulver; 62%. — *2'.7'.2''.7''-Tetranitro-*, $C_{38}H_{20}O_8N_6$, F. 420—422° (Zers.), purpurfarbenes Pulver; 40%. — *2'.4'.7'.2''.4''.7''-Hexanitro-*, $C_{38}H_{18}O_{12}N_8$, F. 390—391°, hellviolettes Pulver; 75%. — *2'.2''-Bis-acetamido-*, $C_{42}H_{30}O_2N_4$, F. 379—380° (Zers.), in sd. Phenol (20 Min.); gelbes Pulver; 66%. (J. org. Chemistry **21**. 523—27. 15/5. 1956. Seattle, Wash., Univ., Dep. of Surgery, Chemistry Res. Labor.) H. GOLD. 2750

John H. Weisburger und **Elizabeth K. Weisburger**, *Die Monoreduktion von 2.5-Dinitrofluoren.* Die Wiederaufnahme der Unterss. über die Monored. von 2.5-Dinitrofluoren (**I**) (vgl. J. Amer. chem. Soc. **74**. [1952.] 4540) ergab, daß bei der H_2S-Red. von **I** sowohl *2-Nitro-5-aminofluoren* (**II**) (vgl. auch C. **1956**. 7525), als auch *2-Amino-5-nitrofluoren* (**III**) gebildet wird; *2.5-Diaminofluoren* (**IV**) entstand in geringer Menge als Nebenprodukt. Ähnliche Ergebnisse wurden bei der $SnCl_2$-Red. erzielt.

V e r s u c h e: *2-Amino-5-nitrofluoren* (**III**), $C_{13}H_{10}O_2N_2$, F. 104,5—105° (Cyclohexan), aus 17 g **I** in sd. wss.-alkoh. NH_3 durch Einleiten von H_2S (3$^1/_2$ Std.), Fällen mit verd. NaCl-Lsg., Extrahieren mit 0,25n HCl u. 0,15n HCl, Zerlegen des beim Abkühlen auskristallisierten Hydrochlorids (Filtrat A) mit 15n NH_4OH in A., Kristallisieren der ausgefallenen Aminmischung aus Essigsäure + 5,4n H_2SO_4 u. Spalten des erhaltenen Sulfats (Filtrat **B**); rote Nadeln; 3,2 g; λ_{max} 244 mμ (ε = 6610) u. 343 mμ (ε = 2900). *Acetylverb.*, $C_{15}H_{12}O_3N_2$, F. 235—237° (A. + wenig Essigsäure), mit Essigsäureanhydrid in sd. Bzl.; λ_{max} 272,5 mμ (ε = 22100) u. 360 mμ (ε = 7490), λ_{min} 241,5 mμ (ε = 7660) u. 317,5 mμ (ε = 4090). — *2-Nitro-5-aminofluoren* (**II**), $C_{13}H_{10}O_2N_2$, F. 164—166° (Bzl.), aus dem H_2SO_4-sauren Filtrat der Reinigung von **III** (Filtrat **B**) mit wss. NH_4OH; 0,255 g. *Acetylverb.*, F. 282—284°. — *2.5-Diaminofluoren* (**IV**), F. 177—178,5° (Ligroin), neben **III** aus Filtrat **A** mit wss. NH_4OH, Chromatographieren des Nd. in Bzl. an Al_2O_3 (Woelm) u. Kristallisieren aus alkoh. HCl als lösl. Anteil der Hydrochloridmischung neben **II** u. **III**; 0,066 g. — Die $SnCl_2$-Red. liefert 18% **III**, 22% **II** u. 2% **IV**. — *4-Nitrofluoren*, F. 74,5 bis 76° (Cyclohexan), durch Entaminierung von **III** (vgl. C. **1956**. 7525); gelbe Nadeln. (J. org. Chemistry **21**. 514—15. 15/5. 1956. Bethesda, Md., U. S. Dep. of Health, Education and Welfare, Nat. Cancer Inst., Nat. Inst. of Health, Public Health Service, Labor. of Biochem.) H. GOLD. 2750

P. M. G. Bavin und **M. J. S. Dewar**, *Synthese der Mononitrophenanthrene.* Wegen der widersprechenden Angaben über die zuerst von SCHMIDT u. HEINLE [1911] durch Nitrieren von Phenanthren dargestellten Mononitrophenanthrene (vgl. HEY u. OSBOND, C. **1950**. II. 1571, u. COOK u. MOFFATT, C. **1953**. 1648) werden die isomeren Mononitrophenanthrene durch eine unabhängige Synth. dargestellt. Sie konnten erhalten werden durch Behandeln der entsprechenden Diazoniumkobaltnitrite oder Diazoniumfluoborate mit „Kupfernitrit". *2-Nitrophenanthren* (**I**) wurde außerdem durch WAGNER-MEERWEIN-Umlagerung von *2-Nitrofluorenyl-(9)-methylacetat* in guter Ausbeute dargestellt.

V e r s u c h e: *9-Nitrophenanthren*, $C_{14}H_9O_2N$, F. 118° (Leichtbzn. u. A.), aus 9-Aminophenanthren durch Diazotieren in Dioxan u. verd. HCl, Fällen mit HBF_4 u. Eintragen des getrockneten Fluoborats in ein Gemisch aus $NaNO_2$, $CuSO_4$, frisch bereitetem CuO u. W.; nach dem Extrahieren mit Chlf. u. Chromatographieren als hellgelbes, wenig adsorbiertes Band; hellgelbe Nadeln; 7,5%. — Analog folgende *Nitrophenanthrene*: *1-Nitro-*, $C_{14}H_9O_2N$, F. 133° (A.); 60%. — *4-Nitro-*, $C_{14}H_9O_2N$, F. 82° (PAe.); 1,7%. — *3-Nitro-*, $C_{14}H_9O_2N$, F. 172—174° (PAe.); 5%. — *2-Nitro-* (**I**), $C_{14}H_9O_2N$, F. 119—120° (5%ig. Essigsäure); 6%. — *Fluorenyl-(9)-methylacetat*, $C_{16}H_{14}O_2$, F. 87° (Leichtbzn.), aus Fluorenylmethanol (vgl. BURR, C. **1956**. 3269) in sd. Isopropenylacetat u. wenig H_2SO_4 (2$^1/_2$ Std.), Neutralisieren der H_2SO_4 mit $NaHCO_3$ u. Eindampfen; Prismen; 80%. Liefert mit Polyphosphorsäure bei 160—165° (30 Min.) *Phenanthren*. — *2-Nitrofluorenyl-(9)-methylacetat*, $C_{16}H_{13}O_4N$, F. 125—126° (Eisessig), durch Nitrieren vorst. Verb. in Essigsäureanhydrid mit HNO_3 (D. 1,5) bei 30—35° u. 0° (24 Std.); gelbe Prismen; 52%. Liefert mit Polyphosphorsäure bei 160—165° (30 Min.) 89% **I**. (J. chem. Soc. [London] **1955**. **4477** bis **4479**. Dez. London, Univ., Queen Mary Coll.) H. GOLD. 2850

Melvin S. Newman und **Richard M. Wise,** *Die Synthese und Trennung von 1.12-Dimethylbenzo-*[c]*-phenanthryl-(5)-essigsäure.* Auf Grund theoret. Voraussagen (vgl. auch HERBSTEIN u. SCHMIDT, J. chem. Soc. [London] **1954.** 3314 u. früher) war für die *1.12-Dimethylbenzo-*[c]*-phenanthryl-(5)-essigsäure* (I) eine Asymmetrie u. damit eine Trennung in opt. Antipoden zu erwarten. Für die Darst. von I wurden die Angaben von NEWMAN u. WOLF (C. **1953.** 5497) für die Synth. von 1.12-Dimethylbenzo-[c]-phenanthren zugrunde gelegt. Die für den Ringschluß benötigte *β-[2.2'-Dimethylbenzhydryl]-glutarsäure* (II) konnte aus 2-[2.2'-Dimethylbenzhydryl]-propandiol-(1.3) (III) in 85%ig. Gesamtausbeute erhalten werden. Die nach der Trennung der *Cinchonidinsalze* der I u. deren Spaltung erhaltene *aktive* I wurde in den *Methylester* übergeführt. Die opt. Aktivität bleibt bis 250° erhalten; erst bei 300° tritt Racemisierung ein.

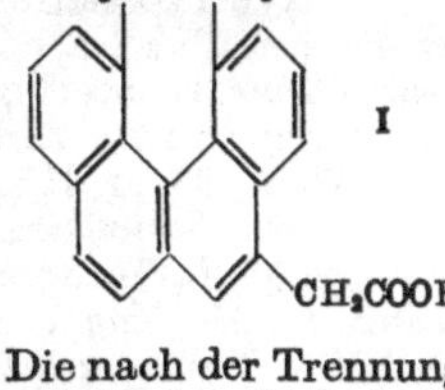

I

Versuche (FF. korr.): *2-[2.2'-Dimethylbenzhydryl]-propandiol-(1.3)-bis-[methansulfonat]*, $C_{20}H_{26}O_6S_2$, F. 134,1—135,1° (A.), aus III u. Methansulfochlorid in Pyridin bei —5° (4 Std.); 96,6%. — *β-[2.2'-Dimethylbenzhydryl]-glutarsäure* (II), F. 207,5—208,5° (Bzl. + Aceton), aus vorst. Verb. u. KCN in Dimethylformamid u. W. bei 90—100° (3 Std.) u. Verseifen des mit W. gefällten rohen Dinitrils mit NaOH in sd. Äthylenglykol, zum Schluß bei 185° (20 Min.); 91,8%. Das Chlorid von II liefert mit $SnCl_4$ *1.2.3.4-Tetrahydro-8-methyl-4-oxo-1-*[o-tolyl]*-naphthyl-(2)-essigsäure* (IV) u. mit Polyphosphorsäure 82% *5.6.6a.7.8.12b-Hexahydro-1.12-dimethylbenzo-*[c]*-phenanthrendion-(5.8)* (vgl. NEWMAN u. WOLF, l. c.). — *1.2.3.4-Tetrahydro-8-methyl-1-*[o-tolyl]*-naphthyl-(2)-essigsäure,* $C_{20}H_{22}O_2$, F. 168,9—169,9° (Aceton), a) durch HUANG-MINLON-Red. von IV mit Hydrazin u. KOH in sd. Diäthylenglykol bei 148° u. 198° (4 Std.); 87,4%, b) durch CLEMMENSON-MARTIN-Red. von IV; 74,9%. — *5.6.6a.7.8.12b-Hexahydro-5-oxo-1.12-dimethylbenzo-*[c]*-phenanthren* (V), $C_{20}H_{20}O$, $Kp._{0,15}$ 180—200°, F. 117,8—118,6° (A.), a) aus vorst. Säure mit $H_3PO_4 + P_2O_5$ bei 130—135° (3 Std.), Fällen mit W. u. Extrahieren mit Ae. + Bzl.; Nadeln; 62,5%, b) aus dem Chlorid vorst. Säure mit $AlCl_3$ in Tetrachloräthan bei 25° (44 Std.); 39%. *Oxim,* $C_{20}H_{21}ON$, F. 210—224° (Zers., Bzl.). — *1.12-Dimethylbenzo-*[c]*-phenanthryl-(5)-essigsäure* (I), $C_{22}H_{18}O_2$, F. 243—244,4° (Bzl. + Aceton), aus V u. Bromessigester mit Zn-Amalgam in sd. Ae. + Bzl. (65 Std.) (vgl. SHRINER, Org. Reactions I. [1942.] 18), Dehydratisieren des Oxyesters bei 190—200° mit Jod u. Dehydrieren des erhaltenen Prod. mit S bei 215—225° (2 Std.). Nach dem Verseifen des orangegelben Esters mit KOH in sd. A. cremefarbene Kristalle; 30%. Daneben eine *Dihydrosäure vom F. 210 bis 212°. Methylester* von I, $C_{23}H_{20}O_2$, F. 127,8—129° (Methanol), mit Diazomethan; Prismen. *(—)-Cinchonidinsalz,* $C_{41}H_{40}O_3N_2 \cdot H_2O$, F. 143,7—145,1° (erweicht bei 140°; aus Ae.), in Aceton mit 1 Äquivalent L-Cinchonidin, Abdampfen des Acetons u. Auskochen des Rückstandes mit viel PAe. (Kp. 35—40°) als unlösl. Anteil; Nadeln; $[\alpha]_D^{23}$ —170° (c = 2; Chlf.). (—)-I, F. 207,3—208,4° (Ae.), durch Verseifen mit alkoh. HCl; $[\alpha]_D^{25}$ —362,7 ± 2,5° (c = 0,35; Aceton). *Methylester,* $Kp._{0,03}$ 200—210°, F. 154—155°, mit Diazomethan; $[\alpha]_D^{24}$ —294° (c = 0,0332; Chlf.). — *(+)-Cinchonidinsalz,* F. 120—124°, aus der PAe.-Mutterlauge des (—)-Salzes durch Eindampfen; $[\alpha]_D^{23}$ +43° (c = 2,45; Chlf.). (+)-I, F. 207,7—208,7° (Ae.), $[\alpha]_D^{25}$ +347,6 ± 3,6° (c = 0,29; Aceton), neben wenig der *rac. Säure.* — *6a.7.8.12b-Tetrahydro-1.12-dimethylbenzo-*[c]*-phenanthryl-(5)-essigsäure,* $C_{22}H_{22}O_2$, F. 241,8—242,4° (Bzl. + Aceton), aus V u. Äthoxyacetylen-MgBr (vgl. EGLINTON u. Mitarbeiter, C. **1956.** 8053) in Ae. + Bzl. bei Zimmertemp. u. Verseifen des nach der Hydrolyse erhaltenen Esters mit alkoh. KOH; 63,5%. (J. Amer. chem. Soc. **78.** 450—54. 20/1. 1956. Columbus, O., Ohio State Univ., McPherson Chem. Labor.)

H. GOLD. 2850

C. K. Bradsher, E. D. Little und **Dorothy J. Beavers,** *Cyclisierung von Nitrilen: Ein neuer Weg zu einigen Phenanthrylaminen.* Ausführliche Wiedergabe der C. **1954.** 10940 referierten Arbeit. — Außerdem werden die Darst. der als Ausgangsprodd. für die Cyclisierung benutzten *α-substituierten Säurenitrile,* die Bldg. der noch nicht bekannten *10-Methyl-* (III) u. *10-Butylphenanthryl(-9)-amine* sowie einige Derivv. beschrieben. Die Struktur von 10-[o-Methoxybenzoyl]-phenanthryl-(9)-amin wird durch die Bldg. von *Salicylsäure* bei der Hydrolyse sowie durch die Möglichkeit der Diazotierung bewiesen. Vff. schließen daraus auf die Struktur der entsprechenden 10-[p-Methoxybenzoyl]-Verbindung. Bei der versuchten Cyclisierung von α-[4.4'-Dibrombiphenylyl-(2)]-acetonitril konnte nur das entsprechende Acetamid isoliert werden. Dialkylierung von α-[Biphenylyl-(2)]-acetonitril (I) mit Butylbromid u. anschließender Ringschluß führte zu *10.10-Dibutyl-9-keto-9.10-dihydrophenanthren.* III u. 10-Propylphenanthryl-(9)-amin (IV) wurden in die *N.N-Bis-[2-chloräthyl]-derivv.* übergeführt. Vff. diskutieren die Unterschiede zwischen der l. c. u. vorst. beschriebenen Cyclisierungs-Rk. u. der HOESCH-Reaktion.

V e r s u c h e : *α-[o-Methoxybenzoyl]-α-[o-biphenylyl]-acetonitril*, $C_{22}H_{17}O_2N$, F. 137 bis 138,5° (A.), durch Zugeben von **I** in Ae. zu $NaNH_2$ in absol. Ae., Eintropfen von o-Methoxybenzoesäuremethylester in Ae. unter starkem Rühren, 3std. Kochen u. Rühren, Stehen über Nacht, Gießen auf Eis, Ansäuern, Ae.-Extraktion u. Einengen der äther. Lsg.; dünne, rechteckige Plättchen; 46% (Ausbeute). — Nach 24std. Kochen des durch Cyclisierung vorst. Verb. erhaltenen *9-Amino-10-[o-methoxybenzoyl]-phenanthrens* (F. 175 bis 176°) in 48%ig. HBr/Essigsäure (1:1), Verdünnen, Ae.-Extraktion, Filtration u. Einengen wurde *Salicylsäure* [F. u. Misch-F. 156—157° (nach Sublimation); 43%] erhalten. — *α-[Biphenylyl-(2)]-capronitril*, $C_{18}H_{19}N$, Kp.$_{0,5}$ 151°, durch 30 Min. Rühren von **I** mit $NaNH_2$ in Ae., Zugeben von C_4H_9Br (exotherme Rk.), 1std. Kochen, Weiterrühren über Nacht bei Raumtemp. u. Aufarbeiten analog vorvorst. Verb.; viscoses gelbes Öl; $n_D^{24,5}$ 1,5524; 58%. — *α-[Biphenylyl-(2)-α-[n-butyl]-capronitril* (**II**), $C_{22}H_{27}N$, F. 60—61,5° (Methanol), Kp.$_{1,5-1}$ 164—174°, analog vorst. Verb., jedoch mit der doppelten Menge $NaNH_2$ u. C_4H_9Br; große, lange Prismen; 65,5%. — *α-[Biphenylyl-(2)]-β-phenylpropionitril*, $C_{21}H_{17}N$, Kp.$_1$ 182—185°, analog vorvorst. Verb. mit Benzylbromid; viscoses gelbes Öl. — *10-Methylphenanthryl-(9)-amin* (**III**), $C_{15}H_{13}N$, F. 148,5—150°, aus dem entsprechenden Nitril durch Cyclisierung wie l. c. beschrieben; 61%. *Hydrochlorid*, $C_{15}H_{14}NCl$, F. 275,5—277°, mit HCl in Äther. *Benzoylderiv.*, $C_{22}H_{17}ON$, F. 251—252° (Bzl./Hexan), mit Benzoylchlorid in Bzl./absol. Pyridin. — *10-Butylphenanthryl-(9)-amin*, $C_{18}H_{19}N$, F. 70,5—72°, analog **III**; 62%. *Hydrochlorid*, $C_{18}H_{20}NCl$, F. 275—277°. *Dibenzoylderiv.*, $C_{32}H_{27}O_2N$, F. 171—172°. — *Phenanthryl-(9)-amin, Benzoylderiv*,. $C_{21}H_{15}ON$, F. 199 bis 201°. *Hydrochlorid*, F. 278° (Zers.). — *10-Äthylphenanthryl-(9)-amin, Hydrochlorid*, $C_{16}\cdot H_{16}NCl$, F. 268—270°. — *10-Propylphenanthryl-(9)-amin* (**IV**), *Hydrochlorid*, $C_{17}H_{18}NCl$ F. 250,5—252°. — *10.10-Dibutyl-9-keto-9.10-dihydrophenanthren*, $C_{22}H_{26}O$, F. 72—72,5° (A. oder Methanol), durch Zugeben von **II** unter Rühren zu H_2SO_4 unter Eiskühlung, 3std. Rühren bei 0°, Gießen der grünen Lsg. auf Eis u. Neutralisieren; lange Nadeln; 81,5% (roh). — *α-[4.4'-Dibrombiphenylyl-(2)]-acetamid*, F. u. Misch-F. 215,5—217°, bei dem Vers. der Cyclisierung von α-[4.4'-Dibrombiphenylyl-(2)]-acetonitril analog vorst. Verb., 19std. Stehen im Eisbad u. 5 Std. bei Raumtemp. u. Aufarbeiten; Nadeln; 70%. — *N.N-Bis-[2-oxyäthyl]-10-methyl-9-aminophenanthren*, $C_{19}H_{21}O_2N$, F. 144—145,5° (verd. A.), durch 20std. Erhitzen von **III** mit Äthylenoxyd im Rohr auf 175—179°, Lösen des hellgelben Öls in warmem A. u. 1 Woche Stehen; Plättchen; 47,5%. — *N.N-Bis-[2-chloräthyl]-10-methyl-9-aminophenanthren*, $C_{19}H_{19}NCl_2$, F. 100,5—102° (im geschlossenen Rohr; Ligroin), durch vorsichtiges Erwärmen vorst. Verb. mit $POCl_3$ unter Rühren (Dampfbad) bis zur klaren, gelben Lsg., Eingießen in Bzl./Eiswasser nach 3½ Std., Gießen der Benzolschicht über eine Al_2O_3-Säule, Eluieren mit Bzl., Einengen u. Versetzen mit Ligroin; cremefarbene Prismen; 50%. — *N.N-Bis-[2-chloräthyl]-10-propyl-9-aminophenanthren*, $C_{21}H_{23}NCl_2$, F. 109—111° (im geschlossenen Rohr; Ligroin), analog vorvorst. Verb. aus 5 g **IV** unter Schütteln, Lösen des dunkelroten Öls in A., Filtration, Verdünnen u. Behandeln der abgeschiedenen rohen *N.N-Bis-[2-oxyäthyl]-Verb.* [F. 121,5—127,5°; 2,79 g] mit $POCl_3$ wie vorst. in 2 Std.; große Prismen. (J. Amer. chem. Soc. **78.** 2153—56. 20/5. 1956. Durham, N. C., Duke Univ., Dep. of Chem.) W. GEHRMANN. 2850

P. M. G. Bavin und **M. J. S. Dewar**, *Die Triphenylensynthese von Rapson und ihre Anwendung auf 1.2;3.4-Dibenzophenanthren.* Der von RAPSON (J. chem. Soc. [London] **1941.** 15) bei der Behandlung von 2-[Cyclohexen-(1')-yl]-1-phenylcyclohexanol (**I**) mit $AlCl_3$ erhaltene KW-stoff konnte als *1.2.3.4.5.6.7.8-Oktahydrotriphenylen* (**II**) ermittelt werden. **II** entsteht auch aus **I** mit Polyphosphorsäure u. HF, obwohl eine Dehydratisierung u. Cyclodehydrierung durch das gleiche Reagens bisher kaum beobachtet wurde. Bei der Übertragung der RAPSON-Synth. entstand aus 2-[Cyclohexen-(1')-yl]-1-[naphthyl-(1')]-cyclohexanol (**III**) mit $AlCl_3$ oder HF das *Spiran* (**IV**) u. daraus durch Dehydrieren *Cyclohexanspiro-7-benzanthren*, das bei der Oxydation ein *3.9-Chinon* (**V**) lieferte; bei der Cyclisierung von *2-[Cyclohexen-(1')-yl]-1-[naphthyl-(2')]-cyclohexanol* (**VI**) bildet sich *1.2;3.4-Dicyclohexenophenanthren* (**VII**), das beim Dehydrieren in *1.2;3.4-Dibenzophenanthren* übergeht. — UV-Absorptionsspektren vgl. Original.

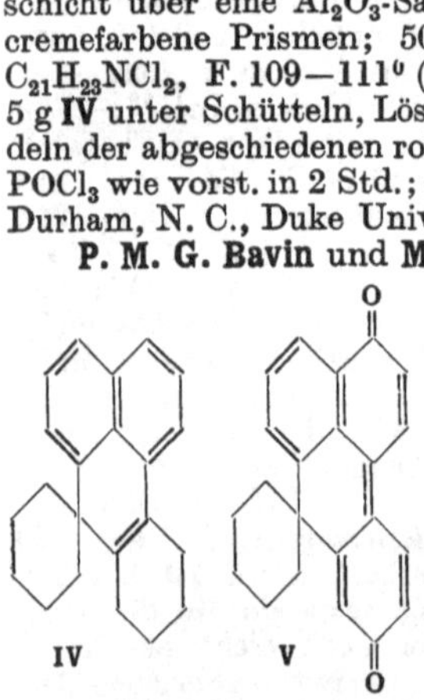

IV V

V e r s u c h e : *2-[Cyclohexen-(1')-yl]-1-phenylcyclohexanol* (**I**), $C_{18}H_{24}O$, Kp.$_{1,25}$ 158 bis 161°, F. 59—60° (Leichtbzn.), nach RAPSON (l. c.); Prismen. — *1.2.3.4.5.6.7.8-Oktahydrotriphenylen* (**II**), $C_{18}H_{20}$, F. 125,5° (A., Essigsäure, Leichtbzn.), a) aus 22,5 g **I** in HF (16 Std.), Fällen aus dem Verdampfungsrückstand als Pikrat u. Spalten des Pikrats (6 g) über einer Al_2O_3-Kolonne, b) aus **I** mit $H_3PO_4 + P_2O_5$ bei 110—120° (1 Std.); Nadeln. *Pikrat*, F. 196—197°. — *Triphenylen*, F. 199° (Toluol, Sublimation), aus 100 cm³ Cyclohexanon u. H_3PO_4 + P_2O_5 bei 160° (12 Std.), Verdünnen mit W., Extrahieren mit Chlf. u. Dehydrieren des rohen *Dodekahydrotriphenylens* [Kp.$_{1,5}$ 180—210°, F. 210—220° (A.)] mit Pd-Kohle bei 340—360°; Nadeln; 1,2 g (Ausbeute). — *2-[Cyclohexen-(1')-yl]-1-[naphthyl-(1')]-cyclohexanol* (**III**), $C_{22}H_{26}O$, Kp.$_{0,4}$ 168—172°, wie **I**. — *KW-stoff* $C_{22}H_{24}$, Kp.$_{0,4}$ 180—182°, neben **III** durch Dehydratisieren entstanden. — *8.9.10.11-Tetrahydrocyclohexanspiro-7-benzanthren* (**IV**), $C_{22}H_{24}$, F. 98° (Leichtbzn.), aus **III** u. $AlCl_3$ in CS_2 oder mit HF u. Reinigen der rohen Fraktion (Kp.$_5$ 200—265°) über das Pikrat; Prismen. *Trinitrobenzolat*, $C_{28}H_{27}O_6N_3$, F. 176° (A.), rote Nadeln. *Pikrat*, $C_{28}H_{27}O_7N_3$, F. 163—164° (A.), purpurbraune Nadeln. — *Cyclohexanspiro-7-benzanthren*, $C_{22}H_{20}$, F. 88—89° (PAe., Kp. 100—120°), aus **IV** mit Pd bei 320°; Prismen. *Pikrat*, $C_{28}H_{23}O_7N_3$, F. 141—142° (A.), rote Nadeln. *Chinon* **V**, $C_{22}H_{18}O_2$, F. 221—222° (Essigsäure), aus vorst. Verb. u. $K_2Cr_2O_7$ in sd. Eisessig (10 Min.); cremefarbene Tafeln. — *2-[Cyclohexen-(1')-yl]-1-[naphthyl-(2')]-cyclohexanol* (**VI**), $C_{22}H_{26}O$, Kp.$_{0,4}$ 200—202°, aus 35 g 2-Cyclohexenylcyclohexanon u. Naphthyl-(2)-MgBr in Ae. + Bzl.; 20,6 g. — *1.2;3.4-Dicyclohexenophenanthren* (**VII**), $C_{22}H_{22}$, F. 115—116° (Bzn.), aus **VI**, wie **IV** aus **III**; Prismen. *Pikrat*, F. 172° (A., Bzl., Leichtbenzin.), rote Nadeln. *Trinitrobenzolat*, F. 173° (Bzn.), orangefarbene Nadeln. — *1.2;3.4-Dibenzophenanthren*, F. 115—116° (Bzn.), durch Dehydrieren von **VII**; Nadeln. *Pikrat*, F. 139—139,5° (Bzn.), orangefarbene Nadeln. *Trinitrobenzolat*, F. 167° (Bzl.), gelbe Nadeln. *Chinon*, F. 232—236° (Eisessig), cremefarbene Nadeln. (J. chem. Soc. [London] **1955**. 4479—82. Dez. London, Univ., Queen Mary Coll.) H. GOLD. 2950

I. K. Korobitzyna, Ju. K. Jurjew und **Je. M. Lukina**, *β-Aminotetrahydrofuran und Diglykolsäure aus Tetrahydrofuranon-(3)*. Es wird aus Tetrahydrofuranon-(3) (**I**)-Oxim durch Red. mit Na-Amalgam/A. *β-Aminotetrahydrofuran* dargestellt. Bei der Oxydation von **I** mit SeO_2 in sd. Ae. entsteht *Diglykolsäure*, während in sd. Dioxan weitere Oxydation zu *Oxalsäure* u. CO_2 erfolgt.

Versuche: *Tetrahydrofuranon-(3)* (**I**), *Thiosemicarbazon*, $C_5H_9ON_3S$, F. 194 bis 195° (verd. A.). *Oxim*, $C_4H_7O_2N$, Kp.$_2$ 78—78,5°, F. 64—65°. — *β-Aminotetrahydrofuran*, C_4H_9ON, Kp.$_{30}$ 60—61°, aus 8 g vorst. Oxim in absol. A.-Eisessig durch Zugabe von Na-Amalgam bei 40—50°; D.$^{20}{}_4$ 1,0238; n_D^{20} 1,4591; 1,2 g (Ausbeute). *Benzoylderiv.*, $C_{11}H_{13}$·O_2N, F. 87—87,5° (Bzl.). *Pikrat*, $C_{10}H_{12}O_8N_4$, F. 151,5—152° (A.). — *N-[Tetrahydrofuryl-(2)]-N'-[α-naphthyl]-harnstoff*, $C_{15}H_{16}O_2N_2$, F. 215—216° (Aceton), aus vorst. Amin u. α-Naphthylisocyanat. Gibt man zu einer sd. Lsg. von 17 g **I** in 200 ml Ae. 22 g SeO_2 in 10 ml W. u. erwärmt 10 Std., so erhält man *Diglykolsäure*, $C_4H_6O_5$, F. 141—142° (W.). In sd. Dioxan erfolgt Oxydation zu *Oxalsäure* u. CO_2. (Журнал Общей Химии [J. allg. Chem.] **25** (**87**). 563—65. März 1955. Moskau, Univ.) G. FROELICH. 3061

I. K. Korobitzyna, Ju. K. Jurjew, Ju. A. Tscheburkow und **Je. M. Lukina**, *Darstellung von 3.4-Diketonen der Furanidinreihe vom Bis-pyrantyp*. Bis-[1-oxycyclohexyl]- u. Bis-[1-oxycyclopentyl]-acetylen werden beim Erhitzen mit $HgSO_4$ unter Bldg. von *2.2.5.5-Bis-pentamethylen-* (**I**) bzw. *2.2.5.5-Bis-tetramethylentetrahydrofuranon-(3)* gleichzeitig dehydratisiert u. hydratisiert. Die Oxydation dieser Ketone mit SeO_2 in sd. wss. Dioxan gibt *2.2.5.5-Bis-pentamethylen* (bzw. *tetramethylen*)*-tetrahydrofurandion-(3.4)*.

Versuche: *2.2.5.5-Bis-pentamethylentetrahydrofuranon-(3)* (**I**), $C_{14}H_{22}O_2$, Kp.$_9$ 141—142°, aus 50 g Bis-[1-oxycyclohexyl]-acetylen (F. 107—108°, aus Cyclohexanon mit BrMgC≡CMgBr) durch 10std. Kochen mit 15 g $HgSO_4$ in 250 ml W. (nach 2 Std. Kochen Zugabe von weiteren 15 g $HgSO_4$); D.$^{20}{}_4$ 1,0336; n_D^{20} 1,4941; 37 g (Ausbeute). *Thiosemicarbazon*, $C_{15}H_{25}ON_3S$, F. 190—191° (verd. A.). *Oxim*, $C_{14}H_{23}O_2N$, F. 125° (absol. A.). — *4-Benzyliden-2.2.5.5-bis-pentamethylentetrahydrofuranon-(3)*, $C_{21}H_{26}O_2$, F. 100—101° (A.), aus **I** u. Benzaldehyd in A. durch Zugabe von wenig 25%ig. NaOH; 55%. — *4-Brom-2.2.5.5-bis-pentamethylentetrahydrofuranon-(3)*, $C_{14}H_{21}O_2Br$, Kp.$_4$ 152—153°, aus **I** durch Bromierung mit Dioxandibromid (4 Std. bei Zimmertemp.); Dest. unter N_2, D.$^{20}{}_4$ 1,2930; n_D^{20} 1,5250; 94%. — *2.2.5.5-Bis-pentamethylentetrahydrofurandion-(3.4)*, $C_{14}H_{20}O_3$, Kp.$_{16}$ 167—170°, F. 69—70° (PAe.), zu einem sd. Gemisch von 6 g SeO_2 in 100 ml Dioxan + 5 ml W. läßt man in 15—20 Min. 10 g **I** zutropfen u. erhitzt 12 Std.; himbeerrote Kristalle; 9,1 g. Lagert beim Aufbewahren unter Entfärbung W. an. *Dioxim*, $C_{14}H_{22}O_3N_2$, F. 182,5—183° (verd. A.). — *2.2.5.5-Bis-tetramethylen-tetrahydrofuranon-(3)*, $C_{12}H_{18}O_2$, Kp.$_9$ 111,5—112°, aus Bis-[1-oxycyclopentyl]-acetylen in W. durch 15std. Kochen mit $HgSO_4$; D.$^{20}{}_4$ 1,0446; n_D^{20} 1,4855; 59%. *Semicarbazon*, $C_{13}H_{21}O_2N_3$, F. 149,5—150° (verd. A.). *Thiosemicarbazon*, $C_{13}H_{21}ON_3S$, F. 193—194° (Methanol). *Oxim*, $C_{12}H_{19}O_2N$, F. 59° (verd. A.). — *4-Benzyliden-2.2.5.5-bis-tetramethylentetrahydrofuranon-(3)*, $C_{19}H_{22}O_2$, F. 97,5—98°, aus vorst. Verb. u. Benzaldehyd in A. in Ggw. von wenig 25%ig. NaOH (6 Tage stehen); 43%. — *2.2.5.5-Bis-tetramethylentetrahydrofurandion-(3.4)*, $C_{12}H_{16}O_3$, Kp.$_{14}$ 138—140°, F. 37° (PAe.); rote Kristalle; 83%. *Dioxim*, $C_{12}H_{18}O_3N_2$, F. 199—200° (verd. A.). (Журнал Общей Химии [J. allg. Chem.] **25** (**87**). 734—38. April 1955. Moskau, Univ.) G. FROELICH. 3061

Robert G. Johnson, H. B. Willis, George A. Martin jr., W. H. Kirkpatrick, Jack Swiss und **Henry Gilman**, *Einige Aminodibenzofurane und Derivate.* Vff. stellten *2-* (**II**) u. *4-β-Aminoäthyl-*, *3-* u. *4-[p-Acetamidobenzolsulfonamido]-dibenzofuran*, *Dibenzofuryl-(4)-piperidinomethan*, *[Dibenzofuryl-(3 u. 4)-amino]-äthylmalonsäurediäthylester* u. einige weitere Dibenzofuranderivv. dar. *2-* u. *3-Fluordibenzofuran* wurden durch SCHÜMANN-Rk. erhalten. Die Rk. von 4-Bromdibenzofuran mit Li-Dimethylamid bzw. Li-Diäthylamid ergab unter Umlagerung *3-Dimethylamino-* bzw. *3-Diäthylaminobenzofuran.*

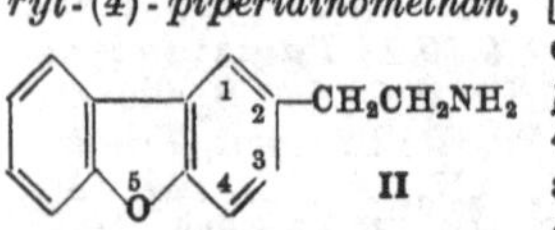

II

Versuche: *3-[p-Acetamidobenzolsulfonamido]-dibenzofuran*, $C_{20}H_{16}O_4N_2S$, F. 223 bis 224° (wss. A.), durch 5std. Kochen von 3-Aminodibenzofuran (**I**) mit p-Acetamidobenzolsulfonylchlorid in A.; 39% (Ausbeute). — *3-[p-Aminobenzolsulfonamido]-dibenzofuran*, F. 245°, aus vorst. Verb. durch Behandeln mit konz. HCl in A.; 65%. — *4-[p-Acetamidobenzolsulfonamido]-dibenzofuran*, $C_{20}H_{16}O_4N_2S$, F. 218° (wss. A.), analog dem 3-Isomeren; 26,5%. — *4-[p-Aminobenzolsulfonamido]-dibenzofuran*, F. 195°, durch Hydrolyse vorst. Verb.; 73%. — *2-β-Aminoäthyldibenzofuran* (**II**), Kp.$_2$ 167—170°, a) durch 6std. Erhitzen von 2-β-Bromäthyldibenzofuran mit K-Phthalimid auf 185—200° u. Kochen des isolierten Imids mit $N_2H_4 \cdot H_2O$ in A. bis zur Bldg. eines gelatinösen Nd.; 46%; b) durch Einleiten von HCl in eine Suspension von Dibenzofuran, Trioxymethylen u. geschmolzenem $ZnCl_2$ unter Rühren u. 1std. Rk. bei 55—60° nach Selbsterwärmung, Umsetzung des isolierten *2-Chlormethyldibenzofurans* [$C_{13}H_9OCl$, F. 78,5—79,5° (CH_3OH), Kp.$_3$ 159 bis 161°; 41%] zu *2-Cyanmethyldibenzofuran* [F. 102,5—103,5°, Kp.$_2$ 202—206°] u. 1std. Hydrierung in A. in Ggw. von ADAMS-Katalysator in der Wärme; CO_2-empfindlich. *Hydrochlorid*, $C_{14}H_{14}ONCl$, F. 278°. — *4-β-Aminoäthyldibenzofuran*, Kp.$_2$ 165—166°, analog vorst. Verb. nach a); 61%. *Hydrochlorid*, $C_{14}H_{14}ONCl$, F. 263° (W.). — *2-β-Benzamidoäthyldibenzofuran*, F. 183,5—183,9° (Eisessig), durch 15 Min. Schütteln von **II** u. Benzoylchlorid mit wss. NaOH u. kurzes Erhitzen auf dem Wasserbad; 89%. — *3-Diäthylaminodibenzofuran, Hydrochlorid*, F. 227—228°, durch Rk. von n-Butylbromid mit Li, Zugabe von Diäthylamin in Ae. zur Lsg. von Butyl-Li in Ae. unter Rühren, 15 Min. Rühren, langsame Zugabe von 4-Bromdibenzofuran in Ae., 1std. Rühren, Stehen über Nacht, Hydrolyse mit 5%ig. HCl u. Fällen des isolierten Amins in Ae. mit HCl; 30. *Freie Base*, $C_{16}H_{17}ON$, F. 68—69°. — *3-Dimethylaminodibenzofuran*, $C_{14}H_{13}ON$, F. 98 bis 99° (CH_3OH), durch Zugabe von Dimethylamin in Ae. zu Butyl-Li in Ae., Zugabe von 4-Bromdibenzofuran, Rühren über Nacht u. 3tägiges Stehen bei Raumtemp.; 23,5%. — *3-Fluordibenzofuran*, $C_{12}H_7OF$, F. 88,5° (A.), durch 1std. Rühren von **I** in wss. HCl bei 75°, Diazotieren mit $NaNO_2$ bei —5°, 30 Min. Rühren bei 30°, langsame Zugabe einer Lsg. von HBF_4 [durch Auflösen von H_3BO_3 in 48%ig. HF], 1std. Rühren bei 0°, Filtrieren, Zers. des Diazoniumfluorborats bei 155—157° u. Dest.; Kp.$_{0,5}$ 125—140°; 80%. — *2-Fluordibenzofuran*, $C_{12}H_7OF$, F. 88,5—88,8°, analog vorst. Verb. aus 2-Aminodibenzofuran; 38,5%. — *Dibenzofuryl-(4)-piperidinomethan*, $C_{18}H_{19}ON$, Kp.$_{0,5}$ 175—180°, durch Zugabe von Dibenzofuran in Ae. zu n-Butyl-Li in Ae., 18std. Rühren, Zutropfen des *Dibenzofuryl-(4)-Li* zu n-Butoxymethylpiperidin in Ae. u. 10std. Rühren; 24,8%. *Pikrat*, $C_{24}H_{22}O_8N_4$, F. 177—178° (A.). — *[Dibenzofuryl-(3)-amino]-äthylmalonsäurediäthylester*, $C_{21}H_{23}O_5N$, F. 99—100° (PAe.), durch 1std. Erhitzen von **I** mit Bromäthylmalonsäurediäthylester auf dem Dampfbad; 51%. — *[Dibenzofuryl-(4)-amino]-äthylmalonsäurediäthylester*, $C_{21}H_{23}O_5N$, F. 75—76° (PAe.), analog vorst. Verb. aus 4-Aminodibenzofuran; 76,6%. (J. org. Chemistry **21**. 457—60. 30/4. 1956. Ames, Io., State Coll., Chem. Labor.)

H. BERTSCH. 3061

W. Davies und **F. C. James**, *Polymerisation von Thiophenderivaten.* 3. Mitt. *Die Photodimerisierung einiger ungesättigter cyclischer Sulfone.* (1. u. 2. vgl. C. **1954**. 312 bzw. 8803.) Krist. Thionaphthen-1.1-dioxyd (**I**; F. 142°) verändert sich am Licht, eine Lsg. von **I** in Bzl. geht bei langer Einw. von Sonnenlicht in ein *Dimeres* (**V**) über, das keine Doppelbindung mehr enthält. In sd. Butylphthalat (Kp. 338—340°) zers. sich **V** unter Bldg. von SO_2 u. *10.11-Dihydro-9-thia-3.4-benzofluoren-9.9-dioxyd* (**III**; F. 181—182°). Es wird angenommen, daß **V** unter Bldg. von **I** dissoziiert, welches in **III** übergeht, wobei **II** als Zwischenprod. auftritt. 2.3-Dihydrothionaphthen-1.1-dioxyd läßt sich auch durch lange Bestrahlung nicht dimerisieren. In Analogie zu anderen Photodimeren (vgl. MUSTAFA, C. **1955**. 2643) wird **V** als Cyclobutanderiv. *(2'.3'.2''.3''-Tetrahydro-bis-[thionaphtheno]-[3'.2':1.2;3''.2'':3.4]-* oder *-[2'.3':1.2;3''.2'':3.4]-cyclobutan-1'.1'.1''.1''-tetroxyd* angesehen. 3-Bromthionaphthen-1.1-dioxyd (**IV**; F. 183,5—184°) u. 3.4-Dimethylthiophen-1.1-dioxyd (**VI**) lassen sich ebenfalls photodimerisieren, doch konnte die Struktur der Dimeren nicht ermittelt werden.

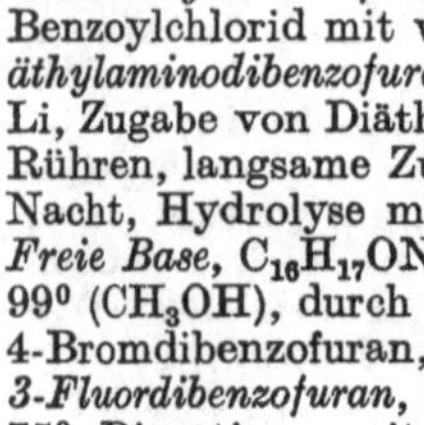

II

Versuche: *3.4-Dimethylthiophen-1.1-dioxyd* (**VI**), $C_6H_8O_2S$, F. 120,5—121° (A.), durch 2std. Kochen von 3.4-Dibrom-3.4-dimethylthiophen-1.1-dioxyd in Bzl. mit Pyridin. — *Dimeres von* **I** (**V**), $C_{16}H_{12}O_4S_4$, F. 330—331° (Aceton, oder Sublimation bei 260 bis 270°/1 mm), durch Bestrahlung einer Lsg. von 10 g **I** in Bzl. mit Sonne (20 Tage); 5 g (Ausbeute). **V** wird von stark oxydierenden bzw. reduzierenden Agentien nicht angegriffen, mit RANEY-Ni in sd. A. + Aceton entsteht *Äthylbenzol*, Kp. 133—135°. — *Dimeres von* **IV**, $C_{16}H_{10}O_4Br_2S_2$, F. 314—315°, aus 3 g **IV** in 30 Tagen; Nadeln aus Äthylenglykol; 1,2 g. Wird von NaJ in sd. Aceton nicht angegriffen; gibt mit Zn-Staub u. Essigsäure ein bromfreies Prod., F. >360°. — *Dimeres von* **VI**, $C_{12}H_{16}O_4S_2$, F. 290—291° (Zers. unter Bldg. von SO_2), aus 1,0 g **VI** in 28 Tagen) Prismen aus Aceton u. Cyclohexanon; 0,6 g. (J. chem. Soc. [London] **1955.** 314—17. Febr. Melbourne, Univ.)

G. CLEVE. 3071

F. E. Sheibley und **J. S. McNulty,** *Sandmeyer–Isatin-Synthese mit 3.5-Dichloranilin. 4.6-Dichloranthranilsäure. 4.6-Dichloranthranilsäure* (**I**) wurde durch Oxydation von 4.6-Dichlorisatin (**II**) mit H_2O_2 in alkal. Medium dargestellt. Bei der Nacharbeitung der SANDMAYERschen Synth. von *α-Isonitroso-3.5-dichloracetanilid* (**III**) durch Erhitzen einer Suspension von 3.5-Dichloranilin (**IV**) in einer wss. Lsg. von Chloralhydrat, $NH_2OH \cdot HCl$, Na_2SO_4 u. HCl wurde als Nebenprod. eine kleine Menge *N.N'-Bis-[3.5-dichlorphenyl]-isonitrosoacetamidin* (**V**) isoliert. **V** ließ sich von **III** durch dessen größere Löslichkeit in wss. NaOH abtrennen. Behandlung von **V** mit heißer konz. H_2SO_4 ergab *3'.4.5'.6-Tetrachlorisatin-α-anil* (**VI**), das leicht durch alkoh. HCl zu **II** u. **IV** hydrolysiert wird. Durch Schmelzen von **II** mit **IV** erhält man das isomere *β-Anil*. Die Red. von **VI** mit H_2S in saurer Lsg. u. Rk. des entstehenden Thioisatins mit wss. Na_2CO_3-Lsg. ergab geringe Mengen einer dunkelblauen Verb., wahrscheinlich *4.4'.6.6'-Tetrachlorindigo*, die aus alkal. Hydrosulfitbad Wolle indigoblau anfärbt. Die Konst. von **I** wurde durch Entaminierung zu *2.4-Dichlorbenzoesäure* bewiesen.

Versuche: *α-Isonitroso-3.5-dichloracetanilid* (**III**), $C_8H_6O_2N_2Cl_2$, F. 197° (korr., Zers.; wss. A.), durch Zugabe von Na_2SO_4 u. Chloralhydrat in W. zu **IV** u. wss. HCl unter Rühren, Zugabe von $NH_2OH \cdot HCl$ in W., Erhitzen auf 100° innerhalb 2¹/₂ Std. (10 Min. bei 54° halten), kaltrühren u. Stehen über Nacht; 75% (Ausbeute). — *N.N'-Bis-[3.5-dichlorphenyl]-isonitrosoacetamidin* (**V**), $C_{14}H_9ON_3Cl_4$, F. 191—192° (wss. A.), a) neben **III** als in 1%ig. NaOH unlösl. Rückstand; 14%; b) aus **IV** analog N.N'-Diphenylisonitrosoacetamidin nach SANDMEYER (C. **1900.** II. 927. 929). — *4.6-Dichlorisatin* (**II**), $C_8H_3O_2 \cdot NCl_2$, F. 260,5—261° (korr.; goldgelbe Prismen aus A.), a) durch Zugabe von **III** zu konz. H_2SO_4 bei 90—95° unter Rühren innerhalb 30 Min., 10 Min. Erhitzen auf 105° u. Kaltrühren; 98,8%; b) durch Lösen von **VI** in sd. A. in Ggw. von wenig konz. HCl u. Eindampfen; 93%; daneben **IV**. — *4.6-Dichloranthranilsäure* (**I**), $C_7H_5O_2NCl_2$, F. 178—178,5° (korr., Zers.; Bzl.) durch Zugabe von 3%ig. H_2O_2 zu einer Suspension von **II** in wss. NaOH unter Schütteln u. Kühlung in 30 Min. u. Ansäuern; 82%. — *2.4-Dichlorbenzoesäure*, F. 163,5—165° (Bzl. bzw. W.), aus **I** durch Rk. mit $NaNO_2$ u. H_2SO_4 in A.; 9%. — *Trichloranthranilsäure, Ba-Salz*, $C_{14}H_6O_4N_2Cl_6Ba \cdot 2\,H_2O$, neben **I** durch Abtrennung mit $Ba(OH)_2$. *Freie Säure*, Zers. bei 171—176° (Sintern bei 160°). — *3'.4.5'.6-Tetrachlorisatin-α-anil* (**VI**), $C_{14}H_6ON_2Cl_4$, F. 285,5—286° (korr.; dunkelrote Nadeln aus Bzl.), durch Erhitzen von **V** in konz. H_2SO_4 auf 100°; 82%. — *4.4'.6.6'-Tetrachlorindigo* durch Red. von **VI** mit H_2S in verd. H_2SO_4; verhält sich wie ein Küpenfarbstoff. — *3'.4.5'.6-Tetrachlorisatin-β-anil*, $C_{14}H_6ON_2Cl_4$, F. 311,5° (korr.; gelbrote Nadeln aus Nitrobenzol), durch Erhitzen von **II** mit **IV** zum Schmelzen; 84%. (J. org. Chemistry **21.** 171—73. 17/2. 1956. Detroit, Mich., Hefco Labors.; Columbus, O., Batelle Memorial Inst.) H. BERTSCH. 3081

P. W. Sadler, *Trennung isomerer Isatine.* **Durch Ringschluß m-substituierter Iso**nitrosoacetanilide in heißer konz. H_2SO_4 wurden Gemische *4-* u. *6-substituierter Isatine* dargestellt. Durch Zugabe von Eisessig zur wss. Lsg. der isomeren Na-Isatinate konnten die 4 Isomeren gefällt, durch folgende Behandlung mit konz. HCl die 6-Isomeren abgeschieden werden. Die relativen Mengen der Isomeren hängen vom Substituenten ab. Durch eine Nitrogruppe werden o- u. p-Stellung so desaktiviert, daß kein Ringschluß eintritt, während 6-Nitroisonitrosoacetanilid in 60%ig. Ausbeute *7-Nitroisatin* ergibt. Bei Substitution durch eine Methoxygruppe, die in H_2SO_4 ein Oxoniumkation bildet, ist die o-Stellung desaktiviert, so daß nur durch p-Ringschluß *6-Methoxyisatin* entsteht. m-Methylsubstituiertes Ausgangsmaterial ergab etwa gleiche Mengen beider Isomeren, wegen der Empfindlichkeit der Verbb. ebenso wie das Methoxyderiv., jedoch nur mit niedriger Ausbeute. In der Reihe der Halogensubstitution nimmt der Anteil des 4-Isomeren mit abnehmender Elektronegativität des Halogens zu. Der ausgeprägte o-I-Effekt des F bedingt jedoch fast ausschließlich p-Ringschluß. In Übereinstimmung mit dem Verh. bei der Nitrierung bildet sich aus m-Trifluormethylisonitrosoacetanilid nur *4-Trifluormethylisatin*. 4-Jodisatin gibt durch alkal. Oxydation mit Peroxyd *6-Jodanthranilsäure.*

Versuche: Isonitrosoacetanilide: *m-Chlor-* (I), F. 146°, analog Isonitrosoacetanilid nach Org. Syntheses Coll. Vol I [1941.] 327; 40% (Ausbeute). — *m-Brom-*, F. 165°, analog (15 Min. Kochen); 55%. — *m-Fluor-*, $C_8H_7O_2N_2F$, F. 175°, analog; 87%. — *m-Jod-*, $C_8H_7O_2N_2J$, F. 157°; 74%. — *m-Trifluormethyl-*, F. 140°, analog (30 Min. Kochen unter Verwendung der doppelten Wassermenge); 83%. — *m-Methyl-*, F. 145°; 90%. — *m-Methoxy-*, $C_9H_{10}O_3N$, F. 172°; 42%. — *m-Nitro-*, F. 168°; 48%. — Isatine: *4-Chlor-*, F. 256° (orangerote Nadeln aus Essigsäure), aus I in konz. H_2SO_4 (30 Min. bei 90—95°); 33%. Daneben *6-Chlor-*, F. 263° (gelbe Platten aus Essigsäure); 35%. — *4-Brom-*, F. 267° (orangerote Nadeln aus Essigsäure), analog; 46%. Daneben *6-Brom-*, F. 270° (gelbe Platten aus Essigsäure); 29,3%. — *4-Jod-*, $C_8H_4O_2NJ$, F. 260° (rote Nadeln aus Essigsäure), analog; 44,7%. Daneben *6-Jod-*, $C_8H_4O_2NJ$, F. 174° (gelbe Platten aus Essigsäure); 14,7%. — *4-Fluor-*, $C_8H_4O_2NF$, F. 212° (orangefarbene Platten aus A.); 17%. — *6-Fluor-*, F. 197° (gelbe Nadeln aus Essigsäure). — *4-Trifluormethyl-*, F. 224° (gelbe Platten aus Essigsäure); 17%. — *4-Methyl-*, F. 193° (rote Nadeln aus A.), analog in 90%ig. H_2SO_4 bei 60—70° in 30 Min.; 16,3%. Daneben *6-Methyl-*, F. 189° (orangefarbene Nadeln aus A.); 14%. — *6-Methoxy-*, F. 230° (bernsteinfarbene Platten aus A.), analog vorst. Verb.; 23%. — *6-Jodanthranilsäure*, $C_7H_6O_2NJ$, F. 149° (W.), durch Zugabe von H_2O_2 in 45 Min. zur warmen Lsg. von 11 g 4-Jodisatin in n-NaOH; 7,3 g. (J. org. Chemistry **21.** 169—70. 17/2. 1956. London, Middlesex Hosp., Courtauld Inst. of Biochem.) H. Bertsch. 3081

I. G. M. Campbell und **R. C. Poller,** *Die Synthese und Stereochemie einiger dreiwertiger Arsenverbindungen.* Vff. stellten einige substituierte *9-Arsafluorene* (**A**) auf verschied. Weise dar u. spalteten zwei von ihnen in die opt. Antipoden. Die Umsetzung des Diazoniumsalzes von 2-Aminodiphenyl zu *9-Chlor-9-arsafluoren,* Ersatz des Cl-Atoms durch die p-Tolylgruppe durch Grignard-Rk. sowie anschließende $KMnO_4$-Oxydation ergab *9-p-Carboxyphenyl-9-arsafluorenoxyd,* aus dem durch Red. mit SO_2 *9-p-Carboxyphenyl-9-arsafluoren* (I) erhalten wurde. Ebenfalls zu **A** führte die Rk. von 2-Diphenyldiazoniumchlorid mit einem Arylarsindichlorid, die über das instabile, nicht isolierte, gelb gefärbte *Diphenylyl-(2)-arylarsintrichlorid* nach dessen Hydrolyse zunächst die entsprechende *Diphenylyl-(2)-arylarsinsäure* lieferte. Die Cyclisierung der letzten mit konz. H_2SO_4 führte zu dem *9-Arsafluorenoxyd;* lediglich bei der Rk. der 4'-Methoxydiphenylyl-(2)-p-carboxyphenylarsinsäure (**IV**) erfolgte keine Cyclisierung, sondern es trat Sulfonierung ein; in allen Fällen geeignet erwies sich Polyphosphorsäure als Cyclisierungsmittel. Die Arsinsäuren wurden mit SO_2 zu **A** reduziert. Während die opt. Spaltung von **I** nicht gelang, wurden die Antipoden von *9-p-Carboxyphenyl-2-methoxy-9-arsafluoren* (**II**) u. *2-Amino-9-phenyl-9-arsafluoren* (**III**) opt. rein erhalten. Die höhere spezif. Drehung von **II** gegenüber dem analogen Stibiafluoren (vgl. J. chem. Soc. [London] **1955.** 1662) zeigt an, daß innerhalb der Reihe von Verbb., die asymm. dreifach kovalente Elemente der 5. Gruppe des Period. Syst. enthalten, die mol. Drehung mit zunehmendem Atomgewicht des Elements ansteigt. Die opt. Stabilität der Verbb. nimmt in der gleichen Richtung ab. Die Enantiomeren von **II** sind bei Zimmertemp. in Pyridin opt. stabil. Racemisierung verläuft in Chlf.-A. bei 70° langsam, bei 111° etwas schneller; die Halbwertszeit bei 111° beträgt 17 Minuten. Dies wird auf die katalyt. Wrkg. von HCl auf die Racemisierung zurückgeführt; beim entsprechenden 9-Stibiafluoren ist dieser Effekt jedoch größer. **III** besitzt eine sehr große opt. Stabilität; die spezif. Drehung bleibt nach 1std. Erhitzen auf 110° unverändert. Vff. diskutieren die Resultate hinsichtlich der Stereochemie dieser Verbindungen. Es ergibt sich für **A** eine stabile pyramidale Konfiguration.

Versuche: *Diphenylyl-(2)-arsonsäure,* F. 216—222° (50%ig. Essigsäure), aus Diphenyl-2-diazoniumchlorid u. Na_3AsO_3 nach Cookson u. Mann (C. **1950.** II. 1682); 27% (Ausbeute). — *9-Arsafluoreninsäure,* F. 318—322°, durch Cyclisierung vorst. Verb. mit konz. H_2SO_4 bei 90°; 92%. — *9-Chlor-9-arsafluoren,* F. 161—162°, aus vorst. Verb.; 70%. — *9-p-Tolyl-9-arsafluoren,* $C_{19}H_{15}As$, F. 130,5—131,5° (A.), aus vorst. Verb. u. p-Tolyl-MgBr in Ae., 15 Min. kochen; 70%. — *Bis-9-p-tolyl-9-arsafluoren-tris-mercurichlorid,* $C_{38}H_{30}Cl_6As_2Hg_3$, F. 219—222° (A.). — *9-p-Carboxyphenyl-9-arsafluorenoxyd,* $C_{19}H_{13}O_3As$, F. 315—318° (Zers.), aus 1,1 g vorvorst. Verb. durch $KMnO_4$-Oxydation in alkal. Lsg., 1¾ Std. kochen; 0,7 g. — *9-p-Carboxyphenyl-9-arsafluoren* (**I**), $C_{19}H_{13}O_2As$, F. 268—271° (A.), aus 0,7 g vorst. Verb. durch Red. mit SO_2; 0,4 g. *Chininsalz,* $C_{39}H_{37}O_4N_2As$, F. 207—208°, $[\alpha]_D$ $-87{,}8 \pm 1°$ (c = 0,458; absol. A.), fünfmaliges Umkristallisieren des Salzes aus A. ergab kein opt.-akt. **I**. (—)-*1-Phenyläthylaminsalz,* $C_{27}H_{24}O_2NAs$, F. 208—210°, $[\alpha]_D$ $-9{,}5 \pm 2°$ (c = 0,263; absol. A.), dreimaliges Umkristallisieren aus A. ergab kein opt.-akt. **I** (gemessen in Pyridin). — *4'-Methoxydiphenylyl-(2)-arsonsäure,* $C_{13}H_{13}O_4As$, F. 209—222°, aus 2-Amino-4'-methoxydiphenylhydrochlorid durch Diazotierung u. Umsetzung des Diazoniumsalzes mit Na_3AsO_3 in Ggw. von Cu_2SO_4 u. Na_2CO_3

bei 60°; 33%. — *4'-Methoxydiphenylyl-(2)-arsindichlorid*, F. 63—67°, aus vorst. Verb. durch Red. mit SO_2 in Ggw. von konz. HCl u. Chloroform. — *9-Chlor-2-methoxy-9-arsafluoren*, $C_{13}H_{10}OClAs$, F. 136—137°, aus vorst. Verb. durch 2std. Erhitzen auf 200°; gelbe Nadeln; 60%. — *2-Methoxy-9-p-tolyl-9-arsafluoren*, $C_{20}H_{17}OAs$, F. 72—85°, aus vorst. Verb. in Bzl. u. p-Tolyl-MgBr in Ae., 2 1/2 Std. kochen; daneben *Di-p-tolyl* (?), F. 113—117°. — *9-p-Carboxyphenyl-2-methoxy-9-arsafluoren* (**II**), $C_{20}H_{15}O_3As$, F. 223° (A.), aus 0,5 g vorst. Verb. durch alkal. $KMnO_4$-Oxydation zum Oxyd u. anschließende Red. mit SO_2; 0,3 g; daneben *Bis-p-carboxydiphenyl* (?), F. >340°. — (—)-*1-Phenyläthylamin-(+)-***II***-Salz*, $C_{28}H_{26}O_3NAs$, F. 224° (A.), $[\alpha]_D$ +110° (c = 0,216; A.), nach 4 Umkristallisationen aus A. → (+)-**II**, F. 240°, $[\alpha]_D^{21}$ +161° (c = 0,488; Pyridin), $[\alpha]_{5461}$ +196°. (+)-*1-Phenyläthylamin-(—)-***II***-Salz*, F. 225—226°, $[\alpha]_D$ —116 ± 2° (c = 0,215; A.). (—)-**II**, F. 240°, $[\alpha]_D^{21}$ —160° (c = 0,476; Pyridin), $[\alpha]_{5461}$ —198°. — *p-Carboxyphenylarsonsäure*, F. >360°, aus 50,0 g p-Aminobenzoesäure nach Lewis u. Hamilton [1923]; 44,3 g. — *p-Carboxyphenylarsindichlorid*, F. 156—162°, aus vorst. Verb. durch Red. mit SO_2; 31,2 g. — *p-Carboxyphenyl-[4'-methoxydiphenylyl-(2)]-arsinsäure* (**IV**), $C_{20}H_{17}O_5As$, F. 280—281° (Zers.; korr.; 50%ig. wss. Essigsäure), aus vorst. Verb. in A. bei 40—50°, Zusatz des Diazoniumsalzes aus 2-Amino-4'-methoxydiphenylhydrochlorid u. Pentylnitrit in A. unter Rühren u. Zugabe von Cu-Bronze; 41%. — *p-Carboxyphenyl-[4'-methoxydiphenylyl-(2)]-arsinchlorid*, $C_{20}H_{16}O_3ClAs$, F. 200—204°, durch Red. von **IV** mit SO_2; 55%. — *4-Methoxydiphenyl*, F. 86—89°, durch 1std. Erhitzen von 1,5 g vorst. Verb. auf 250° bei 14 mm; daneben **II**; 0,4 g. — *9-p-Carboxyphenyl-2-methoxy-9-arsafluorenoxyd*, F. 296—302° (Zers.; korr.), durch Cyclisierung von **IV** mit Polyphosphorsäure bei 160°; Red. mit SO_2 → 76% **II**. — *4'-Nitrodiphenylyl-(2)-phenylarsinsäure*, $C_{18}H_{14}O_4NAs$, F. 240—243° (A.), a) durch langsamen Zusatz von 6 g Phenylarsindichlorid (**V**) in wss. NaOH zu der neutralisierten Diazoniumsalzlsg. (**VI**) von 5,8 g 2-Amino-4'-nitrodiphenyl u. Neutralisation des Gemisches mit 4n Essigsäure; gelbe Nadeln; 0,6 g; bei schnellem Mischen der Reaktionspartner als Hauptprod.: *Bis-[4'-nitrodiphenylyl-(2)]-arsinsäure*, $C_{24}H_{17}O_6N_2As$, F. 295—299° (Zers.); b) aus **V** u. **VI** in absol. A. in Ggw. von HCl; 32%. — *2-Nitro-9-phenyl-9-arsafluorenoxyd-(9)*, $C_{18}H_{12}O_3NAs$, F. 120°, nach Wiedererstarren F. 272—273° (50%ig. wss. Essigsäure), durch Cyclisierung von 2,5 g vorst. Verb. durch 1std. Erhitzen in konz. H_2SO_4 auf 140—150°; 2,1 g. — *2-Amino-9-phenyl-9-arsafluoren* (**III**), $C_{18}H_{14}NAs$, aus vorst. Verb. mit $ZnCl_2$ in konz. HCl u. A., 2 Std. Erhitzen am Rückfluß. *Hydrochlorid*, $C_{18}H_{15}NClAs$, F. 220—224° (Zers.; CCl_4), Nadeln; 69%. *Acetylderiv.*, $C_{20}H_{16}ONAs$, F. 156—157°. (+)-**III**-(+)-*Tartrat*, $C_{22}H_{20}O_6NAs$, F. 159—161° (Zers.), $[\alpha]_D$ +194 ± 2° (c ∼ 0,25; Aceton), sechsmaliges Umkristallisieren aus Methanol → (+)-**III**, $C_{18}H_{14}NAs$, F. 38—48°, $[\alpha]_D^{25}$ +255 ± 1°, $[\alpha]^{25}_{5461}$ +321 ± 1°. (+)-*Acetylderiv.*, $C_{20}H_{16}ONAs$, F. 187—189°, $[\alpha]_D^{20}$ +278,0 ± 1,2° (c = 0,205; A.). (—)-**III**-(—)-*Tartrat*, F. 158—159° (Zers.), $[\alpha]_D$ —193 ± 2° (c ∼ 0,25; Aceton), Umkristallisationen aus A. u. Methanol → (—)-**III**, F. 37—47°, $[\alpha]_D^{25}$ —251 ± 1° (c = 0,45; A.), $[\alpha]^{25}_{5461}$ —318 ± 1°; (—)-*Acetylderiv.*, F. 187—189°, $[\alpha]_D$ —279,5 ± 2,3° (c = 0,110; Alkohol). (J. chem. Soc. [London] **1956**. 1195—1203. Mai. Southampton, Univ.) J. Knaul. 3091

Robert W. Holley und **Ernest Sondheimer**, *Die Synthese von L-Histidylpeptiden.* Durch Umsetzung von *Carbobenzoxy-L-histidylazid* mit den Estern von Glycin, L-Alanin. L-Leucin u. L-Serin stellten Vff. einige *Carbobenzoxy* (Cbo)-*Dipeptidester* des L-Histidins dar. Hydrolyse u. Hydrogenolyse lieferte die freien *Dipeptide*, Rk. mit $N_2H_4 \cdot H_2O$ die *Cbo-dipeptidhydrazide.*

Versuche (FF. korr.): *Cbo-L-histidylhydrazid*, F. 171—173° (W.), aus L-Histidinmethylesterdihydrochlorid in Chlf. mit Triäthylamin u. Cbo-chlorid bei 0°, dann bei Raumtemp. u. Rk. des gebildeten *Cbo-histidinmethylesters* in A. mit $N_2H_4 \cdot H_2O$; pKa 6,1 u. 2,5; 56% (Ausbeute). — *Cbo-L-histidyl-L-alanin, Äthylester* (**I**), F. 149,5—152° (absol. A. aus vorst. Verb. mit $NaNO_2$ u. HCl in W./Äthylacetat u. Rk. des gebildeten *Cbo-L-histidylazids* in Äthylacetat mit L-Alaninäthylester in Ae. (24 Std. bei 0°); $[\alpha]_D^{22}$ —25° (c = 1; A.); 82%. *Hydrazid*, F. 202,5—204° (95%ig.A.), mit $N_2H_4 \cdot H_2O$ in sd. A.; 82%. — *Cbo-L-histidyl-L-leucin, Methylester* (**II**), F. 125—128° (wss. Aceton), analog **I** aber mit L-Leucinmethylester (über Nacht bei 0° u. 24 Std. bei Raumtemp.); $[\alpha]_D^{22}$ —25,5° (c = 1; A.); 73%. *Hydrazid*, F. 175—177° (95%ig. A.); 66%. — *Cbo-L-histidyl-L-serinmethylester*, F. 140—142° (A.), analog **I** aber mit L-Serinmethylester; 66%. — *Cbo-L-histidyl-L-alanin* (**III**), F. 211—214° (Zers.; W.), aus **I** mit wss.-methanol. NaOH (30 Min. bei Raumtemp.); $[\alpha]_D^{22}$ —6° (c = 1; 50%ig. A.); 98%. — *Cbo-L-histidyl-L-leucin* (**IV**), F. 185—188° (wss. A.), aus **II** analog **III**; $[\alpha]_D^{22}$ —7° (c = 1; A.); 89%. — *L-Histidyl-L-alanin*, F. 198—200° (Zers.; A.), aus **III** in CH_3OH u. verd. CH_3COOH mit H_2 über Pd; $[\alpha]_D^{22}$ —27° (c = 1; 0,1n NaOH); 95%. — *L-Histidyl-L-leucin*, F. 214 bis 217° (Zers.; verd. A.), analog vorst. Verb. aus **IV**; $[\alpha]_D^{22}$ —43,5° (c = 1; 0,10n NaOH);

94%. — *Cbo-L-histidylglycylhydrazid*, F. 179,5—181° (95%ig. A.); 71%. (J. Amer. chem. Soc. **76**. 1326—28. 5/3. 1954. Geneva, N. Y., Cornell Univ., New York State Agricult. Exp. Stat.) G. Schneider. 3122

Lawrence Fishbein und **John A. Gallaghan**, *Die Cyclisierung von 1-[Oxyalkyl]-guanidinen und Nitroguanidinen zu Cyclopseudoharnstoffen.* 1-[β-Oxyäthyl]- (**I**), 1-[β-Oxypropyl]- (**II**) u. 1-[γ-Oxypropyl]-guanidin (**III**) gehen beim Erhitzen unter Abspaltung von NH_3 in die entsprechenden *Cyclopseudoharnstoffe* über. Zu denselben Verbb. gelangt man durch Erhitzen der analogen 3-Nitroguanidine, wobei N_2O u. W. abgespalten werden. 1-[ω-Oxybutyl]-3-nitroguanidin ließ sich nicht zum Cyclopseudoharnstoff cyclisieren, was auf die Ringspannung zurückgeführt wird, da ein 7-Ring entstehen sollte.

Versuche: *Äthylenpseudoharnstoff* (*2-Amino-Δ^2-oxazolin*), a) durch 6std. Erhitzen von **I** auf 80°; 85% (Ausbeute); b) durch 1std. Erhitzen von 1-[β-Oxyäthyl]-3-nitroguanidin im Vakuum auf 55° u. 55 Min. Erhitzen auf 100°; 85%. *Pikrat*, $C_9H_9O_8N_5$, F. 190—191°. *Nitrat*, $C_3H_7O_4N_3$, F. 124—126° (wss. A.), durch Zugabe von 20%ig. HNO_3 zum Pikrat unter Rühren, 10 Min. Rühren u. 15 Min. Stehen; 87,2%. *Salicylat*, $C_{10}H_{12}O_4N_2$, F. 139—141°. — *Propylenpseudoharnstoff* (*2-Amino-5-methyl-Δ^2-oxazolin*), a) durch 16std. Kochen von 1-[β-Oxypropyl]-3-nitroguanidin mit n-Butanol; 56%; b) aus **II** analog vorst. Verb. nach a); 45%. *Pikrat*, $C_{10}H_{11}O_8N_5$, F. 187—189°. *Nitrat*, $C_4H_9O_4N_3$, F. 153—156°. *Salicylat*, $C_{11}H_{14}O_4N_2$, F. 140—141°. — *Trimethylenpseudoharnstoff* (*Δ^2-Dihydro-2-amino-1.3-oxazin*), a) durch 20std. Kochen von 1-[γ-Oxypropyl]-3-nitroguanidin mit n-Butanol; 70%; b) aus **III** analog vorst. Verb. nach b); 90%. *Pikrat*, $C_{10}H_{11}O_8N_5$, F. 188—200°. *Nitrat*, $C_4H_9O_4N_3$, F. 155—157°. *Salicylat*, $C_{11}H_{14}O_4N_2$, F. 139—140°. (J. org. Chemistry **21**. 434—35. 30/4. 1956. Indian Head, Md., U.S. Naval Powder Factory, Dep. of Res. and Developm.) H. Bertsch. 3132

Yuoh-Fong Chi und **Shi-Yuan Tshin**, *Thiazoluntersuchungen.* 2. Mitt. *Synthese von 2-[γ-Amino-n-propyl]-4-[diäthylaminomethyl]-thiazol.* (1. vgl. C. **1943**. II. 622.) Das aus 1.3-Dibrompropan u. KCN hergestellte *4-Brombutyronitril* (**I**) ergibt mit Phthalimid-K *4-Phthalimidobutyronitril* (**II**) das in Ggw. von Triäthanolamin in A. mit H_2S zu *4-Phthalimido-n-butyrothioamid* (**III**) reagiert. **III** kondensiert sich mit α.γ-Dichloraceton zu *2-[γ-Phthalimido-n-propyl]-4-chlormethylthiazol* (**IV**), das mit Diäthylamin *2-[γ-Phthalimido-n-propyl]-4-[diäthylaminomethyl]-thiazol* (**V**) gibt. **V** reagiert mit Hydrazinhydrat zu *2-[γ-Amino-n-propyl]-4-[diäthylaminomethyl]-thiazol.*

Versuche: *4-Brombutyronitril* (**I**), $Kp._8$ 88—93°, aus 1.3-Dibrompropan in A. u. KCN in W. durch Kochen; 28,4% (Ausbeute). Daneben *Trimethylendicyanid*, $Kp._8$ 118 bis 135°. — *4-Phthalimidobutyronitril* (**II**), F. 79—80° (Methanol), aus Phthalimid-K u. **I** in absol. A. durch 8std. Erhitzen auf 110—120°; 67%. — *4-Phthalimidobutyrothioamid* (**III**), $C_{12}H_{12}O_2N_2S$, F. 182—184°, aus **II** in absol. A.-Triäthanolamin durch 60std. Einleiten von H_2S; Nadeln aus 50%ig. A.; 55%. — *2-[γ-Phthalimido-n-propyl]-4-chlormethylthiazol* (**IV**), $C_{15}H_{13}O_2N_2ClS$ F. 115—116° (absol. A.) aus **III** u. α.γ-Dichloraceton in absol. A. durch $1^1/_2$std. Kochen; 38,5%. — *2-[γ-Phthalimido-n-propyl]-4-[diäthylaminomethyl]-thiazol* (**V**), $C_{19}H_{23}O_2N_3S$, $Kp._4$ 205—208°, aus **IV** u. Diäthylamin in absol. A. durch 6std. Kochen; 56,8%. *Hydrochlorid*, $C_{19}H_{23}O_2N_3S \cdot HCl$, F. 82—83°, Nadeln. — *2-[γ-Amino-n-propyl]-4-[diäthylaminomethyl]-thiazol*, $C_{11}H_{21}N_3S$, $Kp._4$ 138—139°, aus **V** in A. u. Hydrazinhydrat durch $1^1/_2$std. Kochen über das *Dihydrat* u. dessen Dehydratisierung mit BaO. (Acta chim. sinica **21**. 401—06. 1955. Centr. Inst. of Health, Dep. of Therapeutics. [Orig.: chines.; Auszug: engl.]) E. Maekawa. 3142

R. A. Heacock und **D. H. Hey**, *Zwischenkerncyclisierung.* 10. Mitt. *Darstellung von 3.4-Benzocumarin.* (9. vgl. Hey u. Turpin, C. **1956**. 8624.) Die Darst. von *3.4-Benzocumarin* durch Cyclisierung von o-Aminobenzoesäurephenylester (**I**) über das Diazoniumsulfat (**Ia**) bzw. -fluorborat (**Ib**) nach 4 Methoden wird beschrieben. Die größte Ausbeute wird bei der Einw. von Cu auf wss. **Ia** erzielt; nach den anderen Verff. entstehen als Nebenprodd. *Salicylsäure, Benzoesäure, Benzoesäurephenylester* (**II**), *Diphensäurediphenylester* (**III**) bzw. *o-Fluorbenzoesäurephenylester* (**IV**).

Versuche: *o-Nitrobenzoesäurephenylester* (**V**), $C_{13}H_9O_4N$, F. 52—53°, durch Zugabe einer äther. Lsg. von o-Nitrobenzoylchlorid (aus 16,7 g Säure) zu Phenol in Pyridin, Aufkochen u. Gießen in W.; aus wss. A. hellgelbe Prismen; 12 g (Ausbeute). — *o-Benzolsulfonamidobenzoesäurephenylester*, $C_{19}H_{15}O_4NS$, F. 103—105°, durch 21std. Rk. von 7 g N-Benzolsulfonylanthranilsäurechlorid mit Phenol in sd. Bzl.; aus Methanol Nadeln; 7,5 g. — *o-Aminobenzoesäurephenylester* (**I**), F. 72°, a) durch 5tägiges Stehen von 7 g vorst. Verb. in konz. H_2SO_4 bei 20° u. Gießen in Eis-wss. NH_4OH; aus Bzl.-PAe. Nadeln; 2,7 g; b) durch Hydrierung von 9,5 g **V** über Raney-Ni bei 1 at in A., Einengen, Aufnehmen in Bzl., Chromatographie an Al_2O_3 u. Eluieren mit Bzl.; 4 g; c) durch 1std. Red. von 20 g **V** mit Fe-Spänen in 5%ig. Essigsäure (Dampfbad), Neutralisieren, Aufnehmen in Bzl. u. Chromatographie wie vorst.; 10 g. — *3.4-Benzocumarin*, F. 91—92,5°, a) durch 1std. Erhitzen einer wss. **Ia**-Lsg. auf dem Dampfbad, Aufnehmen in Chlf., Waschen mit wss. NaOH, Chromatographie aus Bzl.–PAe. (3 : 1) an Al_2O_3 u. Eluieren mit Bzl.–PAe., dann Bzl.; aus PAe. Nadeln; 6%; aus der alkal. Waschlsg. durch Ansäuern, Aufnehmen in Bzl., Chromatographie an Al_2O_3 u. Eluieren mit Bzl. *Salicylsäure*, F. 158°, aus Bzl.–PAe. Nadeln; 22%; b) durch mehrstd. Einw. von Cu auf eine wss. **Ia**-Lsg., Aufnehmen in Chlf. u. Chromatographie wie vorst.; 19,2%; c) durch Zers. einer wss. **Ia**-Lsg. mit Sodalsg. u. Cu-Pulver, 24std. Stehen, Aufnehmen in Chlf., dann Bzl.–PAe. (4 : 1), Chromatographie an Al_2O_3 u. Eluieren mit demselben Lösungsm.; 9%; daneben im Anfangseluat **II** (F. 67—68°, aus PAe. Prismen; 14%) u. aus der ursprünglichen alkal. Lsg. durch Ansäuern, Aufnehmen in Chlf., dann Bzl.–PAe. (2 : 1), Chromatographie an Silicagel u. Eluieren mit Bzl. *Benzoesäure*; 20,5%; d) durch 1std. Einw. von Cu auf **Ib** (aus **I** über das Diazoniumchlorid) in Aceton, Aufnehmen in Chlf., dann Bzl.–PAe. (2 : 1), Chromatographie an Al_2O_3 u. Eluieren mit demselben Lösungsm., dann Bzl.–PAe. (4 : 1), dann Bzl.; 6,3%; daneben aus dem Anfangseluat 34,8% **II** u. 22,5% **III**. Bei 44std. Rk. von **Ib** in sd. PAe. u. Behandeln des Reaktionsprod. mit Bzl.–PAe. wird nur **IV** (31%) isoliert. — *Diphensäurediphenylester* (**III**), $C_{26}H_{18}O_4$, F. 83°, durch 2tägige Rk. von Phenol mit Diphensäuredichlorid (aus 10 g Säure) bei 20° u. Gießen in W.; aus wss. Methanol, dann Bzl.–PAe. Prismen; 12,2 g. — *o-Fluorbenzoesäurephenylester* (**IV**), $C_{13}H_9O_2F$, F. 70—71°, durch 24std. Kochen von 2 g o-Fluorbenzoesäure mit $SOCl_2$, $^1/_2$std. Rk. des *Säurechlorids* mit Phenol in Pyridin, Gießen in W., Aufnehmen in Bzl., Chromatographie an Al_2O_3 u. Eluieren mit Bzl.; aus PAe. hellgelbe Prismen; 1,3 g. (J. chem. Soc. [London] **1954**. 2481—84. Juli. London, Univ., King's Coll.)

W. Hoffmann. 3211

V. Baliah und **T. S. Govindarajan**, *Synthese einiger Piperidon-(4)-derivate.* Um die pharmakolog. Eigg. zu prüfen, synthetisierten Vff. einige *Piperidon-(4)-derivv.* aus Ketonen, Aldehyden u. NH_3.

Versuche: Piperidone-(4), durch Aufkochen von 1 Mol Keton, 2 Mol Aldehyd u. 1 Mol CH_3COONH_4 in Eisessig, 12std. Stehen u. Ausfällen der Hydrochloride mit Ae. u. HCl, die nach Kristallisation aus A.–Ae. in Aceton mit wss. NH_4OH zers. wurden; Kristallisation der Basen aus A.: *2.6-Diphenyl-3-n-propyl-*, F. 91—92°. *Hydrochlorid*, F. 201—202°; 42% (Ausbeute). — *2.6-Diphenyl-3-n-butyl-*, F. 88—90°. *Hydrochlorid*, F. 224—226°; 30%. — *2.6-Bis-[p-methoxyphenyl]-3-n-butyl-*, *Hydrochlorid*, F. 167 bis 168°; 25%. — *2.6-Diphenyl-3-n-hexyl-*, F. 110—112°. *Hydrochlorid*, F. 192—194°; 40%. — *2.6-Bis-[p-methoxyphenyl]-3-n-hexyl-*, F. 94—95°. *Hydrochlorid*, F. 186—187°; 32%. — *2.6-Diphenyl-3-n-heptyl-*, F. 74—75°. *Hydrochlorid*, F. 174—175°; 30%. — *2.6-Bis-[p-methoxyphenyl]-3-n-heptyl-*, *Hydrochlorid*, F. 193—194°; 23%. (Current Sci. **23**. 91—92. März 1954. Annamalainagar, Annamalai Univ., Dep. of Chem.)

H. R. Schütte. 3231

M. W. Rubzow, Je. Ss. Nikitskaja und **W. Ss. Ussowskaja**, *Alkylaminoester einiger heterocyclischer Säuren als mögliche hypotensive Mittel.* Es werden einige quaternäre Salze (Hydrochloride, Jodmethylate) von Alkylaminoestern der Dipicolin- u. α-Chinuclidincarbonsäure synthetisiert, um sie auf ihre ganglienblockierende Wrkg. zu untersuchen. Durch Rk. von β-Diäthylaminoäthanol (**I**) mit den entsprechenden Säurechloriden werden *Dipicolinsäure-bis-[β-diäthylaminoäthylester]* (**II**), *6-Methylpicolinsäure-β-diäthylaminoäthylester* (**III**) u. *α-Chinuclidincarbonsäure-β'-diäthylaminoäthylester* (**IV**) dargestellt. Durch Hydrierung von **II** u. **III** entstehen *Dipipecolinsäure-bis-* u. *6-Methylpipecolinsäure-β-diäthylaminoäthylester.* Aus Dipicolinsäuredi- u. 6-Methylpicolinsäureäthylester werden durch Hydrierung *Dipipecolinsäuredi-* (**VII**) u. *6-Methylpipecolinsäureäthylester* erhalten, aus denen durch Methylierung *1-Methyldipipecolinsäuredi-* u. *1.6-Dimethylpipecolinsäureäthylester* u. durch deren Umesterung mit **I** *1-Methyldipipecolinsäure-bis-* u. *1.6-Dimethylpipecolinsäure-β-diäthylaminoäthylester* (**V**) dargestellt werden. Von den dargestellten Substanzen haben **IV**- u. **V**-*Dijodmethylat* eine im Vgl. zu Tetramethyl ammoniumjodid 15—20fache ganglienblockierende Aktivität.

Versuche: *Dipicolinsäure-bis-[β-diäthylaminoäthylester]* (**II**), $C_{19}H_{31}O_4N_3$, $Kp._{0,5}$ 214—215°, man läßt 3 g Dipicolinsäure u. 30 ml $SOCl_2$ 6—8 Std. kochen, versetzt das gebildete Säurechlorid (**VI**) mit 30 ml **I** u. erhitzt 6 Std. auf 110—115°; schwachgelbe Fl.; 55,4% (Ausbeute). *Dihydrochlorid*, $C_{19}H_{33}O_4N_3Cl_2$, F. 190—191°. *Dijodmethylat*, $C_{21}H_{37}\cdot O_4N_3J_2$, F. 200—202°. — *Dipipecolinsäure-bis-[β-diäthylaminoäthylester]*, $C_{19}H_{37}O_4N_3$, $Kp._{0,2}$ 182—184°, man hydriert 10,7 g **II** in 2,5%ig. alkoh. HCl bei Zimmertemp. in Ggw. von 0,63 g PtO_2 bei 40—60 cm Wassersäule 9—10 Std. u. neutralisiert das Trihydrochlorid mit 50%ig. K_2CO_3; 86%. *Trihydrochlorid*, $C_{19}H_{40}O_4N_3Cl_3$, F. 232—233°. — *Dipicolinsäurediäthylester*, $C_{11}H_{13}O_4N$, $Kp._{0,2}$ 127—128°, F. 44—46°, man läßt 6 g **VI** 5 Std. mit 60 ml absol. A. kochen; 84,7%. — *Dipipecolinsäurediäthylester* (**VII**), $C_{11}H_{19}\cdot$

O_4N, Kp.$_{0,25}$ 103—105°, aus vorst. Verb. durch Hydrierung in alkoh. HCl in Ggw. von PtO_2 analog **II**; 90%. — *N-Methyldipipecolinsäurediäthylester*, $C_{12}H_{21}O_4N$, Kp.$_{0,2}$ 107 bis 108°, man erwärmt eine Lsg. von 4,27 g **VII** in 23 ml absol. A. mit 1,32 g CH_3J 6 Std. auf 40—45°; 52,7%; daneben **VII**-*Hydrojodid*; 2,85 g. — *1-Methyldipipecolinsäure-bis-[β-diäthylaminoäthylester]*, $C_{20}H_{39}O_4N_3$, Kp.$_{0,2}$ 176—178°, man gibt 0,01 g Na in 7 ml **I**, setzt 1,32 g vorst. Verb. zu u. erhitzt 3 Std. auf 150°; gelbes Öl; 51,2%. *Jodmethylat* u. *Hydrochlorid* sind Öle. — *6-Methylpicolinsäure-β-diäthylaminoäthylester* (**III**), $C_{13}H_{20}O_2N_2$, Kp.$_{0,25}$ 128—131°, aus 6-Methylpicolinsäure analog **II**; schwachgelbes Öl; 77%. *Hydrochlorid*, F. 147—149°; hygroskopisch. *Jodmethylat*, $C_{14}H_{23}O_2N_2J$, F. 115—117°, schwachgelbe Kristalle. — *6-Methylpipecolinsäure-β-diäthylaminoäthylester*, $C_{13}H_{26}O_2N_2$, Kp.$_{0,2}$ 98—100°, durch Hydrierung von **III** in Ggw. von PtO_2; 52,3%. *Dihydrochlorid*, $C_{13}H_{28}O_2N_2Cl_2$, F. 220°. — *6-Methylpicolinsäureäthylester*, $C_9H_{11}O_2N$, Kp.$_{0,25}$ 79—81°, aus 6-Methylpicolinsäurechlorid u. A.; 87,3%. *Hydrochlorid*, $C_9H_{12}O_2NCl$, F. 74—75°, hygroskopisch. — *6-Methylpipecolinsäureäthylester*, $C_9H_{17}O_2N$, Kp.$_{13}$ 99—100°, durch Hydrierung vorst. Verb. in Ggw. von PtO_2; 92%. *Hydrochlorid*, $C_9H_{18}O_2NCl$, F. 213 bis 215°. — *1.6-Dimethylpipecolinsäureäthylester*, $C_{10}H_{19}O_2N$, Kp.$_{0,2}$ 53—54°, man erwärmt eine Lsg. von 3,4 g vorst. Verb. in 18 ml absol. A. mit 1,37 g CH_3J 6 Std. auf 40—45°; 43,7%. *Hydrochlorid*, F. 198—200°, hygroskopisch. — *1.6-Dimethylpipecolinsäure-β-diäthylaminoäthylester* (**V**), $C_{14}H_{28}O_2N_2$, Kp.$_{0,25}$ 106—108°, man gibt 0,02 g Na in 20 ml **I**, setzt 2,8 g vorst. Verb. zu u. erhitzt 3½ Std. auf 160—165°; schwachgelbes Öl; 44,7%. *Dijodmethylat*, $C_{16}H_{34}O_2N_2J_2$, F. 201—202°. — *α-Chinuclidincarbonsäure-β'-diäthylaminoäthylester* (**IV**), $C_{14}H_{26}O_2N_2$, Kp.$_9$ 160—164°, man erwärmt 3 g α-Chinuclidincarbonsäurehydrochlorid mit 30 ml $SOCl_2$ 8 Std. auf 60—65°, gibt 30 ml **I** zu, erhitzt 6 Std. auf 110—115° u. behandelt mit 50%ig. K_2CO_3; 73%. *Dijodmethylat*, $C_{16}H_{32}O_2N_2J_2$, F. 222—223° (Aceton). (Журнал Общей Химии [J. allg. Chem.] **26** (**88**). 130—34. Jan. 1956. Chem.-Pharmaz. Ordshonikidse-Forschungsinst.) CH. WEISKE. 3231

M. W. Rubzow, Je. Je. Michlina und **W. Ja. Furschtatowa**, *β-[Pyridyl-(4)]-glutarsäure und ihre Umwandlungsprodukte.* Ausgehend von β-[Pyridyl-(4)]-glutarsäurediäthylester (**I**; Darst. vgl. C. **1955.** 1044) wird eine Reihe von *Derivv.* der *β-[Pyridyl-(4)]-glutarsäure* dargestellt. Bei der Red. mit $LiAlH_4$ gibt **I** *3-[Pyridyl-(4')]-1.5-dioxypentan*, das über die Dichlorverb. durch Rk. mit Benzylamin in *1-Benzyl-4-[pyridyl-(4')]-piperidin* übergeführt wird. In Ggw. von Pt wird **I** zu *β-[Piperidyl-(4)]-glutarsäurediäthylester* (**II**) hydriert.

Versuche: *β-[Pyridyl-(4)]-glutarsäure*, $C_{10}H_{11}O_4N$, F. 183—185°, aus **I** durch Verseifen mit wss. KOH (8 Std. kochen); 99% (Ausbeute). *Dihydrazid*, $C_{10}H_{15}O_2N_5$, F. 189—190°. *Diamid*, $C_{10}H_{13}O_2N_3$, F. 192—194° (A.), aus **I** in A. durch 25 Std. Schütteln mit 29%ig. NH_4OH; 84,8%. *Dibenzylamid*, $C_{24}H_{25}O_2N_3$, F. 152—153°, aus **I** u. Benzylamin (20 Std. kochen); 92,3%. *Bis-[β-diäthylaminoäthylamid]*, $C_{22}H_{39}O_2N_5$, F. 100 bis 102°, aus **I** u. β-Diäthylaminoäthylamin (20 Std. kochen); 87%. *Bis-[γ-diäthylaminopropylamid]*, $C_{24}H_{43}O_2N_5$, Kp.$_{0,3}$ 220—250°, aus **I** u. γ-Diäthylaminopropylamin; gelbliche, hygroskop. Kristalle. *Bis-[β-diäthylaminoäthylester]*, $C_{22}H_{37}O_4N_3$, Kp.$_{0,2}$ 195—197°, aus **I** u. Na-β-Diäthylaminoäthylat durch 3std. Erhitzen auf 148—150° unter Abdest. des entstehenden A.; 64,3%. — *1.5-Bis-[β-diäthylaminoäthylamino]-3-[pyridyl-(4')]-pentan*, $C_{22}H_{43}N_5$, Kp.$_{0,4}$ 193—197°, aus vorst. Diamid in Bzl. durch Red. mit $LiAlH_4$; n_D^{18} 1,5047; 58%. *Pikrat*, F. 103—105°. — *3-[Pyridyl-(4')]-1.5-dioxypentan*, $C_{10}H_{15}O_2N$, F. 64—66°, aus **I** in Bzl. durch Red. mit $LiAlH_4$, 86%. — *3-[Pyridyl-(4')]-1.5-dichlorpentan*, $C_{10}H_{13}NCl_2$, Kp.$_{0,35}$ 121—122°, aus dem Hydrochlorid vorst. Verb. in Chlf. mit $SOCl_2$; 42,7%. — *1-Benzyl-4-[pyridyl-(4')]-piperidin*, $C_{17}H_{20}N_2$, Kp.$_{0,3}$ 160—164°, aus vorst. Dichlorid u. Benzylamin (7 Std. kochen); n_D^{23} 1,5733. *Pikrat*, F. 215—216°. — *β-[Piperidyl-(4)]-glutarsäure*, $C_{10}H_{17}O_4N$, F. 213°, aus **II** durch Verseifen mit wss. NaOH (8 Std. kochen) u. Reinigung über das Ag-Salz; 63,8%. *Hydrochlorid*, $C_{10}H_{17}O_4N \cdot HCl$, F. 174—175°. *Diäthylester* (**II**), $C_{14}H_{25}O_4N$, Kp.$_{0,1}$ 131—132°, aus **I** in alkoh. HCl durch Hydrierung in Ggw. von PtO_2 (30 Std. Schütteln); n_D^{18} 1,4688; 93%. *Diamid*, $C_{10}H_{19}O_2N_3$, F. 186° (A.-Ae.-Gemisch); 51%. *Dibenzylamid*, $C_{24}H_{31}O_2N_3$, F. 167°, a) aus **II** u. Benzylamin (40 Std. kochen); 69%; b) aus β-[Piperidyl-(4)]-glutarsäurehydrochlorid durch 2std. Erhitzen mit $SOCl_2$ auf 50—55° u. Rk. des *β-[Piperidyl-(4)]-glutarsäuredichloridhydrochlorids* in Ae. mit Benzylamin; 54%; das Präp. ist reiner als nach a). *Bis-[β-diäthylaminoäthylamid]*, $C_{22}H_{45}O_2N_5$, Kp.$_{0,4}$ 170—190°. — *1.5-Dibenzylamino-3-[piperidyl-(4')]-pentan*, $C_{24}H_{35}N_3$, Kp.$_{0,5}$ 255—270°, durch Red. vorst. Bis-[β-diäthylaminoäthylamids] mit $LiAlH_4$; 38%. (Журнал Общей Химии [J. allg. Chem.] **26** (**88**). 445—49. Febr. 1956. Chem.-Pharmaz. Ordshonikidse-Forschungsinst.)

G. FROELICH. 3231

R. A. Abramovitch, D. H. Hey und **R. D. Mulley**, *Zwischencyclisierung.* 11. Mitt. *Synthese von Ind-N-methyl-α-carbolinen.* (10. vgl. HEACOCK u. HEY, C. **1956.** 12270.)

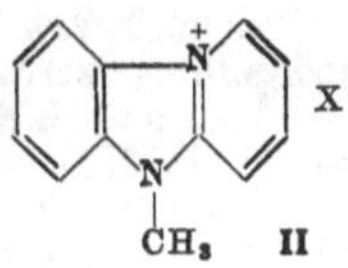
II

Bei der Cyclisierung des Diazoniumsulfats aus 2-Amino-N-methyl-N-[pyridyl-(2)]-anilin (I) wird als Hauptprod. ein quaternäres Salz, wahrscheinlich *5-Methylpyrido-[1.2:a]-benzimidazoliumsalz* (**II**), u. nur in geringer Menge das erwartete *Ind-N-Methyl-α-carbolin* gebildet; dieses entsteht jedoch in guter Ausbeute bei der Cyclisierung des Diazoniumsulfats aus N-[3-Aminopyridyl-(2)]-N-methylanilin. Analog wird *Ind-N.2-Dimethyl-α-carbolin* dargestellt.

Versuche: *N-Methyl-2-nitro-N-[pyridyl-(2)]-anilin*, $C_{12}H_{11}O_2N_3$, Kp.$_{0,1}$ 126 bis 130°, durch 6std. Erhitzen von 2-Brompyridin u. N-Methyl-o-nitroanilin in Ggw. von K_2CO_3 u. etwas CuCl auf 190—200°, Dampfdest. u. Behandeln des Rückstands mit Chlf.; 42% (Ausbeute). *Pikrat*, F. 177—179° (Zers.), aus Bzl. gelbe Nadeln. — *2-Amino-N-methyl-N-[pyridyl-(2)]-anilin* (I), $C_{12}H_{13}N_3$, F. 66—67°, Kp.$_{0,02}$ 104—108°, durch $^3/_4$std. Red. vorst. Verb. mit $SnCl_2$ in sd. konz. HCl, Gießen in konz. wss. NaOH u. Ausäthern; aus PAe. Prismen; 92%. *Acetylderiv.*, $C_{14}H_{15}ON_3$, F. 100—111°, durch $^3/_4$std. Kochen in Acetanhydrid; aus PAe. Prismen. — *N-Methyl-N-[3-nitropyridyl-(2)]-anilin*, $C_{12}H_{11}O_2N_3$, F. 73—74°, Kp.$_{0,07}$ 108°, durch 6std. Erhitzen von 5 g 2-Chlor-3-nitropyridin mit N-Methylanilin auf 160—170°, Behandeln mit verd. Alkali, Aufnehmen in CCl_4 u. Chromatographie an Al_2O_3; orangerote Nadeln; 5,6 g. — *N-[3-Aminopyridyl-(2)]-N-methylanilin*, $C_{12}H_{13}N_3$, F. 80—81°, Kp.$_{0,4}$ 128°, durch Hydrierung von 0,5 g vorst. Verb. über RANEY-Ni bei 20° u. 1 at in Methanol; 0,43 g. *Pikrat*, F. 170°, aus A. gelbe Nadelrosetten. — *Ind-N-Methyl-α-carbolin*, $C_{12}H_{10}N_2$, F. 51—53°, Kp.$_{1,7}$ 139 bis 144°, a) durch mehrstd. Einw. von Cu-Pulver auf eine saure wss. Lsg. des Diazoniumsulfats aus vorst. Verb., Aufkochen, Alkalisieren mit konz. NH_4OH u. Aufnehmen in Chlf.; aus PAe. Blättchen; 78% (*Pikrat*, F. 225—226°, aus A. gelbe Nadeln); b) durch mehrstd. Stehen einer wss. Diazoniumsulfatlsg. aus **I** bei Raumtemp., $^3/_4$std. Kochen, Alkalisieren mit wss. NaOH, Aufnehmen in Chlf., dann Bzl., Chromatographie an Al_2O_3 u. Eluieren mit Bzl.; 7%; aus der alkal. Lsg. durch Ansäuern mit HCl, Neutralisieren, Eindampfen u. Behandeln mit A. *5-Methylpyrido-[1.2:α]-benzimidazoliumchlorid* (**II**; X = Cl), $C_{12}H_{11}N_2Cl$, ohne F., aus absol. A. Blättchen; daraus das *Pikrat* (**II**; X = $C_6H_2O_7N_3$), F. 196—198° (A.); 82%. — *N-Methyl-N-[6-methyl-3-nitropyridyl-(2)]-anilin*, $C_{13}H_{13}O_2N_3$, Kp.$_{0,4}$ 140—142°, durch $6^1/_2$std. Erhitzen von 5 g 6-Chlor-5-nitro-2-picolin mit N-Methylanilin in Ggw. von K_2CO_3 u. etwas Cu-Pulver auf 160—170°, Aufnehmen in sd. CCl_4, Chromatographie an Al_2O_3 u. Eluieren mit CCl_4; 4,4 g. Daraus (1,3 g) durch Hydrieren über RANEY-Ni in Methanol *N-[3-Amino-6-methylpyridyl-(2)]-N-methylanilin*, $C_{13}H_{15}N_3$, F. 100°, Kp.$_{0,4}$ 130°; 1,2 g. *Pikrat*, $C_{13}H_{15}N_3 \cdot C_6H_3O_7N_3$, F. 186° (Zers.), aus Bzl., dann A. gelbe Kugeln. — *Ind-N.2-Dimethyl-α-carbolin*, $C_{13}H_{12}N_2$, F. 71,5—72°, Kp.$_{1,5}$ 142—150°, durch 2std. Einw. von Cu-Pulver auf eine wss. Diazoniumsulfatlsg. aus 3,1 g vorst. Amins, Aufkochen, Alkalisieren mit wss. NH_4OH u. Aufnehmen in Chlf.; aus PAe. Nadeln; 2,03 g. *Pikrat*, $C_{13}H_{12}N_2 \cdot C_6H_3O_7N_3$, F. 206—207° (Zers.), aus A., dann Dioxan gelbe Prismen. (J. chem. Soc. [London] **1954**. 4263—66. Dez. London, Univ., King's Coll.; Exeter, Univ., Coll of South-West, Washington Singer Labors.)

W. HOFFMANN. 3231

Charles S. Miller, Janice T. Gordon und **Edward L. Engelhardt**, *Dihydroorotsäure.* Durch 4std. Kochen von D-, L- u. DL-$N^α$-Carbäthoxyasparagin mit 2 Mol Na-Äthylat in A. wurden die entsprechenden *Dihydroorotsäuren* (I) in 70%ig. Ausbeute hergestellt: L-I, $C_5H_6O_4N_2$, Zers. bei 266°, $[α]_D^{25,8}$ +33,23° (c = 1,992; 1%ig. $NaHCO_3$), zeigt Wachstumsförderung von L. bulgaricus 09. — D-I, Zers. bei 267—268° (W.), $[α]_D^{26,5}$ —34,29° (c = 2,488; 2,5%ig. $NaHCO_3$), gereinigt über das *Brucin-Salz*, Zers. bei 268°, $[α]_D^{25}$ —32,15° (c = 1,039; W.), wachstumsfördernde Wrkg. von L- u. DL-**I** auf L. bulgaricus 09 wird durch D-**I** gehemmt. — DL-**I**, Zers. bei 259°, mikrobiol. Wrkg. wie L-**I**. — Beim Erhitzen mit starken Mineralsäuren wird **I**, wahrscheinlich über *Ureidobernsteinsäure*, in Hydantoin-5-essigsäure umgewandelt. — Die von BACHTEZ u. CAVALLINI als **I** beschriebene Verb. ist im Gegensatz zu der jetzt dargestellten DL-**I** mikrobiol. inaktiv. (J. Amer. chem. Soc. **75**. 6086—87. 5/12. 1953. West Point, Pa., Merck & Co., Sharp and Dohme Div., Dep. of Organ. Chem.)

E. FRANCK. 3272

C. M. Atkinson, W. C. Brown und **J. C. E. Simpson**, *Einige Reaktionen in der Phthalazinreihe.* Die bei der Behandlung von 1-Oxyphthalazin (**V**) mit $POCl_3$ entstandene *1-Chlorverb.* (**IV**) liefert bei der Umsetzung mit Phenol *1-Phenoxyphthalazin*, das beim Schmelzen mit NH_4-Acetat *1-Aminophthalazin* (I) gibt, dessen *Acetylderiv.* u. *Methojodid* dargestellt werden. **IV**, das bei Raumtemp. gegen Alkalien stabil ist, läßt sich mit 5n HCl bei Raumtemp. wieder in **V** überführen, gibt mit stärker verd. HCl jedoch *Verb.* **A**. Analog wird aus der durch Bromierung von 6-Nitrophthalid gewonnenen *2-Formyl-5-nitrobenzoesäure* durch Cyclisierung mit

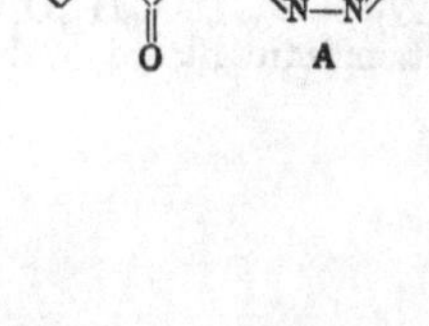
A

Hydrazin *1-Oxy-7-nitrophthalazin* (**III**) dargestellt, das wie **V** in die *1-Chlorverb.* (**II**) übergeführt wird, die über die *1-Phenoxyverb. 1-Amino-7-nitrophthalazin* gibt.

Versuche: Phthalazine: *1-Chlor-* (**IV**), F. 109—111°, durch Erhitzen von **V** (F. 181—182°) mit $POCl_3$ bis zum beginnenden Sieden, 2 Min. Kochen, 4 Min. Schütteln bis zur vollständigen Niederschlagsbldg. u. Gießen auf 2n NaOH/Eis unter Rühren; >70% (Ausbeute). — *1-Phenoxy-*, $C_{14}H_{10}ON_2$, F. 107—108° (A.), durch 1std. Erhitzen (Dampfbad) von **IV** mit KOH u. Phenol, Eingießen der kalten Lsg. in 40%ig. NaOH u. Verdünnen der klaren Lsg.; gelbe, körnige M.; 91%. — *1-Amino-* (**I**), $C_8H_7N_3$, F. 212—213° (Nitromethan), durch 30 Min. Erhitzen vorst. Verb. mit geschmolzenem NH_4-Acetat auf 150—160° u. Verreiben mit W. nach Erkalten; Nadeln; 92%. *Methojodid*, $C_9H_{10}N_3J$, F. u. Misch-F. 251—252° (hellgelbe Nadeln aus W.), a) durch 4std. Kochen von 1 g Amin in Methanol mit CH_3J u. ~30 Min. Stehen; 0,68 g; b) durch 1std. Kochen von 0,15 g nachst. Methojodids in n-HCl; 0,1 g. — *1-Acetamido-*, $C_{10}H_9ON_3$, F. 183—184° (A.), durch 3std. Stehen von **I** in Pyridin mit Acetanhydrid, Eindampfen zur Trockne im Exsiccator u. Behandeln mit Aceton; Nadeln. *Methojodid*, $C_{11}H_{12}ON_3J$, F. 253—254° (W.), durch Erhitzen vorst. Acetylverb. in A. mit CH_3J; hellgelbe Stäbchen. — *2-Formyl-5-nitrobenzoesäure*, F. 156—160°, durch 2std. Einleiten von Br_2 u. CO_2 in 14,4 g 6-Nitrophthalid bei 175—180° u. 45 Min. Kochen des dunkelroten harzigen Prod. in W.; hellgelbe Nadeln; 10,1 g. *2.4-Dinitrophenylhydrazon*, F. 288—290° (Zers.). — *1-Oxy-7-nitro-* (**III**), $C_8H_5O_3N_3$, F. 232—233° (A. oder Nitromethan), durch 1std. Erhitzen von 10,1 g vorst. Säure in 95%ig. A. mit 36,5%ig. wss. Hydrazin; hellgelbe Nadeln; 7,6 g. — *1-Chlor-7-nitro-* (**II**), F. 155—157° (Zers.), durch 1std. Erhitzen von 3 g **III** mit $POCl_3$ (Dampfbad), Gießen auf wss. NaOH/Eis unter Rühren, Chloroformextraktion u. Einengen; hellgelbe M.; 2,55 g (roh). — *7-Nitro-1-phenoxy-*, $C_{14}H_9O_3N_3$, F. 212—213° (Chlf./PAe.), durch 45 Min. Erhitzen (Dampfbad) von 4,8 g **II** mit $(NH_4)_2CO_3$ u. Phenol u. Eingießen in 2n NaOH; hellgelbe Nadeln; 5,05 g (roh). — *1-Amino-7-nitro-*, $C_8H_6O_2N_4 \cdot {}^1/_2 H_2O$, F. 303—304° (Zers.; wss. Methanol), aus 2,4 g vorst. Verb. analog **I** in 15 Min. bei 185—190°, Verdünnen mit W. in der Kälte, Alkalisieren mit konz. NH_4OH u. Umfällen aus 20—40%ig. Essigsäure mit NH_4OH; hellgelbe Körnchen; 1,4 g. *Acetylderiv.*, $C_{10}H_8O_3N_4$, F. 252—253° (Methanol), gelbe Nadeln. *Methojodid*, $C_9H_9O_2N_4J$, F. 251 bis 252° (W.). — *1-Methoxy-7-nitro-*, $C_9H_7O_3N_3$, F. 175—176° (verd. A.), durch 30 Min. Kochen von 0,15 g rohem **III** in Methanol mit methanol. Na-Methylat, Eingießen in W., Ae.-Extraktion u. Einengen; hellbraune Nadeln; 0,12 g (roh). — *2-Methyl-7-nitrophthalazon-(1)*, $C_9H_7O_3N_3$, F. 177—179° (A.), durch Schütteln von 0,2 g **III** in 0,5n NaOH u. W. mit Dimethylsulfat bis zum Beginn der Niederschlagsbldg. u. 15 Min. Stehen; hellgelbe Nadeln; 0,11 g. (J. chem. Soc. [London] **1956**. 1081—83. April. Manchester, Univ., Med. Res. Council, Group for Res. in Chemotherapy; London, Chelsea Polytechn., Chem. Dep.)

W. GEHRMANN. 3272

Paul R. Levy und **Henry Stephen**, *Synthesen in der Chinazolonreihe.* 1. Mitt. *Synthese von 2.3-Diarylchinazolonen-(4).* Nach der Meth. von MUMM u. HESSE [1910] werden *2.3-Diarylchinazolone-(4)* (**V**) durch Kondensation von NH_4-Anthranilat (**VII**) mit N-Arylbenzimidchloriden (**VI**) in aceton. Lsg. dargestellt (Meth. **A**). Daneben entstehen 30% *o-Aroylamino-N-arylbenzamide*, die beim Erhitzen über den F. leicht die **V** ergeben, wenig *N.N'-Diarylbenzamidin* u. etwas prim. aromat. *Amin.* Vff. nehmen einen 2stufigen Reaktionsmechanismus an: 1. Kondensation von **VI** mit **VII** zu **V** u. 2. von **VI** mit Anthranilsäure (durch Dissoziation von **VII** entstanden) über *N-Aroylanthranil* u. dessen Umsetzung mit einem prim. aromat. Amin zu dem o-Aroylamino-N-arylbenzamid. Die Bldg. der letzteren Verb. kann durch Zurückdrängung der Dissoziation von **VII** beim Arbeiten in trocknem Aceton weitgehend zugunsten der Bldg. von **V** unterbrochen werden, wie am Beispiel des *2.3-Diphenylchinazolons-(4)* bewiesen wird, das in 70%ig. Ausbeute erhalten wird. Die **V** entstehen ebenfalls in 80—90%ig. Ausbeute bei der Umsetzung der **VI** mit der doppelten Menge Anthranilsäuremethylester (**III**) in Aceton (Meth. **B**) sowie durch Red. von *N-Aroyl-o-nitrobenzamiden* (**IV**) [aus **VI** u. Na-o-Nitrobenzoat (**I**) in trocknem Aceton] mit $Na_2S_2O_4$ in A. über die *N-Aroyl-o-aminobenzamide* in guter Ausbeute (Meth. **C**).

Versuche: *N-o-Methoxyphenylbenzimidchlorid*, $C_{14}H_{12}ONCl$, Kp.$_6$ 188—190°, aus dem Aroylamin durch Einw. von PCl_5 bzw. $SOCl_2$; 90% (Ausbeute). *N-Phenyl-α-naphthimidchlorid*, $C_{17}H_{12}NCl$, F. 95° (Bzl.), analog vorst. Verb.; Nadeln; 81%. — *N-Phenyl-o-toluimidchlorid*, $C_{14}H_{12}NCl$, Kp.$_{10}$ 174—177°, analog; 90%. — N-Aroyl-o-nitrobenzamide (**IV**): Aus den **VI** in trockenem Aceton durch Vermischen mit **I** in Aceton, 1std. Stehen bei Raumtemp., Einengen, Ausziehen des gebildeten NaCl sowie des unumgesetzten **I** mit W. u. Umkristallisation; 90—95%: *N-Phenyl-N-benzoyl-*, $C_{20}H_{14}O_4N_2$, F. 173—174° (verd. Essigsäure), wie vorst. oder aus o-Nitrobenzimidchlorid u. Na-Benzoat; Nadeln. — *N-o-Tolyl-N-benzoyl-*, $C_{21}H_{16}O_4N_2$, F. 131

bis 132° (A.), Plättchen. — *N-m-Tolyl-N-benzoyl-*, $C_{21}H_{16}O_4N_2$, F. 141—142° (Essigsäure), Plättchen. — *N-p-Tolyl-N-benzoyl-*, $C_{21}H_{16}O_4N_2$, F. 175—177° (Essigsäure), Nadeln. — *N-o-Methoxyphenyl-N-benzoyl-*, $C_{21}H_{16}O_5N_2$, F. 122—123° (A.), Nadeln. — *N-p-Methoxyphenyl-N-benzoyl-*, $C_{21}H_{16}O_5N_2$, F. 114—115° (A.), Nadeln. — *N-β-Naphthyl-N-benzoyl-*, $C_{24}H_{16}O_4N_2$, F. 176° (Essigsäure), Platten. — *N-Phenyl-N-α-naphthoyl-*, $C_{24}H_{16}O_4N_2$, kein F., Nadeln aus verd. Essigsäure. — *N-2.4-Dimethylphenyl-N-benzoyl-*, $C_{22}H_{18}O_4N_2$, F. 113° (A.), Platten. — *N-Phenyl-N-o-toluyl-*, $C_{21}H_{16}O_4N_2$, F. 122—123° (A.), Nadeln. — *N-Phenyl-N-p-chlorbenzoyl-*, $C_{20}H_{13}O_4N_2Cl$, F. 150—151° (Essigsäure), Flocken. — *Meth.* **A**: Vermischen von **VI** mit 1,5 Mol **VII** in Aceton bei Raumtemp., Abfiltrieren des NH_4Cl nach 2 Std., Verdünnen mit W., 12std. Stehen, Abfiltrieren des gebildeten *o-Aroylamino-N-arylbenzamids* u. Erhitzen über den F.; außerdem aus der Mutterlauge durch Einengen, Lösen in 2n HCl u. Alkalisieren des Filtrats mit NH_4OH eine beträchtliche Menge direkt gebildetes **V**. — *Benzoylanthranil*, F. 123° (Acetanhydrid), Kp.$_8$ 189—192°, a) durch 90 Min. Erhitzen von 25 g Anthranilsäure mit 60 g Benzoylchlorid (**II**) auf 150° u. Entfernen der Benzoesäure u. des unumgesetzten **II** bei 5 mm; 28 g; b) durch Behandeln von Benzoylanthranilsäure mit überschüssigem $SOCl_2$ u. Einengen; 97%. — o-Aroylamino-N-arylbenzamide, aus 1 Mol vorst. Verb. u. dem entsprechenden prim. aromat. Amin durch Erhitzen auf 180° oder durch 1std. Kochen in Aceton, Eintropfen in W. in der Siedehitze bis zur Bldg. eines Nd. u. Stehen in der Kälte: *o-Benzamidobenzanilid*, $C_{20}H_{16}O_2N_2$, F. 277° (Benzoesäureäthylester), Nadeln. — *o-Benzamidobenzo-m-toluidid*, $C_{21}H_{18}O_2N_2$, F. 224° (Essigsäure), Nadeln. — *o-Benzamidobenzo-p-anisidid*, $C_{21}H_{18}O_3N_2$, F. 288° (Chlorbenzol), Nadeln. — *o-Benzamidobenzo-β-naphthalid*, F. 258° (Benzoesäureäthylester), Nadeln. — *Meth.* **B**: Langsames Zugeben von 1 Mol **VI** in trockenem Aceton zu 2 Mol aceton. **III** bei 0° unter Umschütteln, 12std. Stehen bei Raumtemp., Einengen, Ausziehen mit warmer konz. HCl, Eingießen der filtrierten Lsg. in viel kaltes konz. NH_4OH, Abtrennen von unumgesetztem **III** durch Wasserdampfdest. u. Filtration. — *Meth.* **C**: Zutropfen von $Na_2S_2O_4$ in wenig W. zu sd. alkoh. **IV**, Einengen der klaren Lsg., Eingießen in viel kaltes W., Filtration, Ausziehen des **V** mit warmer konz. HCl u. Eingießen der filtrierten Lsg. in viel NH_4OH. Bei der Red. der **IV** mit Sn u. HCl konnten nur 15%ig. Ausbeuten erreicht werden, in A. 40%. — Chinazolone-(4) (**V**): *2.3-Diphenyl-*, F. u. Misch-F. 158—159° (Nadeln aus verd. A.), a) durch Zugeben von feinpulverisiertem **VII** zu aceton. N-Phenylbenzimidchlorid unter Umschütteln, 1std. Stehen bei Raumtemp. u. Gießen in viel kaltes W.; 70%; außerdem nach **B** u. **C**. — *2-Phenyl-3-o-tolyl-*, $C_{21}H_{16}ON_2$, F. 142 bis 143° (wss. A.), nach **C**; Platten; 75%. — *2-Phenyl-3-m-tolyl-*, $C_{21}H_{16}ON_2$, F. 144 bis 145° (wss. A.), nach **A**, **B** u. **C**; Nadeln; 80%. — *2-Phenyl-3-p-tolyl-*, $C_{21}H_{16}ON_2$, F. 180 bis 181° (A.), nach **C**; Platten; 90%. — *2-Phenyl-3-o-methoxyphenyl-*, $C_{21}H_{16}O_2N_2$, F. 159—160° (wss. A.), nach **B** u. **C**; Nadeln; 80%. — *2-Phenyl-3-p-methoxyphenyl-*, $C_{21}H_{16}O_2N_2$, F. 197° (A.), nach **A**, **B** u. **C**; Blättchen; 90%. — *2-Phenyl-3-β-naphthyl-*, $C_{24}H_{16}ON_2$, F. 182—183° (wss. A.), nach **A**, **B** u. **C**; Nadeln; 90%. — *2-Phenyl-3-[2.4-dimethylphenyl]-*, $C_{22}H_{18}ON_2$, F. 135—136°, nach **B** u. **C**; Platten; 75%. — *2-[p-Chlorphenyl]-3-phenyl-*, $C_{20}H_{13}ON_2Cl$, F. 175—176° (wss. A.), nach **B** u. **C**; Nadeln; 80%. — *2-[o-Tolyl]-3-phenyl-*, $C_{21}H_{16}ON_2$, F. 152° (A.), nach **C**; Platten; 80%. — *2-α-Naphthyl-3-phenyl-*, $C_{24}H_{16}ON_2$, F. 180° (wss. A.), nach **B** u. **C**; Prismen; 90%. — *2-Phenyl-3-m-nitrophenyl-*, $C_{20}H_{13}O_3N_3$, F. 199° (gelbe Nadeln aus 50%ig. Essigsäure), a) durch 1std. Erhitzen von m-Nitroanilin u. Benzoylanthranil auf 300° u. Extraktion mit 50%ig. Essigsäure; 60%; b) nach **A** u. **B**; 15%. (J. chem. Soc. [London] **1956**. 985—88. April. Johannesburg, South Africa, Univ. of the Witwatersrand.)

W. Gehrmann. 3272

R. N. Iyer, Nitya Anand und **M. L. Dhar**, *Synthese von potentiellen amöbiciden Agentien.* Zur Unters. auf ihre amöbicide Aktivität wurden 4-Alkyl(Aryl)-amino-8-methoxychinazoline durch Umsetzung von 3-Methoxyanthranilsäure mit Formamid zu *8-Methoxychinazolon-(4)*, dessen Überführung mit PCl_5 u. $POCl_3$ in die *4-Chlorverb.* u. dessen Rk. mit den entsprechenden Aminen dargestellt: *4-n-Butylamino-*, $C_{13}H_{17}ON_3$, F. 190° (verd. A.). — *4-n-Amylamino-*, $C_{14}H_{19}ON_3$, F. 162° (verd. A.). — *4-n-Hexylamino-*, $C_{15}H_{21}ON_3$, F. 147° (verd. A.). — *4-n-Heptylamino-*, $C_{16}H_{23}ON_3$, F. 134° (verd. A.). — *4-n-Octylamino-*, $C_{17}H_{25}ON_3$, F. 143° (verd. A.). — *4-Benzylamino-*, $C_{16}H_{15}ON_3$, F. 206° (A.). — *4-p-Chloranilino-*, $C_{15}H_{12}ON_3Cl$, F. 246° (A.). — *4-p-Anisidino-*, $C_{16}H_{15}O_2N_3$, F. 227° (Bzl.). — Aus vorst. Verbb. durch Entmethylierung mit $AlCl_3$ in Bzl. oder durch Erhitzen mit Pyridinhydrochlorid nachst. 8-Oxychinazoline (alle aus verd. A.): *4-n-Butylamino-*, $C_{12}H_{15}ON_3$, F. 127°. — *4-n-Amylamino-*, $C_{13}H_{17}ON_3$, F. 112°. — *4-n-Hexylamino-*, $C_{14}H_{19}ON_3$, F. 142°. — *4-n-Heptylamino-*, $C_{15}H_{21}ON_3$, F. 137°. — *4-n-Octylamino-*, $C_{16}H_{23}ON_3$, F. 119°. — *4-Benzylamino-*, $C_{15}H_{13}$·ON_3, F. 155°. — *4-p-Chloranilino-*, $C_{14}H_{10}ON_3Cl$, F. 220°. — *4-p-Anisidino-*, $C_{15}H_{13}O_2N_3$,

F. 162°. — *5.7-Dijod-*, $C_8H_4ON_2J_2$, F. 266° (Zers.), aus 8-Oxychinazolin mit JCl. (J. sci. ind. Res. [New Delhi] Sect. B **13.** 451—52. Juni 1954. Lucknow, Centr. Drug. Res. Inst.)

H. R. SCHÜTTE. 3272

Donald C. Morrison und **Arthur Furst,** *Chinoxalinthiole-(2).* (Vgl. WOLF u. Mitarbeiter, C. **1955.** 818.) Durch Umsetzung von 2.3-Dichlorchinoxalin mit Thioharnstoff (I) u. Hydrolyse des Isothiuroniumsalzes oder durch Kochen von 2.3-Dioxychinoxalin mit P_2S_5 in Pyridin wurde *Chinoxalindithiol-(2.3)* (**II**) dargestellt. **II** ist ein sehr empfindliches Reagens auf Ni u. bildet in konz. NH_4OH mit ammoniakal. Ni-Lsg. eine dunkelrote Fl., die Kristalle abscheidet. Die Analyse des Nd. ergibt Werte, die zwischen denen einer Verb. mit 6 NH_3, $C_8H_{22}N_8NiS_2$, u. einer Verb. mit 4 NH_3, $C_8H_{16}N_6NiS_2$, liegen. Das krist. Prod. gibt durch Hydrolyse mit heißem W. eine amorphe Substanz mit 55,56% Ni. Durch Behandlung von 3-Alkyl-2-chlorchinoxalinen mit I in absol. A. wurden ohne Isolierung von Zwischenstufen *3-Alkylchinoxalinthiole-(2)* erhalten. Die dargestellten Thiole wurden als Thioäther charakterisiert.

V e r s u c h e: *Chinoxalindithiol-(2.3)* (**II**), $C_8H_6N_2S_2$, a) durch 2std. Kochen von 2.3-Dichlorchinoxalin mit **I** in absol. A., Einengen u. 30 Min. Kochen mit wss. NaOH; 96,4% (Ausbeute); b) durch 2std. Kochen von 2.3-Dioxychinoxalin mit P_2S_5 in Pyridin; 61,9%; braunrote Substanz; wird bei 230—250° gelb, Zers. bei 290—295°. — *3-Methylchinoxalinthiol-(2)*, $C_9H_8N_2S$, F. 240—245° (Zers.; Aceton), durch 2std. Kochen von 2-Chlor-3-methylchinoxalin mit **I** in absol. A.; 93,6%. — *3-Isopropylchinoxalinthiol-(2)*, $C_{11}H_{12}N_2S$, Zers. bei 215—225° (nach Sintern bei 195°), analog vorst. Verb. aus 2-Chlor-3-isopropylchinoxalin ($C_{11}H_{11}N_2Cl$, F. 61°; 85%); 95%. — *2-Methylmercapto-3-methylchinoxalin,* $C_{10}H_{10}N_2S$, F. 51,5—53° (wss. Aceton), durch 2½wöchiges Stehen des Thiols mit CH_3J in absol. A.; 78,5%. — *2-Methylmercapto-3-isopropylchinoxalin,* $C_{12}H_{14}N_2S$, F. 66—67° (wss. Aceton), analog vorst. Verb.; 84,2%. — *2.3-Bis-[äthylmercapto]-chinoxalin,* $C_{12}H_{14}N_2S_2$, F. 50—51° (wss. Aceton), a) durch Behandeln von **II** mit alkoh. NaOH u. 1½std. Kochen mit C_2H_5J; 84,6%; b) durch Zugabe von Na zu alkoh. Äthylmercaptanlsg., Zugabe von 2.3-Dichlorchinoxalin u. 5std. Kochen; 80,5%. (J. org. Chemistry **21.** 470—71. April 1956. San Francisco, Calif., Univ., Dep. of Chem.)

H. BERTSCH. 3272

Burckhardt Helferich und **Hubert Schirp,** *Über N-Acylhydrazone einfacher Zucker.* 2. Mitt. (1. vgl. C. **1952.** 848.) Die Darst. der *Pentaacetyl-al-d-glucose* (**I**), *Tetraacetyl-al-d-arabinose* u. *Pentaacetyl-al-d-galaktose* durch Acetylierung der *N-Formylhydrazone* oder *N-Acetylhydrazone* u. Oxydation wird beschrieben. Bei der Acetylierung hängt es von den Bedingungen ab, welche Prodd. gefaßt werden. So liefert die Acetylierung des d-Glucose-N-formylhydrazons (**IV**) in der Kälte eine *Hexaacetylverb.*, die wahrscheinlich ringförmig ist. Verseifung ergibt *Hexaacetyl-d-glucosehydrazon.* Durch Acetylierung von d-Glucose-N-benzoylhydrazon wurde nur eine *Tetracetylverb.* erhalten. *N-Formylhydrazone* wurden ferner von d-Lactose u. d-Cellobiose dargestellt, doch ließen sich daraus keine definierten Acetylderivv. erhalten. *N-p-Tosylhydrazone* wurden erhalten aus d-Glucose, d-Ribose, d-Galaktose, Lactose u. Cellobiose; die Acetylierung ergab ein *Pentaacetyl-d-glucose-N-p-tosylhydrazon* (**III**), das auch durch Kondensation von 2.3.4.6-Tetraacetyl-d-glucose mit p-Tosylhydrazin (**II**) u. Acetylierung entstand. 3 isomere *Pentaacetyl-d-galaktose-N-p-tosylhydrazone* wurden gewonnen. Die Acetyl-p-tosylhydrazone sind ungeeignet zur Darst. von Acetyl-al-zuckern, doch ließen sich aus ihnen *N-Nitrosoderivv.* darstellen. Tetraacetyl-d-glucose-N-p-tosylhydrazon (**VI**) gibt mit N_2O_3 *Tetraacetyl-d-glucosyl-p-tolylsulfon,* **II** gibt mit SeO_2 wahrscheinlich $CH_3C_6H_4\cdot SO_2Se_3SO_2\cdot C_6H_4CH_3$.

V e r s u c h e: *Pentaacetyl-al-d-galaktose*, F. 116—117° (Toluol), aus Pentaacetyl-al-d-galaktoseformylacetylhydrazon u. SeO_2 in Eisessig + 5% Acetanhydrid (20 Min. kochen); 80% (Ausbeute). — *Galaktose-bis-acetamid*, $C_{10}H_{20}O_7N_2$, F. 184° (A.), aus Penta-acetyl-al-d-galaktoseisopropylhalbacetal u. alkoh. NH_3 (20 Std. bei 0°); $[\alpha]_D^{18}$ +9,3° (W.); 35%. *Pentaacetylderivv.*, $C_{20}H_{30}O_{12}N_2$, F. 183° (A.), $[\alpha]_D^{18}$ —149,6° (Chlf.) u. F. 203—204° (Bzl.), $[\alpha]_D^{19}$ —33,6°; 0,1 bzw. 0,6 g aus 1,2 g. — *d-Glucose-N-formylhydrazon* (**IV**), Zers. bei 164° (CH_3OH), aus d-Glucose u. Formylhydrazin (**VII**) in A. (6 Std. kochen); krist. aus wss. Methanol als *Hydrat*, F. 125—130°; $[\alpha]_D^{15}$ —23,6° (1 Std. nach Auflsg.) —4,5° (Enddrehung); 88%. — *Pentaacetyl-al-d-glucose-N-formyl-N-acetylhydrazon* (**V**), $C_{19}H_{26}O_{12}N_2$, F. 149°, aus **IV** u. Acetanhydrid in Pyridin (15 Min. kochen); aus A. 6seitige Prismen; $[\alpha]_D^{19}$ +42,7° (Chlf.); 23%. — *Hexaacetyl-d-glucose-N-formylhyhrazon,* $C_{19}H_{26}O_{12}N_2$, F. 164° (CH_3OH oder A.), aus **IV** u. Acetanhydrid in Pyridin (12 Std. bei Raumtemp. schütteln); $[\alpha]_D^{22}$ +41,6° (Pyridin), +46,8° (Chlf.); 50%. — *Hexaacetyl-d-glucosehydrazon,* $C_{18}H_{26}O_{11}N_2\cdot H_2O$, F. 91—92° (unscharf; Essigester–PAe.), aus 2 g vorst. Verb. durch 2½std. Kochen mit W.; $[\alpha]_D^{18}$ +11,5° (Chlf.); ca. 1 g. — *Pentaacetyl-al-d-glucose* (**I**), F. 117—118° (Aceton–Ae.–PAe.), aus **V** durch Kochen mit

SeO_2 in Eisessig + 5% Acetanhydrid; $[\alpha]_D^{16}$ −4,5° (Chlf.); 50%. — *Tetraacetyl-d-glucose-N-benzoylhydrazon*, $C_{21}H_{26}O_{10}N_2$, F. 122—124° (unscharf; A.), aus d-Glucose-N-benzoylhydrazon u. Acetanhydrid in Pyridin (2 Tage bei Raumtemp.); $[\alpha]_D^{18}$ −83,3° (10 Min. nach Auflsg.), die Drehung sinkt im Laufe von Wochen stark ab; 39%. — *d-Arabinose-N-formylhydrazon*, $C_6H_{12}O_5N_2$, F. 135—136°, aus d-Arabinose u. VII in A.; $[\alpha]_D^{16}$ −3,4° (3 Min. nach Auflsg. in W.), −45,5° (nach 2½ Std.); 13%. — *N.2.3.4.5-Pentaacetyl-al-d-arabinose-N-formylhydrazon*, $C_{16}H_{22}O_{10}N_2$, F. 89° (CH_3OH), aus vorst. Verb. u. Acetanhydrid in Pyridin (15 Min. auf dem Wasserbad); $[\alpha]_D^{20}$ +6,9° (Chlf.); 28%. — *Tetraacetyl-al-d-arabinose*, F. 108° (Aceton–Ae.-PAe.), aus vorst. Verb. analog I; $[\alpha]_D^{20}$ +60° (Chlf.). — *d-Lactose-N-formylhydrazon*, $C_{13}H_{24}O_{11}N_2$, F. 133—135° (CH_3OH), aus d-Lactosehydrat u. VII; $[\alpha]_D^{18}$ +8,4° (in W. nach 10 Min.), +17,5° (in W. nach 10 Tagen); 90%. — *d-Cellobiose-N-formylhydrazone*, $C_{13}H_{24}O_{11}N_2$, F. 176—177° (W.–Isopropanol); $[\alpha]_D^{20}$ +35,9° (in W. nach 30 Min.), +4,7° (nach 16 Tagen); u. F. 125—130°, rhomb. Platten aus Methanol; $[\alpha]_D^{16}$ −7,5° (in W. nach 10 Min.); +8,2° (nach 23 Tagen); ferner ein *Hydrat*, $C_{13}H_{24}O_{11}N_2 \cdot 5\ H_2O$, F. 64°, lanzettförmige Kristalle aus W.–Isopropylalkohol; $[\alpha]_D^{21}$ −2,0° (in W. nach 10 Min.), +6,0° (nach 13 Tagen). — *d-Glucose-N-p-tosylhydrazon*, Zers. bei 170°, aus d-Glucose u. II in A. (20 Min. kochen); 62%. — *2.3.4.5.6-Pentaacetyl-d-glucose-N-p-tosylhydrazon* (**III**), $C_{23}H_{30}O_{12}N_2S$, F. 142 bis 143°, a) aus vorst. Verb. mit Acetanhydrid in Pyridin (20 Min. auf dem Wasserbad); aus A.–W. verfilzte Nadeln; $[\alpha]_D^{20}$ −60,1° (Anfangsdrehung in Chlf.), +4,5° (nach 14 Tagen); 25%; b) durch Acetylierung von **VI**. — *Tetraacetyl-d-glucose-N-p-tosylhydrazon* (**VI**), $C_{21}H_{28}O_{11}N_2S$, F. 141° (A.), aus 2.3.4.6-Tetraacetyl-β-d-glucose u. **II** in Bzl. (20 Min. kochen); $[\alpha]_D^{19}$ −43,1° (Anfangsdrehung in Chlf.), −25,6° (nach 3 Tagen, Zers.?); 86%. — *d-Galaktose-N-p-tosylhydrazon* (**X**), $C_{13}H_{20}O_7N_2S$, F. 147—148° (Zers.; A.–W.), aus d-Galaktose u. **II** in A. (20 Min. kochen); $[\alpha]_D^{21}$ +1,5° (in Pyridin nach 10 Min.), −10,8° (nach 5 Tagen), −4,8° (nach 10 Tagen); 86%. — *Pentaacetyl-d-galaktose-N-p-tosylhydrazone*, $C_{23}H_{30}O_{12}N_2S$, F. 151—152°, verfilzte Nadeln aus Methanol, $[\alpha]_D^{22}$ −42,8° (Chlf.); F. ca. 125°; $[\alpha]_D^{20}$ −3,3° (Chlf.); u. F. 165°, dünne Nadeln aus Isopropylalkohol, $[\alpha]_D^{18}$ −53,4° (Chlf.). Daneben geringe Mengen *Hexaacetyl-d-galaktose-N-p-tosylhydrazon*, $C_{25}H_{32}O_{13}N_2S$, F. 169—170° (absol. A.), $[\alpha]_D^{20}$ +85,4° (Chlf.). — *d-Ribose-p-tosylhydrazon*, $C_{12}H_{18}O_6N_2S$, Zers. bei 164—165°, aus d-Ribose u. **II**; Nadeln aus Methanol + W.; 87%. — *Lactose-N-p-tosylhydrazon*, $C_{19}H_{30}O_{12}N_2S \cdot 3H_2O$, F. 110 bis 120° (Zers.), aus Lactosehydrat u. **II**; $[\alpha]_D^{20}$ −3,2° (nach 10 Min. in W.), +11,2° (nach 4 Tagen); 70—80%. — *Cellobiose-N-p-tosylhydrazon*, $C_{19}H_{30}O_{12}N_2S \cdot 2\ H_2O$, Zers. bei 120—125° (A.–W.), aus 3,5 g Cellobiose u. 2 g **II**; $[\alpha]_D^{21}$ −19,1° (nach 10 Min. in Pyridin), −15,0° (nach 24 Std.); 3,75 g. — *Pentaacetyl-d-glucose-N-nitroso-N-p-tosylhydrazon*, $C_{23}H_{29}O_{13}N_3S$, F. 159—160° (unter Aufschäumen), aus **III** in Eisessig + 10% Acetanhydrid u. N_2O_3; Nadeln aus Eisessig; $[\alpha]_D^{21}$ +26,3° (Chlf.); 45%. — *Pentaacetyl-d-galaktose-N-nitroso-N-p-tosylhydrazon*, $C_{23}H_{29}O_{13}N_3S$, F. 145°; (Zers.; CH_3OH), analog vorst. Verb.; $[\alpha]_D^{18}$ +40,2° (Chlf.); 62%. — *Tetraacetyl-d-glucose-p-tolylsulfon*, $C_{21}H_{26}O_{11}S$, F. 148° (CH_3OH), aus **VI** in Eisessig + 10% Acetanhydrid u. N_2O_3; $[\alpha]_D^{21}$ −33,8° (Chlf.); 1,3%. — *d-Glucosyl-p-tolylsulfon*, $C_{13}H_{18}O_7S$, F. 145—148° (A.–Essigester–PAe.), durch alkal. Verseifung vorst. Verbindung. — *Triseleno-bis-[p-tolylsulfon]*, $C_{14}H_{14}O_4S_2Se_3$, F. 130—131° (Zers.), aus 2 g SeO_2 u. 3 g **II** in A.; citronengelbe Doppelpyramiden aus Dioxan; 3,5 g. (Chem. Ber. **86**. 547—56. 30/4. 1953. Bonn, Univ., Chem. Inst.)

E. GUTHNICK. 3400

Irene Vadopalaite und **J. V. Karabinos**, *Reaktionsprodukte von Aldosen mit Cystein*. Die *Cysteinderivv.* von D-Mannose u. D-Galaktose geben bei der reduktiven Desulfurierung mit RANEY-Ni nicht die entsprechenden Alaninderivv., sondern *Mannit* bzw. *Dulcit*. Es wird angenommen, daß die Cysteinverbb. der Aldosen, die eine Thiazolidinstruktur (vgl. SCHUBERT, J. biol. Chemistry **130**. [1939.] 601) besitzen, unter den Reaktionsbedingungen wahrscheinlich über das entsprechende Monothiohalbacetal in die Komponenten zerfallen, doch bleibt der genaue Mechanismus ungeklärt, da auch die freien Aldosen beim Kochen mit RANEY-Ni in A. zu den entsprechenden Polyalkoholen red. werden.

Versuche: *Cysteinderiv. von Mannose*, F. 170°, aus D-Mannose u. L-Cystein in W.–Pyridin–A. nach SCHUBERT (l. c.). — *Cysteinderiv. von Galaktose*, F. 134°, aus D-Galaktose u. L-Cystein. — *Mannit*, $C_6H_{14}O_6$, F. 163—166°, aus vorvorst. Verb. mit RANEY-Ni in sd. 70%ig. A. (5 Std.); $[\alpha]_D$ −0,6° (c = 1; H_2O); 70% (Ausbeute). — *Dulcit* (*D-Galaktit*), F. 185°, aus vorvorst. Verb. analog vorst. Verb.; $[\alpha]_D$ ±0°; 62%. (Trans. Illinois State Acad. Sci. **46**. 266—68. 1953. Joliet, Ill., Coll. of St. Francis u. Blockson Chem. Co.)

M. BAUTZE. 3400

R. U. Lemieux, *Eine chemische Synthese von Okta-[O-acetyl]-β-D-maltose*. Tri-O-acetyl-D-glucosan-⟨1.5⟩-α-⟨1.2⟩ (**I**) liefert beim Erhitzen mit 1.2.3.6-Tetra-O-acetyl-β-

D-glucopyranose (**II**), anschließende Acetylierung u. chromatograph. Trennung reine *Okta-O-acetyl-β-D-maltose.* Es wird angenommen, daß die Rk. über ein aus **I** gebildetes intermediäres Ion verläuft.

Versuche: *Okta-O-acetyl-β-D-maltose*, F. 159—161° (A.), aus 55 mg **I** (F. 58 bis 59°) u. 60 mg **II** (F. 131—132°; 30 Min. bei Zimmertemp. u. 5 Min. bei 100° im Hochvakuum, dann 13 Std. bei 120° im Rohr), Acetylierung, Chromatographie in Bzl. an Magnesol/Celite (5:1), Entw. mit Bzl./A. (250:1) u. Elution mit warmem Aceton (2Zone); $[\alpha]_D^{20}$ +63° (c = 0,36; Chlf.); 10,2 mg (Ausbeute) neben 2,4 mg *Penta-O-acetyl-α-D-glucopyranose*, F. 109—111° (dritte Zone) u. 39,1 mg *Penta-O-acetyl-β-D-glucopyranose*, F. 131—132° (vierte Zone). (Canad. J. Chem. **31**. 949—51. Okt. 1953. Saskatoon, Sask., Nat. Res. Council, Prairie Regional Labor.) W. WILLENBERG. 3400

Gábor Fodor, József Tóth und **Irén Vincze**, *Die Stereochemie der Tropanalkaloide.* 6. Mitt. *Die Konfiguration des Stickstoffatoms in Tropandiol-(3α.6β), Oscin und den davon abgeleiteten quaternären Salzen.* (5. vgl. C. **1955**. 6031.) Das *Estersalz* (**II**) aus (±)-Tropandiol-(3α.6β) (**I**) u. Jodessigsäureäthylester (**III**) lieferte glatt ein *Lactonsalz* (**IV**), während das Estersalz aus (±)-N-Äthoxycarbonylmethylnortropandiol-(3α.6β) u. CH_3J unfähig zur Lactonbldg. war. Dieses unterschiedliche Verh. bei der Quaternisierung, das die Entstehung von N-Epimeren zur Folge hat, wird dem Verh. von Oscin u. Noroscin (**VIII**) gegenübergestellt u. im Hinblick auf den PITZER-Effekt (vgl. BECKETT u. Mitarbeiter, C. **1948**. II. 944) u. auf die Möglichkeit einer Wasserstoffbindung diskutiert. In einer Anzahl der diskutierten Verbb. werden den N-Atomen bestimmte Konfigurationen zugeordnet. — Zur Nomenklatur (vgl. 1. Mitt., C. **1954**. 3239) schlagen Vff. vor, diejenigen Substituenten am N-Atom, die in Richtung auf den Piperidinring orientiert sind, mit dem Praefix „a", u. solche, die auf den Pyrrolidinring gerichtet sind, mit dem Praefix „b" zu bezeichnen.

Versuche: (±)-*Nb-Carboxymethyl-3α.6β-dioxytropaniumjodidlacton* (**IV**), $C_{10}H_{16}O_3NJ$, F. 263° (Zers.) oder 259° (A.), aus 5 g **I** u. **III** in sd. A.–Bzl. (14 Std.); 4,6 g (Ausbeute); aus den Mutterlaugen 2,2 g (±)-*Nb-Äthoxycarbonylmethyl-3α.6β-dioxytropaniumjodid* (**II**), $C_{12}H_{22}O_4NJ$, F. 151°, dann wieder fest (→ **IV**). — 4std. Kochen von 0,43 g **II** in A. gab 0,29 g **IV**. — **I**-*Diacetat*, viscoses Öl, aus 19 g **I**; $n_D^{22,3}$ 1,4744; 25,9 g. *Pikrat*, $C_{18}H_{22}O_{11}N_4$, F. 174—175° (A.), aus 0,24 g Diacetat; 0,44 g. — (±)-*N-Cyannortropandiol-(3α.6β)-diacetat*, $C_{12}H_{16}O_4N_2$, F. 112—113° (Essigester–Bzl.), durch Zutropfen von trocknem BrCN zu **I**-Diacetat in Bzl. bei 65—70° (1 Std., dann 3 Std. Rühren); 22,3 g; daneben 3,55 g (±)-*N-Methyl-3α.6β-diacetoxytropaniumbromid*, $C_{13}H_{22}O_4NBr$, F. 275° (A.). — (±)-*Nortropandiol-(3α.6β)* (**V**), $C_7H_{13}O_2N$, F. 203—204° (absol. A.), aus 21 g vorst. Cyanverb. u. 10%ig. wss. NaOH (12 Std. Rühren bei 100°); 6,7 g roh. — (±)-*Na-Äthoxycarbonylmethylnortropandiol-(3α.6β)-hydrochlorid* (**VI**), $C_{11}H_{20}O_4NCl$, F. 175 bis 176° (Zers.; absol. A.), aus **V** u. **III** in A.–Bzl.–Nitrobenzol (2 Tage bei n. Temp.), dann Behandeln mit 4n alkoh. HCl; 86%; daneben 89% **V**-*Hydrojodid*, F. 220°. *Freie Base*, $C_{11}H_{19}O_4N$, F. 106—107° (A.). — (±)-*Na-Carboxymethylnortropandiol-(3α.6β)-hydrochlorid*, $C_9H_{16}O_4NCl$, F. 190° (Zers.; A.–Ae., 1:4), aus **VI** u. HCl (5 Std. bei 100°); 62%. — (±)-*Na-Äthoxycarbonylmethyl-3α.6β-dioxytropaniumjodid*, $C_{12}H_{22}O_4NJ$, F. 194° (A.), a) aus 1,43 g **V** u. **III** wie oben, dann Entfernen von A. u. Bzl. u. Behandeln mit CH_3J (2 Tage im Dunkeln; 1,15 g); b) aus 0,4 g **VI** u. C_2H_5ONa in A., dann Behandeln mit CH_3J (0,45 g). — (±)-*Na-Carboxymethyltropandiol-(3α.6β)-betain*, $C_{10}H_{17}O_4N$, F. 270° (Zers.; absol. A.), aus vorst. Verb. u. Ag_2O in W. (4 Std. Schütteln); 90%. — (±)-*Na-Carboxymethyl-3α.6β-dioxytropaniumjodid*, $C_{10}H_{18}O_4NJ$, F. 202° (Zers.; absol. A.), durch Eindampfen der Lsg. von 0 4 g vorst. Verb. in konz. HJ zur Trockne; 0 44 g. — (±)-*Oscinacetathydrochlorid*, $C_{10}H_{16}O_3NCl$, F. 199—201°, aus Oscin u. CH_3COCl in Bzl. (3 Std. bei 75°); 80,5%. *Freie Base* (**VII**), Öl; 96%. — (±)-*Nb-Carboxymethylosciniumjodidlacton* (**IX**), F. 246° (Zers.; A.), aus **VII** u. **III** in Bzl. (1 Tag); 81%. — (±)-*N-Cyannoroscinacetat*, $C_{10}H_{12}O_3N_2$, F. 91° (absol. A.), aus **VII** u. BrCN in Bzl. (4½ Std. bei 60—70°); 10,7 g. — (±)-*Noroscin* (**VIII**), F. 204—205° (Chlf.-PAe.), aus 9,7 g vorst. Verb. u. wss. NaOH (12 Std. bei 100°); 4,82 g. — Behandeln von 2,82 g **VIII** mit **III** in A.–Bzl.–Nitrobenzol (12 Std.) gab 2,42 g **VIII**-*Hydrojodid*, $C_7H_{12}O_2NJ$, F. 298° (Zers.); Zugabe von CH_3J zum Filtrat u. zweitägiges Stehen gab 0,42 g (±)-*Nb-Carboxymethylosciniumjodidlacton* (**IX**), F. 246° (Zers.); aus dessen Filtrat 0,23 g (±)-*Na-Äthoxycarbonylmethylosciniumjodid* (**X**), $C_{12}H_{20}O_4NJ$, F. 181° (Zers.; A.). — (±)-*Na-Carboxymethyloscinbetain*, $C_{10}H_{15}O_4N$, F. 295° (Zers.; absol. A.), aus **X** u. Ag_2O in W. (6 Std. Schütteln). — (±)-*Na-Carboxymethylosciniumjodid*, $C_{10}H_{16}O_4NJ$ F. 179° (Zers.; absol. A.), aus 0,11 g vorst. Verb. u. HJ wie oben; 0,09 g. — (±)-*N-Äthoxycarbonylmethylnoroscinhydrochlorid* (**XI**), $C_{11}H_{18}O_4NCl$, F. 205° (Zers.; absol. A.), aus 3,94 g **VII** u. **III** in Nitrobenzol–A.–Bzl., dann Behandeln mit Dioxan. HCl; 2,51 g, daneben 100% **VIII**-*Hydrojodid.* — (±)-*Nb-Carboxymethylnoroscinlactonhydrochlorid*, $C_9H_{12}O_3NCl$, F. 276° (Zers.; absol. A.), durch dreimaliges Ein-

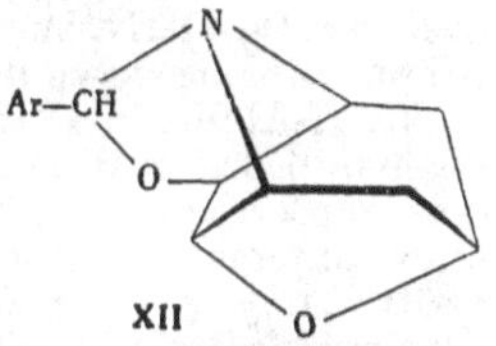

XII

dampfen von 1,16 g **XI** mit konz. HCl; 0,95 g. — Behandeln von 1,3 g **XI** mit 2,17%ig. alkoh. C_2H_5ONa, dann mit CH_3J gab 0,10 g **X** u. 0,80 g **IX**. — Aus 0,7 g **VIII** u. p-Nitrobenzaldehyd in Chlorbenzol entstanden 1,1 g *Oxazin* **XII** (Ar = p-$O_2NC_6H_4$), F. 183° (Bzl.). — Analog aus 0,7 g **VIII** u. Piperonal 0,55 g *Oxazin* **XII** (Ar = 3.4-CH_2<O O>C_6H_3), $C_{15}H_{15}O_4N$, F. 145—146° (Bzl.). (J. chem. Soc. [London] **1955.** 3504—10. Okt. Szeged, Ungarn, Univ., Organ.-chem. Inst.) J. ROTHE. 3500

Ö. Kovács, I. Weisz, P. Zoller und G. Fodor, *Konstitutionsbeweis eines Tropan-Vierringäthers. Darstellung von zwei neuen epimeren Ekgoninolen.* 7. Mitt. *über Stereochemie der Tropanalkaloide.* (6. vgl. vorst. Ref.) Die Struktur des in der 4. Mitt. (C. **1955.** 6030) beschriebenen *Vierringäthers* (**II**), der durch intramol. Umlagerung von 2β-Chlormethyltropanol-(3β) (**I**) entsteht, wird durch chem. Rkk. u. Analyse des Infrarotspektr. bestätigt. Alkal. Hydrolyse von **II** führt unter Spaltung des Vierrings zu *2β-Oxymethyltropanol-(3α)* (**IV**), das beim Behandeln mit Na-Amylat in Amylalkohol in *2α-Oxymethyltropanol-(3α)* übergeht. Die Kinetik der Bldg. von **II** wird untersucht; es handelt sich um eine monomol. Reaktion.

Versuche: *2^1.3-Anhydro-2β-oxymethyltropanol-(3β)-hydrochlorid* (**II**), F. 222 bis 223° (absol. A.), aus **I**-Hydrochlorid u. n-NaOH (1 Std. bei 90°); $[\alpha]_D^{20}$ —88,2° (c = 1,982; W.), Infrarotspektr.; 87% (Ausbeute). k-Werte der Bldg. zwischen 0,011 u. 0,025 $Min.^{-1}$ (polarimetr. u. titrimetr.). — *2β-Oxymethyltropanol-(3α)* (**IV**), $C_9H_{17}O_2N$, F. 139—141° (Bzl.-PAe.-A. 60 : 60 : 2), aus **II** u. sd. n-NaOH (8 Std.); $[\alpha]_D^{20}$ +34,5° (c = 2,378; absol. A.); 56,5%; daneben 29,5% *2β-Oxymethyltropanol-(3β)* (**III**), $[\alpha]_D^{20}$ —21,8° in absol. A.; **III**-*Hydrochlorid,* F. 265—267° (Zers.), $[\alpha]_D^{20}$ —37,86°. — **IV**-*Hydrochlorid,* $C_9H_{18}O_2NCl$, F. 258—260° (CH_3OH-Ae.), $[\alpha]_D^{20}$ —12,88° (c = 2,251; W.). — **IV**-*Methojodid,* $C_{10}H_{20}O_2NJ$, F. 298—299°, aus 0,86 g **IV**; $[\alpha]_D^{20}$ —20,47° (c = 1,758; W.); 1,12 g rein. — *2β-Acetoxymethyl-3α-acetoxytropanhydrochlorid* (**V**), $C_{13}H_{22}O_4NCl \cdot H_2O$, F. 139—141° (absol. Aceton-Ae.), aus **IV** u. sd. Acetanhydrid (7 Std.), dann HCl; $[\alpha]_D^{20}$ —39,5° (c = 2,00; W.); 5std. Erwärmen mit 2n HCl gab 100% **IV**-*Hydrochlorid.* — *2β-Acetoxymethyl-3α-acetoxytropanmethojodid,* $C_{14}H_{24}O_4NJ$, F. 220—222° (Zers.; absol. CH_3OH), aus 0,304 g **V**; 0,38 g. — 3½std. Kochen von 3,79 g **II** mit CH_3ONa in CH_3OH gab 3,1 g (rein) *Ecgoninolmonomethyläther,* $Kp._2$ 110—113°. *Hydrochlorid,* $C_{10}H_{20}O_2NCl$, F. 175°, $[\alpha]_D^{20}$ —30° (c = 2,50; W.). — *2α-Oxymethyltropanol-(3α)*, $C_9H_{17}O_2N$, F. 165—166°, aus **IV** u. Na-Amylat in sd. Amylalkohol bei Ggw. von Benzophenon (4½ Std.); $[\alpha]_D^{20}$ —11,82° (c = 1,861; absol. A.); 73%, ohne Zusatz von Benzophenon 52%. *Hydrochlorid,* $C_9H_{18}O_2NCl$, F. 172° (Zers.), $[\alpha]_D^{20}$ —13,71° (c = 1,24; W.). *Methojodid,* $C_{10}H_{20}O_2NJ$, F. 312° (Zers.; CH_3OH-Ae.), $[\alpha]_D^{20}$ —22,29° (c = 1,66; W.). — **I**-*Methojodid,* $C_{10}H_{19}$·ONClJ, F. 262—263° (Zers., Verfärben bei 220—230°; CH_3OH), $[\alpha]_D^{20}$ —1,86° (c = 2,15; W.). **I**-*Methochlorid,* $C_{10}H_{19}ONCl_2$, F. 256—260° (absol. A.-Ae.), aus 1,66 g des Methojodids u. AgCl in W. (4std. Schütteln); 0,87 g. — *2^1.3-Anhydro-2β-oxymethyltropanol-(3β), Methojodid,* $C_{10}H_{18}ONJ$, F. 266—268° (Zers.; absol. A.), aus 3,31 g **I**-Methojodid wie **II**; $[\alpha]_D^{20}$ +12,88° (c = 2,173; W.), Infrarotspektr.; 2,8 g rein. *Methochlorid* (**VI**), $C_{10}H_{18}$·ONCl, F. 274° (Zers.; absol. A.-absol. Ae), $[\alpha]_D^{20}$ +15,50° (c = 2,13; W.), Infrarotspektrum. — *2β-Chlormethyl-3β-acetoxytropanmethochlorid,* $C_{12}H_{21}O_2NCl_2$, F. 198—200° (Zers.; absol. A.-Ae.), a) aus 0,8 g **VI** u. CH_3COCl-Acetanhydrid (1 Std. bei 100°; 0,48 g); b) durch Acetylieren von 1 g **I**-Methochlorid (0,62 g); $[\alpha]_D^{20}$ —8,07° (c = 1,486; W.). — *Anhydroacetylecgoninolmethochlorid,* $C_{12}H_{20}O_2NCl$, F. 245° (Aceton-A.-Ae.), aus 1,01 g **VI** u. sd. Acetanhydrid (7 Std.); $[\alpha]_D^{20}$ +81,9° (c = 1,65; W.); 0,73 g. — 3std. Erhitzen von 1,9 g **II** mit Acetanhydrid gab 1,7 g **V**. — 1std. Erhitzen von 1,9 g **II** mit CH_3COCl-Acetanhydrid gab 1,23 g *2β-Chlormethyl-3β-acetoxytropanhydrochlorid,* F. 207—208° (absol. A.-Ae.), $[\alpha]_D^{20}$ —59,06°, in H_2O. (Helv. chim. Acta **39.** 99—110. 1/2. 1956. Szeged, Ungarn, Univ., Inst. für organ. Chem., u. Basel, Univ., Organ.-chem. Anst.) J. ROTHE. 3500

Woldemar Schneider, *Zur Konstitution des Alkaloids Delphinin.* 3. Mitt. (2. vgl. C. **1951.** II. 3311.) Im Delphinin (**I**) wurden im Verlaufe der Konstitutionsermittlung eine benzoylierte, eine acetylierte u. eine freie OH-Gruppe festgestellt. Die freie OH-Gruppe ist tert., die anderen beiden sind sek. Natur. Die Identität der von **I** ausgehend auf verschied. Wegen dargestellten *Acetyloxodelphinine* bzw. *Triacetyloxodelphonine* bewies, daß die OH-Gruppen in sämtlichen Derivv. die gleichen Funktionen haben u. nicht in die oxydativen Umwandlungen durch $KMnO_4$ einbezogen werden. Durch Nachw. von HCHO bei der $KMnO_4$-Oxydation muß dem resultierenden *Oxodelphinin* (**II**) im Gegensatz zur Auffassung von JACOBS u. CRAIG (J. biol. Chemistry **128.** [1939.] 431) die

Zus. eines C_{32}-Deriv. zugeschrieben werden. Die Herkunft des HCHO aus einer >N−CH_3-Gruppe wird bewiesen durch analoge Ergebnisse anderer Autoren u. das Auftreten eines 2. akt. H-Atoms in **II** durch Bldg. einer >NH-Gruppe. Der N von **II** befindet sich in einem 6gliedrigen Ring, der durch infrarotspektroskop. Unterss. als Lactamring identifiziert wurde. Nach vergeblichen hydrolyt. Ringöffnungsverss. an **II** wurde die C_2H_5MgBr-Einw. untersucht, wobei aus **II** bzw. *Oxodelphonin* (**III**) die entsprechenden stark ungesätt. *Äthyldehydronorbasen* resultierten, die zum *Äthylhexahydronordelphinin* bzw. *Äthylnordelphonin* hydriert wurden. C_6H_5MgBr lieferte mit **II** eine im Chromatogramm einheitliche *Verb.* $C_{23}H_{31}O_8N$, die $LiAlH_4$-Red. *Nordelphonin* mit gesätt., bas. Charakter, welches durch CH_3J in *Delphonin* übergeführt wurde. Die Infrarotspektren von **I**, **II**, α-Piperidon u. N-Benzoylpiperidin sind angegeben.

V e r s u c h e: *Delphinin* (**I**), F. 198°, durch Perforation des Filtrats einer Lsg. von 5 g amorphem Basengemisch u. 3 g Weinsäure in 500 ml W. mit Ae.–PAe., Extraktion des Ae.-Perforats mit verd. H_2SO_4, Extraktion der H_2SO_4-Lsg. mit Chlf., Fällung der Base aus der H_2SO_4-Lsg. mit $NaHCO_3$, Aufnehmen der Flecken in Ae., Waschen, Trocknen, Abdest. des Ae. u. Aufnehmen des zähen, schwach gelblichen Öles in absol. A.; Platten; 1,2 g (Ausbeute). — *Pyrooxodelphinin*, $C_{30}H_{37}O_8N$, F. 248—251°, durch 20 Min. lange Pyrolyse von 1,2 g **II** bei 245°, Lösen des Kristallbreies in Chlf., Waschen, Trocknen, Abdest. u. Kristallisation des Öles aus CH_3OH zu kleinen flachen Prismen; $[\alpha]_D^{20}$ +169° (c = 0,68; 95%ig. CH_3OH); 650 mg. — *Pyrooxodelphonin*, $C_{23}H_{33}O_7N$, F. 123—126°, durch Verseifung von 900 mg vorst. Verb. mit methanol. NaOH; 485 mg schwach gelbes Harz, das sich bei der Sublimation zersetzt. — *Dihydropyrooxodelphonin*, $C_{23}H_{35}O_7N$, durch Hydrierung vorst. Verb. in Eisessig mit H_2/PtO_2; sprödes Harz ohne scharfen Schmelzpunkt. — *Dihydroketosäure* $C_{23}H_{35}O_8N$, F. 134—136°, durch Oxydation vorst. Verb. in Eisessig mit KILIANscher Mischung, Verdünnen mit W., Extrahieren mit Chlf., Waschen, Trocknen u. Dest. des Extraktes; aus W. kleine Prismen; $[\alpha]_D^{20}$ +3,2° (c = 0,75; 50%ig. A.). — *O-Acetyldelphinin*, $C_{35}H_{47}O_{10}N$, F. 152° (Eisessig), aus 1,5 g **I**, 21 Tage mit Acetylchlorid im geschlossenen Rohr bei Zimmertemp.; Nadeln; 1,1 g. — *O-Acetyloxodelphinin*, $C_{34}H_{43}O_{11}N$, F. 140—141°, a) durch $KMnO_4$-Oxydation von 1 g vorst. Verb. in Aceton; aus Eisessig zu Rosetten vereinigte Nadeln; 635 mg; b) durch Acetylierung von 500 mg **II** mit Acetylchlorid im Rohr; 305 mg. — *Triacetyloxodelphonin*, $C_{29}H_{41}O_{11}N$, F. 72° (Eisessig), a) aus 130 mg **III** u. Acetylchlorid; krist. warzenförmig; 85 mg; b) aus 700 mg *Triacetyldelphonin* analog vorst. Verb. nach a); krist. drüsenförmig; 335 mg. — *Oxodelphinin* (**II**), $C_{32}H_{41}O_{10}N$, F. 223—224° (absol. A.), aus 5 g **I** in 500 ml Aceton + 5 ml Eisessig + 3 g $KMnO_4$ innerhalb 45 Min. unter Rühren bei Zimmertemp., Erwärmen auf 40° u. Zugabe weiterer 1,2 g $KMnO_4$, 12std. Stehen, Verdünnen mit W. u. Zugabe von 50 ml 10%ig. H_2SO_4; aus der sauren Acetonlsg. durch Ae.-Extraktion 2. Fraktion; die Einheitlichkeit des Materials wurde chromatograph. nachgewiesen; der bei der Oxydation aufgetretene KCNO wurde als HCHO-Dimedon nachgewiesen; flache Nadeln; 1,9 g. — *Oxodelphonin* (**III**), F. 83—85°, aus 0,4 g Delphonin analog vorst. Verb.; 229,5 mg. — *Äthyldehydronordelphinin*, $C_{34}H_{45}O_9N$, F. 197 bis 201°, durch Rk. von 0,5 g **II** in absol. Ae. mit 3 ml äther. C_2H_5MgBr, ½std. Kochen, Zers. mit verd. H_2SO_4, Alkalisieren u. Aufnehmen in Ae.; sprödes Harz; 402 mg. — *Äthyldehydronordelphonin*, $C_{25}H_{39}O_7N$, F. 96°, a) aus 450 mg **III** wie vorst., Harz; 315 mg; b) durch 3std. Kochen von 300 mg vorst. Verb. in 10 ml CH_3OH u. 2 ml 2n NaOH, Abdest. des CH_3OH, Zugabe von W., Chloroformextraktion, Entfernen der Base aus dem Extrakt mit verd. H_2SO_4, Alkalisieren u. Perforation mit Ae.; hellgelber spröder Schaum; 103 mg. — *Äthylhexahydronordelphinin*, $Kp._{0,6}$ 121°, aus 100 mg vorvorst. Verb. mit H_2/PtO_2 in absol. A. + Eisessig; Öl; 89 mg. — *Äthylnordelphonin*, $Kp._{0,7}$ 96°, aus 170 mg vorvorst. Verb. wie vorst.; Öl; 134 mg. — *Verb.* $C_{23}H_{31}O_8N$, F. 218,5—219° (CH_3OH), aus **III** u. äther. Phenyl-MgBr, anschließend Kochen; Einheitlichkeit chromatograph. an Al_2O_3 bewiesen; Harz. — *Nordelphonin*, $C_{23}H_{37}O_7N$, F. 230°, durch Zutropfen einer Lsg. von 150 mg **II** in 50 ml absol. Tetrahydrofuran zu 1 g $LiAlH_4$ in 60 ml absol. Tetrahydrofuran innerhalb 45 Min. unter N_2, Einengen des Filtrats im Vakuum, Ausschütteln mit verd. H_2SO_4, Alkalisieren, Ae.-Perforation, Trocknen u. Abdampfen des Ae.; feine Nadeln; 108 mg. — *Delphonin*, F. 78°, durch Kochen von 75 mg vorst. Verb. in 5 ml W. + 50 mg CH_3J + Spatelspritze Soda, Auskochen des Filtrats mit Ae., Aufnehmen der methylierten Base in 2n H_2SO_4, Alkalisieren u. Perforieren mit Ae.; feinkrist. Pulver; 62 mg. (Liebigs Ann. Chem. **590**. 155—72. 16/12. 1954. Freiburg/Br., Univ., Pharmazeut. Inst.) W. HUNGER. 3500

René Lombard und **Jean Adam**, *Kondensation des Limonens mit Form- und Benzaldehyd in Gegenwart saurer Katalysatoren.* Vorliegende Arbeit stellt eine Anwendung u. Erweiterung der Rk. von PRINS [1932 u. früher], der Kondensation von Olefinen mit CH_2O dar. Vff. kondensierten Limonen (**I**; $[\alpha]_{Dj}$ +126°; $D.^{20}_{4}$ 0,842) mit Paraformaldehyd unter folgenden Bedingungen: 1. In Ggw. von $ZnCl_2$ bei 100—140° während 4—5 Std. → 25% eines Gemisches vom $Kp._{12}$ 115—130°, $[\alpha]_j$ ± 31° ($[Kp._{12}]$ 115—121°: $[D.^{20}_4]$ 0,9468; $[n_D^{20}]$ 1,489; [AZ.] 191. — 122—130°: 0,9564; 1,501; 237) (**A**). — Wie vorst. + Acetanhydrid u. Verseifung des Acetatgemisches (30%) → ein mit **A** ident. Gemisch **B**. — 2. In Ggw. von H_2SO_4 in Eisessig zwischen 15—0°, Stehen über Nacht u. Verseifung → 25% eines Gemisches vom $Kp._1$ 94—125° ($[Kp._1]$ 94—110°: 0,950; 1,501; 218. — 110—120°: 0,976; 1,508; 192,5. — 120—125°: 0,969; 1,510; 156,1) (**C**). — Wie vorst. in Acetanhydrid anstatt Eisessig u. Verseifung des Estergemisches ($Kp._{1-2}$ 102—110°; VZ. 227) → Gemisch **D**. Zum Vgl. kondensierten Vff. Menthen-(8,9) (**II**) u. Carvomenthen (**III**) unter den in 1 genannten Bedingungen mit CH_2O u. erhielten mit **II** ein dem **B** analoges Gemisch, das also nur durch Rk. der nichtcycl. Doppelbindung entstehen kann. Funktionsprüfung, Kp. u. bes. das RAMAN-Spektr. sprechen dafür, daß **B** (bzw. **A**) ein Gemisch folgender Alkohole ist: *9-Oxymethyllimonen-(8,9)*, *-limonen-(8,10)*, *-terpinolen*, *-α-terpinen* u. *9-Methylen-α-terpineol* (**IV**). — Unter den in 2 genannten Bedingungen liefert **II** (nach Verseifung) 15% eines Alkoholgemisches vom $Kp._1$ 115—125° (AZ. 234) u. **III** (ohne Verseifung) 25—30% eines Acetat-Alkohols-Gemisches vom $Kp._2$ 95—145° (VZ. 162). Danach reagiert in Ggw. von H_2SO_4 auch die cycl. Doppelbindung u. es entstehen wie oben durch Allylumlagerung, Wanderung von Doppelbindungen usw. zusätzlich die 3 isomeren Alkohole *2-Oxymethyllimonen-(1,2)* (**V**), *-limonen-(1,6)* (**VI**) u. *-menthadien-(1,7;8,9)* (**VII**). **A** u. **B** enthalten **V**—**VII** nicht; **B** u. **D** sind ärmer an **IV** als **A** u. **C**, da sich die Anteile der tert. Alkohole bei der Dest. teilweise zersetzen. — **B** läßt sich in Ggw. von RANEY-Ni bei 100° u. 120 kg unter Absättigung beider Doppelbindungen hydrieren. Das Hydrierungsgemisch liefert bei Chromsäureoxydation *p-Menthancarbonsäure-(9)*, die als Cyclohexylammoniumsalz isoliert wurde. Unter der Wrkg. von HCl gibt **B** eine Verb. $C_{11}H_{18}O$ (?) ($Kp._{760}$ 222—225°, $Kp._1$ 87—89°; $D.^{20}_4$ 0,920; n_D^{20} 1,488) von campherartigem Geruch, die eine Ferrocyanidverb. liefert u. vermutlich einen cycl. Äther noch ungeklärter Konst. darstellt. — Mit Benzaldehyd liefert **I** sowohl in Ggw. von $ZnCl_2$ (5—6 Std. bei 100—120°) wie auch H_2SO_4 (bei 5—10° über Nacht) eine *Verb.* $C_{17}H_{22}O$ [**VIII**; F. 93,5° (akt. Form; A.) bzw. 62—63° (Racemat), $Kp._{1-2}$ 125—130°; $[\alpha]_j$ ± 216° (+-Limonen → +-Form)], die bei energ. Hydrierung in die *Verb.* $C_{17}H_{24}O$ (F. 52°; $[\alpha]_j$ + 24,7°) übergeht, durch Chromsäureoxydation eine *Verb.* $C_{17}H_{20}O_2$ (F. 168 bis 170°; $[\alpha]_j$ + 445,5°) u. mit $KMnO_4$ Benzoesäure liefert. Konz. alkoh. HCl bewirkt bei n. Temp. Spaltung von **VIII** in die Komponenten, ebenso 50%ig. H_2SO_4 bei 100° unter Verharzung. Vff. vermuten auch in **VIII** einen dem aus **B** erhaltenen analogen cycl. Äther, konnten aber die Konst. noch nicht aufklären. (Bull. Soc. chim. France, Mém. [5] **21**. 1216—20. Okt. 1954. Strasbourg, Fac. des Sci., Inst. de Chim.) J. RICHTER. 3600

D. H. R. Barton und **P. de Mayo**, *Sesquiterpenoide.* 7. Mitt. *Konstitution des Tenulins, eines neuen Sesquiterpenoidlactons.* (6. vgl. C. **1956**. 130.) Im *Tenulin* (**I**) aus *Helenium*-Arten wurde eine maskierte Acetylgruppe nachgewiesen, die sich bei kurzem Kochen mit W. zu einer echten, in dem Deriv. *Isotenulin* (**II**) mit gleichem Cyclopentenonsyst. umlagert. UV-Absorption u. die bei der Ozonolyse in neutralem Medium entstehende HCOOH sprechen für das Vorliegen einer Gruppierung OĊ·CH:C<. **I** enthält eine OH-Gruppe u. gab nicht, wie das OH-freie **II**, bei saurer Hydrolyse direkt 1 Mol Essigsäure, sondern erst nach alkal. Vorbehandlung. Die die Umlagerung auslösende CO-Gruppe ist die des Lactonrings, denn *Dihydrotenulin* (**III**; wie die meisten anderen Verbb. infrarotspektrograph. charakterisiert) u. sein *Oxim* werden leicht umgelagert zu *Dihydroisotenulin* (**IV**) u. seinem *Oxim*, u. das mit Acetanhydrid u. Na-Acetat aus **I** entstehende

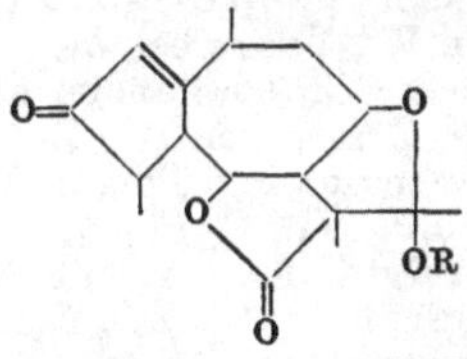

I R = H; Ia R = $(CH_2)_2OH$

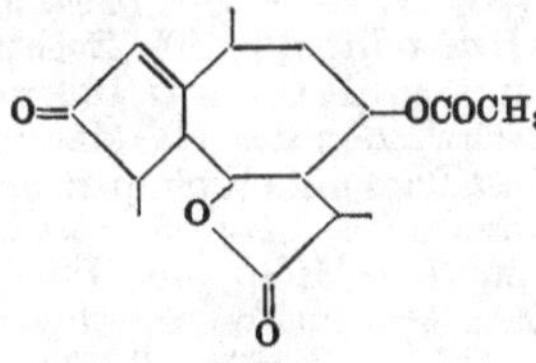

II

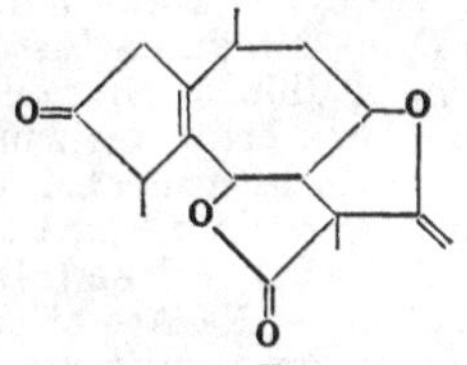

V

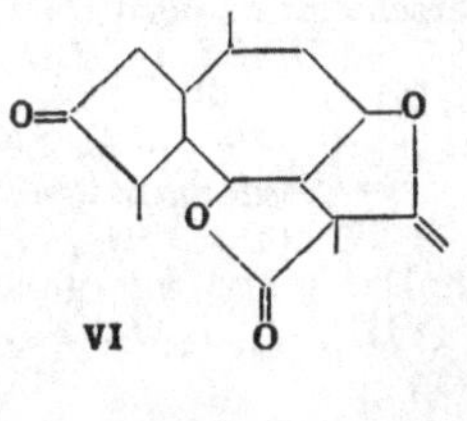

VI

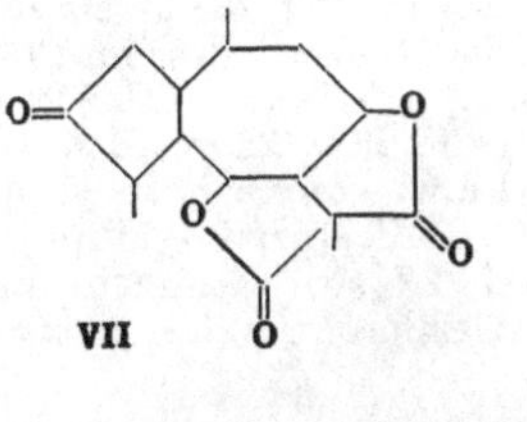

VII

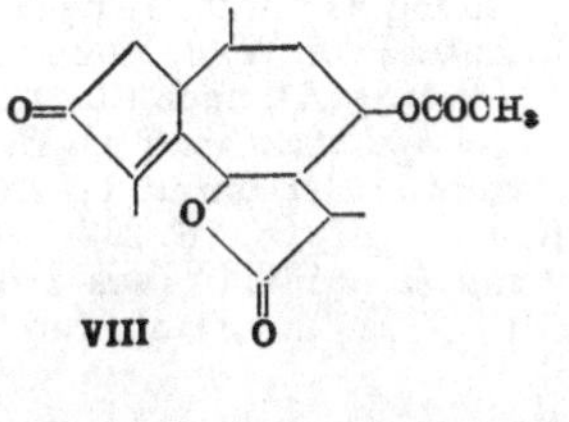

VIII

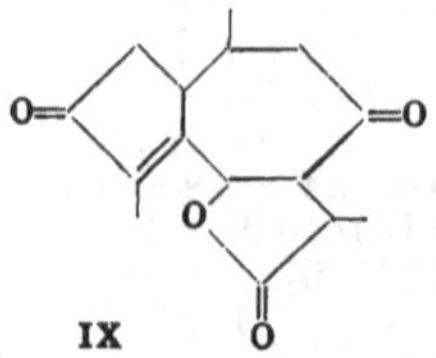

IX

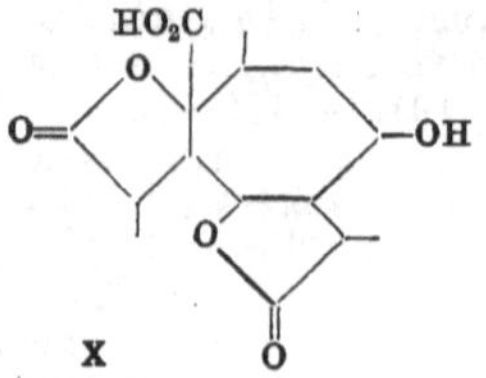

X

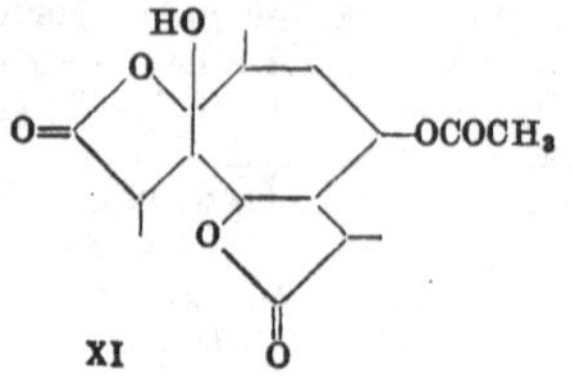

XI

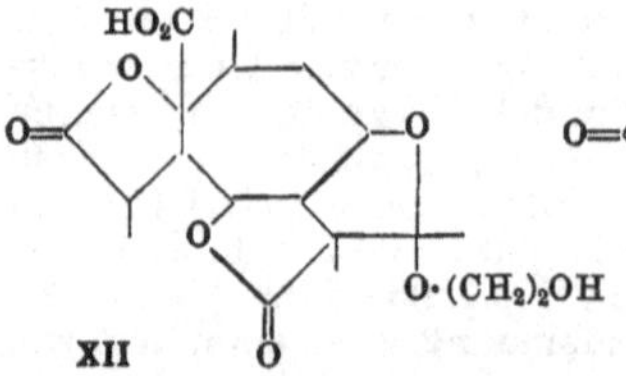

XII

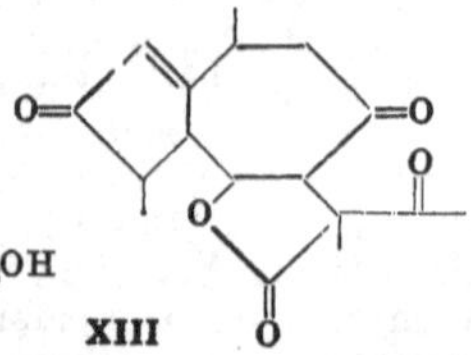

XIII

Pyrotenulin (**V** oder eine äquivalente β,γ-ungesätt. Struktur; vgl. CLARK, J. Amer. chem. Soc. **62.** [1940.] 579) verbraucht nur 1 Mol Alkali u. zeigt ein für die Vinylgruppe typ. Infrarotspektrum. **III** geht analog über in *Anhydrodihydrotenulin* (**VI**), das mit O_3 neben CH_2O das *Bis-γ-lacton* **VII** liefert. Die vollständige Struktur von **I** u. **II** wird bewiesen durch Dehydrierung des Reduktionsprod. von **II** (mit KBH_4) zu *Chamazulen* u. die des Reduktionsprod. von **IV** (mit $LiAlH_4$) zu *Linderazulen.* Die Struktur des Cyclopentenonringes wird bewiesen durch Behandeln von **I** mit $NaHCO_3$, wobei neben *Desacetylisotenulin* (**XIV**) ein neues konjugiertes Keton, *Desacetylneotenulin* (**VIIIa**) entsteht [acetylierbar zu *Neotenulin* (**VIII**)], das mit O_3 Essigsäure gibt; CrO_3 oxydiert **VIIIa** zu *Desacetyldehydroneotenulin* (**IX**). — Der *Methylester* der *Tenulinsäure* (**X**) ist oxydierbar zum *Dehydrotenulinsäuremethylester.* **II** gibt mit O_3 das *Lactol* **XI**. Äthylenglykol gibt mit **I** die Verb. **Ia**, oxydierbar zur *Säure* **XII** (vgl. CLARK, l. c.). Während **II** gegen CrO_3 in der Kälte beständig ist, wird **I** leicht zu *Dehydrotenulin* (**XIII**) oxydiert.

V e r s u c h e ($[\alpha] = [\alpha]_D$ in Chlf.): *Tenulin* (**I**), F. ~215° (unbestimmt), solvatisiert aus Bzl. (heiß) als derbe quadrat. Plättchen (F. 130—140°) oder aus Bzl. + PAe. (heiß) kleine Prismen oder (kalt) nichtsolvatisierte Nadeln; $[\alpha]_D$ —20° (c = 2,18; A.) bis —24° (c = 0,88); λ_{max} 226 mμ (ε = 7000). — *Dehydrotenulin* (**XIII**), $C_{17}H_{20}O_5$, Prismen (Bzl.), F. 203—205° (Aufschäumen), $[\alpha]_D$ —83° (c = 1,10), —81° (c = 0,97) u. —82° (c = 0,94 ; A.), λ_{max} 226 mμ (ε = 7500), aus **I** (240 mg) mit CrO_3 in Essigsäure (40 Min.), Chromatographie an Al_2O_3 u. Eluieren mit Bzl./Ae. (19:1); 50 mg (Ausbeute). — *Pyrotenulin* (**V**), F. 235—237° (Methanol), $[\alpha]$ —34° (c = 1,10), ε = 6400 bei 205 mμ, ε = 5200 bei 210 mμ, ε = 2100 bei 220 mμ, a) aus solvatiertem **I** durch Abtreiben des Bzl. unter N_2 bei 200°, weiteres Erhitzen auf 300° bis zum Aufhören der Gasentw. u. Chromatographie; b) aus **I** durch Kochen (50 Min.) mit Acetanhydrid + Na-Acetat u. übliche Aufarbeitung. — *Dihydrotenulin* (**III**), F. 184—186°, $[\alpha]_D$ +86° (c = 1,38), $[\alpha]_D$ +76° (c = 1,24—1,31; A.), nach CLARK (l. c.). *Oxim*, $C_{17}H_{25}O_5N$, F. 210—211° (Chlf. + Bzl.), $[\alpha]$ +54° (c = 1,38 u. 1,02). — *Isotenulin* (**II**), lange Nadeln, F. 160—161°, $[\alpha]$ +6° (c = 1,57), +4° (c = 1,44), $[\alpha]_D$ +9° (c = 1,14; A.), +8° (c = 0,83; A.), λ_{max} 226 mμ (ε = 7400), aus 600 mg **I** durch Kochen mit W. (2 Min.); 370 mg. — *Dihydroisotenulin* (**IV**), F. 148—149°, $[\alpha]$ +111° (c = 1,80), nach CLARK (l. c.). *Oxim*, $C_{17}H_{25}O_5N$, F. 174 bis 175,5° (Äthylacetat + PAe.), $[\alpha]$ +109° (c = 1,63). **IV** entsteht auch durch Kochen (2 Min.) von **III** mit W., Kühlen u. Kristallisieren aus Ae. + PAe.; das Oxim verhält sich analog. — *Lactol* **XI**, $C_{16}H_{22}O_7$, F. 233—236° (wss. Methanol), $[\alpha]$ +64° (c = 1,00), aus **II** in Chlf. durch $^3/_4$std. O_3-Behandlung bei 0°, Zusatz von W., Vertreiben des Chlf., Lösen in Chlf. u. Extrahieren mit $NaHCO_3$. Aus 100 mg **II** in CCl_4 entstanden durch Ozonisieren bei 0° bis zum Verschwinden des UV-Maximums, Zusatz von W., Dest. u. Behandeln des neutralisierten Destillats mit alkoh. p-Bromphenacylbromid 8 mg *p-Bromphenacylformiat.* **I** verhält sich analog. — *Anhydrodihydrotenulin* (**VI**), $C_{17}H_{22}O_4$, F. 173 bis 175° (Bzl. + PAe.), $[\alpha]$ +55° (c = 1,50), aus **III** durch 7std. Kochen mit Acetanhydrid + Na-Acetat, übliches Aufarbeiten u. Chromatographie; Rk. mit $C(NO_2)_4$ stark positiv. — *Dilacton* **VII**, $C_{16}H_{20}O_5$, F. 256—258° (Methanol), $[\alpha]$ +82° (c = 1,49), aus 130 mg **VI** durch O_3-Behandlung in Chlf. bei 0° bis zum Verschwinden der $C(NO_2)_4$-Rk., Zusatz von W. u. Isolierung des Rückstandes; im Destillat 6 mg *Dimedon-CH_2O.* — *Tenulinsäure* (**X**), nach CLARK (l. c.). *Methylester*, F. 206—208°, $[\alpha]$ +81° (c = 1,00). — *Methyldehydrotenulinat*, $C_{16}H_{20}O_7$, F. 228—229° (Bzl. + PAe.), $[\alpha]$ —9° (c = 2,04), aus vorst. Ester durch 1½std. Einw. von CrO_3 in Essigsäure. — *Desacetylneotenulin* (**VIIIa**), $C_{15}H_{20}O_4$, F. 239—242° (Chlf. + Bzl. + PAe.), $[\alpha]$ —27° (c = 1,04), λ_{max} 240 mμ (ε = 16000), aus **I** durch 2½std. Erhitzen auf dem Dampfbad mit gesätt. $NaHCO_3$-Lsg. u. Extrahieren mit Chloroform. — *Neotenulin* (**VIII**), $C_{17}H_{22}O_5$, F. 193

bis 193,5° (wss. Methanol), [α] —23° (c = 0,93), λ_{max} 239 mμ (ε = 15000), aus **VIIIa** durch Acetylieren. — *Desacetylisotenulin* (**XIV**), F. 251—253°, [α] —20° (c = 1,09), λ_{max} 225 mμ (ε = 8500), durch Chromatographie der Mutterlaugen von **VIIIa** über Al_2O_3 u. Eluieren mit Benzol. — **VIIIa** (96 mg), 4 Std. bei 0° mit O_3 bis zum Verschwinden des UV-Absorptionsmaximums behandelt u. nach Zusatz von W. dest., gab 27 mg *p-Bromphenacylacetat*, $C_{10}H_9O_3Br$. — *Desacetyldehydroneotenulin* (**IX**), $C_{15}H_{18}O_4$, F. 178—182° (Bzl. + PAe.), [α] —164° (c = 1,30), λ_{max} 245 mμ (ε = 12000), ε = 6000 bei 229 u. 257 mμ, aus **VIIIa** mit CrO_3 in Essigsäure (1 Std.); wird durch 1std. Erwärmen mit Zn u. Essigsäure nicht verändert. — *Desacetyldehydroisotenulin*, $C_{15}H_{18}O_4$, Plättchen (Bzl. + PAe.), F. 223—224°, [α] —209° (c = 0,90), λ_{max} 228 mμ (ε = 8000), aus **XIV** mit CrO_3 in Essigsäure (1½ Liter). — *Desacetyldihydroisotenulin*, F. 202—203°, [α] +151° (c = 0,80), aus 48 mg **IV** durch 2std. Kochen mit W. u. gesätt. $NaHCO_3$-Lsg.; 280 mg. *2.4-Dinitrophenylhydrazon*, $C_{21}H_{26}O_7N_4$, F. 276—277° (Methanol). *Oxim*, $C_{15}H_{23}O_4N$, F. 246 bis 248° (Methanol). — *Chamazulen*, aus 1,5 g **II** in A. durch Behandeln mit KBH_4 in W. (1 Std.), ¼std. Dehydrieren in 100 mg-Anteilen mit 10%ig. Pd-Kohle bei 320° unter N_2, Filtrieren der PAe.-Lsg. des Gesamtprod. über Al_2O_3, Extrahieren der Azulenfraktion mit 90%ig. H_3PO_4 u. Aufnehmen in PAe. nach Wasserzusatz; 3 mg. — *Linderazulen*, aus **IV** (aus 1,7 g **II**) durch 2std. Kochen mit $LiAlH_4$ in Ae., Zers. mit Äthylacetat u. verd. HCl u. Extrahieren mit Chlf. u. Ae.; der halbkrist. Rückstand (1,3 g) wie vorst. dehydriert u. aufgearbeitet, gab 1,5 mg. *1.3.5-Trinitrobenzoladdukt*, F. 155 bis 157° (starke Depression mit dem Addukt von S-Guajazulen, F. 150—152°). (J. chem. Soc. [London] **1956**. 142—49. Jan. London, Birkbeck Coll.; Glasgow, Univ.)

W. SCHULENBURG. 3600

Jen-Hung Chu und **Yun-Lee Chou**, *Das Saponin aus der chinesischen Droge Pai-t'ou-wung, Anemone chinensis Bunge.* Aus der chines. Droge Pai-t'ou-wung, die gegen Fieber u. Dysenterie wirksam ist, werden eine *neutrale Substanz* $C_{30}H_{52}O_{10}$, F. 228—232° (Nadeln aus Dioxan—A.), u. ein *Saponin* $C_{45}H_{76}O_{20}$ (**I**), F. 220—230° (Zers.), $[\alpha]_D^{25}$ —40°, in 9%ig. Ausbeute isoliert. **I** ist in W. u. Methanol leicht lösl. u. zeigt violettblaue Färbung mit konz. H_2SO_4. **I** gibt durch Hydrolyse mit 5%ig. H_2SO_4 oder methanol. 1%ig. HCl *Glucose* u. ein *Sapogenin* (**II**), F. 284° (kugelförmige Kristalle aus Dioxan oder Methanol—A.), $[\alpha]^{17}_D$ +35,1°. **II** zeigt rotviolette LIEBERMANN-Reaktion. *Acetylderiv. von* **II**, $C_{29}H_{46}O_5$, F. 253°, Prismen aus A.—Methanol. Für **I** u. **II** werden die Bezeichnungen *Anemosaponin* bzw. *Anemosapogenin* vorgeschlagen. (Acta chim. sinica **21**. 328—31. 1955. Shanghai, Acad. Sinica, Inst. of Materia Med. [Orig.: chines., Auszug: engl.])

E. MAEKAWA. 3650

Harold Werbin, Robert Bookchin und **Ann Palm**, *Steroid-α-naphthylurethane.* Sieben *Steroid-α-naphthylurethane* wurden dargestellt u. ihre Absorptionsbanden u. Extinktionskoeffizienten bestimmt. Durch Kochen mit Na-Methylatlsg. werden sie gespalten in die entsprechenden *Steroide* u. *Methyl-α-naphthylurethan*, F. 121—122° (Ligroin).

Versuche: *Steroid-α-naphthylurethane* aus den Steroiden u. α-Naphthylisocyanat in Bzl. in Ggw. von Pyridin (1 Std. unter Rückfluß): *Dehydroepiandrosteron-*, $C_{30}H_{35} \cdot O_3N$, F. 234—235° (Bzl./A.); 97% (Ausbeute). — *Ätiocholan-17β-ol-3-on-*, $C_{30}H_{37}O_3N$, F. 229—231° (Bzl./A.); 91%. — *Δ⁵-Pregnenolon-*, $C_{32}H_{39}O_3N$, F. 222—223° (Aceton); 95%. — *Desoxycorticosteron-*, $C_{32}H_{37}O_4N$, F. 215—218° (Aceton); 84%. — *Testosteron-*, $C_{30}H_{35}O_3N$, F. 258—259° (Toluol/A.); 100%. *β-Cholestanol-*, $C_{38}H_{55}O_2N$, F. 156—157° (Ligroin); 75% — *Cholesterin-*, F. 169° (Ligroin); 100%. (J. Amer. chem. Soc. **77**. 4431—32. 20/8. 1955. Chicago, Ill., Univ., Argonne Cancer Res. Hosp., Dep. of Med., u. Inst. of Technol., Dep. of Chem.) WALTER SIMON. 3700

R. S. Rosenfeld und **T. F. Gallagher**, *Desacetoxylierung von Steroiden, die im Ring C Ketolacetatgruppen enthalten.* Bei der Rk. von 3α.11β-Diacetoxy-12-ketocholansäuremethylester u. 3α.12α-Diacetoxy-11-ketocholansäuremethylester mit Zn in Eisessig entstehen in guten Ausbeuten *3α-Acetoxy-12-ketocholansäuremethylester* u. *3α-Acetoxy-11-ketocholansäuremethylester*, während bei den gleichen Rkk. von 3α.11α-Diacetoxy-12-ketocholansäuremethylester u. 3α.12β-Diacetoxy-11-ketocholansäuremethylester die entsprechenden *Monoacetoxyketocholansäureester* in wesentlich geringerer Ausbeute entstehen. — Bei der Hydrolyse von Dibromhecogeninacetat (**I**) mit verd. Alkali u. Rk. des acetylierten Hydrolyseprod. mit Zn/Eisessig entstehen *Hecogeninacetat* u. *3β.11-Diacetoxy-5α.22a-spirostan-12-on*; letztere Verb. geht bei energ. Hydrolyse in *11-Ketorockogenin* über.

Versuche (FF. korr.): *3α-Acetoxy-12-ketocholansäuremethylester*, F. 150—152° (CH_3OH), a) aus 3α.11β-Diacetoxy-12-ketocholansäuremethylester u. Zn-Staub in Eisessig (7 Std. unter Rückfluß); 64% (Ausbeute); b) aus dem gleichen Ester u. Zn-Staub in Essigsäureanhydrid (20 Std. unter Rückfluß); 32%; c) aus 3α.11α-Diacetoxy-12-ketocholansäuremethylester u. Zn-Staub in Eisessig (24 Std. unter Rückfluß); 28%; $[\alpha]_D$ +107° (Chlf.). — *3α-Acetoxy-11-ketocholansäuremethylester*, F. 131—132° (CH_3OH), aus

3α.12α-Diacetoxy-11-ketocholansäuremethylester oder 3α.12β-Diacetoxy-11-ketocholansäuremethylester u. Zn-Staub in Eisessig (24 Std. unter Rückfluß); $[\alpha]_D$ +66° (Chlf.); 42 bzw. 7%. — *11α.23-Dibrom-3β-acetoxy-5α.22a-spirostan-12-on* (I; *Dibromhecogeninacetat*), $C_{29}H_{42}O_5Br_2$, F. 179—180° (Zers.), aus Äthylacetat rechteckige Platten, $[\alpha]_D$ —37° (Chlf.). — *3β-Acetoxy-5α.22a-spirostan-12-on* (*Hecogeninacetat*), $C_{29}H_{44}O_5$, F. 245 bis 247°, aus vorst. Verb. durch Hydrolyse mit alkoh.-aceton. KOH bei 28°, Acetylierung des Hydrolysates mit Essigsäureanhydrid in Ggw. von $HClO_4$, 9std. Kochen der Acetylverb. mit Zn-Staub in Eisessig u. Al_2O_3-Chromatographie; Nadeln aus Äthylacetat, $[\alpha]_D$ +1,1° (Chlf.). — *3β.11-Diacetoxy-5α.22a-spirostan-12-on*, $C_{31}H_{46}O_7$, neben vorst. Verb.; krist. mit 1 Mol Methanol, $C_{31}H_{46}O_7 \cdot CH_3OH$, F. 138—139°, faserige Nadeln, $[\alpha]_D$ +39° (Chlf.), Infrarotspektrum. *Desacetoxyoxim*, $C_{29}H_{45}O_6N$, F. 199—201°. *11-Ketorockogenin*, F. 209—210°, aus vorst. Verb. u. alkoh. KOH (4 Std. unter Rückfluß); 92%. *Diacetat* (*3β.12β-Diacetoxy-5α.22a-spirostan-11-on*), F. 221—224°, aus I u. alkoh. KOH (20 Std. bei Zimmertemp.), Acetylierung u. Red. mit Zn/Eisessig; 92%. (J. Amer. chem. Soc. **77**. 4367—70. 20/8. 1955. New York, N. Y., Sloan-Kettering Inst. for Cancer Res.)

WALTER SIMON. 3700

Hershel L. Herzog, Constance C. Payne, Margaret A. Jevnik, David Gould, Elliot L. Shapiro, Eugene P. Oliveto und E. B. Hershberg, *11-Oxydierte Steroide.* 13. Mitt. *Synthese und Strukturbeweis von Δ$^{1.4}$-Pregnadien-17α.21-diol-3.11.20-trion und Δ$^{1.4}$-Pregnadien-11β.17α.21-triol-3.20-dion.* (12. vgl. OLIVETO u. Mitarbeiter, C. **1956**. 3587.) Vff. erhalten aus Pregnan-17α.21-diol-3.11.20-trion-21-acetat (I) u. aus Allopregnan-17α.21-diol-3.11.20-trion-21-acetat *Δ$^{1.4}$-Pregnadien-17α.21-diol-3.11.20-trion* (III). III wurde in Aceton/CH_3OH mit konz. HCl zu einer Verb. umgelagert, die auf Grund ihres Infrarotspektr. *Δ$^{1.4}$-Pregnadien-21-al-3.11.20-triondimethylacetal* ist. Die Darst. von *Δ$^{1.4}$-Pregnadien-11β.17α.21-triol-3.20-dion* (V) aus III nach der Meth. von WENDLER u. Mitarbeitern (C. **1956**. 8099) durch Red. des III-*3.20-Disemicarbazons* mit KBH_4 zu *Δ$^{1.4}$-Pregnadien-11β.17α.21-triol-3.20-disemicarbazon* gelang nur, wenn letztes mittels HNO_2 hydrolysiert wurde. Die Strukturen von III u. V wurden durch Oxydation zu *Δ$^{1.4}$-Androstadien-3.11.17-trion* bewiesen, das aus III direkt mit $NaBiO_3$ u. aus V mit $NaBiO_3$ über *Δ$^{1.4}$-Androstadien-11β-ol-3.17-dion* erhalten wurde.

V e r s u c h e (FF. korr.): *Δ$^{1.4}$-Pregnadien-17α.21-diol-3.11.20-trion-21-acetat* (II), $C_{23}H_{28}O_6$, F. 226—232° (Zers.; Aceton/Hexan), a) aus 20 g I in Eisessig u. Br_2 durch 4½std. Rühren bei Raumtemp., Gießen in W. u. Extraktion des öligen *Dibromids* von II (28 g) mit CH_2Cl_2, dann 30 Min. Kochen des Dibromids mit Kollidin, Lösen des Eindampfrückstandes in Ae.–CH_2Cl_2 u. chromatograph. Reinigung an Florisil; 2,4 g (Ausbeute); b) durch ½std. Kochen von Kollidin u. 1 g 2.4-Dibromalloallopregnan-17α.21-diol-3.11.20-trion-21-acetat [$C_{23}H_{30}O_6Br_2$, F. 130—135° (Zers.); $[\alpha]_D^{25}$ +92° (Chlf.); vgl. ROSENKRANZ u. Mitarbeiter (C. **1953**. 8616)], dann analog a); 0,09 g; c) aus 0,5 g IV u. CrO_3 in Pyridin bei 0—5° u. Rühren über Nacht bei Raumtemp., Zugabe von wss. Na_2SO_3-Lsg. unter weiterem 2std. Rühren, Zugabe von W., Ansäuern, Extraktion mit CH_2Cl_2 u. Reinigung analog a); 290 mg; $[\alpha]_D^{25}$ +186° (Dioxan). — *Δ$^{1.4}$-Pregnadien-17α.21-diol-3.11.20-trion* (III), $C_{21}H_{26}O_5$, F. 233—235° (Zers.; Aceton/Hexan), aus 0,12 g II in CH_3OH u. wss. $KHCO_3$ durch 3 Min. Kochen), Neutralisieren mit verd. HCl, Extraktion mit CH_2Cl_2 u. Reinigung analog II; $[\alpha]_D^{25}$ +172° (Dioxan). *3.20-Disemicarbazon*, $C_{23}H_{32}O_5N_6$, F. 270—280° (Zers.; amorph), aus 3,6 g III in Methanol u. wss. Semicarbazidhydrochloridlsg. durch Kochen über Nacht; 3,82 g. — *Δ$^{1.4}$-Pregnadien-11β-17α.21-triol-3.20-disemicarbazon*, F. >350°, aus 5,9 g vorst. Disemicarbazons in Tetrahydrofuran/W. u. KBH_4 durch Kochen über Nacht unter Rühren; 5,08 g. — *Δ$^{1.4}$-Pregnadien-11β.17α.21-triol-3.20-dion* (V), $C_{21}H_{28}O_5$, F. 240—241° (Zers.; Aceton/Hexan), durch Zugabe von $NaNO_2$ zu vorst. Verb. in verd. HCl innerhalb von 15 Min. bei 23° u. ½std. Rühren, Zugabe von Harnstoff in W. innerhalb von 8 Min. u. weitere 15 Min. Rühren, Neutralisieren mit 15%ig. NaOH u. Reinigung analog II; $[\alpha]_D^{25}$ +102° (Dioxan); 46%. *21-Acetat* (IV), $C_{23}H_{30}O_6$, F. 237—239° (Zers.; Aceton/Hexan), durch Stehen über Nacht von 0,85 g V in Pyridin u. Acetanhydrid bei Raumtemp.; $[\alpha]_D^{25}$ +116° (Dioxan); 0,45 g. — *Δ$^{1.4}$-Pregnadien-21-al-3.11.20-triondimethylacetal*, $C_{23}H_{30}O_5$, F. 157—159°, aus 0,72 g III in Aceton/CH_3OH u. konz. HCl bei 25°, 24std. Stehen bei Raumtemp., Neutralisieren mit 15%ig. NaOH u. Extraktion des eingedampften Filtrats mit CH_2Cl_2; $\alpha]_D^{25}$ +20°° (Dioxan); 400 mg. — *Δ$^{1.4}$-Androstadien-11β-ol-3.17-dion*, $C_{19}H_{24}O_3$, F. 181 bis 182° (CH_2Cl_2/Hexan), durch Rühren von 1 g V in wss. Essigsäure u. $NaBiO_3$ über Nacht bei Raumtemp., Extraktion mit CH_2Cl_2 u. Reinigung analog II; $[\alpha]_D^{25}$ +138° (Aceton); 0,5 g. — *Δ$^{1.4}$-Androstadien-3.11.17-trion*, $C_{19}H_{22}O_3$, F. 195—196° (Ae.), a) aus 0,06 g vorst. Verb. in Eisessig u. CrO_3 in W. (3 Std. bei Raumtemp.), Gießen in Eiswasser u. Extraktion mit CH_2Cl_2; 0,04 g; b) aus 1 g III analog vorst. Verb.; 0,45 g; c) durch Zugabe von 3 g nachst. Verb. zu sd. Kollidin, 25 Min. Kochen, Verdünnen mit Ae. u. Reinigung analog II; $[\alpha]_D^{25}$ +232° (Aceton); 110 mg. — *2.4-Dibromätiocholan-3.11.17-trion*, F. 191—192° (Zers.), durch Zugabe von Br_2 in Eisessig zu einer Lsg. von 4 g Ätiocholan-3.11.17-trion in Eisessig in Ggw. von HBr bei 15°, 15 Min. Rühren, Zugabe von W. u. Extraktion mit CH_2Cl_2; 4,67 g. — Die Infrarotspektren werden angegeben. (J. Amer. chem. Soc. **77.** 4781—84. 20/9. 1955. Bloomfield, N. J., Schering Corp., Chem. Res. and Developm. Div.) S. TODT. 3750

D. Pitrè, *Neuere Fortschritte beim Studium der chemischen Struktur von Neomycin A.* Übersicht über Gewinnung, Eigg., Rkk. u. Struktur von *Neomycin A*, F. 250—260°; $[\alpha]_D^{25}$ +83° (1% in W.). (Farmaco [Pavia] **6.** 246—48. März/April 1951.) G. PLATZER. 3900

D. E. Hathway, *Chromatographische und spektroskopische Eigenschaften der Ellagsäure und ihr Vorkommen in Dicotyledonen.* Das Vork. von *Ellagsäure* (I) in vielen Dicotyledonen wurde bestätigt u. in 5 *Terminalia*-Arten neu gefunden. Zur einwandfreien Identifizierung werden die R_F-Werte für I u. *Flavellagsäure* (II) bei der Papierchromatographie mit verschied. Lösungsmittelgemischen (z. B. W./Formamid, p_H 3,5) angegeben. Die Maxima der Absorptionsspektren u. die Infrarotbanden wurden gemessen u. diskutiert. Die elektrometr. Titration zeigte, daß in kaltem Alkali keine Ringspaltung eintritt. (Nature [London] **177.** 747—48. 21/4. 1956. Egham, Surrey, Brit. Leather Mfg Res. Assoc.) A. DILLMANN. 3950

M. Pailer, L. Belohlav und E. Simonitsch, *Pflanzliche Naturstoffe mit einer Nitrogruppe. Die Konstitution der Aristolochiasäure.* Kurzer Vortragsbericht über die in *Aristolochia clematis L.* vorkommende *Aristolochiasäure* (I), $C_{17}H_{11}O_7N$. Nach den von Vff. durchgeführten Unterss. (vgl. C. **1956.** 12012) handelt es sich bei I um *3.4-Methylendioxy-8-methoxy-10-nitrophenanthrencarbonsäure-(1).* (Angew. Chem. **68.** 386. 7/6. 1956. Wien.) K. ZOPFF. 3950

F. M. Huennekens und **G. L. Kilgour,** *Flavinnucleotide und Flavoproteine.* 3. Mitt. *Eine neue chemische Synthese von Flavinadenindinucleotid und Analogen.* (2. vgl. C. **1955.** 11223.) Die Pyrophosphatbindung von *Flavinadenindinucleotid* (I; FAD) wurde direkt, ohne Einführung schützender Gruppen, durch Abspaltung von W. aus *Riboflavin-5'-phosphat* (II; FMN) u. *Adenosin-5'-monophosphat* (III; AMP) erhalten: 200 mg II-Na-Salz u. 800 mg III wurden in W.–Pyridin (2 : 10) mit 8 g Di-p-tolylcarbodiimid (IV) in Pyridin 24 Std. im Dunkeln geschüttelt, unlösl. IV u. Di-p-tolylharnstoff abgetrennt, das Filtrat wurde durch Lyophilisierung konz.; Papierchromatographie an MUNKTELL-, CREMER-TISELIUS-Papier mit n-Butanol–Essigsäure–W. (4 : 1 : 5) ergab als langsamste Komponente I, das mit W. eluiert u. lyophil getrocknet durch 2malige weitere Papierchromatographie mit tert.-Butanol–W. (60 : 40) u. abschließend über das Uranylsalz gereinigt wurde. Als Hauptprod. entsteht bei der Rk. *Riboflavin-4'.5'-phosphat* (V). Mit dem reaktionsfähigeren *Dicyclohexylcarbodiimid* an Stelle von IV entsteht ausschließlich V. *Flavininosindinucleotid* (VI; FID) wurde analog aus II u. Inosin-5'-phosphat (IMP) erhalten. VI besitzt im D-Aminosäureoxydasesyst. keine Coenzymwirksamkeit. (J. Amer. chem. Soc. **77.** 6716—17. 20/12. 1955. Seattle, Wash., Univ., Dep. of Biochem.) K. MAIER. 3950

Anton v. Wacek, Wladimir Limontschew und **Franz Zeisler,** *Vergleichende Untersuchungen über die Haftfestigkeit von Methoxylgruppen verschiedener Ligninpräparate des Fichtenholzes.* Es wird die Beständigkeit der OCH_3-Gruppen von Acetonlignin (I) bzw. Methylalkohollignin (II) nach KLEINERT u. v. TAYENTHAL (C. **1931.** II. 2808) u. von Methanollignin (III) nach CRAMER, HUNTER u. HIBBERT (J. Amer. chem. Soc. **61.** [1939.] 509) gegen alkal. Hydrolyse mit 3%ig. KOH bei Zimmertemp. u. auf dem sd. Wasserbad durch Best. des abgespaltenen CH_3OH nach der Meth. von v. WACEK u. ZEISLER (Mikrochem. verein. Mikrochim. Acta **1955.** 29) untersucht. In allen Fällen war die Hydrolyse in der Kälte geringer (u. kam nach einiger Zeit prakt. zum Stillstand) als die in der Hitze, die bis zu einer Versuchszeit von 125—128 Std. langsam weiter fortschritt. Der Umfang der Hydrolyse nahm ebenso wie der OCH_3-Geh. der frischen Präpp. u. der Hydrolyserückstände in der Reihenfolge I $<$ II $<$ III zu. Bei einigen techn. Ligninpräpp. wurden geringe Unterschiede in der alkal. Hydrolysebeständigkeit gefunden, die jedoch keine Rückschlüsse auf die Eigg. der Präpp. zulassen. Die im Falle von I untersuchte Hydrolyse mit sd. wss. H_2SO_4 war bedeutend geringer als die alkal. Hydrolyse. (Chem. Ber. **89.** 447—53. 1956. Graz, TH, Institute für organ. Chem., chem. Technol. u. Holzchem.) H. G. FRÖHLICH. 3950

Friedrich Konrad Beilsteins Handbuch der organischen Chemie. Hrsg. u. bearb. von **Friedrich Richter.** 4. Aufl. Erg.-Werk 2. Die Literatur von 1920—1929 umfassend. Bd. 28. General-Sachregister f. d. Hauptwerk u. d. Erg.-Werke 1 u. 2. Bearb.: **Rudolf Ostertag, Irmgard Göhring** u. a. T. 2. H-Z. Berlin, Göttingen, Heidelberg: Springer. 1956. (VII + 1291—2474 S.) 4°. DM 424,—.

Else Brandt, Organische Chemie in Frage und Antwort. 5. durchges. Aufl. Leipzig: Barth. 1956. (115 S. m. 3 Abb.) 8°. DM 4,25.

Gertrud Woker, Die Chemie der natürlichen Alkaloide. Mit besonderer Berücksichtigung ihrer Biogenese. Lfg. 2. Stuttgart: Enke. 1956. (449—732 S. m. 1 Faltbl.) 8°. DM 56,—.

D. Makromolekulare Chemie.

Richard S. Stein, *Einige optische Untersuchungen der Struktur von festen Polymerisaten.* Zusammenfassende Übersicht über die opt. Methoden, wie Spannungsdoppelbrechung, Infrarotdichroismus, Lichtstreuung oder Röntgenstreuung, zur Aufklärung bestimmter Eigg. von Hochpolymeren im festen Zustand. (Nucleus **33.** 186—87. Mai 1956. Massachusetts, Univ., Dep. of Chem.) R. Schäff. 4000

Bruno H. Zimm, *Relaxationseffekte in hochpolymeren Lösungen.* (Vortrag.) Die meisten Relaxationseffekte in Polymerisatlsgg. hängen mit der Brownschen Bewegung zusammen. Es wird kurz aufgezeigt, inwieweit Modellvorstellungen zur rechner. Erfassung dieser Effekte beitrugen. So können die Intrinsicviscosität u. Strömungsdoppelbrechungsparameter u. ihre Abhängigkeit von der Frequenz für lineare u. verzweigte Moll. mit verschied. Mol.-Geww. ziemlich genau berechnet werden. (Nucleus **33.** 187. Mai 1956. Schenectady, N. Y., Knolls, Gen. Electric Res. Labor.) R. Schäff. 4000

O. Kratky, *Bestimmung der Gestalt von korpuskularen und fadenförmigen Makromolekülen nach der Röntgenkleinwinkelmethode.* Zusammenfassender Vortrag mit Diskussionsbemerkungen. (Z. Elektrochem., Ber. Bunsenges. physik. Chem. **60.** 245—61. 1956. Graz, Univ., Inst. für physikal. Chem.) C. Gottfried. 4000

H. L. Frisch und **V. Stannett,** *Löslichkeit von Gasen und Dämpfen in vernetzten Polymeren.* Vff. modifizieren die Barrersche Löslichkeitstheorie für Elastomere (vgl. Barrer u. Skirrow, J. Polymer Sci. **3.** [1948.] 564 u. früher), um sie auch auf das Sorptionsverh. von vernetzten Polymeren anwendbar zu machen, indem sie einmal einen Beitrag zur freien Energie der elast. Dehnung des Netzwerkes in Übereinstimmung mit den Ergebnissen von Flory u. Rehner u. außerdem den Einfl. einer (von Null abweichenden) konzentrationsabhängigen Verdünnungswärme auf die Sorptionsisotherme (S) in Rechnung stellen. Beide Korrekturen können zum Auftreten einer zweiwertigen S führen. (J. Polymer Sci. **13.** 131—36. Febr. 1954. Syracuse, N. Y., Syracuse Univ., u. State Univ., Coll. of Forestry, Dep. of Phys.) Walter Schulze. 4000

I. J. Lowe, L. O. Bowen und **R. E. Norberg,** *Kernmagnetische Relaxationszeiten in Polyäthylen.* (Sitzungsbericht.) (Physic. Rev. [2] **100.** 1243. 15/11. 1955. Washington Univ.) R. Stein. 4010

Ss. Ss. Wojutzki und **W. M. Samasi,** *Untersuchung des Klebens (Autohäsie) von Polyisobutylen.* Es werden die Ergebnisse von Verss. mitgeteilt, welche die von Wojutzki (vgl. C. **1950.** I. 1106) aufgestellte Diffusionstheorie der Selbstverklebung von Kunststoffen bestätigen. *Polyisobutylen* vom Mol.-Gew. 150000 wird auf Stoffstreifen aufgebracht u. nach Zusammenpressen von zwei so präparierten Streifen die Kraft bestimmt, die zum Auseinanderreißen nötig ist. Der Trennwiderstand hängt von der Schichtdicke des Polymerisates, der Kontaktzeit beim Zusammenpressen der Streifen, dem Preßdruck u. der Preßtemp. ab. Wiederholtes Zusammenkleben u. Auseinanderreißen ergibt gleichbleibende Haftfestigkeit, die Verss. sind also reproduzierbar. Nach der Formel von Arrhenius wird die Aktivierungsenergie für die *Autohäsie* von Polyisobutylen zu 2800 cal berechnet. (Доклады Академии Наук СССР [Ber. Akad. Wiss. UdSSR] [N. S.] **81.** 63—66. 1/11. 1951. Wiss. Zentralforschungsinst. für Kunststoffe.) K. Hörig. 4010

T. A. Barr und **H. B. Jenkins,** *Die Berechnung der Diffusionskoeffizienten von Polystyrolen aus Messungen des osmotischen Druckes.* (Sitzungsbericht.) (Physic. Rev. [2] **99.** 1631. 1/9. 1955. Univ. of Georgia.) R. Levi. 4010

H. Gerrens, *Über den Geleffekt bei der Emulsionspolymerisation von Styrol.* Die bei der Emulsionspolymerisation von *Styrol* beobachtete Beschleunigung der Polymerisation bei ca. 65% Umsatz (vgl. Bartholomé u. Mitarbeiter, Z. Elektrochem., Ber. Bunsenges. physik. Chem. **60.** [1956.] 334) wird durch einen Geleffekt verursacht. Zwischen diesem Effekt u. dem Umsatz U, dem Polymerisationsgrad P u. dem Vol. V der Latexteilchen liegen folgende Beziehungen vor: er ist proportional V u. P, umgekehrt proportional der Zeit t_1 zwischen 2 Eintritten eines Radikals in ein Latexteilchen u. nimmt mit steigender Temp. ab (Aktivierungsenergie −18,5 kcal/Mol). log (C'_R − 0,5) ist proportional U (C'_R = Radikalkonz. im Latexteilchen). Die gefundene Gleichung $\log (C'_R - 0{,}5) = \log [(V P/t_1)(18{,}5/e^{RT})] - 4{,}44 + 5{,}09 \cdot 10^{-2}\, U$ gibt den Reaktionsverlauf u. die Reaktionsbeschleunigung durch den Geleffekt auch bei Variation des Styrol/W.-Verhältnisses, der Katalysator- u. Seifenkonz. u. der Temp. befriedigend wieder. (Z. Elektrochem., Ber. Bunsenges. physik. Chem. **60.** 400—04. 1956. Ludwigshafen/Rh., Bad. Anilin- & Soda-Fabrik, Ammoniaklabor.) R. Schäff. 4010

I. G. Ssobolewa, N. W. Makletzowa und **Ss. Ss. Medwedew,** *Untersuchung der Struktur von Polymeren in Lösung in Gegenwart eines Fällungsmittels nach der Methode* *der Lichtstreuung.* Zur Best. der Dimensionen von linearem *Polystyrol* (**I**) u. *Butadien-Styrol-Copolymeren* (**II**) mit verschied. Verzweigungsgrad wird die Winkelverteilung der Lichtstreuung in Toluollsg. ohne u. mit Zusatz von Fällungsmitteln (FM) in einer Menge gemessen, die 2—3% unter der zur Fällung erforderlichen liegt: wasserfreies Methanol 25%, 95%ig. A. 21%, wasserfreies Butanol 49%, n-Heptan 110%. Nach DEBYE (C. **1951**. II. 3173) ist $H\ c/\tau = (1/M) + 2\ B\ c$ (H = von n_D der Lsg. u. des Lösungsm. abhängige opt. Konstante, c = Konz. g/ml, τ = Trübung·cm^{-1}, B = 2. Virialkoeff. in der Gleichung des osmot. Drucks, hier = 0, M = Mol.-Gew.). Bei **I** mit M = 1070000 ergibt sich der mittlere quadrat. Abstand zwischen den Kettenenden (h) in Toluol zu 1020 (Å), mit FM im Mittel 664 (565—695). Bei allen **I**-Fraktionen mit verschied. M ist h in reinem Toluol ca. 1,5mal größer als in der Nähe des Fällungspunktes. Die lineare Struktur des **I** ist durch niedrige Polymerisationstemp. (20° beim Umsatz U = 7,8% des Monomeren) gewährleistet. Die untersuchten **II** sind in Emulsion bei 20° polymerisiert mit U = 10% (**IIa**) u. 60% (**IIb**), außerdem wird ein techn. **II** (+5°, 60% U, **IIc**) untersucht. Von allen **II** werden die 3 höchstmol. Fraktionen (aufbewahrt in Toluollsg. in N_2-Atmosphäre bei 0°) geprüft. Die kleinsten Dimensionen werden bei 3—6% FM gefunden (Fällung tritt mit 20—25% Methanol ein). Da alle Fraktionen auch nach mehrmaliger Umfällung noch größere Makroteilchen enthalten, weichen die aus dem Asymmetriekoeff. der Lichtstreuung ermittelten M von den osmot. bestimmten erheblich ab. Bei **IIa** u. **IIc** erfolgt bei Zusatz von FM Kontraktion um 40—45%, bei **IIb** nicht, vermutlich infolge höheren Verzweigungsgrades bei dichter gepackten Kettenelementen (Viscosität bei **IIb** erheblich geringer als bei **IIa** u. **IIc**). Der Vgl. von fraktionierten Polymeren von ähnlichem M wird an **I** (M = 590000), *Polymethylacrylat* (**III**, M = 430000, Lösungsm. Methyläthylketon, FM 70% Methanol) u. *Polycetylacrylat* (**IV**, M = 425000, Heptan, 18% Methanol) durchgeführt u. ergibt in Ggw. des FM für h bei **I** 510 (h_0 nach KUHN 232), **III** 395 (218), **IV** 595 (117); die größte Abweichung der Dimensionen des Mol.-Knäuels von denen der idealen verknäuelten Kette liegt also bei **IV** vor (regelmäßige Abzweigungen aus 16 C-Atomen), die geringste bei **III**. Die aus der Lichtstreuung ermittelten Mol.-Dimensionen in der Nähe des Fällungspunktes liefern also einen Maßstab für die Kennzeichnung der Struktur der Mol.-Kette u. für die qualitative Schätzung des Verzweigungsgrades. In Kombination mit der Meth. der markierten Atome kann man daraus den Verzweigungsgrad quantitativ bestimmen. (Доклады Академии Наук СССР [Ber. Akad. Wiss. UdSSR] **106**. 303—06. 11/1. 1956. Physikal.-chem. wiss. Karpow-Forschungsinst.)

R. K. MÜLLER. 4010

H. W. Melville und **B. D. Stead,** *Turbidimetrische Titration von Blockpolymerlösungen.* Die früher zur Best. der Molekulargewichtsverteilung bei Polymeren verwendete Meth. der turbidimetr. Titration wird zur qualitativen Unters. verschied. Polymerprodd. benutzt. Es werden *Block-Copolymere* enthaltende Mischungen von *Styrol–Methylmethacrylat* u. *Vinylacetat–Methylmethacrylat* sowie verzweigte u. techn. hergestellte Polystyrole untersucht. Die Meth. ist empfindlich u. ist schnell mit sehr geringen Polymermengen durchführbar. Eine halbautomat. Titrationsapp. wird beschrieben. (J. Polymer Sci. **16**. 505—15. April 1955. Edgbaston, Univ., Chem. Dep.)

H. KORBANKA. 4010

M. F. Schosstakowski, B. I. Michantjew und **N. N. Owtschinnikowa,** *Ionencopolymerisation einiger einfacher Vinyläther.* Der Copolymerisation werden *Vinylalkyläther* mit Alkyl = C_2H_5, *iso*-C_3H_7, *n*-C_4H_9, *iso*-C_5H_{11}, *n*-C_6H_{13}, *n*-C_7H_{15}, *n*-C_8H_{17}, *n*-C_9H_{19} u. *n*-$C_{10}H_{21}$, weiter *Vinylbutyläther* + *Vinylcyclohexyläther* u. *Vinylbutyläther* + *Vinylphenyläther* unterworfen. Der Verlauf der Copolymerisation, die Isolierung u. Charakterisierung der Prodd. werden am Beispiel Vinyläthyläther + Vinylhexyläther beschrieben; Katalysator ist eine 5%ig. Lsg. von $FeCl_3 + 6\ H_2O$ in Butanol; die Temp. wird zwischen 20 u. 142,5° variiert. In allen Fällen werden die Copolymeren durch Elementaranalyse, Löslichkeit (in Alkoholen), Viscosität u. Mol.-Gew. charakterisiert. (Известия Академии Наук СССР, Отделение Химических Наук [Nachr. Akad. Wiss. UdSSR, Abt. chem. Wiss.] **1953**. Nr. **4**. 721—25. Juli/Aug. Inst. für organ. Chem. der Akad. der Wiss. der UdSSR.)

R. KNOBLOCH. 4010

René Bensasson und **Annette Prevot-Bernas,** *Radiochemische Polymerisation von Acrylonitril in Lösung und räumliche Verteilung der primären aktiven Zentren.* Die Polymerisation von *Acrylonitril* (**I**) in W. bzw. in Dimethylformamid (**II**) wurde bei 20° unter Verwendung von Ra (275 mC) bzw. von ^{60}Co (25 mC) als Strahlungsquellen ausgeführt. Der Reaktionsverlauf wurde dilatometr. gemessen. Im (log U, log J)-Diagramm (U = Umsatz in % im Laufe von 24 Std., J = Strahlungsintensität) ergeben sich Geraden; das Steigungsmaß der Geraden beträgt 0,85 für sehr verd. wss. Lsg., 0,73 für gesätt. wss. Lsg. u. 0,55 für die Lsg. von **I** in **II**. Aus den Verss. folgt, daß die Radikale im Reaktionsmedium gleichmäßig verteilt sind. Die Lebensdauer der Polymerisatketten während des Wachstums ergibt sich zu ca. 100 Sekunden. (J. Chim. physique Physico-Chim. biol. **53.** 93—95. Jan. 1956.) O. Fuchs. 4010

H.-J. Cantow und **G. V. Schulz,** *Streulichtmessungen an Lösungen von Polymethacrylsäuremethylestern.* 19. Mitt. *Über den Lösungszustand makromolekularer Stoffe.* 1. Mitt. *Konstruktion eines Streulichtphotometers und dessen Eichung durch Messungen im Rayleigh-Bereich.* (18. vgl. Schulz u. Marzolph, C. **1955.** 3393; 21. vgl. C. **1956.** 4166.) Vff. beschreiben ein Streulichtphotometer, mit dem die Wellenlängen- u. Winkelabhängigkeit der Intensität des Streulichts von Lsgg. gemessen werden können. Durch Messung der Streulichtintensitäten mit einem Nullverf. wird eine hohe Empfindlichkeit der App. erreicht. Zur Absoluteichung wurden Acetonlsgg. von Polymethacrylsäuremethylesterfraktionen mit bekanntem Mol.-Gew. (Ultrazentrifugen-Mol.-Gew. 28000, 56200 u. 148000) u. bekanntem Brechungsindex (Best. durch ein modifiziertes Differentialrefraktometer) verwendet. Da die Abmessungen der gelösten Teilchen (Mol.-Durchmesser) sehr klein gegen die Wellenlänge sind, kann die absol. Streuintensität nach der Rayleigh-Gleichung berechnet werden. Die Best. der Wellenlängen- u. Winkelabhängigkeit der Streuintensität bei den 3 Mol.-Geww. bestätigte die Gültigkeit der Rayleigh-Gleichung. Für die weitere Messung wird dann mit Hilfe dieser Eichwerte ein Standardstreukörper geeicht u. auf diesen die weiteren Messungen bezogen. Nach dieser Meth. können absol. Streulichtintensitäten mit einer Genauigkeit von besser als $\pm 5\%$ bestimmt werden, so daß die hohe relative Genauigkeit der Streulichtmessung zur Mol.-Gew.-Best. voll ausgenützt werden kann. (Z. physik. Chem., Frankf. Ausg. **1.** 365—89. Juni 1954. Mainz, Univ., Inst. für physikal. Chem.) R. Schäff. 4010

T. E. Ferington und **A. V. Tobolsky,** *Organische Disulfide als Polymerisationsinitiatoren: Tetramethylthiuramdisulfid. Tetramethylthiuramdisulfid* (**I**) wurde als Polymerisationsinitiator für *Methacrylsäuremethylester* (**II**) u. für *Styrol* (**III**) bei 70° verwendet. **I** ist hierbei etwas weniger reaktiv als Benzoylperoxyd. Die Polymerisationsgeschwindigkeit (R_p) wurde an Hand der Menge des Polymerisats (Ausfällen in überschüssigem Methanol) bestimmt. R_p ist stark von der [**I**] abhängig. Bei **II** geht R_p durch ein Maximum bei [**I**] $= 5{,}5 \cdot 10^{-3}$ Mol/Liter. In **II** ist $R_i'/[I] = 5{,}45 \cdot 10^{-6}$ sec^{-1}, in **III** $3{,}34 \cdot 10^{-6}$ bei niedrigen Werten von [**I**] (R_i' ist die Geschwindigkeit der Start-Rk. unter Bldg. von polymeren Radikalen). Die Bldg. von freien Radikalen aus **I** wurde bei Zusatz von Diphenylpikrylhydrazyl (**IV**) zu Lsgg. von **I** in **II** nachgewiesen. Dabei wurde das Verschwinden der violetten Farbe von **IV** photometr. verfolgt. Bei Verwendung von $\alpha.\alpha'$-Azo-bis-isobutyronitril als Katalysator für die Polymerisation von **II** bei 30° wirkt ein Zusatz von **I** verzögernd (nicht inhibierend). Hierbei wirken nicht die Zersetzungsprodd. von **I**, sondern das Mol. selbst verzögernd. Das Verhältnis von Kettenübertragungs- zu Katalysatorkonstante ist in **II** 0,0115 u. in **III** 0,0136. (J. Amer. chem. Soc. **77.** 4510 bis 4512. 5/9. 1955. Princeton, N. J., Princeton Univ., Frick Chem. Labor.)
G. Cleve. 4010

B. R. Chinmayanandam und **H. W. Melville,** *Aktivierung von Polymerisationsreaktionen durch Licht.* Vff. untersuchten die durch *Benzoin* (**I**) sensibilisierte Polymerisation verschied. Monomerer in Ggw. von Licht der Wellenlänge 3600 Å u. erbrachten so den kinet. Beweis für die photochem. Erzeugung von Radikalen aus **I**. Für die Polymerisation von *Methacrylsäuremethylester* (**II**) wurden die absol. Geschwindigkeitskonstanten der Wachstums- (k_p) u. Abbruchs-Rk. (k_t) bei 25° bestimmt: $k_p = 512{,}6$ Liter·Mol^{-1}sec^{-1} u. $k_t = 4{,}66 \cdot 10^7$ Liter·Mol^{-1}sec^{-1}. Die Aktivierungsenergie beträgt 3,6 kcal/Mol. Diese Werte stimmen gut mit anderen Befunden bei verschied. Startersystemen u. über die Lebensdauer der Radikale überein. **I** stellt ein gutes Sensibilisierungsmittel für Styrol, Butylacrylat, Methylacrylat u. **II** dar. (Trans. Faraday Soc. **50.** 73—82. Jan. 1954. Birmingham, Univ., Chem. Dep.) R. Schäff. 4010

R. R. Becker und **Mark A. Stahmann,** *Die Wasserlöslichkeit einiger synthetischer Polypeptide.* Vff. untersuchen die *N-Carboxyaminosäureanhydride* von *Glycin* u. *L-Leucin.* Werden diese unabhängig voneinander polymerisiert, so bleiben nur ungefähr 15% der Polymerisationsprodd. in Lösung. Werden sie zusammen polymerisiert, so bleiben ca. 50% in wss. Lösung. Die lösl. Prodd. der Copolymerisation haben ein größeres Mol.-Gew. als die der getrennten Polymerisation. Gleiche Ergebnisse zeigt die gemeinsame Polymerisation der Anhydride von γ-Äthyl-L-glutaminsäure u. N-Carboxylglycin. Die erhöhte Löslichkeit wird gedeutet als eine Abnahme der intermol. H-Brückenbindung, die durch eine ster. Behinderung durch die Seitenketten der 2. Aminosäure hervorgerufen wird. Dies wird durch die Infrarotabsorptionsspektren ebenfalls nachgewiesen. (J. Amer. chem. Soc. **76.** 3707—09. 20/7. 1954. Madison, Wis., Univ. of Wisconsin, Dep. of Biochem.) S. v. Schieszl. 4010

C. J. Guillissen und **A. Gancberg**, *Neue belgische Untersuchungen über Polysiloxane.* Überblick unter besonderer Berücksichtigung zweier neuerer Polymerisationsverfahren. Es wird die Kondensation der Halogen- mit Alkoxysilanen besprochen u. mit dem Hydrolysenverf. verglichen. Die Rk. $SiCl_4$ u. Tetraäthylorthosilicat verläuft in Ggw. von Katalysatoren wie z. B. $FeCl_3$ bei 80°. Dadurch, daß jeweils nur 2 Moll. mit verschied. wirksamen Gruppen reagieren können, erhält man einen regelmäßigen u. gut reproduzierbaren Aufbau der Ketten bzw. Gitter. Die Wahrscheinlichkeit der Bldg. cycl. Verbb. ist bei diesem neuen U.C.P.-Verf. stark herabgesetzt. Auf diesem Wege können organ. Siliciumverbb. hergestellt werden, die nach dem Hydrolyseverf. nur sehr schwierig zu erhalten wären, z. B. Tetra-[trimethylsiloxy]-silan aus Tetraäthoxysilan u. Trimethylchlorsilan. — Das 2. neue Verf. zur Bldg. von Polysiloxanen beruht auf der Kondensation von Chlorsilanen mit Silanolen. Da auch hier jeweils zwei verschieden akt. Gruppen reagieren, birgt es dieselben Vorteile gegenüber dem Hydrolyseverf. wie das oben besprochene Verfahren. Die Kondensation von Phenylsilanol + Methylchlorsilan verläuft ohne Katalysator u. führt direkt zum Siliconlack. Auf Grund dieser beiden Verff. lassen sich eine Reihe organ. Silicone herstellen wie: Lacke, fl. Silicone mit hoher chem. Widerstandsfähigkeit u. kleinem Temperaturkoeff. der Viscosität, sowie Fette, die fürs Labor. bes. geeignet erscheinen, da sie ihre Konsistenz bis —40° behalten u. von konz. NaOH nicht angegriffen werden. (Ind. chim. belge **17.** 481—86. 1952.) S. LANZ. 4010

F. P. Baldwin, J. Ivory und **R. L. Anthony**, *Experimentelle Untersuchung der statistischen Theorie der Gummielastizität.* (Sitzungsbericht.) Gummiproben wurden bei einer bestimmten Temp. bis zu einer bestimmten Länge gestreckt. Die Längen wurden während des ganzen Vers. konstant gehalten. Nach einer anfänglichen Relaxationsperiode, bei der die Temp. noch konstant blieb, wurde die Temp. stufenweise erniedrigt u. die Änderung der Spannung mit der Temp. gemessen. In Übereinstimmung mit der Theorie von GUTH konnte keine lineare Abhängigkeit der Spannung von der Temp. beobachtet werden. (Physic. Rev. [2] **94.** 1425. 1/6. 1954. Univ. of Notre Dame.)
H. STUHLDREER. 4030

Roy L. Whistler und **W. M. Corbett**, *Verhalten von Xylan in alkalischer Lösung: Die Isolierung einer neuen C_5-Saccharinsäure. Xylan* (**I**) wird von n-NaOH bei 100° in Abwesenheit von O_2 nicht angegriffen. Dagegen wird *Xylotriose* (**II**) durch Einw. von Kalkwasser (**III**) bei 25° unter Bldg. von *2-Oxymethyl-2.4-dioxybuttersäure* (**IV**) abgebaut, deren Eigg. denen der β-D-Hexoisosaccharinsäure ähnlich sind. **IV** wurde aus den mit **III** erhaltenen Abbauprodd. eines Xylobiose–**II**–Xylotetraose-Gemisches isoliert. Bei der Red. von **IV** mit P/HJ entsteht *α-Methylbuttersäure*; die Perjodatoxydation des **IV**-*Lactons* liefert 0,83 Mol CH_2O [vgl. dagegen D-Hexoisosaccharinolacton (1,34) u. D-Hexosaccharinolacton (0,91)]. — Die Stabilität von **I** gegenüber Alkali wird auf das Fehlen von Aldehydgruppen zurückgeführt, die wahrscheinlich bei der **I**-Isolierung durch $NaClO_2/CH_3COOH$ zu COOH-Gruppen oxydiert wurden.

Versuche (Papierchromatographie in Butanol/Pyridin/W. 6 : 4 : 3 auf WHATMAN Nr. 1, Entw. mit p-Anisidinhydrochlorid oder $AgNO_3$ u. NaOH): Beim Erhitzen von **I** (aus Maiskolben) in 0,8n NaOH unter Ausschluß von O_2 blieb der Titer der Lauge innerhalb 7 Std. unverändert. — **II** wurde in 0,042n **III** in Abwesenheit von O_2 bei 25° stehengelassen u. die entstandene Säuremenge in gewissen Zeitabständen durch Titration bestimmt (Tabelle; nach 224 Std. 2,845 Mol Säure pro Mol **II**). Durch Papierchromatographie wurden nach ½ Std. *Xylotriulose*, nach 1 Std. *Xylobiose*, nach 3½ Std. *Xylobiulose* u. nach 8 Std. *Xylose* nachgewiesen. — Durch 6std. Stehen von 8,564 g eines Gemisches von Xylobiose, **II** u. Xylotetraose in 2 Liter gesätt. **III** bei 25° in Abwesenheit von O_2, Fällen des überschüssigen $Ca(OH)_2$ mit CO_2, Einengen des Filtrats, Abtrennung von *Ca-Lactat* (0,448 g) u. Fällen des Ca im Filtrat als Oxalat wurde ein Sirup u. daraus nach Extraktion mit Aceton (→ 5,325 g) durch Zugabe von $Ca(OH)_2$ 7,312 g *Ca-Salze* erhalten. 5,960 g gaben durch Lösen in 10 cm³ W. u. Fällen mit A. nachst. Fraktionen: a) 0,126 g unlösl. bei 0°; b) 2,317 g mit 73% A.; $[\alpha]_D^{25}$ +4,0° (c = 1,0; W.); c) 1,326 g *2-Oxymethyl-2.4-dioxybuttersäure* (**IV**), *Ca-Salz* mit 81,5% A.; $[\alpha]_D^{25}$ +1,0° (c = 1,0; W.); nach Behandlung mit Amberlite IR–120 (H) $[\alpha]_D^{25}$ +2,5° [c = 0,8 (berechnet für Lacton); W.]; d) 0,328 g mit 85% A.; $[\alpha]_D^{25}$ +1,9 (c = 1,1; W.); e) 1,541 g durch Digerieren des Eindampfrückstandes aus der Mutterlauge mit A.; $[\alpha]_D^{25}$ +1,9° (c = 1,1; W.). Jede Fraktion gab mit Amberlite IR–120 (H) nur 1 Lacton, R_f = 0,79, daneben Spuren *Xylose.* — **IV**-*Brucinsalz*, $C_{28}H_{36}O_9N_2$, F. 192—195° (A.), durch ½std. Rühren von 0,2 g vorst. Ca-Salzes in W. mit Amberlite IR–120 (H), 1std. Erhitzen des Filtrats mit Brucin auf 100° u. Einengen; $[\alpha]_D^{25}$ —27,6° (c = 1,7; W.); 0,578 g. — **IV**-*Lacton*, $C_5H_8O_4$, F. 95 bis 96° (Äthylacetat), aus 0,2 g vorst. Brucinsalz in W. durch 1std. Rühren mit Amberlite IR–120 (H) u. Eindampfen des Filtrats bei 35° im Vakuum; Prismen; $[\alpha]_D^{25}$ +1,0 (c = 5,4; W.). Bei der Oxydation mit $NaJO_4$ in W. entstanden in 2 Std. 0,83 Mol u. in 6 Std. 0,87 Mol *Formaldehyd.* — Durch 20std. Kochen von 2,310 g **IV**-Ca-Salz mit P in HJ (D. 1,97), Verdünnen mit W., Rühren des durch Ausäthern erhaltenen Öls mit n-H_2SO_4 u. Zn-Staub, Dampfdest., Neutralisation des Destillats mit $CaCO_3$ u. Einengen wurden 0,775 g *Ca-Salz der α-Methylbuttersäure* erhalten, $[\alpha]_D^{25}$ +0,7° (c = 1,4; W.). Daraus (0,421 g) mit Amberlite IR–120 (H) die *freie Säure,* $[\alpha]_D^{25}$ +1,8° (c = 1,1; W.). Daraus mit NaOH das *Na-Salz,* 0,404 g. Daraus (0,195 g) mit 0,5 g p-Bromphenacylbromid in wss. A. durch 1std. Kochen der *p-Bromphenacylester,* $C_{13}H_{15}O_3Br$, F. 52—53° (A.); Kristalle. Analog *p-Phenylphenacylester.* F. 68—68,5° (A.); Kristalle. (J. Amer. chem. Soc. **78.** 1003—05. 5/3. 1956. Lafayette, Ind., Purdue Univ., Dep. of Biochem.) H. Ascherl. 4050

H. von Euler, H. Hasselquist und **E. Eriksson,** *Oxydative Decarboxylierung des Pektins, der Diketogulonsäure (Dehydroascorbinsäure) und der Brenztraubensäure.* Die Fähigkeit der Ascorbinsäure (I), die Viscosität des *Pektins* in kurzer Zeit auf den Wasserwert zu erniedrigen, wird durch H_2O_2 erheblich verstärkt. In Lsgg. von **I**, H_2O_2 u. Pektin wird **I** unter starker Viscositätsabnahme u. Bldg. von *Galaktose* schnell verbraucht. Im Syst. Pektin/H_2O_2/$FeCl_3$ tritt dagegen — auch in Abwesenheit von **I** — oxydative Decarboxylierung eines Teils des Pektins auf, sofern größere Mengen $FeCl_3$ vorliegen. — Diketogulonsäure (Dihydroascorbinsäure; **II**) spaltet bereits beim Erwärmen in neutraler oder schwach saurer Lsg. 1 Mol CO_2 ab. Amine, Aminosäuren, Hydrazine usw. wirken unter Bldg. Schiffscher Basen beschleunigend. Auch Diketogulonsäuremonoanilid spaltet CO_2 ab. Bei 90° wird **II** in 2n H_2SO_4 zu *3.4-Dioxy-5-methyltetron* decarboxyliert. In neutraler Lsg. tritt bei **II** außer der CO_2-Abspaltung noch Oxalsäurebldg. auf. Bei der Messung der bei der Oxydation von **II** mit H_2O_2, $FeCl_3$ u. A. in W. (Mol-Verhältnis 1 : 2: ½ : 4) auftretenden Prodd. wurden 0,58 Mol CO_2 u. 0,74 *Essigsäure* gefunden, in Abwesenheit von A. 0,25 Mol CO_2 u. 0,27 Mol *Essigsäure* (bzw. *Ameisensäure*) bei 20° in 24 Stunden. Eine wss. Lsg. von H_2O_2, A. u. Fe^{3+} (Mol-Verhältnis 1 : 16 : 1/5) lieferte 0,36 Mol *Essigsäure,* eine solche von je 1 Mol **I** u. H_2O_2 sowie 4 A. u. Spuren Fe^{3+} jedoch 1,07 Mol *Essigsäure.* Dies wird als Beweis dafür angesehen, daß sich in wss. Lsg. H_2O_2 mit Ascorbinsäure zu einem Peroxyd vereinigt, in dem der Sauerstoff eine höhere Reaktionsfähigkeit besitzt als im H_2O_2. — Eine wss. Lsg. von Brenztraubensäure (**III**) spaltet bei 20° in 24 Std. mit 1 Mol H_2O_2 0,61 Mol CO_2 ab, in Ggw. von 4 Mol A. u. 2 Mol H_2O_2 jedoch 0,83 CO_2 u. 0,70 *Essigsäure.* 2 Mol KJO_4 geben mit 1 Mol **III** u. 0,013 Mol Fe^{3+} 0,79 Mol CO_2 u. 0,26 Mol *Essigsäure.* In keinem dieser Verss. hatte sich Acetaldehyd aus **III** gebildet. (Makromolekulare Chem. **18/19.** 375—82. März 1956. Stockholm, Univ., Inst. für organ. chem. Forsch.) W. Willenberg. 4050

J. B. Gottfried und **D. G. Benjamin,** *Ketosebildung in alkalischen Dextrosesystemen.* Wss. Glucoselsgg. (10—60 g/100 ml) wurden mit NaOH, Na_2CO_3, $Ca(OH)_2$, $Mg(OH)_2$, Na_3PO_4 u. Na_2SO_3 unter Rückfluß oder bei 35, 70 u. 130° erhitzt u. die Menge der Aldosen, Säure (Saccharinsäure) u. der unvergärbaren Substanzen bestimmt. Daraus ließ sich die Menge der Ketosen u. der Fructose berechnen. Die Temperaturabhängigkeit der Reaktionsgeschwindigkeit wurde gemessen. Im Temperaturbereich von 70—130° ist das Verhältnis der Zersetzungsprodd. nicht von der Temp. u. der Natur der bas. Substanz abhängig, doch übt letztere einen Einfl. auf die Reaktionsgeschwindigkeit aus. Von Menge u. Art der alkal. Substanzen ist auch die Menge der gebildeten Ketosen u. Säure abhängig, da die Säure neutralisierend wirkt u. die Rk. schließlich zu einem Gleichgewicht hinsichtlich der Ketosebldg. kommt. Die Bldg. von unvergärbaren Substanzen, die außer aus den Saccharinsäuren wahrscheinlich aus 1.2-Anhydrofructopyranose, ihrem Dimeren u. a. bestehen, ist bei Konzz. bis zu 40% von der Glucosemenge abhängig. Es wurden Formeln für die Abhängigkeit der Bldg. von Ketosen von den bas. Substanzen u. für die Beziehung zwischen gebildeten Ketosen, Säure u. unvergärbaren Substanzen aufgestellt. Die Farbstoffbldg. ist in sd. NaOH-Lsg. ohne Luftabschluß von der Alkali- u. Glucosekonz. sowie von der Zeit abhängig (Formel), Abwesenheit von O_2 ist wesentlich. — Die Ergebnisse wurden mit denen von Wolfrom u. Lewis (J. Amer. chem. Soc. **50.** [1928.] 837) verglichen. (Ind. Engng. Chem. **44.** 141—45. Jan. 1952. Argo, Ill., Corn Products Refining Co., George M. Moffett Res. Labors.) W. Willenberg. 4050

Irving M. Klotz, Jean M. Urquhart, Themis A. Klotz und **Janet Ayers,** *Langsame intramolekulare Veränderungen in Kupferkomplexen des Serumalbumins. Die Rolle benachbarter Gruppen bei Eiweißreaktionen.* Die nach Einw. von Cu(II)-Ionen auf *Rinderserumalbumin* (I) beobachtete Absorptionsbande bei 375 mμ konnte in früheren Unterss. auf die Bindung des Cu an eine SH-Gruppe des I zurückgeführt werden. Die Intensität dieses Gipfels nimmt in Abhängigkeit vom p_H mit der Zeit ab. Dimerisation u. oxydative Umsetzungen lassen sich ausschließen, so daß als Ursache die Bindung des Cu an eine benachbarte Disulfidgruppe nachgewiesen werden kann. Als Entfernung zwischen Sulfid u. Disulfidgruppierung ergeben sich annähernd 3,4 Å. Da die charakterist. Absorptionsbande bei 375 mμ in anderen reinen Proteinen (Ovalbumin, β-Lactoglobulin, menschliches Serumalbumin) nicht auftritt, schließen Vff., daß nur im I die entsprechende Anordnung der Seitenketten vorhanden ist. (J. Amer. chem. Soc. **77.** 1919—25. 5/4. 1955. Evanston Ill., Univ., Chem. Labor.) U. FREIMUTH. 4070

Jørgen Wismer Pedersen, *Anwendung von schwefliger Säure zur Säurehydrolyse von Eiweißstoffen.* (Dissertationsauszug.) SO_2 hat für die Gewinnung von Eiweißhydrolysaten den Vorteil, daß es den Tryptophanabbau verringert, die Huminbeseitigung mit akt. Kohle unnötig macht u. selbst durch vorsichtige Vakuumdest. entfernt werden kann. Bei einer Höchsttemp. von 100° für die Hydrolyse im Autoklaven (Dauer längstens 36 Std.) wird die Bldg. unerwünschter Thiosäuren vermieden. Durch Verwendung von SO_2 zusammen mit Mineralsäure (n-HCl oder H_2SO_4 mit SO_2 gesätt.) werden Hydrolysegrade von 50—78% (Casein 68—70%) mit einem Tryptophanverlust von 2—14% (9—12%) erreicht; im Vgl. mit enzymat. Hydrolysaten haben die SO_2-Prodd. besseren Geschmack bei gleichem Nährwert. (Kem. Maanedsbl. nord. Handelsbl. kem. Ind. **34.** 46—47. 1953.) G. v. DECHEND. 4070

E. Schauenstein und **G. M. Perko,** *Untersuchungen über die Proteinstruktur.* 2. Mitt. *Polytyrosin als Modellsubstanz für den Peptenoleffekt.* (1. vgl. C. **1956.** 11144.) Der Peptenolateffekt (Absorptionszuwachs im alkal. Medium bei $\sim$ 4000 ν' durch Enolisierung der CONH-Gruppe) ist an ein genügend ausgedehntes Syst. von Wasserstoffbrücken u. an eine bestimmte Mindestgröße des Polypeptids gebunden. Er verschwindet z. B. bei mit LiBr vorbehandeltem *Seidenfibroin.* Ein von SCHLÖGL, WESSELY u. WAWERSICH (Mh. Chem. **84.** [1953.] 705) hergestelltes *Polytyrosin vom Polymerisationsgrad 12* (I) besitzt bei p_H 13 ein im Bereich von 3500—4200 ν' völlig mit *l*-Tyrosin ident. Spektr., während ein *Polytyrosin* vom Polymerisationsgrad 21 (II) deutlich den Peptenolateffekt zeigt. Die näherungsweise Auswertung der Spektren von I u. II bei den p_H-Werten 12,3, 12,0 u. 11,0 auf die Größe der phenol. Dissoziationskonstanten liefert einen pK-Wert von $\sim$ 11,0. (Z. Elektrochem., Ber. Bunsenges. physik. Chem. **58.** 45—49. 1954.) R. PASEDAG. 4070

E. Schauenstein und **G. M. Perko,** *Untersuchungen über die Proteinstruktur.* 3. Mitt. *Hydantoine als Modellkörper für den Peptenolateffekt.* (2. vgl. vorst. Ref.) In Übereinstimmung mit Messungen von STUCKEY (C. **1949.** I. 181) zeigen *Hydantoin* u. *5-Methylhydantoin* (I) eine beträchtliche p_H-Abhängigkeit der UV-Absorption bei p_H 1 u. 13. Die Labilität der Absorption im alkal. Medium ist wesentlich geringer als die der Triazine der 1. Mitt., u. die Ringöffnung erfolgt an der 3—4-Gruppe. *3.5-Dimethylhydantoin* (II) besitzt in saurem u. alkal. Medium ident. Absorptionskurven, die sich mit der von I bei p_H 1 decken. II zeigt in alkal. Lsg. eine bisher nicht gedeutete reversible hypsochrome Verschiebung. Die kurzwelligere Absorptionslage der Hydantoine im Vgl. mit den Triazinen der 1. Mitt. u. das Fehlen einer stark bas. Rk. der letzteren läßt die von SCHLÖGL u. KORGER (C. **1954.** 5753) für die Triazine diskutierte Konst. als 3-Aminohydantoine zweifelhaft erscheinen. (Z. Elektrochem., Ber. Bunsenges. physik. Chem. **58.** 883—86. 1954.) R. PASEDAG. 4070

Rosalind E. Franklin und **R. G. Gosling,** *Die Struktur von Natriumthymonucleatfasern.* 3. Mitt. *Die dreidimensionale Patterson-Funktion.* (2. vgl. C. **1956.** 8929.) Unter Verwendung der für die zylindr. PATTERSON-Funktion benutzten experimentellen Daten (vgl. l. c.) berechneten Vff. die dreidimensionale PATTERSON-Funktion für *Natriumthymonucleat* (I). I tritt nach den Unterss. der Vff. (vgl. C. **1956.** 8928) in 2 verschied. strukturellen Zuständen auf, die A u. B benannt wurden. B ist die Gleichgewichtsform bei hoher relativer Feuchtigkeit u. A eine kristalline Form, die ca. 40 Gew.-% W. enthält. Während die zylindr. PATTERSON-Funktion die Natur der Schraube u. ihre Parameter lieferte, gelang es mit Hilfe der zylindr. u. der dreidimensionalen PATTERSON-Funktion, die Anordnung der Phosphatgruppe in der kristallinen Form A festzulegen. Danach bilden die P-Atome von 2 Polynucleotidketten 2 koaxiale schneckenförmige Stränge vom Radius 9 Å u. einer Höhe von 28,1 Å mit 11 P-Atomen, die in gleichmäßigen Abständen entlang jeder Umdrehung jedes Stranges angeordnet sind. Der Abstand dieser schneckenförmigen Stränge in Richtung ihrer gemeinsamen Achse beträgt 14 Å. Entsprechende, aufeinanderfolgende P-Atome in jedem Strang P_n u. P'_n haben die gleichen Koordinaten in einer Ebene senkrecht zu der Achse der Schraube. Die Orientierung der Schraube u. die Form der Elementarzelle sind derart, daß der Abstand zwischen Paaren von P-Atomen nichtäquivalenter benachbarter Ketten auf ein Minimum red. wird. Benachbarte Moll. sind durch Ionenbindung gemäß dem nebenst. Schema verknüpft. Röntgenograph. läßt sich über die Lage des Zuckers u. der Basenringe nichts Direktes aussagen; es ist jedoch als sicher anzunehmen, daß dieser Teil des Mol. nach innen den Schraubenachsen zu gerichtet

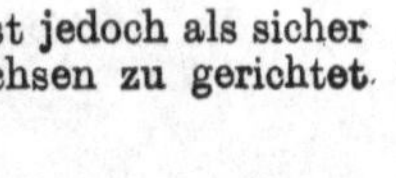

ist. (Acta crystallogr. [Copenhagen] **8.** 151—56. März. 1955. London, King's Coll., Wheatstone Phys. Labor.) C. Gottfried. 4090

James Peter Berry, John D. Ferry u. a. Bearb., Theorie und molekulare Deutung technologischer Eigenschaften von hochpolymeren Werkstoffen. Berlin, Göttingen, Heidelberg: Springer. 1956. (XX + 667 S. m. 367 Abb.) 8° = Die Physik d. Hochpolymeren. Bd. 4. DM 89,—.

Herbert Arthur Stuart, Hrsg., Die Physik der Hochpolymeren. Bd. 4. Theorie und molekulare Deutung technologischer Eigenschaften von hochpolymeren Werkstoffen. Berlin, Göttingen, Heidelberg: Springer. 1956. (K. S.) 8°.

E. Biologische Chemie. Physiologie. Medizin.

E_1. Allgemeine Biologie und Biochemie.

Ruldolph A. Peters, *Hormone und das Zellskelett.* Vf. vertritt die Hypothese, daß die Einw. von Hormonen auf die Zelle als ein Ganzes gerichtet ist u. eine im Cytoplasma vorhandene Struktur, das sogenannte Zellskelett, dadurch verändert wird. Die Natur dieser „fließenden", sich verändernden Anatomie der Zelle ist nicht bekannt; ihre Erforschung erscheint auch zunächst unwesentlich. Bestärkt wird der Glaube an solch eine intracelluläre Struktur durch elektronenmkr. Aufnahmen von Mitochondrien, die nachgewiesene Existenz von Nucleinsäuren im Cytoplasma sowie das Vorhandensein von Cytoplasmamembranen. Dieses Zellskelett soll der koordinierende Faktor der einzelnen Enzymwirkungen sein. So würden durch ein Mittel, das die Struktur des Zellskeletts verändert, auch bestimmte Enzym-Rkk. eine Veränderung erfahren. Da Hormone in sehr kleiner Menge wirksam sind, ist es denkbar, daß kleinste Mengen die Zelloberfläche durchdringen u. eine Änderung der Struktur herbeiführen. (Nature [London] **177.** 426. 3/3. 1956. Cambridge, Inst. of Animal Physiol., Biochem. Dep., Agric. Res. Council.) W. Drechsler. 4150

Mary Jane Spiro und **J. M. McKibbin,** *Die Lipoide der Rattenleberzellfraktionen.* Lipoidanalysen von Rattenleberzellfraktionen ergaben, daß der Geh. u. die Zus. der Lipoide in den einzelnen Fraktionen variiert, während die Zus. der Phospholipoide (**I**) nahezu gleich ist. Der Lipoidgeh. von Zellkernen, Mitochondrien u. Mikrosomen steigt in der angegebenen Reihenfolge u. besteht vorwiegend aus **I** u. etwas *Cholesterin.* Die überstehende Fraktion enthält vorwiegend Neutralfett (**II**). Bei Cholesterinmangel zeigen die **I** der Rattenleberzellfraktionen hinsichtlich Geh. u. Zus. keine Unterschiede. Anhäufung von **II** konnte in den einzelnen Zellfraktionen der Mangelleber, sowie in der überstehenden Fraktion nachgewiesen werden, ferner auch in Begleitung eines Lipoproteins, welches aus Mangelmikrosomen extrahiert wurde. (J. biol. Chemistry **219.** 643—51. April 1956. Syracuse, N. Y., State Univ. of New York, Coll., Dep. of Biochem.) B. Görlich. 4150

G. I. Rosskin, *Vergleichende Cytochemie des Glutathions in den Empfindungszellen der Spinalganglien und in den motorischen Zellen des Rückenmarkes.* Verss. mit Rattenzellen ergaben, daß nach Intensität der histochem. Rk. des Glutathions (**I**) u. nach seiner topograph. Verteilung die motor. u. Empfindungszellen einen starken Unterschied aufweisen. Bei den motor. Zellen des Rückenmarkes ist die Intensität der Rk. im Cytoplasma sehr schwach, im Kern etwas stärker. Bei den Empfindungszellen der Spinalganglien ist die **I**-Rk. bald im Plasma, bald im Kern oder in beiden gleichzeitig sehr intensiv. Die **I**-Zone erstreckt sich entweder auf das gesamte Cytoplasma oder (häufiger) auf einen Teil desselben. Im Kern kann **I** gleichmäßig im Karyoplasma verteilt, in einem Teil des Kernes konz. oder an die Kernstrukturen gebunden sein. Relativ häufig zeigt das Kernkörperchen eine intensive **I**-Reaktion. Auch die Auxone zeigen eine sehr intensive **I**-Reaktion. (Доклады Академии Наук СССР [Ber. Akad. Wiss. UdSSR] [N. S.] **97.** 733—35. 1/8. 1954. Moskau, Lomonossow-Univ.) O. Lebtag. 4150

A. J. Thomas und **H. S. A. Sherratt,** *Die Isolierung der Nucleinsäurefraktionen aus Pflanzenblättern und deren Purin- und Pyrimidinzusammensetzung.* Aus Blättern von 5 Species (Farn, Klee, Raigras, Zuckerrübe, Kohl) wurden die *Nucleinsäuren* (**I**) mittels 10%ig. NaCl-Lsg. bei 100° 1 Std. extrahiert u. nach Alkalibehandlung (37°, 18 Std., 0,3n KOH) die *Pentose-* u. *Desoxypentosenucleinsäuren* (**Ia, b**) isoliert. Die quantitative Best. der *Purine* u. *Pyrimidine* der **I**-Fraktionen ergab n. Zus. von **Ia**, während die Basenzus. der **Ib**-Fraktionen dem Typ mit *Adenin–Thymin*-Überschuß entsprach u. einen relativ hohen Geh. an *5-Methylcytosin* aufwies. (Biochem. J. **62.** 1—4. Jan. 1956. Bangor, Univ. Coll. of North Wales, Agric. Chem. Dep.) K. Maier. 4150

R. Jequier, D. Branceni und **M. Peterfalvi,** *Antimitoseaktivität und Toxizität einiger Derivate des Colchicins und Thiocolchicins.* Ersatz des *O* der CH_3O-Gruppe des Tropolonkerns des *Colchicins* (**I**) durch *S* ändert die Eigg. nicht grundlegend. Die meisten untersuchten *Thiocolchicin* (**II**)-Derivv. zeigen eine deutliche Antimitosewirkung. Untersuchte

Verbb.: I, Toxizität (DL_{50}) 2 ± 0,3 (mg/kg Maus, intraperitoneal), antimitot. Dosis 100 (100 Mitosen/1000 Zellen bewirkend) 0,7 (mg/kg Ratte, subcutan); *Desacetylcolchicin-D-tartrat*, 20 ± 4, 2; *2-Desmethylcolchicin*, 16 ± 2,5, 5,7; *Colchicinamid*, 52 ± 14, 1,6; *2-Desmethylcolchiceinamid*, 80 ± 17, 8; *2-Desmethyl-N'-methylcolchiceinamid*, 2,4 ± 0,6, 0,6; *2-Desmethyl-N'-dimethylcolchiceinamid*, 27 ± 7, 2,3; *2-Desmethyl-N-diäthylenoxycolchiceinamid*, 63 ± 6, 17; *O-Desmethyl-N-methyldesacetylcolchicin*, 280 ± 36, 45; *Colchicosid*, 280 ± 52, > 400 +; *Colchicosamid*, 365 ± 49, > 400 —; *Desmethoxyhexahydrocolchicin*, > 200, > 20 —; **II**, 1 ± 0,19, 1; *N-Desacetylthiocolchicin*, 210 ± 12, 10; *2-Desmethylthiocolchicin*, 30 ± 7, 1.3; *2-Desmethyl-N-desacetylthiocolchicin*, 500 ± 25, > 100 —; *N-Formyldesacetylthiocolchicin*, 8,5 ± 1,2, 0,5; *N-Carbäthoxydesacetylthiocolchicine*, 15 ± 4, 1,1; *N-Methyldesacetylthiocolchicin*, 15 ± 5, 4; *Äthylthiocolchicein*, 75 ± 15, > 10 —; *N-Desacetyläthylthiocolchicein*, 265 ± 25, > 100 +; *β-Oxyäthylthiocolchicein*, 40 ± 11, 20; *Isopropylthiocolchicein*, 23 ± 10, 7,5; *N-Desacetylisopropylthiocolchicein*, > 200, > 30 +; *Benzylthiocolchicein*, 108 ± 11, 15; *Thiocolchicosid*, 22,5 ± 1,2, > 30 —; *N-Desacetyl-2.3.4-tridesmethylthiocolchicin*, > 200, > 30 —; *N-Desacetylisothiocolchicin*, 75 ± 11, > 60 —. (Arch. int. Pharmacodynam. Thérap. **103**. 243—55. 1/10. 1955. Paris, Labors. Roussel-UCLAF, Dep. Physiol.) K. MAIER. 4150

W. P. Jorissen, *Induzierte Oxydation und das Carcinomproblem.* Literaturübersicht über die Rolle von Oxydationskatalysatoren bzw. -induktoren, bes. Vitamin C, in der Chemie bösartiger Tumoren. (Chem. Weekbl. **51**. 321—22. 30/4. 1955. Leiden.) H. BASFELD. 4160

Libor Šlechta, Alexander Jakubovič und **František Šorm,** *Über den Stoffwechsel neoplastischer Gewebe.* 3. Mitt. *Der Einfluß von 2-Desoxyglucose auf die anaerobe Glykolyse im Ehrlichschen Ascitestumor.* (2. vgl. C. **1956**. 8381.) Es wurde die Inhibitionswrkg. der *2-Desoxyglucose* (**I**) auf den anaeroben Stoffwechsel der *Glucose* (**II**) u. *Fructose* (**III**) in den Zellen des EHRLICHschen Ascitestumors (EAT) sowie in zellfreien Extrakten untersucht. Die Glucolyse, die Fructolyse u. die Hexokinaseaktivität wurden manometr. bestimmt. — *Glykolyse in den nichtbeschädigten Zellen:* Die Geschwindigkeit der Fructolyse in dem EAT hängt von der Konz. des Substrates ab. Die Geschwindigkeit der Glucolyse ist bei allen verwendeten **II**-Konzz. bis zur Erschöpfung des Substrates konstant. Die unterschiedliche Konz. der **I**, welche zur Inhibition der Glucolyse u. Fructolyse notwendig ist, zeigt, daß es sich um einen unterschiedlichen Inhibitionsmechanismus handelt. CRAMER u. WOODWARD (J. Franklin Inst. **256**. [1953.] 577) fanden, daß die **I** ein genau gegenläufiger Inhibitor für die anaerobe Glykolyse in den Hefepilzen ist. In den Zellen des EAT ist die Glucolyse erst bei $3 \cdot 10^{-2}$ mol. **I** strikt kompetitiv. Bei geringeren Konzz. hat auch die Konz. des Substrates einen entscheidenden Einfluß. In diesem Falle kann man die durch **I** hervorgerufene Hemmung ganz beseitigen. Bei der Fructolyse zeigen alle angewendeten Konzz. von **I** dieselbe Hemmung, nur deren Dauer nimmt mit steigender Konz. der **I** zu. Die metabol. Fähigkeit der EAT-Zellen kann die Inhibitionswrkg. der **I** ganz eliminieren. Zur Inhibition der Glucolyse wurde die **I** in einer Konz., welche genau gegenläufig inhibiert, verwendet. In diesem Fall handelt es sich um eine gegenläufige Inhibition, d. h. die relative Verringerung der Glykolysegeschwindigkeit ist von der Menge der ascit. Zellen unabhängig. Mit **III** als Substrat, aber kleineren Mengen von ascit. Zellen wird die Fructolyse ganz inhibiert. — *Glucolyse u. Fructolyse im zellfreien Extrakt,* der mit anorgan. Phosphat, Mg, DPN u. ATP angerechnet wurde. Die Glucolyse u. Fructolyse hängt von der angewendeten Konz. des Substrates ab. Bei niederen Konzz. des Substrates verläuft die Fructolyse rascher als die Glucolyse. Der Einfl. der **I** auf die Glucolyse im zellfreien Extrakt zeigt, daß im Gegensatz zu den unbeschädigten Zellen auch ein 8facher Überschuß an **I** zu Beginn keine Inhibition verursacht, im Gegenteil, mit steigender Konz. der **I** kommt es zur erhöhten Bldg. von CO_2, was man durch die gleichzeitig verlaufende Phosphorylierung der **I** durch ATP erklären kann. Die Inhibitionswrkg. der **I** auf die Glykolyse in den unbeschädigten Asciteszellen besteht Wettbewerb der **II** u. **I** um das Phosphorylierungsenzym, welches in der Zellwand lokalisiert ist. Es phosphoryliert wahrscheinlich spezif. nur **II** u. **I** bei dem Durchgang durch die Zellwand, aber nicht **III**. Die hohe Aktivität dieses Enzymes könnte auch die konstante Glucolyse bis zur Erschöpfung der **II** erklären. Die Inhibition der Fructolyse im zellfreien Extrakt zeigt den gleichen Verlauf, wie in den unbeschädigten Zellen. Es wird angenommen, daß es sich in beiden Fällen um eine vorzugsweise Phosphorylierung der **I** durch die in der Zellwand befindliche Hexokinase handelt. (Chem. Listy **50**. 125—32. Jan. 1956 [Orig.: tschech.]; Collect. czechoslov. chem. Commun. **21**. 423—32. April 1956 [Orig.: deutsch]. Praha, Čšeskosl. akad. věd., Chem. ústav, Biochem. odděl.) B. MELOUN/Prag. 4160

M. Büchner, *Experimentelle Beiträge zum Problem der biochemischen Krebsdiagnostik.* Es wird über den Einfl. des *Hyaluronsäure–Hyaluronidase*-Syst. auf die polarograph.

Serum-Rk. (P.S.-Rk.) u. deren Anwendung bei der Auswertung der NITSCHE-Fibrinabbau-Rk. im Harn berichtet u. auf die Schwierigkeit der krebsspezif. Frühdiagnostik hingewiesen. Bei der Ferment-Rk. im Männerharn stört das Vorhandensein von Spermaanteilen. Zur Ausführung der P.S.-Rk. wird eine bestimmte Mantelzelle empfohlen. (Naturwissenschaften **43**. 118—19. März 1956.) H. GOHR. 4160

J. J. Nosek und **J. Bartek**, *Krebsheilmittel.* 1. Mitt. *p-Benzochinon* u. *Dulcit*, gegenseitig durch eine H-Brücke gebunden, verlangsamen wesentlich das Wachstum von übertragbarem Krebs (WALKER) der Ratten, trotzdem diese Verb. stark giftig ist. (Časopis českého Lékárnictva, vědecká Příloha **63**. 264—65. 1950. Olomouc [Olmütz], Palack univ., Úst. lék. chem.) K. STEINER. 4160

R. Gilbert, und **E. Thommen**, *Zur Frage der Indicationen von Actinomycin C bei Tumoren des Reticuloendothelialsystems.* Bericht eines Falles mit maligner Geschwulst in der Achselhöhle. Es gelang nicht, mit *Actinomycin C* (**I**) in relativ hoher Dosierung den fortschreitenden Verlauf der Krankheit einzudämmen. Nach Vff. sprechen Neoplasmen des RES nicht auf **I** an. (Presse méd. **63**. 1685. 3/12. 1955. Genève, Univ., Inst. de radiol. méd.) H. DOSSMANN. 4160

Sam Aronoff, Techniques of radiobiochemistry. Ames: State Coll. Press. (237 S. m. Abb. u. Diagr.) Q. $ 7,95.

E_2. Enzymologie. Gärung.

Elsie Wainfan und **Walter Marx**, *Wirkung von Thyroxin und einigen verwandten Verbindungen auf bakterielle Oxydationen.* Vff. untersuchten die Wrkg. von L- (**III**), D- (**IV**) u. *DL-Thyroxin* (**V**), *L-Trijodthyronin* (**VI**) u. *Desaminothyroxin* (**VII**) auf die Oxydation von *Glucose* (**I**) u. *Cholesterin* (**II**) bei Ruhezellen von Aerobacter aerogenes im WARBURG-Apparat. Die Oxydation von **I** wurde deutlich stimuliert durch **III**, **VI** u. **VII**, aber nicht durch **IV**; **VI** u. **VII** waren aktiver als **III**. Bei **II** wurde die Oxydation durch **III** u. **V** gesteigert. (J. biol. Chemistry **214**. 441—45. Mai 1955. Los Angeles, Calif., Univ. of Southern California, Allan Hancock Found. u. School of Med.) H. GOEBEL. 4210

Francesco Vaccari, Benito Sabotto und **Enrico Manzini**, *Alkalische Phosphataseaktivität der Leukocyten beim Schock.* Unters. an 4 Kaninchen, bei denen eine Schockwrkg. durch subcutane Injektion einer 4%ig. Formalinlsg. (5 cm^3/kg) ausgelöst wurde, an 20 Patienten, die eine Operation überstanden hatten, u. an 10 Patienten die eine elektr. Schocktherapie erhielten. Es erfolgte hierbei gleichzeitig ein Anstieg im allg. Stoffwechsel u. eine Ausdehnung der Lage der *alkal. Phosphatase* in den Granulocyten. (Blood **10**. 730—34. Juli 1955. Modena, Univ., Inst. of Med. Pathol.) G. BRATFISCH. 4210

O. J. Koeppe, P. D. Boyer und **M. P. Stulberg**, *Über Vorkommen, Gleichgewichte und Ort der Acylenzymbildung der Glyceraldehyd-3-phosphatdehydrogenase.* Die Katalyse der Aldehydoxydation durch *Glycerinaldehyd-3-phosphatdehydrogenase* (**I**) verläuft anscheinend über die Bldg. einer Acylenzymzwischenstufe (**IV**), die durch anorgan. Orthophosphat (**III**) unter Bldg. von Acylphosphat gespalten wird. Hierfür sprechen die Isolierung von Acylenzymverbb. (**II**) bei der Rk. von Acetylphosphat (**V**) oder 1.3-Diphosphoglycerat mit Kaninchenmuskel-**I** nach Abtrennung von DPN^+, die Rk. von **II** mit DPNH unter Bldg. von DPN^+ u. Aldehyd, die schnelle, **III**-unabhängige Bldg. von DPNH in äquivalenter Menge zu den reaktionsfähigen Bereichen des verwendeten Enzyms in Ggw. von DPN^+, Glycerinaldehyd-3-phosphat u. großer Mengen Muskel-**I**, sowie die Identität der Anfangsgeschwindigkeit der DPN^+-Red. in Ggw. von Glycerinaldehyd u. hohen Konzz. von Hefe-**I** mit u. ohne anorgan. **III**. Die Geschwindigkeit der Spaltung der wahrscheinlich anzunehmenden **IV** durch Rk. mit anorgan. **III** ist mindestens ebenso groß wie die der Gesamtreaktion. Rk. von Muskel- oder Hefe-**I** mit **V** oder von Muskel-**I** mit Jodacetat verhindert die Umsetzung gewisser SH-Gruppen mit p-Mercuribenzoat (**VI**). Dies spricht für eine Verknüpfung der Acylgruppe mit einer Enzym-SH-Gruppe u. nicht für die Annahme, daß erstere bei den phosphorolyt. u. oxydativen Rkk. an verschied. Stellen gebunden ist. Mit 1 Mol Muskel-**I** reagieren ca. 14 Mol **VI**. Hefe-**I** besitzt viel weniger reaktionsfähige SH-Gruppen. Für die Messung der Gleichgewichtskonstanten der nachweisbaren Stufen der katalyt. Rk. werden Verbesserungen angegeben. Das beim Erhitzen von Muskel-**I** abgespaltene Glutathion ist anscheinend für die katalyt. Wirksamkeit nicht erforderlich. Messungen der magnet. Susceptibilität zeigen, daß in einer Lsg. mit hoher **I**-Konz. in Ggw. eines Gleichgewichtsgemisches der Substrate < 1 freies Radikal/500 akt. Stellen trifft. (J. biol. Chemistry **219**. 569—83. April 1956. St. Paul, Minn., Univ., Dep. of Agric. Biochem.) K. MAIER. 4210

Albert E. Renold, Ching-Tseng Teng, Frances B. Nesbett und **A. Baird Hastings**, *Untersuchungen über den Kohlenhydratstoffwechsel in Rattenleberschnitten.* 2. Mitt. *Über die*

Wirkung von Nahrungsmangel und hormonalen Störungen. (1. vgl. HASTINGS u. Mitarbeiter, C. **1952**. 7210.) Vff. stellen bei Unterss. des Kohlenhydratstoffwechsels von Leberschnitten der Albinoratte in einem der Natur angepaßten Substrat [p_H 7,4—7,5; Gehh. an K^+ 110 mMol/Liter; Mg^{2+} 20; Ca^{2+} 10; HCO_3^- 40; Cl^- 90; *Brenztraubensäure* (**I**) 40 u. *Glucose* (**II**) 20; bei **II** sämtliche, bei **I** das α-C-Atom durch radioakt. ^{14}C indiziert, zur Feststellung, ob die Bldg. von *Glykogen* (**III**) aus **I** oder **II** erfolgt] fest, daß die Leber von Hungertieren weniger **III** aus **I** u. **II** deponiert, als die von ausreichend ernährten. Das Verhältnis **III** aus **II**:**III** aus **I** liegt bei Hungertieren bei 1,3, bei n. ernährten bei 2,4. Ferner bildet die Leber von Hungertieren mehr **II** aus **I** als die von n. ernährten. Weitere Verss. mit Tieren, bei denen durch intravenöse Injektion von *Alloxanmonohydrat* (40 mg/kg) künstlich Diabetes erzeugt worden ist, zeigen, daß in der Leber dieser Tiere weniger **III** abgelagert wird als bei n., wobei 3 **III**-Einheiten von **I** u. eine von **II** herrühren. Außerdem zeigt die Leber von Diabetestieren eine starke Erhöhung der **II**-Produktion infolge Glykogenolyse u. erhöhter Umwandlung von **I** in **II**. Die Leber von Diabetestieren zeigt zudem eine um ca. 50% geringere **II**-Aufnahme als bei normalen. Die gleichen Beobachtungen ergibt der Kohlenhydratstoffwechsel der Leber bei Tieren, denen das Pankreas entfernt wurde. Dagegen wird der Stoffwechsel bei Nebennieren- bzw. Hypophysenexstirpation nur verändert, wenn gleichzeitig Diabetes vorliegt. Auch in diesen Fällen wird erniedrigte **III**-Deponierung in der Leber festgestellt. Das Verhältnis **III** aus **II**:**III** aus **I** liegt in letztgenannten Verss. stets niedriger als 1 (zwischen 0,3 u. 0,7). Aus den Ergebnissen ist ersichtlich, daß Nahrungsmangel auf den Leberkohlenhydratstoffwechsel eine ähnliche Wrkg. ausübt wie Diabetes, u. zwar Hemmung der **III**-Speicherung aus **II** infolge erniedrigter **II**-Aufnahme. (J. biol. Chemistry **204**. 533—46. Okt. 1953. Boston, Mass., Harvard Med. School, Dep. of Biol. Chem.) P. FAHRNLAENDER. 4210

Albert E. Renold, A. Baird Hastings und **Frances B. Nesbett,** *Untersuchungen über den Kohlenhydratstoffwechsel in Rattenleberschnitten.* 3. Mitt. *Verwertung von Glucose und Fructose durch die Leber normaler und an Diabetes erkrankter Tiere.* (2. vgl. vorst. Ref.) Vff. messen die Verwertung von *Glucose* (**I**) u. *Fructose* (**II**) durch Leberschnitte n. u. an Diabetes erkrankter Ratten. Als Substrat dient eine Fl., die (in mMol/Liter) 110 K^+, 20 Mg^{2+}, 10 Ca^{2+}, 40 HCO_3^{2-} u. 130 Cl^- enthält u. p_H 7,4—7,5 besitzt. Es wird festgestellt, daß die Leber n. Tiere **II** 3mal schneller umsetzt als **I** u. die *Glykogen* (**III**)-Synth. aus **I** u. **II** in gleicher Weise vor sich geht. Sind im Substrat **I** u. **II** gleichzeitig vorhanden, so stammen je 50% des synthetisierten **III** aus **I** u. **II**. Die zu CO_2 oxydierte Menge **II** ist doppelt so groß wie die der **I**, bei gleichzeitiger Ggw. von **I** u. **II** wird **II** sogar 7mal rascher oxydiert als **I**. Dagegen zeigt die Leber von Diabetesratten eine um 50% geringere **I**-Aufnahme, u. die **III**-Synth. aus **I** ist um ca. 98% erniedrigt. Die Verwertung von **II** ist auch in der Diabetesleber annähernd n., u. es wird eine **III**-Synth. aus **II** beobachtet, die jedoch nur 25% von der in der n. Leber beträgt. Die **I**-Phosphorylierung in der Diabetesleber sinkt auf $^1/_4$—$^1/_{10}$ des n. Wertes ab. Ferner wird durch letztere ein größerer Teil **II** in **I** umgewandelt, woraus sich eine erhöhte Tendenz zur **I**-Neubldg. in der Diabetesleber erkennen läßt. (J. biol. Chemistry **209**. 687—96. Aug. 1954. Boston, Mass., Harvard Med. School, Dep. of Biol. Chem.) P. FAHRNLAENDER. 4210

Albert E. Renold, A. Baird Hastings, Frances B. Nesbett und **James Ashmore,** *Untersuchungen über den Kohlenhydratstoffwechsel in Rattenleberschnitten.* 4. Mitt. *Die Reihenfolge der biochemischen Erscheinungen nach Insulingaben.* (3. vgl. vorst. Ref.) Vff. incubieren Diaphragmen (a)- u. Leberschnitte (b) alloxandiabet. Ratten unter aeroben Bedingungen (95% O_2, 5% CO_2) bei p_H 7,4—7,5 in einem Substrat mit Gehh. an K^+ (110 mMol/Liter; bzw. bei Ggw. von *Acetat* (**I**) oder *Brenztraubensäure* (**II**) in a-Präpp. Na^+ [110] statt K^+), Mg^{2+} (20), Ca^{2+} (10), HCO_3^- (40), Cl^- (130; bzw. 90 bei Ggw. von **I** oder **II**) mit **I** (40) bzw. **II** (40) sowie *Glucose* (**III**; 20) oder *Fructose* (**IV**; 20). Vor den Verss. erhalten die Tiere, die innerhalb 10—60 Min. getötet werden, 10 E., diejenigen, die nach 6, 24 oder 48 Std. getötet werden, 2 Std. vorher zusätzlich 5 E. *Insulin* (**V**) bzw. alle 12 Std. 5 E. Protamin–Zn–**V**. Es wird festgestellt, daß **V** auf die **III**-Aufnahme u. -Abgabe in vitro nur geringe Einw. besitzt. Bei in vivo-Verss. treten die **V**-Wirkungen auf den Leberstoffwechsel erst nach 6 Std. ein; die bei diabet. Tieren verringerte Phosphorylierung von **III** wird durch **V**-Zufuhr normalisiert. Durch Gaben von mit ^{14}C markierter **III, IV, I** u. **II** läßt sich zeigen, daß *Glykogen* (**VI**) in der Leber (b-Verss.) nur aus **II, III** u. **IV**, nicht aber aus **I** synthetisiert wird. Bei Diabetes ist die **VI**-Bldg. stark erniedrigt, sie wird durch **V** erst nach 24—48 Std. auf n. Werte gesteigert. Auch die verringerte CO_2-Bldg. aus **III** u. die verminderte Fettsäuresynth. werden innerhalb des gleichen Zeitraumes durch Einw. von **V** an den n. Zustand angeglichen. Bei a-Präpp. treten die maximalen **V**-Wirkungen bereits 10—60 Min. nach **V**-Applikation

ein, z. B. wird die **VI**-Bldg. aus **III**, die bei Diabetes nur wenig erniedrigt ist, durch **V** über die n. Werte hinaus gesteigert. Die Ergebnisse zeigen, daß die direkten Wirkungen von **V** auf den Stoffwechsel nur peripherer Natur sind. Dagegen sind die schwächeren Einww. von **V** auf den Leberstoffwechsel entweder das Ergebnis eines direkten, langsamen hormonalen Effektes oder einer Angleichung des Stoffwechsels an die durch die peripheren Veränderungen hervorgerufenen neuen Bedingungen. (J. biol. Chemistry **213.** 135—46. März 1955. Boston, Mass., Harvard Med. School, Dep. of Biol. Chem.)
P. FAHRNLAENDER. 4210

James Ashmore, Albert E. Renold, Frances B. Nesbett und **A. Baird Hastings,** *Untersuchungen über den Kohlenhydratstoffwechsel in Rattenleberschnitten.* 5. Mitt. *Glycerinstoffwechsel in Beziehung zu anderen Substraten in normalem und diabetischem Gewebe.* (4. vgl. vorst. Ref.) Vff. incubieren Leberschnitte von ♂ n. (a) u. diabet. Ratten (intravenöse Injektion von 40 mg/kg Alloxanmonohydrat; b) unter aeroben Bedingungen (95% O_2; 5% CO_2) in einem Substrat, bestehend aus K^+ (110 mMol/Liter), Mg^{2+} (20), Ca^{2+} (10), HCO_3^- (40), Cl^- (130), *α-^{14}C-Glycerin* (**I**; 40) u. (zum Vgl.) *Fructose* (**II**; 20; p_H 7,4—7,5) mit *Glucoseoxydase* (**III**)-Lsg. (100 mg in 0,154 mol. Acetatpuffer; p_H 5,7; Zimmertemp.; 1 Std.) u. bestimmen die Aktivität der aus **I** bzw. **II** gebildeten *Glucose* (**IV**) bzw. des entstandenen *Glykogens* (**V**) u. der abgegebenen Menge $^{14}CO_2$. Während bei a-Präpp. der Stoffwechsel von **I** u. **II** in gleicher Art u. Weise in bezug auf **IV**- u. **V**-Bldg. verläuft, wird bei b eine geringere Menge **V** (0,4 μMol/g Gewebe gegenüber 6,4 bei a aus **I** bzw. 4,6 gegenüber 20,0 bei a aus **II**) u. eine größere Menge **IV** aus **I** u. **II** gebildet; dieser Befund weist auf eine verminderte Verwertung von **IV** bei b hin. Applikation von 5 E. *Protamin-Zn-Insulin* (alle 12 Std. innerhalb einer 48std. Periode) führt bei b-Tieren zu einer Normalisierung des **I**-Stoffwechsels. Die gleichen Ergebnisse werden auch mit **IV** u. *Brenztraubensäure* als Substrate erhalten u. weisen daher nur auf Veränderungen des Kohlenhydratstoffwechsels hinsichtlich der *Glucose-6-phosphat*-Bldg. bei Abwesenheit von Insulin hin. (J. biol. Chemistry **215.** 153—61. Juli 1955. Boston, Mass., Harvard Med. School, Dep. of Biol. Chem.) P. FAHRNLAENDER. 4210

James Ashmore, A. Baird Hastings, Frances B. Nesbett und **Albert E. Renold,** *Untersuchungen über den Kohlenhydratstoffwechsel in Rattenleberschnitten.* 6. Mitt. *Hormonale Faktoren, die die Glucose-6-phosphatase beeinflussen.* (5. vgl. vorst. Ref.) Vff. bestimmen die Wirksamkeit der *Glucose-6-phosphatase* (**I**) in Leberhomogenaten u. Mikrosompräpp. von alloxandiabet. (40 mg/kg intravenös) Ratten (Blutzuckergeh. mehr als 300 mg%; a) u. solchen, denen die Nebennieren (b) bzw. Hypophyse (c) entfernt worden sind. Als Substrat für die Präpp. dient eine Lsg. mit Gehh. an K^+ (70 mMol/Liter), Mg^{2+} (20), Ca^{2+} (10), HCO_3^- (40) u. Cl^- (90; p_H 7,4—7,5; 95% O_2; 5% CO_2). Die **I**-Konz. wird durch Best. des aus 0,2 mol. *Glucose-6-phosphat* (**II**) in 0,1 mol. Citratpuffer (p_H 6,3) freigesetzten anorgan. P ermittelt. Es wird festgestellt, daß **I** bei a um mehr als das Doppelte im Vgl. mit Kontrolltieren erhöht ist, während diabet. b-Ratten n. **I**-Wirksamkeit aufweisen. Subcutane Injektion von *Protamin-Zn-Insulin* (**III**; 5 E. alle 12 Std.) in vivo senkt bei n., a-, b- u. c-Tieren die **I**-Aktivität, dagegen führt die Applikation von *17-Oxycorticosteron* (**IV**; 5 mg alle 12 Std. subcutan) bei n. u. b-, nicht aber bei c-Tieren, zu einem Anstieg der **I**-Konzentration. Die Veränderungen der **I**-Wirksamkeit nach **III**-Zufuhr bei a bzw. **IV**-Injektion bei b treten nach 6—12 Std. auf. Aus in vitro-Verss. an mit $^{14}C_{(2)}$-*Brenztraubensäure* (**V**; 40 mMol/Liter) incubierten Homogenaten geht hervor, daß in der diabet. Leber die Gluconeogenese erhöht u. die Synth. von Fettsäuren erniedrigt ist. **IV** zeigt bei diabet. b nach 2 Std., **III** bei a nach 12—24 Std. eine Wrkg. auf den **V**-Stoffwechsel. Der durch **I** beeinflußte prozentuale Umsatz von **II** in *Glucose* u. *Glykogen* ist bei a-, b- u. b- (nach **IV**-Gaben) sowie n. Tieren erniedrigt. Die Ergebnisse der Unterss. lassen ein Hormongleichgewicht zwischen Pankreas, Hypophyse u. Nebennierenrinde im Kohlenhydratstoffwechsel erkennen. (J. biol. Chemistry **218.** 77—88. Jan. 1956. Boston, Mass., Harvard Med. School, Dep. of Biol. Chem.)
P. FAHRNLAENDER. 4210

Kazuyuki Maekawa und **Kaoru Kitazawa,** *Die Oxydation bakterieller α-Amylase durch Perjodat.* 1 g bakterieller *α-Amylase* (**I**) red. im Verlauf von 24 Std. 20 ml n/10 *$NaJO_4$*-Lsg., wobei gleichzeitig eine starke Abnahme der verflüssigenden, dextrin- u. zuckerbildenden Aktivitäten von **I** eintritt. Es verschwindet die dextrinbildende Aktivität vollkommen, während von den verflüssigenden u. zuckerbildenden ca. $^1/_{40}$ der Anfangswerte erhalten bleibt. Dabei verschiebt sich das p_H-Optimum der verflüssigenden Aktivität von 5,8 bei n. auf 6,4 bei oxydierter **I**. (Proc. Japan Acad. **29.** 353—56. Juli 1953. Matsuyama Agric. Coll., Labor. of Agric. Chem.) F. KRUSEN. 4210

Stig D. Schultz-Haudt und **Henry W. Scherp,** *Bildung von Hyaluronidase und β-Glucuronidase durch aus Zahnfleischspalten isolierte Viridans-Streptokokken.* Aus den Zahnfleischspalten von 31 Erwachsenen mit u. ohne marginaler Gingivitis wurden

Str. mitis u. Str. salivarius isoliert u. auf Bldg. von *Hyaluronidase* (I) u. *β-Glucuronidase* (II) getestet, da vermutet wird, daß diese Enzyme zur Entstehung der marginalen Gingivitis beitragen. Bei beiden Streptococcusarten wurden positive Stämme gefunden. die bei Fällen mit marginaler Gingivitis häufiger vorkamen als bei gesundem Zahnfleisch, I kommt extracellulär, II endocellulär vor. Die Enzyme können nicht adaptiv gebildet werden, u. es entstehen auch keine Enzym-bildenden Mutanten aus negativen Stämmen. (J. Dental Res. **34**. 924—29. Dez. 1955. Rochester, N. Y., Univ. of Rochester, School of Med. and Dentistry, Dep. of Bacteriol.) G. KLESSE. 4210

C. Y. Lee, C. C. Chang und **K. Kamijo,** *Inaktivierung von Cholinesterase durch Schlangengift.* Die *Anticholinesterase* (I) im Gift der Formosa-Kobra (Naja) wird durch verschied. Kationen sowie Stabilisatoren u. Aktivatoren der *Cholinesterase* (II) reversibel gehemmt (Mg, Na, K, Cystein, Citrat, Albumin u. a. m.). II wird durch I irreversibel gehemmt. p_H-Optimum für I zwischen 6,0 u. 8,5. Unter p_H 5 bzw. 10 oder bei 10 Min. Erhitzen über 60° tritt Verlust der Aktivität ein. Nach Dialysieren der 0,2%ig. Lsg. geht die Aktivität stark zurück. Auf verschied. II-haltige Kaninchengewebe wirkte I nicht. Dies wird auf das Vorhandensein von I-hemmenden Stoffen zurückgeführt. (Biochem. J. **62**. 582—88. April 1956. Taipei, Formosa, Nat. Taiwan Univ., Coll. of Med., Pharm. Inst.; Philadelphia, Pa., Univ., Dep. of Phys. and Pharm. Graduate School of Med.) H. GERTH. 4210

James F. Berry und **Elmer Stotz,** *Die Rolle von Phosphorylcholin bei der Acetylcholinsynthese. Phosphorylcholin* (II) scheint ein wirksameres Substrat für die *Acetylcholin* (I)-Synth. durch Extrakte aus Rattengehirnacetontrockenpulver bei Zugabe von ATP zu sein als Cholin. Beim Fehlen von ATP wird mit Cholin als Substrat die I-Bldg. nahezu verhindert, während mit II in diesem Fall nur eine geringe Verminderung der I-Bldg. eintritt. Fehlen von Coenzym A bewirkt eine Red. der I-Bldg. mit II als Substrat. Diskussion der Rolle von II bei der I-Synthese. (J. biol. Chemistry **218**. 871—74. Febr. 1956. Rochester, N. Y., Univ. of Rochester, School of Med. and Dent., Dep. of Biochem.) H. GOEBEL. 4210

E. Boyland, D. Manson, P. Sims und **D. C. Williams,** *Die Biochemie aromatischer Amine. Die Resistenz einiger o-Aminoarylsulfate gegen Hydrolyse durch Arylsulfatasen.* (Vgl. C. **1956**. 2208.) Aromat. Amine werden in tier. Geweben zu o- u. p-Aminophenolen oxydiert, die schnell in die Schwefelsäure- oder Glucosiduronsäureester umgewandelt werden. Vff. untersuchten die enzymat. Hydrolyse von Aryl- u. o-Aminoarylsulfaten. Als Enzymsysteme wurden angewandt: Takadistase (I) u. menschliche Urin-*Sulfatase* (II). Die Enzyme ließen sie 18 Std. bei 47° u. p_H 6,0 auf die Sulfate einwirken. Das entstandene Phenol wurde auf photometr. Wege bestimmt. Für verschied. der untersuchten Schwefelsäureester wurden die pK_a-Werte ermittelt. Ferner wurden die R_F-Werte der meisten Phenole u. deren Schwefelsäureester bestimmt (Einsprühen der Chromatogramme mit einer Lsg. von p-Dimethylaminobenzaldehyd). I oder II hydrolysieren eine gewisse Anzahl von Arylsulfaten, außer denen mit einer bas. Aminogruppe in o-Stellung zur Estergruppe. o-Aminoarylsulfate mit pK_a-Werten von 4,3 u. darüber werden nicht hydrolysiert. Der Hydrolysengrad einer Reihe schwach bas. Aminophenylsulfate nimmt in dem Maße zu, wie die Basizität der Aminogruppen abnimmt. Die o-Aminophenylsulfate, die sich von krebserregenden aromat. Aminen ableiten, haben relativ starke bas. Gruppen u. werden durch Sulfatasen nicht hydrolysiert. Es werden Wege zur Einschränkung der krebserregenden Wrkg. aromat. Amine aufgezeigt. (Biochem. J. **62**. 68—71. Jan. 1956. London, Chester Beatty Res. Inst., Inst. of Cancer Res., Royal Cancer Hosp.) K. HEYNS. 4210

L. A. Lokschina und **W. N. Orechowitsch,** *Über die Hydrolyse von denaturierten Proteinen durch Pepsin, Trypsin und Chymotrypsin.* Durch Unterss. über die Hydrolyse von *Prokollagen* (I), *Eialbumin* (II), *Serumalbumin* (III), *Sturinsulfat* (IV) u. *Pepsin* (V) durch V, *Trypsin* (VI) u. *Chymotrypsin* (VII) sollte die Natur der durch die Proteinasen hydrolysierbaren Bindungen festgestellt werden, die nach den aus den Fermenthydrolysaten erhaltenen Dinitrophenolaminosäuren beurteilt wurde. Danach hydrolysieren VI u. VII in IV jene Bindungen, die NH_2-Gruppen in Serin, Glycin, Leucin u. Arginin einschließen. VI, das doppelt so stark wirkt wie VII, hydrolysiert außerdem die NH_2-Bindungen in Histidin. Durch V wird IV nicht hydrolysiert. In I werden durch V, VI u. VII die NH_2-Bindungen in Glycin, Alanin u. Asparagin- u. Glutaminsäure verschieden stark hydrolysiert. In II werden durch V, VI u. VII jene Bindungen hydrolysiert, die NH_2-Gruppen von Serin, Threonin, Alanin, Valin, Leucin u. Asparagin- u. Glutaminsäure einschließen. VII hydrolysiert außerdem die NH_2-Bindungen von Arginin. V wirkt weniger intensiv als VI u. VII. Bei V wird eine Reihenfolge der Wrkg. auf die einzelnen Bindungen beobachtet, nicht jedoch bei VI u. VII. Die Hydrolyse von III u.

V durch **V**, **VI** u. **VII** erfolgt an Serin, Threonin, Alanin, Valin, Leucin u. Asparagin- u. Glutaminsäure. Wodurch die Spezifität der Wrkg. von **V**, **VI** u. **VII** auf die Peptidbindungen bedingt ist, kann noch nicht beantwortet werden. (Биохимия [Biochemie] **19.** 721—29. Nov./Dez. 1954. Moskau, Inst. für biol. u. med. Chem. der Akad. der med. Wiss. der UdSSR.) O. LEBTAG. 4210

Leo M. Sreebny, Julia Meyer und **Erica Bachem,** *Charakteristika eines proteolytischen Enzyms aus den submaxillaren und sublingualen Speicheldrüsen von Albinoratten.* Die submaxillaren u. sublingualen Speicheldrüsen der Albinoratte enthalten ein Enzymsyst., das Casein, Gelatine u. andere Proteine angreift, aber nicht Mucin oder Chondroitinsulfat. Seine optimale Temp. liegt bei 55°, sein optimaler p_H-Wert zwischen 8,5 u. 9,5. Es ist gegenüber Säuren nur wenig, gegenüber Alkali sehr empfindlich. Durch Cystein u. Ascorbinsäure wird die Aktivität gesteigert, durch J oder Dialyse gehemmt. Trypsininhibitor, NaCN u. $MgSO_4$ sind ohne Einfluß. Wird Azocoll statt Casein als Substrat verwendet, zeigt die sublinguale Drüse keine proteolyt. Aktivität. (J. Dental Res. **34.** 915—20. Dez. 1955. Chicago, Ill., Univ. of Illinois, Coll. of Dent., Dep. of Appl. Materia Med. and Therap., u. Div. of Oral Pathol.) G. KLESSE. 4210

Ralph E. Thorson, *Proteolytische Aktivität in Extrakten der Oesophagi von Ancylostoma caninum und Einfluß von immunisierten Sera auf deren Wirkungsweise.* Vf. beschreibt den Wirkungsmechanismus *proteolyt. Enzyme,* gebildet im Oesaphagus von Ancylostoma caninum; Wirkungsoptimum bei p_H 6. Proteolyt. Aktivität überwiegend gehemmt durch Zugabe eines Serums, welches einem mit Ancylostoma caninum infizierten Hund entnommen wurde. (J. Parasitology **42.** 21—24. Febr. 1956. Auburn, Ala., School of Vet. Med., Alabama Polytechn. Inst., Dep. of Pathol. and Parasitol.) G. MAYR. 4210

I. Abelin und **F. Bigler,** *Zur Kenntnis der Kathepsine der Schilddrüse.* Im Anschluß an Unterss. über die Bldg. physiol. hochwirksamer dijodtyrosin- u. thyroxinhaltiger Prodd. bei der Einw. von Pepsin u. Trypsin auf Thyreoglobulin (**I**) wurde ein analoger **I**-Abbau durch die zelleigenen Enzyme der Schilddrüsenepithelien durchgeführt. Als günstigste Bedingungen für die Unters. der Wirksamkeit der Schilddrüsen-*Kathepsine* erwies sich eine Temp. von 40°, ein p_H-Wert von 4,5—4,8, d. h. in der Nähe des isoelektr. Punktes von **I**, u. ein Zusatz von *Cystein* (42%ig. Wirkungssteigerung). Der Proteinabbau durch die Eigenenzyme der Schilddrüsenbläschen ist bei in vitro-Verss. zwar erheblich, jedoch schwächer als beim Abbau durch Pankreasfermente. (Helv. chim. Acta **39.** 729—34. 2/5. 1956. Bern, Univ., Med.-chem. Inst.) K. MAIER. 4210

I. M. Weinstock, A. D. Goldrich und **A. T. Milhorat,** *Enzymuntersuchungen bei Muskeldystrophie.* 1. Mitt. *Proteolytische Aktivität im Muskel und Vitamin E-Mangel.* Die *proteolyt.* Aktivität (**I**) wurde mit denaturiertem *Hämoglobin* als Substrat bestimmt. Durch Mangel an *Vitamin E* wird **I** je g Feuchtgewicht des Muskels u. je mg Protein-N sowohl in Extrakten als auch in Homogenaten des Muskels erhöht. Dagegen wurde keine Änderung von **I** in Milz, Niere oder Leber gefunden. (Proc. Soc. exp. Biol. Med. **88.** 257—60. Febr. 1955. New York, N. Y., Cornell Univ., Med. Coll., Russel Sage Inst. of Pathol., u. New York Hosp.) A. HESSE. 4210

Poul Egede Glahn, Philippe Manchon und **Jean Roche,** *Über die L-Aminosäureoxydasen des Hepatopankreas der Lamellibranchiaten.* Vff. untersuchten die aus dem Hepatopankreas der Lamellibranchiaten (L) *Mytilus edulis* u. *Cardium tuberculatum* isolierten *L-Aminosäureoxydasen* (AO). Sie bestimmten die Aktivität gegenüber 24 Aminosäuren [*L-Leucin* (**I**), *DL-Norleucin* (**II**), *DL-Norvalin, DL-Alanin* (**III**), *Glycin* (**IV**), *L-Isoleucin* (**V**), *DL-Valin* (**VI**), *L-Asparaginsäure, L-Glutaminsäure, L-Asparagin, L-Citrullin, L-Ornithin, L-Lysin, L-Arginin, L-Histidin, DL-Phenylalanin, L-Tyrosin, L-Tryptophan, DL-Methionin* (**VII**), *L-Prolin* (**VIII**), *DL-Serin* (**IX**), *DL-Threonin* (**X**), *DL-α-Amino-δ-oxyvaleriansäure* (**XI**), *DL-α-Amino-ε-oxycapronsäure* (**XII**)] in der WARBURG-App. u. zeigten, daß die AO der L einen anderen Typ darstellen als die der *Cobra.* Nichtoxydierte aliphat. Aminosäuren: **IV**, **III**, **VIII**, **VI**, **V** u. **X** wirkten als Inhibitoren bei der Oxydation von **I**. Es werden L-**II** u. **I** im Gegensatz zu **V** u. **XII**, **XI** u. **VII** im Gegensatz zu **IX** u. **X** oxydiert. Oxydation findet nur bei Konst. $-CH_2-CH(NH_2)-COOH$ statt. (C. R. Séances Soc. Biol. Filiales **149.** 509—13. März 1955. Cancarneau, Finistère, Labor. de Biol. marine du Coll. de France.) G. MÖNCH. 4210

George F. Shambaugh, *Proteasestimulation durch Nährstoffe in reifen Aedes aegypti Linn.* (Vgl. FISK u. Mitarbeiter, C. **1952.** 6227.) An Moskitos (Aedes aegypti Linn.) wurde untersucht, welche Faktoren die Aktivierung von Enzymen des Mitteldarms hervorrufen. — Enzymvorstufen waren im Mitteldarm nicht nachweisbar. In Fütterungsverss. mit einzelnen Blutfraktionen (Erythrocyten, dialysierbarer u. nichtdialysierbarer Anteil des Plasma) zeigten, daß die *Protease*-Aktivierung in der Reihenfolge Fibrinogen, Albumin, γ-Globulin anstieg. Mit der Menge des aufgenommenen Blutes stieg bei ♀ Moskitos die Proteaseaktivität im Mitteldarm an. — Die Beziehungen zwischen Proteasestimulation u. Infektivität werden diskutiert. (Ohio J. Sci. **54.** 151 bis 160. Mai 1954. Ohio, Stat Univ., Dep. of Zool. and Entomol.) E. KOCH. 4210

Robert L. Lester, *In vitro-Einbau von Leucin in die Eiweißstoffe von Mircococcus lysodeikticus.* Ruhende Zellen von Micrococcus lysodeikticus bauen $^{14}C_{(COOH)}$*-L-Leucin* rasch in Eiweiß ein. Wenn gewaschene Zellen mit Lysozym behandelt werden, verlieren sie die Fähigkeit, Leucin in das Proteinmol. einzubauen. Zugabe zahlreicher Metabolite konnte das für den Leucineinbau notwendige Syst. nicht reaktivieren. Ggw. von Saccharose während der Lysis schützt einen Teil der Aktivität. Die Aktivität intakter Zellen wird nicht durch wiederholtes Waschen beeinflußt. Behandlung mit Ribonuclease u. Desoxyribonuclease ruft beim Saccharoselysat, nicht aber bei den intakten Zellen Aktivitätsverminderung hervor. Behandlung mit Desoxyribonuclease u. $MgSO_4$ bewirkt beim Saccharoselysat Aktivitätssteigerung. (J. Amer. chem. Soc. **75.** 5448—49. 5/11. 1953. Pasadena, Calif., Inst. of Technol.) F. LINGENS. 4210

Stuart W. Tanenbaum, *Eine Untersuchung der Transaminierungsreaktion unter Verwendung von isotopem Stickstoff.* Die ^{15}N-markierte Aminosäure wird in Ggw. von α-Ketoglutarsäure (I) u. unmarkiertem NH_4Cl mit frischem Schweineherzhomogenat in $KHCO_3$-Lsg. incubiert. Enthält die synthetisierte Glutaminsäure eine höhere ^{15}N-Konz. als das NH_3, so sieht Vf. dies als Beweis für eine erfolgte Transaminierung an. Neben *Alanin* u. *Asparaginsäure* erfolgen auch bei *Valin, Leucin, Phenylalanin, Tyrosin, Serin, Glycin* u. *Lysin* Transaminierungen, während *Histidin* nicht als α-Aminodonator fungiert. NH_3 ist keine Zwischenstufe bei der Transaminierung. *Pyridoxamin,* das in der Aminomethylgruppe ^{15}N markiert ist, transaminiert leicht mit I. Die Beobachtungen werden im Hinblick auf ihre Beziehungen zum Transaminierungsmechanismus diskutiert.

Versuche: Darst. von ^{15}N-markiertem Pyridoxamin. Aus $K^{15}NO_3$ durch Red. mit Pb $K^{15}NO_2$. Hieraus durch Red. mit SO_2 Hydroxylaminsulfat, als Acetoxim abgefangen, gereinigt u. als Hydrochlorid isoliert; Ausbeute (bezogen auf KNO_3) 16%; F. 145°. Durch Kupplung von 3,06 g $H_2{}^{15}NOH \cdot HCl$ mit 0,05 Mol Pyridoxal (aus Pyridoxin) 3,64 g Pyridoxaloxim (**II**; 39% Ausbeute, bezogen auf $H_2NOH \cdot HCl$); F. 229 bis 230°. Bei einem 2. Ansatz Ausbeute 50%. 20 mMol **II** in 150 ml Eisessig in Ggw. von Pd-Schwarz hydrieren (3 Std.). Nach Zusatz von 20 ml 6nHCl im Vakuum einengen, Rückstand in 50 ml 95%ig. A. aufnehmen u. mit HCl-Gas in der Kälte sättigen. Nach Zugabe von etwas Ae. über Nacht im Eisschrank stehenlassen, Kristalle in 60 ml heißem A. lösen u. umfällen; Ausbeute 3,04 g Pyridoxamindichlorhydrat (65%); F. 221 bis 224°, Misch-F. mit authent. Probe 219—222°. Zweiter Ansatz Ausbeute 77%. Freie Base F. 186—188°; Misch-F. 185—186°. — Dipikrat umkrist. F. 200° (Zers.). (J. biol. Chemistry **218.** 733—43. Febr. 1956. New York, N. Y., Columbia Univ., Coll. of Phys. and Surg., Dep. of Biochem.) E. SCHWERDTFEGER. 4210

L.-E. Ericson und **A. E. Harper,** *Wirkung des Futters auf die Betain–Homocystein-Transmethylaseaktivität der Rattenleber.* 1. Mitt. *Aminosäuren und Protein.* Die Aktivität der *Betain–Homocystein-Transmethylase* (I) der Rattenleber wuchs wesentlich an, wenn der Proteingeh. des Futters von 9 auf 18 oder 20% anstieg. Der Anstieg der I-Aktivität war geringer, wenn zu einem Grundfutter mit 9% Casein Zulagen von Threonin oder Tryptophan gegeben wurden. Der Anstieg der I-Aktivität war im allg. mit einem Anstieg des Protein- u. einer Verminderung des Fettgeh. der Leber verbunden. Nach den Ergebnissen der Vff. wird bei Proteinmangel das Apoenzym von I schneller vermindert als der Co-Faktor. Wenn Leucin, Isoleucin, Methionin oder Tryptophan in Mengen verfüttert wurden, die das Wachstum hemmen, nahm die I-Aktivität der Leber bei abnehmendem Proteingeh. zu. (J. biol. Chemistry **219.** 49—58. März 1956. Madison, Wis., Univ., Coll. of Agric., Dep. of Biochem.) E. SCHWERDTFEGER. 4210

L.-E. Ericson, A. E. Harper, J. N. Williams jr. und **C. A. Elvehjem,** *Wirkung des Futters auf die Betain–Homocystein-Transmethylaseaktivität der Rattenleber.* 2. Mitt. *Vitamin B_{12}.* (1. vgl. vorst. Ref.) Vff. untersuchten in 10wöchigen Verss. an Ratten Wachstum, Vitamin-B_{12} (I)-Geh. u. Betain–Homocystein-Transmethylase (II)-Aktivität der Leber unter dem Einfl. von I-Mangelfutter. Die II-Aktivität bei den I-Mangeltieren war geringer als bei der Kontrollgruppe; Zusatz von Co-Faktorpräpp. zu Leberhomogenaten der I-Mangeltiere erhöhte die II-Aktivität auf n. Werte. Wurden Leberhomogenate von I-Mangeltieren mit I, einer Energiequelle u. Homocystein in Abwesenheit eines zugesetzten Methyldonators incubiert, so konnte eine Methioninsynth. nachgewiesen werden. Vff. schließen aus ihren Ergebnissen, daß I bei der Ratte die Methioninsynth. sowohl über die Bldg. des Co-Faktors von II als auch über die Synth. labiler Methylgruppen beeinflußt. (J. biol. Chemistry **219.** 59—67. März 1956.)
E. SCHWERDTFEGER. 4210

Peter Reichard, *Die enzymatische Synthese von Ureidobernsteinsäure in Rattenlebermitochondrien.* Vf. untersuchte die Synth. von *Ureidobernsteinsäure* (I) aus *Asparaginsäure,* NH_3 u. CO_2 in Rattenlebermitochondrien, wobei sich zeigte, daß unter den gewählten Bedingungen die Ggw. von Glutaminsäure bzw. *Ureidoglutarsäure* + *Bernsteinsäure* für den Ablauf der Rk. erforderlich war. Die Rk. ist weiter von *Adenosintriphosphat* u. Mg^{2+} abhängig. — Vf. weist bes. auf die Ähnlichkeit von I u. *Citrullin*-Synth. hin. (Acta chem. scand. **8.** 795—805. 1954. Stockholm, Karolinska Inst., Biochem. Dep.) H. v. PEZOLD. 4210

Herman C. Lichstein, John F. Christman und **William L. Boyd,** *Vergleich der Einflüsse von Biocitin und einem Hefeextraktkonzentrat auf Asparaginsäuredesaminase.* *Biocitin* (I) ist verschieden von der Coenzymfraktion (II) nach LICHSTEIN u. CHRISTMAN, wie die Inaktivität von I gegenüber der *Asparaginsäuredesaminase* von Bacterium cadaveris (Gale) zeigte. Außerdem unterstützte I das Wachstum von Saccharomyces cerevisiae 139 u. Java in einem Biotinmangelmedium, während II nur mit dem Javastamm Wachstum zeigte. (J. Bacteriol. **59.** 113—16. Jan. 1950. Knoxville, Tenn., Univ. of Tennessee, Dep. of Bacteriol.) F. LINGENS. 4210

Mary T. McQuillan, R. K. Morton, P. G. Stanley und **V. M. Trikojus,** *Enzymatische Jodierung von Milchprotein.* Um die Jodierung von Milchprotein zu bestimmen, wurden gereinigte Präpp. von β-Lactoglobulin (I) u. Casein (II) dargestellt u. diese mit ^{131}J u. *Lactoperoxydase* + *Xanthinoxydase* in Pufferlsgg. incubiert. Durch Extraktion mit Butanol wurde der Jodgeh. in der Thyroxinfraktion von II am höchsten (2%) gefunden. Nach diesen Ergebnissen neigen die Tyrosinreste von I weniger zur Bldg. von jodiertem Thyronin als die Tyrosinreste von II. PITNEY u. Mitarbeiter (J. Endocrinology **9.** [1953.] 224) fanden, daß die enzymat. Jodierung von Milchproteinen durch 2-Thiouracil (III) oder Resorcin gehemmt wird. Die nichtenzymat. Jodierung, bei der die Lactoperoxydase durch H_2O_2-Zugabe ersetzt wird, ist jedoch durch III nicht hemmbar. Vff. wiesen durch das papierchromatograph. Verh. von III nach, daß dieses unter den Bedingungen der „chem." Jodierung verändert wird. (R_F-Wert, negative CHARGAFF-Rk.), während es bei der enzymat. Rk. fast unverändert bleibt. (Nature [London] **173.** 305—07. 13/2. 1954. Victoria, Australia, Univ. of Melbourne, Dep. of Biochem.) G. FAUST. 4210

Ezzat S. Younathan, Earl Frieden und **Karl Dittmer,** *Die Empfindlichkeit von Rattenleberxanthinoxydase gegen Aminosäureanaloge.* Ausgewachsene Ratten, die *β-3-Thienyl-DL-alanin* (I) oder *DL-Propargylglycin* erhielten, zeigten eine Abnahme der *Leberxanthinoxydase* (II). Sie beruht auf der Wrkg. des Aminosäureanalogen u. nur z. T. auf verringerter Nahrungsaufnahme. Zusatz von I oder DL-Äthionin zur Grunddiät hemmte bei proteinverarmten Ratten die II-Ergänzung. Die I-bedingte Hemmung wurde durch Phenylalanin aufgehoben. Die Ratten-II-aktivität kann wahrscheinlich als empfindlicher Indicator zur Prüfung des Aminosäureantagonismus in vivo herangezogen werden. (J. biol. Chemistry **219.** 531—37. April 1956. Tallahassee, Fla., State Univ., Dep. of Chem.) K. MAIER. 4210

C. H. W. Hirs, *Die Oxydation von Ribonuclease mit Perameisensäure.* Vf. untersuchte die Veränderungen in der Aminosäurezus. von *Ribonuclease* (I), die unter verschied. Bedingungen mit Perameisensäure oxydiert wurde. Wird Cl^--freie I bei 0° oxydiert, so werden Cystin in Cysteinsäure u. Methionin in das Sulfon umgewandelt, während die übrigen Aminosäuren nicht angegriffen werden. In Ggw. von Cl^--Spuren sind niedrigere Tempp. (—10°) notwendig, um die Bldg. von Chlortyrosin zu verhindern. Mit Hilfe der Fluordinitrobenzolmeth. konnte keine Spaltung von Peptidbindungen nachgewiesen werden. (J. biol. Chemistry **219.** 611—21. April 1956. New York, N. Y., Rockefeller Inst. for Med. Res.) E. SCHWERDTFEGER. 4210

C. H. W. Hirs, Stanford Moore und **William H. Stein,** *Die bei der tryptischen Hydrolyse von mittels Perameisensäure oxydierter Ribonuclease erhaltenen Peptide.* Durch Säulenchromatographie an Dowex 50-X2 konnten nach *Trypsin* (I)-Einw. auf perameisensäureoxydierte *Ribonuclease* (II) von den zu erwartenden 14 oder 15 Peptiden 13 in Ausbeuten von 50—100% erhalten werden. Die einzelnen Peptide wurden einer quantitativen Aminosäureanalyse durch Chromatographie an Dowex 50-X4 unterworfen. Die 4 Arginin (III)-reste von II wurden in 2 Dipeptiden, 1 Tripeptid u. 1 großen Peptid mit 19 Aminosäureresten wiedergefunden u. die 10 Lysin (IV)-reste in 1 Tetra-, 1 Penta-, 2 Hexa-, 2-Hepta- u. 2 großen Peptiden mit 21 bzw. 22 Aminosäureresten. Eins der Heptapeptide entstammt dem N-endständigen Ende des II-Mol. u. besitzt die Struktur: Lys·Glu·Thr·Ala·Ala·Ala·Lys⁻. Das Peptid mit 22 Aminosäureresten enthält ebenfalls 2 IV-Reste, von denen sich 1 anscheinend in einer I-resistenten Bindung befindet. Ein Peptid mit 20 Aminosäureresten, das aber kein III oder IV enthält, stammt nach Ansicht der Vff. vom C-endständigen Ende des Moleküls. Die Ergebnisse deuten darauf hin, daß bei Verwendung von I zur Proteinspaltung keine Transpeptidationen auftreten. Aus den 13 isolierten Peptiden errechnet sich ein Mol. aus 124 Aminosäureresten mit einem Mol.-Gew. von 13683. (J. biol. Chemistry **219.** 623—42. April 1956. New York, N. Y., Rockefeller Inst. for Med. Res.) E. SCHWERDTFEGER. 4210

Milton Zucker und **Alvin Nason,** *Eine Pyridinnucleotid–Hydroxylamin-Reduktase aus Neurospora.* Aus zellfreien Extrakten von *Neurospora crassa* wurde ein Enzymsyst. 5—10fach angereichert, das *Hydroxylamin* (I) zu NH_3 reduziert; bei der Rk. dienen sowohl *red. Diphospho-*(DPNH) als auch *Triphosphopyridinnucleotid* als Elektronendonatoren. *Flavinadenindinucleotid,* aber nicht Riboflavinphosphat, stimuliert die Enzymaktivität (2—3fache Steigerung), Stoffe, die Metallchelate bilden, hemmen die Aktivität, was auf einen Metallbestandteil des Ferments hinweist. Es läuft folgende irreversible Rk. ab: $NH_2OH + DPNH + H^+ \rightarrow NH_3 + DPN^+ + H_2O$. Das Enzym ist adaptiv u. wird nur in Ggw. von NO_3^- oder NO_2^-, aber nicht mit NH_4^+ gebildet. *Hydroxylaminreduktase* ist bei p_H 7,5—9,0 bei — 15° über mehrere Wochen stabil; völliger Aktivitätsverlust bei 4° in ca. 12 Std., bei 50° in 5 Min.; dialysierbar gegen $3 \cdot 10^{-3}$ mol. Na-Pyrophosphat (p_H 8,0) unter Aktivitätsverlust; Reaktivierung mit Fe^{2+}, Fe^{3+}, Zn^{2+}, Ca^{2+}, Cu^{2+}, Mg^{2+}, Mn^{2+}, *Molybdat, Borat, Schweineherzextrakt, Flavinadenindi-* oder *Flavinmononucleotid* gelang nicht. Das p_H-Optimum liegt bei p_H 7,5—8,5 (Pyrophosphat- oder Trioxymethylaminomethanpuffer). I konnte als Substrat nicht ersetzt werden durch *O-Methylhydroxylamin, Hydrazin, Nitrophenylhydroxylamin* oder *Salicylhydroxamsäure.* (J. biol. Chemistry **213.** 463—78. März 1955. Baltimore, Md., Johns Hopkins Univ., McCollum-Pratt Inst.) H. GOEBEL. 4210

Henry H. Henstell und **Robert I. Freedman,** *Ein Inhibitor der Desoxyribonuclease in den menschlichen weißen Blutkörperchen und in den Knochenmarkzellen und seine Beziehungen zur Zellreife.* Mit einer viscosimetr. Meth. untersuchten Vff. die Konz. eines *Desoxyribonuclease* (I)-*Inhibitors* (II) in menschlichen weißen Blutkörperchen u. in Knochenmarkzellen. Die I-Aktivität wurde bestimmt durch die Zeit, die für I erforderlich ist, um die relative Viscosität einer Desoxyribonucleinsäurelsg. auf die Hälfte zu reduzieren. Hierbei fanden Vff., daß die n. gereiften polymorphonucleären Leukocyten u. Lymphocyten des Blutes die größte Konz. an II enthielten: 37,4%/10^4 Zellen. Die II-Konzz. von Patienten mit Blutkrankheiten lagen in der Größenordnung zwischen 0 u. 12%. (Science [Washington] **115.** 357—58. 28/3. 1952. Los Angeles, Calif., Cedars of Lebanon Hosp., Inst. for Med. Res.) G. BRATFISCH. 4210

Henry H. Henstell, Robert I. Freedman und **Ben Ginsburg,** *Ein Inhibitor der Desoxyribonuclease in menschlichen weißen Blutkörperchen und Knochenmarkzellen und seine Beziehung zur Zellreife.* Erweiterte Fassung der vorst. referierten Arbeit. Zu ergänzen ist: Es besteht direkte Korrelation zwischen der Reife u. dem *Inhibitor*-Geh. der Zellen. Es wird diskutiert, ob hierin ein Grund für ein Aufhören des *Desoxyribonucleinsäure*-Stoffwechsels u. damit des Wachstums der reifen Zellen zu suchen ist. (Cancer Res. **12.** 346—49. Mai 1952. Los Angeles, Calif., Cedars of Lebanon Hosp., Inst. for Med. Res.) H. GIBIAN. 4210

Marcus S. Brooke, Daizo Ushiba und **Boris Magasanik,** *Einige die Orotsäureausscheidung beeinflussende Faktoren bei Mutanten von Aerobacter aerogenes.* Die adaptive Bldg. eines die *Orotsäure*-Synth. aus einer Vorstufe katalysierenden Enzyms wird durch *Uracil* (I) nicht unterdrückt. Es liegt keine adaptive Fermentbldg. vor, sondern das stets gebildete Enzym wird durch I inaktiviert. Die Unters. wurde an aus einem Wildstamm durch UV-Bestrahlung gewonnenen Mutanten, die zu ihrem Wachstum I u. *Cytosin* oder Nucleotide bzw. Nucleoside benötigen, durchgeführt. (J. Bacteriol. **68.** 534—40. Nov. 1954. Boston, Mass., Harvard Med. School, Dep. of Bact. and Immunol.) H. HRUSCHKA. 4210

Shan-Ching Sung und **J. N. Williams jr.,** *Die intracelluläre Verteilung der Diphosphopyridinnucleotidnucleosidase in Rattenleber.* Die DPNase der Rattenleber ist diffus auf Zellkerne, Mikrosomen u. Plasma verteilt; in den Mitochondrien scheint das Ferment zu fehlen. Die MICHAELIS-Konstante der DPN-Nucleosidase beträgt $1,08 \cdot 10^{-4}$/Mol. (J. biol. Chemistry **197.** 175—79. Juli 1952. Madison, Wis., Univ., Coll. of Agric., Dep. of Biochem.) F. RUPPERT. 4210

Harold Edelhoch und **John Coleman,** *Die Kinetik der enzymatischen Hydrolyse von Ribonucleinsäure.* Die Einw. von *Ribonuclease* (I) auf *Ribonucleinsäure* wurde mittels einer potentiometr. Titrationsmeth., wobei unter Alkalizusatz der p_H konstant gehalten wird, untersucht. Die Kinetik der I-Aktivität gehorcht der MICHAELIS-MENTEN-Theorie, wenn die durch Reaktionsprodd. bedingten Hemmungseffekte berücksichtigt werden. Die Wrkg. von Neutralsalzen ist im wesentlichen durch deren Ionenstärke bedingt. (J. biol. Chemistry **219.** 351—63. März 1956. Kansas City, Kans., Univ. of Kansas, Med. School, Dep. of Pathol. and Oncol.) K. MAIER. 4210

E_3. Mikrobiologie. Bakteriologie. Immunologie.

Floyd W. Dunn, Joanne M. Ravel und **William Shive,** *Inhibitionsuntersuchungen mit Thienylalanin- und Phenylalaninpeptiden.* Unterss. über die Wachstumshemmung von Escherichia coli ATCC 9723 durch β-2-Thienyl-DL-alanin (I)-peptide ergaben, daß *Glycyl-2-β-thienyl-DL-alanin* (II) u. *β-2-Thienyl-DL-alanylglycin* (III) bei einem Basalmedium aus anorgan. Salzen u. Glucose unter Ergänzung mit Tryptophan oder L-Phenylalanylglycin eine höhere Wirksamkeit als **I** besitzen, während **II** u. **III** bei einem Basalmedium ohne Ergänzung gleich wirksam wie **I** u. bei Ergänzung mit *DL-Phenylalanin* (**IV**) weniger wirksam als **I** sind. Es wurden eine Reihe von **IV**-Peptiden (L-Phenylalanylglycin, Glycyl-DL-phenylalanin, L-Leucyl-L-phenylalanin, L-Phenylalanyl-L-leucin, L-Phenylalanyl-L-phenylalanin u. L-Alanyl-L-phenylalanin) auf ihre Wirksamkeit in bezug auf die Aufhebung der Wachstumshemmung durch **I, II, III** oder Leucyl-β-2-thienyl-DL-alanin untersucht. Die Wrkg. der **IV**-Peptide ist nicht immer durch die Wrkg. der bei der Hydrolyse freigesetzten Aminosäuren allein zu erklären. Die für die Aufhebung der Wachstumshemmung durch **I** notwendige **IV**-Konz. wird durch geringe Mengen an **IV**-Peptiden verringert. Nach Ansicht der Vff. könnte diese Wrkg. von **IV**-Peptiden auf der Bldg. geringer Konzz. an „akt. **IV**" oder auf anderen Stoffwechselfunktionen von **IV** beruhen. (J. biol. Chemistry **219.** 809—22. April 1956. Austin, Tex., Univ., u. Clayton Found. for Res., Biochem. Inst. and Dep. of Chem. and Abilene, Abilene Christian Coll., Dep. of Chem.) E. SCHWERDTFEGER. 4310

P. A. Trudinger, *Die Synthese von Indol aus Anthranilsäure durch Escherichia coli. E. coli* besitzt die für die Überführung von *Anthranilat* (**I**) in *Tryptophan* (**II**), unter intermediärer Bldg. von *Indol* (**III**), erforderlichen Enzyme. In den Kulturlsgg. einiger, an verschied. Stellen der **II**-Biosynth. blockierten *E. coli*-Mutanten wurden **I, III** u. eine Verb. (*BDC*) nachgewiesen, die im BRATTON-MARSHALL-Test auf **I** eine Blaufärbung (λ_{max} 620 mμ) gibt. Gewaschene Zellen zweier zwischen **III** u. **II** blockierten Mutanten bildeten bei Incubation mit Glucose u. **I III**, *BDC* oder beide. Aus *E. coli* wurde ein Enzymsyst. extrahiert, das **I** in **III** überführt, wozu Adenosintriphosphat, anorgan. Phosphat, Pyridoxalphosphat, Mg^{2+} oder Mn^{2+} sowie ein C-Donator (z. B. α-Oxoglutarat, Pyruvat, Oxalacetat, Malat, Fumarat, Succinat, Citrat, Lactat) erforderlich sind. Die **II**-Biosynthesekette läßt sich z. Z. durch obenst. Schema wiedergeben (gestrichelt: Stoffwechselblocks der Mutanten). (Biochem. J. **62.** 480—88. März 1956. Garches, France, Inst. Pasteur.) K. MAIER. 4320

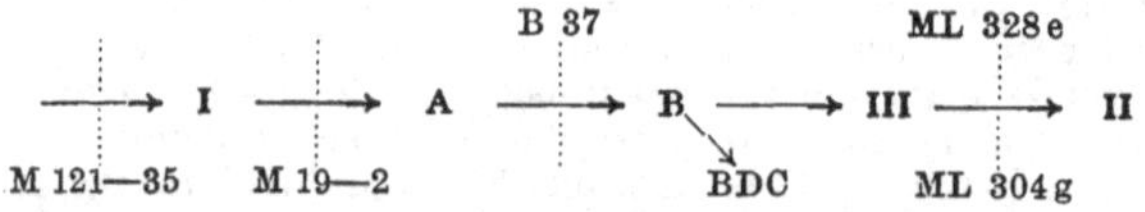

P. A. Trudinger und **G. N. Cohen,** *Die Wirkung von 4-Methyltryptophan auf das Wachstum und die Enzymsysteme von Escherichia coli.* Das Wachstum von *E. coli* wurde durch *4-Methyltryptophan* (**I**) (>10^{-5}mol.) gehemmt, die Hemmung durch *L-Tryptophan* (**II**) nichtkompetiv aufgehoben (maximal durch 5—7,5·10^{-7}mol. **II**). **I** blockierte in Zellextrakten, mit *Indol* (**III**) konkurrierend, *Tryptophandesmolase*, die **III** mit Serin zu **II** kondensiert. *Tryptophanase* enthaltende Extrakte bauten **I** zu einer als *4-Methylindol* reagierenden Verb. ab. Die Anthranilat (**IV**)-Synth. u. die Umwandlung von **III** durch gewaschene Zellsuspensionen wurden durch **I** stark gehemmt, während Umwandlung von **IV** in **III** unbeeinflußt war. (Biochem. J. **62.** 488—91. März 1956. Garches, France, Inst. Pasteur.) K. MAIER. 4320

J. A. Garibaldi und **J. B. Neilands,** *Bildung eisenbindender Verbindungen durch Mikroorganismen.* Bei verschied. Bacillus subtilis-Stämmen wurde die Bldg. einer Fe-bindenden Verb. durch Messung der opt. Dichte bei 510 mμ festgestellt; die Verb. hat die Eigg. eines hydrierten Phenols. Außerdem werden von B. subtilis größere Porphyrinmengen gebildet, die hauptsächlich aus Coproporphyrin III bestehen. Bei Aspergillus niger u. verschied. Bacillus megatherium-Stämmen wurden durch Messung bei 440 mμ Fe-bindende Verbb. festgestellt, die nach ihren Spektren Ferrichrom oder Ferrichrom A ähneln. Bei E. coli u. einem Pseudomonasstamm konnte die Bldg. Fe-bindender Verbb. nicht festgestellt werden; es wurde dabei aber nicht nach farblosen Fe-Komplexverbb. gesucht. (Nature [London] **177.** 526—27. 17/3. 1956. Beverley, Calif., Univ. of California, Dep. of Biochem.) F. LINGENS. 4320

Hirokazu Morita, *Die Eigenschaften bakterieller Dextrane bei der differentiellen thermischen Analyse. Dextrane* (**I**) verschied. Stämme wurden der differentiellen therm. Analyse unterworfen (vgl. C. **1955.** 9398). Der Kurvenverlauf war vor allem zwischen 100 u. 310° charakterist. für die Struktur. So gab vorwiegend 1.6-verknüpftes **I** endotherme Spitzen bei 200°, enzymat. hergestelltes dagegen nahe bei 225°. **I** mit viel

1.3-Bindungen zeigten Spitzen nahe bei 245°. Klin. Präpp. von I aus B–512 hatten endotherme Maxima bei 185°. Fast alle Kurven zeigten endotherme Spitzen bei 310 ± 5°. Die Löslichkeit eines I hat einen Einfl. auf die Gestalt des Diagramms. Bei Verschiedenheiten im Aschegeh. wurden dagegen nur quantitative Veränderungen beobachtet. — Die therm. Rkk. beim I scheinen denen bei der Stärke zu ähneln u. hauptsächlich aus Transglucosidierungen u. stereospezif. Dehydratationen zu bestehen. An einem Beispiel wird gezeigt, daß die therm. Analyse die Aussagemöglichkeit der Perjodatoxydation erweitern u. ergänzen kann. (J. Amer. chem. Soc. **78.** 1397—99. 5/4. 1956. Ottawa, Can., Dep. of Agricult., Chem. Div.) W. Willenberg. 4320

Ilona Gál, *Darstellung antibiotisch wirksamer Substanzen aus partiellen Eiweißhydrolysaten.* Aus verschied. Proteinen (z. B. Wolle, Gelatine) wurden Peptidfraktionen durch Teilhydrolyse gewonnen. Angewendet wurde dabei die alkal. Hydrolyse (30 Min. mit Na_2S im Rückfluß gekocht) u. der 6std. Aufschluß im Autoklaven (bei 3—4 atü mit W. bzw. bei 2—3 atü mit verd. HCl). Die Peptide wurden mit β-Naphthol umgesetzt (3 Std. im Glycerinbad bei 135—142°) u. die braungefärbten, in W. lösl. Endprodd. nach Reinigung im Lochplattentest auf antibiot. Wirksamkeit gegenüber Staphylococcus aureus, Bacillus subtilis, Bacterium coli geprüft. Es ergaben sich schwache Hemmwirkungen (Hemmzonen 0,5—4 mm!). Mittels Papierchromatographie wurde als Träger der antibiot. Wirksamkeit ein gelber Farbstoff, wahrscheinlich von Humincharakter, isoliert, der mit Hilfe von Ionenaustauscher in 3 Komponenten zerlegbar war. (Hoppe-Seyler's Z. physiol. Chem. **303.** 234—39. 1956. Budapest, Städt. Inst. für Chem.) R. Ritter. 4330

Carl M. Stevens, Edward Inamine und Chester W. De Long, *Die Geschwindigkeit des* L-*Cystin- sowie* D- *und* L-*Valineinbaues bei der Penicillinbiosynthese.* (Vgl. C. **1956.** 6426.) Wird ^{35}*S*-L-*Cystin* (III) zu verschied. Zeitpunkten der Fermentation *Penicillium chrysogenum* (Stamm *Wis. 48–701*) zugesetzt, so findet ein schneller Einbau in das *Penicillin* (I)-Mol. statt. Ähnliche Verss. mit ^{14}*C*-D- u. -L-*Valin* (II) zeigen schnellen Einbau der L-Form, während D-II erst nach einer beträchtlichen Latenzperiode aufgenommen wird, d. h. D-II bildet keine direkte I-Vorstufe u. keine n. Zwischenstufe der I-Biosynthese. Die III-Verwertung während eines erheblichen Zeitraums der Fermentation für den I-Aufbau deutet darauf hin, daß I anscheinend kein „Autolyse"-Prod. darstellt u. die I-Speicherung mit einer Anhäufung bestimmter Substanzen durch biochem. Mutanten zusammenhängt. (J. biol. Chemistry **219.** 405—22. März 1956. Pullman, Wash., State Coll., Fulmer Chem. Labor.) K. Maier. 4340

O. Kandler und C. Zehender, *Papierchromatographische Untersuchung der Aminosäurenzusammensetzung verschiedener Bakterienhydrolysate.* 30 verschied. Bakterien wurden mit 6n HCl 48 Std. hydrolysiert u. die *Aminosäuren* nach zweidimensionaler Papierchromatographie halbquantitativ geschätzt. Neben 21 bekannten Aminosäuren wurden 7 unbekannte festgestellt. Von den unbekannten Aminosäuren war am stärksten eine vertreten, die sich nur schwierig von Glutaminsäure trennen ließ. Aus den Verss. ergab sich, daß *γ-Aminobuttersäure* als Kunstprod. entstehen kann; dadurch verliert diese Verb. zur Charakterisierung bestimmter Bakterienarten an Wert. (Arch. Mikrobiol. **24.** 41—48. 1956. München, Univ., Botan. Inst.) F. Lingens. 4350

Genesio Pacheco und Milton Thiago de Mello, *Ein Ureasetest für die Differenzierung von Brucella suis.* Durch Vgl. der *Urease*-Aktivität von 9 Brucella suis-Stämmen mit 24 B. abortus- u. 6 B. melitensis-Stämmen wurde gezeigt, daß B. suis einfach u. schnell durch seine größere Ureaseaktivität erkannt werden kann. Mit dem angegebenen Test konnten B. abortus u. B. melitensis nicht unterschieden werden, obwohl B. abortus eine etwas geringere Ureaseaktivität zeigte. (J. Bacteriol. **59.** 689—91. Mai 1950. Rio de Janeiro, Inst. Oswaldo Cruz.) F. Lingens. 4350

Derrol Pennington, *Eine Reaktion von Bakterienzellen mit Formaldehyd.* Die Behandlung von Zellen des grampositiven Bacillus megatherium mit neutraler 5%ig. Formaldehydlsg. zerstört bei bestimmten Zellen die Fähigkeit, mit dem bas. Farbstoff Thionin zu reagieren. Die Menge dieser Zellen ist abhängig vom Alter der Kultur. In alten Kulturen erfolgt fast keine Anfärbung. In der logarithm. Wachstumsphase findet man nebeneinander eine angenähert gleiche Zahl färbbarer u. nichtfärbbarer Zellen. Der Einfl. wird verhindert bzw. aufgehoben durch Behandlung der Zellen mit H^+, A., Pikrinsäure, Osmiumsäure, oberflächenakt. Stoffen oder kurzer Lufttrocknung. (J. Bacteriol. **59.** 617—23. Mai 1950. Seattle, Wash., Univ. of Washington, School of Med., Dep. of Microbiol.) F. Lingens. 4350

Edwin T. Mertz, Sheldon S. Rennert und Earl W. Cole, *Eine bakterielle Methode zur Bestimmung der Proteinverdaulichkeit.* Eine bakterielle Meth. zur Best. des Verdauungskoeff. von Proteinen wird beschrieben. Diese Meth. vereinigt in sich die proteolyt. Wrkg.

des Pepsins mit der des Bakteriums *Pseudomonas aeruginosa*. In den meisten Fällen liegt die Fehlergrenze bei der Best. nach dieser bakteriellen Meth. innerhalb von 10%, bezogen auf die nach Verfütterung mit Ratten erhaltenen Koeffizienten. (J. Nutrit. **56**. 437—46. 11/7. 1955. Lafayette, Ind., Purdue Univ., Dep. of Biochem.) H. PATZSCH. 4360

Roy E. Ritts jr. und **Cutting B. Favour,** *Aufnahme von durch Isotope markiertem Tuberkulin durch Leukocyten in vivo.* 10 ml 4fach konz. *Alt-Tuberkulin* (I) wurde bei 0° in 3 Tagen 15mal gegen 2 Liter 0,85%ig. NaCl (physiol.) bei p_H 7,2 (Phosphatpuffer), dialysiert. 15,0 mg dialysiertes I in 1 ml physiol. NaCl, p_H 8,2 (Phosphatpuffer), wurden durch Zugabe von 2 mC ^{131}J in 0,02—0,06 ml 0,1 mol. KJ, 0,05 mol. J_2 als Träger, 24 Std. bei 4° oder 3 Std. bei Zimmertemp., Zugabe von 0,05 ml 0,05mol. $Na_2S_2O_3 \cdot 5\,H_2O$ jodiert u. markiert. Träger-, Puffer- u. ^{131}J-Überschuß wurden durch Fällung von I mit 0,1 Vol. 10%ig. Trichloressigsäure bei 0° entfernt. — Nach intravenöser Injektion von markiertem I bei n. Kaninchen wurde I innerhalb von 4 Std. bes. durch die Leukocyten resorbiert. (J. Immunology **75**. 209—13. Sept. 1955. Boston, Mass., P. Bent Bringham Hosp. and Harvard Med. School; Palo Alto, Med. Res. Found.) H. CARLS. 4370

Luciano Ciani, *Über die therapeutische Wirkung von spezifischem Serum in Kombination mit Adrenalin bei Schweinerotlauf.* Die therapeut. Ergebnisse bei der Behandlung von Schweinerotlauf mit den vorgeschriebenen Mengen spezif. Seren rechtfertigen nicht die Beobachtungen von SIDOTI (Nuova Veterin. **1947**. 48), denen zufolge die Verwendung von Serum + 2 ml 1%ig. *Adrenalin* (I) den therapeut. Erfolg verbessert. Zusätzliche Laboratoriumsverss. an Tauben, die mit zwei verschied. virulenten Stämmen von *Erysipelothrix rusiopatiae* infiziert waren, zeigten, daß bei dem virulenteren Stamm die Sterblichkeit durch die Kombinationsbehandlung erhöht, bei dem weniger virulenten Stamm nicht beeinflußt wird. I allein hatte keine therapeut. Wirkung. Daher ist zusätzliche Behandlung mit I immer überflüssig, manchmal schädlich. (Clinica veterin. **73**. 334—38. Nov. 1950. Perugia, Ist. Zooprofilattico Sperim.) P. LOCH. 4370

Emile Nihoul, *Enzymatische Wirkung des Influenzavirus auf Ovomucin.* Ovomucin (I) hemmt die Hämagglutination durch auf 50—55° 30 Min. lang erhitztes Schweineinfluenzavirus, Stamm Shope. Die dabei erfolgende enzymat., hydrolyt. Wrkg. des Virus auf das Mucopolysaccharid ist eine einfache Funktion der Konz. des Virus, der von I u. der Temp., die am günstigsten bei 4° ist. (C. R. Séances Soc. Biol. Filiales **146**. 1277—80. Aug. 1952.) M. SCHÖNBERG. 4374

F. D. Oddo und **M. D. Eaton,** *Aufhebung des virushemmenden Effektes eines Nitrofurans in vivo durch Cystein.* Die hemmende Wrkg. von *5-Nitro-2-formaldehyd-4-diäthylaminopropylsemicarbazon* (*NF 185*, I) auf Meningopneumonitisvirus in der Allantois wird durch Cystein 96 Std. nach der Impfung u. Zugabe von I aufgehoben. Es handelt sich wahrscheinlich um einen intracellulären Vorgang (Bldg. eines Sulfhydrylkomplexes oder Umwandlung des NF in eine inakt. Form). (Proc. Soc. exp. Biol. Med. **81**. 197—200. Okt. 1952. Boston, Mass., Harvard Med. School, Dep. Bact. and Immunol.) M. SCHÖNBERG. 4374

Gregory Shwartzman und **Stanley M. Aronson,** *Die Beteiligung des braunen Fettes bei der Pathogenese der experimentellen Poliomyelitis der Affen.* Es wird nachgewiesen, daß *Poliomyelitisvirus* (Typ I) außerhalb der Nervensubstanz auch im *braunen* (*überwinternden*) *Fett* (I) von Affen proliferieren kann. Durch perifere Inoculation wurden die Tiere bei gleichzeitiger Gabe von *Cortison* infiziert, u. nach ca. 7 Tagen wurde durch Biopsie I gewonnen. Eine Emulsion von I wurde n. Affen gespritzt, worauf diese typ. erkrankten. Emulsionen von weißem *Adiposefett* dagegen waren wirkungslos. Sämtliche I-Proben wurden histolog. untersucht u. als charakterist. Veränderungen *Zellnekrose* u. *Leukocyteninfiltration* festgestellt. (Proc. Soc. exp. Biol. Med. **86**. 767—71. Aug./Sept. 1954. New York, N. Y., Mount Sinai Hosp.) H. BOSER. 4374

L. P. Gebhardt und **J. G. Bachtold** (unter Mitarbeit von **W. C. Wilcox, J. D. Woodie** und **H. C. Bubel**), *Chemoprophylaxe und Chemotherapie bei experimenteller Poliomyelitis. 4-Amino-1-naphthol* (I), *Hydrochinon, Chinhydron, 1.2-Naphthochinon, p-Aminophenol* (II), *Gallensäure* (III; techn. Prod.), *Pyrogallol* u. *Tanninsäure* wurden auf ihre virucide Wrkg. gegen Lansingvirus, ihre enzymhemmende Wrkg. an Hyaluronidase u. ihre Wrkg. gegen Poliomyelitis Typ I an Affen untersucht. Wirksam waren I, II u. die Mutterlauge von III auf die Infektionsverhütung bei Affen. (Proc. Soc. exp. Biol. Med. **88**. 103—07. Jan. 1955. Salt Lake City, Ut., Univ. of Utah, Coll. of Med., Dep. of Bacteriol.) G. GERBER. 4374

Max A. Lauffer, David Trkula und **Anne Buzzell,** *Der Mechanismus der Inaktivierung des Tabakmosaikvirus durch Röntgenstrahlen.* 2% Lsg. von *Tabakmosaikvirus* (T) wurden röntgenbestrahlt u. danach die *Nucleinsäure* (I) isoliert. Die Best. ihrer Viscosität ergab, daß sie bei Proben von bestrahlten T kleinere Werte hat als bei Herkunft aus unbestrahlten T-Proben. Vff. schließen daraus, daß das I-Mol. infolge der Bestrahlung zerfällt. Die Viscosität sinkt oberhalb einer Schwellendosis unabhängig von der Höhe der Dosis etwa auf den halben Wert, im Mittel dürfte es danach zu einem Bruch je Mol. kommen. In Verbindung mit Untersuchungsergebnissen über die Letalität bestrahlter T wird gefolgert, daß die Aktivität des T eine Funktion der physikal. Intaktheit der I-Moll. ist. (Nature [London] **177.** 890. 12/5. 1956. Pittsburgh, Pa., Univ. of Pittsburgh, Dep. of Biophys.) W. REUSSE. 4374

Philip Newmark und **Dean Fraser,** *Zusammensetzung eines abnormen Proteins, das in mit Tabakmosaikvirus infizierten Pflanzen vorkommt.* Aus Pflanzen, die mit Tabakmosaikvirus infiziert sind, wird nach einer früher beschriebenen Meth. ein anomales, nucleinsäurefreies Protein isoliert. Die Aminosäurezus. dieses Proteins ist der des Tabakmosaikvirus qualitativ u. quantitativ gleich. (J. Amer. chem. Soc. **78.** 1588. 20/4. 1956. Berkeley, Calif., Univ. of California, Virus Labor.) K. HEYNS. 4374

David H. Brown und **Edward C. Cantino,** *Die Oxydation von Malat durch Blastocladiella emersonii.* Bei der Unters. des Tricarbonsäurecyclus von Blastocladiella emersonii wurde gefunden, daß die Red. von Cytochrom c unter bestimmten Bedingungen zu einem Stillstand kommt. Als Grund dafür wurde die Bldg. eines Zwischenprod., nämlich Pyruvat, angenommen, das sofort durch red. DPN, das von der Oxydation von *Malat* herrührt, zu Lactat red. wird. In Verss. mit Zellsuspensionen u. zellfreien Extrakten von Bl. emersonii, deren Herst. beschrieben wird, wird Malat zu einem Gemisch von *Lactat, Oxalacetat* u. Spuren von *Pyruvat* neben einigen anderen, nichtidentifizierten Verbb. oxydiert, u. zwar wird bei dieser Rk. kein O_2 verbraucht. Aus diesen u. früheren Befunden wird gefolgert, daß in Bl. emersonii neben den anderen mit den Rkk. des Tricarbonsäurecyclus in Verbindung stehenden Enzymen auch eine *Polyphenoloxydase* vorkommt, u. daß der Pilz die Tendenz zur Biosynth. von Lactat besitzt. Die Bedeutung dieser Befunde für die Entw. des Pilzes u. andere morphogenet. Mechanismen (Sporangienbldg.) wird diskutiert. (Amer. J. Bot. **42.** 337—41. April 1955. Philadelphia, Pa., Univ. of Pennsylvania, Bot. Labor.) G. KLESSE. 4380

S. R. Gross, R. D. Gafford und **E. L. Tatum,** *Die Umwandlung von Protocatechusäure durch Neurospora.* Aus dem wss. Extrakt des Mycels von Neurospora crassa (Mutante Y 7655) wurde durch Adsorption an Calciumphosphatgel u. Behandlung des Eluats mit Al_2O_3 ($C\gamma$) eine *Protocatechusäureoxydase* (I) erhalten, die Protocatechusäure oxydativ zu *cis.cis-β-Carboxymuconsäure* (II) aufspaltet. I ist bei 5° oder in lyophylisiertem Zustand haltbar u. wird durch Hitze (50°, 3 Min.) zerstört. Kompetitive Hemmung tritt mit 2.4-Dioxybenzoesäure ein. Der bei der Rk. benötigte O_2 kann nicht durch Methylenblau ersetzt werden. — Aus dem Mycel n. Wildstämme von Neurospora crassa wurde, ähnlich wie oben, ein *lactonbildendes Enzym* (III) in gereinigter Form erhalten, das II in (—)-*β-Carboxy-γ-carboxymethyl-Δ^{α}-butenolid* (**IV**, $C_7H_6O_6$, F. 164—165°; $[\alpha]_D^{28}$ —58°) umwandelt. — Das bei der Reinigung von III benutzte Phosphatgel enthält ein weiteres *delactonisierendes Enzym*-Syst., das **IV** in *β-Ketoadipinsäure* umwandelt. (J. biol. Chemistry **219.** 781—96. April 1956. Stanford, Calif., Stanford Univ., Dep. of Biol. Sci.) G. ANDERSEN. 4380

E. L. Tatum und **S. R. Gross,** *Einbau des Glucose-$C_{(1)}$ und -$C_{(6)}$ in Protocatechusäure durch Neurospora. Protocatechusäure* (I), die von einem Mutantenstamm von Neurospora crassa, der aromat. Verbb. nicht abzubauen vermag, aus $^{14}C_{(1)}$-Glucose u. $^{14}C_{(6)}$-Glucose gebildet worden war, wurde mit Hilfe von Enzymen aus Neurospora u. Pseudomonas zu *β-Ketoadipinsäure* abgebaut. β-Ketoadipinsäure wurde dann chem. zu *Lävulinsäure* u. diese zu CH_3J u. Bernsteinsäure abgebaut. $C_{(1)}$ u. $C_{(6)}$ der Glucose wurden in I ausschließlich in 2- u. 6-Stellung gefunden, u. zwar $C_{(6)}$ der Glucose in bedeutend größerem Maß als $C_{(1)}$. Der Einbau von $C_{(1)}$ der Glucose fand überwiegend in 2-Stellung von I statt, während $C_{(6)}$ der Glucose $C_{(6)}$ von I lieferte. Die Ergebnisse zeigen, daß I u. damit auch ihr Vorläufer, *Dehydroshikimisäure* (II), sowie die aromat. Ringstrukturen von *p-Aminobenzoesäure, Phenylalanin, Tyrosin* u. *Anthranilsäure,* die von II abstammen, alle aus 3- u. 4-C-Fragmenten, die aus Glucose stammen, durch Kondensation aufgebaut werden. Bei der enzymat. Überführung von II in I wird der Carbonylsauerstoff in 5-Stellung abgespalten, während die beiden Oxygruppen in 3- u. 4-Stellung erhalten bleiben. Es wird geschlossen, daß Aromatisierungs-Rkk. bei Neurospora u. Escherichia coli nach ähnlichen Mechanismen verlaufen. (J. biol. Chemistry **219.** 797 bis 807. April 1956. Stanford, Calif., Stanford Univ., Dep. of Biol. Sci.) H. GOEBEL. 4380

H. Hellmann und **M. Eggstein,** *Isocinchomeronsäure, keine biologische Vorstufe der Nicotinsäure bei Neurospora crassa.* Durch Testung von *Isocinchomeronsäure* (*2.5-Pyridindicarbonsäure;* I) an dem bzgl. *Nicotinsäure* (II) heterotrophen Neurospora-Stamm

ATCC 10767 konnte gezeigt werden, daß **I** keine Zwischenstufe bei der **II**-Synth. aus Tryptophan ist. Wenn der biol. Weg zur **II** überhaupt über eine oxydative Ringsprengung von Oxyanthranilsäure verläuft, so muß die Decarboxylierung vor der Bldg. des Pyridinringes oder gleichzeitig mit ihr erfolgen. (Naturwissenschaften **41.** 335—36. Juli 1954. Tübingen, Max-Planck-Inst. für Biochem., u. Univ., Physiol.-chem. Inst.)
H. KOBLITZ. 4380

Atsushi Watanabe, *Die Erzeugung von Aminosäuren durch atmosphärischen Stickstoff bindende Blaualgen in Kulturlösung.* Kleine Proben von Tolypothrix tenuis (Borneo), Calothrix brevissima (Palau-Inseln), Anabaenopsis sp. (Sumatra) u. Nostoc sp. (Java) wurden in Kulturlsg. untersucht, die keinerlei Stickstoffkomponenten enthielt. Die nach einiger Zeit in den Algenzellen nachweisbaren Aminosäuren bewiesen eine atmosphär. Stickstoffbindung. Nur Calothrix brevissima schied folgende Aminosäuren in die Kulturlsg. aus: Asparaginsäure, Glutaminsäure u. Alanin, die offenbar im Bindungsmechanismus des Luftstickstoffs Bedeutung haben. (Arch. Biochem. Biophysics **34.** 50—55. Nov. 1951. Tokyo, Setagayaku, Seizyo Univ., Biol. Labor.; Kitaku, Tokyo, Pharmacol. Res. Found., Iatrochem. Inst.)
I. PLAMBECK. 4380

Murray Strassman, Lillian A. Locke, Alice J. Thomas und **Sidney Weinhouse,** *Eine Untersuchung der Leucinbiosynthese durch Torulopsis utilis.* Ausführliche Wiedergabe der vorläufigen Mitt. C. **1956.** 7272. Der chem. Abbau des Leucins erfolgte analog zu dem bereits beschriebenen des Valins u. Isoleucins durch folgende Rkk.: 1. $(CH_3)_2CH \cdot CH_2CH(NH_2)COOH \xrightarrow{\text{Ninhydrin}} (CH_3)_2CHCH_2CHO + \overset{1}{C}O_2$; 2. $(CH_3)_2CHCH_2CHO \xrightarrow{KMnO_4} (CH_3)_2CHCH_2COOH$; 3. $(CH_3)_2CHCH_2COOH \xrightarrow{HN_3} (CH_3)_2CHCH_2NH_2 + \overset{2}{C}O_2$; 4. $(CH_3)_2 \cdot CHCH_2NH_2 \xrightarrow{KMnO_4} (CH_3)_2CHCOOH$; 5. $(CH_3)_2CHCOOH \xrightarrow{HN_3} (CH_3)_2CHNH_2 + \overset{3}{C}O_2$; 6. $(CH_3)_2CHNH_2 \xrightarrow{KMnO_4} (CH_3)_2CO$; 7. $(CH_3)_2CO \xrightarrow{NaOJ} CH_3COOH + CHJ_3 \longrightarrow \overset{5,5'}{C}O_2$; 8. $CH_3COOH \xrightarrow{HN_3} CH_3NH_2 + \overset{4}{C}O_2$; 9. $CH_3NH_2 \xrightarrow{K_2S_2O_8} \overset{5,5}{C}O_2$. (J. Amer. chem. Soc. **78.** 1599—1602. 20/4. 1956. Philadelphia, Pa., Lankenau Hosp. Res. Inst. and Inst. for Cancer Res.)
K. MAIER. 4380

H. Heath und **Jennifer Wildy,** *Die Biosynthese von Ergothionein durch Claviceps purpurea.* 1. Mitt. *Der Einbau von $^{14}C_{(2)}$-Acetat.* Auf einem Medium mit Mannit, NH_4-Succinat, Sulfat, Phosphat u. Spurenmetallen in Ggw. von $^{14}C_{(2)}$-Acetat synthetisiert Claviceps purpurea markiertes *Ergothionein* (**I**). **I** wurde zu Trimethylamin u. Thiolurocansäure; Thiolimidazolpropionsäure; Imidazolpropionsäure; Äthylimidazolpropionat; 4.5-Dibenzamidopenteoat u. Na-Formiat; CO_2 u. 3.4-Dibenzamidobutan abgebaut. Die höchste Aktivität enthielt das $C_{(2)}$-Atom des Ringes u. danach die Methyl-C-Atome des Betains, während die 5-C-Kette nur eine verhältnismäßig geringe Aktivität aufwies. Unterss. über die Bldg. des Thiolimidazolbruchstücks sind im Gange. (Biochem. J. **63.** 1p—2p. Mai 1956. London, Univ. Coll. Hosp., Med. School.) E. SCHWERDTFEGER. 4380

Albert Schatz, Vivian Schatz, Lionel M. Adelson und **Gilbert S. Trelawny,** *Spektrophotometrische Untersuchungen von Polyporus cinnabarinus und Polyporus sanguineus.* Polyporus sanguinea u. P. cinnabarinus, zwei eng verwandte, aber morpholog. verschied. Basidiomyceten, unterscheiden sich durch ihre gleichartige zinnoberrote Färbung von allen anderen Polyporaceen. Spektrophotometr. Vergleichsunterss. von wss. u. alkoh. Extrakten dieser beiden Pilze im Wellenbereich von 300—1000 mμ zeigten eine so weitgehende Ähnlichkeit, daß die den Farbstoff bildende Verb. in beiden Arten die gleiche sein muß. (Bull. Torrey bot. Club **83.** 136—40. März/April 1956. Bucks County, Pa., Nat. Agricult. Coll., Res. Dep., Farm School P. O.)
G. KLESSE. 4380

James Gordon Horsfall, Principles of fungicidal action. Waltham, Mass.: Chronica Botanica. (298 S. m. Diagr.) 8°. $ 6,50.

E₄. Pflanzenchemie. Pflanzenphysiologie. Pflanzenpathologie.

Karl Sax, *Die Wirkung von ionisierender Strahlung auf das Pflanzenwachstum.* Durch Röntgenbestrahlung von Samen (Kohlarten u. Kopfsalat) mit 3000 r wird das Wachstum der Pflanzen nicht nennenswert stimuliert. Dagegen wird durch eine Röntgenbestrahlung von Gladiolenzwiebeln mit 4000 r der Beginn der Blüte wesentlich vorverlegt. (Amer. J. Bot. **42.** 360—64. April 1955.)
G. KLESSE. 4404

I. A. Preece und **R. A. Aitken,** *Nichtstärkepolysaccharide von Getreidekörnern.* 4. Mitt. *Beziehungen zwischen Cellulaseaktivität und Autolyse einiger Malzgersten.* (3. vgl. C. **1956.** 4476.) Vf. bestimmt die *Cellulase*-Aktivität (**I**) von Gerste aus dem Viscositätsabfall einer Lsg. von Gersten-β-Glucosan, die mit einem Gerstenextrakt unter bestimmten Bedingungen behandelt wurde. **I** ist proportional der Enzymkonz. u. unabhängig von der Anfangsviscosität des Substrats. I zeigt zur Ausbeute an Gerstengummi nach 30 Min. Autolyse eine positive Beziehung. Jedoch ist die Gesamtmenge des lösl. Gummis weitgehend von der bereits vor der Autolyse vorhandenen Menge lösl. Gummis abhängig. Ferner schwankt von Sorte zu Sorte die Lösungsgeschwindigkeit des vorhandenen u. des durch Autolyse gebildeten Gummis. (J. Inst. Brewing **59** ([N. S.] **50**). 453—61. Nov./Dez. 1953. Edinburgh, Heriot-Watt Coll.) H. HAEVECKER. 4420

I. A. Preece und **R. Hobkirk**, *Nichtstärkepolysaccharide von Getreidekörnern.* 5. Mitt. *Einige Hemicellulosefraktionen.* (4. vgl. vorst. Ref.) Die durch 4%ig. NaOH-Lsg. extrahierbaren *Hemicellulosen* des Getreidekornes bestehen aus einem Schalentyp (I), der durch das ganze Korn in verschied. Konz. verteilt ist u. einem Endospermtyp (II), der fast ausschließlich im inneren Endosperm vorkommt. I zeigt niedrigere Viscosität in Lsg., höheren Pentosangeh. u. Ggw. kleinerer Anteile von Uronsäurerückständen. II gibt hohe Viscosität in Lsg., hat hohen Glucosangeh. u. keine Uronsäurerückstände. II kann man als Vorläufer der Gummi in den frühen Stadien der Keimung oder Autolyse betrachten. I ähnelt in seinem Charakter den aus Getreidestroh isolierten Hemicellulosen. (J. Inst. Brewing **60** ([N. S.] **51**). 490—96. Nov./Dez. 1954.) H. HAEVECKER. 4420

I. A. Preece, R. A. Aitken und **J. A. Dick**, *Nichtstärkepolysaccharide von Getreidekörnern.* 6. Mitt. *Vorläufige Untersuchung der Enzymolyse von Gerste-β-Glucosan.* (5. vgl. vorst. Ref.) Ungekeimte Gerste enthält ein Syst. von Enzymen, die β-Glucosan in Glucose verwandeln. Diese Umwandlung geht in 3 Stadien vor sich: endo-β-Glucosanase (I), die einen scharfen Abfall der Lösungsviscosität verursacht ohne Bldg. red. Gruppen; exo-β-Glucosanase (II), durch die größere Mengen Glucose u. geringere Mengen Cellobiose frei werden, u. Cellobiase (III). Ob die Glucose durch Hydrolyse der Cellobiose gebildet wird oder ob sie direkt aus β-Glucosan u. höhermol. Abbauprodd. entsteht, bleibt ungewiß. Roggenmuster zeigten die gleichen 3 Umwandlungsstadien, Weizen mit nur geringer II. Hafer, der starke I aufwies, hatte weder II noch III. Mais hatte geringe I ohne II u. III. Da bei der Gerstenautolyse zunächst unlösl. Hemicellulose-β-Glucosan in Lsg. gebracht wird, ist durch den aufgezeigten Mechanismus die Verwandlung der Glucosanhemicellulose in Glucose gegeben. (J. Inst. Brewing **60** ([N. S.] **51**). 497—507. Nov./Dez. 1954.) H. HAEVECKER. 4420

A. L. Kurssanow, *Synthese und Umwandlung der Gerbstoffe in der Teepflanze.* (Vgl. C. **1951**. II. 2059.) Übersetzung eines Vortrags. Behandelt werden Vork., Veränderung, Geh. u. Gewinnung der Catechine (I) u. Gerbstoffe (II) des Tees sowie ihre biol. Wrkg. (Vitamin P). Ausführlich wird auf die Synth. von I u. II im Teeblatt u. ihre Veränderungen während der Atmung u. bei der Fermentation eingegangen. Polyphenole könnten aus Hexosen über meso-Inosit entstehen. — 33 Abb., 8 Tabellen, 78 Literaturstellen. (Beih. „Pharmazie" **1**. 1—48. 1954. Moskau, Bach-Inst.) K. HERRMANN. 4420

Melvin Calvin, *Der Photosynthesecyclus.* Es wird auf Grund der bisher vorliegenden Kenntnisse eine zusammenhängende Übersicht über die heutige Vorstellung der Photosynth. gegeben. Nachdem die Bldg. der Vorprodd. dargestellt worden ist u. ein Mechanismus für die Bldg. von Saccharose aus Phosphoglycerinsäure über Fructose, Glucose (bzw. deren Phosphate) u. Uridindiphosphoglucose vorgeschlagen worden ist, entwickelt Vf. einen Photosynthesecyclus u. deutet dessen Zusammenhang mit dem KREBS-Cyclus an. Auf die Rolle der *Thioctsäure* als Acceptor angeregter Elektronen wird bes. hingewiesen. (Angew. Chem. **68**. 253—64. 21/4. 1956. Berkeley, Calif., Univ. of California, Radiat. Labor.) H. BÜTTNER. 4460

Georges Sag, *Einfluß des Aluminiums auf die Entwicklung der Erdnuß.* $Al_2(SO_4)_3$-Lsgg. begünstigen in Konzz. von ~40 mg Al/Liter die Entw. junger Erdnußpflanzen, auch bei Phosphatmangel. Höhere Al-Konzz. wirken toxisch. Die durch Al-Phosphat (Senegalphosphat) in den Boden gebrachten Al-Mengen sind unschädlich für die Pflanzen. (Oléagineux **11**. 315—22. Mai 1956. Colombes, Conservatoir Nat. des Arts et Métiers.) EBERHARD MÜLLER. 4470

A. Rhodes und **R. de B. Ashworth**, *Wirkungsweise von Wuchsstoffen bei Pflanzen.* Die bisherigen Unterss. über die wachstumsfördernde Eig. von Verbb. des Typs der *Phenoxyessigsäure* ergaben, daß folgende Bedingungen für die Entfaltung der Wirksamkeit erfüllt werden müssen: Die o-Stellung muß unbesetzt sein u. $C_{(\alpha)}$ muß ein bewegliches H-Atom tragen. Da ferner Arsenat die Wrkg. kompetitiv hemmt, postulieren Vff. folgenden Mechanismus: Durch Verschiebung des H von $C_{(2)}$ nach $C_{(COOH)}$ unter Bldg. der Doppelbindung entsteht intermediär die β.β-Dioxyverb., die mit H_3PO_4 den Monoester bildet. Darauf erfolgt Ringschluß zum energiereichen Cumaronyl-(3)-phosphat. — Analog könnte sich bei der Bldg. von *Indolyl-(3)-essigsäure* aus Tryptophan durch oxydative Decarboxylierung des möglichen Zwischenprod. Indolyl-(3)-brenztraubensäure das energiereiche Phosphat der 2-Oxyindolyl-(3)-essigsäure bilden. — Somit wird für die wachstumsanregende Wrkg. eine energiereiche Enol–Phosphat-Verb. verlangt. (Nature [London] **169.** 76—77. 12/1. 1952. Bracknell, Berks., Jealotts Hill Res. Stat.) F. RANG. 4485

John B. Hanson und **James Bonner,** *Der Grund für die Verzögerungsperiode bei der durch Auxin induzierten Wasseraufnahme.* Mit *Auxin* (I) behandelte Gewebeschnitte beginnen erst nach einigen Std. schneller W. aufzunehmen als die unbehandelten Kontrollen. Bei Gewebestückchen aus den Knollen der Jerusalemartischocke (Helianthus tuberosus), die mit *2.4-D* behandelt waren, beträgt diese Zeit, je nach der Jahreszeit, 3—20 Std. u. ist abhängig von der osmot. Konz. des umgebenden Mediums. *Rb* (als RbCl), das als K-Antagonist wirkt, verzögert die Wasseraufnahme, wenn es während der Verzögerungszeit zugesetzt wird, es hat jedoch keinen Einfl. bei Zusatz nach Beginn der schnelleren Wasseraufnahme. Es hemmt weder die Speicherung von I im Gewebe noch die Atmung des Gewebes (gemessen an dem O_2-Verbrauch). Daraus wird geschlossen, daß Rb die Bldg. oder den Reaktionsmechanismus des Enzym (?)-Syst. beeinflußt, das die Wasseraufnahme durch das Gewebe steuert. (Amer. J. Bot. **42.** 411—16. April 1955. Urbana, Ill., Univ. of Illinois, Dep. of Agronomy; Pasadena, Calif., California Inst. of Technol., Kerckhoff Labor. of Biol.) G. KLESSE. 4485

Hans Linser, Walter Frohner und **Roland Kirschner,** *Veränderungen von Blattmorphologie und Blattfolge bei Erodium cicutarium unter dem Einfluß von Phenoxyessigsäurederivaten.* Durch Besprühung junger Pflanzen von Erodium circutarium mit nichtletal wirkenden Konzz. (0,011%) von *2.4-D* [Lsgg. von Na-, Cu-, Mg-, Ca-, Ba-, Zn-, Mo-, Mn-, Fe(III)- u. Co-Salzen] wurde die n. Blattfolge durch die Ausbldg. morpholog. abnorm gestalteter Blätter verändert. Auch die Anwendung des „Hemmstoffes" *2.4.6-Trichlorphenoxyessigsäurebutylester* rief derartige Veränderungen (trichterförmige Ausbldg. der Blattfiedern, Zusammenziehung der Fiederchen zu einer Blattfläche) hervor. Blattanlagen, die während u. kurz nach der Behandlung noch nicht angelegt bzw. bis zur reaktionsfähigen Phase entwickelt waren, unterlagen dem Einfl. nicht u. bildeten wieder n. Blätter aus. (Ber. dtsch. bot. Ges. **68.** 46—51. 1955. Linz, Österr. Stickstoffwerke Akt.-Ges., Biol. Labor.) G. KLESSE. 4485

Robert W. Howell und **Folke Skoog,** *Wirkung von Adenin und anderen Substanzen auf das in vitro-Wachstum von isolierten Erbsenepicotylen.* Da isolierte Teile von Sämlingen oder Gewebefragemente in vitro zwar am Leben erhalten werden können, jedoch nur eine M. von undifferenziertem Gewebe bilden, muß angenommen werden, daß jedes Organ zu seiner Ausbldg. spezif. Faktoren benötigt, die in vivo im Samen vorliegen bzw. in den Wurzeln gebildet werden. In Verss. mit isolierten Erbsenepicotylen wurden *Adeninsulfat* (I) u. *Cocosnußmilch* (II) auf ihre das Wachstum u. die Entw. begünstigende Wrkg. getestet. I hat eine gute wachstumsfördernde Wirkung. Es hebt nicht nur die Hemmwrkg. von *Indolylessigsäure* (III) auf, sondern auch seine eigene stimulierende Wrkg. wird durch III noch gesteigert. Bei im Dunkeln kultivierten Epicotylen ist die wachstumsfördernde Wrkg. von I geringer. Durch Zusatz von *Co* wird die wachstumsfördernde Wrkg. jedoch wieder hergestellt u. sogar noch weit über den im Licht erzielten Effekt gesteigert. II stimuliert nicht nur das Längenwachstum, sondern ermöglicht auch eine Entw. der isolierten Epicotylen, die der von n. gewachsenen Schößlingen gleichkommt. Die Wrkg. eines Gemisches von I + II ist größer als die Wrkg. jeder dieser Substanzen allein. Beide Substanzen wirken bei solchen Epicotylen besser, die Wurzeln entwickelt haben; die Wurzelbldg. selbst wird weder durch I noch durch II gefördert. Diese Befunde stützen die Hypothese der Synth. eines spezif. Faktors durch die Wurzeln, der mit der von WENT (Plant. Physiol. **13.** [1938.] 55; C. **1938.** II. 94) „*Caulocalin*" genannten Substanz ident. zu sein scheint. Es wird angenommen, daß I zu diesem Faktor in irgendeiner Beziehung steht. (Amer. J. Bot. **42.** 356—60. April 1955. Urbana, Ill., U. S. Reg. Soybean Labor.; Madison, Wis., Univ. of Wisconsin, Dep. of Botany.) G. KLESSE. 4485

B. Esther Struckmeyer und **R. H. Roberts,** *Die Hemmung von anomalem Zellwachstum durch Antiauxin.* Die von ROBERTS (C. **1953.** 4413) aus blühenden Pflanzen extrahierte krist. Substanz (I), die gegenüber *2.4-D, Indolylessigsäure* u. dem *Krongallbakterium* als Antitoxin wirkt (vgl. l. c.), wird als ein fettlösl., langkettiger gesätt. Ketoalkohol mit 44 C-Atomen erkannt. Das Ausmaß der Hemmung ist abhängig von der Konz., in der die stimulierende Substanz angewandt wurde. Xanthium bildet bei Behandlung mit 50 p.p.m. 2.4-D Adventivwurzeln. Bei Zusatz von I bleiben die Pflanzen normal. Nach Behandlung mit 100 p.p.m. 2.4-D allein oder in Kombination mit I zeigen alle Pflanzen anomale Zellaktivität, die jedoch bei den mit 100 p.p.m. 2.4-D + I behandelten geringer ist. Ähnliche morpholog. Anomalitäten in Abhängigkeit von der Konz. zeigen sich auch bei Tomatenpflanzen. — Zahlreiche Abbildungen. (Amer. J. Bot. **42.** 401—05. April 1955. Madison, Wis., Univ. of Wisconsin, Dep. of Horticult.) G. KLESSE. 4485

Hugo Karma, Olavi Parkkinen und **Raili Tikkanen,** *Über die Giftwirkung einiger Glykoside und ihrer Aglykone auf die Epidermiszellen von Rhoeo discolor.* Die Giftwrkg. der Lsgg. einiger Glykoside (I) u. Aglykone (II) in Leitungswasser auf die Epidermiszellen der Unterseite der Blätter von *Rhoeo discolor* wurde untersucht. Die Versuchsdauer betrug bei I 3½ Tage, bei II 1 Tag. Die Giftwrkg. wurde durch Plasmolyse der nach dem Vers. 1 Tag in reinem W. gehaltenen Schnitte mit 0,25mol. Saccharoselsg. u. 0,3mol. Glycerinlsg. festgestellt. Wegen des Geh. an Anthocyan läßt sich die in den Zellen erfolgende Plasmolyse leicht mkr. verfolgen. Als tox. Grenzkonz. wird diejenige Konz. bezeichnet, bei der 50% der Zellen beschädigt waren. Als Vergleichssubstanz diente *Arbutin,* mit dem stets Parallelverss. angestellt wurden. Für die prozentualen tox. Grenzkonzz. wurden folgende relative Werte gefunden: *Hydrochinon* 0,001, *Saligenin* 0,02, HCN 0,03, *Allylsenföl* 0,11, *Benzaldehydcyanhydrin* 0,13, *p-Oxybenzylsenföl* 0,24, *Arbutin* 1, *Sinigrin* 17, *Sinalbin* 28, *Salicin* 300, *Amygdalin* 340. Wegen seiner geringen Löslichkeit konnte *g-Strophantin* nur in 1,33%ig. Lsg. geprüft werden, die keine tox. Wrkg. zeigte. (Farmaseuttinen Aikakauslehti [Farmas Notizbl.] **64.** 225–61. Dez. 1955.) S. BECKMANN. 4495

Ernest Bovay, *Bestimmung der Ablagerungen des Fluors und des Chlors in der Pflanzenwelt in der Umgebung chemischer Fabriken.* Apfel- u. Birnbaum sind unempfindlicher als die Weinrebe u. der Aprikosenbaum, dessen Blätter bei 3–10 g F/100 g Trockensubstanz verbrannt sind. Bei 200–300 mg Cl/100 g Trockenblatt liegt noch keine Schädigung vor. (Landwirtsch. Jb. Schweiz **68** ([N. F.] **3**). 959–74. 1954.) H. GUDE. 4495

E_5. Tierchemie. Tierphysiologie. Tierpathologie.

Eusebio Tria, *Wirkungsmechanismus eines antitoxischen Faktors der Leber.* In Acetonextrakten der Leber wurde bei früheren Arbeiten ein Faktor (I) gefunden, der das Wachstum von Hefezellen u. Ratten stimuliert. I ist in W., A. u. Aceton lösl., in Ae., Chlf. u. Butanol unlösl. u. hat ein Maximum im UV bei 262 mμ. Die mikrobiol. Analyse zeigte, daß in dem Extrakt kein Vitamin B_{12} vorhanden ist. Die Wrkg. von I ließ sich bei Wachstumsverss. von S. cerevisiae u. an hyperthyreoiden Ratten nachweisen, doch erstreckt sich die antitox. Eig. auch auf Phenol, 2.4-Dinitrophenol u. As. Alle diese schädigenden Substanzen hemmen die oxydative Phosphorylierung, so daß die n. Synth. der Proteine mit Hilfe der ATP nicht möglich ist. Vf. beobachtete an den Zellen von S. cerevisiae u. an Leberhomogenaten der Ratte, daß I das Bestreben zeigt, die oxydative Phosphorylierung zu normalisieren. Der Mechanismus wird mit einer bevorzugten Verwertung des anorgan. P für die Synth. der energiereichen H_3PO_4-Ester erklärt. (Ricerca sci. **25.** 933–36. April 1955. Ferrara, Univ., Ist. di Fisiol. Gen.) A. KRAUSHAAR. 4520

J. E. Falk und **C. Rimington,** *Versuch der Isolierung von Häm a und Porphyrin a aus Herzmuskel.* Vff. versuchten, aus Rinderherzmuskel *Porphyrin a* (I) zu isolieren. Da I gegen Säure unbeständig ist, u. die Aufarbeitung nur in saurem Medium möglich ist, waren die Verss. erfolglos. Die –CHO-Seitenkette des I wurde bei den Isolierungsverss. nicht angegriffen, jedoch traten an anderen Stellen des Mol. Veränderungen ein. Ebenso waren Verss. zur Isolierung von *Häm a* durch Adsorptions- u. Verteilungschromatographie ohne Erfolg. Abb. von Kurven, Angaben über die Aufarbeitung. (Biochem. J. **51.** 36–45. April 1952. London, Univ., Coll. Hosp., Med. School, Dep. of Chem. Pathol.) H. GOEBEL. 4520

Katashi Makino, Kiyoo Satoh, Masahiko Koike und **Naomichi Ueno,** *Geschlecht bei Pieris rapae L. und der Pteridingehalt seiner Flügel.* Vff. haben beobachtet, daß ♀ Tiere im UV-Licht mit Filter UV–D_1 im photograph. Bild weiß erscheinen, ♂ Tiere dagegen schwarz, im Gegensatz zum Tageslicht. Im UV-Licht weisen letztere eine starke dunkelrote Fluorescenz auf, erstere eine sehr schwache weißliche. Die Flügel der ♂ Tiere zeigen demnach ein Verh. wie *Leucopterin.* Diese Verb. konnte nach Waschen der Flügel mit A., A. u. W. durch Extraktion mit schwacher NH_3-Lsg. isoliert u. durch Papierchromatographie u. UV-Absorption identifiziert werden. Flügel der ♂ Tiere enthielten außerdem etwas *Xanthopterin a.* Der Extrakt aus Flügeln ♀ Tiere enthielt *Xanthopterin b* in geringer Menge. (Nature [London] **170.** 933–34. 29/11. 1952. Kumamoto, Univ., Med. Coll., Dep. of Biol. Chem.) J. SCHWAIBOLD. 4520

Denis L. Fox, B. Kenneth Koe, F. J. Petracek und **L. Zechmeister,** *Über einige im Meer-„Blutwurm", Thoracophelia mucronata, enthaltene fluorescierende Substanzen.* An 2 Versuchsmengen von je 10 kg wurde gezeigt, daß die in ihnen enthaltenen, bei der chromatograph. Fraktionierung isolierten Anteile im UV stark differierten. U. a. wurden nachgewiesen: Ein krist. *Sterin,* $C_{27}H_{44}O$, dessen Extinktionskurve (Hexan) sich mit der von Ergosterin (I) fast deckte, dessen CARR-PRICE-Reaktionsprod. hingegen eine ganz

andere Spektralkurve als die von I oder von *7-Dehydrocholesterin* gab. Eine Fraktion erwies die Anwesenheit von aromat. polycycl. Substanzen, deren Maxima mit den für Fluoranthen charakterist. zusammenfallen. Anscheinend kann der Blutwurm die fluorescierenden Verbb. von weiter chem. Verschiedenartigkeit, die in dem an dem aufgenommenen Sand adsorbierten organ. Material enthalten sind, aufnehmen u. speichern. (Arch. Biochem. Biophysics **40.** 135—42. Sept. 1952. Pasadena, Calif., California Inst. of Technol.; La Jolla, Calif., Univ. of California, Scripps Inst. of Oceanograph.) .
E. FRÜHWALD. 4520

Lothar Wallis, *Die Beeinflussung des Membranpotentials der Gelatinemembran durch Formaldehyd.* An einer Gelatinemembran, die sich zwischen 2 Lsgg. mit einem Konzentrationsverhältnis 2:1 des bin. Elektrolyten befand, wurden entsprechend der Theorie von MEYER u. TEORELL die Selektivitätskonstanten u. der Siebeffekt bestimmt. Isoelektr. Gelatine (p_H 5) zeigte keine selektive Permeabilität. HCl-Gelatine war anionen-, NaOH-Gelatine kationenpermeabel. Bei der HCl-Gelatine bewirkte 20%ig. Formalin eine Umwandlung der Anionen- in Kationenselektivität, bei p_H 3,2 trat wieder Anionenpermeabilität ein. Bei der alkal. Membran versagte das Verfahren. Formalin verursachte auch einen Siebeffekt. Froschpericard war kationenpermeabel, u. die Einw. von Formalin änderte an der Selektivität nichts. (Naunyn-Schmiedebergs Arch. exp. Pathol. Pharmakol. **223.** 64—74. 1954.) M. WIEDEMANN. 4550

George S. Strassmann, *Eisenablagerungen im Körper und ihre pathologische Bedeutung. Eine Übersicht.* Übersichtsbericht mit 237 Literaturzitaten. (Amer. J. clin. Pathol. **24.** 453—71. April 1954. Waltham, Mass., Metrop. State Hosp., Dep. of Pathol.)
J. SCHWAIBOLD. 4552

J. H. Rains, *Über die Bildung von Gallensteinen.* Vf. schloß aus Veränderungen der Leitfähigkeiten u. Oberflächenspannungen verschied. *Cholatlsgg.* auf eine Bldg. von Micellen, aus deren „Verb." mit *Cholesterin* heraus eine Art Polymerisation desselben stattfinden u. damit zur Bldg. von Gallensteinen führen soll. (Gastroenterologia [Basel] **83.** 18—27. 1955. Birmingham, Univ., Dep. of Surg.) P. HOLZLÖHNER. 4552

Robert Brun, *Untersuchungen über die Schweiß- und Talgsekretion. Methoden und Versuche.* Es werden mehrere Methoden zum Nachw. u. zur Auswertung der lokalen Transpiration angegeben u. hiermit eine Anzahl örtlicher schweißhemmender Mittel sowie die pharmakodynam. Wirkungen von $>$100 Verbb. auf die Schweißdrüsen untersucht. Ferner werden mehrere Reagenspapiere zum Nachw. normalerweise oder unter bestimmten Bedingungen im Schweiße vorkommender Stoffe beschrieben. Mittels des Anthracentestes werden die Mengen der auf der Haut befindlichen *Lipide* (**I**) ermittelt u. bei 150 Personen **I** der Stirn in Abhängigkeit von Alter u. Geschlecht untersucht. Zur Best. der **I**-Verteilung auf der Haut u. der colorimetr. Best. von **I** dient der Osmiumsäuretest, mit dessen Hilfe die für die Regeneration des Fettfilmes der Haut nach Entfettung derselben erforderliche Zeit ermittelt wird. Mittels beider Methoden wird der Einfl. schwacher Röntgenstrahlendosen auf die Talgdrüsen untersucht. — 106 Literaturangaben. (Arch. des Sci. **7** (**159**). 243—302. 1954. Genève, Clin. univ. de Dermatol.) K. MAIER. 4555

Louis J. Soffer und **J. Lester Gabrilove,** *Endokrinologie.* Übersichtsref. (bis Juni 1953). Hypophysenvorderlappen (Cytol., Histochem., Akromegalie, Hypophysenunterfunktion,Hypophysektomie, chromophobe Adenome, neurale Kontrolle des Vorderlappens), Hypophysenhinterlappen, Nebennieren, chem. u. physikal. Eigg. des *Corticotropins, Intermedin* u. *Melanophorenhormon,* Nebennierenrindensteroidsynth., Wrkg. der Nebennierenrindensteroide auf Wasser- u. Elektrolytstoffwechsel, Funktion der Nebenniere bei Hochdruck, beim N-, Kohlenhydrat- u. Fettstoffwechsel, Beziehung zwischen Nebenniere u. Schilddrüse, Nebenniere u. Gonaden, Beziehung zwischen Nebennierencorticoiden u. Ascorbinsäure, Nebennierenrinde u. Pantothensäure, Wrkg. der Nebennierensteroide u. des ACTH auf die peripheren Blutzellen, Prüfung der Nebennierenrindenfunktion, Ketosteroide von Nebennierenrindentumoren, ADDISONsche Krankheit, CUSHING-Syndrom, adrenogenitales Syndrom, Nebennierenmark (*Epinephrin, Norepinephrin* [*Arterenol*]), Phäochromocytome (pharmakol. Nachw., Hypertension hervorrufende Mittel), Nebenschilddrüsen, Schilddrüse (Schilddrüsenhormon, Kolloidkropf, Prüfung der Schilddrüsenfunktion, Überfunktion, ^{131}J, Thyreostatica, Unterfunktion, Thyreoiditis). — 433 Literaturangaben. (Annu. Rev. Med. **5.** 115—66. 1954. New York, N. Y., Mount Sinai Hosp., Dep. of Endocrinol. of Med. Service.)
K. MAIER. 4558

Charles Houillon, *Wirkung von Testosteronpropionat auf die Entwicklung der Keimdrüsen nach unilateraler Blockade des primären Urethers bei Pleurodeles Waltlii Michah.* Es wurde die Wrkg. von *Testosteronpropionat* während der Zeit vom Ausbruch bis zur Metamorphose auf die Entw. der Keimdrüsen bei Pleurodeles Waltlii Michah untersucht, sowohl mit als ohne unilaterale Blockade des prim. Urethers. (C. R. hebd. Séances Acad. Sci. **240.** 1145–47. 7/3. 1955.) R. HÄHNEL. 4559

E. L. Noach, *Einfluß von Östrogenen auf die Beziehung: thyreotropes Hormon-Schilddrüse.* Einwöchig, täglich verabreichtes *Östradiolbenzoat* in einem Dosierungsbereich von 10–1000 μg an kastrierte männliche Ratten erhöht das Schilddrüsengewicht u. die Aufnahme an radioakt. J durch die Drüse. Eine quantitative Beziehung zwischen Dosierung der Östrogene (I) u. der Wrkg. auf die Drüse besteht nicht. In hypophysektomierten Ratten steigern I die schilddrüsenstimulierende (TSH)-Wrkg. auf das Drüsengewicht u. die radioakt. Jodaufnahme, obgleich sie in Abwesenheit von TSH an sich keine thyreotrope Wrkg besitzen; die Erhöhung wächst mit steigenden I-Dosen. Daraus folgt, daß I die Schilddrüse in zweierlei Weise, durch Verminderung der TSH-Abgabe durch die Hypophyse u. durch Sensibilisierung der Drüse gegenüber TSH-Wrkg. beeinflussen. Kontrollverss. zeigen, daß 1. die Umwandlung von anorgan. Jodiden in organ. gebundenes J durch I nicht gehemmt wird, 2. I eine leichte Abnahme der J-Ausscheidung verursacht, doch dies nicht der einzige verantwortliche Faktor für das beobachtete Anwachsen der Radiojodaufnahme in der Drüse ist, u. 3. sogar isolierte Schilddrüsen I-behandelter Ratten in vitro eine größere Aufnahme an Radiojod aus dem Medium zeigen. (Acta endocrinol. [Copenhagen] **18.** 454. April 1955. Leiden, Univ., Dep. of Pharmacol.) ANTJE SCHMIDT. 4559

Esme H. Kerr, J. C. Stears, Inna MacDougall und **R. E. Haist,** *Einfluß der Keimdrüsen auf das Wachstum der Langerhans' schen Inseln.* Keimdrüsenentfernung bei ♂ u. ♀ Ratten führt nicht zu signifikanten Änderungen im Gewicht der LANGERHANSschen Inseln. Wiederholte Gaben von *Östradiolbenzoat, Stilböstrol* u. *Progesteron* erhöhen deren Gewicht, während *Testosteron* wirkungslos ist. (Amer. J. Physiol. **170.** 448–55. Aug. 1952. Toronto, Can., Univ., Dep. of Physiol.) HEINRICH HERMANN. 4559

Hans Selye, *Wechselwirkung zwischen Corticoid- und Follikelhormonen bei der Regulierung von Anabolismus, lymphatischem Gewebe und Entzündung.* Wie die Verss. an adrenalektomierten u. ovariektomierten Ratten ergaben, scheint *Östradiol* (I) selbst keinen bemerkenswerten antiphlogist. Einfl. auszuüben, obgleich es Entzündung verhindern u. einen Gewichtsverlust hervorrufen kann durch Erhöhung der Sekretion u. Steigerung der peripheren Wrkg. von Glucocorticoiden wie *Cortisol* (II). Spezif. für I ist jedoch seine thymolyt. Wirkung. Bei adrenalektomierten Ratten, die mit II behandelt wurden, erhöhte I den thymolyt. Einfl. des Hormons. Bei Behandlung dieser Tiere mit NaCl oder *Desoxycorticosteronacetat* (III) bewirkte I ebenfalls eine Thymolyse. Der Grad der thym. Involution nahm mit der Erhöhung der I-Dosis von 5 auf 40 γ pro die zu. Bei adrenalektomierten + ovariektomierten Ratten, die unter II-Behandlung standen, bewirkte die Verabreichung von 40 γ I pro Tag einen merklichen Verlust an Körpergewicht. Bei nur adrenalektomierten Tieren trat dies nicht ein, unabhängig davon, ob NaCl, II, III oder eine Kombination von II u. III verabreicht worden waren. Den Unterschied in der Ansprechbarkeit auf I in An- u. Abwesenheit der Ovarien führt Vf. auf die endogene Progesteronbldg. zurück, da bei mit I behandelten Tieren die Corpora lutea eine merkliche Hypertrophie u. Hyperfunktion zeigen. Für die optimale Resistenz gegenüber dem letalen Einfl. einer schweren I-Überdosierung scheinen sowohl Gluco- als auch Mineralocorticoide wichtig zu sein. Männliche adrenalektomierte Ratten sind viel empfindlicher gegenüber antiphlogist., thymolyt. u. letalen Einfll. einer I-Überdosierung als weibliche Ratten. (Acta endocrinol. [Copenhagen] **20.** 1–18. Sept. 1955. Montreal, Can., Univ., Inst. Med. et Chirurg. Exp.) A. EBEN. 4559

J. Drescher und **G. Zetler,** *Versuche über die Wirkung von Pharmacis des vegetativen Nervensystems auf die Empfindlichkeit der Gonaden für Choriongonadotropine.* An männlichen Kröten (Bufo bufo L.) u. infantilen weiblichen Mäusen wird untersucht, ob die Wrkg. von parenteral injizierten *Choriongonadotropinen* pharmakol. beeinflußbar ist. Nach *Pilocarpin* u. *Ephedrin* ist die Wirksamkeit der Hormone erhöht, nach *Atropin* u. *Dihydroergotamin* herabgesetzt. Demgemäß beeinflußt das vegetative Nervensyst. wahrscheinlich auch normalerweise die Empfindlichkeit der Gonaden für die gonadotropen Hormone. (Acta endocrinol. [Copenhagen] **18.** 305–11. März 1955. Kiel, Univ., Frauenklinik u. Pharmakol. Inst.) ANTJE SCHMIDT. 4559

George W. Clayton, Alfred M. Bongiovanni und **Constantine Papadatos,** *Einleitende Untersuchungen über die Beschaffenheit der neutralen 17-Ketosteroide im menschlichen Plasma.* In 950 cm³ Plasma aus frischem, heparinisiertem Blut von 4 gesunden Männern im Alter von 23–36 Jahren wird der Geh. neutraler *17-Ketosteroide* (I) untersucht. Das Verf. umfaßt Extraktion der Steroide mit Ae.–A., Hydrolyse der I-Verbb. mit β-Glucuronidase, Reinigung durch Aufteilung in verschied. Lösungsmitteln, GIRARD-Trennung, Chromatographie der rohen, neutralen I-Fraktion an Al u. Analyse der Eluate mit Hilfe der ZIMMERMANN-Rk. nach GARDNER mit Androsteron (II) als Standard, durch Best.

des „blauen Chromogens" nach modifizierter Meth. von ALLEN mit Dehydroepiandrosteron (III) als Standard, von Absorptionsspektren in konz. H_2SO_4 unter Vgl. der von BERNSTEIN angeführten Daten bekannter Steroide u. durch Papierchromatographie mit Propylenglykol als stationäre, Hexan als bewegliche Phase, III als Standard. Bei einer Konz. von 171 μg I pro 100 cm³ extrahiertem Plasma werden nach Chromatographie aus 3 kleineren u. 5 Hauptfraktionen mit insgesamt 1,71 mg I 1114 μg (65%) als III, 117 μg (11%) als II identifiziert; der Rest von 24% bleibt unbestimmbar. (J. clin. Endocrinol. Metabolism **15**. 693—701. Juni 1955. Baltimore, Md., Johns Hopkins Univ., School of Med. and Johns Hopkins Hosp.) ANTJE SCHMIDT. 4559

Claude J. Migeon und **John E. Plager**, *Eine Methode zur Fraktionierung und Messung der 17-Ketosteroide im menschlichen Plasma.* Es wird über eine Meth. zur Messung von *Dehydroepiandrosteron* (I) u. *Androsteron* (II) im menschlichen Plasma berichtet, die folgende Stufen umfaßt: 1. Extraktion von 20 cm³ Plasma mit 100 cm³ A., Eindampfen des Extraktes u. Lsg. des Rückstandes in 25 cm³ W., 2. 24—48std. Extraktion der wss. Lsg. mit Ae. bei mit H_2SO_4 eingestelltem p_H 8; 3. Waschen des auf 150 cm³ red. Ae.-Vol. mit je 2mal 10 cm³ 10%ig. $NaHCO_3$ u. 20 cm³ W.; 4. Chromatographie an Florisilsäulen der beiden, in je 20 cm³ $CHCl_3$ gelösten Hälften des Ae.-Rückstandes, Elution mit 35 cm³ 2% Methanol in $CHCl_3$; 5. Ausziehen der Phenole aus beiden Eluaten mit je 2mal 10 cm³ 1n NaOH u. 20 cm³ W.; 6. Papierchromatographie des Lösungsrückstandes mit PAe.-Methan-Wasser-Syst. (85:15) nach BUSH u. Elution der Papierflächen entsprechend den gleichzeitigen, längsseits chromatographierten reinen I u. II; 7. Mikro-ZIMMERMANN-Reaktion. Bei 15 n. Männern wird eine durchschnittliche Plasmahöhe an I von 40,5 μg, an II von 18 μg/100 cm³ gefunden; bei 8 n. Frauen werden nur geringe Unterschiede der entsprechenden Daten festgestellt; Kinder vor der Pubertät haben ein niedriges Plasmaniveau an I u. II. (J. clin. Endocrinol. Metabolism **15**. 702—14. Juni 1955. Salt Lake City, Ut., Univ., Dep. of Biol. Chem., Coll. of Med.)
ANTJE SCHMIDT. 4559

C. C. Jensen, *Quantitative Bestimmung von Pregnandiol und Allopregnandiol im Urin zur klinischen Anwendung.* Vff. bringen eine zur routinemäßigen Anwendung passende quantitative Bestimmungsmeth. für *Pregnandiol* (I) u. *Allopregnandiol* (II) in kleinen Urinmengen. $^1/_{40}$ der in 24 Std. gewonnenen Menge Urin wird nach Zugabe des gleichen Vol. Toluol unter Kochen (Rückfluß) mit $^1/_{10}$ Vol. konz. HCl versetzt, genau 10 Min. weitererhitzt u. rasch auf 0° gekühlt. Noch in der Urinphase vorhandenes freies I wird unter Schütteln in Toluol übergeführt, welches nach 2maligem Waschen mit 20 cm³ 4n NaOH-Lsg. u. 3mal mit 20 cm³ dest. W. mit Na_2SO_4 getrocknet, filtriert u. unter vermindertem Druck bei 80—90° abgedampft wird. Der in 0,5 cm³ warmem absol. A. gelöste Rückstand wird mit 3 cm³ einer frischen 3%ig. H_2O_2-Lsg. u. 0,25 cm³ 2%ig. $NaHCO_3$-Lsg. allmählich versetzt, das Gemisch 4 Min. auf 100° erhitzt u. 1 Std. stehengelassen. Der Nd. wird ohne Absaugen durch ein Glasfilter gegeben, gewaschen u. in 10 cm³ kochendem absol. A. gelöst. Der beim Eindampfen des Filtrats bei 60° unter einem Luftstrom erhaltene Rückstand, dessen Oxydation u. Fällung nötigenfalls auf Grund noch vorhandener Pigmente wiederholt werden muß, wird in 5 cm³ konz. H_2SO_4 gelöst u. nach 1std. Stehen bei Zimmertemp. die Extinktion bei 415 u. 530 mμ in 10 mm-Küvetten spektrophotometr. bestimmt. Die Menge I in mg/24 Std. wird aus dem für 0,2 mg II bekannten E_{415}-Wert erhalten. Das für II in konz. H_2SO_4 nahezu konstante Verhältnis $E_{530}/E_{415} = 0{,}10 \pm 0{,}01$ wird zur Korrektion der Wrkg. nichtspezif. Chromogene auf die Extinktion benutzt. (Acta endocrinol. [Copenhagen] **18**. 281—87. März 1955. Malmö, Frauenklinik.) ANTJE SCHMIDT. 4559

Edward H. Hon und **John McL. Morris**, *Gonadotropintiter bei gestörten Schwangerschaften.* Als prakt., genauer u. schneller Test zur Diagnose u. Prognose bei Problemen, die urinäre *Gonadotropin*-Titer u. mutmaßliche Schwangerschaftsstörungen betreffen, erweist sich der mit der gemeinen, nordamerikan., männlichen Kröte *Bufo americanus* bei Zimmertemp. durchgeführte Krötentest, bei dem die urinären Spermatozoen in einer der injizierten Gonadotropinmenge umgekehrt proportionalen Zeitspanne (innerhalb 2 bis höchstens 4 Std.) nach Injektion des zu untersuchenden Schwangerenurins (Höchstmenge 5 cm³) auftreten; bei verd. Urinen mit niederem Gonadotropintiter u. während relativer Unempfindlichkeit der Tiere von August bis Dezember wird die Urinprobe durch eine vereinfachte Kaolinkonzentrationsmeth. eingeengt. Alle Schwangerschaften mit Titern geringer als 3000 I.E./24 Std. an 50—90 Tagen nach dem 1. Tag der letzten n. Menstruationsperiode enden mit einer Fehlgeburt. (Surgery, Gynecol. Obstetr. **101**. 59—62. Juli 1955. New Haven, Conn., Yale Univ., School of Med., Dep. of Obstetr. and Gynecol.) ANTJE SCHMIDT. 4559

U. K. Banik und **E. P. Reineke**, *Eigenschaften der gametokinetischen Substanz in den Faeces von Milchvieh.* Im biol. Vers. mit Rana pipiens (♀) wurde im wss. Extrakt der

Faeces (20 g/100 ml) von trächtigen Kühen eine größere Menge an *gametokinet. Substanz* als von nichtträchtigen gefunden. Eine Trächtigkeitsdiagnose damit durchzuführen, war jedoch nicht möglich. Die wirksame Substanz ist in W. u. W.-Aceton-Gemischen leicht lösl., ebenso in n-Butanol, dagegen nicht in Ae., $CHCl_3$, Aceton oder A. Sie ist nicht dialysabel (Cellophanmembran). Trocknung des Extraktes bei 94° führte zur teilweisen Inaktivierung. Vollständige Inaktivierung wurde durch Kochen (am Rückfluß) unter Zusatz von 15% u. 20% konz. HCl erzielt (bei 10% konz. HCl nur teilweise). Gereinigte Extrakte versagten bei der Induzierung einer Ovulation bei jungfräulichen Kaninchen. Der gametokin. Faktor unterscheidet sich demnach von den Gonadotropinen u. dem Androgen. (J. Dairy Sci. **38.** 1139—46. Okt. 1955. East Lansing, Mich., Michigan State Coll., Dep. of Physiol. and Pharmacol.) H. Patzsch. 4559

T. N. Macgregor, *Sechs Hormone und ihre Auswirkung auf ärztliche und chirurgische Praxis.* In dem Übersichtsref. wird die Bedeutung der Sexualhormone *Östradiol, Östron* u. *Östriol,* von *Progesteron* u. *Pregnandiol* u. *Testosteron–Androsteron* für die Behandlung funktioneller Sexualstörungen u. als Palliativum bei unheilbaren Krebsformen (Prostata- u. Mammacarcinom) dargestellt. (Edinburgh med. J. **61.** 13—30 April 1954. Edinburgh. Univ., Dep. of Obstetr. and Gynecol.) Wolfgang Albrecht. 4559

Dan M. Gordon, *Prednison und Prednisolon bei Augenkrankheiten.* Vf. empfiehlt bei Uveitis anterior, unspezif. Keratitis u. Conjunktivitis lokale Anwendung u. bei chron. Uveitis, Neuritis, sympath. Ophthalmie, zentraler Retinitis u. Pseudotumor allg. Applikation von *Prednison* = *$\Delta^{1.4}$-Pregnadien-17α.21-diol-3.11.20-trion* oder *Prednisolon* = *$\Delta^{1.4}$-Pregnadien-11β.17α.21-triol-3.20-dion.* Vorteile gegenüber *Cortison* u. *Hydrocortison* liegen vor allem in stärkerer Wirkung. (Amer. J. Ophthalmol. [3] **41.** Nr. 4. 593—600. April 1956. New York, N. Y., Cornell Univ., Med. Cent., New York Hosp., Dep. of Surg. [Ophthalmol.]) D. Zemke. 4559

Dora Jacobsohn, *Hormonale Kontrolle des Wachstums der Brustdrüse.* Das Wachstum der Mamma in den Perioden der Pubertät, der Gravidität u. der Lactation wird durch die hormonalen Funktionen des Hypophysenvorderlappens wesentlich beeinflußt; die Hormone wirken dabei teils über andere endokrine Organe (vor allem die Ovarien), teils auch direkt auf das Mammaparenchym. Daß nicht nur hormonale Faktoren beteiligt sind, ergibt sich schon daraus, daß der Hypophysenvorderlappen seinerseits unter nervöser Kontrolle steht. (Nord. Med. **53.** 183—86. 3/2. 1955. Lund, Univ., Fysiol. Inst.) R. K. Müller. 4560

William Burnett und **Edmund B. Flink,** *Die Wirkung von Corticotropin (ACTH) auf die Calciumausscheidung in der Hundegalle.* Durch Verss. bei Hunden mit Gallennierenfistel wurde bestätigt, daß durch Behandlung mit ACTH eine erhöhte Ca-Ausscheidung durch die Leber eintritt. Während die Ca-Ausscheidung im Harn n. Hunde bei ACTH-Behandlung sich nicht veränderte, betrug die mittlere Erhöhung bei den Tieren mit Fisteln 17,5 mg täglich, entsprechend 75% mehr als während der Vergleichsperiode. (J. Lab. clin. Med. **44.** 777. Nov. 1954.) J. Schwaibold. 4560

Curt Wasastjerna und **Louise Désy,** *Corticotropin und Cortison. Einfluß auf die experimentelle immuno-hämolytische Anämie bei Meerschweinchen.* 43 Meerschweinchen erhielten Injektionen von hämolyt. Immunseren in hohen, mittleren oder kleinen Dosen intraperitoneal oder als Einzeldosis intracardial. $^1/_3$ der Tiere wurde gleichzeitig mit *Corticotropin* u. ein weiteres Drittel mit *Cortison* behandelt. Wurde das Serum in wiederholten mäßigen Dosen intraperitoneal gegeben, so war kein Einfl. der Hormone auf den Grad der Hämolyse zu beobachten. Erhielten die Tiere wiederholt kleine Dosen von Immunserum, so sank die Erythrocytenzahl bei den hormonbehandelten Tieren etwas weniger als bei den Kontrolltieren. Bekamen die Tiere 2 große intraperitoneale Dosen oder 1 große intrakardiale Dosis von Immunserum, so verschlimmerten die Hormone die bei den Meerschweinchen induzierte hämolyt. Anämie. — Bei den Verss. mit wiederholten kleinen intraperitonealen Dosen von Immunserum erschien das Reticulocytenmaximum bei den hormonbehandelten Tieren früher als bei den Kontrolltieren, auch wenn die Höhe des Maximums nicht beeinflußt wurde. Bei den Verss. mit höheren Dosen von Immunserum war kein merklicher Einfl. der Hormone auf das Ansprechen der Reticulocyten auf die Hämolyse festzustellen. (Ann. Med. exp. Biol. fenn. **32.** 30—41. 1954.) Th. Marsson. 4560

Steffen Gjørup und **Jens V. Thorborg,** *Massive Nebennierenblutung nach Behandlung mit Corticotropin.* Im Anschluß an einen Bericht über den Sektionsbefund bei 2 Fällen von Hämorrhagie mit Thrombosebldg. u. Infarkt in den Nebennieren (1 doppel-, 1 einseitig) wird die Möglichkeit eines Zusammenhangs mit *ACTH*-Behandlung erörtert. Eine Entscheidung darüber erscheint noch nicht möglich; auch erhöhte postoperative

Thrombosetendenz kann in den besprochenen Fällen mitgewirkt haben. (Ugeskr. Laeger **117.** 18—20. 6/1. 1955. København, Univ., patol.-anatom. Inst.) R. K. MÜLLER. 4560

L. Langeron, M. Paget, J. Liefooghe und **L. Croccel,** *Diabetes mit Acidoketose im Laufe einer ACTH-Cortisonbehandlung.* Bei einem Patienten mit chron. Erythroblastose tritt als Folge einer 10tägigen Behandlung mit insgesamt 2200 mg *adrenocorticotropem Hormon* u. 1100 mg *Cortison* eine akute Nebennierenrindendiabetes mit Acidose auf, die sich in ihren Merkmalen, wie Somnolenz, Krampferscheinungen, Hyperreflexie, Deshydratation, Polydipsie, Glykämie von 6,27 g/1000, Glykosurie von 62,5%, Ketonurie u. Abfall des Blut-p_H auf 7,05, von einer gewöhnlichen Diabetes nicht unterscheidet. Der auftretende Wasser- u. Elektrolytverlust beruht in vorliegendem Fall auf der in den Tagen vor dem Eintritt der Diabetes beobachteten Polyurie, die hier auf ein Versagen der Reabsorption beider durch die Tubuli beruht; die Realität der Nierenfunktionsstörung wird weiterhin durch die Veränderungen der Ammoniurie u. des Verhältnisses der Urin- u. Plasmakonzz. an Harnsäure vor u. nach einsetzender Therapie bewiesen. Bei sofortiger Unterbrechung der Corticoidverabreichung u. Weiterbehandlung mit 190 E. Insulin am 1. Tag, 40 E. an den folgenden, Rehydratation mit 3,5 Liter isoton. Salzserum u. 1,5 Liter isoton. Glucoseserum, täglich 25 mg Testosteron u. 50 mg Cocarboxylase stellt sich nach anfänglich rascher Verminderung der Diurese das vorherige n. Gleichgewicht des Patienten unter Verschwinden der Begleiterscheinungen u. Beibehaltung seiner ursprünglichen arteriellen Tension binnen 14 Tagen wieder ein. (Ann. d'Endocrinol. **15.** 875—80. 1954. Lille, Clin. méd. de la Fac. Libre de Méd.) ANTJE SCHMIDT. 4560

Herbert S. Kupperman, Herman Cohen, Henry H. Freedman, William Kleinberg und **Elizabeth L. Wyant,** *Wirkung von Antihyaluronidaseverbindungen auf die Reaktion von Ratten gegen tropische Hypophysenhormone.* Die Wrkg. von subcutan verabfolgtem *Gonadotropin* (I) bzw. *Corticotropin* (II) auf die Erfolgsorgane von Ratten ist infolge vorzeitiger Resorption u. anschließender Exkretion oder infolge Inaktivierung durch Enzyme nur schwach. Daher wurde der Einfl. von antihyaluronidas. wirkenden Verbb. an n. u. hypophysektomierten Ratten auf verabfolgtes **I** u. **II** aus dem Gewicht der Ovarien bzw. dem Ascorbinsäuregeh. der Nebennieren ermittelt. Es zeigte sich, daß *d-α-Tocopherolphosphat, Hesperidinphosphat* u. *Chondroitinsulfat* die Wrkg. von **I** u. **II** etwa vervierfachen. Da diese Verbb. z. T. antiproteolyt. Eigg. besitzen, u. um auszuschließen, daß darauf die beobachtete Wrkg. beruht, wurde auch der Einfl. von *Hesperidinmethylchalkon* (antiproteolyt., aber nicht antihyaluronidas. wirksam) geprüft u. als wirkungslos befunden. (Proc. Soc. exp. Biol. Med. **84.** 678—80. Dez. 1953.) H. GIBIAN. 4560

I. C. Gilliland, *Untersuchung des die Schilddrüse stimulierenden Hormons.* Vf. berichtet ausführlich über die verschied. Methoden zur Messung des *thyreotropen Hormons* (I) sowie deren Vor- u. Nachteile. Mit der Meth. von DE ROBERTIS ist die Best. von I in 1 cm³ n. Blut möglich. Neuere Methoden verwenden ^{131}J. Dabei zeigte sich, daß tägliche Injektionen von **I** die Schilddrüse von Hühnern an *J* verarmen lassen. Nach einer anderen Meth., welche ebenfalls ^{131}J gebraucht, wurden die Hühner durch 3tägige Injektionen von *Thyroxin* für die Einw. von **I** empfindlicher gemacht. An n. Menschen war die Messung der **I**-Wrkg. schwierig wegen der benötigten großen Mengen an Serum. Dagegen war die Messung leicht bei Patienten mit frischem Myxödem. Auch bei Kretins wurden große Mengen von **I** festgestellt. Bei Menschen mit SIMONDSscher Krankheit war kein meßbares **I** vorhanden. In den meisten Fällen von gewöhnlicher GRAVESscher Krankheit war **I** nicht testbar, dagegen bei gleichzeitigem Bestehen schwerer Augenerkrankungen ohne deutliche Thyreotoxikose. Andere Verss. zeigten, daß Jodierung von **I** seine Wrkg. auf die Schilddrüse aufhebt, obgleich ein gleichzeitiger Exophthalmus verstärkt wird. Es wurde vermutet, daß es sich um 2 Substanzen handelt, u. es konnte eine exophthalmuserzeugende Substanz von **I** in Hypophysenextrakten abgetrennt werden. (Manufact. Chemist **26.** 214—15. Mai 1955. London, Hammersmith, Postgraduate Med. School.) H. AMAN. 4560

Hans Igel, *Die thyreotropische Wirksamkeit der Hypophyse nach Thyreoidektomie, Thyreoidektomie und Gonadektomie und nach Verabreichung von Methylthiouracil in Ratten.* Nach Thyreoidektomie ist der *thyreotrope Hormon* (TSH)-Geh. der Hypophyse von Ratten vermindert, nach Thyreoidektomie u. anschließender Kastrierung nicht erhöht, während im letzten Fall ein höherer Geh. an gonadotropem Hormon gefunden wird. Nach Verabreichung von Methylthiouracil hängen die Wirkungen von der Dosierung u. Zeitdauer der Behandlung ab. Kurzfristige, geringe Dosen beeinflussen den TSH-Geh. der Hypophyse nicht, länger andauernde, größere Dosen erhöhen ihn. Histolog. wird kein Unterschied am Hypophysenvorderlappen nach Thyreoidektomie oder Behandlung mit Methylthiouracil festgestellt. (Acta endocrinol. [Copenhagen] **18.** 455—59. April 1955. Berlin, Charité, Inst. für exp. Endokrinol.) ANTJE SCHMIDT. 4560

B.-A. Lamberg, *Thyreotropinprüfung mit radioaktiven Indicatoren.* Überblick u. Diskussion über Funktionsvorgänge u. Rkk. der Schilddrüse bei Stimulierung mit *Thyreotropin* in Ggw. von verabreichtem radioakt. J u. P (^{131}J u. ^{32}P) als Indicatoren sowie über die Hauptmethoden zur Standardisierung u. Prüfung kleiner Mengen des Hormons. — 84 Literaturangaben. (Acta endocrinol. [Copenhagen] **18.** 405—20. April 1955. Helsingfors, Univ., IV. Med. Clinic.) ANTJE SCHMIDT. 4560

Sidney M. Friedman, Constance L. Friedman und **Miyoshi Nakashima,** *Hemmung der cardiovasculär-renalen Effekte von DCA durch Pitressin. Desoxycorticosteronacetat* (**I**) verursacht bei Ratten einen experimentellen Hochdruck, der durch gleichzeitige oder spätere Behandlung mit *Pitressin* (**II**) in wss. Lsg. verhindert werden kann. Dies gelingt auch beim bilateral adrenalektomierten Tier u. im manifesten Hypertensionsstadium. Dagegen verursacht **II**-Tartrat in öliger Lsg. eine Verstärkung des **I**-Effektes. Das Zustandekommen dieser Wrkg. kann noch nicht eindeutig erklärt werden; eine Beteiligung der Hypophyse am hypertensiven Prozeß ist aber damit wahrscheinlich gemacht. (Amer. J. Physiol. **170.** 270—76. Aug. 1952. Vancouver, Univ., Dep. of Anat.) H. JORDAN. 4560

Hubert Clauser, Hanns Maier-Hüser und **Claude Fromageot,** *Quantitative Untersuchung der potenzierenden Wirkung verschiedener substituierter aromatischer Amine auf die Oxytocinwirkung am Meerschweinchenuterus.* Untersucht wurden *Antergan* (**I**), *RP 2360* (*N-Dimethylaminopropyl-N-benzylanilin,* **II**), *Antistin* (**III**), *RP 2325* (*N-Dimethylaminoäthyl-N-äthylanilin,* **IV**), *Pyribenzamin* (**V**), *Neoantergan* (**VI**), *02.849,* ELI LILLY (*N-Dimethylaminoäthyl-N-(3.4)-dimethoxybenzyl-α-aminopyridin,* **VII**), *Histadyl* (*N-Dimethylaminoäthyl-N-[thienyl-(2)]-methyl-α-aminopyridin,* **VIII**), *04.976,* ELI LILLY) (*N-[N'-Morpholino]-äthyl-N-[thienyl-(2)]-methyl-α-aminopyridin,* **IX**), *04.796,* ELI LILLY (*N-Dimethylaminoäthyl-N-[thienyl-(2)]-methylmethylamin,* **X**), *Neohetramin* (**XI**), *Trasentin* (**XII**), *Benadryl* (**XIII**), *AH 876,* PARKE DAVIS (*Dimethylaminoäthyläther des (2.4-Dimethyl)-diphenylmethyls,* **XIV**), *Thephorin* (**XV**), *Novocain* (**XVI**), *RP 3015* (*N-Dimethylaminoäthylphenothiazin,* **XVII**), *RP 2987* (*N-Diäthylaminoäthylphenothiazin,* **XVIII**), *Phenergan* (**IXX**), *02.070,* ELI LILLY (*N-Dimethylaminoäthyl-N-methylcyclohexyl-α-aminopyridin,* **XX**). Der „Index der potentialisierenden Aktivität" wird als der zehnfache Kehrwert der Konz. definiert, welche die Wrkg. einer *Oxytocin*-Dosis eben verdoppelt. Er beträgt für die einzelnen Stoffe (je in Mol/Liter): **I** 5,0, **II** 5,2, **III** 3,5, **IV** 0,4, **V** 6,0, **VI** 3,8, **VII** 2,3, **VIII** 18,0, **IX** 60,0, **X** 0,0, **XI** 2,6, **XII** 4,7, **XIII** 2,9, **XIV** 2,8, **XV** 6,3, **XVI** 0,5, **XVII**—**XX** 0,0. Beziehungen zur *Antihistamin*-Wrkg. bestehen keine. Da **X** u. **XVII**—**XX** auch in höheren Konzz. keine muskelkontrahierende Wrkg. besitzen, die hochpotenzierenden Verbb. **I, V, VIII** u. **IX** dagegen sehr stark Kontrakturen erzeugen können, besteht zwischen beiden Eigg. eine gewisse Parallelität. Die potenzierende Wrkg. tritt allerdings bei erheblich geringeren Konzz. auf. Es wird versucht, gewisse Beziehungen zwischen Struktur u. Wrkg. zu finden. (Biochim. biophysica Acta [Amsterdam] **7.** 429—38. Sept. 1951. Paris, Serv. de Rech. des Établ. Roussel.) F. JUNG. 4560

Gloria Joy Miller, Nancy Antonchak und **Robert Gaunt,** *Über die Resorption von Desoxycorticosterontrimethylacetat aus dem Gewebe. Desoxycorticosterontrimethylacetat* (**I**) besitzt eine länger andauernde Wirksamkeit bei subcutaner oder intramuskulärer Injektion als *Corticosteronacetat* (**II**). Vff. untersuchen die Resorption von **I** u. **II** am Gewebe, indem 15 mg **I** u. **II** subcutan in n. männliche Ratten über einen Zeitraum von 40 Tagen eingesetzt werden. Meßbare Resorption findet nur von **II** neben geringfügigen Mengen von **I** statt. Die langsame Resorption von **I** spricht für die Tatsache, daß bei Verabreichung in Lsg. oder Suspension **I** eine längere Wirkungsdauer als **II** zeigt. (Endocrinology **55.** 361—62. Sept. 1954. Summit, Ciba Pharmaceutical Products, Res. Dep.) ANTJE SCHMIDT. 4561

G. Geyer und **E. Keibl,** *Verzögerte Eliminierung von Hydrocortison bei parenchymatösen Lebererkrankungen.* Es wird untersucht, ob bei parenchymatöser Lebererkrankung ein Funktionsausfall hinsichtlich der metabol. Umsetzung zugeführter Corticosteroide nachweisbar ist, indem 10 gesunden u. 6 leberkranken Personen als Testdosis 100 mg *Hydrocortison* (**I**), in 250 cm^3 physiol. NaCl-Lsg. oder Periston verd., während 10 Min. intravenös verabreicht werden, die Plasmakonz. an **I** innerhalb 60—900 Min. nach Injektionsende bei 4—5maliger Blutentnahme nach NELSON u. SAMUELS bestimmt u. die an beiden Gruppen beobachtete Verschwinderate von **I** aus dem Plasma verglichen wird. Die erhaltenen, exponentiell verlaufenden **I**-Abfallkurven von Kranken u. Gesunden weichen deutlich voneinander ab, indem der Abfall der der ersteren beträchtlich langsamer erfolgt. Die Ausgangskonz. von **I** vor der Injektion wird bei Normalen in 260—375 Min., bei Leberkranken erst in 690—900 Min. wieder erreicht. Die Befunde ergeben, daß bei

Leberparenchymerkrankung das physiol. Eliminierungsvermögen für gewisse Corticoide beeinträchtigt erscheint. (Klin. Wschr. **33.** 587—88. 15/6. 1955.) ANTJE SCHMIDT. 4561

D. Staehelin, A. Labhart, R. Froesch und **H. R. Kägi,** *Die Wirkung von Muskelarbeit und Hypoglykämie auf den Plasmaspiegel von 17-Oxysteroiden in normalen Erwachsenen und Patienten mit adrenogenitalem Syndrom.* Es wird die Konz. an *17.21-Dioxysteroiden* (**I**) in Urin u. Plasma von Versuchspersonen während der Muskelarbeit u. bei mit Insulin induzierter Hypoglykämie untersucht. Dabei wird 15—30 Min. nach beginnender Muskeltätigkeit ein **I**-Anstieg im Plasma infolge Stimulierung der Nebenniere, 60—120 Min. nach Arbeitsbeginn ein Abfall der Plasmasteroide durch erhöhten Verbrauch an *Glucosteroiden* beobachtet. Bei intravenöser Injektion von 0,1 E. Insulin/kg Körpergewicht (Insulintoleranztest) zeigen n. Versuchspersonen bei n. Blutzuckergeh. u. 50%ig. Abfall der Eosinophilen eine 20%ig. **I**-Abnahme des Plasmas nach 15—30 Min. u. einen mäßigen Anstieg nach 60—120 Min., während die urinäre **I**-Ausscheidung während des Tests erhöht ist. Hohe Plasmawerte von **I** werden 3 Std. nach Schock hervorrufenden Insulingaben gefunden u. nach Ende der Schockphase auch im Urin. Kombinierte Insulin–Glucose-Verabreichung erzeugt einen **I**-Abfall im Plasma. Patienten mit adrenogenitalem Syndrom zeigen beim intravenösen Insulintoleranztest n. Blutzuckergeh. u. nach 30 Min. einen stärkeren **I**-Abfall im Plasma als im Normalfall. Der mittlere **I**-Spiegel nach 60 u. 120 Min. überschreitet den Kontrollwert nicht, erhöhte urinäre **I**-Ausscheidung findet nicht statt. In einigen Fällen zeigt sich trotz niederen **I**-Spiegels im Plasma ein n. Anstieg des Blutzuckers nach Insulininjektion. Daraus ergibt sich, daß minimale Konzz. dieser Hormone im Plasma anscheinend zur Aufrechterhaltung einer n. Zuckerregulierung ausreichen. (Acta endocrinol. [Copenhagen] **18.** 521—29. April 1955. Zürich, Univ., Med. Poliklinik.) ANTJE SCHMIDT. 4561

J. Trémolières, R. Derache und **G. Griffaton,** *Wirkungen des Cortisons auf die Nucleoproteine von Leber und Muskel.* Verabreichung von *Cortisonacetat* (**I**), 5 mg/Tag, an männliche, adrenalektomierte Ratten bewirkt innerhalb 5 Tagen in der Leber zunächst eine schnellere u. intensivere Stimulierung der Nucleinsäuresynth. um 34% gegenüber der Proteinsynth. von nur 19,5%, die jedoch nach 6tägigen **I**-Gaben die Nucleinsäuresynth. zu überwiegen beginnt. Dem Proteinabbau im Muskel geht eine Verminderung der Menge an Nuclein-P von —21% voraus. Aus diesen Befunden wird geschlossen, daß die Wrkg. von **I** sich zunächst auf den Nucleinsäureumsatz, danach auf den Proteinstoffwechsel erstreckt. (Ann. d'Endocrinol. **15.** 827—35. 1954. Paris, Clin. méd. d l'Hôp. Bichat et Sect. de Nutrit. de l'I.N.H.) A. SCHMIDT. 4561

Bernard Shacter und **Cecil Entenman,** *Die Wirkung von Cortison, Corticotropin und Nebennierenentfernung auf den Sulfhydryl- und Proteinspiegel im Plasma.* Als stress wirkende Laparotomie senkt den *Sulfhydryl-* (**I**) u. *Protein* (**II**)-Spiegel des Blutplasmas bei SPRAGUE-DAWLEY-Ratten. Nebennierenentfernung hat diesen Effekt nur bei weiblichen Tieren. *Cortison* u. *Corticotropin* verhindern den Abfall des Spiegels von **I** u. **II** im Plasma u. somit deren Verwertung bei der Wundheilung im Gewebe, die verzögert wird. (Amer. J. Physiol. **170.** 442—47. Aug. 1952. San Francisco, Calif., Div. of Biol. and Med. Sci. U. S. Naval Radiol. Defense Labor., and Labor. of Exp. Oncology.) HEINRICH HERMANN. 4561

W. W. Swingle, Elliott Collins, George Barlow und **Edward Fedor,** *Die Wirkung kristalliner Suspensionen von Nebennierensteroiden auf die Überlebenszeit adrenalektomierter Hunde.* Je 10 mg verschied. Nebennierensteroide in wss. Suspension wurden in einer intramuskulären Injektion adrenalektomierten Hunden verabfolgt. Durch *Desoxycorticosteron* (**I**)*-trimethylacetat* u. **I**-*phenylacetat* wurde die Periode der Symptomfreiheit deutlich verlängert, während **I**-*Acetat* u. **I**-*β-Cyclopentylpropionat* sowie „*Compound S*" u. *Cortisonacetat* unsichere oder negative Resultate lieferten. (Amer. J. Physiol. **169.** 118—22. 1/4. 1952. Princeton, N. J., Univ., Biol. Labor.) W. FRUHSTORFER. 4561

J. Trémolières, R. Derache und **G. Griffaton,** *Wirkungen von Cortison und Adrenalektomie auf die gemeinsamen Veränderungen von Na, K und einigen Phosphat-Fraktionen in Leber und Muskel der Ratte. Cortison,* 5 mg täglich, steigert in andrenalektomierten Ratten die Menge der energiereichen Phosphatverbb., wie Adenosintriphosphat u. Phosphorester der Zucker in Leber u. Muskel dergestalt, daß sich in der Leber die Fraktion P_7 in 2—5 Tagen nach Verabreichung um 84%, in 6—12 Tagen um 9%, der veresterte Phosphorwert in 2—4 Tagen um 30%, in 6—12 Tagen um 41%, bezogen auf das Frischgewicht, erhöht; für den Muskel betragen die entsprechenden Werte für Fraktion P_7 43 u. 30%, für die Esterfraktion 27 u. 51%. Diese Erhöhung wird durch eine gleiche Abnahme des mineral. P nahezu quantitativ ausgeglichen. In 6—12 Tagen nimmt das K der Leber um 29,4% u. in gleicher Größenordnung der Geh. an Mineral-P um —29,0% ab, während im Muskel die K-Verminderung gegenüber der Abnahme an Mineral-P

nur gering u. vorübergehend auftritt. Der Na-Wert der Leber liegt zunächst um 12,6% unter, dann schwach über dem Normalwert, im Muskel erhöht er sich in gleicher Weise wie sich das K vermindert u. wird nach 6 Tagen wie der K-Wert prakt. normal. Im Plasma bewirkt Cortison eine Herabsetzung des säurelösl. Phosphats in 2—5 Tagen von —17%, in 6—12 Tagen um —27% u. des K entsprechend von —5 u. —23%. Bei ausgewachsenen, adrenalektomierten Tieren wird eine gemeinsame Steigerung der K- u. Mineralphosphatwerte gegenüber den Kontrollen beobachtet. Die Befunde bestätigen eine Wechselbeziehung zwischen den Veränderungen der K- u. Mineralphosphatmengen unter Einfl. von Cortison, das sie erniedrigt, u. Adrenalektomie, die sie erhöht. Die Bedeutung der Ergebnisse wird in Zusammenhang mit derzeitig bestehenden Theorien über die die Verteilung von Na u. K regelnden Faktoren diskutiert. (Ann. d'Endocrinol. **15.** 836—47. 1954. Paris, Hôp., Bichat, Clin. méd. et la Sect. de Nutrit. de l'I.N.H.)
ANTJE SCHMIDT. 4561

Dwight J. Ingle, James E. Nezamis und **Erving H. Morley,** *Vergleichende Untersuchungen über die Eigenschaft von kontinuierlich verabreichtem Corticosteron, Hydrocortison und Nebennierenrindenextrakt bei adrenalektomierten Ratten die Arbeitsfähigkeit zu erhalten.* (Vgl. C. **1953.** 6710.) Die Verss. wurden an adrenalektomierten-nephrektomierten Ratten durchgeführt. Die tägliche Dosis an *Nebennierenrindenextrakt* (**I**) betrug 1—40 Glykogeneinheiten, an *Corticosteron* (**II**) bzw. *Hydrocortison* (**III**) 0,1—8 mg. Die täglich geleistete Arbeit war bei den Tieren, welche **I** erhielten, geringer als bei Tieren welche optimale Durchschnittsdosen **II** oder **III** erhielten. (Amer. J. Physiol. **170.** 498—501. Sept. 1952. Kalamazoo, Mich., Upjohn Comp., Res. Labor.) H. P. FIEDLER. 4561

Gerhard Laudahn, *Zur Wirkung von Cortison auf entzündlich und neoplastisch bedingte Dysproteinämien sowie auf das Gerinnungsfaktorensystem.* Bei 5 Patienten wurden die Dysproteinämien durch *Cortison* (**I**) nicht beeinflußt, wie in 6—8 Wochen jeden 2. Tag durchgeführte Elektrophorese der Eiweißfraktionen zeigte. Unter **I** kam es zur Hyperprothrombin-, Hyperaccelerin- u. Hyperconvertinämie sowie Zunahme der Thrombocyten. Bei Depot-**I** war die Wrkg. geringer u. kürzer als bei **I**-Kristallsuspension. (Aerztl. Wschr. **10.** 1105—10. 2/12. 1955. Berlin-Wilmersdorf, Städt. Krankenhaus.)
H. CARLS. 4561

L. Scalfi, A. Jacono und **L. Manguso,** *Einfluß von Cortison auf den Verlauf der experimentellen Infektion der Vaccineinfektion beim Kaninchen.* Kaninchen wurden mit Vaccinevirus indradermal infiziert u. mit 10 mg *Cortison* behandelt. Diese Tiere hatten etwas später auftretende, jedoch schwerere Läsionen als die Kontrollen. Auch auf die Immunität gegen Superinfektion hatte Cortison nur geringen Einfluß. (Boll. Ist. sieroterap. milanese **34.** 569—82. Sept./Okt. 1955. Napoli, Ist. di Patol. Med.)
G. GERBER. 4561

J. D. Fulton, *Cortison bei Infektion von Nagern mit Plasmodium berghei.* Im Gegensatz zu den Verss. anderer fand Vf. keinen Einfl. von *Cortison* bei Ratten u. Mäusen, die mit Plasmodium berghei infiziert waren. (Ann. trop. Med. Parasitol. **48.** 314—17. Sept. 1954. London, Nat. Inst. of Med. Res.) G. WELTZIEN. 4561

Michael Schwartz und **Mogens Sprechler,** *Ernste Komplikationen während Cortisonbehandlung.* Bei 4 Patienten ist während längerer Behandlung mit Cortison (**I**) Pneumonie eingetreten, die in 2 Fällen unter Fortsetzung der **I**-Behandlung durch Antibiotica geheilt wurde. Bei den 2 anderen Fällen wurde die Pneumonie nicht rechtzeitig erkannt u. behandelt, Tod nach einigen Tagen. Vff. erörtern die Möglichkeiten der Verhütung u. Behandlung der durch **I** ausgelösten Nebenniereninsuffizienz. (Ugeskr. Laeger **117.** 12—15. 6/1. 1955. Bispebjerg Hosp., Afd. A u. B.) R. K. MÜLLER. 4561

H. P. Klotz, *Bemerkungen über die urinären Veränderungen der 17-Ketosteroide und 11-Oxysteroide vor und nach Durchfluß von Corticostimulin bei den Hypercorticismen der Nebenniere.* In 21 Fällen von Hypercorticismus werden nach intravenösem Durchfluß von 25 mg ACTH innerhalb 6 Std., manchmal für 2—3 Tage, bei Best. der 17-Ketosteroide 9 mäßig u. 6 stark erhöhte sowie 6 unveränderte Werte derselben, bei 17 Messungen der 11-Oxycorticosteroide davon 11 mäßig gesteigerte u. 6 unveränderte Werte gegenüber dem Anfangsgeh. festgestellt. Die Nichtveränderung der Steroide nach Injektion von ACTH wird als Anzeichen einer vor dem Durchfluß präexistierenden Hypercorticostimulinie, d. h. eines durch die Neurohypophyse verursachten Hypercorticismus gedeutet. (Ann. d'Endocrinol. **15.** 848—56. 1954. Paris, Hôp. Bichat.)
ANTJE SCHMIDT. 4561

J. D. Romani, *Eine Methode zur Bestimmung der Glucocorticoide in Urinen. Technik und Resultate.* Es wird über die Technik u. die Resultate einer Bestimmungsmeth. der im Urin enthaltenen Spaltprodd. der Glucocorticoide (Hydrocortison u. Corticosteron) berichtet. Die Meth. beruht auf einer parallel durchgeführten Best. der *17.21-Dioxy-*

20-ketosteroide (**I**) u. der „gesamten reduzierbaren Corticoide“ (**II**) im gleichen Urinextrakt. Einer enzymat. mit β-Glucoronidase (p_H 4,5) oder mit HCl durchgeführten Hydrolyse bei 37° folgt wiederholte Extraktion mit einem Gemisch aus Ae. (4 Teile) u. Chlf. (1 Teil). Die vereinigten Extrakte werden mit 0,1n Na_2CO_3-Lsg. u. schließlich mit 0,1n HCl gewaschen u. im Vakuum zur Trockne eingedampft. Man nimmt den Rückstand in Chlf. auf u. chromatographiert mittels einer Florisil-Säule. **I** u. **II** lassen sich mit Chlf., das 30% A. enthält, eluieren. Man bestimmt nun in der einen Hälfte des Eluates die **I** nach PORTER u. SILBER, in der zweiten Hälfte die **II** nach FOLIN u. WU. Diese Bestimmungsmeth. hat den Vorteil, daß sich durch die Differenz zwischen **I** u. **II** eine Aussage über eventuelle Stoffwechselprodd. des *Corticosterins* machen läßt. Ihre Ausscheidung durch die menschliche Nebenniere ist zwar unter n. Bedingungen zu vernachlässigen, wird aber von großer Bedeutung bei Zuständen funktioneller Insuffiziens (Asthenie, Kachexie usw.). In physiol. Hinsicht steht diese Funktionsstörung der Nebenniere in Beziehung zu einer Abnahme der 17-Hydroxylierung. (Semaine Hôpitaux Paris **31.** 3154—59. 14/10. 1955. Paris, Inst. Nat. d'Hygiène et Serv. d'Endocrinol. de l'Hôp. Laënnec.) A. EBEN. 4561

Fernando Ubatuba, *Die Ausscheidung von neutralen 17-Ketosteroiden im Harn beim normalen und beim kastrierten Pferd.* Die Best. der neutralen 17-Ketosteroide (**I**) im Pferdeharn erfolgt nach ZIMMERMANN mit alkoh. 2,5n KOH bei 60 Min. Farbentw. im Dunkeln. Die opt. D. wird spektrophotometr. bei 420 u. 520 mμ gemessen im Vgl. mit Androsteron. Die Ergebnisse sind bei der neutralen Fraktion u. bei der mit Reagens-T von GIRARD behandelten dieselben. Die Menge der ausgeschiedenen **I** ist beim n. Pferd deutlich größer als beim kastrierten Pferd. Es ist anzunehmen, daß die Testes neben anderen Organen (Nebenniere?) zu den **I** beitragen, wie dies auch bei anderen Säugetieren schon festgestellt wurde. (Mem. Inst. Oswaldo Cruz **52.** 377—95. Juni 1954.) R. K. MÜLLER. 4561

Morris M. Graff, John T. McElroy und **Albert L. Mooney,** *Die Farbreaktionen einiger Steroide mit dem Anthron-Reagens.* Die Brauchbarkeit der Anthron (I)-Rk. von DREYWOOD [Ind. Engng. Chem., analyt. Edit. **18.** [1946.] 499) für die spektrophotometr. Best. von Steroiden wurde untersucht. **I** in 96%ig. H_2SO_4 wird mit der alkoh. Lsg. der Steroide (75—750 γ) umgesetzt. Vff. geben die Absorptionsmaxima der mit **I** + H_2SO_4 u. H_2SO_4 allein entstehenden Chromogene von folgenden Steroiden: *11-Desoxycorticosteron* (**II**), *11-Desoxy-* (**III**), *11-Dehydro-*, *17-Oxy-11-dehydro-* (**IV**), *17-Oxy-* u. *17-Oxy-11-desoxycorticosteronacetat, Androsteron, Dehydroandrosteron, Testosteron, Methyltestosteron, Progesteron, 17-Oxyprogesteron, Δ^4-Androsten-3.17-dion* (**V**), *Östradiol* u. *Östron* sowie von **III**, **IV** u. **V** auch die Absorptionsspektren an. Für die quantitative Best. von **II** (5—50 γ) auf Grund der **I**-Rk. wurde eine Eichkurve (Maximum bei 600 mμ) aufgestellt. (J. biol. Chemistry **195.** 351—56. März 1952. Baltimore, Md., Nat. Cancer Res. Inst., U. S. Public Health Serv. Hosp.) W. FRUHSTORFER. 4561

R. Neher und **A. Wettstein,** *Physikochemischer Nachweis und Messung von Aldosteron in Körperflüssigkeiten und Geweben.* Die durch Entfettung u. Chromatographie an Silicagel aus Blut u. Geweben erhaltenen Extrakte werden zur Best. von *Aldosteron* (**I**) an Papier mit verschied. Indicatoren u. 2 Lösungsmittelsystemen, erst in BUSH's Syst. C, Toluol–Äthylacetat–Methanol–W., u. nach Elution der *17-Oxycorticosteron* (**II**) u. auch **I** enthaltenden Fläche mit Propylen–Glykol–Toluol parallel mit *Cortison* (**III**) chromatographiert; die Anwesenheit von **I** gilt durch die beiden verschied. R_F-Werte, UV-Absorption, sofortige Red. von blauem Tetrazol u. gelbe Fluorescenz mit NaOH als sicher erwiesen. Vgll. von **I**-Stellen mit den durch bekannte Mengen **III** erzeugten Flecken ermöglichen eine semi-quantitative **I**-Best. mit einem Fehler von 20% für 5—20 μg, von 40% für 1—5 μg **I**. 0,3—3,0 μg werden von Gesunden bei n. Na-Aufnahme, 2—8 μg während der Schwangerschaft, 0—13 μg bei niederer Na-Zufuhr u. 3—30 μg von Kranken ausgeschieden. Von injiziertem **I** wird 1% in unkonjugierter, mindestens 10% in konjugierter Form ausgeschieden. (Acta endocrinol. [Copenhagen] **18.** 386—95. April 1955. Basel, Ciba Ltd., Res. Labor.) ANTJE. SCHMIDT. 4561

A. J. Glazko und **W. A. Dill,** *Eine Farbreaktion zur Unterscheidung von Adrenalin und Noradrenalin im Papierchromatogramm.* Lsg. der Probe in *salzsaurem Methanol*, Verwendung von *Phenol* zur Entwicklung. *Noradrenalin* (**I**) entwickelt nach Besprühen mit einer Frischlsg. von 0,5 g *β-Naphthochinon-4-sulfonat* in 100 ml *Borat*-Puffer vom p_H 8,9 eine intensiv blaue Färbung, *Adrenalin* eine Rosafärbung, *Dioxyphenylalanin* eine gelbe, dann blaugraue Tönung. Es lassen sich weniger als 1 $\mu g/cm^2$ **I** nachweisen. (Nature [London] **168.** 32. 7/7. 1951. Detroit, Mich., Parke, Davis & Co., Res. Dep.) F. JUNG. 4561

Joachim Kracht, *Thyrotropin und experimentelle Thyreoiditis.* Ätherlösl. Extrakte menschlicher Kolloidstruma, die bei Meerschweinchen in die Schilddrüse oder subcutan injiziert werden, rufen eine Entzündung hervor, die histolog. der menschlichen Thyreoiditis ähnelt. Gleiche Veränderungen werden in Ratten nach verlängerter Behandlung mit Methylthiouracil beobachtet. Die Gründe dafür sind noch unbekannt. Als wesentlicher Faktor wird eine Dysfunktion der transtellulären Reabsorption des Kolloids angenommen. In diesem Fall wird der Transport des Kolloids von teilweise in das Zwischengewebe eingedrungenen Makrophagen übernommen, bei deren Degeneration das aufgenommene, z. T. wieder in Freiheit gesetzte Kolloid Entzündung hervorruft. Vf. meint, daß die Gewebsveränderung einer Fremdkörper-Rk. zuzuschreiben ist, die durch noch nicht genau definierte Lipoproteid-Komplexe von Kolloid oder in Freiheit gesetzten Fettsäuren verursacht wird. Die Bldg. experimenteller Thyreoiditis wird durch verabreichtes oder endogen erzeugtes Thyreotropin gefördert. (Acta endocrinol. [Copenhagen] **18.** 437—43. April 1955. Kiel, Univ., Dep. of Pathol.; Borstel, Tubercul. Res. Inst., Inst. for Exp. Biol. and Med.) ANTJE SCHMIDT. 4562

E. J. W. Barrington und **L. L. Franchi,** *Organische Bindung des Jods im Endostyl von Ciona intestinalis.* Die bisher an Protochordaten, Ammocoeten u. Tunicaten durchgeführten Unterss. über die eventuelle Bedeutung des Endostyls als Vorstufe der Schilddrüse werden nun auf Ciona intestinalis ausgedehnt. Autoradiographie zeigt das Vorhandensein von *Jod* sowohl in den epithelialen Zellen, als auch im Endostyl von Ciona in einer gut definierten Zone. Vff. vergleichen diese Ergebnisse mit denen bei den Ammocoeten gefundenen u. weisen darauf hin, daß die charakterist. Merkmale der thyreoidalen Funktion möglicherweise schon viel früher in der Chordatenlinie auftreten als bisher angenommen wurde. (Nature [London] **177.** 432. 3/3. 1956. Nottingham, Univ., Dep. of Zool.) A. EBEN. 4562

P. C. van Erkelens, *Der Stoffwechsel von mit ^{35}S gekennzeichneten Antischilddrüsensubstanzen in der Schilddrüse und anderen Organen junger Hähne, besonders hinsichtlich der Nucleinsäurefraktionen.* Es wird der Stoffwechsel von ^{35}S-4-Methylthiouracil (**I**) u. 4-Carboxythiouracil (**II**) nach Verabreichung an junge Hähne in deren Schilddrüse, Hypophyse u. Leber untersucht u. der Prozentsatz an Nucleinsäuren in der Schilddrüse bestimmt. Im Gegensatz zu REBAREK (vgl. J. REBAREK u. E. REBAREK, Acta physiol. scand. **14.** [1947.] 276) u. LEVER (Thesis, Utrecht [1950]) wird dieser durch **I** nicht verändert. Beide Substanzen werden durch Oxydation umgesetzt, der größte Teil (50—60%) bleibt jedoch unverändert erhalten. Weniger als 0,5‰ der in der Schilddrüse vorhandenen **I** oder **II** werden in die Nucleinsäuren dieses Organs eingebaut; nach rascher Oxydation von ca. 30% der darin vorgefundenen **I** oder **II** wird das gebildete Sulfat nur langsam ausgeschieden. In der Leber werden nur 8%, in der Hypophyse 4% des aufgenommenen **I** bzw. **II** oxydiert, der übrige Teil bleibt unverändert. Die in den Proteinfraktionen vorhandene Radioaktivität beruht auf einer Adsorption der akt. Substanzen. — Ein Analysenschema wird angeführt. (Acta endocrinol. [Copenhagen] **18.** 229—42. März 1955. Utrecht, Res. Inst. for Animal Husbandry T.N.O.) ANTJE SCHMIDT. 4562

A. L. Tárnoky, *Chemische Nachweise zur Erkennung von Schilddrüsenerkrankungen.* Grundumsatz, Harnkreatinin u. -pigment, Serum-Cholesterin, -Kreatin u. -Kreatinin werden bestimmt. Ergebnisse von Reihenunterss. an 31 Patienten. (Biochem. J. **51.** XLIV—XLV. Aug. 1952. Reading, Royal Berkshire Hosp.) PH. FRESENIUS. 4562

Werner Creutzfeldt, *Zur Funktion der A-Zellen der Pankreasinseln. (A-Zellveränderungen bei Leberschädigung, Stress und Hypoglykämie.)* Die als Überanstrengung aufgefaßte Degranulation u. Vacuolisation der A-Zellen nach verschied. Vergiftungen (mit $CoCl_2$, Synthalin, CCl_4, P) geht zwar häufig mit Hypoglykämie, Leberverfettung, Glykogenentspeicherung u. Nebennierenrindenbelastung einher, doch genügt ein einzelner Faktor allein nicht zu ihrer Entstehung. Durch weitere Unterss. soll geklärt werden, ob hier eine einheitliche Störung im intermediären Stoffwechsel vorliegt, aus der sich Rückschlüsse auf die Rolle des A-Zellhormons im Organismus ziehen lassen. Die Beziehungen dieses Hormons zum Leberstoffwechsel sind offenbar eng u. eröffnen interessante Ausblicke für die Leberpathologie. Die Identität des „Lipocaic"-Faktors (DRAGSTEDT) mit dem Glukagon bleibt fraglich. (Klin. Wschr. **32.** 819—20. 1/9. 1954. Freiburg/Br., Med. Univ.-Klinik.) TH. MARSSON. 4564

O. W. Thiele und **H. Bohn,** *Die Behandlung des Diabetes mellitus mit Cocarboxylase. Die Beziehungen zum Kreatinstoffwechsel.* Gegen Kreatinurie von Diabetikern wurde *Cocarboxylase* (*Berolase*; **I**) in Dosen von zunächst 300, später 150 mg verabreicht. Die Wrkg. beruht darauf, daß die **I** an Stelle des Kreatins als Phosphorsäuredonator fungiert, wodurch die Phosphorylierungsfunktion der Kreatinphosphorsäure (**II**) entlastet wird; **II** wird daher nicht mehr vermehrt entphosphoryliert, u. die Kreatinausscheidung im Harn unterbleibt. Bei diabet. Koma sinkt mit zunehmender Genesung der stark erhöhte Brenztraubensäurespiegel auf leicht erhöhte Werte ab, unabhängig von der Behandlungsart (Insulin oder Insulin + Cocarboxylase). (Klin. Wschr. **32.** 815—17. 1/9. 1954. Gießen, Justus-Liebig-Hochschule, Med.- u. Nervenklinik.) TH. MARSSON. 4564

J. Comsa, *Renale Ausscheidung einer dem menschlichen Thymushormon nahe verwandten Substanz.* Aus menschlichem Harn konnte ein Extrakt gewonnen werden, der dem Thymusextrakt (**I**) von BEZSSONOFF u. COMSA weitestgehend ähnelt. Der Extrakt wurde im übrigen in ähnlicher Weise gewonnen u. bewirkte bei thymektomierten Meerschweinchen n. Wachstum, auch hat er den gleichen isoelektr. Punkt wie **I**. Bei Kindern ist die Ausscheidung am größten, nimmt mit zunehmendem Alter ab u. ist bei Erwachsenen relativ konstant. Bei dystroph. Erkrankungen u. bei GRAVESscher Krankheit ist sein Geh. im Harn herabgesetzt. (Amer. J. Physiol. **170.** 528—31. Sept. 1952. Strasbourg, Univ. of Strasbourg, Dep. of Pediactrics.) H. P. FIEDLER. 4566

D. Della Bella und **G. Galli,** *Quantitative Veränderungen des gebundenen Acetylcholins im Blut nach traumatischem Schock.* Heparinisiertes Venenblut des Meerschweinchens wurde zunächst 15 Min. bei 25° gehalten, um den Abbau des freien *Acetylcholins* (**I**) durch Cholinesterase zu erreichen. Das gebundene **I** konnte beim n. Tier mit 3—5 µg/ml errechnet werden. Nach traumat. Schock nahm der Geh. des Blutes an gebundenem **I** ab, wie am Verh. des Blutdrucks der Ratte nach Injektion des 60 Min. nach dem Schock gewonnenen Blutes festgestellt werden konnte. Am Musculus rectus des Frosches erwiesen sich die nach Schock entnommenen Blutproben ebenfalls weniger wirksam als vor dem Schock, was für eine Abnahme des **I**-Geh. nach Schock spricht. (Boll. Soc. ital. biol. sperim. **30.** 1382—85. Dez. 1954. Milano, Univ., Ist. Farmacol.) P. G. SCHEURLEN. 4569

K. C. Basu Mallik, *Versagen von Histamin, Magenulcera bei Albinoratten hervorzurufen.* Vf. injizierte wiederholt Albinoratten *Histamin* (**I**) auf verschied. Arten u. konnte keine Magenulcera erzielen. **I** stimuliert schwach die wandständigen Zellen, ändert nicht die Permeabilität der Capillaren, noch verursacht es Spasmen der Arteriolen des Magens. (J. Pathol. Bacteriol. **70.** 549—52. Okt. 1955. London, Univ. Coll. Hosp. Med. School, Dep. of Morbid Anatomy.) K. BÖHM. 4569

J. H. Gaddum, Khan A. Hameed, D. E. Hathway und **F. F. Stephens,** *Quantitative Untersuchungen mit 5-Oxytryptaminantagonisten.* Synthet. *Indolderivv.* wurden am Rattenuterus als Antagonisten für *5-Oxytryptamin* (**I**) geprüft. Der Antagonismus wird als unspezif. betrachtet, wenn die Rk. auf **I** ohne Änderung der Rk. auf *Acetylcholin* hemmbar ist. Der zeitliche Ablauf der antagonist. Wrkg. wurde durch Best. des Dosisverhältnisses (Verhältnis gleich wirksamer **I**-Dosen vor u. nach Zufuhr des Antagonisten) verfolgt. Der Vgl. der Aktivität verschied. Verbb. erfolgte durch Ermittlung des Mengenverhältnisses, das dem Verhältnis von **I**-Dosis zu Antagonistdosis gleich ist, wenn die Wrkg. nach 1 Std. 50% des maximalen ursprünglichen Effektes beträgt. Die Wirkungen der aktiveren Verbb., wie *Dibenamin* (**II**), *Lysergsäurediäthylamid* (**III**) u. *Benzyloxygramin* (**IV**) entwickelten sich langsam u. wurden irreversibel. In manchen Fällen ist die Hemmung selbst durch sehr hohe **I**-Dosen nicht zu überwinden; sie wird dann als „nichtaufhebbar" bezeichnet.

Versuche: Darst. der *4-*, *5-*, *6-* u. *7-Methyltrypamine* aus den Methylindolen durch a) MANNICH-Rk. zu *Methylgraminen,* b) Quaternisierung mit $(CH_3)_2SO_4$ zu *Graminmethosulfaten,* c) Umsetzung der quartären Salze mit wss. KCN zu *Indolyl-(3)-acetonitrilen,* d) Nitril-Red. zu *Tryptaminen* mit $LiAlH_4$. — *[6-Methylindolyl-(3)]-acetonitril* (**V**), $C_{11}H_{10}N_2$, F. 114—114,5°, 5 g 6-Methylgramin (**VI**) in Tetrahydrofuran–Eisessig mit $(CH_3)_2SO_4$ methylieren (10—15°), nach 3std. Stehen im Dunkeln abgetrenntes, trockenes quaternäres Salz 1 Std. mit KCN–W. auf 65—70° erwärmen; Platten (Bzl.–PAe., wss. A.); 3,6 g (Ausbeute). — *[2-Methylindolyl-(3)]-acetonitril* (**VII**), F. 83°, Nadeln (Bzl.–PAe.). — *[4-Methylindolyl-(3)]-acetonitril* (**VIII**), F. 107—108°, Nadeln (Bzl.–Cyclohexan). — *[5-Methylindolyl-(3)]-acetonitril* (**IX**), F. 88—89°, Nadeln (PAe.). — *[7-Methylindolyl-(3)]-acetonitril* (**X**), F. 125—126°, Platten (PAe.–Äthylacetat). — *4-Methyltryptamin* (**VIIIa**), $C_{11}H_{14}N_2$, F. 118—119°, 1 g **VIII** in Ae. 1½ Std. mit $LiAlH_4$ red., mit W. u. NaOH zersetzen; Nadeln (Bzl.–Cyclohexan); 1 g Rohprodukt. *Pikrat,* F. 260° (Zers.), leuchtendrote Nadeln (A.). — *7-Methyltryptamin* (**XI**), F. 120—122°, 1,7 g **X** in Ae. 2 Std. unter Rückfluß mit $LiAlH_4$ red.; 0,6 g. *Pikrat,* $C_{17}H_{17}O_7N_5$, F. 236° (Zers.), tieforangefarbene Prismen (A.). — *5-Methyltryptamin* (**XII**), F. 93—95°; 0,55 g. *Pikrat,* $C_{17}H_{17}O_7N_5$, F. 243° (Zers.), scharlachfarbene Nadeln (A.). — *6-Methyltryptamin* (**XIII**), $C_{11}H_{14}N_2$, F. 141°, Nadeln (Bzl.–Cyclohexan). *Pikrat,* $C_{17}H_{17}O_7N_5$, F. 235° (Zers.), tiefrote Nadeln (A.). — *N-Isopropyltryptamin* (**XIV**), $C_{13}H_{18}N_2$, F. 99°, 1 g 1-[Indolyl-(3)]-äthyl-2-bromid u. Isopropylamin in peroxydfreiem, trockenem Dioxan 8 Std. auf 100° (Einschlußrohr) erhitzen, in verd. HCl lösen, nach Ae.-Extraktion saure Phase alkal. stellen, mit Äthylacetat extrahieren; Nadeln (Cyclohexan); 0,8 g. — *6-Benzyloxygramin* (**IV**), $C_{18}H_{20}ON_2$,

F. 136—137° (Aceton), 1,85 g 6-Benzyloxyindol mit $(CH_3)_2NH$ (33%ig. wss. Lsg.) + Eisessig + CH_2O (40%ig. Lsg.) bis zur Lsg. schütteln, nach Stehen über Nacht mit W. verd. u. neutralisieren; 2,7 g. — *[6-Benzyloxyindolyl-(3)]-acetonitril* (**XV**), $C_{17}H_{14}ON_2$, F. 137—138°, 2 g **IV** in Tetrahydrofuran–Eisessig mit $(CH_3)_2SO_4$ bei 10—15° quaternär machen, Methosulfat mit wss. KCN-Lsg. 1 Std. auf 65—70° erwärmen, mit Ae. extrahieren; Nadeln (PAe., wss. Essigsäure); 1,03 g. — *6-Benzyloxytryptaminhydrochlorid* (**XVI**), $C_{17}H_{19}ON_2Cl$, F. 237—238°, aus 1 g vorst. Nitrils durch $LiAlH_4$-Red.; 0,88 g. — *6-Oxytryptaminkreatininsulfat* (**XVII**), $C_{14}H_{23}O_7N_5S$, F. 205—210°, 0,82 g **XVI** nach Überführung in die freie Base in CH_3OH mit Pd–C hydrieren, Filtrat in Ggw. von n-H_2SO_4 eindampfen, wss. Lsg. des Rückstands mit Kreatinin u. n-H_2SO_4 auf 55—60° 10 Min. erwärmen, mit Aceton verd.; 0,8 g. — *Amino-2.3-dialkylindole*: Darst. durch Red. der entsprechenden Nitroverbb. mit 10%ig. Pd–C in CH_3OH. — *2-Methyl-3-äthyl-4-aminoindol* (**XVIII**), $C_{11}H_{14}N_2$, F. 116—118°. — *2-Methyl-3-äthyl-6-aminoindol* (**XIX**), F. 96 bis 97° (PAe.). — *2.3-Dimethyl-7-aminoindolhydrochlorid* (**XX**), $C_{10}H_{12}N_2 \cdot HCl$, F. > 300°. — Untersuchte Verbb.: *Gramin, 2-Methylindol, Cinobufotenin, Indol, 3-Methylindol, 7-Methylindol, 2-Methyl-3-acetylindol, Indolyl-(3)-essigsäure, Methylester, Indolyl-(3)-propionsäure, Indolyl-(3)-buttersäure, Isatin, Isatin-β-oxim, dl-Tryptophan, Hypaphorinhydrochlorid, Adrenochrom, Adrenolutin,* **II**-*Hydrochlorid,* **III**, *Dihydroergotaminmethansulfonat, Dihydroergocorninmethansulfonat, Dihydroergokryptinmethansulfonat,* **IV**, *5-Benzyloxygramin, 4-Methylgramin, 5-Methylgramin,* **VI**, *N.N-Dimethyltryptamin, α.α-Dimethyltryptamin, 1-Methylgramin, 2.3-Dimethyl-6-aminoindol, α-Äthyltryptamin, 6-Amino-1.2.3.4-tetrahydrocarbazol, 2-Methyltryptamin, 2-Methyl-3-äthyl-5-aminoindol, N-Äthyl-N-[1-naphthylmethyl]-2-bromäthylamin, Dihydroergokristinmethansulfonat, Mepyraminmaleat, 7-Amino-1.2.3.4-tetrahydrocarbazol, Diphenhydramin, Atropinsulfat, 8-Amino-1.2.3.4-tetrahydrocarbazol,* **XIX**, *5-Oxyindol, 6-Oxyindol, Indolyl-(3)-äthylalkohol, 2-Methyl-3-äthyl-7-nitroindol, 5-Nitro-1.2.3.4-tetrahydrocarbazol, 4-Nitrocarbazol, 2-Nitrocarbazol, 1-[Indolyl-(3)]-2-methyl-2-nitropropan, 2-Methyl-3-äthyl-4-nitroindol, 7-Nitro-1.2.3.4-tetrahydrocarbazol, 1-[Indolyl-(3)]-2-nitrobutan, 3-Nitrocarbazol, 1-Nitrocarbazol, 1-[Indolyl-(3)]-2-bromäthan, 1-Methylindol, 2-Acetylindoloxim, [5-Methylindolyl-(3)]-acetonitril, 4-Methylindol,* **VII**, **VIII**, **IX**, *2.3-Dimethyl-6-nitroindol, 2-Phenyl-3.5-dinitroindol, 6-Nitro-1.2.3.4-tetrahydrocarbazol, 2.3-Dimethyl-4-nitroindol, 2-Methyl-3-äthyl-7-aminoindol, 6-Methylindol, 5-Methylindol, Indolyl-(3)-acetonitril, 2-Methyl-3-carbäthoxy-5-methoxyindol, [1-Methylindolyl-(3)]-acetonitril, 2-Methyl-3-äthyl-5-nitroindol, 2-Methyl-3-äthyl-6-nitroindol, 8-Nitro-1.2.3.4-tetrahydrocarbazol, Bufotenin, Graminmethosulfat, 2-Methylgramin, 5-Oxygramin,* **XVII**, *1-Methyltryptamin,* **VIIIa**, **X**, **XI**, **XII**, **XIII**, *α-Methyltryptamin,* **XIV**, **XVIII**, *2.3-Dimethyl-4-aminoindol,* **XX**, *2.3-Dimethyl-7-nitroindol, 3-Carbäthoxy-6-nitroindol, 1-Aminocarbazol, 2-Aminocarbazol, 3-Aminocarbazol, 5-Amino-1.2.3.4-tetrahydrocarbazol, Tetrahydroharman.* (Quart. J. exp. Physiol. cognate med. Sci. **40.** 49—74. Jan. 1955. Edinburgh, Univ., Dep. of Pharmacol.; Greenford, Glaxo Labors. Ltd.)
K. MAIER. 4569

Torgny Sjöstrand, *Bildung und Verbrauch von Kohlenoxyd durch Blut in vitro.* (Vgl. C. **1952.** 5768.). Wird hämolysiertes Blut von Mensch, Rind oder Schwein 20 Std. bei 38° incubiert, so ergibt sich eine Bldg. von *CO* (etwa von 0,51% auf 1,05% *CO-Hämoglobin*; **I**); CO wurde identifiziert auf Grund der Bindung an *Hämoglobin*, der Austreibbarkeit durch *Methämoglobin*-Bldg., durch Oxydation durch *Hopcalit*, Messung der Verbrennungswärme, Absorption in Lsgg. von $CuSO_4$ + $CuCl_2$, Red. von $H_8[Si(Mo_2O_7)]$ in Ggw. von *Palladiumchlorid*. Die *CO*-Bldg. verläuft bei p_H 4—6 u. 9—11 schneller als bei p_H 7,4. Sie wird in Ggw. von *Na-Azid* (**II**) erheblich vermehrt. Wird ursprünglich 5—60% **I** vorgelegt, so wird das CO bei Incubation verringert, wird **II** zugegeben, so steigt es trotz vorgegebenem CO weiter an. (Nature [London] **168.** 729—30. 27/10. 1951. Stockholm, Karolinska Sjukhuset, Labor. of Clin. Physiol.) F. JUNG. 4572

Torgny Sjöstrand, *Bildung von Kohlenoxyd in Verbindung mit dem Hämoglobinstoffwechsel.* Im Gegensatz zu Incubation von *Hämoglobin* (**I**) tritt bei Incubation von *Methämoglobin* keine Bldg. von *CO* ein. Wird nun **I** zusammen mit *Ascorbinsäure* mit u. ohne *Glutathion* incubiert, so wird die Bldg. von CO erheblich gesteigert. Dasselbe ist bei Incubation mit H_2O_2 in Ggw. von Azid der Fall. In beiden Fällen wurden schließlich bis 15% CO-**I** erhalten. Gleichzeitig tritt Bldg. von *Choleglobin* ein. Möglicherweise entsteht somit das CO aus der beim Abbau des **I** verschwindenden Methenbrücke. Wird die tägliche CO-Produktion des Menschen mit seinem **I**-Abbau verglichen, so ergibt sich eine auffallende Übereinstimmung, falls pro gebildetes Gallenfarbstoff-Mol. Freisetzung eines Mol. CO angenommen wird. (Nature [London] **168.** 1118—19. 29/12. 1951. Stockholm, Karolinska Sjukhuset, Labor. of Clin. Physiol.) F. JUNG. 4572

J. v. Boros, *Gramm oder Prozent Hämoglobin.* Zur Angabe des Hb-Geh. wird die Wiedereinführung der alten, prozentualen Ausdrucksweise empfohlen, da die gemessene

„absol.“ Menge, wie nachweisbar ist, mit der Verbesserung der Arbeitsmethoden steigt u. auch weil patholog. Abweichungen vom Normalwert am besten prozentual ausgedrückt werden können. (Die Medizinische **1954.** 98—100. 16/1. Saarbrücken, Med. Univ.-Klinik.) TH. MARSSON. 4572

Gerhard Laudahn, *Gramm oder Prozent Hämoglobin.* (Vgl. vorst. Ref.) Die von BOROS für nur fiktiv gehaltenen Änderungen des Hb-Geh., die in mehreren Gegenden Deutschlands beobachtet wurden, werden als reell hingestellt. (Die Medizinische **1954.** 100—01. 16/1.) TH. MARSSON. 4572

E. Weinig, G. Neugebauer und **I. Neugebauer,** *Polarographische Bleibestimmung in Blut und Harn. (Zugleich ein Beitrag zur Frage des „normalen“ Blutbleigehaltes.)* *Pb* wird in 5 ml Blut nach Veraschung mit H_2SO_4, HNO_3 u. $HClO_4$ u. Extraktion mit 0,1n HCl aus dem Salzrückstand bei Red. vorhandenen Fe mit Hydroxylamin polarograph. bestimmt. Die Pb-Stufe fällt mit der Tl-Stufe zusammen. Das Verf. ist daher nur bei Ausschließbarkeit einer Tl-Einw. anzuwenden. Bei Ggw. von Tl wird das Verf. nach FORCHE in der Modifikation nach WEINIG (Dtsch. Z. ges. gerichtl. Med. **37.** [1943.] 322) durchgeführt, als Extraktionsmittel dient alkal. Na-Tartrat-Lösung. Als Normalwert werden im Blut 40 γ% Pb angesehen, Werte über 60 γ gelten als patholog. erhöht. Zur Pb-Best. in Harn werden 30 ml benötigt, die im Prinzip wie Blut verarbeitet werden. Man muß jedoch bei Harn bes. gut auf möglichst weitgehendes Abrauchen der H_2SO_4 achten. Die Fehlerbreite beträgt $\pm$ 10%. (Arch. Hyg. Bakteriol. **139.** 551—64. Nov. 1955. Erlangen, Univ., Inst. für gerichtl. Med. u. Kriminalistik.) PH. FRESENIUS. 4572

Takashi Makinodan und **Nicholas T. Macris,** *Die Wirkung von Ficin auf die Agglutination roter Blutzellen.* Zur optimalen Agglutination von A, B u. Rh-positiven Zellen durch homologe vollständige u. unvollständige Antikörper sind 1,5 mg *Ficin* (I) per ml bei p_H 4,7—7,8, 22—37° u. 10—30 Min. erforderlich. Zur Erhöhung der Empfindlichkeit von ORh-positiven, A- u. B-Zellen für die Hämagglutination war I wirksamer als *Trypsin* u. *Papain* (II). — *L-Cystinhydrochlorid* beschleunigt die sensibilisierende Wrkg. von II, aber nicht von I auf ORh-positive Zellen. (J. Immunology **75.** 192—96. Sept. 1955. Chicago, Ill., Med. School, Mt. Sinai Med. Res. Found. and Dep. of Pathol.) H. CARLS. 4573

F. L. Coune und **J. Clyde Driggers,** *Der Einfluß von Äthylendiamintetraessigsäure auf das Serumcalcium bei männlichen Hühnern.* Als Beitrag zur Kenntnis des Ca-Stoffwechsels des Huhnes wurden Verss. mit Hähnen verschied. Rassen ohne u. mit Injektion von *Ca-Gluconat* (I) u. dem Na-Salz der *Äthylendiamintetraessigsäure* (II) durchgeführt, die ergaben, daß die Serum-Ca-Spiegel durch II-Injektionen beeinflußt werden können in Abhängigkeit von der Geschwindigkeit, Menge u. Art der Injektion. Durch intravenöse Zufuhr von 200 mg II je kg Körpergewicht wird eine gefährliche Senkung des Serum-Ca bewirkt. Durch gleichzeitige oder gemeinsame Injektion von I wird diese starke II-Wrkg. weitgehend verhindert. $MgSO_4$ zeigt nur eine geringe derartige Wirkung. (Poultry Sci. **33.** 1005—09. Sept. 1954. Gainesville, Fla., Univ. of Florida, Poultry Dep.) J. SCHWAIBOLD. 4574

Werner Creutzfeldt und **Waldtraud Schmidt,** *Über die Wirkung von Kobaltchlorid auf den Blutzucker und die Pankreasinseln bei verschiedenen Nagetieren.* Durch subcutane Zufuhr von 20—30 mg $CoCl_2$ wurde beim Meerschweinchen in einigen Tagen hochgradige Degranulation u. Vakuolisation der A-Zellen der LANGERHANSschen Inseln verursacht, die beschrieben werden (Abb.). Die geschädigten A-Zellen erholen sich wieder, wenn das Tier überlebt. Nach 10 Behandlungs- u. Erholungstagen scheint ihre Zahl zuzunehmen. Bei Ratten u. Kaninchen waren keine solche Veränderungen zu beobachten. Durch entsprechende Co-Gaben wurden tox. Erscheinungen beim Zentralnervensyst. u. sonstige Schädigungen verursacht (in geringerem Maße bei Ratten u. Kaninchen), die beschrieben werden. Die Schädigung der A-Zellen scheint weniger prim. als durch abnorme Belastung u. sek. Degeneration einzutreten. Der Nüchternblutzucker war bei Co-vergifteten Meerschweinchen u. Ratten nicht verändert, bei Kaninchen aber erhöht, wahrscheinlich auf extrapankreat. Wege. Sichere Beziehungen zwischen A-Zellschädigung u. Blutzuckerveränderung durch $CoCl_2$ sind demnach nicht erkennbar, u. die Ergebnisse sind bzgl. der physiol. Bedeutung der A-Zellen noch nicht eindeutig. (Naunyn-Schmiedebergs Arch. exp. Pathol. Pharmakol. **222.** 487—512. 23/6. 1954. Freiburg/Br., Univ., Med. Klinik.) J. SCHWAIBOLD. 4574

Thorkild Friis und **Erik Secher,** *Proteingebundenes J des Serums bei induziertem Abort und bei der Entbindung. Proteingebundenes J* (I) wird nach der Meth. von BARKER im Serum 29 gravider, gesunder Frauen untersucht, von denen bei 10 in der 7.—13. Schwangerschaftswoche die Gravidität aus psychiatr. Gründen unterbrochen wird. Der Mittelwert im ersten Schwangerschaftstrimester beträgt 10,37 $\pm$ 0,63 μg% (Dispersion

2,81 μg%), bei der Entbindung 8,18 ± 0,23 μg%, im Normalfall 6,12 ± 0,17 μg% (Dispersion 1,34 μg%). Nach Unterbrechung der Gravidität u. nach der Entbindung fällt das **I**-Niveau in wenigen Tagen auf Normalhöhe zurück. Arbeit beeinflußt die **I**-Konzz. nicht. Bei Best. des **I**-Geh. in der Nabelschnur 19 Neugeborener ergeben sich in nahezu allen Fällen Mittelwerte innerhalb des Normalbereichs von 6,59 ± 0,13 μg%. Sie liegen fast immer tiefer als das mütterliche Niveau, im Durchschnitt um 1,76 μg%, gleich ca. 20%. (Acta endocrinol. [Copenhagen] **18.** 428—36. April 1955. Copenhagen, Frederiksberg Hosp., Central Labor. of Gynaecol. and Lying- in Dep. F.) Antje Schmidt. 4574

J. Coursaget, P. Gros und **M. Macheboeuf,** *Veränderungen in der Abbaugeschwindigkeit von Serum-γ-Globulinen mit der Dauer ihrer Anwesenheit im Organismus.* (Vgl. C. **1956.** 7290.) Vff. untersuchten die Abbaugeschwindigkeiten von Albuminen u. Globulinen im Organismus unter Verwendung von $^{14}C_{(\gamma)}$-markierter Proteine. Die Verfolgung der zeitlichen Abnahme der Aktivität ergab für das markierte Albumin eine Abbaugeschwindigkeit, welche einem exponentiellen Gesetz folgt. Vff. schließen daraus, daß für jedes abgebaute markierte Mol. ein neues eingebaut wird. Der Abbau des γ-Globulins erfolgt jedoch nicht nach einem exponentiellen Gesetz, sondern verlangsamt sich schneller mit sinkender Konz. des markierten Proteins. Vff. entwickeln mehrere Hypothesen zur Erklärung dieser Tatsache. (Bull. Soc. Chim. biol. **34.** 1078—81. 1952. Paris, Labor. de Chim. de l'Inst. de Paris et Labor. des Isotopes de l'Inst. nat. d'Hygiène.) K. Heyns. 4574

L. L. Forker, I. L. Chaikoff und **W. O. Reinhardt,** *Kreislauf der Plasmaproteine: Ihr Transport in der Lymphe.* (J. biol. Chemistry **197.** 625—36. Aug. 1952. Berkeley, Calif., Univ. of California School.) E.-G. Ducho. 4574

M. Burstein und **S. Lewi,** *Ionisiertes Calcium und die Retraktion des Plasmagerinnsels.* Ionisiertes *Ca* hemmt nicht nur die Retraktion des durch *Thrombin* gebildeten Plasmagerinnsels, sondern beschleunigt auch gleichzeitig zunehmende Abnahme dieser Thrombusretraktionskraft. (C. R. Séances Soc. Biol. Filiales **145.** 1459—61. Okt. 1951.) J. Jürgens. 4574

Thomas J. Haley und **Frances Stolarsky,** *Wirkung von Histamin und Antihistaminicis auf die Gerinnung normalen und heparinisierten Kaninchenblutes.* (Vgl. C. **1951.** I. 1334.) *Histamin* (**I**), *Anthallan, Chlorcyclizine, Di-Paralene, Foralamin, Ambodryl, Phenergan, Tagathen, C-5581H* u. *Phenindamin* besitzen in n. recalcifiziertem Kaninchenplasma krit. Konzz., über welchen sie die Gerinnung hemmen (für **I** ca. 5 mg/ml). Keinen Einfl. auf die n. Blutgerinnung besitzen *Pyrathiazin, 204, PD-AH-853, p-Fluorbenzyl D.P.E., 194-B, Methaphenilen, Pyrasinamin, Tripelennamin, Phenazolin, Diphenhydramin, Chloroprophenpyridamine, Doxylamin, Thenfadil, Methapyrilen* u. *Thonzylamin.* Außer den drei letztgenannten besitzen alle untersuchten Verbb. in geringeren Konzz. die Fähigkeit, die *Heparin*-Wrkg. aufzuheben. (Proc. Soc. exp. Biol. Med. **76.** 299—301. Febr. 1951. Los Angeles, Calif., Univ. of California, School of Med.) F. Jung. 4574

B.-A. Lamberg, R. Gordin und **R. Gräsbeck,** *Prothrombin, Lipoproteine und Proteine bei Schilddrüsenstörungen.* Bei Thyreotoxikose wird niedriger *Prothrombin* (**I**)-Spiegel beobachtet, der auf Zufuhr von Vitamin K nur vorübergehend gebessert wird u. vermutlich auf Störung der **I**-Synth. in der Leber zurückzuführen ist. Die *Lipoproteine* (**II**) sind prakt. unverändert, *Albumin* (**III**) vermindert, *Globulin* (**IV**), bes. β- u. γ-**IV**, erhöht; bei der Behandlung nehmen **III** u. β-**IV** zu. Bei Hypothyreoidismus sind alle **II**-Fraktionen erhöht, **III** vermindert, β-**IV** erhöht, bei Behandlung geht **III** weiter zurück, **IV** (bes. α-**IV**) nimmt weiter zu. Die Ursachen der Verschiebungen u. ihre diagnost. Bedeutung werden erörtert. (Nord. Med. **53.** 356—59. 3/3. 1955. Helsingfors, Univ., IV. Med. Klin. u. Maria sjukh.) R. K. Müller. 4574

Irwin W. Sizer und **Philip F. Wagley,** *Die Wirkung von Tyrosinase auf Thrombin, Fibrinogen und Fibrin. Thrombin* (**I**), *Fibrinogen* u. *Fibrin* (**II**) werden durch *Tyrosinase* oxydiert. Die Wrkg. von **I** auf **II** kann dadurch blockiert werden. (J. biol. Chemistry **192.** 213—21. Sept. 1951. Cambridge, Mass., Dep. of Biol., Inst. of Technol.; Baltimore, Md., Dep. of Med., Johns Hopkins Univ. and Hosp.) J. Jürgens. 4574

J. Outeiriño und **L. Pescador,** *Über die Pathophysiologie des Heparins.* 1. Mitt. *Hyper- und Hypoheparinämie bei bestimmten Herzerkrankungen.* (Rev. clín. españ. **55.** 348—51. 31/12. 1954. Madrid, Dispensario „Virgen de Araceli".) P. G. Scheurlen. 4574

L. Pescador, J. Outeiriño, B. Martin de Prados und **V. Sainz,** *Über die Pathophysiologie des Heparins.* 2. Mitt. *Seine Beziehungen zum Cholesterin und der Gefäßatheromatose.* (1. vgl. vorst. Ref.) (Rev. clín. españ. **56.** 15—19. 15/1. 1955. Madrid, Dispensario „Virgen de Araceli".) P. G. Scheurlen. 4574

L. Pescador, J. Outeiriño und **V. Sainz,** *Über die Pathophysiologie des Heparins.* 3. Mitt. *Die Veränderungen des Cholesterin/Heparin-Quotienten im Verlauf der Heparin-*

behandlung. (2. vgl. vorst. Ref.) (Rev. clín. españ. **56.** 94—96. 31/1. 1955. Madrid, Dispensario „Virgin de Araceli".) P. G. SCHEURLEN. 4574

Charles E. Brambel, Alsoph H. Corwin und **Vera A. Capone,** *Der Wirkungsmechanismus von Heparin als ätiologischem Faktor der Hämostase (Hämorrhagien und Thrombose).* Zu Blut wurde *Heparin* (**I**) gegeben u. sofort u. nach verschied. Zeiten Gerinnungszeit u. Prothrombinzeit (Zweiphasenmeth.) gemessen. In weiteren Verss. wurde dem Syst. *Acceleratorglobulin* (**II**) oder Protamin zugegeben u. ferner das Verh. von **I** in vivo bei Hunden verfolgt. Folgende Schlüsse werden gezogen: **I** wirkt zusammen mit seinem Cofaktor auf **II**, jedoch nicht auf Prothrombin. Thromboplastin u. Thrombin wirken auf dieses Syst. ebenfalls quantitativ ein. Es scheint sich nicht um enzymat., sondern stöchiometr. Vorgänge zu handeln. Im Oxalatplasma finden sich Heparincofaktor u. **II**, jedoch kein **I**. (Amer. J. med. Sci. **230.** 276—92. Sept. 1955. Baltimore, Md., Dep. of Clin. Chem.) G. GERBER. 4574

M. Adant, *Heparin und das Schwartzmann-Phänomen.* Das nach cutaner Sensibilisierung mit Colivaccine bei intravenöser Reinjektion erzeugbare SCHWARTZMANN-Phänomen wird bei gleichzeitiger intravenöser Heparininjektion weder hinsichtlich der Art noch der Stärke im Kaninchentiervers. beeinflußt. (C. R. Séances Soc. Biol. Filiales **145.** 1400—01. Sept. 1951. Bruxelles, Fond. méd. Reine Elisabeth.) J. JÜRGENS. 4574

S. Spanoudis, F. Eichbaum und **G. Rosenfeld,** *Hemmung der örtlichen Schwartzmann-Reaktion durch Dicumarol.* 5 Kaninchen erhielten am 1. Versuchstag 50 mg, am 2.—4. Tag je 25 mg *Dicumarol* (**I**) per os. Nachdem am 5. Tag die Prothrombinzeit unter 1% (QUICK, Einphasenmeth.) gesunken war, wurden die Tiere mit 0,1 mol. 0,2 mg von gereinigtem Toxin von Serratia marcoscens (**II**) intradermal (in die Bauchhaut) u. 24 Std. später mit intravenöser Injektion von 0,2 mg **II** sensibilisiert. **I** hemmte die lokale SCHWARTZMANN-Rk. ebenso wie Heparin (GOOD u. THOMAS [1953]). Zwischen der SCHWARTZMANN-Rk. u. der Blutsenkung (Ohrvenenblut) bestand keine Beziehung. (J. Immunology **75.** 167—70. Sept. 1955. São Paulo, Inst. Butantan, Labor. of Hematology.) H. CARLS. 4574

T. Baumgärtel, *Neue Forschungsergebnisse über den Bilirubinstoffwechsel.* Übersichtsreferat. — 41 Literaturangaben. (Pharmazie **9.** 609—16. Aug. 1954. Gräfelfing bei München.) W. SCHELER. 4574

Thomas H. Seldon, *Plasmavolumenvermehrer.* Überblick über *Dextran, Polyvinylpyrrolidon* u. *Gelatine* als Plasmavolumenvermehrer. — Bei einem Blutverlust von nicht über 20% kann man diese Substanzen zusammen mit physiol. NaCl-Lsg. anwenden, bei 20—35% ohne NaCl-Lsg.; darüber hinaus ist die Anämie beachtlich, u. es ist (wenigstens z. T.) Vollblut zu verwenden. Da Blut unübertroffen ist, liegt der Wert der Ersatzmittel in der Möglichkeit, bei Katastrophen in größeren Mengen einsatzbereit zu sein. (Current Res. Anesthesia Analgesia **33.** 346—48. Sept./Okt. 1954. Mayo Clin. and Mayo Found., Sect. of Anesthesiol. and Intravenous Therapy.) W. WILLENBERG. 4576

Kurt Plötner und **Hans Petzel,** *Über die Höhe der renalen Eisenausscheidung und zur Frage der Harneisenbestimmung.* Es wurde festgestellt, daß die von anderen Autoren angegebenen hohen Fe-Werte im Harn nach trockener Veraschung in Porzellantiegeln durch Fe-Abgabe aus den Tiegeln verursacht werden. Nach nasser Veraschung im Reagensglas wurde eine tägliche Ausscheidung von 64 γ Fe im Mittel gefunden, nach trockener Veraschung im Platintiegel eine solche von 45 γ. (Klin. Wschr. **32.** 821—22. 1/9. 1954. Freiburg/Br., Univ., Med. Klin.) J. SCHWAIBOLD. 4577

C. J. Earl, *Eine Abgrenzprobe für überhöhten Harnkupferspiegel.* Wegen der diagnost. Bedeutung des Cu-Spiegels im Harn wurde eine vereinfachte Cu-Best. mit *Diäthyldithiocarbamat* (**I**) ausgearbeitet. Dabei wird keine Veraschung vorgenommen, sondern der Harn zunächst ohne **I**-Zusatz mit Amylalkohol extrahiert, dann nochmals nach Zusatz von **I**- u. Citratlösung. Der Extrakt wird zentrifugiert u. colorimetriert. Die Unterschiede der Cu-Werte von n. Harn u. solchem von Personen mit WILSONscher Krankheit sind so verschieden, daß mit diesem Verf. eine Erkennung möglich ist u. gegebenenfalls bei positivem Ausfall eine exaktere Unters. mit Veraschung vorgenommen werden kann. (Lancet **266.** 234—35. 30/1. 1954. Boston, Mass., Harvard Med. School, Dep. of Neurol. and Boston City Hosp.) J. SCHWAIBOLD. 4577

Joseph C. Muhler, *Retention von Fluor im Skelett der Ratte bei Zufuhr verschiedener Mengen von Fluor in der Nahrung.* In Verss. mit 222 Tieren mit 4 Futtergemischen, enthaltend $<$0,1—3,1 p.p.m. F als natürliches Vork., wurde gefunden, daß bei Gehh. von 3 p.p.m. F in der Nahrung oder weniger die F-Konz. im Femur nach ca. 75 Tagen abnimmt. Bei einer Aufzuchtmaisnahrung mit 8 p.p.m. F war eine zunehmende F-Konz. im Knochen feststellbar. In keinem Fall nahm das Gesamt-F in den Tieren ab. Solange die F-Konz. in Knochen zunahm, war sie bei weiblichen Tieren niedriger, bei abnehmender F-Konz. war sie bei männlichen Tieren niedriger (Abhängigkeit vom geschlechtlichen Unterschied der Skelettwachstumsgeschwindigkeit). (J. Nutrit. **54.** 481—90. 10/12. 1954. Bloomington, Univ., Dep. of Chem.) J. SCHWAIBOLD. 4585

A. R. P. Walker, *Bewirkt eine niedrige Calciumaufnahme Wachstumshemmung oder Verkümmerung?* Zusammenfassende Darst. der Ergebnisse einer größeren Anzahl neuerer Unterss. zu dieser Frage. Es wird geschlossen, daß die Ca-Aufnahme für sich nicht als bedeutsamer Faktor für die Körpergröße nachgewiesen ist. Abgesehen von starker Unterernährung liegt die krit. Ca-Aufnahme, unterhalb der eine Wachstumshemmung erfolgt, unter dem weiten Bereich der Ca-Aufnahme bei der prakt. Ernährung in verschied. Teilen der Welt. (Amer. J. clin. Nutrit. **2.** 265—70. Juli/Aug. 1954. Johannisburg, South Afric. Inst. for Med. Res., Human Biochem. Unit.) J. SCHWAIBOLD. 4585

Felix Bronner, Robert S. Harris, Constantine J. Maletskos und **Clemens E. Benda,** *Untersuchungen über den Calciumstoffwechsel. Wirkung von Nahrungsphytaten auf die Calciumaufnahme bei Kindern mit calciumarmen Frühstücksarten.* Die Frühstücksarten bestanden aus Milch mit Hafermehl bzw. *Farina* (I) bzw. I + Na-Phytat, jeweils mit Zusatz von ^{45}Ca. Die Unters. von Serum-, Harn- u. Faeces-^{45}Ca ergab, daß im 1. Fall 74% der ^{45}Ca-Aufnahme der 2. Frühstücksart eintrat, im 3. Fall 45%. Die absol. Menge des in den üblichen Diäten durch Phytat unverwertbar gemachten Ca ist jedoch nicht als erheblich anzusehen. (J. Nutrit. **54.** 523—42. 10/12. 1954. Cambridge, Mass., Inst. of Technol., Dep. of Food Technol. and of Phys.) J. SCHWAIBOLD. 4585

D. E. Becker, M. C. Nesheim, S. W. Terrill und **A. H. Jensen,** *Probleme bei der Formulierung eines semi-synthetischen Futters für Aminosäureuntersuchungen beim Ferkel.* Mit 18% *Trockenmagermilch* (I) u. 5% *Zein* (II; 1,99% N) im Futter nahmen Ferkel an Gewicht zu. Bei 12% I u. 7,5% II (2,17% N) war das Wachstum der Schweine suboptimal. Verfütterung von 0,1% oder mehr *L-Tryptophan* (III) zeigte eine schnellere Zunahme u. eine signifikant größere Futteraufnahme, als wenn Ferkel mit 0,06% III gefüttert wurden. (J. Animal Sci. **14.** 642—51. Aug. 1955. Urbana, Ill., Agric. Exp. Stat.) H. PATZSCH. 4585

W. H. Pfander und **L. F. Tribble,** *Einige Wirkungen von Ergänzungen handelsüblicher Schweinefuttermittel mit Lysin, Methionin und Tryptophan.* Mais, Sojabohnenmehl u. Weizenkleie mit 14, 16 u. 18% Protein wurden durch *Lysin* (I), *Methionin* (II) u. *Tryptophan* (III) ergänzt. 0,1% *l*-I erhöhte das Wachstum u. die Futterausnützung, II oder III ebenfalls. Die Kombination von 2 oder 3 dieser Aminosäuren war ebenso wirksam wie I allein. — 33 Literaturangaben. (J. Animal Sci. **14.** 545—55. Mai 1955. Univ. of Missouri.) H. PATZSCH. 4585

E. Zollikofer, *Chemische Zusammensetzung und Nährstoffgehalt der Milch.* 1. Mitt. Erschöpfende Übersicht über qualitative chem. Zus. der Kuhmilch. Quantitative Angaben über Hauptbestandteile u. über biol. Wertigkeit u. Verdaulichkeit des Milcheiweißes im Vgl. mit anderen Proteinen. (Schweiz. Milchztg., wiss. Beilage **80.** 113—14. 14/9. 1954. Zürich, ETH, Milchtechn. Inst.) R. WOLLER. 4585

I. Abelin, *Die biologische Wertigkeit und die ernährungsphysiologische Bedeutung der einzelnen Milchbestandteile.* 2. Mitt. *Milchproteine, Milchfett, Milchzucker.* (1. vgl. vorst. Ref.) Der ernährungsphysiol. Wert der Milch, der ihr auf Grund ihres Protein-, Fett- u. Kohlenhydratgeh. zukommt, wird eingehend dargelegt. Vgl. des Milcheiweißes mit dem von Weizen, Vollei u. Rindfleisch hinsichtlich des Aminosäurengeh. u. des Eiweißansatzes im tier. Körper. Vgl. der Zus. des Kuhmilchfettes mit dem von Frauenmilch u. dem Depotfett des Menschen. — Bldg. der Milch in den Milchdrüsen wird behandelt. (Schweiz. Milchztg., wiss. Beilage **80.** 115—18. 14/9. 1954. Bern, Univ.) R. WOLLER. 4585

F. Almasy, *Die biologische Wertigkeit und die ernährungsphysiologische Bedeutung der einzelnen Milchbestandteile.* 3. Mitt. *Die Milchmineralstoffe.* (2. vgl. vorst. Ref.) Quantitative Angaben über 30 konstituierende u. Spurenelemente, teilweise in stark differenzierter Form (P z. B. als Gesamt-, anorgan., organ., diffusibler, säurelösl. anorgan., säurelösl. Ester-, Ribonucleinsäure- u. Lipoid-P), in Kuh-, Ziegen- u. Frauenmilch. Diskussion der ernährungsphysiol. Bedeutung der *Mineralstoffe* (I), bes. des Ca, P, Fe u. Cu. Der Bedarf des Säuglings u. des Jugendlichen an I wird mit dem des im Stoffwechselgleichgewicht befindlichen Erwachsenen verglichen. (Schweiz. Milchztg., wiss. Beilage **80.** 118—20. 14/9. 121—24. 28/9. 1954. Zürich, Univ.) R. WOLLER. 4585

Karl Bernhard, *Die biologische Wertigkeit und die ernährungsphysiologische Bedeutung der einzelnen Milchbestandteile.* 4. Mitt. *Vitamine und Wirkstoffe.* (3. vgl. vorst. Ref.) Vf. teilt in zwei Tabellen den Vitamin- u. Wirkstoffgeh. von Kuhmilch (17 aufgeführte Faktoren) u. von Trockenmilchpulver (8 Faktoren) mit. Die ernährungsphysiol. Bedeutung dieser Stoffe wird behandelt. (Schweiz. Milchztg. Wiss. Beilage **80.** 125—27. 28/9. 1954. Basel, Univ.) R. WOLLER. 4585

Jesse W. Huff und **David K. Bosshardt.** *Die Wirkung von Purinen auf eine durch Succinylsulfathiazol induzierte Mangelerscheinung bei der Maus.* Die durch Verabreichung von *Succinylsulfathiazol* (I) bei der Maus induzierten Wachstumsverzögerungen können durch Verfütterung von Fettstoffen, entfettetem Baumwollsamenmehl oder Hafer aufgehoben werden; Gesamtleber ist unwirksam, während ein wss. Leberextrakt die Hemmwrkg. aufhebt. Es wird angenommen, daß für die Fettbldg. im Tierorganismus ein durch I-empfindliche Intestinalorganismen gebildeter Faktor notwendig ist. Vff. haben versucht, diesen in Baumwollsamen (B) anscheinend vorhandenen Faktor zu isolieren. Aus B gelang die Isolierung von *Guanin* (II) in krist. Form, das die Wachstumsstörung durch I teilweise verhindert. B kann ersetzt werden durch Basaldiät mit Zusatz von II, *Adenin, Xanthin, Hypoxanthin, Adenosin, Guanosin, Inosin* bzw. *Heferibonucleinsäure.* Diese Stoffe scheinen auch in Ggw. von I den Intestinalmikroorganismen die Synth. des für den Fettstoffwechsel nötigen akt. Prinzips zu ermöglichen; daneben können *Purine* u. *Nucleinsäuren* als im Fettstoffwechsel notwendige Verbb. bei der Maus eine Rolle spielen. (J. Amer. chem. Soc. **74.** 4472—73. 5/9. 1952. West Point, Pa., Sharp & Dohme, Inc., Res. Div., Dep. of Biochem.) H. GOEBEL. 4585

L. L. Bucy, U. S. Garrigus, R. M. Forbes, H. W. Norton und **W. W. Moore,** *Toxizität einiger Arsenverbindungen, die an wachsende Mastlämmer verfüttert wurden. K-Arsenit* (I), *Arsanilsäure* (II) u. *3-Nitro-4-oxyphenylarsensäure* (III) wurden in verschied. Mengen verfüttert. 0,2 u. 0,4% II im Futter verursachten Krämpfe. Die Prothrombinzeit wurde durch die As-Verb. nicht beeinflußt. Patholog. Veränderungen in den Lebern u. Nieren führten zu einer Erniedrigung der Zahl der roten Blutkörperchen u. des Hämoglobingehaltes. Hoch war der Geh. des Serums u. Urins an Gallenfarbstoffen. Hämosiderin wurde in den KUPFERschen Zellen, renalen Tubulizellen u. im Urin festgestellt. Der As-Geh. der Leber, Nieren u. des Muskels war signifikant erhöht. III schien für Schafe nicht so tox. wie I oder II zu sein. Die As-Verbb. können schwere patholog. Schäden ohne äußerlich erkennbare tox. Symptome hervorrufen. (J. Animal Sci. **14.** 435—45. Mai 1955. Univ. of Illinois.) H. PATZSCH. 4585

L. E. Hanson, L. E. Carpenter, W. J. Aunan und **E. F. Ferrin,** *Die Anwendung von Arsanilsäure bei der Aufzucht von Mastschweinen.* Bei der Verfütterung von *Arsanilsäure* (I) an Ferkel bis zu einem Durchschnittsgewicht von 125 lb. je Tier war die Wachstumszunahme im Durchschnitt ca. 5% höher als bei den Kontrollen. Zum Proteingeh. des Futters bestand keine Beziehung. Bei den mit I gefütterten Tieren blieben kleine As-Mengen in den Geweben zurück. Die zurückgehaltene Menge stand in Beziehung zum As-Geh. des Futters. Der As-Geh. in der Leber war ca. 1,5—2mal so groß wie in den Nieren. Die im Muskel, Fett oder in der Schwarte zurückgehaltene As-Menge war niedrig. Tox. Erscheinungen wurden an den Tieren nicht beobachtet. — 12 Literaturangaben. (J. Animal Sci. **14.** 513—24. Mai 1955. Univ. of Minnesota.) H. PATZSCH. 4585

L. E. Hanson, E. F. Ferrin und **S. N. Singh,** *Der Einfluß von Arsanilsäure auf die Proteinversorgung wachsender Ferkel. Arsanilsäure* (I) hat keine Protein einsparende Wrkg. unter den Versuchsbedingungen. Tox. Erscheinungen wurden bei der I-Verfütterung nicht beobachtet. (J. Animal Sci. **14.** 525—31. Mai 1955. Univ. of Minnesota.) H. PATZSCH. 4585

G. F. Combs, G. L. Romoser und **R. W. Bishop,** *Einfluß von Arsanilsäure auf den Bedarf von Küken an bestimmten, nichtidentifizierten Wachstumsfaktoren.* Die orale Anwendung von *Arsanilsäure* (I) erhöht den Bedarf der Küken an dem noch nicht identifizierten Wachstumsfaktor, der in Fischprodd. u. getrockneter Molke vorhanden ist. Die Wachstums-Rk. auf diesen Faktor war bei I-Ggw. signifikant größer. — 19 Literaturangaben. (J. Nutrit. **53.** 511—22. 10/8. 1954. College Park, Md., Univ. of Maryland, Dep. of Poultry Husbandry.) H. PATZSCH. 4585

W. M. Beeson, F. N. Andrews, T. W. Perry und **Martin Stob,** *Die Wirkung des oral gegebenen Stilböstrols und Testosterons auf Wachstum und Körperzusammensetzung von Schweinen. Methyltestosteron* (I; 20 mg täglich) oder *Diäthylstilböstrol* (II; 2 mg täglich) wurden zugleich mit u. ohne *Terramycin* (III) in Handelsfutter an wachsende u. Mastferkel verfüttert. Die orale Anwendung von I u. II veränderte nicht die Wachstumsrate u. die Futterausnutzung. II verursachte bei beiden Geschlechtern Zitzenveränderungen u. Vergrößerung u. Blutandrang der Vulva bei ♀. I scheint die Bauchseiten u. Backen zu beeinflussen u. maskuline Charakteristika zu bewirken. Die Körper von mit I gefütterten Ferkeln enthielten mehr Magerstücke u. weniger Fettstücke (62,4 bzw. 37,6% gegenüber 58,8 bzw. 41,2% bei den Kontrollen) als die der Kontrollen, die kein III oder

II erhalten hatten. Die mit II gefütterten Tiere lagen bzgl. des Fettgeh. zwischen den Kontrollen u. den mit I gefütterten Tieren. — 11 Literaturangaben. (J. Animal Sci. **14.** 475—81. Mai 1955. Purdue Univ., Agric. Exp. Stat.) H. Patzsch. 4585

C. A. Lassiter, T. W. Denton und **J. W. Rust,** *Die Wirkungen von Chlortetracyclin und Ethomid C/15 auf Wachstum, scheinbare Verdaulichkeit und auf den Blutgehalt an Harnstoff und Gesamt-Nichtproteinstickstoff bei jungen Milchkälbern.* Während die Kontrolltiere täglich 0,99 lbs. an Gewicht zunahmen, betrug die Gewichtszunahme bei den mit *Aureomycin* (**I**; 75 mg/Kalb/täglich) gefütterten Tieren 1,26 lbs. u. bei den mit *Ethomid C/15* (**II**; *Polyoxyäthylen–Cocosfettsäureamid;* 1 g/Kalb/täglich) gefütterten 1,16 lbs. Weder **I** noch **II** haben eine signifikante Wrkg. auf die Verdaulichkeit der Rohfaser. Weder **I** noch **II** haben eine Wrkg. auf den Geh. des Blutes an Harnstoff-N. **II** hat keine Wrkg. auf den Geh. des Blutes an Nichtprotein-N. **I** scheint in den ersten 7 Wochen den Geh. des Blutes an Nichtprotein-N zu erniedrigen. (J. Animal Sci. **14.** 760—68. Aug. 1955. Lexington, Univ. of Kentucky.) H. Patzsch. 4585

R. J. Davey, W. W. Green und **J. W. Stevenson,** *Die Wirkung von Aureomycin auf Wachstum und Fortpflanzung des Schweines.* Die Verfütterung von 100 mg *Aureomycin* (**I**; je lb. Futter) hat keine gegenteilige Wrkg. auf die Zahl der geworfenen Ferkel u. ihr Geburtsgewicht. Ein signifikanter Unterschied zwischen der Verfütterung verschied. Mengen (10,0, 50,0 u. 100,0 mg/lb. Futter) auf die durchschnittliche tägliche Zunahme wurde in der Zeit von der Entwöhnung bis zu einem durchschnittlichen Gewicht von 220 lbs. beobachtet. 50,0 mg **I** steigerte am schnellsten das Gewicht. Weder die ununterbrochene **I**-Verfütterung während der Wachstumsperiode u. Fortpflanzungszeit noch die Anwendung hoher **I**-Dosen hatte eine schädliche Wrkg. auf Wachstum u. Fortpflanzung. — 11 Literaturangaben. (J. Animal Sci. **14.** 507—11. Mai 1955. U. S. Dep. of Agric. and Univ. of Maryland.) H. Patzsch. 4585

Verle R. Bohman, James E. Hunter und **John McCormick,** *Die Wirkung abgestufter Mengen Alfalfa und Aureomycin auf wachsende Mastschweine.* Schweine, die mit *Alfalfamehl* (**I**; 0, 10, 30 u. 50% im Futter) u. mit u. ohne *Aureomycin* (**II**; 10 mg/lb. Futter) gefüttert wurden, wurden bei einem Körpergewicht von ca. 200 lbs. geschlachtet. **I** beeinflußte in positiver wie in negativer Beziehung einzelne Körperteile. Die mit **II** gefütterten Tiere wurden signifikant fetter mit weniger Futter je lb. Gewichtszunahme als die Kontrollen. Die Schweine können also 50% **I** in ihrem Futter ausnutzen, wobei magere Tiere als bei den Kontrollen mit Handelsfutter erzielt werden. **II** beschleunigt das Wachstum u. erniedrigt den je lb. Gewichtsgewinn erforderlichen Futterbedarf, wenn Futter mit hohem Geh. an **I** verfüttert wird. — 20 Literaturangaben. (J. Animal Sci. **14.** 499—506. Mai 1955. Univ. of Nevada.) H. Patzsch. 4585

Marion E. Berry und **Cecilia Schuck,** *Die Wirkung des Aureomycins auf Wachstum und Proteinausnutzung bei der Ratte.* Eine wachstumsstimulierende Wrkg. des *Aureomycins* (**I**) wurde beobachtet, wenn *Sojabohenmehl* (SB) u. *Baumwollsamenmehl* (BS) zu 15% Futterproteine ersetzten. **I** war unwirksam, wenn es zu *Casein* (C; 15% im Futter) gegeben wurde, brachte aber Gewichtszunahme bei 9% C. N-Stoffwechselverss. zeigten, daß **I** die scheinbare Verdaulichkeit von SB- u. BS-Proteinen verbesserte, aber die Ausnutzung beeinträchtigte. (J. Nutrit. **54.** 271—84. 11/10. 1954, Lafayette, Ind., Purdue Univ., Dep. of Foods and Nutrit.) H. Patzsch. 4585

D. I. Gard, S. W. Terrill und **D. E. Becker,** *Wirkungen der Zugabe von getrocknetem Alfalfamehl, Fischpreßwasser und einem „Vitamin-B_{12}"-Konzentrat zu einem gereinigten Futter für Saue.* Getrocknetes *Alfalfamehl* (**I**) drückte den Futterverzehr von Ferkel herab. Getrocknetes **I** hatte keine übereinstimmende Wrkg. auf das Gewicht der Würfe. 88% der Sauen, die **I** (10% im Futter) erhielten, warfen gegenüber 55% der Kontrollen. *Fischpreßwasser* (**II**) oder ein *„Vitamin-B_{12}"-Konzentrat* wirkten günstig auf die Trächtigkeit oder Lactationsleistung der Saue. Würfe von Sauen, die 3% **II** im Futter erhalten hatten, wogen 61,5 lbs. mehr als Würfe der Kontrollen. — 18 Literaturangaben. (J. Animal Sci. **14.** 562—72. Mai 1955. Illinois Agric. Exp. Stat.) H. Patzsch. 4585

Paul R. Noland, E. L. Stephenson und **Billy Diggs,** *Der Wert verschiedener Ergänzungen als Quellen nichtidentifizierter Wachstumsfaktoren für Schweine.* Ein statist. signifikanter Anstieg des Wachstums wurde bei Zusatz von 2% eines enzymat. verdauten Kabeljaulebergewebes (**I**) zu einem Mais–Sojabohnenschrot-Trockenfutter bei entwöhnten Ferkeln erhalten. Bei Zugabe von 3% eingedickter Thunfisch-„solubles" (**II**) wurde in einem anderen Vers. eine signifikante Verbesserung des Wachstumsgewinns erreicht. Bei 2% **II** wurde keine deutliche Wrkg. erzielt. Die größte Verbesserung beim Wachstumsgewinn wurde durch „fish solubles"-Zugaben zu einem Futter erzielt, das vorgepreßtes, mit Lösungsmitteln behandeltes Baumwollsaatmehl enthielt. Einschließlich eines Fermentationsprod. versagten Reiskleie, Fischmehl u. entweder fettlösl. oder in W. lösl. Fraktionen von I, um die Wachstumsgeschwindigkeit von mit Mais–Sojabohnenmehl als Grundfutter gefütterten Kontrollen zu verbessern. Zugabe eines Fermentationsprod. zu einem Futter, das Mais–Sojabohnenmehl u. von Gossypol befreites Baumwollsaatmehl enthält, verbesserte das Wachstum; die Unterschiede sind aber statist. nicht signifikant. (J. Animal Sci. **14.** 628—35. Aug. 1955. Univ. of Arkansas, Dep. of Animal Ind. and Vet. Sci.) H. PATZSCH. 4585

Karl Bernhard, *Vitamin-A- und Carotin-Resorption.* Die Resorption von *Vitamin A* (I), festgestellt durch Best. des Geh. an I in der Lymphe nach Kanülierung des Ductus thoracicus, wird durch pflanzliche Öle gefördert u. durch Mineralöle behindert. *β-Carotin* wird nur schlecht resorbiert. Die verringerte Resorption von I bei Fernhaltung der Galle wird auf eine Zerstörung von I zurückgeführt, während normalerweise die Gallenfarbstoffe Biliverdin u. Bilirubin I stabilisieren können. (Ann. paediatrici [Basel] **58.** Suppl. 1. 170—78. 1954. Basel, Physiol.-chem. Inst.) A. TREBST. 4587

I. Ócsag und **F. Sréter,** *Periodische Veränderungen der Carotinoid- und Vitamin-A-Konzentration im Serum der Pferde und ihre wirtschaftliche Bedeutung.* In drei Zuchtbetrieben mit verschied. Fütterung wurde der *Carotinoid* (I)- u. *Vitamin-A* (II)-Spiegel im Blutserum von Stuten u. Fohlen untersucht. Der I-Spiegel der Fohlen ist gleichmäßiger u. bes. beim Beginn des Weideganges höher (45,9—166,9 μg%) als der der Stuten 35—129 μg%). Der I-Spiegel der Stuten senkte sich in den Sommermonaten, im September konnte bei durchschnittlicher Fütterung kein I mehr nachgewiesen werden. I- u. II-Konzz. sind gegenläufig. Das Tier greift seinen II-Vorrat nur an, wenn es wenig I erhält. Die Extremwerte des II-Spiegels der Fohlen (18,4—43 I.E.-%) liegen niedriger als die der Stuten (27—55,4 I.E.-%). Bei I-Mangel des Futters sinkt auch der II-Spiegel im Winter. Es besteht ein enger Zusammenhang zwischen dem I-Spiegel u. den Befruchtungsverhältnissen. Lag auch im Winter der I-Spiegel nicht unter 15—20 μg%, so erfolgte die Befruchtung im Februar mit größerer Wahrscheinlichkeit als bei Konzz. unter 10 μg%. Schnelle u. zahlreiche Befruchtungen beobachtete man dann erst nach Beginn der Grünfütterung. Massenhafter Abort nichtinfektiöser Herkunft trat bei Stuten mit einem I-Spiegel unter 15 μg% auf. (Acta agronom. Acad. Sci. hung. **5.** 55—74. 1955.) REINHARD HÜTTENRAUCH. 4587

John Esben Kirk und **Margaret Chieffi,** *Hypovitaminose A. Die Wirkung einer Vitamin-A-Therapie auf die Vitamin-A-Konzentration des Plasmas, auf Bindehautveränderungen, Dunkeladaption und Keratosis.* Nach täglicher peroraler Verabreichung von 30000 E. *Vitamin-A* (I)-*Acetat* an Personen mit I-Mangel wurde ein durchschnittlicher Anstieg der I-Konz. im Plasma von 5,1 auf 44,5 μg/100 ml festgestellt; nach der Behandlung sank die I-Konz. auf 16 μg/100 ml ab. In geringem Maße wurden eine lokalisierte Bindehautverdickung, eine Blepharoconjunctivitis (Conjunctivitis simplex chronica) u. eine Hyperkeratosis an verschied. Körperteilen günstig beeinflußt. Die Zeit der Dunkeladaption nahm merklich bei 4 von 17 Patienten ab. (J. clin. Nutr. **1.** 37—43. Sept./Okt. 1952. Washington, D. C., Univ., School of Med.; St. Louis, Mo., St. Louis City Infirmary Hosp.) H. KOCKERT. 4587

A. Studer und **W. Winkelmann,** *Zur Frage der A-Hypervitaminose.* Die Symptome der experimentellen *Vitamin-A* (I)-Hypervitaminose bei Ratten, bes. die spontanen Knochenfrakturen werden beschrieben u. verglichen mit solchen beim Menschen. Die Resorption von I aus einer koll. wss. Lsg. war besser als die aus Erdnußöl. (Ann. paediatrici [Basel] **38.** Suppl. 1. 293—305. 1954. Basel, F. Hoffmann-La Roche Akt.-Ges., Med. Labor.) A. TREBST. 4587

A. d'Agostino Barbaro, *Vitamin B_1 und Cocarboxylase in der Behandlung der nervösen Erscheinungen bei experimenteller Beri-Beri.* Bei Tauben wurden durch ausschließliche Ernährung mit geschältem Reis die nervösen Symptome einer Beri-Beri erzeugt. Durch eine einmalige Gabe von 3 mg *Vitamin B_1* (I) konnten die Erscheinungen gemildert u. durch Weiterbehandlung mit täglich 1 mg nach kurzer Zeit behoben werden. *Cocarboxylase* zeigte eine bessere Wrkg. als I, indem zur Restitution eine einmalige Gabe von 1,5 mg genügte. (Boll. Soc. ital. Biol. sperim. **30.** 1322—24. Dez. 1954. Messina, Univ., Ist. Chim. Biol.) P. G. SCHEURLEN. 4587

R. Purpura und **A. La Grutta,** *Schädigungen der Rattenleber bei experimentellem Riboflavinmangel und deren Änderung durch Behandlung mit Aureomycin. Erste Beobachtungen.* Verabreicht man Ratten eine *Vitamin-B_2*-freie Kost, so treten Leberverfettung, Gewichtsstillstand u. Hautveränderungen auf, die durch zusätzliche Gaben von *Aureomycin* vermieden werden können. (Sperimentale **104.** 106—21. 1954. Palermo, Univ., Ist. Clin. Pediatr.) P. G. SCHEURLEN. 4587

D. M. Hegsted und **C. E. Alvistur,** *Mikrobiologische Prüfung auf Niacin. Einfluß des Gesamtvolumens pro Röhrchen auf die Genauigkeit.* Bei der gewöhnlichen mikrobiol. Prüfung auf Niacin haben Änderungen im Gesamtvol. von ca. 2 ml u. weniger relativ geringen Einfl. auf die erhaltenen Resultate. Als vorteilhaft hat sich erwiesen, 8 ml Grundlsg. u. nicht mehr als 2 ml Standardlsg. bzw. Lsg. des zu untersuchenden Materials zu verwenden. In diesem Bereich ist es unnötig, das Vol. der Röhrchen untereinander auszugleichen. (Analytic. Chem. **24.** 1635—36. Okt. 1952. Lima, Peru, Ministry of Public Health and Social Welfare, Inst. of Inter-Americ. Affairs; Boston, Mass., Harvard Med. School.) A.-M. FRETZDORFF. 4587

G. De Bella und **S. Colella,** *Folsäure und Basalstoffwechsel bei der Ratte.* Vf. ernährte Ratten *Folsäure* (I)-frei u. fand nach 15 Tagen eine Zunahme des Grundstoffwechsels auf 195 ($\pm$ 11,9) gegenüber 169 ($\pm$ 10,6) beim n. ernährten Tier. Nach Verabreichung der I ging der Grundumsatz wieder auf n. Werte zurück. (Boll. Soc. ital. Biol. sperim. **30.** 1307—09. Dez. 1954. Napoli, Univ., Ist. Fisiol. Umana.) P. G. SCHEURLEN. 4587

Robert E. Campbell und **Colonel Francis W. Pruitt,** *Die Wirkung von Vitamin B_{12} und Folsäure bei der Behandlung der Virus hepatitis.* (Vgl. C. **1955.** 1315.) Patienten mit akuter Virushepatitis, die eine hohe Eiweiß-, hohe Kohlenhydrat- u. gemäßigte Fettdiät erhielten, erhielten zusätzlich tägliche intramuskuläre Injektionen von 30γ *Vitamin B_{12}* u. 3mal täglich 5 mg *Folsäure* peroral. Das Ergebnis dieser Behandlung war: Der n. Appetit kehrte schneller zurück. Die Gesamtserumbilirubinwerte waren nach der 11. Woche wieder n., während bei der Kontrollgruppe dies erst nach 18 Wochen der Fall war. Die Bromsulfophthaleinwerte waren nach 11 Wochen n.; bei den Kontrollen dauerte dies 17 Wochen. Die mittlere Krankheitsdauer betrug 47,5 Tage, bei den Kontrollen 57,2 Tage. (Amer. J. med. Sci. **229.** 8—15. Jan. 1955. Kyoto, U. S. Army Hosp.)
K. F. MÜLLER. 4587

F. Anselmi und **V. Guzzon,** *Zur Frage der Antihistaminwirkung des Vitamins B_{12} und seine Fähigkeit als Histaminase- und Histamin-fixierend im Blut zu wirken.* Vff. injizierten Meerschweinchen 10 Tage lang je 250 μg/kg *Vitamin B_{12}* (I) subcutan. Daran anschließend erhielt ein Teil der Tiere ein Antihistaminicum (3 mg/kg Pyribenzamin), 15 Min. später subcutan *Histamin* (II). Am isolierten Meerschweinchenintestinum konnte kein Unterschied der Wrkg. festgestellt werden, der II-Spiegel im Blut wurde durch I nicht beeinflußt. Es erscheint deshalb unwahrscheinlich, daß I eine Histaminase ähnliche Wrkg. entfaltet. Gleichzeitig kann auch ausgeschlossen werden, daß I zu einer Hemmung oder Fixierung von II führt. I besitzt also keine Antihistaminwirkung. (Boll. Soc. ital. Biol. sperim. **30.** 1390—93. Dez. 1954. Milano, Univ., Ist. Farmacol.)
P. G. SCHEURLEN. 4587

Norman C. Wetzel, Howard H. Hopwood, Manuel E. Kuechle und **Robert M. Grueninger,** *Wachstumsstörung bei Schulkindern. Weitere Untersuchungen über Vitamin B_{12} als Ergänzungsdiät.* Bei täglicher peroraler Verabreichung von 5γ *Vitamin B_{12}* (I) an Schulkinder beiderlei Geschlechts mit Wachstumsstörungen wurden bestimmte wachstumsfördernde Eigg. von I festgestellt. (J. clin. Nutrit. **1.** 17—31. Sept./Okt. 1952. Cleveland, O., Children's Fresh Air Camp and Hosp. of Cleveland; Western Reserve Univ., Dep. of Phys. Educat.) H. KOCKERT. 4587

Franco Sorice, *Über die Sparwirkung einiger Antibiotica gegenüber Vitamin B_{12}.* Vf. beobachtete bei Ratten, die mit einer synthet. Diät ernährt wurden, eine statist. sichere Gewichtszunahme, wenn die Tiere zusätzlich *Vitamin B_{12}* (I) (100γ/kg) erhielten. Erythrocyten u. Hämoglobingeh. blieben unverändert. Wurde an Stelle von I Aureomycin oder Penicillin zugesetzt, so blieb der Gewichtszuwachs aus. Dieser anderen Arbeiten widersprechende Befund wird auf die verschied. Zus. der Diäten zurückgeführt. Die Gewichtszunahme nach Gaben von Antibioticis tritt möglicherweise nur bei Eiweißmangeldiät ein. (Rend. Ist. super. Sanità **17.** 940—48. 1954. Roma, Ist. Sup. di Sanità.)
P. G. SCHEURLEN. 4587

Carl H. Krieger, *Bericht über Vitamin B_{12}, mikrobiologisches Verfahren.* Techn. Einzelheiten über die Bereitung von *Vitamin-B_{12}*-Extrakten u. deren mikrobiol. Best. nach der U. S. P.-Vorschrift. (J. Assoc. off. agric. Chemists **35.** 726—36. 15/8. 1952. Madison, Wis., Wisconsin Alumni Res. Found.) H. GUDE. 4587

Gladys Everson, Lois Northrop, Nam Young Chung und **Robert Getty,** *Wirkung der Ascorbinsäure auf Ratten mit Mangel an Pantothensäure während der Trächtigkeit.* Zugabe von 2% *Ascorbinsäure* (I) zu einem synthet. Futter mit Mangel an *Pantothensäure* (II) hat eine günstige Wrkg. auf die reproduktive Leistung. I erhöht das Geburtsgewicht leicht. Der II-Geh. der Gewebe junger Ratten bei der Geburt u. des Muttertieres war höher, wenn I im Futter vorhanden war. Der II-Geh. im Blut war vergleichbar mit dem der Kontrollen,

wenn 2% **I** im Futter enthalten war, während Junge von Muttertieren mit **I**- u. **II**-Mangel niedrigere Konzz. aufwiesen. Neugeborene von Muttertieren, die weder **I** noch **II** erhalten hatten, zeigten einen Anstieg der *Brenztraubensäure* im Blut. Zugabe von 2% **I** verhinderte ihre Anhäufung. In besonderen Fällen kann der Schutz durch **I** 100 μg Ca-**II** gleich sein. (J. Nutrit. **54.** 305—11. 11/10. 1954. Ames, Io., Iowa State Coll., Dep. of Vet. Anatomy and Iowa Agric. Exp. Stat., Nutrit. Labor., Home Economics Res. Dep.)
H. PATZSCH. 4587

P. Venkateswarlu und **D. Narayana Rao,** *Vitamin-C-Aufnahme und Fluorspeicherung im Skelett.* (Vgl. PANDIT u. Mitarbeiter, Indian J. med. Res. **28.** [1940.] 533.) In vergleichenden Fütterungsverss. mit Meerschweinchen bei verschied. F- u. Vitamin-C-Zufuhr wurde gefunden, daß die F-Speicherung im Skelett durch dieses Vitamin auch bei sehr großen Gaben nicht merklich beeinflußt wird. (Indian J. med. Res. **42.** 141—46. Jan. 1954. Trivandrum, Med. Coll., Dep. of Biochem.) J. SCHWAIBOLD. 4587

R. Glander und **G. Landbeck,** *Die Wirkung von Vitamin K_1 auf den Prothrombin- und Faktor VII-Mangel des Neugeborenen.* Vff. berichten über den Einfl. von oral verabreichtem *Vitamin K_1* (*Konakion*) auf *Prothrombin* u. *Faktor VII* bei 30 Neugeborenen. In $^2/_3$ der Fälle gelingt eine annähernde oder völlige Normalisierung der Gerinnungszeiten. Mit den bisher üblichen wasserlösl. Vitamin-K_1-Präpp. wie *Synkavit* oder *Karan* wird dieses Ergebnis nicht erreicht. Wieweit bei den übrigen unbeeinflußt gebliebenen Säuglingen Resorptionsstörungen oder Unreife der Leber vorliegen, müssen weitere Unterss. klären. (Z. Kinderheilkunde **75.** 392—400. 1954. Hamburg, Univ., Kinderklinik.)
ANTJE SCHMIDT. 4587

Holger V. Dyggve, Henrik Dam und **Ebbe Søndergaard,** *Der Einfluß von vor der Geburt gegebenem Vitamin K_1 und Synkavit auf die Prothrombinzeit des Neugeborenen.* (Vgl. C. **1954.** 128.) Die Wrkg. oraler Einzeldosen (5, 20 oder 40 mg) von Vitamin K_1 (**I**) oder Synkavit (**II**) 1—48 Std. vor der Entbindung wurde im Hinblick auf die Prothrombinaktivität des Neugeborenen in den ersten 6 Tagen nach der Geburt studiert. Eine wss. koll. Lsg. von **I** (Konakion, **III**) war in 20- oder 40 mg-Dosen ebenso wirksam wie **II**. In 5 mg-Dosen war **II** dem **III** überlegen. Die optimale Dosis war für beide Präpp. 40 mg. Eine Lsg. von 20 mg **I** in Erdnußöl war erheblich weniger wirksam als die gleiche Menge von **I** in der Form von **III**. (Acta obstetr. gynecol. scand. **33.** 283—88. 1954. Copenhagen, Denmark, Univ. Rigshosp., Dep. of Obstetr. A u. Polytechn. Inst., Dep. of Biochem. and Nutrit.) TH. MARSSON. 4587

D. D. Blickenstaff und **L. J. Lewis,** *Wirkung von Atropin auf die intestinale Resorption von Wasser und Chlorid.* Unter Kontrolle des hydrostat. Druckes wurde Hunden je 1,3 mg *Atropinsulfat* (**I**) in 4 cm physiol. NaCl-Lsg. subcutan injiziert. — **I** beschleunigte unter den Versuchsbedingungen die Entfernung von W. u. Chlorid aus dem Lumen des Jejunums. (Amer. J. Physiol. **170.** 17—23. Juli 1952. Portland, Ore., Univ., Med. School, Dep. of Physiol.) H. CARLS. 4594

Ruth L. Ingalls und **Frances A. Johnston,** *Eisen aus gastrointestinalen Quellen, ausgeschieden in den Faeces des Menschen.* 8 junge Frauen erhielten während 3 8-Tage-Perioden je eine Diät mit 1,03, 2,15 u. 3,22 mg Fe. Das Fe in Nahrung u. Faeces sowie N in Nahrung, Faeces u. Harn wurden bestimmt. Die Menge des Faeces-Fe aus gastrointestinalen Quellen wurde mit 2 Methoden berechnet: durch Ausdehnung einer Regressionslinie von Faeces-Fe auf Nahrungs-Fe bis 0 (berechnet 0,17 mg) u. durch Best. der %ig. Resorption, bei der das gastrointestinale Fe in den Faeces als am konstantesten für die 3 Fe-Zufuhren erschien (bei dieser Berechnung lag die Resorption bei den 3 Zufuhren zwischen 18 u. 25% u. der Wert des gastrointestinalen Fe zwischen 0,12 u. 0,27 mg). Nach jeder Meth. war der mittlere Wert des täglichen gastrointestinalen Fe ca. 0,2 mg. Zur Best. der Beziehung zwischen Trockenmasse u. Fe-Geh. der Faeces wurde eine Korrelation zwischen Trockengewicht u. Fe-Geh. für jede Versuchsperson berechnet. Die Feststellung der N-Retention diente zur Beurteilung der Vollwertigkeit der 3 Diäten. (J. Nutrit. **53.** 351—63. 10/7. 1954.) J. SCHWAIBOLD. 4594

R. E. Ely und **L. A. Moore,** *Ausbeute an Holocellulose, die aus Faeces von Wiederkäuern durch saure Chloritbehandlung hergestellt wurde. Holocellulose* (HC) wurde aus den Faeces von Kühen hergestellt, die mit 10 verschied. Futterarten (Weizenstroh, Alfalfa u. Maissilage, Timothy, Klee, Sojabohnen, Lespedeza, Alfalfa u. junges u. reifes Obstgartengras) gefüttert wurden. 5 von den Faecesproben stimmten in ihrem Geh. an HC weitgehend mit dem berechneten theoret. Wert für HC [= 100 — (Asche + Protein + Lignin)] überein, während 5 höhere Werte zeigten. Wiederholte saure Chloritbehandlungen verursachten bei bestimmten Proben einen Verlust an Kohlenhydraten. Dieser Verlust bei den HC-Hydrolysaten zeigt, daß ein Nichtkohlenhydrat u. ein nicht reduzierendes Kohlenhydrat in den HC-Präpp. vorhanden sind, die hohe Werte geben. (J. Dairy Sci. **38.** 1017—22. Sept. 1955. Beltsville, Dairy Husbandry Res. Branch.) H. PATZSCH. 4594

X. Kolenkine, *Autoradiographische Untersuchungen der Assimilation bei der Süßwasserhydra.* Isotopenverss. zeigen, daß die Hydra in der Lage ist, durch ihre äußere Oberfläche ^{14}C-Glycin aufzunehmen, das im umgebenden W. gelöst war. In diesem Falle findet sich die markierte Substanz vorwiegend in der Ektodermis wieder. Die Hauptmenge wird in den Tentakeln u. in der Fußscheibe eingebaut. — Um die Verdauung lebender Beute verfolgen zu können, wurden ^{14}C-markierte Daphnien an Hydren verfüttert. Die so gefütterten Hydren wurden nacheinander in regelmäßigen Zeitabständen untersucht. Die autoradiograph. Unters. zeigt, daß die Assimilation der Verdauungsprodd. parallel zum Auflösungsvorgang der einverleibten Beute erfolgt. Die Aufnahme der Nährstoffe erfolgt in drei Phasen, die Assimilation in verschied. Körperteile mit unterschiedlicher Geschwindigkeit. Ein Vgl. der beiden untersuchten Ernährungsarten lehrt, daß die maximale assimilator. Aktivität sich in den beiden Fällen nicht örtlich deckt: Das im ,,Nährmedium" gelöste Glycin reichert sich im Ektoderm der Tentakeln u. der Fußscheibe an, während die Prodd. der Verdauung vorwiegend im Endoderm des Verdauungsschlauches eingelagert werden. Die Glycinkonz. in bestimmten Organen des Tierkörpers erlaubt nicht den Schluß, daß diese sich durch eine bes. hohe metabol. Aktivität auszeichnen. — Auf Grund seiner Beobachtungen glaubt Vf., daß für einen gegebenen Körperbezirk die Resorptionseigg. verschieden sind je nach der Beschaffenheit des Blattes, das mit dem gelösten Nährstoff in Berührung kommt. Man beobachtet für die Nahrungsaufnahme durch die beiden verschied. Gewebearten auch verschied. Gradienten. (Bull. biol. France Belgique **89.** 169—78. 1955. Lyon, Fac. des Sci., Labor. de Zool.) H. KOLM. 4594

F. Chytil, *Über die Beteiligung der Oxydasen der Aminosäuren bei der Entstehung einer negativen Stickstoffbilanz.* 24 Std. nach experimentellem Trauma der Hinterpfoten werden bei der Ratte verminderte Nahrungsaufnahme, beschleunigte Abnahme der Glykogenkonz. in der Leber u. geringere N-Retention, also negative N-Bilanz, festgestellt. Die aus dem O_2-Bedarf bestimmte Aktivität der *Aminosäureoxydase* (Substrat DL-Alanin) in Leber- u. Nierenschnitten ist zu diesem Zeitpunkt nicht erhöht. (Československ. Fysiol. **4.** 333—37. 20/7. 1955. Praha, Úst. pro výzk. výž. lidu, fysiol. odd.) R. K. MÜLLER. 4595

H. W. Scharpenseel, *Anorganischer (SO_4=) Schwefel im Stoffwechsel des Legehuhns.* (Vgl. C. **1956.** 3354.) Nach enteraler Applikation bei erwachsenen Legehennen wurde radioakt. anorgan. SO_4—S zu 90,5% ausgeschieden, während 9,5% vom Körper assimiliert u. den Organen u. Geweben einverleibt wurden. Der Nachw. von synthetisiertem *Radiomethionin* mit Hilfe autoradiograph. u. papierchromatograph. Methoden gelang nicht. (Landwirtsch. Forsch. **7.** 113—15. 1955. Manila, Araneta Inst. of Agric., Dep. of Chem.) H. PATZSCH. 4596

H. Harris, *Der Schwefelbedarf von Bindegewebezellen der Ratte.* Mit der früher angegebenen Arbeitsweise wurde gefunden, daß die in Serum auftretende Wachstumshemmung durch das Fehlen von Verbb. mit Sulfhydryl- oder Disulfidgruppen verursacht wird. Das Cystin der Serumproteine ist offenbar für die Zellen nicht verwertbar. Der Bedarf wurde durch Zusatz von *L-Cystein* u. *L-Cystin* gedeckt, weniger oder gar nicht durch die D-Formen. Diese wirksamen Verbb. konnten durch *Thioglykolsäure, Dithiodiglykolsäure* oder Na_2SO_3 ersetzt werden, nicht aber durch Methionin, Methyl-S-cystein, Cystathionin oder Glutathion. (Brit. J. exp. Pathol. **36.** 454—59. Okt. 1955. Oxford, Dunn School of Pathol.) J. SCHWAIBOLD. 4596

A. H. Ennor und **H. Rosenberg,** *Über die Wechselwirkung von ^{32}P und dessen Entfernung aus denaturiertem Leberprotein.* Im Gegensatz zu anderen Autoren wurde gefunden, daß eine gewisse oder keine Ad- oder Absorption von anorgan. P durch Protein oder andere in CCl_3COOH unlösl. Bestandteile von denaturierter Meerschweinchenleber erfolgt. Durch 5—8maliges Waschen mit CCl_3COOH kann das zugesetzte P wieder entfernt werden. Zusatz von anorgan. ^{32}P zu denaturiertem Leberprotein, das ^{32}P in der organ. P-Fraktion enthielt, bewirkte keinen Austausch in der spezif. Aktivität des organ. P. (Austral. J. exp. Biol. med. Sci. **32.** 701—09. Okt. 1954. Canberra, Univ., School of Med. Res., Dep. of Biochem.) J. SCHWAIBOLD. 4596

A. H. Ennor und **H. Rosenberg,** *Beobachtungen über den Anteil der Einverleibung von ^{32}Phosphor in Adenosintriphosphat im Skelettmuskel.* Vff. prüfen in Verss. krit. die Methoden, mit denen KALCKAR u. Mitarbeiter (J. biol. Chemistry **154.** [1944.] 275) die Umsatzgeschwindigkeiten von *Adenosintriphosphat* (**I**) u. *Phosphokreatin* untersuchten. Es wurde nunmehr folgendes gefunden: Der Geh. an anorgan. P u. aus **I** durch Hydrolyse mittels Myosin in Freiheit gesetztem P in den Hinterbeinen von Kaninchen wird höher gefunden (55,5 bzw. 16,1; spezif. Aktivität von ^{32}P), wenn das Gewebe in fl. O_2 verbracht wurde, als in analogen Verss. mit Eis (30,4 bzw. 11,5), wie sie von KALCKAR durchgeführt wurden. Mithin werden auch die Ergebnisse, die in der zitierten Arbeit aus Verss. am durchströmten (RINGER-Lsg.) Muskel abgeleitet werden, zweifelhaft. (Nature [London] **169.** 930—31. 31/5. 1952. Canberra, Australian Nat. Univ.; John Curtius School of Med. Res., Dep. of Biochem.) H. DOSSMANN. 4596

M. Narayana Rao, *Die Wirkung von wasserdampfflüchtigen Fettsäuren auf den Calciumstoffwechsel bei normalen wachsenden Ratten.* (Vgl. C. **1956.** 8963.) Nachdem früher festgestellt worden war, daß die Ca-Ausnutzung durch die wasserdampfflüchtige Fraktion von Cocosnußöl verschlechtert wird, wurden Unterss. über die Wrkg. einzelner Fettsäuren in dieser Fraktion durchgeführt. Es wurde gefunden, daß bei Zufuhr von 10% n-Capronsäure oder n-Caprylsäure oder Buttersäure in der Nahrung die Ca-Ausnutzung durchwegs verschlechtert wird (39,1—41,9 gegenüber 46,8%). Bei Verfütterung der Ca-Seifen dieser Fettsäuren in Mengen entsprechend 30—50 mg Ca täglich war die Ausnutzung 36,2 bzw. 37,7 bzw. 40,3%. Die Ausnutzung ging parallel mit der Acidität in den Darmabschnitten u. war am besten bei der höchsten Acidität. (Indian J. med. Res. **42.** 37—42. Jan. 1954. Bangalore, Ind. Inst. of Sci., Food Technol. Labor.) J. SCHWAIBOLD. 4596

Helen M. Tribble und **Florence I. Scoular,** *Zinkstoffwechsel junger Studentinnen bei selbstgewählten Diäten.* (Vgl. SCOULAR, C. **1939.** I. 3571.) Die Nahrung der 13 Versuchspersonen enthielt 9,8—14,4 mg Zn täglich. Die Ausscheidung im Harn u. in den Faeces bewegte sich zwischen 0,6 u. 1,8 bzw. 3,2 u. 7,9 mg. Von dem zugeführten Zn wurden im Mittel 8% im Harn u. 42% in den Faeces ausgeschieden. Alle Personen waren in einem positiven Zn-Gleichgewicht u. wiesen eine Zn-Retention von durchschnittlich 6,6 mg täglich auf. (J. Nutrit. **52.** 209—16. 10/2. 1954. Denton, Tex., North Texas State Coll., School of Home Econom.) J. SCHWAIBOLD. 4596

William E. Abbott, Stanley Levey, Harvey Krieger und **John H. Davis,** *Untersuchungen über Kupfer-, Eisen- und Zinkstoffwechsel bei chirurgischen Patienten.* Bei 4 Patienten, davon 3 mit subtotaler Gastrektomie, mit intravenöser Zufuhr von Nährlsgg. wurde eine positive Fe-Bilanz festgestellt. Dies wird auf den Fe-Geh. der Nährlsgg. von 2,1—7,7 mg täglich zurückgeführt. Bei Cu wurden dagegen stark negative Bilanzen von 22—87 mg täglich festgestellt, die hauptsächlich auf die Magendarmdrainagen zurückzuführen waren. Auch bei Zn waren die Bilanzen negativ (bis 35 mg täglich). Dies war aber nur z. T. auf die Drainagen zurückzuführen, da $^1/_{10}$—$^1/_2$ des Verlustes auf der Ausscheidung im Harn beruhte. (J. Lab. clin. Med. **44.** 761. Nov. 1954.) J. SCHWAIBOLD. 4596

J. Steger und **R. Steger,** *Die Störungen des Kupfer- und Aminosäurenstoffwechsels bei der hepato-cerebralen Degeneration und deren Behandlung mit BAL.* Die bisher bekannten Stoffwechselstörungen bei der hepato-cerebralen Degeneration (h.c.D.) werden auf die Leberschädigung zurückgeführt (Proteinausscheidung im Harn, nachgewiesen mittels Elektrophorese des eingedickten Harns). An 5 Fällen von h.c.D. wurde bestätigt, daß Aminoacidurie u. erhöhte Spontan-Cu-Ausscheidung im Harn obligate Merkmale dieser Krankheit sind. Daneben wurde ein niedriger Serum-Cu-Spiegel gefunden. Als weiteres differentialdiagnost. Hilfsmittel wird der sogenannte BAL (British-Anti-Lewisit) angegeben. Nach einmaliger Gabe von 200 mg BAL intramuskulär steigt die Cu-Ausscheidung im Harn innerhalb von 4 Std. bei Patienten mit h.c.D. im Vgl. zu Kontrollfällen ungewöhnlich hoch an. Durch massive Gaben von BAL kann eine starke Cu-Ausscheidung erzielt werden, die wegen allmählicher Cu-Mobilisierung des patholog. eingelagerten Cu zögernd erfolgt. Die Bedeutung der Aminoacidurie, der Cu-Haushaltstörung u. der BAL-Behandlung wird erörtert. (Dtsch. Z. Nervenheilkunde **172.** 321—51. 1954. Würzburg, Luitpoldkrankenhaus, Neurolog. Univ.-Klinik.) J. SCHWAIBOLD. 4596

Halvor N. Christensen und **Thomas R. Riggs,** *Strukturelle Hinweise für die Bildung von Chelaten und Schiff'schen Basen beim Transport von Aminosäuren in die Zellen.* Die Unterss. über die Anreicherung von Aminosäuren in den Zellen des EHRLICHschen Ascitescarcinoms in vitro mit *Glycin, Sarkosin, N-Dimethylglycin, α-Aminoisobuttersäure* (I), *α-Methyl-* u. *α-Dimethylaminoisobuttersäure, L-Prolin* u. *N-Methyl-L-prolin* zeigen, daß die strukturellen Eigenarten, die den biol. Tranport in die Carcinomzellen beeinflussen, auch auf die Rk. mit *Pyridoxal* in Ggw. von Metallionen Einfl. haben. Da tert. α-Aminosäuren die Konzentrierung anderer Aminosäuren nicht beeinflussen, muß die inhibitor. Wrkg. von Äthylendiamintetraacetat andere Gründe haben. Fehlende α-H-Atome, die eine Tautomerisierung der Pyridoxylidenderivv. von Aminosäuren verhindern, verstärken den biol. Transport, wie Verss. mit α-Methyl-DL-methionin, DL-Äthionin, DL-Methionin, I, α-Methyl-DL-serin, α-Oxymethylserin, α-Methyl-DL-α-aminobuttersäure, α-Methyl-DL-asparaginsäure, α-Methyl-DL-asparagin, α-Methyl-DL-glutaminsäure zeigen. Die Unterss. mit Pyridoxal (II), 5-Desoxypyridoxal, 4-Nitrosalicylaldehyd u. 3-O-Methylpyridoxal ergaben, daß für eine stimulator. Wrkg. auf den Aminosäuretransport Aldehydgruppe, phenol. OH-Gruppe u. Nitrogruppe oder Ring-N erforderlich sind. Die Verss. mit L-α.γ-Diaminobuttersäure (III), α.β-Diaminopropionsäure, L-α-Amino-γ-methylaminobuttersäure, L-α.γ-Bis-[methylamino]-buttersäure, L-α-Dimethylamino-γ-aminobuttersäure, L-α.γ-Bis-[dimethylamino]-buttersäure, γ-Aminobuttersäure u. DL-α-Dimethylamino-n-buttersäure deuten darauf hin, daß die Blockierung der Bldg. von Aldiminformen bzw. SCHIFFschen Basen durch Methylierung der α- u. γ- bzw. der α-Aminogruppe von III die biol. Konzentrierung von Aminosäuren hemmt, während eine γ-Aminogruppe (auch tert.) die Konzentrierung stimuliert.

Versuche: *L-α.γ-Bis-[methylamino]-buttersäure*: Aus III über das Di-p-toluolsulfonylderiv. (F. 152—153° aus A.); 60% (Ausbeute); F. 199—200° (aus absol. A. umkrist.). — *γ-p-Toluolsulfonamido-L-α-aminobuttersäure* (IV) aus dem Cu-Salz von III; 38%, F. 200—201°. — *γ-p-Toluolsulfonamido-L-α-benzamidobuttersäure* (V) aus IV; 90%; F. 151° (Umkristallisieren aus wasserhaltigem A.). — *γ-Methylamino-α-aminobuttersäuremonohydrochlorid* aus V; F. 201—202° (aus 95%ig. A.). — *α-Amino-L-α-dimethylaminobuttersäurehydrochlorid* aus IV; 80%, F. 213—215° (Zers., aus 95%ig. A.). — Durch reduktive Methylierung wurden erhalten: *N-Methyl-L-prolin*, F. 188° (Zers.; aus Essigsäure). — *γ-Dimethylaminobuttersäurehydrochlorid*, F. 151—152° (aus Aceton). — *DL-α-Dimethylaminobuttersäure*, F. 173—175° (aus wasserfreiem A. mit Äthylacetat). — *Bis-[dimethylamino]-buttersäuremonohydrochlorid*, F. 203° (aus absol. A.). — *α-N-Dimethylaminoisobuttersäurehydrochlorid* nach STRECKER, F. 246—247°. (J. biol. Chemistry **220**. 265—78. Mai 1956. Boston, Mass., Tufts Univ., School of Med., Dep. of Biochem. and Nutrit.) E. SCHWERDTFEGER. 4596

Halvor N. Christensen und Sonia Collins, ***Metallchelatformen der Pyridoxylidenderivate von Glycin und α.γ-Diaminobuttersäure.*** Vff. stellten Chelate von Cu, Ni, Mn, Zn u. Mg mit den SCHIFFschen Basen von *Pyridoxal* mit *Glycin* (I) u. *α.γ-Diaminobuttersäure* (II) in fester Form dar. II bildet sowohl Monopyridoxyliden- als auch Bis-[pyridoxyliden]-chelate. Die Chelate des Pyridoxyliden-I mit zweiwertigen Metallen scheinen neutrale Moll. zu sein. Die Monopyridoxyliden-II-chelate mit Ni u. Mn enthalten 1 Metallatom/2 SCHIFFsche Basenreste, während die entsprechenden I-Chelate nur 1 Metallatom/1 SCHIFFschen Basenrest enthalten. Auf Grund dieser Befunde nehmen Vff. für diese Monopyridoxyliden-II-chelate eine besondere Struktur an, bei der beide Aminogruppen an der Chelatbindung beteiligt sind. (J. biol. Chemistry **220**. 279—86. Mai 1956. Boston, Mass., Tufts Univ., School of Med., Dep. of Biochem. and Nutrit.) E. SCHWERDTFEGER. 4596

Halvor N. Christensen, Anita J. Aspen und Edward G. Rice, ***Der Stoffwechsel von 3 Aminosäuren ohne α-Wasserstoff bei der Ratte.*** Die Unterss. der Vff. zeigen, daß die 3 durch α-Methylierung vor dem Stoffwechselabbau geschützten Aminosäuren: *α-Aminoisobuttersäure* (I), *α-Oxymethylserin* u. *α-Methyl-DL-serin* (II) nach intraperitonealer Zufuhr in der Leber der Ratte u. in geringem Umfang auch in der Skelettmuskulatur angereichert werden. Innerhalb von 15—30 Std. werden ca. 80% im Harn ausgeschieden; I z. T. als Acetylderivat. Die Stabilität von II beim Erhitzen mit Pyridoxyl u. Alaun deutet nach Ansicht der Vff. auf die Notwendigkeit eines α-H-Atoms für den Abbau von Serin zu Glycin hin.

Versuche: Synth. von α-Oxymethylserin, $C_4H_9O_4N$ (III): 16,3 mMol Tris-[oxymethyl]-aminomethan in 14 ml W., enthaltend 4 mMol. H_2SO_4 mit 7 ml 1 mol. $Ba(MnO_4)_2$ bei 0° oxydieren. Filtrat mit warmer 5%ig. wss. $Ba(OH)_2 \cdot 8H_2O$-Lsg. auf p_H 9,5 bringen, Nd. entfernen, mit H_2SO_4 auf p_H 5—6 ansäuern, filtrieren u. Filtrat im Vakuum auf 2 ml einengen. Nd. entfernen u. III durch Zusatz von 2 Vol. absol A. auskristallisieren; Ausbeute 40—45%. — *α-Methyl-DL-serin*, $C_4H_9O_3N$, nach BILLMAN u. PARKER (J. Amer. chem. Soc. **67**. [1945.] 1069) aus 2-Methyl-2-aminopropandiol, Überführung in ein Oxazolinderiv. durch Erhitzen mit Benzoesäure in Xylol, Oxydation mit Permanganat u. Säurehydrolyse; Ausbeute 64%. Die Aminogruppe braucht vor der Oxydation nicht geschützt zu werden, doch sind dann die Ausbeuten etwas geringer (40%). (J. biol. Chemistry **220**. 287—94. Mai 1956. Boston, Mass., Tufts Univ., School of Med., Dep. of Biochem. and Nutrit.) E. SCHWERDTFEGER. 4596

George H. Beaton, Joyce Beare, Mi Heh Ryu und E. W. McHenry, ***Proteinstoffwechsel bei der trächtigen Ratte.*** Während der ersten 2 Wochen der Trächtigkeit findet bei der Ratte eine merkliche Ablagerung von *Fett* u. *W.* im mütterlichen Körper statt, während der Foetus nur wenig wächst. Etwa am 15. Tage der Gestation nimmt der Fettvorrat deutlich ab u. die Retention von *Protein* wächst an. Gleichzeitig hiermit nehmen der *Amino-N-* im Blut, die hepat. *Alanin–Glutamin-Transaminase* u. die *Harnstoff*-Bldg.

in Leberschnitten ab. Vermutlich können Wachstumshormone bei der Änderung im Stoffwechsel beteiligt sein. — 20 Literaturangaben. (J. Nutrit. **54.** 291—304. 11/10. 1954. Toronto, Can., Univ., Dep. of Public Health Nutrit.) H. PATZSCH. 4596

W. Schulze, *Untersuchungen über den Eiweißstoffwechsel im Alter.* 1. Mitt. *Stickstoffumsatz und -bedarf älterer Menschen.* Es werden ernährungsphysiol. Verss. mit Personen zwischen 60 u. 92 Jahren angestellt, um absol. N-Minimum, biol. Wertigkeit u. physiol. Nutzwert von Weizen- u. Milchprotein, physiol. N-Minimum u. den Grad der enteralen Ausnutzung von Brennstoffen u. N-haltigen Substanzen zu bestimmen. Eine merkliche Verschlechterung der quantitativen u. qualitativen Resorptionsleistung des Darms wird nicht festgestellt. Die Ergebnisse werden mit entsprechenden Werten von Versuchspersonen im 3.—6. Lebensjahrzehnt verglichen. Da im Alter sowohl die N-Ausnutzung als auch der N-Bedarf verringert sind, genügt die allg. gültige Eiweißmenge von 0,5 g/kg/Tag mit dem von internationalen Gremien empfohlenen 100%ig. Sicherheitszuschlag. Eine Verstärkung der animal. Proteinzufuhr bis zu 1,5 g/kg/Tag verhindert außerdem den im Alter häufig kreislaufstörenden Fettansatz. (Z. Altersforsch. **8.** 65—75. März 1954. Leipzig, Med. Univ.-Klinik.) R. LENSCHAU. 4596

W. Schulze, *Untersuchungen über den Eiweißstoffwechsel im Alter.* (Vgl. vorst. Ref.) Die Formel für den minimalen Proteinbedarf wird wie folgt berichtigt: (12,9·100/physiol. Nutzeffekt) + 3,7 g Protein für 70 kg Körpergewicht. (Z. Altersforsch. **8.** 165. Okt. 1954. Leipzig, Univ., Med. Klinik.) P. LOCH. 4596

Harold W. Barrett und **Robert A. West,** *In vivo-Enthalogenierung substituierter Pyrimidine.* Da *5-Jod-2-thiouracil* (**I**) im Organismus des Menschen u. des Hundes zu *Thiouracil* (**II**) enthalogeniert wird, wurde das Verh. einer Anzahl *5-Jod-* u. *5-Brom-pyrimidine* nach subcutaner Injektion bei n. Ratten untersucht. Beide Gruppen, nicht jedoch die *5-Cl*-Derivv., erleiden Enthalogenierung, wobei in jedem Fall Ersatz des Halogens durch H erfolgt. Der Nachw. der Metabolite erfolgte papierchromatograph. im Weinextrakt. Vermutlich findet in vivo prim. eine Red. der 5.6-Doppelbindung u. anschließend Eliminierung von Halogenwasserstoff statt. Auf Grund der im 24 Std.-Harn ausgeschiedenen Pyrimidinmengen erleiden Uracil-, nicht aber **II**-Derivv., anscheinend in vivo beträchtliche Ringspaltung. Der Enthalogenierung unterliegende Pyrimidine: *5-Bromuracil,* R_F (Butanol, gesätt. mit 1.0,2n HCl, 2. 2n NH_4OH, 3. 10%ig. wss. Harnstofflsg., WHATMAN Nr. 40, mit Säure gewaschen) 0,57, 0,26, 0,56; *5-Joduracil,* 0,58, 0,27, 0,58; *6-Methyl-5-bromuracil,* 0,63, 0,33, 0,62; *6-Methyl-5-joduracil,* 0,68, 0,35, 0,67; *5-Brom-2-methylthiouracil,* 0,85, 0,45, 0,39; *5-Jod-2-methylthiouracil,* 0,83, 0,49, 0,73; **I,** 0,75, 0,25, 0,71; *6-Methyl-5-brom-2-methylthiouracil,* 0,86, 0,46, 0,61; *6-Methyl-5-jod-2-methylthiouracil,* 0,88, 0,53, 0,69; *4-Chlor-2-methylthiouracil,* 0,83, 0,39, —; *5-Chlormethyluracil,* 0,74, 0,58, —; *6-Chlormethyl-2-methylthiouracil,* 0,88, 0,55, 0,82; *5-Bromhydrouracil* (**III**, subcutan tox.; injiziertes Pyrimidin nicht im Urin nachweisbar); *5-Brom-6-methylhydrouracil* (**IV**, wie vorst.); *5-Bromorotsäure,* 0,46, 0, 0,21. **III, IV** u. *5-Chlorhydrouracil* (**V**) wurden bei p_H 7,4 u. 37—38° 24—48 Std. der Einw. isoton. Phosphatpuffers ausgesetzt. Die Bromverbb. verloren langsam HBr unter Bldg. der ungesätt. Pyrimidine, während **V** anscheinend Ringöffnung ohne HCl-Abgabe erlitt. (J. Amer. chem. Soc. **78.** 1612—15. 20/4. 1956. Lawrence, Kans., Univ. of Kansas, School of Med., Dep. of Biochem.) K. MAIER. 4596

Paul M. Roll, Herbert Weinfeld, Elizabeth Carroll und **George Bosworth Brown,** *Die Verwertung von Nucleotiden durch das Säugetier.* 4. Mitt. *Dreifach markierte Purinnucleotide.* (3. vgl. C. **1956.** 487.) Aus einheitlich mit ^{15}N markierter *Hefenucleinsäure* (**I**), ^{14}C-markierter **I** u. ^{32}P-markierter **I** (*Torulopsis utilis*) werden die *Nucleotide* (**II**) *Adenylsäure a* u. *b* (2'- u. 3'-Isomeres) sowie *Guanylsäure a* u. *b* (wahrscheinlich 2'- u. 3'-Isomeres) hergestellt u. durch Mischen entsprechende ^{15}N-, ^{14}C- u. ^{32}P-Nucleotide (3fach markiert) erhalten. Diese wurden Ratten intraperitoneal injiziert u. der Einbau von P, Purinen u. Ribose in Milz, Leber, Nieren, Hoden u. Dünndarm bestimmt. Alle **II** wurden weitgehend entphosphoryliert. Ein Einbau intakter **I** war nicht feststellbar. Im wesentlichen wurden *Adenosin* (**IV**) der Adenylsäuren u., unabhängig hiervon, *Adenin* (**III**) in Ribonucleinsäure eingebaut. Es erfolgte ohne sichtliche Spaltung des Ribosids eine gewisse Umwandlung von **III** in *Guanin* (**V**) u. von **IV** in ein **III**-*Desoxyribosidderiv.* mit intakter Glykosidbindung. Der Einbau von Guanylsäure-**V** war von der damit verknüpften Ribose weitgehend unabhängig. Ein unterschiedlicher Einbau beider Guanylsäureisomeren konnte nicht beobachtet werden. (J. biol. Chemistry **220.** 439—54. Mai 1956. New York, N. Y., Cornell Univ., Med. Coll., Sloan-Kettering Div., Labors.) K. MAIER. 4596

Paul M. Roll, Herbert Weinfeld und **Elizabeth Carroll,** *Die Verwertung von Nucleotiden durch das Säugetier.* 5. Mitt. *Der Stoffwechsel von Pyrimidinnucleotiden.* (4. vgl. vorst. Ref.) ^{15}N-*Pyrimidinnucleotide* (**V**) wurden Ratten intraperitoneal injiziert, wobei

sich *Cytidylsäure* (**I**) als bes. geeignete Vorstufe der *Ribonucleinsäure* (**II**)- u. *Desoxyribonucleinsäure* (**III**)-*Pyrimidine* erwies. *Uridylsäure* (**IV**) wurde wesentlich schlechter verwertet, diente aber ebenfalls als Vorstufe für **II**- u. **III**-Pyrimidine. **I** u. **IV** wurden annähernd im gleichen Maße wie die entsprechenden Nucleoside eingebaut. **IV**-N wurde rasch ausgeschieden (77% innerhalb von 3 Tagen im Harn als Harnstoff u. NH_3). Von den 61% des ausgeschiedenen **I**-N erschienen nur 36% als Harnstoff u. NH_3, das Pyrimidin weitgehend als Uracil. Die Unters. des Verh. gleichmäßig ^{14}C- u. ^{32}P-markierter **V** ergab keine direkte Verwertung des P, sondern das Vorliegen eines Gleichgewichts mit anorgan. Phosphat. Die Cytidin- u. Uridinhälften dieser Nucleotide wurden als intakte Einheiten in **II** eingebaut, Cytidin weitgehend in *Desoxynucleosidderivv.* (**VI**) ohne Sprengung der Nucleosidbindung übergeführt. Bei **IV** trat während der Umwandlung in **VI** teilweise Spaltung der Glykosidbindungen ein. (J. biol. Chemistry **220.** 455—65. Mai 1956. New York, N. Y., Cornell Univ., Med. Coll., Sloan-Kettering Div., Labors.)
K. MAIER. 4596

E. Clerici und **A. Pasinetti,** *Beziehungen zwischen Glykogengehalt der Leber und vacuolärer Degeneration.* (Vgl. C. **1956.** 1061.) Ratten wurden 110—130 Min. in O_2-armem Milieu gehalten u. dadurch eine vacuoläre Degeneration in der Leber erzeugt. Der Geh. der Leber an Milchsäure u. Brenztraubensäure zeigte danach keine Änderung, während das Glykogen vermindert war. (Sperimentale **104.** 91—95. 1954. Milano, Univ., Ist. Patol. Gen.)
P. G. SCHEURLEN. 4597

A. Bernelli Zazzera und **M. Bassi,** *Über den Zellstoffwechsel bei hypoxämischer vacuolärer Leberzelldegeneration.* Ratten wurden in ein O_2-armes Milieu (97% N, 3% O_2) verbracht u. dadurch in der Leber eine vacuoläre Degeneration erzeugt. Manometr. konnte nachgewiesen werden, daß der respirator. Quotient abnimmt, der O_2-Quotient jedoch unbeeinflußt bleibt. Die anaerobe Glykolyse ist kaum vermindert. Der Geh. an labilem u. gesamtem P nimmt ab, Wasser- u. Eiweißgeh. zeigen keine Änderungen. (Sperimentale **104.** 96—105. 1954. Milano, Univ., Ist. Patol. Gen.)
P. G. SCHEURLEN. 4597

E. Ernst, J. Szabolcs und **P. T. Kovàcs,** *Zur Frage des Muskelkaliums.* Unter Vermeidung der method. Fehler früherer Unterss. (bes. der K-Adsorption an Filtrierpapier) wurde in Verss. mit Froschmuskeln gefunden, daß aus dem bis zur Unreizbarkeit unterkühlten Material nur ca. 40—50% des K in die Suspensions-Fl. in einem Zeitpunkt austreten, in dem sich zugesetztes K bereits verteilt hat. Bei NaCl- oder $CaCl_2$-Lsg. statt W. als Extraktions-Fl. bleiben nur 10—20% des K im Muskelrest zurück. Bei Extraktion mit wasserfreiem Glycerin werden fast alles W., aber nur 50—60% des K aus der Muskelsubstanz entfernt. Die Annahme ist demnach nicht gerechtfertigt, daß alles K im Muskelwasser gleichmäßig verteilt u. osmot. akt. ist. (Acta physiol. Acad. Sci. hung. **6.** 155—70. 1954. Pécs, Med. Univ., Biophysikal. Inst.)
J. SCHWAIBOLD. 4597

H. H. Weber und **Hildegard Portzehl,** *Die Übertragung der Muskelenergie im Kontraktionscyclus.* Überblick über die Eigg. der bei der Muskelkontraktion beteiligten Systeme u. Beschreibung des Arbeitscyclus (Ac.) des lebenden Muskels: Übereinstimmung von Ac. verschied. Muskelarten in vivo u. im isolierten Zustande (Isolierung von Ac.: verschied. Modelle, Darst., Eigg.; der elast. Zustand von Muskel u. Modellen im Ruhe-, Starre- u. Kontraktionszustand; Vgl. der Kontraktionszustände bei Muskeln u. Modellen), Relaxationsphase u. Energetik von Ac. (Relaxation der Modelle in Ggw. von „Plastifizierungsmitteln“ [*ATP, ADP, Pyrophosphat, Triphosphat*]; Spaltung von *ATP* u. Ac.; Verkürzungsgeschwindigkeit u. Wirksamkeit des isolierten Ac.; Unterschiede zwischen isoliertem Ac. u. Ac. lebender Muskeln, Ac.-Regulierung durch Ionen u. der Einfl. des MARSH-BENDALL-*Faktors*). — 210 Literaturangaben. (Progr. Biophysics biophysic. Chem. **4.** 60—111. 1954.)
K. MAIER. 4597

E. Bonetti, N. Frontali Toschi und **M. Levi,** *Die säurelöslichen Phosphorfraktionen bei progressiver Muskeldystrophie.* Vff. untersuchten bei 5 Fällen von progressiver Muskeldystrophie den Geh. der Muskulatur an anorgan. P, Kreatinphosphorsäure, ATP u. Phosphorester. Die P-Fraktionen waren gegenüber n. Muskulatur nicht vermindert, sofern sie auf den N-Geh. des nicht bindegewebigen Proteins bezogen wurden. Es kann nicht angenommen werden, daß eine P-Abnahme ätiolog. bei dieser Krankheit von Bedeutung ist, da der Geh. an P mit der numer. Atrophie der Muskulatur konform geht. (Sperimentale **104.** 315—25. 15/12. 1954. Roma, Univ., Ist. Patol. Gen.)
P. G. SCHEURLEN. 4597

E. J. Naylor und **A. Stanworth,** *Netzhautpigment und der Haidinger-Effekt.* Nach Unterss. am Menschen ist der HAIDINGER-Effekt (Abhängigkeit der Empfindung in der Macula von der Polarisation des einfallendes Lichtes) bedingt durch das gerichtete maculäre Pigment, nicht durch gerichtete blaue Receptoren. Das Pigment ergibt eine

Absorptionskurve, die mit Ausnahme eines zusätzlichen Maximums bei 515 mμ (zweites Pigment?) der des in *Chlf.* gelösten *Xanthophylls* gleicht. (J. Physiology **124.** 543—52. 28/6. 1954. Manchester, Univ., Dep. of Ophthalmol.) D. ZEMKE. 4598

F. A. Holton und **Pamela Holton,** *Die Capillardilatatoren in getrocknetem Pulver der Rückenmarkwurzeln; eine mögliche Rolle des Adenosintriphosphats bei der chemischen Übertragung an Nervenendigungen.* Die auf die Capillaren dilatierend wirkende Substanz der spinalen Wurzeln läßt sich papierchromatograph. als *Adenosintri-* (I) u. *Adenosindiphosphorsäure* (II) bestimmen. Ihr Gipfel im UV-Absorptionsspektrogramm liegt bei 260 mμ, wie auch der von anderen Nucleotiden. II u. *Adenosinmonophosphorsäure* sind im Vgl. schwächer wirksam, ebenso *Adenosin,* während *Adenin, Kreatinphosphorsäure, Hefeguanyl-* u. *-uridylsäure* prakt. wirkungslos sind. Die antidrome Wrkg. entspricht der von I auch in der Inhibition durch *Cholinesteraseinhibitoren, Eserin* u. *Prostigmin.* Die *Substanz P* wird im Gegensatz zu dem besprochenen Stoff nicht nur durch heiße Säure, sondern auch durch heiße Lauge völlig zerstört. Vff. halten nach den Unterss. I für eine Überträgersubstanz im Zentralnervensyst. u. an den peripheren Nervenendigungen. (J. Physiology **126.** 124—40. 28/10. 1954. Cambridge, Univ., Moltens Inst. and Physiol. Labor.) D. ZEMKE. 4598

William David McElroy and Bentley Glass, eds., A symposium on inorganic nitrogen metabolism: function of metalloflavoproteins. Baltimore: Johns Hopkins Press. (741 S. m. Abb. u. Diagr.) 8°. $ 10,—.

Valy M. D. Menkin, Biochemical mechanisms in inflammation. 2nd ed. Springfield, Ill.: C. C. Thomas. 1955. (440 S.) 8°. $ 9,50.

E₆. Pharmakologie. Therapie. Toxikologie. Hygiene.

R. Fitko, *Einflüsse chemischer und physikalischer Faktoren der Luft auf Gesundheit und Befinden der Tiere.* Stand der Forschung über den Einfl. physikal. (Temp., Feuchtigkeit, Wind, Sonneneinstrahlung) u. chem. Faktoren (CO_2, NH_3, H_2S) der Luft auf den tier. Organismus. (Postępy Nauk Rolniczych **1.** Nr. 4. 86—96. Juli/Aug. 1954.) F. URBAN. 4600

R. Ruyssen und **H. Anciaux,** *Einfluß von Röntgenstrahlen auf die Umwandlung von radioaktivem* $^{14}C_{(1)}$*-Acetat in Fettsäuren der Mäuseleber.* Wurden Mäuse einer vorgängigen Bestrahlung mit 700 r Röntgenstrahlen ausgesetzt, dann wurde die Umwandlung des ^{14}C aus *Acetat* in *Fettsäuren* der Lebern stark gehemmt. Die Empfindlichkeit der Tiere kann mit dem Fütterungszustand zusammenhängen. (Meded. Kon. vlaamse Acad. Wetensch., Letteren schone Kunsten België, Kl. Wetensch. **17.** Nr. 5. 1—9. 1955. Gent, Rijksuniv., Labor. vorr Med. Chem.) H. PATZSCH. 4601

Th. Hornykiewytsch, *Über den Einfluß von Hormonen auf die histologischen Veränderungen in Uterus und Hoden nach Röntgenbestrahlung.* (Sonderbände zur Strahlentherapie **32.** 50. 1955. Gießen.) W. REUSSE. 4601

Takehiko Kikuchi, Gyoichi Wakisaka und **Takashi Matsuki,** *Untersuchungen über den Einfluß von Radiostrontium auf das Blut- und Knochenmarkbild von Kaninchen.* Die Wirkungen der intravenösen Injektion von 500 μC Radiostrontium auf das Blutbild während 40 Tagen wurden bei 2 Tieren eingehend untersucht. Es wurden eine mäßige Leukopenie u. eine leichte Thrombocytopenie im peripheren Blut u. eine Abnahme der unreifen Pseudoeosinophilen im Knochenmark beobachtet. Die Basophilen zeigten eine Zunahme. Durch $^{89,90}Sr$ scheint demnach eine Hemmung der Knochenmarkaktivität verursacht zu werden. (Bull. Inst. chem. Res., Kyoto Univ. [Kagaku Kenkyusho Hokoku], suppl. Issue **1954.** 112—19. Nov.) J. SCHWAIBOLD. 4601

J. Th. van der Werff, *Klinische Untersuchungen über die Verwendung von radioaktivem Gallium* (^{66}*Ga und* ^{67}*Ga*) *bei Knochenerkrankungen.* Verss. mit den im Synchrozyklotron durch Beschuß von Zn mit Deuteronen gewonnenen Isotopen ^{66}*Ga* u. ^{67}*Ga* an Patienten mit Knochenerkrankungen ergaben, daß das Ga zwar im Knochen gut angereichert wird, die Differenzen zwischen den patholog. Herden u. dem n. Knochen der korrespondierenden Körperseite jedoch gering sind. Lediglich bei einer chron. Osteomyelitis wurde eine 3 mal höhere Anreicherung beobachtet. (Sonderbände zur Strahlentherapie **32.** 96—97. 1955. Nijmwegen.) W. REUSSE. 4601

C. Rowell Hoffmann, *Teridax, ein neues Mittel zur Sichtbarmachung der Gallenblase.* „Teridax" (Äthyltrijodalphionsäure) hat sich als ausgezeichnetes Mittel zur röntgenolog. Sichtbarmachung u. Unters. der Gallenblase, auch der Gallensteine, erwiesen. Der Dickdarm wird nur schwach dunkelgefärbt. (Amer. J. Digest. Diseases **21.** 150—52. Juni 1954. Cincinnati, O.) TH. MARSSON. 4601

Wallace D. Armstrong, *Letzte Untersuchungen über medizinische Belange der Fluorierung.* Kurzer Überblick an Hand der Literatur, hauptsächlich aus dem Jahr

1955 u. Anfang 1956 (13 Angaben) über Einw. von *F* auf den Organismus (Blutdruck, Blutbild, Nierenfunktion usw.) im Zusammenhang mit der Fluorierung des Trinkwassers. (J. Amer. Dental Assoc. **52.** 422—23. April 1956. Minneapolis, Minn., Univ. of Minnesota, Med. School.) G. KLESSE. 4606

Eugen Bamann, Franz Fischler, Heinz Trapmann und **Karl Hermann Eberhardt,** *Über die biologischen Wirkungen der Salze seltener Erdmetalle, vornehmlich des Lanthans und des Cers, bei intravenöser Zufuhr.* Auf Grund der Ergebnisse eigener Unterss. u. solcher anderer Autoren wird dargelegt, daß den Seltenen Erden nicht eine direkte „Gift"-Wrkg. zukommt, sondern daß sie durch die Fähigkeit, phosphat.-katalyt. u. als Phosphatacceptoren zu wirken, eine Blockierung oder Entgleisung des Stoffwechsels verursachen. Da in der Leber sich wichtige chem. Umsetzungen vollziehen, an denen die Phosphorsäure beteiligt ist, u. die Seltenen Erden sich hier bes. anreichern, ist es erklärlich, daß die tiefgreifendsten Auswirkungen bei intravenöser Zufuhr dieser Erden sich in diesem Organ zeigen. Bei einmaligen Injektionen scheint die Wrkg. an den Substraten des Blutes erschöpft, bei Zufuhr per os oder subcutan durch die Körpersäfte gebunden zu werden. Die Vorgänge bei der Störung der Blutgerinnung durch die Seltenen Erden werden dargelegt. (Klin. Wschr. **32.** 588—91. 1/7. 1954. München, Univ., Inst. für Pharmazie u. Lebensmittelchemie.) J. SCHWAIBOLD. 4606

Henry J. Horn, *Inhalationstoxizität von Tetranitromethan.* Nach einer Literaturübersicht über die Toxizität von *Tetranitromethan* werden 3 eigene akute u. ein chron. Vers. zur Best. der Inhalationstoxizität beschrieben. Bei den akuten Verss. wurden je 20 Ratten Konzz. von 1230, 300 u. 33 p.p.m. ausgesetzt, die diesen Konzz. entsprechende ET_{50} betrug 36,3 Min., 60 Min. bzw. 5—8 Stunden. Im chron. Vers. wurden je 20 Ratten u. 2 Hunde einer Konz. von 6,35 p.p.m. für 6 Monate ausgesetzt. Die ET_{50} betrug dabei für Ratten 133 Tage. Die beiden Hunde zeigten keine besonderen Vergiftungserscheinungen während des Versuches. Histolog. fanden sich bei den nach Versuchsende getöteten Ratten Epithelschädigungen im Respirationstrakt, Blutfülle u. Ödem der Lungen, bei den Hunden eitrige Bronchitis u. Pneumonitis. Leber u. Nieren wiesen außer einer gewissen Blutfülle keine patholog. Veränderungen auf. (A. M. A. Arch. ind. Hyg. occupat. Med. **10.** 213—22. Sept. 1954. Falls Church, Va., Hazleton Labors.) H. ZELLER. 4607

Robert A. Hoffman und **Arthur W. Lindquist,** *Bestimmung der Aufnahme und des Abbaues von DDT, Toxaphen und Chlordan bei resistenten Hausfliegen durch Bioversuch.* Bei Laboratoriumsverss. mit resistenten Fliegen wurde je 50 ausgewachsenen ♀ je 10 μg *DDT* (I), *Toxaphen* (II) bzw. *Chlordan* (III) äußerlich appliziert. Die Tiere wurden 4 Std. nach der Behandlung mit Aceton abgespült, darauf mit Aceton extrahiert. Spüllsg. bzw. Extrakt wurden an nichtresistenten Fliegen u. Moskitolarven auf insekticide Wirksamkeit geprüft. Die resistenten Fliegen nahmen 3,8 μg I bzw. 5,4 μg II bzw. 6,8 μg III auf u. bauten 3,5 μg I bzw. 4 μg II bzw. 5,9 μg III zu nichttox. Prodd. ab. (J. econ. Entomol. **45.** 233—35. April 1952.) C. GRIMME. 4607

Betty S. Roof und **Joseph C. Turner,** *Wechselwirkungen von Gentisinsäure und einiger ihrer Oxydationsprodukte mit Proteinen.* Unterss. an Mäusen ergaben, daß *Na-Gentisinat* (I) nach intravenöser Injektion schnell ausgeschieden wird u. aus den meisten Organen, mit Ausnahme des Skelettbindegewebes, wo sich I durch seine Fluorescenz im UV-Licht nachweisen läßt, rasch verschwindet. In vitro läßt sich eine Bindung in mol. Verhältnissen von I an Serumalbumin demonstrieren. Die Oxydationsprodd. von I lassen sich elektrophoret. in mindestens 4 verschied. Fraktionen auftrennen. Einige dieser Oxydationsprodd. scheinen nicht nur von Serumalbumin, sondern auch durch unlösl. Bindegewebe (Kollagen) fest gebunden zu werden. Nach Ansicht der Vff. könnte der Wirkungsmechanismus der antirheumat. Phenole (Salicylsäure) über ihre Oxydation zu Chinonen ablaufen, die dann mit dem Bindegewebe reagieren, so daß eine Analogie zum I-Stoffwechsel bei Alkaptonurie vorläge. (J. clin. Invest. **34.** 1647—52. Nov. 1955. Columbia, Univ., Coll. of Physic. and Surg., Dep. of Med.; New York, N. Y., Presbyterian Hosp.) E. SCHWERDTFEGER. 4607

L. Klabusay, *Giftigkeit und Wirkung der Mekonsäurederivate. Mekonsäure, Mekonylharnstoff* (I) u. *Mekonylthioharnstoff* (II) wurden an Mäusen untersucht u. festgestellt, daß Krämpfe hervorgerufen werden. I u. II haben nicht anhaltende analget. Wrkg. u. keinen Einfl. auf die Herztätigkeit. Kleinere Dosen rufen das STRAUBsche Phänomen, größere Cyanose hervor. (Českoslov. Farmac. **3.** 134—36. April 1954. Olomouc, Med. Fak., Farmakol. úst.) E. VEVERA. 4607

Raymond J. Dern, Ernest Beutler, C. Larkin Flanagan und **Alf S. Alving,** *Untersuchungen über die durch bestimmte Anilinderivate und verwandte Verbindungen ausgelöste akute hämolytische Anämie.* Bei ca. 15% der amerikan. Neger u. gelegentlich bei Kaukasiern wurden Erythrocytendefekte beobachtet, die für die Entw. einer akuten hämolyt.

Anämie verantwortlich gemacht werden, wenn *Primaquine*, *Sulfanilamid*, *Acetanilid*, *Phenylhydrazin*, *Promizol*, *Phenacetin* u. *Diason* verabreicht werden. Nach anfänglicher akuter Hämolyse kommt es bei solchen empfindlichen Patienten zur Normalisierung des Hämoglobinspiegels, obwohl die Prodd. weiter verabreicht werden. Diese Resistenzentw. wird dadurch erklärt, daß die neu aus dem Knochenmark ausgeworfenen Erythrocyten resistent gegen die Anilinderivv. sind. Die empfindlichen Erythrocyten unterscheiden sich in zweifacher Hinsicht von den resistenten Zellen: 1. durch Bebrütung der sensiblen Zellen mit Acetylphenylhydrazin u. nachfolgender Färbung kommt es zur Bldg. von HEINZ-Körperchen; 2. bei den sensiblen Zellen ist der Glutathiongeh. bedeutend niedriger als bei den resistenten Zellen. (J. Lab. clin. Med. **44.** 788. Nov. 1954. Chicago, Ill.) H. ZELLER. 4607

G. Di Maggio und **G. Ciaceri**, *Die Adrenalinkomponente im antidiuretischen Wirkungsmechanismus des 8-Oxychinolins. 8-Oxychinolin* (**I**) hemmt die Funktionen des zentralen Nervensyst. einschließlich des Atemzentrums bei Warm- u. Kaltblütern, ähnlich wie *Adrenalin* (**II**). Andere Parallelen zwischen **I** u. **II** sehen Vff. in der Beeinflussung der Körpertemp., der Diuresehemmung u. in der Harnstoff-, Harnsäure- u. Allantoinausscheidung. Zur konstitutionschem. Deutung der funktionellen Ähnlichkeit von **I** u. **II** nehmen Vff. an, daß der Pyridinring von **I** im Körper biochem. gespalten wird u. es so zu einer Verbindung mit einem Oxyphenylkern mit anhängender Alkylaminkette kommt, so daß diese Molekülkonfiguration Ähnlichkeit mit der der Sympathicomimetica aufweist. Die Diureseverss. wurden an Meerschweinchen (♂), die während dieser Zeit qualitativ u. quantitativ konstant ernährt wurden, durchgeführt. Am Versuchstage erhielten die Tiere 2mal in 3std. Abstand je 2,5 cm^3 W./100 g. Die zu prüfenden Substanzen wurden teils per os, teils subcutan appliziert. Es wurde der Antagonismus zwischen **I** u. *Ergotamin*, *Acetylcholin* u. *Eserin* untersucht u. gefunden, daß die diuresehemmende Wrkg. von **I** durch die geprüften Substanzen abgeschwächt bzw. aufgehoben werden kann. Es wird angenommen, daß **I** eine Wrkg. auf die Ausschüttung des antidiuret. Hormons der Hypophyse u. des *Vasopressins* hat u. auf die Ähnlichkeit mit **II** in bezug auf Diurese u. Kreislauf hingewiesen. (Rass. Clin., Terap. Sci. affini **54.** 217—25. Okt./Nov./Dez. 1955. Hamburg, Univ., Physikal.-chem. Inst.) A. KRAUSHAAR. 4607

K. C. Basu Mallik, *Experimentelle Untersuchung über die Pathogenese der durch Pilocarpin hervorgerufenen Magenulcera.* Wiederholte *Pilocarpin* (**I**)-Injektionen führen bei Albinoratten, die einen um den anderen Tag fasten, zu multiplen akuten hämorrhag. Ulcera im Corpus des Magens. Die Ulcera können nicht durch Zugabe von Eiweiß u. Vitaminen verhindert werden. Sie entstehen nicht durch **I** allein, durch Fasten allein oder durch Zugabe von Pepsin u. HCl zum Trinkwasser. Alkali u. Atropin schützen gegen die Entstehung der Ulcera, nicht aber bei vagotomierten Tieren, die Ulcera bekommen wie n. fastende Ratten. Die Nüchternsekretion steigt unter **I** an, das auch die Magenperistaltik steigert. Diese Befunde u. die durch die gesteigerte Peristaltik bewirkte Constriction der Blutgefäße der Mucosa mit dadurch bedingter Ischämie werden für die Entstehung der Ulcera zur Erklärung herangezogen. (J. Pathol. Bacteriol. **70.** 315—24. Okt. 1955. London, Univ. Coll. Hosp., Med. School, Dep. of Morbid Anat.) K. BÖHM. 4607

R. Paris und **L. Beauquesne**, *Die Flavonderivate.* Zusammenfassender Überblick über Struktur, allg. Eigg., histochem. Nachw., Verteilung in den pflanzlichen Geweben, Extraktionsverff., Reinigung, physikal u. chem. Analysenmethoden, Testung u. Synth. der genannten Verbb., ihre botan. Herkunft, Strukturformeln u. Physiologie. (Ann. pharmac. franç. **8.** 65—77. Jan. 148—53. Febr. 228—31. März. 322—42. April 1950.) H. GIBIAN. 4607

René Paris, *Die Flavonfarbstoffe.* (Vgl. vorst. Ref.) Literaturübersicht über natürliches Vork. der *Flavone*, Gewinnung der Heteroside u. Aglykone, physikal. u. chem. Eigg., Strukturen, Analysenmethoden, Toxizität, Stoffwechsel u. Ausscheidung, Wrkg. auf Herz- u. Gefäßsyst. sowie Diurese, über die Wrkg. von *Flavon*-Derivv. auf die Capillaren (Festigkeit, Permeabilität), auf Strahlungsschäden, auf Gerinnungs- u. Blutungszeit, auf isolierte Organe, beim anaphylakt. Schock u. schließlich therapeut. Anwendungen. (Produits pharmac. **6.** 543—49. Nov. 606—13. Dez. 1951. Paris, Fac. de Pharm.) H. GIBIAN. 4607

Avelino Barrio und **Osvaldo Vital Brazil**, *Neuromuskuläre Wirkung der Gifte von Crotalus terrificus terrificus* (*Laur.*). Vff. untersuchten die Symptome der Vergiftung von Ratten u. anderen Tieren durch Gifte der Schlange *Crotalus terrificus terrificus* (*Laur.*) u. registrierten die isoton. Kontraktion des Soleus gastrocnemius nach direkter u. indirekter Reizung des Muskels. Sie unterscheiden 2 Gifttypen: Typ I (spasmot. u. veratrin.; **I**) bewirkt eine Vergiftung, die in 2 Phasen verläuft. Spasmot. Anfällen oder ton. Krämpfen folgt eine Phase der Hypotonie u. Paralyse. Das Myogramm zeigt gleichfalls 2 Phasen: a) n. Kontraktionen mit nachfolgender langsamer Erschlaffung (die Kurve verläuft ähnlich wie mit *Veratrin*); b) Verlust der indirekten u. später direkten Erregbarkeit des Muskels. Durch Reizerhöhung wird in der Regel erneute Rk. erzielt. Typ II (paralysierend neurotox; II): Die Vergiftung äußert sich in sofortiger Hypotonie u. Paralyse. Das Myogramm zeigt zunächst Anzeichen einer WEDENSKY-Hemmung, sodann Verlust der Erregbarkeit. Verschied. antiveratrin. Verbb., wie *Chinindisulfat*, $MgSO_4$, $CaCl_2$, *Chloralhydrat* u. *Nembutal*, wirkten der 1. Phase des Typs I entgegen. I u. II bewirken nicht den Verlust der nervösen Reizbarkeit, jedoch ist die Blockierung mit der durch *Curare* oder *Elapidae*-Gift verursachten nicht ident., da *Prostigmin* weder die indirekte Reizbarkeit des Muskels nach Anwendung von I u. II steigert oder wiederherstellt, noch die dyspnoeische Atmung verbessert oder die durch II verursachte WEDENSKY-Hemmung behebt. Eine absol. Übereinstimmung zwischen der hypoton. u. paralyt. Phase u. dem Verlust der Reizbarkeit wurde nicht festgestellt. Ratten, im Zustand völliger Schlaffheit u. Parese, reagierten auf indirekten Reiz mit n. Kontraktion. Es besteht daher die Möglichkeit, daß neben Ursachen peripheren Ursprungs die zentrale Wrkg. des Giftes in der Physiopathologie der Paralyse eine bedeutende Rolle spielt. Die geograph. Unterschiede sind nicht nur vom phylogenet. u. zoogeograph. Standpunkt aus interessant, sondern vor allem auch, weil sie zum Verständnis des pharmakodynam. Mechanismus des Crotalustoxins beitragen. (Rev. Inst. Malbrán **16.** 22—40. 1954. Buenos Aires, Fac. de Cienc. Med., Inst. de Fisiol. y Inst. Malbrán M. S. P.) HANS THIELE. 4609

R. L. Beard, *Die Toxikologie von Habrobracongift: Eine Untersuchung über ein natürliches Insekticid.* Habrobracon juglandis ASTOMEAD ist eine Wespenart, die mit ihrem Stich ihrem Opfer ein paralysierendes Gift einflößt. Die Paralyse ist irreversibel, Herz- u. Darmmuskeln werden nicht gelähmt. Der Transport des Giftes erfolgt durch die Blutbahn. Permanente Paralyse bereits durch 1 Teil Gift in $2 \cdot 10^8$ Teilen Blut. Die an Larven von Galleria erzielten Wirkungen ähneln denen von Curare bei Vertebraten. — 14 Literaturhinweise. (Connecticut agric. Exp. Stat., New Haven, Bull. **1952.** 3—27. Dez. New Haven, Conn., Agric. Exp. Stat.) C. GRIMME. 4609

Müller und **Sauer,** *Neue Erfahrungen über die Anwendung von „Cer", insbesondere bei Infektionen der oberen Luftwege.* Bei Entzündungen der oberen Luftwege, bes. bei Keuchhusten, wurde das Ceriumpräp. *Ceranil* (HEINRICH STEFFENS, Hamburg-Wandsbeck), eine 3,5- u. 1%ig. Lsg. des *Ceriumsalzes von p-Amidobenzolsulfosäure*, als Inhalation oder intravenöse Injektion mit gutem Erfolg auch bei vorher therapieresistenten Fällen verabreicht. (Hippokrates **26.** 438—41. 31/7. 1955. Lübeck.) H. DOSSMANN. 4610

K. Unsworth, *Heilwirkung und Giftigkeit von Ethidiumbromid als Mittel gegen Trypanosomen bei Zeburindern.* Verss. mit Ethidiumbromid gegen Trypanosoma vivax bei Zeburindern ergaben in Dosen unter 2 mg/kg Körpergewicht gute Wrkg. u. Verträglichkeit. Höhere Dosen rufen fettige Leberdegeneration u. Fieber hervor. (Ann. trop. Med. Parasitol. **48.** 229—36. Sept. 1954.) G. WELTZIEN. 4610

K. Unsworth, *Weitere Beobachtungen über die Heilwirkung von Ethidiumbromid gegen Trypanosomen bei Zeburindern.* Während 4 unbehandelte, mit Trypanosoma vivax geimpfte Rinder nach 93 Tagen starben, gesundeten die mit *Ethidiumbromid* behandelten Tiere u. zeigten auch keine Reinfektion. Die subcutan angewendete Dosis betrug 1 bis 2 mg/kg Körpergewicht. (Ann. trop. Med. Parasitol. **48.** 237—41. Sept. 1954. Veterin. Sect. of West Afric. Inst. for trop. Res.) G. WELTZIEN. 4610

N. Goto, H. Yamada und **T. Miyazaki,** *Die Beeinflussung der Gewebeatmung durch Behandlung mit Isonicotinsäurehydrazid.* Mäuse erhielten subcutan 100 mg/kg *Isonicotinsäurehydrazid* (I) täglich 3 Wochen lang. Die Gewebeatmung wurde nach WARBURG festgestellt. Leberatmung stark herabgesetzt; Milz: stark erhöht; Nieren: nicht leicht zu beeinflussen; Lunge: unbeeinflußt. Körpergewicht blieb unverändert, Leber-, Milz-, Lungen- u. Nierengewicht erhöht. Pathohistolog. Veränderungen traten nur an der Leber auf. Sichere Beziehungen zwischen den Organgewichtskoeffizienten u. den Atmungskoeffizienten konnten nicht ermittelt werden. (J. Kyoto prefect. med. Univ. **56.** 131—36. Juli 1954. Kyoto, Japan, Pref. Med. Univ., Dep. of Med. [Orig.: japan.; Auszug: engl. S. 11.]) G. WELTZIEN. 4610

A. Gimeno de Sande, *Aureomycin bei spanischem Rückfallfieber.* (Rev. Sanidad Hig. públ. **28.** 342—55. Mai/Juni 1954. Córdoba, Jefatura Provincial de Sanidad.) HANS THIELE. 4611

Ernesto Juárez, *Das spanische Rückfallfieber und seine Behandlung mit Terramycin.* (Rev. Sanidad Hig. públ. **28.** 356—61. Mai/Juni 1954. Cáceres, Jefatura Provincial de Sanidad.) HANS THIELE. 4611

H. Katznelson, J. H. Arnott und **S. E. Bland,** *Vorläufiger Bericht über die Behandlung der europäischen Faulbrut der Honigbiene mit Antibioticis. Streptomycin* (I) u. *Terramycin* (II), weniger *Aureomycin,* verhindern bei ihrer Verfütterung an Kolonien oder bei Spritzungen reiner Bienenkörbe die Entw. der Infektion. I u. II erwiesen sich auch bei der Verfütterung in bereits erkrankten Kolonien wirksam. Sie waren aber wirkungslos bei der Spritzbehandlung bereits befallener Bienenstöcke. Chloromycetin war dagegen völlig ungeeignet zur Bekämpfung der europäischen Faulbrut. (Sci. Agric. **32.** 180—84. April 1952. Ottawa, Can., Div. of Bacteriol. and Dairy Res. Sci. Serv., Dep. of Agric. and Regina, Apiary Branch, Saskatchewan Dep. of Agric.) W. LORENZ. 4611

H. Katznelson und **C. A. Jamieson,** *Antibiotica und andere Chemotherapeutica zur Bekämpfung von Bienenkrankheiten. Penicillin, Chloromycetin* (I), *Subtilin, Neomycin* u. *Hyamine 1622* waren bei Verfütterung eines 50%ig. Zuckersirups, der Sporen der amerikan. Faulbrut enthielt, ohne Wirkung. *Aureomycin* verzögerte die Entw. dieser Erkrankung. Mit *Terramycin* u. *Sulfadiazin* war eine vollständige Bekämpfung der amerikan. Faulbrut (AFB) möglich. AFB-Sporen blieben in feuchten Böden bei Zimmertemp. wenigstens 19 Monate keimfähig. Chemotherapeutica auf Sulfonamidbasis, die in Honig gelöst waren, waren gegen AFB nach 1 Jahr im Bienenstock noch aktiv. *Bacillus pulvifaciens* erwies sich gegen Bienen als nicht pathogen. I in 50%ig. Zuckersirup verhinderte die Entw. in 3 von 4 Fällen. Auch gegen *Nosema apis* wurden Antibiotica, Sulfa- u. antiprotocide Mittel geprüft. Die meisten von ihnen waren entweder zu tox. oder wirkungslos. Eine bemerkenswerte Hemmung zeigte *Sulfachinoxalin* u. I. *Fumagillin* war dabei die erfolgversprechendste Verb., die geprüft wurde. (Sci. Agric. **32.** 219—25. April 1952. Ottawa, Can., Dep. of Agric.) W. LORENZ. 4611

J. David und **R. Longueville,** *Mit Aerosolen von Hyaluronidase behandelte fortgeschrittene Silicose.* Als erster gelungener Vers. einer spezif. Behandlung von Silicose wird die Heilung eines an schwerer fortgeschrittener Silicose leidenden Patienten durch tägliche Gaben von Aerosolen von *Hyaluronidase* beschrieben. (Arch. Maladies profess. Méd. Travail Sécurité soc. **15.** 302—03. 1954.) TH. MARSSON. 4614

E. Boden, H. Gillmann und **H. D. Horn,** *Klinische und experimentelle Untersuchungen über die therapeutische Wirksamkeit des Cytochroms c.* Die experimentellen Befunde, daß das zur Gruppe der „Atmungsfermente" gehörige *Eisen-Porphyrin-Proteid, Cytochrom c* (Cc), den O_2-Verbrauch der Gewebe fördert, konnte durch tierexperimentelle u. klin. Unterss. bestätigt werden. Applikation von Cc bei Krankheiten, die mit Hypoxämie einhergehen, führte zu signifikantem Abfall des bei Hypoxämien regelmäßig erhöhten Blutmilchsäurespiegels u. zu klin. Besserung. (Therapiewoche **5.** 34—38. Okt. 1954. Düsseldorf, Med. Akad., Med. Klinik.) V. SACHS. 4614

N. N. Das, S. R. Dasgupta und **G. Werner,** *Die Wirkung von Chlorpromazin auf die elektrische Aktivität des „isolierten Gehirns".* Am „isolierten Gehirn" treten im Elektroencephalogramm kurze Spitzen, getrennt durch langsame Wellen höherer Spannung, auf. Nach Anwendung von *Chlorpromazin* (*Megaphen*) verschwanden die langsamen Wellen, dann auch die Spitzen, während nur Wellen niedriger Spannung blieben. In einigen Verss. erschienen „spikes and waves", ähnlich den Potentialen bei Petit-mal-Anfällen. Vff. suchen die Erklärung in einem Einfl. der Substanz auf das thalamocorticale System. (Naunyn-Schmiedebergs Arch. exp. Pathol. Pharmakol. **224.** 248—52. 1955. Calcutta, India, School of Tropic. Med., Dep. of Pharmacol., u. Coll. of Sci. and Technol., Dep. of Physiol.) D. ZEMKE. 4620

E. Weber, *Ein Rauwolfiaalkaloid in der Psychiatrie: seine Wirkungsähnlichkeit mit Chlorpromazin.* Es wird über das Ergebnis der Behandlung von 33 psychiatr. Patienten mit *Serpasil* (I; CIBA; *Reserpin*) berichtet u. die Wirkungsähnlichkeit mit *Chlorpromazin* (II; *Largactil, Megaphen*) diskutiert. I wirkt ähnlich wie II. Es hat eine sedative Wrkg., die sich von der bisher bekannter Narkotica deutlich unterscheidet, da bei höheren Dosen kein narkoseähnlicher Zustand eintritt. Es hat vor II den Vorzug, keine Euphorie zu erzeugen, wodurch die Suchtgefahr herabgesetzt wird. Auch sind die Injektionen weniger schmerzhaft als bei II. Ein Nachteil besteht darin, daß die Erscheinungen des PARKINSON-Syndroms bereits in niedrigeren Dosen auftreten, als es bei II der Fall ist. (Schweiz. med. Wschr. **84.** 968—70. 21/8. 1954. Burghölzli, Zürich, Psychiatr. Universitätsklinik.) L. WALLIS. 4620

Elemér R. Gabrieli, *Wirkung von Antihistamin auf das Reticuloendothelialsystem; Untersuchung der Reticuloendothelialfunktion mit radioaktivem Chromphosphat.* Radioakt. *Chromphosphat* (^{32}P) wurde Ratten intravenös gegeben u. die Verweildauer im Blut (Halbwertszeit) bestimmt. Sie beträgt bei Kontrollen ca. 0,83 Minuten. Nach 20 mg *Antasten* (*2-Phenylbenzylaminomethylimidazol*; I; CIBA, Schweiz) zeigt sie sich bereits verlängert, optimal ist der Effekt bei Gabe von 50—70 mg (Injektion des I in 30 Min.-

Intervallen, 2 Dosen, Test 15 Min. danach), höhere Dosen sind wieder weniger wirksam. Elektive Speicherung bzw. organspezif. Hemmung der Speicherung wurden nicht gefunden. (Nature [London] **168.** 467—68. 15/9. 1951. Stockholm, Karolinska Inst., Dep. of Exp. Histol.) F. JUNG. 4625

K. J. H. van Sluis, *Ein neues kräftiges Antispasmodicum.* In einer Reihe von nichtbas. *Mandelsäureestern* wirkt *3.5.5-Trimethylcyclohexyl-dl-mandelat* (I; *Cyclospasmol*) bei 4—5fach geringerer Toxizität am Meerschweinchenuterus 2—4mal so stark spasmolyt. wie *Papaverin-HCl.* I besitzt gleichzeitig schwache vasodilator. Wirkungen. *Verbb.: dl-Mandelate: n-Amyl,* $Kp._{20}$ 167°; *1-Methylbutyl,* $Kp._{19}$ 156°; *1-Äthylpropyl,* $Kp._{15}$ 145°; *3-Methylbutyl-(2),* F. 42°; *Cyclopentyl,* $Kp._{14}$ 145°; *Cyclohexyl,* $Kp._{14}$ 178°; *3.5.5-Trimethylcyclohexyl* (I), $Kp._{14}$ 192—194°, F. 42°, aus *dl-Mandelsäure* u. *3.5.5-Trimethylcyclohexanol* bei 100° in *Dichloräthan* durch HCl-Einleitung; gemischtes *4-Methylbutyl-* u. *2-Methylbutyl* (II)*-dl-mandelat,* $Kp._{15}$ 162°; II-*d-* u. *-l-mandelat* sind ohne physikal. Daten genannt. (Chem. Products chem. News **17.** 375—77. Okt. 1954. Amsterdam, Brocades u. Stheeman.) H. WUNDERLICH. 4628

Ewart A. Swinyard, Jack A. Madsen und **Louis S. Goodman,** *Die Wirkung von β-Diäthylaminoäthyldiphenylpropylacetat (SKF 525-A) auf anticonvulsive Eigenschaften von Antiepilepticis. Diäthylaminoäthyldiphenylpropylacetat-HCl* (I), das frei von anticonvulsiven Eigg. ist, potenziert an Mäusen Stärke u. Dauer der anticonvulsiven Wrkg. von *5.5-Diphenylhydantoin-Natrium* (*Dilantin-Natrium*), *3-Methyl-5-phenyl-5-äthylhydantoin* (II; *Mesantoin*), *5-Phenyl-5-äthylhydantoin* (*Nirvanol*), *5-Äthyl-5-phenylbarbitursaures Natrium* (*Phenobarbital-Natrium*), *5-Äthyl-1-methyl-5-phenylbarbitursäure* (*Mephobarbital, Mebaral*) u. *3.5.5-Trimethyloxazolidindion-(2.4)* (III; *Trimethadion, Tridion*). Am stärksten werden II-Wirkungen, am schwächsten III-Wirkungen beeinflußt. *Phenylacetylharnstoff* wird durch I nicht merklich potenziert. In ähnlichem Maß werden die Toxizitäten der Stoffe nach I-Gaben gesteigert. Da sowohl methylierte als auch nichtmethylierte Verbb. sowie Verbb. mit u. ohne aliphat. Seitenkette potenziert werden, kann Entmethylierung sowie Oxydation durch I nicht die einzige Ursache der Potenzierung sein. (J. Pharmacol. exp. Therapeut. **111.** 54—63. Mai 1954. Salt Lake City, Ut., Univ. of Utah, Coll. of Pharm. and Coll. of Med.) H. WUNDERLICH. 4628

Theodore Greiner, Harry Gold, Frank Palumbo, Leon Warshaw, John Weaver, Raymond Marsh, Sydney Mathes und **Nathaniel T. Kwitt,** *Prüfung von drei neuen Quecksilberdiureticis am Menschen: Ein vielversprechendes Präparat für orale Anwendung.* Es wird die pharmakol. Prüfung von 3 neuen Hg-Diureticis am Menschen beschrieben: *3-Carboxymethylmercaptomercuri-2-methoxypropylharnstoff* (I); *3-[α-Carboxyäthylmercaptomercuri]-2-methoxypropylharnstoff* (II) u. *3-Chlormercuri-2-methoxypropylharnstoff* (III). Sie wurden intramuskulär u. oral als Tabletten verabreicht u. verglichen mit der Wrkg. einer bestimmten Na-Mercuhydrinlösung. Am besten erwies sich III in seiner Wrkg., weniger gut I u. II. Alle drei Präpp. verursachen die üblichen gastrointestinalen Reizerscheinungen, nur die Hälfte der Patienten vertrug die einmalige Dosis von 9 Volumen. (Proc. Soc. exp. Biol. Med. **80.** 117—21. Mai 1952. New York, N. Y., Cornell Univ., Med. Coll.) E.-G. DUCHO. 4634

O. Harnisch, *Die Toxizität des Reduktionsindicators Triphenyltetrazoliumchlorid (TTC) für Chironomidenlarven.* Bericht über die tox. Wrkg. einer 1%ig. Lsg. von *Triphenyltetrazoliumchlorid* (I; BAYER) auf die Beweglichkeit u. den O_2-Verbrauch von Chironomidenlarven. Aerobe I-Behandlung ruft im Körper der Larven einen Zustand hervor, wie er etwa nach leichter Anaerobiose auftritt. (Naturwissenschaften **43.** 184—85. April 1956. Plön, Hydrobiol. Anst. der Max-Planck-Ges.) H. DOSSMANN. 4649

Wolfgang O. Zürcher, *Erfahrungen mit dem Expectorans Hicoseen (Hommel)-Tropfen. Hicosen-* Tropfen (*Phenyläthylessigsäure-β-diäthylaminoäthylestercitrat* u. *α-Phenylbuttersäureguajacolester*) sind codeinfrei, zeigen bei Lungentuberkulosen broncholyt., sekretolyt. u. hustenreizstillenden Effekt ohne tox. Nebenwrkg., selbst bei höheren Dosen. (Praxis [Bern] **43.** 853—54. 7/10. 1954. Arosa, Schweiz, Sanatorium Florentinum.) J. MILLER. 4650

R. Amado, *Die Siliconpasten und ihre Schutzwirkung.* Beschreibung eines aus 30% Siliconöl, 7% Polyäthylenglykolester, 15% Stearylalkohol, 0,5% Lanolin u. 47,5% einer 3%ig. Lsg. von Carboxymethylcellulose bestehenden Cremes, der gegen Dermatitiden schützt. (Arch. Maladies profess. Méd. Travail Sécurité soc. **15.** 288—90. 1954.) TH. MARSSON. 4661

Viktor Liertzer, *Nachtrag zum Artikel „Rheumamittel".* (Vgl. C. **1952.** 4808.) Besprechung des ACTH u. des Palondons aus Herba Paloondo, einer uralten indian. Droge, die sich vor allem bei der nicht entzündlichen Arthrosis deformans u. mit geringerer

Sicherheit bei prim. u. sek. Polyarthritis bewährt, bei akutem rheumat. Fieber aber ohne Wrkg. bleibt. (Oesterr. Apotheker-Ztg. **5.** 735–36. 24/11. 1951. Wien.) R. HEINZE. 4670

Benjamin B. Kaplan und **Donald M. Schliefer,** *Eisenvitriolvergiftung. Ein nicht tödlicher Fall.* Ein Fall von Vergiftung mit $FeSO_4$ an einem 13 Monate alten Kinde wird beschrieben, u. es werden Angaben über die Resultate der Fe-Best. im Serum gemacht. (A. M. A. Amer. J. Diseases Children **88.** 348–49. Sept. 1954. Chicago.) TH. MARSSON. 4675

J. de Larraro und **H.-J. Lazarini,** *Vergiftung durch Calciumcyanamid.* Die Erkrankung bestand teils in Dermatitis, teils in vasomotor. Erscheinung mit expirator. Dyspnoe u. Polypnoe. Die Wrkg. beruht großenteils in einer Hemmung der Oxydoreduktionsvorgänge im Organismus. (Arch. Maladies profess. Méd. Travail Sécurité soc. **15.** 282–87. 1954.) TH. MARSSON. 4675

S. Tara, A. Cavigneaux und **Y. Delplace,** *Augenschädigung durch Methylsulfat.* Beschreibung einer gleichzeitig auf H_2SO_4- u. Methanolwrkg. beruhenden komplexen Augenschädigung durch *Dimethylsulfat.* (Arch. Maladies profess. Méd. Travail Sécurité soc. **15.** 291–92. 1954.) TH. MARSSON. 4675

A. Brune, J. Viallier und **L. Roche,** *Experimentelle Studie der Behandlung von Vergiftungen mit Pentachlorphenolnatrium.* Als Heilmittel werden auf Grund von Tierverss. *Largactil, Luminal (Phenyläthylbarbitursäure)* u. Diuretica empfohlen. Das Largactil wird zweckmäßig in Verbindung mit physiol. Serum angewandt. (Arch. Maladies profess. Méd. Travail Sécurité soc. **15.** 307–08. 1954.) TH. MARSSON. 4675

M. Marchand und **J. Croisier,** *Die Berufskrankheiten der oberen Luftwege.* Die in der chem. Industrie, im Bau- u. Textilgewerbe u. in anderen Berufen. auftretenden Nasen-, Rachen- u. Trigeminuserkrankungen werden besprochen, unter besonderer Berücksichtigung der Schädigungen durch Gase u. Metalle. (Arch. Maladies profess. Méd. Travail Sécurité soc. **15.** 259–67. 1954.) TH. MARSSON. 4681

F. A. Bashour, *Uroporphyrin-, Porphobilinogen- und Koproporphyrinausscheidung im Urin bei bleiexponierten Arbeitern.* Bei 44 bleiexponierten Industriearbeitern wurden Urin- u. Erythrocyten-*Porphyrin* bestimmt. *Koproporphyrin* (I) wurde in Durchschnittsmengen von $1704 \pm 783 \gamma/100$ ml (Normaldurchschnittswerte $189 \pm 79 \gamma/100$ ml) ausgeschieden, Erythrocytenporphyrin in Mengen von $467 \pm 254 \gamma/100$ ml (Normaldurchschnittswerte $29 \pm 4{,}5 \gamma/100$ ml). Erythrocyten-I war nur leicht erhöht (0,6 bis $6{,}4 \gamma/100$ ml). Die durchschnittliche Ausscheidung von *Uroporphyrin* (II) lag bei $96{,}2 \gamma/100$ ml (Normalwerte $13 \pm 10 \gamma/100$ ml). Aus verschied. Urinsammelproben wurde der II-Methylester krist. (F. 259–262°). Bei einer weiteren Gruppe von 13 bleiexponierten Arbeitern wurde Porphobilinogen nachgewiesen. (J. Lab. clin. Med. **44.** 764–65. Nov. 1954.) H. ZELLER. 4681

F. F. Blicke and **C. M. Suter,** Medicinal chemistry; V. 2; A series of reviews prepared under the auspices of the Division of Medicinal Chemistry of the American Chemical Society. New York: Wiley. 1956. (317 S. m. Diagr.) 8°. $ 10,—.

Walter Reginald Bett, Leonard Haydn Howells und **Adam Davidson Macdonald,** Amphetamin in der klinischen Medizin. Eigenschaften u. prakt. Verwendung. Berlin, Göttingen, Heidelberg: Springer. 1956. (62 S. m. Abb.) 8°. DM 7,50.

F. Pharmazie. Desinfektion.

M. Wellendorf, *Die Drogen in Pharmacopoea Danica 1948.* 1. Mitt. *Einleitung und Angaben über die Anatomie der Blattdrogen.* Die pflanzenanatom. Angaben des Dän. Arzneibuchs werden durch Zeichnungen erläutert. (Arch. Pharmac. og Chem. **63** (**113**). 89–103. 18/2. 1956.) R. K. MÜLLER. 4750

B. Štěrba, *Die Kontrolle der Drogen im Hinblick auf die 2. Ausgabe des ČsL.* Vf. gibt eine krit. Betrachtung über pharmakognost. Prüfungsmethoden des PhBs II. (Českoslov. Farmac. **4.** 540–43. Dez. 1955. Praha, státn. úst. kontr. léc.) E. VEVERA. 4750

W. Aeg. Timmerman, *Aufstellung internationaler biologischer Normen.* Vf. legt als Leiter der Abteilung für therapeut. Substanzen der Weltgesundheitsorganisation die Gründe für die Aufstellung biol. Normen u. Einheiten sowie die hierbei zu erfüllenden Forderungen dar u. gibt einen Überblick über Entw. u. Aufbau dieser Organisation u. ihrer Untergruppen, ihrer Arbeitsteilung u. Arbeitsweise bei der Schaffung internationaler Nomenklaturen, Normen u. Einheiten, die in ständiger Anpassung an die Fortschritte der Wissenschaft erfolgt. Erfaßt werden die Gebiete der Seren u. bakteriellen Prodd., der Antibiotica, Vitamine, Hormone u. anderer Arzneimittel, wofür im einzelnen Beispiele gebracht wurden. Den Abschluß bildet eine Aufstellung der Konferenzberichte

u. eine Übersicht über die bereits geschaffenen oder vorgesehenen internationalen Standardpräpp. u. Einheiten. (J. Pharmacy Pharmacol. **3.** 65—77. Febr. 1951.)
W. SCHULENBURG. 4750

Alfred Schmitt, *Flaschen und Verschlüsse.* Es wird auf die Schwierigkeiten bei der Benutzung von *Gummi* als Verschlußmaterial für parenterale Lsgg. hingewiesen u. die Anwendung von *Siliconkautschuk* empfohlen. (Dtsch. Apotheker-Ztg. **96.** Nr. 22. Beibl. Krankenhaus-Apotheke **1956.** 8. Mannheim, Städt. Krankenanstalten, Apotheke.)
M. NEGWER. 4758

G. Nöll, *Untersuchungen über den Einfluß verschiedener Faktoren auf den Flavonolgehalt von Fagopyrum esculentum (L.) Moench und Fagopyrum tataricum (L.) Gärtner.* Der Geh. an *Rutin* (I) u. *Gesamtflavonol* (II) nimmt im Laufe des Tages zu u. sinkt über Nacht wieder ab. Weiterhin steigt er bis zur Vollblüte an, um dann zur Fruchtreife stark abzufallen. Im Sonnenlicht ist er wesentlich höher, die Bldg. von **I** u. **II** könnte mit der Kohlenhydratsynth. in Zusammenhang stehen. — Angabe der Untersuchungsmethodik. Die quantitative Best. von **I** u. **II** erfolgte photometr. mit Filter S 42. **I** wurde papierchromatograph. abgetrennt. (Pharmazie **10.** 609—15. Okt. 679—91. Nov. 1955. Hamburg, Staatsinst. für angew. Bot.)
K. HERRMANN. 4782

William Luopa jr. und **Willis R. Brewer,** *Untersuchungen über die Kultur von Arzneipflanzen der Solanaceen.* 5. Mitt. *Notiz über eine Methode zur Verstärkung des Wachstums von Hyoscyamus niger.* (4. vgl. BREWER u. HINER, C. **1953.** 9558.) Das Längenwachstum u. die Blattbldg. bei *Hyoscyamus niger* kann durch Unterstützung der Pflanzen mit Stöcken verbessert werden. (J. Amer. pharmac. Assoc., sci. Edit. **41.** 47—48. Jan. 1952. Tucson, Ariz., Univ. of Arizona, Coll. of Pharm.) F. v. GIZYCKI. 4782

Ivan Turkovic, *Untersuchung einiger Glykoside von Strophanthus intermedius Pax.* Aus Samen von Strophanthus intermedius Pax. wurden 5 chloroformlösl. Substanzen isoliert (Meth.: STOLL, RENZ u. KREISS, C. **1938.** I. 3475). *Intermediosid* (Substanz 761 von REICHSTEIN), ergibt bei Hydrolyse *Sarverogenin* u. *D-Diginose*; ferner *Panstrosid* (Substanz 762). In kleiner Menge 3 weitere Substanzen (zuckerreichere Heteroside): *Substanz G* (REICHSTEIN: Substanz 800), *Substanz E* (REICHSTEIN: Substanz 795) u. *Substanz F* (unbekanntes Glykosid). Über diese 3 Stoffe wird später berichtet werden. (Bull. Acad. roy. Méd. Belgique [6] **17.** 431—55. 1952. Louvain, Univ., Labor. du Doctorat en Pharmacie.)
K. RINTELEN. 4782

Wilhelm Mohrschulz, *Betrachtungen über Aqua destillata.* Betrachtungen über die Eigg. u. die Wirtschaftlichkeit der Herst. in kleineren Mengen von *Aqua destillata* (I) im Vgl. mit einem mit Hilfe von Ionenaustauschern hergestellten *Aqua demineralisata* (II). Bei einer Neubearbeitung des Arzneibuchartikels für **I** wird man an einer gleichberechtigten Aufnahme von **II** nicht vorübergehen können. Vgll. der chem. Prüfung von **I** nach 6 verschied. Arzneibüchern ergeben, daß für gewöhnliches **I**, vielleicht mit Ausnahme der Verringerung des höchstzulässigen Abdampfrückstandes auf die Hälfte, kein Anlaß besteht, die Reinheitsanforderungen des DAB in wesentlichen Punkten zu ändern. Dagegen muß in ein neues DAB nach dem Vorbild ausländ. Arzneibücher ein **I** *pro injectione* (gegebenenfalls **I** *seu* **II** *pro injectione*) aufgenommen werden. Dies muß frisch hergestellt, weitgehend entsalzt u. entgast, sofort verbraucht oder unverzüglich in gut verschließbare Behälter abgefüllt u. sterilisiert werden. Die Prüfung auf Schwermetalle muß verfeinert (z. B. mit Dithizon) u. die Permanganatprobe verschärft werden. — Die Messung der elektr. Leitfähigkeit als Indicator auf Verunreinigungen des W. vermag, da sie völlig unspezif. ist, die chem. Prüfungen nur z. T. zu ersetzen. (Dtsch. Apotheker-Ztg. **96.** Nr. 22. Beibl. Krankenhaus-Apotheke **1956.** 5—8. München, Städt. Krankenhaus, Apotheke.)
M. NEGWER. 4786

H. Janecke, *Über die Verwendung von künstlichen Farbstoffen in Arzneizubereitungen.* Es wird die Forderung aufgestellt, daß alle in pharmazeut. Zubereitungen verwendeten Farbstoffe den Anforderungen entsprechen, die man an Lebensmittelfarbstoffe stellt. In 2 Tabellen werden die in den einzelnen Ländern zugelassenen Farbstoffe bzw. diejenigen natürlichen Farbstoffe aufgeführt, die als unbedenklich angesehen werden. (Pharmaz. Ind. **17.** 523—24. Nov. 1955. Frankfurt/M., Univ., Pharmaz. Inst.)
H. P. FIEDLER. 4786

Per Finholt, *Haltbarkeit galenischer Präparate.* (Farmac. Revy **55.** 139—47. 23/2. 155—61. 1/3. 1956. — C. **1955.** 872.)
R. K. MÜLLER. 4790

Ad. Jánský und **Jar. Kysela,** *Die Errechnung der Menge an isotonischen Zusätzen für Kolaturen, die in Apotheken hergestellt werden.* Vff. stellen in einer Tabelle Stoffe zusammen u. errechnen die Menge, die Zubereitungen zugesetzt werden muß, um isoton. zu wirken. Die Tabelle ist als Ergänzung zur Tabelle IX des ČsL gedacht. (Českoslov. Farmac. **4.** 516—19. Dez. 1955.)
E. VEVERA. 4790

Jaroslav Král und **Vladimír Kožoušek**, *Untersuchung der Stabilität des Adrenalins in einigen Augenwässern. Adrenalin* (I), das mit p-Nitroanilin u. KNO_3 im alkal. Milieu eine Farbtönung gibt, wurde so im FISHER-Photocolorimeter bestimmt. Vff. stellen fest, daß I in Augenwässern in Ggw. von H_3BO_3 verhältnismäßig stabil bleibt. Diese Stabilität nimmt aber in Ggw. von *$ZnSO_4$*, *Protein-Ag* u. *HgOCN* ab, sehr schnell bei *Na_3BO_3* u. *Intargol*. Diese Ergebnisse wurden auch klin. bestätigt. (Farmácia [Bratislava] **24.** 309 bis 313. Okt.; Scripta med. Fac. med. Univ. Masarykianae et Palckyanae **28.** 237—42. 1955. Brno [Brünn], Univ., Farm. Úst. Farm fak. u. Klin. fak., Oční klin.)
E. VEVERA. 4790

—, *Chlorophyllsalbe.* Rezept für Chlorophyllsalbe: 15,0 g Stearinsäure, 5 ml fl. Paraffin, 10,0 g Carbowax 4000, 1 g Triäthanolamin, 1 g Na-Benzoat, 4,0 g Chlorophyll (25% wasserlösl.), dest. W. ad 100,0 ml. (Australas. J. Pharmacy [N. S.] **33.** 598. 30/7. 1952.)
F. v. GIZYCKI. 4792

O. Schaumann, *Die neuen synthetischen Analgetica.* (Vgl. C. **1952.** **260.**) Vortrag. Übersicht über Herst., Konst. u. pharmakol. Wrkg. von Analgeticis aus der Reihe der Phenylpiperidine (Dolantin u. a.), Diphenylmethane (Polamidon u. a.) u. der Morphinanreihe (Dromoran). — 37 Literaturangaben. (Österr. Chemiker-Ztg. **53.** 225—33. Okt. 1952. Innsbruck, Univ., Pharmakognost. Inst.)
W. BARZ. 4806

Stig Åhlander, *Die Haltbarkeit von Hexemal.* An Proben verschied. Alters (bis 7 Jahre) von *Hexemal* (*Phanodorm*, I) wird die Änderung der Peroxydzahl (PZ.) mit der Zeit bestimmt, zum Vgl. wird der I-Geh. bromometr. u. durch Titration mit n/10 NaOH geprüft. Mit zunehmender PZ. nimmt der bromometr. bestimmte I-Geh. ab, während die NaOH-Titration I-Gehh. von 99—100% ergibt. Durch die NaOH-Titration wird also die Oxydation am Cyclohexenring, die vermutlich zur Bldg. von Hydroperoxyden aus den in α-Stellung zur Doppelbindung befindlichen CH_2-Gruppen führt, nicht erfaßt; diese Meth. ist demnach für die Haltbarkeitsprüfung ungeeignet. Die Abnahme des I-Geh. beträgt bei älteren Präpp. bis zu 20%. Bei I-Ca u. Enhexymal wird keine Gehaltsabnahme mit der Zeit festgestellt. (Svensk farmac. Tidskr. **60.** 249—53. 30/3. 1956. Stockholm, Apotekens kontrollabor.)
R. K. MÜLLER. 4806

—, *Über eine neue Klasse von pharmakologisch hochwirksamen Verbindungen.* Vortrag von EHRHART (HOECHST), dem Erfinder des *Polamidons* (I) u. Urheber einer neuen Auffassung über das Morphinmol., wonach die Wrkg. des letzteren auf das Vorhandensein eines „zentralen C-Atoms" zurückzuführen ist, über I u. alle I-ähnlichen, in ihrer Struktur wiedergegebenen Derivv., die durch das generelle Formelbild (R)(R')C(X)(Y) ausgezeichnet sind. (Süddtsch. Apotheker-Ztg. **90.** 59—60. 27/1. 1950.)
M.-D. LAUBSCHAT. 4806

Clyde F. Wiegand und **L. Lee Huyck**, *Vorschriften für eine orale Suspension von Diphenylhydantoin.* Es werden vier verschied. Vorschriften für *Diphenylhydantoin* (I)-Suspensionen gegeben. Zur Überdeckung des I-Geschmacks werden stets *Syrpalta* (II, Hersteller: EMERSON CO., Dallas, Tex.), ein Traubensirup, u. äther. Öl verwendet. II wirkt in den I-Suspensionen auch als Puffersubstanz. Als Suspendiermittel dienen 1,5%ig. Na-Alginat (III, Kelgin), 2%ig. Methylcellulose, 2% Na-Carboxymethylcellulose (IV) oder nur II. Proben der vier I-Suspensionen werden 1 Monat lang bei n. Temp., 40 bzw. 10° aufbewahrt u. alle 7 Tage der Geh. an I, die Viscosität u. das p_H gemessen. Es werden nur unwesentliche Änderungen der Eigg. festgestellt. Am geeignetsten erwiesen sich die mit III u. IV hergestellten I-Suspensionen. (Amer. J. Pharmacy Sci. support. publ. Health **128.** 24—29. Jan. 1956. Los Angeles, Calif., Rexall Drug Co., Prod. Developm. Dep.; St. Louis, Mo., St. Louis Coll. of Pharm. and Allied Sci., Dep. of Ind. Pharm.)
M. NEGWER. 4806

Berit Helene Berg, *Über Schutzmittel gegen die Wirkungen ionisierender Strahlen.* Übersicht: Anoxie erzeugende Mittel u. Maßnahmen; reduzierende Stoffe, Thiolverbb.; symptomat. Behandlungsmethoden. — 180 Literaturhinweise. (Medd. norsk farmac. Selsk. **17.** 297—311. Juli/Aug.; Farmac. Revy **54.** 593—99. 13/10. 1955. Blindern, Univ., Farm. inst.)
R. K. MÜLLER. 4806

G. E. Foster, *Der Analytiker in der Feinchemikalien- und pharmazeutischen Industrie.* Hinweis auf die Bedeutung der analyt. Chemie für die pharmazeut. Industrie, auf moderne analyt., biol. u. mikrobiol. Prüfverff. u. Fragen der Qualität des verwendeten Glases. (Chem. and Ind. **1955.** 754—59. 2/7. Dartford, Wellcome Chem. Works.)
PH. FRESENIUS. 4880

Vladimír Rzieb, Karel Major und **Eva Housková**, *Kontrolle der Festigkeit von Granulaten.* Die C. **1956.** 10067 beschriebene App. u. Arbeitsweise wird auf Granulate ausgedehnt, um auch hier die Gleichmäßigkeit der Granulate festzustellen. (Českoslov. Farmac. **4.** 514—16. Dez. 1955. Praha, národní podn. Spofa.) E. VEVERA. 4880

J. P. Hall und **C. Melville**, *Die Zahl der Nervenendigungen, ein neues Merkmal zur Unterscheidung von Blattarten.* Das Verhältnis von Nervenendenzahl zur Blattflächeneinheit (mm^2) stellt ein Charakteristikum dar, welches die Differenzierung dereinzelnen Pflanzenarten in Drogengemischen usw. gestattet. — Beispiele. (J. Pharmacy Pharmacol **3.** 934—41. Dez. 1951. Manchester, Univ., Dep. of Pharmacy.) J. KEIL. 4880

Harold I. Silverman und **Marin S. Dunn**, *Vergleich der Zahlen an Palisaden als ein Mittel zur mikroskopischen Trennung und Identifizierung von Pfefferminz- und Krauseminzblättern. Krauseminzblätter* können durch die wesentlich höhere Zahl an Palisadenzellen pro Flächeneinheit mkr. von *Pfefferminzblättern* unterschieden werden. (Amer. J. Pharmacy Sci. support. publ. Health **128.** 19—23. Jan. 1956. Philadelphia, Pa., Philadelphia Coll. of Pharm. and Sci., Dep. of Biol.) M. NEGWER. 4880

K. Kuntze und **H. Duda**, *Vorschläge zur Prüfung von Kohlendioxyd.* Inhaltlich ident. mit der C. **1955.** 9852 referierten Arbeit. (Pharmazie **10.** 193—95. März 1955. Rostock, Universitätskliniken, Zentralapotheke.) PH. FRESENIUS. 4880

Donald D. Abott und **Louis A. Reber**, *Eine verbesserte Gehaltsbestimmung für Magnesiumcitratlösung.* An Stelle der zeitraubenden offiziellen Gehaltsbest. für Gesamtcitronensäure u. MgO in „U. S. P. Magnesium Citrate Solution" wird vorgeschlagen, die Gesamtsäure durch ein Kationenaustauscherharz in eine titrierbare Form zu überführen u. die Citronensäure dann direkt zu berechnen. Das MgO kann durch Titration mit Dinatriumäthylendiamintetraacetat bestimmt werden. Die Genauigkeit der Best. ist gleich oder besser als die offiziellen Methoden. (J. Amer. pharmac. Assoc., sci. Edit. **44.** 287—89. Mai 1955. Philadelphia, Pa., Coll. of Pharm. and Sci.) F. NEUWALD. 4880

T. G. Booth, *Faktoren, welche die Prüfung der Keimfreiheit von Barbitursäurederivaten beeinflussen.* Wenn Barbitursäurederivv. auf Keimfreiheit geprüft werden sollen, ist es erforderlich, möglichst niedrige Konzz. ($<$0,2%) zu testen, da höhere Konzz. den p_H-Wert in das alkal. Gebiet verlagern, unter welchen Bedingungen eine deutliche Hemmung des Bakterienwachstums beobachtet wird, u. höhere Konzz. gleichzeitig eine bakteriostat. Wrkg. erkennen lassen oder Ndd. bilden, die das Erkennen anwachsender Bakterienkulturen erschweren können. (J. Pharmacy Pharmacol. **7.** 268—75. April 1955. Bradford, Techn. Coll., Dep. of Pharmac.) H. P. FIEDLER. 4880

A. Anastasi, **U. Gallo** und **L. Novacic**, *Beitrag zur Coffeintitration in pharmazeutischen Zubereitungen.* Zur Best. von *Coffein* (**I**) wird ein potentiometr. Verf. in wasserfreiem Medium (8% Essigsäureanhydrid enthaltende Essigsäure) unter Verwendung von 0,1n $HClO_4$ (**II**) in wasserfreier Essigsäure vorgeschlagen. 1 ml 0,1n **II** entspricht 0,01942 g **I**. Die Best., welche ausführlich beschrieben wird, ist auch in Ggw. von Acetylsalicylsäure möglich. (J. Pharmacy Pharmacol. **7.** 263—67. April 1955. Milano, Labor. Controll. Stabilimento Farmitalia.) H. P. FIEDLER. 4880

E. G. C. Clarke und **Margaret Williams**, *Mikrochemische Teste zur Identifizierung von Alkaloiden.* Es werden eine Meth. zur Identifizierung von 30 verschied. Alkaloiden in Mengen von 0,01—1 γ mit Hilfe mikrokristalliner Teste u. verschied. Farbteste zur Gruppenidentifizierung der Alkaloide beschrieben. Die verwendeten Reagenslsgg. u. auch die Farbteste werden z. T. ausführlich wiedergegeben. Nachgewiesen werden: Aconitin, Apomorphin, Arecolin, Atropin, Brucin, Caffein, Cinchonidin, Cinchonin, Cocain, Codein, Cotarnin, Ephedrin, Diamorphin, Homatropin, Hydrastin, Hydrastinin, Hyoscamin, Morphin, Narcein, Narcotin, Nicotin, Papaverin, Physostigmin, Pilocarpin, Chinidin, Chinin, Scopolamin, Spartein, Strychnin u. Thebain. (J. Pharmacy Pharmacol. **7.** 255—62. April 1955. Royal Veterinary Coll., Dep. of Physiol.) H. P. FIEDLER. 4880

A. M. Wild, *Eine abgeänderte Methode für die Bestimmung des Gesamtpenicillins in Procainpenicillin.* Das Verf. besteht in der Umwandlung des Procainpenicillins durch Fällung mit Na-Silicowolframat (**I**) in Penicillin-Na u. dessen jodometr. Bestimmung. Auf Grund seiner Untersuchungsergebnisse empfiehlt Vf. folgende Arbeitsweise: Die Probe wird im Achatmörser gründlich zerrieben, ca. 90 mg werden in 25 ml W. aufgeschwemmt u. 2 Min. gerührt; man fügt unter Rühren 5 ml **I**-Lsg. zu u. rührt 3 Min. lebhaft weiter, filtriert durch WHATMAN-Papier Nr. 41, wäscht u. füllt auf 50 ml mit W. auf. Die Weiterbehandlung geschieht dann nach der jodometr. Meth. (vgl. C. **1951.** I. 757). (J. appl. Chem. **1.** 329—32. Aug. 1951. London, Min. of Supply, Chem. Inspectorate.) H. ENDRASS. 4880

I. N. Nasarow, *Bestimmung der Menge der zerfallenen Erythrocyten nach der Zersetzungszeit des Wasserstoffperoxydes.* Beschreibung einer App. zur Best. der Anzahl der zerfallenden Erythrocyten im Serum oder Plasma von konserviertem Blut, gemessen an der O_2-Menge, welche von der Katalase aus H_2O_2 freigesetzt wird. Als Einheit gilt die Zeit, innerhalb welcher 1 ml 0,5%ig. H_2O_2 vollständig durch die in 1 ml Blutserum oder -plasma enthaltenen zerstörten Erythrocyten zers. wird. Man kann so die Zahl der zerfallenen Erythrocyten im Blutkreislauf vor u. während der Zufuhr von Konservenblut sowie im Konservenblut während der Aufbewahrung bestimmen. (Хирургия [Chirurgie] **32.** Nr. 3. 47—50. März 1956.) G. BREHM. 4880

J. R. Geigy Akt.-Ges., übert. von: **Willy Stoll,** Basel, und **Charles J. Morel,** Arlesheim, Schweiz, *α-Aryl-β.β.β-trichloräthanole* der allg. Formel I erhält man 1. bei der Kondensation nach FRIEDEL-CRAFTS von Chloral mit einer Verb. der Formel (R)(Hal)C_6H_4 in Ggw. von $AlCl_3$, $FeCl_3$, $SnCl_4$, BF_3, $TiCl_4$, gegebenenfalls in Ggw. eines inerten Lösungsm., wie CS_2 oder CCl_4; 2. durch Addition von $CHCl_3$ an Aldehyde der Formel (R)(Hal)C_6H_3CHO in Ggw. von Alkalihydroxyd; 3. durch Red. disubstituierter Trichloracetophenone der Formel (R)(Hal)$C_6H_3COCl_3$, z. B. unter Verwendung von Al-Isopropylat nach MEERWEIN-PONNDORF, u. 4. aus Dihalogenverbb. der Formel (R)(Cl)C_6H_3X durch Überführen in die GRIGNARD-Verb. u. anschließende Rk. mit Chloral. Im allg. tritt das Trichloroxyäthylradikal bei der FRIEDEL-CRAFTS-Kondensation vornehmlich in die p-Stellung zum Halogen des Benzolringes, seltener in die o-Stellung. Die Reindarst. der erhaltenen I erfolgt über das Acetat mit nachfolgender Verseifung, z. B. mit verd. H_2SO_4. In den Formeln bedeuten R = niedrigmol. Alkylreste mit 1—4 C-Atomen u. Hal = Cl oder Br, X = Br oder J. — Man versetzt o-Chlortoluol u. Chloral in CS_2 bei 0—5° mit $AlCl_3$, rührt anschließend 48 Std. u. dest. mit Wasserdampf. Der Rückstand wird mit Ae. extrahiert, mit W. gewaschen u. über Na_2SO_4 getrocknet. Über das Acetat (F. aus A. 93—94°) mit nachfolgender Verseifung u. Extraktion mit Ae. erhält man bei der Dest. im Vakuum *α-(3-Methyl-4-chlorphenyl)-β.β.β-trichloräthanol*, viscoses, farbloses Öl, $Kp._{0,1}$ 118—119°. Mit m-Chlortoluol erhält man eine Mischung von *α-(2-Chlor-4-methylphenyl)-β.β.β-trichloräthanol* u. *α-(2-Methyl-4-chlorphenyl)-β.β.β-trichloräthanol*, $Kp._{0,05}$ 117—118°, u. mit p-Chlortoluol *α-(2-Chlor-5-methylphenyl)-β.β.β-trichloräthanol*, $Kp._{0,2}$ 115°; *Acetat*, F. 79—80°. — o-Bromtoluol ergibt *α-(3-Methyl-4-bromphenyl)-β.β.β-trichloräthanol*, $Kp._{0,3}$ 132—133°; aus m-Bromtoluol erhält man eine Mischung von *α-(2-Brom-4-methylphenyl)-β.β.β-trichloräthanol* u. *α-(2-Methyl-4-bromphenyl)-β.β.β-trichloräthanol*, $Kp._{0,18}$ 126—127°. — 2-Chlor-4-bromtoluol in Ae.-Lsg. mit Mg u. Chloral unter Rückfluß erhitzt, ergibt nach Aufarbeitung *α-(3-Chlor-4-methylphenyl)-β.β.β-trichloräthanol*, $Kp._{0,1}$ 109—110°; *Acetat*, F. 65°. — Mit 3-Chlor-4-bromtoluol erhält man *α-(2-Chlor-4-methylphenyl)-β.β.β-trichloräthanol*, $Kp._{0,25}$ 119—120°; *Acetat*, F. 68—69°. — Mit 2-Brom-5-chlortoluol erhält man *α-(2-Methyl-4-chlorphenyl)-β.β.β-trichloräthanol*, $Kp._{0,1}$ 122—123°; *Acetat*, F. 104°. — 3-Chlor-4-methylbenzaldehyd mit absol. $CHCl_3$ u. gepulvertem KOH bei 25—30° gerührt, ergibt *α-(3-Chlor-4-methylphenyl)-β.β.β-trichloräthanol*, $Kp._{0,1}$ 109—110°. — Wasserfreies $AlCl_3$, o-Chlortoluol u. Trichloracetylchlorid ergeben *3-Methyl-4-chlor-ω.ω.ω-trichloracetophenon*, $Kp._{13}$ 162—163°. Dieses ergibt mit Al-Isopropylat in absol. Isopropanol bei schwachem Sieden *α-(3-Methyl-4-chlorphenyl)-β.β.β-trichloräthanol*, $Kp._{0,1}$ 118—119°. — *Anthelminthica.* (**A. P. 2 686 816** vom 30/11. 1950, ausg. 17/8. 1954. Schwz. Prior. 16/12. 1949.) G. KÖNIG. 4807

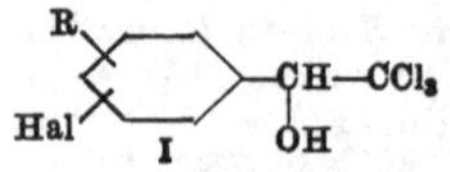

Roche Products Ltd., Welwyn Garden City, Hertfordshire, England, *Diphenylacetyldiamine* der Formel $(C_6H_5)_2$CH·CO·N(Alkyl)·CH(C_6H_5)·CH(R)·N$(Alkyl)_2$, worin R = H oder CH_3 bedeutet, wirken *spasmolyt.*, *broncholyt.* u. *vasodilatorisch.* — *1-Oxy-1-phenyl-2-isopropylaminoäthan* (**I**), aus Styroloxyd u. Isopropylamin im Rohr bei 90°, F. 90°. — *1-Oxy-1-phenyl-2-(methylisopropylamino)-äthan* (**II**), beim Kochen von **I** mit HCOOH u. CH_2O, $Kp._{0,7}$ 99—102°. — *1-Chlor-1-phenyl-2-(methylisopropylamino)-äthanhydrochlorid* (**III**), aus **II** u. $SOCl_2$, F. 125—127°. — *1-Methylamino-1-phenyl-2-(methylisopropylamino)-äthanhydrobromid* (**IV**), man erhitzt **III** mit Methylamin u. Methanol im Rohr auf 120°, macht alkal. u. setzt mit HBr um, F. 161—163°. — *1-(Diphenylacetylmethylamino)-1-phenyl-2-(methylisopropylamino)-äthanhydrobromid*, aus **IV** u. Diphenylacetylchlorid in Pyridin, F. 171—172°. — Analog: *1-Äthylamino-1-phenyl-2-(methylisopropylamino)-äthandihydrobromid* (F. 188—190°) → *1-(Diphenylacetyläthylamino)-1-phenyl-2-(methylisopropylamino)-äthanhydrobromid* (F. 160—161°). — *1-Isopropylamino-1-phenyl-2-(methylisopropylamino)-äthandihydrobromid* (F. 215—217°) → *1-(Diphenylacetylisopropylamino)-1-phenyl-2-(methylisopropylamino)-äthanhydrobromid* (F. 205—207°). — *1-Oxy-1-phenyl-2-(n-butylmethylamino)-äthan* ($Kp._{0,9}$ 120°) → *1-Chlor-1-phenyl-2-(n-butylmethylamino)-äthan* (F. 129—130°) → *1-Methylamino-1-phenyl-2-(n-butylmethylamino)-äthan* ($Kp._{0,6}$ 94°) → *1-(Diphenylacetylmethylamino)-1-phenyl-2-(n-butylmethylamino)-äthanhydrobromid* (F. 214—215°) → *1-(Diphenylacetylmethylamino)-1-phenyl-2-(n-butylmethylamino)-äthan* (F. 167—169°). — *1-(Diphenylacetylmethylamino)-1-phenyl-2-dimethylaminopropan*, F. 91—93°; *Hydrochlorid*, F. 231—234°. — *1-Chlor-1-phenyl-*

2-dimethylaminopropan (F. 62—63⁰) → *1-Isopropylamino-1-phenyl-2-dimethylaminopropandihydrochlorid* (F. 243—244⁰) → *1-(Diphenylacetylisopropylamino)-1-phenyl-2-dimethylaminopropanhydrobromid* (F. 164—166⁰). — *1-Isopropylamino-1-phenyl-2-dimethylaminoäthandihydrochlorid* (F. 222—224⁰) → *1-(Diphenylacetylisopropylamino)-1-phenyl-2-dimethylaminoäthanhydrochlorid* (F. 187—189⁰). — *1-Chlor-1-phenyl-2-(äthylmethylamino)-propanhydrochlorid* (F. 142—145⁰) → *1-Isopropylamino-1-phenyl-2-(äthylmethylamino)-propandihydrochlorid* (F. 224—227⁰) → *1-(Diphenylacetylisopropylamino)-1-phenyl-2-(äthylmethylamino)-propanhydrobromid*, F. 186—188⁰. — *1-Methylamino-1-phenyl 2-(äthylmethylamino)-propandihydrochlorid* → *1-(Diphenylacetylmethylamino)-1-phenyl-2-(äthylmethylamino)-propanhydrobromid*, F. 219—220⁰. — *1-Chlor-1-phenyl-2-(methylisopropylamino)-propanhydrochlorid* (F. 136—138⁰) → *1-Isopropylamino-1-phenyl-2-(methylisopropylamino)-propandihydrobromid* (F. 218—221⁰) → *1-(Diphenylacetylisopropylamino)-1-phenyl-2-(methylisopropylamino)-propanhydrobromid* (F. 174—176⁰). (**E. P. 729 003** vom 10/6. 1953, ausg. 27/4. 1955. A. Prior. 12/6. 1952.)
G. Langer. 4807

Novocol Chemical Manufacturing Co. of Canada Ltd., Toronto, Can., *Herstellung von m-Aminoalkoxybenzoesäureestern* der allg. Formel **I**, in der R_1 u. R_4 H oder Alkyl mit 1—8 C-Atomen, R_3 Alkyl mit 1—16 C-Atomen, R_2 Alkyl mit 1—8 C-Atomen bedeuten u. OR_3 in 2-, 5- oder 6-Stellung am Benzolring sitzt, nach bekannten Methoden.— *3-Amino-2-butoxybenzoesäure-β-diäthylaminoäthylesterhydrochlorid*, viscoses Öl, wird über die folgenden Zwischenprodd. hergestellt: 3-Nitrosalicylsäure (**II**), F. 146—149⁰; **II**-Methylester, F. 128—131⁰; 3-Nitro-2-butoxybenzoesäure (**III**), F. 50—54⁰; **III**-β-Diäthylaminoäthylester, F. 126—130⁰. — *3-Amino-5-butoxybenzoesäure-β-diäthylaminoäthylesterhydrochlorid*, viscoses Öl, wird über die folgenden Zwischenprodd. hergestellt: 3-Nitro-5-aminobenzoesäure, F. 208—211⁰; 3-Nitro-5-oxybenzoesäure (**IV**), F. 192—194⁰; **IV**-Methylester, F. 154—156⁰; 3-Nitro-5-butoxybenzoesäure, F. 123—125⁰. — Analog werden die Hydrochloride der folgenden 3-Amino-5-butoxybenzoesäureester hergestellt: *β-Isobutylaminoäthyl-*, F. 180—182⁰; *β-n-Amylaminoäthyl-*, F. 188—190⁰; *β-Äthylaminoäthyl-*, F. 220—223⁰; *β-n-Propylaminoäthyl-*, F. 148—152⁰, über 3-Nitro-5-butoxybenzoesäure-β-n-propylaminoäthylesterhydrochlorid, F. 110 bis 114⁰. — *3-Amino-6-butoxybenzoesäure-β-diäthylaminoäthylesterhydrochlorid*, F. 103 bis 106⁰, wird über die folgenden Zwischenprodd. hergestellt: 3-Nitro-6-oxybenzoesäuremethylester, F. 113—114⁰; 3-Nitro-6-butoxybenzoesäure (**V**), F. 115—117⁰; **V**-β-Diäthylaminoäthylester, F. 134—136⁰. — Analog werden die *Hydrochloride* der folgenden *3-Aminobenzoesäureester* hergestellt: *6-Decoxy-β-diäthylaminoäthyl-*, F. 200—220⁰, über 3-Nitro-6-decoxybenzoesäure (**VI**), F. 70—71⁰; **VI**-β-Diäthylaminoäthylesterhydrochlorid, F. 104—107⁰; *6-Cetoxy-β-diäthylaminoäthyl-*, wachsartig, über 3-Nitro-6-cetoxybenzoesäure (**VII**), F. 74—78⁰; **VII**-β-Diäthylaminoäthylesterhydrochlorid, F. 62—65⁰. *6-Cetoxy-β-isobutylaminoäthyl-*, F. 83—86⁰, über 3-Nitroverb., F. 88—91⁰. *Hydrochloride* der *3-Amino-6-butoxybenzoesäureester: β-Isobutylaminoäthyl-*, F. 196—199⁰, 3-Nitroverb., F. 159—161⁰. *β-n-Amylaminoäthyl-*, F. 173—176⁰, 3-Nitroverb., F. 115—120⁰. *β-(1'-Methylbutyl)-aminoäthyl-*, F. 159—163⁰. *β-(2'-Äthylhexyl)-aminoäthyl-*, F. 179—181⁰. *β-Dimethylaminoäthyl-*, F. 129—133⁰, 3-Nitroverb., F. 131—135⁰. *β-(1'-Methylheptyl)-aminoäthyl-*, F. 194—198⁰. — *3-Butylamino-6-butoxybenzoesäure-β-diäthylaminoäthylesterhydrochlorid*, Öl. — *Lokalanästhetica*. (**E. P. 728 527** vom 27/11. 1952, ausg. 20/4. 1955. A. Prior. 12/12. 1951.)
E. Carl. 4807

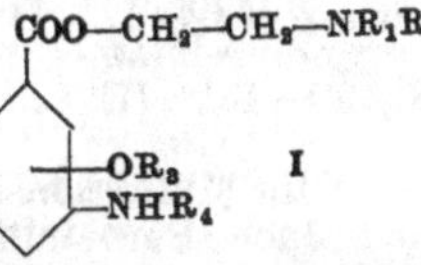

I

Rheinpreußen Akt.-Ges. für Bergbau und Chemie, Homberg/Ndrh. (Erfinder: **Heinrich Schmitz**, Moers-Meerbeck), *Herstellung oberflächenanästhetisch wirksamer Alkaminester der 4-n-Butylaminosalicylsäure*, dad. gek., daß man 4-n-Butylaminosalicylsäure oder ihre niedrigmol. Ester oder ihre Salze nach an sich bekannten Methoden in Dialkylaminoäthanolester überführt. — *β-Diäthylaminoäthylester*, Öl; *Hydrochlorid*, F. 136⁰. — *β-Piperidinoäthylester*, Öl; *Hydrochlorid*, F. 135⁰. — *β-Dimethylaminoäthylesterhydrochlorid*, F. 157⁰. (**D. B. P. 940 706** Kl. 12q vom 30/1. 1951, ausg. 22/3. 1956. Anmeldung bekanntgemacht 26/6. 1952.)
G. Langer. 4807

N. V. Koninklijke Pharmaceutische Fabrieken, Amsterdam, Holland, *Benzilsäureester* mit guter *spasmolyt.* Wrkg., die noch die der entsprechenden Mandelsäureester übertrifft, sind die Ester der Benzilsäure (**I**) mit folgenden Alkoholen: 2-Methylpropanol-(1), $Kp._9$ 185⁰; Pentanol-(2), $Kp._2$ 158⁰; Pentanol-(3), $Kp._{0,1}$ 154⁰; 2-Methylbutanol-(1) (**II**), $Kp._{0,5}$ 168⁰, Gemisch aus opt.-akt. **II** u. inakt. 2-Methylbutanol-(4) (Gärungsamylalkohol), $Kp._{0,05-0,1}$ 145⁰; Heptanol-(1), $Kp._{0,1}$ 176⁰; Heptanol-(3), $Kp._{0,05}$ 156⁰; 2-Methylhexanol-(1), $Kp._{0,1}$ 195⁰; 2.6-Dimethylheptanol-(4), $Kp._{0,1}$ 125⁰; 3.5.5-Trimethylhexanol,

F. 45°; 5-Äthylnonanol-(2), $Kp._{0,01}$ 184°; Dodecanol-(1), $Kp._{0,01}$ 222°; 2.6.8-Trimethylnonanol-(4), $Kp._{0,1}$ 164°; Salicylalkohol; 3.3.5-Trimethylcyclohexanol, F. 79°; 1-Menthol, $Kp._{0,1}$ 160°; Borneol, $Kp._{0,1}$ 165°; Tetrahydrofurfuralkohol, $Kp._{0,1}$ 200°. (**E. P. 740 959** vom 12/6. 1952, ausg. 23/11. 1955. Holl. Prior. 13/6. 1951.) O. MÜLLER-MEININGEN. 4807

Ciba Ltd., Basel, Schweiz, *Quaternäre Ammoniumsalze* der Formel **I**, worin R_1—R_4 Alkylgruppen mit 1—3 C-Atomen, R_5 u. R_6 Methyl-, Äthyl- oder Aralkylgruppen u. A = Anionen bedeuten, wirken *curareartig.* — (*Dibenzylen-(4.4')-bis-* = **II**). — **II**-(*trimethylammoniumjodid*).

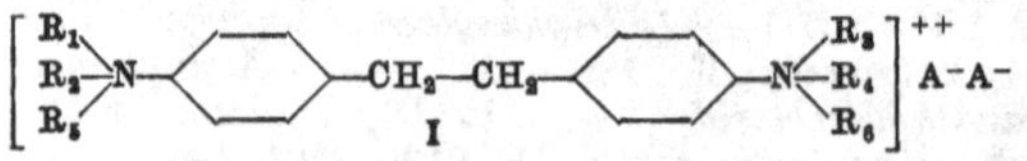

Beim Kochen von 4.4'-Diaminodibenzyl mit Methyljodid, A. u. NaOH, F. 235—240°; gibt mit AgCl das entsprechende *Dichlorid*, F. 235°. — Analog: **II**-*bis-(dimethyläthylammoniumjodid)*, F. 213—217°. — **II**-(*dimethylbenzylammoniumbromid*), F. 150—153°. — **II**-(*diäthylmethylammoniumbromid*), F. 225—230°. — **II**-(*diäthylbenzylammoniumbromid*), F. 235—241°. — **II**-(*triäthylammoniumchlorid*), F. 216—221°. — **II**-(*dimethyl-p-methylbenzylammoniumbromid*), F. 194—198°. — **II**-(*dimethyl-p-nitrobenzylammoniumbromid*), F. 140—143°. — **II**-(*dimethyl-p-chlorbenzylammoniumchlorid*), F. 123—126°. — **II**-(*dimethyl-m-methylbenzylammoniumbromid*), F. 143—146°. — **II**-(*dimethyl-p-methoxybenzylammoniumpikrylsulfonat*), F. 170°. — **II**-(*trimethylammoniummethylsulfat*), F. 225—230°. — **II**-(*dimethylpropylammonium-p-toluolsulfonat*), F. 185—188°. — **II**-(*dimethylbenzylammoniumjodid*), F. 189—191°. (**E. P. 741 112** vom 29/5. 1953, ausg. 23/11. 1955. A. Prior. 2/6. 1952.) G. LANGER. 4807

Olin Mathieson Chemical Corp., New York, N. Y., übert. von: **Harry Louis Yale** und **Jack Bernstein,** New Brunswick, N. J., V. St. A., *Hydrazone heterocyclischer Carbonsäureamide.* Man setzt Furan-2-carbonsäurehydrazid in A. mit Glucose (**I**) zum *Hydrazon* um, F. 174—175°. — Analog verläuft die Rk. von Thiophen-2-carbonsäurehydrazid mit **I**; *Hydrazon,* F. 190—192°. — Verbb. mit *Wrkg. gegen Tuberkulose.* (**A. P. 2 733 237** vom 28/5. 1952, ausg. 31/1. 1956.) K. FABEL. 4807

Lepetit S. p. A. (Erfinder: **Gino Carrara** und **Renato Ettorre**), Mailand, Italien, *Herstellung von 5-Nitrothiophenderivaten* der allg. Formel **I** (R = H oder Halogen; Z = OH, NH_2 oder Alkoxy). Man setzt 5-Nitrothiophen-(2)-aldehyd mit CH_3CHO in Ggw. von Acetanhydrid u. einem bas. Kondensationsmittel (25%ig. KOH in CH_3OH) um, halogeniert das erhaltene *5-Nitrothienyl-(2)-acrolein* (**II**) gegebenenfalls am α-C-Atom, oxydiert dann mit CrO_3 in CH_3COOH u. verestert oder amidiert die erhaltenen Carbonsäuren. Hergestellt werden: **II**, F. 129 bis 130°. — *α-Brom-β-***II**, F. 184—185°. — *5-Nitrothienyl-(2)-acrylsäure,* F. 253° (Zers.); *Äthylester,* F. 96—98°; *Amid,* F. 234 bis 235°. — *α-Brom-β-[5-nitrothienyl-(2)]-acrylsäure,* F. 255—256°; *Äthylester,* F. 128—129°; *Amid,* F. 217—218°. — *Bakterieide, Fungicide.* (**D. B. P. 942 994** Kl. 12q vom 29/10. 1954, ausg. 9/5. 1956. Anmeldung bekanntgemacht 24/11. 1955. E. Prior. 3/11. 1953.) K. FABEL. 4807

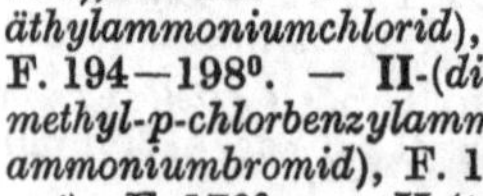

Lepetit S. p. A. (Erfinder: **Gino Carrara** und **Alberto Vecchi**), Mailand, Italien, *Herstellung von 5-Nitrothiophenderivaten* der allg. Formel **I** (R = H oder Halogen; Z = Halogen, OH oder niedrige aliphat. oder aromat. Acyloxygruppe). Man hydriert Aldehyde der allg. Formel **II** mit $NaBH_4$ in einem Lösungsm. selektiv u. verestert gegebenenfalls die entstandenen Alkohole, z. B. mit $p-NO_2-C_6H_4-COOH$, oder tauscht OH gegen Halogen aus. — Hergestellt werden: *5-Nitrothienyl-(2)-allylalkohol,* F. 79—80°; *p-Nitrobenzoesäureester,* F. 147—148°. — *α-Brom-β-[5-nitrothienyl-(2)]-allylalkohol,* F. 143—144°; *p-Nitrobenzoesäureester,* F. 186—187°. — *1-[5'-Nitrothienyl-(2')]-2-brom-3-chlorpropen,* F. 103°. — *1-[5'-Nitrothienyl-(2')]-2.3-dibrompropen,* F. 119°. — *Bakterieide, Fungicide.* (**D. B. P. 943 051** Kl. 12q vom 29/10. 1954, ausg. 9/5. 1956. Anmeldung bekanntgemacht 24/11. 1955. E. Prior. 3/11. 1953.) K. FABEL. 4807

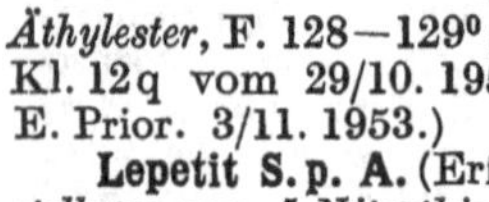

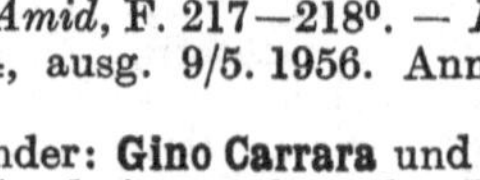

May & Baker Ltd., Dagenham, Essex, England, *Bis-quaternäre Salze von Pentamethylen-bis-pyrrolidinen.* Man setzt z. B. N-Methylpyrrolidin in absol. A. mit 1.6-Dibromhexan zu *Hexamethylen-bis-N-(N-methylpyrrolidinium)-dibromid,* F. 227—230° um. — Mit 1.5-Dibrompentan → *Pentamethylen-bis-N-(N-methylpyrrolidinium)-dijodid,* F. 292°. — *Pentamethylen-1.5-bis-N-(N-methylpyrrolidinium)-bitartrat,* F. 214° (Zers.). — *Ganglienblockierende Mittel.* (**Belg. P. 516 849** vom 10/1. 1953, ausg. 12/11. 1954. Schwed. Priorr. 11/12. 1951 u. 12/6. 1952.) G. KRAUSS. 4807

Badische Anilin- & Soda-Fabrik Akt.-Ges., Ludwigshafen/Rh. (Erfinder: **Richard Kuhn** und **Friedrich Drawert,** Heidelberg), *Thiazoline* werden erhalten durch Rk. von aliphat. oder cycl. Nitrilen mit β-Mercaptoalkylaminen. — Z. B. erhitzt man 5 (Teile) Acetonitril mit 10 Cysteamin in 10 absol. A. 6 Std. unter Rückfluß. Nach beendeter NH_3-Entw. wird in W. gegossen, mit KOH alkal. gestellt u. das abgeschiedene 2-Methylthiazolin in Ae. aufgenommen. Durch Dest. erhält man 10 (= 80%) reines *2-Methylthiazolin*, $Kp._{760}$ 143—145°. — Analog werden erhalten: *2-Benzylthiazolin*, $Kp._{12}$ 150 bis 153°; 81%. — *Thiazolinyl-(2)-essigsäureäthylester*, $Kp._3$ 125—128°, F. 42—43°, Pikrat, F. 115—115,5°. — *2.2'-Dithiazolinylmethan*, $Kp._{0,0003}$ 112—120°, F. 65—66°; 84%, Monopikrat, F. 181—182°, Monojodmethylat, F. 210° (Zers.). — *α.β-Dithiazolinyl-(2.2')-äthan*, $Kp._2$ 140—142°, F. 52°; 62%. — *α.δ-Dithiazolinyl-(2.2')-butan*, $Kp._{0,03}$ 93—105°, F. 36—37°, gelbes Monopikrat, F. 120—121°, gelbes Dipikrat, F. 176—178°, Dijodmethylat, F. 210° (Zers.). — *2.2'-Dithiazolinyl*, F. 129—130°. — *2-Skatylthiazolin*, $Kp._{0,03}$ 170—185°, aus Essigester farblose Rhomben, F. 102—103°; 72%. — *1'-Naphthylthiazolinyl-(2)-methan*, $Kp._7$ 185—195°, Pikrat: gelbe Nadeln, F. 158—159°; Jodmethylat, F. 200—202° (Zers.). — *2-(2'-Pyridyl)-thiazolin*, $Kp._5$ 137—139°, gelbes Pikrat, F. 177 bis 178° (Zers.). — *2-Phenylthiazolin*, $Kp._3$ 105—107°; 89%, Pikrat, F. 175—176°. — *2-Äthylthiazolin*, $Kp._{760}$ 160—163°, gelbes Pikrat, F. 135—136°. — *Heilmittel*. (**D. B. P. 937 231** Kl. 12p vom 21/2. 1954, ausg. 29/12. 1955. Anmeldung bekanntgemacht 14/7. 1955.) H. BRÄUCKER. 4807

May & Baker Ltd., Dagenham, England (Erfinder: **Arthur Adams**), *2-Thiazolcarbonsäurehydrazide*, die in 5-Stellung durch niedermol. Alkylreste (1—3 C) substituiert sein können, erhält man durch Rk. der entsprechenden Ester oder Chloride mit Hydrazinhydrat (100%ig.). — Z. B. rührt man tropfenweise in die Lsg. von 40 cm^3 Hydrazinhydrat in 250 A. 40 g 2-Thiazolcarbonsäureäthylester, erhitzt gegen Ende der Rk. u. trennt nach Kühlung die abgeschiedenen Kristalle ab: *2-Thiazolcarbonsäurehydrazid*, Blättchen, F. 169—170° (aus A.). Analog: *5-Methyl-2-thiazolcarbonsäurehydrazid*, Nadeln vom F. 177—178° (aus A.). — *Heilmittel*. (**E. P. 729 331** vom 15/8. 1952, ausg. 4/5. 1955.) H. BRÄUCKER. 4807

Wellcome Foundation Ltd., London, England (Erfinder: **Leslie Percy Walls**), *Quaternäre Phenanthridiniumsalze* erhält man durch Rk. von Äthylsulfat mit 2.7-Biscarbäthoxyamino-9-thienylphenanthridin (I) oder einem anderen 2.7-disubstituierten 9-α-Thienylphenanthridin, das nach der Quaternisierung in die entsprechende 2.7-Diaminoverb. umgewandelt werden kann, bei erhöhter Temp. u. in Ggw. eines organ. Lösungsm. (Nitrobenzol). — Aus 10 (g) I in 100 ml Nitrobenzol u. 10 ml säurefreiem Äthylsulfat entsteht durch $^1/_2$std. Erhitzen auf 155° *2.7-Bis-carbäthoxyamino-10-äthyl-9-α-thienylphenanthridiniumäthylsulfat*, kleine, orangegelbe Nadeln, die sich bei 233 bis 235° zers. u. die in W., CH_3OH u. A. gut lösl. sind. — 3,5 dieses Salzes werden mit 5,2 ml konz. H_2SO_4 u. 2,6 ml W. 40 Min. auf 145° erhitzt u. dann mit 40 ml W. verdünnt. Nach dem Neutralisieren mit NH_3 krist. das *2.7-Diamino-10-äthyl-9-thienylphenanthridiniumäthylsulfat* (II) in schwarzen Platten, die sich bei 248—250° zersetzen. Durch Rk. des Äthylsulfats II mit KBr in heißem W. entsteht das entsprechende *Bromid*, purpurnschwarze Nadeln, die sich bei 245° zersetzen. *Chlorid*, purpurne Nadeln, F. 244—246°, sehr leicht wasserlöslich. — *Heilmittel* bei Infektionen durch *Trypanosoma congolense* mit besserer Wrkg. als die entsprechenden N-Methylderivate. (**E. P. 734 934** vom 14/5. 1952, ausg. 10/8. 1955.) R. LINK. 4807

American Cyanamid Co., New York, übert. von: **Leon Goldman**, Nanuet, N. Y., und **Richard P. Williams**, Westwood, N. J., V. St. A., *Herstellung von Carbobenzoxypiperazinen* der allg. Formel I, worin R niedrige Alkyl-, Aralkyl-, alicycl. oder Cyclohexylgruppen darstellt. Die Verbb. werden erhalten durch Rk. der Piperazine mit reduzierenden Mitteln, wie Ameisensäure, Zn–HCl- oder H_2–Pt-Katalysatoren, in Ggw. von einem niederen Alkylaldehyd, Benzylaldehyd oder Cyclohexanon. Die Oxyde werden aus den Verbb. der Formel I mit H_2O_2 in inertem Lösungsm. erhalten. Nach den Mengenbeispielen werden erhalten: *1-Carbobenzoxy-4-methylpiperazinium-p-toluolsulfonat*, F. 175—175,5°; *1-Carbobenzoxy-4-methylpiperazin*, $Kp._{0,3}$ 134—141°, *Hydrochlorid*, F. 158 bis 159°; *1-Carbobenzoxy-4-äthylpiperazinium-p-toluolsulfonat*, F. 147 bis 147,5°; *1-Carbobenzoxy-4-äthylpiperazin*, Öl, *Hydrochlorid*, F. 163 bis 164°; *1-Carbobenzoxy-4-n-propylpiperazinium-p-toluolsulfonat*, F. 102—107°; *1-Carbobenzoxy-4-n-propylpiperazin*, Öl, *Hydrochlorid*, F. 162—163°; *1-n-Butyl-4-carbobenzoxypiperazinium-p-toluolsulfonat*, F. 139,5—140,5°; *1-n-Butyl-4-carbobenzoxypiperazin*, Öl, *Hydrochlorid*, F. 152°; *1-Carbobenzoxy-4-cyclohexylpiperazinhydrochlorid*, F. 202—203°, nach Verfestigung u. langsamem Erhitzen F. 217—218°; *1-Carbobenzoxy-4-cyclohexylpiperazin*, Öl; *1-Carbobenzoxy-4-benzylpiperazinhydrochlorid*, F. 222°; *1-Carbobenzoxy-4-benzylpiperazin*, gelbes Öl; *1-Carbobenzoxy-4-methylpiperazin-4-oxyd*, sehr hygroskop.,

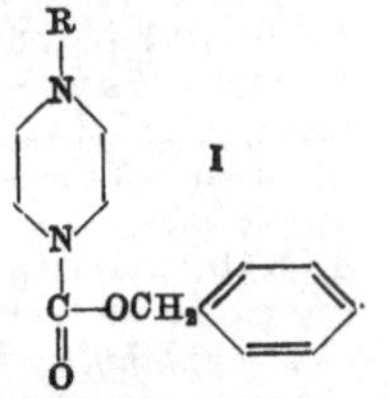

I

als *Anhydrid*, F. 149,5—150,5°; *1-Carbobenzoxy-4-äthylpiperazin-4-oxyd, Monohydrat* F. 92,5—93,5°; *1-Carbobenzoxy-4-n-propylpiperazin-4-oxyd*, F. 159°; *1-Carbobenzoxy-4-n-butylpiperazin-4-oxyd*, F. 146—147°; *1-Carbobenzoxy-4-cyclohexylpiperazin-4-oxyd*, F. 170—171°; *1-Carbobenzoxy-4-benzylpiperazin-4-oxyd*, F. 175—176°. — *Antimikrobielle Eigg.*, auch antispasmod. u. antikonvulsiv. Wirkung. (**A. PP. 2 724 712** vom 19/2. 1954 u. **2 724 713** vom 24/3. 1954, beide ausg. 22/11. 1955.) H. SCHINDLER. 4807

Martin Strell und **Manuel Rupprecht** (gleichzeitig Erfinder), München, *Herstellung niedrighalogenierter Phenthiazinabkömmlinge*. Phenthiazin wird mit PCl_5 in solchen Mengen umgesetzt, daß auf je ein eintretendes Halogenatom 1 Mol PCl_5 bzw. ein geringer Überschuß angewendet wird. — Z. B. gibt man zu 6 (Teilen) Phenthiazin in 200 Chlf. 18,8 PCl_5 u. erhitzt 3 Std. unter Rückfluß, dest. das Lösungsm. ab, nimmt in W. auf u. filtriert das Chlorierungsprod. ab. Das Rohprod. wird zur Reinigung in Aceton gelöst, mit Natriumdithionit entfärbt u. mit W. gefällt. *Dichlorphenthiazin*, F. 227°; 89% (Ausbeute). Analog: *Dibromphenthiazin*, F. 190—196° (Zers.); 97,5%. — *Zwischenprodd. zur Herst. von Heilmitteln.* (**D. B. P. 938 669** Kl. 12p vom 17/3. 1954, ausg. 2/2. 1956. Anmeldung bekanntgemacht 11/8. 1955.) H. BRÄUCKER. 4807

Drug Houses of Australia Ltd., Melbourne (Erfinder: **Edward Ivan Rosenblum**, Mount Eliza, und **Walter Seward Taylor**, Balwyn, Victoria), Australien, *Herstellung von therapeutisch wertvollen Acylderivaten von d- oder l-Hyoscin* (**I**; Scopolamin) oder Atroscin (**II**; = dl-Hyoscin), dad. gek., daß man d- oder l-**I** oder **II** oder deren Gemische oder deren Salze mit Säuren in bekannter Weise mit Acylierungsmitteln (bes. Säurechloride oder -anhydride von Säuren mit 1—6 C-Atomen) acyliert u. die entstandenen Acylderivv. in Form ihrer Salze u. Säuren abtrennt u. reinigt. — *l*-**I**-Hydrobromid + Essigsäureanhydrid bei 85—100° → *Acetyl-l-hyoscinhydrobromid*, aus A., F. 189,5—190°; $[\alpha]_D$ —26,6°; Ausbeute 95 (%). — **II**-Hydrobromid + Essigsäureanhydrid bei 85° → *Acetylatroscinhydrobromid*, aus A., F. 175°; $[\alpha]_D$ —1° (5 in A.). — *Acetyl-d-hyoscinhydrobromid*, aus A., F. 188,5°. — *Propionyl-l-hyoscinhydrobromid*, F. 134°. — *Propionylatroscinhydrobromid*, F. 133°, ist opt. inaktiv. — *n-Butyryl-l-hyoscinhydrobromid*, F. 173°. — *n-Butyrylatroscinhydrobromid*, F. 152,5°. — *n-Butyryl-d-hyoscinhydrobromid*, F. 170°. — *Benzoyl-l-hyoscinhydrobromid*, F. 181,5°. — *Valerylhyoscin*. — Die biol. Absorptionsgeschwindigkeit der Verbb. ist geringer als die der nichtacylierten Prodd., wodurch die Wirksamkeit *verlängert* wird. — Die *spasmolyt.* Wrkg. wird stärker herabgesetzt als die Wrkg. auf das Zentralnervensyst., weshalb die Verbb. länger wirksam sind u. geringere Nebenwirkungen zeigen (vgl. Tabellen). — Wirksame *Bekämpfungsmittel* für *See-* u. *Luftkrankheiten*; gute *Beruhigungsmittel*. (**D. B. P. 937 895** Kl. 12p vom 12/5. 1953, ausg. 19/1. 1956. Anmeldung bekanntgemacht 28/7. 1955. **E. P. 740 830** vom 1/4. 1953, 23/11. 1955. Beide Aust. Prior. 21/8. 1952.) G. KRAUSS. 4807

University of Michigan, übert. von: **Frederick F. Blicke**, Ann Arbor, Mich., V. St. A., *Tropasäure u. analoge Verbindungen* der Formel $HOCH_2C(R)(R')—COOH$ (R = Aryl mit 1—2 Ringen mit < 15 C-Atomen, Oxyaryl, Alkylaryl, Thienyl, Alkylthienyl; R' = H, Alkyl) erhält man durch Kondensation einer Säure R—CH(R')—COOH mit Mg u. Alkylhalogenid, Rk. der entstandenen GRIGNARD-Verb. X—Mg—C(R)(R')—COOH (X = Halogen) mit CH_2O u. anschließende Hydrolyse. — Aus Na-Phenylacetat + Mg + Isopropylchlorid in Ae. in Ggw. einer Spur Äthylbromid unter Erhitzen, anschließendem Abkühlen u. Zusatz von CH_2O bei 10° → *Tropasäure*, aus Bzl. F. 116—117°; Ausbeute 65,5%. — Na-2-Thienylacetat → *α-(2-Thienyl)-β-oxypropionsäure*, F. 95—96°. — Na-p-Xenylacetat → *α-(p-Xenyl)-β-oxypropionsäure*, $C_{15}H_{14}O_3$, aus Isopropanol F. 207—209° (Zers.). — Na-Diphenylacetat → *α.α-Diphenyl-β-oxypropionsäure*, $C_{15}H_{14}O_3$, F. 158—159°. — Na-Benzylphenylacetat → *α-Benzyl-α-phenyl-β-oxypropionsäure*, $C_{16}H_{16}O_3$, aus Toluol F. 188—189°. — Na-Phenylphenoxyessigsäure → *α-Phenyl-α-phenoxy-β-oxypropionsäure*, $C_{15}H_{14}O_4$, F. 160—161° (Zers.). — Phenyl-(2-thienyl)-essigsäure → *α-Phenyl-α-(2-thienyl)-β-oxypropionsäure*. — Bis-(2-thienyl)-essigsäure → *α·α-Bis-(2-thienyl)-β-oxypropionsäure*. — α-Phenylpropionsäure → *α-Phenyl-α-methyl-β-oxypropionsäure*. — α-(2-Thienyl)-capronsäure → *α-(2-Thienyl)-α-butyl-β-oxypropionsäure*. — Phenyläthoxyessigsäure → *α-Phenyl-α-äthoxy-β-oxypropionsäure*. — (1-Naphthyl)-benzylessigsäure → *α-(1-Naphthyl)-α-benzyl-β-oxypropionsäure*. — 3-Thienylessigsäure → *α-(3-Thienyl)-β-oxypropionsäure*. — Bis-(p-xenyl)-essigsäure → *α.α-Bis-(p-xenyl)-β-oxypropionsäure*. — 2-Thienyl-(2-phenäthyl)-essigsäure → *α-(2-Thienyl)-α-phenäthyl-β-oxypropionsäure*. — 2-Thienyl-1-naphthylessigsäure → *α-(2-Thienyl)-α-(1-naphthyl)-β-oxypropionsäure*. — 2-Thienyl-o-tolyloxyessigsäure → *α-(2-Thienyl)-α-(o-tolyloxy)-β-oxypropionsäure*. — (5-Methyl-2-thienyl)-essigsäure → *α-(5-Methyl-2-thienyl)-β-oxypropionsäure*. — (3-tert.-Butyl-1-naphthyl)-essigsäure → *α-(3-tert.-Butyl-1-naphthyl)-β-oxypropionsäure*. — Zwischenprodd. zur Herst. von *Atropin* u. *Antispasmodica*. (**A. P. 2 716 650** vom 19/1. 1951, ausg. 30/8. 1955.) G. KRAUSS. 4807

Ortho Pharmaceutical Corp., übert. von: **George Karmas**, Plainfield, N. J., V. St.A., *Dehydratisierung von tertiären Allylalkoholen* der Formel R—CH=CH—C(OH)(R)—CHR—R (R = KW-stoffrest oder H), bes. von Verbb. der Formel I (X = OR u. OOCR; R = KW-stoffrest, die nach J. Amer. chem. Soc. **67.** [1945.] 1627, u. A. PP. 2 472 310; C. **1949.** E. 1418, 2 541 091; C. **1952.** 1082, 2 511 870; C. **1952.** 6127 erhalten werden können) erfolgt durch Erhitzen mit Phenylisocyanat in Ggw. wasserfreier Chelate aus Fe(III)-Ionen u. β-Ketosäureestern, β-Diketonen, Carbonsäuren, organ. Sulfonsäuren u. Phenolen. — Aus dest. I ($X = OCH_3$) in trockenem Bzl. in Ggw. von Phenylisocyanat u. Fe(III)-Salz von Acetylaceton nach 2std. Erhitzen u. Extraktion mit PAe. → Verb. $Kp._{10}$→ 105—115°; n_D^{25} 1,575. — I ($X = CH_3COO$) → Verb. $Kp._{10}$→ 105—120°; n_D^{24} 1,5692. Vgl. A. P. 2 574 484; C. **1953.** 8718. — I haben *Vitamin A-Wirkung.* (**A. P. 2 689 260** vom 7/8. 1951, ausg. 14/9. 1954.) G. KRAUSS. 4809

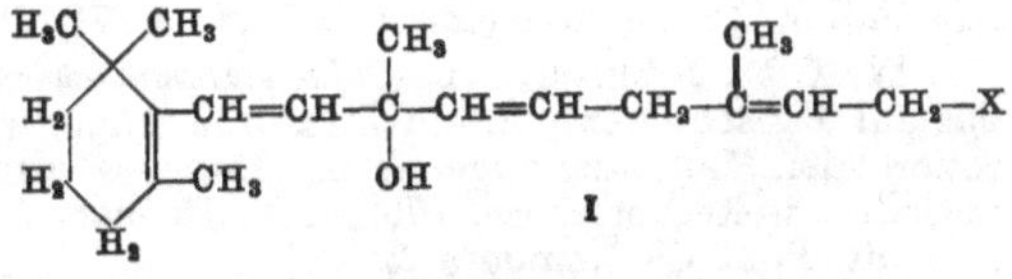

I

Merck & Co., Inc., Rahway, N. J., V. St. A., *Stabilisieren von Vitamin-A-Präparaten* durch Zusatz von 2-tert.-Butyl-4-oxyanisol u./oder 3-tert.-Butyl-4-oxyanisol, sowie von Ascorbylpalmitat u. gegebenenfalls Lecithin bzw. Tocopherol. (**E. P. 748 221** vom 20/11. 1952, ausg. 25/4. 1956. A. Prior. 28/12. 1951.) K. HEINZE. 4809

Richter Gedeon Vegyészeti, Gyár R. T. (Erfinder: **Molnár Béla, Udvardy Istvanné** und **Valu Jozsef**, Budapest, Ungarn, *Herstellung eines reines B_{12}-Vitamin enthaltenden Leberpräparates.* Feinzerteilte Leber wird gegebenenfalls in Ggw. von W. einer Wärmebehandlung unterworfen, bei welcher die in der Leber enthaltenen Enzyme denaturiert werden, eine Koagulierung der Eiweißstoffe jedoch nicht eintritt. Die Enzymwrkg. wird bei 55—65° ausgeschaltet u. bei dieser Temp. der Auszug gewonnen. Man erhitzt auf 80 bis 95°, wobei die Koagulierung der Eiweißstoffe eintritt, u. filtriert. Man kann dem wss. Leberbrei vor der Denaturierung wasserlösl. Cyanide zusetzen. Den wss. Auszug kann man mit akt. Kohle vermischen, auf 60—65° erhitzen u. nach 1 Std. filtrieren oder zentrifugieren. Der erhaltene Kohle-Nd. wird mit W. von 60°, dann mit W. von 30—35°, welches 6% Phenol enthält, u. schließlich mit W. von 60° gewaschen. Mit 67%ig. u. anschließend mit 90%ig., auf 60° erhitzten A. entzieht man der Kohleschicht die Wirkstoffe. Die vereinigten Auszüge werden im Vakuum eingedampft. (**Ung. P. 142 529** vom 31/12. 1952, ausg. 1/12. 1954.) G. KÖNIG. 4809

Gödecke & Co. Chemische Fabrik Akt.-Ges., Berlin-Charlottenburg (Erfinder: **Erich Strotzer**, Memmingerberg), *Herstellung eines Antacidums*, dad. gek., daß eine verd. wss. Lsg., die Alkalisilicat u. Alkalihydroxyd enthält, in eine verd. Lsg. von Al- u. Mg-Salzen so eingegossen wird, daß ein 30% W. enthaltendes Mischsilicat erhalten wird, dessen Glührückstand ca. 16 (%) Al_2O_3, 26 MgO u. 57 SiO_2 enthält. Adsorptive Wrkg. bei Anwendung per os. (**D. B. P. 941 864** Kl. 30h vom 27/3. 1952, ausg. 19/4. 1956. Anmeldung bekanntgemacht 27/10. 1955.) K. HEINZE. 4815

—, Diccionario Español de Especialidades Farmacéuticas Dedef 1956. San Sebastián: Dedef. 1956. (1501 + 249 S.) ptas 300,—.

G. Analyse. Laboratorium.

V. J. Lenger, *Ein Elektropräcipitator zur Probenahme bei großen Geschwindigkeiten.* Beschreibung einer Vorr. zur Probenahme von Aerosolen, Gasen u. Dämpfen bei Geschwindigkeiten von 10—25 m/Sekunde. (Chem. Listy **50.** 146—48. Jan. 1956. Praha, Ústav hyg. práce a chorob z povolání.) V. KAČENA/Prag. 5012

Sterling A. Taylor, *Ein Instrument, um Druck, Vakuum und Temperatur zu regeln.* Ein Relais wird durch einen Kontakt ausgelöst, der um einen Arm eines Hg-Manometers gelegt ist. Sowie die Hg-Säule im Manometer fällt, wird elektr. eine Vakuumpumpe betätigt, die das Vakuum erhöht, bis das Hg wieder den Kontakt erreicht. Ein ähnlicher App. kann auch für den Überdruck eingerichtet werden, indem der Kontakt auf den entgegengesetzten Arm des Manometers gelegt wird. Ebenso lassen sich derartige Kontakte benutzen, um eine konstante Temp. aufrechtzuerhalten. (Soil Sci. **79.** 327—28. April 1955. Logan, Ut., Utah State Agricult. Coll.) A. JACOB. 5016

Hans Ulbricht, *Die Berücksichtigung des Luftauftriebes bei analytischen Wägungen.* (Vgl. C. **1956.** 10299.) Übersicht über Einfl. u. Berücksichtigung des Luftauftriebes bei analyt. Wägungen. (Chemiker-Ztg. **79.** 201—05. 12/4. 1955. Ebingen/Wttbg.) E. MOISAR. 5022

Niilo Kajola, *Vakuumfiltration ohne Saugpumpe.* Es wird eine einfache Filtriervorr. beschrieben, bestehend aus einem Reagensglas u. einer mittels eines durchbohrten Stopfens aufgesetzten Glasfilternutsche. Das Vakuum wird durch Verdampfenlassen von etwas Fl. im Reagensglas, Aufsetzen der Nutsche u. Erkaltenlassen erzeugt. Vorteile: kein Verdunsten der abfiltrierten Fl. u. keine Kristallisation aus dem Filtrat infolge von Abkühlung. (Suomen Kemistilehti **28.** A 171. 1955.) S. BECKMANN. 5026

W. T. M. Johnson, *Eine einfache Gasmischpumpe.* Ein Uhrglas mit einem Eisenkern, das auf Hg schwimmt u. ein Flügelrad trägt, wird von einem unter dem Glasgehäuse rotierenden Magneten angetrieben. Das Gas wird durch Rohransätze achsial angesaugt u. radial weiterbefördert. (J. chem. Educat. **32.** 208. April 1955. Philadelphia, Pa., E. I. du Pont de Nemours & Co.) K. BLUMRICH. 5026

B. Roger Ray und **Wallace R. Deason,** *Sedimentation in zylindrischen Röhren. Versuche mit einer durch Scherspannung erzeugten Grenzfläche in einer Zentrifugenzelle (sheared-boundary centrifuge cell).* Es wurde die Sedimentation in einer Röhre mit kreisförmigem Querschnitt, die in einem Zentrifugalfeld zentriert ist, für verschied. konvektive u. nichtkonvektive Fälle untersucht. Es werden experimentelle Ergebnisse mit einer mehrfachen durch Scherspannung erzeugten Grenzflächenzelle beschrieben. Der App. besteht aus 5 Teilen, die automat. zentriert werden, wenn sich die Geschwindigkeit des Rotors vermindert; auf diese Weise werden 5 Fraktionen für die Analyse isoliert. Es wurde gefunden, daß kein Dichtegradient notwendig war, um die Sedimentation von extrem verd. Polystyrollatex zu stabilisieren. (J. physic. Chem. **59.** 956—62. Sept. 1955. Urbana, Ill., Univ., Dep. of Chem. and Chem. Engng.) C. GOTTFRIED. 5036

J. W. Beams, H. M. Dixon III, A. Robeson und **N. Snidow,** *Die magnetisch aufgehängte Gleichgewichtsultrazentrifuge.* (Vgl. C. **1955.** 11257.) Vff. beschreiben eine Zentrifuge, in der der Rotor im Vakuum magnet. aufgehängt ist. Die Drehung des Rotors erfolgt durch eine Luftturbine unterhalb der Vakuumkammer. Ein dünner, biegsamer Stab, der durch eine vakuumdichte Ölstopfbüchse geht, verbindet den Rotor mit der Turbine während der Beschleunigungsperiode, wird aber während der eigentlichen Arbeitsperiode abgekuppelt. Während der Beobachtung der Sedimentation dreht sich der Rotor frei. Die Sedimentation selbst wird mittels eines abgeänderten JAMINschen Interferometers beobachtet. Die Geschwindigkeit des Rotors kann mit einer Genauigkeit von $1:10^6$, die Temp. von $1:10^4$ u. die Interferenzstreifenverschiebung zwischen 0,03 bis 0,05 Streifen bestimmt werden. (J. physic. Chem. **59.** 915—22. Sept. 1955. Charlottesville, Va., Univ.) C. GOTTFRIED. 5036

T. F. Ford, G. A. Ramsdell und **Loraine W. Klipp,** *Eine mit Luft angetriebene, in der Luft schwebende Capillarröhrenultrazentrifuge.* Bei der von Vff. beschriebenen Ultrazentrifugentechnik haben die Glasröhren oder Zellen, die das zu untersuchende Material enthalten, capillare Durchmesser. Der Rotor, in den sie eingesetzt sind, wird von der Luft angetrieben u. kann leicht u. schnell in gewünschten Zeitabschnitten zum Photographieren der Röhren gestoppt werden. Für die als Versuchsobjekte benutzten *Proteine* wurde hohe Empfindlichekit u. gute Auflsg. erreicht. Die für das *Erythrocruorin* des Regenwurmblutes u. für Tabakmosaikvirusprotein erhaltenen Sedimentationskonstanten stimmten mit den angegebenen Werten überein. Sedimentationskonstanten für das *Hämocyanin* von Schneckenblut entsprachen gut den in der Literatur vorkommenden Werten für Hämocyanine anderer Schnecken. (J. physic. Chem. **59.** 922—29. Sept. 1955. Washington, D. C., U. S. Dep. of Agricult., Agricult. Res. Serv., Eastern Utilizat. Res. Branch.) C. GOTTFRIED. 5036

J. Vítovec und **S. Sýkora,** *Kontinuierliche Dichtebestimmung bei Flüssigkeiten.* Es wurde eine einfache Meth. für die kontinuierliche Best. der D. bei Fll. vorgeschlagen. Meßbereich von 1,000—1,060 g/cm³, mittlerer Fehler $\pm 0{,}001$ g/cm³. Diese Meth. ist für die Unters. des Reaktionsverlaufes geeignet. (Chem. Listy **50.** 140—43. Jan. 1956. Gottwaldov, Výzk. ústav synth. kaučuku. [Orig.: tschech.]) V. KAČENA/Prag. 5042

H. J. Einbrodt (unter Mitarbeit von **H. Müller**), *Eine kurze Anleitung zur Herstellung einer Membranfilterpresse.* Wenn eine feuchte Suspension auf ein Membranfilter gebracht wird, wellt sich das Filter häufig beim Trocknen, so daß es nicht als Objektträger benutzt werden kann. Dieser Nachteil wird vermieden, wenn das Membranfilter in einer Presse getrocknet wird. Die Herst. einer solchen Membranfilterpresse wird beschrieben. (Staub Heft **42.** 684—85. 15/12. 1955. Göttingen, Max-Planck-Ges., Med. Forschungsanst., Biochem. Abt.) H. EISENBARTH. 5048

Paul N. Cheremisinoff, *Dispersion von Metallseifen in Filmen.* Zur Herst. matter Schutzüberzüge werden 10 g Al-Stearat in A. in einer Kugelmühle zermahlen u. anschließend mit Firnis gemischt u. ausgestrichen. (Chemist-Analyst **41.** 38. Juni 1952. West Englewood, N. J.) H. LEHWALD. 5048

J. T. Stock und **M. A. Fill**, *Verschiedene mikrochemische Geräte.* **23.** Mitt. *Rotationsrührer für Mikrotitration.* (Vgl. C. **1955.** 882.) Beschreibung des Rührers. (Metallurgia [Manchester] **41.** 239—40. Febr. 1950. London, Norwood Techn. Coll.) E. BOYE. 5050

Engelbert Broda und **Thomas Schoenfeld**, *Die Anwendung der Radioaktivität in der chemischen Analyse.* Zusammenfassender Bericht über Anwendung u. Fehlerquellen bei Analysen unter Anwendung der Radioaktivität. Analysen mit radioakt. indizierten Substanzen, mittels markierter Reagentien, die Isotopenverdünnungsmeth., Analysen durch Aktivierung im Neutronenfluß oder durch Neutronenabsorption werden besprochen. — 200 Literaturangaben. (Chim. e Ind. [Milano] **37.** 548—59. Juni 1955. Wien, Univ., Inst. für Chem.) H. NÖTH. 5050

H. V. Neher, *Eine Waage zur absoluten Strommessung für das Laboratorium.* Vf. beschreibt eine einfache Anordnung aus kreisförmigen Cu-Leitern zur Demonstration der Kräfte zwischen stromdurchflossenen Leitern. Es wird gezeigt, daß aus den auftretenden mechan. Kräften der Strom im Leiter berechnet werden kann. Meßbereich 15—60 Ampere. (Amer. J. Physics **20.** 358—62. Sept. 1952. Pasadena, Calif., California Inst. of Technol.) W. REUSSE. 5052

Bertsil B. Baker und **Joseph D. Morrison**, *Bestimmung von Mikrogrammengen von Fluoriden und Cyaniden durch Stromstärkemessung bei der inneren Elektrolyse.* Während sich die Best. des bei der inneren Elektrolyse auftretenden Stromes wegen der damit verbundenen Fehler bei der Makroanalyse nicht verwenden läßt, kann diese Meth. für die Best. kleinster Mengen, bei denen ein verhältnismäßig großer relativer Fehler zulässig ist, gut verwendet werden. Zur Best. von Cyanid wird ein Element Ag/0,1 n NaOH/Pt aufgebaut. Als Anode dient eine Ag-Drahtspirale, als Kathode eine Pt-Spirale, die beide auf ein U-Rohr gewickelt werden. Beim Eintauchen der Elektroden in die 0,1 n NaOH fließt ein Strom (Ruhestrom), der bald fast auf Null zurückgeht. Werden einige μg Cyanid, gelöst in 0,1 n NaOH, zugesetzt, so ist der gemessene Strom der Cyanidmenge proportional. Man stellt sich für den erforderlichen Bereich eine Eichkurve her. Die Stromstärke hängt auch noch von der Elektrodenoberfläche, dem inneren Widerstand des Meßinstruments usw. ab, außerdem sind noch Veränderungen der Elektrodenoberfläche zu berücksichtigen, so daß vor jeder Meßreihe eine neue Eichkurve aufgenommen werden muß. Die Messung erfolgt stets nach 1 Minute. Das Verf. eignet sich z. B. zur Best. von CN^- in der Luft. Dabei stört Hypochlorit, wenn es in großem Überschuß (1 mg bei 2,6 μg CN^-) vorhanden ist. Fluorid läßt sich mit einer Kette Al/0,2 mol. Essigsäure (oder gesätt. Benzoesäure)/Pt in gleicher Weise bestimmen. Die Konstanz des Ruhestroms ist hier erst nach 3—4 Min. erreicht. Die nach Zusatz von Fluorid gemessene Stromstärke ist stark zeitabhängig, so daß stets nach 2 Min. (maximale Stromstärke) abgelesen wird. (Analytic. Chem. **27.** 1306—07. Aug. 1955. Birmingham, Ala., Southern Res. Inst.) G. ACKERMANN. 5054

John R. Baker, *Nomenklatur in der Mikroskopie.* Unter „direkter" Mikroskopie versteht Vf. alle Fälle, in denen nur ein Beleuchtungskegel vorhanden ist, der symm. zur opt. Achse angeordnet ist, u. wobei ferner der direkte u. gebeugte Strahl nicht verschieden behandelt werden. In der „schrägen" Mikroskopie gehen die direkten Strahlen durch das opt. Syst .derart, daß ihr Lauf nicht symm. zu der opt. Achse liegt. In der „Dunkelgrund"-Mikroskopie (nicht mehr Dunkelfeld) unterscheidet Vf. je nach der Richtung des einfallenden Strahls äußere u. innere Dunkelgrundmikroskopie. Bei der „Interferenz"-Mikroskopie unterscheidet Vf. ebenfalls 2 Fälle, die „Doppelstrahlinterferenz" u. die „Einfachstrahlinterfernz". Die letzte ist ident. mit der Phasenkontrastmikroskopie. (Nature [London] **177.** **194.** 28/1. 1956. Oxford, Univ. Museum, Dep. of Zool. and Comparat. Anatomy.) C. GOTTFRIED. 5056

Richard Meier und **J. Fletschinger**, *Heißchromatographie. Chromatographie mit siedenden Lösungsmitteln.* Vff. beschreiben eine Meth., die es gestattet, bei der Siedetemp. von Lösungsmitteln zu chromatographieren. Sie eignet sich vor allem für schwerlösl. Verbb. wie annellierte KW-stoffe. Die Brauchbarkeit des Verf. wird an der Trennung von *Anthracen* u. *Anthrachinon* bzw. *Chrysen* u. *Chrysenchinon* an Al_2O_3 in sd. *Toluol* gezeigt. (Angew. Chem. **68.** 373—74. 7/6. 1956. Freiburg, Univ., Chem. Labor.) H. MÜLLER. 5062

G. Dijkstra, J. G. Keppler und **J. A. Schols**, *Gas–Flüssigkeit-Verteilungschromatographie.* (Vgl. JAMES u. MARTIN, C. **1954.** 3993.) Es wird eine Hochtemperatursäule beschrieben, mit der die *Methylester* von der *Propionsäure* bis zur *Stearinsäure*, die *Alkohole* vom *n-Pentanol* bis zum *n-Hexadecanol* u. die *Aldehyde* vom Pentanal bis zum Decanal getrennt u. bestimmt werden konnten. Die Säule besteht aus einer 100 cm langen Röhre aus nichtrostendem Stahl mit einem Durchmesser von 10 mm. Sie ist mit einem Gemisch von *Celit 545* u. *D.C.* Siliconhochvakuumfett (10 : 1), in einem Falle Paraffinwachs (10 : 2), beschickt. Der Druck des O_2-freien N_2-Stromes kann mit Hilfe eines Präzisionsventiles genau reguliert werden. Die Probe wird durch eine Gummikappe mittels einer Spezialmikrometerspritze eingebracht. Die ausströmenden Gase werden nach ihrer Wärmeleitfähigkeit fraktioniert. Das Instrument ist mit einem Galvanometer in einen Wheatstoneschen Brückenstromkreis eingeschaltet. Die Gase passieren dann eine Kühlfalle, deren Behälter leicht ausgewechselt werden können. Die Arbeitstemp. beträgt 100—205° je nach Probe. Für die verschied. Proben sind in Tabellenform Elutionszeit, Temp. u. Gasströmungsgeschwindigkeit angegeben. Für Methylpropionat beträgt die kleinste nachweisbare Menge ca. 100 γ. (Recueil Trav. chim. Pays-Bas **74**. 805—12. Juni 1955. Rotterdam.) H. Endrass. 5062

G. Sommer, *Studien zur anorganischen Papierchromatographie.* 1. Mitt. *Die Wanderungsverhältnisse der Kationen bei der Papierchromatographie unter verschiedenen Bedingungen.* Vf. überprüfte den Einfl. einer Reihe von Faktoren auf die R_f-Werte einer größeren Anzahl von Kationen bei der aufsteigenden Papierchromatographie: 1. In Lösungsmittelgemischen aus Methanol, HCl u. W. steigen mit abnehmendem Alkoholgeh. bei konstanter HCl-Konz. die R_f-Werte der langsam wandernden Kationen stark an. Es scheint eine Parallelität zwischen der Löslichkeit der Chloride in dem wss. Alkohol u. der Wanderungsgeschwindigkeit zu bestehen. Öfter benutzte, alte Lösungsmittel ergeben etwas höhere R_f-Werte. — 2. Die Erhöhung der Säurekonz. bei gleichem Alkoholgeh. (80%) wirkt sich uneinheitlich aus. Die R_f-Werte der Alkali- u. Erdalkalimetallionen fallen stark ab. Bei verschied. Kationen, z. B. Zn, Hg^{2+} u. Pb, nehemen die R_f-Werte etwa proportional der Säurekonz. zu, während andere, wie die von Fe^{3+}, Cu u. Co ein Minimum durchlaufen. Für die Praxis wird eine höhere Säurekonz. empfohlen, weil damit eine bessere Verteilung der Flecke auf die durchwanderte Strecke erzielt wird; außerdem wird die auf Entstehung bas. Salze zurückzuführende „Schwanzbldg." verhindert. Gut geeignet ist ein Gemisch aus konz. HCl, Methanol, W. im Verhältnis 10 : 80 : 10. Bei geringeren Säuregehh. wurden zwei Lösungsmittelfronten beobachtet. Die erste bestand aus reinem Methanol. Es war also eine „capillaranalyt." Auftrennung des Lösungsm. eingetreten. — 3. Wird die Salzsäure des obigen Lösungsmittelgemisches durch andere Säuren gleicher Normalität ersetzt, so ergeben sich für die meisten Kationen nur geringe Abweichungen der Wanderungsgeschwindigkeit. Ausnahmen: Über dem Durchschnitt liegende R_f-Werte ergeben Ba, Sr, Ca, Na, K u. Ag mit Essigsäure; auch in HNO_3 wandern die Erdalkalimetallionen etwas schneller. Unter dem Durchschnitt liegende R_f-Werte geben Sn, Pb u. Zn mit Essigsäure, Pb u. Bi mit $HClO_4$, K u. Cu mit HCl. Falls schwerlösl. Verbb. gebildet werden, findet keine oder nur eine sehr geringe Wanderung statt. Diese Ausnahmen sind wichtig für analyt. Trennungen. — 4. Ersetzt man in dem Lösungsmittelgemisch das Methanol durch andere organ. O-haltige Lösungsmittel, so nimmt bei den Alkoholen mit steigender C-Zahl (C_1—C_5) die Wanderungsgeschwindigkeit der Kationen im allg. stark ab. Die isomeren Alkohole führen mit wenigen Ausnahmen zu gleichen Ergebnissen. Glykol u. Glycerin erwiesen sich für die Papierchromatographie als ungeeignet, weil sich alle untersuchten Kationen an der Lösungsmittelfront befanden. Aceton erlaubt im Gegensatz zu den Alkoholen die Trennung von Co, Ni u. Mn. Im übrigen hat es in vielen Fällen eine ähnliche Wrkg. wie Isopropanol (Alkali-, Erdalklimetalle, Al, Cr, Th, TiO). As, Pb, Cu, Fe, Co u. U wandern mit Aceton schneller, Sn, Hg, Cd, Ni u. Zn langsamer als mit Isopropanol. In einigen Mischungen aus Methanol u. Aceton ergeben As, Cu, Fe, Ni, Co, Mn u. U je zwei Zonen. Die Ursache dafür ist nicht geklärt. Methyläthylketon gibt bei einigen Kationen niedrigere R_f-Werte als Aceton. — 5. In allen untersuchten Fällen sind die R_f-Werte unabhängig von den begleitenden Anionen. Die Ionen der Salze wandern getrennt. — 6. Die R_f-Werte können von der Substanzkonz. u. großen Mengen anderer Salze beeinflußt werden. Bei ungenügender Löslichkeit der Ionen in dem betreffenden Lösungsm. treten bei großen Substanzmengen langgestreckte Zonen u. „Schwanzbldg." auf. — 7. Höhere Tempp. bewirken erhöhte R_f-Werte u. verhindern vielfach „Schwanzbldg." infolge Erhöhung der Löslichkeit. — 8. Auf harten Papieren ergeben sich niedrigere R_f-Werte. Die höchsten R_f-Werte wurden mit einem Papier mittlerer Härte erreicht (Schleicher u. Schüll Nr. 2043b). — Für die beobachteten Erscheinungen bietet die meist zur Deutung herangezogene Theorie der Verteilung zwischen 2 fl. Phasen keine plausible Erklärung, Vf. deutet sie deshalb als Adsorptionsvorgänge. (Z. analyt. Chem. **147**. 241—66. 1955. München, Univ., Balneol. Inst., Chem. Abt.) F. Umland. 5062

Erkki Pulkkinen, *Über die Anwendungsmöglichkeiten der Ultrarotspektrographie in der Chromatographie.* Durch Säulenchromatographie an Al_2O_3, Elution mit CCl_4 oder PAe.-Ae. u. Infrarotspektrographie der Eluatfraktionen läßt sich im Hydratisierungsprod. von *Santen* nach Bertram-Walbaum neben *α-Santenol* auch *β-Santenol* (I) in geringerer Menge nachweisen u. durch Oxydation zu cis-Allosantensäure identifizieren. I ist in den ersten Eluatfraktionen enthalten. — Durch Erhitzen von α-Fenchol mit $ZnCl_2$ erhält man ein KW-stoffgemisch, dessen bei 154—155,5° sd. Fraktion beim Ozonisieren ein Ketongemisch liefert, in welchem durch Säulenchromatographie an Al_2O_3 u. Infrarotspektrographie der PAe.-Eluatfraktionen neben β-Fenchocamphoron noch andere, vermutlich bislang unbekannte Verbb. festgestellt werden konnten. (Suomen Kemistilehti A **28.** 172—73. 1955.) S. BECKMANN. 5063

Hans-J. Eichhoff und **E. Mainka,** *Über die Genauigkeit spektrochemischer Additionsverfahren.* Berechnung der bei spektrochem. Additionsverff. möglichen Maximalfehler für einige prakt. wichtige Fälle u. Vgl. mit experimentellen Ergebnissen. (Mikrochim. Acta [Wien] **1955.** 298—304. Mainz, Univ., Anorgan.-chem. Inst.) H.-J. EICHHOFF. 5063

E. Golling, *Über das halbquantitative Analysenverfahren nach Harvey und seine Durchführung mit einem Spektrographen mittlerer Dispersion.* Bericht über die Erfahrungen bei der Übertragung des halbquantitativen Verf. von HARVEY auf einen Spektrographen mittlerer Dispersion. Unter der Voraussetzung, daß der Konzentrationsbereich für eine bestimmte Linie eine Zehnerpotenz nicht übersteigt u. ein wellenlängenabhängiger Korrekturfaktor für die Aufnahmeanordnung bestimmt wird, lassen sich die experimentell nicht bestimmten Empfindlichkeitswerte mit einer Genauigkeit von ±50% den HARVEY'schen Tabellen entnehmen. (Mikrochim. Acta [Wien] **1955.** 305—13. Erlangen, Siemens-Schuckertwerke A. G., Forschungslabor.) H.-J. EICHHOFF. 5063

H. Kaiser und **F. Rosendahl,** *Neuere systematische Beobachtungen über Abfunkvorgänge.* Zusammenfassung älterer Erkenntnisse über Abfunkvorgänge u. Erweiterung dieser Unterss. durch Aufnahme von Abfunkkurven mit einem lichtelektr. Gerät, wobei bes. der Einfl. von Elektrodenform, Elektrodenmaterial u. Elektrodentemp. studiert wird. Am Beispiel von Be-Bronzen wird gezeigt, daß period. Schwankungen des Intensitätsverhältnisses von Analysenlinien, welche auf period. Oxydationsvorgänge zurückgeführt werden, durch Einblasen von N_2 in die Funkenstrecke beseitigt werden können. (Mikrochim. Acta [Wien] **1955.** 265—77. Dortmund-Aplerbeck, Inst. für Spektrochem. u. angew. Spektroskopie.) H.-J. EICHHOFF. 5063

Gottfried Holdt, *Fehlerverringerung bei der quantitativen Spektralanalyse im Bogen durch Gewichtserteilung am Logarithmus des Intensitätsverhältnisses.* Es wird gezeigt, daß in allen Fällen, bei denen die Größe der Fehler bei der Intensitätsmessung von Analysen- u. Vergleichslinie im statist. Mittel nicht gleich ist, die Einführung eines experimentell bestimmbaren Gewichtsfaktors für die Intensität der Vergleichslinie eine wesentliche Verringerung der Streuung des Intensitätsverhältnisses bringt. Eine unterschiedliche Fehlergröße bei der Intensität von Analysen- u. Vergleichslinie wird bei Bogenanregung in mehreren Fällen beobachtet, beim Funken bisher jedoch nicht. Diskussion des Effektes. — Vgl. C. **1955.** 7273. Mikrochim. Acta [Wien] **1955.** 286—97. Stuttgart, MPI für Metallforsch.) H.-J. EICHHOFF. 5063

Thomas E. McDuffie, *Spektrumanalysator für Quarzkristalle.* Beschreibung eines Gerätes zur Analyse der Eigenschwingungen von Schwingquarzen im Frequenzbereich von 0,5—20 MHz mit einer Breite des auf einem Oscillographen sichtbaren Spektr. von ±300 kHz. (Electronics **28.** Nr. 10. 160—62. Okt. 1955. Brooklyn, N. Y., New York Naval Shipyard, U. S. Naval Material Labor., Electronics II Branch.) H.-J. EICHHOFF. 5063

Eberhard Buchwald, *Hochfrequenzspektroskopie.* Zusammenfassende Übersicht über die Durchführung spektroskop. Unterss. mit Hilfe von Hochfrequenzwellen von einigen mm bis zu mehreren km Länge. (Dtsch. opt. Wschr. **68.** 1—3. 1/1. 1951. Jena.) E. SCHIEBOLD. 5063

Karl Lang, *Meßbare Lichtschwächung mit dem rotierenden Sektor in der photographischen Spektralphotometrie.* Durch Vgl. von mit rotierendem Sektor u. durch reine Intensitätsschwächung aufgestellten Schwärzungskurven wird gezeigt, daß von einer bestimmten, von der Plattensorte abhängigen Intermittenzfrequenz (~100 Hz) an keine Unterschiede mehr meßbar sind u. somit gegen die Verwendung eines rotierenden Sektors zur Lichtschwächung in der photograph. Photometrie keine Bedenken bestehen, wenn eine genügend hohe Intermittenzfrequenz eingehalten wird. (Mikrochim. Acta [Wien] **1955.** 278—85. Wien, TH, Inst. für Angew. Phys.) H.-J. EICHHOFF. 5063

C. Morton, *Neue Apparate. Ein lineares Potentiometer für die optische Dichte zum Gebrauch in photoelektrischen Spektrophotometern.* Zur Verwendung in Spektrophotometern vom Typ BECKMAN u. UNICAM wurde ein Potentiometer mit einer linearen Skala für die opt. Dichte statt der üblichen logarithm. konstruiert. Es umfaßt den Bereich 0,0—2,0 u. hat Unterteilungen bis zu 0,001. Die Schaltung ist wiedergegeben. (J. Pharmacy Pharmacol. **6.** 148—52. Febr. 1954. Chelsea School of Pharm.) M. WIEDEMANN. 5063

G. Kortüm und **G. Schreyer,** *Über die Gewinnung „typischer Farbkurven“ von Pulvern aus Reflexionsmessungen.* Für stark absorbierende Stoffe lassen sich nach entsprechender Verdünnung durch nichtabsorbierende Stoffe (MgO, $BaSO_4$, KBr) bei feinster Verteilung aus Remissionsmessungen unter Verwendung der SCHUSTER-KUBELKA-MUNK-Funktion die typ. Farbkurven dieser Systeme gewinnen. Beschreibung der Meßtechnik u. Probenvorbereitung. Diskussion der Einfll. von Korngröße u. Adsorption auf Höhe u. spektrale Lage der Maxima. Wiedergabe typ. Farbkurven einiger Pigmentfarbstoffe. (Angew. Chem. **67.** 694—98. 21/11. 1955. Kurze Mitt. hierzu 616. 7/10. 1955. Tübingen, Univ., Inst. für physikal. Chem.) H.-J. EICHHOFF. 5063

Z. G. Szabó, M. T. Beck und **K. Tóth,** *Ein neues analytisches Prinzip: Verhinderung der Extraktion.* Die Empfindlichkeit der gebräuchlichen Methoden zur colorimetr. Analyse von Anionen (Entfärbung) kann dadurch gesteigert werden, daß man die Verhinderung der Extraktion des Anions durch ein organ. Lösungsm. mißt. Durch n-Amylalkohol ließ sich die Empfindlichkeit in der F^--Best. mittels $Fe^{3+}-SCN^-$ von 30 γ/50 ml auf 10 γ/50 ml steigern. (Naturwissenschaften **43.** 156. 1. April-H. 1956. Szeged, Univ., Inst. für anorgan. u. analyt. Chem.) H. C. WOLF. 5065

Robert Schreiber und **W. Donald Cooke,** *Die Anwendung der coulometrischen Titrationen auf Mikrovolumina der Lösung.* Durch Anwendung der coulometr. Titrationsmeth. auf kleinste Flüssigkeitsmengen (10 μl) wird die Best. von *As(III)* (jodometr.), *HCl* u. *NaOH* (acidimetr.) beschrieben. Die Endpunktserkennung kann visuell oder elektrometr. erfolgen. Die Genauigkeit der Meth. lag meist bei $<5\%$. (Analytic. Chem. **27.** 1475—76. Sept. 1955. Ithaca, N. Y., Cornell Univ., Baker Labor.) E. MOISAR. 5066

Louis Meites, *Zellen, Apparat und Methodik für genaue Analyse durch Coulometrie bei kontrolliertem Potential.* Beschreibung mit Schaltschema eines Gerätes zur coulometr. Analyse. Cu wird in Mengen von 2—600 mg mit $\pm 0{,}1\%$ Genauigkeit bestimmt. Ein Extrapolationsverf. verringert die Elektrolysenzeit auf 20—30 Minuten. — Vgl. C. **1956.** 7042. (Analytic. Chem. **27.** 1116—19. Juli 1955. New Haven, Conn., Yale Univ., Sterling Chem. Labor.) PH. FRESENIUS. 506

Wolfram Schwarz, *Der Potentiostat als Hilfsmittel für die Polarographie und Amperometrie.* Vf. erörtert die verschied. Möglichkeiten, die zur Konstanthaltung des Potentials einer Elektrode während des Ablaufs eines elektrochem. Vorgangs bestehen. Es werden die Prinzipschaltbilder für einen mit einem Steuermotor arbeitenden sowie für einen vollelektron. Potentiostaten angegeben u. die Anwendungsmöglichkeiten bei der Polarographie oder bei amperometr. Messungen erörtert. Die Konstruktion eines Gerätes für allg. elektrochem. Messungen wird beschrieben (Verstärker mit 500 mA/V Steilheit), u. die wichtigsten Kenndaten (Eingangsspannung, stat. u. dynam. Steilheit, maximale Stromabgabe) eines Potentiostaten werden erörtert. (Chemie-Ing.-Techn. **28.** 423—37. Juni 1956. Berlin-Dahlem, Bundesanst. für mechan. u. chem. Materialprüf., Labor. für elektrochem. Sonderverf.) H.-U. WOELK. 5066

Hidehiko Mino, *Polarographische Analyse für schnellere und bessere Betriebskontrolle.* Beschreibung von Aufbau u. Anwendung einer polarograph. App. zur Best. von Cu, Zn, Ni, Pb u. anderen Metallen mit Beispielen zur Auswertung der Meßwerte. (Engng. Mining J. **156.** Nr. 9. 97—99. Sept. 1955. Tokyo, Mitsui Mining & Smelting Co., Res. Labor.) H. ECKHARD. 5066

Béla Lengyel und **Béla Csákvári,** *Alkalifreie Suspensionspuffer.* Alkalifreie Puffer, welche gegen Luftkohlensäure unempfindlich sind u. durch Auflösen von Alkalisalzen, ohne ihr p_H zu ändern, z. B. zur Best. des alkal. Fehlers von Glaselektroden, Verwendung finden, wurden hergestellt u. untersucht. Puffersysteme aus $Ba(OH)_2$–$BaCl_2$, $Ca(OH)_2$–$CaCl_2$, $Mg(OH)_2$–$MgSO_4$ u. $Zn(OH)_2$–$ZnSO_4$ wurden durch 1 std. Schütteln mit W. erzeugt u. die Abhängigkeit des p_H von der Konz. des gelösten Salzes u. der Temp. untersucht u. graph. dargestellt. (Magyar Kémiai Folyóirat [Ung. Z. Chem.] **61.** 78—80. März 1955. Budapest, Univ., Inst. für allg. Chem.) J. PLANK. 5066

F. Oehme, *Wasserbestimmungen durch dielektrische Messungen.* Für die dielektr. Analysenmethoden (Messung der DK., der dielektr. Verluste u. der elektr. Leitfähigkeit mit Hochfrequenz) eignet sich ein einstufiger Quarzoscillator mit einer Arbeitsfrequenz von 7 MHz mit seinen verschied. Abstimmungsmöglichkeiten. Vf. erörtert die Anwendung derartiger Messungen zur Best. von W. der verschied. Medien. Für die Änderung von ε einer fl. Phase mit dem Wassergeh. gilt die Mischformel von SILBERSTEIN nur in seltenen Fällen. Es ist eine empir. Eichkurve oder die Anwendung eines absol. Titrationsverf. erforderlich, das jedoch 3 Einzelmessungen voraussetzt. Nur wenn die Dämpfung annähernd konstant ist, wird eine Direktanzeige (oder Registrierung) des Wassergeh. möglich. Die Tatsache, daß der Temperaturkoeff. der DK. niederer Fettsäuren durch geringste Wassermengen negativ wird, ermöglicht eine Wassergehaltbest. dieser Substanzen durch Ermittlung von $d\varepsilon/dT$. Erhebliche Schwierigkeiten bei der Best.

des W. in festen Phasen durch DK-Messung kann die Auswahl geeigneter Bezugsproben bereiten. Eine weitere Komplizierung erfolgt durch Ableitungseinfll., zwischenmol. Wechselwirkungen u. bei organ. Hochpolymeren durch verschied. Molekülgrößen. In vielen Fällen können die Messungen der DK. durch Best. von tg δ oder der Leitfähigkeit sinnvoll ergänzt werden. (Angew. Chem. **68.** 457—61. 21/7. 1956. Jena, Deutsche Akad. der Wiss., Inst. für Mikrobiol. u. exp. Therap.) H.-U. WOELK. 5074

Julius Sendroy jr., Harold A. Collison und **Hubert J. Mark,** *Bestimmung von Eisenpentacarbonyl im handelsüblichen Kohlenmonoxyd.* Es wird eine Meth. zur Best. von *Eisenpentacarbonyl* (I) beschrieben, bei der **I** nach Kondensation oder Absorption in Methanol bei 235 mμ mit einem BECKMAN DU-Spektrophotometer gemessen wird. Dabei beträgt die Genauigkeit 1,3% bei einem Minimalgeh. von 0,04 mg/Liter. In handelsüblichen CO-Stahlflaschen wurden 0,16—18 mg I im Liter gefunden. (Analytic. Chem. **27.** 1641—45. Okt. 1955. Bethesda, Md., Naval Med. Res. Inst., Chem. Dep.) W. LUCHSINGER. 5086

a) Elemente und anorganische Verbindungen.

Emanuel Pfeil, G. Ploss und **H. Saran,** *Trennung der Schwefelwasserstoffgruppe mit Hilfe der Papierchromatographie.* Vf. gibt einen vollständigen papierchromatograph. Trennungsgang nach der aufsteigenden Meth. an. Lösungsm.: n-Butanol, gesätt. an 3,4—3,5n HCl. Die Entw. erfolgt in mehreren Abschnitten, zwischen denen jeweils getrocknet wird: Besprühen mit 0,2%ig. KJ-Lsg. (Hg, Bi, Sb, Pb, Cu), + konz. HCl (As); konz. NH_3 + 0,2n $(NH_4)_2S$-Lsg. (Hg, Cd, Bi, Pb, Cu, Ag); 0,1%ig. alkoh. Quercetinlsg. + konz. NH_3 (Sn); Belichtung (Ag). Die Nachweisgrenzen neben je 100 γ der übrigen Elemente u. die R_f-Werte (in Klammern) betragen: 2 γ Hg^{II} (0,86); 10 γ Sn^{IV} (0,83); 5 γ Cd (0,79); 0,5 γ As^{V} (0,78); 3 γ Bi (0,60); 2 γ Sb^{V} (0,34); 3 γ Pb (0,28); 1,5 γ Cu (0,19); 5 γ Ag (0,00). Die Abhängigkeit der R_f-Werte von der Konz. der sättigenden HCl (ca. 1,0—3,5n) des Lösungsm. wurde graph. angegeben. (Z. analyt. Chem. **146.** 241—43. 1955. Marburg, Univ., Chem. Inst.) F. UMLAND. 5106

Wiktor Kemula und **Sławomir Siekierski,** *Polarometrische (amperometrische) Titration von Sauerstoff.* Inhaltsgleich ident. mit der C. **1953.** 8423 referierten Arbeit. (Roczniki Chem. [Ann. Soc. chim. Polonorum] **25.** 372—80. 1951. Warschau, Univ., Inst. für Anorgan. Chem.) E. KLEVER. G 239

V. Simon und **J. Zýka,** *Potentiometrische Mikrobestimmung der freien Halogene und des aktiven Chlors mit Hilfe von Hydrochinonlösung.* J_2, Cl_2 u. Hypochlorit werden mit 0,1—0,0001n Hydrochinonlsg. je nach Menge visuell oder bei potentiometr. Endpunktsanzeige titriert, wobei als Elektroden ein Pt-Draht u. eine gesätt. HgCl-Elektrode verwendet werden. Die Titerstellung kann durch Titration mit $K_2Cr_2O_7$ gegen Diphenylamin oder auch potentiometr. erfolgen. (Pharmazie **10.** 648—50. Nov. 1955. Prag, Karls-Univ., Inst. für analyt. Chem.) PH. FRESENIUS. G 245

Isao Kayama, *Über katalytische Analyse.* 1. Mitt. Es wurde die katalyt. Wrkg. von *Thioharnstoff* (I) auf die Rk. $2 NaN_3 + J_2 = 2 NaJ + 3 N_2$ untersucht. Die Reaktionsgeschwindigkeit ist der Menge **I** nicht proportional. Jedoch kann S (in Form von **I**) im Bereich von 2—15 γ bestimmt werden auf Grund einer vorher empir. gefundenen Kurve. Während der Rk. wird S im **I** zu Sulfat oxydiert. (J. chem. Soc. Japan, pure Chem. Sect. [Nippon Kagaku Zassi] **71.** 38—40. Jan. 1950. Sapporo, Hokkaido Univ. [Orig.: japan.]) L. SCHULER. G 253

Lars Bjerkerud, *Kohlenstoff- und Schwefelbestimmung in der gleichen Probe.* Der Ofenteil der verwendeten App. besteht aus einem Widerstandsofen mit Quarzrohr u. Temperaturregelung. Das Rohr ist mit einem Titriergefäß für die S-Best. (Glasbehälter mit Stärkelsg., Ablaßhahn, Zuführung des Gases durch Glasfritte) verbunden. Das Gas geht durch ein gewundenes Glasrohr mit $K_2Cr_2O_7$-Lsg. in ein Zehnkugelrohr mit NaOH zur CO_2-Absorption. Soll nur C bestimmt werden, dann wird das S-Titriergefäß umgangen. Bei C-Geh. unter $\sim$0,70% werden 2 g in ein Porzellanschiff eingewogen, das in Ofenmitte auf $\sim$1300° erhitzt wird. Der O_2-Strom wird geregelt, die J-Stärkelsg. bei Entfärbung durch J-Lsg. ergänzt. Nach vollständiger Verbrennung wird der Gasstrom noch $\sim$4 Min. fortgesetzt. Die in ein Becherglas übergeführte CO_2-Absorptionslsg. wird mit Säure zurücktitriert. (Jernkontorets Ann. **139.** 847—52. 1955.) R. K. MÜLLER. G 253

Géza Szádeczky-Kardoss und **István Benkö,** *Schnellbestimmung geringer Siliciummengen in Aluminiumfluorid nach einer spektrographischen Methode.* Eichproben wurden durch Vermischen von reinem calciniertem NH_4F, Na_2SiF_6 u. reinem Quarzpulver im Achatmörser bereitet. Zu den Aufnahmen im Gleichstrombogen wurden 30 mg in die 4 mm tiefe Bohrung der unteren Kohlenelektrode (Kathode) gegeben. Bei einer Stromstärke von 13,5 A verblieb nach 120 Sek. 1—2 mg Substanz. Die besten Linienpaare sind Al 2378–Si 2507 u. Al 2378–Si 2516 Å. Bei einem Si-Geh. von 0,01—0,30% ist der Mittelfehler ±10,7%. (Kohászati Lapok **8** (**86**). Nr. 5. Aluminium **5**. 105—10. Mai 1953.) J. PLANK. G 261

F. Hegemann, K. Giesen und **C. von Sybel,** *Quantitative spektrochemische Bestimmung der Spurenelemente in Siliciumcarbid mit dem Kohlelichtbogen.* Zur schnellen quantitativen Best. der Spurenelemente in SiC wird ein einfaches spektrograph. Verf. unter Verwendung eines Gleichstromdauerbogens u. graphit. Lochkohle als Anode entwickelt. Eichkurve nach photometr. Messungen für *Al, Fe, Ti* u. *Zr.* Zur schnelleren Erfassung dieser Elemente u. der Spurengehh. von Ca, Mg, Cu u. V wird ein quantitatives visuelles Auswerteverf. angegeben. (Ber. dtsch. keram. Ges. e.V. **32**. 329—33. Nov. 1955. München, TH, Mineralog. Inst.; Waldshut, Lonza-Werke.) H. WONDRATSCHEK. G 261

Ivan Vavruch, Miloš Hejtmánek und **Jiřina Bouzková,** *Beitrag zur Theorie der Papierchromatographie anorganischer Stoffe.* 2. Mitt. *Die semiquantitative Mikroanalyse von Natrium und Kalium.* (1. vgl. C. **1955**. 7505.) Vff. beschreiben ein einfaches chromatograph. Verf. zur halbquantitativen Best. von *Na* u. *K* nebeneinander auf Grund einer einzigen Analyse, auf Grund dessen noch 15 μg K neben 800 μg Na u. 6 μg Na neben 700 μg K bestimmt werden konnten. Die Best. von *Li* wird wegen der Diffusion der LiCl-Streifen schwierig. Ca^{2+}-, Ba^{2+}-, Sr^{2+}-, Mg^{2+}- u. NH_4^+-Ionen stören u. müssen daher entfernt werden. Diese Meth. dient zur Best. von Alkalien in den Aschen von biol. Material. Die betreffenden Salze werden als Chloride analysiert. Die Best. dauert ca. 6 Std., u. es genügt nur 0,1 ml der zu prüfenden Lösung. Die Genauigkeit ist im Durchschnitt ±15 μg K u. ±20 μg Na. (Chem. Listy **49**. 1782—85. Dez. 1955. Praha, Vys. škola chem.-technol. Kat. fys. chem. [Orig.: tschech.]) V. RŮŽIČKA/Prag. G 275

Antonín Heyrovský, *Polarographische Mikrobestimmung des Kaliums.* Nach Abscheidung des K als $K[B(C_6H_5)_4]$ wurde der Nd. durch Glühen in das Kaliummetaborat übergeführt u. das K polarograph. bestimmt. Diese Mikrometh. bewährte sich zur Best. kleiner K-Mengen in Mineralwässern, in Na-Salzen „pro analysi" sowie in biol. Material. (Chem. Listy **50**. 69—72. Jan. 1956. Praha, Karlova univ., Labor. II. interní klin. [Orig.: tschech.]) P. ZUMAN/Prag. G 275

Augustyn Jęczalik, *Schnellmethode zur Bestimmung der Summe RO (Calciumoxyd und Magnesiumoxyd) in Eisenerzen.* Die Summe RO = CaO + MgO in Eisenerzen wird durch Glühen des zusammen ausgefällten *Mg-Oxinats* (**I**) u. CaC_2O_4 bei 1000° u. Wägung als CaO + MgO bestimmt. Eine Trennung Ca/Mg ist nicht nötig, da es nur auf das Verhältnis RO:SiO_2 ankommt. Die Einzelbest. kann aber im Nd. durch bromatometr. Titration des I erfolgen. Bei >10% RO können durch Adsorption an R_2O_3 (Fe_2O_3 + Al_2O_3) Minuswerte bis 1% entstehen. Ein Umfällen erübrigt sich aber, wenn R_2O_3 aus verd. Lsgg. als Hydroxyde gefällt werden. — Vorschrift: Nach Abtrennung von SiO_2 u. Fällung mit NH_3 + Br-Wasser wird die Suspension auf 500 ml verd., ein aliquoter filtrierter Teil schwach angesäuert u. bei 70° mit 5%ig. essigsaurer 8-Oxychinolinlsg im geringen Überschuß versetzt. Nach Alkalisieren mit NH_3 auf p_H 8—9 läßt man 15 Min. stehen, versetzt mit 5%ig. $(NH_4)_2C_2O_4$-Lsg. u. filtriert nach 1 Stunde. Für genauere Best. kann man vorher aufkochen. Man wäscht 4—6mal mit 0,1%ig. $(NH_4)_2C_2O_4$-Lsg., trocknet u. verglüht vorsichtig bei 1000°. Verluste an **I** durch Verflüchtigung sind dabei nicht zu befürchten. Die Meth. ist 3mal so schnell ausführbar wie die klass. Trennung. (Hutnik **22**. 445—48. Dez. 1955.) F. URBAN. G 283

C. Elliott und **J. W. Robinson,** *Titrimetrische Bestimmung von Aluminium in Stahl.* Vff. beschreiben ein Titrationsverf. von Al in Stahl, bei dem Aluminatlsgg. durch HCl unter Verbrauch von 3 HCl/1 Al neutralisiert werden. Bei Ggw. von überschüssigem NaF beträgt der Verbrauch 6 HCl/1 Al, entsprechend der Gleichung: Na_3AlO_3 + 6 NaF + 3 H_2O → $Na_3[AlF_6]$ + 6 NaOH. Der Al-Geh. errechnet sich aus dem Mehrverbrauch an Säure: 1 ml 0,1n HCl = 0,899 mg Al. 5 g Stahl werden mit etwas HNO_3 eingedampft, u. die Lsg. wird nach dem Abkühlen auf 50 ml mit konz. HCl aufgefüllt. Die Hauptmenge Fe extrahiert man durch 3maliges Schütteln mit 100 ml Äther. Nach erneutem Eindampfen wird in wenig HCl gelöst, auf 10—20 ml aufgefüllt u. nach Abfiltrieren von SiO_2 auf 50—100 ml aufgefüllt. Nach Zugabe von 2—3 g NH_4Cl kocht man auf u. fügt genügend NH_3 hinzu, um Al zu fällen, das nach weiteren 5 Min. Kochen filtriert u. mit NH_4Cl bis zur Beseitigung des Mn, Ni usw. u. anschließend mit NaCl bis zur NH_4-Salzfreiheit gewaschen wird. Den Nd. löst man dann in HCl wieder auf, verkocht den Säureüberschuß u. verd. auf 20 ml; falls noch zuviel Fe anwesend ist, entsprechend mehr. Dann fügt man 2 Tropfen Indicatorlsg. hinzu (0,2%ig. wss. Kresolrotlsg. + 0,2%ig. wss. Thymolblaulsg. 1:1), macht mit carbonatfreier NaOH alkal. u. titriert mit HCl bis zum Umschlag nach Gelb. Nach Zugabe überschüssiger, neutraler 4%ig.

NaF-Lsg. (mindestens 5 ml/1 mg Al) kocht man auf u. titriert nach dem Abkühlen bis zum gleichen Endpunkt. (Analytica chim. Acta [Amsterdam] **13.** 309—12. Okt. 1955. Birmingham, Post Off. Engng. Dep.) H. PLUSKAL. G 294

E. C. Mills und **S. E. Hermon,** *Mitteilung über die Überwachung der Lichtausstrahlung bei der spektrographischen Untersuchung von Aluminiumlegierungen.* Verss. über die Reproduzierbarkeit der spektrograph. Al-Best. mit u. ohne Verwendung einer Vakuumphotozelle, die der Regelung der Lichtausstrahlung dient, zeigen, daß diese Regelung nicht die erwartete Verbesserung der Reproduzierbarkeit bewirkt. Damit wird die Theorie gestützt, daß die Form der zu untersuchenden Probe die in der spektrograph. Analyse auftretenden Fehler am meisten beeinflußt. (Metallurgia [Manchester] **52.** 212. Okt. 1955. Slough, High Duty Alloys Ltd., Res. and Developm. Div.) W. WESLY. G 294

Kuan Pan und **Tong Ming Hseu,** *Potentiometrische Titration von Thorium- und Ceriumnitrat mit der Glaselektrode.* Bei der potentiometr. Titration von Th-Salzlsgg. mit Oxalat wurden p_H-Sprünge bei Mol-Verhältnissen von ca. 1:2, 1:3, 1:4 u. 1:6 beobachtet. Bei der Titration Th^{4+}- u. Ce^{3+}-haltiger Lsgg. mit NaOH wurden die der Bldg. von $Th(OH)_4$ bzw. $Ce(OH)_3$ entsprechenden p_H-Sprünge festgestellt. Eine Best. von Th u. Ce nebeneinander ist nach dieser Meth. nur unter Berücksichtigung entsprechender Korrekturfaktoren möglich. (Bull. chem. Soc. Japan **28.** 309—12. Juli 1955. Taiwan, Univ., Dep. of Chem., Coll. of Sci.) E. MOISAR. G 324

Petr Schneider, *Die Verwendung von Komplexonen in der chemischen Analyse.* 48. Mitt. *Gravimetrische Thoriumbestimmung.* (47. vgl. MALÍNEK, C. **1956.** 8175.) In Ggw. von Komplexon III wird Th in ammoniakal. Lsg. mit H_2O_2 als Peroxydat gefällt. Auf diese Weise kann Th bes. von Fe^{3+} u. Al^{3+} getrennt u. gravimetr. bestimmt werden, da die Th-Fällung binnen 30—60 Min. quantitativ ist, während Fe u. Al sogar nach einigen Tagen völlig in der Lsg. verbleiben. Bei ca. 10fachem Überschuß an Al ist die Fällung von Th wegen der Al-Adsorption am Nd. wiederholt durchzuführen. Der Nd. von Th-Peroxydat, welcher gut filtrierbar ist, wird nach Filtration u. Auswaschen mit W. geglüht u. als ThO_2 gewogen. Auch kann der Nd. in HCl gelöst u. Th komplexometr. mit Brenzcatechinviolett als Indicator bestimmt werden (vgl. SUK, MALÁT u. RYBA, Chem. Listy **48.** [1954.] 533; Collect. czechoslov. chem. Commun. **19.** [1954.] 679). Im Filtrat nach der Fällung von Th kann Fe(III) nach Auskochen von H_2O_2 mit Lauge quantitativ gefällt u. gravimetr. bestimmt werden. Die gravimetr. Best. von Al im Filtrat erfolgt nach Auskochen von H_2O_2 u. nach Zugabe von 0,1 mol. $Ca(NO_3)_2$-Lsg., wodurch Al quantitativ ausfällt. In Ggw. von Ti u. Metallen der Seltenen Erden ist die Th-Best. undurchführbar. Die Meth. wurde zu Analysen von Th-haltigem W für rundfunktechn. Zwecke prakt. verwendet. — Arbeitsvorschrift. (Chem. Listy **50.** 81—83. Jan. 1956 [Orig.: tschech.]. Collect. czechoslov. chem. Commun. **21.** 1054—56. Aug. 1956 [Orig.: engl.]. Praha, nár. podn. Tesla-Vršovice, vývoj. odděl.) K. KÁMEN/Prag. G 324

O. P. Malkowa und **N. K. Rudnewski,** *Spektralanalytische Bestimmung von Silicium und Blei im „Puder" bei der Herstellung von synthetischem Korund.* Es wurde ein Verf. zur Analyse des für die Herst. des synthet. Korunds benötigten „Puders" ausgearbeitet. Das Spektr. wurde im Wechselstromkohlenbogen (mit beweglicher unterer Elektrode) erzeugt. Zum Vgl. gelangten die Linienpaare Si 2516,12—Al 2652,49 u. Pb 2614,17—Al 2652,49 Å, die wahrscheinlichen Fehler betragen $\pm 11-12\%$. (Известия Академии Наук СССР, Серия Физическая [Nachr. Akad. Wiss. UdSSR, physik. Ser.] **19.** 224. März/April 1955. Gorki, Univ., Wiss. Forschungsinst. für Chem.) A. v. WILPERT. G 328

Hugo Wiedmann, *Schnellverfahren zur Bestimmung von Zinn, Antimon und Kupfer in Blei-Lagermetall.* Zur Best. von Sn wird das Pb-Lagermetall in Form feiner Feilspäne in H_2SO_4 (1,84) zers. u. nach Zusatz von HCl u. KJ in Ggw. von $HgCl_2$ als Katalysator mit unterphosphoriger Säure reduziert. Es wird mit $^1/_{10}$ n J-Lsg. titriert. Vorhandenes Cu wird durch Al-Rhodanid an einer Störung verhindert. Sb wird durch Titration mit $KBrO_3$-Lsg. in H_2SO_4- u. HCl-saurer Lsg. titriert. Cu wird colorimetr. nach Lösen der Probe in HNO_3 u. Weinsäure nach Zusatz von NH_3 bestimmt. Die Meth. ist als Betriebsschnellverf. anwendbar. (Z. Metallkunde **45.** 658—59. Nov. 1954. Laucherthal/Hohenzollern, Fürstl. Hohenzollernsche Hüttenverwalt.) F. VIER. G 328

William J. Campbell und **Howard F. Carl,** *Bestimmung von Tantal in handelsüblichem Nioboxyd durch Röntgenfluorescenzspektrographie.* Bei der Best. von Ta in Nb-Oxyden (I) durch Röntgenfluorescenzanalyse kann durch Verwendung von Mo als Primärantikathode die Anregung des Ta wesentlich verbessert werden. Gleichzeitig wird die Untergrundschwärzung um den Faktor 2 herabgesetzt. Bei Spannungen von ca. 18 kV ist die NbK_α-Linie noch weitgehend unterdrückt. Mit einem Quarzkristall u. einem mit Ar gefüllten Zählrohr erhielten Vff. die $TaL\alpha_1$-Linie in gut meßbarer Intensität aus einem **I,** das 5% Ta-Oxyd (**II**) enthielt. Für die analyt. Auswertung wurden

Eichsubstanzen aus Mischungen von II mit reinstem Zr-Oxyd hergestellt. (Die Absorptionseigg. von Zr u. Nb sind fast gleich.) Vff. vergleichen ferner die Ta $L\alpha_1$-Intensitäten von auf verschied. Wegen (mechan. u. chem.) hergestellten Vergleichsproben, die 10 bis 80% II enthielten, u. studieren den Einfl. einer Reihe anderer im I vorkommender Verunreinigungen auf die Intensität von Ta $L\alpha_1$. Dies erfolgt einerseits durch Berechnungen aus Absorptionsdaten, andererseits experimentell für TiO_2, SnO_2, FeO u. Na_2SO_4 (jeweils 1 bzw. 5%). Die Ergebnisse der Vff. zeigen, daß die Röntgenfluorescenzanalyse geeignet ist, in kurzer Zeit Aufschluß über den Ta-Geh. von I zu geben. Die Best. erfolgt mit einer Genauigkeit von $\pm 5\%$, wenn die Proben 0,5—10% II enthalten. (Analytic. Chem. **28.** 960—62. Juni 1956. College Park, Md., U. S. Dep. of Interior, Eastern Exp. Stat., Bur. of Mines.) H. U. WOELK. G 332

Shigehiko Hayashi, *Analyse von Niob und Tantal.* 4. Mitt. *Tanninkomplexe.* (3. vgl. J. chem. Soc. Japan, pure Chem. Sect. [Nippon Kagaku Zassi] **70.** [1949.] 437.) Mit Hilfe der Thermowaage wurde die günstigste Entzündungstemp. der Tanninkomplexe von *Nb* u. *Ta*, die mit oder ohne Zusatz von Cinchonin, Strychnin, Brucin, Antipyrin, Aminopyrin oder Urotropin gefällt worden waren, festgestellt zu 532° für Nb u. 424° für Ta. (J. chem. Soc. Japan, pure Chem. Sect. [Nippon Kagaku Zassi] **71.** 17—18. Jan. 1950. Sendai, Tohoku Univ., [Orig.: japan.]) L. SCHULER. G 332

Takanobu Shiokawa, *Analyse seltener Elemente.* 11. Mitt. *Mikrobestimmung von Molybdän.* Die Zeit, die zum Verschwinden der grünen Farbe von Malachitgrün mittels Ti^{3+} u. katalyt. Mengen *Mo* nötig ist, ist umgekehrt proportional der Menge des in Lsg. vorhandenen Mo. Durch Zeitmessung können so 20—200 γ Mo bestimmt werden. Ni^{2+}, Fe^{3+}, Pd^{2+}, V^{5+} u. NO_3^- verzögern die Reaktion. (J. chem. Soc. Japan, pure Chem. Sect. [Nippon Kagaku Zassi] **71.** 1—3. Jan. 1950. Sendai, Tohoku Univ. [Orig.: japan.]) L. SCHULER. G 336

Kuang Lu Cheng, *Fällung von Metallen mit Kaliumferrocyanid bei Gegenwart komplexbildender Reagentien.* Die Rk. von ca. 35 Metallen mit $K_4[Fe(CN)_6]$ wurde bei Ggw. der Komplexbildner *Äthylendiamintetraessigsäure* (I), *Nitrilotriessigsäure* (II), *Thiosulfat* u. *Fluorid* untersucht. I u. II verhalten sich ähnlich, außer daß Hg(II) bei Ggw. von II, nicht aber bei Ggw. von I mit $K_4[Fe(CN)_6]$ gefällt werden kann. Bei gleichzeitiger Ggw. von I, $S_2O_3^{2-}$ u. F^- werden zwischen p_H 1—3 nur *Zn* u. *Mn(II)* gefällt. Diese Rk. wurde zu einem qualitativen Nachw. entwickelt, der erlaubt, 1 γ Mn in der Grenzkonz. 1:1000000 u. 50 γ Zn in der Grenzkonz. 1:20000 nachzuweisen. Für Mn gestattet die Rk. eine quantitative volumetr. Best. ohne vorhergehende Trennung: Man versetzt die 0,5—2mMol Mn enthaltende Lsg. mit 20 ml 5%ig. I-Lsg., 70 ml W. u. 20 ml Eisessig. Der p_H-Wert soll dann 2,3—2,5 betragen. Als Indicator fügt man je 4 Tropfen 1%ig. wss. $K_3[Fe(CN)_6]$-Lsg. u. 1%ig. Diphenylaminlsg. in Eisessig zu u. titriert mit 0,05 mol. $K_4[Fe(CN)_6]$-Lsg. bis zum Umschlag von Purpur nach farblos oder Hellgelb oder umgekehrt, da die Rücktitration mit eingestellter Mn(II)-Lsg. einen besseren Endpunkt ergibt. Störungen in der Erkennung des Umschlagpunktes treten auf bei Ggw. von Co, da dieses durch $K_3[Fe(CN)_6]$ zu einem roten Co(III)-I-Komplex oxydiert wird. Störende Färbungen treten auch bei Ggw. von Mo u. UO_2^{2+} auf. — Zn kann auf die gleiche Weise nicht titriert werden, weil durch I in der Lsg. die Konz. an freien Zn-Ionen so klein gehalten wird, daß der Indicator nicht anspricht. (Analytic. Chem. **27.** 1594—96. Okt. 1955. Storrs, Conn., Univ. of Connecticut, Dep. of Chem.) F. UMLAND. G 350

A. O. Rathje, *Flammenphotometrische Silberbestimmung in Cadmium- und Zinksulfidphosphoren.* Ag ist ein gebräuchlicher Aktivator für Phosphore vom Sulfidtypus u. in diesen zu ca. 0,01 % enthalten. Eine schnelle Best. ohne Abtrennung ist auf flammenphotometr. Wege möglich. 1—5g der Probe, entsprechend 50—500 γ Ag, werden mit 5ml W. u. 30 ml konz. HCl gelöst. Nach Abkühlen gibt man zur Empfindlichkeitssteigerung genau 30 ml Aceton zu, füllt auf 100 ml auf u. verschließt die Flasche gut, da kleine Schwankungen des Acetongeh. großen Einfl. auf die Lichtemission haben. Aus dem gleichen Grunde mißt man unmittelbar nach Eingießen in den Probenbecher bei 338 mμ. Man vergleicht mit 2 Standardlsgg. mit ca. gleichen Zn- u. Cd-Gehh., von denen die eine 0, die andere 500 γ Ag enthält. Innerhalb dieses Bereiches ist die Eichkurve geradlinig. Wegen der Anwesenheit kleiner Mengen Na u. Mg ist eine Untergrundkorrektur erforderlich. Man mißt dazu bei 335 u. 341 mμ, interpoliert u. subtrahiert den Betrag von dem bei 338 mμ gemessenen Wert. Bei bekanntem Na- u. Mg-Geh. kann dieser in der Vergleichslsg. berücksichtigt werden. Die Reproduzierbarkeit der Meth. beträgt 10—15 γ Ag. (Analytic. Chem. **27.** 1583—85. Okt. 1955. Cleveland, O., Gen. Electric Co., Chem. Prod. Works.) F. UMLAND. G 359

M. Malínek und **B. Řehák,** *Die Verwendung von Komplexonen in der chemischen Analyse.* 49. Mitt. *Gravimetrische Silber- und Quecksilberbestimmung mit Mercaptobenz-*

thiazol in Gegenwart von Komplexon III. (48. vgl. SCHNEIDER, C. **1956.** 12359.) Die geringe Selektivität des *Mercaptobenzthiazols* (I) als eines gravimetr. Reagenses (vgl. SPACU u. KURAŠ, C. **1935.** II. 2984; **1936.** I. 4042; KURAŠ, Collect. czechoslov. chem. Commun. **11.** [1935.] 363) wird durch Ggw. von Komplexon (II; n. Na-Salz der Äthylendiamintetraessigsäure) wesentlich erhöht. In ammoniakal. Lsg. von II wird mit I nur Ag^+ u. Hg^{2+} gefällt, während die meisten übrigen Kationen — mit Ausnahme von Au u. Metallen der Pt-Gruppe — durch II maskiert werden. Vierwertige Kationen u. Be sind mit Weinsäure zu maskieren. Zur Best. von Ag (Hg) wird die Probelsg. mit überschüssigem II u. 1—3 ml 50%ig. NH_4-Acetatlsg. versetzt u. mit NH_3 gegen Phenolphthalein alkalisiert. Die Fällung von Ag (Hg) wird durch Zugabe von I in kleinem Überschuß beim beginnenden Sieden ausgeführt. Der gelbe flockige Nd. wird durch einen Jenaer Tiegel G3 filtriert, mit ca. 0,1n NH_4OH gewaschen u. bei 110° getrocknet. Die Zus. des Nd. entspricht der Formel $AgC_6H_4NCS_2$ bzw. $Hg(C_6H_4NCS_2)_2$. Bei der Hg-Best. ist darauf zu achten, daß die Lsg. nicht zu alkal. wird u. die Lösungstemp. bei der Hg-Fällung 90° nicht übersteigt. Der Nd. ist sofort zu filtrieren u. höchstens ½ Std. zu trocknen. Die Best. von Ag u. Hg nebeneinander gelingt auf diese Weise nicht. (Chem. Listy **50.** 157—59. Jan. 1956. Praha, Českoslov. akad. věd, hutnic. labor. [Orig.: tschech.]) K. KÁMEN/Prag. G 359

Carla Bertoglio Riolo und Erminia Garrini, *Neue volumetrische Methode zur Bestimmung von Gold.* Die Meth. fußt auf der Umsetzung von $AuCl_3$ mit Alkalichlorit unter ClO_2-Entw. u. Abscheidung von metall. Au. Die App. besteht aus einer Reihe von DRECHSEL-Flaschen (A), die durch Schliffe miteinander verbunden u. an einen CO_2-Gasentwickler angeschlossen sind. Die 1. bis zu einer bestimmten Marke mit ausgekochtem W. gefüllte A dient zur Regelung des Gasstromes, die 2. enthält die Au-Lsg. u. $NaClO_2$ im Überschuß. Die folgenden A sind mit schwach HCl-saurer 1%ig. KJ-Lsg. beschickt. Zuerst läßt man den Inhalt der zweiten A $\sim$¼ Std. reagieren u. leitet dann 1 Std. CO_2 (2 Blasen/Sek.) ein: Stufenweise Bräunung (J) der Lsg. u. nach allmählicher Verdrängung von ClO_2 Abscheidung von Au als feinen dunkelroten Pulvers bzw. seltener in koll. Form. Bei Au-Mengen über 4 mg u. in Ggw. von Fremdmetallen ist längeres Einleiten von CO_2 notwendig. Der Endpunkt bei der Titration ist auch bei Ggw. von gefärbten Schwermetallsalzen deutlich erkennbar. Die Analysenbefunde sind in Tabellenform angegeben u. zeigen, daß bei Au-Mengen von 1—3 mg der Fehler vernachlässigt werden kann, auch bei höheren Au-Mengen (bis 7 mg) die erreichten Werte innerhalb der Fehlergrenze liegen. Ag, Cu, Zn, Ni, Fe, Pt u. Cd, der Au-Probe sowohl einzeln als auch alle zugleich in der Größenordnung von 10 mg zugesetzt, stören die Best. nicht. (Ann. Chimica **45.** 767—72. Sept./Okt. 1955. Pavia, Univ., Ist. Chim. Gen.)
G. PLATZER. G 360

M. N. Albow, *Die Probe von gediegenem Gold und ihre Bestimmung auf photometrischem Wege.* Für 20 Standardlegierungen von Au u. Ag verschied. Zus., deren Probenwerte bekannt waren, wurde das Reflexionsvermögen im Mikrophotometer bestimmt. Aus dem Diagramm für die Abhängigkeit der Probezahl vom Verhältnis $R_C:R_F$ (R_C = Reflexion in rotem, R_F in blauem Licht) geht hervor, daß die Ermittlung der Probe photometr. durchaus möglich ist. Bei Au hoher Probe beträgt die Genauigkeit dieser Best. ±3—4%, bei niedriger Probe ±7—9%. Bei Anwendung des entsprechenden Standards kann die Au-Probe im Universalphotometer mit nur blauem Lichtfilter ermittelt werden. (Записки Всесоюзного Минералогического Общества [Schr. Allunions mineralog. Ges.] [2] **82.** 285—91. 1953.) O. LEBTAG. G 360

K. A. Murray und **G. J. R. Krige,** *Die elektrometrische Goldbestimmung in Golderzen.* In einer gewogenen Erzmenge werden die Metalle durch Vorbehandlung mit Cl_2, Br_2 u. a. in Halogenide übergeführt, die Lsg. wird eingeengt u. mit $^1/_{100}$n KJ-Lsg. potentiometr. titriert. (South African ind. Chemist **9.** 110—14. Juni 1955.)
H. ECKHARD. G 360

Takanobu Shiokawa, *Analyse seltener Elemente.* 12. Mitt. *Ruthenium.* (11. vgl. C. **1956.** 12360.) Die Rk. zwischen $KClO_3$ u. KJ wird durch *Ru* katalysiert. Die Zeit des Verblassens von violetter J-Stärke bis zur Farbe eines Kongorotstandards ist umgekehrt proportional der Menge des vorhandenen Ru u. diese kann so bestimmt werden. Ni^{2+}, Hg^{2+} u. NO_3^- verzögern die Reaktion. (J. chem. Soc. Japan, pure Chem. Sect. [Nippon Kagaku Zassi] **71.** 87—89. Febr. 1950. Sendai, Tohoku Univ. [Orig.: japan.])
L. SCHULER. G 363

Ferenc Bártfai, *Ein Säuregemisch zum Lösen von Legierungen mit hohem Si-Gehalt.* Die heftige Rk. beim Auflösen einer viel Si u. Mg oder Ca enthaltenden Legierung in Säuren kann vermieden werden, wenn die Legierung in einer geräumigen Pt-Schale mit ca. 5%ig. H_2O_2-Lsg. durchfeuchtet u. gemischt wird u. dann tropfenweise H_2F_2 zugegeben wird. Nötigenfalls kann nach Abflauen der Rk. am Wasserbad erwärmt werden. Vf. bemerkt, daß das Auflösen solcher Legierungen auch mit Hydrazinsulfat eingeleitet u. in Salzsäure beendet werden kann. Wss. Hydroxylaminlsg. wirkt überaus heftig, es kann sogar Explosion erfolgen. (Kohászati Lapok **8** (**86**). Nr. 5. Aluminium **5.** 105. Mai 1953.) J. Plank. 5280

Sture Landergren und **William Muld,** *Spektrochemische Analysen von Eruptivgesteinen, Sedimenten und Erzen.* (Vgl. C. **1956.** 5375.) (Mikrochim. Acta [Wien] **1955.** 245—50. Stockholm, Geolog. Surv. of Sweden, Geochem. Dep.) H.-J. Eichhoff. 5290

Raymond Ricard, *Verwendung des elektrischen Gleichstrombogens zur quantitativen Analyse von Silicaten.* Zur Best. von Hauptbestandteilen (Si, Al) in Silicaten wird die Probe mit Ni-Pulver verd. u. in einer Graphitelektrode kathod. mit 9 A angeregt. Zur Exposition werden nur die ersten 15 Sek. des Abbrandes benutzt. (Mikrochim. Acta [Wien] **1955.** 226—35. Lyon, Fac. Libre des Sci.) H.-J. Eichhoff. 5290

Fr. Hegemann und **H. Kostyra,** *Spektralanalyse von Zinkblende.* Der Abbrand der Zinkblende wurde mit einer Kohlestiftelektrode durchgeführt, die mit einer Hülle aus Filterpapier umgeben war. Da die Bläserwrkg. des ZnS zu gering ist u. nur zu einem Teilabbrand ausreicht, wurde der Probe NH_4Cl zugesetzt. Ein geringer Zusatz von Aktivkohle verhütet Schmelzen bei höheren Fe-Gehalten. Bei steigenden Fe-Gehh. ergibt sich eine beträchtliche Verringerung der Nachweisempfindlichkeit bei Ga, In, Tl, Cd, Hg, As, Sb u. Bi. Abwandlungen des Verf. durch Puffern mit KCl oder Ausnützung der fraktionierten Dest. ergab verbesserte Nachweisempfindlichkeit. Für jede Analyse sind daher 3 Abbrände nötig. Die Nachweisempfindlichkeit beträgt je nach Element 0,001—0,0001 (%), die Reproduzierbarkeit bei photometr. Auswertung zwischen ± 3 u. ± 10. (Metall **9.** 849—56. Okt. 1955. München, TH, Mineral. Inst.) F. Vier. 5292

b) Organische Verbindungen.

M. Večeřa, *Automatische Apparatur für die Bestimmung von Stickstoff in organischen Verbindungen nach der Methode von Dumas-Zimmermann.* Für die N-Best. in organ. Verbb. nach Dumas-Zimmermann wurde eine einfache automat. elektr. App. konstruiert. Sie besteht aus 3 stabilen Öfen; die zwei äußeren Öfen erhitzen das Verbrennungsrohr auf 750°, der mittlere befindet sich an jenem Ort des Verbrennungsrohres, in welchem sich die zu analysierende Probe befindet u. ist so konstruiert, daß in 8 Min. die Verbrennungstemp. von 750° erreichbar ist. Diese Konstruktion ist einfacher als die auf Verschiebung des Ofens beruhende. Nach der Beendigung der Verbrennung wird das Rohr mit Druckluft von außen gekühlt. Die Arbeitsweise der App. wurde erfolgreich an einer Reihe von N-Verbb. (auch fl.) geprüft. Gute Ergebnisse wurden auch bei Stoffen, die für schwer verbrennbar gehalten werden (z. B. Phenylhydrazone, Osazone, Verb. mit Pyrimidinring), erzielt. (Chem. Listy **47.** 1090—93. Juli 1953. Pardubice-Rybitví, Výzk. ústav organ. synthes, organ.-analyt. labor. [Orig.: tschech.]) K. Setínek/Prag. 5352

M. Večeřa, *Die Mikrobestimmung des Schwefels in organischen Stoffen.* (Vgl. vorst. Ref.) Eine Modifikation des Verf. nach Zinnecke (C. **1951.** II. 3358) wird beschrieben. Zum Auffangen der Schwefeloxyde verwendet Vf. ein 10 cm langes Quarzröhrchen, das mit Ag-Spänen gefüllt u. an einem Ende capillar verjüngt wird. Mit dem Verbrennungsrohr aus Quarz wird es mittels eines Schliffes verbunden. Damit ist die Möglichkeit der mechan. Verluste durch das Abreiben beim Ausziehen der Ag-Rolle aus dem Rohr ausgeschlossen u. auch die Kondensation der HNO_3, die durch das Verbrennen der N-haltigen Stoffe entsteht, wird verhindert (Zinnecke). Das gebildete Ag_2SO_4 wird mit heißem W. in kleinen Anteilen (gesamt mit 50 ml W.) einfach aus dem Absorptionsröhrchen direkt in ein Titrationsgefäß ausgespült. Man tiriert das Ag^+ potentiometr. mit 0,01n KJ-Lösung. (Chem. Listy **48.** 613—16. April 1954. [Orig.: tschech.]) J. Horáček/Prag. 5352

M. Večeřa und **L. Synek,** *Organische quantitative Analyse.* 5. Mitt. *Automatische elektrische Apparatur für die Kohlenstoff- und Wasserstoffbestimmung in organischen Substanzen.* (4. vgl. vorst. Ref.) Vff. beschreiben eine automat. elektr. App., die bes. für die Best. im Halbmikromaßstab geeignet ist. Als kurzer, beweglicher Verbrennungsofen wird eine einfache Heizspirale verwendet, die durch einen Servomotor in Bewegung gesetzt wird. Durch Anwendung eines elektr. Zeitschalters, welcher in beliebig einstellbaren Intervallen dem Servomotor Impulse erteilt, ist es möglich, die Verbrennungszeit von einigen Min. bis zu einigen Std. einzustellen. Der Verbrennungsofen kehrt automat. zurück, u. die Verschiebung wiederholt sich mit ursprünglich eingestellter Geschwindigkeit. Weiter wird die Herst. des granulierten PbO_2 aus *Mennige* eingehend beschrieben. (Chem. Listy **49.** 1891—94. Dez. 1955. [Orig.: tschech.]) J. Horáček/Prag. 5352

Paul Monand, *Mikrobestimmung von Fluor in organischen Verbindungen durch Hochfrequenztitration.* Die Substanzprobe mit ca. 3 mg F wird im O_2-Strom in einem Quarzrohr verbrannt. Das entstehende SiF_4 wird in einer CH_3COONa-Lsg. aufgefangen u. hydrolysiert. Die Titration des F^- erfolgt in der Hydrolysenzelle mit $Sr(CH_3COO)_2$ oder $La(CH_3COO)_3$ unter Verwendung einer Frequenz von 7,5 MHz u. Außenelektroden. Eine Best. dauert ca. 35 Min., u. Vf. erhält an verschied. Substanzen eine Genauigkeit von ±0,2%. (Bull. Soc. chim. France [5] **1956.** 704—17. April. Antony, Cie. de St. Gobain, Centre de Recherches.) H. Müller. 5352

M. Atmore und F. Hawke, *Eine modifizierte Bromdampfmethode zur Bestimmung von Jodzahlen.* Zur Best. der JZ. wird eine Makrometh. beschrieben, die auf der direkten Einw. von Br_2-Dampf beruht. Man breitet 0,08—0,12 g Substanz als Film auf einer Glasplatte (10 × 5 cm) aus u. bringt diese 1 Std. in eine Bromierungskammer (Abb.), in der sich ein Porzellanschiffchen mit 2 g Br_2 befindet. Dann wird das überschüssige Br_2 durch Absaugen in Ggw. von festem NaOH, Überleiten eines N_2-Stromes von 80° u. abermaliges Absaugen entfernt. Schließlich wird die Gewichtszunahme (= Bromaufnahme) der Substanz bestimmt. Die Meth. ist für stark ungesätt. Öle, die Fettsäuren mit 3 Doppelbindungen enthalten, geeignet; sie ist für hydroxylhaltige, ungesätt. Verbb. nicht geeignet. (J. South African chem. Inst. [N. S.] **3.** 23—28. Dez. 1950. Johannesburg, Univ.) K. F. Müller. 5360

Vaszilij Kutz und Vaszilijné Kutz, *Bestimmung von Methylalkohol mit Fuchsin.* Auf Grund der Nachweis-Rk. von Denigès arbeiteten Vff. ein Verf. zur quantitativen Best. von Methylalkohol größter Empfindlichkeit unter Berücksichtigung des Einfl. verschied. Faktoren aus. Eine einfache colorimetr. Meth. wird angegeben. (Élelmezési Ipar [Verpflegungs-Ind.] **9.** 338—45. Nov. 1955.) E. Kiss. G 560

Heikki K. Kerkkonen, *Über die Mikrobestimmung von Milchsäure.* Übersicht über die mikrochem. Methoden zur Best. der *Milchsäure* (I) durch Oxydation zu Acetaldehyd nach vorheriger Entfernung der Proteine, Zucker u. anderer störender Stoffe. Aufzählung der Verbb., die die colorimetr. I-Best. mit p-Phenylphenol stören (Acetaldehyd, Acrolein, Methylglyoxal, Propylenglykol, Djengkolsäure, Formaldehyd, 2-Oxybuttersäure, Methionin sowie größere Mengen an Dioxyaceton, Glycerinaldehyd, p-Oxyphenylmilchsäure, Äpfelsäure, Brenztraubensäure u. Rhamnose) bzw. nicht stören. (Suomen Kemistilehti A **28.** 168—71. 1955. Helsinki, Valion Labor.) S. Beckmann. G 850

Clara Petronici und Giuseppe Safina, *Vergleichende kritische Untersuchungen einiger Methoden zur quantitativen Bestimmung von papierchromatographisch abgetrennten Aminosäuren.* (Vgl. C. **1954.** 2013.) Vgl. folgender Methoden zur quantitativen Best. von papierchromatograph. abgetrennten Aminosäuren: 1. Best. der Farbintensität der Flecken (Ninhydrin-Rk.) durch visuellen Vgl. (halbquantitativ), 2. planimetr. Messung der Fleckengröße, 3. spektrophotometr. Messung nach Elution der Flecken, 4. Messung der Farbintensität der Flecken auf dem in Streifen geschnittenen Papier mittels eines lichtelektr. Colorimeters. Am genauesten ist Meth. 3, aber ein schnelleres Arbeiten gestattet Meth. 4, welche bes. für Serienunterss. geeignet erscheint. (Ind. Conserve **30.** 16—19. Jan./März 1955. Palermo, Univ., Ist. di Chim. Agrar.; Centro Sperim. per l'Ind. delle Conserve Aliment. e dei Deriv. Agrum.) R. Woller. G 950

Paul Aubertein, *Mononitrochlorbenzol.* Es wird eine einfache Meth. beschrieben, um geringe Mengen Chlorbenzol in Mononitrochlorbenzol durch therm. Analyse zu bestimmen (Mém. Poudres **32.** 7—9. 1950.) U. Faass. G 1010

J. Černý, *Trennung der 3.5-Dinitrobenzoate aliphatischer Alkohole durch Papierchromatographie.* Mittels absteigender Chromatographie auf mit Silicagel imprägniertem Papier (Whatman No. 4) wurden *3.5-Dinitrobenzoate* (I) von aliphat. Alkoholen ($C_{1-4,6,8}$) unter Verwendung eines Ae.-PAe.-Gemisches als Lösungsmittelsyst. voneinander getrennt. Flecke von I wurden nach Erhitzen mit 10%ig. alkoh. Lsg. von Malonsäurediäthylester u. 10%ig. NaOH-Lsg. sichtbar gemacht. R_F-Werte von I erhöhen sich mit steigendem Mol.-Gew. der Alkohole. (Chem. Listy **49.** 1899. Dez. 1955. Praha, Karlova Univ., Ústav org. chem. [Orig.: tschech.]) J. Vaněček/Prag. G 1210

C. R. Szalkowski und W. J. Mader, *Colorimetrische Bestimmung von 2-Oxy-4.6-dimethylpyrimidin.* Für die Herst. von „*Nicarbazin*", einem Komplex aus 4.4'-Dinitrocarbanilid u. *2-Oxy-4.6-dimethylpyrimidin* (I), mußte eine neue Meth. zur Reinheitsbest. von I ausgearbeitet werden, da die bisherigen Methoden zur Best. von Pyrimidinen zur Best. von I nicht befriedigten. I reagiert mit Sulfanilsäure u. $NaNO_2$ in alkoh. schwefelsaurer Lsg. unter Bldg. eines roten Komplexes, der bei 450 u. 540 mμ Absorptionsmaxima hat. Diese Rk. wurde zu einer spezif. colorimetr. Meth. ausgearbeitet. Mit Ausnahme von 2-Amino- u. 2-Mercapto-4.6-dimethylpyrimidin geben andere Pyrimidine die rote Farb-Rk. nicht. — Ausführung: 15,0 ml einer 2—3 γ I enthaltenden alkoh. Lsg. werden mit 5,0 ml Lsg. von 1,6 g Sulfanilsäure in 100 ml 0,4n H_2SO_4 vermischt u. dann mit 5,0 ml 1%ig. $NaNO_2$-Lsg. versetzt. Dann wird 15 Min. auf 65° erhitzt u 1 Std. bei Raumtemp. stehengelassen. Dann mißt man bei 540 mμ die Extinktion gegen einen Blindvers. aus 15 ml A., 5 ml Sulfanilsäurereagens u. 5 ml $NaNO_2$-Lösung. Auswertung durch die geradlinige Eichkurve, die bis 75 γ I/15 ml Lsg. reicht. (Analytic. Chem. **27.** 1404—08. Sept. 1955. Rahway, N. J., Merck & Co., Chem. Div.) K. F. MÜLLER. G 3272

Arthur K. Saz, *Störungen bei der colorimetrischen Bestimmung von Uracil und Cytosin durch anorganisches Phosphat.* Bei der colorimetr. Best. von *Uracil* u. *Cytosin* nach SOODAK (J. biol. Chemistry **181.** [1949.] 713) werden diese bromiert u. darauf der Einw. von Li-Arsenwolframat unterworfen. Dieses wird dadurch red. u. kann nun colorimetriert werden. Die Rk. wird durch anorgan. Phosphat gestört, indem sich aus dem Reagens wahrscheinlich Phosphowolframat bildet, was eine Erniedrigung der Extinktion zur Folge hat. Es dürfen deswegen keine Phosphatpuffer verwendet werden. An ihrer Stelle werden Veronalpuffer vorgeschlagen. (Arch. Biochem. Biophysics **35.** 469—70. Febr. 1952. Bethesda, Md., Publ. Health Serv., Nat. Inst. of Health, Nat. Microbiol. Inst., Sect. on Exp. Therapeut.) P. LOCH. G 3272

S. Gianferrara und **E. Pascucci,** *Anwendung der Methode Kolthoff-Kruisheer auf die Analyse von Zuckergemischen.* Nach Invertierung des Rohrzuckers bestimmen Vff. *Fructose* (I) nach KOLTHOFF-KRUISHEER (C. **1929.** II. 228; **1930.** II. 914) mit NaOJ, errechnen durch Verdoppelung der I-Menge die Gesamtmenge an invertiertem Zucker; Glucose u. Lactose werden aus 2 der Größen Trockenrückstand, Drehvermögen u. Reduktionsvermögen ermittelt. Als Beispiel werden Analysen von fl. Glucose des Handels u. von Zuckergemischen, wie sie in Hartkaramellen vorliegen, beschrieben. (Chim. e Ind. [Milano] **37.** 545—47. Juni 1955. Roma, Labor. chim. centr. delle Dogane e I. I.) R. K. MÜLLER. G 3400

A. S. Perlin, *Struktur reduzierender Disaccharide durch Bleitetraacetatoxydation.* Durch Oxydation mit Bleitetraacetat läßt sich die Struktur reduzierender Disaccharide unter Verwendung weniger mg Probe bestimmen. Die Analyse umfaßt die Best. der gebildeten Moll. HCOOH als CO_2 in der WARBURG-App., die Best. des gebildeten HCHO u. des Verbrauches an Bleitetraacetat. Als Modellsubstanzen dienten Hexosedisaccharide mit 1.3-, 1.4- u. 1.6-Bindung, Monomethylhexosen u. Pentosedisaccharide mit 1.3-, 1.4- u. 1.5-Bindung. Jeder Bindung entspricht eine bestimmte Oxydationscharakteristik. Das Oxydationsverh. der Monomethylmonosaccharide ist dem der entsprechenden Disaccharide ähnlich. Die Versuchsergebnisse sind in Übereinstimmung mit der Auffassung, daß reduzierende Zucker als cycl. Halbacetale oxydiert werden; sie lassen sich in einigen Fällen durch die Bldg. stabiler Ameisensäureester erklären. Eine aus einem partiellen Hydrolysat von *Acacia pycnantha*-Gummi isolierte Galaktobiose wurde durch die Bleitetraacetatoxydation als *3-O-D-Galaktopyranosyl-D-galaktose* charakterisiert. — Die Verss. wurden in einer WARBURG-App. bei 27° nach einer bereits beschriebenen Meth. (C. **1954.** 9354) durchgeführt. Es wird 1 ml Lsg. von 20 mg Bleitetraacetat u. 10 mg K-Acetat in 90%ig. Essigsäure mit 0,2 ml Lsg. von 0,3—1 mg Substrat in 90%ig. Essigsäure zur Rk. gebracht; die durch die CO_2-Entw. bedingte Druckzunahme innerhalb einer Oxydationsdauer von 5—6 Std. wird gemessen. Nach bestimmten Intervallen wird der *Bleitetraacetatverbrauch* bestimmt, indem die Reaktionslsg. mit 8 ml Lsg. von 10 g KJ u. 50 g Na-Acetat in 100 ml W. zusammengebracht u. das freigewordene J mit 0,005n $Na_2S_2O_3$-Lsg. titriert wird. Best. des CH_2O: Das Reaktionsgemisch wird in ein 5 ml-Kölbchen, das 0,2 ml 10%ig. Oxalsäurelsg. enthält, gebracht. Ein aliquoter Teil der überstehenden Lsg. wird mit W. zu 1 ml verd. u. mit 10 ml Chromotropsäurereagens versetzt; die Extinktion der Lsg. wird bei 570 mμ gemessen. — Best. der Pentosen: Zunächst wird die Probe wie eben beschrieben behandelt. Ein aliquoter Teil der überstehenden Lsg. wird mit W. zu 3 ml verd. u. 35 Min. mit dem Orcinreagens auf dem Wasserbad erhitzt. Die Extinktion der geklärten Lsg. wird bei 660 mμ bestimmt. (Analytic. Chem. **27.** 396—99. März 1955. Ottawa, Can., Nat. Res. Labors., Div. of Appl. Biol.) K. F. MÜLLER. G 3400

A. E. Kellie und **A. P. Wade,** *17-Oxosteroidkonjugate aus dem Harn. Trennung der Glucuronide von den Sulfaten und weitere Reinigung dieser Fraktionen.* Das Gemisch der Glucuronide (I) u. Sulfate (II) wird acetyliert. Nur die I besitzen reaktionsfähige OH-Gruppen u. lassen sich in in W. unlösl., in Bzl. lösl. Verbb. überführen. Die II bleiben wasserlöslich. — Werden die I vor der Acetylierung mit Diazomethan methyliert, so lassen sich die keton. I quantitativ von den nichtketon. trennen. An Al_2O_3 chromatographiert, wurden aus der Ketonfraktion 4 oder 5 Komponenten erhalten, 2 enthielten *3α-Oxy-5α-*(oder *5β-*)*androstan-17-on.* — Die II wurden mit Ae. u. Chlf. extrahiert, an

Al_2O_3 chromatographiert u. mit Bzl., das steigende Anteile von Methanol enthielt, eluiert. Die ZIMMERMANN-Rk. konnte ohne vorherige Hydrolyse ausgeführt werden. (Biochem. J. **62.** 1P—2P. Jan. 1956. Middlesex, Hosp. Med. School, Courtauld Inst. of Biochem.) D. DRESSLER. G 3750

Peter J. Weiss und **William W. Wright**, *Die Bestimmung von Penicillin O durch Bromoxydation.* Es wurde eine Meth. zur Best. von Penicillin O, *Allylmercaptomethylpenicillin*, ausgearbeitet, welche auf der Oxydation durch Brom beruht. Die Genauigkeit lag bei 0,1—4,8%. Der große Nachteil der bromometr. Meth. ist der, daß bei Verunreinigung im Material beträchtliche Fehler entstehen können. (Antibiotics and Chemotherapy **3.** 1154—58. Nov. 1953. Washington, D. C., Dep. of Health.) H. HENNERSDORF. G 4090

d) Medizinische und toxikologische Analyse.

Kinshi Mitsuki und **Motoko Uyesugi**, *Ein einfacher Benzidinpapiertest für die Feststellung von occultem Blut.* Eine einfache Meth. zur Ermittlung occulten Bluts mittels *Benzidinpapiers* wird beschrieben. Darst. des Papiers (*Occultor*): 100 cm^3 6%ig. alkoh. Benzidinlsg. werden mit 10 g lösl. Stärke zu einer Paste verrührt u. auf Filtrierpapier aufgetragen. Trocknen bei Raumtemp., Zerschneiden in kleine, ca. 1 cm^2 große Stücke. — Ausführung der Probe: Ein Papierstreifen wird mit der imprägnierten Seite nach oben auf einen Objektträger gelegt, die zu untersuchende Substanz (Stuhl) mit einem Glasstab unter leichtem Druck aufgetragen u. 1 Tropfen Eisessig u. H_2O_2 aufgetropft. Der Ausfall der Rk. ist als sicher positiv zu bewerten, wenn die blaue Farbe sich innerhalb 1 Min. entwickelt. Empfindlichkeit mit Hämoglobin 1 : 100000. (Tohoku J. exp. Med. **54.** 91—93. 25/4. 1951. Sendai, Tohoku Univ., Fac. of Med.) WOLFGANG ALBRECHT. 5727

Luigi Mazza, Enrico Scotti und **Bianca Maria Bruno**, *Polarographische Bestimmung von Blei im Blut.* 10 cm^3 Blutprobe werden in einem 200 cm^3-KJELDAHL-Kolben mit 25 cm^3 HNO_3 (D. 1,40) 2 Std. über offener Flamme auf 5 cm^3 eingeengt, mit dem Waschwasser aus dem Kolben in einen Quarztiegel übergeführt, im Sandbad zur Trockne eingedampft, 6 Std. bei 490° im Muffelofen erhitzt, dann mit 10 cm^3 HNO_3 (D. 1,40) versetzt, zur Trockne eingeengt u. weitere 6 Std. im Ofen bei 490° bis zu völliger Veraschung erhitzt; Aufnehmen der Blutaschen mit 10 Tropfen konz. HCl, vorsichtiges Vertreiben des HCl-Überschusses, Zugabe von 3 cm^3 Basislsg. (2 Voll. 0,1 n Essigsäure + 1 Vol. 50%ig. $NH_2OH \cdot HCl$-Lsg.), Durchrühren, Überführen in ein Reagensglas mit Schliffstöpsel u. 40 Min. Stehenlassen auf dem Wasserbad bei 90° bis zur vollständigen Red. der Fe^{3+}. Man zentrifugiert, bis eine durchsichtige Lsg. vorliegt. — Für die polarograph. Analyse werden 2 cm^3 dieser Lsg. im Thermostaten bei 25° mit 0,05 cm^3 1‰ig. Gelatinelsg. versetzt, 15 Min. ein langsamer H_2-Strom durchgeleitet u. anschließend die polarograph. Kurve zwischen —0,2 u. —0,7 V registriert. Die Pb-Konz. wird durch Vgl. mit einer Eichkurve bzw. durch vorherige Zugabe eines bekannten Vol. Probelsg. berechnet. Genauigkeit nicht unter $\pm 5\gamma/100$ cm^3 Blut. As stört nicht, weil es sich größtenteils während der Veraschung verflüchtigt. Durch Einleiten von H_2 (10 Min.) wird O_2 aus der Lsg. entfernt, die Hg-Anode soll mit der Probe nicht in Berührung gelangen, bis O_2 vertrieben ist. Bei Benutzung einer polarograph. Zelle mit äußerer Elektrode wird dies vermieden. Der Pb-Geh. im Blut übersteigt in 25 Fällen nicht 100 γ/100 cm^3. (Ann. Chimica **45.** 797—804. Sept./Okt. 1955. Genua, Univ., Ist. Chim. Gen.) G. PLATZER. 5727

Joanne E. Mertz und **Clark D. West**, *Eine schnelle Mikromethode zur Bestimmung des indirekten Bilirubins.* Die zur Best. des indirekten *Bilirubins* (I) von WEECH, VANN u. GRILLO (J. clin. Invest. **20.** [1941.] 323) u. von DAVIDSON, MERRITT u. WEECH (Amer. J. Diseases Children **61.** [1941.] 958) angegebene Meth. wird vereinfacht. Eiweiß u. direktes **I** werden mit Aceton (**II**) gefällt. Das Serum wird zur Vermeidung des Auftretens von Trübungen in 80%ig. **II** gegeben. Das indirekte **I** kann dann in der überstehenden Fl. colorimetr. bei 460 mμ bestimmt werden. Das Verf. wird durch Carotinoidfarbstoffe gestört u. ist daher von besonderem Wert bei Neugeborenen, bei denen der Lipochromspiegel des Serums niedrig ist. (A. M. A. Amer. J. Diseases Children **91.** 19—22. Jan. 1956. Cincinnati, O., Univ. of Cincinnati, Childrens Hosp. Res. Found. and Dep. of Pediatr.) PH. FRESENIUS. 5728

William P. Jencks und **E. L. Durrum** (unter techn. Mitarbeit von **Mera R. Jetton**), *Papierelektrophorese als quantitative Methode: Die Färbung von Serumlipoproteinen.* Die beschriebene Meth. zur halbquantitativen Best. besteht in der Elektrophorese auf Filtrierpapier u. nachfolgender Färbung der isolierten α- u. β-Lipoproteidbande mit dem lipoiden Farbölrot O. Sie ist geeignet zur empir. Messung der Verteilung u. des elektrophoret. Verh. von Serumlipoproteinen. (J. clin. Invest. **34.** 1437—48. Sept. 1955. Washington, D. C., Dep. of Pharmacol., Army Med. Serv. Grad. School, Walter Reed Army Med. Center.) H. AMAN. 5728

Heinz Rodeck, *Zur Frage der Kaliumbestimmung im Liquor cerebrospinalis.* Die durch RODECK u. DODEN verbesserte titrimetr. Best. von *K* im Blutserum nach der Meth. von RAPPAPORT wird auf die K-Best. im Liquor cerebrospinalis übertragen. In dem mit HNO_3–H_2SO_4 veraschten Liquor wird K mit *Co(III)-Nitrit* gefällt, die Nitritgruppen des Komplexes werden mit *Ce(IV)-Sulfat* oxydiert. Nach Zusatz von KJ läßt sich der K-Geh. jodometr. aus dem Verbrauch an $Na_2S_2O_3$ ermitteln. (Dtsch. Z. Nervenheilkunde **166.** 268—72. 1951. Düsseldorf, Med. Akad., Kinderklinik.) M. E. FERNHOLZ. 5730

E. B. M. de Jong, *Mikrobestimmungsmethode für Calcium in Serum, Urin oder Faeces.* Bei der Best. des Ca im Blut mit Äthylendiaminotetraessigsäure ist der Endpunkt der Titration, der durch Murexid angezeigt wird, nicht deutlich sichtbar. Vf. benutzt die Extinktion, um den Endpunkt zu bestimmen. Dazu wird eine bes. konstruierte Perspex-Küvette verwendet, bei der das Ende der Mikrobürette u. das Gaseinleitungsrohr nicht im Wege sind. Die Küvette wird mit bidest. W. gefüllt (ca. 7,5 ml). Nach Zugabe von 0,1 oder 0,2 ml Serum wird sofort 0,5 ml 3n KOH, 1 Tropfen Caprylalkohol u. 0,5 ml Murexidlsg. (20 mg%) zugegeben u. das Spektrophotometer auf 100% Lichtdurchlässigkeit eingestellt. Man fügt schrittweise 5 μl Komplexonlsg. (2,326 g in bidest. W. zu 500 ml gelöst) zu, liest die Extinktion ab u. fährt so fort, bis die Extinktion konstant bleibt (Blindvers.). Für die Berechnung ist eine Tabelle angegeben. In Faeces wird das Ca nach Veraschung bestimmt, im Urin nach Ansäuern mit HCl. Phosphate können hier stören. (Geneeskund. Gids **32.** 519—22. 25/11. 1954.) H. PATZSCH. 5734

W. Garn, *Über eine chemische Bestimmungsmethode von Corticoiden in der Leber.* Leber wird zerkleinert u. neutral, dann sauer mit A. extrahiert. Nach Verdünnen mit W. werden die *Corticoide* (I) mit Chlf. ausgezogen, Begleitstoffe, wie Fett u. Lecithin, in mehreren Arbeitsgängen entfernt u. die I nach Aufnehmen in Pyridin, Zusatz von 2%ig. m-Dinitrobenzollsg., kurzem Erwärmen auf 40°, Zusatz von 0,1n NaOH, 6std. Erwärmen auf 40° u. Neutralisieren mit H_3BO_3 colorimetr. bei 582 mμ bestimmt. (Pharmazie **10.** 667—71. Nov. 1955. Berlin-Buch, Deutsche Akad. der Wiss., Inst. für Med. u. Biol.) PH. FRESENIUS. 5756

H. Bloemendal, *Stärkeelektrophorese der Proteine aus der Linse des Rinderauges.* Ein Extrakt der Linse aus Augen ausgewachsener Rinder wird durch 2std. Rühren mit W. von p_H 7,8 hergestellt. Die Lsg. wird mit einem Barbitursäurepuffer p_H 7,8 u. Stärke zu einer Paste verarbeitet u. diese zwischen 2 Lagen Stärke–Puffer–Paste mit Kohleelektroden für 25 Std. bei 420 V u. 6—8 mA der Elektrophorese unterworfen. Die Elution erfolgt durch Verrühren der zerteilten Stärkesäule mit Pufferlösung. Die Best. des Proteingeh. erfolgt nach LOWRY, ROSEBROUGH, FARR u. RANDALL (J. biol. Chemistry **193.** [1951.] 265). Das Verf. gestattet die Trennung von α- u. *β-Kristallin.* Das letzte wird mit einer modifizierten Nitroprussid-Rk. nachgewiesen. Die Ausschaltung eines auf die Elektrophorese nachteiligen Einfl. der Elektroosmose gelingt durch eine vertikale Anordnung der Stärkesäule in Verbindung mit einer besonderen Einstellung der Höhe der Pufferlsg. in den beiden Elektrodengefäßen. (Proc., Kon. nederl. Akad. Wetensch., Ser. C **59.** 22—30. 1956. Amsterdam, Univ., Dep. of Anat. and Embryol.) PH. FRESENIUS. 5756

E. Calvet et H. Prat, Microcalorimétrie. Applications physico-chimiques et biologiques. Paris: Masson et Cie. (396 S. m. 168 Abb. u. 11 Tab.) 4500 fr.

H. Angewandte Chemie.

I. Allgemeine chemische Technologie.

András Domony, *Einige neue Gesichtspunkte zur Verwendung von Leichtmetallen im Apparatebau der chemischen Industrie.* (Kohászati Lapok **8** (**86**). Nr. 3. Aluminium **5.** 64—72. März. Nr. 4. 88—91. April 1953.) J. PLANK. 5804

I. G. Matwejew, D. A. Drapkina, K. W. Wilschau, R. L. Globuss und **N. I. Gelperin,** *Die Anwendung von Kohlenwasserstoffen der Diarylmethanreihe als Hochtemperaturwärmeträger.* Die durch Kondensation der Aromaten mit Formaldehyd als Isomerengemisch mit überwiegendem Geh. an p.p'-Derivv. in Ausbeuten von 70—80% erhaltenen Diarylmethan-KW-stoffe weisen gegenüber Dowtherm einen weiteren Existenzbereich als Fl., bes. niedrigeren E., auf. Die tabellar. angegebenen Konstanten sind: Ditolylmethan (I) $D.^{20}{}_4$ 0,9826; Kp. 293°; E. —30 bis —36°; Flammpunkt 142°; Viscosität bei 20° 4,77 (Centipoise); Oberflächenspannung bei 21° 38,2 (Dyn/cm); Dixylylmethan

0,9778; 325°; —40 bis —44°; 151°; 29,2; —; Dicumylmethan (II) 0,9450; 336°; —22 bis —24°; 160°; 8,77; 34,4; Tetraisopropyldiphenylmethan 0,9278; 384°; —8 bis —10°; 182°; 253,0; —. Für I u. II werden noch D. u. Viscosität bei 20, 35, 50, 65, 80, 95°, spezif. Wärme bei 20, 50, 80° u. Dampfdruck bei 30, 50, 100, 130° tabellar. mitgeteilt. Die angegebenen Eigg. zeigen die Eignung als Wärmeträger. (Химическая Промышленность [Chem. Ind.] **1955.** Nr. 7. 42—43. Okt./Nov. Allunions Wiss. Forschungsinst. für chem. Reagentien.) R. K. MÜLLER. 5814

Allan P. Colburn, *Probleme hinsichtlich der Konstruktion und Untersuchung von Kondensatoren für Dämpfe und Dampfgemische.* Es wird die Ausbildung der Filmschicht mit verschied. Geschwindigkeiten von reinen Dämpfen an vertikalen u. horizontalen Rohren behandelt sowie die turbulente Strömung des Kondensats, abhängig u. unabhängig von der Dampfgeschwindigkeit. Es werden die Übertragungskoeffizienten bei Filmen von verschied. Dämpfen angegeben, bei *Äthan, Methan, W., Toluol* u. *Trichloräthylen,* bei horizontalen u. vertikalen Kondensatoren. Der Einfl. eines nicht kondensierenden Gases im Dampf ergibt für die Wärmeübertragung komplizierte Vorgänge. Konz. u. Diffusion spielen eine Rolle. Messungen vieler Autoren an Kondensatoren für bin. Gemische von Dämpfen u. Gasen werden zusammengestellt. (Instn. mechan. Engr., Proc. **164.** 448—58. 1951. Newark, Del., Univ.) H. MIETHING. 5816

Z. Błaszkowska und **A. G. Szperl,** *Die Methode der p_H-Messung zur Bestimmung des Austauschvermögens der Ionenaustauscher und der Geschwindigkeit des Ionenaustausches.* 1. Mitt. *Kationite mit starken Säuregruppen.* Die Messung des p_H-Wertes wird bei Verwendung der üblichen p_H-Bestimmungsapp. zur Messung des Austauschwertes verschied. „Ionite" (*Wofatite,* I) verwertet. Sehr wesentlich ist die Zuschaltung einer guten Rührvorrichtung. Die Best. erfolgt bei Kationiten mit Gruppen starker Säuren durch potentiometr. Titration mit 0,5n NaOH, das Ende der Rk. wird durch Erreichung des p_H 7 angezeigt. Die Geschwindigkeit des Erreichens dieses Neutralpunktes ist das Maß für die Austauschgeschwindigkeit eines Wofatits, während die cm^3 NaOH das Austauschvermögen kennzeichnen. Es wurde durch Messung nachgewiesen, daß das ausländ. Präp. „C" den Ionenaustausch um das 1,7fache rascher bewerkstelligt als das poln. Präp. „*Escarbo*". Zur Kennzeichnung verschied. I empfiehlt Vf. den Wert 1/t (reziproker Zeitwert des Ionenaustausches) als „Austauschgeschwindigkeitszahl" (für Messungen unter gleichen Bedingungen) zu fixieren. (Przemysł chem. **7 (30).** 169—75. März 1951. Hauptinst. für industrielle Chem.) A. v. WILPERT. 5826

A. O'B. Brandon, *Entwässerung von Kältemitteln.* Die Anwesenheit von Feuchtigkeit in Kühlsystemen mit SO_2, chlorierten KW-stoffen oder ähnlichen Kältemitteln wirkt sich in Korrosion u. Verstopfungen aus. Schwache Korrosion bei 0,02% W. in CCl_2F_2 (Freon 12) (I) oder CH_3Cl (II) u. bei 0,03% W. in SO_2, starke Korrosion bei 0,05 bzw. 0,15% Wasser. Wegen Verstopfungsgefahr (Eisbldg. am Auslaßventil) soll Feuchtigkeit nicht über 0,001% für I u. nicht über 0,005% für II betragen. Beide Mittel nehmen W. schwerer auf u. verlangen daher sehr trockene Kühlsysteme. Man unterscheidet freies bzw. fl. u. gebundenes bzw. hygroskop. Wasser. Freies W. kann durch Unbedachtsamkeit beim Montieren usw. auftreten, gebundenes W. in Isolierungen, Metalloberflächen vorkommen. Entfernung: Anwendung von Trockenmitteln, wie Silicagel, Calciumsulfat, oder besser durch Evakuieren ohne oder mit Erhitzung (bis 200° F) u. Einschalten einer Kühlfalle u. gegebenenfalls zusätzlich durch Einbringen von inerten, restlos trockenen Gasen u. Abpumpen derselben. Für bes. einwandfreie Trocknung wendet man Hochvakuum mit Kühlfalle an. Ferner werden über Einfügen einer Vorentwässerung, Dauer der Trocknungen, Vakuummesser berichtet u. Empfehlungen für ausreichende Wirksamkeit solcher Trocknungsmethoden gegeben. Abschließend wird über die diesbzgl. Diskussion berichtet. (Proc. Inst. Refrigerat. **47.** 51—74. 1950—51. London, Inst. of Refrigerat.) C. GÄBLER. 5858

Robert E. Treybal, *Flüssigkeitsextraktion.* (Vgl. C. **1954.** 2684 u. **1956.** 8454.) Jahresübersicht: Arbeiten über Grundlagen, Extraktionsanlagen, Anwendung in der Produktion (Petrolchemie, Kohle u. Koks, Pharmazeutika, Trennung von Metallen bei der Analyse). — 244 Literaturzitate. (Ind. Engng. Chem. **47.** 536—46. März 1955. New York, N. Y., Univ.) L. FISCHER. 5862

T. J. Walsh, *Hochtemperaturdestillation.* (Vgl. C. **1956.** 7330.) Es werden die verschied. in der Industrie verwendeten Kolonnen, Laboratoriums- u. halbtechn. Versuchsanlagen sowie die Theorie der Dest. u. die Berechnung von Dampf–Fl.-Gleichgewichten überblicksmäßig (Arbeiten des Vorjahrs) behandelt. — 50 Literaturzitate. (Ind. Engng. Chem. **47.** 524—26. März 1955. Cleveland, O., Case Inst. of Technol.) L. FISCHER. 5864

Walter Keller, *Ein neuartiges Torsionsviscosimeter.* Beschreibung des Viscosimeters DRAGE u. dessen Handhabung. — Abbildungen. (Pitture e Vernici **8.** 599—601. Nov. 1952. Milano, Bühler.) B. SCHEIFELE. 5886

Siemens-Schuckertwerke Akt.-Ges., Berlin und Erlangen (Erfinder: **Paul Wenk**, Erlangen), *Erzeugung von Aerosolen unter Verwendung eines Schwingkörpers*, dad. gek., daß die zu zerstäubende Fl. über einen rinnenförmigen keram. Schwingkörper geleitet u. der entstehende Flüssigkeitsnebel von einem aus einer Düse austretenden Gasstrom abgeführt wird. Gröbere Flüssigkeitsteilchen fallen in die Rinne zurück u. werden erneut beschallt. — Zeichnung. (**D. B. P. 936 868** Kl. 12g vom 19/6. 1952, ausg. 22/12. 1955. Anmeldung bekanntgemacht 23/6. 1955.) W. MATTHAES. 5821

Aktiebolaget Separator, Stockholm, Schweden, *Trennung von Flüssigkeiten und Feststoffen*. Ein Gemisch von 2 ineinander unlösl. Fll. von verschied. D. u. Feststoffen von höherer D. als die beiden Fll., z. B. eine Mischung von Öl, W. u. Feststoffen, werden in einer Schlammzentrifuge getrennt, wobei eine äußere Schlammschicht mit der schweren Fl. u. eine innere Schicht der leichteren Fl. während des Zentrifugierens aufrechterhalten wird. Die am Zentrifugenrand sich absetzende Schlammschicht wird einer mechan. Durcharbeitung unterzogen. Die abgeschiedenen Feststoffe werden, ohne mit der leichteren Fl. in Berührung zu kommen, aus der Zentrifuge entnommen. — Zeichnung. (**E. P. 733 515** vom 23/4. 1953, ausg. 13/7. 1955. Schwed. Prior. 28/5. 1952.) W. MATTHAES. 5829

Ewald A. Zdansky, Manthey, Schweiz, *Filtrieren von Flüssigkeiten durch Anschwemmfilter*. Bei Erreichen eines vorgegebenen Druckabfalls wird die Filtration kurzzeitig unterbrochen, die Anschwemmasse durch Rückspülung von den porösen Anschwemmflächen abgeworfen u. in einen tieferliegenden Waschraum gespült. Hier wird in turbulent strömender Fl. an einem Sieb, das durch eingespritzte Fl. freigehalten wird, gewaschen. Unmittelbar danach wird die M., gegebenenfalls nach Zugabe frischer M., neu angeschwemmt. Nach dem Verf. werden bes. *Oberflächenwässer* gereinigt. (**Schwz. P. 307 619** vom 2/5. 1952, ausg. 16/8. 1955.) O. STEIL. 5831

Imperial Chemical Industries Ltd., London, England, *Abtrennung mindestens einer Komponente aus einem Substanzgemisch*, wobei das Gemisch mit einer Fl., von welcher die einzelnen Substanzkomponenten verschieden stark adsorbiert werden, zwecks selektiver Adsorption mindestens einer Komponente behandelt u. wobei mindestens eine andere Komponente in Dampfform erhalten wird. Das Verf. ist dad. gek., daß der nichtabsorbierte Dampf zwecks Befreiung von mitgeführten restlichen Mengen der abzutrennenden Komponente u. zwecks Sättigung der Fl. mit dem Dampf, mit der Fl. in innige Berührung gebracht wird, bevor die Fl. mit dem Gemisch in Berührung kommt, u. daß die bei der Berührung zwischen der Fl. u. dem Dampf entwickelte Wärme in der Fl. mittels in der Fl. eingetauchter Kühlelemente abgeführt wird. (**Schwz. P. 292 783** vom 2/4. 1949, ausg. 16/11. 1953.) A. HEINSEN. 5849

Soc. Financière d'Expansion Commerciale et Industrielle Soc. An. „Sfindex", Sarnen, Schweiz, *Abscheiden fester und flüssiger Partikel nichtmagnetischer Stoffe aus Gasen*, wobei im Gas durch ionisierende Mittel Gasionen gebildet werden, die ihrerseits die elektr. Aufladung der festen u. fl. Partikel bewirken, dad. gek., daß das Gas samt den elektr. aufgeladenen Partikeln einem Magnetfeld mit vorwiegend senkrecht zur Gasströmung verlaufenden Feldlinien ausgesetzt wird. — Vorrichtung. (**Schwz. P. 292 402** vom 3/2. 1951, ausg. 2/11. 1953.) A. HEINSEN. 5851

Walter Steiner, Trogen, Schweiz, *Destillation und Rektifikation*. Zwecks Ersparung von Dampf u. Kühlwasser wird durch ein Wärmeübertragungsmedium im Kondensator einer Destillationskolonne die Kondensationswärme der Brüden unter Verdampfung aufgenommen u. nach Verdichtung u. Überhitzung der Kolonne unter Verflüssigung abgegeben. (**Schwz. P. 290 878** vom 8/1. 1951, ausg. 17/8. 1953.) A. HEINSEN. 5865

National Research Development Corp., London, England (Erfinder: **Douglas Knight Hale**), *Entfernung des Lösungsmittels aus Lösungen* durch Zufügen eines zweiten Lösungsm. oder Extraktionsmittels (I), das dann durch Kunstharzgranalien, die in keinem der beiden Lösungsmittel lösl., aber durch das I angequollen werden, entfernt wird. Erhöhung der Affinität des I durch Zusatz von z. B. Carbonsäuren oder Aminen. Durch Zusatz von Pufferlsg. kann ein optimales p_H eingestellt werden. Abscheidung von J aus wss. Lsg. mit Polystyrolharz u. CCl_4, von Cu aus wss. $CuSO_4$-Lsg. unter Zusatz von Dithizon, von Cd- u. Sn-Salzen sowie von Lecithin. (**E. P. 738 500** vom 21/8. 1952, ausg. 12/10. 1955.) W. MATTHAES. 5875

Atlas Werke Akt.-Ges., Bremen (Erfinder: **Alexis Argamakoff**, Brüssel), *Verfahren zur Schallbehandlung von Flüssigkeiten und Gasen*, außer der Emulsionserzeugung, dad. gek., daß in dem Behandlungsraum als Katalysator wirksame feste Körper gleichmäßig verteilt sind. Durch die an der Oberfläche angreifenden Schwingungskräfte, gegebenenfalls auch durch die dabei auftretende Kavitation, wird der Austausch der an der Oberfläche der Körper absorbierten Schicht beschleunigt, so daß auch an sich nichtkatalyt. Stoffe katalyt. wirksam werden. (**D. B. P. 943 768** Kl. 12g vom 9/1. 1945, ausg. 1/6. 1956. Anmeldung bekanntgemacht 17/9. 1953.) W. MATTHAES. 5879

Gulf Oil Corp., Pittsburgh, Pa., übert. von: **Damon A. Davis jr.**, Port Arthur, Tex., V. St. A., *Beförderung von Feststoffteilchen* der Korngröße 100—400 Maschen zwischen Räumen von höherem u. niedrigerem Druck, dad. gek., daß die Teilchen in dichter Packung in einer ununterbrochenen Säule, deren eines Ende mit dem Raum mit niedrigerem Druck u. deren anderes Ende mit dem Raum mit höherem Druck in Verbindung steht, gehalten werden. Gas, das aus dem Raum mit höherem Druck durchsickert, wird in der Mitte der Säule abgezogen. Die Feststoffteilchen werden der Säule bei hohem Druck zugegeben u. in kontrollierbaren Mengen bei dem Ende mit niedrigerem Druck abgezogen. (**A. PP. 2 726 135, 2 726 136** u. **2 726 137** vom 13/7. 1951, ausg. 6/12. 1955.) E. Kahles. 5897

III. Elektrotechnik.

Siemens-Schuckertwerke Akt.-Ges., Berlin und Erlangen (Erfinder: **Joseph Slepian**, Pittsburgh, und **Howard Scott**, Wilkinsburgh, Pa., V. St. A.), *Kontaktanordnung.* Kontakt- u. Gegenkontaktkörper sind streifenförmig geschichtet aus gutleitenden u. aus Kleben u. Schweißen verhindernden Stoffen, wobei die Streifensysteme einen Winkel miteinander bilden. Sie können wellenförmig verlaufen. Die Streifen aus den das Kleben u. Schweißen verhindernden Stoffen bestehen prakt. aus Rillen, die mit Metalloxyden, z. B. PbO, TlO oder Graphitpulver oder einem Gemisch aus Graphit- u. Ag-Pulver ausgefüllt sind. (**D. R. P. 758 108** Kl. 21c vom 8/10. 1938, ausg. 1/2. 1954. A. Prior. 9/10. 1937.) H. Kessel. 5953

Siemens & Halske Akt.-Ges., Berlin und München (Erfinder: **Ruth Seipke** und **Friedrich Troeltsch**, Berlin), *Schaltkontakte.* Auf einem Trägermetall, z. B. aus Cu-Bronze, in einer Stärke von 4—15 μ galvan. niedergeschlagenes u. 10—15 Std. bei 160—220° behandeltes Ag wird durch Walzen oder Schlagen kalt verfestigt. (**D. R. P. 765 599** Kl. 21g vom 25/2. 1940, ausg. 29/4. 1954.) H. Kessel. 5953

Siemens-Schuckertwerke Akt.-Ges., Berlin und Erlangen (Erfinder: **Else Holm**, Berlin), *Schaltkontakte* bestehen aus im Vakuum sauerstofffrei gezüchteten Einkristallen, z. B. aus Cu, Ag, W oder Ni. (**D. B. P. 912 246** Kl. 21g vom 8/7. 1943, ausg. 28/5. 1954. Anmeldung bekanntgemacht 17/9. 1953.) H. Kessel. 5953

Westinghouse Electric Corp., East Pittsburgh, übert. von: **Philip R. Kalischer**, Wilkinsburgh, Pa., V. St. A., *Uranelektroden für Ionenzentrifugen* bestehen aus einem Gemisch aus UO_2 u. bis 50% metall. U. Zur Herst. wird $(NH_4)_2UO_4$ in O_2-haltiger Atmosphäre bei ca. 1400° in U_3O_8 umgewandelt, dieses pulverisiert u. bei 1200—1500° in H_2 zu einem UO_2 red., das prakt. frei von U_3O_8-Resten ist. Nach Zumischung der erforderlichen Menge von feinpulverisiertem metall. U werden Körper gepreßt u. im Vakuum bei mindestens 1000° gesintert. (**A. P. 2 696 661** vom 20/7. 1944, ausg. 14/12. 1954.) H. Kessel. 5953

VEB Keramische Werke Hermsdorf, Hermsdorf/Thür. (Erfinder: **Werner Rath**, Bad Klosterlausnitz), *Dielektrikum.* Ein bes. für Kondensatoren geeigneter Isolierstoff mit geringem Verlustwinkel, mit der DK. 30—40 u. mit einem Temperaturkoeff. der DK. zwischen 0 u. $-100 \cdot 10^{-6}$ wird durch Sintern bei Seger-Kegel 11—15 einer Th–Ti-Oxydmischung mit 10—45, bes. 35—45% TiO_2 erhalten. Dem Gemisch können als die Formgebung erleichternde Zusätze Ton, Kaolin oder Speckstein u. als die Sinterung fördernde Zusätze Erdalkali- u. Erdoxyde beigegeben werden. — 1 Tabelle. (**D. P. [DDR] 4383** Kl. 21c vom 29/7. 1941, ausg. 4/5. 1955 [Wirtschaftspatent].) B. Schmidt. 5957

Erie Resistor Corp., übert. von: **John W. Schell**, Erie, Pa., V. St. A., *Feuchtigkeitsbeständige isolierende Überzüge für elektrische Schaltelemente.* Eine Grundschicht aus polymerisiertem Monochlortrifluoräthylen trägt einen Überzug aus wasserfreiem Polymethylsiloxan mit einem geringen Geh. an einem Alkylarylpolyätheralkohol als Netzmittel. (**A. P. 2 725 312** vom 28/12. 1951, ausg. 29/11. 1955.) H. Kessel. 5957

VEB Kabelwerk Oberspree (Erfinder: **Otto Ludl**), Berlin, *Massekern* besteht aus einer Mischung von 40—70 (%) mit Wasserglas vorisoliertem Fe-Pulver, 60—30 blankem Fe-Pulver u. 4—8 Kresol- oder Phenol–Kunstharz als Isolier- u. Bindemittel. (**D. P. [DDR] 6 140** Kl. 21g vom 14/2. 1943, ausg. 9/12. 1953 [Wirtschaftspatent].) H. Kessel. 5959

Comp. Générale d'Électricité, Seine, Frankreich (Erfinder: **Johann Ludwig Pitsch**), *Elektrode für galvanische Elemente.* Elemente für kurze, starke Entladungen erfordern großflächige Elektroden mit dünner akt. Schicht. Eine Dispersion von akt. M., z. B. Ag-Oxyd, in W., einer wss. Lsg. oder einer organ. Fl., z. B. KW-stoffen oder chlorierten KW-stoffen, die als stabilisierenden Zusatz Alkalihydroxyd, Wasserglas oder einen Leim u. gegebenenfalls einen Zusatz von Netzmitteln erhält, wird auf die tragende Fläche der

Elektrode aufgebracht u. mit dieser, gegebenenfalls nach Verdunsten der Fl., verpreßt. Es folgt eine anod. Formation der Elektrode, bes. nach Red. des Ag-Oxyds. (**F. P. 1 093 649** vom 13/11. 1953, ausg. 6/5. 1955.) B. SCHMIDT. 5971

Comp. Générale d'Électricité, Seine, Frankreich (Erfinder: **Johann Ludwig Pitsch**), *Elektrode für galvanische Elemente.* Die akt. M. wird an ihrem Träger befestigt durch Imprägnieren mit einer 0,1—5%ig. Lsg. von Nitrocellulose, Celluloseacetat, Polyvinylacetat, das z. T. verseift sein kann, oder einem Mischpolymerisat von Vinylchlorid u. Acetat in Aceton, Alkohol, Äther oder KW-stoff, der chloriert sein kann. Die Lsg. kann ein Netzmittel u. als porositätssteigernde Zusätze W., Stärke, Kieselgur oder Talk enthalten, das Lösungsm. wird durch Trocknen an Luft entfernt. Die Elektrode eignet sich bes. für Tauchelemente, die bei schneller Befeuchtbarkeit der Elektrode durch den Elektrolyten große Stromstärken bei geringem inneren Widerstand liefern sollen. (**F. P. 1 093 651** vom 13/11. 1953, ausg. 9/5. 1955.) B. SCHMIDT. 5971

Allgemeine Elektricitäts-Gesellschaft (Erfinder: **Carl Bosch**), Berlin, *Indirekt geheizte Kathode für elektrische Entladungsröhren.* Der röhrförmige Heizkörper besteht aus innen eloxiertem Al. (**D. B. P. 892 331** Kl. 21g vom 5/9. 1944, ausg. 5/10. 1953. Anmeldung bekanntgemacht 18/12. 1952.) H. KESSEL. 5975

General Electric Co. Ltd., übert. von: **Robert Gibson Robertshaw,** London, England, *Glühkathode für elektrische Entladungsröhren.* Durch Eintrocknen einer Suspension von feinverteilten Th- oder W-Partikeln in einer Lsg. von Nitrocellulose in Butylacetat wird auf einer ebenen glatten Unterlage ein gleichmäßiger dünner Film gewonnen. Ein Stück davon wird auf einem Ta-Trägerkörper mit Aceton angeklebt u. therm. zersetzt. (**A. P. 2 660 547** vom 8/2. 1952, ausg. 24/11. 1953.) H. KESSEL. 5975

General Electric Co. Ltd., M-O Valve Co. Ltd., London, und **Donald Arthur Wright,** Wembley, Middlesex, England, *Glühkathode für elektrische Entladungsröhren.* Ein Trägerkörper aus W oder Ta ist mit einer Emissionsmasse, die mindestens 50% Th-Carbid enthält umgeben, u. im Falle eines Trägerkörpers aus Ta von diesem durch eine W-, W-Carbid oder Ta-Carbidschicht getrennt. (**E. PP. 731 421** u. **731 422** vom 15/1. 1951, ausg. 8/6. 1955.) H. KESSEL. 5975

General Electric Co. Ltd., London, und **Thomas Michael Goss,** Wembley, Middlesex, England, *Oxydkathode für elektrische Entladungsröhren.* Auf einem Trägerkörper aus Ta wird aus einer Lsg. von Th-Nitrat oder -Chlorid in W., A. oder Aceton elektrolyt. eine ThO_2-Schicht niedergeschlagen. (**F. P. 1 067 765** vom 17/12. 1952, ausg. 18/6. 1954. E. Prior. 21/12. 1951. **E. P. 736 680** vom 21/12. 1951, ausg. 14/9. 1955.) H. KESSEL. 5975

N. V. Philips' Gloeilampenfabrieken, Eindhoven, Holland, *Elektrode, insbesondere Gitter, für elektrische Entladungsröhren.* Die Oberfläche trägt zur Verringerung der Elektronenemission eine nichtoxydierte Th-Schicht. (**Schwz. P. 289 829** vom 9/10. 1950, ausg. 16/7. 1953.) H. KESSEL. 5975

Joseph Woolman, Charles Sykes und **Charles Stokes,** Sheffield, Yorkshire, England, *Glas–Metall-Einschmelzung,* bes. für elektr. *Entladungsröhren.* Das Einschmelzmetall, z. B. eine 10—30 (%) Cr u. höchstens 0,2 C enthaltende Cr–Fe-Legierung, enthält 0,1—10 Co. Das beim Einschmelzen in oxydierender Atmosphäre entstehende Co-Oxyd löst sich im Glas u. setzt dessen E. herunter. (**E. P. 688 859** vom 22/8. 1950, ausg. 18/3. 1953.) H. KESSEL. 5975

Patent-Treuhand-Gesellschaft für elektrische Glühlampen m. b. H., München (Erfinder: **John Buxton Merrill** und **William Stewart,** Towanda, Pa., V. St. A.), *Leuchtstoff,* bes. für *Gasentladungsleuchtröhren,* besteht aus einem mit Mn u. Pb aktivierten Ca-Metasilicat. (**D. B. P. 941 741** Kl. 21f vom 3/10. 1950, ausg. 19/4. 1956. Anmeldung bekanntgemacht 26/6. 1952. A. Prior. 24/3. 1943.) H. KESSEL. 5975

Licentia Patent-Verwaltungs-G. m. b. H., Hamburg (Erfinder: **Werner Koch,** Belecke/Möhne), *Gesteuerter Trockengleichrichter.* In dem Halbleiter, z. B. Ge, Si oder SiC, ist die Konz. der leitenden Teilchen $<5\cdot10^{14}$ cm^{-3} u. deren Beweglichkeit $>10^3\cdot$ (cm/sec)/(V/cm). Chem. Elemente als Halbleiter, z. B. Si oder Ge, werden durch Abscheiden aus der Gasphase gewonnen u. mehrfach verdampft u. wieder niedergeschlagen. Chem. Verbb. als Halbleiter, z. B. SiC, werden durch Abscheiden aus einer Gas-Rk. oder durch eine Rk. zwischen der Abscheidungsunterlage u. einer dampfförmigen Verb. gewonnen; z. B. wird SiC durch eine Rk. zwischen $SiCl_4$ u. einem KW-stoff auf einer C-Unterlage abgeschieden. (**D. B. P. 943 422** Kl. 21g vom 2/4. 1949, ausg. 17/5. 1956. Anmeldung bekanntgemacht 15/3. 1951.) H. KESSEL. 5977

Texaco Development Corp., übert. von: **Theresa M. McKee,** New York, N. Y., V. St. A., *Scintillationszähler* für therm. Neutronen arbeitet mit folienförmigen Reaktionszwischenschichten aus In in einem fl. Luminescenzkörper, z. B. einer Lsg. von Terphenyl in Xylol, der in einen Behälter mit reflektierendem Innenbelag (z. B. aus MgO oder Al_2O_3) eingeschlossen ist. (**A. P. 2 733 355** vom 19/2. 1952, ausg. 31/1. 1956.) H. KESSEL. 5979

Metropolitan-Vickers Electrical Co. Ltd., London, England, und **General Electric Co.**, New York, übert. von: **Theodore A. Rich**, Schenectady, N. Y., V. St. A., *Strahlungsdetektor*. Eine mit einem Quadrantenelektrometer zusammengebaute Ionisationskammer wird piezoelektr. aufgeladen mit Hilfe eines in das gemeinsame Gehäuse eingebauten, durch eine Schraube mit Rändelkopf zusammenpreßbaren piezoelektr. Elementes, z. B. aus $BaTiO_3$ (**E. P. 690 159** vom 23/10. 1951, ausg. 15/4. 1953. A. Prior. 31/10. 1950. **A. P. 2 668 245** vom 31/10. 1950, ausg. 2/2. 1954.) H. KESSEL. 5981

Siemens & Halske Akt.-Ges., Berlin und München (Erfinder: **Werner Herrmann**, Kleinmachnow), *Selbstheilender Elektrolytkondensator*. Als kathod. Belag wird ein Metall, z. B. Zn, das leichter als das z. B. aus Al bestehende Anodenmetall schmelz- u. verdampfbar ist, in äußerst dünner Schicht aufgedampft. (**D. B. P. 941 143** Kl. 21g vom 25/2. 1940, ausg. 5/4. 1956. Anmeldung bekanntgemacht 17/9. 1953.) H. KESSEL. 5983

Karl Loysch, Pielach, Niederösterreich, *Elektrische Heizkörper*. Zum Schutz gegen Eindringen von Feuchtigkeit werden die Heizkörper mit wasserabweisender Folie umkleidet. Diese kann bestehen aus Kunststoff, imprägniertem Asbest- oder Glasgewebe, Sn, Pb, Zn, Al, Cu, Messing, plattiertem Fe, Neusilber, Alpacca, Ni, Fe–Al- oder Cr–Ni–Fe-Legierung oder aus Monelmetall. Metall. Folien können zusätzlich mit wasserabweisendem Papier oder Kunstharz überzogen sein. (**Oe. P. 178 677** vom 20/2. 1952, ausg. 10/6. 1954.) B. SCHMIDT. 5991

IV. Wasser. Abwasser.

C. Hammerton, *Beobachtungen über den Zerfall anionischer synthetischer Reinigungsmittel in natürlichen Wässern*. Einw. von Bakterien in natürlichen Wässern zerstörte eine Anzahl synthet. Reinigungsmittel (R.) innerhalb von 1—2 Tagen, während andere für Monate oder Jahre fast beständig waren u. nur langsam verzehrt wurden. Verss. mit einigen R. zeigten, daß die Beständigkeit unabhängig davon ist, ob es sich um Sulfate oder Sulfonate handelt. Dagegen hängt sie wahrscheinlich von der Konfiguration der Alkylgruppe im Mol. ab. Gerade Ketten sind für biochem. Oxydation empfänglich, verzweigte Ketten verzögern sie oder widerstehen ihr um so mehr, je höhere Verzweigung vorhanden ist. (J. appl. Chem. **5**. 517—24. Sept. 1955. London, Metropol Water Board, Water Examin. Dep.) H. MÜHLMEISTER. 6010

F. W. Gilcreas, *Werker-Leitfaden zur Laboratoriumsüberwachung*. 1. Mitt. *Wasserbeschaffenheit und Probenahme*. Ausführungen über die Chemie des W., seine chem. u. biol. Unreinheiten, ihren Nachw. im Labor., die Probenahme, Aufbewahrung u. Sterilisierung der Proben. (Water Works Engng. **108**. 1046—49. 1074—77. Nov. 1955. Florida, Univ., Sanit. Sci.) H. MÜHLMEISTER. 6014

F. W. Gilcreas, *Werker-Leitfaden zur Laboratoriumsüberwachung*. 2. Mitt. *Behandlung durch Speicherung*. (1. vgl. vorst. Ref.) Offene Speicher (Seen, Talsperren), ihre Vorteile (Klären durch Absetzen) u. Nachteile (pflanzlicher u. tier. Bewuchs, Verunreinigung) u. deren Bekämpfung sowie die Prüfung von Geruch u. Geschmack, Färbung u. Trübung, letztere auch durch automat. App., werden besprochen. (Water Works Engng. **108**. 1134—37. 1168—76. Dez. 1955.) H. MÜHLMEISTER. 6016

G. Montel, *Fluorierung und Entfluorierung der Wässer*. An 19 Literaturangaben werden die Rkk. von $Ca_3(PO_4)_2 \cdot \frac{1}{2} H_2O$, $CaHPO_4 \cdot 2 H_2O$ (**I**) u. $[Ca_3(PO_4)_2]_3Ca(OH)_2$ (*Hydroxyapatit*) mit CaF_2 besprochen, bei denen F bis zur Bldg. des chem. sehr beständigen *Fluorapatits*, $Ca_{10}(PO_4)_6F_2$ (**II**), gebunden wird. Mit ihrer Hilfe kann W. mit zu hohem F-Geh. entfluoriert werden. Mit NaF ist die Rk. umkehrbar, es bildet sich NaOH, mit dem **II** auch regeneriert werden kann, so daß es als Ionenaustauscher wirkt. $CaH_4 \cdot (PO_4)_2$ als solches reagiert nicht, sondern nur nach Umwandlung in **I**. Die zur Fluorose der Zähne führenden Rkk. sind vielleicht den obigen ähnlich. (Eau **43**. 77—82. April 1956. Vitry, Centre d'Études de Chim. metallurg.) H. MÜHLMEISTER. 6018

Ja. W. Selzer, *Die Wasserhärte bei der Enthärtung mit Kationenaustauschern in der Wodkafabrikation*. Das für die Wodkafabrikation verwendete W. soll optimal 4,5°, Gesamthärte bei 3,5° bleibender Härte aufweisen. Bei Enthärtung mit Kationenaustauscher ist in jedem Falle die maximal zulässige Resthärte festzustellen, bei deren Einhaltung noch keine Abscheidungen u. Ringe auftreten. Im untersuchten Falle beträgt sie bei einer Ausgangshärte von 18—19° u. Verwendung von Permutit 0,7°. (Спиртовая

Промышленность [Spirituosen-Ind.] **21.** Nr. 4. 16. 1955. Tschita, Likör- u. Branntweinfabrik.) R. K. MÜLLER. 6020

W. B. Hollingbery, *Wasseraufbereitung.* Überblick über mit der Wasseraufbereitung zusammenhängende Probleme unter besonderer Berücksichtigung der Kesselspeisewasseraufbereitung. (Paper-Maker Brit. Paper Trade J. **131.** 226—30. März 1956. Newcastle-upon-Tyne.) W. NIEMITZ. 6030

H. E. Hömig, *Das Verhalten flüchtiger Alkalisierungsmittel bei der Kondensation des Wasserdampfes.* Nur bei der Speisung mit salzfreiem W. kommt die Verwendung flüchtiger Alkalisierungsmittel (**A**) in Frage. Bei der Kondensation solche enthaltenden Wasserdampfes liegt thermodynam. ein Zweistoffsyst. mit 2 Phasen vor. Die Zus. der Gasphase muß nun keineswegs mit der Zus. des Dampfes beim Verlassen des Kessels ident. sein, es stellt sich vielmehr ein stationärer Zustand ein, bei dem in der Dampfphase eine Anreicherung oder Verarmung an **A** eintritt. Der Verteilungskoeff., der in 30 Formeln berechnet wird, stellt im prakt. Betrieb den unteren Grenzwert dar. Aus der mathemat. Unters. geht hervor, daß bei Kondensation (**K**) NH_3-haltigen Wasserdampfes in Toträumen der NH_3-Geh. des Kondensats geringer als im Frischdampf ist, bei fortgesetzter **K** sich diesem Wert als Grenzwert nähert. Dabei steigt der NH_3-Geh. im Dampfraum über dem Kondensat ständig an mit einem Endwert, der meist beträchtlich höher als der Geh. im Frischdampf ist. Im Gegensatz dazu ist bei *Morpholin* (Diäthylenoximid) dessen Geh. im Kondensat höher als im Frischdampf u. fällt im Dampfraum ständig ab bis zu einem Endwert, der meist merklich geringer als der Geh. im Frischdampf ist. Auch CO_2 reichert sich im Dampfraum an, da die Verweilzeit von wenigen Sek. des Kondensats im Kondensator nicht ausreicht, um das chem. Gleichgewicht bei der einige 10 Sek. dauernden Bindung der CO_2 durch NH_3 zu erreichen. Diese Erkenntnisse haben prakt. Bedeutung für die Erklärung von Korrosionen an Kondensatrohren, Strahlsaugern u. Armaturen aus Cu-Legierungen durch NH_3 u. CO_2, für die mehrere Hypothesen aufgestellt werden. (Mitt. Vereinig. Großkesselbesitzer **1956.** 20—25. Febr. Essen.) H. MÜHLMEISTER. 6030

Jerzy Ganćzarczyk, *Abwässer der Sulfitzellstoffabriken.* 1. Mitt. *Charakteristik der Abwässer.* Beschreibung der Arten u. der Entstehung der Abwässer der einzelnen Arbeitsprozesse der Sulfitzellstoffherstellung. (Gaz, Woda, Techn. sanit. **28.** 325—28. Nov. 1954.) F. URBAN. 6036

S. H. Jenkins, *Der Zufluß gewerblicher Abwässer zu Abwasserreinigungsanlagen.* Die engl. gesetzlichen Grundlagen für die Einleitung gewerblicher Abwässer in die gemeindliche Kanalisation, zahlreiche Beispiele für diese Abwässer u. die von ihnen verursachten Schädigungen der Leitungen u. Reinigungsapparaturen u. zuverlässige Maßnahmen zu ihrer Verhütung u. Bekämpfung werden vom Standpunkt der Abwasserreinigungswerke aus besprochen. (Chem. and Ind. **1955.** 1204—07. 24/9. Birmingham, Tame & Rea Distr. Drain. Board.) H. MÜHLMEISTER. 6036

H. B. Cochrane, *Gebrauch radioaktiver Isotopen und charakteristischer Bakterien beim Nachweis von häuslichem Abwasser in der See.* Die für Seebäder wesentliche, von Gezeitenströmung u. Wind beeinflußte Verteilung des in die See abgelassenen Abwassers konnte verfolgt werden, indem ihm 2 Std. vor Niedrigwasser ^{32}P als $NH_4H_2PO_4$ sowie Kulturen der hier nicht heim. *Serratia indica* zugesetzt u. $\frac{1}{2}$ Std. nach Niedrigwasser $3^3/_4$ Std. lang mit ihm abgeleitet wurden. Beobachter am Strand u. auf See verfolgten mit Geigerzählern sowie durch Entnahme von Wasserproben u. das Aussetzen von Schwimmern den Lauf des Abwassers; eine ölige Oberflächenschicht u. die Schwimmer wurden vom Winde beeinflußt, ^{32}P u. das Bakterium zeigten den Verlauf in tieferen Schichten. (Surveyor munic. County Engr. **115.** 173—74. 21/4. 1956.) H. MÜHLMEISTER. 6038

Leo Schiegler, *Zur Belüftung des Abwassers.* Krit. Zusammenfassung der wichtigsten Erkenntnisse der Abwasserbelüftung. Ausführlich besprochen werden die Vorteile der Vorbelüftung mit 0,05—0,1 m^3 Luft/m^3 Abwasser, die Berechnung des Luftbedarfs beim Belebungsverf.: nach BSB 1,2 m^3/Tag/Einwohner, nach Abwassermenge 8—2 m^3 Luft/m^3 dickes bzw. dünnes Abwasser, oder nach Kraftbedarf 15—30 Watt/m^3 schwach- bzw. hochbelastetes Becken für mittleres Abwasser, die sich bei dünnem auf 20—40 Watt erhöhen. Bei der Stubenbelüftung nach GOULD u. FAIR, bei dem das Belüftungsbecken um 25% verkleinert werden kann, ergibt sich für deutsche Verhältnisse 5,13 m^3 Luft/m^3 Abwasser. (Gas- u. Wasserfach, Ausg. Wasser-Abwasser **97.** 60—63. 15/1. 1956. Essen.) H. MÜHLMEISTER. 6040

—, *Diskussion über die Arbeit von Hurley über: Einige Versuche über den Einfluß synthetischer oberflächenaktiver Waschmittel auf die Abwasserbehandlung.* (Vgl. HURLEY, C. **1956.** 9827.) (J. Proc. Inst. Sewage Purificat. **1953.** 87—89.) W. NIEMITZ. 6042

Earl J. Serfass und **Ralph M. Muraca,** *Die colorimetrische Bestimmung von Blei in Abwässern.* Die red. Probe wird zur Entfernung von Bi u. Sn mit einer Lsg. von Dithizon bei p_H 2—3 behandelt. Dann wird in Ggw. von Cyaniden zur Trennung des Pb als Dithizonat bei p_H 8—9 extrahiert. Das überschüssige Dithizon wird bei p_H 11,5 entfernt u. die Farbe des Pb-Dithizonats mit einem Colorimeter oder Spektrophotometer bestimmt. (Plating **42.** 751—54. Juni 1955.) F. Vier. 6068

V. Anorganische Industrie.

W. W. Djukarew und **N. W. Ssochnenko,** *Generator „GSsD" zur Gewinnung von CO_2.* CO_2 zum Einpressen in W. wird in einem mit Koks u. darüber mit Holzspänen beschickten Generator durch Einpressen von O_2 (aus Stahlflasche) erhalten. Das nach einigen Min. 85—90% CO_2 enthaltende Gas geht durch einen Naßgasometer, einen von Zeit zu Zeit mit frischem W. versehenen Wäscher, einen Kompressor u. einen Wasser- u. Ölabscheider in eine Stahlflasche. Die Anlage leistet stündlich 2 m^3 aus 10 kg Koks. (Химическая Промышленность [Chem. Ind.] **1955.** Nr. 7. 49. Okt./Nov., Fabrik „Uralchimmasch".) R. K. Müller. H 260

Ju. Ja. Kaganowitsch, *Die Entwässerung von Mirabilit ohne Rücklauf.* In Verss. mit Drehrohröfen mit Außen- u. mit Innenheizung wird gezeigt, daß die kontinuierliche Entwässerung von *Mirabilit* (Glaubersalz) ohne jedes Anhaften von Na_2SO_4 an der Wand möglich ist. Bei Innenheizung ist die Leistung ~3mal höher. Als Hilfsmaßnahme für die Verhinderung von Ansätzen u. zur Durchmischung der Beschickung hat sich die Verwendung einer schweren Kette im Reaktionsraum als zweckmäßig erwiesen; dadurch wird zugleich die Intensität der Entfernung des Wasserdampfes erhöht. (Химическая Промышленность [Chem. Ind.] **1955.** Nr. 7. 20—24. Okt./Nov. Allunions Wiss. Forschungsinst. für Halurgie.) R. K. Müller. H 274

R. K. Warner, *Extraktion von Uranylnitrat in einer Scheibenkolonne.* Die von Stephens u. Morris (C. **1952.** 2050) für Gasabsorptionsunterss. eingeführte Scheibenkolonne wurde — entsprechend modifiziert — für kontinuierliche fl.-fl.-Extraktionen im Gegenstromverf. verwendet. Zur Charakterisierung der Kolonne wurden bes. die Massenübergangskoeffizienten in Abhängigkeit von der Fließgeschwindigkeit beider Phasen untersucht. Als experimentelles Beispiel diente die Extraktion von $UO_2(NO_3)_2$ aus wss. Lsg. mit Diäthylenglykoldi-n-butyläther u. Methylisobutylketon. Die Kolonnenfüllung bestand aus 79 Kohlescheiben von ca. 1,5 cm Durchmesser u. ca. 0,5 cm Dicke, die hochkant übereinander auf einen dünnen Glasstab aufgereiht u. im rechten Winkel zueinander festgekittet waren. Die organ. Phase trat in jedem Falle von unten in die Kolonne ein u. floß über die Scheiben. Vf. fand, daß die Scheibenkolonne bei mittleren Fließgeschwindigkeiten auch bei fl.-fl.-Extraktionen befriedigend arbeitet u. für Extraktionsunterss. bes. den Vorteil bietet, daß erstens die Massenübergangsfläche bekannt ist u. zweitens eine Durchmischung der organ. Phase beim Übergang von einer Scheibe zur anderen erfolgt. (Chem. Engng. Sci. **3.** 161—74. Aug. 1954. Kensington, N. S. W., Univ. of Technol., School of Chem. Engng.) F. Umland. H 339

M. P. Corriveau, *Cyanitgewinnung am Baker-Berg, Virginia.* Mit Abb. u. Fließschema wird das Verf. (Brecherei, Sieberei, Flotation, Magnetscheidung) der Kyanite Mining Corp. beschrieben, das mit ca. 80% Ausbeute den Cyanit ($Al_2O_3 \cdot SiO_2$) des Baker-Vork. von ca. 15 auf 94% anreichert. (Mineral Ind. J. **2.** Nr. 4. 1—4. Dez. 1955.) H. Eckhard. 6148

Shiro Ino, *Untersuchungen über Tonerde, die für synthetische Edelsteine verwendet wird.* (*Reinigung von Ammoniumalaun.*) Zur Herst. von synthet. Edelsteinen dient sehr reines Al_2O_3, das durch Calcinieren von mehrmals aus wss. Lsg. umkrist. NH_4-Alaun (**I**) gewonnen wird. In rohem **I** sind Verunreinigungen enthalten. Man entfernt Fe u. Ti aus der **I**-Lsg. bei niedrigem p_H. Das Umkristallisieren hat eine günstige (bzw. geringe) Wrkg. auf die Beseitigung von Fe u. Na (Ti u. K). Ga läßt sich infolge der Ähnlichkeit seiner chem. Eigg. mit denen von Al nur schwer beseitigen. Man krist. **I** rasch aus saurer Lösung. Ein sehr reines Al_2O_3 (spektroskop. Prüfung) erhält man durch nur 3maliges Umkristallisieren. (Rep. Government chem. ind. Res. Inst., Tokyo **50.** 279—84. Sept. 1955. [Orig.: japan., Auszug: engl.]) W. Wesly. 6150

Runar Mauritz Rafaelsson Örnhjelm und **Lilly Elvira Sevon** geb. **Österlund** (Erfinder: **Johan Sevon** und **Frey Viking Sundman**), Kuusankoski, Finnland, *Herstellung von Chlordioxyd aus Chloraten* bzw. Chlorid-Chlorat-Mischungen unter Anwendung von SO_2, dad. gek., daß das Erhitzen des Chlorats bzw. der Chlorid-Chlorat-Mischung im ungelösten Zustand unter Zufügung geringer Wassermengen erfolgt. (**D. B. P. 940 893**

Kl. 12i vom 7/5. 1944, ausg. 29/3. 1956. Anmeldung bekanntgemacht 11/12. 1952. Schwed. Prior. 17/3. 1944.) K. Demmler. H 247

W. R. Grace & Co., New York, N. Y., übert. von: **Casimer C. Legal jr.**, Pasadena, Md., V. St. A., *Herstellung von Kieselsäuresolen.* Zur Herst. eines von Verunreinigungen freien SiO_2-Sols mit hohem SiO_2-Geh. (5,5—6% SiO_2) wird durch Zugabe von H_2SO_4 zu einer Na_2SiO_3-Lsg. (I) ein Gel erzeugt, wobei das p_H der I $>$7 gehalten wird; das Gel wird mit W. ausgewaschen u. durch Erhitzen auf 185—212° F in ein SiO_2-Sol übergeführt. Es kann durch Eindampfen im Vakuum noch weiter konz. werden. (**A. P. 2 724 701** vom 25/10. 1951, ausg. 22/11. 1955.) W. Matthaes. H 261

Sylvester Processes, Inc., Solon, übert. von: **Robert A. Schoenlaub**, Cleveland, O., V. St. A., *Extraktion von Berylliumoxyd.* Man stellt sich ein Gemisch aus feingemahlenem Beryll, Na_2O oder CaO u. MgO [1 (Mol) Beryll + 5—8 Na_2O oder CaO + 3,5—5,5 MgO] her u. erhitzt auf 2400—3000° F. Nach dem Abkühlen auf ca. 2000° F behandelt man das Reaktionsprod. mit HCl zwecks Lsg. der SiO_2 u. Verunreinigungen u. trennt das krist. BeO ab. (**A. P. 2 721 116** vom 21/9. 1951, ausg. 18/10. 1955.) H. Nebelsiek. H 281

Monsanto Chemical Co., St. Louis, Mo., übert. von: **Gordon B. Skinner**, Dayton, O., V. St. A., *Reinigen von Titantrichlorid.* Ein Gasgemisch aus $TiCl_4$, $TiCl_3$ u. CO wird soweit gekühlt, daß das gesamte CO mit dem $TiCl_3$ reagiert, um SiC u. TiO zu bilden, welche in fester Form von dem Restgas getrennt werden. Das Restgas wird auf eine Temp. unterhalb des Taupunktes des $TiCl_3$ gekühlt, so daß man festes $TiCl_3$ durch Kondensation erhält. (**A. P. 2 734 797** vom 31/10. 1952, ausg. 14/2. 1956.) H. Nebelsiek. H 321

Horizons Titanium Corp., Princeton, N. J., übert. von: **Eugene Wainer**, Cleveland Heights, O., V. St. A., *Herstellung von Alkalifluortitanaten.* Ein oxyd. Ti-Erz, z. B. Ilmenit, dessen Fe-Geh. bes. vorher in die 2wertige Stufe übergeführt wurde, wird mit H_2SO_4 behandelt. Nach Abtrennung des unlös. Rückstandes setzt man mit einem Material um, das F- u. Alkaliionen abgibt u. als Badrückstand bei der Herst. von metall. Ti durch elektrolyt. Zers. eines Alkalifluotitanats in einer Alkalihalogenidschmelze anfällt. Beim Abkühlen krist. das Alkalifluotitanat aus. (**A. P. 2 724 635** vom 4/2. 1952, ausg. 22/11. 1955.) A. Zürn. H 321

Zirconium Corp. of America, übert. von: **Robert A. Schoenlaub**, Cleveland, O., V. St. A., *Gewinnung von Zirkonoxyd* in Form von kub. Kristallen mit einem Geh. von 4—8% CaO. 100 (Teile) ZrO_2 werden mit 100 Dolomit u. ca. 5 Flußspat gemischt u. auf ca. 2400° F erhitzt. Nach dem Abkühlen, Brechen u. Feinzermahlen schlämmt man die erhaltene Schlacke mit W. an u. rührt ca. 2 Std. mit verd. HCl. Die Feststoffe trennt man ab, wäscht mit W. u. schlämmt nochmals mit W. an, wobei man auf 100 (Teile) W. 1 NaOH zufügt. Nach dem Waschen u. Trocknen erhält man ein stabilisiertes ZrO_2 mit ca. 5,05 (%) CaO u. 0,1 SiO_2. (**A. P. 2 721 115** vom 19/9. 1951, ausg. 18/10. 1955.) H. Nebelsiek. H 322

Zirconium Corp. of America, übert. von: **Robert A. Schoenlaub**, Cleveland, O., V. St. A., *Gewinnung von Calciumzirkonat.* Man stellt sich ein Gemisch aus einem Zr-Erz u. CaO her, indem man auf je 1 (Mol) SiO_2 2 CaO u. auf je 1 ZrO_2 noch 1 CaO wählt. Dieses Gemisch erhitzt man genügend lange auf 2600—3600° F, um Dicalciumsilicat u. $CaO \cdot ZrO_2$ zu bilden. Man trennt das Calciumzirkonat von dem feineren, mehlartigen Silicat durch Rüttelsiebe oder dgl. ab. (**A. P. 2 721 117** vom 29/9. 1951, ausg. 18/10. 1955.) H. Nebelsiek. H 322

George Oswald Morris, Rainhill, England, *Gewinnung von Uranperoxyd* aus verunreinigtem UF_4. Letzteres wird in überschüssiger H_2SO_4 bei 50—55° gelöst. Dann fügt man die 4—6fache Menge, die theoret. erforderlich ist, an H_2O_2 (30%ig) in 2 Stufen hinzu. Dabei steigt die Temp. des Gemisches bis zum Kp., hier hält man sie auch, bis alles UF_4 gelöst ist. Setzt man nun 25%ig. NH_4OH hinzu unter Zufügen eines Netzmittels, z. B. Trimethylcetylammonbromid, so fällt Ammonuranat aus. Dieses führt man durch Lösen in H_2SO_4 u. Ausfällen mit H_2O_2 in $UO_2 \cdot 2H_2O$ über, das abfiltriert u. bei ca. 140° getrocknet wird. (**A. P. 2 711 361** vom 30/4. 1948, ausg. 21/6. 1955. E. Prior. 6/5. 1947.) H. Nebelsiek. H 339

United States Atomic Energy Commission, David Lipkin, Santa Fe, N. Mex., übert. von: **Samuel J. Weißmann**, Chicago, Ill., V. St. A., *Uranhexachlorid.* Um UCl_6 vor Verfall u. Verschmutzung zu bewahren, bringt man es in einen hermet. abgeschlossenen Behälter, dessen innere Wände aus einer 65% Ni enthaltenden Legierung bestehen, die außerdem noch Cu, Fe, Mn, C, SiO_2 u. Cr enthält. (**A. P. 2 719 777** vom 9/3. 1945, ausg. 4/10. 1955.) H. Nebelsiek. H 339

United States Atomic Energy Commission, übert. von: **Rudolph Nagy,** Bloomfield, und **John W. Marden,** East Orange, N. J., V. St. A., *Herstellung von Dikaliumuranfluorid* durch Erhitzen von UO_2 u. KHF_2 auf ca. 800°. Das daneben gebildete KF trennt man ab, kühlt das Restprod., mahlt u. extrahiert mit W. K_2UF_6. (**A. P. 2 717 234** vom 6/3. 1943, ausg. 6/9. 1955.) H. NEBELSIEK. H 339

Mond Nickel Co. Ltd., London (Erfinder: **Albert Edward Wallis** und **John Pincott,** Clydach), England, *Gewinnung von Kobalt(III)-hydroxyd* aus einer Co- u. Ni-haltigen Lsg. durch Fällen mit $Ni(OH)_3$ bei $<12°$, bes. 5°. Zu dieser Fällung verwendet man ein $Ni(OH)_3$, das durch Fällen aus einer Ni-Salzlsg. bei 0—8°, bes. bei 5°, gewonnen worden ist. (**D. B. P. 936 393** Kl. 12n vom 8/4. 1953, ausg. 15/12. 1955. Anmeldung bekanntgemacht 5/5. 1955. **Zusatz zu D. B. P. 935 008; C. 1956. 7400. E. P. 731 987** vom 27/2. 1953, ausg. 15/6. 1955.) H. NEBELSIEK. H 355

Soc. Nouvelle des Établissements Silvestre, Frankreich, *Herstellung von Kupferacetat* durch Besprühen von Kupfermetall mit einer Lsg. von NH_4-Acetat in Ggw. eines O_2-haltigen Gasstroms. — Eine Zeichnung beschreibt die App. u. die Wirkungsweise der Sprühvorrichtung. (**F. P. 1 032 771** vom 16/2. 1951, ausg. 6/7. 1953.) M. F. MÜLLER. H 358

Protex G. m. b. H. Müller & Co., Garmisch-Partenkirchen (Erfinder: **Eberhard Heimann**), Berlin, *Gewinnung quellfähiger Aluminiumsilicate vom Typus des Montmorillonits.* Die austauschfähig gebundenen mehrwertigen Kationen von nichtquellfähigen Aluminiumsilicaten, z. B. Ba-Bentonit, werden gegen einwertige Kationen ausgetauscht, indem der Ca-Bentonit in festem Zustande, bes. in Stückform, mit Lsgg. von Alkalisalzen, deren Anionen mit den mehrwertigen Kationen der Komplexbelegung lösl. Verbb. bilden, unter ständiger Erneuerung der Fl., bes. im Durchfluß, behandelt wird. Hierbei wird eine derartige Lösungskonz., z. B. 1—10%ig, an den Oberflächen des Al-Silicats aufrechterhalten, daß Quellung verhindert wird. (**D. B. P. 940 396** Kl. 80b vom 4/4. 1940, ausg. 15/3. 1956. Anmeldung bekanntgemacht 19/6. 1952.) F. REINHART. 6157

VI. Silicatchemie. Baustoffe.

L. Ja. Maselew, *Untersuchung des Systems B_2O_3–MgO–Li_2O in glasförmigem Zustand.* Das Gebiet der durchsichtigen Gläser im Syst. B_2O_3–MgO–Si_2O ist größer als im Syst. B_2O_3–BeO–Li_2O. Alle Gläser ließen sich bei n. Viscosität gut bearbeiten. Vollständige Schmelze u. Klärung wurden mit Ausnahme eines Glases bis 1000° erhalten. Die Dichten liegen zwischen 1,91 u. 2,38, die Brechungsindices zwischen 1,49 u. 1,56; beide weisen period. Maxima bei Erhöhung des MgO-Anteils auf. Der Einfl. von B_2O_3 u. Li_2O ist analog dem Verh. im Syst. B_2O_3–BeO–Li_2O. Die Löslichkeit in kochendem W. beträgt nach 1 bzw. 5 Std. 9 bzw. 35% u. kann im Höchstfalle 100% betragen. Die Wasserbeständigkeit der Gläser wächst anfangs langsam u. dann schneller mit Erhöhung des MgO-Gehalts. Ein großer Teil der Gläser zeigte nach 6 Monaten Lagerung unter rauhen Bedingungen keine sichtbaren äußeren Veränderungen. Als röntgendurchsichtige Gläser sind 10 Gläser mit 79,81—87,01 (%) B_2O_3, 6,92—9,85 MgO u. 4,95—10,34 Li_2O zu empfehlen. (Журнал Прикладной Химии [J. angew. Chem.] **26.** 286—97. März 1953.) E. FÖRSTER. 6200

Ss. G. Jurow und **W. Ss. Chasanow,** *Einfluß der Temperatur auf die spektrale Durchlässigkeit von farbigem Glas.* Es wurden über 60 verschied. Sorten farbiger Gläser bei —40, +25, 100, 150 u. 200 ± 2° im Bereich 410—720 mμ untersucht. — Es werden einige Messungen bes. charakterist. Art mitgeteilt. Die Durchlässigkeitskurven wiesen 1—3 „Knoten" auf. Bes. groß waren die Abweichungen des summar. Durchlässigkeitskoeff. bei roten Gläsern: Im Meßbereich um das 3fache; bei grünen Gläsern immerhin noch um 25%. Der Farbton der roten Gläser änderte sich um 20 mμ, bei grünen um 2 mμ. Die gelben u. orangefarbenen Gläser zeigten neben den roten (mit Se u. CdS gefärbt) größere Abweichungen als die grünen (Cr- u. Cu-Oxyde), die blauen blieben prakt. konstant in ihrer Durchlässigkeit, die im übrigen Temperaturumkehrbarkeit aufwiesen. Die Ergebnisse sind bei Lichtsignalisation, opt. Pyrometrie u. (Spektro)-Photometrie zu beachten. (Известия Академии Наук СССР, Отделение Технических Наук [Nachr. Akad. Wiss. UdSSR, Abt. techn. Wiss.] **1951.** 1792—1800. Dez.) A. v. WILPERT. 6200

Megumi Tashiro, Sumio Sakka und **Hironori Teranishi,** *Einfluß des Vanadiumoxyds auf die Haftfähigkeit von hitzebeständigem Email auf nichtrostendem Chromnickelstahl.* (Vgl. C. **1954.** 9835.) Mit Cr–Ni-Stahlplatten bei 1000° durchgeführte Emaillierungsverss. unter Zusatz von TiO_2, V_2O_5, Cr_2O_3, MnO_2, Fe_2O_3, CoO, NiO, ZrO_2, MoO_2, CdO, La_2O_3, As_2S_3 oder $KMnO_4$ zum Email ergab, daß Emails mit Zusatz von 2—10% V_2O_5 am besten auf Cr–Ni-Stahlplatten haften. Derartige 450° heiße Emaillierungen blieben sogar beim Abkühlen in W. unverändert. Das V_2O_5 verhindert ferner eine Oxydation des Metalls durch den durch das Email bei hoher Temp. hindurchdiffundierenden Luft-O_2. (Bull. Inst. chem. Res., Kyoto Univ. [Kagaku Kenkyusho Hokoku] **31.** 375—77. Sept. 1953. Kyoto, Kyoto Univ., Sawai Labor. [Orig.: engl.]) T. Oppermann. 6212

M. P. Fedock, *Eigenschaften von einigen feuerfesten Stampfmassen für Elektrostahlofenherde.* Chem. u. physikal. Unterss. werden an mehreren bas. Stampfmassen mit 70—94 (%) MgO, 0—3,5 Cr_2O_3, 2,4—12,8 SiO_2, 0,20—10 CaO, 0,13—0,30 FeO, 0,80 bis 5 Fe_2O_3 durchgeführt, wobei u. a. die Dichtigkeit, Porigkeit, Schwindung u. Verdichtungsfähigkeit ermittelt u. eine Siebanalyse durchgeführt wird. An verschied. Probekörpern werden Brennverss. bei 1590—1630° ausgeführt. Es zeigte sich, daß hierdurch ein guter Einblick in das Verh. der Stampfmassen bei ihrem Einbrennen im Ofenboden von Elektroöfen erhalten wird. (J. Metals **4.** 247—49. März 1952. Canton, O., Republic Steel Corp.) H. Hochstein. 6218

E. Brandenberger, P. Esenwein, H. Preis und **B. Geiger,** *Über den Einfluß der Lagerung auf die Eigenschaften von Portlandzementen.* Drei verschied. Portlandzemente werden in mühlenfrischem Zustand, nach 28tägiger Lagerung unter Luftabschluß sowie nach 3-, 7- u. 28tägiger Lagerung an Luft von 18° u. 70% relativer Feuchtigkeit hinsichtlich der Abbindewärme, des Abbindeverh., der Festigkeitsentw. u. anderer Eigg. untersucht. Während die Lagerung unter Luftabschluß keinen Einfl. auf die Abbindewärme oder auf die thermogravimetr. bestimmte Zus. ausübt, sinkt erstere bei der Lagerung an offener Luft bis auf Werte ab, die für Low-Heat-Zemente typ. sind, u. die thermogravimetr. Kurven lassen eine Rehydratisierung des $CaSO_4$, eine Bldg. von $Ca(OH)_2$ u. eine Carbonatisierung des letzteren erkennen, ohne daß aber diese Erscheinungen einander parallel laufen. Die Festigkeitsentw. wird bei Luftlagerung verzögert, desgleichen Abbindebeginn, -ende u. -dauer. Ausführliche Wiedergabe der Ergebnisse in Tabellen u. Kurven. (Schweiz. Arch. angew. Wiss. Techn. **22.** 33—38. Febr. 1956. Zürich, Eidg. Materialprüfungs- u. Versuchsanst.) W. Gelmroth. 6222

W. Wittekindt und **W. Striebel,** *Qualitätsbedingungen für Tiefbohrzemente.* Nach eingehender Betrachtung an die heute an die Tiefbohrzemente gestellten Anforderungen, die bereits über die vom American Petroleum Institute (API) festgelegten Bedingungen hinausgehen, wobei bes. die Aggressivbeständigkeit herausgehoben wird, werden die Grundlagen der Herst. eines solchen Zementes besprochen u. Ergebnisse von Lagerungsverss. in sulfathaltigen Wässern mit einem derartigen Zement mitgeteilt. Es wird weiter über Verss. berichtet, welche über die Haftung des Tiefbohrzementes im Salzgebirge Auskunft geben. Schließlich wird an Hand von Verss. nachgewiesen, daß ein guter Tiefbohrzement bei vorübergehenden Pumpenstillständen nicht so schnell versteift wie ein n. Zement. (Erdöl-Z. Bohr- u. Fördertechn. **72.** 302—09. März 1956.) K. Seidel. 6222

J. A. Kauer und **R. L. Freeman,** *Der Einfluß des Kohlendioxyds auf frischen Beton.* Frische Betonkörper wurden direkt nach ihrer Ausformung dem Einfl. von CO_2 unterworfen. Die Lagerung geschah bei verschied. Luftfeuchtigkeiten u. Temperaturen. Es wurde die Härte der Oberfläche, die Tiefe der Carbonatisierung u. die Druckfestigkeit untersucht. Die Unterss. zeigten, daß frischer Beton, der der Kohlensäure ausgesetzt wird, je nach der Konz. des CO_2, der Temp. u. der Luftfeuchtigkeit weiche Oberflächen verschied. Tiefe zeigt. Chem. Härtemittel scheinen keinen wesentlichen Einfl. auf die Oberfläche zu haben. (J. Amer. Concrete Inst. **27.** 447—54. Dez. 1955.) K. Seidel. 6224

K. M. Alexander, *Die Anregung von Puzzolanen durch Alkalien.* Puzzolan–Kalk-Mörtel u. Portlandzement–Puzzolan-Mörtel wurden durch Hinzufügen geringer Mengen von NaOH zum Anmachwasser angeregt, desgleichen durch Zumahlung von wasserfreiem Na_2CO_3 zum Zement. Bei geringem Alter der Proben nahm die Anregung zu mit der Erhöhung der Alkalizugabe. Das Maximum der Anregung wurde bei 7 Tagen mit 270% beobachtet. In späterem Alter konnten die Festigkeiten bei Alkalizugaben zwischen 0,1 u. 0,5% erhöht werden; höhere Zugaben waren weniger erfolgreich. (Austral. J. appl. Sci. **6.** 224—29. Juni 1955.) K. Seidel. 6226

L. R. Chadda und **Hem Raj,** *Die Einwirkung schädlicher Salze auf die Bodenverfestigung mit und ohne Zement.* 2. Mitt. *Der Einfluß von Natriumcarbonat.* (1. vgl. Mehra u. Mitarbeiter, C. **1956.** 11045.) Es wird festgestellt, daß unter gleichen Bedingungen Na_2CO_3 weit weniger zerstörend wirkt als Na_2SO_4. (Indian Concrete J. **29.** 401—02. Dez. 1955.) K. Seidel. 6232

Morris W. Lerner und **W. Rieman III,** *Bestimmung der Erdalkalien in Glas.* Zur Best. der Erdalkalimetalle in Glas schließt man dieses mit H_2SO_4/HF auf, raucht ab, nimmt mit 10%ig. H_2SO_4 in 80%ig. A. auf, filtriert die unlösl. Erdalkalisulfate ab u.

red. diese durch Abdampfen mit NH_4J/konz. HCl. Den Rückstand löst man in verd. HCl, oxydiert mit Brom, trennt die schwerlösl. Hydroxyde durch Ammoniakfällung ab u. fällt schließlich die Erdalkalimetalle als Carbonate. Diese werden mit HCl zers., in wenig W. gelöst u. auf einem Ionenaustauscher (vgl. C. **1955.** 11057) getrennt. Bei Ggw. von Pb schließt man das Glas mit $HClO_4$/HF auf u. trennt das Pb vor der Weiterbehandlung mit H_2S oder durch Elektrolyse an der Hg-Kathode ab. (Analytica chim. Acta [Amsterdam] **13.** 439—41. Nov. 1955. New Brunswick, N. J., Rutgers Univ., Ralph G. Wright Chem. Labor.) F. UMLAND. 6242

Heinz E. Müller, *Betonprüfung auf neuen Wegen mit elektronischen Meßgeräten.* Es wird die Messung des W.–Zement-Faktors im Betonmörtel durch ein elektron. Meßgerät, die Prüfung der Betonfestigkeit, Auffindung u. Messung von Rissen durch Ultraschall u. die zerstörungsfreie Festigkeitsbest. von Beton mit Größtkorn von über 250 mm mit Hilfe von Erschütterungsapparaturen beschrieben. (Straßen- u. Tiefbau **9.** 759—73. Dez. 1955.) K. SEIDEL. 6252

E. Spohn, *Das Wasserhaltevermögen von Putz- und Mauermörteln.* Das Wasserhaltevermögen ist die Fähigkeit eines Mörtels, seine Verarbeitbarkeit beizubehalten, wenn er beim Mauern zwischen saugende Steine gebracht wird. Für den amerikan. *Masonry-Cement* wird daher ein bestimmtes Wasserhaltevermögen verlangt u. nach der Norm C 91—51 ermittelt. Vf. berichtet über die Durchführung dieser Unters. u. über die Abänderungen gegenüber der ASTM-Norm, die sich unter deutschen Verhältnissen als zweckmäßig erwiesen haben. (Zement-Kalk-Gips **8** (**44**). 299—301. Sept. 1955.) K. SEIDEL. 6254

W. Piepenburg, *Versuche zum Geschmeidigkeitsnachweis für Baukalke. Neubearbeitung der DIN 1060-Baukalk.* 2. Mitt. (1. vgl. C. **1951.** II. 1496.) Ausführlicher Bericht über systemat. Vorarbeiten zur Aufnahme der Geschmeidigkeitsprüfung in die deutsche Baukalknorm. Grundsätzlichen Betrachtungen über die Verarbeitbarkeit von Mörteln folgt eine krit. Zusammenstellung in- u. ausländ. Prüfverff. zur direkten u. indirekten Messung der Verarbeitbarkeit (Klebrigkeit, Wasserrückhaltefähigkeit, Geschmeidigkeit). Vergleichende Verss. mit dem Ausbreittisch, dem Braunschweiger Gerät zur Messung des Verformungswiderstandes, dem Absaugegerät nach der amerikan. Mörtelzementnorm zur Best. der Wasserrückhaltefähigkeit u. mit dem BRABENDER-Plastographen zur Messung des Verformungswiderstandes werden eingehend beschrieben u. ausgewertet. Der Verformungswiderstand erwies sich als wichtigstes Kriterium für die Geschmeidigkeit. Daneben muß auch die Wasserrückhaltefähigkeit bestimmt werden. Die Entw. diesbzgl. Prüfmethoden ist noch nicht abgeschlossen. — 4 Zahlentafeln, 10 Abbildungen. (Zement-Kalk-Gips **5.** 33—43. Febr. 1952. Köln.) F. MAUNE. 6254

B. F. Drakenfield & Co., Inc., New York, N. Y., übert. von: **Ray Andrews** und **Robert S. Murray,** Washington, Pa., V. St. A., *Verbesserung der Säurebeständigkeit von Glasfarben.* Auf silicat. Oberflächen wird eine bleihaltige säurebeständige Farbe, z. B. von der Zus. 48,8 (%) PbO, 25,4 SiO_2, 7,55 B_2O_3, 3,03 CdO, 4,1 Na_2O, 3,42 TiO_2, 1,4 Li_2O u. 6,35 ZrO_2 aufgetragen u. eingebrannt. Wenn die Farbe ausgeschmolzen ist, wird wenigstens der farbtragende Teil des Gegenstandes in eine Atmosphäre gebracht, die mindestens 5% Dampf, z. B. Trockendampf, enthält. Die Säurelöslichkeit kann auf den sechsten u. sogar auf den zwanzigsten Teil der Säurelöslichkeit ohne Dampfbehandlung vermindert werden. (**A. P. 2 724 662** vom 9/3. 1953, ausg. 22/11. 1955.) F. REINHART. 6207

British Thomson-Houston Co. Ltd., London, England (Erfinder: **Chow Quantie**), *Herstellen magnetischer Ferrite.* Mischungen von Lsgg. einer Fe-Verb. u. Verbb. eines oder mehrerer 2wertiger Metalle, wie Cu, Be, Mg, Ca, Zn, Sr, Cd, Ba, Hg, Mn, Fe, Co u. Ni, werden zur Trockne eingedampft, der Rückstand wird auf 600—1000° erhitzt u. dann bei 1200—1400° gesintert. — Z. B. wird von feuchten Gemischen von $MgCl_2 \cdot 6 H_2O$ u. $Fe(NO_3)_3 \cdot 9 H_2O$ oder $FeSO_4 \cdot 7 H_2O$, $ZnSO_4 \cdot 7 H_2O$ u. $NiSO_4 \cdot 7 H_2O$ ausgegangen, beim Erwärmen lösen sich die Verbb. im Kristallwasser u. werden dann weiter wie oben erhitzt. (**E. P. 739 069** vom 2/9. 1952, ausg. 26/10. 1955.) F. REINHART. 6209

Württembergische Metallwarenfabrik, Geislingen/Steige, *Email* besteht aus 20 bis 40 (%) SiO_2, 40—65 PbO u./oder BaO u. bis zu 25 einer oder mehrere folgender Verbb.: $B(OH)_3$, CaO, Al_2O_3 u. TiO_2. $B(OH)_3$ soll nur bis zu 5 (%), CaO bis zu 6 u. TiO_2 bis zu 15 im Email enthalten sein. Alkalioxyde sollen nur als Verunreinigungen enthalten sein. — Beispiel: 47,5 (%) PbO, 4,2 CaO, 6 Al_2O_3, 36,6 SiO_2, 4,6 B_2O_3 u. 1,1 Cr_2O_3. Das Email ist auch bei höheren Tempp. elektr. isolierend. — Diagramm. — Vgl. auch D.B.P. 802 973; C. **1951.** I. 3553. (**E. P. 733 142** vom 25/8. 1950, ausg. 6/7. 1955. D. Priorr. 15/9. 1949 u. 29/3. 1950.) F. MARKHOFF. 6213

Belmont Handels-Akt.-Ges., Vaduz, Liechtenstein, *Herstellen geschichteter keramischer Körper.* Eine reaktionsträge feuerfeste Unterlage wird mit einer isolierenden Schicht überzogen, die durch Aufbringen einer wss. M. aus 15—35 (Gew.-%) plast. Ton, 0,1—1 einer koll. Substanz, wie Bentonit, u. restlich aus gepulvertem Kalkstein erzeugt wird. Darauf kommt eine zweite Schicht aus einer plast. keram. M. aus 5—20 Kaolin u. Talk, 0,1—1,5 koll. Stoff u. Rest Magerstoffe, wie Glasbruch, Porzellanscherben oder Sand unter 1 mm Korngröße, u. schließlich eine Glasurmasse. Das Ganze wird bis zum Sintern gebrannt u. der entstandene Schichtkörper von der Unterlage entfernt. (**E. P. 740 154** vom 5/1. 1950, ausg. 9/11. 1955. Schwz. Priorr. 7/1. u. 29/8. 1949.) F. REINHART. 6219

Carborundum Co., Niagara Falls, N. Y., V. St. A., *Hochfeuerfestes Material.* Gemische von Bornitrid u. Zirkonborid oder Borcarbid werden in einer Form bei wenigstens 1800° Drucken von 40—60 kg/cm² unterworfen. (**E. P. 742 327** vom 18/5. 1953, ausg. 21/12. 1955. A. Prior. 17/5. 1952.) F. REINHART. 6219

Fritz Weichel, Idar-Oberstein, und **Karl Maurer,** Kirn/Nahe, *Herstellung von Schmucksteinen aus Keramik, Porzellan und Glas.* Zwei oder mehr verschiedenfarbige Pulver aus Keramik, z. B. Porzellan, u./oder Glas werden geformt, bei 900 bis ca. 1300° gebrannt u. durch Schneiden, Schleifen, Polieren oder dgl. auf Schmucksteine verarbeitet. Die verschied. Pulver können mosaikartig in mehreren Schichten miteinander vereint werden, im letzten Falle können eine oder mehrere Schichten stellenweise durch Gravieren, Schleifen oder Einschneiden nachträglich wieder entfernt werden, damit die Färbung der unteren Schichten freigelegt wird. (**D. B. P. 936 739** Kl. 80b vom 22/1. 1952, ausg. 22/12. 1955. Anmeldung bekanntgemacht 18/2. 1954.) F. REINHART. 6221

Flaminio Osta-Tschudin, Winterthur, Schweiz, *Herstellung eines Verputzes.* Auf den Grundputz wird eine M., bestehend z. B. aus 50 (Liter) Glaskörnern von 1—3 mm Durchmesser, 50 gepulvertem Weißkalk u. 25 Zement aufgetragen. Nach dem Erhärten wird der Vorputz abgebürstet, so daß die Glaskörner an der Oberfläche sichtbar werden. (**Schwz. P. 310 759** vom 10/12. 1952, ausg. 14/1. 1956.) H. HOFFMANN. 6227

Franz Hermann Hanfeld, Coesfeld (Erfinder: **Franz Hermann Hanfeld** und **Heinz Brockmann**), Coesfeld/Westf., *Herstellung von Bauelementen.* Stroh wird mit Imprägnier- u. Mineralisierungsmitteln vermischt u. derart gewalkt, daß diese in das Stroh eindringen u. dessen Oberfläche schleimig machen. Nach Zusatz eines Bindemittels, wie Zement, wird die M. geformt u. zum Erhärten gebracht. Bei der mechan. Bearbeitung des Strohs kann ein Zusatz von Sand u./oder Zement verwendet werden. (**D. B. P. 943 096** Kl. 80b vom 29/3. 1952, ausg. 9/5. 1956. Anmeldung bekanntgemacht 24/11. 1955.) H. HOFFMANN. 6229

Georg Heinrich Banzhaf-Gfeller, Rheinfelden, Schweiz, *Herstellung von Bauelementen.* Einer breiförmigen Cellulosefaseraufschwämmung wird so viel Kalk zugesetzt, daß eine noch gießfähige Mischung entsteht, die dann in üblicher Weise durch Gießen verformt wird. Der Mischung können noch 5—10% des Kalkgewichts an organ. Bindemitteln, z. B. Fischkleister, sowie anorgan. Füllstoffe zugesetzt werden. (**Schwz. P. 309 192** vom 5/9. 1952, ausg. 1/11. 1955.) H. HOFFMANN. 6229

Spring Packing Corp., übert. von: **John B. Welch,** Elmwood Park, Ill., V. St. A., *Überzugsmittel für Bauteile* aus Holz, Eisen, Stahl oder Mauerwerk zum Schutze *gegen Feuer* u. *Korrosion.* Auf die zu schützenden Oberflächen werden mehrere Anstriche aus einem dünn aufzutragenden feuerschützenden u. schaumbildenden Anstrichmittel mit einem Geh. an einem proteinhaltigen Bindemittel abwechselnd mit einem relativ dick aufzutragenden plast. bituminösen Material, dem noch Korkteilchen zugesetzt sein können, aufgebracht. (**A. P. 2 733 170** vom 2/3. 1953, ausg. 31/1. 1956.) W. GRÄGER. 6229

VII. Agrikulturchemie. Schädlingsbekämpfung.

D. L. Zyrlin, *Errungenschaften bei der Produktion von Superphosphat und Wege zu ihrer weiteren Entwicklung.* Es werden die in der UdSSR üblichen voll- u. halbkontinuierlichen (nur kontinuierliches Mischen der Reagentien) Verff. u. die dabei in Anwendung kommenden Apparate sowie die Produktion von granuliertem Superphosphat beschrieben. (Журнал Прикладной Химии [J. angew. Chem.] **28.** 1025—36. Okt. 1955.) O. POLLAK v. EMHOFEN. 6282

Ss. I. Wolfkowitsch, W. W. Illarionow und **R. Je. Remen,** *Der Einfluß von Siliciumdioxyd und Aluminiumsilicaten auf die Reaktion von Apatit mit Wasserdampf.* Reihenverss. zur Gewinnung von F-freien Düngemitteln aus Apatit ergaben einen optimalen Bildungsgrad an citratlösl. P_2O_5 bei 1400° in Ggw. von SiO_2 u. Wasserdampf. Hierbei war auch der F-Austausch am größten. So war bei 0,5% SiO_2 in Ggw. von Wasserdampf 83,9% F entfernt, während 74,0% des gesamten P_2O_5 citratlösl. war. SiO_2 spielt auch in Form von Al-Silicaten, Tonen, Kaolin u. Nephelin die Rolle eines Mineralisators. Es empfiehlt sich wegen der niedrigen Schmelztemp. ein Zusatz von 4% Nephelin zur Schicht, wodurch 94,1% F entfernt werden. SiO_2 wirkt schon in Abwesenheit von Wasserdampf, jedoch weniger intensiv als mit letzterem. (Доклады Академии Наук СССР [Ber. Akad. Wiss. UdSSR] [N. S.] **97.** 715—18. 1/8. 1954. Wiss. Ssamoilow-Inst. für Düngemittel u. Insektenfungicide.) O. POLLAK V. EMHOFEN. 6282

Hitoshi Fukuda, *Diffusion von Wasserdampf und der Wechsel von Kondensation und Verdunstung im Boden.* Der Prozeß der Wasserdampfdiffusion im Boden in Beziehung zu Verdunstung (v) u. Kondensation (k) in den Bodenporen wird theoret. u. experimentell betrachtet. Wenn der relative Geh. an Wasserdampf in den Bodenporen unter 100% liegt, so zeigt er im Laufe von 24 Std. eine derjenigen der Bodenfeuchtigkeit vergleichbare Schwankung. Mit zunehmender Tiefe tritt ein gewisses Nachbleiben dieser Schwankung auf. Die Menge an Wasserdampf in den Bodenporen hängt von der Stärke der Diffusion, v u. k u. den zwischen diesen Prozessen auftretenden Wechselwirkungen ab. v tritt am Tage zunächst in der Nähe der Bodenoberfläche auf. Die Schicht, in welcher v beobachtet wird, nimmt allmählich an Tiefe zu, während noch in der tiefen Schicht k erfolgt. In der Nacht beginnt bei sinkender Temp. k an der Oberfläche u. die Schicht nimmt dann weiter nach unten zu ähnlich wie dies bei der v-Schicht der Fall war. (Soil Sci. **81.** 81—95. Febr. 1956. Univ. of Tokyo, Fac. of Agric.) A. JACOB. 6302

Roy L. Whistler und **Kenneth W. Kirby,** *Zusammensetzung und Verhalten von Polysacchariden des Bodens.* Vff. extrahieren einen schlammigen, tonigen Lehmboden (p_H 6,6, 3,38% organ. Stoffe, 0,15% N) des Brookston-Typus (westliche USA) nach 4 verschied. Methoden (Behandlung mit W.: im Autoklaven, 30 Min.; bzw. in N_2-Atmosphäre bei Zimmertemp. [72 Std.] oder 85° [4—6 Std.]; oder Verrühren mit 0,5n NaOH [48 Std.]) u. isolieren die *Polysaccharide* (**I**) nach Entfernung der Humusstoffe (Ausfällen mit HCl [p_H 3]) durch Adsorption an Holzkohle, Extraktion derselben mit wss. Aceton u. Fällung mit reinem Aceton. Die Reinigung erfolgt durch Umfällen der wss. **I**-Lsg. mit einem A.–Eisessig-Gemisch (3 : 1), **I** besitzen $[\alpha]_D^{26}$ +36,8° (c = 0,1; W.) u. enthalten 8,32% Asche, 0,34% N, 39,39% C; 5,53% H; 9,14% Uronsäureanhydrid; 2,42% OCH_3; Äquivalentgewicht: 1945; 15,7 g Ausbeute (= 1,45% der organ. Bodenbestandteile bzw. 0,05% des lufttrockenen Bodens). Nach Hydrolyse (n-H_2SO_4, 24 Std., 100°) lassen sich auf chromatograph. Wege in den **I** *D-Galaktose* (**II**; 6,2%), *D-Glucose* (**III**; 7,9%), *D-Mannose* (**IV**; 6,9%), *D-Aarabinose* (**V**; 3,9%), *L-Xylose* (**VI**; 4,7%), *L-Rhamnose* (**VII**; 5,3%) u. *Uronsäure* (9,1%; Mol-Verhältnisse: 1,26 : 1,60 : 1,41 : 1,00 : 1,18 : 1,18 : 1,70) nachweisen. Fraktionierte Fällung von 1%ig. **I**-Lsgg. (p_H 1,85) mit A.-Konzz. von 50 bis 85% zeigt die Heterogenität des Materials. Das Hydrolysat der Humusstoffe, die 2,9% des lufttrockenen Bodens ausmachen, enthält **II** (0,06%), **III** (0,09%); **IV** (0,07%); **V** (0,02%); **VI** (0,11%); **VII** (0,06%). 0,1 u. 1,0%ig. **I**-Lsgg. zeigen in Kaolin–Sand-Gemischen stabilisierende Wirkungen auf die Krumenbldg.; das humose Material ist dagegen in dieser Hinsicht kaum wirksam. Die Zers. der **I** im Boden erfolgt stetig u. langsamer als andere pflanzliche Polysaccharide, die auch keine bodenstabilisierende Wirksamkeit besitzen. Das niedrige Verhältnis zwischen **VI**- u. **III**-Einheiten in den **I** zeigt, daß dieselben nicht von höheren Pflanzen, sondern von Mikroorganismen herrühren.

V e r s u c h e: *D-Galaktose-p-nitrophenylhydrazon,* F. 192°, $[\alpha]_D^{25}$ +70° (c = 0,25; A.–Pyridin). *D-Glucose-p-nitrophenylhydrazon,* F. 188°, $[\alpha]_D^{25}$ —88° (c = 0,5; A.–Pyridin). *D-Mannosephenylhydrazon,* F. 198°, $[\alpha]_D^{25}$ +26,6° (c = 0,5; Pyridin). *L-Aarabinose-p-nitrophenylhydrazon,* F. 181°; $[\alpha]_D^{25}$ +22,6° (c = 1,0; A.–Pyridin). *D-Xylosedimethylacetaldibenzyliden,* F. 211°; $[\alpha]_D^{25}$ —7° (c = 1,0; Chlf.), aus **VI** u. Benzaldehyd in 1,6n methanol. HCl u. Methanol. *L-Rhamnose-p-nitrophenylhydrazon,* F. 188°; $[\alpha]_D^{25}$ —43° (c = 0,1; A.–Pyridin). *Glucuronolacton,* $[\alpha]_D^{25}$ +20° (c = 0,5; W.). (J. Amer. chem. Soc. **78.** 1755—59. 20/4. 1956. Lafayette, Ind., Purdue Univ., Dep. of Biochem.)
P. FAHRNLAENDER. 6304

Nobuo Uchiyama und **Yutaka Onikura,** *Untersuchungen über Tonbildung in Paddyreisböden.* 1. Mitt. *Veränderung des in verdünntem Natriumcarbonat löslichen SiO_2 und Al_2O_3 während eines Jahres.* Die Gehh. an SiO_2 u. Al_2O_3 eines Paddybodens, die in 2,0 u. 0,5%ig. Lsg. von Na_2CO_3 lösl. waren, wurden zu verschied. Perioden eines Jahres untersucht. Starke Abnahme von SiO_2 u. Al_2O_3 trat ca. 2 Wochen nach Beginn der Überflutung auf. Dies wird ausgelegt als Folge einer Verknüpfung zwischen SiO_2 u. Al_2O_3, die zur Neubldg. von Tonen führte. Das Herbeiführen eines red. Zustandes durch die Überflutung führt dazu, daß sich die lösl. SiO_2 in den Tonfraktionen $< 0,6\,\mu$ konzentriert.

Nach 17tägiger Überflutung trat im Sommer nach 45 Tagen eine deutliche Zunahme von SiO_2 u. Al_2O_3 auf, was so ausgelegt wird, daß die Verwitterung von vorhandenen oder neu gebildeten Tonmineralien durch die höhere Temp. beschleunigt wurde. Von August bis Oktober nahm SiO_2 ab, aber Al_2O_3 etwas zu. Die Abnahme von SiO_2 wird durch die Bldg. unlösl. Formen, wie Quarz oder Cristobalit erklärt. Nach der Ernte erfolgte, wenn die Überflutung fortgesetzt wurde, im Winter keine Verwitterung der Mineralien; sie begann aber wieder im Frühjahr. Wurde der Boden im Herbst entwässert, so verwitterten die Mineralien bereits von Oktober an. Die dann durch Verwitterung gebildeten SiO_2-Gele konnten fast vollständig ausgewaschen werden. Al_2O_3 häufte sich dagegen mehr an. Durch die Zunahme von Al_2O_3-Gelen u. die Verarmung an SiO_2-Gelen verschlechterte sich der Boden. Es wird darauf hingewiesen, daß die Dränage der Paddyböden, während sie nicht mit Pflanzen bestanden sind, kontrolliert werden muß durch einen genügend hohen Grundwasserspiegel u. capillaren Aufstieg von W. damit der Verlust von SiO_2 durch Auswaschen u. die Anreicherung von SiO_2 durch Wiederaufstieg im Gleichgewicht stehen. (J. Sci. Soil Manure, Japan [Nippon Dozyô-Hiryô-Gaku Zasshi] **25.** 291—98. März 1955. Tohoku-Univ., Fac. of Agric. [Orig.: japan., Auszug: engl.]) A. JACOB. 6304

G. C. Lewis und **R. L. Juve,** *Einige Wirkungen der Qualität des Irrigationswassers auf charakteristische Bodeneigenschaften.* Die betrachteten Irrigationswässer (**a**) von Idaho verminderten den Salzgeh. des Bodens u. den Geh. an lösl. u. austauschbarem Na. Der Geh. des Bodens an lösl. Ca wurde allg. mit zunehmender Tiefe des Profils vermindert. Es bestand eine Korrelation zwischen der Na-Aufnahme der **a** u. derjenigen des Sättigungsextraktes des Bodens. Diese Korrelation verbessert sich, wenn die **a** kein Na_2CO_3 enthalten. Die Menge an CO_3-Ion sollte berücksichtigt werden, wenn man die Gleichgewichtsverhältnisse zwischen **a** u. Boden bestimmt. Eine gute Korrelation besteht zwischen der Na-Aufnahme des Sättigungsextraktes u. dem Geh. des Bodens an austauschbarem Na. Die Sättigungsextrakte der Böden nähern sich der chem. Zus. ihrer **a**, wie sich aus den Verhältnissen von lösl. Ca, Mg u. Na erweist, wenn diese als % der Summe dieser Kationen entweder in den Sättigungsextrakten der Böden oder in den **a** ausgedrückt werden. Diese Beziehung im Gleichgewicht ist nicht so gut, wenn die **a** Na_2CO_3 enthalten. Der $CaCO_3$-Geh. der Böden nahm zu, wenn die **a** größere Mengen an Ca u. Bicarbonationen enthielten. (Soil Sci. **81.** 125—37. Febr. 1956. Idaho Agric. Exp. Stat.) A. JACOB. 6304

R. S. Harper, *Eine Untersuchung über den Anbau von Konservenpfirsichen in Kalifornien.* Es wird über den Nährstoffbedarf, die Beseitigung von Mangelerscheinungen sowie die Bodenentseuchung mit Sterilisations- u. Begasungsmitteln beim Pfirsichanbau in Kalifornien berichtet. — 22 Literaturangaben. (J. Dep. Agric., Victoria **53.** 49—63. 78. Febr. 1955. Tatura, Victoria, Horticult. Res. Stat.) F. RANG. 6304

J. Prummel, *Anwendung von radioaktivem Phosphat zur Untersuchung der örtlichen Anwendung von Kunstdünger.* Übersicht über das einschlägige Schrifttum. — 31 Schrifttumhinweise. (Landbouwkund. Tijdschr. **67.** 680—84. Okt. 1955. Groningen, Landbouwproefstat. en Bodemkundig. Inst. T. N. O.) W. WESLY. 6304

J. R. Webb und **J. T. Pesek jr.,** *Bewertung des Rest-Bodenphosphors in Dauerdüngungsversuchen.* Superphosphat u. Calciummetaphosphat, die in gleichen Mengen über eine Periode von mehreren Jahren zugefügt wurden, hatten die gleiche Wrkg. auf den Geh. des Bodens an leicht aufnehmbarem P u. auf den Ertrag von Hafer. Geschmolzenes Tricalciumphosphat war günstiger auf einem sauren Boden, aber weniger wirksam auf einem Kalkboden. Rohphosphat war stets weniger wirksam. (Proc. Soil Sci. Soc. America **18.** 449—53. Okt. 1954. Ames, Io., Iowa Agric. Exp. Stat.) A. JACOB. 6304

Henry R. Fortmann, *Reaktion von Bromus inermis Leyss-Sorten auf Stickstoffdüngung und Schnittpraktiken.* Der Einfl. von N-Düngung (150 u. 300 lbs. NH_4NO_3/acre) u. verschied. Schnittpraktiken während der Vegetationsperiode auf den Ertrag an Trockenmasse, N-Geh., N-Ertrag u. den Grad der N-Verwertung durch verschied. Bromus inermis-Sorten wurden in 3jährigen Verss. untersucht. Nach Verabreichung der höheren N-Gabe in Teilgaben waren die Erträge niedriger, als wenn der gesamte N auf einmal gegeben wurde. 2 u. 3 Schnitte erbrachten höhere Erträge, als 4 Schnitte. Mit steigenden Trockenmasseerträgen nahm der N-Geh. ab, die N-Menge/acre zu. Der Dünger-N wurde von den ertragsreichsten Sorten am besten verwertet. (Cornell Univ. agric. Exp. Stat., Mem. **1953.** Nr. 322. 3—67. Aug.) F. RANG. 6304

Ss. A. Kudrin, *Über den Einfluß von Kaliumchlorid und Kaliumsulfat auf den Ernteertrag von Lein.* In Gefäßverss. mit Lein auf lehmigem Rasenpodsolböden, der als Grunddüngung NH_4NO_3 + $CaHPO_4$ erhalten hatte, wirkte *KCl* (**I**) bei Düngung vor der Saat nachteilig auf den Faserertrag, steigerte aber denselben u. den Samenertrag, wenn es je zur Hälfte vor u. 30 Tage nach der Saat granuliert (Korngröße 2—4 mm besser als 4—6 mm) vor der Saat oder zusammen mit Epsomit ($MgSO_4$) in verschied. Variationen (am wirksamsten Epsomit vor, KCl 15 Tage nach der Saat) gegeben wurde. — *K_2SO_4* (II) steigerte den Samen- u. Faserertrag durch geteilte Gaben (50% vor, 50% 15—30 Tage nach der Saat) mehr als durch Zufuhr der vollen Gabe vor der Saat. Noch besser wirkten I + II (in gleichen Mengen) vor der Saat. Ähnliche Ergebnisse erbrachten auch die Feldversuche. Die Faserqualität steigerten alle Kombinationen um das 2—2,5fache gegenüber K-freien, den Fettgeh. der Samen um ca. 1%. Wachsende Leinpflanzen nahmen das meiste K aus II auf. Die JZ. des Samenfettes (ohne K = 185), betrug bei I vor der Saat 174, bei granuliertem I u. I + II 200, bei II vor der Saat 189. (Агробиология [Agrobiologie] **1956.** Nr. 1. 138—42. Jan./Febr.) E. LINTER. 6304

K. P. Barley und **J. T. Hutton,** *Wirkung des Anbaues von Tieflandreis und von Gips auf einen versalzenen Alkaliton.* Anbau von Tieflandreis verminderte die lösl. Salze vor allem die Chloride, in den obersten 30 Zoll eines versalzenen Alkalitonbodens. Das Verhältnis von Ca zu Na erhöhte sich bei den in Lsg. befindlichen Kationen, wurde aber wenig verändert bei den austauschfähigen Kationen. An der Oberfläche wurde der Boden etwas wasserbeständiger, aber unterhalb 3 Zoll wurde er leichter dispergierbar. Diese Veränderungen hatten höchstens im Anbaujahr Einfl. auf die nach Reis angesäte bewässerte Dauerweide. Nach 2jähriger Entw. der Weide trat ein Teil der lösl. Salze wieder in den obersten 30 Zoll des Bodens auf. Die Anwendung von 2 bzw. 8 t/acre Gips vor Anbau des Reises erhöhte das Verhältnis Ca : Na sowohl bei den gelösten als auch bei den austauschbaren Kationen u. verminderte die Dispersion von Ton. Die Entw. der Reissaat u. die Erträge des als Stoppelfrucht angebauten unterird. Klees waren auf den mit Gips behandelten Parzellen höher. (Austral. J. agric. Res. **7.** 110—26. März 1956. Adelaide, Div. of Plant Ind. u. Div. of Soils CSIRO.) A. JACOB. 6304

W. H. MacIntire und **A. J. Sterges,** *Eine vergleichende Untersuchung über Bodenkalkung mit Phosphatschlacke und Kalkstein.* In einem 10jährigen Lysimetervers. wurden die Umsetzungen von *Phosphatschlacke* (I) verschied. Teilchengröße in sandigem Hartsellslehm bzw. humosem Baxterlehm, in den sie in verschied. hohen Gaben u. in unterschiedlicher Tiefe eingebracht wurde, untersucht; hierbei wurden dem *$CaCO_3$* (II)-Geh. der I äquivalente Mengen von *Kalkstein* (III) zum Vgl. herangezogen. — In beiden Böden war I deutlich reaktionsfähiger als III. Die I wurde zu II umgesetzt, wovon erhebliche Mengen als $Ca(HCO_3)_2$ in Lsg. gingen. Aus der I wurde mehr Ca abgegeben als aus entsprechenden III-Mengen. Hierbei wurde der Abgang von Mg bzw. K aus der I gehemmt. Die Ca-Abgänge waren während der ersten 5 Versuchsjahre relativ größer als während der 2. Versuchshälfte. Das Sickerwasser der mit I behandelten Lysimeter enthielt von lösl. $CaSiF_6$ herrührende, relativ beträchtliche Fluoridkonzz., die jedoch beim Durchlaufen durch tiefere Schichten festgehalten wurden. — Offenbar gehen bei der Bodenbehandlung mit I in das Grundwasser benachbarter Grundstücke keine das Pflanzenwachstum schädigenden Fluoridkonzz. über. — 20 Literaturangaben. (J. agric. Food Chem. **1.** 370—78. 27/5. 1953. Knoxville, Tenn., Univ. of Tennessee, Agric. Exp. Stat.) F. RANG. 6304

M. W. Katalymow, *Der Gehalt an Spurenelementen in den Ernten der landwirtschaftlichen Kulturen.* Beim Anbau auf podsoliger, mit 60 (kg/ha) N + 60 P_2O_5 + 60 K_2O gedüngter Schwarzerde betrug der Geh. an Spurenelementen (in mg/kg Trockensubstanz): in Getreide- u. Sonnenblumenkörnern 18—47 Mn, 35—65 Zn, 3—8 Cu, 2—3 B; in Rüben 50—70 Mn, 17,5—25,0 Zn, 6,5—7,5 Cu, 17,3—20,0 B; in Esparsette, Luzerne u. Wicke 45,0—115,0 Mn, 25,0—37,5 Zn, 4,7—5,1 Cu, 40,0—68,0 B; in Rübenblättern 180,0—260,0 Mn, 22,5—30,0 Zn, 6,4—6,9 Cu, 35,0—50,0 B. — Auf mittelpodsoligem schwerem Lehm war in den gleichen Pflanzen der Geh. an B geringer, an Mn, Zn u. Cu dagegen höher als auf Schwarzerde. Außerdem enthielten auf diesem Boden: Leinsamen 76,9 Mn, 50 Zn, 20,5 Cu, 8,0 B; Leinstengel 128,6 Mn, 80 Zn, 7,7 Cu, 12,5 B; Kohlköpfe 55,8 Mn, 35,0 Zn, 6,9 Cu, 20,0 B; Kartoffelknollen 7,0 Mn, 20,0 Zn, 6,0 Cu, 6,0 B; Kartoffelkraut 149,5 Mn, 52 Zn, 5,8 Cu, 35,0 B. (Доклады Академии Наук СССР [Ber. Akad. Wiss. UdSSR] **104.** 584—86. 1/10. 1955. Wiss. Inst. für Düngung u. Insektofungicide des Minist. für Chem. Industrie der UdSSR.) E. LINTER. 6304

E. R. Purvis, *Handelsgebrauch und Bedeutung von Schwermetalldüngern.* Zusammenfassung über die Anwendung der Spurenelemente Cu, Fe, Mn, Mo u. Zn zur Behebung der verschied. Mangelerscheinungen amerikan. Böden. (Agric. Chemicals **9.** Nr. 11. 36—38. 129. Nov. 1954. New Brunswick, N. Y., Rutgers Univ.) W. KNÖPKE. 6304

Walter B. Bollen, *Kohlenstoff und Stickstoff in land- und forstwirtschaftlichen Erzeugnissen.* Der Geh. an C u. N von 55 als Mulche bzw. Bodenverbesserungsmitteln gebräuchlichen Erzeugnissen der Land- u. Forstwirtschaft sowie ihrer Nebengewerbe wurde bestimmt. Alle Holzabfälle von Koniferen gleichen einander durch ihren C-Geh. von ca. 50% u. geringen N-Gehalt. Für Heu u. Stroh beträgt der C-Geh. — bei ebenfalls geringen N-Werten — ca. 45%. Junge Pflanzen u. Leguminosen sind N-reicher, zers. sich schnell u. geben N in aufnehmbarer Form ab. Pflanzenabfälle mit weitem C/N-Verhältnis werden nur langsam zersetzt. Eine optimale mikrobielle Aktivität ist bei ihnen nur durch Zusatz von aufnehmbarem N erreichbar, der in um so geringeren Mengen zu erfolgen braucht, je größer der Geh. der Abfälle an schwer abbaufähigen Bestandteilen ist. Mit zunehmendem Geh. an Lignocellulose u. abnehmendem Geh. an wasserlösl. Substanz nimmt für diese Stoffe die Bedeutung des C/N-Verhältnisses für den mikrobiellen Zersetzungsvorgang ab. — 5 Literaturangaben. (J. agric. Food Chem. **1.** 379—81. 27/5. 1953. Corvallis, Ore., Oregon Agric. Exp. Stat.) F. RANG. 6304

James B. Shanks und **Conrad B. Link**, *Weitere Versuche über die Mineralstoffernährung von Hydrangeapflanzen.* Sofern einjährige Pflanzen während der Wachstumsperiode geringeren Lichtstärken ausgesetzt wurden, bildete sich eine größere Zahl von Blütenstengeln. Diese Wrkg. wurde durch Düngung mit $(NH_4)_2SO_4$ (I) aufgehoben. K_2O-Gaben blieben ohne Einfl., während P_2O_5-Düngung die Zahl der Blütenstengel minderte. — Während der Treibperiode bewirkte Düngung mit I u. K_2SO_4 die Bldg. von größeren Blütenständen als I-Gaben allein, die jedoch eine bessere Blütenfärbung erzeugten. Durch große P_2O_5-Mengen wurde die Erzeugung von farbigen Blüten zwar gefördert, das Wachstum jedoch verschlechtert. (Proc. Amer. Soc. horticult. Sci. **58.** 329—32. Dez. 1951. College Park, Md., Maryland Agricult. Exp. Stat.) F. RANG. 6304

K. Spencer, *Untersuchungen über Bodenfruchtbarkeit mit besonderer Berücksichtigung von organischen Düngern.* 1. Mitt. *Feldversuche.* Vf. stellte ausgedehnte Verss. über die Auswertung von organ. Düngemitteln, wie Reisschalen, Luzernehäcksel, Erbsenabfall u. Reisstroh, bei bewässertem Boden an. Durch Reisstroh wurde bei ungenügender Zers. die Keimung verzögert, dies konnte aber durch dreimonatiges Kompostieren verhindert werden. Reisschalen u. -stroh ergaben außerdem ohne Zusatz von N Mangelerscheinungen. Bei allen Düngemitteln konnten aber deutliche Zunahmen am Ernteertrag festgestellt werden, die auf die bes. Bedeutung von P zurückgeführt werden. (Austral. J. agric. Res. **5.** 181—97. April 1954. Armidale, N. S. W., Regional Pastoral Labor., C.S.I.R.O.) W. KNÖPKE. 6304

R. F. Williams, *Untersuchungen über Bodenfruchtbarkeit mit besonderer Berücksichtigung von organischen Düngern.* 2. Mitt. *Pflanzenwachstum und Ernährung im Freiland.* (1. vgl. vorst. Ref.) Vf. berichtet über den Einfl. einer Düngung mit Reisschalen auf das Wachstum von Tomaten. Die Beeinflussung erfolgt bes. im frühen Stadium u. macht sich durch Verzögerung der Keimung u. des frühen Wachstums, aber etwas später durch Stimulierung, bei Ausnutzung des P-Angebotes, bemerkbar. Durch Gaben von $(NH_4)_2 \cdot SO_4$ wurde eine Modifizierung erreicht, aber in jedem Falle fand eine Erhöhung der Ernte statt. Diese wurde bes. durch den hohen P-Geh. hervorgerufen, während der geringe N-Geh. die vorübergehenden Depressionen verschuldete. (Austral. J. agric. Res. **5.** 198—223. April 1954. Griffith, N. S. W., Irrigation Res. Stat., C.S.I.R.O.)
W. KNÖPKE. 6304

R. F. Williams und **K. Spencer**, *Untersuchungen über Bodenfruchtbarkeit mit besonderer Berücksichtigung von organischen Düngern.* 3. Mitt. *Dauerwirkung der organischen Substanz.* (2. vgl. vorst. Ref.) Bei der Prüfung der längerandauernden Wrkg. der organ. Düngemittel wurden unterschiedliche Ergebnisse erzielt. In einem Falle war keine Einw. einer Düngung 6 Monate vor der Aussaat japan. Hirse u. zusätzlicher Superphosphatdüngung feststellbar, während bei einer nachträglichen Aussaat von Kohl eine bemerkenswerte Ertragssteigerung erzielt werden konnte. Analyt. Unterss. zeigten eine Zunahme des anorgan. P. (Austral. J. agric. Res. **5.** 224—34. April 1954.)
W. KNÖPKE. 6304

S. F. Tepljakowa, *Die Wirksamkeit der Anwendung von bakteriellen Düngemitteln in Kasachstan.* Auf Böden von Kasachstan ergaben bakterielle Düngemittel (Azotobakterin, Phosphobakterin IP) wesentliche Erntesteigerungen bei Getreide- u. anderen Kulturen (Kartoffeln, Tomaten, Zuckerrübe, ein- u. mehrjährige Gräser). Vielfach hat sich die gleichzeitige Einbringung der Düngemittel mit den Samen als erfolgreicher erwiesen als getrennte Einbringung. Bei hellkastanienfarbigen Böden u. Grauböden ist eine getrennte Verwendung einzelner Düngemittel wirksamer als deren Gemische. (Вестник Академии Наук Казахской ССР [Nachr. Akad. Wiss. KasachSSR] **1955.** Nr. 10. 33—45. Okt.)
M. ULMANN. 6304

J. Kauffmann und **G. Boquel**, *Die Wirkung von granuliertem Superphosphat auf die Entwicklung des Azotobacters chroococcum.* Bei den von den Vff. untersuchten Erden wurde festgestellt, daß die Zunahme von *Azotobacter* (I) dort am größten ist, wo die Konz.

des Superphosphates (II) ein Optimum für das Wachstum dieses Keimes darstellt. Wird eine bestimmte Menge Erde mit 100 mg II angereichert, so findet nur da ein gutes Wachstum von I statt, wo diese Menge von II auf nur vier Körnern von je 25 mg verteilt ist. Wird dagegen die gleiche Menge in Pulverform oder in Körnern von je 5 mg zugegeben, so ist die Konz. des II zu stark, um eine gute Entw. von I zu gewährleisten. Danach ist der beste Nährboden für I ein Sandboden, dem II in granulierter Form zugesetzt wird. (Oléagineux **7**. 645—46. Nov. 1952.) F. ROSENDAHL. 6304

N. N. Ssuschkina, *Über die Salzresistenz von Azotobacter.* Die Resistenz von Azotobacter hinsichtlich der Entw. u. N-Bindung gegenüber den für die Bodenbldg. wichtigen Kationen hängt von der Herkunft der Stämme ab. Für Azotobacter aus kultiviertem Podsolboden lag die Resistenzgrenze für Na, K, Mg bei 0,1 n, für Ca bei 0,3 n, während sie für Azotobacter aus sek. versalzenem Boden für Na bei 0,8—0,9 n, für Mg bei 0,3 bis 0,9 n, für Ca bei 0,1 n u. für K bei 0,001 n festgestellt wurde. Die äußerst schwache Resistenz des Salzbodenazotobacters gegenüber K wurde durch Gemische von Na- u. K-Salzen (Antagonismus) verbessert: bei Na : K = 1 : 3 beobachtete man schwaches Wachstum u. geringe N-Bindung, bei 2 : 2 wurden beide Eigg. verstärkt, bei 3 : 1 das Maximum erreicht, das bei vollständigem K-Mangel in der Lsg. fast unverändert blieb. Wurde kein Na-Salz zugesetzt, so wurde durch die gleiche K-Konz. das Mikrobenwachstum völlig unterdrückt. Es wird angenommen, daß auch andere anatagonist. Beziehungen für die Lebensbedingungen des Azotobacters von Bedeutung sind. In den Ergebnissen sieht Vf. eine Widerlegung der in der Literatur vertretenen Ansicht, wonach eine Bodenversalzung zum Absterben von Azotobacter führen muß. (Микробиология [Mikrobiologie] **25**. 35—40. Jan./Febr. 1956. Moskau, Lomonossow-Univ.) E. LINTER. 6306

L. L. Danielson und **M. M. Parker,** *Spritzen von Mulchen mit Herbiciden vor dem Ausbreiten auf die Erdbeerbeete.* Verschied. Mulcharten (z. B. Weizenstroh, Sägespäne) wurden mit Lsg. von 2 lbs. *Craig Herbicide No. 1* + 1 lb. *Chloro-IPC Herbicide* in 50 gal. W. bespritzt u. erst dann auf die Erdbeerbeete ausgebreitet. Die Unkrautentw. wurde durch die Herbicide unterbunden, ohne Erträge u. Beerengröße zu beeinträchtigen. (Food Packer **36**. Nr. 12. 28—30. Nov. 1955. Virginia, Truck Exp. Stat.) F. RANG. 6312

Folke Andrén, *Spritzversuche gegen Apfelschorf 1954.* (Vgl. C. **1955**. 5159.) Die besten Ergebnisse werden mit dem Captanmittel *Orthocide 50* erzielt. Auch *Craig 361* u. *Germisan* zeigen gute Wirkung. Für Frühbekämpfung eignen sich Bordeauxbrühe, Cu-Oxychlorid u. die nur kurze Zeit wirksamen, aber abtötenden Hg-Mittel. (Statens Växtskyddsanst., Växtskyddsnotiser **1955**. 14—17. April.) R. K. MÜLLER. 6312

Paul R. Miller, *Bekämpfung der Kohlhernie an Blumenkohl mit Fungiciden.* Zur Bekämpfung der Kohlhernie (Plasmodiophora brassicae) wurden Ferbam, Thiram, Captan u. Streptomycin als Drillmittel u. verschied. Handelspräpp. [*Mathieson 275* (I, Pentachlornitrobzl.) sowie *Mathieson 1194, 1197, Stauffer N-521* u. *Penn. Salt NP-1083* (Zus. nicht angegeben)] u. Ca-Cyanamid als Streumittel in einer Aufwandmenge von 10, 20, 40 u. 60 lbs./acre angewandt. Von den geprüften Mitteln bewirkte I die größte Befallsabnahme u. die höchste Ertragssteigerung. (Agric. Chemicals **9**. Nr. 11. 64—65. 121. Nov. 1954.) W. KNÖPKE. 6312

Je. M. Storoshenko, *Ein Präparat zur Bekämpfung von Mehltau und Weißfäule der Weinrebe.* Zur Bekämpfung von Mehltau u. Weißfäule der Reben wurde neben 1%ig. Kupferkalkbrühe (I) eine 1%ig. Suspension von 15%ig. Dinitrorhodanbenzol (II) benutzt. Während bei unbehandelten Reben der Befall mit Mehltau bei Blättern 59,6 u. Trauben 71,6% betrug, ging er nach 2maligem Bespritzen mit I auf 23,6% Blätter- u. 9,6% Traubenbefall ,mit II auf 18,1 bzw. 6,4% zurück. — Bei Verwendung gegen Weißfäule ging diese Krankheit, von der nach Behandlung mit 1%ig. I noch 19,2% u. mit 4%ig. I noch 16 %Trauben befallen waren, durch II auf 10,4% zurück. In einem anderen Jahr waren die Ergebnisse noch günstiger. (Виноделие и Виноградарство СССР [Weinbereit. Weinbau UdSSR] **15**. Nr. 8. 37—38. 1955. Krasnodar, Versuchsstation für Obst- u. Weinbau.) E. LINTER. 6312

M. F. Subow, *Dinitrorhodanbenzol zum Schutz der Weinberge.* Bericht über die erfolgreiche Anwendung von 1%ig. Suspension eines 15%ig. *Dinitrorhodanbenzol*-Präp. zur Mehltaubekämpfung in Weinbergen. Bei gleichzeitiger Bekämpfung anderer Krankheiten u. Schädlinge empfiehlt sich die Kombination von I mit *DDT, S* oder *Thiophos.* (Виноделие и Виноградарство СССР [Weinbereit. Weinbau UdSSR] **15**. Nr. 8. 35. 1955. Wiss. Forschungsinst. für Düngemittel u. Insektofungicide.) O. LEBTAG. 6312

J. R. Thomson, *Die Wirkung von Saatbeizmitteln mit einem Gehalt an einer organischen Quecksilberverbindung und γ-HCH auf Keimungsversuche bei Hafer.* Hafersaatgut wurde mit einem kombinierten Beizmittel (organ. Hg-Verb. + γ-HCH) behandelt u. die Keimung in n. Boden u. Sand beobachtet. Gegenüber der Kontrolle zeigten sich nur sehr geringe Wachstumsstörungen, die sich in einer Verdickung des Coleoptils äußerten. Bei der Sandkultur war die Schädigung etwas größer, als bei den im Boden gekeimten Samen. (Empire J. exp. Agric. **22.** 185—88. Juli 1954. Scotland, Dep. of Agric., Seed Testing Stat.) W. KNÖPKE. 6312

F. W. Webb, *Chemische Bodensterilisation in Gewächshäusern.* Es werden die gebräuchlichsten chem. Bodenentseuchungsmittel besprochen sowie ihre Anwendungsbereiche u. Dosierungen mitgeteilt. (Agriculture [London] **62.** 526—29. Febr. 1956. Murphy Chemical Co., Ltd.) F. RANG. 6312

P. S. Hewlett, *Piperonylbutoxyd als ein Bestandteil von Schwerölsprays zur Bekämpfung von Vorratsinsekten.* 1. Mitt. *Piperonylbutoxyd als Unterstützungsmittel für Pyrethrum und seine Wirkung auf die Dauer von Pyrethrumüberzügen.* Aus Laboratoriumsverss. geht hervor, daß Piperonylbutoxyd (PB) ein starkes Unterstützungsmittel für Pyrethrum in Shellöl P 31 ist. Die Best. der Toxizität des PB gegenüber verschied. Insektenarten ergab, daß Tribolium castaneum gegen unmittelbare Sprays von PB in P 31 widerstandsfähig, aber merklich empfindlich gegenüber Filmen mit ihrer hinhaltenden tox. Wrkg. war. Ptinus tectus u. Calandra granaria waren gegenüber den Filmen widerstandsfähig; C. oryzae dagegen war empfindlich. PB machte die Filme nicht dauerhafter. (Bull. entomol. Res. **42.** 293—310. Aug. 1951. Slough, Bucks., Pest Infestat. Labor.) A. LIEBNER. 6312

P. S. Hewlett, *Piperonylbutoxyd als ein Bestandteil von Schwerölsprays zur Bekämpfung von Vorratsinsekten.* 2. Mitt. *Die Wirkung von Piperonylbutoxyd auf die Giftigkeit von Allethrin, DDT und $C_6H_6Cl_6$ und auf die gemeinsame Giftwirkung von $C_6H_6Cl_6$ und Pyrethrin gegen Tribolium castaneum.* (1. vgl. vorst. Ref.) *Piperonylbutoxyd* (PB) unterstützt die Wrkg. von *Allethrin* u. $C_6H_6Cl_6$ in Filmen u. Sprays; es wirkt dem *DDT* in Filmen entgegen, verändert aber nicht die DDT-Giftwrkg. in Sprays. Die gemeinsame Giftwrkg. von $C_6H_6Cl_6$ u. *Pyrethrin* gegen Tribolium castaneum zeigte sich bei Anwesenheit von PB deutlich erhöht. (Bull. entomol. Res. **43.** 21—32. März 1952.) A. LIEBNER. 6312

F. M. Summers, L. C. Brown, J. H. Foott und **J. L. Quail,** *Plötzliches Auftreten von Cydia molesta.* Vff. berichten über ein starkes Auftreten von Cydia molesta (Pfirsichtriebbohrer) an Pfirsichen. Die Larven minieren dabei in Früchten u. Trieben. Zur Bekämpfung müssen mindestens 3 Spritzungen mit *DDT*, d. h. für jede Flugzeit eine Behandlung, angewandt werden. Bei starkem Befall muß außerdem zusätzlich mit DDT gestäubt werden. (Calif. Agric. **10.** Nr. 1. 6. 12. Jan. 1956. Davis, Univ. of California.) W. KNÖPKE. 6312

J. Kelly und **W. Falkenstein,** *Wirkung von Schädlingsbekämpfungsmitteln auf die zur Anwendung benützten Geräte.* Vff. berichten über die Einfll., die durch die einzelnen Wirkstoffe bzw. Fertigpräpp. auf die verschied. Teile von Spritz-, Stäube- oder Nebelgeräten ausgeübt werden. Im einzelnen werden die Korrosion der Spritzbrühebehälter aus Stahl, Zers. der Gummischläuche (durch Ölkonzentrate) u. Abnutzung der laufenden Teile an den Pumpen durch die Berührung mit der Brühe angegeben. (Agric. Chemicals **9.** Nr. 11. 39—41. 124—27. Nov. 1954. Midland, Mich., Dow Chemical Co.) W. KNÖPKE. 6312

Earl B. Kinter und **Sidney Diamond,** *Eine neue Methode zur Herstellung und Behandlung von aggregat-orientierten Proben von einigen Tonen für die Röntgenstrahlendiffraktionsanalyse.* Ein dünner Film von Ton wird aus einer Bodensuspension durch Zentrifugieren auf einer ebenen, porösen, keram. Platte abgeschieden u. dann den für die Identifizierung der Tonmineralien erforderlichen Behandlungen unterworfen. Dadurch wird eine bessere Orientierung der Teilchen der Tonmineralien erzielt, so daß die Intensitäten der Hauptlinien deutlicher werden. Bei Behandlung der abgeschiedenen Schicht durch Auswaschung, Erwärmen u. Kationenaustausch bleibt der Film erhalten, so daß die Spektren vor u. nach den einzelnen Behandlungen deutlich deren Wrkg. auf die Diffraktion erkennen lassen. (Soil Sci. **81.** 111—20. Febr. 1956. Washington, D. C., Bureau of Public Roads, Phys. Res. Branch.) A. JACOB. 6324

D. S. McIntyre und **G. B. Stirk,** *Eine Methode zur Bestimmung der scheinbaren Dichte von Bodenaggregaten.* Vff. beschreiben eine Meth. zur Best. der Dichte von Bodenaggregaten bis zu einem Mindestdurchmesser von 2 mm. Die Aggregate werden evakuiert u. mit einer nichtpolaren Fl., wie Kerosin, befeuchtet, getrocknet u. ihr Vol. durch Verdrängung in der Fl. bestimmt. Genauigkeit $\pm 2\%$. (Austral. J. agric. Res. **5.** 291—96. April 1954. Adelaide, S. A., Div. of Soils, C. S. I. R. O.; Brisbane, Queb., Plant and Soils Labor. C.S.I.R.O.) W. KNÖPKE. 6324

Hugh Nicol und **E. K. Schofield-Palmer,** *Einige Beziehungen zwischen Leitfähigkeit und Acidität in Bodensuspensionen und anderen Lösungen.* Aus der Analyse zahlreicher Proben von Oberflächenböden, darunter Torf- u. Mineralböden, ergab sich für das sogenannte gesätt. Ca-Carbonatgleichgewicht die Relation 2 $p_H - pC = 12{,}45$, wo pC = Cologarithmus der spez. Leitfähigkeit bedeutet. Der Wert 12,45 gilt nach der angewandten Meth. für Böden, die völlig mit Ca-Carbonat gesätt. sind u. in denen ein zweiwertiges Kation vorherrscht. Für an Ca-Carbonat ungesätt. Böden ergibt sich ein Wert pL; die Differenz zwischen 12,45 u. pL bildet ein Maß für den Ca-Bedarf des Bodens bei p_H 7. pC summiert für Böden die Einfll. der physikochem. Eigg. (Basenaustausch, Pufferkapazität). Bei Lsgg. bestehen Beziehungen zwischen p_H-Leitfähigkeit, osmot. Druck u. anderen physikal. Eigenschaften. (Chem. and Ind. **1952.** 1080—81. 1/11. Glasgow, West of Scotland Agric. Coll.) B. SCHEIFELE. 6324

Masao Ito und **Katsuko Inamatsu**, *Die Bestimmung der Basenaustauschkapazität der Böden mit EDTA (Versenat, Trilon B)*. Ein Verfahren zur Best. der Austauschkapazität mit EDTA wird angegeben. Im Vgl. mit der Meth. von SCHOLLENBERGER wurde ein befriedigendes Ergebnis erzielt. (J. Sci. Soil Manure, Japan [Nippon Dozyô-Hiryô-Gaku Zasshi] **25.** 245—48. März 1955. [Orig.: japan., Auszug: französ.]) A. JACOB. 6324

Ruhrchemie Akt.-Ges. (Erfinder: **Karl Büchner**, Oberhausen, und **Heinrich Tramm**, Mülheim), *Herstellung von Spurenelemente enthaltenden Volldüngern aus Rohphosphaten, Salpetersäure, Chlorkalium und Ammoniak*, dad. gek., daß KCl zunächst zur chlorierenden Röstung von Schwefelkiesabbränden derart benutzt wird, daß im gewonnenen K_2SO_4 Spuren von in den Abbränden vorhandenen Buntmetallverbb. zurückbleiben, worauf das hierbei im Aufarbeitungsgang erhaltene K_2SO_4 mit unter Verwendung von HNO_3 erhaltenen Rohphosphataufschlußmassen, gegebenenfalls unter Zusatz von $(NH_4)_2SO_4$, umgesetzt u. das Gemisch zur Absättigung der freien Säuren u. Überführung der sauren Salze in annähernd neutrale mit freiem NH_3, bes. gasförmigem NH_3, behandelt wird. Zur chlorierenden Röstung werden KCl mit ca. 40—60% K_2O oder KCl u. NaCl enthaltende Rohsalze verwendet. Man erhält Düngemittel, die außer den Kernnährstoffen noch Fe, Mg, Cu, Mn, Co, Zn, Cr, Pb u. B als Spurenelemente enthalten, chlorfrei sind u. sich bes. zur Düngung von Kartoffeln, Tabak, Wein u. Gartengemüsen eignen. (**D. B. P. 942 090** Kl. 16 vom 2/6. 1953, ausg. 26/4. 1956. Anmeldung bekanntgemacht 3/11. 1955.) H. KARST. 6291

Saat- und Erntetechnik G. m. b. H. (Erfinder: **Kurt Peh**, Marburg, und **Alfred Itze**, Eschwege), Eschwege, *Herstellung von Hüllsamen*. Dem in W. eingebrachten Hüllstoff werden leichtlösl. Alkali- oder Erdalkaliverbb. in einer solchen Konz. zugesetzt, daß ein Wasseraustausch mit dem Samen verhindert wird, u. dann erst wird die Umhüllung der Samen in üblicher Art vorgenommen. Man verwendet als Hüllstoff z. B. Erde, Lehm, Sand, Kieselgur, Asche, Schlacken, Torfmehl oder dgl., welche in W. suspendiert sind, das einen klebenden Stoff enthält. Als Bindemittel für die Hüllen verwendet man Alginsäure, ihre Derivv. oder Salze. (**D. B. P. 943 858** Kl 451 vom 30/10. 1952, ausg. 1/6. 1956. Anmeldung bekanntgemacht 8/12. 1955.) H. NEBELSIEK. 6313

N. V. Philips' Gloeilampenfabrieken, Holland, *Insekticide Mittel*, bestehend aus *Phenyldimethylcarbamat* u. *Naphthyldimethylcarbamat* (I). Die Verb. I wird erhalten durch Rk. von Dimethylcarbaminsäurechlorid mit α-Naphthol in Ggw. von Pyridin. Der Naphthylester hat $Kp._5$ 180° u. F. 51—52°. Hellgelbes Produkt. Das Mittel soll wirksamer gegen Fliegen sein als z. B. γ-Hexachlorcychlohexan oder Dichlordiphenyltrichloräthan. (**F. P. 1 102 033** vom 9/6. 1954, ausg. 13/10. 1955. Holl. Prior. 11/6. 1953.) M. F. MÜLLER. 6313

Pest Control Ltd. (Erfinder: **Gilbert Spencer Hartley**), Bourn, Cambridgeshire, England, *Einbringen von Insekticiden in den Boden*. In ein geschmolzenes Insekticid, z. B. Bis-isopropylaminofluorphosphinoxyd, welches bei 65° schm., taucht man einen kräftigen Stab, so daß dieser beim Herausziehen völlig von der erkalteten Schmelze umgeben ist. Dann taucht man dieses Ende in eine plast. M., wie z. B. Gelatine, u. läßt auch diese fest werden. Steckt man nun dieses Ende an dem befallenen Strauch oder Stamm, z. B. Kakaobaum, in den Boden, so löst die Bodenfeuchtigkeit allmählich die plast. M. auf, so daß nunmehr das Insekticid selbst an den Wurzeln des Baumes wirksam werden kann. (**E. P. 730 587** vom 16/6. 1952, ausg. 25/5. 1955.) H. NEBELSIEK. 6313

Monsanto Chemical Co., St. Louis, übert. von: **Roland S. Shumard**, Brentwood, Mo., V. St. A., *Mittel gegen Mollusken*, bestehend aus Ocytylvinylsulfon, welches auf großoberflächigen Trägern, wie Kaolin oder Mehl, niedergeschlagen ist. (**A. P. 2 731 380** vom 29/12. 1951, ausg. 17/1. 1956.) K. HEINZE. 6313

Food Machinery and Chemical Corp., San Jose, Calif., übert. von: **John S. Les Veaux**, Middleport, und **Calvin M. Tidwell**, Medina, N. Y., V. St. A., *Insekticides Mittel*. Bei der Herst. von dreibas. Ca-Arsenat durch Zufügen von Arsensäure unter Rühren zu einer wss. $Ca(OH)_2$-Lsg. setzt man nunmehr nur in solcher Menge Arsensäure zu, daß der Kalk nur ungenügend neutralisiert ist. Dann fügt man ein schwachsaures Salz eines anderen

Metallions, z. B. $Al_2(SO_4)$, $CuSO_4$, MgSO oder $ZnSO_4$, zu, bis der p_H-Wert zwischen 7,5 u. 12 mindestens $^1/_2$ Std. konstant bleibt. (**A. P. 2 715 599** vom 10/3. 1951, ausg. 16/8. 1955.) H. NEBELSIEK. 6313

VIII. Metallurgie. Metallographie. Metallverarbeitung.

Kazuo Kanazawa, *Untersuchung der Wirkung von Schwefelsäure bei der Flotation von Gold, Sphalerit, Pyrit, Arsenopyrit, Glaucodot und Cobaltit.* An näher definierten Erzen der genannten Minerale wurde ermittelt, daß H_2SO_4 bei $p_H > 6$ die Flotation von Au, Sphalerit, Pyrit u. Arsenopyrit fördert, dagegen bei $p_H < 5$ die von Au, Arsenopyrit, Glaucodot u. Cobaltit hemmt. Diese Hemmung wird vermutlich durch Verhinderung einer ausreichenden Verteilung des Xanthates oder dessen Zers. verursacht. (Suiyokwai-Shi [Trans. Mining metallurg. Alumni Assoc.] **13.** 17—22. Nov. 1955. [Orig.: japan., Auszug: engl.]) H. ECKHARD. 6362

W. H. Scheibe, *Die Berechnung des spezifischen Hautwiderstandes eines zusammengesetzten Heizgutes.* Ausgehend von der in der Fernmeldetechnik gebräuchlichen Vorstellung der Energieübertragung auf einem Leitungssyst. werden 2 Formeln entwickelt, die die Berechnung des spezif. Hautwiderstandes eines aus einem leitenden Tiegel u. dem Schmelzgut zusammengesetzten Heizeinsatzes in Induktionsöfen gestatten. (Metall **9.** 121—23. Febr. 1955.) F. VIER. 6370

—, *Fortschritte der Forschung betreffend den Niederschachtofen.* Betriebsergebnisse des Jahres 1953/54 in Ougrée, Belgien. (Iron Coal Trades Rev. **170.** 31—33. 7/1. 1955.) W. HAUG. 6372

F. W. Dehmelt, *Technische Reindarstellung von Substanzen, gezeigt am Germanium.* Erläuterung des Prinzips des Zonenschmelzverf. u. seiner techn. Durchführung nach PFANN am Beispiel des Ge sowie des Vorreinigungsverf. nach RÖSNER (Chlorieren u. Destillieren der Chloride), wodurch Fremdmetalle mit Segregationskonstanten $\geqq 1$ abgetrennt werden. (Chemie-Ing.-Techn. **27.** 275—78. Mai 1955. Ulm/Donau, Telefunken G. m. b. H.) H. ECKHARD 6380

W. E. Jones, *Hochwertigere Legierungen durch Vakuumschmelzen.* Vorteile u. Anwendbarkeit des Vakuum-Schmelzverf., speziell zur Gewinnung von Hochtemperaturlegierungen sowie deren Aufbau u die Arbeitsweise eines neuen 1000-Pound-Vakuum-Schmelzofens werden beschrieben. (Gen. Electr. Rev. **58.** Nr. 5. 23—27. Sept. 1955.) S. HÜTTIG. 6380

G. T. Hampton und **W. H. Taylor,** *Formen und Kerne. Die in der Gießerei angewandten Trocknungsverfahren.* (Vgl. C. **1952.** 4212.) Übersicht über die Verff. zum Trocknen von Sand. (Iron and Steel **24.** 117—21. April 1951. F. H. Lloyd and Co., Ltd.) W. WESLY. 6382

K. E. Nelson und **F. P. Strieter,** *Ein Vergleich der Gießeigenschaften und der mechanischen Eigenschaften mehrerer Magnesium und Seltene Erde enthaltenden Sandgußlegierungen.* Gieß- u. mechan. Eigg. einer großen Zahl von Legierungen mit verschied. Gehh. an *Mg, Seltenen Erden, Zr* (einige enthalten außerdem *Mn, Ni, W*) werden ermittelt u. miteinander verglichen. — Diskussion. (Trans. Amer. Foundrymen's Soc. **59.** 532—45. 1951. Midland, Mich., Dow Chemical Co., Magnesium Labor.) W. WESLY. 6382

E. C. Smith, *Probleme des Eisenerz-Schmelzens.* Zusammenfassender Vortrag über Probleme der Eisengewinnung. (Trans. Amer. Soc. Metals **43.** 651—91. 1951. Cleveland, O., Republic Steel Corp.) O. WERNER. 6390

Tadeusz Szreter, *Beitrag zu den Problemen der Anreicherung polnischer Eisenerze.* Nach einem histor. Überblick über die Anreicherungsmethoden für Fe-Erze wird das Ergebnis der deutschen Forschung während des 2. Weltkrieges u. der augenblickliche Stand der eigenen Unterss. dargelegt. — 44 Literaturangaben. (Hutnik **22.** 350—58. Okt. 1955.) F. URBAN. 6390

Tadeusz Słoniowski, *Die Kühlung gesinterter Eisenerze.* Die Notwendigkeit der Kühlung u. die Abhängigkeit der Eigg. der Sintererze von der Kühlmeth. werden beschrieben. (Hutnik **22.** 369—71. Okt. 1955.) F. URBAN. 6390

Hiroshi Sawamura, *Bericht über die Schwammeisenherstellung in einheimischen japanischen Spezialöfen (Kaku-Gama und Nobri-Gama) während des letzten großen Krieges.* 7. Mitt. (6. vgl. Suiyokwai-Shi [Trans. Mining metallurg. Alumni Assoc.] **12.** [1955.] 417.) Ergebnisbericht zur Schwammeisenherst. in Spezialporzellanöfen in 3 japan. Werken. (Suiyokwai-Shi [Trans. Mining metallurg. Alumni Assoc.] **13.** 35—38. Nov. 1955. [Orig.: japan., Auszug: engl.]) H. ECKHARD. 6394

D. J. O. Brandt, *Basische Schlacke bei der Stahlerzeugung. Überprüfung ihrer Zusammensetzung und Wirksamkeit ihrer Bestandteile beim basischen Verfahren.* Besonderes

Augenmerk richtet Vf. auf die Herst. eines Herdofenstahles mit 0,1—0,6% u. 0,06% C sowie eines bas. Windfrischstahls mit 0,01 C. Die chem. Vorgänge bei der Entphosphorung u. Entschwefelung werden erörtert. (Iron Coal Trades Rev. **171.** 435—42. 19/8. 1955.) W. HAUG. 6408

W. S. Williams, *Gußblockformen. Praktische Gesichtspunkte des Quasi-Bessemer-Verfahrens.* Beschreibung der Eigenart des Quasi-BESSEMER-Verf.: Einblasen von Luft in die geschlossene Form, Verlängerung der Lebensdauer der Formen, (Teil-) Oxydation der im Fe enthaltenen Verunreinigungen u. der blanken Fe-Oberflächen durch die Luftblase, Verkleinerung der Graphitflocken, sofern Si $< 1,5\%$ u. P $> 0,12\%$, Roheisenersparnis infolge Verminderung der Zunderbldg. in den Formwinkeln, kein Zerdrücken der Sandkerne durch vorzeitiges Erstarren des geschmolzenen Fe durch Anbringen von Drainagekanälen oberhalb der Formecken. (Iron and Steel **24.** 113—14. 23. April 1951.) W. WESLY. 6408

Arthur Tix, *Betriebliche Anwendung der Stahlentgasung im Vakuum, besonders bei großen Schmiedeblöcken.* Für die Herst. schwerer Schmiedeblöcke bis 150 t ist das Verf. des Vakuumgießens erfolgreich entwickelt worden. Der H_2-Geh. wird dabei auf so niedrige Werte gebracht, daß eine Flockenanfälligkeit nicht mehr auftritt. Die Erzielung dieser niedrigen H_2-Gehh. gelingt durch bewußte tropfenförmige Zerteilung des Gießstrahls unter Vakuum. Weiterhin ergeben sich Vorteile durch die beim Vakuumblockguß mögliche Beobachtung u. Steuerung des Gießvorganges, durch niedrigere O_2- u. N_2-Gehh., durch Verminderung der Porigkeit u. Verbesserung der Gütewerte. Durch das Verf. wird eine wesentlich erhöhte Sicherheit in der laufenden Fertigung erreicht, was bes. günstig für die Herst. von großen Dampf- u. Gasturbinenwellen sowie von Induktorwellen für den Elektromaschinenbau ist. — Schrifttumsangaben. (Stahl u. Eisen **76.** 61—68. 26/1. Iron and Steel **29.** Nr. 3. 81—86. März. — Kurzfassung; Metal Progr. **69.** Nr. 6. 81—87. Juni 1956. Bochum.) H. HOCHSTEIN. 6408

John C. Fischer, *Die Anwendung der Cottrell'schen Fließtheorie auf die Fließverzögerung in Stahl.* Nach COTTRELL werden Versetzungen im Fe durch adsorbierten C, N u. andere gelöste Atome aufgehalten. Fließen tritt ein, wenn die Versetzungen von ihren adsorbierten gelösten Atomen mittels Wärmeenergieschwankungen befreit werden. Auf dieser Annahme fußend wird die Temperatur- u. Spannungsabhängigkeit der Zeitverzögerung für das Fließen von Stahl berechnet u. mit dem Versuchsergebnis verglichen. Die Temperaturabhängigkeit der Streckgrenze wird ebenfalls berechnet u. dabei gefunden, daß sie in einem weiten Temperaturbereich mit der Praxis in guter Übereinstimmung steht. — Schrifttumsangaben. (Trans. Amer. Soc. Metals **47.** 451—62. 1955.) H. HOCHSTEIN. 6408

A. Kohn und **J. Doumerc,** *Der Einfluß des Schmiedens auf die Phosphorseigerung in Stahl. Die Anwendung von radioaktiven Isotopen.* Unterss. an einem beim Erstarren langsam abgekühlten, geschmiedeten Stahlbarren [0,42 (%) C; 0,07 Mn; 0,13 Si; 0,021 P; 0,012 S; 0,03 Cu; 0,06 Ni; $< 0,04$ Mo; 0,05 Al; 0,001 N] unter Anwendung des früher beschriebenen Verf. (C. **1954.** 5614) zeigen: Der Grad der Heterogenität, d. h. das Verhältnis des P-Geh. in den interdendrit. Zwischenräumen zum P-Geh. in den Achsen der benachbarten Dendrite liegt unter 1,5. Der entsprechende Wert für Guß beträgt ca. 4; er wird durch 64std. Erwärmen auf 1100° auf $< 2,5$, durch mehr als 64std. Erwärmen auf 1200° oder 12std. Erwärmen auf 1300° auf $< 1,5$ vermindert. (Metal Treatment Drop Forging **22.** 387—94. Sept. 1955. Inst. de Rech. de la Sidérurgie.) W. WESLY. 6408

G. E. Dieter, R. F. Mehl und **G. T. Horne,** *Die statistischen Dauerfestigkeitseigenschaften von lamellarem und körnigem eutektoiden Stahl.* Statist. Verff. werden zur Unters. des Einfl. der Perlitausbldg. in grob lamellarer oder körniger Form bei einem unlegierten Stahl mit 0,78 (%) C, 0,22 Si, 0,27 Mn, 0,016 S u. 0,011 P auf die Dauerfestigkeit (I) angewandt. Diese Prüfungen auf I werden durch metallograph. Beobachtungen u. Messungen der Lage des in den Proben auftretenden Fehlers ergänzt. Hierbei zeigt sich, daß das Lamellarperlitgefüge eine geringere I besaß als der Stahl mit körnigem Perlit. Die geringere I wird auf die höhere Spannungskonzentrationseinfll. der Carbidlamellen im Perlit zurückgeführt. Es besteht Anlaß zur Annahme, daß Ermüdungsrisse nicht von Carbidteilchen, sondern von nichtmetall. Einschlüssen herrühren. — 19 Schrifttumsangaben. (Trans. Amer. Soc. Metals **47.** 423—39. 1955.) H. HOCHSTEIN. 6408

Alfred Krisch, *Kriechversuche an Stahldraht bei Raumtemperatur.* Zeit–Spannungs-Verss. über 1000 Std. wurden an ölschlußvergüteten u. an patentiert gezogenen Stahldrähten mit 156—230 kg/mm² Zugfestigkeit durchgeführt. Der Abfall der Spannung nahm mit steigender Anfangsspannung zu. Bei niedrigen Spannungen war ein Unterschied zwischen den einzelnen Drähten kaum erkennbar; erst bei Spannungen über 120 kg/mm² zeigten sich die Drähte höherer Zugfestigkeit überlegen. Es werden Folgerungen gezogen für das Verh. der Drähte im Spannbeton. (Arch. Eisenhüttenwes. **22.** 313—16. Sept./Okt. 1951. Düsseldorf, Max-Planck-Inst. für Eisenforschung.) B. HABBEL. 6408

Hans Umstätter, *Kriech- und Relaxationsvorgänge an Stahlsaiten in Betonträgern.* Die Unterss. galten der Beurteilung des Langzeitverh. von Stahldrähten u. damit der Feststellung, ob ein Stahldraht für den Vorspannbetonbau geeignet ist. Es wurden mit einem elektroakust. Interferenzverf. Relaxationsverss. an Stahldrähten von 0,40, 0,50 u. 0,76 mm Durchmesser durchgeführt. Die Empfindlichkeit des Verf. beträgt ±0,001%. Die Relaxation verläuft zu Anfang schneller, etwa nach der TROUTON-RANKINEschen Gleichung, später langsamer nach der MAXWELLschen Gleichung. Mit der Temp. u. Spannung nimmt die Relaxation zu. Sie strebt mit zunehmender Drahtdicke einem konstanten Wert zu, so daß aus dem Verh. dünner Drähte auf das der dicken geschlossen werden kann. (Z. Metallkunde **45.** 469—75. Aug. 1954. Berlin-Dahlem, Bundesanst. für mechan. u. chem. Materialprüfung.) F. VIER. 6408

Y. Murakami und **K. Sakai,** *Wie beeinflussen die metallographischen Eigenschaften den Klang von Klaviersaiten?* Zusammenstellung der Härte u. Struktureigg. (Photos) einiger Drahtsaitenmaterialien u. ihre Einordnung bzgl. guter, schlechter oder unbrauchbarer Qualität. (Kinzoku [Metals] **23.** 306—07. April 1953. [Orig.: japan.]) L. SCHULER. 6408

Hans Ulrich Meyer, *Der Einfluß von Legierungsstoffen auf die Randhärtbarkeit von Einsatzstählen.* Die Erzielung hoher Oberflächenhärten u. großer Härtetiefen mit unterschiedlichen Abkühlungsgeschwindigkeiten ist für die Verwendung von Einsatzstählen von großer Bedeutung. Untersucht wird daher die Beeinflussung der Randhärtbarkeit von Einsatzstählen durch Legierungsstoffe u. durch C. Hierzu wurden zwölf Einsatzstähle mit einer mittleren Härtbarkeit, z. B. Stahl *10 MnCr 5*, u. elf Einsatzstähle höherer Härtbarkeit, z. B. Stahl *20 MnCr5*, untersucht. Die untersuchten Stähle waren *Mn–Mo-*, *Mn–Cr-*, *Mn–Cr–Mo-*, *Mn–Cr–V-*, *Cr–Ni-*, *Ni–Mo-* oder *Cr–Ni–Mo*-Stähle mit Gehh. bis zu ca. 1,5% Cr, 1,25 Mn, 1 Mo, 3,5 Ni u. 0,1 V. Von jedem Stahl wurden jeweils 2 Proben gleichzeitig aufgekohlt, u. zwar 1 Probe wurde zur Ermittlung der Aufkohlungskurve benutzt, während die andere nach dem Aufkohlen für den Stirnabschreckvers. verwendet wurde. Bei der Unters. zeigte sich, daß in dem untersuchten Bereich der Randkohlenstoffgehh. bei den höheren Gehh. eine Neigung zur Bldg. niedrigerer Höchsthärten auftritt. Cr u. Ni verstärken diese Neigung, Mo bewirkt Unempfindlichkeit gegenüber dieser Wirkung. Bei Cr-haltigen Stählen liegt die beste Randhärtbarkeit bei einem Rand-C-Geh. von 0,9%; bei Cr-freien mit Ni, Mn oder Mo legierten Stählen liegt dieser Wert bei 1% C. Während Ni u. Mn allg. die Bldg. von Restaustenit begünstigen u. hierdurch die Randhärtbarkeit beeinflussen, ist bei Cr die gleiche Wrkg. im wesentlichen nur bei höheren Abkühlungsgeschwindigkeiten vorhanden; bei niedrigeren Abkühlungsgeschwindigkeiten beeinflußt Cr die Randhärtbarkeit durch Carbidkeime. Mo ergibt für alle untersuchten Rand-C-Gehh. gleichmäßig hohe Härtewerte, u. zwar fast unabhängig vom Rand-C-Gehalt. Es wird ein Einsatzstahl mit 0,5% Mn u. 0,5% Mo als techn. bes. günstig vorgeschlagen. — Diskussion. (Stahl u. Eisen **76.** 68—78. 26/1. 1956. Zürich.) H. HOCHSTEIN. 6410

A. E. Durkin, *Vermeidung der Wasserstoffversprödung von Stählen mit 12% Chrom.* Die Neigung von Stählen mit 0,06—0,13 (%) C u. 11,5—13,0 Cr zur Wasserstoffversprödung (**I**) in NaOH- u. HCl-Lsgg. wird durch Biege-, Härte-, Zug- u. Dauerschwingprüfungen festgestellt. Hierbei wird der Einfl. der Anlaßtemp. auf die **I** nachgewiesen. Die **I** kann durch geeignete Auswahl der Anlaßtemp., z. B. 540°, u. Anlaßzeit sowie durch die Verwendung von organ. Schutzüberzügen vermieden werden. (Iron Age **174.** Nr. 24. 154—56. 9/12. 1954. West Lynn, Mass., General Electric. Co.) H. HOCHSTEIN. 6410

W. P. Rees, B. E. Hopkins und **H. R. Tipler,** *Eisen- und Fe–Mn-Legierungen. Zugfestigkeits- und Kerbschlagzähigkeitseigenschaften.* Kurzfassung der C. **1952.** 2247 referierten Arbeit. (Iron and Steel **24.** 616—21. 15/12. 1951.) M. GEHLEN-KELLER. 6410

S. Rushton und **D. R. G. Davies,** *Die Änderung in den elektrischen Eigenschaften von Eisen–Silicium-Transformatorenblech.* (Iron and Steel **24.** 583—89. 15/12. 1951. — C. **1951.** II. 3373.) M. GEHLEN-KELLER. 6410

W. S. Owen, *Die Carbidphase in Eisen–Kohlenstoff–Silicium-Legierungen.* (Iron and Steel **24.** 577—79. 15/12. 1951. — C. **1951.** II. 596 u. **1952.** 6121.) M. GEHLEN-KELLER. 6410

Carlo Panseri, *Die Nichteisenmetalle im modernen Baugewerbe.* Histor.-wirtschaftlicher Überblick über die in der Baukunst verwendeten Metalle u. über die allg. Vorteile der neuzeitlichen Nichteisenmetalle, bes. der Al- u. der Leichtlegierungen. Gegenüber rostfreien u. anderen Stählen zeichnen sie sich bes. durch leichte Formbarkeit zu verschied. Profilen mittels Ziehpressen sowie hohe Wetter- u. Korrosionsbeständigkeit aus. Durch anod. Oxydation u. Echtfärben lassen sich bes. dekorative Wirkungen erzielen. Ihre Verwendung wird in Abbildungen von modernen Hochhäusern, Sportanlagen u. a. sowie von Korrosionsproben von Al-Platten aus alten Kirchenkuppeln veranschaulicht. Die in Italien für Bauzwecke entwickelte Si- u. Mg-haltige Al-Legierung „*Iridal*" mit irisierender Oberfläche u. bes. günstiger metallograph. Struktur wird ausführlicher behandelt. (Ist. Sperim. Metalli leggeri, Mem. Rapp. [6] Nr. **143.** 1—32. 1955. Novara, Ist. sperim. dei metalli legg.) A. SANDER. 6420

K. Ruttewit und **E. Eichmeyer,** *Gefügeausbildung von Feinzinklegierungen in der Kokille.* Die Gefügeausbldg. von Zn-Legierungen mit 4 (%) Al u. 0,4, 0,8 u. 2,6 Cu u. mit 5,8 Al u. 1,4 Cu beim Kokillenguß wurde bei den Gießtempp. 400, 450, 500, 550 u. 600° u. unter verschied. Erstarrungsbedingungen untersucht. Das Gefügebild ist in starkem Maße von den Erstarrungsbedingungen abhängig, so daß Aussagen über die stattgefundenen Gießvorgänge nur bei genauer Kenntnis der Gießbedingungen möglich sind. (Metall **9.** 662—66. Aug. 1955. Oker.) F. VIER. 6426

A. L. Simmons, *Warmschmiedeversuche an einigen Kupferlegierungen.* Warmschmiedeverss. an α-Cu-Legierungen, die Aufschluß über die Verwendbarkeit solcher Prüfungen zur Voraussage des Verh. der Legierungen beim Warmwalzen geben sollen, zeigen, daß die relative Bildsamkeit der den Schmiedeverss. unterworfenen Proben in Wechselbeziehung mit der Bildsamkeit während des Warmwalzens steht. Die Verss. geben aber keinen Aufschluß über die an einigen Legierungen während des Warmwalzens beobachtete Warmbrüchigkeit. (Austral. J. appl. Sci. **2.** 76—88. März 1951. Footscray, Victoria, Commonwealth Governm. Ammunit. Fact.) W. WESLY. 6432

—, *Eigenschaften von Gußproben aus graphitischen Nickellegierungen.* Versuchsbericht mit verschied graphitierten Ni-Legierungen, von denen eine mit 1—2,5 (%) C, 2 Si, 1,5 Mn u. 0,05—0,15 nicht an S gebundenem Mg gute mechan. u. beste Gleiteigg. zeigte. Sie ergab eine Zugfestigkeit von ca. 42 kg/mm² u. eine Dehnung von 22%. Da der Graphit in Kugelform vorliegt, sind die mechan. Eigg. dieser Legierungen nur sehr wenig empfindlich gegen geringe Unterschiede im C-Gehalt. Ein Zusatz von Sn erhöht in ihnen die Zugfestigkeit, vermindert die Dehnung u. erhöht die Gleitfähigkeit. Daher benötigen Sn-freie Ni-Legierungen einen Mindestgeh. von 2—2,5 C, um die gleichen Gleiteigg. zu erhalten. Die besten allg. Eigg. wies eine Ni-Legierung mit 1 C, 2 Si, 1,5 Mn, 2,5 Sn u. 0,1 S-freiem Mg auf. (Nickel [Milano] **1955.** Nr. 59. 11—20. Dez. Bayonne, N. J., Internat. Nickel Comp. Forschungslabor.) A. SANDER. 6434

Émile Josso, *Die Eisen–Nickel-Legierungen mit hoher magnetischer Permeabilität.* Vf. beschreibt die Eigg. der in Imphy hergestellten hochpermeablen Fe–Ni-Legierungen. Allg. haben sich in allen Kulturländern drei Legierungstypen eingeführt, die Fe–Ni-Legierungen mit 35—38 (%) Ni, die mit ca. 50 Ni u. die *Permalloys* mit 70—80 Ni u. weiteren Zusätzen aus *Cu, Cr* u. *Mo.* Bei der 50% ig. Fe–Ni-Legierung wird unterschieden zwischen den isotropen Legierungen u. den mit Kornorientierung, z. B. *Rectimphy, Permafix* (konstante Permeabilität). Gegenüber den Erzeugnissen deutscher Fertigungen sind keine nennenswerten Unterschiede vorhanden. (Rev. du Nickel **20.** 53—64. Juli/Aug./Sept. 1954. Soc. de Commentry-Fourchambault-Decazeville.) H. FAHLENBRACH. 6434

—, *Inco Nickellegierungsspiralfedern.* Zusammenstellung aller wichtigen mechan. u. physikal. Daten des Drahtmaterials u. der Federn aus verschied. Nickellegierungen (*Monel, „K"-Monel, Duranickel, Inconel, Inconel „X", Permanickel, Ni-Span-C*). — 26 Tabellen u. 27 Diagramme. 24 Literaturangaben. (Int. Nickel Co., Inc., techn. Inform. Bull. **1955.** 3—35. Mai.) P. WOLF. 6434

Sherwood H. Egbert, *Verwendung von Magnesium für Sägen.* (Light Metal Age **13.** 20—22. 46. 50. Dez. 1955. Los Angeles, Calif., McCulloch Motors Corp.) D. BREDTSCHNEIDER. 6444

Paul W. Peay, *Magnesiumgeräte für tragbare Radargeräte.* (Light Metal Age **13.** 16—17. 31. Dez. 1955. Westinghouse Electric Corp.) D. BREDTSCHNEIDER. 6444

Alan V. Levy, *Die Verwendung der Magnesium–Thorium-Legierung HK 31 zur Herstellung von Raketenantrieben.* Übersicht über die Verarbeitung der 3% *Th* u. 0,75% *Zr* enthaltenden *Mg*-Legierung HK 31. (Light Metal Age **13.** 10—11. 39. Dez. 1955. Van Nuys, Calif., Marquardt Aircraft Co.) D. BREDTSCHNEIDER. 6444

Guy Salmon, *Anwendung der Erscheinungen des Kornwachstums bei der Herstellung von Platten mit Motiven für die Dekoration.* Vf. beschreibt die Herst. von Al-Platten mit verschied. Kornwachstum für Dekorationsgegenstände, die unter den Namen „*Granal O*" u. „*Granal D*" im Handel sind. Bes. geeignet sind zu diesem Zweck „unterraffinierte"

Al-Bleche mit Fe-Gehh. < 0,006%. Die verschied., je nach den jeweiligen Bedürfnissen durchzuführenden Heiß-, Kaltwalzprozesse u. Anlaßbedingungen werden beschrieben. Zuletzt werden die Platten mit einem Gemisch von HNO_3, HCl u. HF geätzt u. z. T. verschieden angefärbt. (Congr. int. Aluminium **1.** 263—69. 1954.) C. GOTTFRIED. 6446

David E. Thomas, *Die Kriecheigenschaften von Aluminiumlegierungen mit Bezugnahme auf die Verwendungen von Aluminium bei erhöhten Temperaturen.* Vf. bespricht ausführlich an Hand von Tabellen u. graph. Darstellungen den Stand der heutigen Kenntnisse über die Kriecheigg. von Al-Legierungen u. diskutiert in diesem Zusammenhang die Eigg., die man an diese Legierungen stellen muß, um sie in der Industrie bei hohen Tempp. verwenden zu können. Er kommt zu dem Ergebnis, daß zwar sehr viel experimentelles Material über das Kriechen der sogenannten Hochtemperaturlegierungen vorliegt, daß aber nur wenig Unterss. über die Kriechcharakteristiken auf längere Zeiträume von Legierungen des Al-Mg-Typs vorliegen. Da diese Legierungen sehr korrosionsbeständig sind, eignen sie sich nach Ansicht des Vf. bes. für die chem. Industrie u. andere Industriezweige, in denen nicht zu hohe Tempp. verlangt werden. (Congr. int. Aluminium **1.** 275—81. 1954. Banbury, Aluminium Labor. Ltd., Res. Div.) C. GOTTFRIED. 6446

L. H. Banning, W. F. Hergert und **D. E. Halter,** *Elektroschmelzen von Ilmenitkonzentraten aus Valley County, Idaho.* Mit einem Aufwand von ca. 1400 kWh je t (alluvialen) Ilmenits u. Kleinholz oder Koks als Reduktionsmittel — u. teilweise unter Zusatz hochgradigen Mn-Erzes — konnte neben gutem *Roheisen* eine Schlacke mit bis zu 86% TiO_2, ca. 0,5% Nb_2O_5 u. nur ca. 2% Fe mit einer Ausbeute an *Ti* von über 95% erschmolzen werden. Elektrodenverbrauch ca. 14 bis ca. 23 pounds Graphit je t Ilmenit. (U. S. Dep. Interior, Bur. Mines, Rep. Invest. **1955.** Nr. 5170. 1—18. Nov. Albany, Ore., Bur. Mines.) H. ECKHARD. 6448

R. H. Nielsen und **R. L. Govro,** *Reinigung von Zirkonium unter Verwendung einer basischen Sulfatfällung.* Vff. beschreiben ein neues Reinigungsverf., mit techn. H_2SO_4 *bas. Zirkoniumsulfat* aus heißer verd. HCl-Lsg. im Anschluß an den KROLL-Prozeß auszufällen u. die teuere Phthalatfällung zu umgehen. Die günstigsten Bedingungen sind: $T = 90^0$; p_H 1,4; 0,1—0,2 lbs. Zr/Gallone Lsg.; Verhältnis Zr:S = 5:2. Die Rk. wird beschrieben durch: $5ZrOCl_2 + 2H_2SO_4 + 10NH_4OH + (x-7)H_2O = Zr_5O_8(SO_4)_2 \cdot xH_2O + 10NH_4Cl$. Die Filterzeit ist stark abhängig von p_H u. Temperatur. Ferner treten bei $p_H < 1{,}2$ beträchtliche Zr-Verluste ein, während bei $p_H > 1{,}5$ die Beseitigung der Verunreinigungen an *Fe* u. *Al* nicht vollständig sind. Der Prozeß wurde großtechn. entwickelt. — 17 Literaturangaben. (U. S. Dep. Interior, Bur. Mines, Rep. Invest. **1956.** Nr. 5214. 1—14. März.) P. WOLF. 6448

—, *Pulvermetallurgie.* Bericht der POWDER METALLURGY MISSION über den Stand der Pulvermetallurgie in den USA nach einem fünfwöchigen Besuch im Oktober u. November 1953 in Industrieunternehmen, Universitäten u. Forschungsinstituten der USA. Umfangreiche Bibliographie, Tabellen der Eigg. von Bronzepulver 1163 der NEW JERSEY ZINC CO, alphabet. Sachregister. (Powder Metallurgy **1955.** 3—309. Juni. OEEC.) M. GEHLEN-KELLER. 6474

F. Eisenkolb, *Die Verbesserung der mechanischen Eigenschaften von Sinterstahl durch Phosphorzusatz.* (Vgl. C. **1954.** 6814.) Verss. über den Einfl. der Sinterbedingungen auf die Eigg. von P-legiertem Stahl (Zusatz von rotem P in Mengen bis zu 0,8% zu mechan. hergestelltem Feinstpulver) zeigen: Langes Sintern u. Sintern bei hohen Tempp. kann zu einer Kornvergröberung u. damit zur Verringerung von Festigkeit u. Dehnung führen. Die Dauer der Anheizzeit ist ohne Einfluß. Eine Voroxydation des Fe-Pulvers löst hohe Festigkeit u. Dehnung u. Kerbschlagzähigkeiten über 1 kgm/cm^2 aus. Ein gleichzeitiger Zusatz von C u. P bewirkt Festigkeiten von 68 kg/mm^2; die Dehnung liegt allerdings unter 2%. Gesinterte u. vergütete Proben verhalten sich im Wasserschlagvers. gegen Kavitationsanfälligkeit besser als legiertes Gußeisen. Druckverdüstes Pulver liefert Werte, die den bisher erzielten Bestwerten nahekommen. Durch Verdüsen gewonnenes, mit 0,42 u. 0,89% P vorlegiertes Pulver ergibt bei gutem Sintervermögen hohe Festigkeiten, jedoch nur bei 0,42% P u. 6 t/cm^2 Preßdruck günstige Dehnungen. (Planseeber. Pulvermetallurgie **2.** 2—14. Juni 1954. Dresden, TH, Inst. für Werkstoffkunde.) W. WESLY. 6474

H. J. V. Tyrrell, *Die Herstellung und Wärmebehandlung von Kupferpulver.* Cu-Pulver wird durch Elektrolyse aus Chlorid- u. Sulfatlsgg. mit verschied. Kornformen (kompakt u. schwammig) hergestellt. Die physikal. u. chem. Eigg. einer Reihe solcher Pulver wird untersucht. Außerdem wird auch das Sinterverh. von Preßlingen festgestellt u. die D. u. die mechan. Eigg. der Sinterlinge bestimmt. (Engineering **169.** 51—53. 13/1. 1950.) H. FAHLENBRACH. 6474

Chikao Ushioda, Gen-ichi Nakazawa und **Makoto Terui,** *Untersuchungen über das Sintern legierter W-Pulver.* Es wurden 2 Proben von W-Pulver verschied. Korngrößenverteilung aus WO_3 mit einem Geh. von 0,4 (%) SiO_2, 0,2 K_2O u. 0,03 Al_2O_3 hergestellt u. bei 65, 75, 80, 85, 88, 90, 92 u. 95% der Schmelztemp. gesintert. Untersucht wurden die Änderungen des Schrumpfens, der Härte, des elektr. Widerstandes, der Korngröße u. scheinbaren D., sowie die Abnahme der nicht verdampfbaren Rückstände (FeO) während der Sinterung. Vff. stellen fest, daß bei einer Sintertemp. von 90% der Schmelztemp. das Kornwachstum von reinem W-Pulver ca. 100mal größer ist als von legiertem. Bei legiertem Pulver ist das Kornwachstum sehr stark, wenn bei 65—80% der Schmelztemp. gesintert wird. Durch entsprechendes Legieren kann das Kornwachstum in diesem Temperaturbereich reguliert werden. Ein Einfl. der Legierungszusätze auf Verunreinigungen (FeO) besteht nicht. (Nippon Kinzoku Gakkai-Si [J. Japan Inst. Metals] **16.** 63—66. Jan. 1952. [Orig.: japan., Auszug: engl.]) M. CLASING. 6474

A. Gueussier, *Hitzebeständige Materialien. Über verschiedene, zur Erprobung von mechanisch hitzebeständigen Legierungen verwendbare Verfahren.* Übersicht. Angabe von Versuchsergebnissen an verschied. Stahllegierungen. Einfl. von *Mo* u. *W.* — 14 Literaturangaben. (Métaux **26.** 310—17. Juli/Aug. 1951. Ugine, Aciéries d'Ugine, Labor. de Rech.) W. WESLY. 6480

J. B. Mohler, *Testverfahren zur Bestimmung der zu erwartenden Lebensdauer von Bimetallen.* Messungen der Bindefestigkeit von Bimetallen bei verschied. Tempp. für verschied. Zeiten geben ein Bild der zunehmenden Verschlechterung der Bindefestigkeit. Durch Extrapolation kann die zu erwartende Lebensdauer bestimmt werden. Das Verf. wird an dem Beispiel eines Al-plattierten *Stahls,* wie er für geschlossene Gleitlager verwendet wird, erläutert. Die Ergebnisse fanden bei der prakt. Verwendung des Bimetalls in Dieselmotoren ihre Bestätigung. (Iron Age **174.** Nr. 10. 106—07. 2/9. 1954. New Castle, Pa.) F. VIER. 6480

Karl Frank, *Ein neuer halbautomatischer hydraulischer Härteprüfer.* Ausführliche Beschreibung des Geräts u. seiner Arbeitsweise. (Werkstatt u. Betrieb **86.** 23—24. Jan. 1953. Birkenau/Odenwald.) M. WINIKER. 6480

J. Dauvergne, M. Pélabon und **J. Ivernel,** *Die Bewertung der Schmiedbarkeit durch den Warmzugversuch.* Legierte u. unlegierte *Stähle* mit niedrigem C-Geh. zeigen mitunter in der Gegend von 1000° eine stark verminderte Verformbarkeit, die von der Existenz einer krit. Zone der Schmiedbarkeit herrührt. Dieser Mangel zeigt sich beim Walzen nahtloser Rohre sowie beim Warmverformen. Der zwischen 900 u. 1200° durchgeführte Zugvers. ist geeignet, Gußstücke mit verminderter Schmiedbarkeit erkennen zu lassen. Es wird gezeigt, daß die durch diesen Vers. zahlenmäßig erfaßbare Warmformbarkeit hauptsächlich von der Art u. Menge desoxydierender Zusätze abhängt. Die Anwendung des Warmzugvers. erstreckt sich auf die Herst. der Rohre u. ihre Formgebung sowie auf die eigentlichen Schmiedevorgänge, während der Torsionsvers. auf die Bewertung der Hohlformbarkeit der Rohre im Schrägwalzwerk angewendet wird. — Schrifttumsangaben. (Rev. Métallurgie **52.** 85—93. Febr. 1955.) H. HOCHSTEIN. 6480

Hans Hendus und **Gerhard Kraus,** *Die Biege-Wechselfestigkeit von Armco-Eisen bei verschiedener Korngröße.* Nach Ermittlung des Zusammenhanges zwischen der plast. Dehnung von *Armco*-Eisen u. der Korngröße nach Rekristallisation bei 870° in H_2-Atmosphäre u. im Vakuum wurde die Biegewechselfestigkeit an Flachbiegeproben mit verschied. Korngrößen zwischen 0,03 u. 3,2 mm bestimmt, die mit wachsender Korngröße zuerst wenig u. dann stärker abnimmt. Bei der mit der Probendicke vergleichbaren mittleren Korngröße von 3 mm fällt sie unstetig. Die Ursache liegt im Auftreten von interkristallinen Ermüdungsrissen. Der Rißverlauf wurde eingehend untersucht. Bei fast allen Korngrößen tritt als Folge der Wechselbeanspruchung eine plattenförmige Ausscheidung parallel den (1 0 1)-Ebenen auf. Es wird vermutet, daß eine Ausscheidung von ε-Carbid vorliegt. — 16 Schrifttumsangaben. (Z. Metallkunde **46.** 716—20. Sept. 1955. Saarbrücken, Inst. für Metallforsch.) H. HOCHSTEIN. 6480

S. Gorczyca und **J. Maydell,** *Über die Anwendungsmöglichkeiten des Akimow-Apparates zur Unterscheidung von Stahlsorten.* Die thermoelektr. Meth. der Stahlunters. mit dem AKIMOW-App. ist nur in wenigen Fällen sicherer u. schneller als andere Methoden. Die Anwendung ist vor allem dann angezeigt, wenn das zu untersuchende Material nicht beschädigt werden soll. (Hutnik **22.** 362—68. Okt. 1955.) F. URBAN. 6480

D. O. Sproule, *Fortschritte im Nachweis von Rissen durch Ultraschall. „Röntgenstrahlen"-Bilder durch Ultraschall.* Beschreibung eines Gerätes zum Nachw. von inneren Metallrissen. Das Gerät ist gek. durch eine BRAUNsche Röhre u. bringt den Strahlengang zum Aufleuchten, wodurch ein „Ultraschallbild" erzeugt wird, das man wie eine Röntgenaufnahme auswertet. (Machinist **96.** 523—25. 5/4. 1952.) W. WESLY. 6484

Werner Lueg und **Karl-Heinz Treptow,** *Untersuchungen über das Kalt- und Warmwalzen mit Schleppwalze und die Bestimmung des Walzenschlupfes aus der Voreilung.* (Stahl u. Eisen **75.** 391—401. 7/4. 1955. Düsseldorf, Max-Planck-Inst. für Eisenforsch.) H. HOCHSTEIN. 6490

Joseph Billigmann, *Untersuchungen über die Schmierwirkung von Walzölen, besonders von Walzölemulsionen.* Untersucht wird u. a. die Schmierwrkg. von zehn verschied. Emulsionsölen im Vgl. zu Palmöl, unverd. Mineralöl u. Wasser. Hierbei zeigt sich, daß die meisten bisher bekannten Emulsionsöle in ihrer Schmierfähigkeit näher beim W. als beim Palmöl liegen. Es besteht ein Zusammenhang zwischen der Schmierfähigkeit u. dem Geh. der Öle an freier Fettsäure. Ein Einfl. ihrer Zähflüssigkeit war dagegen nicht vorhanden. Ein Einfl. des Fettgeh. der Emulsionen war insofern nicht eindeutig zu kennzeichnen, als nur bei einem Teil der Emulsionen Unterschiede in der Schmierwrkg. bei verschied. Mischungsverhältnissen auftraten, die in verschied. Richtungen wirksam wurden. Die durchgeführten Unterss. lassen zwar eine eindeutige Beurteilungsmöglichkeit eines Schmiermittels in dem jeweiligen Zustand zu, sagen aber über sein voraussichtliches Verh. unter erschwerten Betriebsbedingungen nichts aus. — 44 Schrifttumsangaben. Diskussion. (Stahl u. Eisen **75.** 1691—1705. 15/12. 1955. Andernach.) H. HOCHSTEIN. 6490

W. Späth, *Einige aktuelle Fragen der Zerspanung.* Durch die bisher übliche Darst. der Standzeit eines Werkzeuges in Abhängigkeit von der Schnittgeschwindigkeit u. die durch doppelt logarithm. Auftragen erzielte Streckung der in n. Darst. hyperbelartigen Kurven werden manche Besonderheiten des Zerspanungsvorganges verwischt, sowie ein Überblick des funktionellen Zusammenhanges dieser zwei gegenläufigen Größen erschwert. Vf. schlägt die Darst. der Schnittgeschwindigkeit in Abhängigkeit vom Kehrwert der Standwege vor, wobei — wie an Beispielen gezeigt wird — Geraden erhalten werden. Die Ordinaten geben direkt die Anzahl der Werkzeugschliffe an, die bei der jeweiligen Schnittgeschwindigkeit für einen gegebenen Standweg notwendig sind. Wird z. B. nur die Kühlung variiert, so genügt für jede Kühlmeth. ein einziger Kennwert, der durch den Neigungswinkel der Geraden gegeben ist. (Schweiz. Arch. angew. Wiss. Techn. **19.** 39—44. Febr. 1953. Lustadt, Pfalz.) S. HÜTTIG. 6490

H. Axer, *Beitrag zur Erforschung der Verschleißursachen an spanenden Werkzeugen.* Die Einfll. des beim Schnittvorgang am Werkzeugstoff auftretenden Verschleißes (Verschweißen von Werkzeugstoff u. Werkstoff, mechan. Spannungen im Werkzeugstoff, Gefügeveränderungen im Werkzeugstoff, Überschreitung der Warmhärte mit nachfolgender plast. Verformung des Werkzeugstoffes, Rkk. des Werkzeugstoffes mit den Luftgasen u. elektrochem. Vorgänge) werden durch Verss. belegt u. wiedergegeben. (Industrie-Anz. **77.** 610—14. 7/6. 1955. Aachen.) W. WESLY. 6490

G. Weber, *Spanentstehung und Standzeitverhalten beim Drehen von Stahl mit Hartmetall.* Unterss. über den Verschleiß an Hartmetallwerkzeugen u. Schnittkraft- u. Spanstauchungsmessungen beim Drehen (un)legierter Baustähle zeigen den ursächlichen Einfl. der Spanentstehung auf das Standzeitverhalten. Die Ergebnisse lassen den Schluß zu, daß ähnliche Werkstoffe oder Legierungsgruppen eine ähnliche Verschleißwrkg. ausüben u. daß für sie gleiche Beziehungen bestehen. Ein Vgl. der Versuchswerkstoffe untereinander beweist jedoch, daß die Verschleißwrkg. von verschied. Werkstoffgruppen unterschiedlich sein kann. (Industrie-Anz. **77.** 619—24. 7/6. 1955. Singen/Hohentwiel.) W. WESLY. 6490

B. L. ten Horn, *Gesichtspunkte über die Bearbeitbarkeit beim Spanabheben von Stahl.* Es wird gezeigt, daß eine Verbesserung der Bearbeitbarkeit von Stahl schwierig ist, weil der Begriff Bearbeitbarkeit nicht eindeutig feststeht u. die Kenntnis der metallurg. Ursachen einer bestimmten Bearbeitbarkeit nur lückenhaft ist. Trotzdem vermitteln die empfindlichen Messungen des Verschleißes u. der Schneidkraft u. die abgekürzten Dauerproben einen Eindruck über die Bearbeitbarkeit u. über die Gleichmäßigkeit des gelieferten Produktes. (Metalen **10.** 357—63. 15/9. 1955.) W. WESLY. 6490

J. D. Armour, *Wiederaufkohlen im Durchlaufofen.* (Vgl. C. **1954.** 9850.) Vorgänge bei der Gasaufkohlung von Stahl mit einem CO–CO_2–H_2–CH_4-Gemenge. Beschreibung einer modernen Gasaufkohlungsanlage, Konstruktion, Betriebsweise u. Resultate. (Steel Processing **39.** 183—89. April 1953. Republic Steel Corp., Union Drawn Steel Div.) W. SCHRECKENBERG. 6492

George van Camp, *Die Induktionshärtung von Borstahlmaschinenelementen.* Beschreibung eines zur Herst. von C–B-Stahl für Maschinenelemente, bes. Wellen- u. Zahnräder dienenden Induktionshärtungsofens, des Härtungsvorganges u. eines Gerätes zur Prüfung der ROCKWELL-Härte. (Materials and Methods **36.** Nr. 5. 121—22. Nov. 1952. General Motors Corp., Allison Motors Div.) W. WESLY. 6492

F. G. Cox, *Schweißen und Hartlöten schwer schmelzbarer Metalle.* Die Unters. behandelt *Ta, Nb, Zr* u. *Mo.* Für Ta, Nb, Zr wird *Argon*-Bogenschweißung (99,8% Ar) empfohlen, wenn die Bleche dicker als 0,015 in. sind, wenn die Bleche dünner sind, jedoch Widerstandsschweißung. Für Mo kommt nur Widerstandsschweißung in Frage. Es werden Angaben über Härte u. Mikrostruktur der Schweißnähte gemacht. Als Schutzgas für die Hartlötung dieser Metalle sollte ebenfalls Ar verwendet werden. Verschied. Hartlotzuss. werden gegeben. — 14 Literaturangaben. (Murex Review **1.** 429—60. 1956.) P. WOLF. 6504

Giacomo Storace und **Togo Lassandro-Pepe,** *Die Kieselsäure in den beim elektrischen Schweißen von Metallen entwickelten Rauchen.* Vff. untersuchten an einer größeren Anzahl von Elektroden die bei dem Schweißen auftretenden Rauche. Method. wurde derart vorgegangen, daß die Aerosole auf einem mit Kanadabalsam bestrichenen Glasblättchen aufgefangen wurden, wobei der Abstand von der Schweißstelle variiert wurde. Auf Grund der mkr. Unterss. kommen die Vff. zu dem Ergebnis, daß die Rauche nicht als gesundheitsschädigend angesehen werden können. (Chimica [Milano] [N. S.] **11 (31).** Nr. 4. 144—54. April 1955. Bari, Univ., Ist. Chim. Bromatolog.) C. GOTTFRIED. 6506

A. Gaubert und **U. Riedinger,** *Ein einfaches Verfahren zur Prüfung der Erhitzungszeit bei der Punktschweißung.* Mit Hilfe eines mit K_4FeCN_6 u. NH_4NO_3 getränkten Papiers mißt man die Frequenz des benutzten Stromes u. leitet aus ihr die Erhitzungszeit ab. (Soudage Techn. connexes **9.** 147—49. Mai/Juni 1955. Office Centr. et Inst. de Soudure.) H.-J. HEINRICHS. 6506

Helmut Thielsch, *Schweißen von rostfreien Stählen.* Überblick über: Elektroden für rostfreie Stähle. Schweißen austenit., martensit. u. ferrit. Stähle. Zweckmäßige Anwendung der verschied. Schweißmethoden. — 11 Literaturnachweise. (Materials and Methods **37.** Nr. 5. 115—30. Mai 1953.) W. HAUG. 6506

Elio Calamari, *Chemische Reinigungsverfahren von Gußstücken.* Beschreibung des Entzunderungsverf. mit Hilfe von NaH zum Reinigen von Gußstücken u. Halbfabrikaten sowie der Herst. von *NaH.* (Fonderia [Milano] **4.** 168—70. April 1955.) A. SANDER. 6512

B. Domenicali, *Verwendung von Inhibitoren beim Entzundern von Gußstücken.* Durch Zusätze von 1 g/Liter einer neuen Schutzbeize der Gesellschaft MONTECATINI zu Beizbädern von 10—11 Vol.-% HCl ließ sich die Beizdauer um 30—35% herabsetzen. Metallurgia ital. **46.** 68. 1954.) A. SANDER. 6512

C. E. Naylor, *Elektropolieren und seine Anwendungen.* Es werden tabellar. Temperatur-, Stromdichte- u. Spannungswerte sowie die Zus. der Polierbäder für *rostfreien Stahl, Messing, Al, Cu, Ni, Cu–Ni* u. *Zn* gegeben u. ein Überblick über verschied. Anwendungsgebiete des Elektropolierens verschafft. (Electroplating Metal Finishing **6.** 15—17. Jan. 1953.) P. WOLF. 6514

John B. Campbell, *Elektrofreies Vernickeln. Heutiger Stand des Verfahrens.* Neuerliche Fortschritte, bes. das „Kanigen"-Verf., machen das Vernickeln auf chem. Wege wirtschaftlich tragbar u. ermöglichen die Anbringung korrosionsbeständiger Überzüge, auch auf Kunststoffen u. anderen nichtmetall. Gegenständen. Zus. der Plattierungsbäder. (Materials and Methods **37.** Nr. 5. 96—100. Mai 1953.) W. HAUG. 6520

T. C. Du Mond, *Silber- und goldplattierte Maschinenelemente entsprechen strengen Normen.* Sehr kleine Maschinenelemente, bes. Elektroklemmen, aus Bronze, Messing, Stahl, Al- u. Zn-Spritzguß u. Be–Cu-Legierungen lassen sich nach verschied. Verff. mit Ag u. Au plattieren (Dicke der Plattierung: 0,005—0,018 mm) u. weisen gute chem. u. physikal. Eigg. auf. (Materials and Methods **36.** Nr. 5. 114—15. Nov. 1952. Thomaston, Conn., Donham Craft Inc.) W. WESLY. 6526

R. S. Barnett, *Fressen und Freßkorrosion (fretting corrosion).* Die Einfll., die das Fressen von Lagern hervorrufen, werden beschrieben. (Canad. Machinery Manufact. News **66.** Nr. 12. 308—16. Dez. 1955.) D. BREDTSCHNEIDER. 6538

C. Bighi und **G. Mantovani,** unter Mitarbeit von **Francesco Ferrari,** *Zur Deutung der Wirkung von Inhibitoren in der Dampfphase durch Beobachtung ihres Verhaltens bei verschiedenen Temperaturen.* Korrosionsverss. der Vff. mit Fe-Blechen in Ggw. von *Octadecylamid* (I), *Dicyclohexylammoniumnitrit* (**II**) u. *p-Toluidin* (**III**) bei verschied. Tempp. gegenüber SO_2-Gas ergaben, daß die Inhibitoren im allg. am stärksten in der Dampfphase schützen. Ihre Wrkg. hängt außer von dem p_H der Umgebung stark vom Benetzungswinkel des Kondensats mit der Metalloberfläche ab, wobei sich **III** u. bes. **II** dem **I** bei höherer Temp. deutlich überlegen erwiesen. — 28 Literaturhinweise. (Metallurgia ital. **47.** 505—10. Nov. 1955. Ferrara, Univ., Ist. chim.) A. SANDER. 6538

Ferenc Boda und **Zoltán Hegedüs,** *Die Beseitigung von Fehlern an gußeisernen Dampfturbinen.* Am Gehäuse einer Dampfturbine entstand nach 35jährigem Betrieb eine örtliche Korrosion. Die mit freiem Auge sichtbaren, für Risse gehaltenen Striche, sind das Eisen durchdringende Oxydadern. Die Form u. Lage der Oxydadern u. das Fehlen der Entkohlung beweisen, daß die Korrosion Folge der langen Einw. von hohem Druck u. hoher Temp., d. h. eine Dampfkorrosion ist. (Kohászati Lapok **8** (**86**). Nr. 3. Öntöde **4**. 69—70. März 1953.) J. PLANK. 6538

H. Schiffers, *Der Verschleiß durch elektrochemische Umsetzungen in Reibungssystemen bei höherer Temperatur unter besonderer Berücksichtigung von Eisenlegierungen.* In den Reibungssystemen tritt stets ein zusätzlicher Verschleiß elektrochem. Natur in Erscheinung, wenn das Verhältnis der Redoxpotentiale (I) von 1 abweicht. Der Verschleiß ist um so größer, je größer die Abweichung ist. Die I der einzelnen Legierungen lassen sich durch Zusatz von Sonderlegierungselementen zum *Eisen* beeinflussen u. den verlangten Bedingungen anpassen. Legierungen mit ca. 1% an Legierungsbestandteilen sind die wichtigsten. Beim Auftreten des elektrochem. Verschleißes wird auch der mechan. Verschleiß in starkem Maße erhöht. Durch Best. der I im Labor. u. Zusammenstellung von Legierungen mit möglichst gleichen I lassen sich die Verschleißeigg. vorausbestimmen. Bei Zusammenstellen von Legierungen soll der am besten zu ersetzende Teil den größeren Lösungsdruck haben. In den Systemen *Gußeisen/Gußeisen* sollen nicht Kolbenringe aus legiertem Material bei Zylindern oder Laufbuchsen aus unlegiertem Gußeisen bestehen. Ein günstiges I u. gute Verschleißeigg. werden auch durch einwandfreie Herst. der Legierungen erzielt. Bei Auswahl von 2 Legierungen ist darauf zu achten, daß die beiden I möglichst gleich sind u. bes. möglichst niedrig in bezug auf den Lösungsdruck liegen. (Giesserei, techn.-wiss. Beih. **1952**. 395—401. März. Aachen, TH, Gießerei-Inst.) H. HOCHSTEIN. 6438

Irving A. Denison und **Melvin Romanoff,** *Korrosion von Nickel-Gußeisen in Erdböden.* (Corrosion [Houston] **10**. 199—204. Juni 1954. Washington, D. C., Nat. Bur. of Standards. — C. **1955**. 1365.) H. SPINDLER. 6538

W. A. Szymanski, *Nomographen zur Berechnung der Korrosionsgeschwindigkeit.* (Corrosion [Houston] **10**. Nr. 12. Topic of the Month 423—24. Dez. 1954. Niagara Falls, N. Y., Hooker Electrochem. Co.) V. BURBACH. 6540

Metallgesellschaft Akt.-Ges., Frankfurt/M. (Erfinder: **Hans Rausch,** Frankfurt/M.-Eschersheim), *Sintern mit Druckgasen* auf Sintergeräten, wobei die Gase unter Druck von unten nach oben zugeführt werden, dad. gek., daß die Rostbeschickung auf ihrer Oberseite beschwert wird. Die Beschwerung kann durch grobe Teile des zu behandelnden vorzugsweise inerten Gutes oder fertigbehandelten Sinters oder durch Roste oder Siebplatten erfolgen. Das Verf. findet beim Sintern von feinkörnigen *Pb*-Erzen, *Fe*-Erzen, *Zement*-Rohmehl u. dgl. Verwendung. (**D. B. P. 936 534** Kl. 40a vom 17/7. 1953, ausg. 12/4. 1956. Anmeldung bekanntgemacht 8/6. 1955.) G. APEL. 6379

Metallgesellschaft Akt.-Ges., Frankfurt/M. (Erfinder: **Udo Esch, Hans Rausch, Werner Schwartz,** Frankfurt/M., und **Helmut Wendeborn,** Bad Homburg), *Herstellung von Schwermetallen aus ihren Halogeniden oder Boriden durch Umsetzung mit Kalk und Kohle,* dad. gek., daß die Umsetzung in einem Drehflammofen bei Tempp. unter 1000°, bes. zwischen 600 u. 800°, erfolgt. Um die Anlaufzeit der Rk. vor der Bldg. der Schmelze herabzusetzen, wird im Ofen vor der Neuchargierung eine gewisse Menge der Restschmelze von der vorhergehenden Umsetzung belassen. Eine weitere Herabsetzung der Schmelz- u. Reaktionstemp. kann durch Zusatz von CaF_2, $NaCl$, KCl, Na_2SO_4, *Borax* u. dgl. erreicht werden. (**D. B. P. 939 355** Kl. 40a vom 17/11. 1953, ausg. 23/2. 1956. Anmeldung bekanntgemacht 25/8. 1955.) G. APEL. 6381

Helene Junghans geb. **Sigel,** Schondorf (Erfinder: **Anton Väth,** Frankfurt/M.-Römerstadt), *Reinigen von Metallen und Legierungen, besonders von Leichtmetallen* durch Zentrifugieren der erstarrenden Schmelze, dad. gek., daß die Schmelze während der Erstarrung bis zur Entfernung der zu trennenden Fremdstoffe unter einem Zentrifugaldruck von mindestens 10 atü bis maximal 800 atü gehalten wird, unter einer gleichzeitigen mittleren Temperatursenkung von 3—8° in der Min., bis zu der Temp., bei welcher mit Sicherheit die zu entfernenden Fremdkomponenten ausgeschieden sind, oder bis zum unteren E. der Schmelze. (**D. B. P. 939 405** Kl. 40a vom 31/10. 1949, ausg. 23/2. 1956. Anmeldung bekanntgemacht 18/10. 1951.) G. APEL. 6381

Doittau Produits Fonderies, Frankreich, *Herstellung von Formen und Kernen für die Metallgießerei.* Auf die auf 150—200° erhitzten Modelle wird eine Mischung von amorpher oder kristalliner M. mit einer Lsg. oder einer wss. Suspension eines warmhärtbaren Kunstharzes nach Art der Phenoplaste, der Aminoplaste, der Polyvinyl- oder Acrylharze aufgespritzt oder mit dem Pinsel aufgetragen. Die Modelle können vorher mit

Fettstoffen, mit thermoplast. M. oder mit Formpuder überzogen sein. Dem Gemisch kann ein Härtemittel, ein Plastifizierungsmittel u. 5—10% SiO_2-Mehl zugesetzt sein. Nach Erhärtung des Gemisches wird das Modell der Form entnommen. (**F. P. 1 083 755** vom 2/9. 1953, ausg. 12/1. 1955.) F. VIER. 6383

Siemens-Schuckertwerke Akt.-Ges., Berlin und Erlangen (Erfinder: **Wilhelm R. Büssem,** Dayton, O., V. St. A., und **Hubert Wagner,** Ludwigsburg), *Herstellung von Gießformen für Metallguß, Eisenguß* oder dgl., dad. gek., daß in einem 1. Arbeitsgang ein gasdurchlässiger, in sich tragfähiger, zementfreier Schalkörper hergestellt wird, der zur Erhöhung seiner mechan. Festigkeit in einem 2. Arbeitsgang mit einem ebenfalls gasdurchlässigen Stützkörper hinterfüllt wird. Der Schalkörper besteht aus *Quarzsand, Zirkonsand, SiC, Schamotte, MgO,* gekörntem *Quarzglas,* geschmolzenem *Korund,* künstlichem oder natürlichem *Cordierit,* gegebenenfalls mit anorgan. oder organ. Bindemitteln, wie *Ton, Tonschlicker, Zement, Leim, Dextrin, Celluloselacke, Bakelitelacke, Kunstharze* u. *Äthylcellulose.* In die Schalkörper wie auch in die Stützkörper können Armierungen eingelegt werden. (**D. B. P. 945 717** Kl. 31c vom 14/11. 1943, ausg. 12/7. 1956. Anmeldung bekanntgemacht 24/1. 1952.) F. VIER. 6383

Comp. de Pont-à-Mousson, Frankreich, *Herstellung eines Innenüberzuges auf Schleudergußformen.* Ein gepulvertes, warmhärtbares *Kunstharz* wird innen auf die so hoch erwärmte Gießform aufgebracht, daß es durch die Hitze der Form aushärtet. Der Metallguß läßt sich leicht aus der Form entfernen. — Vorrichtung. (**F. P. 1 089 532** vom 9/7. 1953, ausg. 18/3. 1955.) F. VIER. 6383

Bristol Aeroplan Co. Ltd., Bristol, England, *Gießen von Metallen.* Zur Verhinderung der Oberflächenoxydation der Gußstücke werden die porösen Formen, z. B. aus Sand, mit inertem Gas behandelt u. die Luft aus den Poren verdrängt. — Vorrichtung. (**E. P. 738 757** vom 20/8. 1952, ausg. 19/10. 1955.) F. VIER. 6383

Akt.-Ges. für Unternehmungen der Eisen- und Stahlindustrie, Deutschland, *Verwendung von nickelhaltigem, oxydierten Gut, wie Erzen, Schlacken usw., zur Herstellung von Nickelstahl,* dad. gek., daß aus dem Ausgangsgut mit Reduktionsmitteln, wie C, oder mit Fe-haltigem Material im Elektro- oder SIEMENS-MARTIN-Ofen eine Fe–Ni-Legierung hergestellt wird, die zu Nickelstahl weiterverarbeitet wird. (**F. P. 1 092 719** vom 18/1. 1954, ausg. 26/4. 1955.) G. APEL. 6411

Imperial Chemical Industries Ltd., London, England (Erfinder: **Eric Swainson),** *Schmelzen von Metallen und Legierungen mit hohem Schmelzpunkt,* wie *Ti, Zr, Th, Mo, Nb, Ta, Cr* u. ihren Legierungen. Beim Lichtbogenschmelzen wird ein wassergekühlter Tiegel aus Al von mindestens handelsüblicher Reinheit verwendet. (**E. P. 741 745** vom 31/3. 1953, ausg. 14/12. 1955.) F. VIER. 6421

Georges Pannier, Can., *Gewinnung reiner hochschmelzender Metalle,* wie *Ti, Zr, Be, Cr,* durch fraktionierte Lsg. mittels eines Lösungsm., dad. gek., daß zunächst eine Legierung mit einem in Hg lösl. Metall, wie Al, Zn oder Mn, gebildet, diese Legierung in einem Autoklaven unter Druck u. erhöhter Temp. mit Hg behandelt u. das Hg mit dem in ihm gelösten Metall evakuiert wird, während das reine hochschm. Metall zurückbleibt. Zur Gewinnung von reinem Ti wird z. B. eine Ti–Al-Legierung mit hohem Ti-Geh. in einem Autoklaven bei einem Druck von 15 kg/cm^2 bis auf 550^0 erhitzt. (**F. P. 1 092 902** vom 9/2. 1954, ausg. 28/4. 1955.) G. APEL. 6421

Westfälische Leichtmetallwerke G. m. b. H., Nachrodt (Westf.), *Entsilicierung von Aluminium–Silicium-Legierungen,* die gegebenenfalls auch Mg enthalten, dad. gek., daß der geschmolzenen Legierung *Mg,* mindestens in einer zur Bindung des vorhandenen Si in Form der Verb. Mg_2Si etwa erforderlichen Menge, u. ferner *Zn* in Mengen, die je nach dem zugesetzten Überschuß an Mg über die zur Bindung des Si in Form der Verb. Mg_2Si erforderlichen Menge zwischen mindestens $^1/_3$ u. $^1/_{20}$ der vorhandenen Al-Menge liegen, zugesetzt werden, u. daß darauf das aus der Schmelze abgeschiedene Mg_2Si nebst ausgeschiedenen Verunreinigungen, wie z. B. Aluminiden, von der Schmelze abgetrennt wird. Das abgeschiedene Mg_2Si kann durch Abkrammen oder durch Filtrieren durch ein Filter aus Schamottegrieß, Al_2O_3 oder MgO in körniger Form, Koks, Graphit, akt. Kohle, Dolomit, Kalk, Magnesit, Schlacke oder ähnlichen Materialien einzeln oder zu mehreren abgetrennt werden. Die Schmelze kann vor der Abtrennung des Mg_2Si gerüttelt oder mit Ultraschall behandelt werden. Die Temp. der Schmelze vor der Abtrennung des Mg_2Si wird zweckmäßig zwischen dem Soliduspunkt u. höchstens ca. 900^0 auf- u. abgependelt. Das Mg u. Zn wird aus der entsilicierten Al–Mg–Zn-Restschmelze ganz oder z. T. durch Dest. entfernt. Ebenso kann das Mg aus dem ausgeschiedenen Mg_2Si abdest. werden. (**D. B. P. 938 269** Kl. 40a vom 14/8. 1941, ausg. 26/1. 1956. Anmeldung bekanntgemacht 11/9. 1952.) G. APEL. 6447

Vereinigte Leichtmetall-Werke G. m. b. H., Bonn (Erfinder: **Paul Brenner,** Bad Godesberg, und **Willi Feldmann,** Hannover), *Gegen Spannungskorrosion beständige aushärtbare Aluminium-Zink-Magnesium-Legierung* besteht aus 2—12 (%) *Zn*, 0,1—5 *Mg*, 0,01—0,5 *V*, 0,1—1 *Mn*, Rest *Al*. Nach dem Glühen wird sie von der Glühtemp. langsamer als bei dem üblichen Abschrecken mit W. auf Raumtemp. abgekühlt. Bei höherem Zn-Geh. soll auch der Mn-Geh. hoch sein. (**D. B. P. 942 660** Kl. 40d vom 11/9. 1940, ausg. 3/5. 1956. Anmeldung bekanntgemacht 27/11. 1952.) F. VIER. 6447

Vereinigte Deutsche Metallwerke Akt.-Ges., Frankfurt/Main (Erfinder: **Eugen Vaders,** Pöcking über Starnberg), *Lagermetall*. Es wird eine *Al*-Legierung verwendet, die 1—10 (%) *Pb* u. 1—10 *Sb* enthält. Sie kann außerdem 1—10 *Zn* enthalten, u. die Gehh. an Pb u. Sb können bis 5 durch *Cd, Bi, Th* oder *As* ersetzt sein. Weitere Zusätze von *Cu, Ni, Co, Fe, Mn, Cr, Si* u. *Mg* in Mengen von 1—10 sind möglich. — Beispiel: 3 Sb, 3 Pb, 2 Cu, 0,5 Si, Rest Al. Die Legierung ist ein vollwertiger Ersatz für Weißmetall. (**D. B. P. 943 855** Kl. 40b vom 17/12. 1936, ausg. 1/6. 1956. Anmeldung bekanntgemacht 16/7. 1953.) F. VIER. 6447

Imperial Chemical Industries Ltd., London, und **Robert Langley Page Berry,** Birmingham, England, *Titanlegierungen*. Um die mechan. Eigg. u. die Dehnbarkeit für fabrikator. Zwecke zu verbessern, sie bes. hochtemperaturbeständig zu machen, setzt man dem Ti ca. 7—31% *Sn* zu. Bei 20% Sn-Geh. läßt sich die Legierung bei ca. 800° u. bei 30% bis zu 1000° verarbeiten. (**E. P. 738 882** vom 1/6. 1953, ausg. 19/10. 1955.) H. NEBELSIEK. 6449

Siemens & Halske Akt.-Ges., Berlin und München (Erfinder: **P. L. Günther** und **Georg Rosenberger,** Karlsruhe, und **Robert Ramer,** Heidenheim), *Herstellung von reinem Germanium oder Silicium*. Das zur Herst. verwendete Halogenid wird in einem organ. Lösungsm., z. B. Essigsäure oder Essigsäureanhydrid, gelöst, die Lsg. gekühlt u. das Halogenid durch wiederholtes Ausfrieren oder Ausschütteln unter Dekantieren des überstehenden Lösungsm. gereinigt u. von dem Lösungsm. getrennt. Das Gemisch kann erwärmt werden, u. die hierbei entstehenden Dämpfe werden durch einen Kühler geleitet, dessen Wandungen auf so niedriger Temp. gehalten werden, daß sich das Halogenid aus den Dämpfen an den Kühlerwandungen niederschlägt. (**D. B. P. 942 000** Kl. 40a vom 28/12. 1951, ausg. 26/4. 1956. Anmeldung bekanntgemacht 7/5. 1953. **Zusatz zu D. B. P. 900 340; C. 1954. 7724.**) F. VIER. 6449

United States Atomic Energy Commission, übert. von: **Walston Chubb,** Columbus, O., V. St. A., *Zirkoniumlegierungen* bestehen aus 1,5—7 (%) *Sn* 0,2—3,5 *Mo*, Rest *Zr*. Die Legierungen sind korrosionsfest, sie besitzen hohe Festigkeit bei erhöhten Tempp. u. einen hohen Grad an Duktilität. (**A. P. 2 705 674** vom 18/2. 1954, ausg. 5/4. 1955.) C. GÖTZE. 6449

Westinghouse Electric Corp., East Pittsburgh, Pa., übert. von: **William C. Lilliendahl,** Mountain Lakes, und **Edward Gregory,** Essex County, N. J., V. St. A., *Gewinnung von Zirkonium und Titan*. Man mischt ZrO_2 bzw. TiO_2 mit metall. *Mg* oder dessen Legierungen mit Ca (Ca-Geh. $<$18%) im Überschuß u. erhitzt im inerten Gasstrom auf 1000—1100° so lange, bis das Reduktionsmittel schmilzt. Man erreicht damit eine partielle Red., kühlt das Gemisch ab, laugt es aus u. trocknet. Dann mischt man es nochmals mit einem Reduktionsmittel, in diesem Falle mit überschüssigem, metall. Ca oder dessen Legierungen mit $<$21½ (%) Mg-Geh. u. ca. 0,017 N_2. Das Gemisch wird granuliert u. auf 1000—1100° erhitzt, bis das Reduktionsmittel schmilzt. Nach dem Abkühlen, Auslaugen u. Trocknen erhält man das entsprechende Metall, also Zr oder Ti, in Pulverform. (**A. P. 2 707 679** vom 4/1. 1951, ausg. 3/5. 1955.) H. NEBELSIEK. 6475

Vereinigte Österreichische Eisen- und Stahlwerke Akt.-Ges., Linz (Erfinder: **Erich Pelzel,** Linz), Österreich, *Herstellung von metallischen Pulvern* durch Zerstäuben der Metallschmelze in Druckluft. In den Strom des bereits zerstäubten Gutes wird zur Zerstörung der bei der Zerstäubung gebildeten Oxydhaut der Körner Druckwasser eingespritzt. Die Oxydmengen werden durch Abschlämmen oder Absieben von dem Metallpulver getrennt. Zur Herst. von *Fe*-Pulver wird von einer Schmelze mit 0,13—1,5 (%) C, bes. 0,9—1, ausgegangen. (**Oe. P. 181 610** vom 9/2. 1952, ausg. 12/4. 1955.) F. VIER. 6475

Tennessee Corp., New York, N. Y., übert. von: **Joseph J. Wimberly,** College Park, Ga., V. St. A., *Herstellung von Metallpulvern*, bes. *Fe-Pulvern*, aus SiO_2-haltigen Fe-Erzen. Man sintert das Erz zu Metalloxyd, trennt die SiO_2 ab, red. zum Metall u. mahlt es so, daß ca. 90% nicht durch ein 325-Maschensieb hindurchgehen. Dann sintert man nochmals mit Koks u. W. im DWIGHT-LLOYD u. mahlt den Sinter nochmals. Nachdem diese Behandlung mehrmals wiederholt ist, erhitzt man den Sinter nochmals in Ggw.

eines Reduktionsmittels u. erhält nur Teilchen, von denen ca. 40% noch auf einem 325-Maschensieb bleiben. (**A. P. 2 721 135** vom 29/10. 1952, ausg. 18/10. 1955.) H. NEBELSIEK. 6475

General Motors Corp., Detroit, V. St. A., *Sinterkörper* bestehen aus 0,5—60 (%) einer *Ti–Ni*-Legierung, 0,3—5 *C*, Rest *Fe* oder *Cu* oder einer Cu-Legierung. Die Ti–Ni-Legierung enthält 15—65 Ti u. 85—35 Ni, sie kann zusätzlich noch 0,3—15 *Al*, bis 2,5 *Fe* u. bis 3 *Si* enthalten. Der Werkstoff ist verschleißfest u. eignet sich bes. für Kolbenringe u. Lagerschalen. (**E. P. 730 164** vom 13/10. 1953, ausg. 18/5. 1955. A. Priorr. 28/10. u. 30/10. 1952.) C. GÖTZE. 6475

Albert Jean Ducamp, Frankreich, *Lötverfahren.* An Stelle von Glyceroboraten werden organ. N-Basen, wie *Antipyrin* oder seine Metallhalogenderivv., bes. „*Ferripyrin*", „*Zincopyrin*" u. „*Wismutpyrin*" als Flußmittel verwendet. (**F. P. 61 215** vom 17/11. 1949, ausg. 5/4. 1955. **Zusatz zu F. P. 1011 047; C. 1954. 4032.**) F. VIER. 6505

Imperial Chemical Industries Ltd., London, England (Erfinder: **Eric Holmes**), *Flußmittel zum Hartlöten von Titan und Titanlegierungen* besteht aus einem *Alkalibifluorid* mit einem Zusatz von *KCl* in mol. Konz. von 45 u. 55% mit einem F. von 605°. (**E. P. 741 735** vom 7/1. 1953, ausg. 14/12. 1955. **F. P. 1 091 214** vom 7/1. 1954, ausg. 8/4. 1955. E. Prior. 7/1. 1953.) F. VIER. 6505

Imperial Chemical Industries Ltd., London, England (Erfinder: **Cyril Albert Terry**), *Schweißen von Kupfer und Kupferlegierungen mittels Schutzgaslichtbogenschweißung.* Es wird eine *W*-Elektrode verwendet, die als Überzug oder Einlage ein Oxyd oder eine im Lichtbogen Oxyd bildende Verb., wie Carbonat, eines Metalls enthält, das elektropositiver als W ist, z. B. ThO_2. Als Schutzgas dient N_2. An Stelle von ThO_2 können auch ZrO_2, *BaO* oder *SrO* verwendet werden. Der Schweißstab besteht z. B. aus einer *Cu*-Legierung mit 0,1 *Ti*. Die Schweiße ist frei von W. Nach E. P. 741 822 soll beim Schweißen von Cu mittels Schutzgaslichtbogenschweißung ein Schweißstab aus einer Legierung mit 0,05—0,3 (%) *Ti*, oder 0,1—0,3 *Al* oder 0,02—0,1 *Mg* oder Mischungen dieser Zusätze, insgesamt aber nicht mehr als 0,6, Rest *Cu*, verwendet werden. (**E. PP. 741 821** u. **741 822** vom 19/9. 1952, ausg. 14/12. 1955.) F. VIER. 6507

Gebr. Böhler & Co. Akt.-Ges., Wien, Österreich, *Mantelelektrode* für die Automatenschweißung mit erzsaurer Umhüllung mit 35—70 (%) Stahlpulver, das ganz oder z. T. durch einen umwickelten Eisen- oder Stahldraht ersetzt sein kann, dad. gek., daß die Hülle zur Erhöhung der Einbrandtiefe gasbildende Zusätze bis zu 20 des trockenen Hüllengewichts enthält. Das Stahlpulver soll mindestens 0,15 *C*, mindestens 0,15 *Si* u. mindestens 0,20 *Mn* enthalten. Die gasbildenden Zusätze, wie *Cellulose* oder *Holzmehl*, können in Wasserglas eingerührt verwendet werden. (**Oe. P. 182 279** vom 6/4. 1951, ausg. 10/6. 1955.) F. VIER. 6507

Gebr. Böhler & Co. Akt.-Ges., Wien, Österreich, *Schweißelektrode* aus gesintertem *Hartmetall* oder aus gegossenen Hartlegierungen, bes. für die elektr. Lichtbogenschweißung, dad. gek., daß der das Schweißgut bildende gesinterte Kern oder gegossene Kern einen gegebenenfalls elektr. gutleitenden metall. Überzug aus einem oder mehreren die Desoxydation bewirkenden Elementen in solcher Stärke aufweist, daß ein Auflegieren des niedergelegten Schweißgutes durch diese Schicht prakt. nicht erfolgt. Die metall. Schicht kann aus *Al* bestehen. Die Elektrode hat außer dem Überzug eine kalkbas. Umhüllung. (**Oe. P. 182 278** vom 27/10. 1953, ausg. 10/6. 1955.) F. VIER. 6507

Magnesium Elektron Ltd., Lumm's Lane, England (Erfinder: **Charles James Prior Ball**), *Herstellung gewalzter Gegenstände aus Magnesiumlegierungen.* Nach Unterbrechung des Walzvorganges wird die Legierung in einem Alkalimetallfluorid oder Ammoniumfluorid enthaltenden Bad anod. behandelt u. anschließend bis zur gewünschten Stärke fertig gewalzt. Als Beispiel für das Anodisierbad werden eine wss. Lsg. von 10 (Gew.-%) $(NH_4)HF_2$ u. 10 NH_4OH von der D. 0,880 angegeben mit einer Anfangsspannung von 5 V u. einer Stromdichte von 5 A/sq.ft (0,54 A/dm²). Durch eine derartige Behandlung soll vermieden werden, daß an der Oberfläche der Legierung vorhandene Fremdkörper in diese eingewalzt werden. (**E. P. 743 347** vom 27/4. 1953, ausg. 11/1. 1956.) H. HÄNLE. 6515

Gustav A. Fester, Die Hydrometallurgie de s Urans. Stuttgart: Enke. 1956. (VI + 64 S.) 8° = Sammlung chemischer u. chemisch-technischer Beiträge. N. F. Nr. 53. DM 9,40.

Oskar Paul Krämer, Metallfärbung und Metallüberzüge ohne Stromquelle. Einschl. d. Vorbereitungsarbeiten: Schleifen, Polieren, Kratzen, Beizen, Brennen, Entfetten. Mit e. Verz. d. Chemikalien f. d. Metallfärbung. 3., erg. Aufl. Saulgau/Wttbg.: Leuze. 1956. (94 S. m. farb. Mustertaf. i. d. Orginalfarben d. angefärbten Metalle nach d. beschriebenen Rezepten.) 8°. DM 4,80.

IX. Organische Industrie.

Wilhelm Hirschkind, *Chlorierung von Kohlenwasserstoffen.* Vf. beschreibt an Hand von Gleichungen, Diagrammen u. Fließschemata die Erzeugung von Cl-Abkömmlingen des C_2H_2, C_2H_4, Propylens, Bzl., CH_4 u. C_2H_6. Je nach Reaktionswilligkeit der Komponenten genügt Chlorieren bei n. Temp. bzw. muß erhöhte Temp. oder photochem. Chlorierung angewendet werden. (Dechema Monogr. **21.** 319—37. 1952. Pittsburgh, Pa., Dow Chem. Comp.) H. Eckhard. H 500

G. Carrière, *Guanidin.* Übersicht über Darst. u. chem. Eigenschaften. — 22 Schrifttumshinweise. (Chem. pharmac. Techniek **10.** 349—51. 1/7. 1955.) W. Wesly. H 880

G. Carrière, *Tris-[β-chloräthyl]-phosphit, $(ClCH_2CH_2O)_3P$.* Übersicht über Darst., physikal. u. chem. Eigenschaften. — 12 Schrifttumshinweise. (Chem. pharmac. Techniek **10.** 365—66. 15/7. 1955.) W. Wesly. H 980

P. W. Sherwood, *Trennung von Aromaten. Neue in den Vereinigten Staaten verwendete Methoden.* Entspricht im wesentlichen der C. **1956.** 3734 referierten Arbeit. (Chem. Age **73.** 225—28. 230. 30/7. 273—76. 3/8. 1955.) R. K. Müller. H 1000

U. Deffner, *Phthalsäureanhydrid in den USA.* Kurzer Überblick über Herstellungsverff. u. Verwendung. (Chem. Rdsch. [Solothurn] **6.** 335—36. 1/10. 1953.) Gabriele Günther. H 1220

J. Leyh, *ICA.* Übersicht über die physikal. u. chem. Eigg. von Isocinchomeronsäure (2.5-Pyridindicarbonsäure). (Chem. pharmac. Techniek **10.** 97—98. 15/11. 1954.) W. Wesly. H 3231

J. De Palacio Mac-Lennan, *Das Chlorophyll. Chemie, industrielle Herstellung und Anwendungen.* Zusammenfassender Überblick. (Afinidad [3] **32.** 188—93. Sept./Okt. 1955.) M. Winiker. H 3550

Badische Anilin- & Soda-Fabrik Akt.-Ges., Ludwigshafen/Rh., *Trennen von optischen Antipoden.* Ein racem. Gemisch, das z. B. in Methanol gelöst ist, sättigt man mit Harnstoff. Nach dem allmählichen Abkühlen kann man durch fraktionierte Kristallisation die beiden verschied. opt. akt. Komponenten trennen. Beispiele von Substanzen, die auf diese Weise zu trennen sind: 2-Chloroctan, Decanol-(3), der Octylester der α-Chlorpropionsäure, der Hexylester der Milchsäure. (**E. P. 741 248** vom 4/5. 1953, ausg. 30/11. 1955. D. Prior. 8/5. 1952.) H. Nebelsiek. 6599

Braunkohle-Benzin Akt.-Ges., Berlin, *Verfahren zur Kohlenoxydhydrierung*, bei dem das Frischgas mit einem Teil des mit Hilfe von Aktivkohle von den Reaktionsprodd. befreiten, im Kreislauf geführten Reaktionsgases der Rk. unterworfen wird, dad. gek., daß das Frischgas zwischen dem Kontaktofen u. der Aktivkohleanlage, zweckmäßig nach den zur Herausnahme verfügbarer Reaktionsprodd. dienenden Kondensatoren u. nach Abzweigung der den Kreislauf verlassenden Reaktionsgasanteile, in den Kreislauf eingeführt wird. Das Frischgas kann in Mischung mit dem Kreislaufgas zum Trocknen u. Kühlen ausgedämpfter Adsorber benutzt werden. — Vorr., Zeichnung. (**D. B. P. 932 907** Kl. 12o vom 30/1. 1944, ausg. 12/9. 1955. Anmeldung bekanntgemacht 9/10. 1952.) G. Krauss. H 500

Soc. Carbochimique, Soc. An. (Erfinder: **Paul Ferrero, Léon René Flamme** und **Michel Fourez**), Brüssel, Belgien, *Propylenchlorhydrin* (**I**) erhält man im kontinuierlichen Verf., aus W., Cl_2 u. C_3H_6 in 2 Stufen, wobei in der 1. Stufe Cl_2 in der wss. **I**-Lsg. gelöst wird, worauf in der 2. Stufe in die Cl_2-haltige Chlorhydrinlsg. C_3H_6 eingeleitet wird. Reaktionstemp. $< 60^0$. Ein Teil des gebildeten **I** wird in die 1. Stufe zurückgeführt. Der Gesamtchlorgeh. der Reaktionsmischung soll $< 0{,}5$ g/Liter liegen. Im prakt. Betrieb wird die Konz. an C_3H_6 $< 50\%$ gehalten. Als Verdünnungsmittel kommen C_3H_8, gesätt. Paraffin-KW-stoffe oder andere inerte Gase in Betracht. — Zeichnung. (**E. P. 738 171** vom 28/10. 1952, ausg. 12/10. 1955.) G. König. H 560

Rheinpreußen Akt.-Ges. für Bergbau und Chemie, Deutschland, *Herstellung von Methylolverbindungen* durch Kondensation von Aceton oder Homologen mit Formaldehyd in Ggw. eines bas. Katalysators u. eines niedermol. Alkohols, wie Methanol. — In ein Gemisch aus 69,6 g Aceton, 400 wss. 30%ig. CH_2O-Lsg. u. 512 Methanol rührt man 40 cm³ 2n NaOH ein. Temp. 20⁰. Nach 2 Std. wird mit 2n H_2SO_4 neutralisiert. Das Reaktionsgemisch wird durch Dest. von den niedrigersd. Anteilen befreit u. es hinterbleibt ein gelbliches Kondensationsprod., welches von dem ausgefallenen Na_2SO_4 abfiltriert wird. Das gewonnene Reaktionsprod. wird mit H_2 in Ggw. von Raney-Ni bei 60—80⁰ u. 120—150 at Druck hydriert u. danach mit Essigsäureanhydrid behandelt. Es entsteht dabei 1.3-Butandioldiacetat, $Kp._{11}$ 97—99⁰, 3.3-Dimethylolisopropanoldiacetat, $Kp._{12}$ 146⁰ u. 3.3.3-Trimethylolisopropanoltetraacetat, $Kp._{12}$ 199⁰. — Das nicht hydrierte Prod. besteht aus einem Gemisch von Methylolacetonen, u. zwar enthält es

33,1 (%) Monomethylolaceton, 20,0 3.3-Dimethylolaceton, 38,6 3.3.3-Trimethylolaceton u. 8,5 höhere Kondensationsprodukte. Der Rest ist unbrauchbar. (**F. P. 1 109 280** vom 22/7. 1954, ausg. 24/1. 1956. D. Priorr. 23/7. 1953 u. 11/3. 1954.)
K. F. MÜLLER. H 570

Esso Research & Engineering Co., Elizabeth, N. J., V. St. A., *Entkobaltisierung der Primärprodukte der Oxosynthese und Rückgewinnung des Katalysators*, dad. gek., daß das Primärpod. bei erhöhter Temp., jedoch nicht $>200^0$F, mit einer wss. Carbonsäurelsg. zusammen mit einem $CO-H_2$-Gemisch, dessen Partialdruck für $CO + H_2 > 10$ lbs./sq.in. beträgt, behandelt wird. Die wss. Schicht enthält alles Co, teils als Co^{++}, teils als $[Co(CO)_4]^-$. Das resultierende $[Co(CO)_4]_2^{--}Co^{++}$ ist leichter lösl. als z. B. Co-Acetat oder -Formiat, bes. wenn die Löslichkeit auf g Co/ml bezogen wird, so daß derartige Lsgg. sogar noch eingeengt werden können, bevor sie in die Oxosynthesestufe direkt zurückgeführt werden. Als Vorteil wird angegeben, daß mit der rückgeführten, z. B. 8—10%ig., Co-Lsg. nur wenig W. eingeschleppt wird. — Zeichnung. (**E. P. 742 879** vom 27/1. 1953, ausg. 4/1. 1956. A. Prior. 20/4. 1952.)
O. SCHÖN. H 650

Distillers Co. Ltd., Edinburgh, Schottland (Erfinder: **David James Hadley**), *Herstellung von Acrolein* durch Überleiten eines 0,008—0,12 mg/Liter Se enthaltenden O_2–Propylen-Gemisches über einen bei 750—1000° vorgeglühten $CuO-Al_2O_3$-Kontakt bei 210—350°. Einzeldaten: Geh. an Propylen $<3\%$; Geh. an $O_2 > 8\%$ (z. B. kann eine Mischung aus 98% Luft mit 2% Propylen verwendet werden); Kontaktzeit 2—12 Sekunden. Bei Inbetriebsetzung ist es zweckmäßig, anfangs einen höheren Se-Geh. anzuwenden, bis sich im Katalysator die Gleichgewichtskonz. an Se eingestellt hat. (**E. P. 727 318** vom 25/8. 1951, ausg. 30/3. 1955. **Zusatz zu E. P. 655210; C. 1952. 6128.**)
O. SCHÖN. H 670

Adolf Marzin, Dessau, *Gewinnung von hochmolekularen, geradkettigen, festen Fettsäuren* aus Gemischen mit niedrigmol. u. bzw. oder verzweigtkettigen Fettsäuren sowie Olefin- u. Dicarbonsäuren, wie sie bei der Paraffinoxydation anfallen, dad. gek., daß das Fettsäuregemisch entweder mit wss. Lsgg. von Alkalien oder NH_3 verseift u. mit Lsgg. von Erdalkali-, Mg-, Al- oder Schwermetallsalzen in den höhermol. geradkettigen, festen Fettsäuren etwa äquivalenter Menge versetzt wird oder daß Suspensionen von Erdalkali-, Mg-, Al- oder Schwermetallsalzen des Fettsäuregemisches in W. mit einer wss. Lsg. von Alkali- oder NH_4-Salzen, vorzugsweise von Carbonaten, Sulfaten, Phosphaten, versetzt werden. Hierauf werden die unlösl. Erdalkali-, Mg-, Al- bzw. Schwermetallsalze der höhermol., geradkettigen, festen Fettsäuren abfiltriert. (**D. P. [DDR] 6 267** Kl. 23d vom 2/12. 1951, ausg. 29/1. 1954 [Wirtschaftspatent].)
T. OPPERMANN. H 810

Eastman Kodak Co., Rochester, N. Y., übert. von: **Benjamin Thompson**, Kingsport, Tenn., V. St. A., *Aliphatische Nitrile* erhält man durch Rk. von ungesätt. sek. Iminen-C_6-C_{20} mit NH_3 in der Gasphase in Ggw. eines Metall-, Oxyd- oder Legierungskatalysators bei 200—600°. — Beispiel: Isobutenylisobutylidenimin + NH_3 in Ggw. eines Cu-Zn-Katalysators bei 350° → 93% *Isobutyronitril* gemäß: $(CH_3)_2C{=}CH{-}N{=}CH{-}CH{-}(CH_3)_2 + NH_3 \rightarrow 2(CH_3)_2CH{-}CN$. — Isopentenylpentylidenimin → *Isovaleronitril*. Weiter wird beschrieben die Herst. von: *2-Äthylhexano-*, *Propio-*, *2-Methylpenteno-* u. *-pentanonitril*. (**A. P. 2 731 488** vom 16/1. 1952, ausg. 17/1. 1956.)
O. MÜLLER-MEININGEN. H 810

Röhm & Haas G. m. b. H. (Erfinder: **Nicolaus Jochum, Kurt Riefstahl**, Darmstadt, und **Hans Pilz**, Höchst), *Herstellung von Äthylencyanhydrin* durch Rk. von HCN mit Äthylenoxyd (I) in Ggw. alkal. Katalysatoren, dad. gek., daß die Rk. in Ggw. von 0,5—4% (berechnet auf I) eines Erdalkalihalogenids oder -rhodanids erfolgt. (**D. B. P. 939 148** Kl. 12o vom 16/4. 1953, ausg. 16/2. 1956. Anmeldung bekanntgemacht 18/8. 1955.)
O. MÜLLER-MEININGEN. H 810

Standard Oil Development Co., V. St. A. (Erfinder: **S. George Gallo, David W. Young** und **Delmer L. Cottle**), *Synthetische Schmiermittel und Plastifizierungsmittel*. Man erhält die Schmiermittel durch Oxydieren von Cyclohexan (I) mit Luft bei 7—14 at u. ca. 98 bis 177° in ca. 1—5 Std. zu einem festen, an *Adipinsäure* reichen Oxydationsprod. u. Verestern dieses Prod. mit einem Monoalkohol (einem aliphat. Alkohol mit verzweigter, 7—15 C-Atome enthaltender C-Kette) u. mit einem Polyalkohol [z. B. 1.3-, 1.4-Butylenglykol (**II**)]. Diese Mischester dienen auch als Plastifizierungsmittel für synthet. Kautschuk (Butadien–Acrylnitril-Mischpolymerisaten). — Z. B. leitet man Luft bei 10,5 at u. 104—121° in ein Gemisch von 50 (Teilen) **I**, 30 Essigsäure u. 1,5 Cyclohexanon ein u. kocht 74 des gewonnen Oxydationsprod. mit 66 Isooctylalkohol, 23 **II**, 50 Xylol u. 1 2.6-Di-tert.-butyl-4-methylphenol bei 189° u. 1 mm Hg am Rückflußkühler. Der gebildete Mischester besitzt eine Viscosität bei 37,7° von 197,8 SSU. (**F. P. 1 078 225** vom 10/6. 1953, ausg. 16/11. 1954. A. Prior. 24/9. 1952.) T. OPPERMANN. H 820

E. I. du Pont de Nemours & Co., Wilmington, Del., übert. von: **William Mojé**, Niagara Falls, N. Y., V. St. A., *Gewinnung von Cyan* durch Rk. von gasförmiger HCN mit O_2 in Ggw. von einem Ag-Katalysator, z. B. Ag auf einem Trägerstoff, z. B. Al_2O_3 oder SiO_2, niedergeschlagen, bei 300—600°. Man trennt das $(CN)_2$ von den anderen Gasen z. B. durch Abkühlen auf —20,5°. (**A. P. 2 712 493** vom 17/3. 1953, ausg. 5/7. 1955.) H. Nebelsiek. H 890

American Cyanamid Co., New York, N. Y., übert. von: **Johnstone S. Mackay**, Pittsburgh, Pa., und **Kenneth A. Sund**, Glenbrook, Conn., V. St. A., *Herstellung von Ammoncyanat.* Man versprüht geschmolzenen Harnstoff in einer auf 300—400° gehaltenen Reaktionszone unter Entgegenführen von vorerhitztem NH_3-Gas. Dabei verdampft ein Teil des Harnstoffs. Der nichtverdampfte, geschmolzene, am Boden des Gefäßes übrigbleibende Harnstoff wird in den Prozeß zurückgeführt, während man die Gase durch eine Kühlzone (0—75°) führt u. hier bei ca. 25° zu Ammoncyanat kondensiert. (**A. P. 2 712 492** vom 14/4. 1954, ausg. 5/7. 1955.) H. Nebelsiek. H 890

International Minerals & Chemical Corp., New York, N. Y., übert. von: **Albert J. Schlaeger** und **Edwin A. Radecki**, Toledo, O., V. St. A., *Entfärbung von Aminocarbonsäuren enthaltenden Mischungen.* Man hydrolysiert *Weizen-Gluten* mit H_2SO_4, filtriert bei p_H 4,3 das Humin ab, versetzt mit Zn-Staub, rührt 3 Min. bei n. Temp., filtriert vom ungelösten Zn-Staub ab, fällt aus dem Filtrat gelöstes Zn mit H_2S u. filtriert von der hell-strohfarbenen Fl. ab. (**A. P. 2 723 292** vom 12/1. 1952, ausg. 8/11. 1955.) G. Langer. H 950

Union Carbide & Carbon Corp., übert. von: **Arthur N. Pines**, Snyder, und **Edward R. York**, Tonawanda, N. Y., V. St. A., *Alkenylchlorsilane* erhält man durch Erhitzen von β-Chlorpropylchlorsilanen, die gegebenenfalls noch CH_3-Reste enthalten können, mit 5—40 Gew.-% Isochinolin (I) auf 160—210° unter HCl-Abspaltung. Durch Rückflußerhitzung von β-Chlorpropyltrichlorsilan mit I erhält man *Methylvinyltrichlorsilan*. (**A. P. 2 735 860** vom 12/8. 1954, ausg. 21/2. 1956.) J. Mühleisen. H 980

Argus Chemical Laboratory, Inc., übert. von: **William E. Leistner**, Brooklyn, und **Arthur C. Hecker**, Richmond Hill, N. Y., V. St. A., *Organozinnverbindungen* der Formel R_n—Sn—X_{4-n} (R = Alkyl, Aryl, Oxyalkyl, Oxyaryl, Furfuryl, Tetrahydrofurfuryl; X = Anion einer Alkyl- oder Arylmercaptofettsäure mit 5—20 C-Atomen; n = 1—3) erhält man durch Kondensation der Mercaptofettsäure mit einer organ. Sn-Verbindung. — n-Dodecylmercaptan wird in Ggw. von Na-Methylat mit Methacrylsäuremethylester bei ca. 55° umgesetzt, die gebildete Mercaptosäure gibt dann mit Dibutyl-SnO in Bzl. in Ggw. von wenig p-Toluolsulfonsäure unter Rückfluß nach 1 Std. *Dibutylzinndidodecylmercaptoisobutyrat*, $(C_4H_9)_2Sn[OOCCH(CH_3)CH_2SC_{12}H_{25}]_2$, Öl, Sn-Geh. 14,1 (%), S-Geh. 8. — Äthylhexylmercaptan + Acrylsäuremethylester → Octylmercaptopropionsäure + Tributyl-SnCl → *Tributylzinnoctylmercaptopropionat*, $(C_4H_9)_3Sn(OOCCH_2CH_2SC_8H_{17})$, Sn-Geh. 22,8; S-Geh. 6,2. — Benzylmercaptan + Methacrylsäuremethylester → Benzylmercaptoisobuttersäure + Isopropylstannisäure → *Isopropylzinntribenzylmercaptoisobutyrat*, $C_3H_7Sn[OOCCH(CH_3)CH_2SCH_2C_6H_5]_3$; Sn-Geh. 15,1; S-Geh. 12,1. — $C_4H_9Sn\cdot(OOCCH_2CH_2SC_{12}H_{25})_3$. — $(C_4H_9)_2Sn(OOCCH_2CH_2SC_{12}H_{25})_2$. — $(C_4H_9)_3Sn(OOCCH_2CH_2\cdot SC_{12}H_{25})$. — *Stabilisierungsmittel* für *halogenierte hochmol. Verbb.*, bes. für *Vinylite VYNW* (Mischpolymeres aus Vinylchlorid + Vinylacetat), *chlorierte Paraffine* (Beispiele); *Antioxydationsmittel, Pharmazeutica* u. *Kosmetica* u. Zwischenprodd. für diese. (**A. P. 2 680 107** vom 20/5. 1952, ausg. 1/6. 1954.) G. Krauss. H 980

Standard Oil Development Co., V. St. A. (Erfinder: **Hans Christian Henry Jensen** und **Walter Lowenstein-Lom**), *Herstellung von Phosphor und Schwefel enthaltenden organischen Substanzen.* Man läßt eine Mineralölfraktion (bes. Zylinderöl) oder ein oder mehrere polymere Prodd. derartiger Fraktionen mit gebundenem oder elementarem P u. S bei 93—315°, bes. 140—288°, reagieren. Das noch heiße Reaktionsprod. läßt man mit olefin. KW-stoffen, bes. mit handelsüblichem Dipenten, reagieren, Reaktionstemp. 65 bis 232°. (**F. P. 1 080 492** vom 28/11. 1952, ausg. 9/12. 1954. E. Priorr. 28/11. 1951 u. 24/10. 1952.) T. Oppermann. H 980

Ethyl Corp., New York, N. Y., übert. von: **Alfred I. Kolka**, Birmingham, Mich., V. St. A., *Anreicherung von 1.2.4-Trichlorbenzol* (**I**) in Gemischen, die nicht >1 (Mol) 1.2.3-Trichlorbenzol (**II**) auf 2 **I** enthalten, erfolgt durch Rk. des Gemisches bei >113° mit wasserfreier H_2SO_4, wobei eine unterschiedliche Sulfonierung der Verbb. erfolgt. Die Menge der H_2SO_4 darf nicht zur vollständigen Sulfonierung ausreichen, muß jedoch für eine theoret. Umwandlung von der Hälfte des **II** genügen. Man trennt dann das unsulfonierte von dem sulfonierten Material. (**A. P. 2 725 407** vom 31/7. 1952, ausg. 29/11. 1955.) J. Mühleisen. H 1010

Wolfgang Griehl, Teltow-Seehof, und **Werner Winkler**, Premnitz, *Gewinnung von p-Xylol und o-Xylol bzw. deren Derivaten* aus dem Gemisch der beiden Isomeren, indem die Isomeren in den Seitenketten vollständig halogeniert werden. Die Halogenierungsprodd. werden durch Dest. oder Kristallisation getrennt. (**D. P. [DDR] 9 096** Kl. 12o vom 7/1. 1950, ausg. 22/1. 1955. [Wirtschaftspatent].) M. F. MÜLLER. H 1010

Stamicarbon N. V., Holland, *Zersetzung von aromatischen Kohlenwasserstoffhydroperoxyden* unter Verwendung von sauren Katalysatoren, z. B. konz. H_2SO_4. — Das Hydroperoxyd des 1.1-Di-p-tolyläthan wird mit 4% 96%ig. H_2SO_4 unter Zusatz von Bimssteinpulver bei 10—15° zersetzt. Es entsteht *p-Kresol* u. *p-Methylacetophenon.* — Cumolhydroperoxyd wird zers. in *Phenol* u. *Aceton.* (**F. P. 1 103 274** vom 29/6. 1954, ausg. 2/11. 1955. Holl. Prior. 1/7. 1953.) M. F. MÜLLER. H 1060

Soc. des Usines Chimiques Rhône-Poulenc (Erfinder: **John A. Kemp**), Frankreich, *Herstellung von Diphenylsulfiden* der allg. Formel I, worin X ein Halogen u. Y eine Nitro- oder Aminogruppe ist. Die beiden Benzolringe können jeweils substituiert sein. — 2-Bromthiophenol-Na wird in alkoh. Lsg. mit 2.5-Dichlornitrobenzol 4 Std. unter Rückfluß erhitzt. Es bildet sich dabei das *2-Brom-2'-nitro-4'-chlordiphenylsulfid* (**II**), F. 73°, schwachgelbe Prismen. — Aus **II** entsteht durch Red. mit $SnCl_2$ u. HCl das *2-Brom-2'-amino-4'-chlordiphenylsulfid,* F. 81,5°. — Weiter sind beschrieben das *2.4'-Dichlor-2'-nitrodiphenylsulfid,* F. 81°, u. das daraus durch Red. gewonnene *2.4'-Dichlor-2'-aminodiphenylsulfid.* (**F. P. 1 101 847** vom 27/3. 1954, ausg. 11/10. 1955. E. Priorr. 8/4. u. 27/4. 1953 u. 8/3. 1954.) M. F. MÜLLER. H 1090

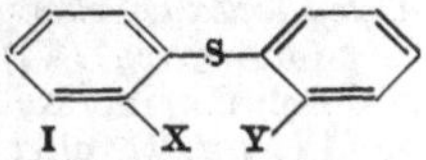

I

Harold Newby, London, England, *Iso- und Terephthalsäure* erhält man durch HNO_3-Oxydation von nach der Methode von FRIEDEL-CRAFTS hergestellten Polykondensationsprodd. aus Bzl. u. dihalogenierten Paraffin-KW-stoffen bei erhöhtem Druck u. erhöhter Temperatur. — Erhitzt man z. B. das aus Äthylenchlorid u. Bzl. in Ggw. von $AlCl_3$ hergestellte Prod. 30 Min. mit 20%ig. HNO_3 auf 180° bei 72 at, so erhält man neben etwas Benzoesäure hauptsächlich *Isophthalsäure.* Bei 200°, in Ggw. von 15%ig. HNO_3 u. bei 60 at erhält man nach 45 Min. dauernder Oxydation ein Gemisch aus *Iso-* u. *Terephthalsäure.* (**E. P. 734 427** vom 5/11. 1952, ausg. 3/8. 1955.) U. SIEVERS. H 1220

Victor Chemical Works Corp., übert. von: **Arthur D. F. Toy**, Park Forest, und **James R. Costello jr.**, Chicago Heights, Ill., V. St. A., *Pyrophosphorsäuretetraamide* erhält man durch Rk. von aliphat. sek. Diamidophosphorylchloriden (**I**) mit W. u. einer starken Base, wie ein Trialkyl- oder ein tert.-Aralkylamin, z. B. Triäthylamin, Tribenzyl- u. Dimethylbenzylamin, zweckmäßig bei 40—80°. Die Rk. erfolgt bei festen **I** zweckmäßig in Ggw. eines Lösungsmittels. Nach Beendigung der Rk. wird das Gemisch entweder mit W. gewaschen (wenn das Reaktionsprod. in W. unlösl. ist) oder mit einem Lösungsm. ausgezogen. Als **I** sind genannt: die Bis-dialkylamidoverbb., in denen Alkyl Methyl–Butyl ist, sowie die Dipiperidino- u. Dimorpholidoverbindungen. — Aus letzterer Verbb., W. u. $N(C_2H_5)_3$ erhält man bei 1std. Rk. bei 40° u. Extraktion mit CCl_4 nach Abdest. des letzteren halbfestes *Tetrapiperidinopyrophosphorsäureamid.* (**A. P. 2 717 249** vom 28/7. 1950, ausg. 6/9. 1955.) J. MÜHLEISEN. H 1380

Sharp & Dohme, Inc., V. St. A. (Erfinder: **Frederick C. Novello**), *Neue Cyclohexylphenylketone* der allg. Formel I, worin Y eine Keto- oder sek. alkoh. Gruppe oder eine Gruppe, die durch Hydrolyse in diese übergeführt werden kann; R eine der beiden Gruppen **II** oder **III** (Z = Halogen, Oxy- oder Acetoxygruppe) bedeuten. Man geht aus von bekannten Acetoxycyclohexylbenzolen, setzt sie nach FRIEDEL-CRAFTS mit einem halogenierten Acetylbromid oder -chlorid um (anschließend kann man das Halogen durch Rk. mit NaJ durch J ersetzen), hydrolysiert zu Oxycyclohexylphenylhalogenmethylketon (O.C.K.), oxydiert mit CrO_3 in Essigsäure zu Ketocyclohexylphenylhalogenmethylketonen. Man kann auch im Anschluß an die FRIEDEL-CRAFTS-Rk. das Halogen durch Rk. mit K-Acetat in Essigsäureanhydrid gegen eine Acetoxygruppe austauschen u. erhält durch Hydrolyse mit K_2CO_3 in wss. Methanol Acetoxycyclohexylphenyloxymethylketone. Die gleiche Behandlung an O.C.K. durchgeführt, führt über Oxycyclohexylphenylacetoxymethylketon (O.A.K.) zu Oxycyclohexylphenyloxymethylketonen. Wenn man O.A.K. in der beschriebenen Weise oxydiert, kommt man zu Ketocyclohexylphenylacetoxymethylketonen, die zu Ketocyclohexylphenyloxymethylketonen hydrolysiert werden können. Man kann zur Synth. von I auch von Acetoxycyclohexylbenzyldiazomethylketonen (A.H.D.) ausgehen, die man aus Acetoxycyclohexylphenylmethylketonen durch WILLGERODT-Rk. über die Oxycyclohexylphenylessigsäure u. Acetylierung zu Acetoxycyclohexylphenylessigsäure, das Säurechlorid u. Diazomethan herstellt. Rk. von A.H.D. mit HCl oder HBr in Ae. führt zu Acetoxycyclohexylbenzyl-

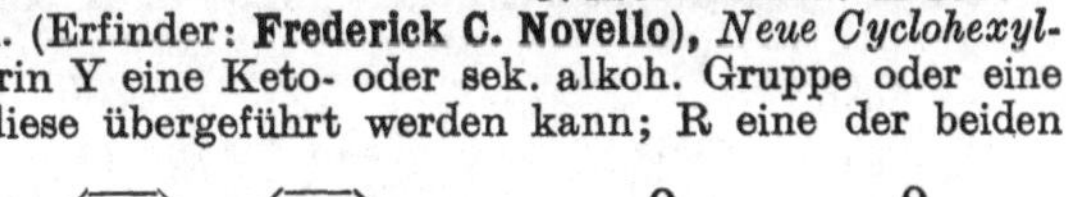

I II III

halogenmethylketonen, die man zu Oxycyclohexylbenzylhalogenmethylketonen (O.H.K.) hydrolysieren kann. Einerseits führt die Oxydation von O.H.K. zu Ketocyclohexylbenzylhalogenmethylketonen, andererseits kann man O.H.K. in Oxycyclohexylbenzylacetoxymethylketone umwandeln, die sich entweder zu Oxycyclohexylbenzyloxymethylketonen hydrolysieren oder zu Ketocyclohexylbenzylacetoxymethylketonen oxydieren lassen. Letztere kann man zu Ketocyclohexylbenzyloxymethylketonen hydrolysieren. Schließlich kann man noch A.H.D. durch Hydrolyse mit H_2SO_4 in Acetoxycyclohexylbenzyloxymethylketone überführen. — Beispiel: 6,5 (g) 2-Acetoxycyclohexylbenzol u. 15 cm^3 Chloracetylchlorid in 50 cm^3 CS_2 werden gekühlt u. in 50 Min. mit 9,4 $AlCl_3$ versetzt. Man rührt 6 Std. bei 0° u. gibt zu 25 cm^3 konz. HCl in 100 g Eis. Nach Extraktion mit Ae. wäscht man mit W. u. einer organ. 5%ig. Sodalösung. Nach Dest. erhält man *p-(2-Acetoxycyclohexyl)-phenylchlormethylketon* (**IV**). Auf die gleiche Weise sind die *p-(3-Acetoxy-* (**V**)- u. *p-(4-Acetoxy)* (**VI**)-*Verbb.* zugänglich, ebenfalls die entsprechenden *Brommethylketone* u. durch Rk. mit NaJ auch die 3 *p-(Acetoxycyclohexyl)-phenyljodmethylketone.* Hydrolyse von **IV**, **V** u. **VI** führt zu *p-(2-[bzw. 3- oder 4-]-Oxycyclohexyl)-phenylchlormethylketon* (**VII**; wobei an Stelle von Cl auch Br oder J stehen kann). Oxydation von **VII** mit CrO_3 in Eisessig führt zu *p-(2-[bzw. 3- oder 4]-Ketocyclohexyl)-phenylchlormethylketon,* die man mit K-Acetat in Eisessig u. Essigsäureanhydrid in *p-(2-[bzw. 3- oder 4]-Acetoxycyclohexyl)-phenylacetoxymethylketon* (**IX**) überführen kann. Acetylierung von **VII** ergibt *p-(2-[bzw. 3- oder 4]-Oxycyclohexyl)-phenylacetoxymethylkcton* (**VIII**), das durch Oxydation in *p-(2-[bzw. 3- oder 4]-Ketocyclohexyl)-phenylacetoxymethylketon* umgewandelt wird. Hydrolyse des letzteren führt zu den *p-Ketocyclohexylphenyloxymethylketonen.* Hydrolyse von **VIII** ergibt die 3 *p-Oxycyclohexylphenyloxymethylketone,* von **IX** die 3 *p-Acetoxycyclohexylphenyloxymethylketone.* Aus p-(4-Acetoxycyclohexylbenzol) wird nach FRIEDEL-CRAFTS p-4-Acetoxycyclohexylacetophenon u. nach WILLGERODT (Rk. mit S in Morpholin) p-4-Oxycyclohexylphenylessigsäure. Nach Acetylierung der OH-Gruppe wird mit $SOCl_2$ das Säurechlorid u. mit Diazomethan *p-4-Acetoxycyclohexylbenzyldiazomethylketon* (**X**) hergestellt. (Diese u. alle folgenden Rkk. gelten ebenso für die 2- u. 3-substituierten Verbindungen.) Mit HCl in Ae. wird daraus *p-4-Acetoxycyclohexylbenzylchlormethylketon* (mit HBr die entsprechende *Br-Verb.* u. aus beiden mit NaJ die J-Verb.), durch Hydrolyse mit HCl in A. *p-4-Oxycyclohexylbenzylchlormethylketon.* Dieses wird zu *p-4-Ketocyclohexylbenzylchlormethylketon* oxydiert oder zu *p-4-Oxycyclohexylbenzylacetoxymethylketon* acetyliert. Das letztere kann zu *p-4-Ketocyclohexylbenzylacetoxymethylketon* (**XI**) oxydiert oder zu *p-4-Oxycyclohexylbenzyloxymethylketon* hydrolysiert werden. Hydrolyse von **XI** führt zu *p-4-Ketocyclohexylbenzyloxymethylketon.* Aus **X** wird durch Hydrolyse mit 2n H_2SO_4 in Dioxan *p-4-Acetoxycyclohexylbenzyloxymethylketon* u. durch Rk. mit Eisessig *p-4-Acetoxycyclohexylbenzylacetoxymethylketon* erhalten. — *Zwischenprodukte.* (**F. P. 1 055 625** vom 9/5. 1952, ausg. 19/2. 1954. A. Prior. 17/5. 1951.) S. MEIER. H 1980

Sharp & Dohme, Inc., V. St. A. (Erfinder: **Frederick C. Novello**), *Neue Phenylcyclohexane und -hexene* der allg. Formeln **I** u. **II**, worin R u. R'' niedere Alkyle, R' eine Oxy-Methoxy-, Benzoxy- oder Acyloxygruppe u. X ein H oder niederes Alkyl bedeuten.

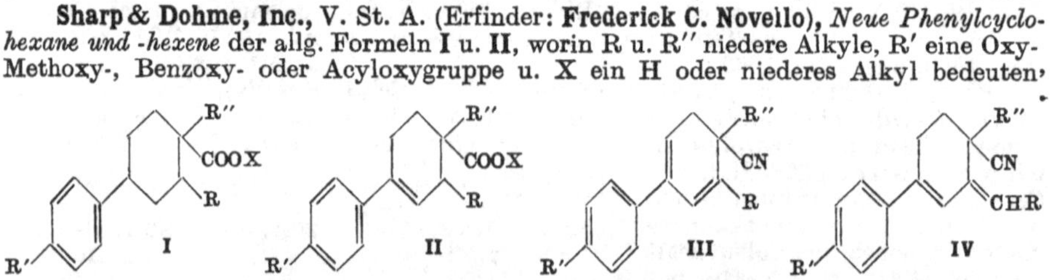

I II III IV

Man geht aus von einem 3-(p-Methoxyphenyl)-6-alkyl-6-cyancyclohexen-2-on-1, das nach GRIGNARD in ein 3-(p-Methoxyphenyl)-1.6-dialkyl-6-cyancyclohexen-2-ol-1 übergeführt wird. Durch Wasserabspaltung bilden sich die 3-(p-Methoxyphenyl)-1.6-dialkyl-6-cyancyclohexadiene der Formeln **III** u. **IV**. Beide Verbb. lassen sich mit Pd in Essigsäure zu 3-(p-Methoxyphenyl)-1.6-dialkyl-6-cyancyclohexanen oder mit Pt in Äthylacetat zu 3-(p-Methoxyphenyl)-1.6-dialkyl-6-cyancyclohexen-2 hydrieren. Die CN-Gruppe wird mit K in A. verseift, wobei gleichzeitig die Methoxygruppe hydrolysiert wird, so daß man 3-(p-Oxyphenyl)-1.6-dialkyl-6-carboxycyclohexan bzw. 3-(p-Oxyphenyl)-1.6-dialkyl-6-carboxycyclohexen-2 erhält. Beide Prodd. lassen sich benzoylieren, acylieren u. verestern. — Beispiel: 4,8 (g) 3-(p-Methoxyphenyl)-6-cyan-6-methylcyclohexen-2-on-1 in 20 cm^3 Bzl. u. 60 cm^3 Ae. werden nach u. nach mit einer Lsg. von 2,43 g Mg, 14,2 CH_3J in 100 cm^3 Ae. versetzt. Man erwärmt $1^1/_2$ Std., kühlt ab u. gibt zu 25 cm^3 HCl in 100 g Eis. Nach Extraktion mit Ae. wird mit W., 5%ig. $Na_2S_2O_3$ u. 5%ig. $NaHCO_3$ gewaschen. Nach Dest. krist. 3-(p-Methoxyphenyl)-6-cyan-1.6-dimethylcyclohexen-2-ol-1. 5 davon werden mit 1 $KHSO_4$ vermischt u. bei 0,5 mm eingedampft. Man erhält 3-(p-Methoxyphenyl)-6-cyan-1.6-dimethylcyclohexadien-1.3 (**V**), F. 87—90°, das man in 25 cm^3 Eisessig löst u. in H_2-Atmosphäre mit 150 mg Pd-Schwarz hydriert. Nach Filtration nimmt man in Ae. auf, wäscht, trocknet, dest. u. erhält 3-(p-Methoxyphenyl)-6-cyan-1.6-dimethylcyclohexan. Dieses wird mit K-Methylat unter Rühren 36 Std. auf 210° erhitzt. Man dampft zur Trockne ein, nimmt in W. auf, säuert mit HCl an u. extrahiert mit Ae., wobei nach Dest. *3-(p-Oxyphenyl)-6-carboxy-1.6-dimethylcyclohexan* (**VI**), F. 192—193°, hinterbleibt. Ebenso wird hergestellt (Äthylmagnesiumjodid) *3-(p-Oxyphenyl)-6-carboxy-1-äthyl-6-methylcyclohexan* (**VII**), $Kp._{0,001}$ 135—145°. Aus **V** entsteht durch Hydrierung mit ADAM-Katalysator in Äthylacetat u. anschließende gleiche Behandlung *3-(p-Oxyphenyl)-6-carboxy-1.6-dimethylcyclohexen-2* (**VIII**), F. 128,5—130°, bzw. *3-(p-Oxyphenyl)-6-carboxy-1-äthyl-6-methylcyclohexen-2* (**IX**). Aus **VI**, **VII**, **VIII** u. **IX** lassen sich durch Rk. mit Dimethylsulfat die entsprechenden *3-(p-Methoxy)-Verbb.* herstellen. Beschrieben wird ferner die Herst. von *3-(p-Oxyphenyl)-6-carboxy-1-butyl-6-methylcyclohexan*, *3-(p-Oxyphenyl)-6-carboxy-6-äthyl-1-methylcyclohexan* (aus 3-p-Oxyphenyl-6-carbäthoxy-6-äthylcyclohexen-2-on-1 u. Methylierung) u. *3-(p-Oxyphenyl)-6-carbomethoxy-1.6-dimethylcyclohexan* (Acetylierung von **VI**, Rk. mit Diazomethan, Hydrolyse). (**F. P. 1 055 582** vom 8/5. 1952, ausg. 19/2. 1954. A. Prior. 10/5. 1951.) S. MEIER. H 2010

X. Färberei. Organische Farbstoffe.

Karl Brodersen, Wolfen, Kr. Bitterfeld, *Herstellung von Fixierungsmitteln für substantive Farbstoffe* durch Kondensation von Amino- bzw. Iminogruppen enthaltenden Verbb., z. B. Dicyandiamid, Biguanid, mit CH_2O im Verhältnis von mindestens 1 : 4, dad. gek., daß man den CH_2O ganz oder teilweise in Form von Hexamethylentetramin anwendet, die Kondensation bei einem p_H-Wert von 4—5 durchführt u. unterbricht, sobald die höchste farbstoffixierende Wrkg. des Prod. mittels bekannter Verff. festgestellt wurde. (**D. P. [DDR] 11 061** Kl. 8m vom 24/10. 1954, ausg. 2/1. 1956 [Wirtschaftspatent].) G. HOPPE. 7007

Unilever N. V., Holland, *Färben von tierischen Haaren*, bes. von menschlichem Haar, unter Verwendung von Verbb. der allg. Formel $(NO_2)_m \cdot R(NHR_1)_n(NR_2R_3)_p$, worin R ein aromat. Ring ist; R_1, R_2, R_3 sind aliphat. Reste mit wenigstens einer OH-Gruppe. m, n u. p sind ganze Zahlen, z. B. 1. — Man vermahlt 6 (Teile) $MgCO_3$, 7,5 1-(β-Äthylolamino)-4-amino-3-nitrobenzol (**I**) u. 30 Äthylenchlorhydrin u. bildet mit H_2SO_4 das Sulfat von **I**. Danach gibt man 1 (Teil) einer 25%ig. NH_3-Lsg., 2 Netzmittel, 2 A. u. 94 W. zu. Die Lsg. färbt die Haare in dunklem Ultramarin-Farbton. — Man mischt 13 (Teile) Glycid (Epihydrinalkohol) u. 6 1.4-Diamino-3-nitrobenzol u. läßt 24 Std. bei —10° u. danach 24 Std. bei 20—30° stehen. Das dunkelviolett gefärbte Reaktionsprod. enthält *Tri-(β.γ-dioxypropyl)-1.4-diamino-3-nitrobenzol*, ferner *1-(Di-β.γ-dioxypropylamino)-4-(β.γ-dioxypropylamino)-3-nitrobenzol*, *1-(β.γ-Dioxypropylamino)-4-(di-β.γ-dioxypropylamino)-3-nitrobenzol*. Es wird in 2n HCl gelöst u. mit 2 Teilen akt. Kohle versetzt. Nach 4 Std. wird filtriert u. das Filtrat mit 62 (Teilen) W., 8 einer 24%ig. NH_3-Lsg. u. 2 des Na-Salzes des Laurylschwefelsäureesters versetzt. Die erhaltene Farbstofflsg. färbt menschliches Haar violett-blau. Durch Zusatz von 5-Nitro-2.4-diaminotoluol erhält man einen mittel- bis dunkelblonden Ton. (**F. P. 1 101 904** vom 1/6. 1954, ausg. 12/10. 1955. E. Prior. 1/6. 1953.) M. F. MÜLLER. 7025

General Aniline & Film Corp., New York, N. Y., übert. von: **Albert F. Strobel**, Phillipsburg, N. J., und **William Wilson Williams**, Easton, Pa., V. St. A., *N.N.N'-Tribenzyl-N'-oxyalkyldiamine* dienen zum *Gasechtmachen* von Färbungen auf Cellulosederivv. u. als *Zwischenprodd.* für alkohollösl. *Farbstoffe*. — *N.N.N'-Tribenzyl-N'-oxyäthyläthylendiamin* (**I**), man setzt Äthylendiamin mit Äthylenoxyd im Autoklaven um u. behandelt das entstandene Oxyäthyläthylendiamin mit Benzylchlorid u. NaOH. — Analog werden hergestellt: *N.N.N' Tri-(p-methylbenzyl)-N'-oxyäthyläthylendiamin.* — *N.N.N'-Tribenzyl-N'-(2-oxypropyl)-äthylendiamin.* — *N.N.N'-Tri-(3.5-dimethylbenzyl)-N'-(2-oxypropyl)-äthylendiamin.* — *N.N.N'-Tri-(4-chlorbenzyl)-N'-oxyäthyläthylendiamin.* — **I**-*Salz* von *1-(4'-Sulfophenyl)-3-methyl-4-phenylazo-5-pyrazolon*, aus den Komponenten. Ist viel leichter lösl. in Nitrocelluloselack-Lösungsmitteln als das entsprechende Na-Salz. (**A. P. 2 723 996** vom 12/9. 1951, ausg. 15/11. 1955.) G. LANGER. 7029

Eastman Kodak Co., Rochester, N. Y., übert. von: **Joseph B. Dickey** und **Edmund B. Towne**, Kingsport, Tenn., V. St. A., *Azofarbstoffe der Thiazolreihe* der allg. Formel **I** (R = Alkylrest mit 1—10 C-Atomen; Alkoxyalkylrest mit 3—6, Oxyalkylrest mit 2—5, Cyanalkylrest mit 2—6, Sulfoalkylrest mit 2—5, Phosphatoalkylrest mit 2—5, Phosphonoalkylrest mit 2—5 C-Atomen, β-Nitroäthylrest, Alkylenrest mit 2—4 C-Atomen, $-(CH_2)_m-COOR_2$-Rest, in dem m = 1—3 u. R_2 = Alkylrest mit 1—4 C-Atomen;

R_1 = Phenyl-, Xenylrest; X = H, Alkylrest mit 1—6 C-Atomen, CN, Trifluormethylrest, Rest **II**, in dem Q = H, NO_2, Cl, Br, Alkylrest mit 1—4 C-Atomen; Z = Alkylrest mit 1—4 C-Atomen, Cl, Br, F oder —HN—CO—Y, wobei Y = Alkylrest mit 1—3 C-Atomen; n = 0—2) erhält man durch Diazotieren eines 2-Amino-5-nitrothiazols der allg. Formel **III** u. Kuppeln der Diazoniumverb. mit einer Verb. der allg. Formel **IV** (R, R_1, Z u. n = wie oben). — 2-Amino-5-nitrothiazol (**V**) → N-β-Oxyäthyl-N-phenyl-m-toluidin; färbt Celluloseacetat (**C**), Nylon (**N**), Wolle (**B**) u. Seide (**S**) rötlichblau. —

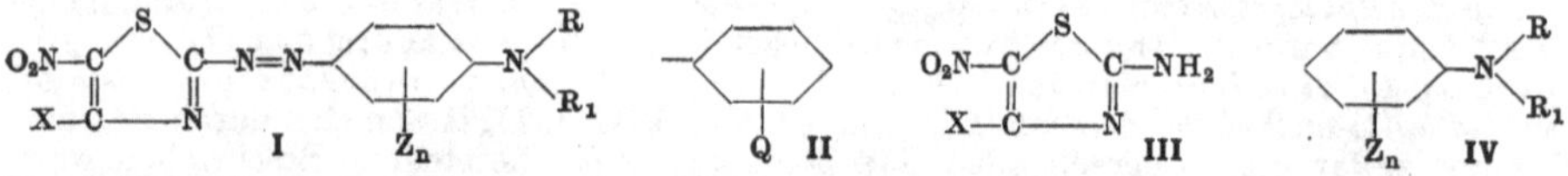

I II III IV

V → N-β.γ-Dioxypropyl-N-phenyl-m-toluidin; **C** rötlichblau. — **V** → N-β.γ-Dioxypropyl-N-phenyl-2-methoxy-5-chloranilin; **C** blau. — 2-Amino-5-nitro-4-(m-nitrophenyl)-thiazol → N-β.γ-Dioxypropyl-N-phenyl-2-methoxy-5-methylanilin; **C**, **N**, **B** u. **S** blaugrün. — 2-Amino-4-methyl-5-nitrothiazol → N-β-Oxyäthyl-N-phenylalanin; **C** violett. — **V** → N-Vinyl-N-pyridylanilin; **C** violett. — **V** → N-β-Sulfoäthyl-N-pyridylanilin; **C** rötlichblau. (**A. P. 2 683 709** vom 21/12. 1951, ausg. 13/7. 1954.) U. SIEVERS. 7053

Ciba Akt.-Ges., Basel, Schweiz, *Azopigmente* erhält man durch Kondensation eines Diamins bzw. von 3-Aminopyren bzw. von 2-Aminochrysen mit einem Halogenid einer azogruppenhaltigen Carbonsäure im Verhältnis 2 : 1, bes. in einem organ. Lösungsm. bei erhöhter Temp. u. in Ggw. eines säurebindenden Mittels, wie NH_3 oder Pyridin. — Man kondensiert z. B. den Azofarbstoff (**Z**) aus 1-Amino-2-methyl-5-chlorbenzol → 2-Oxyanthracen-3-carbonsäure in Chlorbenzol u. in Ggw. von SO_2Cl_2 (**I**) mit 4.4'-Diaminodiphenyl (**II**); Kunststoffe (**K**), z. B. Polyvinylchlorid, werden violett gefärbt. — Analog: **Z** aus 1-Amino-2-chlorbenzol → 2-Oxynaphthalin-3-carbonsäure (**III**) + **I** + 3.3'-Dichlor-4.4'-diaminodiphenyl (**IV**), **K** rotstichig orange. — **Z** aus 1-Amino-3-chlorbenzol (**V**) → **III** + **I** + **IV**; **K** gelbstichig rot. — **V** → **II** + **I** + 2.8-Diaminochrysen; **K** braun. — 1-Amino-2.5-dichlorbenzol → **III** + **I** + 1.4-Diamino-2.5-diäthoxybenzol; **K** gelbstichig braun. — 2-Amino-5-chlordiphenyläther → **III** + **I** + **II**; **K** rot. — 1-Amino-2-methyl-3-chlorbenzol → **III** + **I** + **II**; **K** rot. — 1-Amino-2-methyl-4-chlorbenzol (**VI**) → 3-Oxydiphenylenoxyd-2-carbonsäure + **I** + **II**; **K** oliv. — **VI** → 3-Oxycarbazol-2-carbonsäure (**VII**) + **I** + **IV**; **K** braun. — **VI** → **VII** + **I** + 3.3'-Dimethyl-4.4'-diaminodiphenyl; **K** braun. — **V** → **VII** + **I** + **II**; **K** gelbstichig oliv. — 1-Amino-2-methyl-4-nitrobenzol → **VII** + **I** + 1.5-Diaminonaphthalin; **K** violettstichig braun. — **VI** → 2.3-Oxynaphthoesäure (**VIII**) + **I** + 3-Aminopyren; **K** violett. — 1-Aminobenzol-4-carbonsäure → **VIII** + **I** + 2-Aminochrysen; **K** braunstichig rot. — 1-Amino-2-chlor-5-trifluormethylbenzol → **VIII** + **I** + **IV**; **K** rotstichig orange. — 2.5-Dichloranilin (**IX**) → **III** + **I** + 1.4-Diamino-2-chlorbenzol; **K** gelbstichig rot. — **IX** → **III** + **I** + 3.3'-Dimethyl-4.4'-diamino-5.5'-dichlordiphenyl; **K** gelbstichig rot. — Die erhaltenen Farbstoffe zeigen gute Migrations- u. Lichtechtheit. (**Schwz. PP. 304 984, 304 985, 304 986, 304 987, 304 988, 304 989, 304 990, 304 991, 304 992, 304 993, 304 994, 304 995, 304 996, 304 997, 304 998, 304 999** u. **305 000** vom 22/1. 1952, ausg. 1/4. 1955. **Zusätze zu Schwz. P. 297 020; C. 1956. 9307.**) U. SIEVERS. 7053

Sandoz Akt.-Ges., Basel (Erfinder: **Hans Ischer**, Basel, **Ernst Iselin**, Dornach, **Otto Senn**, Arlesheim, und **Walter Wehrli**, Riehen), Schweiz, *Herstellung von Polyazofarbstoffen* in weiterer Ausbildung des Verf. nach D. B. P. 889 491, dad. gek., daß man 1 Mol der Diazoverb. aus einem Aminodisazofarbstoff der Zus. **Ia** (A u. B = Reste der Benzol- oder Naphthalinreihe; die beiden Azogruppen stehen in p-Stellung zueinander; der Kern 1 kann noch weiter durch Methyl-, Methoxy- oder Acylaminogruppen substituiert sein) mit 1 Mol der Cu-Komplexverb. aus einem Monoazofarbstoff der Zus. **Ib** (R_1 = in o-Stellung zur OH-Gruppe gekuppelter Rest des 1-Oxy-4-methylbenzols) vereinigt u. den

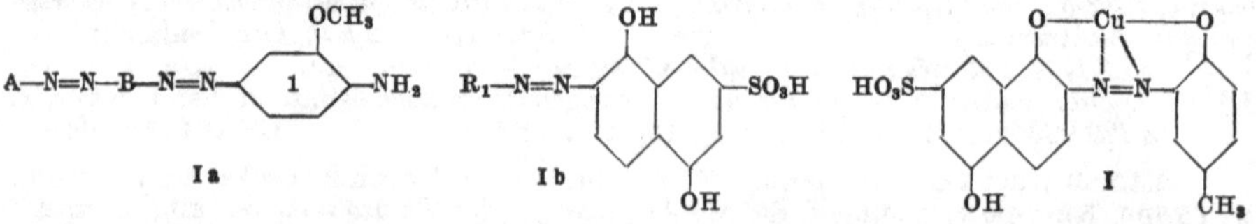

Ia Ib I

erhaltenen Polyazofarbstoff, der mindestens 2 Sulfonsäuregruppen besitzen muß, in Substanz oder auf der Faser mit kupferabgebenden Mitteln behandelt. — (2-Aminonaphthalin-6.8-disulfonsäure → 1-Amino-3-methylbenzol) → 1-Amino-3-methoxy-5-methylbenzol (**III**); der erhaltene Farbstoff wird weiter diazotiert u. mit der Kupferkomplexverb. I gekuppelt. Zur Kupferung des erhaltenen Tetrakisazofarbstoffes behandelt man die Verb. mit Kupfersulfatlsg. in Ggw. von NH_3, bis die Methoxygruppe vollständig aufgespalten ist. Baumwolle (**A**) u. Kunstseide (**G**) grünstichig grau. — [1-Aminonaphthalin-7-sulfonsäure (**II**) → **II**] → **III**. Der Farbstoff wird weiterdiazotiert u. mit **I** gekuppelt. Die entstandene Verb. wird wie oben beschrieben gekupfert. **A** u. **G** grau. (**D. B. P. 929 804** Kl. 22a vom 1/4. 1953, ausg. 4/7. 1955. Anmeldung bekanntgemacht 13/1. 1955. Schwz. Prior. 27/11. 1952. **Zusatz zu D. B. P. 889 491; C. 1955. 6143.**) U. SIEVERS. 7055

Badische Anilin- & Soda-Fabrik Akt.-Ges. (Erfinder: **Friedrich Ebel**, Mannheim, **Walter Rupp** und **Otto Trauth**), Ludwigshafen/Rh., *Küpenfarbstoffe*, die sich durch hohe Affinität u. klare Farbtöne auszeichnen, erhält man durch Rk. von 2 Mol gleicher oder verschied. gelber bis roter wasserunlösl. prim. Monoamine der Anthrachinonreihe mit 1 Mol eines solchen Chinazolins, das in 2- u. 4-Stellung u. außerdem in mindestens einer der Stellen 5, 6, 7 u. 8 durch Halogen substituiert ist. — Ein Gemisch aus (anthrachinon = **I**, chinazolin = **II**) 22,3 (Gewichtsteilen) 1-Amino-**I**, 11,7 2.4.6-Trichlor-**II** u. 500 Nitrobenzol erhitzt man unter Rühren 2 Std. auf 180°. Der Farbstoff färbt Baumwolle (**A**) aus dunkelbrauner Küpe (**K**) orange. In ähnlicher Weise Farbstoffe aus: 2.4.6-Trichlor-**II** u. 2-Amino-**I**, färbt **A** aus rotbrauner **K** kräftiggelb; 1-Amino-6-chlor-**I** u. 2.4.6.8-Tetrachlor-**II** [farblose Nädelchen, F. 150—152°, herstellbar durch Verschmelzen gleicher Teile 3.5-Dichloranthranilsäure u. Harnstoff (**III**) bis 180—200°, Behandeln der Schmelze mit schwach alkal. W., Sublimieren des ungelöst gebliebenen u. getrockneten Prod. u. Verkochen des erhaltenen 2.4-Dioxy-6.8-dichlor-**II** (blaßgelbe Nädelchen, F. 286—287°) mit $POCl_3$ u. PCl_5], färbt **A** kräftigorange; 1-Amino-5-benzoylamino-**I** u. 2.4.6-Trichlor-**II**, färbt aus dunkelbrauner **K** orangerot; 1-Amino-4-benzoylamino-**I** u. 2,4,6-Trichlor-**II**, färbt aus graugrüner **K** korinthrot; 1-Amino-4-methoxy-**I** u. 2.4.7-Trichlor-**II** (lange, farblose Nadeln, F. 128—130°, erhältlich aus 4-Chloranthranilsäure u. **III** über das 2.4-Dioxy-7-chlor-**II**, derbe Kristalle, F. über 310°), roter Farbstoff, färbt **A** aus rotbrauner **K** sehr echt blaustichigrot; 1-Amino-**I** u. 2.4.7-Trichlor-**II**, derbe, orange Kristalle, färben **A** aus braunroter **K** sehr echt orange; 1-Amino-**I** u. 2.4.6-Trichlor-**II** zum Anthrachinonylaminodichlor-**II** u. weiter umsetzen mit 1-Amino-5-benzoylamino-**I**, färbt **A**, regenerierte Cellulose (**D**) sowie Polyamidfasern (**P**) orange aus rotbrauner **K**; 1-Amino-4-benzoylamino-**I**, 2.4.6-Trichlor-**II** u. 1-Amino-5-benzoylamino-**I**, färbt **A**, **D** u. **P** korinth aus braunvioletter **K**. (**D. B. P. 931 845** Kl. 22b vom 4/9. 1952, ausg. 18/8. 1955. Anmeldung bekanntgemacht 24/2. 1955. **A. P. 2 697 097** vom 17/8. 1953, ausg. 14/12. 1954. D. Prior. 3/9. 1952.) O. ROICK. 7059

Eastman Kodak Co., Rochester, N. Y. (Erfinder: **Joseph B. Dickey** und **James M. Straley,** Kingsport, Tenn.), V. St. A., *Anthrachinonfarbstoffe* der allg. Zus. **I**, worin *X* eine Mono-β- oder -γ-oxalkyl- oder eine Dioxalkylgruppe mit 3 C-Atomen, eine $-(OCH_2CH_2)n-OH$-Gruppe (n = 1, 2, 3 oder 4) oder eine $-(OCH_2CH_2)m-O-R$-Gruppe (m = 1, 2 oder 3, R = Alkyl mit 1—2 C-Atomen) u. J H, Cl, OH, OCH_3 oder CH_3 bedeutet, erhält man durch Rk. von 1.8-Dioxy-4.5-dinitroanthrachinon (**II**) mit prim. Arylaminen der Zus. **III**. Die erhaltenen Farbstoffe färben Cellulosealkylcarbonsäure, bes. Celluloseacetat, in lichtechten u. gasfesten blauen Tönen. — 10 (Gewichtsteile) **II**, 16 p-(β-Oxyäthoxyäthoxyäthoxy)-anilin u. 100 Chinolin (**IV**) erhitzt man 2 Std.

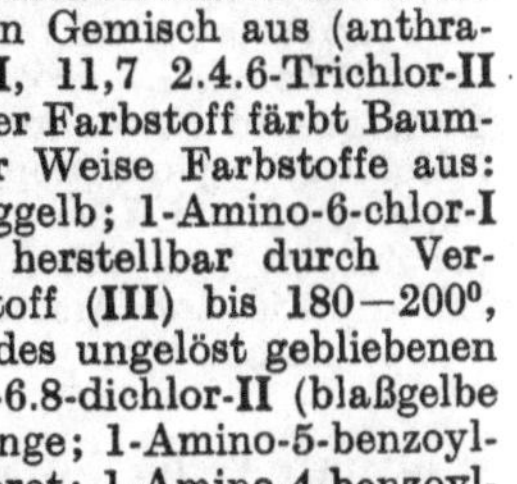

I

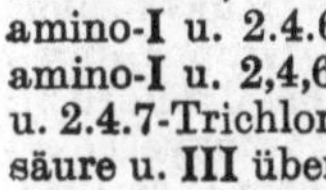

III

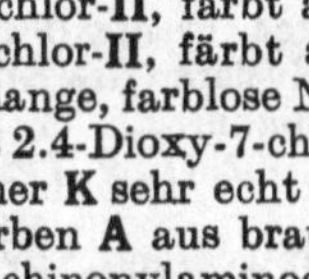

VII

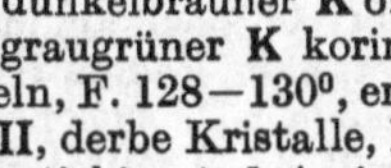

IX

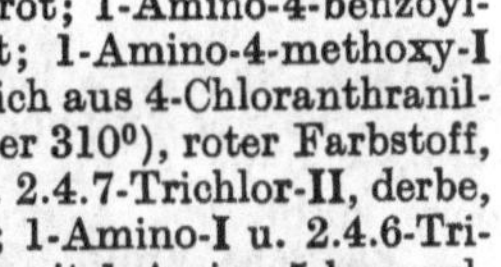

X

unter Rühren bei 150—155°, läßt abkühlen, gießt in 400 15%ig. wss. HCl, filtriert, vermahlt den Farbstoff mit 50 15%ig. HCl, filtriert u. wäscht mit W. neutral. Der als blaues Pulver (**P**) erhaltene Farbstoff hat die Zus. **Ia** (**a** = — 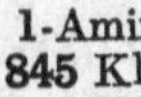 —$OCH_2CH_2OCH_2CH_2 \cdot OCH_2CH_2OH$). An Stelle von **IV** können auch andere Lösungsmittel Verwendung finden. In ähnlicher Weise erhält man Farbstoffe aus **II** u. o-(β-Oxyäthoxyäthoxyäthoxy)-anilin, blaues **P**, F. 84°; p-(γ-Oxypropyl)-anilin (**V**) [erhältlich durch längeres Stehen des Gemisches (**VI**) aus o-(γ-Oxypropyl)-anilin u. **V**, Kp.$_6$ 175—180°, das man durch Nitrieren des Acetats von Oxypropylbenzol, Verseifen des Acetats u. Red. mit H_2 in Ggw. von RANEY-Ni herstellen kann]; p-(β-Oxyäthoxyäthoxyäthoxyäthoxy)-anilin; p-(β-Äthoxyäthoxyäthoxy)-anilin; p-(β-Oxyäthoxy)-anilin; o-(β-Oxyäthoxyäthoxy)-anilin; 3-(Aminophenyl)-propanol-(1) [erhältlich durch Nitrieren des Acetats von 3-Phenylpropanol-(1),

Red. u. Verseifen]; 2-(Aminophenyl)-propanol-(1); 1-(Aminophenyl)-propanol-(2); 1-(Aminophenyl)-1.3-dioxypropan (erhältlich durch Nitrieren des Diacetats von 1-Phenyl-1.3-dioxypropan, Red. u. Verseifen); 2-(Aminophenyl)-propanol-(2) (erhältlich nach J. chem. Soc. [London] **1947.** 808), Farbstoff der Zus. **Ia**, worin **a** = **VII**; 1-(Aminophenyl)-2.3-dioxypropan; o-(β-Oxyäthoxyäthoxyäthoxyäthoxy)-anilin; p-(β-Äthoxyäthoxyäthoxyäthoxy)-anilin; o-(β-Methoxyäthoxyäthoxy)-anilin; **VI**; o-(γ-Oxypropyl)-anilin; m-(γ-Oxypropyl)-anilin (**VIII**) (erhältlich aus m-Nitrobenzaldehyd durch Erhitzen mit Na-Acetat u. Essigsäureanhydrid, Red. der erhaltenen m-Nitrozimtsäure mit H_2 u. RANEY-Ni zur m-Aminophenylpropionsäure u. Red. dieser mit LiAl-Hydrid zum **VIII**); einem Gemisch von o- u. p-(β-Oxypropyl)-anilin (erhältlich durch Red. von Phenylaceton, Acetylieren, Nitrieren, Deacetylieren u. Red. des nitrierten Carbinols); einem Gemisch von o- u. p-(β-Oxyisopropyl)-anilin (erhältlich durch Rk. von Styrol mit CO u. H_2, Acetylieren der erhaltenen Verb. der Zus. **IX**, Nitrieren, Red. u. Verseifen, $Kp._4$ 150 bis 154°); p-(α.γ-Dioxypropyl)-anilin [viscoses Öl, erhältlich durch Nitrieren des Diacetats von 3-(Phenyl)-1.3-propandiol mit rauchender HNO_3 u. Essigsäureanhydrid bei 20—30°, Eintragen in Eiswasser, Extrahieren mit Ae., Red. des p-Nitroesters u. Hydrolyse]; 2-Methoxy-5-(γ-oxypropyl)-anilin (F. 66—67°, erhältlich durch Nitrieren von p-Methoxybenzaldehyd, Überführen der erhaltenen Verb. durch die PERKIN-Rk. in eine Verb. der Zus. **X**, Red. von **X** mit H_2 in Ggw. von RANEY-Ni zur gesätt. Säure u. Red. mit LiAl-Hydrid zur Aminoverb.); einem Gemisch aus o- u. p-(β.γ-Dioxypropyl)-anilin (erhältlich aus Phenylmagnesiumbromid durch Rk. mit CH_2 $CHCH_2Cl$, Acetylieren der
O
erhaltenen Verb., Nitrieren, Hydrolysieren u. Red.); 3-(2- u./oder -4-Amino-3-chlorphenyl)-1-propanol [aus m-(γ-Oxypropyl)-anilin durch Ersatz der NH_2-Gruppe durch Cl (Diazo-Rk.), Acetylieren, Nitrieren, Red. u. Hydrolysieren des Esters mit alkoh. HCl]; p-(α.β-Dioxypropyl)-anilin; p-(α.α-Dioxyisopropyl)-anilin; m-(β-Oxyäthoxyäthoxyäthoxy)-anilin. — Vgl. auch A. P. 2 659 740; C. **1955.** 462. (**E. P. 716 937** vom 13/8. 1952, ausg. 20/10. 1954. A. Prior. 17/8. 1951.) O. ROICK. 7059

Badische Anilin- & Soda-Fabrik Akt.-Ges., Deutschland, *Herstellung sulfurierter Kohlenwasserstoffe*, dad. gek., daß man kondensierte Ringsysteme, die bis zu 8 Benzolringe enthalten, oder auch N-haltige Heterocyclen in Ggw. von geschmolzenem $AlCl_3$ mit Schwefelhalogenverbb. ($SOCl_2$, HSO_3Cl, SCl_2) umsetzt, gegebenenfalls in Ggw. von Verbb., die den F. herabsetzen (NaCl, KCl, NaF). Man kann ein oder mehrere Atome S einführen, außerdem auch Halogen. Als Ausgangsstoffe dienen Benzanthron, Benzoldibenzanthronyl, Dianthrachinonamine, Pyranthron, Benzdianthrone, All-naphthodianthrone, Dibenzpyrenchinone, Isodibenzpyrenchinone u. Anthanthron. — Die Prodd. dienen als *Farbstoffe* oder als Zwischenprodd. zu ihrer Herstellung. (**F. P. 1 057 746** vom 6/6. 1952, ausg. 10/3. 1954. D. Prior. 7/6. 1951.) S. MEIER. 7059

XIa. Farben. Anstriche. Lacke. Naturharze.

—, *Farbanpassung in der Massenproduktion.* Beschreibung des zur Farbtonprüfung verwendeten Test Panel Sprayer der ECLIPSE AIR BRUSH CO (3 Abb.). (Paint Varnish Product. **44.** Nr. 5. 32—33. 75. Mai 1954.) B. SCHEIFELE. 7090

H. Weise, *Über die Blechlackierung.* Übersicht über Grundlagen, Ausführung u. Zubehör der Blechlackierung (Streichen, Spritzen, Tauchen, Lackiermaschinen). (Metalloberfläche, Ausg. B **5.** 89—93. Juni 1953. Hilden, Rhld.) W. WESLY. 7090

Benjamin H. Danziger, *Neueste Kennwerte von Molybdänorangepigmenten.* Das aus tetragonalen Mischkristallen von $PbCrO_4$, $PbMoO_4$ u. meist $PbSO_4$ bestehende Molybdänorange ist den Chromorangen in Lichtechtheit gleichwertig oder überlegen, besitzt das 10—16fache Färbevermögen u. die 4—8fache Deckfähigkeit. Daher ist es trotz höherer Kosten billiger im Verbrauch. (Paint Ind. Mag. **70.** Nr. 9. 13—15. 20. Sept. 1955. New York, N. Y., Climax Molybdenum Co.) B. SCHEIFELE. 7092

Max Kronstein, *Einfluß von Lecithin auf die Dispersion von Titandioxyd in Latexfarben.* Untersucht wurde der Einfl. von Lecithin (I) auf die Dispersion von Rutil- u. Anatas-TiO_2 sowie auf p_H u. Viscosität. Resultate: I erhöht die Dispersionsgeschwindigkeit u. ergibt Farben von stabiler Viscosität bei 10 Monaten Lagerung. Zweckmäßig wird auf den Pigmentgeh. 1% I angewendet. (Paint Varnish Product. **44.** Nr. 5. 21—27. 76. Mai 1954. New York, N. Y., Univ., Coll. of Engng., Res. Div.) B. SCHEIFELE. 7092

Otto Merz, *Zur Innenlackierung von Blechbehältern.* Übersicht über die zur Innenlackierung von Hohlkörpern verwendeten Kunststoffe (Phenol-, Amin-, Harnstoff-, Melamin-, verätherte Phenol- u. Amin-, Polyester-, Maleinat-, Keton-, Vinylharze, Acrylpolymerisate, Polyamide, Polyurethane, Äthoxylin- oder Epoxydharze, Kautschukumwandlungsprodd., Silicone u. Fluorocarbone, Butyltitanat). (Metalloberfläche, Ausg. A **7.** 90—92. Juni 1953. Hilden, Rhld., Lackfabriken Hermann Wiederhold.) W. WESLY. 7096

C. de Backer, *Prüfung eines mit Sojabohnenöl modifizierten Glycerin–Phthalatharzes.* Sojaalkydharz *Synkal* (I) mit 58% Ölgeh. wurde im Vgl. zu einem Leinölalkydharz auf Wärmevergilbung, Trockenfähigkeit, Wasserbeständigkeit, Glanzbeständigkeit u. Filmhärte untersucht. Es ergab sich, daß I weniger gilbt als Leinölalkyd u. nach etwas längerer Trockendauer wasserbeständige, glänzende Filme ergibt. ZnO ist für weiße I-Farben kaum geeignet. (Chim. Peintures **16.** 273—81. Aug. 1953. Union Chim. Belge, Labor. d'applicat. des Peintures et Matières Plastiques.) B. SCHEIFELE. 7096

J. Sevestre, *Das Chlorophyll: Trockenstoff und Hautverhinderungsmittel.* Chlorophyll katalysiert die Oxydation trocknender Öle, jedoch nur bei Licht. (Peintures, Pigments, Vernis **31.** 1097. Dez. 1955.) B. SCHEIFELE. 7096

Rudolf Klose, *Oberflächenuntersuchungen von Farbüberzügen, hergestellt auf kaltem und heißem Wege.* Die Ergebnisse von Verss. über die qualitativen Eigg. im Kalt- oder Heißverf. aufgebrachter Filme von farbigen Nitrokunstharz-Kombinationslacken (Einfl. der Verdünnung auf den Verlauf, Filmstärke, Filmhärte, Filmdichte, Deckkraft, Biegefestigkeit, Schlagfestigkeit, Dehnung, Reißfestigkeit) werden im einzelnen mit Abbildungen u. Zahlentafeln wiedergegeben. (Metalloberfläche, Ausg. A **7.** 81—89. Juni 1953.) W. WESLY. 7106

J. F. H. van Eijnsbergen, *Wash primer.* Übersicht über Begriff, Zweck, Verh., Aufbringen u. Zus. der Wash primer. (Chem. pharmac. Techniek **10.** 251—52. 1/4. 1955.) W. WESLY. 7106

E. G. Shur, *Chemie der Hochpolymeren für Schutzüberzüge.* Betrachtungen über den Polymerisationsmechanismus, Löslichkeit, Viscosität u. Vernetzung der Makromoleküle. (Paint Varnish Product. **44.** Nr. 5. 30—31. 73. Mai 1954. Interchemical Corp., Finishes Div.) B. SCHEIFELE. 7106

M. Figaret, *Portlandzementanstriche zur Verkleidung von metallischen Oberflächen.* Übersicht über die Vorgänge der Rostbldg. u. Passivierung des Fe, Herst. u. Eigg. des Portlandzements (I) u. Anwendung von I-Anstrichen zum Schutz von Metall-, bes. Fe-Oberflächen. (Peintures, Pigments, Vernis **30.** 393—98. Mai 1954.) W. WESLY. 7106

W. Riese, *Über Organosole.* Überblick über Herst., Eigg. u. lacktechn. Bedeutung der *Organosole* (Vinylharzdispersionen). (Farbe u. Lack **61.** 419—20. Sept. 1955. Wallisellen-Zürich.) M. WINIKER. 7106

Pierre Delfosse, *Anstrichmittelemulsionen und Latexanstrichmittel. Die Rolle der Kreide.* Beschreibung der Herst., Eigg. u. Anwendung von Anstrichmittelemulsionen u. Latexanstrichmitteln u. der Funktion der Kreide als Pigment, als Fällmittel für Casein u. als Mittel, das die Stabilität von synthet. Latex nicht vermindert, die Deckkraft auf Grund ihrer Undurchsichtigkeit erhöht u. glatte, bis zu einem gewissen Grade poröse Filme erzeugt. (Peintures, Pigments, Vernis **30.** 399—405. Mai 1954. Paris, S. A. du Blanc Omya.) W. WESLY. 7106

Helmut Disselhoff, *Kunststofflatices als Anstrichmittel.* Vortrag, in dem ein Überblick über die Eigg. u. Anwendungen von Anstrichen auf Basis Kunststofflatices gegeben wird. (Farbe u. Lack **61.** 360—63. Aug. 1955. Ludwigshafen/Rh., Bad. Anilin- & Soda-Fabrik Akt.-Ges., Lackrohstofflabor.) M. WINIKER. 7106

J. E. Goris, *Photocolorimetrische Prüfung von Weiß-, Grau- und Schwarzpigmenten.* Die auf Buntpigmenten angewandte Prüfung mittels Photocolorimeter (vgl. C. **1955.** 11103) wurde auf weiße, graue u. schwarze Pigmente ausgedehnt. (Chim. Peintures **18.** 75—77. März 1955.) B. SCHEIFELE. 7152

E. G. Bobalek, L. R. Le Bras, W. von Fischer und **A. S. Powell,** *Die Elektronenmikroskopie für den Anstrichaufbau.* Übersicht über Anwendung u. Bedeutung der Elektronenmikroskopie zur Unters. des Anstrichaufbaus u. zur Anstrichprüfung. (Off. Digest Federat. Paint Varnish Product. Clubs **27.** 984—95. Dez. 1955. Cleveland, O., Case Inst. of Technol.) W. WESLY. 7158

—, *Die Bedeutung des Klebefreiheittestes.* Inhaltlich ident. mit der C. **1955.** 7562 referierten Arbeit. (Paint, Oil chem. Rev. **117.** Nr. 25. 16—17. 20—21. 16/12. 1954. New York Club, Subcommittee 37.) B. SCHEIFELE. 7158

—, *Eichung des Schaukelhärteprüfers von Sward.* Beschreibung, Prüfung u. Eichung des Instruments u. Vgl. mit anderen Methoden. (Paint, Oil chem. Rev. **117.** Nr. 24. 84—87. 2/12. 1954. Los Angeles Club, Sward Rocker Committee.) B. SCHEIFELE. 7158

Glidden Co., Cleveland, O., übert. von: **Benjamin W. Allan** und **Frank O. Rummery,** Baltimore, Md., V. St. A., *Reines Cadmiumsulfoselenidrotpigment.* Eine wss. Lsg. (I) eines Cd-Salzes [z. B. $CdSO_4$ oder $Cd(NO_3)_2$] wird mit einer gemischten Lsg. (II) einer lösl., oxyd., alkal. Verb. (**III**) (z. B. KOH oder Na_2CO_3), deren Anion mit dem Kation von **I** eine unlösl., oxyd. Cd-Verb. (**IV**) (z. B. CdO oder $CdCO_3$) bildet, u. eines lösl., alkal. Sulfids (z. B. Na_2S oder BaS), dessen Kation mit den Anionen von **I** u. **III** nur wasserlösl., aber keine unlösl. Verbb. ergibt, vermischt. Dem so erhaltenen innigen Suspensionsgemisch von gemeinsam ausgefälltem CdS u. **IV** wird so viel Se zugegeben (oder schon vor dem Vereinigen von **I** u. **II** in **II** mitgelöst), daß das Verhältnis des Se zum CdO-Wert von **IV** 3 : 2 bis 2 : 1 beträgt. Je nach der gewünschten Stärke des Rottones des Endprod. wird noch so viel CdS zugemischt, daß einerseits das Verhältnis dieses CdS zu Se $>$ 1 : 3 (besser $>$ 1 : 2), anderseits aber der CdO-Wert von **IV** mindestens 0,5% des Endprod. beträgt. Das Gemisch wird filtriert, gewaschen u. in nichtoxydierender Atmosphäre bei 400—700° calciniert. (**A. P. 2 643 196** vom 11/3. 1949, ausg. 23/6. 1953.) R. SCHREINER. 7093

United States Atomic Energy Commission, übert. von: **Randolph A. Wiese**, New York, N. Y., V. St. A., *Polyäthylenüberzug* (I) auf Zement, Holz, Ziegel u. dergleichen. Als Grundierungs- u. Verankerungsschichten werden zunächst aufgebracht: a) Lsg. von Resorcin–Phenol–CH_2O-Harz, b) Lsg. von Phenolharz, plastifiziert mit Butadien–Acrylnitril-Kautschuk in Methyläthylketon mit etwas Amylacetat, c) eine durch Flammspritzen aufgebrachte Schicht Polyäthylen + SiO_2 (bzw. Silicon) + $H_2KAl_3(SiO_4)_3$, dann der I. (**A. P. 2 716 075** vom 17/3. 1954, ausg. 23/8. 1955.) G. SALZMANN. 7107

Allied Chemical & Dye Corp., New York, N. Y., übert. von: **Bernard H. Kress**, Toledo, O., V. St. A., *Siliconalkydharze*, als Überzugsmassen, erhält man durch Hydrolyse eines Gemisches von Alkyl- u. Arylsilanen, wobei die Gesamtzahl der aliphat. zu den aromat. Resten 1 : 8 bis 7 : 2, bes. 1 : 3 bis 4 : 3, beträgt, bei $p_H < 7$ mit W. oder bes. in Ggw. eines bei $<$ 200° sd. Lösungsm., das in W. unlösl. ist, wie einem aliphat. Monocarbonsäureester u. aliphat. Keton, unter Bldg. eines vollständig hydrolysierten Siloxanols mit Mol.-Gew. $<$ 4500 u. dessen anschließende Kondensation mit einem ölmodifizierten Alkydharz, bes. einem Dicarbonsäure–Glycerin-Harz. — Ein Gemisch von Äthyl- u. Phenyltrichlorsilan wird in Ggw. von Butylacetat hydrolysiert u. das Siloxanol mit einem Reaktionsprod. aus Sojafettsäuren, Phthalsäure-, Maleinsäureanhydrid u. Pentaerythrit bei 235° umgesetzt. (**A. P. 2 735 825** vom 4/10. 1952, ausg. 21/2. 1956.) J. MÜHLEISEN. 7107

Emil Pauls, Schweiz, *Überzugsmassen für Fußböden*. Man bedeckt sie durch Bespritzen unter höherem Druck (ca. 3—4 at) mit Massen, welche aus Polymerisaten (z. B. Polyvinylchlorid, -acetat, Polystyrol, Polyacrylsäureestern), Füllstoffen (z. B. Quarz-, Holzmehl, $BaSO_4$, Kieselgur, Korkabfällen) u. Farbstoffen bestehen. (**F. P. 1 047 987** vom 16/8. 1951, ausg. 18/12. 1953. D. Prior. 16/8. 1950.) T. OPPERMANN. 7107

United States, Secretary of Army, übert. von: **Robert M. MacIntosh**, Columbus, O., V. St. A., *Lack für elektrische Kupferleitungen*, bestehend aus einer Mischung von 1 (Gewichtsteil) Milchsäure, 4 Mannit, 4—5 Vinylchloridacetat– oder Vinyl–Vinylidenchlorid-Mischpolymerisat, Polyamid, Celluloseacetat, Alkydharz oder Silicon u. einem Lösungsm.; Trocknung bei 200°. (**A. P. 2 715 616** vom 20/12. 1951, ausg. 16/8. 1955.) G. SALZMANN. 7107

XIb. Plaste (Kunstharze. Plastische Massen).

Gordon M. Kline, *Das Jahr 1955 im Überblick*. Das Gesamtgebiet der Kunststoffe umfassender Fortschrittsbericht. — 498 Literaturhinweise. (Mod. Plastics **33**. Nr. 5. 135 bis 136. 138. 140. 142. 144. 149—50. 152. 154. 156. 234—37. Jan. 1956.) M. WINIKER. 7170

E. C. Emslie, *Methoden zur Oberflächenbehandlung von Kunststoffen in rotierenden Trommeln*. Die Methoden zur Entfernung von Preßgraten, Oberflächenglättung u. -polierung von Kunststoffpreßartikeln in rotierenden Trommeln werden beschrieben. (Plastics **21**. 28—31. Jan. 1956. Lacrinoid Products Ltd.) R. SCHÄFF. 7170

H. L. Toor und **S. D. Eagleton**, *Adiabatische Kompression und Expansion von Polystyrol*. Beim Verspritzen von Polystyrol (I) treten im Verlauf des Spritzvorganges in der Düse beachtliche Temperaturänderungen komplexer Natur auf, bes. ein markanter Temperaturabfall beim Nachlassen des Druckes gegen Ende des Spritzprozesses, der der Expansion des geschmolzenen **I** zugeschrieben wird. Zur Klärung werden die tatsächlichen Temperaturänderungen (Δ T) während der Kompression (K) u. Expansion (E) von **I** im Ruhezustand untersucht mit dem Ergebnis, daß K u. E im wesentlichen reversibel u. adiabat. verlaufen, wobei die tatsächliche Δ T größer ist, als sie sich aus der Zustandsgleichung von SPENCER u. GILMARE für **I** errechnet. (J. appl. Chem. **3**. 351—54. Aug. 1953. Monsanto Chem. Ltd., Developm. Div.) WALTER SCHULZE. 7172

G. M. Ssinaisski, N. P. Smirnow, L. W. Rasspopowa, G. M. Wesstel und **M. A. Krisstjan,** *Der Schutz von Wärmeaustauschern vor Wasserkorrosion.* Stahlrohre (Stahl St–3), die von den untersuchten Wässern (W. aus einem See u. aus einer artes. Bohrung) im Wärmeaustauscher angegriffen werden, können durch Bakelitelack weitgehend gegen die Korrosion unter diesen Bedingungen (Temp. auf der Wärmeseite 150—250°) geschützt werden. Der Wärmeübergangskoeff. wird durch den Überzug verschlechtert; durch Beimengung von Al-Puder zum Lack werden jedoch 94—97% des Koeff. der Rohre ohne Überzug erreicht. (Химическая Промышленность [Chem. Ind.] **1955.** Nr. 7. 35—39. Okt./Nov.) R. K. MÜLLER. 7176

A. Baroni, *Die Melaminharze, Eigenschaften und Anwendungen.* Zusammenfassender Überblick. — 26 Literaturhinweise. (Materie plast. **21.** 349—53. Mai 1955.) M. WINIKER. 7180

W. Ziegenbein, *Polyamide als Plastwerkstoffe.* Gedrängter Überblick über die geschichtliche Entw., Herst., Verarbeitung u. Eigg. der Polyamide. — 6 Diagramme. (Plaste u. Kautschuk **2.** 182—84. Aug. 1955.) F. SCHIPKE. 7180

Maurice Fuzzard, *Oberflächenbehandlung von Preßteilen.* 2. Mitt. *Heißprägen, Bedrucken und Elektroplattierung.* (1. vgl. C. **1956.** 7945.) Beschreibung der Verff. u. der dabei verwendeten Apparaturen. (Brit. Plastics **28.** 452—54. Nov. **1955.** Universal Metal Prod. Ltd., Plast. Engng.) R. SCHÄFF. 7204

Robert H. Carey, *Die mechanischen Eigenschaften von Polyäthylen.* Inhaltlich ident. mit der C. **1955.** 1388 referierten Arbeit. (SPE Journal **10.** 16—21. 41. 42. März 1954. Bakelite Co.) H.-J. HEINRICHS. 7210

Riccardo Forquet, *Messung der Viscosität und viscosimetrisches Verhalten von Polyvinylchloriddispersionen.* Überblick über die zur Messung der Viscosität von PVC-Dispersionen z. Z. zur Verfügung stehenden Methoden nebst Hinweisen auf die prakt. Bedeutung derartiger Bestimmungen. — 10 Literaturhinweise. (Materie plast. **21.** 371 bis 379. Mai 1955.) M. WINIKER. 7210

Olin Mathieson Chemical Corp., Baltimore, Md., V. St. A., *Herstellung heterocyclischer Sauerstoffverbindungen* der allg. Formel I (n = 2 oder 3 u. R = H oder ein aliphat. Rest). Man setzt einen aliphat. Aldehyd, z. B. CH_2O, mit Di- oder Triäthylenglykol in Ggw. eines sauren Kationenaustauschers, z. B. „Amberlite IR–120", bei erhöhter Temp. um. — Beispiele für die Herst. von *1.3.6-Trioxacyclooctan* (**II**), Kp.$_{21}$ 60—70°; *2-Dichlormethyl*-**II**, F. 91—93°; *2-Isopropyl*-**II**, Kp.$_{20}$ 85—88°; *2-(1'-Äthyl-n-propyl)*-**II**, Kp.$_{30}$ 125—130°; *1.3.6.9-Tetraoxacycloundecan.* — Lösungsmittel u. Zwischenprodd., z. B. für Polymerisationsprodukte. (**E. P. 741 702** vom 29/10. 1953, ausg. 7/12. 1955. A. Prior. 30/10. 1952.) K. FABEL. 7171

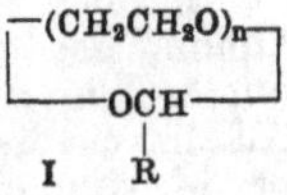
I

Goodyear Tire & Rubber Co., übert. von: **Nelson V. Seeger,** Cuyahoga Falls, und **Thomas G. Mastin,** Akron, O., V. St. A., *Addukte aus Imiden und Polyisocyanaten.* Da sich diese Addukte bei 100—150° wieder in ihre Komponenten spalten, können sie als „verkappte" Polyisocyanate, z. B. als *Vernetzungsmittel* bei der *Kunststoffherst.*, angewandt werden. Als Imine, die sich für diese Adduktbldg. eignen, werden genannt: Carbimid, Succinimid, Glutarimid, Phthalimid u. Naphthalimid. — Beispiel: Man löst 0,15 (Mol) 4.4'-Diphenylisocyanat u. 0,1 Phthalimid in 440 Methyläthylketon; es scheiden sich 29,2 g *Addukt* ab. An Stelle von Phthalimid kann auch 0,1 Succinimid angewandt werden. (**A. P. 2 725 385** vom 4/11. 1952, ausg. 29/11. 1955.) O. SCHÖN. 7171

E. I. du Pont de Nemours & Co., übert. von: **Paul S. Pinkney** und **Richard H. Wiley,** Wilmington, Del., V. St. A., *Härten von Polyäthylen* (**I**). Eine M. aus **I** (bzw. aus **I** u. Vinylacetat–Mischpolymerisat) ,0,5—20% eines Beschleunigers, z. B. Dialkylperoxyd, H_2O_2, Persäure, Perester, organ. N-Chlorderivv. von Aminen oder Amiden, Metallalkylverbb., Triäthylaminoxyd, Hydrazin oder Azinverbb., ferner Pigmenten u. Gleitmitteln wird während der Formgebung auf 70—250° erhitzt. (**A. P. 2 628 214** vom 27/10. 1945, ausg. 10/2. 1953.) G. SALZMANN. 7173

Farbwerke Hoechst Akt.-Ges., vormals Meister Lucius & Brüning, Frankfurt/M.-Höchst (Erfinder: **Ernst Fischer,** Offenbach/M.), *Gefärbte Massen aus Polyvinylverbindungen,* bes. großflächige Folien. Organ. Pigmentfarbstoffe (hergestellt z. B. nach D. R. PP. 658 019; C. **1938.** I. 4752 oder 741 357; C. **1944.** I. 1237) werden mit der gleichen oder einer unwesentlich größeren Menge Polyvinylchlorid oder -acetat in einer mechan. Schwingungen erzeugenden Mühle vermahlen u. in kleinen Anteilen, mit oder ohne Zusatz von Ruß, mit dem zu färbenden Polymerisat, während oder nach dessen Plastifizierung, verarbeitet. (**D. B. P. 904 465** Kl. 39b vom 21/10. 1950, ausg. 18/2. 1954.) G. SALZMANN. 7173

Montclair Research Corp., Ellis-Foster Co., übert. von: **Charles A. Mackenzie,** New Orleans, La., **Leonard Spialter,** Dayton, O., und **Milton Schoffman,** Brooklyn, N. Y., V. St. A., *Organosiliciumverbindungen* erhält man durch Rk. von anorgan. oder organ. Si-Verbb. (I), die mindestens 1 H-Atom am Si enthalten, mit ungesätt. organ. Verbb. (II), deren Mehrfachbindung nicht in einem Benzolrest vorhanden ist, bei erhöhter Temp. u. unter Druck. Geeignete I sind z. B. Silan, Mono-, Di- u. Trichlorsilan, Disilan, Disiloxan u. aliphat., aromat., alicycl. u. heterocycl. Silane, die gegebenenfalls noch Halogen enthalten können. II können Olefine, Diolefine, Acetylene, sowie aromat. oder heterocycl. Verbb. u. deren Derivv., wie Alkohole, Aldehyde, Ketone, Chinone, Säuren, Säureanhydride, Ester, Nitrile oder Nitroverbb. sein. Die Temp. kann 50 bis 500° betragen. Als Drucke kommen solche bis 4500 lbs./sq.in. u. mehr in Frage. Die Rk. kann gegebenenfalls in Ggw. von Katalysatoren erfolgen, wie z. B. Verbb. der Elemente der Gruppen III A, IV A, I B u. II B des Period. Syst. oder organ. Peroxyde. — Bei der Rk. von $HSiCl_3$ mit C_2H_4 bei 300—320° u. 1250 lbs./sq.in. Maximaldruck in einer Bombe erhält man ein Gemisch von *Äthyl-, Butyl-, Hexyl-, Octyl-* u. *Decyltrichlorsilan,* neben $HSiSl_3$. Weitere Beispiele betreffen die Rk. von $HSiCl_3$ mit Styrol, Allylchlorid, Penten, Cyclohexen, Isopren, Pentin-(1) u. Hexin-(1). Die Prodd. ergeben bei der Hydrolyse *Siloxane.* (**A. P. 2 721 873** vom 11/3. 1952, ausg. 25/10. 1955.) J. MÜHLEISEN. 7189

VEB Fahlberg-List (Erfinder: **Adolf Lendle,** Magdeburg-Südost), *Herstellung harzartiger Massen aus chloriertem Naphthalin.* Man läßt auf die aus chloriertem Naphthalin u. Chlorsulfonsäure hergestellten bekannten Reaktionsprodd. ein- oder mehrwertige Alkohole, Phenole oder deren Substitutionsprodd. in Ggw. von Alkalien einwirken. Die Prodd. sind mit Nitrocellulose gut verträglich, machen sie geschmeidig u. können auch allein zu plast. Massen, Lacken u. Folien verarbeitet werden. — 4 (Teile) Naphthalin werden mit 0,02 $SbCl_3$ bei 70—80° mit trockenem Cl_2 bis zu $D.^{22}$ 1,25 behandelt, das erhaltene chlorierte Naphthalin in 9,65 Chlorsulfonsäure eingetragen, bis zur Beendigung der HCl-Entw. gerührt u. in Eiswasser gegeben, dann in ein Gemisch von 3,78 Xylenol, 4,2 44%ig. NaOH u. 6,5 W. bei 50° langsam eingerührt u. 3 Std. nachgerührt. (**D. P. [DDR] 6 947** Kl. 39c vom 15/3. 1941, ausg. 31/3. 1954 [Wirtschaftspatent].) M. PANKOW. 7199

Bernard Eugene Smith, New York, N. Y., V. St. A., und **Walter Eduard Asmus Simon,** Kiel, *Thermoplastische Massen und Benzylkohlenwasserstoffe* (I) erhält man durch Erhitzen eines Benzyläthers eines Ligninstoffes auf 115—364° in Ggw. eines Alkalis, bis die M. frei ist von I mit einem Kp. von mindestens 170°. Die Plastifizierung der M. kann erfolgen, indem man die Dest. bei ca. 250° abbricht, so daß höhersd. I in der M. verbleiben. (**E. P. 740 595** vom 22/10. 1953, ausg. 16/11. 1955. D. Prior. 15/11. 1952.) J. MÜHLEISEN. 7199

Bernard Eugene Smith, New York, N. Y., V. St. A., und **Walter Eduard Asmus Simon,** Kiel, *Thermoplastische Massen.* Holz wird einerseits einer Rückflußkondensation in Ggw. von Kondensierungsmitteln, wie Ketone, z. B. Acetophenon oder Cyclohexanon (I), Aldehyde, z. B. Form-, Acet-, Benz- u. Crotonaldehyd, u. harzbildende Stoffe, z. B. Resorcin, Anilin, Phenole, p-Toluolsulfonamid oder Phenolsulfonsäuren, u. andererseits einer Verätherung (II) mit Benzylchlorid unterworfen. II kann vor oder nach der Kondensation erfolgen. Man kann ein Keton oder ein Aldehyd mit benzyliertem Holz unter Rückfluß kondensieren, bis das Prod. in I lösl. ist. Das umgewandelte Lignin kann zur Plastifizierung der ganzen M. dienen. (**E. P. 743 305** vom 22/10. 1953, ausg. 11/1. 1956.) J. MÜHLEISEN. 7199

Weyerhäuser Timber Co., Tacoma, übert. von: **James R. Roberts,** Lonview, Wash., V. St. A., *Formbare Cellulosemasse.* Als Bindemittel für Holzmehl, Sägespäne, Zellstoff, Pflanzenstoffe u. dgl. werden 20—40% eines durch Extraktion mit Bzl. oder Toluol gewonnenen Nadelholzharzes (Kolophonium), das durch Lösen in heißem Naphtha oder PAe. u. Ausfällen mit Furfurol, Furfurylalkohol, Phenol, SO_2 oder Resorcin raffiniert worden ist (in PAe. lösl. Anteil 30—80%; SZ. 105—140; F. 80—99°), verwendet. (**A. P. 2 714 072** vom 13/10. 1952, ausg. 26/7. 1955.) G. SALZMANN. 7205

Polymer Corp., übert. von: **Louis Lathrop Stott** und **William John Davis,** Reading, Pa., V. St. A., *Erhöhung der Formbeständigkeit von Polyhexamethylenadipamid Preß- bzw. Spritzkörpern,* bes. von Ringen, Walzen, Scheiben u. Zahnrädern. Die Rohlinge werden 15 Min. in einem Ölbade auf 205—260° erhitzt u. in 2½ Std. auf Raumtemp. abgekühlt. In sd. W. nehmen sie wieder 2½% W. auf, werden verarbeitet u. sind dann nahezu spannungsfrei. (**E. P. 730 643** vom 6/11. 1951, ausg. 25/5. 1955. A. Prior. 27/11. 1950.) G. SALZMANN. 7205

Armstrong Cork Co., übert. von: **James E. Hazeltine jr.,** Lancaster Pa., V. St. A., *Bedruckter Fußbodenbelag,* bestehend aus einem auf der Unterseite mit Asphalt imprägnierten Filz, der auf der Oberseite mit a) einem Caseinüberzug, b) ein oder mehreren Überzügen aus gekochtem Leinöl u. Harz u. c) einer Haftschicht aus 35% Polymerem oder Mischpolymerem des Vinylchlorids oder Styrols (98—80% + Butadien) u. einem Haftmittel, wie Styrol (30—60%)-Butadien-, Acrylnitril (55—80%)-Butadien-, Isobutylen (97—99%)-Isopren-Mischpolymerisat oder Chloropren versehen worden ist, die 50—80% Füllstoff (Holz-, Schiefermehl, Kreide, Tonerde u. dgl.) enthält. Nach dem Auftragen einer Polyvinylchloridpaste (3 Polymeres : 1 Weichmacher) wird das Farbmuster aufgedruckt. (**A. P. 2 705 684** vom 10/4. 1952, ausg. 5/4. 1955.) G. SALZMANN. 7205

Benjamin Messing, Summit, N. J., V. St. A., *Wasserfester Schichtkörper*, bestehend aus einer Zwischenlage aus Baumwolle-, Reißwolle-, Wolle-, Jutewatte u. dgl. u. zwei Deckfolien oder -gewebe aus Polystyrol, Polyäthylen oder Celluloseacetat, die mit einer gemusterten Walze unter Druck u. Wärme aufgepreßt werden. — Zeichnung. (**E. P. 730 052** vom 19/11. 1952, ausg. 18/5. 1955.) G. SALZMANN. 7205

VEB Elektrochemisches Kombinat Bitterfeld, Bitterfeld (Erfinder: **Werner Holzhausen**), *Schichtstoffe*, z. B. Planen u. Autoverdeckstoffe, erhält man durch Vereinigung von Gewebebahnen unter Verwendung thermoplast. Kunststoffe [Polyvinylchlorid (I) u. Weichmacher], die auf die Innenseite der Gewebebahnen in dünnen Schichten aufgetragen u. mit weiteren Schichten von Treibmittel, wie Ammoncarbonat (II) oder Na-Carbonat, enthaltenden Pasten aus Thermoplasten überdeckt u. durch Erhitzen geliert werden. Die so präparierten Bahnen werden durch Heißpressen vereinigt. — Eine Gewebebahn wird mit 20 (Teilen) I, 18 Trikresylphosphat (III) gelöst in 62 Cyclohexanon, versehen (280 g/m²) u. 1 Std. an Luft u. 1 Std. bei 60° getrocknet u. mit einer Schicht aus 40 **I**, 52 **III** u. 8 **II** versehen (Stärke 0,7 mm; 450 g/m²). Die bestrichenen Gewebebahnen werden aufeinandergelegt u. bei 160° zwischen Metallplatten geliert. (**D. P. [DDR] 3 437** Kl. 81 vom 17/5. 1941, ausg. 13/4. 1953 [Wirtschaftspatent].) O. KAYSER. 7205

Luigi Stangalini, Italien, *Herstellung von Holzfaserhartpapieren und -hartfaserplatten* durch Mischen von Cellulosefasermaterial, wie Zellstoff oder Baumwollfaser, mit 6—60% eines Kunstharzes in monomerer oder polymerer Form, mit weiteren Zusätzen eines Koagulations- u. Netzmittels. — Man mischt z. B. 85—90(%) Holzcellulose mit 10—15 Dimethylharnstoff oder 94 Baumwollcellulose mit 6 Äthylamin u. behandelt die daraus hergestellten Bahnen mit Lsgg. von Phenol- oder Kresolharzen, die zu $^1/_4$ kondensiert sind. Man mischt 50 Cellulose, 20 Wollfasern, 10 Lederfasern u. 20 Na-Acrylat oder 70 Holzcellulose mit 30 mikromol. Styrolharz. Man vereinigt 4 Bahnen einer Mischung aus 85 Cellulose u. 15 Dimethylharnstoff mit einer Bahn aus einer Mischung etwa gleichen Teilen Melaminharz u. Cellulose. (**F. P. 1 103 065** vom 13/4. 1954, ausg. 28/10. 1955. It. Prior. 17/6. 1953.) M. F. MÜLLER. 7205

—, Polyesters and their applications; by Bjorksten Research Laboratories, Inc. New York: Reinhold (626 S.) 8°. $ 10,—.

XII. Kautschuk. Guttapercha. Balata.

R. D. Stiehler und **F. L. Roth,** *Standard-Naturkautschuk.* Eine Unters. über das Mischen von „gelbem" TC- (techn. klassifiziertem Smoked Sheet in einem Banbury-. Mischer zur Herst. einer einheitlichen Charge (10—15 To) für eine Standardprobe von Naturkautschuk zeigte, daß man eine einheitliche Mischung erhalten kann, daß aber ein 2. Mischvorgang zur Ausschaltung von Variationen in den Mischungen erforderlich ist. (Rubber Age [New York] **78.** 77—80. Okt. 1955. Washington, D. C., Nat. Bur. of Standards.) R. SCHÄFF. 7222

John B. Gregory, *Einfluß der Temperatur auf die Luftdurchlässigkeit von Silicongummi.* Mittels einer einfachen App. wurde die Luftdurchlässigkeit von mehreren Silicongummi (I)-Mischungen bei 24 u. 70° untersucht u. mit der von Naturkautschuk (II) u. Butylkautschuk (III) bei gleichen Tempp. verglichen. **I** zeigt bei 24° größere Luftdurchlässigkeit; die Änderung der Durchlässigkeit von **I** bei höheren Tempp. ist aber geringer als bei **II** u. **III**. Dieser Unterschied wird auf Grund der neueren Theorien der Durchlässigkeit u. Mol.-Struktur erwartet. Die Ggw. bestimmter Füllstoffe verringert erwartungsgemäß die Luftdurchlässigkeit von **I**. (Rubber Wld. **133.** 389—92. Dez. 1955. Watertown, Mass., Fred S. Bacon Labor.) R. SCHÄFF. 7224

Bailey Bennett, *Fortschritte bei verschäumten Latexschwämmen.* Übersicht über die seit 1945 gemachten Fortschritte auf dem Gebiet der Herst. verschäumter Latexschwämme (synthet. Latices, Verschäumungsverf., Formung u. Vulkanisation, Gelierung, Verstärkung u. a.). — 103 Literaturangaben. (Rubber Age [New York] **78.** 67—72. Okt. 1955. Columbus, O., Battelle Memorial Inst., Rubber & Plastics Div.) R. Schäff. 7230

Isao Yamaji, *Schwefelbestimmung in Kautschukvulkanisaten durch Hochfrequenztitration.* Der freie S wird im Acetonextrakt nach Oxydation zu Sulfit durch Titration mit n/20 oder n/50-$BaCl_2$-Lsg. bestimmt. Störungen bei der Gesamt-S-Best. durch Fremdkationen werden vermieden durch vorherigen Kationenaustausch mittels Kunstharzaustauschers. — 11 Literaturstellen. (Rep. Government chem. ind. Res. Inst., Tokyo **50.** 203—06. Juni 1955. [Orig.: japan.; Auszug: engl.]) H. Eckhard. 7248

Wyandotte Chemicals Corp., Wyandotte, Mich., übert. von: **Alfred Korejwa,** Talmadge, O., und **Lawrence J. Reader,** Malvern, Pa., V. St. A., *Verstärkerfüllstoff für Kautschuk,* bestehend aus feinteiligem $CaCO_3$, dessen Oberfläche mit 0,2—5% eines prim. n-Alkylamins mit 10—18 C-Atomen oder eines Harzamins überzogen ist. (**A. P. 2 709 160** vom 24/6. 1953, ausg. 24/5. 1955.) W. Overbeck. 7227

Rubber Producers' Research Association, London, England, übert. von: **C. M. Blow, F. J. W. Popham** und **G. F. Bloomfield,** *Herstellung von Cyclokautschuk.* Kautschukmilch, bes. konz., wird mit $\leqq$2,5% (auf Kautschuk bezogen) kation. Stabilisator (I) versetzt u. mit bes. 98%ig. H_2SO_4 z. B. bei 100—105° behandelt. Als I kann dienen: Cetylpyridiniumbromid, Cetyltrimethylammoniumchlorid, Laurylpyridiniumchlorid oder eine Verb. der Formel $R\cdot N\begin{cases}(CH_2-CH_2O)_nOH\\(CH_2-CH_2O)_nOH\end{cases}$ (R = Alkyl mit $\geqq$12 C-Atomen u. n = 5 bis 50). (**Belg. P. 517 406** vom 4/2. 1953, ausg. 24/12. 1954. E. Prior. 4/2. 1952.) W. Overbeck. 7227

J. M. Huber Corp., Locust, N. J., übert. von: **Ira Williams,** Borger, Tex., V. St. A., *Calcinieren von Kanalruß.* In das Kopfende einer nichtgekühlten, zylindr., langgestreckten, innen glatten Reaktionskammer (I) wird in üblicher Weise ein Gemisch aus einem gasförmigen (oder vergasten) KW-stoff u. so viel eines O_2-haltigen Gases (bes. Luft) wie zur vollständigen Verbrennung von 25—80% des KW-stoffes erforderlich ist, axial eingeleitet u. verbrannt. Hinter der Flammenzone wird in den turbulenten Strom heißer, ofenrußhaltiger Verbrennungsgase (II) so viel Kanalruß (III) eingeschleußt, daß auf 30 cb.ft. II höchstens 1 lb. III kommt. Die Länge der mittleren Zone der I wird so bemessen, daß die gemischte Rußsuspension 0,1—5 Sek. auf einer Temp. zwischen 850 u. 2000° gehalten wird, bevor sie in die anschließende Kühlzone gelangt, in der sie schnell (z. B. durch eingedüstes W.) auf <800° abgekühlt wird. Nach dem Verlassen der Kühlzone (u. damit der I) wird das auf diese Weise calcinierte Rußgemisch in üblicher Weise abgetrennt. Man erhält so einen Ruß, der in *Kautschukmischungen* die guten verstärkenden Eigg. des Kanalrußes aufweist, dabei aber (wie Ofenruß) die Vulkanisation nicht so stark verzögert wie Kanalruß. — Abb. eines Rußofens. (**A. P. 2 643 182** vom 1/7. 1950, ausg. 23/6. 1953.) R. Schreiner. 7229

XIII. Ätherische Öle. Parfümerie. Kosmetik.

Dagny Holme und **Nils Andreas Sörensen,** *Untersuchungen über natürlich vorkommende Acetylenverbindungen.* 15. Mitt. *Isolierung des trans-Lachnophyllumesters aus Bellis perennis L.* (14. vgl. C. **1955.** 10399.) Aus dem äther. Öl der Wurzeln von *Bellis perennis L.* wurde *trans-Lachnophyllumester* (I) isoliert, während bisher nur die cis-Form in der Natur nachgewiesen war. Eine chromatograph. Fraktion dieses Öles, die ursprünglich ein Endiinchromophor zeigte, lagerte sich bei Verseifung in die *trans-Lachnophyllumsäure* (II) um.

Versuche: Das durch Dampfdest. aus den Wurzeln gewonnene Öl wurde aus einer PAe.-Lsg. an neutralem Al_2O_3 chromatographiert u. mit PAe. + steigendem Geh. an Bzl. eluiert. Die an I reichsten Fraktionen wurden erneut chromatographiert u. gaben bei $Kp._{0,0002}$ 45—52° ein erstarrendes Destillat; aus PAe. bei —30°, darauf aus verd. A. krist., F. u. Misch-F. mit synthet. I 16,0—17,0°; UV-Spektr. vgl. Original. Die Benzoleluate zeigten nach Dest. bei $Kp._{0,0001}$ 73—100° Maxima u. Extinktionskoeff. ähnlich denen des *Lachnophyllols,* $CH_3-(CH_2)_2-C\equiv C-C\equiv C-CH=CH\cdot CH_2OH$. Nach Behandlung mit NaOH in wss. Aceton unter N_2 zeigte weder das Unverseifbare noch die saure Fraktion selektive Absorption. Nach mehrwöchiger Aufbewahrung des sauren Anteils in Hexan bei —17° schieden sich Kristalle vom F. 120—122,5° mit einem Spektr. ähnlich dem von I ab, die mit der durch Verseifung von I erhaltenen II (F. 123,5—124,5°) den Misch-F. 120,5—124,5° ergaben. Diese Umlagerung spricht dafür, daß das ungewöhnliche Vork. von I im Öl von *Bellis* auf eine sek. Verschiebung des Chromophorsyst. zurückgeht. (Acta chem. scand. 8. 280—83. 1954. Trondheim, Norwegen, Tekn. Högskole, Inst. for Organ. Kjemi.) W. SCHULENBURG. 7262

Jörgine Stene Sörensen und **Nils Andreas Sörensen,** *Untersuchungen über natürlich vorkommende Acetylenverbindungen.* 16. Mitt. *Ein konjugiertes Tetraen, Cosmen, aus dem ätherischen Öl von Cosmos bipinnatus.* (15. vgl. vorst. Ref.) In den äther. Ölen von 9 Pflanzen der Compositengruppe, bes. in *Coreopsis verticillata* u. *Cosmos bipinnatus,* wurde ein Tetraenchromophor aufgefunden. Analyse, UV- u. Infrarotabsorption (vgl. Original) u. die Eigg. des Diaddukts mit Maleinsäureanhydrid sprechen für den *KW-stoff* $C_{10}H_{14}$, das *2.6-Dimethyloctatetraen-(1.3.5.7)* (trans-Form), wofür der Name *Cosmen* (I) vorgeschlagen wird.

Versuche: Das äther. Öl mit 20—40% *Cosmen* (I) wurde aus Pflanzenteilen von *Cosmos bipinnatus* durch Dampfdest. unter N_2 u. Luftausschluß gewonnen, u. zwar aus Blüten zu 2‰, aus Blättern u. Stielen zu 0,7‰, aus Wurzeln zu 0,4‰. Ohne diese Vorsicht erfolgte Polymerisation zu festen Flocken. Die Fraktionen vom $Kp._{0,3}$ 30° wurden vereinigt u. unter UV-Kontrolle an deaktiviertem Al_2O_3 aus PAe.-Lsg. chromatographiert; die Eluate aus den I-reichsten gelblichen Zonen wurden dest. u. aus PAe bei —70° krist.; die erneut dest. Kristalle schm. bei —2 bis —1°; n_D^{20} 1,584; λ_{max} 3100 (ε = 42750), 2965 (ε = 47500), 2838 (ε = 30000), 2730 (ε = 1690) Å. — *Monoaddukt* aus I u. Maleinsäureanhydrid (II), $C_{10}H_{14} + C_4H_2O_3$ (?) entstand nach 3std. Stehen in Bzl.; Dest. bei $Kp._{0,0005}$ 90—95° gab ein viscoses Öl; UV-Spektr. vgl. Original. — *Diaddukt* aus I u. II, $C_{10}H_{14} + 2C_4H_2O_3$, durch Dest. von I bei 0,3 mm Druck auf eine II-Lsg. in gefrorenem Bzl. u. Auftauen unter N_2; verbleibt als Rückstand nach Hochvakkumdestillation; F. 198—199°; Kristalle aus PAe. + Aceton. (Acta chem. scand. 8. 284—91. 1954.) W. SCHULENBURG. 7262

Jörgine Stene Sörensen und **Nils Andreas Sörensen,** *Untersuchungen über natürlich vorkommende Acetylenverbindungen.* 17. Mitt. *Vier neue Polyacetylene aus Gartenvarietäten von Coreopsis.* (16. vgl. vorst. Ref.) In den einjährigen *Coreopsis*-Arten, *C. tinctoria* Nutt. (in 2 Gartenvarietäten), *C. Drummondii* Torr & Gray, *C. cardaminifolia atrosanguinea* u. der perennierenden *C. verticillata L.* wurden 4 neue *Polyacetylenverbb.* mit typ. Infrarot- u. UV-Spektren gefunden. Die chromatograph. Aufarbeitung der getrennt aus Wurzeln, Blättern + Stielen u. Blüten gewonnenen Öle (ca. 0,6‰) zeigte, daß *Dodecadien-(1.11)-tetrain-(3.5.7.9)* (I) in allen C.-Wurzeln überwiegt u. in kleineren Mengen auch in den Distelarten *Carthamus lanatus L., Cnicus benedictus L.* u. *Silybium marianum Gaertn.* (Familie *Cynareae*) vorkommt. *1-Phenyl-n-hepten-(5)-diin-(1.3)-yl-(7)-acetat* (II) wurde aus allen Teilen der C.-Arten erhalten. *Tridecatetraen-(1.3.5.11)-diin-(7.9)* (III) herrschte im Öl von Blättern u. Stielen vor, während *1-Phenyl-n-undecadien-(7.9)-triin-(1.3.5)* (IV) das Hauptchromophor des Blütenöls bildet. Die Konst. dieser Verbb. u. ihrer Hydrierungsprodd. sowie die trans-Konfiguration von II wurde durch Vgl. mit den synthet. Verbb., bes. ihrer UV- u. Infrarotabsorption u. bei III u. IV durch Herst. ihrer Addukte mit Maleinsäureanhydrid (VII) festgestellt (vgl. nachst. Ref.).

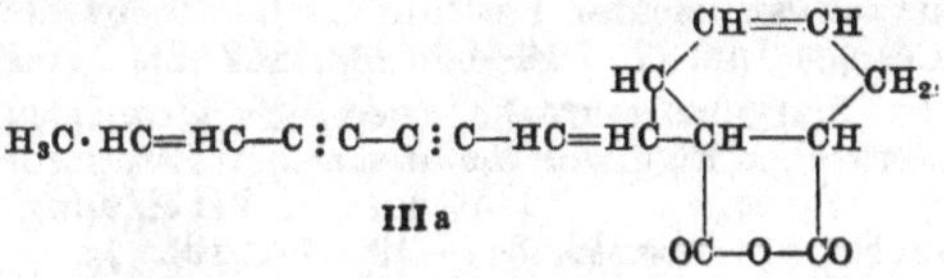

IIIa

Versuche: Die Öle aus den einzelnen Pflanzenteilen wurden durch Dampfdest. unter N_2 u. Lichtausschluß erhalten u. chromatograph. mit inaktiviertem Al_2O_3 durch Eluieren mit PAe. unter Zusatz steigender Benzolmengen fraktioniert. Aus den Wurzelölen mit gleichem UV-Spektr. wurde so meist $^1/_3$ mit PAe. als Terpen-KW-stoffe abgetrennt. Die nächste Fraktion mit 5% Bzl. (3%) enthielt *Dodecadien-(1.11)-tetrain-(3.5.7.9)* (I), nach erneuter Chromatographie aus PAe. bei —15° schwachgelbe Kristalle (Verfärbung ab 43°, Schwärzung bei ca. 47°, ohne weitere Veränderung bis 200°); UV- u. Infrarotspektren im Diagramm. Bei der katalyt. Hydrierung in A. über $Pd/BaSO_4$ entstand unter Aufnahme der für $C_{12}H_6$ (2 =, 4 ≡) berechneten H_2-Menge n-Dodecan. Nach 24std. Oxydation von I mit 10%ig. Peressigsäure trat ein typ. Dialkyltetrainspektr. (Maxima bei 2450, 2330, 2235 Å) auf. — Aus dem Eluat (30%) mit >70%ig. Bzl. schieden sich in gekühltem PAe. Plättchen von *1-Phenyl-n-hepten-(5)-diin-(1.3)-yl-(7)-acetat* (II), ab, $C_{15}H_{12}O_2$, F. 43° (PAe.); Misch-F. mit synthet. II 42—43°; UV- u. Infrarotspektren vgl. Original. Durch 1std. Verseifung mit wss. Alkali in Aceton unter N_2 wurde das Chromophor *1-Phenyl-n-hepten-(5)-diin-(1.3)-ol-(7)* als rotes Öl erhalten; nach Dest. bei $Kp._{0,001}$ 90° u. Kristallisation aus PAe., F. u. Misch-F. mit der synthet. Verb. 71—72°. — Aus dem Öl der grünen Pflanzenteile eluierte PAe. ca. 75% *Farnesen.* Das Hauptchromophor, *Tridecatetraen-(1.3.5.11)-diin-(7.9)* (III) wurde zu 3% mit PAe.-Bzl. (90:10) eluiert u. krist. nach dem Eindampfen im Vakuum: F. 71 bis

72°, gelbe Nadeln aus PAe.; dest. langsam bei $Kp._{0,0001}$ 68—70° (Luftbad), Zers. >75°; UV- u. Infrarotspektren. Katalyt. Hydrierung wie bei **I** führte unter Verbrauch der für $C_{13}H_{12}$ (4 ═, 2 ≡) berechneten Menge H_2 zum *n-Tridecan*, $Kp._{0,3}$ 50°, F. —7 bis —6°. Mit Maleinsäureanhydrid (**VII**) 1 Std. unter N_2 auf 60—65° in Bzl. erwärmt, gab **III** das *Addukt* **IIIa**, $C_{13}H_{12} + C_4H_2O_3$, F. 149—150°; Nadeln (aus Bzl. + PAe.), dessen Formel wegen leichter Zers. nicht durch Analyse, sondern durch das UV-Spektr. bestätigt wurde. Bzl. eluierte eine stark gelbe Fraktion, aus der PAe.-Zusatz **II** fällte. — B l ü t e n ö l e lieferten bei der PAe.-Elution zu ca. 67% Terpen-KW-stoffe. Nach Zusatz von wenig Bzl. wurde ein Gemisch (ca. 10%) aus **I** u. *1-Phenyl-n-undecadien-(7.9)-triin-(1.3.5)* (**IV**) eluiert, das nach erneutem Chromatographieren u. Dest. der **I**-freien Fraktionen ein für **IV** typ. UV- u. Infrarotspektr. gab. Katalyt. Hydrierung wie bei **I** verbrauchte prakt. die für $C_{17}H_{12}$ (2 ═, 3 ≡) berechnete Menge H_2 u. lieferte nach Dest. bei $Kp._{0,0001}$ 35° *1-Phenyl-n-undecan*, F. —8 bis —6,5° (aus PAe. bei —70°); UV- u. Infrarotspektren. Mit **VII** in Bzl. in 4 Std. von 40 auf 70° unter N_2 erhitzt, gab **IV** ein *Addukt*; aus gekühltem PAe. kugelige Aggregate, Zers. bei 146°; UV-Spektrum. Die folgenden Eluate bestanden aus **III** u. einem orangeroten Gemisch (1—2%) mit unscharfem Spektr. im sichtbaren u. UV-Bereich. Reines Bzl. eluierte noch ca. 1% einer **II**-haltigen Fraktion. — *C. verticillata L.* gab 1‰ Blütenöl mit schwachem, wenig ausgeprägtem UV-Spektr.; Blätter u. Stiele lieferten 0,4‰ eines äther. Öls, das nach dem UV-Spektr. *Cosmen* (**V**), 2.6-*Dimethyloctatetraen-(1.3.5.7)*, enthielt (17%). Die Wurzeln ergaben 0,4‰ eines äther. Öls, dessen Geh. an **I** zu 1,6%, an **V** zu 20% berechnet wurde. — Das Gesamtöl aus *Carthamus lanatus L.* mit breiter, komplexer UV-Absorption enthielt in der PAe.-Fraktion 3% **I**; nach Zusatz von 20% Bzl. wurde ein *Chromophor* (**VI**) mit phenanthrenähnlichem Spektr. eluiert (Maxima bei 3550, 3325 u. 3180 Å), das in kleinen Mengen auch in anderen Compositen vorkam. — *Cnicus benedictus L.* (ohne Wurzeln) lieferte ein sehr kompliziertes Gemisch äther. Öle mit **I** (0,4%) u. **VI**. — Der Acetonextrakt aus Wurzeln von *Silybium marianum Gaertn.* zeigte nur eine Stufe unter 3000 Å; das Dampfdestillat der übrigen Teile enthielt 1‰ **I**. (Acta chem. scand. **8.** 1741—56. 1954.)
W. Schulenburg. 7262

Krishna Bhushan Dutt, *Kosmetica.* Überblick über Entw. u. Anwendung der Kosmetik, Vorschläge für ein ind. Gesetz zur Überwachung der Kosmetica u. Verhinderung durch sie verursachter Schäden. (Indian Soap J. **21.** 69—72. Sept. 1955. Calcutta Chem. Co.) H. Mühlmeister. 7284

Harry Hilfer, *Reinigungslotionen.* Für die Zus. sowohl ölhaltiger als schäumender Hautreinigungswässer u. die Auswahl für der ihre Wrkg. ausschlaggebenden Emulgatoren werden Anregungen gegeben. Anzustreben ist, daß nach Entfernen der Unreinheiten ein leichter Fettfilm bleibt, damit die Haut sich nicht trocken anfühlt. (Drug Cosmet. Ind. **77.** 764—65. 838. 842. Dez. 1955.) H. Mühlmeister. 7284

Margaret Neurath, *Die erweichenden Eigenschaften von Sorbit.* Die für kosmet. Präpp. wertvollen Eigg. von *Sorbit* u. seinen Estern mit gesätt. u. ungesätt. Fettsäuren als Ersatz für Glycerin u. Glykole oder in Verbindung mit diesen werden besprochen. (Perfum. essent. Oil Rec. **46.** 347—49. Okt. 1955.) H. Mühlmeister. 7284

Karl Bergwein, *n-Propylenglykolmonostearat. Eigenschaft und Anwendungstechnik in der Kosmetik.* n-Propylenglykolmonostearat, F. 57°, ist ein wertvoller, hautfreundlicher, geruchlich einwandfreier Emulgator vom Typ Öl-in-W. u. läßt sich leicht zu homogenen, stabilen kosmet. Cremes verarbeiten. Für diese werden 14 Rezepte u. Anregungen für ihre Zubereitung angegeben, wobei *Extrapon VC*, ein Konzentrat biol. Wirkstoffe, die Wrkg. erhöht. (Parfümerie u. Kosmet. **36.** 255—56. 259. Juni 1955.)
H. Mühlmeister. 7284

W. Schneider und **H. Wagner,** *Über ungesättigte Fettsäuren in Dermatologie und Kosmetik.* (Parfumerie mod. **47.** Nr. 43. 6—12. Jan./Febr. 1955. Augsburg, Hautklinik. — C. **1956.** 5145.) H. Mühlmeister. 7284

J. Deshusses und **P. Desbaumes,** *Identifizierung der Farbstoffe in Kosmetica durch Papierchromatographie. Haartönungsmittel, Haarfarben und färbende Shampoos.* (Vgl. C. **1956.** 6537.) Mit Erfolg wurde die aufsteigende Papierchromatographie zur Trennung u. Identifizierung der Farbstoffe in den genannten Kosmetica angewendet. Als Laufmittel diente ein Gemisch aus A., W. u. konz. NH_3 (D. 0,901; 80:112:8). Dauer der Laufzeit: 14 Std. oder über Nacht. Da die Zus. der Kosmetica sehr verschieden ist, wird für jede Sorte eine besondere Meth. zur Extraktion der Farbstoffe angegeben. Zur Identifizierung der Farbstoffe auf dem Papier dienten das Aussehen der Farbflecke unter der UV-Lampe, ihre R_F-Werte (tabellar. mitgeteilt), ihre Veränderungen nach Betupfen mit konz. HCl u. mit 10%ig. Sodalösung. (Mitt. Gebiete Lebensmittelunters. Hyg. [Bern] **45.** 484—89. 1954. Genf, Tabor. cantonal de Chimie.) H. Patzsch. 7294

National Research Council, Ottawa, übert. von: **Raymond U. Lemieux,** Saskatoon, Can., *Herstellung von ω-Oxopentadecansäure und α.ω-Dioxotetradecan.* Man oxydiert mittels $(CH_3COO)_4Pb$, $NaBiO_3$ oder Na-Perjodat 15.16-Dioxyhexadecansäure zu *ω-Oxopentadecansäure,* F. 71—72°, bzw. 2.15.16-Trioxyhexadecansäure zu *α.ω-Dioxotetradecan,* F. 42—45°. Durch katalyt. Hydrierung mittels RANEY-Ni lassen sich diese Aldehyde zu den entsprechenden prim. Alkoholderivv. reduzieren. — *Zwischenprodd. für Riechstoffe.* (**A. P. 2 725 392** vom 9/4. 1952, ausg. 29/11. 1955.) O. SCHÖN. 7277

Johannes Pfanner und **Erich Schwarzkopf,** Karl-Marx-Stadt, *Badesalz* aus äther. Ölen oder Riechstoffen mit einem Zusatz von Farbstoffen, Schaummitteln, Salzen u. Wasserenthärtungsmitteln. — Die äther. Öle oder Riechstoffe werden mit Harnstoff oder Thioharnstoff oder mit einem Gemisch davon in eine feste u. trockene Einschlußmasse übergeführt. [**D. P.** [**DDR**] **7 749** Kl. 30h vom 4/10. 1952, ausg. 9/8. 1954 [Wirtschaftspatent].) M. F. MÜLLER. 7285

Werner Pinkau, Leipzig, *Körperreinigungs-, -pflege- und Hautheilmittel* unter Verwendung von Al-Salzen u. anorgan. alkal. reagierenden Verbb. oder wasserlösl. Alkylolaminen. Man läßt $Al(OH)_3$ in wss. Lsgg. von Al-Salzen u. Pektinen, pektinhaltigen Quellstoffen (I), Traganthen, Johannisbrotkernmehl, Feuchtkernmehl u. anderen pflanzlichen Quellstoffen u./oder Celluloseäthern durch Rk. mit alkal. Mitteln entstehen; gegebenenfalls wird dialysiert, oder koll. $Al(OH)_3$-Lsg. mit den genannten Quellstoffen fest oder in Lsg. vereinigt. Man erhält homogene beständige Gallerten oder schwerfließende Salben. — Als Beispiel ist u. a. genannt: 3,5 (cm^3) eines ca. 30%ig. $Al(OH)_3$-Sols werden mit 6,5 5%ig. Pektinlsg. u. 0,2% Nipagin zwecks Konservierung zu einer Kühlsalbe verarbeitet. — Man mischt 40 cm^3 einer 5%ig. wss. Gallerte von I mit 6,7 g $Al_2(SO_4)_3$-Lsg. allmählich mit 60 cm^3 n NaOH. (**D. P.** [**DDR**] **8 543** Kl. 30h vom 15/12. 1940, ausg. 8/11. 1954 [Wirtschaftspatent].) G. WELTZIEN. 7285

XIV. Zucker. Kohlenhydrate. Stärke.

P. A. Wlassjuk, Je. Ss. Kossmaty und **S. M. Klimowitzkaja,** *Einfluß der Wurzel- und Blattdüngung mit Radioisotopen von Phosphor und Calcium auf Wachstum und Zuckergehalt der Zuckerrübe.* Beim Spritzen der Pflanzen (Zuckerrüben, Baumwolle, Schnittbohnen) mit einer Lsg. von $Na_2H^{32}PO_4$ gelangte ^{32}P in die Blätter rascher als beim Bestreichen der Blattoberfläche mit dieser Lösung. Schon 2 Tage nach dem Spritzen verlagerte sich die Hälfte von P aus den Blättern der Zuckerrüben in ihre Wurzeln. ^{32}P gelangte bei der Bodennachdüngung rascher in die Blätter als ^{45}Ca (aus $^{45}CaCl$). Das Gewicht der Zuckerrüben erhöhte sich durch ^{32}P um 41% u. durch ^{45}Ca um 21% bei einer Steigerung des Zuckergeh. um 0,8%. (Доклады Всесоюзной ордена Ленина Академии Сельскохозяйственных Наук имени В. И. Ленина [Ber. Allunions landwirtsch. (Lenin-Orden) Lenin-Akad.] **20.** Nr. 6. 15—17. 1955.) M. GORDIENKO. 7406

—, *Versuche zur Cercosporiosebekämpfung.* Tagungsbericht. Es wird über die von der COMMISSION INTERNATIONALE D'ÉTUDES SUR LA CERCOSPORIOSE im Jahre 1954 mit Cu_2O u. anderen Fungiciden gegen Cercosporiose ausgeführten Verss. berichtet. Mehrere Tabellen. Die für 1955 vorgesehenen Verss. werden angegeben. (Sucrerie franç. **96.** 93—97. April. 135—43. Mai 1955.) S. TODT. 7406

A. Nowak, *Über Sago.* Die Herst. von „Deutschem Sago", Tapioka u. Sago aus der Sagopalme wird beschrieben. (Stärke **8.** 13—15. 1956.) H. ROSSOW. 7448

M. M. MacMasters, *Die Wiederkehr der Doppelbrechung in verkleisterten Stärkekörnern.* Die Doppelbrechung (DB) von Stärkekörnern (St; dunkles Kreuz zwischen gekreuzten Nicols) verschwindet beim Erwärmen in W. unter Verkleisterung der St. DB kehrt in den Randbezirken der St wieder auf Zusatz von Jodlösung. Die Beobachtung erfolgte bei St aus Gerste, Mais, Hafer, Reis, Roggen, Durrha, Weizen, Arrowroot, Canna, Kartoffel, Bataten u. Tapioka. Bei Wurzel-St war die Erscheinung schwächer als bei Getreide-St, bei Durrha trat sie nach Behandlung mit n/32-NaOH nicht auf. Die Beobachtung erfolgte in einzelnen Fällen, wenn die Erwärmung auf 30° über die Verkleisterungstemp. erfolgt war. Auch Zusatz von A. oder Pinacyanol bewirkte Wiederauftreten der DB. Bei A.-Zusatz trat gleichzeitig eine beträchtliche Schrumpfung der St ein. Zusatz von W. bei Raumtemp. bewirkt dann wieder Verschwinden von DB u. erneutes Aufquellen. (Cereal Chem. **30.** 63—65. Jan. 1953. Peoria, Ill., Northern Reg. Res. Labor.) PH. FRESENIUS. 7448

Aug. Böyng, *Die Gewinnung und Konzentration von hochprozentigem Maiskleber mittels Zentrifugalseparatoren.* Es werden verschied. Düsenseparatoren u. ihre Arbeitsweise beschrieben, um Kleberwasser zu separieren. Wird ein Separator mit eingebauter

Wasserzufuhr eingesetzt, werden Proteinwerte im Kleber von über 70% erreicht. Abschließend behandelt Vf. die Einsatzmöglichkeit des Düsenseparators mit Konzentratrückführung zur Eindickung des Klebers. (Stärke **7.** 119—23. 1955. Oelde.) M. ULMANN. 7448

F. Th. Van Voorst, *Biochemische Zuckerbestimmungen.* Die von Vf. ausgearbeitete biochem. Zuckerbest. (C. **1948.** E. 1348) mit einer Gärungszeit von 48 Std. läßt sich im Falle von Stärkesirupen bedeutend schneller durchführen. Saccharomyces cerevisiae vergärt am schnellsten, wobei Glucose u. Maltose nach 14 Std. verschwunden sind. Die Hefe Candida pseudotropicalis wirkt träger u. vergärt innerhalb 14 Std. Glucose. (Stärke **7.** 105—07. 1955. Alkmaar, Holland.) M. ULMANN. 7470

W. Aehnelt, *Bewertung von Entfärbungsmitteln bei Farbmessung behandelter Lösungen unter Verwendung von Licht verschiedener Wellenlängen.* (Vgl. C. **1953.** 1572.) Messungen an Klären von ca. 1—10° St/100° Bx ergaben, daß es zur Kennzeichnung der Farbe von Zuckerlsgg. durch Extinktionsbest. bzw. zur Bewertung der Entfärbungsleistung von Aktivkohlen nicht empfehlenswert ist, allein das GIBSON-Filter (560 mμ) oder das SCHOTT BG 5-Filter (405—480 mμ) zu benutzen, da auf diese Weise lediglich die Rot- u. Gelbfarbstoffe erfaßt werden. Vielmehr ist zur richtigen Beurteilung des Gesamtflächenvermögens von Aktivkohlen ein Tageslichtfilter definierter Durchlässigkeit zu benutzen, falls man nicht in verschied. Spektralgebieten messen will oder kann. (Z. Zuckerind. **3** (**78**). 489—92. 20/12. 1953.) M. WINIKER. 7488

Tullner Zuckerfabrik Akt.-Ges., Wien (Erfinder: **Ferdinand Schlanitz,** Tulln/Niederösterreich), *Rückführung der Abfall- und Preßwässer bei der Rübenzuckerfabrikation,* dad. gek., daß die einem Sammelbehälter zugeleiteten Wässer z. T. indirekt in an sich bekannter Weise über entsprechende Abscheidebehälter (bes. zur Entfernung von Schlamm u. Sand sowie Luft) u. einem zur Mischung mit Frischwasser dienenden Mischbehälter dem Diffuseur als Druckwasser u. z. T. direkt dem Diffuseur als Spritzwasser zum Ausspülen desselben zugeführt werden. — Vorrichtung. (**Oe. P. 183 389** vom 21/10. 1953, ausg. 10/10. 1955.) T. OPPERMANN. 7407

VEB Farbenfabrik Wolfen (Erfinder: **Erhard Meier,** Wolfen, Kr. Bitterfeld), *Entsalzen von Zuckerlösungen durch Ionenaustausch.* Die Lsg. wird, zweckmäßig nach Aufsättigung mit CO_2, über einen OH-Ionenaustauscher u. dann über einen H-Ionenaustauscher u. gegebenenfalls über einen weiteren OH-Ionenaustauscher geführt, wobei die Lsg. nicht sehr tief heruntergekühlt zu werden braucht. (**D. P. [DDR] 5 562** Kl. 89c vom 14/3. 1943, ausg. 23/7. 1953 [Wirtschaftspatent].) G. WELTZIEN. 7413

VEB Farbenfabrik Wolfen, Wolfen, Kr. Bitterfeld (Erfinder: **Erhard Meier,** Wolfen, und **Erich Hemmecke,** Oestrum, Post Bodenburg), *Aufarbeitung von Zuckersäften.* N. Saft wird mit einem durch Entsalzen bzw. Entbasen vorgereinigten Saft gemischt, eingedampft u. verkocht. — Man mischt 30 (Teile) Dünnsaft, der bei 14 Brix eine Reinheit von 90 u. einen Geh. von 0,28% Asche hat, mit 70 eines mit H- u. OH-Ionenaustauscher bei niedrigen Tempp. behandelten Zuckersaftes, dickt ein u. verkocht im Vakuum auf Füllmasse. (**D. P. [DDR] 5 563** Kl. 89c vom 1/1. 1943, ausg. 1/8. 1953 [Wirtschaftspatent].) G. WELTZIEN. 7415

— (Erfinder: **Wilhelm Heck,** Magdeburg), *Kühlung von Füllmasse in stehenden Kochapparaten,* dad. gek., daß Kühlwasser im Kreislauf durch die Heizkammer des Kochapp. u. eine Rückkühlvorr. gepumpt wird. — Vorrichtung. (**D. P. [DDR] 6 988** Kl. 89d vom 4/6. 1943, ausg. 3/4. 1954 [Ausschließungspatent].) T. OPPERMANN. 7417

XV. Gärungsindustrie.

E. Helm und **R. S. W. Thorne,** *Beurteilung und Auswahl von Brennereihefestämmen.* Wichtigste Unterscheidungsmerkmale von Bierhefe sind Gärgeschwindigkeit, Flockung. Wachstumsrate u. Erzeugung von Geschmacksstoffen. Von 229 untersuchten Stämmen untergäriger Hefe waren 187 Bruch- u. 39 Staubhefen. Zur Best. der Gärleistung ermittelte THORNE das Verhältnis φ/N, worin φ die Gärgeschwindigkeit u. N den Hefe-N bedeutet. Zwischen den Staub- u. Bruchhefengruppen konnte kein Unterschied der Gärleistung festgestellt werden. THORNE stellte mit einer neuen Meth. zur Best. der Wachstumsrate große Unterschiede zwischen den Stämmen fest. Durch organolept. Unterss. konnten nur 1—2 Staubhefen gefunden werden, die bes. feinen Geschmack u. Aroma erzeugten, dagegen mehrere Bruchhefen. Eine Beziehung zwischen organolept. u. Gäreigg. untergäriger Hefe war nicht festzustellen. Selektion, Kreuzung, Adaptation u. Bestrahlung sind die Mittel, zu neuen u. verbesserten Hefestämmen zu kommen. (Brewers Digest **30.** Nr. 10. 53—57. Okt. 1955. Kopenhagen, Alfred Jörgensen Labor.) H. G. SCHULTZE-BERNDT. 7506

M. B. Tewilewitsch, *Die Bestimmung von Katalase und Peroxydase in den gewerblichen Hefen Saccharomyces cerevisae (Rasse XII) aus Spritfabriken, die nach der Entnahmemethode arbeiten.* Aus den Unterss. über die *Katalase* (**I**)- u. *Peroxydase* (**II**)-Aktivität der Kulturen von *Saccharomyces cerevisiae* von 2 nach der Entnahmemeth. arbeitenden Spritfabriken (die Hefe befindet sich in fast ununterbrochener Gärung) u. einer nach dem üblichen Verf. arbeitenden Spritfabrik geht hervor, daß beim Entnahmeverf. die Hefe ihre I-Aktivität beibehält, bes. auf der Höhe der Gärung. Im Vgl. zur Museumskultur ist ihre I-Aktivität vermindert. Schon bei der ersten Umsaat der Betriebshefe auf Würze-Agarboden nimmt die I-Aktivität sehr stark zu. Alle untersuchten Betriebshefen besitzen eine nur geringe II-Aktivität. Die Hefe des nach dem üblichen Verf. arbeitenden Betriebes besitzt in einigen Fällen keine II-Aktivität. (Мікробіологічний Журнал (Киев) [Mikrobiol. J. (Kiew)] **17.** Nr. 4. 25—29. 1955. Mikrobiol. Inst. der Akad. der Wiss. der UdSSR.) O. LEBTAG. 7506

G. Schwarz und **L. Malsch,** *Die Verarbeitung von Kaffircorn der landwirtschaftlichen Hochdruckbrennerei.* Kaffircorn hat einen höheren Schalenanteil als Milocorn, was bei der Verarbeitung berücksichtigt wurde. Die Betriebsausbeute erreichte die Alkoholergiebigkeit des Gärvers. von 41,5 Liter Weingeist aus 100 kg Kaffircorn ohne Malz. (Alkohol-Ind. **67.** 315—16. 16/6. 1954. Hohenheim, Landw. Hochschule, Inst. f. landw. Technologie.) H. G. SCHULTZE-BERNDT. 7510

A. A. Andrejew, *Kontinuierliche Vergärung von Ablauge bei Kochung von harter Cellulose in Bottichen mit schwimmendem Ansatz.* Das wesentlichste Element der vorgeschlagenen Sulfitspritanlage ist ein zweiteiliger Abschlußbottich. Aus dem Hauptbottich kommende Gärmasse setzt mit fortschreitender Gärung Hefefasermassen ab, die in der einen Hälfte des Schlußbottichs in kreisender Bewegung gehalten wird, wobei die in der Peripherie vorliegende Lsg. von höherer Konz. nach dem Anfangsbottich zurückgepumpt wird. Die fertige Gärlsg. tritt in die zweite Bottichhälfte über u. wird von dort in Sammelbehälter geleitet. (Гидролизная и Лесохимическая Промышленность [Hydrolysen- u. holzchem. Ind.] **8.** Nr. 8. 17—18. 1955. Wiborg, Cellulose-Papier-Kombinat, Sulfitsprit-Fabrik.) M. ULMANN. 7536

J. Leslie Wild, *Brauereizucker.* Vortrag. Umfassender Überblick über Geschichte, Verbrauch, Gewinnung von Zucker u. Zuckerarten, sowie Stärkehydrolysate u. ihre verschied. Verwendung für die Brauerei bzw. Gärung. (Brewers' Guild J. **39.** 525—55. Dez. 1953.) M. ULMANN. 7540

Robert Heuss, *Erste Untersuchungsergebnisse von bayerischen Gersten der Ernte 1955.* An bisher 52 Mustern bayer. Gersten wurden folgende Grenzwerte (in %) ermittelt: Wassergeh. 13,4—17,3, Eiweißgeh. (Trockensubstanz) 8,8—12,5, Vollgerste 82,5—97,8, Ausputz 0,0—4,5. (Brauerei **9.** 532—33. 15/9. 1955. Berlin-Neukölln, Berliner Kindl Brauerei AG., Betriebslabor.) M. WINIKER. 7540

Kenneth J. Frey, *Beziehungen des Tausendkorngewichts zu gewissen Merkmalen der Mälzungsfähigkeit bei Gerste.* Gerstenmalz mit 0—5% dünnen Körnern wurde auf Extrakt, diastas. Kraft u. Eiweißgeh. analysiert. Danach ist ein mittleres Tausendkorngewicht für die Mälzung einem höheren vorzuziehen. (Michigan State Coll., Agric. appl Sci., agric. Exp. Stat., quart. Bull. **35.** 430—32. Mai 1953. Dep. of Farm Crops.) H. GUDE. 7540

A. F. Berenstein und **P. A. Panschin,** *Schnellmethode zum Einweichen und Keimen des Getreides.* Um die O_2-Aufnahme des Getreides beim Einweichen (60—70 mg O_2 je kg u. Std.) in genügendem Ausmaß zu sichern, wird eine Beregnung mit belüftetem W. von 18—24° durchgeführt. Die Keimfähigkeit derart eingeweichter Roggenkörner ist um 1,9% höher, die Zeit bis zum Auftreten der ersten Augen um 51 Std. verkürzt. (Спиртовая Промышленность [Spirituosen-Ind.] **21.** Nr. 4. 26—29. 1955. Charkow, Spritthauptverwaltung.) R. K. MÜLLER. 7540

Robert Djurtoft, *Eiweißstoffe im Brauprozeß.* Ein Literaturbericht umfaßt u. a. die Klassifizierung der Eiweißstoffe der Gerste nach OSBORNE, die Eigg. der Globulinfraktionen, den Geh. des β-Globulins an 18 Aminosäuren u. den Geh. der verschied. Stufen der Biererzeugung an freien Aminosäuren nach SANDEGREN. Danach überlebt unvermindert nur Prolin auch die Wiedergärung des Bieres. — 20 Literaturzitate. (Brewers Digest **30.** Nr. 11. 53—60. Nov. 1955. Kopenhagen, Carlsberg Breweries, Res. Labor.) H. GUDE. 7544

Carl E. von Czoernig, *Die Wirkung der Niederdruckfüllung auf die Bierqualität.* Inhaltlich ident. mit der C. **1953.** 5753 referierten Arbeit. (Bottling **1953.** 64—66. April.) H. HAEVECKER. 7550

George B. Beattie, *Lagerstabilität von reifen Bieren.* Vf. bringt eine Übersicht über Lagerungsbedingungen u. Auswrkg. fehlerhafter Lagerung: Auftreten von Schimmel, Bodenkörper, Fremdinfektion in der Flasche, saurem Geschmack, abgestandenem, schalem u. flachem Geschmack. (Bottling **1955.** Nr. 125. 123—32. Juli, Beilage zu: Brewing Trade Rev.) J. MILLER. 7550

Y. S. Lewis, I. S. Bhatia und **D. S. Johar,** *Die Herstellung der Citronensäure durch Vergärung von Agavensafthydrolysat als Kohlenhydratquelle.* Kulturen des Aspergillus niger auf sauren Hydrolysaten des Stammes der Agave vera cruz, die auf 14% Fructose u. p_H 2 mit HCl eingestellt waren, lieferten unter Verbrauch von 52% des Zuckers 39% desselben als Citronensäure. (Bull. centr. Food technol. Res. Inst., Mysore **4.** 181. 1955. Sep. Mysore, Indien, CFTRI.) H. GUDE. 7578

R. G. Eeckhaut, *Ein neues Antisepticum, die Sorbinsäure und ihr Nachweis in Getränken.* Übersicht über die chem. u. physiol. Eigg. der Sorbinsäure (**I**). — Nachw. in Getränken: Man versetzt 100 cm^3 mit 50 cm^3 W., 1 Teelöffel Gerbsäure u. 1 cm^3 H_3PO_4, dest. 100 cm^3 des Gemisches ab, versetzt das Destillat mit 2 Tropfen 1%ig. $FeCl_3$-Lsg. [Violettfärbung deutet auf Salicylsäure (**II**) u. **I**] u. 10 cm^3 H_2SO_4 (25 Vol.-%), schüttelt die Lsg. 2mal mit 30 cm^3 Ae. u. darauf den Ae. 2mal mit 10 cm^3 W. u. danach mit 10 cm^3 5%ig. Na_2CO_3-Lsg. aus, engt die Na_2CO_3-Lsg. auf die Hälfte ein, versetzt nach dem Erkalten mit 5 cm^3 H_2SO_4 (25 Vol.-%) u. 1 cm^3 0,1 n $KMnO_4$-Lösung. In Ggw. von **I** oder **II** entfärbt sich die Fl. nach Ablauf von 1 Min. (andernfalls auch nicht nach Std.). Man erhitzt die entfärbte Fl. u. leitet die entstehenden Dämpfe solange in 2 cm^3 dest. W. ein, bis ca. 3 cm^3 Fl. entstanden sind, versetzt nach dem Erkalten mit 2 cm^3 SCHIFFschem Reagens u. erhält in Ggw. von **I** nach 15 Min. eine von Acetaldehyd herrührende Rotfärbung. **II** ruft keine Färbung hervor. — 16 Schrifttumshinweise. (Fermentatio [Gand] **1955.** 136—42. Gent, Inst. Supérieur des Fermentations, Labor. de Chimie et de Bactériologie.) W. WESLY. 7590

XVI. Nahrungs-, Genuß- und Futtermittel.

E. Hugony, *Über die Anwendung von Aluminium in der Nahrungsmittelindustrie.* Zusammenstellung der chem., mechan. u. technol. Eigg. von Al u. 31 Al–Mg, Al–Si- u. Al–Mn-Legierungen u. Diskussion der Möglichkeit ihrer Verwendung in der Nahrungsmittelindustrie. (Ist. Sperim. Metalli leggeri, Mem. Rapp. **1952.** Nr. 101. 1—25. Milano, Ist. Sperim. dei Metalli Leggeri.) K. RUMPF. 7632

R. Gane, *Chemisch-technische Verfahren in der Lebensmittelindustrie. Einige Probleme der Kühlung und des Gefrierens von Nahrungsmitteln.* Besprechung der chem. u. physikal. Gesichtspunkte, die bei Kühlung u. Einfrieren von Fleisch der Schlachttiere, von Walfleisch, Fisch, Früchten u. Gemüsen von Bedeutung sind. (Chem. and Ind. **1955.** 78—80. 22/1. Cambridge, Low Temp. Station.) PH. FRESENIUS. 7636

Wendell Reeder, *Schimmelbekämpfung in Bäckereien.* Allg. Ausführungen. (J. Milk Food Technol. **18.** 90—91. April 1955. Dallas, Tex., Campbell Taggart Res. Corp.) F. GÜNTHER. 7674

E. vom Stein, *Neuartige Teigführung mit der Salz–Hefe-Lösung.* Bericht über Backverss. mit dem Verf. der Salz–Hefe-Lsg., die ergaben, daß das vorherige Vermischen der für den Teig bestimmten NaCl-Menge mit der je nach Temp. 6—10fachen Menge W. u. der gesamten Hefemenge sowie das 6—24std. Stehen dieser Mischung bei 20—23° zu plastischeren Teigen, größerer Gärtoleranz bei Erhöhung der Hefemenge um 0,5—1% zu Volumenvergrößerung, gleichmäßigerer Porung, besserer Schnittfestigkeit u. rationellerer Teigführung führt. An Beispielen wird die Teigbereitung beschrieben. (Brot u. Gebäck **8.** 192—95. Dez. 1954. Kettwig/Ruhr.) F. KRUSEN. 7674

D. F. Louw und **W. E. L. van Bergen,** *Die Bewertung von Erdnußmehl in einem Vorgemisch für die Brotanreicherung.* Ausführungen über die in Südafrika vorgeschriebene Anreicherung des zur Brotherst. zu benutzenden 90%ig. Weizenmehles mit Magermilchpulver, entfettetem Erdnußmehl u. $CaCO_3$; Hinweis auf die analyt. Verff. zur Überwachung der Einhaltung der gesetzlichen Vorschriften unter bes. Berücksichtigung der Arbeitsweise zum Nachw. des Erdnußmehles (STANSBURY, FIELD u. GUTHRIE, J. Amer. Oil Chemists' Soc. **27** [1950.] 317); **29.** [1952.] 370), darauf beruhend, daß das darin enthaltene Tannin u. Leukoanthocyanin sich in einer alkoh., salzsauren Lsg. beim Erhitzen in rote, colorimetr. zu erfassende Prodd. umsetzen läßt. 0,2 g des Untersuchungssubstrats werden unter Rückfluß 1 Std. mit 7 ml A. (95%ig.) + 12 ml dest. W. extrahiert; Überführung des Gemisches vollständig in ein 50 ml-Zentrifugenglas unter Nachspülen u. Auffüllen mit A. auf 50 ml; vom Zentrifugat werden 10 ml mittels Bleiacetatlsg. (2 ml) gereinigt; Zentrifugat davon wird mit 2 ml H_2SO_4 (5%ig.) + 5 ml A. versetzt unter Rühren 10 Min. auf 80° erhitzt u. wieder zentrifugiert (Abtrennung von $PbSO_4$); Zentrifugat wird mit 2 ml HCl (d 1,18) 1 Std. bei 75° gehalten; die entstehende rote Lsg. wird verd. (mit A.)

u. bei 545 mμ im Spektrometer ausgemessen (Eichkurve); Beleganalyse u. Diskussion der auf der Erfassung des in den Erdnußschalen enthaltenen Catechintannins beruhenden Arbeitsweise für den Bereich von 0—70% Erdnußmehl in der Brotmehlmischung; bei Ggw. von 60% Erdnußmehl beträgt die Abweichung 2,1%. (J. Amer. Oil Chemists' Soc. **32.** 712—14. Dez. 1955. Pretoria, South Africa, National Nutrition Res. Inst., Council for Scientific and Industrial Res.) K. TÄUFEL. 7674

Ernest J. Clyne, *Die Verwendung von angeröstetem Zucker. Herstellung von Nougat, Pralinen, Toffee und ähnlichen Süßwaren.* Die Herst. der Zuckerwaren wird beschrieben. (Confect. Product. **18.** 785—93. Okt. 1952.) R. RUTKOWSKI. 7704

E. Schubert, *Über die Wirkung von Pektinase auf Apfelsaft und Pektinlösung.* In einer Pektinase aus *Aspergillus niger* (*Pektinex*) wurden 4 verschied. *Pektinglycosidase* (**I**)-*Enzyme,* von denen nur 1 auf natives Pektin im Apfelsaft einzuwirken vermag, nachgewiesen. Das p_H-Optimum dieser sogenannten Apfelsaft-**I** liegt bei 5,5, während die übrigen **I** bei p_H 3,5 optimal auf künstliche Pektine wirken. Die Trennung der Apfelsaft-**I** von den anderen **I**-Komponenten u. der in der Pektinase vorhandenen Esterase (**II**) gelang durch Adsorption an Fullererde bei p_H 3,5, wobei 50% der Apfelsaft-**I** erhalten blieben. Andererseits wurden 70% der **II** durch Entfernung aller anderen Bestandteile bei p_H 12 u. 30° gewonnen. Wie die Unterss. ergaben, hat die **II** keinen positiven Einfl. auf die Verflüssigung des nativen Pektins im Apfelsaft. Die Aktivität der Pektinase im Apfelsaft wurde unter der Voraussetzung, daß der Saft einen genügenden Pektingeh. aufweist, mit Hilfe eines Standardpektinasepräp. viscosimetr. bestimmt. Da zwischen natürlichen u. denaturierten Pektinen grundsätzliche Unterschiede bestehen, haben in der Mostereipraxis Messungen an künstlichen Pektinlsgg. zur Beurteilung von Filtrationsenzymen keinen Wert. (Schweiz. Brauerei-Rdsch. **63.** 95—101. Juni 1952. Basel, Schweizerische Ferment A.G.) R. RUTKOWSKI. 7706

C. E. Barbera, *Nachweis von Cystin, Methionin und Prolin in rohem und geröstetem Kaffee.* Unter Verwendung verschied. Lösungsmittelgemische u. Sprühreagentien wies Vf. mittels Rundfilter- u. absteigender Papierchromatographie das Vork. folgender Aminosäuren im Säurehydrolysat roher u. gerösteter Kaffeebohnen nach: *Alanin, Arginin, Asparaginsäure, Cystin, Glutaminsäure, Glykokoll, Histidin, Leucin, Lysin, Methionin, Phenylalanin, Prolin, Serin, Threonin, Tyrosin* u. *Valin.* (Coffee Tea Ind. Flavor Field **79.** Nr. 1. 12—14. Jan. 1956. Messina, Italien.) F. GÜNTHER. 7720

I. I. Djatschkin, W. G. Tretjakow, T. Ss. Tonkich und **A. A. Erdman,** *Über die Fermentation von Machorka im Gebiet von Lipezk.* Zur Qualitätsverbesserung beim Fermentationsprozeß muß die Stapellagerung des Rohstoffes im Lipezk-Gebiet im September durchgeführt werden, weil bei späterem Beginn der Lagerung bis zum Kälteeintritt keine n. Fermentation möglich ist. Es besteht eine direkte Abhängigkeit zwischen der Erwärmungstemp. des Rohstoffes bei der Fermentation u. dessen Verlusten an Trockensubstanz (0,7—5,5%) als Folge der Oxydationsprozesse. Nach den Versuchsergebnissen an 4 Machorkasorten sind die Oxydationsprozesse von entscheidendem Einfl. auf den Verlust an Trockensubstanz. (Табак [Tabak] **17.** Nr. 1. 34—36. 1956. Krasnodar, Allunions-Wiss. Mikojan-Forschungsinst. für Tabak u. Machorka.) J. MERKER. 7734

J. Kuprianoff, *Die Beeinflussung der Haltbarkeit von Eiern durch Waschen und Einölen.* Bei zur Kaltlagerung bestimmten Eiern macht sich durch Waschen ein Qualitätsabfall bemerkbar, der durch Einölen verringert werden kann. Einölen verlangsamt den Gewichtsverlust, hat jedoch keinen Einfl. auf die mikrobielle Verderbsquote. (Kältetechnik **7.** 38—44. Febr. 1955. Karlsruhe, Bundesforschungsanst. für Lebensmittelfrischhaltung.) F. GÜNTHER. 7754

W. Morosow und **M. Borissenko,** *Die Qualität von Milch und Butter bei Fütterung mit Maisgrünmasse und Ölkuchen.* In 4 Fütterungsgruppen erhielten die Versuchskühe im Laufe von 2 Monaten neben Gerstenschrot u. Weizenkleie 30; 50; 45,8; 30 kg (täglich) Maisgrünmasse, 0,25; 0,18; 1,61; 1,58 kg Sonnenblumenölkuchen bei 91; 89; 128; 130 g verdaulichem Eiweiß je Futtereinheit. In der Milch von 24 Std. betrug der Gesamtfettgeh. je Kuh 504,5; 502,7; 652,6; 662,9 g. Der tägliche Eiweißgeh. der Milch betrug 447; 430,3; 570,2; 579,4 g. Wurde die tägliche Proteinration durch höhere Zufütterung von Ölkuchen auf 155 g erhöht, so trat in den Gruppen 3 u. 4 (128 u. 130 g Protein) keine weitere Steigerung der Milchleistung ein; die Butterqualität jedoch verschlechterte sich hierbei. Auch bei täglich 1,5—1,6 kg Ölkuchen wurde die Butterqualität etwas verschlechtert. (Молочная Промышленность [Milch-Ind.] **17.** Nr. 1. 40—41. 1956. Cherson, Landwirtsch. Inst.) O. LEBTAG. 7756

Hermann Dold und **Alfred Broscheit,** *Die infektionsverhütende (infektionsgefahrvermindernde) Wirkung eines unschädlichen Milchkonservierungsmittels (MX) bei absicht-*

lich mit S. breslau infizierter Milch. Das zum Zwecke der Milchkonservierung empfohlene Präp. MX — eine komplexe organ. Verb. von harmlosen Metallsalzen mit sulfosauren Benzolderivv. — ist für die menschliche Ernährung unschädlich u. zeigt bei gewissen Bakterien deutlich hemmende bzw. abtötende Wirkung. MX_4, eine farblose Modifikation von MX, erweist sich als bes. wirksam gegen Enteritisbakterien, wenn eine längere Einw. des Mittels in mit S. breslau beimpfter Milch stattgefunden hat. Eine Verhinderung der Ansteckung des Menschen durch in die Milch gelangte pathogene Keime könnte durch MX-Zusatz verringert, gegebenenfalls ganz unterdrückt werden. (Z. Hyg. Infektionskrankh. **133.** 525—33. 1952. Freiburg/Br., Univ., Hyg. Inst.) M. RÖSELER. 7756

Franklin W. Barber und **Harvey Fram,** *Das Problem der falschen coliformen Keime auf Fruchtspeiseeis.* Auf Desoxycholat-Lactose-Agar gezüchtete, von Fruchteis isolierte Organismen enthalten außer den coliformen Keimen davon nicht zu unterscheidende gramnegative Stäbchen, grampositive Kokken u. einige wenige Hefen, für die zusammen fünf makroskop. Unterscheidungsmerkmale angegeben werden. (J. Milk Food Technol. **18.** 88—90. April 1955. Oakdale, Long Island, N. Y., National Dairy Research Labors.) F. GÜNTHER. 7756

O. E. Ross, *Citrusgeschmack von Speiseeis.* Es wird über die Herst. von Halbgefrorenem u. Eiskrem mit Citronenaroma berichtet. Die Verss. erstrecken sich sowohl auf die Verwendung von frischem Citronensaft als auch auf gefrorenes Mus verschied. Citrusarten. Der Einfl. von Rohrzucker, Malzzucker, Dextrose sowie die Bedeutung von Vollmilch u. W. auf die Haltbarkeit der im Freezer gewonnenen Pasten wird in mehreren Versuchsreihen geprüft. Einige Rezepte werden angegeben. (Dairy Wld. **31.** Nr. 5. 10—13. Mai 1952.) M. RÖSELER. 7756

Tomokichi Tsugo und **Tsuneaki Imamura,** *Untersuchung über die von Penicillium roqueforti aus Käsebruch erzeugten flüchtigen Fettsäuren.* Für die quantitative Best. der *flüchtigen Fettsäuren* (I) wird ein abgeändertes Verf. nach DUCLAUX benutzt. Die Gesamtmenge an I in bebrütetem Vollmilchbruch (Quark) ist niedriger als bei handelsüblichem Roquefortkäse. Durch Zusatz von vorher mit *P. roqueforti* bebrütetem feinzerteiltem Brot, vor Lagerung in Kufen, werden mehr I erzeugt als bei der üblichen Beimpfung. Aus Käsebruch von Ziegenmilch werden mehr I erzeugt als aus solchem von Kuhmilch. Bei Beimpfung mit *Str. lactis* ist die Erzeugung von I gering, Capronsäure, Caprylsäure u. Caprinsäure treten nicht auf. Aus Lactose in Magermilch werden niedrige I erzeugt, die aber bei Beimpfung mit *P. roqueforti* zurückgehen. Die Gesamtmenge an I ist bei Sahne geringer als bei Magermilchbruch am Beginn der Bebrütungszeit, obwohl beide Male etwa gleiche Anteile höherer u. niedrigerer I erzeugt werden. Die meisten I erscheinen als Salze, Essigsäure u. Buttersäure. (J. agric. chem. Soc. Japan. [Nippon Nôgeikagaku Kaishi] **27.** 838—42. Dez. 1953. Tokyo Univ. [Orig.: japan., Auszug: engl.]) L. SCHULER. 7760

Stephen J. McDonogh, *Aspekte der Geflügelfütterung in den USA.* Ausführliche Darst. der mit der Geflügelfütterung zusammenhängenden Fragen. — 11 Tabellen u. 149 Literaturangaben. (J. Dep. Agric. [Dublin] **49.** 116—57. 1952—53. Dublin, Dep. of Agric.) F. KRUSEN. 7780

T. G. Phillips, J. T. Sullivan, M. E. Loughlin und **V. G. Sprague,** *Die chemische Zusammensetzung einiger Futtergräser.* 1. Mitt. *Änderungen mit dem Reifezustand der Pflanzen.* Ausführliche Unterss. an einer Reihe von Gräsern ergaben, daß diese mit fortschreitendem Reifezustand im Geh. an Protein, säurelösl. Asche u. Ätherextrakt ab- u. an Lignin zunehmen. Der Geh. an Rohfaser u. Cellulose nimmt bei einigen Arten bis zur Blüte zu u. sinkt dann wieder, während er bei anderen bis zum Zeitpunkt der Samenbldg. ansteigt. Die Werte für N-freien Extrakt u. für Gesamtkohlenhydrate schwanken im Verlauf der Entw. nur unwesentlich. Aus diesen Ergebnissen wird die Empfehlung abgeleitet, Gras für Heu u. Silierung möglichst frühzeitig zu schneiden. — 34 Literaturangaben. (Agronomy J. **46.** 361—69. Aug. 1954. Durham, N. H., New Hampshire Agric. Exp. Stat.; State Coll., Pa., U. S. Regional Pasture Res. Labor.) F. KRUSEN. 7782

Arvo I. Poussa, *Zum Konservieren von Frischfutter ist das A IV-Verfahren das bisher beste.* In Preßfutter, das nach dem amerikan. Laufgrabenverf. hergestellt war, wurde papierchromatograph., außer Milch-, Essig- u. Propionsäure, reichlich Buttersäure u. in einigen Proben auch Valerian- u. Capronsäure nachgewiesen; $p_H > 4$. A IV-Silage enthielt nur Milch- u. Essigsäure u. Spuren Propionsäure; $p_H < 4$. (Karjatalous **32.** 74—76. März/April 1956.) S. BECKMANN. 7782

Ss. I. Jefimow, *Die Anzucht von Futterhefen ohne chemische Schaumzerstörer.* Vf. beschreibt eine mechan. Schaumbekämpfungsanlage für einen Behälter von 190 cm^3. Im Behälter wird die Luft durch eine Scheibe verteilt, der Schaum durch eine spiralförmige Führung nach der Mitte niedergeschlagen. Bei einer Füllung von 80 cm^3 wird der Schaum völlig unterdrückt, während bei größeren Füllungen (85 cm^3) die Spiralen ersticken. Ein

Zusatz von H_3PO_4 u. Oleinsäure erübrigt sich. (Гидролизная и Лесохимическая Промышленность [Hydrolysen- u. holzchem. Ind.] **8.** Nr. 5. 22. 1955. Priosersk, Sulfitspritwerk.) A. ECKE. 7786

A. C. Frazer, *Einige Komplikationen in der Bewertung von Toxizitätstesten zur Prüfung von Nahrungsmittelzusätzen.* Vf. weist an Hand einiger Verss. darauf hin, daß die zur Prüfung von Lebensmittelzusätzen unternommenen Tierverss. häufig unter unphysiol. Bedingungen ablaufen, bes. infolge starker Überhöhung der Dosis, u. somit zu Fehlschlüssen Anlaß geben. (Voeding **16.** 686—93. 15/7. 1955. Birmingham, Univ., Dep. of Pharmacol.) F. KRUSEN. 7788

L. Rosenthaler und **L. Capuano,** *Über die Mohlersche Reaktion.* 2. Mitt. *Die Reaktionen der Salicylsäure und Zimtsäure.* (1. vgl. C. **1953.** 7427; vgl. auch C. **1954. 4747.**) Wie die *Benzoesäure* (I), so geben auch *Salicylsäure* (**II**) u. *Zimtsäure* (**III**) bei Durchführung der MOHLERschen Rk. eine rotbraune Färbung, die jedoch im Gegensatz zur **I** beim Erhitzen bestehen bleibt. Bei der Nitrierung von **II** entsteht über *3.5-Dinitrosalicylsäure Pikrinsäure* (**IV**) u. mit letzterer die MOHLERsche Rk.; bei der Nitrierung der **III** entstehen nebeneinander *p-Nitrozimtsäure, o-Nitrobenzoesäure,* **IV** u. sehr wahrscheinlich auch *2.5-Dinitrobenzoesäure*; nur die beiden letzteren bewirken den positiven Ausfall der Reaktion. (Z. Lebensmittel-Unters. u. -Forsch. **92.** 94—96. Febr. 1951. Istanbul, Univ., Galen. Inst.) M. D. LAUBSCHAT. 7790

E. P. Lana und **R. G. Tischer,** *Bewertung von Methoden zur Feststellung der Qualität von Konservenkürbissen.* Verschied. Methoden (Best. des Trockengewichts im Vakuumtrockenschrank, Best. des spezif. Gewichts, refraktometr. Messungen, Best. des in A. Unlöslichen, Messungen mit dem Konsistometer von ADAMS) wurden hinsichtlich ihrer Eignung zur Ermittlung der Qualität von Konservenkürbissen miteinander verglichen. Vff. kommen zu dem Schluß, daß die Messungen mit dem Konsistometer von ADAMS für den genannten Zweck am geeignetsten sind. (Proc. Amer. Soc. horticult. Sci. **58.** 274—78. Dez. 1951. Ames, Io., Iowa State Coll.) F. RANG. 7810

Max Phillips und **Aubrey M. Bacot,** *Die Isolierung von inaktivem Inosit aus hitzegetrocknetem amerikanischem Tabak.* Vff. extrahieren 200 g (= 180 g Trockengewicht) hitzegetrocknete, entrippte u. zerkleinerte Tabakblätter (Typ 12, US-Probe B 4 GF, Ernte 1949) mit heißem dest. W. (1800 ml, 2 Std. am Rückfluß) u. versetzen den wss. Auszug mit einer Lsg. von neutralem Pb-Acetat. Nach Entfernung des Nd. wird aus dem Filtrat inakt. *Inosit* (**I**) mit bas. Pb-Acetat als Pb-Komplex gefällt, der mit H_2S zers. wird. Das Filtrat vom PbS-Nd. nach dem Einengen unter vermindertem Druck bei 70° mit konz. HNO_3 (3,5 ml) behandelt, nach Beendigung der Rk. mit 95%ig. A. u. nach dem Filtrieren mit Ae. versetzt u. nochmals filtriert. Aus dem in dieser Weise gereinigten Filtrat setzen sich nach einigen Tagen (bei + 5°) Kristalle von **I** ab, F. 226° (aus 50%ig. CH_3COOH), 0,13 g (0,07%) Ausbeute. Nach der Meth. von SMIRNOV (Sbornik Rabot pro Khimii Tabaka i Makhorki, Krasnodar Bull. **125.** [1935.] 75) wird ein Geh. von 0,55% **I** in dieser Tabakprobe ermittelt. (J. Amer. chem. Soc. **77.** 496. 20/1. 1955. Washington, U. S. Dep. of Agricult., Agricult. Marketing Serv., Stand. Branch, Tobacco Div.) P. FAHRNLAENDER. 7836

Johann Georg Friedel und **Julius Hans Friedel** (Erfinder: **Johann Georg Friedel**), Dresden, *Labgerinnung der Milch.* Schwer lösl., bes. Ca-Salze, werden in koll. feinster Vermahlung allein oder in Verbindung mit Trägerstoffen, bes. Kieselgur, in Form von Suspensionen oder trockenen Pulvern der Milch zugesetzt. — 100 (g) phosphorsaurer Kalk werden mit 50 Kieselgur gemischt, feinst vermahlen u. 1000 Liter Milch vor dem Einlaben zugesetzt. (**D. P. [DDR] 8 293** Kl. 53e vom 22/9. 1950, ausg. 14/10. 1954 [Ausschließungspatent].) G. WELTZIEN. 7757

Julius Hans Friedel, Dresden, *Herstellung von Käse.* Die den Annattofarbstoffen von ihrer Extraktion mit Alkalilauge aus Annattosaat oder rohem Orleanextrakt beigemischten Ca-Verbb., bes. von Harzen u. Wachsen, werden durch Zusatz wasserlösl. Phosphate während oder nach der Vorklärung gefällt, zweckmäßig im Überschuß, der in gelöster Form im gebrauchsfertigen Farbmittel verbleibt, das zur Färbung des Käses dient. (**D. P. [DDR] 8 325** Kl. 53e vom 16/2. 1951, ausg. 25/10. 1954 [Ausschließungspatent].) G. WELTZIEN. 7761

Eduard Ernst Friedrich Jahn, Leipzig, *Herstellung eines Vitamin-A- und Vitamin-D-haltigen lebertranähnlichen Heringsöles und eines Vitamin B_{12}-haltigen Fischextraktes zur Beifütterung.* Heringsabfälle werden im Autoklaven mit Siebboden mit niedriggespanntem Wasserdampf bei 1—1,5 atü so lange behandelt, bis das Reaktionsgut mit W. durchsetzt ist, wobei jede Emulgierungsmöglichkeit u. Kochen vermieden wird. Das Reaktionsgut wird gepreßt u. das sich über dem siebartigen Preßstempel sammelnde A- u. D-hal-

tige Heringsöl abgenommen u. für techn. Zwecke oder als wss. Emulsion zur Viehfütterung verwendet. Die bei dem Pressen anfallende Fischbrühe wird ebenfalls für techn. oder Futterzwecke u. der Preßrückstand als Fischmehl verwendet. (**D. P. [DDR] 8605** Kl. 53g u. 23a vom 13/3. 1953, ausg. 18/11. 1954 [Wirtschaftspatent].)
G. WELTZIEN. 7787

A. E. Stanley Mfg. Co., übert. von: **Clifford E. Smith** und **Lester P. Hayes**, Decatur, Ill., V. St. A., *Gewinnung löslicher Stärke* (I) aus salzhaltigen Abwässern der Herst. chem. modifizierter I durch Zusatz von CaO bzw. $Ca(OH)_2$ bei $<$ ca. 50° unter kräftigem Durchmischen u. Abtrennen des Nd., der zu $^2/_3$ aus I + Kalk, Rest anorgan. Stoffe, besteht. — *Futtermittelzusatz.* (**A. P. 2 725 313** vom 30/10. 1951, ausg. 29/11. 1955.)
H. SCHINDLER. 7787

XVII. Fette. Seifen. Wasch- u. Reinigungsmittel. Wachse. Bohnermassen usw.

Karl-Heinz Wagner, *Die biologischen Grundlagen für die Vitaminisierung fettlöslicher Lebensmittel.* Allg. Ausführungen: Physiol. Bedeutung der Vitamine A u. D u. deren Provitamine, Vork. u. Resorption fettlösl. Vitamine aus verschied. Nahrungsfetten. Angaben über die bisher der *Margarine* verschiedentlich zugesetzten Vitamin- u. Provitaminmengen. (Dtsch. Lebensmittel-Rdsch. **1954**. 86—90. April. Gießen, Medizin. Akad. der Justus-Liebig-Hochsch., Inst. für Ernährungswissenschaft.) F. GÜNTHER. 7900

B. S. Kulkarni, E. L. D'Aquin und **A. V. Graci jr.**, *Messung der Extrahierbarkeit von rohen und von erhitzten Baumwollsaatflocken.* Eingehende Betrachtungen an Hand des Schrifttums über die die Fettextraktion von Ölsaaten beeinflussenden Faktoren; Zielsetzung der Verss. ist die Entw. einer einfachen Laboratoriumsmeth. zur reproduzierbaren Best. der Fettextraktion unter Anwendung auf rohe u. erhitzte Baumwollsaatflocken von 3 Dicken (0,005; 0,015 u. 0,025 in.) bei 3 Ölkonzz. der Miscella (0; 25 u. 50% Öl). Die Baumwollsaat bekannter Provenienz wird gereinigt, von den Linters befreit, enthülst u. auf 9,5% W. eingestellt. Herst. roher u. erhitzter (bis 214° F) Flocken der angegebenen Dicke in den üblichen Maschinen; die für die Verss. benutzte ölhaltige Miscella wird unter Verwendung von winterisiertem Salatöl mit Hexan (*Skellysolve B*) hergestellt; Benutzung einer eigens hergestellten Glasapparatur. Die Versuchsdurchführung, bes. auch die Befreiung der Muster vom Lösungsm., werden eingehend beschrieben. Aus den tabellar. u. graph. dargestellten Befunden wird abgeleitet, daß mittels der entwickelten Arbeitsweise, einer Abwandlung derjenigen nach WINWARD u. SHAND (J. Amer. Oil Chemists' Soc. **26.** [1949.] 422), die auf die Extraktion einflußnehmenden Faktoren gut erfaßbar sind. Im einzelnen zeigt sich, daß die Extrahierbarkeit der Flocken (roh bzw. erhitzt) bei jeder Ölkonz. der Miscella mit zunehmender Dicke abnimmt; erhitzte Flocken sind generell leichter extrahierbar als das rohe Material; abgesehen von den sehr dünnen Flocken, die etwa gleich extrahierbar sind. Steigende Ölkonz. in der Miscella setzt bei den Flocken verschied. Vorbehandlung die anfängliche Extraktionsrate herab; bei den sehr dünnen Flocken ist der Unterschied vernachlässigbar; der Grad der Extraktion erhöht sich bei den erhitzten Flocken mit steigender Ölkonz. in der Miscella; bei den rohen Flocken trifft dies nur für die sehr dünnen Flocken zu. (J. Amer. Oil Chemists' Soc. **32.** 691—97. Dez. 1955. New Orleans, La., Southern Regional Res. Labor.) K. TÄUFEL. 7932

L. R. Dugan jr. und **Marjorie Petheram**, *Eine Untersuchung über die Bestimmung von Pferdefett in Gegenwart von Schweine- und Rinderfett.* Die Fettsäuren mehrerer Pferdefettproben bestanden im Durchschnitt aus 0,9% Arachinsäure, 11,4% Linolensäure, 11,1% Linolsäure, 39,8% Ölsäure u. 36,7% gesätt. Säuren. Für Gemische des Pferdefettes einerseits mit Schweinefett, andererseits mit Rinderfett, müssen die JZZ., die Hexabromidzahlen ermittelt, die Linolensäuregehh. nach der Hexabromidzahl u. die Spektrometrie angewandt werden. Auf letzterem Wege ist Pferdefett in Schweine- u. Rinderfett zu bestimmen. — 3 Tabellen. (J. Assoc. off. agric. Chemists **35.** 767—71. 15/8. 1952. Chicago, Ill., Univ., American Meat Inst. Found.) H. GUDE. 7932

K. F. Gander, *Papierchromatographischer Nachweis von Antioxydantien.* Unter Hinweis auf die bisher entwickelten Verff. zum Nachw. von Fettantioxydantien werden deren 10 (Äthyl-, Propyl- u. Dodecylgallat, NDGA, Tenox II, Butylhydroxyanisol, Norconidendrin, TMTD, Quercetin, Ascorbylpalmitat, α-Tocopherol, Gallussäure) unter Wechsel der Fließmittel (vgl. Original) auf ihre R_F-Werte bei aufsteigender Arbeitsweise geprüft; als Sprühmittel finden Verwendung 1%ig. alkoh. Lsg. von $AgNO_3$ in Kombination mit 1%ig. wss. NH_3, ferner 2%ig. wss. Boraxlsg. in Kombination mit einer 0,01%ig. Lsg. von 2.6-Dichlorchinonchlorimid. A r b e i t s w e i s e : 40 g des Fettes werden unter leichtem Erwärmen in 200 ml PAe. (42—68°) gelöst (Lsg. A), mit 20 ml 96%ig. A. ausgeschüttelt, die alkoh. Phase abgetrennt; davon werden 5 Tropfen auf das Papier auf-

gesetzt; nach dem Trocknen wird aufsteigend chromatographiert, je nach dem Fließmittel 2,5—15 Std. α-Tocopherol (aus Schmalz) ist auf diese Weise nicht nachweisbar. Man ermittelt es im petroläther. Fettextrakt (Lsg. A) colorimetr. nach MAHON u. CHAPMAN, bzw. EMMERIE-ENGEL, nachdem dieser Extrakt durch 2maliges Ausschütteln mit A. von allen anderen Antioxydantien befreit ist. — Beleganalysen. (Fette Seifen einschl. Anstrichmittel **57.** 423—25. Juni 1955. Hamburg, Margarine-Union AG., Zentrallabor.)
K. TÄUFEL. 7932

H. Thaler und **G. Sommer,** *Studien zur Farbstoffanalytik.* 4. Mitt. *Die papierchromatographische Trennung wasserlöslicher Teerfarbstoffe.* (3. vgl. C. **1954.** 448.) Im Hinblick auf die seither noch nicht befriedigend gelöste papierchromatograph. Analytik wasserlösl. Teerfarbstoffe werden deren 80 verschied. Vertreter im Hinblick auf einwandfreie Trennung u. anschließende Identifizierung nach der „aufsteigenden" Arbeitsweise (im wesentlichen Papier SCHLEICHER & SCHÜLL Nr. 2043b) systemat. untersucht. Ermittelt werden das Verh. in Abhängigkeit vom Fließmittel (W., Äthanol verschied. Konz., auch in Lsg. von 0,1n NaOH, 0,1n HCl, verd. NH_3), vom p_H (Pufferlsgg.), der Einfl. einer Aussalzadsorption. Das Verh. der Farbstoffe ist tabellar. mit den interessierenden analyt. Tatsachen dargestellt. Als Hilfsmittel für die Identifizierung werden benutzt: Farbe des Fleckes auf dem Papier sofort u. nach dem Trocknen, im Tageslicht, im UV-Licht, nach Behandeln mit 3n NaOH bzw. nach Räuchern mit HCl. Die Erfahrungen werden zu einer Arbeitsvorschrift zusammengefaßt: 1 Tropfen (ca. 0,03 ml) der ca. 0,25%ig. Lsg. des Farbstoffes wird auf einen Papierstreifen (30 cm lang, 4 cm breit) 2 cm vom Ende aufgebracht u. getrocknet. Man hängt in das Chromatographiergefäß (5 Liter-Gurkenglas mit Schliff, Gummiring u. Glasschliffdeckel) ein, auf dessen Boden sich das Fließmittel befindet; nach 1½—2 Std. ist letzteres 15—20 cm hoch gestiegen u. die Entw. beendet. Hat man mehrere Farbstofflsgg. zu prüfen, so trägt man sie auf einem breiten Streifen in Entfernungen von 2,5 cm nebeneinander auf. Nach dem Trocknen rollt man die Papierstreifen zu einem Zylinder zusammen, stellt in das Glasgefäß mit Fließmittel u. läßt letzteres bis ca. 5 cm unter den oberen Rand aufsteigen; es wird wieder getrocknet; Identifizierung im Tages- bzw. UV-Licht (Quarzlampe) unter Heranziehung der angegebenen Reagentien. (Z. Lebensmittel-Unters. u. -Forsch. **97.** 345—65. Nov. 1953. München, Deutsche Forschungsanst. für Lebensmittelchemie.)
K. TÄUFEL. 7934

Louis Savidan, *Über die Kohlenwasserstoffe des Ouricury-Wachses.* Das *Ouricury-Wachs* (I; Blätterextrakt einer brasilian. Palme) enthält ~1% n., gesätt. KW-stoffe, von denen 3 mit ungerader Kohlenstoffzahl vom Vf. isoliert u. identifiziert werden konnten. Dieser Befund bestätigte die Regel über das Vork. ungeradzahliger KW-stoffe in der Natur u. widerspricht den Angaben von SCHUETTE u. KHAN (C. **1954.** 1853), wonach nur geradzahlige KW-stoffe in I enthalten seien. Vf. kann auch die l. c. gemachten Angaben über eine Trennung der KW-stoffe an Al_2O_3 nicht bestätigen. Diese Trennung gelingt vielmehr nur an Aktivkohle.

Versuche: Handelsübliches I wurde mit kaltem PAe. extrahiert u. der Extrakt (~3% des Rohprod.) mit einem Gemisch aus Bzl. u. alkoh. KOH verseift. Der unverseifbare Rückstand wurde, in PAe. gelöst, 2mal an Al_2O_3 u. anschließend über den Harnstoffkomplex gereinigt u. dann mit PAe. an Aktivkohle chromatograph. getrennt. Vf. isolierte auf diese Weise aus 370 mg über 130 Fraktionen: *Pentakosan,* $C_{25}H_{52}$, F. 54,5—55°; 35%. — *Heptakosan,* $C_{27}H_{56}$, F. 59°; 20%. — *Nonakosan,* $C_{29}H_{60}$, F. 62 bis 63°; 20%. — Die Verbb. wurden durch Vgl. der FF. u. der Röntgenspektren identifiziert. Auch der Verlauf der Fraktionierungskurve machte die angegebene Zus. wahrscheinlich u. ließ darauf schließen, daß ~15% der restlichen Verbb. C_{23}–C_{24}-KW-stoffe sind. (Bull. Soc. chim. France [5] **1956.** 64—67. Jan. Tunis, Inst. des Hautes Études, Labor. de Chim.)
N. ULLMANN. 7944

Louis Savidan, *Triterpenische Bestandteile des Ouricury-Wachses. Isolierung von Lupeol.* Durch selektive Extraktion von *Ouricury-Wachs* (I; vgl. vorst. Ref.) mit Aceton erhält man in geringen Mengen ein Harz, das in der Hauptsache aus *Lupeol* besteht.

Versuche: Pulverisiertes I wurde mit Aceton von 15° extrahiert u. der Extrakt (~2% des Rohprod.) mit einem Gemisch aus Bzl. u. alkoh. KOH verseift. Der unverseifbare Rückstand war opt.-akt. u. wurde an Al_2O_3 chromatographiert, zunächst mit Bzl. u. Bzl.-A., das opt.-akt. Benzoleluat dann noch einmal mit Petroläther. Vf. erhielt so aus 7,10 g Extrakt 4,15 g einer krist. Verb., F. 198°; diese Verb. wurde benzoyliert, aus PAe. an saurem Al_2O_3 chromatographiert u. ergab nach dem Verseifen *Lupeol,* F. 213° (Aceton), $[\alpha]_D$ +34° (Bzl.); *Benzoylderiv.,* F. 269°, $[\alpha]_D$ +60° (Chlf.). (Bull. Soc. chim. France [5] **1956.** 67—69. Jan.)
N. ULLMANN. 7944

Swift & Co., Chicago, übert. von: **Robert J. Brabets**, Hazelcrest, und **Robert J. Hlavacek**, Berwyn, Ill., und **Earle Fritz**, East Chicago, Ind., V. St. A., *Fraktionieren von Spermöl.* Rohes Spermacetiöl oder Walratöl wird in Ggw. der 20–25fachen Menge fl., bei n. Temp. gasförmiger KW-stoffe, bes. C_3H_8, bei 205–215° F u. 600–700 lbs./sq.in. im Gegenstrom fraktioniert. Man erhält ein an Wachsestern reiches Kopfprod., das, hydriert, als Ersatz für Walrat dient. (**A. P. 2 730 538** vom 15/12. 1952, ausg. 10/1. 1956.) C. LÜTTGEN. 7899

Swift & Co., Chicago, übert. von: **Purdy Bradford**, Palos Park, Ill., V. St. A., *Herstellung hochprozentiger Seife.* Fettansatz, Lauge u. W. werden bei <100° durch intensive mechan. Bearbeitung unter hohem mechan. Druck verseift. – Zeichnung. (**A. P. 2 730 539** vom 21/5. 1951, ausg. 10/1. 1956.) C. LÜTTGEN. 7911

Swift & Co., Chicago, übert. von: **Purdy Bradford**, Palos Park, Ill., V. St. A., *Seifenpulver.* Man granuliert durch Zusatz von ca. 5% Fettsäuren u. entsprechende Menge Alkali. (**A. P. 2 730 507** vom 28/1. 1952, ausg. 10/1. 1956.) C. LÜTTGEN. 7911

VEB Farbenfabrik Wolfen (Erfinder: **Karl Brodersen** und **Heinrich Krause**), Wolfen, Kr. Bitterfeld, *Härtebeständiges Waschmittel*, gek. durch den Geh. eines Gemisches von acyl-(oleyl)-metanilsaurem Na mit paraffinsulfonsaurem Natrium (sogenanntes Mersolat). (**D. P. [DDR] 10 940** Kl. 23e vom 6/9. 1953, ausg. 17/12. 1955 [Wirtschaftspatent].) T. OPPENMANN. 7913

Soc. An. Progil, Frankreich (Erfinder: **Louis Germain** und **Maurice Weynants**), *Herstellung von Waschmitteln.* Das Verf. des F. P. 956 326, wonach man diese Mittel aus saurem Na-Pyrophosphat, $NaHCO_3$ u. anderen Reinigungsmitteln u./oder anderen Salzen u. Füllstoffen (z. B. Kaolin) herstellt, wird dahin erweitert, daß man den Waschmitteln auch noch Substanzen zusetzt, die die Verformung des Waschmittels zu Pastillen oder anderen Formstücken begünstigen u. gleichzeitig reinigend u. bleichend wirken. – Ein solches Waschmittel hat z. B. die Zus.: 20 (%) saures Na-Pyrophosphat, 15 $NaHCO_3$, 5 Stärke, 55 Alkylarylsulfonat u. 5 Na-Perborat. (**F. P. 59 747** vom 27/10. 1949, ausg. 16/7. 1954. **Zusatz zu F. P. 956 326; C. 1950. II. 1890.**) T. OPPERMANN. 7913

Chemische Fabrik Grünau Akt.-Ges., Zweigniederlassung Tepha-Illertissen, Illertissen, *Wasch- und Walkmittel* gemäß D. B. P. 931 847, gek. durch einen Geh. von Paraffinsulfonsäurekondensaten mit Eiweiß oder dessen Abbauprodd. u. Alkylbenzolsulfonaten, die mit KW-stoffresten, wie sie Fettsäuren zugrunde liegen, substituiert sind. (**D. B. P. 941 807** Kl. 23e vom 13/5. 1950, ausg. 19/4. 1956. Anmeldung bekanntgemacht 17/1. 1952. **Zusatz zu D. B. P. 931 847; C. 1956. 1761.**) C. LÜTTGEN. 7913

General Aniline & Film Corp., New York, N. Y., V. St. A., *Polyglykoläther oder deren Ester.* Man kondensiert 1–12 (Mol) Äthylen- oder Propylenoxyd oder deren Mischungen mit 1 eines prim. aliphat. Alkohols von 10–20 C-Atomen, der mehrere Seitenketten enthält, vorzugsweise bei erhöhten Tempp. u. Drucken, gegebenenfalls in Ggw. saurer oder alkal. Katalysatoren. Man erhält Verbb. der allg. Formel I, worin R eine Alkylgruppe mit 10–20 C u. mindestens 2 Seitenketten, X = H oder CH_3, n eine ganze Zahl von 1–12 u. Z = H, SO_3M_m oder PO_3M_m, M = Kation u. m = ½, 1 oder 2.

$$R{-}O(CH_2{-}\underset{\substack{|\\X}}{CH}O)_n{-}Z \qquad \text{I}$$

Die OH-haltigen Endprodd. werden mit starken Säuren, wie H_2SO_4, H_3PO_4, anorgan. Säureanhydriden oder Säurehalogeniden, zu den entsprechenden Estern umgesetzt. *Oberflächenakt. Verbb.*, Zusatzmittel für Erdölprodd. u. kosmet. Präpp., Plastifikatoren, Flotationsmittel, Schaumverhütungs-, Rostschutz-, Bindemittel, Lösungs- u. Reinigungsmittel sowie Emulsionsbrecher, bes. für Erdölemulsionen. (**E. P. 719 445** vom 22/12. 1952, ausg. 1/12. 1954. A. Priorr. 22/12. u. 28/12. 1951.) G. KÖNIG. 7913

Peter Hoppe und **Rolf Moroni**, Deutschland, *Reinigungsmittel.* Man verwendet poröse Kunstmassen, wie Polyurethane (Desmodur–Desmophen), Polyvinylchlorid, Polystyrol, Polyäthylen, Silicone, Acetylcellulose, Buna, Kautschuk, denen man Weichmacher, ferner $NaHCO_3$, $(NH_4)_2CO_3$, Kieselgur, Holzmehl u. a. zusetzt (vgl. auch E. P. 716 422; C. **1956.** 7407). – Vgl. auch Schwz. P. 294 702; C. **1954.** 8700. (**F. P. 1 025 019** vom 11/8. 1950, ausg. 9/4. 1953. D. Priorr. 11/8., 17/9. u. 21/9. 1949.) M. PANKOW. 7917

Dictaphone Corp., Bridgeport, übert. von: **Richard G. Rowe**, Redding, Conn., V. St. A., *Antistatische Wachswalzen* für Sprechmaschinen (Diktiergeräte), gek. durch einen Geh. an 2–10% N-n-Butyllactamid. (**A. P. 2 712 505** vom 11/5. 1950, ausg. 5/7. 1955.) G. SALZMANN. 7925

Stéarinerie Dubois Fils (Erfinder: **Jean M. F. X. Guenard**), Frankreich, *Bohnerwachs, Fußbodenpflege- und Poliermittel* in fl., halbfl. oder Pastenform. Man verwendet ein Wachs im Gemisch mit einer Emulsion einer plast. M., bes. von Polyacryl- u. Poly-

methacrylverbb., u. anderen Zusatzmitteln. — Man verwendet z. B. 7 (Gewichtsteile) Bienenwachs, 4 Carnaubawachs, 4 „Gersthofen KP", 30 Terpentinöl, 1 „Emulphor EL", 46 W., 2 Triäthanolamin, 6 einer Latexmischung von polymerisiertem Acryl- u. Methacrylsäuremethylester. (**F. P. 1 110 467** vom 3/9. 1954, ausg. 13/2. 1956.)
M. F. MÜLLER. 7927

XVIIIa. Holz. Cellulose. Zellstoff. Papier. Papierdruck. Celluloid. Linoleum.

N. W. Tschalow, Je. F. Gorjatschich und **L. Ch. Wodolasowa,** *Untersuchung der Zusammensetzung Flüssigkeit–Dampf in binären Lösungen von Phenol.* Aus Unterss. des Gleichgewichts von Phenolen — Guajakol (**I**), o-, p- u. m-Kresol (**II**) — in wss. Lsg. u. Dampf geht hervor, daß in den Grenzen der untersuchten niedrigen Konzz. **I** u. **II** zu den flüchtigen Phenolen gehören, da ihre Konz. in der Dampfphase 2,5—5mal höher als in der wss. Phase ist. Die bin. Gemische von o-Kresol, Phenol u. **I** mit Methanol (**III**) oder Aceton (**IV**) enthalten in der Dampfphase die vielfachen Mengen an **III** oder **IV** im Vgl. zur fl. Phase. Daher kann man **III** oder **IV** bei einem Geh. von 60—70% in den Prodd. der therm. Holzbehandlung durch einfache Dest. in ziemlich reiner Form erhalten. (Гидролизная и Лесохимическая Промышленность [Hydrolysen- u. holzchem. Ind.] **8.** Nr. 3. 11—12. 1955.) J. v. SCHROEDER. 7952

L. Mairovitz, *Anormale Färbung und Fäulnis von Nadelholz.* Die rumän. u. sowjet. Normen für die bei Nadelholz zulässigen Grade an Rotverfärbung u. Vermoderung werden vergleichend besprochen. (Ind. Lemnului Celulozei Hîrtiei [Ind. Holzes, Cellulose Papiers] **3.** 260—62. Juli 1954.) R. K. MÜLLER. 7952

T. E. Timell und **J. L. Snyder,** *Molekulare Eigenschaften der Cellulose des Syrischen Schwalbenkrautes.* Die Unterss. über den Cellulosegeh. der Samenhaare der gewöhnlichen Wolfsmilch (*Asclepias syriaca, L.*) haben ergeben, daß dieselben 39,6% α-Cellulose, 35,3% Pentosen (hauptsächlich als Xylan) u. 15,1% Lignin enthalten. Die Auswertung des Fraktionsdiagrammes, das durch fraktionierte Fällung mit einem Aceton/W.-Gemisch des nitrierten Prod. der rohen Haare erhalten wurde, ergab als niedrigste Fraktion einen DP. (Durchschnittspolymerisationsgrad) von 1500, als obere Grenze einen DP. von 7600. 32% aller Fraktionen liegen zwischen 4400—3600. Der DP. aller Fraktionen liegt bei 4600, während das nitrierte Prod. vor dem fraktionierten Fällen einen DP. von 5800 aufwies. Dieser Unterschied wird auf einen Abbau während der Fraktionierung zurückgeführt. (Textile Res. J. **25.** 870—74. Okt. 1955. Canada, McGill Univ., and Pulp and Paper Res. Inst.) H. G. FRÖHLICH. 7954

Bruno Gohlke, *Über die Löslichkeit und die Quellung von Kunstseidenzellstoff in Natronlaugen bei Temperaturen zwischen 20 und 60°.* Es werden Löslichkeiten von Zellstoff untersucht u. die Werte ermittelt, die sich für das Resistente, die lösl. u. fällbaren sowie für die lösl. u. nichtfällbaren Anteile ergeben bei Einw. von Natronlaugen verschied. Temp. u. Konz. mit oder ohne nachfolgende Wäsche mit W. oder weiterer Lauge. Außerdem werden die Quellwerte von Zellstoff in Laugen entsprechender Temp. u. Konz. untersucht u. zu den Löslichkeitsergebnissen in Beziehung gesetzt. Angewendete Arbeitsverff. werden beschrieben. Zahlreiche Tabellen u. Kurvenbilder sowie Literaturangaben. (Faserforsch. u. Textiltechn. **7.** 111—19. März 1956.) E. ZEHMISCH. 7956

F. L. Wells und **R. H. MacClaren,** *Gesamtdruck für das System Schwefeldioxyd–Wasser.* Die Werte wurden bis zur SO_2-Konz. für das 2-Phasensyst. u. bis zu der Temp., die einem Druck von 10,5 at entspricht, bestimmt. Gegenüber den von PLUMMER (vgl. C. **1951.** I. 2401) statist. erhaltenen Ergebnissen finden Vff. einen geringeren Wert der Steigung b in der Gleichung $\log P_m = b \log p_w + a$. (Tappi **38.** 668—71. Nov. 1955. Rochester, N. Y., Eastman Kodak Co., Wood Cellulose Developm. Div.)
H. BECKER. 7962

A. H. Nissan und **W. G. Kaye,** *Ein analytischer Lösungsversuch des Trocknungsproblems dünner Faserbahnen auf Mehrzylindermaschinen.* Es wird der Vers. unternommen, Temp. u. Wassergeh. von Papierbahnen während des Durchganges durch die Trockenpartie zu berechnen. Auf Grund vereinfachender Annahmen werden Differentialgleichungen u. deren Lsgg., vorwiegend am Beispiel einer typ. Zeitungsdruckpapiermaschine diskutiert. (Tappi **38.** 385—98. Juli 1955. Leeds, Univ., Dep. of Text. Ind.)
L. G. SCHEURING. 7980

Walter Brecht und **Günter Jacobs,** *Untersuchungen über die papiertechnologischen Eigenschaften eines gebleichten Zellstoffs für Strohpapier.* (Cellulosa e Carta **7.** Nr. 3. 3—14. März 1956. — C. **1955.** 10162.) R. K. MÜLLER. 7984

J. E. Stone, *Die Rheologie von gekochtem Holz.* **2.** Mitt. *Einfluß der Temperatur.* (1. vgl. C. **1956.** 5990.) An Holz von *Betula lutea* (yellow birch) wurde der Einfl. der

Temp. auf die Bruchlast, die Deformation beim Bruch u. die Brucharbeit unter einer Scherbeanspruchung ermittelt. Die Holzproben wurden hierzu in einem Autoklaven in einer wss. $NaHCO_3$-Lsg. oder in Öl auf 185 bzw. 205° erhitzt u. die Festigkeitsprüfungen sowohl bei erhöhter Temp. als auch nach dem Abkühlen bei Raumtemp. vorgenommen. Die bei erhöhter Temp. ermittelten Bruchlasten zeigen beim $NaHCO_3$-behandelten Holz einen deutlichen Abfall im Temperaturbereich von 80—120°, um bei höheren Tempp. nahezu konstant zu bleiben. Bei dem in Öl erhitzten Holz wird eine stetige Abnahme der wesentlich höheren Bruchlastwerte ab 100° beobachtet. Während die Brucharbeit für das im wss. Syst. behandelte Holz zwischen 80 u. 120° ganz erheblich abnimmt, zeigt sie für das im nichtwss. Syst. behandelte Holz eine Zunahme mit der Temperatur. Die vorgelegten Mikroaufnahmen lassen erkennen, daß bei ölbehandeltem Holz bei 25° der Bruch quer durch die Zelle u. erst bei 205° eine teilweise Trennung von Zellen mit intakten Zellwänden erfolgt. Beim Bruch im wss. Syst. werden bei 25° intakte Zellwände erhalten; der Bruch erfolgt jedoch nicht in der Mittellamelle, wie der fibrillierte Zustand der Zellwände erkennen läßt. Bei 120° verringert sich diese Fibrillierung sehr stark, u. es werden glattere Bruchstellen erhalten. (Tappi **38.** 452—59. Aug. 1955. Appleton, Wis., Inst. of Paper Chem.) L. G. SCHEURING. 8004

Emil Postel, Kaiserslautern, und **Adolf Hieber**, Miesau/Pfalz (Erfinder: **Egon Elöd**, Badenweiler, **Emil Postel** und **Adolf Hieber**), *Veredeln von Holz*, bei dem das Holz zunächst bis zur maximalen Aufnahmefähigkeit mit Kunstharzlsg. durchtränkt wird, nach erfolgter Tränkung von der in den Gefäßen des Holzes befindlichen Kunstharzlsg. wieder weitgehend befreit wird u. dann erst einer zur Härtung des an den Zellwandungen zurückgebliebenen Kunstharzes geeigneten Behandlung unterworfen wird nach D. B. P. 928 556, dad. gek., daß als Imprägniermittel eine stabile wss. Lsg. von kristalloid-dispers gelösten Mischvorkondensaten verwendet wird, wie solche durch Einw. von Aldehyden auf Dicyandiamid u. Harnstoff oder Melamin oder Thioharnstoff in neutralem wss. Milieu erhältlich sind. Der wss. Imprägnier-Fl. werden geringe Mengen von Vernetzungsmitteln, wie Ammonlactat oder -barbiturat, einverleibt, die befähigt sind, beim Erhitzen der imprägnierten Gegenstände zwecks Aushärtung des Kunstharzes einkondensiert zu werden. Der Imprägnier- u. Härtungsvorgang kann ohne oder mit Katalysatoren, z. B. NH_4NO_3 oder $NH_4H_2PO_4$, durchgeführt werden. (**D. B. P. 933 358** Kl. 38h vom 18/7. 1951, ausg. 22/9. 1955. Anmeldung bekanntgemacht 25/9. 1952. **Zusatz zu D. B. P. 928 556; C. 1955. 9934.**) H. KARST. 7953

José Maria Aguirre Gonzalo und **Jaime Castejon Chacon**, Madrid, Spanien, *Imprägniermittel für Holz und ähnlichem Material* zwecks Verhinderung des Anhaftens von Beton, enthaltend 1 (Teil) $(NH_4)_2SO_4$, ca. 2—32 $(NH_4)_2CO_3$ u. 2—8 NH_4Cl, sowie geringe Mengen eines Holzschutzmittels, z. B. Phenol oder Kresol. Das Mittel wird in 2—6%ig. wss. Lsg. angewandt. — Beispiel: 1000 W., 40 $(NH_4)_2CO_3$, 1,25 $(NH_4)_2SO_4$, 10 NH_4Cl, 2,5 Phenol, 2,5 Teeremulsion, 2 Kresol, 1 Pyridin. (**A. P. 2 677 867** vom 26/9. 1950, ausg. 11/5. 1954. Span. Prior. 22/10. 1949.) K. WOLK. 7953

E. I. du Pont de Nemours & Co., übert. von: **Ralph Aarons**, Wilmington, Del., und **Douglas Wilson**, Gary, Ind., V. St. A., *Gegen Feuer widerstandsfähige und wasserabweisende Masse*, bestehend aus 100 (Teilen) NH_4-Sulfamat (I), 5—20 Dicyandiamid (**II**), 5—30 HBO_3 (**III**), 0,3—1,8 Cr in Form einer komplexen Verb. nach WERNER, in der 1 Cr^{III}-Atom mit einem aliphat. Carbonsäurerest von mindestens 10 C-Atomen koordiniert ist, u. Wasser. — Beispiel für die Zus. der M.: 10 **I**, 2 „Quilon" = Komplexverb. (Lsg.) aus $CrCl_3$ u. Stearinsäure (Cr-Geh. 6%), 1 **II** u. 1 **III**. *Veredelung von Zellstoff, Papier, Textilfäden* u. *-fasern*. (**A. P. 2 723 212** vom 9/9. 1953, ausg. 8/11. 1955.) G. VOGEL. 7957

J. O. M. J. Raick, Brüssel, Belgien, *Gewinnung von Zellstoff aus grünem Papyrus*, dad. gek., daß der Rohstoff gehackt, gewalzt, bes. in Ggw. einer organ. Säure (Ameisensäure, Essigsäure), hydrolysiert, alkal., bes. nach dem Sulfatverf., gekocht u., z. B. in drei Stufen, gebleicht wird. — *Kunstseideerzeugung*. (**Belg. P. 501 280** vom 15/2. 1951, ausg. 9/5. 1952.) G. VOGEL. 7961

Aktiebolaget Rosenblads Patenter, Stockholm (Erfinder: **Frederik Waldemar Grewin**, Hallstavik, und **Sten Gösta Lindberg**, Värmbol), Schweden, *Eindampfen von Sulfitablauge* in einer Anlage, in der die Beheizung indirekt durch dabei kondensierenden Dampf erfolgt, gek. durch die Kombination von drei an sich bekannten Einzelmerkmalen, die darin bestehen, daß die Ablauge in mindestens zwei stufenweise geschalteten Verdampferkörpern verdampft wird, daß ein oder mehrere von mit dabei erzeugtem SO_2-haltigem Brüdendampf beheizten Verdampferkörpern betrieben u. daß die Kanäle für Dampf u. Ablauge period. gewechselt werden. (**D. B. P. 942 312** Kl. 55b vom

12/9. 1942, ausg. 3/5. 1956. Anmeldung bekanntgemacht 26/2. 1953. Schwed. Prior. 9/10. 1941.) G. VOGEL. 7963

Ralph Harper McKee, New York, N. Y., V. St. A., *Zellstofferzeugung,* dad. gek., daß der in der Kochlauge suspendierte Rohstoff, z. B. Holzspäne, Bambus, Bagasse, kontinuierlich von oben nach unten durch einen, vorzugsweise hohen, Kocher geführt wird, wobei die Temp. auf dem größten Teil des Weges $>149^0$ beträgt u. nicht $<135^0$ fällt, u. der Stoff im oberen Kocherteil im Gleichstrom, im unteren Kocherteil im Gegenstrom zur Lauge geführt u. unter Druck ausgebracht wird. Als Lauge dienen neutrale, durch das beim Kochen gebildete CO_2 schwach saure Lsgg. von Alkali- oder Erdalkalisalzen von Sulfonsäuren des Xylols, Cymols oder Tolulols bzw. von Salicylsäure, bes. Na-Xylolsulfonat. Nach dem Ausbringen gelangt der Stoff unter Druck zu einer Schnekkenpresse. — *Viscoseherst., Papier.* — Zeichnungen. (**E. P. 740 684** vom 17/10. 1951, ausg. 16/11. 1955.) G. VOGEL. 7965

Kurt Thinius, Magdeburg, *Herstellung von Lacken und plastischen Massen aus Cellulosetriacetat.* Man verwendet als Weichmacher für das Cellulosetriacetat Kondensationsprodd. aliphat. Lactame mit Chloral; dem wasserunlösl. Kondensationsprod. kommt die Formel I zu. Es kann in Mengen bis zu 125% dem Triacetat zugesetzt werden u. erhöht die Lösekraft der Chlor-KW-stoffe u. Alkohole. (**D. P. [DDR] 9 071** Kl. 39b vom 11/2. 1954, ausg. 22/1. 1955 [Wirtschaftspatent].) M. PANKOW. 7971

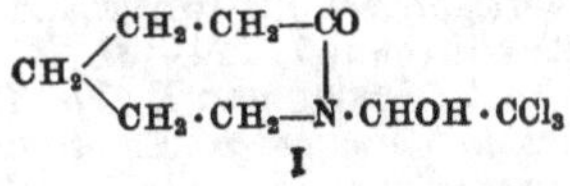

I

American Viscose Corp., Philadelphia, Pa., V. St. A., *Verfilzte Faserprodukte,* dad. gek., daß sie eine Menge unregelmäßig eingelagerter Fasern enthalten, die teilweise aus Kunstfasern von 0,8—25 mm Länge, bes. aus regenerierter Cellulose, bestehen u. an den Kreuzungspunkten mit einem wasserunlösl., alkalilösl. Celluloseäther, bes. Oxäthylcellulose (I), verklebt werden. Es wird z. B. ein mindestens 10% Kunstfasern u. I enthaltender Papierstoff auf der Langsiebmaschine verarbeitet. (**Belg. P. 501 107** vom 7/2. 1951, ausg. 9/5. 1952. A. Prior. 9/2. 1950.) G. VOGEL. 7979

Permacel Tape Corp., übert. von: **Edward William Engel,** New Brunswick, N. J., und **Laszlo Walter Eger,** East Hampton, Conn., V. St. A., *Klebepapier.* Hochporöses dünnes Papier (Ries = 480 Blätter zu 24×36″ = 27 lbs.) wird mit einem unvulkanisierten Mischpolymerisat aus Butadien u. einer ungesätt. Verb., wie Styrol, Acrylnitril, Isobutylen oder Methacrylat, zwecks unlösbarer Bindung der Fasern imprägniert, so daß es 40—60% Polymerisat enthält. Das Prod. dient als Unterlage für einen n. klebrigen Klebstoff u. ist zwischen 0 u. 100^0 so reiß- u. spaltfest, daß es mehrfach auf Gegenstände aufgeklebt u. abgezogen bzw. mit dem Klebstoff auf- u. abgerollt werden kann. Die Festigkeit wird durch Zusatz von Ruß als Füllstoff erhöht. (**A. P. 2 726 967** vom 23/10. 1948, ausg. 13/12. 1955.) G. VOGEL. 7985

XVIIIb. Textilfasern.

Robert M. Reinhardt, J. David Reid und **George C. Daul,** *Die Eigenschaften von Baumwolle nach Reaktion mit β-Propiolacton.* Die Unterss. haben gezeigt, daß mit β-Propiolacton (I) modifizierte Baumwollgarne u. -gewebe in ihren technolog. Daten keine Verbesserungen erfahren. Wie mkr. Präpp. erkennen ließen, führt die Behandlung mit I zu einer starken Faserquellung. Die Rk. des I mit der Faser findet an den OH-Gruppen der Cellulose statt, wie die Verss. ergeben haben. Hierbei können sowohl die amorphen als auch kristallinen Faserbereiche reagieren. Die auf diese Weise modifizierte Baumwolle läßt sich mit Acetat- u. Direktfarbstoffen färben. Versuchsausführung sowie die Ergebnisse werden ausführlich besprochen. (Textile Res. J. **26.** 1—9. Jan. 1956. New Orleans, La., Southern Reg. Res. Labor.) H. G. FRÖHLICH. 8044

Ferenc Tobisch, *Neue Erfahrungen zur Verwendung synthetischer Stoffe in der Wollindustrie.* Übersicht über die physikal. u. technolog. Eigg. (Zerreiß-, Knitterfestigkeit, Abrieb u. Abnutzung, Trag-, Färbe-, Bügel-, Misch-, Zwirnfähigkeit, Verfilzung u. stat. Aufladevermögen) von Gemischen von Polyacrylnitril-, Polyamid- u. Polyesterfasern, wie Grilon, Acryl, Dralon, Redon u. Eucalon, mit Wolle. (Magyar Textiltechn. [Ung. Textiltechn.] **1955.** 425—33. Nov./Dez.) E. KISS. 8060

Josef Schurz, *Lösungen von Seide in Phosphorsäure.* Seidenfasern zerfallen in konz. Orthophosphorsäure nach wenigen Sek. in 0,1 mm lange Stückchen. Nach einigen Min. tritt Lsg. ein. Aus der Lsg. kann man mit einer gesätt. NaCl-Lsg. Fasern ausfällen. Bzgl. der viscosimetr. u. spektroskop. Unterss. vgl. C. **1956. 11 738.** (Melliand Textilber. **35.** 607—09. Juni 1954. Brooklyn, N. Y., Polytechnic Inst. Brooklyn.) H. ZAHN. 8068

A. G. Chitale, *Der Einfluß der Temperatur auf die Adsorption von Jod durch Cellulose.* Die mit J-Lsg. (3,125 g J_2 + 25 g KJ in 30 cm^2 H_2O gelöst u. auf 1 Liter mit dest. W. aufgefüllt) bei 17,8, 24,9, 31,9 u. 39 $\pm$ 1° ausgeführten Unterss. über die J_2-Aufnahme durch Viscosecellulose haben Werte von 142,4, 135,9, 121,1 u. 118,3 mg pro g Viscosefaser ergeben, also mit steigender Temp. fallende J_2-Aufnahme. (Textile Res. J. **25.** 886—87. Okt. 1955. Ahmedabad, Indien, Ahmedabad Text. Ind. Res. Assoc.)
H. G. FRÖHLICH. 8074

Annelies Lauckner, *Fixierungsnachweis durch textilphysikalische und -chemische Prüfmethoden.* Vf. behandelt nach einem Überblick über die bekannten Fixierverff. u. die bisherigen Nachweismethoden die Versuchsanordnung u. Ergebnisse ihrer Unterss. über sichere Best. des Fixiereffektes an thermohydrofixierter Perlonseide. Die Temperatureinfll. sind durch Prüfung auf Löslichkeit in Schwefelsäure, Anfärbbarkeit, Zugsprödigkeit, Torsionsspannung, Saugvermögen u. Quellwert nachweisbar, was durch Röntgenfeinstrukturaufnahmen bestätigt werden konnte, jedoch nicht die Fixierzeiten. Die Unterss. werden zur Klärung von Feinheits-, Drehungs-, Verstreckungs- u. anderen Fertigungseinfll. fortgesetzt. — Zahlreiche Bilder u. Literaturzitate. (Faserforsch. u. Textiltechn. **7.** 124—31. März 1956.) E. ZEHMISCH. 8080

G. Susich und **E. Th. Vadala,** *Die Dehnungseigenschaften von Zellwolle und synthetischen Stapelfasern.* Es werden die Ergebnisse der Unterss. hinsichtlich des Verh. von Zugfestigkeit–Dehnung, Dehnungserholung u. dynam. Beanspruchung an 16 verschied. Stapelfasergarnen (Fiberglas, Viscose, Acetat, Nylon, Orlon, Dacron, Dynel, Saran, Kuralon u. Polyvinylchlorid) unter Benutzung des Instron-Prüfgerätes mitgeteilt u. diskutiert. — 6 Tabellen, 10 Abbildungen. (Textile Res. J. **25.** 817—32. Okt. 1955.)
H. G. FRÖHLICH. 8080

F. Sak und **J. P. Manko,** *Über die Stabilität des Glasfadens.* Verkürzte Wiedergabe der C. **1953.** 1268 referierten Arbeit. (Textil- u. Faserstofftechn. **3.** 352—54. Aug. 1953.)
K. HÖRIG. 8082

N. A. Teixeira, M. M. Platt und **W. J. Hamburger,** *Die Mechanik des elastischen Nutzeffektes von Textilien.* 12. Mitt. *Beziehungen zwischen gewissen geometrischen Faktoren in bezug auf die Zerreißfestigkeit gewebter Ware.* (11. vgl. PLATT u. Mitarbeiter, C.**1955.** 7115.) Ausführliche Unterss. an Acetatgeweben über die Beeinflussung der Zerreißfestigkeit in Abhängigkeit des Gewebeaufbaues u. der hierfür verwendeten Garne verschied. Zwirnung u. Garnstruktur. Die mathemat. Behandlung sowie die im einzelnen erhaltenen Ergebnisse werden beschrieben u. diskutiert. — 7 Tabellen u. 25 Figuren. (Textile Res. J. **25.** 838—61. Okt. 1955. Boston, Mass., Fabric Res. Labor.)
H. G. FRÖHLICH. 8096

J. J. Windle und **T. M. Shaw,** *Dielektrische Mikrowellenmessungen an Einzelfasern.* Wie die vorliegenden Unterss. gezeigt haben, sind techn. Mikrowellen zur Best. der dielektr. Eigg. von Faserbündeln brauchbar. Für Messungen an Einzelfasern war der M. entsprechend eine Steigerung der Schwingungszahlen von 3—9000 auf 26000 mC erforderlich. Die hierfür erforderliche App. wird beschrieben. Die hieran durchgeführten Unterss. lassen direkte Vergleiche von elektr. u. mechan. Eigg. an ein u. derselben Faser zu u. ermöglichen ferner einen Rückschluß auf die Schwankungen der Maßverteilung über die Länge der Faser. So konnten Maßunterschiede von mehr als 100% an einzelnen Wollfasern nachgewiesen werden. Die Auswrkg. solcher Schwankungen auf die Aufstellung von Belastungs-Dehnungs-Diagrammen wird diskutiert. Die Unterss. werden beschrieben u. diskutiert. (Textile Res. J. **25.** 865—70. Okt. 1955. Albany, Calif., U. S. Dep. of Agric.) H. G. FRÖHLICH. 8106

Armstrong Cork Co., Lancaster, Pa., V. St. A., *Elektrisch nichtaufladende Textilwalzen* haben einen Überzug aus einem Mischpolymerisat, das aus einem Ansatz mit 95 (%) Vinylchlorid, 5 Vinylacetat u. einer ausreichenden Menge Dioctylstyryl-, Dibutylbenzyl- oder Dioctylbenzylphosphat als Weichmacher besteht. (**E. P. 741 860** vom 18/6. 1953, ausg. 14/12. 1955. A. Prior. 6/5. 1953.) H. MÖLLERING. 8025

Shell Development Co., Emeryville, Calif., V. St. A., übert. von: **Philip Alan Winsor,** Willington, England, *Antistatisches Textilausrüstungsmittel,* bestehend zum größeren Teil aus einem mineral. Schmieröl u. zum kleineren Teil aus einem in 2-Stellung substituierten Imidazolin, dessen Substituent 7—30 C-Atome enthält. — Geeignete Ansätze sind: 10 (Teile) 1-β-Oxyäthyl-2-heptadecylenimidazolin u. 90 Spindelöl oder 5 2-Naphthenylimidazolin, 95 leichtes Mineralöl u. 4 n-Dodecanol. (**A. P. 2 730 464** vom 12/5. 1952, ausg. 10/1. 1956. E. Prior. 17/5. 1951.) H. MÖLLERING. 8033

N. V. Philips' Gloeilampenfabrieken, Eindhoven, Holland, *Imprägnieren von Geweben oder Papier.* Man verwendet als Imprägniermittel die Emulsion eines Phenol–Aldehyd-Vorkondensates, wobei ein Absetzen der Emulsion durch Umpumpen verhindert wird.

Auf dem imprägnierten Gut wird das Kunstharz durch Erhitzen auskondensiert. — Mit der wss. Emulsion eines Vorkondensates, dem — bezogen auf die Phenolmenge — 2—7% Stearylamid als Weichmachungsmittel zugesetzt ist, imprägniert man nach einer abgebildeten Vorr. eine *Papierbahn*, trocknet die Bahn u. zerschneidet dann zu Einzelflächen, die übereinandergelegt unter Hitzeeinw. verpreßt werden. (**E. P. 743 623** vom 11/11. 1953, ausg. 18/1. 1956. Holl. Prior. 14/11. 1952.) H. MÖLLERING. 8037

E. F. Drew & Co., Inc., New York, N. Y., V. St. A., *Säurebeständige Wollschmälze*, bestehend aus einem Gemisch eines Esters eines Polyäthylenglykols (I) u. einer höheren Fettsäure, einem ungesätt. Fettsäureglycerinester u. dem Kondensat aus einem Äthanolamin u. einer pflanzlichen oder tier. Fettsäure. — Geeignet ist z. B. der Ansatz aus 15 (Teilen) Monooleat von I mit Mol.-Gew. 400, 7,5 Diäthanolaminkondensat der Cocosfettsäure, 7,5 Erdnußöl, 0,5—1 Olein u. 70 Paraffinöl. (**E. P. 745 175** vom 16/7. 1953, ausg. 22/2. 1956. A. Prior. 29/12. 1952.) H. MÖLLERING. 8061

Courtaulds Ltd., England, *Verbessern der Haftfestigkeit von Viscosefäden an Kautschuk*. Man spritzt in die Viscoselsg. in der Spinndüse 5—15% einer wss. NaOH-Lsg. eines unvollständig kondensierten warmhärtenden Resorcin-HCHO-Harzes mit einem mol. Resorcin/HCHO-Verhältnis 1:1,3—3,5 u. einem mol. Resorcin–NaOH-Verhältnis 1:1—3,5. — Man läßt eine wss. Lsg. mit 9% Resorcin, 3,68% HCHO u. 6,56% NaOH 8 Std. bei 20° stehen u. spritzt in gereifte Viscose mit 7,4% Cellulose u. 6,5% NaOH, wenn sie gerade gesponnen wird, so daß 1 Teil Harzlsg. auf 99 Viscose kommt, streckt u. wäscht koagulationsmittelfrei, verzwirnt mit einem zweiten Faden u. verwendet in GR–S-Kautschuk. (**F. P. 1 078 405** vom 13/12. 1952, ausg. 18/11. 1954. E. Prior. 14/12. 1951.) M. PANKOW. 8075

American Viscose Corp., Philadelphia, Pa., V. St. A., *Schrumpffähige Umhüllung aus Papier* mit hoher Naßfestigkeit für die *Behandlung von Spinnkuchen*, dad. gek., daß auf eine Oberfläche des Papiers, z. B. mit Melaminharz hergestellten Seidenpapiers, 2—20% regenerierte Cellulose oder alkalilösl. u. wasserunlösl. Celluloseäther, z. B. Oxäthylcellulose, in nicht zusammenhängender, z. B. Streifen-, Strich-, Punkt- oder Fleckenform, aufgetragen werden, so daß die Oberfläche bis zu 40% damit bedeckt ist. (**Belg. P. 500 475** vom 6/1. 1951, ausg. 28/3. 1952. A. Prior. 11/1. 1950.) G. VOGEL. 8075

British Celanese Ltd., London (Erfinder: **Henry Charles Olpin** und **James Gordon Napier Drewitt**), England, *Licht- und industriegasecht anfärbbare Fäden und Filme* bestehen aus 93% Cellulosederiv. u. einem Äthylenpolymerisat mit einem Geh. von 0,45—2,5% an Carboxylgruppen in Form von Salzen der (Erd-)Alkalien, des Mg oder organ. Basen. — Aus 98 (Teilen) *Celluloseacetat* u. 2 *Styrol–Maleinsäureanhydrid-Polymerisat* wird eine 25%ig. Spinnlsg. in Aceton (mit 5% Wassergeh.) hergestellt u. in üblicher Weise versponnen. (**E. P. 740 649** vom 26/8. 1952, ausg. 16/11. 1955.) H. MÖLLERING. 8077

VEB Filmfabrik Agfa Wolfen, Wolfen (Erfinder: **Paul Schlack**, Berlin), *Herstellung von Polyamidverbindungen*. Inhaltlich ident. mit D. B. P. 915 985; C. **1955.** 3525. (**D. P. [DDR] 5 361** Kl. 39c vom 29/4. 1943, ausg. 16/10. 1954 [Wirtschaftspatent].) M. PANKOW. 8081

VEB Filmfabrik Agfa Wolfen, Wolfen (Erfinder: **Paul Schlack**, Berlin), *Herstellung von hochmolekularen Polyamidverbindungen*. Inhaltlich ident. mit D. B. P. 928 733; C. **1955.** 11713. (**D. P. [DDR] 5 624** Kl. 39c vom 31/12. 1944, ausg. 8/10. 1954 [Wirtschaftspatent].) M. PANKOW. 8081

VEB Filmfabrik Agfa Wolfen, Wolfen (Erfinder: **Paul Schlack**, Berlin), *Kontinuierliche Herstellung von Polyamiden aus Diaminen und Dicarbonsäuren*. Inhaltlich ident. mit D. B. P. 905 317; C. **1954.** 10137. (**D. P. [DDR] 5 353** Kl. 39c vom 20/5. 1944, ausg. 18/10. 1954 [Wirtschaftspatent].) M. PANKOW. 8081

— (Erfinder: **Paul Schlack**, Berlin-Treptow), *Herstellung von Fäden aus alkohollöslichen Polyamiden* durch Trockenspinnen. Man verspinnt Methylolverbb. hochpolymerer linearer Polyamide in flüchtigen Lösungsmitteln u. erhitzt die gedehnten oder verdehnten Fäden unter Spannung auf Härtungstemperatur. Die Spinnlsgg. können geringe Mengen W., bei höherer Temp. wirksam werdende Vernetzungsmittel, wie mehrwertige Acyl-1.2-äthylenimide, oder höhersd. wirksame Löser enthalten. Man kann die Polyamidlsgg. als Gellsgg. lagern u. kurz vor dem Verspinnen durch Erhitzen in echte Lsgg. umwandeln. — Man löst das Mischpolyamid aus 80 (Teilen) Tetramethylendiamin-adipat u. 20 ε-Caprolactam, das mit CH_2O in essigsaurer Lsg. in Methylolpolyamid umgewandelt ist, in einer Mischung aus 60 CH_3OH, 35 Chlf. u. 5 W. bei 60°, verspinnt in eine 5 m lange, oben 90°, unten 120° warme Spinnzelle, verstreckt 1:3,5, hält dann ½ Std. bei 80°, ½ Std. bei 105° u. 2 Std. bei 130° u. dämpft noch 1 Stunde. (**D. P. [DDR] 3 710** Kl. 29b vom 23/7. 1943, ausg. 21/9. 1953 [Ausschließungspatent].) M. PANKOW. 8081

— (Erfinder: **Paul Schlack,** Berlin-Treptow), *Veredeln von Polyamidfäden* durch Verstrecken. Die wie üblich unterhalb des Erweichungspunktes gestreckten Fäden werden in gesätt. Dampf von über Atmosphärendruck erweicht u. nachgestreckt. Für das Verf. eignen sich Polyamide, die bei 65% r. F. 3 u. mehr %, z. B. 3—7%, W. aufnehmen. So liegt die Dampftemp. bei Fäden aus ε-Caprolactam bei 110—135°, bei Polyhexamethylenadipamid bei 120—150°. Man kann die Fäden zur Verhinderung des Schrumpfens z. B. mit wss. Phenollsgg. oder Alkoholen nachbehandeln oder sie kräuseln. (**D. P.** [**DDR**] **3 623** Kl. 29b vom 9/4. 1944, ausg. 27/1. 1954 [Ausschließungspatent].) M. PANKOW. 8081

— (Erfinder: **Paul Schlack,** Berlin-Treptow, und **Karl Kunz,** Wolfen), *Herstellung von Bekleidungstextilien aus Polyamiden.* Man verwendet hierzu Fasern aus solchen Mischpolyamiden, die neben einer Dicarbonsäure, einem Diamin oder neben einer ω-Aminocarbonsäure noch mindestens u. vorzugsweise einen weiteren polyamidbildenden Bestandteil enthalten, der sich vom vergleichbaren Teil des genannten Stoffpaares im C-Geh. des Alkylenrestes um nicht mehr als 1 C-Atom unterscheidet. — Man verarbeitet z. B. Fasern aus Polyamiden aus 20 (Teilen) ε-Caprolactam u. 80 Tetramethylenadipat (**I**) oder aus 65 **I** u. 35 Pentamethylenadipat oder aus 60 **I** u. 40 Tetramethylendiamin-β-methyladipat. Die Fasern zeigen verhältnismäßig hohe Erweichungspunkte u. FF., gute Kochbeständigkeit u. gute hydrophile Eigenschaften. (**D. P.** [**DDR**] **3 620** Kl. 29b vom 16/6. 1943, ausg. 23/9. 1953 [Ausschließungspatent].) M. PANKOW. 8081

Eastman Kodak Co., Rochester, N. Y., übert. von: **Hugh J. Hagemeyer jr.** und **Milton A. Perry,** Kingsport, Tenn., V. St. A., *Polymerisation von Acrylnitril* in Ggw. von N-Acylacrylamid- bzw. -methacrylamidpolymeren in 2 Stufen. Zunächst werden N-Acylacrylamide der allg. Formel **I**, worin $R = H$, $Alkyl_{C_1-C_4}$, $R' = H$, $Alkyl_{C_1-C_4}$, $C(R_2){=}O$ u. $R'' = Alkyl_{C_1-C_8}$ ist, z. B. N-Acetylacrylamid bzw. -methacrylamid usw., allein oder im Gemisch mit einer anderen Vinylverb., z. B. Acrylnitril-ester, Äthylen, im wss. Syst. vorpolymerisiert. In der 2. Stufe wird mit Acrylnitril mit oder ohne neue Katalysatoren zu Ende polymerisiert. Mengenbeispiele. Aus Lsgg. zu *Fäden* verspinnbar. (**A. P. 2 719 138** vom 17/1. 1952, ausg. 27/9. 1955.) H. SCHINDLER. 8081

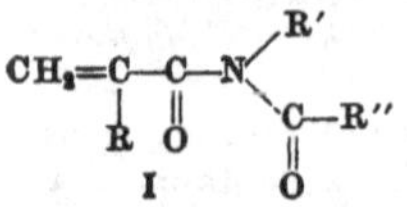

Courtaulds Ltd. (Erfinder: **Albert Walter Bennett, Richard Neville Timms** und **Harold Malcolm Gordon Williams**), London, England, *Fäden aus Polyacrylnitril* (**I**) Eine Lsg. von **I** in W., einem Verdünnungsmittel (CH_3OH, A., Äthylenglykol, Äthyllactat, Diacetonalkohol) u. einem wasserlösl. Salz, wie Alkali-, Erdalkali-, Ammonium-, Guanidinthiocyanat, LiBr, NaJ oder $ZnCl_2$ (Gesamtsalzgeh. mindestens 35%) wird in ein Bad gleicher Zus. gesponnen, das aus 75% W. u. einer restlichen Menge des Lösergemisches besteht. Die geschnittenen Fasern werden in der Wärme (sd. W.) gekräuselt. (**E. P. 729 472** vom 5/8. 1952, ausg. 4/5. 1955.) G. SALZMANN. 8081

Farbwerke Hoechst Akt.-Ges., vormals Meister Lucius & Brüning, Frankfurt/M., *Lösungsmittel für Acrylnitrilpolymere und -mischpolymere,* bestehend aus einer Mischung aus 30—90 (%), bes. 40—70, Nitromethan, Kp. 101°, u. 70—10, bes. 60—30, HCOOH, Kp. 100,5°. Es löst mindestens 15 der Polymeren. Das Mischpolymere soll mindestens 85 Acrylnitril enthalten. Die Mischpolymeren können aus Vinylestern, Allylestern, Vinyläthern, vinylaromat. Verbb., Vinylhalogeniden, Vinylidenchlorid, Vinylsulfonen, Vinylphenylsulfon, Fumarsäure- u. Maleinsäureestern u. Acrylnitril hergestellt werden. Den Lsgg. können Weichmacher u. Farbstoffe zugesetzt werden; sie lassen sich *verspinnen.* (**Belg. P. 516 515** vom 24/12. 1952, ausg. 29/10. 1954. D. Prior. 24/12. 1951.) G. KRAUSS. 8081

Farbenfabriken Bayer Akt.-Ges., Deutschland, *Schlichte für Fäden aus synthetischen Fasern,* z. B. Caprolactam-, Polyacrylnitrilfasern. Man behandelt die Fäden mit wss. Lsgg. von Polymerisationsprodd. von Amiden ungesätt. Säuren (bes. Polyacrylsäureamiden u. ihren N-substituierten Derivv.), welche man durch Umsetzen mit Alkylenoxyden (bes. mit Äthylenoxyd) in W. lösl. gemacht hat. (**F. P. 1 080 885** vom 10/6. 1953, ausg. 14/12. 1954.) T. OPPERMANN. 8081

Johns-Manville Corp., New York, N. Y., übert. von: **William P. Hahn,** North Plainfield, N. J., V. St. A., *Hitzebeständige Mineralfaser.* Zur Herst. einer Mineralwolle von guter chem. Widerstandsfähigkeit u. Hitzebeständigkeit bei Tempp. von wenigstens 2000° F wird eine Schmelze, welche aus 51,0—55 (%) Al_2O_3, 43—47,0 SiO_2, Rest Fe_2O_3 u. TiO_2 besteht, in üblicher Weise zerfasert. Zur Herst. der Schmelze wird im wesentlichen Cyanit verwendet, dem 6—12 Gewichtsteile SiO_2 zugesetzt sind. (**A. P. 2 699 397** vom 14/11. 1950, ausg. 11/1. 1955. **E. P. 728 354** vom 26/10. 1953, ausg. 20/4. 1955.) H. HOFFMANN. 8083

Monsanto Chemical Co., St. Louis, Mo., übert. von: **Charles Kilbourne Bump**, Hampden, Mass., V. St. A., *Gegen Feuchtigkeitsaufnahme imprägnierte Asbestfasern* in Form von Papier, Garn oder Gewebe erhält man durch Behandlung mit einer Lsg. von Tetra-organoderivv. von o-Titansäure (I) in Xylol, Alkoholen, Ketonen u. KW-stoffen. Geeignet sind die Ester der I mit gesätt. oder ungesätt. niedrigen, höheren u. cycl. aliphat. u. aromat. Alkoholen, die gemischten Anhydride aus I u. organ. Säuren, z. B. das Tetraacetat, -laurat, -oleat, -benzoat, -naphthoat, -cinnamoat u. dgl. der I, die Amide der I mit Äthyl-, Decyl-, Oleyl-, Benzylamin u. dgl. u. organ. Derivv. der m-Titansäure. (**A. P. 2 710 268** vom 6/10. 1950, ausg. 7/6. 1955.) G. SALZMANN. 8091

XIX. Brennstoffe. Erdöl. Mineralöle.

H. Roxbee Cox, *Über einige Kraftstoff- und Energiegewinnungsvorhaben.* Bericht über neuere Projekte zur Energiegewinnung aus fester Kohle, aus aus Kohle gewonnenen Gasen, aus durch Vergasung von Kohle unter Tage gewonnenen Gasen, aus Torf u. durch Ausnützung der Windkraft. (Colliery Guardian **184.** 87—94. 17/1. 119—22. 24/1. 1952.) F. VIER. 8120

R. F. Goossens, *Erkenntnisse aus Bohrlochproben.* 1. Mitt. *Aufzeichnung des Ausmaßes der Durchdringung während des Bohrens.* Beschreibung einer Vorr., mit der es möglich ist, die Dicke eines Flözes u. der darin enthaltenen Berge zu bestimmen, ehe das Kernrohr zutage tritt. (Colliery Guardian **185.** 675—76. 4/12. 1952.) F. VIER. 8126

J. C. Macrae und **L. H. Leighton**, *Erkenntnisse aus Bohrlochproben.* 2. Mitt. *Radiographische Untersuchung von Kohlebohrkernen.* (1. vgl. vorst. Ref.) Unter Verwendung von Röntgenstrahlen als Lichtquelle ist es möglich, von Kohleproben Aufnahmen zu erhalten, aus denen sich Schlüsse über den Asche- u. S-Geh. u. die Art der Kohlen ziehen lassen. — Diskussion. (Colliery Guardian **185.** 676—78. 4/12. 1952. **186.** 397—400. 28/3. 1953. Leeds, Univ., u. Coal Survey Labor.) F. VIER. 8126

H. R. Brown und **H. Berry**, *Kokskohle in Australien. Die chemischen Charakteristiken und Verkokungseigenschaften einiger N. S. W.-Kohlenflöze.* (Colliery Guardian **185.** 221 bis 224. 21/8. 1952.) F. VIER. 8126

J. K. Brown und **P. B. Hirsch**, *Neuere Infrarot- und Röntgenuntersuchungen von Kohle.* (Vgl. C. **1956.** 5740.) Röntgenograph. u. mit Hilfe ihrer Infrarotabsorptionsspektren wurden *Vitrite* mit C-Gehh. zwischen 78 u. 94% (bezogen auf die trockene, von anorgan. Stoffen freie Substanz) untersucht. Röntgenograph. wurden zuerst die Größen der kondensierten aromat. Ringgruppen gemessen: unterhalb ca. 89% C ist die Änderung in der Anzahl von Ringen in jeder Gruppe klein, oberhalb 89% C nimmt die Größe der Ringgruppe sehr schnell zu. In den Infrarotspektren sind die Absorptionsbanden, die von den H-gebundenen OH-Gruppen herrühren in Vitriten mit 78% C sehr stark. Mit zunehmendem C-Geh. nimmt die Intensität dieser Banden ab, um bei 89% C sehr gering zu sein. Die Intensität der Absorptionsbande bei 1600 cm^{-1}, die von aromat. Äthern u./oder polycycl. Chinonen herrührt, zeigt wenig Änderung mit steigendem C-Gehalt. Auf Grund dieser Beobachtungen wird angenommen, daß die Abnahme des Verhältnisses O : C zwischen 78 u. 93% hauptsächlich auf den Verlust von OH-Gruppen zurückzuführen ist. Hierauf wurden die Verhältnisse der opt. Dichten der Absorptionsbanden, die von den aromat. u. aliphat. C—H-Schwingungen herrühren, D_{ar}/D_{al}, für Vitrite mit C-Gehh. zwischen 84 u. 93% C gemessen. Hierbei ergab sich, daß der aromat. H mit zunehmendem C-Geh. zunimmt, der aliphat. H dagegen abnimmt. Unter der Annahme, daß die Menge von aliphat. C die Hälfte des aliphat. H beträgt wurde der Anteil an aromat. C berechnet; gefunden wurde, daß er von ca. 0,72 bei 84% C auf 0,92 bei 93% C zunimmt. Die Änderung in der aromat. Substitution mit dem C-Geh. wurde durch die Analyse der Absorptionsbanden zwischen 700 u. 900 cm^{-1} untersucht; gefunden wurde, daß sie mit Zunahme des C-Geh. abnimmt, in Übereinstimmung mit der Beobachtung, daß die Menge an aromat. H zunimmt. Eine FOURIER-Analyse der bei 3,5 Å auftretenden Bande (0 0 2-Band) ergab, daß in einem Vitrit von ca. 85% C ca. 60% der Schichten einzeln, ca. 28% in Gruppen von zwei u. der Rest in Gruppen einer größeren Anzahl von Einheiten auftreten. Mit zunehmendem C-Geh. nimmt der Anteil einzelner Schichten ab, der in größeren Gruppen auftretenden zu. Die Schichten haben eine bevorzugte Orientierung zur Lagerungsebene; die zunächst geringe bevorzugte Orientierung nimmt mit zunehmendem C-Geh. zu. Der Schichtabstand beträgt für Kohlen zwischen 84 u. 92% ca. 3,52 Å, ist bei niedrigerem C-Geh. ca. 3,7 Å u. bei ca. 94% 3,43 Å. Die Form u. die Intensität der Kleinwinkelstreuung für Kohlen mit ca. 85% C deutet auf eine sehr breite Streuung der Porendurchmesser hin ,u. zwar von einigen Å bis zu Werten > 5000 Å. Für Kohlen mit über ca. 84% C tritt auf der Streukurve ein Maximum auf, das einem Netzebenenabstand von ca. 20 Å entspricht. Eine Analyse der FOURIER-Transformationen zeigte, daß das Maximum von Gruppen mit einem Gesamtdurchmesser von ~ 20 Å herrührt, deren Dichten kontinuierlich vom Zentrum nach außen schwanken u. die einen zentralen dichten Kern mit einem Durchmesser von ~ 8 Å enthalten. Einige der Gruppen scheinen in Abständen von ~ 20 Å dichtest gepackt zu sein, doch ist der Ordnungszustand so gering wie in einer Flüssigkeit. Die Zusammenballung der kondensierten aromat. Strukturen mit C-Gehh. > 89% nimmt sehr rasch zwischen 92 u. 94% C zu. Vff. besprechen an Hand der experimentellen Ergebnisse den wahrscheinlichen Kohlebildungsprozeß. (Nature [London] **175.** 229—33. 5/2. 1955. Leatherhead, Brit. Coal Utilipat. Res. Assoc. and Cambridge, Univ., Cavendish Labor., Crystallogr. Labor.) C. GOTTFRIED. 8126

G. F. Eveson, *Schaumflotation von Kohle: Vergleich der Ergebnisse von periodischen und kontinuierlichen Versuchen.* Die Verss. zeigen, daß die Ergebnisse, welche bei der kontinuierlichen Flotation in einer Versuchsanlage erhalten wurden, mit denen einer period. Flotation in einer kleinen Laboratoriumsanlage unter Einhaltung der mittleren Versuchsbedingungen des kontinuierlichen Vers. nahezu übereinstimmen. Es werden die Gründe für diese Übereinstimmung erläutert u. die möglichen Grenzen für die Benutzung der period. Versuchsanlage zur Voraussage des zu erwartenden Reinheitsgrades in einer kontinuierlichen Flotation besprochen. (J. Inst. Fuel **28.** 545—48. Nov. 1955.) H. SCHÖBERL. 8134

P. C. Newman, *Plastischer Fluß in Kohle.* Vf. zeigt, daß während der Brikettierung unter gemäßigtem Druck von Kohle ein plast. Fluß der Kohle bei nicht gleichmäßigem Preßdruck auftritt u. beweist dies dadurch, daß er Stücke von Windsor- oder Sherwood-Kohle mit Steinsalz umhüllt u. dieses Gemisch zu durchscheinenden Briketts verpreßt. Nach Herauslösen der Kohle aus der Steinsalzummantelung stellt Vf. durch stereograph. Projektion eine plast. Verformung (Bilder im Original) u. keine Zertrümmerung der Stücke mit anschließender Agglomerierung fest. (Brit. J. appl. Physics **6.** 348—49. Okt. 1955. Stoke Orchard, Glas., Nat. Coal Board, Central Res. Establishment.) K. O. MÜLLER. 8136

Walter Fuchs, *Untersuchungen über die Zusammensetzung und Verwendbarkeit von Schwelteerfraktionen.* Übersicht über Grundlagen der Schwelindustrie, Chemie des Steinkohlenschwelteeres, Umwandlung von Schwelteer u. seinem KW-stoffanteil u. Möglichkeiten zu dessen Verwendung. (Forschungsber. Wirtschafts- u. Verkehrsministeriums Nordrhein-Westfalen Nr. **6.** 5—30. 1952. Aachen, TH, Chem.-techn. Inst.) W. WESLY. 8140

Galeno Pianta, *Koksgewinnung aus den Kohlen von São Jerônimo.* Die untersuchte Kohle läßt sich rein nicht verkoken, guter Koks wird bei Mischung 6 : 4 mit einer anderen brasilian. Kohle oder mit 10% schweren KW-stoffen oder mit beiden Zusätzen erhalten. Nach den im einzelnen beschriebenen Unterss. sind die auf diesem Wege gewonnenen Kokse als Hüttenkoks gut geeignet. (Engenharia, Mineração Metalurg. **22.** 169—77. Okt. 1955. Inst. exp. do Carvão.) R. K. MÜLLER. 8142

Wolfram Ohme, *Ferngaserzeugung durch gleichzeitige Vergasung von Koks und Öl.* Vf. zeigt an Hand von Großverss., daß es techn. möglich ist, Koks u. Heizöl gemeinsam in Wassergasgeneratoren üblicher Bauart zu vergasen. Der Heizwert des erzeugten Gases kann durch Variation der Ölmenge bzw. der Schaltzeiten des Generators in den Grenzen von 2700—5000 kcal/m^3 eingestellt werden, d. h., daß man die Norm für Ferngas (4600 kcal/m^3) einhalten kann. (Erdöl u. Kohle **9.** 17—18. Jan. 1956. Dortmund, Hoesch Bergwerks AG., Hauptlabor.) K. O. MÜLLER. 8148

H. Bausch, *Ölspaltung zur Spitzengaserzeugung am Beispiel der Gaskokerei Berlin-Mariendorf.* Bebilderter Bericht über Anlage u. Erzeugung von Spaltgas in Generatoren im Wechselbetrieb. Das zu spaltende Öl, Braunkohlengeneratorteer bzw. schweres Heizöl wird zusammen mit Wasserdampf in die Spaltkammern eingedüst, die Spaltgase nach Abscheidung von Teer u. Naphthalin der Hauptgasleitung zugeführt. Aufarbeitung der Nebenprodd., therm. Wirkungsgrad u. wirtschaftliche Betrachtungen im Original. (Neue Deliwa Z. **1956.** 142—49. 1/5.; Erdöl u. Kohle **9.** 90—93. Febr.; Chemiker-Ztg. **80.** 275—79. 5/5. 1956. Berlin, Berliner Gaswerke [Gasag].) K. O. MÜLLER. 8156

A. v. d. Linden, *Neuzeitliche technische Möglichkeiten der Gasversorgung.* Übersicht über die Möglichkeiten, verschied. Gassorten u. Gasmischungen (Leuchtgas, Propan, Erdgas, Wassergas) im gleichen Ofen zu verbrennen. (Het Gas **76.** 77—82. 1/4. 1956.) W. WESLY. 8156

V. Auerbach, *Einige Gedanken über die Entschwefelung von Gasen in der Hitze oder unter Druck mit Hilfe von Eisenoxydreinigungsmassen.* Führt man die Entschwefelung von Kokereigas (I) an Eisenoxydmassen (II) bei 300—350° durch, so bilden sich FeS u. FeS_2. Die Entschwefelung gelingt bei einer Verweilzeit von nur 14 Sek. vollständig, die **II** wird jedoch so reaktionsfreudig, daß sie nicht in situ regeneriert werden kann u. ist daher nur mit 34% S beladbar. Außerdem muß die **II** vor dem Einsatz bei ca. 600° vorgeglüht werden. Setzt man **I** mit einem hohen Wasserdampfgeh. (4 : 5) ein, so ist eine ausreichende Entschwefelung u. Beladung der **II** nicht möglich. In beiden Fällen bleiben die Cyanverbb. wahrscheinlich im Reingas. Wesentlich günstiger verläuft die Entschwefelung bei Normaltemp. unter Druck (bei 13 ata) u. ist deshalb vorzuziehen. (Ind. chim. belge **20.** 1177—81. Nov. 1955.) O. BANKOWSKI. 8172

A. Matzick, J. R. Ruark und **M. W. Putman,** *Entwicklung und vorläufiger Betrieb einer Ölschieferversuchsretorte mit Gasverbrennung.* In der Versuchsanlage in der Nähe von Rifle, Colo., wurde Ölschiefer während des Herabrutschens in der Versuchsretorte mit einem brennenden Rücklaufgas in der Verbrennungszone teilweise verschwelt. Zusätzliche, d. h. die fehlende Wärme wird von den kohlehaltigen Rückständen geliefert, die nach dem Abdest. des Öles im Ölschiefer verblieben sind. Die für die Verbrennung erforderliche Luft wird durch einen Verteiler in die Mitte des Bettes der Retorte geleitet. Das heiße, in der Verbrennungszone entstehende Gas, das im Gegenstrom zum frischen Ölschiefer abgezogen wird, wird in Zentrifugalabscheidern von Öl befreit u. dient dann z. T. als Rücklaufgas für die oben angeführte Verbrennung. Bebilderter mit vielen Tabellen, schemat. Skizzen u. Diagrammen u. Versuchsergebnissen ausgestatteter Bericht. (U. S. Dep. Interior, Bur. Mines, Rep. Invest. **1955.** Nr. 5145. 1—56. Nov.) K. O. MÜLLER. 8180

Wm. L. Owen, *Weitere Untersuchungen von Dextran in Ölquellen. Viscoba,* ein modifiziertes Dextran, eignet sich auch bei salzhaltigen Schlammen gut als Wasserverlustinhibitor bei der Ölquellenbohrung. Es ist doppelt so wirksam wie die besten bisher bekannten Inhibitoren u. ist gegen chem. u. mikrobielle Einfll. des Bohrschlammes bedeutend resistenter als diese. Ferner entfällt für Viscoba der Zusatz kostspieliger Schutzmittel, die die anderen Inhibitoren benötigen, um nicht zu schnell während des Kontaktes mit den Erdschichten zerstört zu werden. (Sugar **47.** 50—51. Juli 1952. Wm. L. Owen Labors.) R. RUTKOWSKI. 8190

Geo. E. Mapstone, *Der Dampfdruck von Alkohol–Benzin-Gemischen.* Vf. zeigt durch Verss., daß der Anstieg des Dampfdruckes von A.–Bzn.-Gemischen mit der Temp. nicht nennenswert verschieden ist von Bzn. allein. Er folgert daraus, daß Mischungen für die Bldg. von Dampfblasen nicht verdächtiger sind, als andere Kraftstoffe des gleichen Dampfdruckes nach REID. Vf. bringt ein Nomogramm, auf dem die fertige Berechnung der Dampfdruckkorrektur für die trockene Bombe, die für A.–Bzn.-Gemisch verwendet wird, abgelesen werden kann. (J. Inst. Petroleum **42.** 95—96. März 1956. South African Torbanik Mining and Refining Co. Ltd.) K. O. MÜLLEE. 8204

Union Rheinische Braunkohlen Kraftstoff Akt.-Ges., Wesserling, *Gasherstellung aus festen Brennstoffen.* Kohle, Lignit, Ölschiefer oder fl. oder gasförmige Brennstoffe werden in fl. Schlacke eingebracht. Durch Einbringen eines exothermen Vergasungsmittels in die Schlacke wird der Brennstoff vergast. (**E. P. 744 153** vom 8/6. 1953, ausg. 1/2. 1956. D. Prior. 19/6. 1952.) E. KAHLES. 8149

Phillips Petroleum Co., übert. von: **Paul M. Waddill,** Bartlesville, und **Frank C. Fowler,** Norman, Okla., V. St. A., *Katalytische Umwandlung von Kohlenwasserstoffen.* „Pebbles“ werden in einer oberen abgeschlossenen Zone auf über Reaktionstemp. erhitzt u. durch Serien paralleler Durchgänge zwischen vertikal angeordneten gasdurchlässigen Kontaktmassen der Umwandlungszone (**I**) nach unten hindurchgeleitet, während die Dämpfe der zu konvertierenden KW-stoffe von unten in die **I** eingeleitet werden. Man kann dem KW-stoff Dampf beimischen u. durch einen geeigneten Katalysator *Wassergas* erzeugen. Um in der App. Wärmeaustausch u. katalyt. Rk. wechselseitig durchzuführen, kann der KW-stoffdampf auch seitlich in die Vorr. eingeführt werden. — Zeichnung. (**A. P. 2 662 003** vom 8/4. 1946, ausg. 8/12. 1953.) W. MATTHAES. 8153

A. G. Richez, Rouvroy-sous-Lené, Frankreich, *Vorerhitzen von Gasen, die Methan, Äthylen und höhere Kohlenwasserstoffe enthalten.* Um bei der Vorerhitzung von Gasen die C-Abscheidung zu verhindern, wird Wasserdampf in das Gas an einer Stelle eingeleitet, die vor der Zuführung des Gases in das Erhitzungsgefäß liegt. — Zeichnungen. (**Belg. P. 521 222** vom 4/7. 1953, ausg. 19/8. 1955. F. Prior. 18/7. 1952.) E. KAHLES. 8157

Chemiebau Dr. A. Zieren G. m. b. H., Niedermarsberg, *Reinigen von schwefeldioxydhaltigem Gas.* Das Gas wird direkt mit einer Kühl- u. Wasch-Fl. (45%ig. H_2SO_4) in 2 oder mehreren Stufen behandelt. In jeder Stufe wird die Wasch-Fl. im Kreislauf geführt. Das gereinigte Gas u. das reine SO_2 lassen sich so gut voneinander trennen. (**E. P. 744 465** vom 9/4. 1952, ausg. 8/2. 1956. D. Prior. 23/4. 1951.) E. KAHLES. 8173

Petrolite Corp., Del., übert. von: **Melvin De Groote,** University City, Mo., V. St. A., *Brechen von Erdölemulsionen* des W.-in-Öl-Typs durch Zusatz eines Demulgators, der

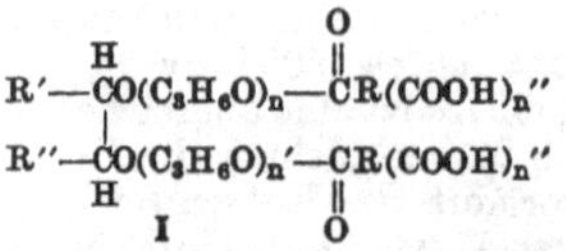

synthet., hydrophile Prodd. enthält, die der Formel I entsprechen, in welcher R′ ein gesätt. Alkylrest mit mindestens 5 u. nicht > 18 C-Atomen u. R″ ein gesätt. Alkylrest mit nicht > 18 C-Atomen bedeuten; n u. n′ sind ganze Zahlen, deren Summe 15—80 ergibt. n″ ist eine ganze Zahl nicht > 2 u. R ist der an C gebundene Rest einer acycl. oder isocycl. Polycarbonsäure der Formel HOOC—R—$(COOH)_{n''}$, worin n″ die obige Bedeutung hat, unter der Voraussetzung, daß die 2wertige Verb. vor der Veresterung wasserunlösl. ist. (**A. P. 2 695 882** vom 21/1. 1952, ausg. 30/11. 1954.) P. Unger. 8191

Stanolind Oil & Gas Co., übert. von: **Howard Grekel** und **Karol L. Hujsak**, Tulsa, Okla., V. St. A., *Isolierung öllöslicher Chemikalien aus Seifenlösungen*, z. B. O-haltiger organ. Verbb. aus wss. Lsgg., die ca. 25—50 Gew.-% eines nicht oberflächenakt. Salzes einer öllösl. Carbonsäure enthalten u. bei der Dest. zum Schäumen neigen. Man führt die Mischung aus diesen Verbb. u. einer Salzlsg. in eine Destillationszone ein, nimmt über Kopf eine Mischung der öllösl. Verbb. mit W. ab u. läßt die Mischung in eine obere organ. Schicht u. eine untere wss. Phase absitzen. Die organ. Schicht führt man z. T. in die Destillationszone zurück, u. zwar in genügender Menge, um ein Rückflußverhältnis von mindestens 1,5 aufrechtzuerhalten. — Zeichnung. (**A. P. 2 710 831** vom 29/5. 1952, ausg. 14/6. 1955.) P. Unger. 8195

Shell Development Co., Emeryville, übert. von: **Robert B. Ewell**, Long Beach, Calif., V. St. A., *Katalytisches Cracken von Kohlenwasserstoffölen.* In der Reaktionszone wird durch genaue Einstellung der Katalysatorzugabe bzw. des Katalysatorabzuges eine konstante Höhe des fluidisierten Katalysatorbettes eingehalten. Desgleichen werden die Zusatzmenge des Einsatzgutes u. die Mengen der abziehenden Reaktionsprodd. genau eingestellt. Der verbrauchte Katalysator wird nach dem Abstreifen regeneriert u. wieder in die Reaktionszone zurückgeführt. — Zeichnung. (**A. P. 2 726 197** vom 24/9. 1952, ausg. 6/12. 1955.) E. Kahles. 8197

Standard Oil Development Co., Elizabeth, Del., V. St. A., *Cracken von Rohöl.* Die Hauptmenge des Rohöls wird in einer 1. Crackzone in Ggw. eines schwachen Crackkatalysators bei 450—600° u. einer Crackzeit von 1—25 Sek. gelinde gecrackt. Ein Strom der Crackprodd. u. ungecrackten Bestandteile des Rohöls wird aus dieser Zone in eine Fraktionierzone geleitet u. dort in eine Bzn.-Gasöl- u. hochsd. Rückstandsfraktion (Kp. <600—650°) zerlegt. Die Gasölfraktion wird in einer 2. Crackzone in Ggw. eines starken Crackkatalysators katalyt. gecrackt u. die dabei erhaltenen KW-stoffe in den Unterteil der erwähnten Fraktionierzone geleitet u. dort mit fraktioniert, wobei man die Hauptmenge der für diese Fraktionierung u. Crackung benötigten Wärme dadurch gewinnt, daß wenigstens die Hauptmenge des Rohöls mit dem Katalysator in der 1. Crackzone zusammengebracht wird, nachdem dieser durch Verbrennung der während dieser Crackung abgeschiedenen kohlenstoffhaltigen Ablagerungen aufgeheizt worden ist. — Zeichnung. — Vgl. auch F. P. 1 068 981; C. **1956**. 2912. (**E. P. 733 636** vom 3/10. 1952, ausg. 13/7. 1955. A. Prior. 1/2. 1952.) E. Kahles. 8197

United Gas Improvement Co., Philadelphia, Pa., V. St. A., *Cracken von flüssigen Kohlenwasserstoffen.* In eine katalyt. Zone wird O_2 eingeleitet u. ein leicht oxydierbares Metall zum Oxyd oxydiert. Darauf wird ein oxydierbares Gas eingeführt, um das Oxyd zum Metall zu reduzieren. Nach dem Einbringen von KW-stoffen u. Dampf, welche in ein Brenngas übergeführt werden, findet eine endotherme Umsetzung statt. Durch Regulierung der O_2-Zugabe wird die Temp. auf >475° F eingestellt u. unterhalb der Sintertemp. des Katalysators gehalten. (**E. P. 740 634** vom 31/3. 1953, ausg. 16/11. 1955. A. Prior. 1/4. 1952.) E. Kahles. 8197

Davison Chemical Corp., Baltimore, V. St. A., *Herstellung von Kieselsäure–Tonerde-Katalysatoren*, dad. gek., daß man eine aus Na-Silicat, H_2SO_4 u. Al-Sulfat hergestellte Suspension, die noch lösl. Salze enthält, bis auf eine Feuchtigkeit von 8% trocknet. (**Belg. P. 503 104** vom 8/5. 1951, ausg. 29/8. 1952.) E. Kahles. 8197

Phillips Petroleum Co., übert. von: **George E. Hays**, Bartlesville, Okla., V. St. A., *Polymerisation von gasförmigen Olefinen* (I) mit 3—6 C-Atomen, dad. gek., daß I auf 200—500°, bes. 350° F, erhitzt u. dann in einer 1. Polymerisationszone bei 750—2000, bes. 1000 lbs./sq.in., über einen Kieselerde–Tonerde-Katalysator geleitet werden, wobei eine Umsetzung von 40—60% eintritt; in einer 2. Polymerisationszone werden die teilweise polymerisierten I bei 325—385°, bes. 350° F, u. 750—2000, bes. 1000 lbs./sq.in., über einen festen H_3PO_4-Katalysator geleitet, wobei I nahezu vollkommen polymerisiert werden (Ausbeute 75—95%). Die polymerisierten I haben 8—12 C-Atome. Als I können z. B. Mischungen von Propylen u. Butylen oder Propan–Propylen, enthaltend 10 bis

30 Mol-% Olefine, verwendet werden. — Herst. von *Motortreibmitteln.* (**A. P. 2 694 002** vom 11/8. 1949, ausg. 9/11. 1954.) A. MOHR. 8205

Socony-Vacuum Oil Co., Inc., übert. von: **Joe E. Penick**, Woodbury, N. J., *Erhöhung der Octanzahl von Naphtha.* Die Naphtha wird mit $\leqq$ 2 Vol.-% HF je Vol. Naphtha — der HF enthält 4—10% säurelösl. Öl — bei 270—470° F u. einem Druck, der mindestens 125 lbs./sq.in. höher ist als der Dampfdruck des Reaktionsgemisches, bei obengenannter Temp. $<$ 20 Min. in Kontakt gebracht. Nach Kühlung des Reaktionsgemisches auf 150—250° F wird ein KW-stoffprod. erhalten, von dem 90% unterhalb u. 10% oberhalb des Siedebereiches des Ausgangsgutes sd. u. das $<$ 5% HF enthält. — Zeichnungen. (**A. P. 2 689 822** vom 17/8. 1950, ausg. 21/9. 1954.) E. KAHLES. 8207

Standard Oil Co., Chicago, Ill., übert. von: **Jack H. Krause**, Hammond, Ind., V. St. A., *Säurebehandlung von Heizöl.* Man behandelt in 1. Stufe ein saures, hochschwefelhaltiges Roherdöl- (virgin) Destillat (Kp. ca. 325—550° F) mit frischer H_2SO_4 (konz. 96—99 Gew.-%) in einer Menge von 4—10 Pfund/Barrel Destillat. Diese Behandlung führt man bei 150—170° F. 5—15 Min. lang durch. Man trennt (Stufe 2) den gebildeten Säureschlamm von dem Öl, behandelt (Stufe 3) das so vorbehandelte Öl mit frischer H_2SO_4 (Konz. 96—99 Gew.-%) in einer Menge von 2—5 Pfund/Barrel Destillat aus Stufe 1. Man führt diese Behandlung bei 90—130° F 5—15 Min. lang durch. Je höher die Behandlungstemp. in Stufe 1 war, um so niedriger hält man sie in Stufe 3. Man trennt den in Stufe 3 gebildeten Säureschlamm vom Öl ab (Stufe 4) u. behandelt das Öl aus Stufe 4 u. erhält ein im wesentlichen neutrales reines Öl, welches süß, farbbeständig u. von guter Brennqualität ist. — Zeichnung. (**A. P. 2 717 859** vom 26/7. 1952, ausg. 13/9. 1955.) P. UNGER. 8217

Donau Chemie Akt.-Ges., Wien (Erfinder: **Ludwig Gavanda**, Wien), *Stabilisierung von Chlorkohlenwasserstoffen, insbesondere von Hexachlorbutadien.* Man versetzt die Chlor-KW-stoffe (I) mit weniger als 1% von organ.-akt. O-Verbb. (Chinonen). Die **I** dienen an Stelle von Mineralölen als Isolier-Fl. in Transformatoren. (**Oe. P. 183 854** vom 9/6. 1954, ausg. 25/11. 1955.) T. OPPERMANN. 8219

Socony-Vacuum Oil Co., Inc., V. St. A. (Erfinder: **Joe Edward Penick** und **Ernest Aaron Bodkin**), *Reinigen von flüssigen Kohlenwasserstoffen mittels festen Adsorptionsmitteln,* bes. von Schmierölen u. von verhältnismäßig niedrigsd. Erdölfraktionen mit geringem Asphaltgehalt. Man reinigt nach dem Gegenstromverf., wobei man als Adsorptionsmittel z. B. Fullererde, Bauxit, Bentonit, akt. Kaolin, Mg-Silicat, Tier-, Holz-, Aktivkohle, verwendet. — Vorrichtung (8 Abb.). (**F. P. 1 074 553** vom 16/7. 1952, ausg. 6/10. 1954. A. Prior. 17/7. 1951.) T. OPPERMANN. 8221

Georges Passelecq, Frankreich, *Herstellung von Schmierfetten.* Das Verf. des F. P. 889 619, wonach man ein Mineralöl oder eine andere organ. Fl. mittels eines Metallsalzes verfestigt, wird dahin abgeändert, daß man gleichzeitig eine Metallatlsg. (z. B. Na-Aluminat), ein Alkalihydroxyd u. ein tier. Fett (z. B. Wollfett) miteinander vermischt. Die Fette können außerdem noch Petroleumpech, Mineralöl oder Graphit enthalten. (**F. P. 59 597** vom 18/3. 1949, ausg. 28/6. 1954. **Zusatz zu F. P. 889 619; C. 1945. I. . 568.**) T. OPPERMANN. 8223

XX. Schieß- und Sprengstoffe. Zündmittel.

Melvin A. Cook und **Robert T. Keyes**, *Reaktionsgeschwindigkeit des Trinitrotoluols bei der Detonation, bestimmt durch unmittelbare Druckmessungen.* Eine zylindr. Versuchskammer (5 cm Durchmesser u. 5 cm tief) in zweiteiligem Stahlgehäuse wird bis zu halber Höhe mit je 30—50 g Trinitrotoluol (I) festgelegter Korngröße beschickt u. dieses mittels eines Kurzzeitzündmittels durch einen Spannungsstoß (5000 V) zur Detonation gebracht. Ein Al-Stift von ca. 13 mm Durchmesser ist mit geringem Spiel so durch eine Bohrung im oberen Gehäuseteil geführt, daß seine untere Endfläche zu Beginn des Vers. bündig mit der oberen Begrenzungsfläche abschließt. Die durch die Druckentw. in der Kammer bewirkte Bewegung des Stiftes wird mit Hilfe einer linear erstreckten Lichtquelle als Schattenbild auf rotierendem Film aufgenommen. Durch zweimalige Differentiation unter sorgfältiger Berücksichtigung der Fehlerquellen wird der Beschleunigungsverlauf des Stiftes u. daraus der zeitliche Verlauf des den Versuchsraum entwickelten Druckes ermittelt. — Ein Vergleichsvers. mit 25 g Pentaerythrittetranitrat ergab ein Druckmaximum von 3300 at nach 50 μsec. Diese Zeit ist lediglich durch die Dauer der Druckausgleichsvorgänge innerhalb der Kammerdimensionen bestimmt u. unabhängig von der Korngröße oder der als wesentlich kürzer bekannten Gesamtreaktionsdauer. Anders bei **I**. Es standen die folgenden Korngrößen zur Verfügung: Durchgang durch Sieb (lichte Maschenweite) a) 3,36—4,76 mm; b) 2,00—2,38 mm; c) 0,2 mm im Mittel. Das Druck-

maximum wird erreicht bei Mischungen a + c mit 25—50% c nach 140—200 μSek.; bei Mischungen b + c mit 25—36% c nach 115—140 μSek.; bei c nach 50—70 μSekunden. Erreichte Drucke zwischen 3100 u. 4400 at. — Mittels zweier voneinander unabhängiger Verff. wurden die Gesamtreaktionszeiten für a zu 300 μSek u. für b zu 200 μSek. berechnet. Diese Zeiten liegen weit höher als die aus den Theorien von JONES u. von EYRING u. Mitarbeitern folgenden „effektiven" Umsetzungszeiten innerhalb der Detonationsfront, welche z. B. für a 4,6 bzw. 2,1 μSek. betragen. Sie sind hingegen weit kürzer als die Reaktionszeit der n. druckabhängigen Verbrennungs-Rk. (Deflagration) bei dem gemessenen Höchstdruck (woraus sich für a rechner. eine 6fache Verbrennungsgeschwindigkeit ergibt). — Die Siebfraktion a für sich allein vermag beim Vers. mit der Ladedichte 0,39 dem detonativ beeinflußten Reaktionsmechanismus nicht zu folgen; der Druckanstieg dauerte nach 700 μSek. bei 900 at noch an. (J. chem. Physics **24.** 191—201. Febr. 1956. Salt Lake City, Ut., Univ. of Utah, Exp. Res. Group.)
H. AHRENS. 8292

Rudi Schall, *Die Stabilität langsamer Detonationen.* Vf. untersucht die Stabilität von Detonationswellen mit unvollständiger Reaktion. Aus der Analyse der Struktur der Reaktionszone der Detonation ergibt sich, daß solche Detonationswellen nur stabil sein können, wenn die Reaktionsgeschwindigkeit in der CHAPMAN-JOUGUET-Ebene hinreichend langsam ist. Dort muß die Rk. entweder prakt. abgeschlossen oder sehr unvollständig sein. Der Stabilitätsbereich von Detonationswellen mit unvollständiger Rk. hängt von den Zündbedingungen der Front ab. Vf. nimmt an, daß in fl. Sprengstoffen adiabat. komprimierte Luftbläschen als Explosionskeime wirken; dann kann die Detonationsgeschwindigkeit in Abhängigkeit von der Reaktionszonenlänge angegeben werden. Diese liegt nach Überlegungen über den Fortpflanzungsmechanismus der Detonation in der Größenordnung des mittleren Abstandes der wirksamen Keime. Bei *Nitroglycerin* ist die Übereinstimmung mit den gemessenen Geschwindigkeiten befriedigend. (Z. angew. Physik **6.** 470—75. Okt. 1954. Weil/Rh.)
H. FREIWALD. 8294

M. M. Pawljutschenko, *Kinetik der Zersetzung von Sprengstoffen.* Im Mechanismus der Zers. von Explosivstoffen wird als 1. Stufe die Bldg. freier Atome oder Radikale $AB_n \rightarrow AB_{n-1} + B$ angenommen, die dann entweder unter sich nach $B + B \rightarrow B_2$ reagieren oder mit Moll. des Ausgangsstoffes nach $AB_n + B \rightarrow AB_{n-1} + B_2$. Die Zahl der Reaktionszentren nimmt mit der Zeit t immer rascher zu: $N = k\,t^3$ (bei BaN_3). Vf. leitet Gleichungen für f (t), die Gesamtheit der Längen aller das Gebiet der Trennfläche begrenzenden Peripherien zur Zeit t, ab, sowie für das Vol. V (t) der zur Zeit t in Rk. getretenen Substanz. Mit vereinfachenden Annahmen ergibt sich $V(t) = k\,e^{\alpha t}$. Die Größe des Exponenten m in der kinet. Gleichung $p = k\,t^m$, die die Zersetzungsgeschwindigkeit von Explosivstoffen wiedergibt, läßt sich aus der Zahl der Zwischenstufen u. der für die Bldg. eines stabilen Kerns erforderlichen Elektronen nicht erklären, da m stark von der Dispersität der in Zers. befindlichen Substanz abhängt; m hängt auch von der Geschwindigkeit der Entstehung von Reaktionszentren nach obigem Schema ab. (Журнал Физической Химии [J. physik. Chem.] **29.** 996—1000. Juni 1955. Minsk, Weißruss. Lenin-Univ.)
R. K. MÜLLER. 8294

Harry Stalcup und **Richard W. Williams,** *Volumetrische Bestimmung von Nitrocellulose und Nitroguanidin durch Transnitrierung von Salicylsäure.* In gewissen Fällen erwies sich die Nitrometermeth. zur Best. des N-Geh. von *Nitrocellulose* (I) nicht anwendbar oder zu ungenau. Zur Best. des N in I-Proben verschied. Nitrierungsgrades u. des Nitramin-N in *Nitroguanidin* (II) wird deshalb eine titrimetr. Meth. vorgeschlagen. Diese Meth. beruht auf der Transnitrierung der *Salicylsäure* (III) in schwefelsaurer Lsg., wobei die Probe als Nitrierungsmittel dient; die entstandene Nitrosalicylsäure wird durch $TiCl_3$ reduziert. Bestimmungen von Proben bekannten N-Geh. zeigten eine Standardabweichung von 0,02%. Das aus I u. III entstandene Reaktionsprod. wurde als *5-Nitrosalicylsäure* identifiziert. — A u s f ü h r u n g: Best. des N in I oder II: 0,30 ± 0,05 g Probe werden mit 10 ml einer Lsg. von 12 g III in 1000 ml konz. H_2SO_4 bis zur Auflsg. gerührt u. 20 Min. stehengelassen. I-Proben mit ca. 13% N werden zunächst in 10 ml konz. H_2SO_4 bei Raumtemp. gelöst (ca. 20 Min.) u. dann mit 10 ml einer Lsg. von 100 g III in Eisessig-konz. H_2SO_4 (1 + 9 Volumenteile) gerührt u. 10 Min. stehengelassen. Nach Zusatz von 40—50 ml W. wird die Luft durch CO_2 verdrängt, u. die Lsg. wird mit 75 ml 0,3n $TiCl_3$-Lsg. (225 ml 20%ig. $TiCl_3$ u. 100 ml 38%ig. HCl werden unter CO_2 gemischt u. zu 1 Liter mit W. verd.; oder aus Titanhydrid + konz. HCl. Einstellung durch Titration mit 0,2n $K_2Cr_2O_7$-Lsg. in 10%ig. H_2SO_4; als Indicator dient 0,5%ig. wss. Lsg. von Na-Diphenylbenzidinsulfonat), dessen Überschuß 20—25% betragen soll, 1 Std. am Rückfluß erhitzt. Nach dem Abkühlen, während dessen CO_2 durch die Lsg. geleitet wird, fügt man 1 ml einer 20%ig. NH_4SCN-Lsg. hinzu u. titriert das überschüssige

$TiCl_3$ mit 0,15n-Ferriammoniumsulfatlösung. — Eine bes. beschriebene Ausführung dieser Meth. dient zur Best. von **III** in *Treibstoffen.* (Analytic. Chem. **27.** 543—46. April 1955 [Part I]. Indian Head, Md., U. S. Naval Powder Factory.) K. F. MÜLLER. 8320

General Aniline & Film Corp., New York, N. Y., übert. von: **Saul R. Buc,** Easton, Pa., V. St. A., *Gefärbte Nebel,* z. B. für Signalzwecke, erhält man z. B. durch Überführung einer wss. Lsg. von diazotierter 1-Amino-2-naphthol-4-sulfonsäure in einen Nebel u. Vermischen mit einer ebenfalls als Nebel vorliegenden sodaalkal. Phenollsg.; blauer Nebel. — Analog: Nitronaphtholsulfonsäuren der Formel **I** → Phenole, Resorcin, Phloroglucin, α- u. β-Naphthol, 2-Naphthol-3-carbonsäureamide, Pyrazolone usw. (**A. P. 2 699 386** vom 20/12. 1950, ausg. 11/1. 1955.) U. SIEVERS. 8291

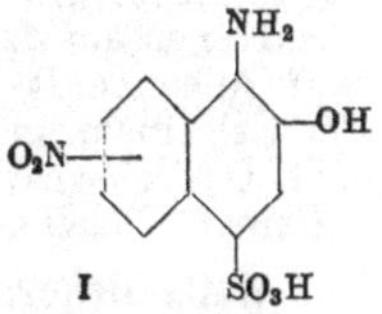
I

E. I. du Pont de Nemours & Co., Wilmington, übert. von: **David L. Coursen,** Newark, Del., V. St. A., *Wiederholt verwendbare Gasdrucksprengpatronen,* gek. durch 4 hintereinanderliegende Ladungen. Die 1. Ladung (**I**) kann bei n. Druck initiiert werden u. zers. sich von selbst, wenn sie einmal initiiert ist. Die 2. Ladung (**II**) ist einer fortlaufenden Zers. nur fähig bei Bedingungen (Druck u. Temp.), die durch die Zers. von **I** geschaffen sind. Die Ladungen 3 (**III**) u. 4 (**IV**) sind so zusammengesetzt, daß sie erst nach jeweiligem Abbrand der vorhergehenden Ladung initiiert u. zers. werden. — Beispiel: **I**: 75(%) NH_4NO_3, 25 $CaCO_3$; **II**: 100 NH_4NO_3; **III**: 88,2 NH_4NO_3, 11,8 Stärke; **IV** 73 NH_4NO_3, 10 $NaNO_3$, 5 Stärke, 11,8 Holzmehl, 0,2 Ca-Stearat. (**A. P. 2 732 800** vom 11/3. 1953, ausg. 31/1. 1956.) A. GRADL. 8305

Imperial Chemical Industries Ltd., London (Erfinder: **Robert Wark, Stuart Gordon** und **William McEwen**), England, *Zündsatz für Druckgas erzeugende Ladungen.* Der Zündsatz besteht aus rauchlosem Pulver u. kommt in vielfach perforierten, porösen Formkörpern zur Anwendung. — Beispiele: Nitroglycerin 29/35,5(%), Nitrocellulose 64,5/51,5, Diäthyldiphenylharnstoff 2/4,75, Dibutylphthalat —/7, Mineralwachs 3,5/0,25, KNO_3 1/1. (**E. P. 679 157** vom 8/3. 1950, ausg. 10/9. 1952.) A. GRADL. 8309

Ministre de la Défense Nationale et des Forces Armées (Direction des Poudres), Frankreich, *Nitrilderivate des Hydrazins,* welche als *Phosphore* geeignet sind, werden erhalten durch Einw. eines Ketoncyanhydrins, z. B. Acetoncyanhydrin auf Hydrazin. Die erhaltene Verb. **I** wird mit einem Oxydationsmittel, z. B. mit NaOCl, H_2O_2 oder NaOBr, bei 5—10° oxydiert unter Bldg. der Verb. **II**. Die Oxydation geschieht in Ggw. eines Lösungsm. z. B. W., Methylalkohol, A., Ae. oder eines Esters. (**F. P. 1 109 637** vom 7/8. 1954, ausg. 31/1. 1956.) M. F. MÜLLER. 8313

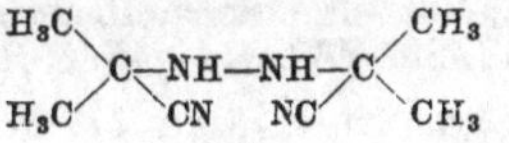
I

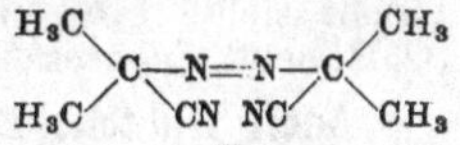
II

Michele Giua, Esplosivi. Estratto dal corso di chimica organica industriale a cura di **Luigi Benedetti.** Torino: Levrotto e Bella. 1954. (117 S. n. Abb.) 8°. L. 900,—.

XXIV. Photographie.

G. W. Luckey, T. H. James und **W. Vanselow,** *Der Effekt der verschiedenen Vorbehandlungen bei der Reaktion von Wasserstoffsuperoxyd mit einem Silberbild.* Vff widmen die 1899 von ANDRESEN aufgefundene Rk. zwischen H_2O_2 u. entwickeltem *Ag,* wonach das Ag zusammen mit der *Gelatine* an den Stellen größter Ag-Dichten zuerst aufgelöst wird, einer eingehenden Untersuchung. Das Verf. wird bekanntlich zur Herst. von Gelatinereliefbildern verwendet. Verschied. handelsübliche Emulsionstypen (Papier- u. Positivemulsionen) werden belichtet, entwickelt, fixiert u. kleine Filmscheiben ($^3/_4$ in. Durchmesser) mit H_2O_2-Lsgg. verschied. Konz. durch Eintauchen behandelt. Gemessen wurde die Zeit, die notwendig ist, um so viel O_2 aus dem katalyt. zers. H_2O_2 zu entwickeln, um das Filmscheibchen an die Oberfläche zu treiben. Die Zeit ist gut reproduzierbar, sie ist im Bereich einer H_2O_2-Konz. von 4—33% umgekehrt proportional dieser Konzentration. Zwischen 0 u. 63° nimmt die Zeit mit steigender Temp. exponentiell ab. Die scheinbare Aktivierungsenergie der Induktionsperiode wurde zu 12—13 kcal/Mol für den nicht vorbehandelten entwickelten Film bestimmt. Sie ist weitgehend unabhängig von der Vorbehandlung wie Baden in $AgNO_3$ oder KBr. Die Induktionsperiode nimmt ab mit dem Ansteigen der opt. Dichte des Silberniederschlages. Die Induktionszeit ist ferner weitgehend unabhängig vom p_H der Vorbehandlungslsg. im Bereich zwischen 4 u. 13. Behandelt man das Silberbild mit einem Vorbad, das *KCN, Thiosulfat* oder *Ag*-Ionen enthält, so wird die Induktionsperiode herabgesetzt. Härtung mit *Formaldehyd* verlängert die Induktionsperiode, desgleichen Vorbehandlung mit Thiosulfat oder *Selen*-Toner. Außerdem wurden untersucht: *2-Thiobarbitursäure, o-Benzoesäuresulfimid, 1-Benzoyl-2-thiohydantoin, Guanidinthiocyanat, Cystein, Thiophenylacetamid, p-Methylaminophenolsulfat, Pyridin, p-Phenylendiamin, α.α'-Dipyridyl, Diäthanolamin.* — Abschließend wird der Mechanismus der H_2O_2-Zers. diskutiert. Die Versuchsergebnisse sind mit den Feststellungen von ABEL u. WEISS u. anderen Autoren (21 Literaturhinweise) in Einklang zu bringen. Danach werden von dem metall. Ag Elektronen auf das H_2O_2 übertragen, wobei sich OH-Radikale bilden; in neutraler Lsg. läuft folgende Rk. ab: $H_2O_2 + e_{Metall} \rightarrow OH + OH^-$. Die OH-Radikale reagieren mit der Gelatine u. mit anderen, in der Emulsion vorhandenen Stoffen, wobei letzten Endes mol. O_2 frei wird. (Photogr. Sci. Techn. [2] **2**. 130—34. Nov. 1955. Rochester, N. Y., Eastman Kodak Co., Res. Labor.) W. GÜNTHER. 8590

Willy Dekeyser und **Winnie Van der Vorst,** *Photolyse und Sensibilisierung.* Vff. weisen zuerst auf Verss. von verschied. anderen Seiten hin, die ergeben hatten, daß Ag-Ionen, die an ZnO, TiO_2, $Al(OH)_3$ oder Al_2O_3 adsorbiert sind, unter der Einw. von Licht zu metall. Ag red. werden (**A**). Weiter beziehen sich Vff. auf Unterss. von LOENING u. FARNELL (vgl. C. **1953**. 3986) über das Syst. SiO_2–Ag^+ mit besonderer Berücksichtigung des Einfl. des p_H auf diese Photolyse (**B**). Schließlich weisen sie noch auf Arbeiten von LOENING (vgl. hierzu C. **1954**. 3851) über AgBr-Sole hin. Nach einem kurzen Überblick über die von anderer Seite gegebenen Deutungen der Erscheinungen führen Vff. aus, daß die Adsorption die Bldg. einer Trennschicht bewirkt, ähnlich der beim Kontakt zweier Metalle oder eines Metalls mit einem Halbleiter. Für die Gruppen **A** u. **B** hätte man dann eine Verb. vom Typ ZnO—≪AgOH≫ oder SiO_2—≪AgOH≫. Es ergibt sich hieraus, daß die Sperrschicht von großer Wichtigkeit ist u. daß Photolyse nur eintreten kann, wenn die ≪Ag^+-Ionen≫ an einen Halbleiter vom n-Typ adsorbiert sind. Die Red. der Ag-Ionen ist eine Folge der Wanderung u. des Einfanges eines photoelektr. durch den adsorbierenden Halbleiter emittierten Elektrons durch ein Ag-Ion. Bei einem AgBr-Sol liegen die Verhältnisse ähnlich. Jede Substanz, die an AgBr adsorbiert werden kann, bewirkt die Bldg. einer Sperrschicht, d. h. daß Zwischengitterstellen-Ag-Ionen oder Leerstellen je nach der Natur n oder p gegenüber AgBr der dort adsorbierten Substanz nach der Oberflächenzone des AgBr wandern. Die neue Verteilung der Gitterfehler des aus dieser Wanderung resultierenden Korns sowie der Raumladung, welche sie dort erzeugt, hat eine Sensibilisierung oder Desensibilisierung zur Folge. (C. R. hebd. Séances Acad. Sci. **238**. 344—45. 18/1. 1954.) C. GOTTFRIED. 8594

Adolf Hnatek, *Die Quantenausbeute bei der Belichtung von mit braunem Ferriammoniumcitrat sensibilisiertem Papier.* Vf. berichtet über Verss., die Quantenausbeute beim Cyanotypieprozeß zu ermitteln. Die bei diesem Verf. entstehende blaue Farbe besteht aus einem Gemisch von *Berliner-* u. *Turnbullsblau.* Da über ihre Verteilung im Gemisch keine Aussagen gemacht werden können, wird für die Herst. der Blauskala für Vergleichszwecke zweckmäßigerweise nur Turnbullsblau verwendet. Die Blauskala wird so aufgebaut, daß sie in 5 Feldern abgestuft bekannte Farbmengen enthält, aus denen sich die Zahl der Fe^{II}-Atome berechnen läßt. Belichtet man nun einen mit *Ferriammoniumcitrat* sensibilisierten Papierstreifen unter einem EDER-HECHT-Keil, entwickelt mit Ferricyankalium u. bestimmt die durch Grad EDER-HECHT gek. Felder dieses Probestreifens, die mit den bekannten Feldern der Vergleichsblauskala im Farbengleichgewicht stehen, so kann man Rückschlüsse ziehen auf die Zahl der Atome zweiwertigen *Fe*, die sich bei der Belichtung unter der betreffenden Stelle des EDER-HECHT-Keiles gebildet haben. Nach Berechnung der Intensität der Lichtquelle, Sonnenlicht bei einer ungefähren Zenitdistanz von 40° u. der vom Ferriammoniumcitrat absorbierten Anteile des einfallenden Lichts läßt sich die Zahl der photomechan. wirksamen Lichtquanten bestimmen. Die in Tabellen u. Kurven zusammengestellten Ergebnisse zeigen, daß die an *Bromsilber*-Gelatineschichten beobachtete Tendenz der Quantenausbeute, mit wachsender Stärke oder Dauer der Belichtung abzunehmen, in ganz gleicher Weise auch bei der Belichtung von Ferriammoniumcitratschichten auftritt. Diese Feststellung wird wie folgt erklärt: Die Menge der bei einer bestimmten Belichtung red. Moll. hängt nicht allein von der Zahl der in die Schicht eingedrungenen Quanten ab, sondern auch von den in der Schicht sitzenden photochem. noch anfälligen reduktionsbereiten Molekülen. Die Wahrscheinlichkeit, daß immer weitere Moll. red. werden, nimmt also bei fortdauernder Belichtung ab; die Quantenausbeute wird daher immer kleiner, je länger die Belichtung dauert, je mehr Quanten also bereits in die Schicht eingedrungen sind u. dort Reduktionsarbeit geleistet haben. (Photogr. Korresp. **92**. 3—8. 1956. Wien.) W. GÜNTHER. 8646

E. I. du Pont de Nemours & Co., Wilmington, Del., V. St. A., *Auswaschen von aus nicht reversibel erstarrenden Kolloiden hergestellten Halogensilberemulsionen.* Zur Entfernung der bei Ausfällung des Halogensilbers entstehenden lösl. Salze werden die Halogensilberemulsionen, hergestellt unter Verwendung von hydrophilen polymeren, nicht erstarrungsfähigen Kolloiden (I), in der Weise dialysiert, daß sie in fl. Zustande unter gutem Rühren durch eine semipermeable Membran von 0,00088—0,00120 in. Dicke (z. B. aus Cellulosehydrat) mit reinem W. so lange in Kontakt gehalten werden, bis ihre Leitfähigkeit nur noch 200—2000 $\mu\Omega$ beträgt. Als I kommen hierfür bes. Verbb. mit zahlreichen interlinearen $-CH_2-CHOH$-Gruppen in Frage, z. B. teilweise hydrolysierte Vinylester höherer Fettsäuren, sowie niedrigmol. Alkyläther, Acetale usw. (**E. P. 638 457** vom 5/2. 1948, ausg. 7/6. 1950. A. Prior. 6/2. 1947.) A. KALIX. 8601

Imperial Chemical Industries Ltd., London, übert. von: **Karl Otto Ganguin** und **Eric Macdonald**, Blackley, Manchester, England, *Lichthofschutz- und Filterfarbstoffe.* Verwendet werden gelbe Styrylfarbstoffe, die durch Kondensation eines Anils eines substituierten Benzaldehyds (I) mit einer Verb., die eine reaktionsfähige Methylengruppe enthält (II), darstellbar sind u. einen Substituenten enthalten, der sie diffusionsfest macht, z. B. eine KW-stoffkette mit mindestens 5 C-Atomen. Die Farbstoffe sind durch wss. Lsg. von Hydrazin, Hydroxylamin, Alkyl-, Aralkyl- u. anderen Aminen oder Diaminen irreversibel entfärbbar. Die I können durch OH-, NH_2-, Alkylamino-, Alkoxy-, Carboxy-, N-Cyanalkyl- u. N-Dicyandialkylgruppen substituiert sein, als II werden bes. Cyanacetylverbb., Thioindoxyle u. Pyrazolone verwendet. — Beispiel: Na-Salz von 1-(4′-Phenoxy-3′-sulfophenyl)-3-heptadecyl-4-(p-N-methyl-N-β-sulfäthylaminobenzyliden)-5-pyrazolon. (**A. P. 2 709 136** vom 4/6. 1951, ausg. 24/5. 1955.) A. KALIX. 8613

Kodak-Pathé, Frankreich, *Verhütung der Ausscheidung von Calciumsalzen aus wässerigen Lösungen, insbesondere photographischen Behandlungsbädern und alkalischen Entwicklerlösungen* durch Zugabe von 2—100 (g/Liter) Diglykolsäure (I) oder eines Salzes derselben u. gegebenenfalls 0,05—20 eines wasserlösl. Alkalipolyphosphates, z. B. Na-Pyro-, Na-Tetra-, Na-Meta-, Na-Hexameta-, Na-Tripoly- oder Na-Pentapolyphosphat. Entwicklern in Pulverform wird I in einer Menge zugesetzt, daß 1 Liter daraus hergestellte Lsg. 2—200 g enthält. Pulverförmige Teilmischungen, die zur Herst. von 1 Liter Entwicklerlsg. geeignet sind, bestehen a) aus 5 (g) Monomethyl-p-aminophenolsulfat u. 2,5 Hydrochinon, b) aus 60 wasserfreiem Na-Sulfit, 20 Na-Metaborat, 50 Ätznatron u. 30 I. — Weitere Beispiele. (**F. P. 1 079 748** vom 28/3. 1952, ausg. 2/12. 1954. A. Prior. 28/3. 1951.) H. ASMUS. 8619

General Aniline & Film Corp., New York, N. Y., V. St. A., *Farbstoffbleichbäder.* Als Beschleuniger für die hauptsächlich starke Mineralsäuren enthaltenden Bleichbäder für das Ag-Azofarbstoffverf. werden Furo- u. Thienochinoxaline (I) den Lsgg. in Mengen von 0,005 g auf 1 Liter zugesetzt. In I stellen A ein O- oder S-Atom u. Z u. Z′ die zur Bldg. von carbocycl. Ringen nötigen Atome dar. Geeignet sind z. B. Benzofuro-(2.3:b)-chinoxalin sowie die 8- u. 9-Methylderivv. davon, 8- u. 9-Äthoxybenzofuro-[2.3:b]-chinoxalin, Naphtho-[1′.2′:4.5]-furo-[2.3:b]- u. Benzo-[g]-naphtho-[1′.2′:4.5]-furo-[2.3:b]-chinoxalin, 10-Chlor-11-methylnaphtho-[1′.2′:4.5]-thieno-[2.3:b]- u. 10.11-Dimethoxynaphtho-[1′.2′:4.5]-thieno-[2.3:b]-chinoxalin, Phenanthreno-[2′.3′:4.5]-thieno-[2.3:b]-chinoxalin u. Naphtho-[1′.2′:4.5]-thieno-[2.3:b]-acenaphtheno-[5.4:e]-pyrazin. Herst. nach Liebigs Ann. Chem. **442.** [1925.] 279—80 u. Ber. dtsch. chem. Ges. **41.** 229; **66.** 1223. (**E. P. 736 849** vom 9/12. 1953, ausg. 14/9. 1955. A. Prior. 10/12. 1952.) A. KALIX. 8625

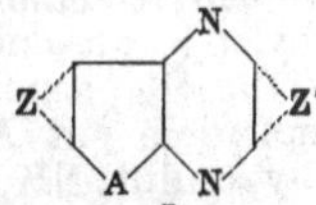

I

Imperial Chemical Industries Ltd., England, *Schnell trocknende Halogensilberemulsionsschichten* werden unter Verwendung von Celluloseätherlsgg. (I) hergestellt, in denen wss. Halogensilbergelatineemulsionen (II) dispergiert sind. Die I werden aus wasserunlösl., aber für W. durchlässigen Celluloseäthern u. mit W. nur unvollständig mischbaren Lösungsmitteln, wie Bzl., Toluol, Xylol, Tetrahydronaphthalin, Monochlorbenzol, Dichloräthylen oder CCl_4, hergestellt. Die II können verschiedenartig sensibilisiert sein u. Farbkuppler enthalten. Man kann auch drei gehärtete, für die drei Grundfarben sensibilisierte u. Farbkuppler enthaltende II für sich in I dispergieren u. die erhaltenen Dispersionen miteinander vermischen. — Man dispergiert z. B. 600 (Teile) einer ein Sensibilisierungsmittel enthaltenden u. mit Essigsäure auf einen p_H-Wert von 7 eingestellten II in 800 einer Lsg. von 63 Äthylcellulose (Äthoxylgeh. 46,8—48,5%) in Xylol, überzieht einen Träger mit dieser Mischung u. trocknet den Überzug bei 40°. — Beispiele. (**F. P. 1 080 907** vom 12/6. 1953, ausg. 14/12. 1954. E. Prior. 16/6. 1952.) H. ASMUS. 8631

Gevaert Photoproducten N. V., Mortsel, übert. von: **André Rott**, Wilrijk-Antwerpen, Belgien, *Ein- und Mehrfarbenbilder nach dem Silbersalzdiffusionsverfahren.* Das verwendete Material enthält lichtempfindliche Schicht u. Übertragungsschicht (I) über-

einander. Nach Belichtung wird zunächst mit einem Schwarzweißentwickler gearbeitet, dieser nach der Bilderzeugung gründlich ausgewaschen, dann in Ggw. eines Farbkupplers (**II**) ein chromogener Entwickler angewandt, der ein Halogensilberlösungsm. (**III**) enthält, wobei **II** im Entwickler oder in **I** vorhanden sein kann. Hierbei entsteht in **I** ein Ag- u. ein Farbstoffbild, worauf das erstere zusammen mit dem prim. Ag-Bild mit den üblichen Mitteln entfernt wird. Wenn **III** schon im ersten Entwickler vorhanden ist u. dadurch ein Schwarzweißbild in **I** entsteht, muß dieses halogeniert werden, um farbig wiederentwickIt werden zu können. Mehrfarbige Bilder lassen sich nach diesem Verf. in einem Mehrschichtenmaterial erhalten, das zwischen jeder **I** u. der nicht zu übertragenden Halogensilberschicht eine diffusionsverhindernde Sperrschicht enthält. (**A. P. 2 665 986** vom 8/8. 1947, ausg. 12/1. 1954. D. Prior. 2/8. 1941.)
A. KALIX. 8631

Eastman Kodak Co., übert. von: **Arnold Weissberger, Dudley B. Glass** und **Paul Vittum**, Rochester, N. Y., V. St. A., *Substituierte p-Phenylendiamine als Entwicklersubstanzen.* Verbb. der nachst. allg. Formel bilden *farbgebende* Entwickler mit höherem Reduktionspotential als die bereits bekannten, durch Sulfonamidgruppen substituierten p-Phenylendiamine. Hierbei sind R u. R′ niedrigmol. Alkylgruppen, X ist ein H-Atom, R oder eine niedrigmol. Alkoxygruppe.

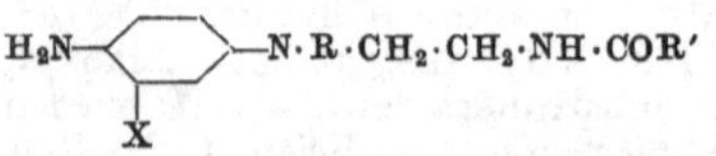

Bes. geeignet sind: 4-Amino-N-äthyl-N-(β-acetamidoäthyl)-anilin, 4-Amino-N-äthyl-N-(β-acetamidoäthyl)-m-toluidin u. -m-phenetidin. — Die gleiche Wrkg. haben Verbb. der nebenst. allg. Formel, in der R u. R′ die gleiche Bedeutung wie oben haben u. Y eine substituierte Acylgruppe oder SO_2R oder COR ist.

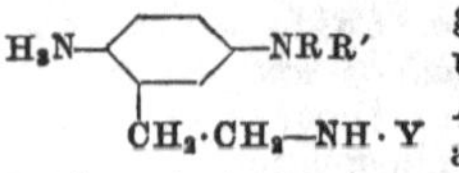

Bes. geeignet sind: 3-(β-Acetamidoäthyl)-4-amino-N.N-diäthylanilin, 4-Amino-N.N-diäthyl-3-(β-methylsulfonamidoäthyl)-anilin, 3-(β-Acetamidoäthoxy)-4-amino-N.N-diäthylanilin u. 4-Amino-N.N-diäthyl-3-(β-methylsulfonamidoäthoxy)-anilin. (**A. PP. 2 592 363** u. **2 592 364** vom 6/3. 1948, ausg. 8/4. 1952.) A. KALIX. 8631

Ciba, Soc. An., Schweiz, *Herstellung farbiger Bilder in photographischen Schichten,* die Metallbilder, aber keine unlösl. Ag-Salze mehr enthalten, durch Behandeln der Schichten mit einem zur Bldg. eines Farbstoffes befähigten aromat. Amin (**I**) in Ggw. einer Farbkuppelungskomponente (**II**) u. eines lösl. reduzierbaren Salzes, z. B. $AgNO_3$ oder $HgCl_2$. Die dabei zusammen mit den Farbbildern entstehenden verstärkten Metallbilder werden gebleicht u. durch Fixieren entfernt. Als **I** werden p-Oxyanilin oder ein p-Phenylendiamin, bes. ein N.N-Dialkyl-p-phenylendiamin, als **II** eine eine akt. Methylengruppe enthaltende Verb., z. B. ein Acetessigsäurederiv. oder Pyrazolon, oder eine Verb. mit phenol. Charakter, angewandt. Neutralen oder alkal. Behandlungs-Fll. werden außerdem mit Ag-Salzen Komplexe bildende Verbb. zugesetzt, z. B. Alkalisulfit oder -hyposulfit, NH_3, Thioharnstoff oder K-Rhodanat. Anwendung des Verf. zum Behandeln von Schwarzweißbildern oder von Schichten, die nach dem Belichten gleich fixiert worden sind (also nur Ag-Keime enthalten). Zur gleichmäßigen Entw. sämtlicher Schichten in einem Mehrschichtenmaterial wird entweder der p_H-Wert der Behandlungs-Fl. herabgesetzt oder ihr Geh. an Hyposulfit erhöht. — Eine Behandlungs-Fl. besteht z. B. aus einer Mischung aus 20 (cm^3) Na-Sulfitlsg. 3%ig., 6 10%ig. $AgNO_3$-Lsg., 5 20%ig. Na-Hyposulfitlsg. u. 15 0,8%ig. 2-Amino-5-diäthylaminotoluolchlorhydratlösung. (**F. P. 1 082 337** vom 20/8. 1953, ausg. 28/12. 1954. Schwz. Prior. 20/8. 1952.)
H. ASMUS. 8635

Herausgeber u. verantwortlich für den Inhalt: Prof. Dr. Maximilian Pflücke, Berlin N 4, Schiffbauerdamm 19, Fernsprecher: 425571. Redaktion: Chefredakteure Dr. Eugen Klever und Prof. Dr. Maximilian Pflücke. Verlag: Akademie-Verlag GmbH, Berlin W 8, Mohrenstraße 39 (Fernsprecher 200386, Postscheckkonto Berlin 35021), u. Verlag Chemie, GmbH, Weinheim/Bergstraße (Fernsprecher 2017 u. 2965, Postscheckkonto Frankfurt/M. 145314 u. Berlin-West 7430). Bestell- u. Verlags-Nr.: 1007/127. Das Chemische Zentralblatt erscheint wöchentlich. Preis des Jahrganges einschl. Autoren-, Patent-, Sach- und Formelregister: DM 680,—; einseitig bedruckte Ausgabe: DM 750,—.
Abgabe der Zeitschrift nur mit sämtlichen Registern.

Satz u. Druck: VEB Leipziger Druckhaus, Leipzig, III/18/203. XI. 56.
Veröffentlicht unter der Lizenznummer 1212 des Amtes für Literatur und Verlagswesen der Deutschen Demokratischen Republik.
Printed in Germany.

FSC
www.fsc.org
MIX
Papier | Fördert
gute Waldnutzung
FSC® C083411

Kolibri 360 GmbH
Ferdinand-Jühlke-Straße 7
99095 Erfurt, Deutschland
produktsicherheit@kolibri360.de